독도 영토주권의 실증적 연구

| 중 |

일러두기

- 이 책은 2017~2019년도 동북아역사재단 연구용역 수행결과물임

동북아역사재단
연구총서 113

독도 영토주권의 실증적 연구 (중)

A Study and Verification of Territorial Sovereignty over Dokdo

신용하

동북아역사재단
NORTHEAST ASIAN HISTORY FOUNDATION

책머리에

한국과 일본 사이에는, 일본 정부가 1952년 1월 28일 한국의 독도 영유권을 부인하면서 일본의 독도 영유권을 주장한 외교문서를 보내온 이래 '독도 영유권 논쟁'이 전개되고 있다. 이 논쟁은 벌써 69년이 되었으나 언제 끝날지 알 수 없다. 앞으로 논쟁 종식에 100년이 더 걸릴지도 모른다.

독도가 대한제국 영토의 가장 동쪽에 위치한 작은 섬이기 때문에 일본 제국주의는 대한제국 침략 과정에서 가장 먼저 1905년 1월 독도를 침탈하고, 같은 해 11월 '을사조약'으로 외교권 침탈, 이어서 1910년 8월 대한제국의 주권 침탈·강점을 자행하였다. 일제의 '독도 침탈－을사조약－대한제국 주권 침탈·강점'은 분리된 사건이 아니라, 하나로 연결된 '일제 침략의 연쇄'였다. 그러므로 오늘날 일본 정부가 다시 독도 영유를 주장하고 침탈을 시도하는 것은 대한민국 독립주권에 대한 심각한 도전·도발이라는 상징성이 있다.

환경이 이러하기 때문에 독도 영유권 연구는 한국 민족과 국가에게 긴급하고 극히 중요한 연구 및 정책 과제로 되어 있다. 독도 연구에는 이론적 연구와 함께 실증자료를 발굴하면서 치밀한 실증적 연구가 무엇보다도 중요하다고 생각한다.

저자는 한국 근대사회사를 공부하다가, 1980년 '독도'를 본격적 연구주제의 하나로 포함한 이래, 어언 40년을 능력이 부족하지만 독도 영유권의 진실을 밝히는 연구에 노력해 왔다. 그간 배타적경제수역 기점·기선 책정과 신어업협정 문제 등 우여곡절도 많았으나, 독도 영유권에 관련된 학회활동과 진실을 밝히는 일에 한 번도 게을리한 적은 없었다.

이제 나이가 들어 지난 일을 회고하고 오는 일을 생각해 보니 '독도 영유권' 연구가 안심할 수 없는 '근심'의 하나로 남아 있음을 절감하였다. 이에 한국영토학회를 경유하여 한국 정부의 독도 담당 연구기관인 동북아역사재단에 3년(2017~2019) 연구계획서를 내어, 그간 연구한 결과를 간추려서 상·중·하 3권으로 정리한 것이 이 책이다. 연구대상 기간은 한국의 독도 영토주권이 성립된 서기 512년부터 연합국의 샌프란시스코강화조약에서 한국의 독도 영토주권을 최종 재확인한 1952년까지의 시기이다. 연구방법은 철저하게 실증적 방법에 의거하였다. 책 서술방식은 본문을 실증적으로 논술하고, 각 권마다 본문 뒤에 연구자들을 위하여 실증자료를 붙였다. 정확히 서술하려고 노력했으나, 깨닫지 못한 오류가 있을지도 모른다. 발견되는 오류는 독자의 질정을 받고 고쳐나가려고 한다.

이 연구계획을 승인해 주신 동북아역사재단 김도형 이사장님과 관계자 여러분, 그리고 이 책의 원고를 모두 읽고 교열해 주신 동북아역사재단 독도연구소 홍성근 박사님께 깊이 감사드린다.

이 복잡한 원고와 자료를 모두 타자하여 정리하고 교정한 서울대학교 대학원 사회학과 박영대, 김반석, 조민서, 전경모 조교들에게도 깊이 감사드리며, 또한 이 책 편집에 정성을 기울여 주신 출판 관계자들에게도 깊이 감사드린다.

이 책이 연구자들의 연구와 함께 국민과 정부 정책 수립자들께도 독도 영유권의 진실을 이해하고 정책을 세우는 데 조금이라도 도움이 되기를 간절히 바라는 바이다.

2020년 8월 15일

저자 신용하 삼가 씀

중권 차례

제7편 러·일전쟁기, 일본의 한국 '독도' 침탈 작전

실증자료

전체 차례

상권

실증자료

중권

실증자료

하권

제9편 연합국의 독도 한국 반환과 1948년 국제법상 확정·공인된 한국의 독도 영유권

실증자료

제5편

개항기, 조선의 울릉도·독도 영유권에 대한 일본 메이지 정부의 재확인

제15장

일본 메이지 정부의 울릉도·독도 조선 부속령 재확인과 침탈야욕

제1절 일본 외무성과 태정관이 재확인한 울릉도·독도의 조선 부속령

일본의 막부체제를 붕괴시키고 메이지 신정부를 수립한 주체 세력인 사무라이 중 일부는 울릉도·독도가 조선 영토임을 알면서도 영토를 확장하려는 야욕으로 울릉도·독도의 침탈편입을 몽상하고 있었음을 몇 가지 자료에서 관찰할 수 있다.

현재의 일본 정부는 도쿠가와막부 정권과는 달리 메이지 정부가 독도(우산도, 송도)를 일본 영토로 인지하고 있었다고 주장하고 있다. 그러나 이것은 전혀 사실이 아니다.

1868년 1월 일본 하급 사무라이들이 군사정변을 일으켜 도쿠가와막부 정권을 타도하고 수립된 일본 메이지 정권은 도리어 울릉도(죽도)와 독도가 조선 영토임을 잘 알고 있었다. 그러나 조선 조정이 이에 대한 쇄환·공도정책을 채택하고 있음을 보고, 메이지 정권 내 일부 사무라이들은 울릉도와 독도를 빼앗고 싶은 야욕을 감추어 갖고 있었다.

이와 관련하여 첫째로 주목해야 할 결정적 자료는, 메이지 정부의 외무성과 태정관이 독도를 조선의 영유(부속)로 인정하고 있는 일본 외무성 자료「조선국교제시말내탐서(朝鮮國交際始末內探書)」이다.

메이지 정부는 도쿠가와막부를 타도하고 신정부를 수립한 직후인 1869년(고종 6년, 메이지 2년) 12월 조선과의 국교 확대 재개와 정한(征韓)의 가능성을 내탐하기 위해 일본 외무성 고위관리인 사다 하쿠보(佐田白茅), 모리야마 시게루(森山茂), 사이토 사카에(齋藤榮) 등을 부산에 파견하였다. 이들이 내탐결과를 보고한 복명서가 바로「조선국교제시말내탐서」다.[1] 여기에 울릉도(죽도)와 독도(송도)가 조선의 부속령임을 확인하는 다음과 같은 기록이 포함되어 있다.

> 一. 죽도(竹島)와 송도(松島)가 조선 부속으로 되어 있는 시말(始末)
>
> 이 건은 송도는 죽도의 인도(隣島)로서 송도의 건에 부(付)해서는 이제까지 게재된 서류(書留)도 없다. 죽도의 건에 부(付)해서는 원록도후(元祿度後)는 잠시 조선으로부터 거류(居留)를 위해 차견(差遣)한 바 있다. 당시는 이전과 같이 무인(無人)으로 되어 있다. 죽목(竹木) 또는 죽(竹)으로부터 큰 갈대가 자라며 인삼 등이 자연으로 난다. 그 밖에 어산(漁産)도 상응하여 있다고 들었다. (…)[2]

---

1 ① 이한기, 1969,『韓國의 領土』, 서울대학교출판부.
② 신용하, 1996,『獨島의 民族領土史 연구』, 지식산업사, 156~164쪽.

2 日本 外務省調査部 編,『日本外交文書』第3卷, 事項6, 文書番號87, 1870年 4月 15日字,「外務省出仕佐田白茅等ノ朝鮮國交際始末內探書」,「朝鮮國交際始末內探書」, 137쪽. "一. 竹島松島朝鮮附屬ニ相成候始末 此儀松島ハ竹島ノ隣島ニチ松島ノ儀ニ付是迄掲載セシ書留モ無之. 竹島ノ儀ニ付テハ元祿度後ハ暫クノ間朝鮮ヨリ居留ノ爲差遣シ置候處當時ハ以前ノ如ク無人ト相成竹木又ハ竹ヨリ太キ葭ヲ産シ人參等自然ニ生シ其餘漁産モ相應ニ有之趣相聞ヘ候事. 右ハ朝鮮事情實地偵索イタシ候大略書面ノ通リニ御座候間一ト先歸

일본 외무성의 이 공문서를 좀더 깊이 분석해볼 필요가 있다. 우리는 이 문서에서 그 보고 내용 이전에, 일본 외무성이 지령한 '조사사항'을 먼저 주목해야 한다. 위의 『일본외교문서』에서 「울릉도(죽도)와 독도(송도)가 조선 부속으로 되어 있는 시말(竹島松島朝鮮附屬ニ相成候始末」은 보고문이 아니라[3] 일본 외무성과 태정관이 지령한 '조사사항'임을 인식해야 한다.

『일본외교문서』 제2권 제3책을 보면 1869년 11월 1일자 문서번호 574에 「외무성에서 태정관판관으로의 질의서」, 「조선국에의 파견원에 대한 조사사항 지령에 관한 질의 및 이에 대한 태정관의 결정」이라는 문서가 있다.[4] 그리고 『일본외교문서』 제3책에서는 사다 하쿠보등이 제출한 「조선국교

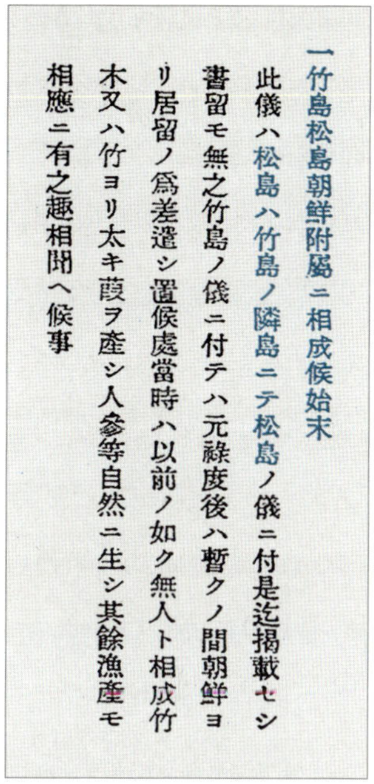
一竹島松島朝鮮附屬ニ相成候始末
此儀ハ松島ハ竹島ノ隣島ニテ松島ノ儀ニ付是迄掲載セシ書留モ無之竹島ノ儀ニ付テハ元祿度後ハ暫クノ間朝鮮ヨリ居留ノ爲差遣シ置候處當時ハ以前ノ如ク無人ト相成竹木又ハ竹ヨリ太キ葭ヲ產シ人參等自然ニ生シ其餘漁產モ相應ニ有之趣相聞ヘ候事

그림 2-1 일본 외무성과 태정관이 1869년 조사사항으로 지령한 「울릉도와 독도가 조선 부속으로 되어 있는 시말」의 지령 항목과 그에 대한 일본 외무성 관리들의 복명 내용

府仕候依之件々取調書類繪圖面トモ相添此段申上候以上. 午四月 外務省出仕 佐田白茅 森山茂 齋藤榮"

3 山邊健太郞, 1966,『日韓併合小史』, 東京:岩波書店.

4 『日本外交文書』第2巻 第3冊, 文書番號574, 1869年 11月 1日字, 「外務省ヨリ太政官辦官ヘノ伺書」 및 「朝鮮國ヘノ派遣員ニ對スル調査事項指令ニ關スル伺竝ニ之ニ對スル太政官ノ決定」, 265~268쪽. 이 문서에는 끝에 '(貼紙)伺之通'이라고 하여 조사사항의 모든 항목들을 質疑書(伺) 형식으로 작성한 문건이 생략되어 있음을 표시하고 있는데, 이것은 『日本外交文書』 편집자가 第3卷, 文書番號87의 「朝鮮國交際始末內探書」에 지령받은 모든 조사항목이 다시 나오므로 중복을 피하기 위해 '貼紙로서 伺之通'이 있었다는 것만 표시하고 생략한 것으로 보인다.

제시말내탐서」에 대하여 "본 내탐서는 제2권 제3책 574에서 지령되었던 조사사항에 대한 복명서다."[5]라고 그 성격을 명백히 밝히고 있다. 조사사항의 지령 내용은 그 주요 사항의 기본 취지와 「심득방어달지안(心得方御達之案)」만이 문서번호 574에 수록되어 있고, 자세한 사항은 내탐서에서 '一', '一' 등의 형식으로 수록되어 있다. 참고로 지령받은 조사사항을 보면 다음과 같다.[6]

> 一. 경장(慶長) · 원화(元和) 연간 이래 조선국으로부터 통신사를 파견하여 번속(藩屬)의 예(禮)를 집래(執來)한 원유(元由)(慶長元和以來朝鮮國ヨリ信使差越藩屬ノ禮ヲ執來候元由)
>
> 一. 대마주(對馬州)로부터 조선에 파견한 바의 사자(使者)의 예전(禮典), 조선으로부터 대마주에 파견한 바의 사자의 예전(對州ヨリ朝鮮へ 差遣シ候使者ノ禮典, 朝鮮ヨリ對州へ差渡シ候使者ノ禮典)
>
> 一. 조선국으로부터 감합인(勘合印)을 받은 이유. 위는 동국 제도(同國制度)에 비추어 입공(入貢)을 받은 것으로 취급하는가(朝鮮國ヨリ勘合印ヲ受候由, 右ハ同國制度ニ取入貢ヲ受候取扱ナル哉).
>
> 一. 조선의 국체(國體)에 신례(臣禮)를 받은 나라에 관해 북경(北京)의 정삭(正朔)을 쳐다본다 할지라도 국정(國政)에 이르러서는 자재독단(自裁獨斷)의 권력이 있는가(朝鮮ノ國體臣禮ヲ受ル國ニ取リ北京ノ正朔ヲ仰クト云トモ國政ニ至テハ自裁獨斷ノ權力アル哉).

---

5 日本 外務省調査部 編, 『日本外交文書』 第3卷, 事項6, 文書番號87, 1870年 4月 15日字, 「外務省出仕佐田白茅等ノ朝鮮國交際始末內探書」, 138쪽.

6 日本 外務省調査部 編, 『日本外交文書』 第3卷, 事項6, 文書番號87, 1870年 4月 15日字, 「外務省出仕佐田白茅等ノ朝鮮國交際始末內探書」, 『朝鮮國交際始末內探書』, 131~137쪽.

一. 일본 사절이 파견될 즈음 군함이 수도의 근해에 순회(巡廻)함에 있어서 양항(良港)의 유무(有無)(有無皇使被差遣候節御軍艦首府近海へ被相廻候ニ付良港有無)

一. 조선국의 건, 러시아의 독문(毒吻)에 심취하여 음으로 보호 의뢰하는 소문 및 경략론(境略論)(朝鮮國ノ儀魯西亞ノ毒吻ニ心醉シ陰ニ保護依賴スル風計且境略論)

一. 조선의 해군 육군의 무비(武備)의 허실 및 병기(兵器)의 정조(精粗)(朝鮮國海陸軍武備ノ虛實器械ノ精粗).

一. 내정의 치부(治否)가 초량(草梁)의 기문(記聞)과 같이 되어 있는가(內政ノ治否草梁記聞ノ如クナル哉).

一. 무역 개시에 대해서는 물품의 교환, 물가의 고저 및 화폐의 선악(善惡)(貿易取開ニ付テハ物品ノ交換物價ノ低昂及ヒ貨幣ノ善惡)

一. 세견선(歲遣船)의 왕래의 존부(存否)(歲遣船向來存止)

一. 대마주(對馬州)는 양국의 사이에 개립(价立)한 고도(孤島)로서 교제(交際)의 비용 및 표류민에 대한 피아(彼我)의 인도(引渡) 방법 등 한 번(藩)의 보통 정비(政費) 이외의 비용(對州ハ兩國間ノ价立スル孤島ニテ交際ノ入費幷漂民彼我引渡方等一藩尋常政費外ノ入費)

一. 조선은 초량(草梁) 이외에 그 내지(內地)는 일본인의 여행이 어렵게 되어 있는가(朝鮮ハ草梁項ノ外其內地ハ日本人ノ旅行難相成哉).

一. 죽도(竹島)와 송도(松島)가 조선 부속으로 되어 있는 시말(始末)(竹島松島朝鮮附屬ニ相成候始末)

여기서 우선 주목할 것은 ① 임진왜란 이후 조선에서 일본에 파견한 통신사를 조선이 번속(藩屬)의 예(禮)를 갖추어 일본에 온 것으로 왜곡하고 있으며, ② 조선의 해군·육군의 무비(武備)의 허실(虛實)과 병기(兵器)의 정조

(精粗)를 조사하고, ③ 죽도와 송도가 조선 부속으로 되어 있는 시말을 조사해 오도록 지시하고 있는 사항이다.

일본의 메이지 정부가 수립된 그 이듬해인 1869년에 외무성과 국가행정 최고기관인 태정관(太政官 : 조선왕조와 대한제국의 의정부에 해당)은 '객관적 사실'로서 '울릉도와 독도가 조선의 부속령'이라는 사실을 거듭 확인한 후, 그렇게 된 시말을 조사해 오도록 훈령한 것이었다. 이것은 『일본외교문서』에도 수록되어 있는 움직일 수 없는 역사적 진실이다.

태정관의 이 훈령에 대하여, 일본 외무성의 고위관료들은 그들의 복명서에서는 다시 울릉도와 독도가 조선 부속령임이 객관적 사실로 확인되었고, 또한 보고 내용에도 부분적으로 반영되었다. 즉 ① 독도는 울릉도의 인도(隣島)라는 사실, 다시 말해 독도는 울릉도의 부속도서로 간주되고 있다는 사실,[7] ② 독도에 대해서는 그것이 부속령으로 된 경위를 게재한 문서가 그들이 조사한 대마주와 초량왜관에는 보관되어 있지 않다는 사실, ③ 울릉도에 대해서는 그것이 조선 부속령이 된 경위의 문서가 보관되어 있는데, 조선 정부가 한때 조선인을 거류시켰다가 지금은 이전과 같이 공도정책을 채택하여 무인도 상태에 있다는 사실, ④ 울릉도의 물산으로는 죽목, 죽, 가(葭 : 갈대), 인삼, 해산물 등이 있다는 보고 내용이다.

이 복명서는 울릉도와 독도가 조선 부속령이 아님을 밝혀내지 못하고 도리어 독도가 울릉도에 이웃한 섬으로서 울릉도의 부속도서임을 강조하여 조사항목 지령과 같이 '울릉도와 독도가 조선 부속령'임을 거듭 확인했다. 그리고 울릉도와 독도를 탈취하기 위해서는 무력에 의거한 '정한(征

---

7 川上健三, 1966, 『竹島の歴史地理學的硏究』, 東京:古今書院, 74~78쪽. 일본의 메이지 政府뿐만 아니라 이전 도쿠가와막부의 龜山庄衛門도 獨島(松島)를 '竹島之內松島' 또는 '竹島近所之小島'라고 하여 鬱陵島(竹島)의 附屬島嶼로 간주해왔다.

韓)'이 필요함을 건백서(建白書: 상소문)를 통하여 건의하고 있다.[8]

일본 메이지 정부의 외무성과 국가행정 최고기관인 태정관은 이 조사 결과 울릉도와 독도가 조선 부속령임을 재확인했고, 일본 외무성은 그 후 일정 기간 이를 당연한 것으로 인정했다. 1876년 6월에 무토 헤이가쿠(武藤平學)란 일본 민간인이 외무성에 「송도개척지의(松島開拓之議)」라는 건의서를 냈을 때 외무성이 이 건의서를 각하시킨 것은 그 예가 된다. 일본 외무성의 정책은, 울릉도와 독도가 조선 부속령임을 재확인했지만 조선 정부가 (일본 측의 침략의도에 비추어 볼 때) 다행스럽게 공도정책을 채택하여 조선인의 거류를 승인치 않고 있으므로, 울릉도에 일본인의 비공식적 이주를 권장하거나 묵인하여 후일의 무력 사용에 의한 탈취에 대비하자는 것이었다.

일본 외무성 『일본외교문서』의 위에 든 공문서 자료들을 통하여 우리가 알 수 있는 것을 다시 한번 요약해서 정리하면 다음의 사실들에 특히 주목할 필요가 있다.

첫째, 일본 메이지 유신 정부의 외무성은 1869~1870년에 울릉도와 독도가 조선의 부속령임을 객관적 사실로서 다시 확인했다는 사실이다. 즉 일본 외무성은 이때 울릉도와 독도가 ① 조선 부속령으로 되어 있고, ② 무주(無主)의 도서가 아니며, ③ 일본 부속령이 아님을 명료하게 확인한 것이다.

둘째, 울릉도와 독도가 객관적으로는 조선 부속령이라는 일본 외무성의 확인을 당시 일본의 국가행정 최고기관인 태정관이 재확인했다는 사실이다.

셋째, 일본 메이지 정부는 독도를 울릉도의 인도(隣島)로서 울릉도의 부

---

8 日本 外務省과 太政官의 調査事項指令은 鬱陵島(竹島)·獨島(松島)가 朝鮮附屬 領土가 된 경위를 조사하라는 것이었는데, 佐田白茅 등이 그 경위보다 울릉도의 物産을 보고하고 있는 것은 그들의 征韓 주장과 관련해 볼 때 시사하는 바가 크다.

속도서로 파악하고 있었다는 사실이다. 이것은 당시 메이지 정부가 독도를 전혀 일본의 시마네현(島根県) 은기도(隱岐島)의 부속도서로 파악하고 있지 않았음을 아울러 증명한다.

넷째, 일본 외무성과 메이지 정부는 그러나 주관적 의도로는 울릉도와 독도가 조선 부속령으로 되어 있는 사실에 불만을 갖고 있었으며, 가능하면 무력을 사용하여 이들을 탈취할 의사를 갖고 있었다는 사실이다. 이것은 그들의 건백서에서도 잘 드러나고 있다.

우리는 여기서 메이지 정부의 외무성과 국가행정 최고기관인 태정관이 1869~1870년에 (그들의 주관적 침략 의도와는 별도로) 객관적 사실로서 울릉도와 독도를 조선의 부속령으로 명료하게 인지하고 재확인했음을 알 수 있다. 이것은 이 시기에 메이지 정부가 울릉도와 독도는 조선의 영토라고 공식적으로 간주했음을 의미한다. 그리고 일본 정부가 울릉도와 독도가 조선 영토라는 사실을 확인한 문건이 정부의 공식문서인 『일본외교문서』에 수록되어 있고, 이를 확인한 기관이 외무성과 국가행정 최고기관인 태정관이라는 사실도 아울러 주목해둘 필요가 있다.

제2절 일본 외무성의 울릉도·독도 침탈야욕

일본 외무성은 울릉도와 독도가 객관적으로 조선 영토임을 인지하고 있으면서도 기회만 있으면 이를 침탈하여 일본 영토에 편입시키고자 하는 야욕을 갖고 있었다.

예컨대 일본 태정관과 외무대신이 조선에 파견한 외무성 관리 사다 하쿠보(佐田白茅) 등에게 울릉도와 독도가 조선에 부속되어 있는지 경위를 조사하도록 특별히 지령한 사실에서 이를 알 수 있다.

이때 조선에 파견된 일본 외무성 고위관리들은 귀국 즉시 공식복명서와 함께 개별적으로 건백서를 제출했는데, 대표격인 사다 하쿠보의 건백서를 보면 그들이 얼마나 조선 영토를 탐내고 있었으며 침략적이었는가를 알 수 있다. 물론 조선의 전 국토나 일부의 영토라도 일본의 것으로 빼앗고자 하는 그들의 주관적 의도와, 그들이 울릉도와 독도를 조선 부속령이라고 객관적으로 재확인했던 부정할 수 없는 사실은 각각 별개이지만, 이후 일본의 울릉도와 독도에 대한 정책 전개와 관련하여 그들이 정한(征韓)을 주장했다는 사실을 알아둘 필요가 있다. 다음은 1870년 부산에 와서 일본 외무성과 태정관이 지령한 항목을 조사하고 「조선국교제시말내탐서」를 제출한 직후 사다 하쿠보가 쓴 건백서의 결론 부분이다.

> 이제 출사(出師)의 논(論)을 발표하면 다른 사람이 반드시 국가재정의 소모와 축냄을 들어 이 논을 파합니다. 그러나 신이 생각건대 조선을 정벌함은 이(利)는 있고 손(損)은 없습니다. (…) 조선은 곧 금혈(金穴)이며, 미맥(米麥)도 상당히 많이 납니다. 일거에 군대를 내어 그 인민(人民)과 금곡(金穀)을 징발해 북해도(北海道) 개척에 사용하면 대장성(大藏省)은 보상을 얻을 뿐 아니라 수년간의 북해도 개척 비용을 내지 않아도 될 것이니 그 이(利)가 어찌 막대하지 않겠습니까? 그러므로 조선을 정벌하는 부국강병책(富國强兵策)은 재정소모론과 비할 바가 아닙니다.
>
> 이제 황국(皇國 : 일본)은 실로 군대의 많음이 걱정이고 군대의 적음이 걱정이 아닙니다. 여러 곳의 병사들은 동북(東北)의 군사에 미족(未足)한데 전투를 상당히 좋아하고 난(亂)을 족히 생각하는 경향이 있어 사투(私鬪)와 내란(內亂) 양성의 우려도 두렵습니다. 다행히 조선 정벌이 있어 여기에 이 병사들을 사용해서 그 병사들의 울발(鬱勃)의 기(氣)를 풀어주면 일거에 조선을 정복할 뿐만 아니라 우리의 병제(兵制)를 크게 연마하게 되고 또한 황

위(皇威)를 해외에 빛내게 될 것이니 어찌 신속히 조선을 정벌하는 것이 가하지 아니 하겠습니까.[9]

이러한 울릉도와 독도에 대한 일본의 야욕은, 「화이일람도(華夷一覽圖)」가 상징적으로 보여주는 바와 같이, 이미 18세기 말 일본 무사층의 영토야욕을 계승한 것이었다.[10]

이 지도에는 아직 일본에 병탄되지 않은 유구국(流球國 : 류큐 왕국)의 조어대(釣魚臺), 태평양 방면에 있는 오가사와라도(小笠原島), 동중국에 있는 동사군도(東沙群島), 필리핀 동쪽 방면의 마리아나군도 등과 동일하게 조선

9 日本 外務省調查部 編, 『日本外交文書』 第3卷, 事項6, 文書番號88, 1870年 4月 15日字, 「朝鮮國ヨリ歸朝セシ外務省出仕佐田白茅等ノ建白書提出ノ件」, 附屬書一, 「三月外務省出仕佐田白茅ノ建白書寫」, 139~140쪽. "(全皇國爲一大城則 若蝦夷呂宋琉球滿淸朝鮮皆皇國之藩也. 蝦夷業既創開拓 滿淸可交 朝鮮可伐 呂宋琉球可唾 手而取矣. 夫所以朝鮮之不可不伐者大有之四 年前佛國攻朝鮮 取敗衄懊恨無限 必不使朝鮮長久矣 又魯國竊窺其動靜 國國亦有攻伐之志 皆垂涎乎. 彼金穀云爾 皇國若失斯好機會 而與之於匪人則 實失我脣 而我齒必寒 故臣痛爲 皇國唱撻伐也.) 今發出師之論則 人必以糜財蠹國 破其論 臣謹按 伐朝鮮有利而無損 (一日雖投 若干金穀 不出五旬 而得其償矣. 今大藏省 每歲出金 凡二十萬圓於蝦夷 未知幾年而成開拓矣.) 朝鮮則金穴也 米麥亦頗多 一擧拔之 徵其人民與金穀 以用之於蝦夷則 大藏省不唯取其償 省幾年間開拓之費 其利 豈不浩乎. 古伐朝鮮 富强兵之策 不可容易 以糜財蠹國論卻之也. 今皇國 實患兵之多 而不患兵之少 諸方兵士 未足東北之師 頗好戰鬪 翹足思亂 或恐釀成私鬪 內亂之憂. 幸有朝鮮之擧用之於斯 而洩其兵士鬱勃之氣則 不唯一擧屠朝鮮 大練我兵制 又輝皇威於海外 豈可不神速伐之乎哉."

10 『華夷一覽圖』(1790, 1806)는 木村蒹葭堂 발행으로 전해지지만 정확한 제작자는 불명이다. 18세기 말 일본 武士層의 의식을 잘 표현한 지도인데, 일본 영토를 붉은색으로 표시하면서 울릉도(竹島)와 독도(松島, 于山島)를 일본 영토를 나타내는 색인 붉은색으로 표시했을 뿐만 아니라, 이미 이 지도에서 流球國(1879년 일본에 병합)의 남단 너머에 있는 尖閣列島(중국명 釣魚島), 태평양에 있는 小笠原島(1876년 일본에 병합), 동중국해에 있는 東沙群島(현재 중화민국에 속함), 태평양 필리핀 동쪽의 일부 Mariana Islands(제2차 세계대전 중 일본군이 점령했으나 일본에 병합 실패, 현재 미국에 속함) 등도 모두 일본 영토라는 '붉은색 점'으로 표시하였다. (전체 지도는 상권, 90쪽, 〈그림 1-26〉 참조)

의 울릉도(竹島)와 독도(松島)가 일본의 국경선 표시인 붉은색 점으로 표시되어 있다.

일본 사무라이들은 도쿠가와막부 말기부터 메이지 전반기에 걸쳐 일본의 동서남북 주변의 모든 섬들을 모두 병탄할 야욕을 가지고 있었음을 이 「화이일람도」가 잘 표시해 주고 있다.

그림 2-2 화이일람도 부분도. 일본 무사층과 일본 군국주의 일본 주변 섬들에 대한 영토야욕이 얼마나 강렬한 것이었는가를 이 「화이일람도」는 잘 나타내고 있다.

1. 죽도와 송도

울릉도(죽도)와 독도(송도)를 침탈하려는 야욕을 표시하고 있음(1905년에 독도 침탈에 성공하는 듯했으나 1946년 반환)

2. 오가사와라(小笠原)섬

1876년에 일본 영토에 병합 성공

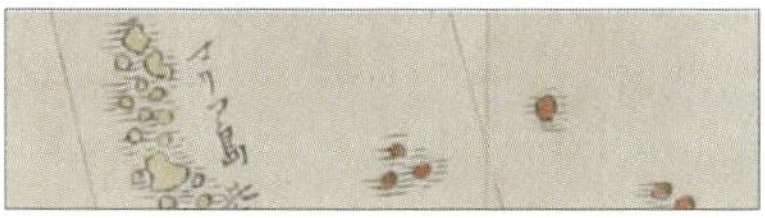

3. 마리아나열도 일부

일본군이 1942년 일시 점령했으나 1945년 패전하여 현재 미국 영유

제16장

울릉도·독도를 조선령이라고 재확인한 일본 메이지 정부의 「태정관 지령」

제1절 일본 내무성의 재조사로 확인한 조선의 울릉도·독도 영유

다음으로 주목해야 할 자료는 일본 메이지 정부 내무성의 울릉도·독도 영유권 관련 조사와 최종결정 요청에 대하여 태정관이 1877년(메이지 10년)에 독도가 조선 영토이며 일본과는 관계없는 곳이라고 명백하게 결정한 공문서다.[11]

---

11 ① 堀和生, 1987, 「1905年 日本の竹島領土編入」, 『朝鮮史硏究會論文集』 第24輯.
② 신용하, 1989, 「朝鮮王朝의 獨島領有와 日本帝國主義의 獨島侵奪」, 『한국독립운동사연구』 제3집.
③ 송병기, 2007, 『개정판 울릉도와 독도』, 단국대학교출판부.
④ 정태만, 2012, 『태정관 지령이 밝혀주는 독도의 진실』, 조선뉴스프레스.
⑤ 유미림, 2014, 『1877년 태정관 지령에 관한 연구』, 한국해양수산개발원.
⑥ 이성환, 송휘영, 오카다 다카시, 2016, 『일본 태정관과 독도』, 지성인.
필자는 아직 누구도 알지 못했던 '太政官指令文書'의 이 자료들을 1986년 아직 교수가 되기 이전 堀和生씨로부터 교환·입수하였다. 청년 연구자 堀씨로부터 먼저 제의가 왔었는데, 요점은 愼선생님(필자)의 좌담회 발언[신용하(司會)·백충현·송병기, 1981, 「獨島問

일본 내무성[당시 내무경은 오쿠보 도시미치(大久保利通)]은 1876년(메이지 9년) 일본 국토의 지적을 조사하고 지도를 편제하는 사업에 임하여, 울릉

題 再照明」, 『韓國學報』 24권 참조]에서 일본의 1905년 독도 침탈이 러·일전쟁 군사전략상의 목적 때문이라는 견해가 자신의 생각과 동일하므로, 2개 조건만 동의하면 자신이 가진 독도 관련 자료와 한국에서 愼 선생님이 복사할 수 있는 자료를 교환할 의사가 있다는 것이었다. 두 조건은 ① 堀씨와 교환한 자료를 신문 등 언론에 센세이셔널하게 발표하지 않고 오직 학술연구에만 사용하고, ② 堀씨 자신의 논문이 먼저 발표된 후에 愼 교수님의 논문이 발표되어야 한다는 것이었다. 독도와 관련한 자료라고 하기에 무조건 승낙하여 받아보니, 「太政官指令文書」 등 참으로 귀중한 자료들이 다수 포함되어 있었다. 필자는 이 자료들을 받고 놀라서 논문 집필을 시작하여 겨울방학이 끝난 1987년 2월에 논문을 완성하였다. 메이지 시대 고문서 번역에는 崔弘基 교수님의 큰 도움을 받았다. 그러나 아무리 기다려도 堀씨의 논문이 발표되지 않았다. 신문에 특종 보도를 내고 논문도 서둘러 발표해 버리고 싶은 충동을 느꼈으나 자제하였다. 왜냐하면 일제에 의한 독도 침탈을 인정하는 일본인인 堀씨의 논문이 먼저 나와야 일본인들에게 한국의 독도 영유에 대한 사실을 알리는 것에 있어 더 효과적일 것이라고 판단했고, 또 약속을 지켜야 堀씨가 일본에서 교수로 진출하는 것에 만일이라도 방해가 되지 않을 거라고 생각했기 때문이었다. 기다리던 堀씨의 논문은 「1905년 日本의 竹島領土編入」이라는 제목으로 『朝鮮史研究會論文集』 제24집(1987)에 발표되었다. 연간으로 연말에 간행되는 이 논문집은 필자에게는 이듬해 1988년 늦은 봄에야 배달되었다. 필자는 이때 독립기념관 일에 종사 활동하고 있었으므로 독립기념관 한국독립운동사연구소의 『한국독립운동사연구』 제3집(1989)에 「朝鮮王朝의 獨島領有와 日本帝國主義의 獨島侵奪」이라는 제목으로 길고 자세한 논문을 발표하였다. 그리고 이보다 시간이 훨씬 지나고, 외국에서 열린 국제학술회의에서 京都大學 교수가 된 堀和生 교수를 반갑게 만났다. 필자는 현대 일본 정부의 독도 침탈 시도 정책 때문에 독도수호운동에도 참여하지 않을 수 없는 상황을 30분 이상 친절하게 설명했으나, 그는 '약속을 지켜주셔서 감사하게 생각한다.'는 요지의 인사만 하고는 끝내 입을 열지 않았다. 그는 필자가 '연구'만 하는 것이 아니라 일본 정부를 비판하면서 독도수호활동에도 앞장서고 있다고 보는 것 같았으며, 경계의 빛이 보이므로 더 이상의 교류는 진전되지 못하였다. 堀和生 교수도 이제는 정년 퇴임했으므로 이 자료의 입수 경위와 이야기를 밝혀도 된다고 본다. 「太政官指令文書」의 복사 사진은 堀 교수 논문에는 없다. 필자의 논문에—양면괘지의 양면을 풀로 붙일 때 약 0.3mm의 이음새 착오를 내면서—게재한 것이 세상에 처음 공개된 것이다. 국내에 유통되는 「太政官指令文書」의 사진은 대부분 이를 전사한 것들이다(왜냐하면 그 후 '태정관문서'의 원본은 일본에서 복사가 어려운 상태에 있기 때문이다). 국내에서 「太政官指令文書」의 국내 입수 경위를 모르고 심지어 '태정관문서'를 처음 발굴했다고 주장 논술하는 글까지 나오고 있으므로 이를 바루어 놓는 바이다.

도(竹島)와 독도(松島)를 시마네현에 포함시킬 것인가 말 것인가에 대한 질의서인 「일본해내죽도외일도지적편찬방사(日本海內竹島外一島地籍編纂方伺)」(동해 내의 죽도 외 1도 지적편찬에 대한 질품)를 1876년 10월 16일자 공문으로 시마네현참사 사카이 지로(境二郎)로부터 접수하였다.

일본 내무성은 약 5개월에 걸쳐 시마네현이 제출한 부속문서뿐 아니라, 원록 연간(조선의 숙종 연간에 해당)에 조선과 교섭한 관계문서들을 모두 조사해본 후, 울릉도와 독도는 조선 영토이며 일본과는 관계없는 곳이라는 결론을 내렸다.

일본 내무성은 울릉도와 독도가 "본방(本邦 : 일본)은 그것(독도)과 관계없다(關係無之)."라고 결론을 내렸으나 "판도의 취사는 중대한 사건"이므로 이를 내무성 단독으로 결정할 수 없다고 생각하여, 시마네현이 제출한 문서들과 일본 원록 연간 조선과 왕래한 외교문서들을 부속문서로 별첨해서 1877년(메이지 10년) 3월 17일 국가 최고기관인 태정관[당시 우상은 이와쿠라 도모미(岩倉具視)]에 품의서를 제출하였다.

> 일본해 내 죽도 외 1도 지적편찬에 대한 질품서
>
> 죽도는 소할(所轄)의 건에 대하여 시마네현으로부터 별지의 질품이 와서 조사한 바 해도(該島)의 건은 원록 5년(1692년, 숙종 18년) 조선인이 입도한 이래 별지 서류에 적채(摘採)한 바와 같이 원록 9년 정월 제1호 구(舊) 정부의 평의(評議)의 지의(旨意)에 의하여, 제2호 역관에게 준 달서(達書), 제3호 해국(該國)에서 온 공간(公簡), 제4호 본방 회답(本邦回答) 및 구상서 등과 같은 바, 즉 원록 12년에 이르러 각각 왕복이 끝났으며 본방은 관계가 무(無)하다고 들었지만, 판도(版圖)의 취사(取捨)는 중대한 사건이므로 별지서류를 첨부하여 위염(爲念)해서 이에 품의합니다.
>
> 메이지 10년 3월 17일

내무경(內務卿) 오쿠보 도시미치(大久保利通) 대리(代理)

내무소보(內務少輔) 마에지마 히소카(前島密)

우대신(右大臣) 이와쿠라 도모미(岩倉具視) 전(殿)

日本海內竹島外一島地籍編纂方伺

竹島所轄之儀ニ付島根県ヨリ別紙伺出取調候處該島之儀ハ元祿五年朝鮮人入島以來別紙書類ニ摘採スル如ク元祿九年正月第一號舊政府評議之旨意ニ依リ二號譯官ヘ達書三號該國來柬四號本邦回答及ヒ口上書等之如ク則元祿十二年ニ至リ夫夫往復相濟本邦關係無之相聞候得共版圖ノ取捨ハ重大之事件ニ付別紙書類相添爲念此段相伺候也.

明治 十年三月十七日

內務卿 大久保利通 代理

內務少輔 前島 密

右大臣 岩倉具視 殿[12]

일본 내무성 용지에 내무대신 오쿠보 도시미치(大久保利通)를 대리하여 내무차관 마에지마 히소카(前島密)가 태정관 우대신 이와쿠라 도모미 앞으로 제출한 이 공문서의 요점은, ① 죽도와 그 밖의 1도(一島)의 지적편찬에 대하여 그 소할(所轄) 문제로 시마네현으로부터 내무성으로 질품서가 왔는데, ② 내무성이 시마네현이 제출한 서류들과 또 1692년 조선인(안용복)이 들어온 이래 조선과 일본 사이의 왕복문서들을 조사해본 결과, ③ 내무성의 의견은 죽도와 그 밖의 1도는 일본과는 관계가 없는 곳이라고(즉, 조선의 부

12 日本 太政官 編, 『公文錄』 內務省之部1(日本國立公文書館 소장), 1877年 3月 17日條, 「日本海內竹島外一島地籍編纂方伺」.

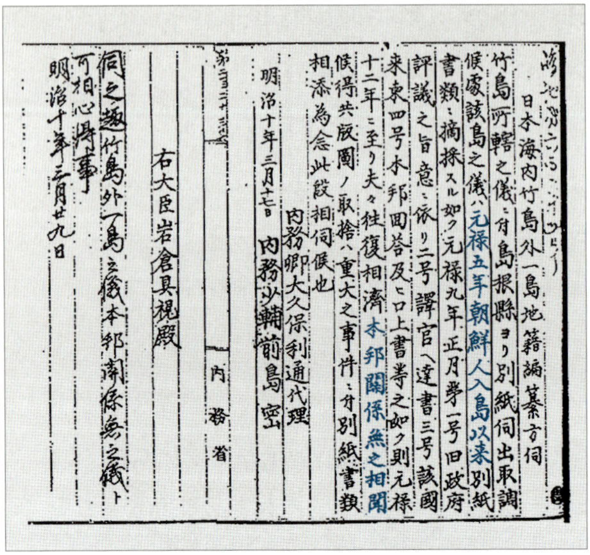

日本海内竹島外一島地籍編纂方伺

竹島所轄之儀ニ付島根縣ヨリ別紙伺出取調候處該島之儀ハ元禄五年朝鮮人入島以来別紙書類ニ摘採スル如ク元禄九年正月第一号旧政府評議之旨意ニ依リ二号譯官ヘ達書三号該國来東四号本邦回答及ヒ口上書等之如ク則元禄十二年ニ至リ夫々往復相濟本邦関係無之相聞候得共版圖ノ取捨ハ重大之事件ニ付別紙書類相添為念此段相伺候也

明治十年三月十七日 内務少輔前島密

内務卿大久保利通代理

内務省

右大臣岩倉具視殿

伺之趣竹島外一島之儀本邦関係無之儀ト可相心得事

明治十年三月廿九日

그림 2-3

일본 내무성 공문서. 일본 내무성이 1877년에 울릉도(죽도)와 그 외 1도(송도, 독도)를 일본 영토 지적에 포함시킬 것인가에 대하여 두 섬이 일본과 관계없는 조선 영토라고 판단하고, 태정관에 최종결정을 요청하여 상신한 질품서와 태정관이 울릉도와 독도가 일본과 관계없는 곳이라고 최종결정하여 내려보낸 지령문을 첨가해서 기록한 공문서다.
(일본 국립공문서관 소장)

속령이라고) 결론을 내렸지만, ④ 지적을 조사하여 일본국의 판도에 넣을까 뺄까는 중대한 사건이므로 태정관의 최종 결정을 요청한다는 것이었다.

이 시기 메이지 정부는 울릉도를 '죽도'라고 부르고 독도를 '송도'라고 불렀으므로, '죽도 외 1도(竹島外一島)'의 1도(一島)가 '송도'를 가리키는 것인가를 확인해둘 필요가 있다. 이와 관련해 위의 내무성 질품서에 첨부된 별지서류에서는 다음과 같이 그 1도가 송도임을 밝히고 있다.

> 기죽도는 일명 죽도라고 칭한다. 은기국의 북쪽 120리에 있다. 둘레가 약 90리이며 산은 험준하고 평지는 적다. 내가 3개 있으며 폭포도 있다. 그러나 깊은 골짜기에는 나무와 대가 조밀하여 그 근원을 알 수 없다. 오직 눈에 보이는 바의 그 많은 것으로서 식물에는 오렵송(五鬣松) (…) 있음을 본다. 어구(魚貝)는 매거하기 어려울 정도다. 그 가운데 해록(海鹿)과 포(鮑)의 물산이 가장 많다. 포를 잡는 데는 저녁에 대나무를 바다에 투입하여 아

침에 이것을 들어올리면 포가 가지에 붙는 것이 많으며 그 맛이 절륜하다고 한다. 또 해록 1마리에서 여러 말의 기름을 얻을 수 있다. 다음에 1도(一島)가 있는데 송도라고 부른다. 둘레의 주위 30정보 정도이며, 죽도와 동일 선로에 있다. 은기(隱岐)를 거(距)하기 80리 정도이다. 나무나 대는 드물다. 역시 어수(漁獸)가 난다.

磯竹島一ニ竹島ト稱ス. 隱岐國ノ乾位一百二拾里許ニ在ス. 周回凡九十里許山峻嶮ニシテ平地少シ. 川三條アリ. 又瀑布アリ. 然レトモ深谷幽邃樹竹稠密其源ヲ知ル能ハス. 唯眼ニ觸レ其多キ者植物ニバ 五鬣松 紫木再檀 黃蘖 椿 樫 柊 桐 雁皮 栂 竹 マノ竹 胡蘿 蔔 蒜 款冬 蘘荷 獨活 百合 午房 茱萸 覆盆子 虎杖 アヲキハ, 動物ニハ 海鹿 猫 鼠 山雀 鳩鴨 弱 鳧 鵜 燕 鷲 鵰 鴈 ナヂコ アナ鳥四十雀ノ類 其他辰砂岩綠靑アルヲ見ル. 魚貝ハ枚拳ニ暇アラス. 就中海鹿鮑ヲ物産ノ最トス. 鮑ヲ獲ルニタニ竹ヲ海ニ投シ朝ニコレヲ上レハ鮑枝葉ニ著クモノ夥シ其味絶倫ナリト. 又海鹿一頭能ク數斗ノ油ヲ得ヘシ. 次ニ一島アリ松島ト呼フ. 周回三十町許竹島ト同一線路ニ在リ. 隱岐ヲ距ル八拾里許 樹竹稀ナリ. 亦魚獸ヲ産ス.[13] (밑줄은 저자가 표시한 것임)

즉 일본 내무성이 태정관에게 제출한 위 공문서의 부속문서에서 "다음에 1도가 있는데 송도라고 부른다."고 하여 1도가 '송도'임을 명확히 밝히고 있는 것이다.

또한 일본 내무성은 태정관에게 제출한 위의 공문서에서 부속지도로 「기죽도약도(磯竹島略圖)」 1장을 그려 붙이었다.

---

13 日本 太政官 編, 『公文錄』, 內務省之部1(日本國立公文書館 소장), 「別紙文書」.

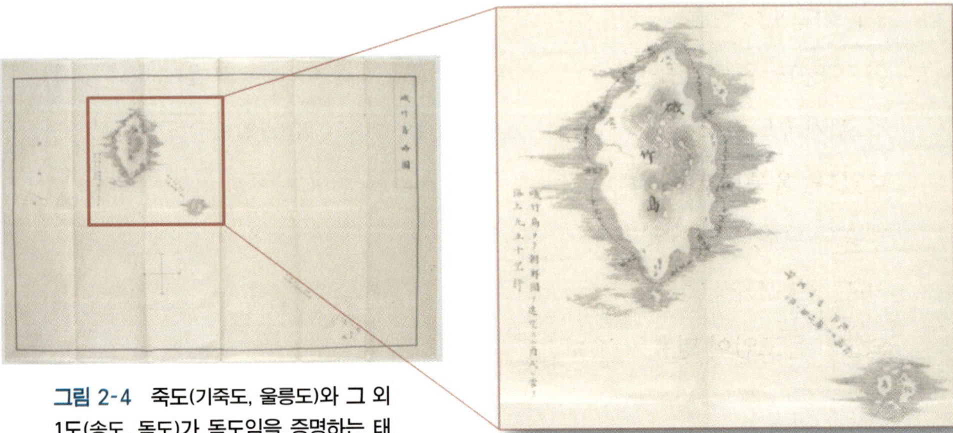

그림 2-4 죽도(기죽도, 울릉도)와 그 외 1도(송도, 독도)가 독도임을 증명하는 태정관문서의 부속지도인 「기죽도약도」

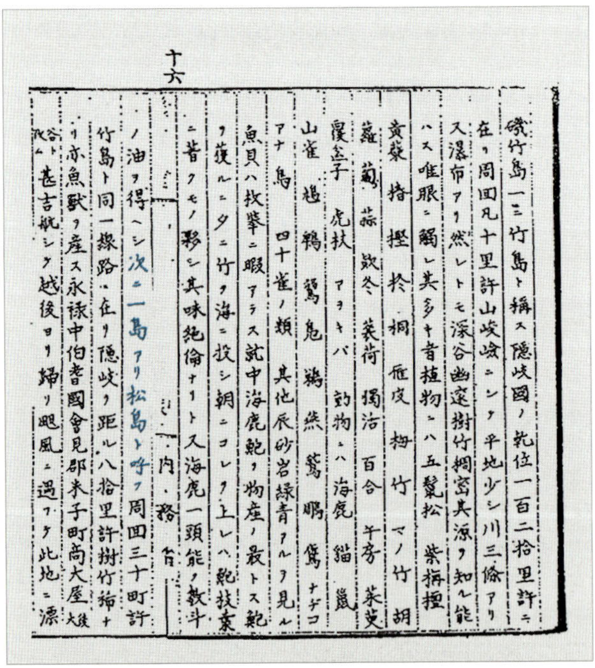

十六

磯竹島一ニ竹島ト稱ス隱岐國ノ乾位一百二拾里許ニ
在リ周回凡十里許山峻嶮ニシテ平地少シ川三條アリ
又瀑布アリ然レトモ深谷幽邃樹竹稠密其源ヲ知ル能
ハス唯眼ニ觸レ其多キ者植物ニハ五鬣松 紫栴檀
黄蘗 椿 樫 桧 桐 梔皮 梅 竹 マノ竹 胡
蘿蔔 蒜 欵冬 茖荷 獨活 百合 牛蒡 茱萸
覆盆子 虎杖 アヲキバ 動物ニハ海鹿 猫 鼠
山雀 鳩 鴨 鵜 鳧 鷄 燕 鷲 鵰 鷹 ナヂコ
アナ鳥 四十雀ノ類 其他辰砂岩緑青アルヲ見ル
魚貝ハ枚挙ニ暇アラス就中海鹿鮑ヲ物産ノ最トス鮑
ヲ獲ルニ夕ニ竹ヲ海ニ投シ朝ニコレヲ上レハ鮑枝葉
ニ着クモノ夥シ其味絶倫ナリト又海鹿一頭能ク数斗
内・務 省
ノ油ヲ得ヘシ次ニ一島アリ松島ト呼フ周回三十町許
竹島ト同一線路ニ在リ隱岐ヲ距ル八拾里許樹竹稀ナ
リ亦魚獸ヲ産ス永禄中伯耆國會見郡米子町商大屋 大谷
甚吉航シテ越後ヨリ歸リ颶風ニ遇テ此地ニ漂

그림 2-5
일본 내무성 부속문서. 1877년에 울릉도(죽도)와 그 외 1도를 일본의 지적에 포함시킬 것인가에 대하여 두 섬이 일본과 관계 없는 곳이며 조선 영토라고 판단하고 태정관에 최종결정을 요청하여 질품서를 제출할 때 죽도 외 1도가 송도(독도)임을 가리킨 문서다.
(일본 국립공문서관 소장)

「기죽도약도」는 죽도(울릉도) 동남쪽 40리 거리에 작은 섬 2개를 나란히 그리고 '송도'(독도)라고 쓴 다음에, '송도로부터 40리 허(許)에 죽도가 있고 기죽도로도 칭한다(松島四十里許 竹島アリ 磯竹島ト稱ス).'는 문자를 써넣었다. 울릉도로부터 동남쪽 40리 허에 있는 1개의 작은 섬이 독도임을 명확히 나타낸 것이었다.[14] '죽도 외 1도(竹島外一島)'가 송도임을 지도로써 더욱 명료하게 나타낸 것이었고, 지도의 위치상으로도 그 송도가 정확하게 오늘의 독도임이 명료한 것이다.

제2절 일본 「태정관 지령」문서의 울릉도와 그 외 1도 독도가 조선 영토라는 재확인

일본 메이지 정부 태정관에서는 내무성의 품의서를 접수하여 다시 조사 검토한 후, 조사국장의 기안으로 1877년 3월 20일 "품의한 취지의 죽도 외 1도의 건에 대하여 본방(일본)은 관계가 없다는 것을 심득할 것(伺之趣竹島外一島之義本邦關係無之義ト可相心得事)"이라는 다음과 같은 지령문을 작성하여 이를 결정하였다.

별지 내무성 품의 일본해 내 죽도 외 1도 지적편찬지건. 위는 원록 5년 조선인이 입도한 이래 구 정부와 해국(該國 : 조선)과의 왕복의 결과 마침내 본

14 ① 鮮于榮俊, 2007, 『高麗와 朝鮮國時代의 獨島』, 학영사.
② 漆崎英之, 2013 「「태정관지령」부속 지도 「기죽도약도(磯竹島略圖)」발견 경위와 그 의의」, 『독도연구』 제14호, 영남대학교 독도연구소.
필자는 「磯竹島略圖」를 후에 鮮于榮俊 박사가 복사해 보내 준 것을 받았다. 堀和生 교수의 太政官文書 관계 서류에는 「磯竹島略圖」가 누락되어 있었다.

방(일본)은 관계가 없다는 것을 들어 상신한 품의의 취지를 듣고, 다음과 같이 지령을 작성함이 가한지 이에 품의합니다.

어지령안

품의한 취지의 죽도 외 1도의 건에 대하여 본방(일본)은 관계가 없다는 것을 심득할 것.

메이지 10년 3월 20일

대신(大臣)㊞ 본국(本局)㊞㊞

참의(參議)㊞

경보(卿輔)㊞

別紙內務省伺日本海內竹嶋外一嶋地籍編纂之件 右ハ元祿五年朝鮮人入嶋以來舊政府該國ト往復之末遂ニ本邦關係無之相聞候段申立候上ハ伺之趣御聞置左之通御指令相成可然哉 此段相伺候也

御指令按

伺之趣竹島外一嶋之義本邦關係無之義ト可相心得事[15]

이 태정관의 지령안에서 죽도(울릉도)와 그 외 1도(독도)가 "일본과 관계가 없다."는 것은 그 앞에 "위는 원록 5년 조선인이 입도한 이래 해국(조선)과 왕복의 결과 일본과 관계가 없다."고 전제한 기록에서 알 수 있는 바와 같이 '조선 영토'여서 일본과 관계가 없다고 명백히 밝혀 결정한 것이다.

태정관 용지에 작성된 이 지령안에는 우대신 이와쿠라 도모미(岩倉具視)의 인장이 찍혀 있고, 이 밖에 이를 승인 결정한 데라시마 무네노리(寺島宗

15 日本 太政官 編, 『公文錄』 內務省之部1(日本國立公文書館 소장), 1877年 3月 20日條, 「太政官指令文書」.

則)와 오키 다카토(大木喬任) 등의 인장도 찍혀 있다. 이 공문서의 오른쪽 끝에 '동이십칠일래(同二十七日來)'라는 작은 글씨가 첨가되어 있는데, 이것은 이 지령문을 태정관대신(이와쿠라 도모미)이 최종 승인 결정한 일자와 관련된 것으로 보인다. 태정관은 이 승인 결정된 지령문을 1877년 3월 29일 정식으로 내무성에 보내 지령의 절차를 완료하였다.[16]

일본 내무성은 이 지령문을 받고 처음 태정관에 제출했던 품의서 끝에다, "품의한 취지의 죽도 외 1도의 건에 대하여 본방(일본)은 관계가 없다는 것을 심득할 것. 명치 10년 3월 29일(伺之趣竹島外一島之儀本邦關係無之儀ト可相心得事. 明治十年三月二十九日)"[17]이라는 태정관 지령문을 붉은색 글씨로 추가해서 기재하여 이 안건의 처리를 완료했다.

내무성은 태정관의 이 지령을 1877년 4월 9일자로 시마네현에 전달하여 현지에서도 이 문제는 완전히 결말을 짓게 되었다.[18] 결국 내무성과 국가행정 최고기관인 태정관은 울릉도와 독도가 조선 영토이며 일본의 영토가 아니어서 일본은 이에 관계가 없다고 1877년 3월 29일자로 재확인하여, 공적으로 지령했던 것이다.

일본 내무성과 태정관의 위에 든 자료들을 통하여 우리가 객관적으로 명료하게 알 수 있는 것을 다시 한번 간단히 요약해서 정리하면 다음과 같다.

첫째, 일본 메이지 정부의 내무성과 국가행정 최고기관인 태정관은 울

---

16 「太政官指令文書」의 끝에 이 지령문을 내무성에 발송한 日字가 매우 작은 글씨로 쓰여 있고 그 담당 관사의 印章이 찍혀 있다.

17 日本·太政官 編, 『公文錄』 內務省之部1(日本國立公文書館 소장), 1877年 3月 17日條, 「日本海內竹島外一島地籍編纂方伺」의 太政官指令文 後端添記.

18 堀和生, 1987, 「1905年 日本の竹島領土編入」, 『朝鮮史研究會論文集』 第24輯.

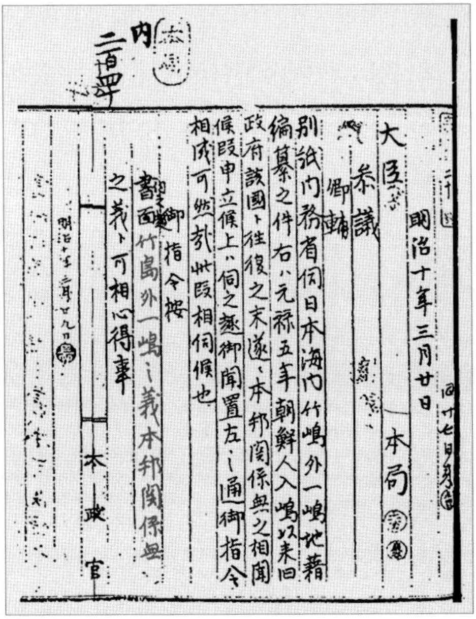

明治十年三月廿日

大臣

参議

本局

別紙内務省伺日本海内竹嶋外一嶋地籍編纂之件右ハ元禄五年朝鮮人入嶋以来旧政府該国ト往復之末遂ニ本邦関係無之相聞候段申立候上ハ伺之趣御聞置左之通御指令相成可然哉此段相伺候也

御指令按

伺之趣竹島外一嶋之義本邦関係無之義ト可相心得事

그림 2-6

1877년 3월 일본 태정관이 울릉도와 독도를 조선 영토라고 판단하여 '울릉도와 그 외 1도 독도는 일본과 관계없는 곳'이므로 일본 지적에 포함시키지 말라는 결정을 내무성에 내려 보낸 태정관 공문서

릉도와 독도가 조선 영토이며 일본과는 관계가 없음을 1877년 3월 29일자로 재확인하여 공문서로 지령하였다.

둘째, 일본 내무성과 태정관의 이같은 결정은 시마네현에서 제출한 자료들뿐 아니라 내무성이 원록 연간의 조선과 일본의 왕복문서들을 조사하고 독자적으로 정보를 수집하여 약 5개월 동안이나 조사하고 검토한 후 내린 것이었다.

셋째, 일본 국가행정 최고기관인 태정관은 이미 1869~1870년 외무성이 조선의 부산에 고위관리를 파견하여 조사항목을 지령하고 복명서를 받을 때 울릉도와 독도가 조선 영토임을 재확인하여 결정했었으며, 다시 1877년에 내무성으로부터 울릉도와 독도가 조선 영토이며, 일본과는 관계가 없는 곳이라는 품의를 받자 이를 최종적으로 승인 결정하여 공문서로 지령하였다. 이 태정관의 지령문은 당시 국가행정 최고기관(현재의 총리대신)

의 결정이었음에 그 중요성이 있다.

넷째, 일본 국가행정 최고기관인 태정관의, 울릉도와 독도가 조선 영토이며 일본과는 관계가 없다는 지령문은 내무성뿐만 아니라 시마네현에까지 "심득(心得)할 것"이라는 강한 표현의 명령으로 시달되어 이론의 여지가 없음을 명백히 규정하였다는 사실이다.

제17장

러시아 해군과 일본 해군성이 재확인한 조선의 독도 영유

제1절 조선의 독도 영유에 대한 러시아 해군의 재확인

다음으로 주목해야 할 중요한 자료는 일본 해군성이 1876년에 편찬한 「조선동해안도(朝鮮東海岸圖)」이다. 일본 해군성 수로국은 직접 조선 해안을 실측하지 못한 메이지 정부 초기에 서양인들이 실측한 조선국 해안도를 번안 편집해서 그들의 군사용 지도를 작성했는데, 1876년(메이지 9년)에 번안해서 편찬한 「조선동해안도」에는 독도가 조선의 영토로 선명하게 그려져 있다.

서울대학교 규장각에 원본이 보관되어 있는 이 「조선동해안도」는, 부기된 주석에 의하면, 러시아보다 앞서 조선 해안을 측량한 영국의 측량지도를 개정하고, 1853년 러시아 선박 팔라다호와 1854년 올리브차호가 측량한 것에 기초해서 1857년에 러시아 군함이 다시 실측하여 작성한 지도를, 일본 해군성 수로국이 번안 편집해서 1876년에 발행한 것이다.[19] 이 지도

19 ① 「朝鮮東海岸圖」(서울대학교 규장각한국학연구원 소장).

에는 러시아 전함 팔라다호가 독도를 정북 방향 3.5마일 거리에서 그린 독도 그림, 북서 10도 방향 5마일 거리에서 그린 독도 그림, 북서 61도 방향 14마일 거리에서 그린 독도 그림이 실려있다. 독도를 세 방향에서 거리를 실측하여 그린 3개의 독도 그림은 마치 사진으로 찍은 것처럼 정확하고 선명하게 우단(右端) 중하(中下)에 게재되어 있다. 그리고 이 지도 제작 당시 러시아 측이 독도의 동도를 올리브차초, 서도를 마날라이초라고 명명했음이 기록되어 있다.

러시아 해군이 1853~1854년에 그린 「조선동해안도」는 울릉도와 독도가 조선 동해안의 조선 영토에 속한 섬들임을 잘 보여주고 있다.

第2절 조선의 독도 영유에 대한 일본 해군성의 재확인

뿐만 아니라 일본 해군성도 1876년의 「조선동해안도」에서 러시아 해군과 마찬가지로 독도를 조선의 영토로 간주하였다. 일본 해군성 수로국은 1887년에도 「조선동해안도」의 재판을 냈으며, 그 후에도 판을 거듭했다.[20] 이 「조선동해안도」의 모든 판본들은 1905년까지는 독도를 조선 영토로 인지하여 포함시켰다.

저자가 여기서 특히 주목을 요청하고 싶은 것은 「조선동해안도」라는 지도 이름과, 독도를 본래의 경위도 위치에서 떼어내면서까지 지도에 그려넣은 사실이다. 독도는 울릉도에서 동쪽으로 49해리 떨어진 우단에 있기 때

② 『朝鮮日報』 1983년 2월 24일자, 社會面.

20 『朝鮮日報』 1986년 9월 14일자, 文化面. 이 지도의 1887년 중판본은 李鍾學 씨가 발굴하여 공개한 것이다.

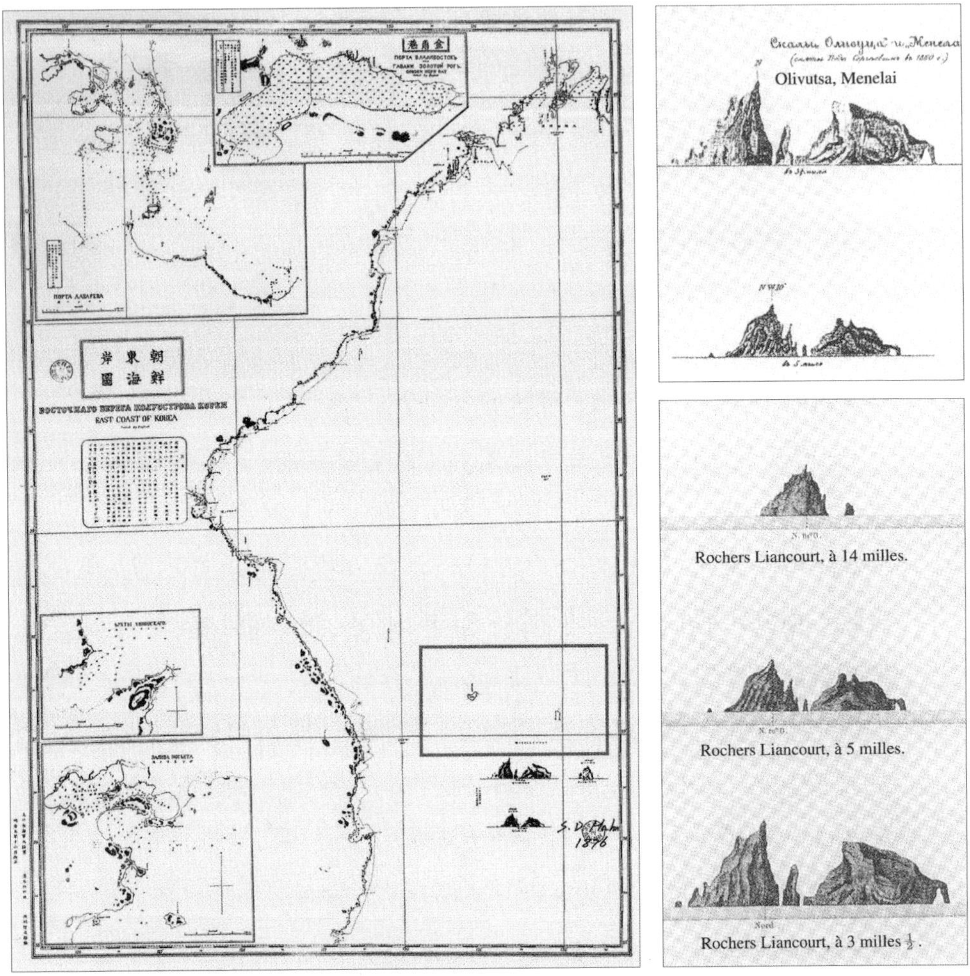

그림 2-7 일본 해군성이 편찬한 「조선동해안도」. 이 지도는 독도를 세 방향에서 그린 그림까지 넣어 독도가 조선 동해안에 있는 조선 영토임을 명백히 표시하고 있다.(서울대학교 규장각한국학연구원 소장)

문에 울릉도까지만 경도상에서 포함시켜 자른 한국(조선)지도에서 독도를 한국 영토로 표시하려면 이를 본래의 경도와 위도상의 위치에서 분리해내 울릉도 부근 다른 위치에 표기하고 별도의 지도를 첨가해야만 한다. 그런데 1876년 이래 「조선동해안도」에 독도의 위치가 이렇게 분리되어 울릉도 아래의 안쪽으로 이동되어 조선 동해안에 표기되고 있는 것은, 독도가 당시 조선 영토로 인지되고 있었음을 명확히 증명하는 것이다. 만일 독도가 조선 영토가 아니라면 「조선동해안도」의 오른쪽 경도 표시 밖에 있는 독도를 일부러 떼어내 다른 특수위치까지 만들어 넣을 이유와 필요가 없기 때문이다.

또 만일 일본 해군성이 독도를 일본 영토로 인지했다면, 독도의 정밀하고 정확한 그림을 당연히 「일본서북해안도」에 넣어야 할 터인데, 일본 해안도에는 이를 포함시키지 않고, 지도에 나타낼 수 있는 경도 밖에 있는데도 별도로 떼어서까지 「조선동해안도」에 포함시킨 것은 일본 해군성이 독도를 명확히 조선 영토로 인지하고 있었음을 나타낸다.

일본 해군성은 외무성의 요청을 받고 1878년 4월과 1880년 9월에 '송도'의 실체를 실측할 때도 울릉도와 우산도(독도)를 조선 부속령으로 간주했다. 1876년에 무토 헤이가쿠(武藤平學)란 사람이 동해 가운데에서 조선의 울릉도가 아니면서 자연자원이 풍부한 신도(新島)를 발견했다고 떠들며 외무성에 「송도개척지의(松島開拓之議)」를 제출한 일이 있었다. 일본 외무성은 조선의 울릉도를 죽도로, 우산도를 송도라고 부르면서 이것을 조선의 영토로 인지하고 있었으며, 송도는 조선의 작은 바위섬에 불과한 것으로 알고 있었는데, 자원이 풍부한 새로운 섬을 발견했다고 떠들면서 '송도개척'을 청원하므로 이의 실측을 요청했던 것이다.

일본 해군성은 조·일수호조규(강화도조약)에서 얻은 이권인 조선해안측량권에 의거하여 천성환(天城丸)이라는 군함으로 조선 해안을 처음 실측하고, 무토 헤이가쿠가 발견했다는 신도인 '송도'가 다름 아닌 조선의 울릉

도임을 확인한 다음 '조선국동해안략기(朝鮮國東海岸略記)'를 발표하여 무토 헤이가쿠의 「송도개척지의」를 각하하게 하였다.[21] 그러나 이 이후부터 일본 해군성에서는 그들이 최초로 실측한 송도라는 명칭에 집착하여 울릉도를 '송도'라고 부르고, 종래 송도라고 부르던 우산도(독도)를 '리앙코르도섬(リアンコルド島)'[독도의 서양식 명칭인 리앙쿠르암석(Liancourt Rocks)에서 차

---

21 日本 海軍省水路局, 1879, 『水路雜誌』16, 24~26쪽. 여기에 수록된 朝鮮國東海岸略記에서 '朝鮮'東海岸略記라 하지 않고 '朝鮮國'東海岸略記라고 '國'字를 넣어 측량보고 지역이 조선국의 영토임을 더욱 명료히 나타낸 것 또한 주목된다. 朝鮮國東海岸略記의 '松島' 부분을 전체를 실으면 다음과 같다.

松島

此島는 洋中의 一孤島로서 我 隱岐國 沖島부터 北東 2分 1, 東 134里, 長門國 角島로부터 北 2分 1, 東 185里, 釜山浦로부터 北方 4分 3, 北 165里의 處에 있다. 全島 岩石으로 이루어진 것 같다. 樹木이 蔚然하다. 주위는 絶壁이 많으며 오직 南東쪽에 약간 平坦한 곳이 있다. (우리들이 이 곳에 이르러 土人이 小舍를 지은 것과 漁舟를 만든 것을 보았다.) 다른 濱岸은 小舟라 할지라도 近接할 수가 없는 것 같다. 東方에 一小嶼가 있는데 또 奇岩怪石이 島를 둘러서 星羅해 있다. 우리 군함이 航走중에 此島의 頂上의 高度를 측정했는데 2,391尺을 얻었다.

6월 29일 我艦이 該島에 감에 洋中에서 吉田中尉는 정오 本艦 所在를 實測하여 北緯 37度 48分을 얻었고, 또한 오전 7시 58분에 太陽高度를 측정하여 本艦 소재의 東經 130도 32분을 얻음에 근거하여 정오 緯度를 추산하였다. 여기에서 針路를 東南 2分 1 南으로 변경하여 水程儀로 측정하며 航走하기 20里 즉 松島를 距하기 2里의 곳에 도달하여 該島의 中部를 正南으로 바라보았다. 이때 太陽高度를 측정하여 本艦所在의 經緯를 산출해서 北緯 37도 32분 45초, 東經 130도 39분을 얻었다.

위의 기사는 메이지 11年 海軍少佐 松村安種이 天城艦으로 朝鮮海에 回航의 際에 乘員 해군대위 山澄直清, 해군소위보 小林春三, 同 福地邦鼎의 實驗筆記한 바에 의한다. 금후 此地에 항해하는 자는 마땅히 이에 일치하는 바의 海圖를 參看하고 면밀히 그 狀勢를 고찰할 것을 요한다.

메이지 12년 3월 海軍水路局

일본 해군성의 이 보고는 울릉도를 묘사한 것이다. 일본 해군성은 이와 유사한 내용의 1880년 9월의 實測 결과를 다시 『水路雜誌』 第4號에 발표하여 '松島'가 조선의 울릉도임을 명백히 하였다.

용]이라고 서양 명칭을 차용해 부르기 시작해서, 일본 어부들 사이에서도 점차 보급되었다.[22]

이와 관련하여 주목해야 할 중요한 자료의 하나는 일본 해군성 수로국이 편찬한 『조선수로지(朝鮮水路誌)』다.[23] 일본 해군성은 그들이 편찬한 세계수로지인 『환영수로지(寰瀛水路誌)』의 제2권 제2판(1886년)에서 처음으로 독도를 '리앙코르도열암(列岩)'이라는 이름으로 제4편 「조선동안(朝鮮東岸)」에 수록했다.[24]

또 일본 해군성은 1889년 『환영수로지』 편찬을 중단하고, 이것을 『일본수로지』, 『조선수로지』 등 국가영토별로 분류하여 편찬하기 시작하였다. 이때 일본이 리앙코르도열암이라고 표기한 독도가 『조선수로지』와 『일본수로지』 가운데 어디에 포함되는가는 일본 해군성이 독도를 어느 나라의 영토로 인지했는가의 척도가 된다.

일본 해군성은 이때 독도를 조선의 영토로 간주하여 『조선수로지』에 포함시키고 『일본수로지』에는 포함시키지 않았다. 일본 해군성 수로국은 『조선수로지』를 1894년에 최초로 편찬 발행했는데, 이때 독도를 '리앙코르도열암'이라는 이름으로 『조선수로지』 제4편 「조선동안」에 포함시켜 다음과 같이 설명하였다.

---

22 따라서 일본에서는 1878~1880년대까지 外務省과 內務省은 울릉도를 '竹島', 우산도(獨島)를 '松島'라고 부르고, 海軍省에서는 울릉도를 '松島', 우산도(독도)를 '리앙코르도섬(リアンコルド島)'이라고 불러 메이지 政府 내에서 울릉도를 부르는 명칭에 혼란이 있던 시기가 있었다. 그러다가 일본 해군성이 『水路誌』를 편찬한 이후부터는 해군성의 호칭이 일반화되었으며, 해군성 수로국에 크게 의존하는 일본 어부들도 해군성의 호칭에 따르게 된 것으로 보인다.

23 이한기, 1969, 『韓國의 領土』, 서울대학교출판부, 253~254쪽.

24 日本 海軍省水路部, 1886, 『寰瀛水路誌』 第2卷 第2版, 397~398쪽.

리앙코르도열암(列岩)

차 열암(此列岩)은 서기 1849년 불국선(佛國船) '리앙코르도'호가 처음으로 이를 발견하여 선명(船名)을 취해서 리앙코르도열암이라고 이름 붙였다. 그 후 1854년 노국(露國) 프레가트형(型) 함선 '팔라스'호는 이 열암을 메넬라이 및 올리브차 열암이라고 칭하였다. 1855년 영함(英艦) '호르넷드'호는 이 열암을 탐험하여 호르넷드열암이라고 이름 붙였으며, 함장 홀시스노의 말에 의거하면 이 열암은 북위 37도 14분, 동경 131도 55분에 위치하는 2개의 불모암서(不毛岩嶼)로서 조분(鳥糞)이 항상 섬 위에 퇴적(堆積)하여 섬의 색이 이 때문에 하얗다. 북서미서(北西微西)로부터 남동미동(南東微東)에 이르는 길이는 약 1리이고 두 섬 간의 거리는 0.25리로서 보이는 곳에 일초맥(一礁脈)이 있어 이를 연결한다. 서서(西嶼)는 해면으로부터 높이가 약 410척으로서 형상은 당탑(糖塔)과 비슷하다. 동서(東嶼)는 이에 비교해 낮고 평평한 정상으로 되어 있다. 이 열암 부근의 수심은 상당히 깊을지라도 그 위치는 함관(函館)을 향하여 일본해(동해)를 항해하는 선박의 직수도(直水道)에 당(當)하므로 상당히 위험한 것이다.[25]

여기서 명백한 것은 일본 해군성 수로국은 독도(리앙코르도섬)를 조선의 동해안 부속령으로 간주하고 있으며, 그들의 독도에 대한 지식은 서양 선박들이 측량 보고한 사실에 한정되어 있었다는 사실이다. 일본 해군성 수로국은 그 후 『조선수로지』의 판을 거듭했는데, 예컨대 제2판인 1899년판 『조선수로지』에서도 이전과 같은 설명을 게재하고 독도를 조선 동해안 부속령으로 취급하였다.[26]

---

25 日本 海軍省水路部, 1899, 『朝鮮水路誌』, 255~256쪽.

26 日本 海軍省水路部, 1899, 『朝鮮水路誌』, 263쪽.

현재의 일본 외무성은 『조선수로지』는 수로지이기 때문에 소속 영토의 개념은 포함되어 있지 않다고 주장하고 있는데, 전혀 그렇지 않다. 일본 해군성 수로국은 세계수로지인 『환영수로지』 체제를 해체하여 각국별로 수로지를 편찬했으며, 『조선수로지』는 조선 영토의 수로(水路)를 묶어 편찬한 것이었다. 이 사실은 우선 일본 해군성 수로국은 조선이 독립국일 때까지는 『조선수로지』를 독립해 편찬하다가 조선이 일본의 식민지로 병탄되자 『조선수로지』 발행을 중단하고, 1911년부터는 『일본수로지』에 포함시켜 제6권으로 편찬하면서 그것이 영토의 '병합' 때문임을 밝히고 있는 것에서도 알 수 있다.

> 본서는 조선 전안(全岸)의 수로(水路)로서 메이지 43년 조신을 아세국(我帝國 : 일본제국)에 병합시켰기 때문에 『일본수로지』 제6권이라고 제(題)하여 간행한다.[27]

반면에 일본 해군성 수로국이 편찬 간행한 『일본수로지』는 (일본 학자의 조사에 의하면) 1892년 제1판 이래 순차 간행하면서도 독도를 포함시키지 않았다. 『일본수로지』에는 1895년 시모노세키조약(下關條約)에 의해 일본의 새로운 영토가 된 타이완과 펑후제도, 그리고 쿠릴열도(千島列島) 최북단의 점수도(占守島)까지 수록되어 있지만, 타이완의 대안(對岸)이나 캄차카반도는 전혀 포함되어 있지 않다. 즉 일본 해군성은 독도의 정확한 위치를 알고 있으면서도 이를 일본 영토가 아니라고 보아 『일본수로지』의 동해(일본 이름으로 소위 '일본해') 부분에 포함시키지 않았던 것이다. 일본 해군성

27 日本 海軍省水路部, 1911, 『日本水路誌』 第6卷, 序, 1쪽.

수로부가 독도를 『일본수로지』에 포함시키기 시작한 것은 일본이 1905년 2월 독도를 대한제국 정부 몰래 침탈하여 시마네현에 편입시킨 이후부터다. 그들은 1907년의 『일본수로지』 제4권의 해도에서 은기도 북방에 처음으로 작은 점을 그려넣기 시작했다.[28] 이러한 사실들은 일본 해군성도 태정관·외무성·내무성과 마찬가지로 1905년 2월까지는 독도가 조선 영토임을 정확하게 인지하고 있었음을 증명해준다.[29]

---

28 堀和生, 1987, 「1905年 日本の竹島領土編入」, 『朝鮮史研究會論文集』 第24輯.

29 日本 海軍省水路部는 일제 강점 후에는 『朝鮮水路誌』를 독립시키지 않고 계속 『日本水路誌』 안에 포함시켰다. 예컨대, 1920년의 『日本水路誌』에서는 第10卷(上·下 2冊)에 朝鮮水路를 넣었다. 특히 第10卷 上冊의 울릉도 바로 다음에 '竹島(Liancourt Rocks)'라는 항목을 넣으면서 "朝鮮人은 이를 獨島라고 쓰고 內地(日本) 漁夫는 이를 리양코섬(リャンコ島)이라고 말한다."고 기록 설명하였다(『日本水路誌』 第10卷 上冊, 56~58쪽). 여기서 주목할 것은 鬱陵島와 獨島(竹島)를 나란히 朝鮮篇에 넣고 있다는 사실이다. 日本 海軍省水路部는 海軍省의 書誌 第6號로 1933년 『朝鮮沿岸水路誌』를 간행했는데, 第1卷에서 아예 '鬱陵島及竹島'라는 항목을 설정하여 울릉도에 이어 독도를 비교적 상세히 설명하였다(日本 海軍省水路部, 1933, 『朝鮮沿岸水路誌』 第1卷, 86~90쪽 참조). 여기서 주목할 것은 日帝가 조선이 영구히 일본 영토가 되었다고 간주했던 시기에는 '鬱陵島及竹島'라고 하여 독도를 울릉도의 부속도서로 간주했다는 사실과, 이를 모두 조선의 연안에 귀속시켰다는 사실이다. 일본이 독도를 朝鮮東海岸과 울릉도로부터 떼어내 『日本水路誌』의 隱岐島 다음에 넣어서 설명하기 시작한 것은 독도 영유권에 대한 논쟁이 시작된 1952년 이후부터다.

제18장

일본 육군성이 재확인한 조선의 독도 영유

제1절 1876년 조선 개항 전후, 일본 육군성의 독도·울릉도 조선 영토 인지

일본 육군성도 해군성과 마찬가지로 독도(송도)를 조선 영토로 재확인했다. 일본 육군성 참모국이 1875년(메이지 8년)에 편찬해서 발행한 「조선전도(朝鮮全圖)」를 보면 울릉도(죽도)와 함께 독도를 함께 그려 독도가 조선 영토임을 나타내고 있다.

그러나 일본 육군성의 1875년 「조선전도」는 실지 측량에 의거한 지도가 아니라, 기존 지도와 지리 지식을 종합하여 편제한 것이었기 때문에 울릉도와 독도의 위치가 부정확하게 그려져 있다.[30]

즉 죽도와 송도를 조선 영토로 인지하여 「조선전도」에 포함시키면서도

30 일본 육군성 참모국은 이 지도의 설명문인 例言에서, 이 지도는 「朝鮮八道全圖」 및 「大淸一統輿圖」와 해안선이 실측된 영국·미국 등의 海圖를 종합하고, 조선의 함경도 출신 金麟承의 자문을 받아 제작되었다고 기록하였다.

그림 2-8 일본 육군성 참모국의「조선전도」

죽도는 더욱 조선 해안에 가까이 그리고 송도는 울릉도 부근 위치에 울릉도처럼 다소 부정확하게 그렸다.

그럼에도 불구하고 일본 육군성 참모국은 죽도(울릉도)와 송도(우산도, 독도)는 조선 영토임을 명백히 인지하였다. 일본 육군 참모국의 이러

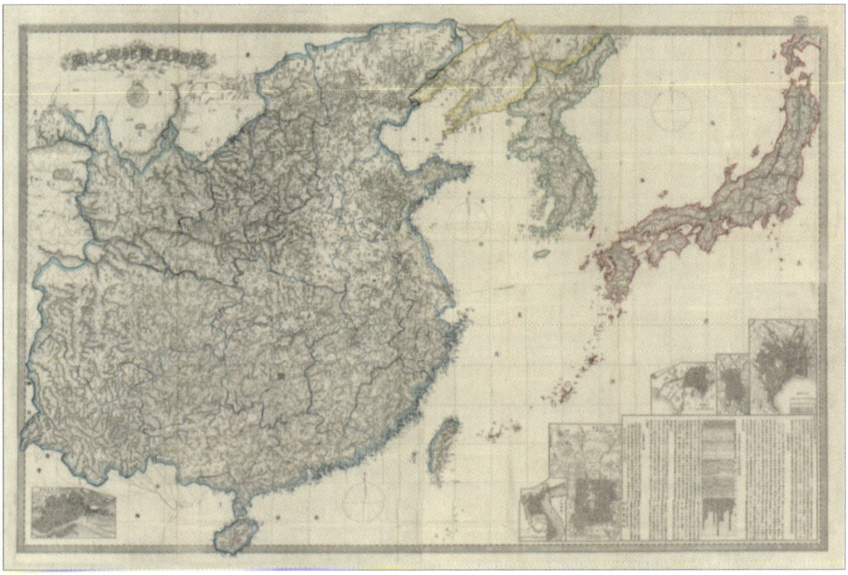

그림 2-9 「아세아동부여지도」의 1875년판
일본 기원(紀元) 황기(皇紀) 2535년, 메이지 8년에 일본 육군 참모국에서 발행한 동아시아 지도이다.

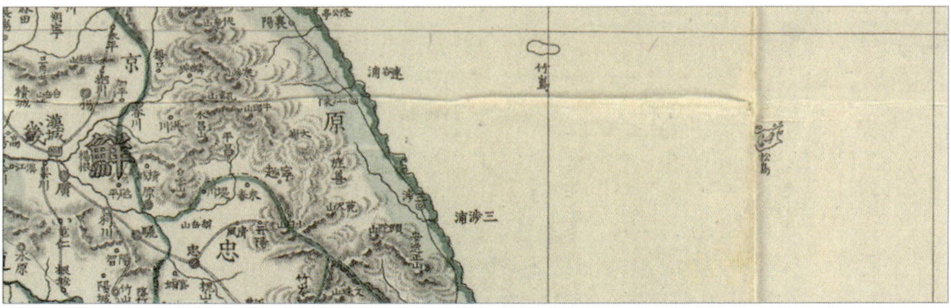

그림 2-10 「아세아동부여지도」 중 울릉도와 독도를 그린 부분

한 울릉도·독도에 대한 영토 소속 인지는 일본 육군 참모국이 1874년 및 1875년 발행한 「아세아동부여지도(亞細亞東部輿地圖)」에서도 그대로 반영되어 있다.

「아세아동부여지도」의 초판은 1874년에 제작되었으며 아래 지도는 그

그림 2-11 일본 육군 참모국이 1876년 제작한 「조선전도」이다. 1875년 제작의 「조선전도」를 개정한 것으로, 대동강·한강구·영흥만·부산포 등 전략상 주요 지역의 확대도를 더 그려넣었다.

그림 2-12 「조선전도」의 울릉도와 독도 부분. 1875년 「조선전도」와 마찬가지로 울릉도는 '송도(松島)'로, 독도는 '죽도(竹島)'로 표기하고, 독도를 울릉도 서북쪽에 점선으로 그렸다. 이것은 가공의 섬 아르고노트인데, 당시 육군 참모국도 독도의 위치를 파악하지 못했을 뿐 아니라 독도를 울릉도와 함께 조선의 영토로 인식했음을 알 수 있다.

이듬해에 제작된 두 번째 판본이고 그 후 수십 년에 걸쳐 여러 차례 교정, 증보되었다. 부기된 예문에는 청나라 각 성(省)의 면적, 인구 등의 내용이 기록되어 있다.

일본 육군성 참모국은 이듬해 1976년에 「조선전도」의 재판을 발행할 때에 대동강 · 한강구(漢江口) · 영흥만(ユンヒン湾) · 부산포 등 4개의 확대도를 추가하고, 경기도 등 팔도의 경계에 색채를 넣어 도별 구분을 선명히 하였다. 이때에도 죽도와 송도는 조선 영토로 인지하여 「조선전도」에 포함시켰다.[31]

---

31 우리문화가꾸기회 편, 2016, 『日本古地圖選集:독도는 일본의 역사적 영토인가』 2, 세가, 48~53쪽. 여기에서는 일본의 竹島 위치 혼란은 영국 해군 제독 제임스 콜넷(James Colnett, 1753~1806년)이 동해에서 발견했다고 보고한 가상의 섬 아르고노트섬(Argonaut Island)과 그 지도의 영향이라고 해석하였다.

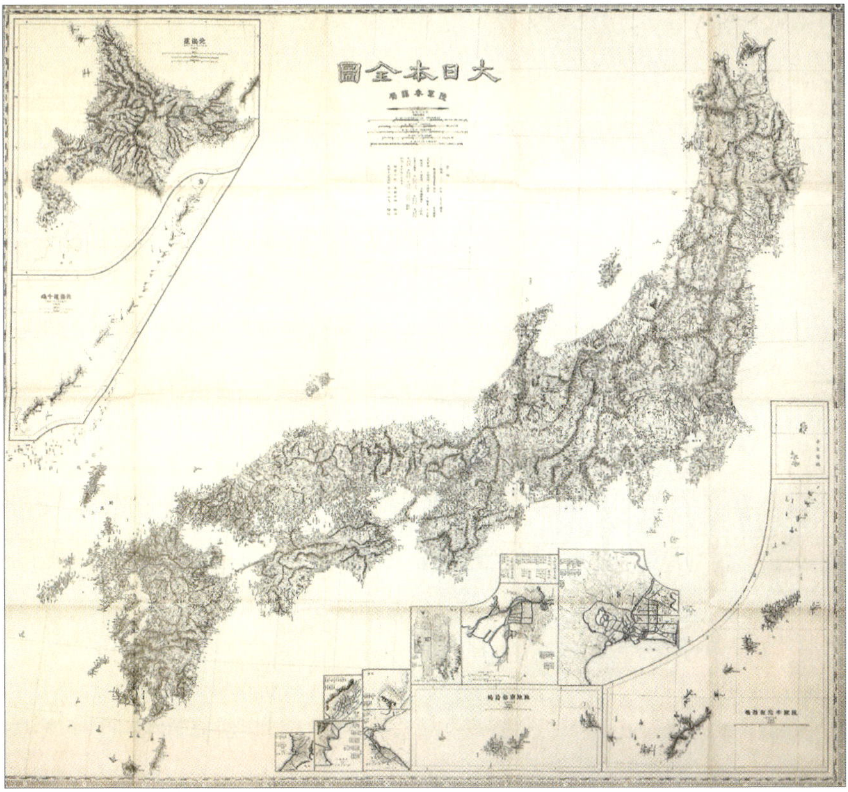

그림 2-13 1877년 제작한 「대일본전도」. 이 지도는 당시 일본이 영토를 확장한 뒤 육군참모국에서 제작한 일본전도로, 홋카이도와 홋카이도치시마(北海道嶋), 오가사와라섬(小笠原嶋), 류큐 중북부와 남부의 제도(琉球中北部·南部諸島)를 부분도로 싣고 있다. 따라서 지도상에 나타나지 않은 독도와 센가쿠열도[중국명 댜오위다오(釣魚島)] 등은 일본 영토가 아님을 명확히 밝히고 있다.

일본 육군성 참모국이 울릉도와 독도를 조선 영토로 인지한 사실은 그 이듬해인 1877년에 발행한 「대일본전도(大日本全圖)」에서 여백이 있음에도 불구하고 오키섬(은기도)만 일본 영토로 그려넣고, 송도(독도)는 아예 제외하여 일본전도에 포함시키지 않았다는 것에서도 확인할 수 있다.[32]

제2절 1904년 러·일전쟁 전후, 일본 육군성의 독도·울릉도 조선 영토 인지

일본 육군성은 조직을 확대 정비하여 육군 참모본부에 부설기관으로 '육지측량부'를 신설해서 실지측량에 의거한 정확한 지도를 제작하게 된 이후에도 독도와 울릉도(송도와 죽도)가 조선 영토라는 객관적 진실을 그대로 인지하였다.

일본 육군성 참모본부 육지측량부는 1905년 일본 해군성이 추진하여 독도(당시 일본 호칭 리앙코르도섬)를 일본 영토로 침탈 편입해서 호칭을 '竹島'(죽도)로 고쳐 호칭하면서도 이 섬을 '울릉도의 부속섬'으로 인지하는 입장을 바꾸지 않았다.

일본 육군성의 이러한 관점은 그 후 내내 계속되어, 심지어 1936년의 일본 육군 참모본부 육지측량부의 「지도구역일람도(地圖區域一覽圖)」에서도 독도(이때의 명칭은 죽도)를 조선 부속으로 구획하여 그려넣었다.[33]

---

32 우리문화가꾸기회 편, 2016, 『日本古地圖選集:독도는 일본의 역사적 영토인가』 2, 세가, 52쪽.

33 日本 陸軍 참모본부 육지측량부의 「地圖區域一覽圖」(1936년)의 목적은 대일본제국에 속한 모든 지역을 본주(本州), 조선(朝鮮), 관동주(關東州), 타이완(臺灣), 화태(樺太), 쿠릴열도(千島列島), 남서제도(南西諸島), 오가사와라군도(小笠原群島) 등으로 집단분류

이상과 같이 일본 메이지 정부의 외무성·내무성·해군성 및 육군성과 일본의 국가행정 최고기관인 태정관이 일본 정부의 공문서들을 통해 '독도'(우산도, 송도, 리앙코르도섬)를 조선 부속령이라고 거듭거듭 확인하고 지령한 사실들은 적어도 1905년 2월 일제가 독도를 침탈하기 전까지 메이

(grouping)하는 것이었다. 참모본부는 「지도구역일람도」에서 독도(竹島)를 일본 본주에 넣을 공간이 충분함에도 불구하고 울릉도와 함께 '조선 구역'에 포함시키고, 죽도의 오른쪽 밖에 '조선 구역'과 '일본 본주 구역'을 구분하는 굵은 검은 선을 그어 놓았다.

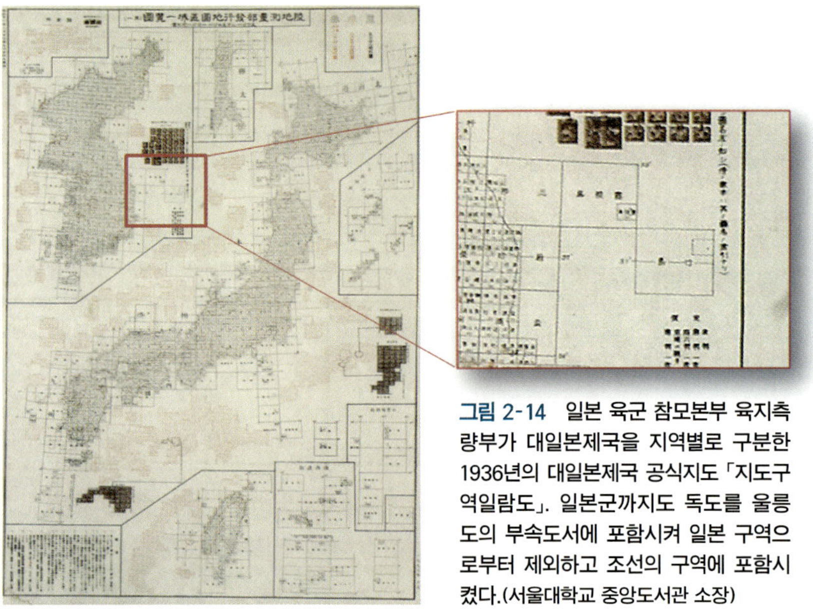

그림 2-14 일본 육군 참모본부 육지측량부가 대일본제국을 지역별로 구분한 1936년의 대일본제국 공식지도 「지도구역일람도」. 일본군까지도 독도를 울릉도의 부속도서에 포함시켜 일본 구역으로부터 제외하고 조선의 구역에 포함시켰다.(서울대학교 중앙도서관 소장)

「지도구역일람도」가 제작된 1936년은 일제가 패망을 상상하지 않고 대일본제국이 영속한다고 생각했을 때다. 일본제국 지역 분류를 위해 일본 육군성이 공식적으로 발행한 지도이기 때문에 결정적으로 중요한 자료다. 이 자료에서 독도(獨島)가 '조선 지역'에 포함되는지 '일본 본주 지역'에 포함되는지 여부에 따라 대일본제국이 외부의 힘이 의해 해체되는 경우에 독도(獨島)의 귀속이 어디로 결정될지가 정해지기 때문이다. 그런데 일본 육군 참모본부는 독도를 '조선 구역'에 포함시킨 것이다. 일본 육군성은 독도가 울릉도의 부속도서이며 조선의 부속령임을 명확히 알고 있었던 것이다. 일본 제국주의가

지 정부 전체가 독도를 조선 영토로 인지하고 재확인했음을 잘 나타내주는 것이다.

1945년 8월 15일 패망하여 연합국이 대일본제국을 해체시킬 때 일본군의 「지도구역일람도」가 가장 중요한 자료 가운데 하나가 되었음은 논란의 여지가 없다. 왜냐하면 연합국최고사령관 지령(SCAPIN) 제677호를 공포했을 때 연합국최고사령관이 일본 정부의 정치적·행정적 권리의 행사 또는 행사 기도의 정지를 명령한 특정한 지역 집단분류가 일본군의 「지도구역일람도」와 거의 일치하기 때문이다.

제19장

조선의 울릉도·독도 수호와 재개척

제1절 울릉도검찰사 이규원의 현지조사

울릉도·독도에 대한 정책은 쇄환·공도정책과 수토정책이 핵심이 되었지만, 남해안과 동해안의 어부들은 여전히 울릉도에 출어하고 있었다.[34] 뿐만 아니라 일본에서 막부 정권이 붕괴되고 메이지 정권이 수립됨과 동시에 정한론과 대외침략이 고취되자, 일본인들 가운데 일찍이 울릉도에 밀입하여 삼림벌채를 해서 이익을 취하는 사람들도 나타나 그 수가 점차 증가하게 되었다. 이 사실은 1881년 5월에 울릉도를 수토하던 조선관원에게 적발되어 강원도관찰사를 통해서 중앙정부에 보고되었다.[35]

통리기무아문은 이 문제에 대한 대책으로 ① 일본 외무성에 항의 서계

34 ① 李瑄根, 1963,「近世 鬱陵島問題와 檢察使 李奎遠의 探險成果」附錄 '李奎遠의 鬱陵島檢察日記·啓本草',『大東文化硏究』제1집.
② 宋炳基, 1987,「朝鮮後期·高宗朝의 鬱陵島搜討와 開拓」,『崔永禧敎授華甲紀念 韓國史學論叢』.

35 『承政院日記』高宗 18年 5月 22日條.

를 보내 일본인의 울릉도 불법침입의 금지를 요구하고, ② 울릉도 방수(防守)를 위해 부호군(副護軍) 이규원(李奎遠)을 울릉도검찰사로 임명하여 현지에 파견, 자세히 조사하게 한 다음 그의 보고를 받아 공도정책의 폐기 여부를 검토하기로 결정했다.[36]

조선 조정은 1881년 5월 23일 이규원을 울릉도검찰사로 임명했으나,[37] 출발 준비를 끝내면 벌목철이 지나게 되므로 그가 정작 출발한 것은 이듬해인 1882년 4월 10일이었다. 이규원이 출발하기에 앞서 4월 7일 사폐(辭陛)하는 자리에서 고종은—그동안 울릉도 문제를 두고 통리기무아문 관료들과 논의가 있었던 듯— 지대한 관심을 표시하고, 특히 ① 울릉도에 밀입한 일본인들에 대한 검찰, ② 울릉도 부근에 있는 송죽도(松竹島)와 우산도(자산도)의 상거원근(相距遠近) 또는 송도, 죽도, 우산도 3개 섬(三島)을 합쳐서 울릉(鬱陵)이라고 통칭한다는 설도 있는데, 그 실제 형편, ③ 설읍(設邑)하기에 적합한 경식처(耕食處)의 조사 등을 지시하고 별단(別單)과 지도(地圖)를 작성해 올리라고 명령했다.[38]

이때 국왕 고종과 통리기무아문 관료들의 인식은 울릉도의 전도(全島) 구성을 ① 울릉도 ② 죽도(대섬) ③ 우산도의 3도로 인식하고 있었다. ① 울릉도는 울릉도 본도이고 ② 죽도는 본도인 울릉도로부터 동북쪽 0.5킬로미터 지점에 있는 관음도 옆의 작은 바위섬이고, ③ 우산도는 울릉도 동남쪽 87.4킬로미터 지점에 있는 2개의 큰 바위섬이다. 보통 지도에는 ② 의 죽도는 작은 바위섬이어서 그려져 있지 않고, ③ 의 우산도가 그려지는 것이 보통이다.

---

36 『承政院日記』 高宗 18年 5月 22日條.

37 『承政院日記』 高宗 18年 5月 23日條.

38 『承政院日記』 高宗 19年 4月 7日條.

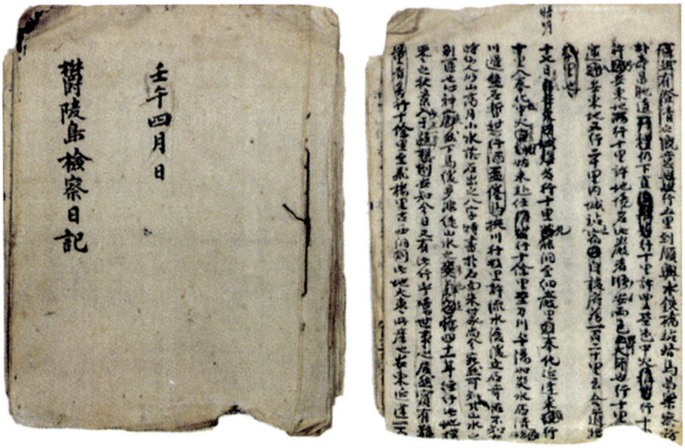

그림 2-15
『울릉도검찰일기』

여기서 주목할 것은 고종이 이때 울릉도 공도정책을 폐기하고 울릉도에 설읍할 계획을 갖고 있었으며, 울릉도 부속섬으로서의 우산도(芋山島)에 깊은 관심을 갖고 있었다는 사실이다.

검찰사 이규원 일행은 모두 102명으로 구성되어 배 3척에 나누어 타고 4월 29일 평해 구산포를 출발하여 큰 풍랑을 만나 놀란 후, 1882년 4월 30일 울릉도에 도착해서 5월 1일부터 조사를 시작하여 만 7일간 도보로 섬 안을 조사했으며, 2일간 배편으로 울릉도의 해안을 한 바퀴 돌면서 조사하였다. 그는 이 과정에서 죽도(대섬)는 찾아냈으나, 우산도는 울릉도 체류자들로부터 있다는 말만 듣고 보지는 못하였다.[39]

이 육장(陸將)은 울릉도의 해안 둘레만 한 바퀴 돌았을 뿐 울릉도의

---

39 ① 李奎遠, 『鬱陵島檢察日記』.
② 李瑄根, 1963, 「近世 鬱陵島問題와 檢察使 李奎遠의 探險成果;附錄 '李奎遠의 鬱陵島檢察日記 · 啓本革'」, 『大東文化硏究』 제1집.
③ 宋炳基, 1987, 「朝鮮後期 · 高宗朝의 鬱陵島搜討와 開拓」, 『崔永禧敎授華甲紀念 韓國史學論叢』.

49해리(약 230리) 밖에 있는 우산도는 검찰하지 못한 채 돌아왔다. 그러나 그는 울릉도의 섬 안 사정은 물산의 종류와 함께 비교적 상세히 조사하여 보고하였다. 보고의 내용을 요약 정리하면 다음과 같다.[40]

(1) 본국인(조선인)은 모두 140명이 있는데, 출신 도별로 보면 전라도가 115명(전체의 82%)으로 가장 많다. 그 내역을 보면 흥양(興陽)의 삼도(三島) 출신이 김재근(金載謹) 등 24명과 이경화(李敬化) 등 14명, 흥해(興海)의 초도(草島) 출신이 김내언(金乃彦) 등 13명과 김내윤(金乃允) 등 23명과 김근단(金謹端) 등 20명, 낙안(樂安) 출신이 이경칠(李敬七) 등 21명이었다.[41] 다음으로 강원도 평해(平海) 출신이 14명(10%), 경상도(경주(慶州) 7명, 연일(延日) 2명, 함양(咸陽) 1명) 출신이 10명(7%), 경기도(파주) 출신이 1명이었다.

(2) 본국인의 직업을 보면 조선(造船)[채곽(採藿) 포함]이 129명(전체의 92.2%), 채약(採藥)이 9명(6.4%), 예죽(刈竹)이 2명(1.4%) 등이었다. 전라도(115명)와 강원도(14명)에서 온 사람들은 모두 13~24명씩 1단(團)을 이루어 결막(結幕)을 하여 살면서 벌목(伐木)을 해서 조선을 하고 여기에 때때로 채곽·채어(採漁)를 해서 조선이 끝나면 배에 싣고 돌아가고 있었다. 경상도 경주에서 온 7명과 함양에서 온 1명[전석규(全錫奎)], 경기도 파주에서 온 1명은 산삼 등 약재를 캐고 있었다. 경상도 연일에서 온 2명은

40 신용하, 1989, 「朝鮮王朝의 獨島領有와 日本帝國主義의 獨島侵奪」, 『한국독립운동사연구』 제3집.

41 여기서 울릉도 渡航者의 압도적 다수인 82퍼센트가 전라도 남해안 지역의 어민이며, 李奎遠이 檢察한 때 울릉도의 지명들이 전라도 방언으로 지어졌음에 주목할 필요가 있다. 전라도 남해안 어부들은 13~24명씩이 한 집단을 이루어 이른 봄에 울릉도에 渡航하여 伐木을 해서 造船을 하는 한편, 採藿·採漁를 하다가 造船이 완료되면 그 新造한 어선에 채취한 海産物을 싣고 귀향했음을 李奎遠의 『鬱陵島檢察日記』를 통해 알 수 있다.

예죽(刈竹)을 하고 있었다.

(3) 울릉도에 침입한 일본인은 모두 78명이었다. 그들은 모두 벌목을 하러 왔고, 이규원이 만나 필담을 한 일본인들은 일본 정부의 울릉도 출어 금지령을 들은 바 없다고 했으며, 그 태도는 매우 오만불손하여 울릉도를 조선 영토인 줄 모르며 일본 영토로 알고 있다고 말하는 자도 있었다. 울릉도의 장작지포(長斫之浦)에서 통구미(桶邱尾)로 향하는 바닷가 석경(石逕) 위에 한 일본인이 길이 6척, 넓이 1척의 입표목(立標木)을 세우고 "대일본국(大日本國) 송도규곡(松島槻谷) 메이지 2년 2월 13일 암기충조(岩崎忠照) 건지(建之)"라고 쓴 것을 발견하였다.[42]

(4) 설읍(設邑)하는 경우의 경식처(耕食處)로서는 나리동(羅里洞)이 길이가 10여 리요 넓이 9리에 1천 호를 살릴 수 있고, 이 밖에도 1백이나 2백 호를 수용할 수 있는 곳이 6, 7처가 있음을 조사하였다. 또한 포구는 14처가 있으며, 산물(物産)은 비교적 풍부하고 대표적 토산(土産)으로 43종이 있다.

울릉도검찰사 이규원은 1882년 6월 5일 국왕에게 복명하는 자리에서도 ① 설읍·설진(設鎭)하는 경우 나리동(羅里洞)을 제안하고, ② 교활한 일본인이 송도 운운하는 푯말을 세운 것에 대해 일본공사 하나부사 요시모토(花房義質)과 일본 외무성에 항의문서를 보내야 함을 제의하였다. 고종은 이에 대하여 ① 일본 측에 항의 서계를 보내도록 함은 물론이요, ② 울릉도 개척을 속히 서둘러야 한다고 강조하였다.[43]

42 李奎遠, 『鬱陵島檢察日記』 高宗 19年 5月 初6日條.

43 李奎遠, 『鬱陵島檢察 啓本草』.

제2절 조선의 울릉도·독도 재개척

국왕의 명을 받은 영의정 홍순목(洪淳穆)은 임오군란이 수습된 직후인 1882년 8월 20일 울릉도 개척 방안으로서 ① 모민(募民) 개간(開墾)을 권장하여 5년간 면세하고, ② 영남·호남의 조운선 조선(造船)을 울릉도에 가서 하도록 공적으로 허락하며, ③ 검찰사의 천거를 받아 도장(島長)을 임명하고, ④ 설진(設鎭)은 뒤로 미루고 먼저 설읍(設邑)의 방향으로 할 것을 건의하였다.[44] 이 건의가 받아들여져 울릉도도장에 전석규(全錫奎)가 임명되고,[45] 평해군수가 울릉도를 관장하게 되었다.[46] 정부는 울릉도를 지방관제상 잠정적으로 강원도 울진현에서 평해현으로 이속케 하였다.

조선 정부는 한편 일본인들이 울릉도 불법침입과 도벌(盜伐)이 보고된 1881년 5월에 즉각 일본 외무성에 항의문서를 보내 일본인의 도항금지 조치를 요구하였다. 그러나 일본 외무성은 즉시 회답하지 않고 기타자와 마사노부(北澤正誠)에게 울릉도(죽도) 영유권에 대한 조사를 위촉했다.

기타자와는 광범위하게 문헌조사를 한 결과 울릉도는 일본 판도 밖에 있는 조선 영토라는 결론을 내려 『죽도고증(竹島考證)』을 짓고, 이를 요약한 보고서 「죽도판도소속고(竹島版圖所屬考)」를 1881년 음력 7월 26일(양력 8월 20일) 일본 외무성에 제출했다.[47] 이를 받은 일본 외무성은 1881년 10월 24일(양력 12월 15일)에야 일본인들이 울릉도에 도항하여 벌목한 일

---

44 『承政院日記』 高宗 19年 8月 20日條.

45 『江原監營關牒』 第6冊, 壬午 9月 初9日 到付. "議政府爲相考事 道內鬱陵島島長差送事 纔有所筵禀行會是在果 同島長 以全錫奎 成給帖文下送爲去乎."

46 『江原監營關牒』 第6冊, 壬午 10月 到付. "(…) 島長所告 以平海郡爲定後 飜關知委矣."

47 『日本外交文書』 第14卷, 事項10, 文書番號161, 「朝鮮國鬱陵島ノ儀ニ付 朝鮮政府へ送翰ノ儀 上申ノ件」 附屬書2, 『竹島版圖所屬考』, 390~394쪽.

이 있으나 지금은 철수했다고 조선 정부에 회답해왔다.[48]

그러나 이규원이 검찰한 결과, 여전히 일본인들이 울릉도에서 벌목하고 있었으므로, 조선 조정은 이규원의 복명이 있은 직후인 1882년 음력 6월에 예조판서가 일본 외무성에 일본인의 울릉도 불법벌채를 설법(設法)하여 엄금해줄 것을 다시 요구했으며,[49] 수신사 박영효(朴泳孝)도 제물포조약(1882년 9월 22일)을 비준하는 자리에서 일본 외무경에게 일본인의 울릉도 불법침입과 무단 벌채에 강경하게 항의하고 일본인의 울릉도 철수를 요구하였다.[50]

일본 측은 1882년 12월에 가서야 조선의 예조판서에게 이미 울릉도도항금령을 내렸다는 회답을 보내고,[51] 실제로는 이듬해 1883년 1월 22일(양력 3월 1일) 태정대신의 이름으로 울릉도도항금령을 시달하였다.[52] 그러나 이것도 이미 울릉도에 침입하여 벌목 중인 일본인을 철수시킨 것은 아니었다.

조선 조정은 적극적으로 울릉도를 개척하기 위해서 1883년 3월 16일 개화파 영수 김옥균(金玉均)을 동남제도개척사겸관포경사(東南諸島開拓使兼

---

48 『舊韓國外交文書』 第1卷, 日案1, 文書番號75, 「日人ノ蔚陵島伐木禁止ノ件」.

49 『日本外交文書』 第15卷, 事項10, 文書番號158, 「邦人ノ蔚陵島渡航禁止ニ關シ上申ノ件竝ニ決濟」 附屬書 1, 291쪽.

50 ① 『修信使記錄』(使和記略) 高宗 19年 9月 20日條.
② 李瑄根, 1963, 「近世 鬱陵島問題와 檢察使 李奎遠의 探險成果;附錄 '李奎遠의 鬱陵島檢察日記 · 啓本革'」, 『大東文化硏究』 제1집.

51 『日本外交文書』 第15卷, 事項10, 文書番號159, 「邦人ノ蔚陵島渡航禁止ニ關スル件」, 附屬書 「井上外務卿ヨリ禮曹判書ヘ答書案」, 291~294쪽.

52 『日本外交文書』 第16卷, 事項10, 文書番號125, 「蔚陵島ニ邦人渡航禁止審査決議ノ件竝ニ決濟」, 「內達案」, 325~326쪽.

管捕鯨事)에 임명하였다.[53] 김옥균의 개척사 임명은 친청 수구파들이 그를 중앙정계에서 밀어내려고 한 의도도 있었지만, 평소에 울릉도 개척과 임업 및 어업 개발을 주장해온 김옥균의 능력을 활용해 울릉도와 그 부속도서를 개척하려는 국왕의 의도도 포함되어 있었다.[54] 또한 김옥균의 직함을 울릉도개척사라고 하지 않고 '동남제도개척사'라고 하여 '제도(諸島)'를 넣은 것은 국왕 고종이 울릉도뿐만 아니라 울릉도·죽도·우산도의 3도 개척에 큰 관심을 가지고 있었음을 나타낸 것으로 해석된다.[55]

김옥균을 동남제도개척사겸관포경사로 임명한 조선 조정은 백춘배(白春培)를 종사관으로 하여 울릉도 개척 사업을 매우 적극적으로 추진하였다.[56] 그 내용을 살펴보면 다음과 같다.[57]

첫째, 조선 정부 주도하에 강원도 지방에서 7~8호, 경상도 지방에서 10여 호를 이주시키고,[58] 뒤이어 전라도 지방 등에서 1883년 4월에 1, 2차로 16호 54명을 이주시켰다. 조선 조정은 이때 식량 및 곡식의 종자와 가축은 물론이요, 설읍설촌(設邑設村)을 위해 작업할 목수와 대장장이들과 방어용 총검 등 무기도 실어보냈다.[59] 이들은 입도 즉시 토지 개간에 착수하여

---

53 『高宗實錄』 高宗 20年(癸未, 1883년) 3月 16日條.

54 ① 신용하, 1985, 「金玉均의 開化思想」, 『東方學志』 46·47·48합집, 연세대학교 국학연구원.
② 신용하, 1987, 『韓國近代社會思想史研究』, 일지사, 223~234쪽.

55 『承政院日記』 高宗 19年 4月 7日條에서 국왕 高宗이 李奎遠에게 말한 바와 같이 국왕은 鬱陵島뿐만 아니라 '울릉도·竹島·于山島' 三島의 조사와 개척에 깊은 관심을 갖고 있었다.

56 『皇城新聞』 1899年 9月 23一字, 「別號:鬱陵島事況」.

57 신용하, 1989, 「朝鮮王朝의 獨島領有와 日本帝國主義의 獨島侵奪」, 『한국독립운동사연구』 제3집.

58 禹用鼎, 『鬱島記』.

59 ① 『光緒九年四月日鬱陵島開拓時船格糧米雜物容入假量成冊』, 1883, 奎章閣圖書

3개월 후인 1883년 7월에는 310두락의 농경지를 개간했다.[60] 조선왕조의 이 첫 번째 사민(徙民)은 규모가 큰 것은 아니었으나, 정부가 적극적인 지원 의지를 보여 그 후 백성들의 자발적인 울릉도 이주에 지대한 영향을 주었다.

둘째, 조선 정부와 개척사의 강경한 항의와 교섭으로 일본 정부가 일본인들을 모두 울릉도에서 실제로 철수시키도록 하였다. 일본 내무성은 1883년 9월 관원과 순사 31명을 월후환(越後丸)이란 배로 울릉도에 파견하여 불법 침입한 일본인 254명을 모두 쇄환(刷還)함으로써 울릉도에는 일본인이 1명도 남지 않게 되었다.[61] 이것은 울릉도 개척 사업의 큰 성과였다.

셋째, 조선 정부와 개척사는 일본인이 완전히 쇄환된 이후에 정부의 허락도 없이 미곡을 받고 일본 천수환(天壽丸)호 선장에게 삼림 벌채를 허가하는 증표를 써준 울릉도도장 전석규를 파면하고 처벌하였다.[62] 이것은 울릉도를 지키려는 조선 정부의 확고한 의지를 보인 것으로 일본인들과 조선 관리들 모두에게 큰 경종이 되었다.

No.17041.
② 『光緒九年七月日江原道鬱陵島新入民戶人口姓名年歲及田土起墾數爻成冊』, 1883, 奎章閣圖書 No.17117.

60 ① 『光緒九年四月日鬱陵島開拓時船格糧米雜物容入假量成冊』, 1883, 奎章閣圖書 No.17041.
② 『光緒九年七月日江原道鬱陵島新入民戶人口姓名年歲及田土起墾數爻成冊』, 1883, 奎章閣圖書 No.17117.

61 ① 『日本外交文書』 第16卷, 事項10, 文書番號132, 「檜垣少書記官報告蔚陵島近況差進ノ件」. 311~338쪽.
② 『日本外交文書』 第16卷, 事項10, 文書番號133, 「蔚陵島引上者ノ處置ニ關スル件」, 311~338쪽.

62 ① 『高宗實錄』 高宗 21年 正月 11日條.
② 신용하, 1989, 「朝鮮王朝의 獨島領有와 日本帝國主義의 獨島侵奪」, 『한국독립운동사연구』 제3집.

넷째, 조선 정부와 개척사는 울릉도의 삼림을 외국인에게 벌채하게 하지 않고 조선 정부와 조선인이 직접 벌채하여 일본에 판매하는 계획을 추진하였다.[63] 이 계획에 따라 개척사 김옥균의 종사관 백춘배는 1884년 8월 일본 만리환(萬里丸)호 선장과 판매 계약을 체결하기도 하였다.[64] 울릉도의 임업·어업 개발자금을 조달하기 위하여 개척사는 울릉도의 삼림을 담보로 차관 교섭을 하기도 했다.[65]

현재 서울대학교 규장각(奎章閣) 도서에 1883년 4월자로 된 『울릉도개척시 선격량미잡물 용입가량성책(鬱陵島開拓時 船格糧米雜物 容入假量成冊)』이란 책이 있는데, 이것이 강원도관찰사를 시켜서 개척사 김옥균이 최초의 이주민을 울릉도에 보낼 때 준비한 물자이다. 그 내용을 보면, 선박 4척, 사공과 격군 40명, 종자로 쓸 벼 20석, 콩 5석, 조 2석, 팥 1석, 인솔 인구 30여 명이 9월까지 식량으로 사용할 백미(쌀) 60석, 기계에 들어갈 철물 40근, 가마솥 2좌, 사기 6죽, 숟가락과 젓가락 30개, 돗자리 3죽, 고추 3통, 소금 5석, 간장 5석, 목수 2명, 대장장이 2명, 백목 5필, 마포 5필, 삼신발 5죽, 짚신 5죽, 소 암수 2마리, 사기옹기 5좌, 총 3자루, 총검 4자루, 탄환 3백 개, 화약 3근, 동로구(銅爐口) 2좌 등이었다.

또한 개척사 김옥균은 최초의 이주민 자원가를 모집했는데, 모두 16호 54명이 응모하였다. 이에 1883년 음력 4월, 최초의 이주민 16호 54명이 수백 년 비워 두었던 울릉도에 도착하여 마을을 만들면서 농경지를 개간하

---

63 ① 『尹致昊日記』 1884年 2月 15日條.
② 宋炳基, 1987, 「朝鮮後期·高宗朝의 鬱陵島搜討와 開拓」, 『崔永禧敎授華甲紀念 韓國史學論叢』.

64 ① 『日本外交文書』 第18卷, 事項7, 文書番號94, 「萬里丸搭載蔚陵島木林差押依賴ノ件」 및 文書番號98, 「材木取押ノ上申ノ件」 附屬書1·附屬書2·附屬書3, 174~179쪽.

65 李光麟, 1973, 『開化黨硏究』, 일조각, 59~60쪽.

기 시작하였다.

이 최초의 이주민 자원자와 그들이 만든 마을과 개간한 농경지는 3개월 후인 1883년 7월에 다음과 같았다고 『강원도 울릉도 신입 민호·인구·성명·연세 및 전토기간 수효 성책(江原道 鬱陵島 新入 民戶·人口·姓名·年歲及田土起墾 數爻成冊)』은 기록으로 남기고 있다.

대황토포(大黃土浦)

장덕래(張德來)-연세 72, 본 인동(仁同), 처 김(金)씨-연세 59, 본 안동(安東), 아들 기현(琦現)-연세 33, 둘째 아들 기영(琦英)-연세 25, 셋째 아들 기량(琦良)-연세 6, 경상도 안의(安義)에서 들어옴. 개간 2석(石)지.

김원태(金湏泰)-연세 65, 본 강릉(江陵), 아들 탁향(鐸鄕)-연세 37, 며느리 이(李)씨-연세 35, 손자 진섭(辰燮)-연세 14, 둘째 손자 재복(在福)-연세 2. 강원도 강릉에서 들어옴. 개간 1석(石)지.

이회영(李回永)-연세 36, 본 평창(平昌), 처 박(朴)씨-연세 36, 본 밀양(密陽), 아들 인갑(仁甲)-연세 14, 둘째 아들 의갑(義甲)-연세 11. 강원도 강릉에서 들어옴. 개간 1석(石)지.

황수만(黃守萬)-연세 24, 본 증산(增山), 처 이(李)씨-연세 17, 본 평창(平昌). 강원도 강릉에서 들어옴. 개간 1석(石)지.

곡포(谷浦)

배경민(裵敬敏)-연세 33, 본 김해(金海). 경기도에서 들어옴.

윤과열(尹果烈)-연세 40, 본 파평(坡平). 경상도 선산(善山)에서 들어옴. 개간 1석(石)지.

변길량(卞吉良)-연세 36, 경상도 연일(延日)에서 들어옴. 개간 반석(半石)지.

송경주(宋景柱)-연세 67, 본 여산(礪山). 경상도 경주(慶州)에서 들어옴. 개간 10두락지.

추봉(錐峯)

전재환(田在桓)-연세 33, 본 담양(潭陽), 처 주(朱)씨-연세 34, 본 웅천(熊川), 아들 시룡(時龍), 둘째 아들 월룡(越龍)-연세 3, 친족 아저씨 유(旒)-연세 58, 친족 아우 유환(有桓)-연세 31, 솔인(率人) 배상삼(裵尙三)-연세 32, 거주지 대구. 강원도 울진에서 들어옴. 개간 3석(石)지.

주진현(朱晉鉉)-연세 32, 본 능성(綾城). 경상도 안동에서 들어옴. 개간 1석(石)지.

현포동(玄浦洞)

정직원(鄭直源)-연세 70, 본 연일(延日), 아들 운표(雲杓)-연세 31, 며느리 및 딸 하 5명. 강원도 울진에서 들어옴. 개간 2석(石)지.

조종환(趙鐘桓)-연세 39, 본 한양(漢陽). 충청도 충주에서 들어옴. 개간 5두락지.

과부 이(李)씨 모녀. 충청도 충주에서 들어옴.

홍경섭(洪景燮)-연세 57, 본 남양(南陽), 처 김씨-연세 55, 본 강릉(江陵), 아들 재익(在翼)-연세 34, 며느리 김씨-연세 36, 본 황주(黃州), 손자 수증(守曾)-연세 5, 손녀-연세 11, 둘째 손녀-연세 11, 둘째 아들 재경(在敬)-연세 20, 강원도 강릉에서 들어옴. 개간 1석(石)지.

최재흡(崔在洽)-연세 82, 본 강릉(江陵), 아들 형곤(亨坤)-연세 50, 며느리 김씨-연세 40, 손자 하룡(河龍)-연세 13, 둘째 손자 우룡(又龍)-연세 7, 손녀-연세 22, 둘째 아들 계수(桂秀)-연세 44. 강원도 강릉에서 들어옴. 개간 1석(石)지.

그림 2-16 초대 울릉도도감 배계주

위의 최초의 이주민 자원자는 조선 중남부 지방의 전국에서 응모했다. 이 최초의 이주민 16호는 이룩한 마을별로는 대황토포(大黃土浦)에 4호, 곡포(谷浦)에 5호, 추봉(錐峯)에 2호, 현포동(玄浦洞)에 5호가 정착하여 농경지를 개간하였다.[66]

1884년 12월 갑신정변의 실패로 김옥균 등이 일본으로 망명한 후에는, 울릉도에 전임의 도장을 두지 않고 평해군의 삼척포진 관월송포수군만호가 울릉도도장을 겸임케 하여, 1888년 2월에 울릉도민 서경수(徐敬秀)를 월송만호에 임명해서 개척사업을 추진하였다. 그러나 이듬해 서경수가 사망하여 개척 사업 계획을 달성하지 못하였다.[67] 그러나 일반 백성들의 울릉도 이주는 꾸준히 증가하였다.

1894년 조선이 갑오개혁을 단행하게 되자 개화파 정부는 1894년 12월 울릉도 수토제도를 폐지하고,[68] 다시 전임 도장을 두었으며,[69] 1895년 8월에는 도장의 명칭을 도감(島監)으로 고치고, 판임관의 직급으로 해서 배계주(裵季周)를 초대 도감으로 임명하였다.[70] 울릉도의 지위가 크게 격상된

66 후일 '독도의용수비대(獨島義勇守備隊)'를 편성하여 1950년대에 백성들의 힘으로 독도를 지킨 홍순칠(洪淳七)은 최초의 이민자로 현포동에 자리잡은 홍경섭(洪景燮)의 손자였다.

67 『皇城新聞』 1899年 9月 23日字, 「別號:鬱陵島事況」.

68 『高宗實錄』 高宗 31年 12月 27日條, 「鬱陵島搜討 船格什物 永革事」.

69 『舊韓國官報』 開國 504年(1895년) 正月 29日條.

70 『高宗實錄』 高宗 32年 8月 16日條. "內部大臣朴定陽 以鬱陵島에 島監을 置ᄒᆞᄂᆞᆫ件上奏

것이었다.

1896년 2월 이른바 아관파천이 일어나서 갑오개혁 정부가 붕괴되고 국왕 고종이 러시아 공사관에 머무는 동안, 제정 러시아는 1896년 9월 두만강·압록강 유역 및 울릉도의 삼림벌채권을 이권으로 침탈하였다.[71] 이러한 가운데도 한국인의 울릉도 이주는 현저히 증가하여, 1897년 3월 현재 모두 12개 동리(洞里)에 397호 1천 134명(남자 662명, 여자 472명)이 상주하였고, 개간된 농경지가 모두 4천 774두 9승락에 달하였다.[72]

이와 병행하여 청·일전쟁에서 일본이 승리한 이후부터는 일본인들이 다시 울릉도에 공공연히 불법침입하여 삼림 벌채를 자행하였다.

일본인들이 개항장이 아닌 울릉도에 불법입도하여 러시아가 이권으로 잡은 울릉도의 목재를 불법벌채해 갔으므로, 1899년에는 러시아 서리공사가 일본인의 벌채에 항의하는 외교문서를 대한제국 외부(外部)에 보내왔다. 이제 일본인의 울릉도 불법 삼림벌채는 외교문제로까지 비화하게 된 것이었다.

대한제국 정부는 울릉도의 국토와 주민 보존·보호와 함께 외교적으로 문제되는 추세를 해결하기 위해서도 이에 대한 대책을 긴급히 수립할 필요를 통감하게 되었다.

制曰可."

71 ① 外部 編, 『外部內閣來文』 第2冊, 建陽元年 9月 10日條.
② 外部 編, 『雜案』, 建陽元年 9月 8日條.
③ 外部 編, 『農商工部來去文』 第8冊, 光武 3年 8月 16日條.

72 『독립신문』 1897년 4월 8일자, 「외방통신」, 3~4쪽.

제6편

대한제국 1900년 칙령 제41호의 제정과정 및 의의와 '석도=독도'의 세 가지 방법의 증명

제20장

대한제국의 1900년 칙령 제41호 제정 배경

대한제국은 널리 아는 바와 같이, 1900년 10월 25일 칙령 제41호「울릉도를 울도로 개칭하고 도감을 군수로 개정한 건」을 반포하여, 종래의 '우산도'를 '석도(石島)'라는 명칭으로 바꾸어 독도의 대한제국 영유를 재확인하고 재선언하였다. 이것은 대한제국이 당시의 서양 국제법(만국공법)에 맞추어 대한제국의 울릉도와 독도 영유권을 세계만방에 재확인하고 재선언한 매우 중요한 획기적 조치였다.

대한제국의 1900년 10월 25일 이 칙령 제41호의 반포는 일본 제국주의가 대한제국 몰래 비밀리에 1905년 2월 20일 독도를 '무주지'라고 전제하고 침탈한 사건보다 4년 4개월 이전에 실행했던 칙령이다. 그러므로 대한제국의 이 칙령 반포는 서양 국제법 체계에서도 일제의 1905년 독도침탈의 불법성과 불성립을 명료하게 증명해주는 중대한 칙령 반포이다.

대한제국이 1900년 10월 25일 칙령 제41호를 제정 반포한 배경은, 일본의 울릉도와 독도 침탈 책동과 일본인들의 삼림 불법도벌을 막기 위한 것이었다.

일본은 1876년 2월 '조·일수호조규'에 의거하여 조선왕국이 개항한 후, 조선 조정이 울릉도에 대해 '쇄환공도(刷還空島)정책'을 계속 시행함을 보고, 울릉도가 개항장이 아님에도 불구하고, 일본인들을 울릉도에 불법으로 이주시키기 시작하였다.

당시 조선 조정은 울릉도·독도 영유권이 위협받기 시작했음을 깨닫고, 개화파들이 앞장서서 불법 이주한 일본인들의 철수를 일본 정부에 강력히 요구함과 동시에, 1882년 '울릉도·독도 재개척정책'을 채택하여 울릉도에 남해안과 동해안 어민들을 이주시킴으로써 이 문제를 일단 해결하였다. 이때에는 김옥균(金玉均)이 '동남제도개척사겸관포경사(東南諸島開拓使兼管捕鯨事)'에 임명되어, 개화파들이 울릉도·독도 수호를 위해 적극 활동해서 소기 목표를 성취했었다.[1]

조선 조정의 울릉도·독도 재개척 및 이주 정책은 일단 성공하여, 1883년부터는 이주민들이 울릉도에 들어가서 정착하여 농경과 어업에 종사했으며, 독도를 앞마당 어장으로 활용하여 활발한 고기잡이를 하였다.

그러나 청·일전쟁(1894~1895년)에서 일본인이 승리하자, 사태가 급변하였다. 1895년 후반기부터 일본인들이 다시 울릉도에 불법침입하여 정착하기 시작했으며, 공공연히 도벌하여 목재들을 일본으로 싣고 가는 일이 격증하였다.

일본은 서울에서는 청·일전쟁 후인 1895년 양력 10월 8일 경복궁을 야습하여 민비(명성황후)시해의 만행을 저질렀다. 이에 국왕 고종은 일본의 독수에서 벗어나기 위해 1896년 2월 11일 러시아 공사관에 옮겨 들어가는 이른바 아관파천(俄館播遷)을 하였다.

국왕 고종이 러시아 공사관 안에서 신정부를 조직하고 정사를 보자, 러

1 『高宗實錄』, 高宗 20年(1883년) 3月 6日條.

시아 측이 영향력을 행사하여 신정부는 친러 수구파 정부로 조직되고, 국왕 고종도 러시아를 비롯한 서양 열강의 이권 침탈 요구를 많이 받게 되었다. 이때 러시아는 고종에게 압력을 행사하여 1896년 9월 '두만강 · 압록강 유역 대안 삼림과 울릉도 삼림의 벌채권'을 러시아 회사[대표 브리너(J. I. Briner)]에게 이권으로 25년간 양여하게 되었다.

그 직후 1897년 2월에 고종의 환궁이 있었고, 1897년 10월에는 국호를 '대조선'에서 '대한제국'으로 개정하고 독립 강화를 세계에 재선포한 역사적 사건이 있었다. 1899년 러시아 측은 대한제국 정부에게 일본인들이 불법으로 울릉도에 들어와서 삼림을 벌채해 실어가고 있으니 이를 금지해 달라고 강력하게 항의해 왔다.

대한제국 정부는 러시아 측의 항의는 물론이요, 그보다 먼저 무엇보다도 개항장이 아닌 한국 영토에 일본인들이 함부로 침입하여 삼림을 불법벌채해 간다는 것에 놀라서 이를 중지시키고, 울릉도 이주민에 대한 행정관리를 위해 1899년 5월 배계주(裵季周)를 울릉도도감(島監)으로 재임명하여 파견하였다. 대한제국 정부는 러시아 측과 일본 측의 의구심을 해소하기 위해 배계주와 함께 부산항 세무사(稅務司)로 근무하고 있는 외국인 세무사 라포르트를 동행케 해서 울릉도에의 일본인의 침입 여부와 실태를 조사하여 보고하도록 하였다.[2]

그들의 보고에 의하면, 1899년 5~6월 현재 울릉도에는 일본인 수백 명이 떼를 지어 불법침투해서 촌락(村落)을 만들어 거주하고 있었으며, 선박을 운행하면서 삼림을 연속하여 벌채해서 일본으로 운반해 가고, 곡식과 물화를 밀무역하고 있었다. 울릉도 이주 한국인이 조금이라도 이를 말리면 일

---

2 『皇城新聞』 1899년 6月 15일자, 「雜報:仍任裵監」.

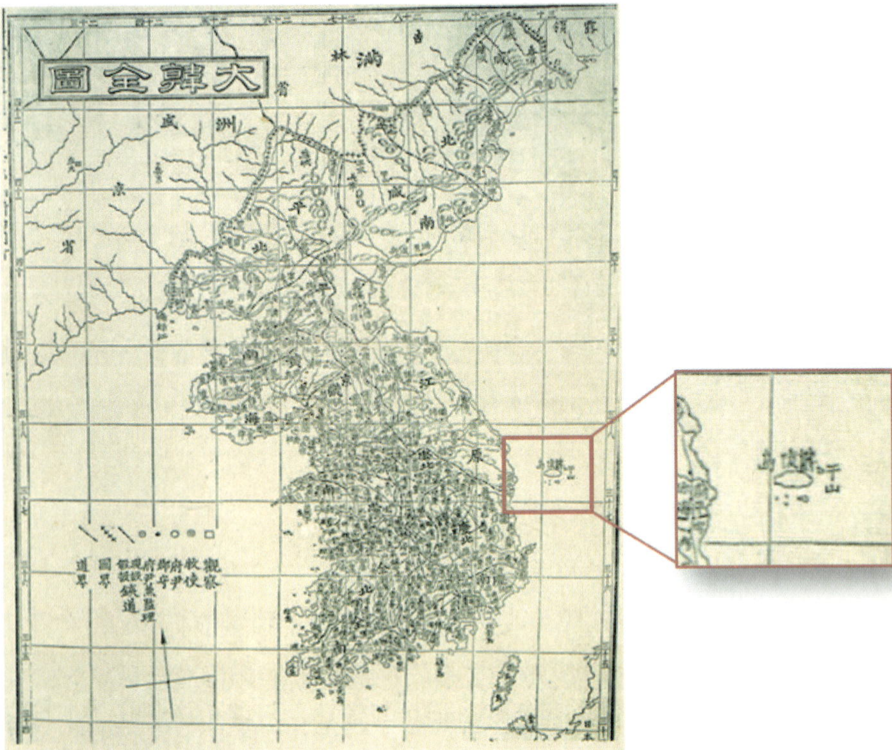

그림 2-17 1899년의 「대한전도」. 대한제국 학부에서 제작 배포한 표준지도로, 독도가 울릉도 동쪽에 위치하고, 경도와 위도가 당시의 기준으로 표시되어 있다.

본인들은 칼을 빼어들고 휘둘러 대면서 멋대로 폭동하여 거리끼는 바가 조금도 없으므로, 한국인 이주민들은 모두 놀라고 두려워하여 안도하지 못하는 실정이라고 그들은 지적하였다.

울릉도도감 배계주는 울릉도에 불법으로 들어온 일본인들과 그들의 행패가 결코 가벼운 것이 아니므로 중앙정부의 명령으로 엄격하게 단속하지 않으면 울릉도에 이주한 한국인들이 이산하고 말겠기에 급히 보고하니 중앙정부가 적극 조처해줄 것을 요청하였다.

이에 실태를 알게 된 대한제국 정부에서는 외부대신이 주한 일본공사에게 공문을 보내어, 울릉도에 불법으로 밀입도한 일본인들을 기한을 정하여 본국으로 돌려보내도록 하고, 개항장이 아닌 항구에서 밀무역한 죄에 대해서는 조·일수호조규의 약정에 의거해서 조사·징벌하여 후일의 폐단을 영구히 근절시켜 줄 것을 요구하였다.[3]

한편 러시아 측은 1899년 9월 15일자로 다시 대한제국 외부대신에게 공문을 보내어, 일본인들이 울릉도에 불법으로 들어와 마을을 이루고 살면서 삼림을 벌채해가고 행패를 부리고 있으므로 일본 공사관에 요구하여 개항장이 아닌 울릉도에 불법으로 밀입도한 일본인들을 쇄환해 가도록 하라고 강력하게 요청하면서 대한제국 정부에 압력을 가하였다.

대한제국 정부 학부는 한편 일본 측의 영토야욕과 러시아 측의 이권 침탈을 염려하여 울릉도와 우산도(독도)가 대한제국 영토임을 국민과 전 세계에 홍보·교육하려고 「대한여지도(大韓輿地圖)」(1898년), 「대한전도(大韓全圖)」(1899년) 등을 간행하여 울릉도·독도가 한국 영토임을 명백히 하였다.

3 外部 編, 『外部內閣來文』 第12冊, 光武 3年(1899년) 9月 15日條, 「照會 第13號」.

제21장

라포르트(E. Laporte)의 현지 예비조사

대한제국은 1899년 초부터 개항장이 아닌 울릉도에 일본인들의 불법 침입 거주와 목재 도벌이 더욱 우심해지고 울릉도민과의 긴장과 충돌이 발생하자, 대책을 세우기 위해 1899년 5월 배계주(裵季周)를 울릉도도감으로 재임명하고, 문제가 일본과 관계된 국제문제이므로 도감 배계주가 현지에 부임할 때 부산항 해관 세무사인 프랑스인 라포르트(E. Laporte, 羅保得)와 동행하여 현지 실태를 조사 보고케 하였다.[4] 라포르트는 한국 정부 고문 브라운(McLevy Brown)의 천거를 받아 부산항 해관에 채용된 해양 전문가로서 국제공법에도 밝고 우산도(독도)의 서양 호칭이 'Liancourt Rocks'(리앙쿠르 암석)임을 잘 알고 있던 인물이었다.

도감 배계주와 세무사 라포르트의 울릉도 현지 실태 조사 후의 보고 요지는 모두가 "일본인 수백 가구가 촌락을 자성(自成)하고 선척(船隻)을 사행

---

4 ① 홍성근, 2013, 「라포르트(E. Laporte)의 울릉도 조사보고서와 1899년 울릉도 현황」, 『영토해양연구』 제6호.
② 『皇城新聞』 1899年 6月 15日字, 「雜報:仍任裵監」.

(駛行)하며 목재를 연속재운(連續載運)하고 곡포물화(穀包物貨)를 잠행교역(潛行交易)하되 그 의(意)를 소불(少佛)하면 악쟁휘일(握鎗揮釼)하고 자의폭동(恣意暴動)하야 고기(顧忌)가 소무(少無)하기로 거민(居民)이 거개경구(擧皆警懼)하야 안도(安堵)치 못하는 정절(情節)이 과계(果係) 적확(的確)이라"[5]는 것이었다.

이 보고서를 올린 재임 도감 배계주는 갑오개혁 정부가 종래 월송만호(越松萬戶)가 겸임하던 울릉도도장(島長)을, 관직을 신설하여 전담 도감(島監)을 두고 판임관 대우를 하도록 직제 개정을 했을 때 1895년 9월 초대 도감으로 임명되었던 인물이었다. 배계주는 일본인들이 불법으로 울릉도에서 규목(槻木)을 도벌해가는 것을 보고 이를 방지하려고 고군분투하였다. 그는 규목을 도벌해간 일본인들을 일본 지방재판소에 소송하여 두 번이나 승소했으나, 다른 소송에 말려들어 해임되었다가, 1899년에 제3대 울릉도도감으로 재임된 것이었다. 그는 울릉도의 실정을 매우 잘 파악하고 있었으므로 일본인들의 울릉도 불법침입의 폐해와 위험성을 절감하고 있었다.[6]

최근에 홍성근 박사가 발굴한 1899년 6월의 「라포르트의 울릉도 조사보고서」를 통해서 당시 일본인 불법침입의 실상을 보면 다음과 같이 요약할 수 있다.[7]

5 外部 編, 『外部內閣來文』 第12冊, 光武 3年(1899년) 9月 15日條, 「照會 第13號」.

6 이상태, 2016, 「울도군 초대군수 배계주에 관한 연구」, 『영토해양연구』 제11호.

7 홍성근, 2013, 「라포르트(E. Laporte)의 울릉도 조사보고서와 1899년 울릉도 현황」, 『영토해양연구』 제6호.

(1) 울릉도에 사는 한국인 인구는 여성과 아이를 모두 포함하여 약 5백 호에 약 3천 명 정도이다. 언덕과 해변에 분산하여 거주하고 있다. 30가구 이상 모여 사는 곳은 없다. 주민의 직업은 선박 건조에 종사하는 사람이 많고, 강원도 · 경상도 · 전라도 · 제주도에서 주문을 받은 범선을 건조한다. 그 외는 농민, 상인, 어민의 순이다.

(2) 일본인들은 약 3백 명이 입도하여 여러 곳을 점거(occupied)하여 거주하고 있다. 이 중 다수가 1894년 이후에 일본 오키섬에서 건너온 사람들이다. 일본인들은 대장간을 운영하면서 일본식 선박을 건조하고 있다. 벌목은 조선 조정이 금지하지만, 한국의 국법을 회피하기 위해 먼저 나무의 껍질을 벗기고 약 6개월 동안 그대로 두어 말라 죽으면 벌목을 하는 등 불법적 벌목을 하고, 선적하여 일본으로 실어간다.

(3) 일본인들은 세금을 내지 않는다. 물품 매매를 돕는 중개인이나 중개 상인에게 2퍼센트의 '중개 수수료(commission)'를 낼 뿐이다. 일본인들은 목면 · 등유 · 성냥 등 수입 상품을 한국인의 콩 · 보리 · 밀 · 감자 · 해채(미역 등) 등과 물물교환으로 거래한다.

(4) 울릉도의 주인인 한국인들과 불법으로 입도하여 불법으로 벌목하고 상행위를 하는 일본인들 사이에는 긴장과 갈등이 상당히 크다. 일본인들의 행패도 자심하다. 1899년 4월 발생한 심각한 소요의 예를 들면, 일본인 몇 명이 한국인 여성 1명을 폭행하자 한국인들이 배상을 요구했는데, 일본인들은 폭력적으로 변해 총과 칼로 무장해서 한국인 1명에 부상을 입히고 한국인들을 그들의 마을로 내쫓았다.

(5) 라포르트 일행이 현지조사를 할 때 몇 개 마을 한국인 대표들은 일본인들의 난폭행 행패를 고발하는 청원서를 라포르트에게 전달하였다. 라포르트는 "관리들이나 주민들이 한결같이 바라는 유일한 소망은 달갑지 않은 불청객들을 하루빨리 퇴출시키는 것임을 확신한다(I am convinced

(…) that officials and people alike have only one wish, to get rid as soon as possible of the unwelcome visitors)."[8]고 결론지었다.

대한제국 정부의 이러한 조사활동 동향에 대응하여 일본 측은 1899년 9월 마야호(摩耶號) 함장 마쓰모토 아리노부(松本有信)을 울릉도에 파견하여 울릉도의 일본인 상태를 조사 보고케 하였다.[9]

대한제국 내부대신은 도감 배계주의 보고뿐만 아니라 세무사 라포르트의 현지조사 보고에서 더욱 사태의 심각성을 파악하고 1899년 9월 15일 외부대신에게 일본 공사관에 요구하여 울릉도에 침입한 일본인들을 기한을 정해 쇄환케 하고,[10] 불통상항구(不通商港口)에 밀수한 것을 조사 처벌하여 후폐를 영구히 두절시켜줄 것을 요청했다.[11] 이에 외부대신은 내부대신의 요청사항을 일본공사에게 요구하였다.[12]

대한제국 정부의 이러한 요구에 일본공사는 9월 22일 ① 만일 일본인들의 울릉도 침입행위와 범법행위가 있다면 조·일수호조규에 의거해 가장 가까운 일본영사에게 공문을 보내는 것이 순서이고, ② 일본 측은 특히 호의로 원산항에 정박한 경비함에 영사관원을 탑승케 해서 그 정황을 조사하여 일본인을 설유(說諭)할 차로 파견했으나 경비정이 풍랑으로 울릉도에 정

---

8 「Acting Commissioner Laporte to Chief Commissioner Brown(Confidential)」; 홍싱근, 2013, 「라포르트(E. Laporte)의 울릉도 조사보고서와 1899년 울릉도 현황」, 『영토해양연구』 제6호에서 재인용.

9 「摩耶艦長松本有信報告書」, 1899年 9月條, 日本 外務省 記錄『鬱陵島ニ於ケル伐木關係雜件』.

10 『皇城新聞』 1899年 9月 16日字, 「雜報:鬱島日人」.

11 外部 編, 『外部內閣來文』 第12冊, 光武 3年(1899년) 9月 15日條, 「照會 第13號」.

12 『皇城新聞』 1899年 9月 23日字, 「別報:鬱陵島事況」.

박하지 못했으며, ③ 불통상항구의 외국인 밀무역에 대한 단속은 귀국 지방관의 직권이므로 대한제국 정부에서 지방관에게 일본인들의 철수를 게시하도록 권고한다는, 매우 오만불손하고 고답적인 회답을 보내왔다.[13]

대한제국 정부는 이에 1899년 10월(음력 9월) 내부관원 우용정(禹用鼎)을 책임자로 한 조사단을 울릉도에 파견하여 사정을 정밀히 조사하기로 결정하고,[14] 일본 측에서도 조사위원을 파견하여 합동조사해서 일본인 잠월(潛越) 문제에 대책을 세우기로 방침을 정하여,[15] 1899년 12월 15일자로 우용정을 울릉도시찰위원에 임명하였다.[16]

또한 대한제국 내부는 1900년 2월에 울릉도관제 개정을 추진하여 그 개정안을 의정부에 제출하였다. 그 요점은 도감을 감무(監務)라고 개칭하여 주임관으로 해서 내부지방국장의 지휘를 받도록 하고, 감무 밑에 도장 1명, 서기 2명, 통인 2명, 사령 2명을 두며, 감무의 임기는 5년으로 하고, 도장은 도민의 유지들이 회의하여 투표로 선출하되 임기를 3년으로 하며, 관리들의 봉급액은 울릉도의 호구와 전결을 조사한 후 도민의 회의에 따라 결정 조달한다는 것이었다.[17]

이 사이에도 울릉도도감 배계주로부터는 일본인들이 1899년 7, 8월간에 도벌한 재목이 1천여 주에 달하며,[18] 불법으로 규목을 대량 도벌하면서 이를 저지하려는 도감을 위협하고 있다고 사정의 시급함을 알리는 보고가

---

13 『內部來去案』第12冊, 光武 3年(1899년) 9月 22日條, 「照覆 第20號」.

14 禹用鼎, 『鬱島記』, "內部大臣李乾夏 深慮弊源 上年九月 以本部視察官 爲調査委員 使之前往 詳察該島情形之意 上奏."

15 『皇城新聞』 1899年 10月 11日字, 「雜報:日人撤還」.

16 『舊韓國官報』 光武 3年(1899년) 12月 19日字.

17 『皇城新聞』 1900年 3月 1日字, 「雜報:鬱陵官制의 改定」.

18 『皇城新聞』 1900年 3月 10日字, 「雜報:鬱陵島監의 公報」.

다시 도착하였다(1900년 3월).[19]

대한제국 정부는 울릉도·우산도(독도) 영토 수호와 불법으로 입도한 일본인들을 국제적인 마찰 없이 울릉도에서 퇴출시키기 위한 특단의 긴급한 조치가 절실히 필요하게 되었다.

19 『內部來去案』第13冊, 光武 4年(1900년) 3月 14日條, 「照會 第6號」.

제22장

대한제국 우용정 국제조사단의 울릉도 현지조사 파견

제1절 대한제국의 우용정 '국제조사단'의 편성

대한제국 정부는 1899년 9월 22일자 일본공사의 오만불손한 대답에 놀라서 사태의 심각성과 위급성을 더욱 잘 인식하였다. 일본 정부가 울릉도에 불법적으로 입도한 일본인들을 철수시킬 의사가 없음을 확인하게 된 것이었다. 이것은 대한제국의 울릉도·독도의 영유권까지 위협하는 것임을 대한제국 관리들도 잘 인식하게 된 것이었다.

대한제국 정부는 오만한 일본 측의 울릉도·우산도(독도) 불법침입을 저지하기 위해서는 서양인과 일본인을 포함시킨 '국제조사단'을 편성하여 한국인 주도로 울릉도 실태를 조사해서, 일본 정부도 승복하지 않을 수 없게 만드는 것이 효과적 방법이라고 생각하였다.[20]

---

20 ① 禹用鼎, 『鬱島記』, "內部大臣李乾夏 深慮弊源 上年九月 以本部視察官 爲調查委員 使之前往 詳察該島情形之意 上奏."
② 『皇城新聞』 1899年 10月 11日字, 「雜報:日人撤還」.

이에 대한제국 정부는 편성될 '국제조사단'의 한국 정부 관리 책임자로 1899년 10월 내부 관리 우용정(禹用鼎)을 선발하였다. 내부는 1899년 12월 15일자로 우용정을 '울릉도시찰위원'에 임명하였다.[21]

그러나 이때까지도 대한제국 정부는 울릉도와 그 부속도서들을 묶어서 새로 독립된 군(郡)을 설치할 계획은 없었다. 울릉도와 그 부속도서들을 여전히 강원도 울진군에 속하게 하여 울진군수의 행정을 받도록 둔 채, 울릉도도감(島監)을 울릉도감무(監務)라고 개칭하여 주임관(奏任官)으로 직위를 격상시켜 주면서 내부 지방국장의 지휘를 받도록 하고, 감무 아래 도장(島長) 1명, 서기 2명, 통인(通引) 2명, 사령(使令) 2명을 두며, 감무의 임기는 5년으로 하고, 도장은 도민 유지들이 회의하여 투표로 선출하되 임기를 3년으로 하고, 관리들의 봉급액은 울릉도의 인구와 경지면적을 조사한 후 도민의 회의 결과에 따라 결정 조달한다는 지방행정 개혁안을 갖고 있었을 뿐이었다.[22]

대한제국 정부가 이러한 대책을 수립하는 도중에도 울릉도도감 배계주로부터는 일본인들의 재목 불법도벌과 이를 저지하려는 도감에 대한 일본인들의 위협 등 사태의 급박함을 알리는 보고가 계속 도착하였다.[23]

대한제국 정부는 주한 일본 공사관에 항의하는 한편,[24] 서둘러 일본 측에게 국제조사단을 파견하기로 되었으니, 일본 측도 관리를 함께 보내어 한·일 합동의 조사에 참가하도록 요청하였다.[25] 일본 측은 5월 초순에 파

---

21 『舊韓國官報』 光武 3年(1899년) 12月 19日字.

22 『皇城新聞』 1900年 3月 1日字, 「雜報:鬱陵官制의 改定」.

23 ① 『皇城新聞』 1900年 3月 10日字, 「雜報:鬱陵島監의 公報」.
② 『內部來去案』 第13冊, 光武 4年(1900년) 3月 14日條, 「照會 第6號」.

24 『內部來去案』 第13冊, 光武 4年(1900년) 3月 26日條, 「照會 第7號」.

25 『內部來去案』 第13冊, 光武 4年(1900년) 3月 27日條, 「照覆 第5號」.

견원을 보내기로 동의했다가, 다시 2주 연기를 요청해 왔다.[26]

이때 '국제조사단'은 다음과 같은 구조로 편성되었다.

⑴ 한국 관리 … ① 우용정(禹用鼎 : 대한제국 내부 관리, 조사단 책임자)
② 김면수(金冕秀 : 감리서 주사)
③ 김성원(金聲遠 : 봉판)
⑵ 서양인…… 라포르트(E. Laporte : 부산 해관 세무사)
⑶ 일본 관리 … ① 아카쓰카(赤塚正助 : 주부산 일본 영사관 부영사)
② 와타나베(渡邊鷹治郎 : 일본 경찰관 경부)
⑷ 기타 약간의 수행원

국제조사단 책임자 우용정은 1900년 5월 25일 인천항을 향해 서울을 출발해서,[27] 5월 27일 일본인 경찰관 경부 와타나베(渡邊鷹治郎)를 인천항에서 태우고 부산항에 도착하였다. 우용정은 부산에서 5월 30일 감리서 주사 김면수(金冕秀)와 부산 해관 세무사 라포르트(E. Laporte), 봉판 김성원(金聲遠), 그리고 주부산 일본 영사관 부영사 아카쓰카(赤塚正助)와 합류하여 창룡환(蒼龍丸)에 탑승해서, 1900년 5월 31일 울릉도에 도착하였다.

우용정의 국제조사단은 1900년 6월 1일부터 5일간 프랑스인 세무사 라포르트의 입회 아래, 일본 관리 부영사 아카쓰카(赤塚正助) 등과 연달아 회동하면서 울릉도의 현지사정을 조사하였다.[28]

---

26 ①『內部來去案』第13冊, 光武 4年(1900년) 5月 9日條, 「照會 第9號」.
②『內部來去案』第13冊, 光武 4年(1900년) 5月 14日條, 「照會 第7號」.
③『內部來去案』第13冊, 光武 4年(1900년) 5月 19日條, 「照會 第11號」.

27 『內部來去案』第13冊, 光武 4年(1900년) 6月 19日條, 「照會 第12號」.

28 ①『內部來去案』第13冊, 光武 4年(1900년) 6月 19日條, 「照會 第12號」.

우용정 등은 이때 짧은 조사기간 중에서도 각 동의 동민 대표들을 초청하여 울릉도 상황을 질문 조사하고,[29] 울릉도 도민들에 대한 중앙정부의 훈령을 전달하였다.[30]

여기서 특히 주목할 것은 이 때 우용정의 조사단이 일본 정부의 주한 일본 공사관의 동의로 주부산 일본 영사관의 부영사와 경찰관이 참가하고, 서양인 라포르트가 참가 입회한 '국제조사단'이었다는 사실이다.

제2절 우용정 국제조사단의 현지 조사보고

우용정의 국제조사단 일행은 1900년 5월 31일 울릉도에 도착하여 6월 1일부터 5일간 울릉도 실태를 조사한 다음 귀경하여 조사보고서를 제출했는데, 그 요지만을 간추리면 다음과 같다.[31]

(1) 울릉도는 길이가 70리, 폭이 40리, 둘레가 약 140~150리의 섬인데, 규목(槻木)·자단(紫檀)·백자(栢子)·감탕(甘湯) 등 귀한 나무들과 각종의 수목이 울창하다. 도민들이 개간한 토양은 비옥하여 거름을 주지 않아도 곡식이 잘 자라서 대맥(大麥)·소맥(小麥)·황두(黃豆)·감저(甘藷)

---

② 『內部來去案』 第13冊, 光武 4年(1900년) 6月 26日條, 「通牒 第12號」.

29 禹用鼎, 『鬱島記』.

30 ① 禹用鼎, 『報告書:鬱陵島査覈』.
② 禹用鼎, 『鬱島記』.

31 ① 禹用鼎, 『報告書:鬱陵島査覈』.
② 禹用鼎, 『鬱島記』.
③ 신용하, 1989, 「朝鮮王朝의 獨島領有와 日本帝國主義의 獨島侵奪」, 『한국독립운동사연구』 제3집.

등이 식량을 하고도 남아 판매하고 있다. 그간 대한인의 개간한 농경지 면적은 7천 7백여 두락이며, 호수는 4백여 호에 인구는 남녀 합하여 1천 7백여 명이다. 면화(綿花) · 마포(麻布) · 지속(紙屬) 등과 같은 것도 외부에서 들여오지 않고 자급하고 있다. 흉년에는 학조(鶴鳥)라는 날짐승과 명이(茗荑)라는 식물이 있어 구황(救荒)에 쓰이므로 기아를 면할 수 있다. 삼림이 울창함에도 맹수의 해와 가시 돋은 수목의 해가 없다. 오직 지세의 경사가 심하여 수전(水田 : 논) 농업을 할 수 없는 것이 아쉬운 점이다.

(2) 일본인 잠입 체류자는 가옥 57칸(間)에 남녀 합하여 144명이며, 정박하고 있는 일본 선박은 11척인데, 내왕하는 상선(商船)은 일정하지 않아 정확한 숫자를 파악할 수 없다. 작년 이래 일본인들이 불법도벌한 규목(槻木)은 71주이고, 그 밖의 향목(香木)과 잡목을 도벌한 것은 매거하기 어려울 만큼 많다. 또한 지난 1년 동안에 일본인들이 감탕목(甘湯木)의 껍질을 벗겨 생즙을 내어 실어간 것이 1천여 통이나 되니, 그들이 수년만 더 살아도 산에 가득 찬 수목이 반드시 메말라 버리고 말 것이다. 일본인들의 폭동과 행패도 매우 심하다. 그러나 도감(島監)은 단신 빈주먹이므로 비록 이를 금지하고자 해도 할 수 없는 형편이다. 일본인이 울릉도에 1일 와서 머물면 1일의 해가 있고 2일 머물면 2일의 해가 있다. 이번 조사 때 그들은 마지못해 퇴거하겠다고 응답했는데, 원래 일본인들의 잠입이 조약 위반이니 일본공사에게 요구하여 철거시킨 연후에야 도민을 보호할 수 있고 삼림을 지킬 수 있을 것이다. 본 조사위원이 순시하는 중에도 일본 상선 4척이 들어와서 이튿날 탐문해 보니 도끼와 톱 등을 장비하고 벌목장인 40명과 그 밖의 공장 등 모두 70여 명이 하륙(下陸)했다고 하였다. 일본영사와 의논하여 일본인이 도벌을 못하도록 엄명을 내렸으나, 우리 배가 회선한 후 어떠한 침략과 폭행을 자행할지 걱정이니, 이제

모두 철귀(撤歸)시켜야 할 것이다.

(3) 울릉도민의 교통과 통신을 담당할 우리 선박이 없어서 도민이 개운환(開運丸)이라는 이름의 범선 1척을 구입코자 하는데 그 대금을 변통할 방법이 없다. 이에 본 조사위원이 각 동의 조사 때에 발견한 도벌한 규목 106주의 대금과 도벌 벌금 400금을 합하여, 도민이 공의(公議)해서 개운환을 구입토록 하고, 개운회사(開運會社)를 설립하여 경영하도록 일이 급하여 먼저 조처를 해 놓고 돌아왔으니, 사후 허락을 청한다.

(4) 개국 504년(1895년) 9월 내부(內部)에서 울릉도에 도감을 두어 전도(全島)의 사무를 관장케 했으나, 도감의 수하에 서기 사용(使傭)이 1명도 없고 또한 월봉(月俸)도 없으니, 혹 도민의 불법행위가 있다 할지라도 어찌 지휘 명령 실행을 할 수 있겠는가. 이 때문에 일본인과 우리 백성이 싸워 범법을 행하고도 관장(官長)을 두려워하지 않고 있다. 현재「울릉도관제청의서(鬱陵島官制請議書)」가 의정부에 제출되어 재결을 기다리고 있는바, 도감(島監)의 월봉과 서기·사용의 월급을 반드시 울릉도 내에서 조달하도록 대책을 세워야 할 것이다. 경비 조달의 방책은 울릉도의 호수가 이미 4백여 호이니 매호당 여름에 보리 2두, 겨울에 콩 2두씩을 받으면 합계 80석이 되니, 이를 분정(分定)하여 월봉과 경비에 사용토록 규칙을 만드는 것이 어떠한지 처분을 바란다.

(5) 울릉도의 세금은 미역세를 주로 하여 1백분의 5율로 징수하는데, 대체로 전남 출신 어민들로부터 500~600원을 징수하고 있다. 본래 미역세는 백분의 10을 징수했던 것인데 근년에 도감(島監)이 전라민의 청원에 따라 백분의 5로 감해 준 것이다. 그러나 울릉도민의 의론은 모두 백분의 5율은 너무 가볍고 백분의 10도 오히려 가벼운 것이라고 한다. 그러므로 지금부터 백분의 10율을 다시 정하면 1년의 세액이 1,000여 원이 되므로, 이로써 울릉도의 경비를 마련하는 데 적지 않은 도움이 될 것이다. 조

선세(造船稅)는 매 1파(把)에 5냥씩을 징수하는데, 매년 전라민의 조선(造船)은 10척 내외가 된다고 한다. 봉산금양(封山禁養)의 땅을 다른 나라 사람에 맡기는 것이 불가하므로 이제부터는 외국인이 다시 여기서 조선(造船)할 뜻을 갖지 않도록 규칙을 만들었으면 한다.

(6) 일본인의 납세에 대해서는 도감(島監)이 새로 부임했던 병신(丙申, 1896년), 정유(丁酉, 1897년) 두 해에는 혹 벌금을 징수하고 또한 화물의 백분의 2세를 징수했었으나, 수년 이래로 도감이 스스로 불개항장(不開港場)에서의 징세가 불가함을 알게 된데다 일본인들의 오만이 심하여 실제로 납세에 응하지 않고 있으므로, 실제로는 세금을 징수하지 않고 있다.

(7) 작년 10월 1일 러시아 군함 1척이 와 정박해서, 장교 1명, 통역 1명, 병사 7명 등이 하육하여 8일간 체류하면서 산천을 둘러보고 지도를 작성했으며, 규목(槻木) 1주를 일본인으로부터 75냥에 구입한 후, 명년 3월에 다시 오겠다는 뜻을 전하고 퇴거하였다.

그러나 울릉도의 사정은 우용정 등의 국제조사단이 울릉도의 실태를 조사하고 회항한 바로 그 이튿날부터, 일본 측은 약속을 위반하여 상선 5척을 대어놓고 울릉도에 하륙한 일본인들과 이미 와 있던 일본인들이 울릉도 삼림을 다시 대규모로 불법도벌을 자행하는 형편이었다.[32]

32 『內部來去案』 第13冊, 光武 4年(1900년) 7月 5日條, 「照會 第14號」.

제3절 국제조사단의 보고에 대한 일본의 반응

대한제국 정부는 시찰위원 우용정의 보고서에 의거하여 일본인 철환 문제를 논의하자고 일본 측에 요청했으나, 서울의 일본 공사관은 자기네 조사위원의 복명서가 제출되지 않았다고 시일을 지연하며 매우 무성의한 반응을 보였다.[33]

울릉도민은 내부(內部)의 조사위원(책임자 우용정)의 성원을 받고 합자하여 개운회사(開運會社)를 설립하고 개운환(開運丸)을 구입하여 운항을 시작하였다. 대한제국 정부는 일본 측의 서신을 기다렸으나, 그러나 일본 공사관은 조사결과의 토의에조차 무성의하였다.[34]

대한제국 정부의 울릉도 일본인 철환 요구에 대한 일본 측 조사위원 아카쓰카(赤塚正助)의 보고서는 이미 1900년 6월 15일자로 제출되어 있었다.[35] 그럼에도 불구하고, 일본 측은 2개월 이상이나 회답을 끌다가, 1900년 9월 초순에야 회답문을 보내오면서 ① 일본인의 울릉도 재류의 시작은 십수년 이전의 일로서 울릉도 밀입도의 책임은 귀국의 도감(島監)이 비단 묵인했을 뿐 아니라 종용했기 때문이었고, ② 도벌 운운은 사실이 아니라 도감의 의뢰나 합의 매매이며, ③ 울릉도 도민과 일본인과의 상업 무역은 도민의 희망에 따른 것이고 도감이 장차 수출입세를 징수할 예정인 것으로 알고 있으며, ④ 울릉도민의 본토와의 교통은 일본인 거류자 때문에

---

33 ①『內部來去案』第13冊, 光武 4年(1900년) 6月 22日條, 「照會 第20號」.
②『內部來去案』第13冊, 光武 4年(1900년) 6月 25日條, 「照會 第13號」.
③『內部來去案』第13冊, 光武 4年(1900년) 6月 26日條, 「照覆 第11號」.

34 『皇城新聞』1900年 6月 29日字, 「雜報:鬱陵島事件의 會議」.

35 赤塚正助, 「受命調査事項報告書」, 1900年 6月 15日字, 日本外務省記錄, 『鬱陵島ニ於ケル代木關係雜件』.

그 편리함을 얻고 있은 즉, 일본인 거류는 울릉도민의 불가결의 요건이라고 답하였다. 이것은 일본 측이 전혀 사리에 닿지 않는 엉뚱한 주장을 하면서 일본인 철환을 사실상 거부해 온 것이었다.[36] 이에 대하여 대한제국 정부는, ① 울릉도도감이 일본인의 거류를 묵인 또는 종용했다는 주장은 전혀 사리에 닿지 않는 것이고 사실이 아니며, ② 도별이 합의 매매라는 것도 사실이 아니고, ③ 도감이 징수하는 세금은 수출입세가 아니며, ④ 울릉도민이 일본인 때문에 곤란이 심한데 도리어 편의를 얻고 있다는 것은 전혀 근거 없는 주장이라고 반박하였다.[37]

일본공사는 대한제국 외부(外部)에게 울릉도에 내거하는 일본인들에게 세금을 징수하고 그 대신 철환시키지 말아달라는 요청을 해왔다. 그러나 외부는 불통상항구(不通商港口)에서 세금징수를 시행함은 조·일수호조규 위반임을 지적하여 일본 측 요청을 거부하고, 일본인들의 철환을 거듭 강력하게 요구하였다.[38]

대한제국 정부는 일본 측이 사실을 부인하고 사리에 당치않는 주장을 하면서 일본인들의 울릉도 불법입도와 체류를 묵인하려 함을 확인하고, 울릉도·우산도(독도)의 영토와 주권적 관리 수호를 위해 국제적으로 공인받을 수 있는 더욱 강력한 대책의 수립과 실행의 필요를 절감하게 되었다.

---

36 ①『內部來去案』第13冊, 光武 4年(1900년) 9月 12日條,「照覆」.
②『內部來去案』第13冊, 光武 4年(1900년) 9月 15日條,「照會」.

37 『內部來去案』第13冊, 光武 4年(1900년) 10月 2日條,「照會 第19號」.

38 『皇城新聞』1900年 9月 14日字,「雜報:照駁收稅」.

제23장

대한제국 1900년 '칙령 제41호' 제정과 공포

제1절 대한제국의 1900년 '칙령 제41호' 제정

대한제국 정부는 일본 측이 이러한 무성의와 방자한 반응을 보이자, 일본에게 더욱 강력한 압력이 되면서, 울릉도·죽도(대섬)·우산도에 대한 대한제국 영토주권의 국제적 재확인을 다짐하도록 울릉도·죽도·우산도 3도를 묶어 하나의 '군(郡)'을 만들어 지방행정상 지위를 격상시키고, 울릉도에는 '군수'를 상주시켜서 울릉도·죽도·우산도의 수호와 행정 관리를 강화하기로 하였다.[39]

그리하여 내부대신 이건하(李乾夏)는 1900년 10월 22일 울릉도·죽도·독도를 묶어 '울도군(鬱島郡)'을 설치하고 도감 대신 '군수'를 두는 지방제도 개정안으로서, 「울릉도를 울도(鬱島)로 개칭하고 도감(島監)을 군수(郡守)로 개정하는 것에 관한 청의서」를 '칙령 제41호(안)'을 붙여 의정부회의(내각회의)에 제출하였다.[40] 그 내용은 다음과 같다.

---

39 『皇城新聞』 1900年 10月 8日字, 「雜報:照駁收稅」.

40 議政府 編, 『各部請議書存案』 第17冊, 光武 4年 10月 22日條, 「鬱陵島를 鬱島로 改稱하

우(右)는 해도(該島)가 동명(東溟)에 특립(特立)하야 대륙이 원격(遠隔)하온 바 개국오백사년에 도감을 설치하야 도민을 보호하고 사무를 관장케 할새 해(該) 도감 배계주의 보첩(報牒)과 본부 시찰관 우용정과 동래 세무사의 시찰록을 참호절사(叅互節査)하온즉 해(該) 지방이 종가(蹤可) 팔십리오 횡위(橫爲) 오십리라. 사위초벽(四圍峭壁)에 중유거산(中有巨山)하야 자북지남(自北止南)하고 간유대천(間有大川)하야 심광(深廣)이 기용주즙(幾容舟楫)하고 기토(其土)가 옥유(沃腴)하고 기민(其民)이 질야(質野)하야 자수십년래(自數十年來)로 민축(民蓄)이 번식하야 수호(戶數)가 위사백여가(爲四百餘家)오 간전(墾田)이 위만여두락(爲萬餘斗落)이라. 거민(居民)의 일년농작(一年農作) 담포수효(擔包數爻)가 저위이만여포(藷爲二萬餘包)오 대맥(大麥)이 위이만여포(爲二萬餘包)오 황두위일만여포(黃豆爲一萬餘包)오 소맥(小麥)이 위오천포(爲五千包)라 하오니 대솔(大率) 호수(戶數)와 전수(田數)와 곡수(穀數)를 육처(陸處)한 산군(山郡)에 교계(較計)하오면 수혹불급(數或不及)이오나 불심상좌(不甚相左)뿐더러 만근(挽近) 외국인이 왕래교역(往來交易)하야 교제상(交際上)도 역유(亦有)하온지라. 도감이라 칭호(稱號)하오미 행정상에 과유방애(果有妨碍)기로 울릉도를 울도라 개칭하고 도감을 군수로 개정하오미 타당하웁기 차단(此段) 칙령안(勅令案)을 회의(會議)에 제정사(提呈事)

광무 4년 10월 22일

의정부 찬정(贊政) 내부대신 이건하(李乾夏)

의정부 의정(議政) 윤용선(尹容善) 각하 사조(査照)

칙령 제41호[안(案)] (…)[41]

고 島監을 郡守로 改正에 關한 請議書」.

41 議政府 編, 『各部請議書存案』 第17冊, 光武 4年 10月 22日條, 「鬱陵島를 鬱島로 改稱하

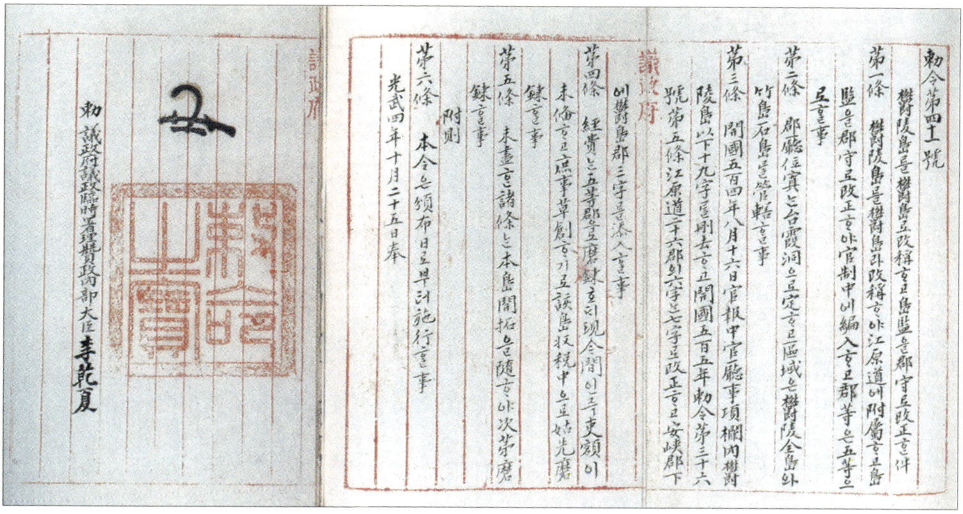
勅令第四十一號
鬱陵島를 鬱島로 改稱하고 島監을 郡守로 改正한 件
第一條 鬱陵島를 鬱島라 改稱하야 江原道에 附屬하고 島監을 郡守로 改正하야 官制中에 編入하고 郡等은 五等으로 할 事
第二條 郡廳位寘는 台霞洞으로 定하고 區域은 鬱陵全島와 竹島石島를 管轄할 事
第三條 開國五百四年八月十六日官報中官廳事項欄內鬱陵島以下十九字를 刪去하고 開國五百五年勅令第三十六號第五條江原道二十六郡의 六字는 七字로 改正하고 安峽郡下에 鬱島郡三字를 添入할 事
第四條 經費는 五等郡으로 磨鍊호되 現今間인즉 吏額이 未備하고 庶事草創하기로 該島收稅中으로 姑先磨鍊할 事
第五條 未盡한 諸條는 本島開拓을 隨하야 次第磨鍊할 事
附則
第六條 本令은 頒布日로부터 施行할 事
光武四年十月二十五日奉
勅 議政府議政臨時署理贊政內部大臣 李乾夏

그림 2-18 1900년 10월 25일 대한제국 칙령 제41호(서울대학교 규장각한국학연구원 소장)

내부대신 이건하의 이름으로 '울도군'을 설치하려는 청의서는 1900년 10월 24일 의정부회의(내각회의)에서 8대0의 만장일치로 통과되었다.[42]

제2절 1900년 '칙령 제41호'의 공포

이에 대한제국 정부는 1900년 10월 25일자 칙령 제41호로서 다음과 같이 전문 6조로 된 '울릉도(鬱陵島)를 울도(鬱島)로 개칭하고 도감(島監)을 군수(郡守)로 개정한 건'을 국내와 세계에 반포하였다.

고 島監을 郡守로 改正에 關한 請議書」.

42 議政府 編, 『奏議』 第47冊, 光武 4年 10月 24日 議政府會議, 「內部大臣請議鬱陵島改稱鬱島島監以郡守改正事, 勅令案」.

칙령 제41호

울릉도를 울도(鬱島)로 개칭하고 도감을 군수로 개정한 건.

제1조 울릉도를 울도라 개칭하야 강원도에 부속하고 도감을 군수로 개정하야 관제 중에 편입하고 군(郡) 등은 오등으로 할 사.

제2조 군청 위치는 태하동(台霞洞)으로 정하고 구역은 울릉전도(鬱陵全島)와 죽도(竹島) 석도(石島)를 관할할 사.

제3조 개국 504년 8월 16일 『관보(官報)』 중 관청사항난 내 울릉도 이하 19자를 사거하고 개국 505년 칙령 36호 제5조 강원도 26군의 6자는 7자로 개정하고 안협군(安峽郡) 하에 울도군 3자를 첨입할 사.

제4조 경비는 오등군(五等郡)으로 마련하되 현금간인즉 이액(吏額)이 미비하고 서사(庶事) 초창하기로 해도수세(該島收稅) 중으로 우선 마련할 사.

제5조 미진한 제조는 본도 개척을 수(隨)하야 차제 마련할 사.

제6조 본령은 반포일로부터 시행할 사.

광무 4년 10월 25일

어압 어새 봉칙

의정부임시서리 찬정 내부대신 이건하(李乾夏)

대한제국 정부는 1900년 10월 25일 제정한 이 칙령 제41호를 〈그림 2-19〉와 같이 중앙정부 『관보(官報)』 1900년 10월 27일자에 게재하여 국제 고시하였다.[43]

대한제국 중앙정부의 『관보』는 당시 서울 주재 각국 공사관·영사관이 모두 열람하였고, 특히 대한제국 황제의 칙령은 낱낱이 각국이 검토·이해

43 『舊韓國官報』 第1716號, 光武 4年 10月 27日字.

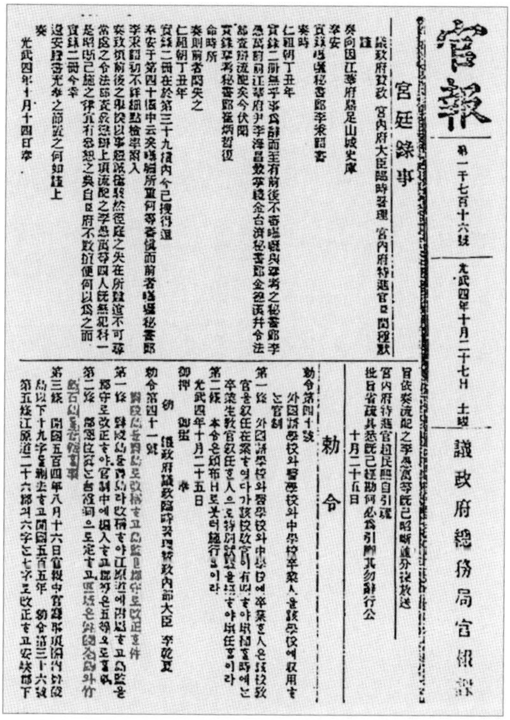

그림 2-19
1900년 대한제국 칙령 제41호를 수록한 『관보』

해야하므로 중앙정부의 『관보』 게재는 자동적으로 '국제고시'가 되는 것이었다. 대한제국의 이 칙령에 의해 울릉도는 울진군수의 행정을 받다가 이제 강원도의 독립된 군(郡)으로 승격되었고, 이 칙령의 『관보』 게재에 의하여 한국과 외교관계를 가진 전 세계에 국제고시된 것이었다.

여기서 특히 주목할 것은 대한제국 정부가 울릉도와 독도[당시 대한제국은 석도(石島)라고 표기]를 행정관리하는 '울도군'의 승격 설치를 규정한 대한제국 '1900년 칙령 제41호'를 내부자료로 지방행정 관리들에게만 알린 것이 아니라, 중앙정부 『관보』에 당당히 게재하여 국내는 물론이요 국제사회에도 당당히 공포해서 알렸다는 사실이다.

당시 서울에 주재하는 각국 공령사관은 물론 이 대한제국 『관보』를 외교기관의 의무로서 모두 받아보고 있었다. 일본 공사관도 『관보』를 받아 보고 있었음은 물론이다. 뿐만 아니라 일본 공사관은 이 칙령 제41호 제정을 위한 우용정의 국제조사단에 부산 주재 일본 영사관 아카쓰카 쇼스케(赤塚正助)를 참가시켜 현지조사까지 했으므로, 이 칙령 제41호의 제정 과정과 『관보』에의 게재도 잘 알고 정독하여 검토했음은 더 말할 필요도 없다.

당시 주한 일본공사나 일본 정부는 이 대한제국의 1900년 칙령 제41호와 울도군수의 석도(독도) 행정통치에 어떠한 항의도 하지 않았음은 물론이다. 당시 그들은 독도가 한국 영토임을 잘 인지하고 있었기 때문이다.

울릉도의 초대 군수로는 도감으로 있던 배계주(裵季周)가 주임관 6등으로 임명되었으며,[44] 뒤이어 사무관으로 최성린(崔聖麟)이 임명 파송되었다.[45]

44 『舊韓國官報』 第1744號, 光武 4年 11月 29日字, 「任鬱島郡守廻秦任官六等 九品裵季周」.

45 『皇城新聞』 1901年 1月 18日字, 「雜報: 訓令鬱島」.

제24장

'칙령 제41호'에서 '석도=독도'임을 증명한 세 가지 방법

제1절 '돌섬'의 방언 표기 방법에 의한 '석도=독도'의 증명

대한제국 1900년 칙령 제41호는 '울도군'을 설치하여 울릉도, 죽도(대섬), 석도(독도)를 울도군수가 관할 행정하도록 규정하면서, 과거 독도의 공식 명칭이었던 '우산도' 명칭을 사용하지 않고 '석도(石島)'라고 새로운 호칭을 사용하였다.

이에 대해 현대 일본 정부는 석도가 독도라는 증거가 없으므로 대한제국 1900년 칙령 제41호는 독도가 대한제국 영토임을 증명하지 못한다고 주장하고 있다.

한편 국내 일부 연구자들은 당시 '석도'라는 명칭을 사용하지 말고 '우산도' 명칭을 사용했으면 문제가 모두 해결되었을 터인데 당시 이건하·우용정 등 일부 관료들이 종래 사용하던 '우산도'라는 이름을 잘 알지 못했다고 추단하고 당시 대한제국 관리들의 무지를 비판하기도 한다.

그러나 당시 관리들은 석도(독도)가 종래의 우산도임을 잘 알고 있었다. 그럼에도 불구하고 '우산도'를 '석도'로 표기한 데는 이유가 있었다. 종래 '석도' 명칭에 대한 연구는 주로 언어학적으로 '석도'가 '돌섬'의 뜻 표기이며, '돌'의 방언이 '독'이므로 '돌섬=석도=독도'라는 해설이었다. 필자는 이에 두 가지 방법을 더하여, 돌섬=석도=독도=우산도임을 다음의 세 가지 방법에 의하여 논증하기로 한다.[46]

첫째는 종래의 연구와 같이 '돌섬'의 지방 사투리가 '독섬'이고, 이를 뜻 번역한 것이 '석도'이며, 발음 표기한 것이 '독도'라는 설명이다. 이 설명은 방종현(方鍾玄) 교수가 처음 제시하여, 그 후 널리 받아들여지고 있다.[47] 필

---

46 신용하, 2011, 「대한제국 1900년 칙령 제41호의 제정과정 및 의의와 석도=독도의 세 가지 방법의 증명」, 제19회 독도연구보전협회 학술대토론회 논문집 『한국의 독도영유권 증명과 일본의 독도침탈정책 비판』, 독도학회.

47 ① 方鍾鉉, 1947, 「獨島의 하루」, 『경성대학 예과신문』 제13호.
② 이한기, 1969, 『韓國의 領土』, 서울대학교출판부.
③ 신용하, 1989, 「朝鮮王朝의 獨島領有와 日本帝國主義의 獨島侵奪」, 『한국독립운동사연구』 제3집.
④ 배성준, 2002, 「울릉도 독도 명칭변화를 통해서 본 독도 인식의 변천」, 『震檀學報』 제94집.
⑤ 윤소영, 2005, 「일본 메이지시대 문헌에 나타난 울릉도와 독도 인식」, 『독도연구』(1), 영남대 독도연구소.
⑥ 서종학, 2008, 「독도 석도의 지명 표기에 관한 연구」, 『어문연구』 제36집 제3호.
⑦ 유미림, 2008, 「일본의 '석도=독도'설 부정에 대한 비판적 고찰」, 『해양정책연구』 제23권 제1호.
⑧ 신용하, 2011, 「대한제국 1900년 칙령 제41호의 제정과정 및 의의와 석도=독도의 세 가지 방법의 증명」, 제19회 독도연구보전협회 학술대토론회 논문집 『한국의 독도영유권 증명과 일본의 독도침탈정책 비판』, 독도학회.
⑨ 선우영준, 2011, 「1900년 울릉도 시찰관 우용정의 돌섬 인식과 울도군 칙령의 석도(독도) 문제」, 한국행정학회 2011년 동계 학술대회 논문집.
⑩ 김수희, 2011, 「개척령기 울릉도와 독도로 건너간 거문도 사람들」, 『한일관계사연구』 제38집.
⑪ 최장근, 2012, 「고지도상의 '우산도' 명칭에 관한 연구:석도=독도 규명을 중심으로」, 『일본근대학연구』.
⑫ 유미림, 2012, 「借字 표시 방식에 의한 석도=독도설 입증」, 『정치외교사논총』 제34권, 제1호.

자는 이 설명이 정확한 것이라고 생각한다.

1883년 울릉도 재개척 이후 울릉도에 이주한 남해안 어민들은 '우산도'를 '바위로 된 돌섬'이라는 뜻으로 '독섬'이라고 부르고 있었다. 남해안 사투리(특히 울릉도 이주민의 다수를 형성한 호남지방 남해안 어민들의 사투리)로는 '돌(石)'을 '독'이라고 하였다.

그리하여 1900년 당시에는 울릉도 거주민들은 우산도를 '돌섬'의 사투리 '독섬'이라고 호칭하고 있었고, '독섬'을 한자로 번역할 경우 뜻을 취한 '의역'일 때에는 '석도(石島)'라 하고, 발음을 취한 '음역'일 때에는 '독도(獨島)'라고 표기하고 있었다.

필자는 한글학회 편 『한국지명총람』에서 '독'(돌)을 한자로 의역하여 '石'(석)으로 표기한 지명을 찾아 정리해 보았다. 특히 전라도·경상도·충청도·강원도·지방에는 '돌'이라는 뜻의 '독'을 '石'(석)으로 의역해 표기해서 선독거리·선독리(立石里), 독샘·독새미(石泉·石井), 독보(石洑), 독산·독메(石山), 독배기·차독배기(돌·차돌이 박힌 곳의 지명), 독고개(石峴, 石峙), 독섬(石島), 독골(石谷), 독말(石洞) 등의 호칭과 표기가 매우 많음을 알 수 있었다. 참고로 울릉도 초기 이주민의 다수를 이룬 전라남도 남해안 지방에서 '독', '돌'을 '石'(석)으로 의역한 몇 가지 사례를 표로 만들어보면 〈표 2-1〉과 같다.

---

⑬ 이기봉, 2012, 「순한국말 지명과 한자 표기의 관계를 통해 본 石島·獨島 고찰」, 『문화역사지리』 제24권 제3호, 95~115쪽.

⑭ 이상균, 2017, 「시볼트의 '한국전도' 속 독도명칭이 독도영유권 논거에 주는 함의」, 『한국지도학회지』 제17권, 제2호.

⑮ 김영수, 2017 , 「근대 한국과 일본의 울릉도·독도 조사와 명칭」, 영남대 독도연구소·동북아역사재단 독도연구소 공동학술회의 논문집 『근대 한국과 일본의 독도관련 자료와 지도에 대한 역사적 국제법적 재조명』.

표 2-1 '독'을 '石'(석)으로 음역해 표기한 지명

이름	한자 표기	구분	소속된 지방행정구역	『한국지명총람』의 설명문	자료
독골	石洞	마을	寶城郡 文德面 雲谷里	병치 동남쪽 골짜기 안에 있는 마을. 근처에 돌이 많음	『총람』 14, 243쪽
독골	石谷	마을	務安郡 淸溪面 月仙里	한골 북쪽에 있는 마을	『총람』 14, 186쪽
들독거리	擧石里	마을	寶城郡 蘆洞面 擧石里		『총람』 14, 217쪽
독살매	石山里	마을	新安郡 安佐面 香木里	향목리 동남쪽에 있는 마을	『총람』 14, 458쪽
독산	石山洞	마을	新安郡 智島面 蟬島里	매계리 서남쪽에 있는 마을. 부근에 돌이 많았음	『총람』 14, 537쪽
독매	石山里	마을	務安郡 三鄕面 旺山里	평산 동쪽에 있는 마을 돌이 많음	『총람』 14, 174쪽
독살매	石山	산	新安郡 安佐面	안좌면 향목리와 영홍리와 존포리에 걸쳐 있는 산. 돌이 많았음	『총람』 14, 447쪽
독고개	石峴	고개	新安郡 安佐面 大芋里	노리골 북쪽에 있는 고개	『총람』 14, 474쪽
독배기	石峙洞	마을	莞島郡 古今面 駕橋里	농상리 복판에 있는 마을 돌이 박혀 있음	『총람』 15, 300쪽
독배기	石田坪	들	康津郡 島岩面 龍花里	용정 동쪽에 있는 들. 돌이 많음	『총람』 13, 55쪽
독트미	石間洞	마을	寶城郡 會泉面 郡豊里	당산 동쪽에 있는 마을 큰 돌더미가 있음	『총람』 14, 316쪽
독다리	石橋里	마을	康津郡 郡東面 石橋里		『총람』 13, 33쪽
독다리	石橋里	마을	海南郡 門內面 石橋里	돌다리가 있는 마을	『총람』 16, 153쪽
독다리	石橋里	마을	珍島郡 臨淮面 石橋里	돌다리가 있는 마을	『총람』 16, 32쪽

이름	한자 표기	구분	소속된 지방행정구역	『한국지명총람』의 설명문	자료
독다리골	石橋里	마을	長興郡 長東面 北橋里	석교 남쪽에 있는 마을	『총람』 15, 535쪽
독다리	石橋	다리	海南郡 山二面 松川里	송천 앞에 있는 돌다리	『총람』 16, 175쪽
독다리	石橋	다리	寶城郡 筏橋邑 池洞里	됫등 남쪽에 있는 다리 돌로 놓았음	『총람』 14, 263쪽
독다리	石橋	다리	寶城郡 得粮面 正興里	구정지 아래 있는 돌다리	『총람』 14, 232쪽
독다리들	石橋坪	들	長興郡 安良面 堂岩里	지지기 논 아래에 있는 들. 돌다리가 있었음	『총람』 15, 492쪽

자료: 『한국지명총람』에서 필자 작성

울릉도 초기 이주민의 절대다수를 구성했던 전라도 남해안 지역에서 현재 민간인들이 '돌섬'의 뜻을 사투리로 '독섬'이라고 부르는 것을 한자로 '石島'라고 표기하고 있는 사례는 다음과 같다. ① 전라남도 완도군 노화면 고막리에 있는 한 섬(미나리 서쪽에 있는 섬)은 민간인들은 돌이 많아 '독섬'이라고 불러오고 있는데 표기는 '石島'(석도)로 하고 있다.[48] ② 충도리에 있는 한 섬(육도 남쪽에 있는 섬, 돌로 이루어짐)을 주민들은 지금도 '독섬'이라고 호칭하는데, 행정관청에서 표기할 때는 '石島'로 하고 있다.[49] ③ 해남군 화원면 산호리에 있는 섬은 민간인들은 '독섬'이라고 호칭하고 있는 것을 공식적으로는 '石湖島'(석호도)라고 표기하고 있다.[50]

또한 민간인들이 '돌'이라는 뜻으로 '독섬'이라고 호칭하고 있는 것을 음

48 『한국지명총람』, 1982, 제15권, 315~316쪽.

49 『한국지명총람』, 1982, 제15권, 321쪽.

50 『한국지명총람』, 1982, 제16권, 248쪽.

(音)을 취하여 '獨島'(독도)라고 표기하고 있는 사례도 꽤 있다. ① 전라남도 고흥군 남양면 오천리에 있는 한 섬[모녀섬(母女島) : 동남쪽에 있는 바위섬]은 돌로 된 섬이라고 하여 주민들은 '독섬'이라고 호칭해오고 있는데 옛날부터 한자로는 '獨島'(독도)로 표기되고 있다.[51] ② 전라남도 신안군 비금면 수치리(원수치리) 앞바다에는 돌로 된 2개의 섬이 있어 북쪽에 있는 돌섬을 '위쪽에 있는 돌섬'이라는 뜻으로 '웃독섬'이라고 불러왔는데, 한자로 표기할 때는 '上獨島'(상독도)로 표기되어 왔으며, 남쪽에 있는 돌섬을 '아래쪽에 있는 돌섬'이라는 뜻으로 주민들은 '아릿독섬'이라고 부르는데 한자로는 '下獨島'(하독도)로 표기해오고 있다.[52]

이러한 호칭과 표기 방식은 섬뿐만 아니라 마을 이름이나 골짜기 이름에서도 볼 수 있다. 예컨대 전라남도의 남해안 지방에는 '돌이 많은 마을'이라는 뜻의 '독골'이라는 이름을 가진 마을이나 골짜기가 많은데,[53] 이를 한자로 표기할 때, 무안군 청계면 월선리의 '독골'처럼 '石谷'(석곡)이라고 표기해오기도 하고,[54] 장흥군 장흥읍 덕제리의 '독골'처럼 '獨谷'(독곡)이라고 표기해오기도 했던 것이다.[55] 즉, '독'의 뜻을 취하면 '石'(석)이고 음을 취하면 '獨'(독)이 되는 하나의 양식을 확인할 수 있다.

한국의 남해안에는 현재까지도 '돌섬'이라는 뜻으로 주민들에 의해 '독섬'이라고 불리면서 한자 표기가 없는 섬들이 다수 있다. 이 가운데 『한국지명총람』에 수록된 몇 가지 사례를 도표로 만들어보면 〈표 2-2〉과 같다.

---

51 『한국지명총람』, 1982, 제13권, 116쪽.

52 『한국지명총람』, 1982, 제14권, 467~468쪽.

53 『한국지명총람』, 1982, 제15권, 531쪽의 長興郡 長東面 萬年里의 '독골'.

54 『한국지명총람』, 1982, 제14권, 186쪽.

55 『한국지명총람』, 1982, 제15권, 559쪽.

표 2-2 '독도', '독섬'의 이름을 갖고 있으나 한자 표기를 정하지 못한 섬

이름	구분	소속된 지방 행정구역	『한국지명총람』의 설명문	자료
독도	섬	경남 統營郡 龍南面 花三里	애기섬 남쪽에 있는 섬	『총람』 10, 193쪽
독섬	섬	전남 高興郡 過驛面 蓮燈里	불무섬 가까이에 있는 섬 돌이 많음	『총람』 13, 111쪽
독섬	섬	전남 高興郡 東江面 支竹里	지호(芝湖) 서쪽에 있는 섬	『총람』 13, 140쪽
독섬	섬	전남 高興郡 東江面 掌德里	대섬 동쪽에 있는 섬 돌이 많음	『총람』 13, 144쪽
독섬	섬	전남 高興郡 蓬萊面 泗洋里	솔섬 북쪽에 있는 섬 돌로 되었음	『총람』 13, 151쪽
독섬	섬	전남 長興郡 夫山面 會鎭里	탱자섬 북쪽에 있는 작은 섬. 온 섬이 돌로 되었음	『총람』 15, 478쪽

자료: 『한국지명총람』에서 필자 작성

또한 『한국지명총람』을 보면, 전라도·경상도·충청도·강원도 지방에는 '돌'이라는 뜻의 '독'을 아직도 지명에 갖고 있는 사례도 많다. 참고로 전라남도 남해안 지방에서 한자 표기를 만들지 않고 '돌'이라는 의미의 순수한 한국어 방언 '독'을 지명으로 확정해 갖고 있는 몇 가지 사례를 들면 〈표 2-3〉과 같다.

위의 사실들과 사례들을 통해서 우리는 당시 울릉도 이주민들의 '우산도'에 대한 호칭인 '독섬', '독도'가 바로 '석도'(石島)임을 충분히 알 수 있다.

대한제국 정부가 1900년 10월 25일 울릉도와 그 부속도서를 하나의 군(郡)으로 독립시켜 울도군을 설치하면서 '독도', '독섬'을 한자로 의역하여 '石島(석도)'로 표기했지만, 당시에도 주민들 사이에서는 음(音)을 취하여 '獨島(독도)'라고도 표기되었으며, '石島'와 '獨島'가 병용되고 있었다.[56]

56 신용하, 1996, 『獨島의 民族領土史 연구』, 지식산업사, 194~201쪽.

표 2-3 '독'이 '돌'이란 뜻을 가지면서 한자(漢字) 표기가 없는 지명

이름	구분	소속된 지방 행정구역	『한국지명총람』의 설명문	자료
독골	들	長興郡 長興邑 向陽里	도내기 동쪽에 있는 들 돌이 많음	『총람』15, 572쪽
독골	골	長興郡 長東面 萬年里	가작골 동쪽에 있는 골짜기. 돌이 많음	『총람』15, 531쪽
독당골	골	新安郡 荏子面 三頭里	저동 북쪽에 있는 골짜기 독담(돌로하는가장)했었음	『총람』14, 514쪽
독실	골	新安郡 黑山面 可居島里	대북리 서남쪽에 있는 골짜기. 돌이 많음	『총람』14, 559쪽
독실산	산	新安郡 黑山面 可居島里	독실 위에 있는 산	『총람』14, 559쪽
독배기	마을	務安郡 夢灘面 九山里	연동 아래 있는 마을	『총람』14, 162쪽
독배기	고개	務安郡 淸溪面 南星里	남성리에 있는 고개 돌이 박혀 있다고 함	『총람』14, 182쪽
독배기	산	新安郡 荷衣面 陵山里	대메 남쪽에 있는 산 큰 바위가 박혀 있음	『총람』14, 546쪽
독다리	들	長興郡 蓉山面 上金里	상금 남쪽에 있는 돌다리가 있었던 들	『총람』15, 506쪽
독다리께	들	新安郡 飛禽面 新元里	용소 남쪽에 있는 들 돌다리가 있었음	『총람』14, 469쪽

자료: 『한국지명총람』에서 필자 작성

대한제국은 1900년 칙령 제41호에서 '독섬', 즉 '돌섬'의 뜻을 취하여 '석도(石島)'라고 표기한 것이었다.

이 무렵에 우산도를 독섬이라고 호칭하던 발음을 취하여 '독도(獨島)'라고 표기한 기록도 발견된다. 일본 해군이 독도에 망루를 설치하기 위한 사전 준비로 군함 신고호(新高號)를 울릉도와 독도에 파견했는데, 먼저 울릉

도에 들러서 주민들로부터 청취조사를 하도록 하였다. 『군함신고호행동일지(軍艦新高號行動日誌)』 1904년 9월 25일조에는 "송도(松島 : 울릉도)에서 리앙코르도암(岩) 실견자(實見者)로부터 청취한 정보. 리앙코르도암은 한국인은 이를 '독도(獨島)'라고 쓰고 본방(일본) 어부들은 "리양코섬(リヤンコ島)'이라 한다"[57]는 구절이 있다.

보통 '獨島'(독도)라는 명칭은 일제가 1905년 독도를 침탈한 사실을 알게 된 울도군수 심흥택이 1906년 3월 중앙정부에 보고서를 낼 때 처음 사용된 것으로 알려져 있으나, 이전부터 울릉도 주민들은 '獨島'라고 표기하고 있었던 것이다. 그 증거가 일본 해군의 『군함신고호행동일지』인 것이다.

일본에서는 우산도를 1882년 이전까지는 '송도(松島, 마쓰시마)'라고 불렀다가 일본 해군성이 울릉도를 송도라고 옮겨 호칭하고 표기한 1882년 이후에는 우산도의 일본 호칭이 없어졌으므로 '리앙코르도섬(リアンコルド島)', '리양코섬'이라 호칭했었다.

위의 일본 군함 신고호의 보고는 바로 '우산도', '리양코섬'이라고 일본 어부들이 부르는 그 섬을 한국인들은 '독도(獨島)'라고 쓴다고 기록하고 있으니, '우산도(于山島) = 독도(獨島) = 리양코섬(リヤンコ島)'임이 명백한 것이다.

더구나 『군함신고호행동일지』의 기록일자는 일본이 독도를 침탈하기(1905년) 이전인 1904년의 것임을 특히 주목할 필요가 있다.

최근 일본 외무성은 '독도(獨島)' 명칭은 1906년 울도군수 심흥택의 보고서에서 처음 나오는 호칭이라고 주장하고 있는데, 이것은 사실이 아니다.

위에 쓴 바와 같이, 일본 측이 러·일전쟁 시기 독도에 일본 해군 망루를

57 『軍艦新高行動日誌』, 1904年 9月 24日條.

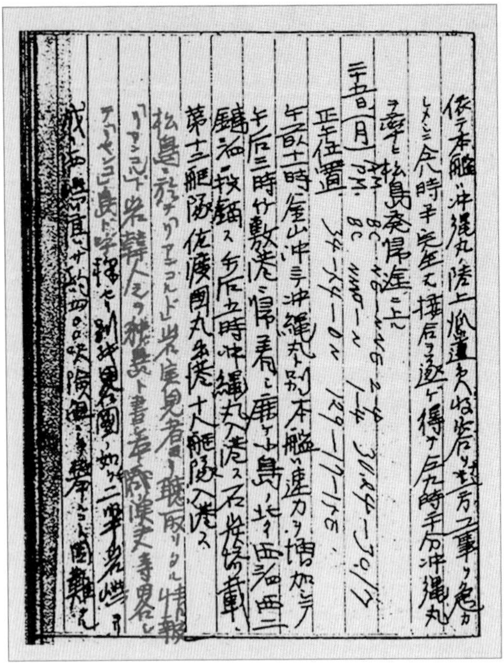

그림 2-20
울릉도민이 독도(우산도)를 '독도'라고 썼고, 일본인들은 '리앙코섬'이라고 불렀음을 기록한 1904년 9월 25일자 일본 군함 신고호의 보고

설치하기 위하여 조사차 군함 신고호를 파견했을 때, 울릉도에서 청취한 정보로서 신고호는 1904년 9월 25일자 보고에서 "리앙코르도섬은 한국인은 이를 '독도'라고 쓰고, 일본인 어부들은 '리앙코섬'이라고 호칭한다."라고 보고하였으니, 일본 외무성의 주장은 틀린 것임이 명확히 증명되는 것이다(〈그림 2-20〉 참조).

울릉도의 한국인들은 1904년 이전부터 이미 독도를 '독도(Dokdo)'라고 쓰고 있었던 것이다.

제2절 '리앙쿠르도석도(石島)'의 서양 호칭 포용에 의거한 '석도=독도'의 증명

조선왕조가 자기의 영토인 '독도'에 대하여 15세기부터 '우산도'란 명칭을 사용하고 있을 때, 뒤늦게 19세기 중엽인 1849년에 프랑스의 포경선 리앙쿠르(Liancourt)호가 고래를 잡으러 동해에 들어왔다가 '우산도(독도)'를 보고, 자기의 배 이름을 취해서 리앙쿠르암석(Liancourt Rocks)이라는 이름을 붙여 프랑스 지리학회에 보고하였다. 이 때문에 조선왕조의 '우산도'에 대해, 1849년부터 서양에서는 '리앙쿠르암석'이라고 불렀고, 지금까지 'Liancourt Rocks'(암석, 석도)라고 호칭하게 되었다.[58] 이 서양 호칭은 19세기 말엽에는 일본에서도 차용하게 된다.

원래 일본에서는 1880년 무렵까지는 통상 울릉도를 '죽도(다케시마)', 우산도(독도)를 '송도(마쓰시마)'라고 호칭하고 있었는데, 1876년에 무토 헤이가쿠(武藤平學)란 일본인이 동해 가운데 조선의 울릉도가 아니면서 자원이 풍부한 새 섬을 발견했다고 떠들며 외무성에 송도를 개척해 달라는 건의서인 「송도개척지의(松島開拓之議)」를 제출하였다. 일본 외무성이 이 새 섬의 현지조사를 해군성에 요청하자, 해군성은 1879년에 '송도 개척'이란 명목으로 예산을 받아 군함 천성환(天城丸)을 보내어 그 새 섬을 현지조사한 결과 그 섬은 새로이 발견한 섬이 아니라 조선의 '울릉도'임을 확인하게 되었다.

---

58 서양인들은 이 밖에도, 1854년 러시아 선박 팔라다(Pallada)호가 푸차친(Putiatin)의 지휘 아래 독도에 메넬라이·올리브차 암석(Menalai·Olivutsa Rocks)이라는 이름을 붙였다. 1885년에는 영국 군함 호넷트(Hornet)호가 파시드(C. C. Farsyth) 해군 중령의 지휘 아래 독도를 관찰하고 호넷트암석(Hornet Rocks)이라는 이름을 붙였다. 서양인들도 모두 독도를 '石島'라고 인식하여 'Rocks'라고 이름 붙인 점이 공통적이다.

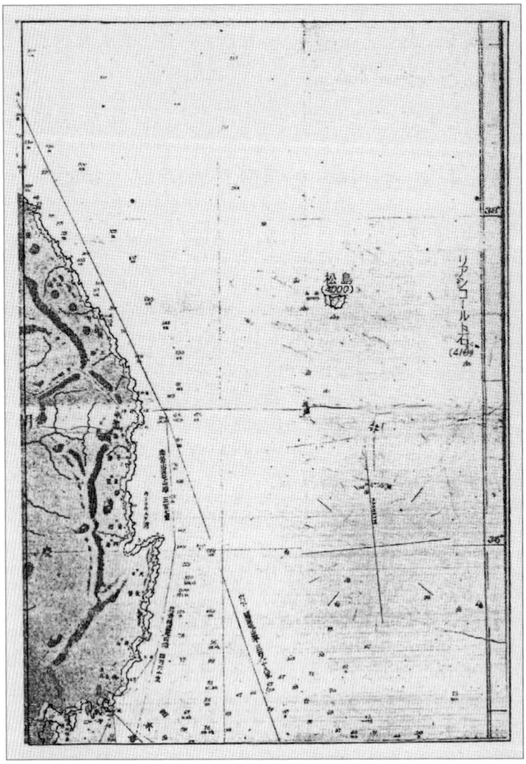

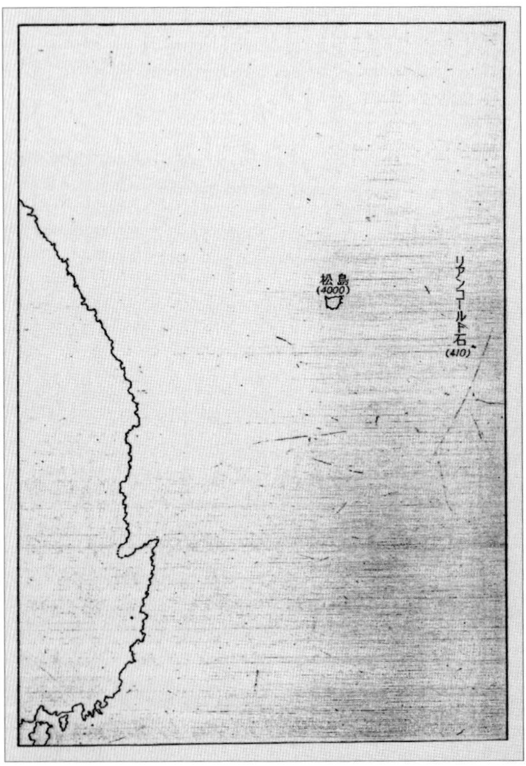

그림 2-21(위)
해군수로국의 「일지한 항로이정 일람약도」
메이지 15년 발행으로 추정

그림 2-22(아래)
「일지한 항로이정 일람약도」의
간소화 지도

일본 해군성은 이에 「송도개척지의」는 각하했으나, 예산은 이 조사를 '송도 개척' 운운했기 때문에 일본 해군성이 1880년경부터 조선의 울릉도를 종래처럼 '죽도'라 하지 않고 '송도'라고 호칭하기 시작하였다. 그 결과 종래 조선의 우산도를 지칭하던 '송도'가 울릉도가 되어 버려서 '우산도'에는 새 이름이 필요하게 되었다.

일본 해군성 수로국은 조선의 '우산도'에 이번에는 서양 호칭을 빌려다가 1880년경부터 '리앙코르도석(リアンコルド石)'이라고 쓰기 시작하였다. 어민들은 해군성을 따라서 우산도에 대한 종래의 호칭 '송도' 대신에 '리양코섬(リヤンコ島)', '리양코석도(リヤンコ石島)'라고 부르기 시작하였다.

일본 해군성 수로국이 1882년에 발행한 것으로 추정되는 「일지한 항로이정 일람약도(日支韓 航路里程 一覽略圖)」에서는 'Liancourt Rocks'를 아예 '리앙코르도석(石)'이라고 번역하여 호칭하였다.

일본 측이 해군성 수로국을 비롯하여 대한제국의 우산도를 '리앙코르도석'이라고 호칭하고, 울릉도 주민들은 '돌섬(石島)'이라는 뜻으로 '독섬'이라고 호칭하는 새로운 사태가 1882~1900년에 형성된 것이었다.

이에 대한제국은 우산도의 서양과 일본식 표기인 '리앙쿠르석도(石島)'도 대한의 '우산도'로서 대한제국 영토임을 명백히 세계에 알릴 필요가 절실하게 되었다.

여기서 주목할 것은 우용정의 '현지조사단'이 '국제조사단'으로서 서양인인 부산 감리서 세무사 라포르트(E. Laporte, 羅保得)를 주요 구성원으로 포함했다는 사실이다. 그는 직책상 대한의 '우산도'가 서양에서는 '리앙쿠르석도(Liancourt Rocks)'임을 잘 알고 있었음은 물론이다. 라포르트는 울릉도에는 세 번이나 조선 정부의 요청으로 다녀온 해양·관세 전문가였다. 그는 울릉도와 우산도(독도)의 서양 호칭도 물론 잘 알고 있었다.

우용정과 라포르트 등으로서는 서양 호칭의 '리앙쿠르석도'가 종래의 조선 '우산도'이므로, 일본인들의 울릉도 불법침입으로 울릉도·우산도의 대한제국 영토주권을 확고히 국제사회에 알리려고 제정하는 1900년 칙령 제41호의 제정과 반포의 기회에 서양과 일본에 대해서 '리앙쿠르석도'가 대한제국의 영토임을 명백히 재선언하고 싶었을 것임은 추정하기 전혀 어려운 일이 아니다.

이에 대한제국 중앙정부의 내부대신 등 고위관료들은 '우산도'의 명칭을 잘 알면서도, 우선 울릉도 이주민들이 종래 '우산도'를 '돌섬'의 뜻으로 '석도'라고 호칭하고, 서양인들도 '리앙쿠르석도'라고 호칭하니, 세계에 울릉도와 우산도가 대한제국 영토임을 재확인하고 재선언해야 할 계제에 당해서, 종래의 '우산도' 명칭을 접어두고 '석도' 명칭을 취하여 칙령에서 우산도를 돌섬의 의미를 살린 '석도(石島)'로 호칭을 교체한 것이라고 필자는 해석하고 있다.[59] 서양 호칭을 거론해도 '리앙쿠르석도=독도'임을 명확하게 하려고 대한민국 정부가 이때 '우산도' 대신 '석도'라는 호칭을 채용한 것이라 본다.

즉 대한제국의 1900년 칙령 제41호의 울도군수 관리 섬들인 울릉도·죽도·석도 가운데 석도(石島)는 서양 세계와 국제사회에 향해서 'Liancourt Rocks(石島)'가 울도군수 관할의 대한제국 영토임을 재확인하고 재선언하는 국가적인 의지와 내용이 포함되어 있었던 것이다.

---

59 신용하, 2011, 「대한제국 1900년 칙령 제41호의 제정과정 및 의의와 석도=독도의 세 가지 방법의 증명」, 제19회 독도연구보전협회 학술대토론회 논문집 『한국의 독도영유권 증명과 일본의 독도침탈정책 비판』, 독도학회.

제3절 울릉도로부터의 '거리'에 의한 '석도=독도'의 증명

셋째는 울릉도로부터 '독도'까지의 거리에 의한 증명이다.

동해에는 울릉도로부터 동쪽으로 일본열도까지 일직선상으로 3개의 섬밖에 없다. ① 울릉도 ② 독도 ③ 은기도의 3개 섬이 그것이다.

실제의 거리는 울릉도로부터 독도까지의 거리가 87.4킬로미터(218.5리)이고, 독도로부터 일본 은기도까지의 거리는 157.5킬로미터(393.8리)이다.

즉 간략하게 전통적 표현 방식으로 말하면, 울릉도로부터 독도까지의 거리는 약 2백 리이고, 독도로부터 일본의 은기도까지는 다시 약 4백 리이다.

그러므로 전통시대에 울릉도로부터 동쪽 '1백 리 밖에 있는 섬'이라고 말해도 '독도'를 가리키는 것이고, 또는 울릉도로부터 '2백 리 밖에 있는 섬'

그림 2-23 동북아시아 속의 울릉도와 독도(자료: 동북아역사재단)

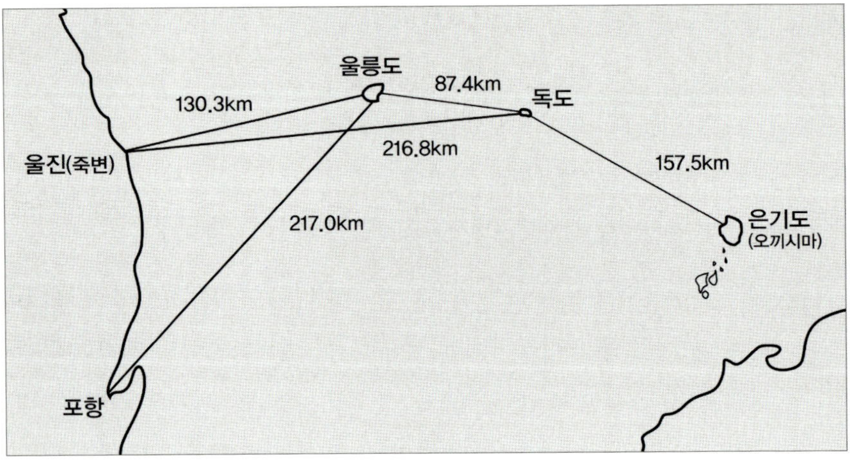

그림 2-24 독도와 울릉도, 독도와 은기도 사이의 거리

이라고 말해도 그것은 '독도'를 가리키는 것이 된다. 울릉도 동쪽 이 거리에는 독도(우산도) 밖에 없기 때문이다.

울릉도로부터 2백여 리 떨어진 거리에 울도군수가 관할하는 맨 끝의 섬 석도가 있다는 사실을 기록한 것은, 일본 측이 1906년에 대한제국 정부에게 울릉도 소속 섬들을 질의해 왔을 때 대한제국 내부의 공식 회답문서에 잘 나타나 있다. 대한제국 내부는 이 회답문서에서, 대한제국 정부는 1900년 10월 25일 정부 회의를 거쳐 군수를 배치했는데, 울릉도의 부속도서는 죽도(竹島 : 울릉도 바로 옆의 바위섬인 대섬을 의미)와 석도(石島)이고, 동서가 60리요, (그로부터) 남북이 40리로서 그 합이 200여 리(약 80여km)라고 다음과 같이 회답했음을 『황성신문(皇城新聞)』은 보도하였다.

통감부에서 내부에 공함(公函)하되 강원도 삼척군 관하(管下)에 소재 울릉도에 소속 도서(島嶼) 군청 설시 연월을 시명(示明)하라 한고로 답함(荅函)하되, 광무 2년 5월 20일에 울릉 도감(島監)으로 설시하얏다가 광무 4년

> 10월 25일에 정부 회의를 경유하야 군수(郡守)를 배치하니, 군청은 하태동(霞台洞)에 재하고, 해군(該郡) 소관도(所管島)는 죽도(竹島) 석도(石島)오, 동서(東西)가 60리오 남북이 40리니, 합(合) 2백여 리라고 하얏다더라.[60]

여기서 주목할 것은 1900년(광무 4년) 10월 25일 의정부 회의를 거쳐서 울도군을 설치하고 군수를 배치했는데, 울도군의 관할하는 섬은 울릉도 외에 죽도(대섬)와 석도(石島)이고, 그 (울릉도로부터의 거리는) 동서로 60리 가서 다시 남북으로 40리이고, 합하면 2백여 리라고 회답한 부분이다.

여기서는 3개의 답이 있다고 볼 수도 있나. 첫째는 동서로 60리 거리에 있다고 해석할 수 있는 부분이고, 둘째는 여기서 남쪽으로 다시 40리를 더 가서 1백 리 지점이라고 해석할 수 있는 부분이며, 셋째는 결론적으로 모두 합하면 석도는 2백여 리 떨어진 곳에 있는 섬이라는 부분이다.

'동서로 60리와 남북으로 40리'는 동남쪽을 설명한 것이므로 합해서 보아야 한다고 보는 경우에는 울릉도 동남쪽 1백 리 지점과 2백여 리 지점의 2개의 답이 있다고 볼 수도 있을 것이다.

여기서 울릉도로부터 석도까지의 거리가 결론적으로 '합이 2백여 리'라고 정확히 지적하면서, 구태여 1백 리(60리+40리) 지점을 중간에 넣은 이유는 무엇일까?

그 이유는 울도군수 심흥택(沈興澤)이 일본의 독도 침탈 사실을 처음 들어 알게 되자마자 1906년 3월 29일자 보고에서 "본군 소속 독도(獨島)가 재어본부외양(在於本部外洋) 1백여 리옵더니 (…)"라고 항의 보고서를 강원

---

60 『皇城新聞』 1906年 7月 13日字, 「鬱島郡의 配置顚末」. 일본에서는 이것이 '면적'이라고 주장하는 견해가 있는데, 그러할 경우 合이 2천 4백 (평방)리가 되므로 일본인들의 해석 주장은 틀린 것이고, '거리'임이 명백하다.

도관찰사를 경유하여 내부에 올린 것을 받았는데, 바로 그 직후에 동일 사안에 대해 바로 2백여 리라고 답하기 전에, 심흥택의 보고 1백여 리를 동으로 60리 남으로 40리라고 설명해 주면서, 결론은 울릉도에서 가장 멀리 있는 관할 섬인 석도는 울릉도에서 2백여 리 거리에 있다고 회답해 준 것이라고 필자는 해석하고 있다.[61] 여기에는 심흥택 보고의 독도가 바로 석도라는 의미가 포함되어 있다.

필자가 여기서 특히 강조하여 지적하는 것은 동해에는 ① 울릉도 ② 독도 ③ 오키섬 3개 섬 밖에 없기 때문에, 3개 섬의 상호거리로 볼 때 울릉도에서 동남쪽으로 60리 또는 1백 리 또는 2백 리 떨어진 곳에 있는 섬은 동해에는 유일하게 독도밖에 없으므로 석도(石島)가 곧 독도임은 또 한 번 재확인된다는 사실이다.

울릉도로부터 독도의 거리는 실제로 약 218리(87.4km)이다. 반면에 독도로부터 일본 오키섬까지는 약 394리(157.5km)이다. 울릉도에서 2백여 리 떨어져 있는 석도(石島)는 울릉도와 오키섬 사이의 유일한 섬 독도(獨島)일 수밖에 없는 것이다.

1906년 7월 대한제국 내부의 일제 통감부에의 회답공문과 이를 보도한 『황성신문』 1906년 7월 13일자 기사는 석도가 울릉도로부터 합계 2백여 리 거리에 있는 울도군수의 관할 섬(울릉도로부터 독도까지의 실제 거리 약 218리)이라는 사실을 기록함으로써, '석도=독도'임을 울릉도로부터의 거리

61 『各觀察道案』 第1冊, 「報告書 號外」에서 울도군수 沈興澤은 일본이 獨島를 침탈해 갔다는 것을 알자 1906년 3월 29일 보고서에서 "본군 소속 獨島가 在於本部外洋 百餘里이옵더니"라고 하여 울릉도로부터 독도의 거리를 '1백여 리'라고 보고하였다. 대한제국 內部가 통감부의 질의에 대한 답서에서 石島까지의 거리를 동서가 60리요 남북이 40리라고 한 것은, 심흥택의 '1백여 리'에 방향을 넣어 '동으로 60리 가다가 다시 남으로 40리 가는' 거리로 생각한 것으로 추정되고, '합이 2백여 리'라고 한 것은 울릉도로부터 독도까지의 총합 거리를 정확히 가리킨 것으로 해석된다.

에 의하여 명확히 증명하는 것이다.

이상과 같이 '우산도=돌섬=독도=石島(석도)=獨島(독도)'임은 ① 독도의 언어학적 사투리 고찰에 의해서, ② 리앙쿠르 석도의 서양 및 당시 일본 호칭 포용에 의해서, ③ 울릉도로부터 석도(독도)까지의 거리에 의해서 세 가지 방법으로서 종합적으로 명확히 증명할 수 있는 것이다.[62]

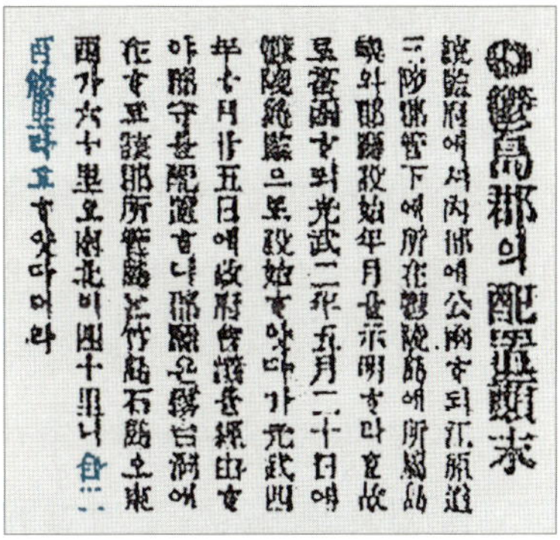
◎鬱島郡의 配置顚末
統監府에서內部에公函ᄒᆞ되江原道
三陟郡管下에所在鬱陵島에所屬
島와郡廳設始年月을示明ᄒᆞ라ᄒᆞᆷ으로
答函ᄒᆞ되光武二年五月二十日에
鬱陵島監으로設始ᄒᆞ얏다가光武四
年十月二十五日에政府會議를經由ᄒᆞ
야郡守를配置ᄒᆞ니郡廳은台霞洞에
在ᄒᆞ고該郡所管島는竹島石島오東
西가六十里오南北이四十里니合
二百餘里라고ᄒᆞ얏다더라

그림 2-25 석도가 울릉도에서 2백여 리(80여km) 떨어진 섬임을 밝혀 석도가 곧 독도임을 증명한 대한제국 내부의 공문서를 보도한 1906년 7월 13일자 『황성신문』 기사

여기서 부기하여 둘 것으로 왜 일세 통감부가 1906년 7월 초에 대한제국 내부(內部)에 울릉도 소속 도서와 군청 설치 연월을 시명(示明)하라고 요구했는가에 대한 해석이다. 이것은 1906년 3월 28일 울도군수 심흥택이 울릉도를 방문한 은기도사 동문보(東文輔) 등으로부터 독도가 일본 영토로 '편입'되었다는 말을 듣고 놀라서 "본군 소속 독도가 재어본부외양(在於本部外洋) 백 여리(百餘里)하옵더니 (…)" 이제 일본인들이 와서 자기들의 영지가 되었다고 말하니 즉시 조치해달라고 항의보고를 했고, 이를 받아서 대한제국 내부와 의정부가 일제 통감부에 정식 공문으로 항의했었음을 알려주는 것이다. 대한제국 정부로부터 항의문을 접수한 일제 통감부는 1906년 7월 초순에 대한제국 내부에 다시 공문으로 "강원도 삼척군 산하 소재 울릉도 소속 도서(島嶼), 군청 설치 연월을 시명(示明)하라."고 요청한 것이다. 이에 대한제국 내부가 1906년 7월 13일

62 신용하, 2011, 「대한제국 1900년 칙령 제41호의 제정과정 및 의의와 석도=독도의 세 가지 방법의 증명」, 제19회 독도연구보전협회 학술대토론회 논문집 『한국의 독도영유권 증명과 일본의 독도침탈정책 비판』, 독도학회.

경 일제 통감부에 회답공문을 보내어 "광무 2년(1898년) 5월 20일에 도감을 설시했다가, 광무 4년(1900년) 10월 25일에 정부 회의를 경유하여 군수를 배치하니, 군청은 태하동에 재하고, 해군(該郡) 소관도(所管島)는 죽도(대섬), 석도요, 동서가 60리요, 남북이 40리니, 합(合) 2백여 리라."고 회답한 것이었다. 이 『황성신문』 보도문은 이미 1906년 1월 17일에 외부(外部)가 폐지당했으므로 대한제국 정부가 할 수 없이 일제의 독도 침탈에 대한 항의공문을 일제 통감부에 발송했었고, 이에 대한 일제 통감부의 반응에 대해 다시 대한제국 내부가 일본이 한국 정부 몰래 편입한 리앙쿠르암석(Liancourt Rocks)가 바로 대한제국 울도군의 통치 섬인 석도(독도)임을 밝힌 것이었다.

제25장

대한제국 1900년 '칙령 제41호' 반포의 역사적 의의

1900년 10월 25일 반포된 대한제국의 칙령 제41호가 지방제도를 개편하여 종래 강원도 울진현에 속했던 울릉도와 독도를 '울도군'으로 승격시켜서 울도군의 행정구역 안에 독도[獨島, 석도(石島)]를 명확히 표시한 것은 적어도 다음과 같은 큰 의의가 있다.

첫째, 대한제국의 1900년 칙령 제41호는 서양 국제법(만국공법)상으로도 독도(석도)가 대한제국의 영토임을 전 세계에 다시 한번 더 명확히 천명한 것이다. 이것은 당시 만국공법 체계 안에서 대외교섭을 하고 있던 대한제국이 종래의 고유영토인 독도에 대하여 근대 국제법 체계로 독도가 대한제국의 영토임을 재확인하고 재천명한 획기적인 것이었다.

둘째, 대한제국은 1900년 칙령 제41호를 중앙정부의 『관보(官報)』에 게재하여 각국 공·영사관에 배포해서 전 세계에 독도(석도)가 대한제국 영토임을 공개적으로 국제고시(國際告示)하였다.

당시 한국 중앙정부의 『관보』는 한국 주재 외국 공사관과 영사관들에서 읽고 있는 중요한 자료였다. 따라서 중앙정부의 『관보』에 게재하면 '국제고시'로 간주될 수 있는 것이었다.

셋째, 대한제국의 1900년 칙령 제41호의 공포는 일본 관리와 영국인 해관 세무사를 포함한 '국제조사단'의 울릉도 등의 조사 후에 공포된 것이다. 그러므로 일본·영국·러시아 등을 비롯하여 당시의 모든 체약국들이 잘 알게 된 칙령이었다. 대한제국 1900년 칙령 제41호의 울릉도·독도 한국 영토 재확인 공포가, 같은 해 국제조사단의 현지조사 후에 그 결과와 관련해서 공포되었음은 특히 주목해야 할 사실이다.

넷째, 당시 일본은 1900년 대한제국 칙령 제41호의 내용을 잘 알고, 그 사전 국제조사단에 외교관(주부산 영사관 부영사)과 일본 경찰관까지 참가했었는데, 칙령 제41호의 울도군 격상 설치와 대한제국의 독도(석도)의 통치관리에 전혀 이의(異議)나 항의가 없었다. 당시 일본도 독도가 대한제국 영토임을 잘 알고 있었으므로 그에 승복한 것이었다.

다섯째, 대한제국의 1900년 칙령 제41호의 공표는 일본이 독도를 침탈하려고 1905년 1월 28일 일본 내각회의에서 소위 영토편입 결정을 하기 약 5년 전의 일이다. 오늘날 일본 정부가 1905년 일본 내각회의 결정이 당시 국제법상 하자가 없었다고 주장하는 억지는 1900년 대한제국 칙령 제41호와 그 전 세계로의 공포에 의해서도 완전히 거짓임이 명백해지는 것이다.

종래의 한국 고유영토인 독도(우산도)에 대하여 대한제국은 1900년에도 칙령 제41호로써 근대 서양 국제법 체계에 의거해서도 '독도'가 대한제국의 영토이며 '울도군수'의 행정관리하에 있는 한국 영토임을 전 세계에 거듭 재확인한 것이었다.

대한제국의 1900년 칙령 제41호 제정 반포는 서양 국제법인 만국공법상으로도 '독도'가 대한제국 영토임을 전 세계에 천명한 획기적인 것이다. 대한제국 정부는 이를 당당하게 중앙정부의 『관보』에 국제고시하였다.

대한제국의 1900년 칙령 제41호에 의한 울릉도·죽서도·독도가 대한제국 영토라는 재확인, 재선언에 대해서, 일본은 우용정의 국제조사단에 일본 부영사가 공식적으로 참가한 것과 외교문서·『관보』 국제고시 등에 의해 매우 잘 인지하고 있으면서도, 당시에는 대한제국의 독도 영유에 대해 전혀 이의가 없이 승복하였다. 진실이 그러했기 때문이다.

대한제국의 1900년 칙령 제41호에 의거한 울릉도·독도의 대한제국 영유와 지방행정제도 개편 선언은 일본이 독도를 '무주지'로 전제하고 독도 침탈을 시도한 1905년 2월보다 4년 4개월 이전의 일이다. 일본 제국주의자들이 독도를 무주지라고 주장하면서 1905년 독도 침탈 내각결정을 한 것은 대한제국 1900년 칙령 제41호에만 대조해 보아도 당시 서양 국제법(만국공법)상으로도 전적으로 불법이었고 무효의 것으로서 전혀 성립할 수 없는 것이었다.

제26장

'칙령 제41호' 공포 이후의 울릉도·독도

제1절 일본인들의 울릉도 불법 침입 및 거주

울도군이 1900년에 설치되어 울도군수가 울릉도, 죽도, 독도(석도)를 관할하여 지방행정상의 지위가 승격된 이후에도, 울릉도에 불법적으로 들어온 일본인들은 철환되지 않았다. 그 이후의 울릉도 사정을 간단히 설명하면 울도군은 설군 후에 상당히 발전하였는데, 1901년 2월에는 울릉도에 학교를 설립하고,[63] 일본인들의 행패를 받아가면서도 도벌을 저지하려고 도민들이 투쟁했으며,[64] 도민의 배(船) 개운환이 풍랑에 파선되자,[65] 군수의 지원하에 보합환(保合丸) 2척을 구입하는 등의[66] 노력을 기울였다.

반면에 일본은 울릉도에 불법 침입한 일본인들을 철환하기는커녕

---

63 『皇城新聞』 1901年 2月 27日字, 「雜報:鬱島設校」.

64 『皇城新聞』 1901年 9月 18日字, 「雜報:鬱島의 日人作梗」.

65 『皇城新聞』 1901年 1月 25日字, 「雜報:鬱島船破」.

66 『皇城新聞』 1901年 10月 29日字, 「雜報:鬱島二船」.

1901년말에는 일본인 단속을 구실로 도리어 일본 경찰관을 울릉도에 파견 주재시킬 계획을 추진했으며,[67] 1902년 1월 영·일동맹을 체결하는 데 성공하자 적극적인 공세를 취하여 한국에 이주민 어촌을 건설하는 정책을 채택하고, 1902년 3월에는 부산 일본 영사관의 일본 경부 1명과 순사 3명 등 4명의 경찰관을 울릉도에 파견 상주시켜 일본 경찰관 주재소를 설치하였다.[68] 일본은 이 무렵 독도는 사람이 거주할 수 없는 곳이므로 울릉도에 주목했다.

여기서 짚고 넘어가야 할 것은 일본 정부가 개항장이 아닌 울릉도에 불법으로 입주한 일본 이주민을 방임해 놓고 또 '일본 경찰관 주재소'까지 설치하는 불법을 자행했다는 사실이다. 이것은 울릉도 침탈야욕을 내포한 조치였다.

대한제국 정부는 1903년 4월 심흥택을 군수로 임명하여 일본인의 불법행위에 대응케 하였다. 군수 심흥택은 1903년 4월 울릉도에 부임하자 일본인의 재목벌채를 일체 금하도록 명령했다.[69] 또한 심흥택은 일본인들의 불법행동을 저지하기 위해 중앙에서 순검 2명을 파견해줄 것을 요청하였다.[70] 심흥택은 일본인의 불법 도벌을 들어 중앙정부가 일본공사에 요구해서 일본인을 울릉도로부터 철환시켜줄 것을 강력히 요청했다.[71]

일본 측의 울릉도에 대한 정책은 더욱 오만불손해져서, 울도군수 심흥

---

67 「鬱陵島在留民取締ノ爲ノ警察官派遣ノ件上申」, 1901年 12月 10日條, 日本 外務省 記錄『鬱陵島ニ於ケル伐木關係雜件』.

68 『皇城新聞』 1902年 2月 28日字, 「雜報:鬱島日巡査」.

69 「鬱陵島日本警察官駐在所 警部 有馬高孝 報告書」, 1903年 4月 28日條, 日本 外務省 記錄『鬱陵島ニ於ケル伐木關係雜件』.

70 『皇城新聞』 1903年 7月 14日字, 「雜報:派巡請壓」.

71 『皇城新聞』 1903年 7月 20日字, 「雜報:鬱島形便」.

택이 울릉도에 주재한 일본순사에게 일본인들의 기왕의 도벌도 불법이거니와 지금 이후라도 벌목을 엄금시켜달라고 요청하자, 울릉도에서의 일본인의 벌목이 이미 십수 년의 관습이 되었는데 벌목 금지를 요구하는 것에는 응할 수 없다고 거부하고,[72] 한국 측이 금지시킬 의사가 있거든 서울의 일본공사에게 조회하여 금지시키라고 하는 형편이었다.[73]

이 보고를 받은 대한제국 내부는 외부를 통하여 일본공사에게 불통상구안(不通商口岸)인 울릉도에 일본 경찰관을 주재시킨 것이 조약 위반임을 들어 철거를 요구하고 일본 경찰관의 발언을 규탄하는 공문을 보냈다.[74] 1903년 음력 7월 12일에는 러시아 군함 1척이 울릉도에 정박하고 장교 1명이 27명의 병정을 인솔하고 상륙하여 군수 심흥택에게 일본인의 벌목과 일본 경찰관의 주재가 귀 정부의 어느 조약에 의거한 것인가고 힐문하고 돌아갔다.[75]

대한제국 정부는 울도군수의 보고를 받을 때마다 일본 공사관에 항의했으나, 일본은 이를 무시하고 울릉도에 불법으로 일본인 어촌을 설치하여 계속 도벌을 보호 장려하면서 침략을 강화하는 속에서 1904년을 맞게 되었다.

72 「鬱陵島日本警察官駐在所警部有馬高孝報告書」, 1903年 4月 28日條, 日本 外務省 記錄 『鬱陵島ニ於ケル伐木關係雜件』.

73 『皇城新聞』 1903年 8月 10日字, 「雜報:鬱島報告」.

74 『皇城新聞』 1903年 8月 19日字, 「雜報:據章峻照」.

75 『皇城新聞』 1903年 11月 17日字, 「雜報:鬱島來報」.

제2절 울릉도민의 독도 어로와 일본인 어부의 어로 시도

대한제국의 1900년 칙령 제41호 공포 이후에도 울릉도 주민 가운데 어부들은 울릉도의 부속도서인 독도(우산도)에 건너가서 고기잡이를 한 것은 더 설명할 필요가 없다.

울릉도 어부들은 독도(우산도)를 '독섬'이라는 방언으로 호칭하면서 1883년 이후에 활발하게 울릉도 근해를 앞마당 어장으로 활용하여 고기잡이를 하다가, 폭풍을 만나면 독도에 바람을 피하여 상륙하곤 하였다. 일본 해군이 독도에 망루를 설치할 계획으로 독도에 상륙해서 조사했을 때 어부들이 머물렀던 흔적이 남아 있다고 보고한 것은 울릉도 어부들의 상륙 어로 흔적이라고 해석된다.

일본인들도 1903년경부터 독도 근해에 들어와서 '강치(海驢)'를 잡으러 들어오기 시작하였다. 그 예의 하나가 나카이 요자부로(中井養三郎)라는 어업가였다. 나카이(中井)는 고향에서 소학교를 졸업하고 상장학사(相長學舍)라는 사립학숙(私立學塾)을 거쳐서 당시로서는 드물게 동경(東京)에 유학, 사문횡(斯文黌)이라는 사립학교에서 교육을 받은(총 교육 기간 13년), 해외 진출에 관심이 많은 어업가였다. 그는 실업(實業)에 뜻을 두고 1890년부터 외국 영해에서의 잠수기 어업에 착수했다. 1891~1892년에는 러시아령 블라디보스토크 부근에서 잠수기를 사용한 해서어업(海鼠漁業)에 종사했고, 1893년에는 조선의 경상도·전라도 연안에서 역시 잠수기를 사용한 해표(海豹)와 포(鮑)잡이에 종사했다. 나카이는 1903년 독도에서 해려(海驪: 강치)잡이를 시도했는데 이것이 수익이 높자 다른 어부들의 경쟁 남획을 방지하고 독점이권을 (대한제국 정부로부터) 획득해보려고 1904년 동경에 가서 일본 정부 관료들과 접촉을 시작했다. 나카이가 1910년에 직접 작성하여 시마네현에 제출한 이력서와 그 부속문서인 「사업경영개요(事業經營概

要)」는 그가 독도를 한국 영토로 인지하고 있었음을 잘 기록하고 있다.[76]

그러므로 일본 어부들이 1903년경부터 독도에서 강치 등 고기잡이를 시도했다고 할지라도, 그것은 한국의 경상도·전라도 연안에서 고기잡이한 것과 같이 독도가 한국 영토임을 인지하고 단지 고기잡이만을 한 것이었다.

지금까지의 고찰에서 명백해지는 바와 같이 '독도'는 '울릉도'와 함께 서기 512년 우산국이 신라에 병합된 때부터 한국의 고유영토로 확립되어 '우산도'라는 명칭으로 내려오다가, 대한제국의 1900년 칙령 제41호 공포에 의하여 '석도'의 호칭으로 만국공법(서양 국제법) 체제에서도 대한제국의 고유영토임을 세계에 재확인, 재선언한 역사적으로나 국제법상으로나 지리적으로나 명백한 한국 영토인 것이다.

76 島根県廣報文書課 編, 1953, 「中井養三郎履歴書」(1910年 隱岐島廳 提出), 『竹島關係資料』第1卷.

제7편

러 · 일전쟁기, 일본의 한국 '독도' 침탈 작전

제27장

러·일전쟁 이전 일본인의 울릉도 불법침입과 울도군의 행정 대응

제1절 '칙령 제41호'로 울도군으로 편제된 울릉도의 행정과 초대 군수 배계주

대한제국이 1900년 칙령 제41호 '울릉도를 울도(鬱島)로 개칭하고 도감을 군수로 개정하는 건'을 1900년 10월 25일 제정 공포하여, 종래 강원도 울진군에 속했던 울릉도·죽도(대섬)·석도(독도)를 이제는 독립된 '울도군'으로 개정 승격시켜 울릉도와 독도 등 부속도서를 관리하는 조치에 대해, 일본 정부는 속내와는 상관없이 이를 묵인하고, 항의문서를 대한제국 외부(外部)에 보내오지 않았다.

이미 1899년 라포르트(E. Laporte)의 울릉도 현지조사에 뒤이은 1900년 6월 우용정의 국제조사단에 재부산 일본 영사관 부영사 아카쓰카[赤塚正助(輔)]를 참가시켜 일본인들의 울릉도 불법 침입 및 거주를 함께 조사했기 때문에 반대할 명분이 전혀 없었을 뿐 아니라, 일본 정부도 울릉도와 독도 등 그 부속도서들이 역사적·객관적으로 대한제국 영토임을 알고 있었기 때문이었다.[1]

그러나 일본이 내심 울릉도와 그 부속도서들에 대한 영토야욕을 완전히 포기한 것은 아니었다.[2]

대한제국 정부는 울도군 설치 후 이전에 도감으로 있던 배계주를 주임관(奏任官) 6등의 신임 초대 군수로 임명했으며,[3] 뒤이어 사무관으로 최성린(崔聖麟)을 임명, 파송하였다.[4] 울도군수 배계주는 임명되자 즉각 격상된 행정 임무를 수행하여, 1901년 2월 울릉도에 학교를 설립하였다.[5] 또한 일본인들의 행패를 받아가면서도 일본인들의 삼림 불법도벌을 저지하려고 도민들과 함께 투쟁하였다.[6]

신설 군청과 울릉도민 간의 관민협조도 잘 이루어져서, 도민의 배 개운환(開運丸)이 풍랑에 파선되자,[7] 군수의 지원하에 보합환(保合丸) 2척을 구

---

1 ① 홍성근, 2016, 「라포르트(E. Laporte)의 울릉도 조사 보고서와 1899년 울릉도 현황」, 『영토해양연구』 제11호.
② 유미림, 2018, 「현지조사로 밝혀진 대한제국기 울릉도 현황과 일본의 자원 침탈」, 『해양정책연구』 제 33권 제1호.

2 이는 일본이 울릉도에 불법입도한 일본인들을 철수시키기는커녕 도리어 이들을 보호하기 위하여 1901년에 日本警察官駐在所 설치를 계획한 사실에서도 알 수 있다. 울릉도에 불법침입한 일본인들을 보호하기 위해 일본은 1901년 말에 일본 경찰관을 울릉도에 파견·주재시킬 계획을 추진했으며(「鬱陵島在留民取締ノ爲ノ警察官派遣ノ件上申」 1901年 12月 10日條, 日本 外務省 記錄 『鬱陵島ニ於ケル伐木關係雜件』), 1902년 1월 英·日同盟을 체결하는 데 성공하자 울릉도에 이주민 漁村을 건설하는 정책을 채택하고, 1902년 3월에는 부산 일본 영사관의 警部 1명과 巡査 3명 등 4명의 경찰관을 울릉도에 파견 상주시켜 日本警察官駐在所를 설치하였다.(『皇城新聞』 1902年 2月 28日字, 「雜報:鬱島日巡査」). 이 무렵 일본은 독도를 사람이 거주할 수 없는 곳이므로 울릉도의 부속도서로서 주목했다.

3 『官報』 제1744호, 光武 4年 11月 29日字, 「任鬱島郡守叙奏任官六等九品裵季周」.

4 『皇城新聞』 1901年 1月 18日字, 「雜報:訓令鬱島」.

5 『皇城新聞』 1901년 2월 27일자, 「雜報:鬱島設校」.

6 『皇城新聞』 1901년 9월 18일자, 「雜報:鬱島의 日人作梗」.

7 『皇城新聞』 1901년 1월 25일자, 「雜報:鬱島船破」.

입하는 등의 노력도 기울였다.[8] 울도군은 자원이 비교적 풍부한 지역이므로, 외부로부터의 방해만 없으면 새 군수·군청과 울릉도 도민이 합심 협력하여 울도군을 발전시킬 수 있는 전망이 뚜렷하였다.[9]

초대 군수 배계주의 울도 개혁 행정에 대해 일부 인사가 재목 도벌 금지 문제로 민사소송을 제기해서 군수가 서울을 출입하느라고 행정이 약화되자, 내부는 배계주를 해임하고 제2대 군수로 강영우를 임명하였다. 그러나 강영우는 취임도 하기 전에 교체를 희망했으므로, 내부는 다시 1902년 3월 7일 배계주(주임관 6등)를 제3대 울도군수로 임명하였다. 내부는 군수 배계주의 제안을 승인하여 울도군의 행정관리 강화를 위한, 다음과 같은 「울도군절목」을 1902년 4월 제정하였다.

> 본 군이 승격된 지 이미 2년이 지났는데 전체 섬의 각종 업무가 아직 초창(草創)함이 많은 가운데 유언비어를 만들어내고 교화되지 않은 몇몇 패민(悖民)들이 백성들을 선동하니, 본부(내부)에서는 방략을 강구하고 군의 규칙을 확립하지 않을 수 없다.
>
> 그러므로 따로 절목을 만들어 보내니 이대로 거행하고 어겨서는 안된다.
>
> 섬 주민 중에 전처럼 갈팡질팡하고 명령을 따르지 않는 이가 있으면 일일이 적발하는 대로 속히 보고하면 마땅히 별단의 엄한 조처가 있을 것이다.
>
> 각별히 유념하여 거행하라. 절목의 뜻을 언문으로 번역하여 각 마을에 게시하여 한 사람도 듣지 못해 알지 못하는 폐단이 없게 하라.

---

8 『皇城新聞』 1901년 10월 29일자, 「雜報:鬱島二船」.

9 ① 이상태, 2016, 「울도군 초대군수 裵季周에 대한 연구」, 『영토해양연구』 제11호.
② 유미림, 2018, 「초대 울도군수 배계주의 행적에 관한 고찰」, 『한국동양정치사상사연구』.

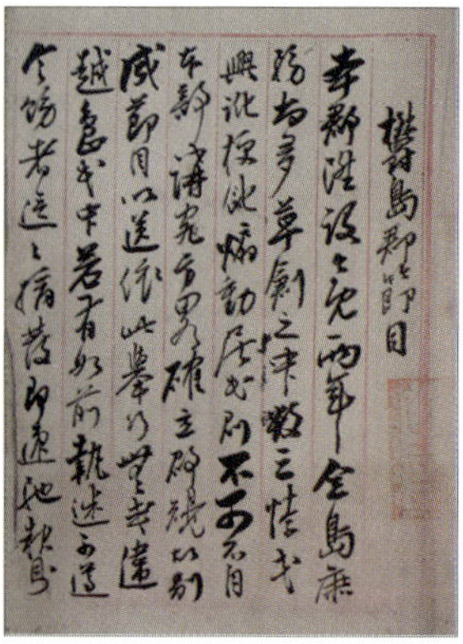
鬱島郡節目

그림 2-26 「울도군절목」
(이유미 씨 소장, 자료: 울릉군청, 『한국일보』)

一. 일본에서 넘어와 나무를 몰래 베어가는 자들을 특별히 엄금할 것

一. 본도의 인민 중에 가옥과 전토를 외국인에게 몰래 매매하는 자가 있으면 마땅히 일률(一律: 사형)을 시행할 것

一. 본도의 개척이 아직 미진하니 백성들이 가정을 이루기를 간절히 바라기에 아직은 세금을 정하지 않는다. 무릇 도민들은 경작을 하면서 먹고 살아가는데 만일 내륙으로 이거(移居)한다면 사적으로 매매하지 못하게 하고 관유(官有)로 반환하게 할 것

一. 현재 있는 관청이 일곱 칸이 되면 그대로 쓰되 지붕을 보수하고, 4~5칸 정도로 좁다면 약간의 증축만 하고 민폐를 끼치지 말 것

一. 향장 1명, 서기 1명, 사령 3명을 먼저 두어 일을 하게(供役) 할 것

一. 군수 이하 향장과 서기, 사령의 급료는 군에서 대략 산정하지 않으면 안 된다. 울릉도의 호수가 족히 5백 호가 된다면 집집마다 봄에 매는 세금은 보리 3말, 가을에 내는 세금으로는 콩 4말씩을 거두어 봉급으로 나눠줄 것

一. 5백 호에서 호마다 보리 3말을 거둔다면 모두 1천 5백 말이 된다. 섬(石)으로는 모두 1백 섬 이내이다. 군수 한 명의 급료는 60섬, 향장 1명

의 봉급은 12섬, 서기 한 명은 10섬, 사령 3명은 한 명당 6섬씩 합이 18섬, 합계 100섬을 정식(定式)으로 할 것

一. 각도의 상선(商船)으로서 울릉도에 와서 어채(魚採)하는 사람에게는 사람마다 10분의 1세를 거두고, 외지로 출입하는 화물은 물건값에 따라 100분의 1세를 거둬 경비에 보탤 것

一. 관선(官船) 1척을 먼저 마련해야만 왕래하는 일이 편해지는데, 내왕하는 본부의 조사위원이 섬에 들어가면, 전사능과 이동신이 몰래 판 나무를 관아에 소속시킨 일에 대해서는 자세히 조사하고 징세하여 선척의 구매 비용으로 할 것

一. 미진한 조건은 본군이 충분히 의논하여 다시 마련할 것

후록

향나무 2백 근은 1년 간격으로 진상할 것

호포전(戶布錢) 500냥은 매년 탁지부에 납입할 것

군수의 연봉 및 향장, 서기, 사령의 급료는 총산한다.

군수는 봄에는 보리 60섬, 가을에는 콩 40섬으로 합이 1백 섬

향장은 봄에는 보리 12섬, 가을에는 콩 12섬으로 합이 24섬

서기 1명은 봄에는 보리 10섬, 가을에는 콩 12섬으로 합이 22섬

사령은 각기 봄에는 보리 6섬, 가을에는 콩 12섬, 3명의 합이 보리 18섬, 콩 36섬으로 총계 보리 1백 섬, 콩 1백 섬

광무 6년(1902년) 4월 내부[10]

---

10 「鬱島郡節目」의 원문은 이 책, 실증자료 554~558쪽 참조.

그러나 군수 배계주가 소송 사건으로 서울에 체류하는 시간이 많아서 울릉도 현지에 상주하는 시간이 적어 이 '울도군절목'이 잘 시행되었는지는 분명치 않다.[11]

이에 대한제국 내부는 1903년 4월 다시 제4대 울도군수로 심흥택을 임명하여 울도군 행정을 맡게 하였다. 심흥택의 행정관리하에서 1903년 4월 이후 울도군은 일본 불법 이주민과 대치해 가면서도 크게 발전하고 있었다.

제2절 일본인들의 불법행위를 저지한 울도군수 심흥택

그러나 대한제국 중앙정부의 힘이 취약함을 잘 알고 있던 일본 정부는 울릉도와 그 부속도서에 대한 야욕을 버리지 않았다.[12] 울도군이 1900년에 설치되어 울도군수가 울릉도, 죽도, 석도(독도)를 관할하여 지방행정상의 지위가 승격된 이후에도, 일본 정부는 울릉도에 불법적으로 들어온 일본인들을 철환(撤還)시키지 않았다. 일본은 울릉도에 불법침입한 일본인들을 철환

---

11 ① 김영수, 2011, 「'울도군 절목'의 발굴과 그 의미-대한제국 칙령 제41호 선포에 따른 울릉도와 독도에 관한 행정관할 증거」, 『영토해양연구』 제2권.
② 김호동, 2013, 「'울도군절목'을 통해 본 1902년대의 울릉도 사회상」, 『장서각』 30집.
③ 유미림, 2017, 「대한제국기 관세제도와 '울도군절목'의 세금, 그리고 독도 실효지배」, 『영토해양연구』 제13권.

12 일본이 한국에게 개항을 요구하던 당시 일본 정부는 1869년 12월 佐田白茅 등 외무성 고위관료들을 부산에 파견하면서 일본 太政官과 外相이 비밀 사항으로 '竹島(울릉도)와 松島(독도)가 朝鮮付屬으로 되어 있는 始末'을 내탐해 오라고 지시했고, 부산을 다녀간 佐田白茅 등이 일본 조정에 征韓을 주장하는 건의서를 제출한 것은 일본 외무성 등 일본 정부가 울릉도(竹島)와 그 부속도서인 독도(松島)를 한 단위로 묶어서 침탈하고자 하는 야욕을 시종일관 갖고 있었다는 추정을 뒷받침하는 것이다(『日本外交文書』 第3卷, 事項 6, 文書番號88, 1870年 4月 15日字, 「朝鮮國ヨリ歸朝セシ外務省出仕佐田白茅, 建白書提出ノ件」).

하기는커녕 1901년말에는 일본인 단속을 구실로 도리어 일본 경찰관을 울릉도에 파견 주재시킬 계획을 추진하였다.[13]

일본은 1902년 1월 영·일동맹을 체결하는 데 성공하자 적극적인 공세를 취하여 한국 울릉도에 이주민 어촌을 건설하는 정책을 채택하고, 1902년 3월에는 부산 일본 영사관의 일본 경부 1명과 순사 3명 등 4명의 경찰관을 울릉도에 파견 상주시켜 일본 경찰관 주재소를 설치하였다.[14]

그림 2-27 울도군수 심흥택

일본이 대한제국 정부의 승인 없이 타국 영토이며 비개항장인 울릉도에 불법적으로 일본인 이주를 방조하고, 심지어 불법 이주민 보호를 구실로 내세우면서 일본 경찰관 파출소까지 설치한 것은 대한제국의 주권을 무시하고 유린한 방자한 침략행위였다.[15]

이에 대한제국 정부는 1903년 4월 서울에서 심흥택을 군수로 임명하여 대응케 한 것이었다. 군수 심흥택은 1903년 4월 울릉도에 부임하자 일본

13 「鬱陵島在留民取締ノ爲ノ警察官派遣ノ件上申」, 1901年 12月 10日條, 日本 外務省 記錄 『鬱陵島ニ於ケル伐木關係雜件』.

14 『皇城新聞』 1902년 2월 28일자, 「雜報:鬱島日巡査」.

15 ① 장세윤, 2015, 「19세기말~20세기초 일본의 울릉도·독도 침탈과 한국인의 대응」, 『영토해양연구』 제10권.
② 장영숙, 2015, 「대한제국기 일본의 울릉도 자원침탈에 따른 대응과 인식」, 『역사와 현실』 제95호.
③ 최보영, 2018, 「개항기(1902~1906) 일본영사관 경찰의 울릉도주재소 설치와 한국의 대응」, 『한국근현대사연구』 제86집.

인의 재목 벌채를 일체 금하도록 명령하였다.[16] 또한 심흥택은 대한제국 중앙정부에 대하여 일본인들의 불법행동을 저지하기 위해 중앙에서 순검(巡檢) 2명을 파견해줄 것을 요청하였다.[17] 심흥택은 일본인의 불법도벌을 들어 중앙정부가 일본공사에 요구해서 일본인들을 울릉도로부터 철환시켜줄 것을 강력히 요청하였다.[18]

울릉도에 불법설치된 일본 경찰관 파출소의 일본인 경찰관들은 오만불손하고 방자하기 그지없었다. 그들은 무장했는데, 울릉도 한국인들은 군수 이하 모든 도민이 맨손뿐이었기 때문이었다. 울도군수 심흥택이 울릉도에 주재한 일본 순사에게 일본인들의 기왕의 도벌도 불법이거니와 지금 이후라도 벌목을 엄금시켜달라고 요청하자, 울릉도 주재 일본 경찰관 측은 일본인의 울릉도에서의 벌목이 이미 십 수 년의 관습이 되었기에 벌목금지를 요구하는 것에는 응할 수 없다고 거부하고,[19] 한국 측이 금지시킬 의사가 있거든 서울의 일본공사에게 조회(照會)하여 금지시켜보라고 응답하는 형편이었다.[20]

울도군수로부터 이 보고를 받은 대한제국 내부(內部)는 외부(外部)를 통하여 일본공사에게 불통상구안(不通商口岸)인 울릉도에 일본 경찰관을 주재시킨 것이 통상 조약 위반임을 들어 철거를 요구하고 일본 경찰관의 발언을 규탄하는 공문을 보냈다.[21]

---

16 「鬱陵島日本警察官駐在所 警部 有馬高孝 報告書」, 1903年 4月 28日條, 日本 外務省 記錄『鬱陵島ニ於ケル伐木關係雜件』.

17 『皇城新聞』 1903年 7月 14日字, 「雜報:派巡請壓」.

18 『皇城新聞』 1903年 7月 20日字, 「雜報:鬱島形便」.

19 「鬱陵島日本警察官駐在所警部有馬高孝報告書」, 1903年 4月 28日條, 日本 外務省 記錄『鬱陵島ニ於ケル伐木關係雜件』.

20 『皇城新聞』 1903年 8月 10日字, 「雜報:鬱島報告」.

21 『皇城新聞』 1903年 8月 19日字, 「雜報:據章峻照」.

한편 제정 러시아 측도 이권으로 침탈한 '울릉도 삼림벌채권'을 내세워 울도군수를 압박하였다. 1903년 음력 7월 12일에는 러시아 군함 1척이 울릉도에 정박하고, 장교 1명이 27명의 병정을 인솔하고 울릉도에 상륙하여, 군수 심흥택에게 일본인의 벌목과 일본 경찰관의 주재가 귀 정부(貴政府)의 어느 조약에 의거한 것인가고 힐문하고 돌아갔다.[22]

대한제국 정부는 1900년 칙령 제41호의 공포로 울릉도와 독도를 비롯한 부속도서의 영유권을 서양 국제법에 의거하여 재확인 공시했으나,[23] 국력이 원체 쇠약하여 일본인의 울릉도 침입을 실력으로 철수시키는 강제 집행을 하지는 못하는 처지에 있었다. 일본은 계속 울릉도와 독도 등 동해의 대한제국 영토에 대한 영토야욕을 집요하게 행동화하여, 기회만 있으면 울릉도와 그 부속도서들을 일본 영토로 만들려고 일본인들의 울릉도 불법입주와 삼림채벌을 방조하고 있었다.

대한제국 정부는 울도군수의 보고를 받을 때마다 일본 공사관에 항의하였다. 그러나, 일본은 이를 무시하고 울릉도에 불법으로 일본인 어촌을 설치하여 계속 도벌을 보호 장려하면서 침략을 강화하는 속에서 1904년을 맞게 되었다.

---

22 『皇城新聞』 1903年 11月 17日字, 「雜報:鬱島來報」.

23 동·서양을 막론하고 영토의 영유 사실은 地方官制 조직의 所屬 사실을 천명할 때 가장 명료한 것으로 인지되어 왔다. 大韓帝國 1900년 '勅令 제41호' 「鬱陵島를 蔚島로 개칭하고 島監을 郡守로 개정한 件」과 같이 지방관제를 개정하여 공포하고 중앙정부 『官報』에 게재하여 국제적으로 告示하는 것은 서양에서 자기 영토임을 국제고시할 때 사용하는 방법으로서, 대한제국도 이때 울릉도와 그 부속도서인 '죽도'(대섬)와 '독도'가 이전부터 한국 영토이므로 이를 재확인하여 국내외에 고시하는 서양식 방법과 절차를 거친 것으로 본다. 대한제국 정부는 이 지방관제 개정 직전에 일본인들의 울릉도 불법침입과 불법거주를 조사하기 위해 西洋國際法에 밝은 프랑스인 라포르트(L. Raport)를 禹用鼎의 국제조사단에 포함시켜서 울릉도 현지조사를 실행하였으므로, 이 울릉도 地方官制 개정에 라포르트의 자문을 받은 것은 자명한 것이다.

제28장

'제국주의 외교'의 파탄과 일제의 러·일전쟁 도발

제1절 제국주의 외교와 삼국간섭

제국주의 시대인 19세기는 제국주의 열강이 약소민족의 영토와 국가에 침입하여, 그 약소민족의 의사는 완전히 무시하고, 열강끼리 외교적으로 거래하고 담합하여 약소민족의 국가를 소멸시키면서 영토를 분할 소유하는 '제국주의 외교'[24]의 시대였다.

19세기 말엽 대한제국과 한반도에 대해서는 일본 제국주의와 러시아 제국주의가 대한제국·한반도를 약소민족 국가로 보고 그러한 '제국주의 외교'를 자행하였다. 물론 이러한 '제국주의 외교'와 그에 근거한 분석은 그 약소민족의 민족운동을 무시한 독단적인 매우 큰 취약점이 있었지만, 당시 제국주의 열강들은 자신들의 군사무력에 도취되어 객관적 관찰과 분석의 능력이 결여되어 있었다.

---

24 William Langer, 1960, 『The Diplomacy of Imperialism』, Alfred A. Knopf, New York, pp. 167~194.

1894년 동학농민혁명운동이 일어나자, 조선왕조의 민비 정권은 자력으로 이를 다루지 못하고 청국(淸國)에게 차병(借兵)을 요청하였다. 이를 안 일본 제국주의는 조선의 조정의 요청이 없었음에도 불구하고 1894년 음력 5월 6일(양력 6월 9일) 일본군을 한반도에 불법으로 상륙시킨 후, 1894년 음력 6월 23일(양력 7월 27일) 선전포고 이전에 청국 군함을 기습해서 격침시켜서 남의 땅인 한반도에서 청·일전쟁을 일으켰다.

일제는 청·일전쟁 기간에 서울을 사실상 점령하고, 양력 8월 17일 일본 내각회의에서, 가능하면 '조선왕국'을 반(半)식민지를 의미하는 '보호국'으로 일본에 종속시키기로 결정했었다.[25]

그러나 1894년 음력 9월 전봉준이 지휘하는 제2차 동학농민혁명운동이 다시 일어나서 일본군을 한반도에서 몰아내기 위한 농민혁명전쟁을 전국적으로 적극 전개했기 때문에 한국을 '보호국'으로 병합시키려던 일제의 계획은 뒤로 연기되었다.

일제가 청·일전쟁에서 승리하여, 1895년 4월 17일 일본 시모노세키(下関)에서 열린 강화회의에서 막대한 배상금 외에도 타이완 및 평후섬과 함께 요동(遼東)반도를 전리품으로 획득하였다. 그러나 6일 후인 4월 23일 제정 러시아가 독일·프랑스와 함께 '제국주의 외교'를 실행하여 일본에게 '요동반도의 전리품은 청국의 독립을 크게 훼손하는 것'이므로 즉각 청국에게 반환할 것을 '외교 메모'로 요구하였다. 이에 놀란 일본은 독일 및 프랑스와 동맹한 제정 러시아의 막강한 힘에 제압당하여 11일 후인 1895년 5월 4일 요동반도를 청국에 반환하였다. 이른바 '삼국간섭'이었다.

---

25 ①『日本外交文書』第27巻 第1冊, No.438,「朝鮮問題ニ関スル将来ノ日本ノ政策に関スル閣議案上申ノ件」, 646~649쪽.
② 陸奧宗光,『蹇蹇錄』(岩波文庫 版), 130쪽.

일제는 요동반도를 청국에 반환하면서, 일본 국력의 취약함을 깨닫고 큰 굴욕을 절감하였다. 일제는 한국과 만주를 병탄하기 위해서는 러시아와 일전(一戰)을 감행해야 한다고 생각하여 절치부심하면서 그 준비로 군사력 양성과 강화에 온 국민과 국력을 총동원하였다.

제2절 일제의 한반도 38도선 분할 제안과 로바노프-야마가타협정

일제는 조선 조정에서 민비(명성황후) 일파가 강대한 러시아의 힘을 끌어들여 일본의 침략을 막으려는 움직임을 포착하고, 1895년 음력 8월 20일(양력 10월 8일) 경복궁을 야습하여 민비를 시해하는 세계사상 유례없는 만행을 자행하였다. 그리고 국왕 고종을 일본군이 포위한 궁궐 안에 둠으로서 한국에서의 지배력 우위를 확보하려 하였다.

그러나 1896년 2월 11일 궁중에서 일부 세력이 러시아 공사관과 모의하여 국왕 고종을 러시아 공사관에 옮긴 '아관파천(俄館播遷)'이 일어났다. 당시 조선은 전제군주국으로서 국왕이 전제권을 가졌는데, 그 국왕이 러시아 공사관에 들어가서 러시아의 장중에 놓이게 되었으므로, 일본은 또 한번 큰 타격을 입고 조선에서 지배력은커녕 영향력도 크게 상실하였다.

이에 러시아에서 새 황제 니콜라이 2세의 대관식이 1896년 5월 26일 러시아 수도 상트페테르부르크에서 열리게 되자, 일본은 야마가타 아리토모(山縣有朋)를 사절단장으로 파견하여, 야마가타가 1896년 5월 26일 러시아 외상 로바노프(Lobanov)에게 한반도를 38도선으로 분할하여 북쪽은 러시아가, 남쪽은 일본이 소유하자고 제안하였다. 이것은 한국인과 조선 조정에 물어보지도 않고 열강이 한반도를 분할 소유하자고 야합을 제의한 첫 제안이었다. 러시아는 국왕 고종을 러시아 공사관 안에서 사실상 장악하고 있었으므로 한반도 전체를 지배할 수도 있다고 보고 이를 거절하였다.[26]

당시 일본 군부의 한국·만주에 대한 정책은 1876년 이래 정한론(征韓論)을 뒤로 감추었지만, 실제로는 시종일관 정한론에 입각하고 있었다. 정한론의 골자는 3단계 정책으로 구성되어 있었다. 제1단계는 한국을 정복하여 그 '금·은물산의 이익'을 취하여 일본의 대외팽창에 필요한 경비를 충당하고, 제2단계에서는 만주와 동(東)몽골을 일본의 속령으로 거두어들인다는 것이었다. 이것이 달성되면 제3단계는 남방으로 방향을 바꾸어 여송(呂宋: 필리핀)을 점령해서 속령화하는 것이었다. 일본은 일본열도를 중심으로 북으로는 조선·만주·동몽골, 남으로는 타이완·필리핀을 속령으로 하는 '대일본제국'을 만들려는 허황된 목표를 갖고 있었다.

한편, 당시 러시아는 1853~1856년 크림전쟁에서 패전한 결과 유럽과 중동·아프리카에서 얼지 않는 부동항을 설치하는 것을 단념하고, 이제는 멀리 돌아 극동에서 부동항을 구하여 동아시아·동남아시아로 진출하려는 남하정책을 실시하고 있었다. 이에 러시아는 1860년 베이징조약 체결로 연해주 블라디보스토크를 획득하고 군항을 만들었으나, 이 항구가 겨울에는 추위로 1년에 약 3개월간 얼어붙어서 큰 제약을 받았다. 이에 한반도의 '대한해협'을 관장할 수 있는 '부산-진해-마산'의 연결지점에 부동항과 석탄고(石炭庫) 기지 건설을 추진하고 있었다.

26 ① William Langer, 1960, 『The Diplomacy of Imperialism』, Alfred A. Knopf, New York, p.406.
② Young Hum Kim, 1960, 『East Asia's Turbulent Country』, Meredith Corporation, New York, p.37.
③ 강성학, 『시베리아 횡단열차와 사무라이-러일전쟁의 외교와 군사전략』, 고려대학교 출판부, 145~157쪽.

그러므로 1896년 2월 11일 조선 국왕 고종이 일제를 피하여 러시아 공사관으로 피신해 들어온 것은 러시아의 남하정책을 집행할 절호의 기회인데, 일본 측의 한반도 38도선 분할안을 수용할 리가 만무한 것이었다.

이에 러시아 측은 조선 국왕이 러시아 공사관에서 집무하는 우위의 위치에서 1896년 5월 14일 베베르-고무라각서(Weber-Komura Agreement)와 1896년 6월 9일 로바노프-야마가타협정(Lobanov-Yamagata Protocol)을 체결하였다.[27] 그 내용의 요점은 조선 내에 들어와 있는 일본의 군사적·경제적 지위를 그대로 두고 균형에 맞게 러시아도 군사적·경제적 지위를 갖되, 양국이 합의하여 필요하다면 조선 내정과 외교에 공동 간섭한다는 것이었다. 이것은 두 제국주의 국가가 조선왕국의 요청이 없어도 남의 나라 내정과 외교에 공동으로 간섭하겠다는 침략 조약이었다.

이 조약을 활용하면서 러시아는 압록강·두만강 유역 삼림벌채권, 경원(慶源) 광산채굴권, 울릉도 삼림벌채권 등을 이권으로 침탈하고, 재정고문과 군사고문을 파견하여 조선 근위병을 러시아식으로 교련시켰으며, 한러은행을 설치하여 조선 정부의 재정권도 장악하려고 시도하였다.

제3절 로젠-니시협정과 독립협회의 민족운동

러시아가 1898년 1월 마산과 진해, 부산 일대에 부동항을 설치하는 준비

27 ① William Langer, 1960, 『The Diplomacy of Imperialism』, Alfred A. Knopf, New York, pp. 406~409.
② 최문형, 2004, 『국제관계로 본 러일전쟁과 일본의 한국병합』, 지식산업사, 83~87쪽.
③ 김용구, 2018, 『러시아의 한반도 정책사, 17~19세기』, 푸른역사, 187~196쪽.

로 부산 영도에 군함 연료인 석탄고 기지를 조차하는 조약을 대한제국 정부와 체결하게 되자, 1898년 2월 말부터 대한제국의 민간단체인 독립협회가 격렬한 반대운동을 전개하였다. 특히 1898년 3월 10일부터는 서울 시민들이 만민공동회를 개최하면서 러시아의 부산 영도 석탄고 기지 건설 요구와 침략 간섭 정책을 격렬히 규탄하고, 러시아의 군사고문과 재정고문 철수, 한러은행의 철수, 대한제국의 독립 공고화를 강력하게 요구하였다.

러시아는 1891년 시베리아 철도 기공은 했으나 아직 블라디보스토크까지 완공을 하지 못한 상태에서 군사를 대규모로 동원하여 압력을 가하기에는 시기상조였으므로, 할 수 없이 후퇴하여 한반도 남해안 마산-진해-부산 일대의 부동항과 석탄고 기지 설치 계획을 포기하였다.

러시아는 그 대신 1898년 3월 27일 청국에게 연전 일본으로부터 반환케 해준 요동반도의 여순(旅順)과 대련(大連)을 25년간 조차하고 남만철도(南滿鐵道) 부설권을 획득하여 여순에 얼지 않은 해군 부동항을 설치하게 되었다.[28]

이에 놀란 일본은 외상 니시 도쿠지로(西德二郞)를 내세워 러시아에 1898년 3월 말 '만한교환(滿韓交換)'을 제의하였다. 일본은 러시아 식민지하 만주에서의 특수 이익을 인정하고 그 대신 러시아는 일본 식민지하 한국에서의 특수 이익을 인정하여 만주와 한국을 서로 교환하자는 것이었다. 그러나 러시아는 요동반도를 이미 조차했으므로 이를 거절하였다.

이에 러시아와 일본은 한반도가 열강의 힘이 공백인 상태가 되자 서둘러서 1898년 4월 25일 로젠-니시협정(Rosen-Nishi Agreement)을 체결하였다. 이 협정은 대한제국의 독립을 존중하여 대한제국에 군대를 파견하지

28 러시아는 淸國을 상대로 1900년에 旅順·大連의 租借 기간을 기존의 25년으로부터 99년으로 연장하고 하얼빈과 旅順 간의 철도부설권을 획득하였다.

않음은 물론이요, 설령 대한제국 정부가 군사고문이나 교관 초빙을 요청하더라도 러시아와 일본은 이에 응하지 않고 대한제국의 독립을 존중하기로 약정한 것이었다.

로젠-니시협정으로 대한제국은 열강의 간섭과 개입 없이 자기의 국가 수호 실력을 양성할 절호의 국제적 기회를 맞은 것이었다. 독립협회 등 개혁세력은 이 기회에 국회를 설립하여 대한제국을 입헌군주국으로 개혁하면서 자강 개혁한 국가 수호의 국력을 갖추려고 맹렬한 민족운동을 전개하였다.[29] 그러나 황제 고종과 친러 수구파 정부는 독립협회 등 모든 결사체들을 불법화시키고 전제군주권만 강화하면서 국방을 강대국 러시아에 의뢰하는 정책을 취하였다.

제4절 일제의 '만한교환' 제의와 러·일전쟁 도발

청국에서 1900년 5월 의화단 사건이 일어나자 영국·러시아·프랑스·미국·이탈리아·일본·독일·오스트리아 8개국이 군대를 동원하여 북경에 들어가 이를 진압하였다. 이 8개 간섭국은 사건이 진압되면 철병하기로 약속되어 있었으나, 러시아는 철병하지 않고 자기 러시아군을 만주에 주둔시켰다. 열강이 압력을 가하자 러시아는 3단계로 나누어 철병하겠다고 약속했으나, 제1단계만 실행하고 2단계부터는 여순·대련 해군 기지와 동청(東淸) 철도 보호를 위한다는 구실로 철병하지 않고 오히려 주둔을 고정시켰다.

일본은 당황하여 한편으로는 전쟁 준비로서 영·일동맹을 추진하면서,

29 신용하, 2006, 『신판 독립협회 연구』(상), 일조각, 340~406쪽.

다른 한편으로 이토 히로부미(伊藤博文) 등은 러시아 측에 다시 '만한교환'을 제의하였다. 러시아 측의 만주 지배와 일본 측의 한국 지배를 교환하자는 제국주의자들의 거래 제안이었다.

러시아 측은 일본의 만한교환 제의를 거부하고, 1901년 1월 7일 강대국들의 보장 아래 한국을 중립화하자는 제안을 일본 측에 제시하였다. 일본은 1901년 1월 17일 러시아의 조선 '중립화안'을 거부하였다. 한국 병탄이 바로 일본의 목표였기 때문이다.

영국은 러시아의 극동에서의 남하를 염려하여 이를 막기 위해 일본의 영·일동맹 제의를 수락했고 1902년 1월 30일 제1차 영·일동맹이 체결되었다. 이 영·일동맹은 제1조에서 "영국은 주로 중국에서, 일본은 중국에서 보유한 이익과 더불어 한국에서 정치·무역·상업상 특수한 이해관계를 갖고 있다. 따라서 제3국의 침략 행위나 중국·한국에서 야기된 소요사태 때 두 나라 신민의 생명과 재산 보호를 위하여 필요한 간섭이나, 양국의 이익이 위태롭게 되면 이를 보호하기 위한 조치를 취할 수 있다."고 하여 일본의 한국에 대한 침략행위를 승인하였다.

또한 이 영·일동맹의 제2~6조는 전쟁 시의 각종 상호 원조를 규정하고 있는데, 6개 조항 모두가 러·일전쟁을 전제로 하고, 영국은 제3국이 러시아 편으로 참전하지 않는 한 영국도 일본 편으로 참전하지 않지만, 석탄과 물자 보급, 기항, 제3국의 물자 보급과 기항까지도 통제하거나 상호 원조하는 전쟁수행 조항을 규정하였다. 이것은 모든 나라가 러시아를 돕지 못하도록 규제하여, 러시아를 완전히 고립시키려는 목적으로 영국이 일본을 지원해 준 동맹이었다. 이것은 당시 세계 최강의 제국주의 국가 영국이 일본을 지원하여 동맹을 체결한 것이므로, 일본으로서는 러시아와 일전을 치를 수 있는 국제적 여건을 만드는 데 성공한 것이었다.

러시아 황제 니콜라이 2세는 극동 정책에 대해 온건파 비테(Sergei Witte,

1849~1915년)의 정책을 비판하는 강경파 베조브라조프(A. M. Bezobrazov, 1845~1906년) 등의 제안에 기울어졌다. 만주에 주둔한 러시아군은 1903년 4월 21일 대한제국의 압록강변 용암포를 일시 점거하였다. 이어서 니콜라이 2세는 1903년 5월 15일 극동 정책을 강경하게 추진하여 '뉴코스 정책'으로 확정하고, 강경파 베조브라조프를 국무비서로, 알렉세예프(E. Alekseyev, 1843~1917년)를 동아시아 총독으로 임명하였다.

러시아 강경파들은 아관파천 시기 1896년에 러시아 상인 브리너(J. I. Bryner)가 획득한 이권인 압록강·두만강변 삼림벌채권을 인수하여 1903년 6월 13일 '압록강 목재회사'를 설립했다가, 한 달 후 7월 13일에는 러시아 정계 거물들을 참여시켜 '동아시아 목재회사'로 확대 개편하고 동아시아 이권 사업을 시작하였다.

러시아는 대한제국의 친러 수구파 정부에 압력을 가해 1903년 7월 20일 '용암포 조차에 관한 협정'을 승인받았다. 러시아는 1903년 8월 23일 알렉세예프 동아시아 총독을 러시아 관동군 사령관을 겸임케 하여, 만주와 대한제국에서의 이권 수호 결의를 표명하였다.

그러나 영·일동맹으로 자신을 갖게 된 일본은 1903년 다시 '만한교환론'을 러시아 측에 제안하였다. 러시아 측도 영·일동맹을 고려하여 이를 전면 거부하지 않고 한반도 39도선 분할안을 수정 제의하였다. 일본의 한반도에서 특수 이익을 39도선 이남에서만 인정하고, 39도선 이북부터 한국과 만주 국경(압록강·두만강선)까지는 중립지대로 두어 러시아와 일본의 군사충돌을 방지하는 완충지대 역할을 하도록 만들자는 안이었다.

러시아와 일본은 이 '만한교환론'을 놓고 몇 차례 수정안을 교환하다가, 러시아 측은 일본 측이 이 수정안을 받아들이지 않을 것이라고 예견하면서도 '최종안'을 일본 측에 보내고, 이에 대한 회답이 올 때까지는 일본이 먼저 전쟁을 도발하지 않을 것이라고 예측하였다.

그림 2-28 인천에서 선전포고 전에 기습당해 격침된 러시아 군함 바랴그호(좌)와 카레예츠호(우)

그러나 일본은 협상파나 주전파나 모두 시베리아 철도가 준공되기 전에 러시아와 일전을 벌여야 한다고 주장했다. 그리고 이제는 그 때가 되었다고 합의되어, 일본 외상은 1904년 2월 6일 로젠 주일 러시아공사를 불러서 외교 단절을 통고하였다.

일본 군부는 그들의 야비한 관습대로 아직 선전포고도 하기 이전에 1905년 2월 8일 먼저 한국 인천항에 정박해 있는 러시아 군함 2척 바랴그(Varayag)호와 카레예츠(Koreetz)호를 선제 기습 공격하여 격침시키고, 동시에 요동반도 여순항에 정박해 있는 군함 2척을 선제 기습 공격하여 모두 4척을 격침시켰다. 일제는 같은 날 2월 8일 육군을 한반도 인천 · 남양 · 군산 · 원산에 불법상륙시키고 2월 9일에는 대한제국 수도 서울을 점령하였다. 그리고 일제는 이틀 후인 1905년 2월 10일 러시아에 선전포고를 하여 러 · 일전쟁을 공식적으로 도발하였다.

제29장

일본 해군, 한반도에 러·일전쟁 수행을 위한 망루 설치

제1절 일제의 대한제국 토지 강제 수용

대한제국 정부는 전운이 감돌자 이에 앞서 1904년 1월 23일에 엄정 중립을 선언하였다. 그러나 일제는 이를 전적으로 무시하였다. 일본군은 러·일전쟁을 일으키고 바로(2월 9일) 서울에 침입하여 대한제국 수도 서울을 군사점령하였다.

일제는 이러한 일본군의 군사점령 아래서 대한제국 정부를 위협하여 1904년 2월 23일 한국 영토를 러·일전쟁에 사용하기 위한 '제1차 한·일의정서'를 강제로 조인케 하였다. 6개조로 된 이 협정에는 일본군이 러·일전쟁 기간 대한제국의 토지를 일시 수용할 것을 강요한 다음과 같은 항목이 포함되어 있었다.

> 제4조. 제3국의 침해에 유(由)하여 혹은 내란으로 인하여 대한제국 황실의 안녕과 영토보전에 위험이 있을 경우에는 대일본제국 정부는 속히 임기(臨機) 필요한 조치를 행함이 가함. 연(然)이나 대한제국 정부는 우(右) 대

> 일본제국 정부의 행동을 용이케 하기 위하여 십분 편의를 여(與)할 것. 대일본제국 정부는 전항 목적을 성취하기 위하여 군략상 필요한 지점을 수기(隨機) 수용함을 득(得)할 것.
>
> 제5조. 대한제국 정부와 대일본제국 정부는 상호간에 승인을 거치지 않고 후래(後來)에 본협정 취지에 위반할 협약을 제3국간에 정립(訂立)함을 득(得)하지 못할 것.[30]

일제는 남의 영해와 국토 위에서 러·일전쟁을 도발한 후, 러·일전쟁 수행을 위한 통신·운수 수단을 확보하려고 육지에 즉각 전선을 가설함과 동시에 군용 수송 철도로서 '경의선' 부설을 결정하고 한국인의 토지를 강제 수용하여 1904년 3월 12일 우선 용산–마포 간의 경의선 철도 부설 공사에 착공하였다.[31] 일제는 또한 일본군에 필요한 한국 각지의 토지를 멋대로 수용하여 사용하는 침략행위를 자행했다.[32]

뿐만 아니라 일본은 1904년 4월 3일에는 한국에 불법상륙시킨 일본군 가운데 1개 사단을 차출하여 소위 '한국주차군(韓國駐箚軍)'을 편성하였다. 이 한국주차군은 러·일전쟁의 전투에는 직접 참전하지 않고 오직 일제의 침략에 대한 한민족의 저항을 탄압하는 일에만 종사하는 일본 군대였다. 한국주차군은 처음에는 일본 육군 1개 사단 규모로 편성되었다가 곧 2개 사

30 『舊韓國官報』(號外) 光武 8年(1904년) 3月 8日字.

31 『日本外交文書』 第37卷 第1冊, 事項11, 文書番號511·512, 「京義鐵道敷設着工ニ關シ請訓ノ件」, 433~434쪽.

32 ① 『日本外交文書』 第37卷 第1冊, 事項15, 文書番號694, 「軍略上ノ必要ニ依ル韓國ノ土地收用ノ件」, 614~615쪽.
② 『日本外交文書』 第37卷 第1冊, 事項15, 文書番號695, 「韓國內ニ軍用地收用ニ關スル件」, 614~615쪽.

단 규모로 확충하였으며, 다시 수천 명의 헌병대를 추가하였다. 이것은 대한제국의 주권 침탈에 직접적으로 동원된 일본군의 막강한 무력이었다.

일제는 한국 주권 침탈을 위한 현장 무력이 정비되자, 1904년 5월 18일에는 대한제국 정부에게 모든 한·러조약을 폐기하도록 강요하여 러시아의 두만강, 압록강안, 울릉도 삼림벌채권을 폐기시키고, 울릉도를 러·일전쟁에 이용하기 시작하였다.[33]

일제는 대한제국에서의 새 이권침탈로서 1904년 6월 4일에는 조선 동해안의 어채권(漁採權)뿐만 아니라 충청·황해·평안도 서해안의 어채권까지 침탈해갔다. 뿐만 아니라 일제는 1904년 6월 6일 주한 일본공사 임권조(林權助)를 통해서 전국의 미개간지 점유를 목적으로 하는 '황무지 개척권 위임계약안(荒蕪地開拓權委任契約案)'이란 것을 요구해왔다.[34] 이것은 일제의 한국 토지에 대한 침탈 정책이 더 한층 가열화됨을 의미하는 것이었다.

보안회(保安會)가 결성되어 이에 대한 한민족의 반대투쟁이 본격적으로 일어나자, 1904년 7월 20일 서울과 그 일원에 군사경찰제도를 시행하고 함경도에는 일본군의 군정을 실시하여 일본군이 직접 한국의 치안을 담당한다고 통고해왔다.[35]

즉 1904년 7월 하순부터는 일본군이 서울과 전국에 사실상 군정을 실

---

33 ①『日本外交文書』第37卷 第1冊, 事項7, 文書番號470,「鴨綠江及豆滿江ノ水域竝ニ鬱陵島ノ森林伐採權獲得ニ關シ照會ノ件」, 399~400쪽.
②『日本外交文書』第37卷 第1冊, 事項7, 文書番號473,「鴨綠江及豆滿江ノ水域竝ニ鬱陵島ノ森林伐採權獲得ニ關シ回答ノ件」, 403쪽.

34 ①『日本外交文書』第37卷 第1冊, 事項14,「韓國荒蕪地開拓ニ關スル交涉一件」, 569~588쪽.
②『日本外交文書』第37卷 第1冊, 事項14, 文書番號 644,「未墾地開拓權取得方ノ件」, 569~588쪽.
③『日本外交文書』第37卷 第1冊, 事項14, 文書番號 662,「荒蕪地開拓問題處理狀況報告ノ件」, 569~588쪽.

35 金允植, 1960,『續陰晴史』下, 104~105쪽.

시하고, 신문·잡지의 글과 보도까지 사전 검열했으며, 한국 민간인들을 일본 군법회의에서 재판하여 자의로 처형하는 만행을 저질렀다. 한국은 이때부터 러·일전쟁이 종료되어 일본과 러시아 사이에 포츠머스강화조약이 체결된 1905년 9월까지 완전한 일본 군정하에 놓인 것과 다름없는 상태가 되어버렸다. 이에 한국에서는 1904년 여름부터 의병들의 항일무장투쟁이 다시 일어나기 시작하였다.[36]

그러므로 1904년 2월 이후 일본군이 대한제국 수도 서울과 각지를 점령하고 러·일전쟁을 전개하는 가운데 대한제국이 일본과 체결한 모든 조약과 일본군이 탈취한 이권과 토지는 일본 군사력의 폭력과 탐욕에 의한 침탈로서 한국 측의 자발성이 전혀 없는, 국제법상으로도 반드시 무효화해야 할 제국주의 침탈의 한 부분이었다.

제2절 일본 해군, 한반도의 해안과 섬에 망루 설치

일제의 러·일전쟁 도발 당시 러시아 해군은 4개 함대를 설치해 갖고 있었다. ① 북해 함대(북해 연안 콜라반도 무르만스크 주 세베레모스크에 기지가 있었음—겨울에 결빙되는 결함), ② 발트 함대(피터 대제에 의해 1703년 5월 건설된 러시아에서 제일 오랜 함대로서, 라트비아의 리바우에 기지를 둠), ③ 흑해 함대(1783년에 창설되어 주로 오스만 튀르크의 팽창을 방어하면서 지중해 활동을 담당하던 함대), ④ 태평양 함대(1860년 블라디보스토크를 기지로 오호츠크 소함대를 확대한 함대로서, 태평양에서의 활동을 목표로 한 함대)가 그것이다.

---

36 신용하, 2017, 「韓末義兵運動의 起點에 대한 新考察」, 『개정증보판 한국근대민족운동사 연구』, 일조각, 22~48쪽.

표 2-4 러·일전쟁 전 해군력의 상호관계

전함	러시아	일본
분함대장갑함	7	6
장갑순양함(1등급 순양함)	4	8
경순양함(2등급 순양함)	7	12
구축함	27	27
소수뢰정	10	19
수뢰부설함	2	-
포함	6	8
총	63	80
전체 배수량(천 톤)	190	260

출처: 로스뚜노프 외 전사연구소 편, 『러일전쟁사』, 97쪽

러시아 태평양 함대는 처음 블라디보스토크에 기지를 두었으나, 겨울에는 약 3개월간 결빙되어 기능하지 못하므로 부동항(不凍港)을 한반도의 남해안 대한해협 길목인 부산 영도(影島), 진해(鎭海), 마산(馬山)을 조차하여 설치할 계획이었다. 그러나 대한제국 정부의 동의를 얻었음에도 불구하고 1898년 3월 대한제국의 시민단체 독립협회가 부산 영도(절영도) 석탄고 기지 조차부터 격렬히 반대하여 차질이 생겼다. 이에 러시아는 삼국간섭으로 청국에서 조차한 요동반도의 여순항으로 해군 기지 설치 계획을 옮기어, 1898년 여름부터 여순항을 태평양 함대 기지로 요새화하였다. 러시아는 태평양 함대의 3분의 2를 여순으로 옮기어 본부를 두고, 블라디보스토크에는 태평양 함대 병력의 약 3분의 1을 두었다. 여순 함대는 한반도 서해와 남해, 대한해협의 제해권을 장악하고, 블라디보스토크 함대는 동해의 제해권을 장악하면서 러시아의 태평양으로의 진출을 계획하였다.

그러나 러·일전쟁 이전 러시아 태평양 함대(여순 함대와 블라디보스토크

함대)의 전력은 〈표 2-4〉에서 볼 수 있는 바와 같이 전쟁 준비를 한 일본 해군보다 약 2대3으로 이미 약한 열세였다.[37]

일본 해군은 선제 기습작전으로 1904년 2월 8일 선전포고 없이, 요동반도 여순항과 대한제국 인천항에 정박한 러시아 군함 각 2척, 모두 4척을 격침시켜서, 처음 서해(황해)의 제해권을 장악하는 듯 하였다. 그러나 일본 해군의 뜻대로 되지 않았다. 러시아는 태평양 함대(여순 함대와 블라디보스토크 함대) 사령관으로 유능한 전략가 마카로프(Stepan Makarov, 1849~1924년) 해군중장을 임명하여 파견하여 여순항 요새를 강화했기 때문이었다. 그는 여순 임지에 도착하자마자 여순 군항의 연안포대(沿岸砲臺)를 대폭 강화함과 동시에 연안포대를 포함한 수뢰정 및 순양함으로 여순항의 상설수비대를 창설하여 여순 군항을 난공불락의 요새로 강화해 버렸다.

일본 연합함대가 전 병력을 동원하여 여순을 포격하려 했으나, 러시아 해군은 함포만이 아니라 강력한 연안포대의 사격으로 일본 군함들은 군항에 접근하기가 어려웠다. 일본 해군 연합함대 사령관은 육군이 여순을 공격 점령하여 해안포대를 소멸시켜야 일본 해군이 여순을 점령할 수 있음을 보고한 형편이었다.

마카로프와 러시아 여순 함대는 자신감을 회복하고 함대의 주력을 블라디보스토크로 항진시키려고 시도하였다. 그러나 전력에 큰 차이가 있어서 출항한 러시아 여순 함대 일부는 1904년 4월 13일 황해에서 일본 연합함대에 포위되어 이른바 '황해해전'에서 패전하였다. 보고를 받은 사령관 마카로프는 파손된 수뢰정 스트라쉬니호를 구출하려고 장갑함 페트로파블롭스크호를 타고 일본 연합함대를 찾아서 포격을 가해 구출하고 여순으로 회

37 로스뚜노프 외 전사연구소 편, 2004, 『러일전쟁사』, 건국대학교출판부, 95~99쪽.

항하던 도중 일본이 바다에 부설해 놓은 기뢰(機雷, 機械水雷)에 걸려 폭발해서 전사하였다.

러시아 여순 함대는 다시 위축되고, 일본 연합함대는 황해의 제해권을 다시 찾았다. 그러나 곧 반격이 왔다. 러시아 해군 수뢰정과 선박들이 위장을 하고 비밀리에 출동해서 바로 그 기뢰들을 일본 군함들의 항적(航跡)에 널리 부설했기 때문이었다.

일본 연합함대의 하츠세(初瀨)호 야시마(八島)호 등 최신 전함들이 1904년 5월 15일 바로 러시아의 기뢰에 걸려서 폭발하여 침몰했으며, 장교 및 하사관 36명과 병사 457명이 일시에 전사하였다. 러시아의 기뢰 공격으로 일본은 전함 6척의 3분의 1(3만 4,325톤)을 잃고 전함이 4척으로 축소되었다. 이 뿐만이 아니었다. 엘리어트군도를 순찰하던 일본 순양함 요시노(吉野)호도 기뢰에 걸려 폭발해서 335명이 전사하였다. 이틀 뒤인 5월 17일에는 여순을 봉쇄하러 나간 아카쓰키(曉)호와 오오시마(大島)호도 러시아의 기뢰에 걸려 폭발해서 침몰당하였다.

이 사이에 러시아 블라디보스토크 함대는 동해의 제해권을 장악하여, 남하해서 1904년 6월 15일에는 블라디보스토크 함대가 쓰시마해협에 나타나서 일본 육군수송선 상륙환(常陸丸)과 화천환(和泉丸)을 격침시켰다.[38] 일본 해군은 러시아 해군보다 우수한 군함과 함포를 수년간 준비하여 확보하고 있었다. 그러나 러시아의 기민한 기뢰 설치는 예상하지 못하였다.

일본과 러시아는 해전이 양측 함대의 '포격전'이 될 것으로 예견하고 '함포'의 증강에 총력을 기울였었다. 그러나 개전 후의 실제 경험은 함포와 함께 기뢰가 극도로 중요함을 깨닫게 하였다.

---

38 日本 海軍軍令部, 『極秘明治三十七八年海戰史』 第4部 第4卷, 236쪽.

러·일전쟁에서 해전의 핵심이 함포전에서 이제는 함포전과 함께 '기뢰부설공격전'의 겸행으로 이행된 것이었다. 러시아가 군함을 보강하여 양측 해군의 함포 사격전 능력이 비슷하게 될 경우, 일본이 강점을 갖는 것은 한국을 이미 점령했으므로 한국의 지리(地利)를 이용하여 러시아 해군의 기뢰 부설을 감시해서 중단시키고 도리어 일본 해군이 기뢰 사용을 주도하는 것이었다.

이에 일본 해군은 1904년 6월 중순 러시아의 주력 함대만이 아니라 기뢰를 설치하려고 황해·남해·동해에서 기민하게 활동하는 다수의 러시아 수뢰정 등 함정들의 동태를 감시하는 '망루(望樓, watchtower)'를 한반도 해안과 섬들에 확충 설치하고, 망루와 해군 지휘부, 망루와 군함, 망루와 망루를 연결하는 통신선으로 해저전선 부설을 결정하게 되었다.[39]

일본 해군이 1904년 6월 하순부터 한반도의 해안과 섬들에 망루를 설치하기로 결정하여 즉각 실행에 들어간 것은 일본 해군 주력함대의 행적로에 각종 기뢰를 설치하러 활동하는 러시아 함정의 출현과 동태를 감시하는 것이 긴급한 동기와 목적이었다.

일본 해군은 러·일전쟁 수행을 위해 모든 일본 군함들에 무선전신을 시설하는 작업을 서둘러 완료함과 동시에, 러시아 블라디보스토크 함대의 남하를 감시하기 위해 6월 21일 한국 동해안의 울진군 죽변만을 비롯한 전략 지점에 무선전신을 가진 가설 망루(假設望樓)를 설치하도록 하고,[40] 죽변의 망루 설치를 시작하였다.[41]

39 ① 신용하, 1989, 「朝鮮王朝의 獨島領有와 日本帝國主義의 獨島侵奪」, 『한국독립운동사연구』 제3집.
② 신용하, 1996, 『獨島의 民族領土史 연구』, 지식산업사, 203~223쪽.

40 『極秘明治三十七八年海戰史』 第4部 第4卷, 10쪽.

41 『日本外交文書』 第37卷 第1冊, 事項15, 文書番號723, 「江原道蔚珍郡竹邊竝ニ當地絶影

그림 2-29 일본이 이탈리아에서 구입한 해저전선 설치함 오키나와환(沖縄丸)(좌)과 오가사와라환(小笠原丸)(우)

당시는 항공기 감시나 레이더 장치 발명 이전이므로 러시아 함대의 정확한 항로를 발견하기가 어려웠다. 더구나 망망대해에서 캄캄한 밤에 불을 끄고 러시아 군함이 대한해협을 통과하면 이를 찾아 선제 기습하는 것은 불가능한 일이었다.

이에 일본 해군은 1904년 7월부터는 더욱 적극적으로 러시아 함대의 예상 이동항로 부근 도처에 망루를 가설하고, 망루와 함정 간에, 망루와 망루 간에 망루와 해군 기지 간에 즉각 통신이 가능하도록 긴급하게 무선전신 또는 해저전선 부설에 총력을 기울이게 된 것이었다.

당시 일본은 무선 또는 해저 전선 부설 기술이 없었다. 이에 일본은 이탈리아로부터 무선전신 기술 및 기기와 해저전선 부설 함정 4척을 긴급 도입하여 이를 실시하였다. 당시 1895년 이탈리아인 마르코니(Guglielmo Marconi, 1874~1937년)가 무선 통신장치를 발명하여 1896년 영국 정부의 특허를 얻어서 1899년 영국·프랑스 해협 간의 무선통신에 성공하였고, 1900년부터 영국 군함에는 무선통신기를 장치하였다. 1901년 대서양 횡단 무선통신에 성공한 후, 1902년 영국과 미국 사이 무선통신 사무를 처음

島ニ望樓臺建設ノ件」, 622~632쪽.

으로 개시하여, 이태리와 영국이 무선 통신과 해저전선의 최신 기술을 보유하고 있었다.

그림 2-30 이탈리아에서 도입한 해저전선 부설 기계 장치

일본 해군은 울진군 죽변만에 이어 또 1904년 7월 5일에는 남해안의 홍도, 절영도와 함께 울릉도에도 서북부와 동남부 각 1개소에 2개의 망루를 설치해서 죽변과 울릉도 사이에는 해저전선을 부설하여 연결하도록 하였다.[42] 죽변의 망루는 1904년 6월 27일 기공(起工)되어 그해 7월 22일 준공되고, 8월 10일부터 업무를 개시하였다.[43]

일본 해군은 울릉도에는 2개의 망루, 독도에도 1개의 망루를 설치하기로 기획하였다. 일본 해군은 이곳뿐만 아니라 이 시기 전후에 원산, 제주, 울산, 거문도, 홍도, 우도(牛島) 등 한국 해안 전역에 모두 20개의 망루 설치를 추진하였다. 울릉도의 동·서 2개의 망루는 1904년 8월 3일 기공되어 9월 1일 준공, 9월 2일부터 업무를 개시하였다.[44] 그리고 죽변과 울릉도 사이의 해저전선 부설은 1904년 9월 8일 착공되어,[45] 1904년 9월 30일 완공되었다.[46] 울릉도는 이제 일본 해군의 감시초소와 통신기관 설비지로 징발된 것이었다.

42 『極秘明治三十七八年海戰史』第4部 第4卷, 11쪽.

43 『極秘明治三十七八年海戰史』第4部 第4卷, 226쪽.

44 『極秘明治三十七八年海戰史』第4部 第4卷, 239쪽.

45 『極秘明治三十七八年海戰史』第4部 第4卷, 50쪽.

46 『極秘明治三十七八年海戰史』第4部 第4卷, 56~57쪽.

일본 해군은 울릉도에 2개의 망루를 설치하여 이것을 한국 동해안의 죽변만을 통해서 일본 본토 사세보(佐世保)의 해군진수부(海軍鎮守府)와 직접 교신하는 전신선 설치를 완성하였다.

러·일전쟁 기간에 일본 해군이 대한제국 한반도 해안과 섬들에 설치한 일본 해군 망루는 〈표 2-5〉에서 볼 수 있는 바와 같이, 모두 20개소에 달하였다.

표 2-5 일본 해군이 러·일전쟁 기간 한국 영토에 설치한 망루

망루명	위치	통신기	함선에 대한 통신기의 설비	기공일 (연/월/일)	준공일	개시일	配員 (사용인 포함)
八ツ浦	八口浦	전화	수기·광발신호·무선전신	1904/2/15	1904/3/28	1904/9/20	14
白島	白翎島	전화	기상관측, 완비·무선전신	1904/3/17	1904/4/3	1904/4/11	19
竹濱	東海竹邊島	전신	완비·무선전신	1904/6/27	1904/7/22	1904/8/10	13
元山津	遠山津	전화	기수·발광신호	1904/7/5	1904/8/3	1904/8/3	5
影島	釜山絶影島	전신	완비	1904/7/17	1904/8/2	1904/8/2	9
鴻島	鴻島	전신	완비	1904/7/17	1904/8/2	1904/10/7	8
松島東	鬱陵島東南端	전신	완비	1904/8/3	1904/9/1	1904/9/2	7
松島西	鬱陵島東北端	전화	완비·기상관측	1904/8/3	1904/9/1	1904/9/2	7
蔚埼	蔚山港	전신	완비	1904/8/27	1904/9/20	1904/9/21	7
文島	巨文島	전신	완비·무선전신	1904/8/27	1904/9/20	1904/9/30	11

망루명	위치	통신기	함선에 대한 통신기의 설비	기공일 (연/월/일)	준공일	개시일	配員 (사용인 포함)
牛島	濟州島 東州牛島	전신	완비	1904/ 8/27	1904/ 9/20	1904/ 10/ 10	7
濟島	濟州島 西岸	전신	기상관측행함·완비·무선전신	1904/ 8/27	1904/ 9/20	1904/ 9/30	12
蔚島	蔚島	전화	완비	1904/ 8/27	1904/ 9/20	1904/ 10/ 15	19
多太	巨濟島 東岸	전화	기수·완비·무선전신	1904/ 9/5	1904/ 10/ 18	1904/ 11/ 29	8
水源	水源端	전신	완비	1905/ 3/7	1905/ 4/21	1905/ 5/3	7
虎島	永興灣 入口右側	전화	완비·무선전신	1905/ 3/28	1905/ 4/24	1905/ 5/26	11
舞埼	舞水端	전신	완비·무선전신	1905/ 6/7	1905/ 7/13	1905/ 7/20	12
松島北	鬱陵島	전신	기상관측·완비·무선전신	1905/ 7/14	1905/ 7/16	1905/ 8/16	11
冬埼	冬外串	없음	완비·무선전신	1905/ 7/14	1905/ 8/15	1905/ 8/21	8
竹島	獨島	전신 未成	완비	1905/ 7/25	1905/ 8/19	1905/ 8/19	6

자료: 『極秘明治三十七八年海戰史』 제4부 권 4

제3절 일본 해군의 독도 망루 설치를 위한 사전조사

일본 해군은 울릉도 다음으로 독도에도 망루를 설치하기 위한 조사작업을 시작했다. 그리하여 일본 군함 신고호(新高號)는 죽변-울릉도 선(線) 연결공사를 하면서 독도를 실견(實見)한 울릉도의 민간인들(日本人)로부터 독도

그림 2-31 독도 망루 설치정보를 수집, 보고한 신고호

에 대한 청취조사(聽取調査)를 한 다음, 1904년 9월 24일 독도 실지 답사를 목표로 울릉도를 출발하였다.[47]

신고호의 1904년 9월 25일자 일지(日誌)에는 독도에 대한 청취조사 결과를 다음과 같이 요약해 기록하였다.

> 송도(울릉도)에서 리앙쿠르 암석 실견자(實見者)로부터 청취한 정보. 리앙쿠르암석은 한인(韓人)은 이를 獨島(독도)라고 서(書)하고 본방(本邦) 어부들은 '리양코섬(リヤンコ島)'이라고 호칭한다. 별첨한 약도와 같이 두 개의 암서(岩嶼)로 되어 있다. 서서(西嶼)는 높이가 약 4백 척으로 험저(險沮)하여 오르기가 곤란하지만 동서(東嶼)는 비교적 낮고 잡초가 자라며 정상은 약간 평탄한 땅이 있어서 2, 3개의 소사(小舍)를 건설하기에 족하다고 한다.
>
> 담수(淡水)는 동서(東嶼) 동면(東面)의 입강(入江 : 바다가 육지로 오목하게 들어간 부분) 내에서 조금 얻을 수 있다. 또 동서의 남(南) B점 수면으로부터 3간여(間餘)의 곳에 용천(湧泉)이 있어 서방(四方)에 침출(浸出)하는데, 그 양은 상당히 많아, 연중(年中) 고갈하는 일이 없다. 서서의 서방 C점에도 역시 청수(淸水)가 있다.
>
> 서(嶼)의 주위에 점재(點在)하는 암(岩)은 대개 편평하여 큰 것은 수십 자리를 펴기에 족하다. 항상 수면에 노출한다. 해마(海馬)가 이에 군집한다. 양서(兩嶼)의 간(間)은 선(船)을 계(繫)하기에 족할지라도 소주(小舟)인 경우에

47 『軍艦新高戰時日誌』 1904年 9月 24日條.

는 육상에 인양함을 항례로 한다. 풍파가 강해서 동도에 계박(繫泊)하기 어려울 때는 대저 송도(울릉도)에서 순풍을 얻을 때까지 피란한다고 한다.

송도로부터 도항하여 해마잡이에 종사하는 자는 6, 70석적(石積) 화선(和船)을 사용한다. 서상(嶼上)에 납실(納室)을 짓고 매회 약 10일간 체재하여 다량의 수액(收額)이 있다고 한다. 그리하여 그 인원도 때때로 40, 50명을 초과하는 일이 있으나 담수의 부족은 고(告)해지지 않는다. 또한 본년(本年)에 들어서 수회 도항했는데 6월 17일 노국(露國) 군함 3척이 동도 부근에 나타나서 일시 표박(漂泊)한 후 북서(北西)에 진항(進航)함을 실견(實見)하였다고 한다.[48] (밑줄은 저자가 표시한 것임)

신고호의 정보보고는 독도가 망루 설치에 적합한 지형이라고 과장을 섞어 평가하였다. 이 보고는 독도(리앙쿠르석도)가 무엇보다도 동해의 중앙이라는 위치와 러시아 군함 3척이 독도 부근에 표박(漂泊)한 사실을 보고하

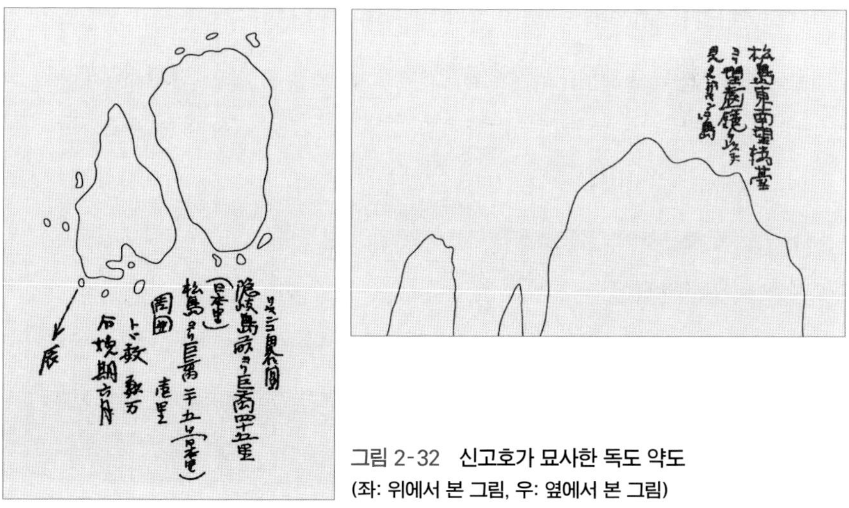

그림 2-32 신고호가 묘사한 독도 약도
(좌: 위에서 본 그림, 우: 옆에서 본 그림)

48 『軍艦新高戰時日誌』 1904年 9月 25日條.

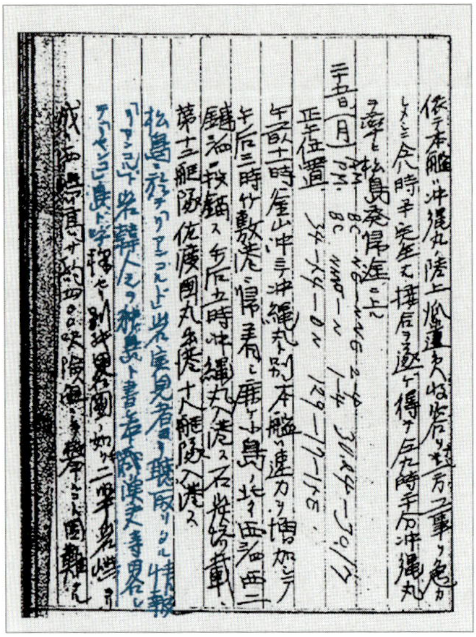

그림 2-33 『군함신고호행동일지』 1904년 9월 25일자

여, 러·일해전을 대비하는 일본 해군성이 독도에 망루를 설치하려는 욕구를 갖도록 충동한 것으로 보인다.

또한 신고호의 위의 1904년 9월 25일자 일지에서는 “리앙코르도섬은 한인은 이를 ‘독도(獨島)’라고 서(書)하고 본나(일본) 어부들은 ‘리양코섬’이라고 호칭한다.”고 청취조사 결과를 기록하였다. 현대 일본 정부가 ‘독도’ 호칭은 울도군수 심흥택이 1906년 3월 보고서에서 처음 사용한 것이라는 주장이 틀렸음을 신고호 일지가 잘 증명해 주고 있는 것이다.

일본 해군 군령부는 뒤이어 1904년 11월 13일 쓰시마해협을 초계 중인 군함 대마호(對馬號)에 ‘리앙코르도섬이 전신소(무선통신소가 아님) 설치에 적합한가를 시찰할 것’을 주임무로 하도록 다음과 같은 명령을 내렸다.

사전기밀(四戰機密) 제276호를 수령함. 다음과 같음

선두(仙頭) 대마함장(對馬艦長)에 훈령[37년 11월 13일, 어죽부기함립치(於竹敷旗艦笠置)]

一. 귀관은 좌기(左記) 각소에 대한 파견원 재료 등 도착 차제(次第) 당근거지(當根據地)를 출발하여 좌기 임무에 복무할 것. 그리고 각지 귀함(歸艦)의 순서 일할(日割) 등은 직접 출장계관(出張係官) 등과 협의 결정하고 그 예정을 보고할 것

(a) 다카사키산(高崎山) 무선전신소 통신시험 여행 및 이의 시험계관(試

驗係官)을 동지(同地)에 송치(送致)할 것

(b) 리앙코르도섬은 전신소(무선전신소가 아님) 설치에 적합한가 아닌가를 시찰할 것

(c) 송도(울릉도) 죽빈(竹濱) 울기(蔚崎) 각 망루행 재료(材料) 인원을 송치할 것

二. 전항 (c)의 각 망루행 인원 재료 등은 명(明) 14일 아침 착(着)할 청룡환(靑龍丸)에서 모두 도착. 다카사키산(高崎山) 무선전신소행 시험계관은 모레 15일 아침 도착 예정임[49]

그러나 날씨가 연일 나빠서 사세보(佐世保)로부터 도착해야 할 계원(係員)이 예정보다 3일이나 늦은 18일에 도착했으므로 대마호는 11월 18일에야 죽변만을 향해 출항하였다.[50] 대마호는 11월 19일 오전 8시 40분 죽변만구(竹邊灣口)에 도착하여 망루용 재료를 내려놓은 다음 9시 20분에 울릉도를 향해 출발해서 오후 4시 20분에 울릉도 망루 부근 도동 각묘지(角錨地)에 정박, 망루 재료를 내려놓았다.[51]

대마호는 이튿날인 1904년 11월 20일 오전 7시 20분 독도에 도착하여 표박하면서 시찰을 위하여 부함장 소좌(小佐) 야마나카 시바기치(山中柴吉)와 군의장(軍醫長) 대군의(大軍醫) 이마이 게비타로(今井外美太郞) 2명을 독도에 상륙시켰다. 부함장과 군의장은 약 3시간 동안 독도를 시찰(조사)하고 귀함했으므로, 대마호는 이날 오후 7시 8분에 벳푸만(別府灣)에 귀환 입

---

49 『軍艦對馬戰時日誌』 1904年 11月 13日條.

50 『軍艦對馬戰時日誌』 1904年 11月 18日條.

51 『軍艦對馬戰時日誌』 1904年 11月 19日條.

항하였다.[52] 이것이 일본 해군이 처음으로 독도에 상륙하여 시찰한 경위다. 일본 해군은 독도가 한국 영토이기 때문에 그동안 시찰 및 조사를 전혀 하지 않다가 러·일전쟁을 도발한 후 일본 해군의 망루·통신시설 설치의 필요를 절감하여 그 준비 조사차 1904년 11월 20일에야 처음으로 독도에 상륙하여 관찰조사한 것이다.

대마호 함장의 독도 시찰 공식보고는 해군성 수로부장에게 1905년 1월 5일자로 다음과 같이 제출되었다.

> 명치 38년 1월 5일 대마(對馬)함장 해군중좌 선두무영(仙頭武英)이 수로부장에게 제출한 리앙코르도섬 개요
>
> 리앙코르도섬은 일대의 협수도(狹水道)를 격(隔)하여 서로 대치하는 2개의 주도(主島)와 그 주위에 기열(碁列)한 소서(小嶼)로 구성된 양중(洋中)의 일소군서(一小群嶼)에 지나지 않는다. 이들 소서(小嶼)는 대개 편평하고 상면(上面)이 겨우 수상(水上)에 현출(現出)해 있다. 주도(主島)의 주변은 기관(奇觀)을 정(呈)하는 동굴이 풍부함과 함께 해표군(海豹群)의 서굴(棲窟)이다. 주도는 전부 거의 불모의 독암(禿岩)으로서 해풍이 항상 전면을 불어쳐서 일주(一株)의 수목(樹木)도 없고 남면(南面)에서 야초(野草)가 겨우 태생(苔生)함을 볼 뿐이다. 전체 주위는 단애절벽이고 연성(軟性)의 석층(石層)으로 되어 있으며, 주변 어디로부터도 올라가는 것이 거의 불가능에 속한다. 전도(全島)가 평탄한 땅이 없고, 수도(水道)의 양측에 협소한 평탄의 역지(礫地 : 자갈땅)가 2, 3개소 있지만, 모두 바다 파도의 습래(襲來)를 면하지 못한다. 동도(東島)에 고즙(菰葺)의 가소옥(假小屋)이 있다. 해표(海豹)

52 『軍艦對馬戰時日誌』 1904年 11月 20日條.

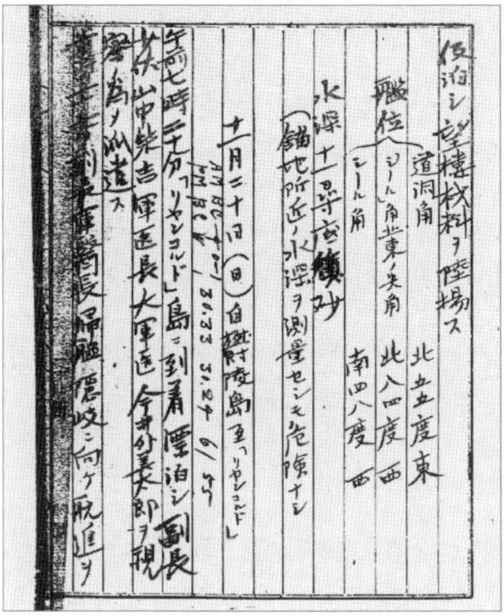

그림 2-34 『군함대마전시일지』의 일부분

그림 2-35 독도에 처음 상륙하여 조사보고한 대마호

잡이를 위하여 여름철에 이 섬에 도래하는 어부용으로서, 당시 현저히 파괴되어 겨우 그 형적(形跡)이 남아 있을 뿐이다. 그 파손의 상황으로 판단하면 이 부근을 유린하는 풍파의 맹위를 충분히 알 수 있다. 시(試)하여 풍랑의 예봉을 피할 수 있는 가옥 건축용지를 달리 구하면 겨우 다음의 2개소가 있음에 지나지 않는다.

(a) 서도(西島)의 동면(東面)에 산붕(山崩)이 있어 그 경사가 매우 급해서 상반(上半)은 거의 직립하여 도저히 올라갈 수 없지만, 하반(下半)은 약간 완경(緩傾)을 이루어 힘쓰면 그 중복(中腹)까지 올라갈 수 있다. 이곳의 지질은 강한 암층(岩層)으로 이를 개착(開鑿)하면 3평약(坪弱)의 평탄지(平坦地)를 얻고 동풍(東風) 외에는 모두 차폐(遮蔽)할 수 있다.

(b) 동도(東島)의 정부(頂部)는 일견 평탄한 부분이 많아서 가옥 건설에 적합한 것 같으나, 이를 답사함에는 경로(經路)에 다대한 공사를 시행하지 않으면 국지(局地)에 도달할 수 없었으므로 실견(實見)할 수 없었지만 해양

의 만풍(蠻風)에 대하여 4면이 폭로됨을 면하지 못한다. 그러나 오직 남단에 있는 평탄지는 3, 4평의 넓이가 있으며, 서북의 일방(一方)은 차폐(遮蔽)되어 있는 것 같다.[53]

이 보고서의 대마호 부함장이 조사한 부분에서는 지형이 불리하지만 망루의 후보지로 ① '동도의 어부의 가소옥대지(假小屋垈地)' 외에 ② 서도 동면(東面)의 하반(下半)과, ③ 동도 남단의 평탄지가 시사되었다. 대마호의 조사보고는 망루 후보지 세 곳을 천거한 셈이었다.

위의 보고서의 인용문 이후 부분은, 군의장(軍醫長)의 조사보고 부분으로 보이는데, 그 요지는 식수의 결핍이 심각한 문제임을 의학적 화학적 관점에서 분석 지적한 다음, "해표(海豹)잡이를 위해 도래한 어부는 바다가 평온한 때는 도수(島水)를 채취하여 취사용으로 썼지만 음료수는 다른 곳에서 갖고 와 썼다고 한다."[54]고 하면서, 망루를 설치하는 경우에도 식수는 다른 곳에서 공급하는 것이 의학적임을 시사하였다.

당시는 일본 해군이 러·일해전에 대비하기 위해 바다 가운데라도 망루를 설치하고 싶어 했던 시기였으므로, 이러한 정도의 조건이면 망루를 설치하여 러시아 군함의 이동을 감시하고 통신시설을 설치 강화하는 것은 어려운 일이 아니었다. 사나운 겨울 날씨로 이듬해 봄을 기다리면서 일본 해군성은 독도 망루 설치계획을 추진해갔다.[55]

---

53 日本 海軍軍令部, 『極秘明治三十七八年海戰史』 第4部 第4卷, 附錄「備考文書」 第67號, 366~367쪽.

54 日本 海軍軍令部, 『極秘明治三十七八年海戰史』 第4部 第4卷, 附錄「備考文書」 第67號, 367쪽.

55 ① 堀和生, 1987, 「1905年 日本の竹島領土編入」, 『朝鮮史研究會論文集』 第24輯.
② 久保井規夫, 2014, 『圖說 竹島=獨島問題の解決』, 柘植書房新社.

제30장

일본 제국주의의 독도 침탈 공작(I)

제1절 일본 어업기업가 나카이(中井)의 독도의 대한제국 영토 인지

그림 2-36 일본 해군에 조종당한 나카이 요자부로

일제의 독도 침탈 공작은 일본인 어업 기업가 나카이 요자부로(中井養三郎)가 한국 독도 근해의 강치잡이 어업독점권을 독도 소유권자인 대한제국으로부터 대금을 사전 지불하고 임차하려고 시작한 교섭활동을 이용하여 자행되었다.

일본 해군성이 독도 망루 설치계획을 추진하는 도중, 일본 정부는 독도[리앙코르도섬(リアンコルド島)]에서의 어업독점 출원을 한국 정부에 교섭해줄 것을 요구하는 나카이의 신청을 접하게 되었다. 이를 기화로 한국 영토이지만 한국인이 거주하지 않는 무인도인 독도를 이 기회에 아예 침탈해서 일본 영토로 편입하

여 일본 해군의 망루를 설치하려는 일본 제국주의자들의 공작이 일본 정부 해군성과 외무성을 중심으로 전개되었다.

나카이는 고향에서 소학교를 졸업하고 상장학사(相長學舍)라는 사립학숙(私立學塾)을 거쳐서 당시로서는 드물게 동경에 유학, 사문횡(斯文黌)이라는 사립학교에서 교육을 받고, 해외 진출에 관심이 많은 어업가였다. 그는 실업(實業)에 뜻을 두고 1890년부터 외국 영해에서의 잠수기 어업에 착수했다. 1891~1892년에는 러시아령 블라디보스토크 부근에서 잠수기를 사용한 해서(海鼠) 어업에 종사했고, 1893년에는 조선의 경상도·전라도 연안에서 역시 잠수기를 사용한 해표(海豹)·포(鮑)잡이에 종사하였다.

나카이는 1903년 독도(리앙코르도섬)에서 해려(강치)잡이를 시도했는데 이것이 수익이 높자 다른 어부들의 경쟁 남획을 방지하고 독점이권을 (대한제국 정부로부터) 획득해보려고 1904년에 동경에 가서 일본 정부 관료들과 접촉하였다.[56]

나카이가 1910년에 직접 작성하여 시마네현에 제출한 이력서와 그 부속문서인 「사업경영개요(事業經營概要)」는 그가 독도를 한국 영토로 인지하고 있었고, 독도를 일본 제국주의자들이 침탈하여 일본 영토에 편입한 것임을 잘 밝혀주고 있다. 독도가 1905년 2월 일제에게 침탈당한 약 5년 후에 쓴 글이므로 독도의 이름이 '리앙코르도섬'이나 '리양코섬'이 아니라 '죽도(竹島)'로 표기되어 있다. 중요한 문서이므로 독도 부분의 거의 전문(全文)을 인용한다.

---

56 島根県廣報文書課 編, 1953, 「中井養三郎履歴書」(1910年 隠岐島廳 提出), 『竹島關係資料』 第1卷.

죽도(竹島)에 해려(海驢)가 많이 군집하는 것은 종래 울릉도 방면 어부의 주지하는 바이지만, 하루 아침 그 포획을 개시하면 홀연히 산일(散逸)해 가버리거나 포획해도 용도 판로(販路)의 있음을 요하므로 이익이 전혀 불명(不明)에 속하였다. 이 때문에 종래 이의 포획을 기도하는 일이 없어서 헛되이 방유(放遺)해 있었다. 그러나 이렇게 방유하지 않고 여하히 유망(有望)의 이원(利源)도 용이하게 개발됨을 기해야 할 것이므로 이에 손해를 도외시하고 단연 그 포획을 시도하게 되었다. 그리하여 그 일개 유망(有望)의 이원(利源)이라는 것을 사실의 위에 확실하게 할 수 있었다. 그러나 이와 동시에 또한 홀연히 제방(諸方)으로부터 다수의 잡이꾼들이 내집(來集)하여 경쟁 남획에 이르지 않는 바가 없고 용도 판로는 아직 충분히 강구되지 않은 중에 그 재료는 장차 절멸해가려고 함에 이르렀다. 이에 어떻게 하면 그 폐해를 방지하고 이원(利源)을 영구히 지속함으로써 본도(本島)의 경영을 온전히 할까 고심참담하지 않을 수 없었다.

본도가 울릉도에 부속하여 한국의 소령(所領)이라고(本島ノ鬱陵島ヲ附屬シテ韓國ノ所領ナリト) 하는 생각을 갖고, 장차 통감부에 가서 할 바가 있지 않을까 하여 상경해서 여러 가지 획책 중에, 당시의 수산국장 마키 보쿠신(牧朴眞) 씨의 주의로 말미암아 반드시는 한국령에 속하는 것이 아닐까 하는 의문이 생겨서, 그 조사를 위하여 여러 가지로 분주한 끝에, 당시의 수로국장 기모쓰키(肝付) 장군의 단정(斷定)에 의뢰하여 본도가 전적으로 무소속인 것을 확신하게 되었다. 그리하여 경영상 필요한 이유를 구진(具陳)해서 본도를 본방(本邦) 영토에 편입하고 또 대부(貸付)해줄 것을 내무, 외무, 농상무의 3대신에게 원출(願出)하여, 원서를 내무성에 제출했더니 내무 당국자는 이 시국에 제(際)하여[러시아와 전쟁 중(日露開戰中)] 한국영지(韓國領地)의 의(疑)가 있는 황막한 일개 불모의 암초(岩礁)를 수(收)하여 환시(環視)의 제외국(諸外國)에게 아국(我國)이 한국병탄의 야심 있는 것의 의(疑)

를 크게 하는 것은 이익이 극히 작은 데 반하여 사체(事體)는 결코 용이하지 않다고 하여 여하히 진변(陳辨)해도 원출(願出)은 장차 각하되려고 하였다. 그리하여 좌절해서는 안 되기 때문에 곧바로 외무성으로 달려서 당시의 정무국장 산좌원이랑(山座円二郎) 씨에게 가서 크게 논진(論陳)한 바 있었다. 씨는 시국(時局)이야말로 그 영토편입을 급요(急要)로 하고 있다. 망루를 건축해서 무선 또는 해저전신을 설치하면 적함(敵艦) 감시상 극히 좋지 않겠는가. 특히 외교상 내무와 같은 고려를 요하지 않는다. 모름지기 속히 원서를 본성(本省)에 회부(回附)케 해야 한다고 의기(意氣)가 헌앙(軒昻)되어 있었다(氏ハ時局ナレバコソ其領土編入ヲ急要トスルナリ望樓ヲ建築シ無線若クハ海底電信ヲ設置セバ敵艦監視上極メテ屈竟ナラズヤ特ニ外交上內務ノ如キ顧慮ヲ要スルコトナシ須ラク速カニ願書ヲ本省ニ回附セシムベシト意氣軒昻タリ). 이와 같이 해서 본도는 드디어 본방 영토에 편입된 것이었다.

명치 38년 2월 22일 그 고시(告示)가 있자 본도 경영권에 취(就)하였다. (…) 57

즉, 나카이는 "독도가 울릉도에 부속한 한국의 소령(所領)"임을 명확히 인지하고 한국 정부와의 임대(賃貸) 교섭 문제를 협의하기 위하여 동경에 상경한 것이었다.

57 「中井養三郎事業經營概要」, 島根県廣報文書課 編, 1953, 「中井養三郎履歷書」 付屬文書, 1910年 中井養三郎 작성, 『竹島關係資料』 第1卷. 中井養三郎는 이 「事業經營概要」를 1910년에 작성하여 隱岐島廳에 제출했기 때문에 6년 전인 1904년에 독도를 한국 영토라고 생각하여 '統監府'에 貸下願을 제출하려고 했다고 썼는데, '統監府'는 1906년에 설치되었기 때문에 이것은 착오이고, 1906년 3월 25일에 中井養三郎가 奧原碧雲(또는 奧原福市)에게 진술한 바 獨島를 한국 영토로 확신하여 '韓國政府'에 貸下願을 제출하려 했다는 것이 정확한 것이다. 즉 여기서 '統監府'는 '韓國政府'의 착오이다.

제2절 나카이의 청원 진술에 드러난 '독도는 대한제국령'이라는 인식

나카이 요자부로(中井養三郎)는 1906년 3월 25일에 독도를 일본 영토로 편입하여 자기에게 대하(貸下)할 것을 청원한 경위를 오쿠하라 헤키운(奧原碧雲)에게도 진술했는데, 이것은 나카이 요자부로(中井養三郎)의 1906년의 진술이므로 위의 자료와 마찬가지로 중요한 사료가 된다.

> 나카이 요자부로 씨는 리양코섬을 조선의 영토라고 믿고, 동국(同國) 정부에 貸下請願의 결심을 하여(中井養三郎氏はリヤンコ島を以て朝鮮の領土と信じ, 同國政府に貸下請願の決心を起し) 三十七年의 漁期가 종료되자 곧바로 上京하여 隱岐 출신인 農商務省 水産局員 藤田勘太郎 씨에게 도모해서 牧 水産局長에게 면회하여 진술한 바 있었다. 同氏 또한 이것을 찬성하여 海軍 水路部에 붙여서 리앙쿠르島의 소속을 확인케 하였다. 中井養三郎 씨는 즉시 肝付 水路部長을 면회하여 同島의 소속은 確乎한 徵證이 없고 특히 日韓兩本國으로부터의 거리를 측정하면 일본 쪽이 十里 가깝고 그 위에 日本人으로서 同島 경영에 종사하는 자가 있는 이상은 日本領에 편입하는 방법이 좋을 것이라는 說을 듣고 中井養三郎 씨는 마침내 뜻를 결정해 리앙쿠르島 編入 및 貸下願을 內務·外務·農商務 三大臣에게 제출하였다. (…) 그 이래 中井養三郎 씨는 內務省 地方局에 출두하여 井上 書記官에게 사정을 진술했으며, 또한 同鄕의 桑田 법학박사(現今 귀족원의원)의 소개에 의하여 外務省에 출두해서 山座 政務局長에 면회하여 이것을 상의했다. 桑田 박사 또한 크게 힘쓴 바 있어서 드디어 一應 시마네현廳에 의견을 徵하기로 되었다. 이에 시마네현廳에서 隱岐島廳의 의견을 徵하여 上申한 결과 마침내 閣議에서 확실히 영토편입을 결정하여 리앙쿠르島를 竹島라고 명명하기에 이르

렀다고 한다.[58]

여기서도 나카이는 "리앙쿠르도섬(독도)을 조선의 영토라고 믿고 동국(同國) 정부(한국 정부)에 독도의 대하 청원을 결심하여" 동경에 상경한 것이었다.

이러한 사실은 위의 원자료를 통해서 거듭 확인되는데, 그 후 시마네현 교육회는 1923년 『시마네현지(島根縣誌)』의 '죽도(竹島)'의 항목에서 "나카이 요자부로는 이 도(島)를 조선 영토라고 생각해서 상경하여 농상무성에 말해서 동(同) 정부(조선 정부)에게 대하청원을 하려고 했다."고 기록하였다.

> 삼십칠년(三十七年) 각 방면으로부터 경쟁남획(競爭濫獲)이 있어서 여러 가지의 폐해(弊害)를 낳고 있었다. 이에 나카이 요자부로(中井養三郎)는 이 도(島)를 조선 영토(朝鮮領土)라고 사고(思考)해서 상경(上京)하여 농상무성(農商務省)에 말해서 동(同) 정부(政府)에 대하청원(貸下請願)을 하려고 했다.[59]

여기서 우선 주목할 것은 나카이가 1903년 독도에 들어가서 한국 정부 허가 없이 몰래 강치잡이를 할 때 독도가 대한제국 영토임을 잘 알고 있었다는 사실이다. 강치의 기름과 가죽은 당시 고가로 팔려 수익이 높았다.

---

58 奧原碧雲, 『竹島及鬱陵島』, 1907, 27~32쪽. 1906年刊 『歷史地理』 第8卷 第6號에 게재된 奧原碧雲(福市)의 논문 「竹島沿革考」에도 같은 글이 수록되어 있다.

59 ① 島根縣誌 · 島根縣教育會 編, 1923, 『島根縣誌』.
② 이한기, 1969, 『韓國의 領土』, 서울대학교출판부, 258쪽.

나카이는 다른 일본 어부들이 강치잡이를 시작하는 것을 보고 경쟁자가 남획을 하기 전에 독도의 영유권자인 한국 정부에 임차료 선금을 내어 독도 부근 어장의 독점사용권을 빌려서 독점 이익을 취득코자 하였다. 당시 독도(석도)는 이미 1900년 칙령 제41호 공포로 서양 국제법에도 맞추어 울도군에 속한 한국 영토가 명백했으므로, 이 지역 해로와 바다 사정에 해박한 지식을 가진 어업가 나카이는 한국 정부 허가 없이 독도에 몰래 들어가서 1903년처럼 강치잡이를 하는 것이 불법임을 물론 알고 있었다.

따라서 나카이는 아예 한국 정부에 거금의 임대료를 내고 합법적으로 강치잡이를 독섬할 계획으로 '독도 대하원(貸下願)'을 독도 영유자인 대한제국 정부에 제출하려고 기획하여 그 절차를 일본 정부와 협의하려고 동경으로 상경한 것이었다.

제3절 일본 해군성 등의 독도 침탈 공작과 나카이의 계획 변경

일본의 어업기업가 나카이는 앞서 자필 진술서에서 밝힌 바와 같이 독도(리앙코르도섬)가 한국 영토임을 잘 인지하고 또 확신하고 있었기 때문에 대한제국 정부에 독도를 선금을 내고 일정 기간 자기에게 임대해 줄 것을 청원하려고 계획했었다. 그는 대한제국 국민이 아닌 일본 민간인이므로 직접 대한제국 정부와 교섭하지 못하고 일본 정부에 의뢰하여 자기의 청원을 제출코자 하였다.

이에 나카이는 일본 정부의 농상무성과 외무성에 자기의 청원서를 먼저 제출하려고 1904년 어획기가 끝나자 동경으로 상경하여 이전부터 친분이 있는 은기도 출신 농상무성 수산국 직원 등전감태랑(藤田勘太郎)을 찾아간 것이다. 이때는 러·일전쟁이 시작된 직후였다.

그림 2-37 독도 침탈에 앞장선 일본 해군성 수로부장 기모쓰키 가네유키

이때 나카이가 농상무성에만 청원서를 제출하려 하지 않고 외무성에도 청원서를 제출하려고 한 사실은 그가 독도를 한국 영토라고 잘 알고 있었기 때문에 그를 대신하여 일본 정부 외무성이 대한제국 정부에 청원 교섭해줄 관청이었기 때문이었다.[60]

이에 나카이는 은기도 출신인 농상무성 수산국 직원 등전감태랑을 만나서 주선을 부탁하여 농상무성 수산국장 마키 보쿠신(牧朴眞)을 면회해서 자기의 청원을 설명하였다. 마키는 찬성하고, 해군성이 독도에 해군 망루 설치를 추진하고 있음을 들었기 때문에 나카이를 해군성 수로부장에게 소개해 보내었다.

당시 해군성 수로부장 기모쓰키 가네유키(肝付兼行 : 해군 소장)은 독도(리앙쿠르석도)가 대한제국 영토임을 잘 알고 있었다. 그 증거는 일본 해군성 수로부가 수시로 발행하는 『조선수로지』의 조선 동해안에 매번 독도[리앙코르도암석(リアンコルド岩)으로 표기]를 넣고, 『일본수로지』의 서북 해안 도서에는 넣지 않은 곳에서 이를 잘 확인할 수 있다.

그러나 이번에는 독도에 일본 해군의 망루를 설치하려고 조사 중이었으므로 일본 해군성 수로부장의 태도가 완전히 달라 있었다. 당시는 러·일전쟁 중이었고 일본군이 대한제국의 수도 서울을 점령하다시피 하여 강박하는 상태였으므로, 이 기회에 독도를 탈취하여 일본 영토로 편입해서 해군

60 「中井養三郎事業經營概要」, 1910년 中井養三郎 작성, 『竹島關係資料』 第1卷.

망루를 설치하고 싶은 야욕이 생긴 것이었다.

독도를 한국 영토로 인지하고 확신하는 나카이에게 해군성 수로부장 기모쓰키는 "동도(同島 : 독도)의 소속은 확호(確乎)한 징증(徵證)이 없고 특히 일·한 양국으로부터의 거리를 측정하면 일본 쪽이 10리가 가깝다."[61]고 거짓 정보와 설명을 주면서, "그 위에 일본인으로서 동도(同島) 경영에 종사하는 자가 있는 이상은 일본령에 편입하는 방법이 좋을 것이다."[62]고 권고하였다.

이것은 일본 해군성 수로부장 기모쓰키가 나카이에게 대한제국 정부에 독도 임대청원서를 제출하지 말고, 독도를 '무주지', '무소속'으로 전제하여 일본 정부에 리앙코르도섬 영토편입 겸 임대청원서를 제출하도록 요구하고 독려해서, 이 기회에 나카이를 이용하면서 독도 침탈 공작을 시작했음을 의미한 것이다.[63]

물론 이때에 '미끼'도 붙어 있었다. 독도 침탈 후에 실제 일어난 사실을 보면 나카이에게 일본 정부가 일정 기간 임대료 없이 무료로 독도와 부근 어업독점권을 해군이 앞장서서 허가하는 특혜를 주었는데, 이것은 수로부장 기모쓰키가 1904년 나카이에게 한국 정부에 제출하려는 임대청원서를

61 奧原福市, 1906, 「竹島沿革考」, 『歷史地理』 第8券 第6號.

62 奧原福市, 1907, 『竹島及鬱陵島』, 27~32쪽.

63 肝付兼行(기모쓰키 가네유키, 1853~1922년)는 鹿児島에서 薩摩藩 사무라이 肝付兼武의 장남으로 출생한 청년 사무라이로서, 1869년부터 북해도 점령 개척에 참가했다가, 1871년 해군 중위로 해군성에 들어가서 평생 종사하였다. 해군성 수로국 測量과장·圖地과장·量地과장을 거쳐, 1894년 수로부장(1차)이 되고, 1898년 해군 소장으로 승진하였다. 1904년 수로부장(2차) 겸 해군대학 교장으로 있을 때 독도침탈 공작을 주도하였다. 독도침탈 직후 1905년 해군 중장으로 승진하고, 1906년 퇴역하여 예비역이 되었다. 1907년 남작 작위를 받고, 1911년부터 1922년 사망할 때까지 귀족원 의원을 지냈으며, 그 사이 1913년에 大阪市長을 8개월간 지내었다. 일본 제국주의·군국주의의 소위 '사쓰마 군벌'에 속한 자였다.

폐기하고 변경하여 일본 정부에 영토편입 청원서를 제출하도록 요구할 때 붙인 미끼와도 같은 약속이었다고 보아도 틀리지 않을 것이다.

나카이는 수로부장 기모쓰키의 요구를 받고 상당히 흥분했던 것 같다. 대한제국에 내어야 할 임대금(賃貸金)을 내지 않아도 되는 큰 실익이 있을 뿐 아니라, '일본인으로서' 러·일전쟁에 협력하고 새 영토를 획득하는 공을 세울 수 있다고 생각했기 때문이었을 것이다.

이에 나카이는 계획을 변경하였다. 독도(리양코섬)의 소유권자인 한국 정부에 대하원(貸下願: 일정 기간의 임대 사용 청원) 제출 계획을 포기하고, 일본 정부에 독도를 일본에 영토편입해서 자기에게 임대해 달라는 내용의 「리양코섬 영토편입 및 대하원(リヤンコ島領土編入並貸下願)」을 작성하여 1904년 9월 29일 내무성·외무성·농상무성의 부서 대신에게 제출하기로 결정하였다.

나카이는 해군성 수로부장의 요구대로 「리양코섬 영토편입 및 대하원」을 접수시키려고 내무성 지방국으로 출두하였다. 내무성 지방국의 이노우에(井上) 서기관에게 사정을 진술하고 접수를 요청하였다.

그러나 내무성 담당 서기관 이노우에의 견해는 달랐다. "내무 당국자는 '이 시국에 제(際)하여[러·일전쟁 중(日露戰爭 開戰中)] 한국 영지(韓國領地)의 의(疑)가 있는 황막한 불모의 암초를 거두어 환시(環視)의 제외국에게 아국(我國 : 일본)이 한국 병탄의 야심이 있음의 의(疑)를 크게 하는 것은 이익이 크게 작은데 반하여 사체(事體)는 결코 용이하지 않다.'고 하여, 아무리 진변(陳辯)해도 원축(願出: '리양코섬 영토편입 및 대하원'의 제출)은 장차 각하되려고 하였다."[64] 즉 내무성 이노우에 담당 서기관은 독도가 '우산도'라는 한

---

64 「中井養三郎事業經營概要」, 1919년 中井養三郎 작성, 『竹島關係資料』 第1卷.

국 영토임을 잘 알고 있었으므로, 해군성 수로부장이 공작하는 나카이의 리양코섬(독도) 영토편입 청원서를 접수하지 않고 각하하려고 한 것이었다.

그림 2-38 독도(리앙코르도섬)는 조선의 우산도라고 하여 나카이의 영토편입 청원서를 처음에 각하시키려고 한 이노우에 도모이치

이때 독도가 한국의 우산도라고 지적하고 나카이의 영토편입 청원서를 처음에 각하시키려고 한 당시 서기관은 프랑스 파리 출장에서 귀국하여 일본 내무성 서기관이면서 부현과장(府縣課長)을 겸무하고 있던 이노우에 도모이치(井上友一)였다. 그는 동경제국대학 법학과를 졸업하고 1893년에 내무성에 들어간 개량주의적 지식인 관료였다.[65]

65 당시 일본 내무성 서기관 井上友一(이노우에 도모이치)는 加賀藩 金澤市의 사무라이 가문에서 출생하였다. 第4高等學校를 거쳐서 1893년 東京帝國大學 法學科를 졸업하고 內務省에 들어갔다. 1895년 내무성 縣治局 市町村과장이 되었고, 1896년 4월에 내무성 서기관이 되었다. 1897년에 府縣과장이 되었고 내무대신 祕書官을 겸임하였다. 1900년 6월에 유럽 출장을 명받아 프랑스 파리에서 열린 萬國公私救濟慈惠事業會議에 출석하였고, 1901년 3월에 유럽에서 귀국하였다. 1904년 내무성 서기관과 府縣과장을 겸무하고 있을 때 中井養三郎의 「リヤンコ島領土編入並ニ貸下願」을 각하시키려고 하다가, 직계 상관 총리 桂太郎 및 내무대신의 지시 명령에 순종하여 각하를 중지하였다. 1906년 칙임 內務參事官이 되고, 1908년에 내무성 神社局長으로 승진하였다. 1909년 法學博士가 되었다. 1915년에 東京府 知事가 되었고, 동경지사 재직 중에 帝國호텔에서 澁澤栄一과 회식 도중 뇌일혈로 쓰러져 사망하였다. 가문 관계 계보로는 桂太郎과 동일한 長州군벌 가문에 속했으나(아우는 육군 중장 井上一次였음), 개인적으로는 官 주도 改良主義 사회사업 운동가 성향이 강하였다. 저서로 『欧西自治の大観』(1906), 『列国の形勢と民政』(1906), 『楽翁と須田因』(1908), 『救済制度要義』(1909), 『自治要義』(1909), 『都市行政及法制』(1911), 『自治之開発訓練』(1911) 등이 있다. 井上友一은 지식인 관료로서 일본에서 일찍 救濟사업에 관심을 두어 1905년 中央報德會, 1908년 中央慈善協會를

일본 내무성은 일찍이 1876년 일본 전국의 근대적 지적편찬 사업을 실시할 때 시마네현으로부터 동해의 울릉도(당시 일본 호칭 죽도)와 독도(당시의 일본호칭 송도)를 시마네현에 포함시킬 것인가 제외할 것인가의 질의서를 받고 5개월 이상 이 문제를 정밀 조사한 일이 있었다. 이때 내무성의 정밀조사 결론은 울릉도(죽도)와 그 외 1도 우산도(송도, 독도)는 조선 영토고 일본과는 관계없는 땅이므로 제외하기로 판단하였다.

그러나 영토의 편입과 제외는 총리대신의 결정 사항이므로 태정관(총리대신부)에게 최종결정을 상신했었다. 태정관에서도 재조사를 한 후, 태정관 우대신 이와쿠라 도모미(岩倉具視)는 1877년 3월 20일자 공문으로 "동해 가운데 있는 울릉도(죽도)와 그 외 1도(독도, 우산도, 송도)는 〈조선 영토여서〉 일본과 관계없는 땅"이므로 일본 영토 지적에서 제외할 것을 훈령했었다.

따라서 일본 내무성은 이를 이미 30여 년 전에 정밀조사하여 리앙코르도섬이 조선 영토인 우산도(독도)임을 잘 알고 있었고, 일본 영토에서 제외하도록 총리대신의 결정 공문 훈령까지 받은 바 있었으므로, 나카이의 영토편입 청원서를 접수하지 않고 각하하려고 한 것이었다.

일본 내무성 담당 서기관 이노우에 도모이치(井上友一)가 나카이의 리양코섬(독도) 영토편입 청원서를 각하하려고 한 이유는 ① 한국 영토 우산도(독도, 리양코섬)를 지금 러·일전쟁 도중이어서 세계 각국이 일본이 한국병탄의 야심이 있지 않은가 지켜보고 있는 가운데 빼앗아 영토편입하는 것은 황막한 일개 암초를 영토편입하는 작은 이익이고 이 암초를 지금 빼앗아서

창설하고 활동했으나, 국가를 위한 改良主義 입장을 고수하였다. 그는 생전 "救貧은 末이고 防貧이 本이며, 防貧은 委이고 風化(感化)가 源이다."고 강조했으며, 빈농·소작농 문제에서도 '獨立自營의 良民 양성'을 주장하였다.

여러 나라들이 가진 일본의 한국 병탄의 의심을 크게 하는 것은 더 큰 손실이 될 것이며, ② 리앙코르도섬이 원래 한국 영토이고, 현재 한국 정부와 주일본 한국 공사관이 동경에서 아직 활동 중인데 국제적으로 항의라도 하면 세계 여론이 비등할 것이므로 사체(事體)는 결코 용이하지 않다고 판단하였으므로, 지금 작은 이익을 탐하여 큰 이익을 잃을 필요가 없다고 반대한 것이었다. 일본 내무성은 독도가 한국 영토임을 잘 알고 처음에는 일본 해군성의 한국 영토인 독도 침탈 공작을 시기가 적절치 않다고 반대한 것이 확실하다.

나카이는 자기의 큰 이익이 무산되려 하므로, 이에 좌절하지 않으려고, 동향의 상전(桑田) 박사(귀족원 의원)의 소개를 넣어서 외무성 정무국으로 달려갔다. 이때 일본 해군성 수로부장은 이미 외무성에 사전 통보 조정을 해두었던 것으로 보인다. 외무성 정무국장 야마자 엔지로(山座円次郎)는 내무성 견해를 비판하고 나카이를 격려하면서 지금 "시국이야말로 그(독도)의 영토편입을 급요(急要)로 하고 있다. 〈해군의〉 망루를 건축해서 무선 또는 해저 전선을 설치하면 적함 감시상 극히 좋지 않겠는가. 특히 외교상 내무성과 같은 고려를 요하지 않는다. 모름지기 속히 원서를 본성(本省)에 회부케 해야 한다."[66]고 의기가 헌앙되어 나카이를 격려하고 독촉하였다.

일본 외무성 정무국장 야마자(山座)가 해군 망루와 무선 또는 해저전선 설치를 운운 한 것은 이미 해군성의 사전공작이 외무성에도 도달해 있었음을 말해 주는 것이다.

이에 매우 고무된 나카이는 즉시 서류를 갖추어 「리양코섬(독도) 영토편입 및 대하원」을 1904년 9월 29일 일본 정부 내무성 · 외무성 · 농상무성

66 「中井養三郎事業經營概要」, 1910년 中井養三郎 작성, 『竹島關係資料』 第1卷.

3개 성에 제출하고 일본 정부의 결정을 기다리게 된 것이었다.

이 과정을 보면 1905년 일본 정부의 독도 침탈 공작은 일본 해군성이 러·일전쟁 과정에서 동해 가운데의 한국 영토인 독도(석도, 우산도)에 일본 해군의 러시아 함대 활동 감시용 망루를 건설하려고 추진 중에, 나카이라는 어업 기업가가 독도 소유권자인 한국 정부에 임대료를 내고 독도와 그 근해 사용권을 빌리기 위해 한국 정부에 청원서를 내려는 것을 보고, 나카이를 이용하여 이 기회에 아예 군사 전략상 가치가 높은 독도를 침탈해서 일본 영토로 만들어 버리려는 공작을 한데서 비롯되었음을 확인할 수 있다. 공작의 주체는 일본 해군성이었고, 그 핵심은 해군성 수로부장 기모쓰키 가네유키(肝付兼行)였다.[67]

---

67 김영, 2017, 「해군성 수로부장 기모쓰키 가네유키(肝付兼行)에 관한 검증」, 『한일군사문화연구』 23권 0호, 181~198쪽.

제31장

일본 제국주의의 독도 침탈 공작(II)

제1절 독도의 영토편입을 결정한 1905년 일본 내각회의

독도(리앙쿠르섬)가 객관적으로 명백하게 한국 영토일 뿐만 아니라, 내무성의 담당 실무 서기관 이노우에 도모이치(井上友一)가 독도의 일본 영토편입이 시기가 부적절하고 사체(事體)가 용이하지 않다고 반대했으므로, 아무리 해군성 수로부장이 독도 영토편입 공작을 서두른다 할지라도 상위의 지휘 조정자가 필요하였다. 영토 문제를 지휘 결정하여 일본 정부 내의 견해 통일을 조성할 담당자는 총리대신이었다.

1905년 1월 당시 일본 정부 총리대신은 러·일전쟁의 주전파이고 한국 병탄의 고창자인 바로 가쓰라 타로(桂太郎)였다. 일본의 대표적 군국주의자 육군대장 가쓰라 타로는 필요한 것은 보이는 것마다 취탈해야 하는데, 해군성이 망루 설치를 위해 리앙코르도섬(독도)이 필요하다고 하니, 당연하게도 독도의 영유권자인 한국 정부나 일본 정부의 내무성 서기관의 반대는 일본의 승전을 위해서라면 고려할 필요조차 없었다.

일본 정부는 총리대신 가쓰라 타로의 주도(사실은 결정 명령)로 이견을

그림 2-39 독도 침탈을 각의 결정하고 지휘한 총리대신 가쓰라 타로

조정한 다음 내무대신으로 하여금 독도 침탈을 위한 '무인도 소속에 관한 청의서'를 내각회의에 청의 제출토록 하였다. 가쓰라는 죠슈(長州)군벌의 핵심 사무라이 군인의 하나로서 1904년 2월 러·일전쟁을 도발할 때 육군대장으로서 수상 겸 내무대신을 맡아 전쟁 도발을 결정했으며, 1905년에도 수상을 맡아 러·일전쟁을 총지휘하고 있었다.[68]

총리대신 일본 육군대장 가쓰라는 러·일전쟁 도발과 한국 불법 침략의 주범이었으므로, 해군성 수로부장 기모쓰키 해군소장이 기획한 독도(리앙코르도섬)를 한국 영토이지만 소속 없는 무

68 桂太郎(가쓰라 다로, 1847~1913년)는 長州藩의 藩士 桂與一右衛門의 둘째 아들로 태어나 干城隊 사무라이와 明倫堂 생도를 거쳐서, 1868년 明治維新 정변에 中隊長으로 참여하였다. 1870년 독일에 3년간 유학한 다음 1874년 대위로 육군성에 들어갔다. 참모국 諜報提理, 參本營西局長을 거쳐서, 1885년 육군 소장으로 승진하여 육군성 총무국장을 맡았다. 1886년에 육군성 차관이 되었고, 1890년에 승진하여 1891년에 일본 육군 제3사단장이 되었다. 1894년~1895년 청·일전쟁에 참전했으며, 1895년 子爵이 되고, 이듬해 1896년 臺灣總督에 임명되었다. 1898년 大將으로 승진하여, 3년간 陸軍大臣을 맡았다. 1901~1906년 총리대신이 되어(제1차 桂내각), 이 기간에 러·일전쟁을 도발하는데 앞장서고, 일본 육군을 대한제국에 불법으로 상륙시켜 서울과 함경도 일대를 군사점령하여 '제1차 한·일의정서'를 강요했으며, 獨島를 침탈하였다. 또한 1905년 7월 29일 '가쓰라·태프트밀약(Katsura-Taft Agreement)'을 맺어 미국과 일본은 필리핀과 대한제국에 대한 서로의 지배를 인정하였다. 따라서 일제는 미국의 암묵적인 승인하에 한반도의 식민화를 노골적으로 추진하게 되었다. 桂太郎는 征韓에 가장 적극적인 강경파였다. 桂는 1902년 伯爵, 1907년 侯爵이 되고 1908~1911년 다시 총리대신 겸 大藏대신이 되었다(제2차 桂내각). 대한제국의 완전 병탄은 桂가 총리대신 때 자행된 것이다. 1910년 公爵이 되고 1912~1913년 다시 총리대신이 되었다가(제3차 桂내각), 같은 해 1913년 사망하였다. 일본 제국주의·군국주의 軍閥의 핵심 중 하나였으며, 伊藤博文과 더불어 한반도 침략과 강점의 대표적인 원흉이다.

주지로 간주하여 일본 영토로 편입시켜 일본 해군 망루를 설치하려는 안을 물론 서슴없이 채택했음은 논란의 여지가 없다. 가쓰라의 총리대신 지위와 러·일전쟁 수행 결정 앞에서는 독도가 한국의 우산도라는 내무성 서기관의 진실 설명은 소리조차 낼 수 없었을 것이다.

1905년 1월 28일 총리대신 가쓰라 타로의 주재로 열린 비공개 일본 내각회의에서는 총리대신의 의지에 따라 내무대신 요시카와 아키마사(芳川顯正)가 청의한 한국 영토 독도를 무주지로 간주하여 일본의 신영토(新領土)로 편입코자 한다는 '무인도 소속에 관한 건'이 상정되어 만장일치로 합의 결정되었다. 이때 일본 내각회의가 독도를 일본 영토로 편입한다는 결정의 원문은 다음과 같다.

> 별지 내무대신 청의 무인도 소속에 관한 건을 심사해 보니, 북위 37도 9분 30초, 동경 131도 55분, 오키도를 거(距)하기 서북으로 85리에 있는 이 무인도는 타국(他國)이 점유(占有)했다고 인정할 형적이 없다. (…) 메이지 36년 이래 나카이 요사부로(中井養三郎)란 자가 해도(該島)에 이주하고 어업에 종사한 것은 관계서류에 의하여 밝혀지며, 국제법상 점령의 사실이 있는 것이라고 인정하여 이를 본방소속(本邦所屬)으로 하고 시마네현 소속 은기도사(隱岐島司)의 소관으로 함이 무리 없는 건이라 사고하여 청의대로 각의결정이 성립되었음을 인정한다.[69]

일본 정부의 이 결정을 분석해 보면, 일본 정부 내각회의가 독도를 일본

---

69 ① 日本政府 編,『公文類聚』第29編 卷1.
② 신용하 편저, 1999,『독도영유권 자료의 탐구』제2권, 독도연구보전협회, 280~281쪽.

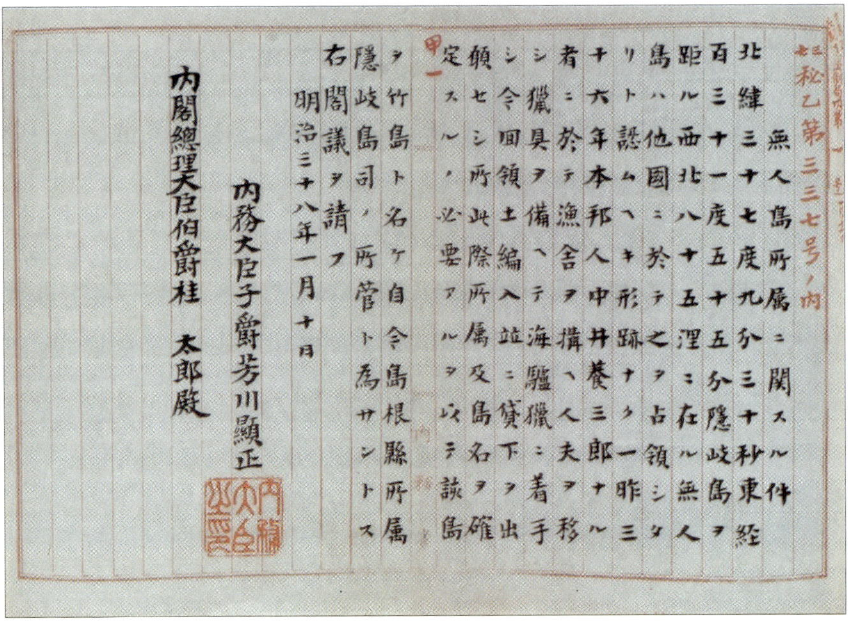

秘乙第三三七号ノ内

無人島所属ニ関スル件

北緯三十七度九分三十秒東経百三十一度五十五分隠岐島ヲ距ル西北八十五浬ニ在ル無人島ハ他國ニ於テ之ヲ占領シタリト認ムヘキ形跡ナク一昨三十六年本邦人中井養三郎ナル者ニ於テ漁舎ヲ構ヘ人夫ヲ移シ猟具ヲ備ヘテ海驢猟ニ着手シ今回領土編入並ニ貸下ヲ出願セシ所此際所属及島名ヲ確定スルノ必要アルヲ以テ該島ヲ竹島ト名ケ自今島根縣所属隠岐島司ノ所管ト為サントス

右閣議ヲ請フ

明治三十八年一月十日

内務大臣子爵芳川顯正

内閣總理大臣伯爵桂 太郎殿

그림 2-40 일본 정부 내무대신의 한국 독도 침탈 영토편입 청의서

영토로 '편입'한 근거의 정당성은 두 가지로 제시되고 있다.

첫째, 독도가 무인도로서 타국이 이를 점유했다고 인정할 형적이 없어서, 즉 무주지(無主地)이기 때문이라는 것이다. 둘째, 나카이(中井養三郎)라는 일본인이 1903년(메이지 36년) 이래 독도에 이주하여 어업에 종사한 것은 사실이기 때문에 이는 국제법상 무주지를 (먼저) 점유한 사실이 있는 것이라고 인정되는 것이기 때문이라는 것이다.

(그 후 현대 일본 정부는 이 밖에도 1905년 1월 당시의 일본 정부의 주장과 관련하여, 1905년부터 제2차 세계대전 발발 때까지 일본 정부의 독도에 대한 '영토편입'에 대하여 어떠한 타국(한국 포함)으로부터도 이의(異議)가 없었으므로 1905년의 일본에의 독도 영토편입은 국제법상 합법적으로 정당하게 되었다고 주장하고 있다.)

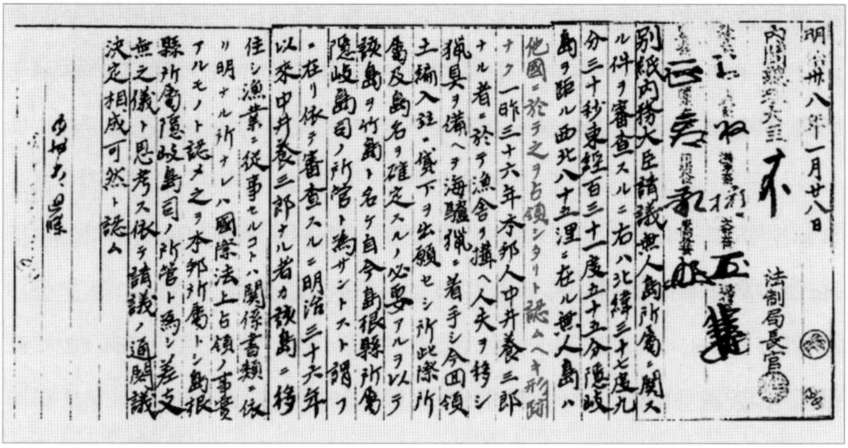

明治卅八年一月廿八日

内閣総理大臣　法制局長官

別紙内務大臣請議無人島所属ニ関スル件ヲ審査スルニ右ハ北緯三十七度九分三十秒東経百三十一度五十五分隠岐島ヲ距ル西北八十五浬ニ在ル無人島ハ他国ニ於テ之ヲ占領シタリト認ムヘキ形跡ナク一昨三十六年本邦人中井養三郎ナル者ニ於テ漁舎ヲ構ヘ人夫ヲ移シ猟具ヲ備ヘテ海驢猟ニ着手シ今回領土編入並ニ貸下ヲ出願セシ所此際所属及島名ヲ確定スルノ必要アルヲ以テ該島ヲ竹島ト名ケ自今島根県所属隠岐島司ノ所管ト為サントスト謂フニ在リ依テ審査スルニ明治三十六年以来中井養三郎ナル者カ該島ニ移住シ漁業ニ従事セルコトハ関係書類ニ依リ明ナル所ナレハ国際法上占領ノ事実アルモノト認メ之ヲ本邦所属トシ島根県所属隠岐島司ノ所管ト為シ差支無之儀ト思考ス依テ請議ノ通閣議決定相成可然ト認ム

그림 2-41　일본 내각회의가 1905년 1월 28일 독도를 "타국이 이를 점령했다고 인정할 형적이 없다."고 하여 무주지임을 전제로 일본 영토에 편입한 결정문. 이 결정은 1905년 1월 28일 이전에 독도가 주인이 있는 유주시임이 판명되면 원천적으로 불법이며 무효가 되어 성립되지 않는다.

그러므로 다음과 같은 사실이 밝혀질 때에는 1905년 일본 정부의 독도의 '편입'은 불법적인 것이고 불성립의 무효의 것임이 증명되는 것이다.

첫째, 1905년 1월 28일 일본 내각회의 결정 이전에 독도가 무주지가 아니라 타국주인(他國主人)(한국 포함)이 있는 토지임이 밝혀졌을 때이다.

둘째, 나카이라는 일본인이 독도에 이주한 일이 없거나 이주해서 고기잡이를 했을 때에 이 섬을 타국(한국 포함)의 소유지로 인지하고 있었거나 타국 섬에 몰래 들어가 불법적 고기잡이를 했을 경우이다.

셋째, 일본 정부가 1905년 2월 '시마네현 고시 제40호'에 의하여 독도를 일본에 소위 '영토편입'한 이후부터 제2차 세계대전 발발 때까지 타국(한국 포함)에서 이의(異議)나 항론(抗論)을 제기한 경우이다.

위의 세 가지 중에서 어느 한 가지라도 실증되면 1905년 1월 28일 일본 정부 내각회의의 결의와 2월 22일 시마네현 고시 제40호에 의거하여 독도를 일본에 소위 '영토편입'했다는 일본 측의 행위는 역사적으로나 국제법상으로나 불법적이고 부당한 것으로 증명되며, 1905년 독도의 일본에의 소위 '영토편입' 그 자체가 불성립한 무효의 것으로 명백히 증명되는 것이다.

제2절 중앙정부 고시가 아닌 지방 '현청 관내고시'

일제는 독도(리앙코르도섬, 우산도)가 대한제국 영토임을 러·일전쟁 전 시기에 잘 알고 있었다. 당시 일본 해군성 수로부장 등도 물론 독도가 유주지(有主地)이며, 그 주인이 한국임을 잘 알고 있었다. 그렇기 때문에 내무성 담당 서기관도 리앙코르도섬이 한국 우산도라고 지적해 준 것이었다.

해군성 수로부장의 지시를 받은 영토편입 청원자 나카이도 리앙코르도섬(독도, 우산도)의 주인이 한국임을 잘 알고 한국 정부에 임대청원서를 내려고 했었다. 이것은 나카이의 1903년 강치잡이 독도 출어가 타국에 몰래 들어가 범법행위를 한 것이지 무주지 선점의 행위를 한 것이 아님을 명백히 증명하는 것이다. 그는 한국 영토에 불법침입하여 어로행위를 한 것이었다.

일제는 러·일전쟁 중에 독도의 군사적 가치를 잘 인식하고 영토야욕에 불타서 독도가 한국 영토임을 잘 알면서도 '무주지'라고 거짓 주장을 하여 영토편입 결정을 해놓고서도, 대한제국이 1900년에 지방제도 개정 때 시행한 것처럼 이를 (일본 정부의) 중앙『관보(官報)』에 게재하여 국제사회에 고시할 수가 없었다.

왜냐하면 1905년 1월 28일 당시에 일본의 수도 동경에는 주일 한국 공사관이 활동하고 있었고, 물론 일본『관보』도 받아보고 있었기 때문이었다. 새 영토의 편입은 매우 중요한 사실이므로 반드시 중앙정부의『관보』에 게재해야 하지만, 한국 영토인 독도를 '무주지'라고 하는 거짓 허구를 만들어 한국 정부 몰래 영토편입을 한 것이니, 만일 한국 공사관이 항의를 하면 국제법상 영토편입이 무효가 될 것이기 때문이었다. 당시 국제법은 무주지일지라도 영토편입 의사를 주위의 각국에 사전 조회하거나 고시해서 이의가 없어야 한다고 규정하고 이는 관습화되어 있었다. 또한 러·일전쟁 중이어서 전 세계가 한국과 일본의 동태를 관찰하고 있는데, 한국 영토의 한 섬을 보란듯이 도둑질하거나 침탈하면 영토편입이 무효가 됨은 물론이고 일본의 국제적 망신이 클 것이기 때문이었다.

이에 일본 제국주의자들은 고민 끝에 국제법상의 국제고시 요건에 비슷하게라도 맞추어 뒤에 구실거리를 만들려고 잔꾀를 내었다. 즉 1905년 1월 28일 일본 내각회의에서 독도가 무주지이므로 일본 영토로 '편입'한다고 결정한 이 중대한 내각결정을 당당히 중앙정부 『관보』에는 고시하지 못하지만, 주일 한국 공사관이나 한국 정부, 한국인과 세계가 알지 못하도록 일본의 지방관청인 시마네현에서 현청 관내 지방공무원에게만 고시하도록 조치한 것이었다. (그리고 오늘의 일본 정부는 이 조치가 국제법상 고시 절차를 거친 정당한 것이었다고 주장하고 있다.) 그러나 이것은 매우 교활한 기만적이고 사기적인 요식행위 분장에 불과하였고, 국제법이 요구하는 국제고시가 전혀 아니었다.

일본 정부는 1905년 1월 28일 대한제국 영토인 독도를 '무주지'이기 때문에 일본 영토에 '편입'한다는 불법적인 결정을 한 후, 내각회의 결정에 따라서 이를 '다케시마(竹島)'라고 명명하여 그 소속을 은기도사(隱岐島司)의 소관(所管)으로 한다는 훈령을 1905년 2월 15일 내무대신이 시마네현 지사에게 다음과 같이 내려 보냈다.

내무대신 훈령, 훈제87호

북위 37도 9분 30초, 동경 131도 55분, 오키섬을 거(距)하기 서북으로

85해리에 있는 도서(島嶼)를 죽도(竹島, 다케시마)라고 칭하고 지금부터는 그 소속을 오키섬 사(島司)의 소관으로 한다. 이 뜻을 관내(管內)에 고시(告示)토록 하라.

우 훈령함

메이지 38년 2월 15일

내무대신 요시카와 아키마사(芳川顯正)

시마네현지사 마츠나가 다케요시(松永武吉)전[70] (밑줄은 저자가 표시한 것임)

일본 정부는 내각회의의 이 결정을 일본 중앙정부의『관보』에 게재하지 못하고 시마네현지사에게 '관내에 고시'하도록 1905년 2월 15일자로 훈령한 것이다.

당시 국제사회와 국제법은 '국제고시(國際告示)'를 요구하고 있는 데 반하여 일본 내무대신은 1905년 훈령 제87호로 공식 행정명령으로서 시마네현 '관내고시(管內告示)'를 훈령하고 있으니, 이것은 명백히 국제법을 위반한 것이고 무효의 것임이 명료한 것이다.

여기서 특히 주목할 것은 일본 정부가 독도의 소위 '영토편입' 내각결정을 일본 중앙정부『관보』나 동경의 중앙 일간지 신문에 게재하는 식으로 국제사회에 공개하지 못하고 '시마네현의 관내에 고시토록' 훈령한 관내고시란 시마네현의 관리 지역 내에 한정된 고시이기 때문에, 처음부터 국제고시가 아니었다는 사실이다. 국제법이 요구하는 적법한 고시는 '국제사회에 고

70 신용하 편저, 1999,「日本內務大臣訓令」,『독도영유권 자료의 탐구』제2권, 독도연구보전협회, 283~284쪽. "訓第八七號 北緯三十七度九分三十秒東經百三十一度五十五分隱岐島ヲ距ル西北八十五浬ニ在ル島嶼ヲ竹島ト稱シ自今其所屬隱岐島司ノ所管トス 此旨管內ニ告示セラルベシ 右訓令ス 明治三十八年二月十五日 內務大臣 芳 川 顯 正 島根縣知事 松永武吉殿"

시'하는 것인데, 일본의 한 지방현에 불과한 '시마네현 관내(管內)에 고시'토록 한정한 것부터가 불법적인 것이며, 국제고시로서는 처음부터 성립되지 않는 무효의 것이었다.

일본 정부는 처음부터 한국 정부와 국제사회가 알지 못하게 몰래 한국의 독도(Liancourt Rocks)를 도둑질해 갈 도둑 작전을 진행한 것이었다.

내무대신으로부터 위의 훈령을 받은 시마네 현지사는 1905년 2월 22일 「시마네현 고시 제40호」로서 다음과 같은 고시문을 시마네현 『현보(縣報)』에 게재하였고, 이는 이틀 후인 2월 24일자의 시마네현 지방신문인 『산음신문(山陰新聞)』 제5912호에 1단 기사로 아주 조그맣게 보도되었다.[71]

島根縣告示第四十號
北緯三十七度九分三十秒東經百三十一度五十五分隱岐島ヲ距ル西北八十五浬ニ在ル島嶼ヲ竹島ト稱シ自今本縣所屬隱岐島司ノ所管ト定メラル
明治三十八年二月二十二日
島根縣知事 松永武吉

그림 2-42 일본 시마네현 1905년 2월 22일 『현보』의 「시마네현 고시 제40호」

시마네현 고시 제40호

북위 37도 9분 30초, 동경 131도 55분, 은기도(隱岐島)를 거(距)하기 서북으로 85해리에 있는 섬을 다케시마(竹島)라고 칭하고 지금 이후부터는

71 ① 「往復文書:1962年 7月 13日字 日本側 구술서(No.228/ASN)—日本政府見害(4)」, 『獨島關係資料集』, 245~246쪽.
② 신용하 편저, 1999, 『독도영유권 자료의 탐구』 제4권, 독도연구보전협회, 435~438쪽.

본현 소속의 은기도사(隱岐島司)의 소관(所管)으로 정한다.

메이지 38년 2월 22일

시마네현지사 마츠나가 다케요시(松永武吉)[72]

시마네현 서무과는 같은 날짜인 1905년 2월 22일 현지사의 이름으로 관내 행정단위에 고시문과 동일한 내용의 다음과 같은 훈령을 전달하였다.

시마네현서(縣庶) 제11호(1905. 2. 22.)

북위 37도 9분 30초, 동경 131도 55분, 은기도를 거(距)하기 서북으로 85해리에 있는 섬을 다케시마(竹島)라고 칭하고 지금 이후부터는 본현 소속의 은기도사의 소관으로 정하니 이 뜻을 심득할 것.

우 훈령함.

메이지 38년 2월 22일

시마네현지사 마츠나가 다케요시(松永武吉)[73]

바로 위의 시마네현지사 마츠나가 다케요시(松永武吉)의 훈령문을 그대로 수로한 것이 1905년 2월 22일자 시마네현 『현보(縣報)』 제40호(〈그림 2-42〉 참조)이다.

---

72 신용하 편저, 1999, 『독도영유권 자료의 탐구』 제2권, 독도연구보전협회, 284~285쪽. "島根縣告示 第四十號 北緯三十七度九分三十秒東經百三十一度五十五分隱岐島ヲ距ル西北八十五浬二在ル島嶼ヲ竹島ト稱シ自今本縣所屬隱岐島司ノ所管ト定メラル 明治三十八年二月二十二日 島根縣知事 松永武吉"

73 신용하 편저, 1999, 『독도영유권 자료의 탐구』 제2권, 독도연구보전협회, 288쪽. "島根縣庶 第十一號 北緯三十七度九分三十秒東經百三十一度五十五分隱岐島ヲ距ル西北八十五浬二在ル島嶼ヲ竹島ト稱シ自今本縣所屬隱岐島司ノ所管ト定メラレ候條此旨心得フシ 右訓令ス 明治三十八年二月二十二日 島根縣知事 松永武吉"

이 시마네현 『현보』는 국제적으로 '세계'는커녕 일반 일본 국민도 보지 않고, 일반 시마네현 현민(縣民)들도 보지 않으며, 오직 시마네현청에 속한 지방공무원의 일부만 읽는 극도로 제한된 행정소식지이다. 여기에 게재된 소식은 시마네현 지방공무원만 읽을 수 있게 한정한 '관내고시'에 불과하였다. 이것은 당시 국제법이 요구하는 요건인 '국제고시'가 전혀 아니었다. 따라서 1905년 2월 22일자 이 시마네현 『현보』 제40호의 독도 영토편입 침탈 관내고시는 국제법을 위반한 것이며 국제법상 무효의 것이었다.

제3절 국제법 위반이자 무효인 '시마네현 고시'

일제의 한국 독도 침탈은 이상과 같이 한국 정부 몰래 일본 내각회의에서 결정되어 1905년 2월 22일의 시마네현 『현보(縣報)』에 시마네현 지방공무원에 한정해서 그중 관심있는 지방공무원만 읽을 수 있도록 고의로 숨겨서 꾸며졌기 때문에 세계는 물론 일본 국민들조차도 절대다수가 이를 알지 못했고 또 알 수가 없었다.

그 증거를 하나 들면 당시 일본의 유명한 출판사인 박문관(博文館)이 러·일전쟁의 발트 함대와의 해전에서 일본 해군 연합함대가 승리하자, 서둘러서 1905년 6월 『일로전쟁실기(日露戰爭實記)』라는 방대한 러·일전쟁 기록집을 간행하기 시작하였다. 당시 러·일전쟁을 직접 다룬 중요한 출판물의 유명 편집자들까지도 바로 4개월 전에 시마네현 『현보』에서 고시하여 한국의 독도(리앙쿠르암석)가 일본 영토로 새로 편입되어 '죽도'라는 새 호칭을 갖게 되었다는 것을 알지 못하고 있었다.

출판사 박문관의 『일로전쟁실기』는 제76편의 부록으로 「한국전도(韓國全圖)」(34.5×48.0cm)의 지도를 머리에 붙였는데, 이 지도에서는 우단(右

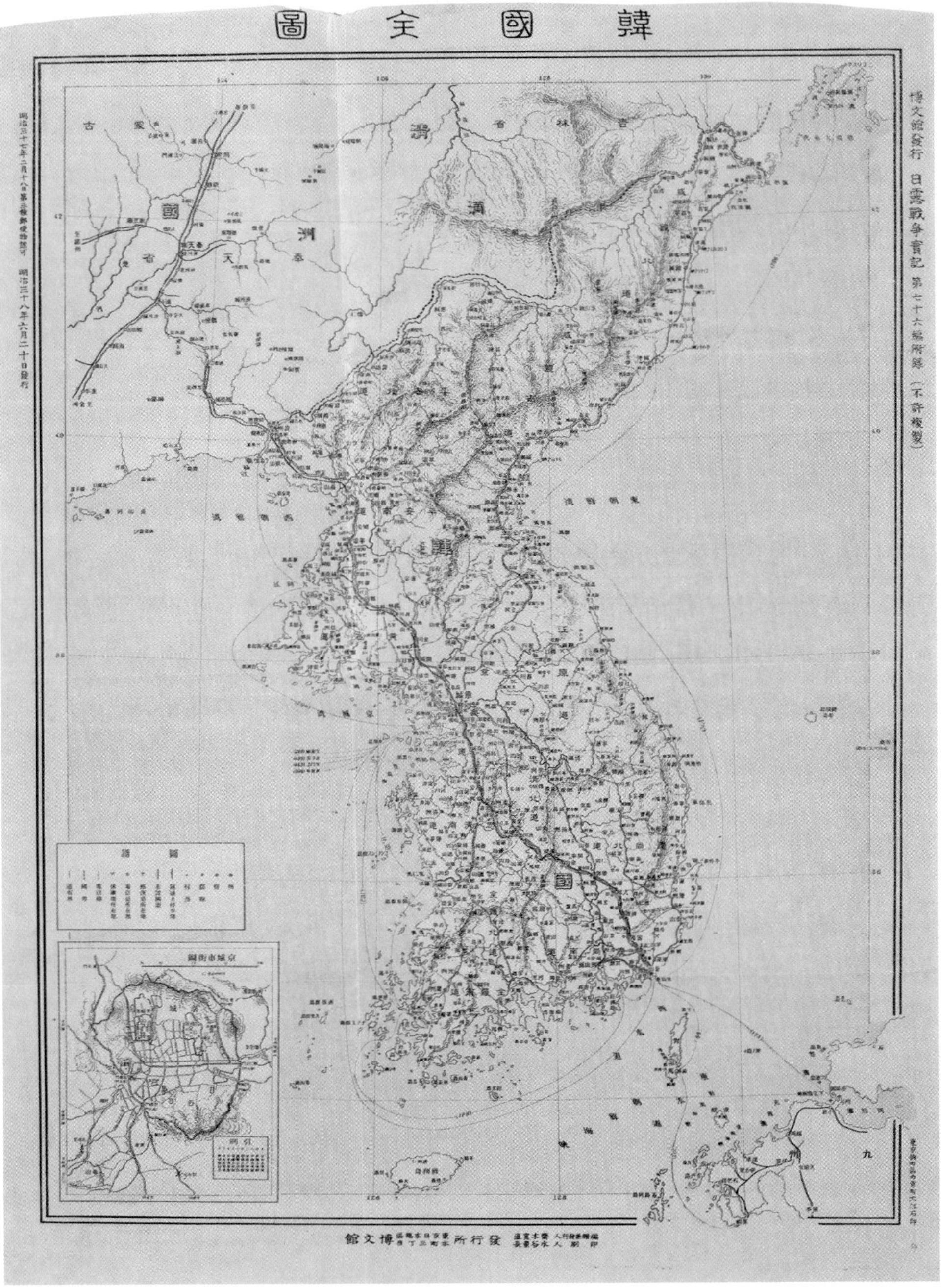

그림 2-43 일본의 독도 침탈·편입과 관내고시 후에도 독도(리앙쿠르암석)를 한국 영토로 인지한 일본 박문관의 「한국전도」(자료 : 동북아역사재단)

端) 밖에 있는 독도를 무리하게 「한국전도」 안에 포함시켜서 그려넣어 독도가 한국 영토임을 표시하였다. 뿐만 아니라 독도의 명칭도 시마네현보에서 고시한 '죽도'라고 표기하면서도 이전대로 '리앙코암(Liancourt Rocks)'이라고 병기하였다.

이 「한국전도」의 예와 같이, 한국 영토 독도를 일본이 몰래 일본 영토로 새로 편입한 사실은 당시 일본 정부 내각 각료들과 극소수의 시마네현 지방 공무원을 제외하고는 일반 일본 국민들도 대부분이 알지 못했으며, 독도를 한국 영토로 알고 있었다. 하물며 대한제국 정부와 한국 국민들이 시마네현 『현보』를 읽고 독도를 일본이 침탈한 사실을 1905년 2월 당시에 알게 된다는 것은 도저히 불가능한 것이었다.

시마네현의 『현보』에 관내고시한 것은 독도가 일본 영토로 편입되었음을 세계에 알리는 '국제고시'가 아니라, 국제법상의 국제고시의 규정과 관행을 미리 고려하여, 후에 일본의 한국 독도 침탈 사실이 발각되어도 고시 형식을 거쳤다고 억지를 부릴 수 있는 자료를 만들어 두면서, 동시에 한국 영토 독도의 침탈 사실을 실제로는 비밀사항으로 감추어서 세계와 한국이 알지 못하도록 남게 만들어 둔, 도둑들이 사용하는 교활한 잔꾀에 불과한 것이었다.

제32장

독도 부근 러·일해전에서 승리한 일본

제1절 러시아 발트 함대의 출항

제정 러시아는 러·일전쟁에서 여순 함대가 봉쇄당하고, 황해해전에서도 패전했으며, 사령관 마카로프 제독이 일본 기뢰 폭발로 전사했다는 보고를 받고, 태평양 함대가 일본 연합함대에 비해 전력이 열세임을 절감하게 되었다. 이에 러시아 황제 니콜라이 2세는 1904년 5월 발트 함대를 극동에 투입하기로 결정하였다.

유럽의 발트 함대(Baltic Fleet)는 '제2 태평양 함대'라는 이름으로 사령관 로제스트벤스키(Zinovi Petrovich Rozhestvensky, 1848~1909년) 제독의 지휘 아래 뒤늦게 1904년 10월 15일 발트해 연안 러시아 해군 기지 리바우 군항에서 출항하였다. 발트 함대는 출항하자 바로 10월 21일 북해에서 영국 저인망 어선을 일본 어선으로 오인하고 어뢰정을 발포해서 격침시키는 이른바 '도거뱅크(Dogger Bank) 사건'이라는 사고를 내었다.[74] 영국은 1902년

74 발트 함대를 지휘한 러시아 로제스트벤스키 제독의 능력 부족과 한계는 '도거뱅크사

그림 2-44 발트 함대의 항진 모습

영·일동맹을 맺은 상태에서 일본 지원을 더욱 강화하여 모든 영국 식민지와 속국 항구에서의 발트 함대 기항과 석탄·식량·물 공급을 엄금하였다. 뿐만 아니라 영국은 스페인에 압력을 가하여 스페인 식민지나 속국 항구에의 발트 함대 기항 금지를 관철시켰다.

발트 함대는 수에즈 운하를 통과하려다가 영·일동맹에 의거한 영국에 의해 거부당했으므로, 해군소장 펠케르잠(Felkerzam) 제독이 지휘하던 일부를 제외하고 주력 함대는 멀리 아프리카 남단의 희망봉을 돌아서 극동으로 향하는, 지구 반 바퀴를 도는 먼 항로를 택하게 되었다. 당시 증기선의 동력 원료는 석탄이었으므로, 이제는 운행 중에 사용될 석탄·식량·담수 공급에

건'에서도 명백하게 드러난다. 하루속히 태평양 함대에 합류하는 것이 그의 임무였음에도 불구하고, 北海의 영국 해안 '도거뱅크'에서 영국의 민간 어선단인 헐(Hull)어선단을 일본 수뢰정으로 오인하여 발포한 것이다. 이 발포로 영국 어선 1척이 격침되었고 5척이 파손되었으며 민간인 2명이 사망하고 6명이 부상을 입었다. 러시아는 영국에 6만 5,000파운드의 배상금을 내고 간신히 사건을 매듭지었으나, 이 사건으로 양국의 감정 대립은 격화되었다.

큰 문제가 발생하였다. 발트 함대가 내핍을 감행하면서 희망봉을 돌아 아프리카 동안 마다가스카르의 노지베(Nosy Be)에 도착했을 때, 러시아 여순 군항이 일본군에 점령당하고 여순 함대가 괴멸되었다는 소식을 들었다.

러시아 요동반도의 여순 군항은 일본 해군 연합함대가 공격 점령하여 붕괴된 것이 아니라, 일본 육군 제3군이 한반도를 거쳐서 육로로 여순을 공격하여 1905년 1월 러시아 여순 주둔군 사령관 미칼로프스키가 일본 육군 제3군 사령관 노기 마레스케(乃木希典)에게 항복함으로써 점령당한 것이었다. 발트 함대 사령관 로제스트벤스키 제독은 전력의 열세를 깨닫고 전의를 잃어서 귀환할 계획을 세웠다. 그러나 러시아 황제와 조정은 여순함대 대신 발트에서 '제3 태평양 함대'를 편성해 지원 함대를 파견할 것이니 계속 극동에 가서 블라디보스토크 함대와 합류할 것을 전신으로 명령하였다.

발트 함대는 수에즈 운하를 경유하여 온 러시아 해군 지원함대를 만나 합류해서 계속 진항하여 프랑스 속령이었던 베트남의 캄란만에서 제3 태평양 함대와 합류하였다. 그러나 보급은 부족하고 항해가 너무 길어서 발트 함대가 타이완 부근에 이르렀을 때는 사병들의 동요·소요 사태가 일어나 간신히 진압하였다.

발트 연합함대는 1905년 5월 초 동중국해에서 석탄과 식량 부족으로 일본 해군이 없는 태평양-북해도 항로를 택하지 못하고, 위험한 대한해협 방향의 항로를 택하였다. 수송선을 파송하여 중국 상해에서 동맹국인 독일 수송선으로부터 석탄을 공급받기 위해서였다.[75]

일본 해군은 발트 연합함대의 진항로를 파악하지 못해서 병력을 집중시키지 못하고 있다가, 발트 함대가 상해에 수송선 5척을 파송하여 석탄 보급을 받았다는 정보를 얻고 대한해협 항로를 택하리라는 것을 알게 되었다. 그러나 이번에도 발트 함대가 대마도 서북방의 대한해협을 통과할지, 대마도 동남방의 쓰시마해협을 통과할지 판단할 수 없었다.

일본 연합함대 사령관 도고 헤이하치로(東鄕平八郎, 1848~1934년)는 발트 함대가 대한해협을 통과하리라고 판단하여 모든 병력을 한반도 남단 진해만에 집결시켜 놓고, 발트 함대를 수색·발견하기 위해 어선으로 위장한 순양함들을 대한해협 입구와 쓰시마해협 입구에 파송하여 세밀히 정찰케 하였다.

발트 함대가 대한해협을 통과하여 블라디보스토크 함대에 합류하게 되면 보급이 충분하고 사기도 회복될 뿐만 아니라, 일본 본토에 근접해 활동할 것이므로 일본제국의 사활을 결정할 큰 위협이 될 수 있었다. 따라서 일본 측은 발트 함대가 블라디보스토크 함대에 합류하기 위해 이용할 가장 합리적이고 불가피한 길목인 대한해협을 통과할 때 미리 매복하여 기습공격으로 발트 함대를 선제 격파할 작전을 세웠다.

---

75 러시아 발트 함대의 극동까지의 항로 거리는 무려 2만 9천 킬로미터에 달한다. 지구 반 바퀴를 우회하는 거리다.

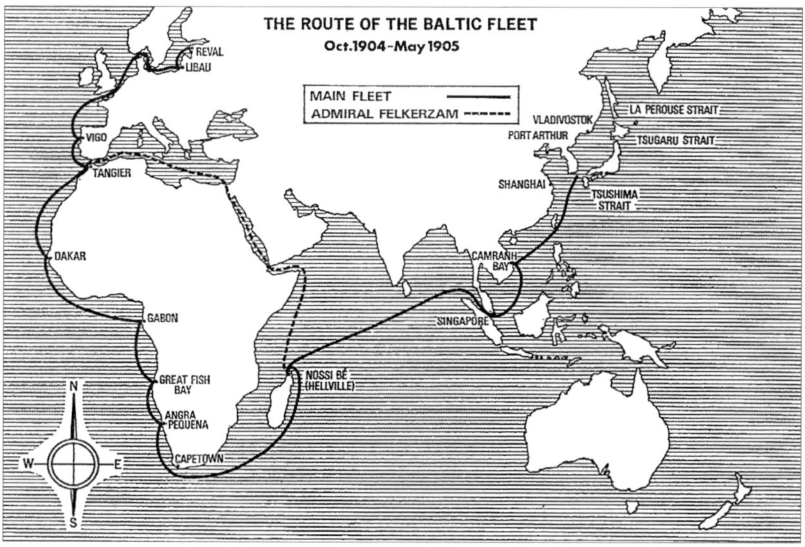

그림 2-45 **러시아 발트 함대의 항진로**

제2절 독도의 군사적 가치를 확인한 '독도 부근 대해전'

일본 해군은 1904년 2월 8일 대한제국 영토인 진해만에 불법침입하여 점령하기 시작하고, 1904년 5월부터는 진해에 불법으로 일본 해군 기지를 설치하였다. 특히 이듬해 1905년 1월에는 진해에 불법으로 일본 해군 요새사령부를 설치하고 완전히 일본 군항처럼 사용하였다. 일본 해군은 발트 함대가 점차 다가오자 일본 연합함대의 선체 거점 기지를 진해만에 두고 발트 함대 기습 공격을 위한 만반의 준비를 하였다.

이때 발트 함대를 기다리고 있던 일본 해군 연합함대의 군함은 전함 7척, 무장 순양함 8척, 경순양함 17척, 구축함 19척, 어뢰정 28척, 포함 11척, 기타 수송선 등 모두 96척으로 구성된 막강한 전력이었다.

이에 비하여 러시아 발트 연합함대의 군함 전력은 전함 8척, 각종 순양함 10척, 해방함 3척, 구축함 9척, 특무함 6척과 기타 병원선 2척 등 38척

그림 2-46 대한제국 진해만을 불법점거하여 집결한 일본 해군 연합함대

으로 구성되어 있었다. 특히 전함 중에서 5척만 신형이었고, 나머지 3척은 낡은 군함이어서 함포에 매우 취약했다.

전투용 포함 전력만 비교해도 약 2대1로 일본 해군 연합함대가 러시아 해군 발트 연합함대보다 우세하였다.

이것을 더 파고 들어가서, 일본 연합함대의 함포 수와 성능과 발트 연합함대의 그것을 비교해 보면, 〈표 2-6〉에서 볼 수 있는 바와 같이, 일본 연합함대가 함포 수에서 거의 약 2배 많았고, 성능 또한 2배 이상 훨씬 더 우수한 신형이었다.

표 2-6 함포의 파괴력 비교

지표	함대		힘의 관계
	일본	러시아	
구경 305~203mm			
총 보유 수	60	42	1.43
포 1문의 분당 발사속도	1.0	0.33	3.0
분당 총 발사 수	60	14	4.29
분당 금속 방출량(kg)	9,500	3,686	2.51
분당 화약 방출량(kg)	1,330	92	14.45
구경 152~120mm			
총 보유 수	150	83	1.8
포 1문의 분당 발사속도	2.0	1.5	1.33
분당 총 발사 수	300	425	2.4
분당 금속 방출량(kg)	12,499	4,504	2.76
분당 화약 방출량(kg)	1,740	113	15.37
총계			
총 보유 수	210	125	1.7
분당 발사속도	210	125	2.68

지표	함대		힘의 관계
	일본	러시아	
금속량(kg)	21,949	8,190	2.68
화약량(kg)	3,070	205	1.96

출처: 로스뚜노프 외 전사연구소 편, 『러일전쟁사』, 435쪽

이것을 한층 더 깊이 들어가서 러·일 양국의 장착된 함포의 사정거리에 따른 장갑 관통 능력을 비교해 보면, 〈표 2-7〉에서 볼 수 있는 바와 같이, 일본 군함이 함포가 신형이어서 사정거리가 훨씬 더 길고 장갑 관통능력이 우수하였다.

표 2-7 러·일 함포의 관통능력 비교

함대	포탄의 무게 (kg)	포탄의 최초 비행속도 (m/sec)	거리(해리)에 따른 장갑 관통 능력(mm)						
			0	1	2	3	4	5	6
구경 305mm									
러시아	331.7	792.5	381	311	251	201	259	131	92
일본	385.4	762.0	369	306	254	218	170	140	104
구경 203mm									
러시아	87.9	899.1	252	182	126	88	64	50	46
일본	113.4	756	206	176	131	97	71	56	56

출처: 로스뚜노프 외 전사연구소 편, 『러일전쟁사』, 436쪽

대부분 일본의 역사서에서는 러·일전쟁 때 러시아 발트 함대와 일본 연합함대의 동해에서의 대결전을 '쓰시마해전(對馬海戰)'이라고 명칭하여서, 마치 대마도 부근 바다 또는 쓰시마해협에서 일어난 것처럼 오해하는 경우가 많다.

그러나 러·일전쟁의 이 대해전은 쓰시마해협을 통과한 후 대마도에서는 떨어진 멀리 한국의 '독도 남방 18해리' 수역 동해바다에서 일어난 대해전이었다. 일본 연합함대 사령관 도고 헤이하치로(東郷平八郎)의 1905년 5월 29일 첫 보고에서는 명확하게 "5월 28일(오전 10시 30분경) 리앙코르도암석(독도) 남방 18해리 지점에서 적을 포위하여 공격해서 섬멸하였다." 고 보고하였다. 그러므로 이 대해전의 명칭은 "독도 부근 대해전"이 정확한 것이다.[76]

당시 일본 연합함대와 러시아 발트 연합함대(제2 태평양 함대 및 제3 태평양 함대)의 대해전을 극히 간략하게 요약하면 다음과 같이 설명할 수 있다.

일본 연합함대의 전력이 러시아 발트 함대보다 압도적으로 우세함을 알고 있던 발트 함대 사령관 로제스트벤스키는 가능한 한 전투를 피하고 심야에 대한해협을 무사히 통과해서 속히 블라디보스토크에 도착하여, 여기서 휴식을 취한 후 블라디보스토크 함대와 연합해서 일본 해군과 결전을 감행할 계획을 갖고 있었다.

이에 비해 일본 해군 연합함대는 취약한 상태의 발트 함대를 반드시 블라디보스토크 도착 이전에 길목인 대한해협에서 기습 격파해야 승리할 수 있다고 작전계획을 수립하여, 한반도 남해안 진해만에 전 군함을 집결시켜

---

76 러·일전쟁 직후 博文館에서 출판된 일본 해군의 입장을 대변한 『露日戰爭實記』(1905), 『日露戰史』(1906) 등은 이 동해에서의 大海戰을 '鬱陵島 부근 해전'이라 호칭하였다. 久保井規夫은 저서 『圖說 竹島=獨島問題の解決』(2014)—이 책은 일본의 입장을 때때로 변호하면서도 독도를 한국 영토로 인정하는 양심적인 입장에서 일본의 침략 과정을 설명하고 있다. 한국의 연구를 요약·정리하여 일본 독자에게 전하고, 사진과 지도를 풍부하게 사용한 교양서이다.—143쪽에서 이를 '鬱陵島와 獨島(竹島) 최종결전'이라고 언급했다. 필자는 일본 연합함대와 러시아 발트 함대의 대부분은 독도 남방에 있었고, 울릉도 부근에서 있었던 9·10차 포격전은 도주하는 발트 함대의 군함 한두 척을 일본 해군이 쫓으며 일방적으로 포격한 것이므로, 東海에서의 러·일해전은 4차 대해전을 중심으로 '獨島 부근 해전'으로 호칭하는 것이 사실에 더 정확히 일치한다고 본다.

서 대한해협의 길목을 지키고 있었다.

러시아 발트 함대는 일본 연합함대 사령관 도고의 예측과는 달리 대한해협이 아니라 쓰시마해협 통과를 결정하였다. 그는 1905년 5월 27일 캄캄한 야음을 이용하여 기함 수보로프(Suvolov)호에 승선하여 함대에게 전속력으로 쓰시마해협을 통과하도록 명령하였다.

일본 연합함대는 하마터면 기습작전 계획이 무위로 돌아갈 뻔 했으나, 1905년 5월 27일 2시 30분 어선으로 위장한 순양함 시나노마루(信濃丸)가 쓰시마해협 입구에서 밤안개 속에서 희미한 불빛을 발견하였다. 러시아 발트 함대 병원선 2척 중 한 대인 오렐(Orel)호가 속도가 느려서 뒤처지자 포격당할 것이 두려워서 등화관제의 명령을 지키지 않고 국제법에 따라 병원선임을 알리는 등불을 켰기 때문이었다. 일본 순양함 시나노마루는 2시간 동안 숨어서 병원선을 뒤따르며 관찰하다가 이것이 발트 함대의 병원선임을 확인하고 5월 27일 4시 45분 연합함대에 '적함 발견'의 무전을 송신했다. 사령관 도고는 5월 27일 5시 5분 전 함대에 쓰시마해협의 북방을 향해 항진할 것을 명령하였다.

이에 발트 함대와 일본 연합함대의 러·일 해전은 3단계로 전개되었다.

제1단계는 동해의 최남단 쓰시마해협의 최북단을 막 벗어난 지역에서 전개된 서전(序戰)이었다. 일본 연합함대 사령관 도고가 전 함대를 이끌고 쓰시마해협 북단을 향해 도착할 무렵에 발트 함대는 이미 쓰시마해협을 통과하여 일렬종대로 동해 최남단에 막 들어서 있었다. 도고는 러시아 발트 함대 옆을 180도로 회전해 본 후 1905년 5월 27일 14시 발트 함대 기함 수보로프(Suvolov)호와 오슬리아비아(Osliavia)호에게 집중 포격을 명령하여 해전이 시작되었다.

일본 해군 연합함대 사령관 도고 제독의 작전은 발트 함대의 기함 수보로프호에 모든 전함들이 집중 포격을 감행하여 지휘력을 소멸시키려는 것이었다. 발트 함대도 일본 연합함대 기함 미가사(三笠)호에 집중 포격을 가하면서 블라디보스토크로 돌파하려고 전속력으로 항진하였다.

5월 27일 19시 어둠이 내리기까지 좌충우돌하면서 전개된 5시간 동안의 함포전에서 발트 함대는 큰 손실을 입었다. 우선 기함 수보로프호에 타고 있던 사령관 로제스트벤스키가 포탄 파편을 맞고 중상을 입어 다른 군함으로 옮겨 탔으며, 수보로프호와 오슬리아비아호가 격침되었다. 발트 연합함대의 지휘권은 네보가토프(Nebogatoff : 제3 태평양 함대 사령관)에게 이양되었다. 발트 함대의 군함 4척이 이 전투에서 격침당하였다.

러시아 전사연구소는 이 전투에 대해 다음과 같이 설명하였다.

> 안개로 인해 전투가 잠시 중단되기도 했지만 일본 전함은 집요하게 추적하여 매번 러시아 분함대를 찾아냈으며, 월등한 운항 속도를 이용하여 러시아 분함대의 길게 늘어진 단종진을 추월한 후, 대부분의 화력을 선두에 집중함으로써 치명타를 가했다. 반면 일본 전함은 러시아 함포의 사정거리 밖에 있었기 때문에 그 손실이 경미했다.[77]

어둠으로 해전이 불가능하게 되자, 일본 연합함대 사령관 도고는 모든 일본 연합함대의 군함을 울릉도에 집결하도록 명령하였다. 이에 일본 함대는 모두 울릉도를 기지로 하여 집결해서 전열을 정비하고 5월 28일 새벽을 맞게 되었다.

제2단계의 러·일 해전의 결전은 독도 남방 18해리 지점에서 전개되었다. 5월 28일 새벽 러시아 해군 전함이 밤새 지난밤 전투의 북방 부근인

77 로스뚜노프 외 전사연구소 편, 2004, 『러일전쟁사』, 건국대학교출판부, 439쪽.

독도 남방 18해리 지점에 집결하여 대오를 정비하는 것 같다는 무전보고가 도고에게 들어왔다.

일본 해군 연합함대는 울릉도에서 군함 27척이 긴급 출동하여 독도 남방 18해리 지점에 이미 집결한 러시아 발트 함대 군함 7척을 포위하였다. 나머지 러시아 군함들은 일본 군함에 차단되어 채 집결하지 못하고 산개되어 배회하였고, 이를 나머지 일본 군함들이 추적하는 형세가 되었다.

러시아 발트 함대의 군함 7척은 독도 남방 18해리 지점에서 더 이상 북진하지 못하고 일본 연합함대의 포격에 응전하여 1905년 5월 28일 오전 8시부터 오전 10시 30분까지 치열한 포격전을 다시 전개하였다. 그러나 러시아 발트 함대의 함포는 일본 해군 함정의 함포보다 사정거리가 짧고 성능도 뒤져서 러시아 발트 함대는 참패하였다.

발트 연합함대의 후임 사령관 네보가토프는 1905년 5월 28일 오전 11시 휘하 장교들의 반대에도 불구하고 더 이상 러시아 청년들을 잃을 필요가 없다고 항복을 결정하여, 백기를 올리도록 명령하였다. 이것이 러시아 발트 연합함대의 공식 패전 항복이었다.

제3단계는 발트 함대의 항복 후에도 산개한 러시아 발트 함대 군함들이 각각 산개해서 블라디보스토크를 향해 돌파 항진하는 것을 일본 군함들이 개별 추적하여 거의 모두 각개격파한 단계이다. 발트 함대의 기함에서 백기가 게양되고 후임 사령관 네보가토프가 항복한 후에도, 이에 불복하거나 항복을 알지 못한 산개된 발트 함대 군함들은 항복하지 않고 울릉도에 찾아가거나, 블라디보스토크를 향해 돌파 진항하였다. 일본 연합함대의 군함들은 총동원되어 이들을 추적하면서 공격했으므로, 치열한 잔여 해전이 전개되었다. 독도 남방 18해리 전투와 그 후 잔여 해전에서 고속 운항이 어렵게 된 러시아 군함의 병사들은 울릉도에 상륙했다가 모두 일본군의 포로가 되었다.

예컨대 마지막으로 울릉도 앞바다에서 자폭한 순양함 드미트리 돈스코이(Dmitri Donskoi)호에 대해 러시아 전사연구소는 그 최후를 다음과 같이 묘사하였다.

> 가장 노후한 러시아 순양함 중의 하나인 드미트리 돈스코이호는 다줄레(Dagelet : 울릉도)섬 근처에서 일본의 최신형 순양함 6척과 장시간에 걸쳐 격전을 치렀다. 장갑함 드미트리 돈스코이호가 함포 10문을 보유한 반면, 일본군은 총 40문을 보유했다. 이들이 내리고 일본의 순양함이 회항하면서 전투가 소강상태로 접어들었다. 일본은 수뢰정만으로도 드미트리 돈스코이호를 쉽게 격파할 수 있을 것으로 예상했으나, 러시아의 장갑함은 세 차례에 걸친 일본군의 야간 공격을 성공적으로 물리쳤다.
>
> 이 해전으로 심각하게 파손된 러시아의 장갑함은 블라디보스토크까지 항해할 수 없었기 때문에 다줄레섬으로 접근했다. 심각한 부상으로 생명이 위독했던 레베제프 해군대령을 대신하여 전함을 지휘한 선임장교 블로힌 해군중령의 명령에 따라 모든 승조원이 섬에 상륙한 후 드미트리 돈스코이 호의 배수용 판을 열었다. 5월 16(29)일 약 06시 30분에 순양함이 침몰했다.[78]

러시아 발트 함대와 일본 연합함대의 동해 해전의 결과를 보면, 발트 함대의 완전 패전으로서, 발트 함대는 병원선 등을 제외하고 30여 척의 함정 중에서 항복 5척, 격침 14척, 자폭 5척, 중립국 마닐라에 피난 억류 3척, 상해에 피난 억류 3척, 블라디보스토크 도착 3척 등이었다. 러시아 해군의 전

---

78 로스뚜노프 외 전사연구소 편, 2004, 『러일전쟁사』, 건국대학교출판부, 446쪽.

사자는 5,045명이었는데, 그 중 장교가 209명이었고, 부상자는 약 8백 명이었다.[79] 이에 비해 일본 연합함대의 손실은 전사 110명, 부상 590여 명, 격침 3척의 경미한 것이었다.[80]

러·일전쟁의 러시아 발트 함대에 대한 일본 연합함대의 '독도 부근 대해전'의 일본 승리의 요인은 사회과학도의 보통 눈에도 윤곽이 보인다.

첫째, 군함과 함포 전력의 일본 함대의 압도적 우위이다. 일본 군함들은 주로 영국에서 최근 도입한 신형들이었고, 함포의 사정거리도 더 길며, 화약도 러시아 군함 함포와 화약보다 훨씬 우수하고 압도적 다수였다.

둘째, 러시아 발트 연합함대 사령관의 전의의 위축과 작전 목표의 고정이었다. 일본 연합함대 사령관 도고는 조선 해군 명장 이순신의 전략전술을 학습하여 필승의 학익진(T형 작전) 작전을 취하였다. 반면에 러시아 발트 함대 사령관들은 작전과 목표를 수정하지 않고 처음의 블라디보스토크로의 돌파 도주만을 강행했으니, 항속이 느린 군함으로는 필패의 작전이었다.

셋째는 일본 해군이 이 지역 지식과 정보를 완벽하게 갖고 한반도의 진해와 울릉도에 임시 해군 기지를 가설하여 여러 차례 해상전투 훈련을 실시했었던 것에 비하여, 러시아는 전혀 이것을 갖지 못한 생소한 바다에서 무사통과만을 목표로 했기 때문에, 해군 사병들이 아무리 용감하게 영웅적으로 분전했을지라도 결과는 패전으로 귀착될 수밖에 없었다.[81]

---

79 로스뚜노프 외 전사연구소 편, 2004, 『러일전쟁사』, 건국대학교출판부, 448~449쪽.

80 David Walder, 1973, 『The Short Victorious War: The Russo-Japanese Conflict 1904-5』, Hutchinson of London, p.286.

81 일본 연합함대 東郷平八郎 사령관은 韓國 남단 鎭海에 임시 해군 기지를 가설하고 鬱陵島를 무선통신 시설을 갖춘 해군 거점 집결지로 사용하였다. 그리고 순양함 25척을 어선으로 가장하여 군사적 정보를 수집했는데, "우리 함대는 적의 함대에서 수십 리의 거리에 떨어져 있을지라도 우리 순양함의 보고에 의하여 우리는 적 함대의 위치와 운동 등을 마치 눈앞에 있는 것처럼 알 수 있었다."고 말하였다. 일본 연합함대는 사령관이 승선·지

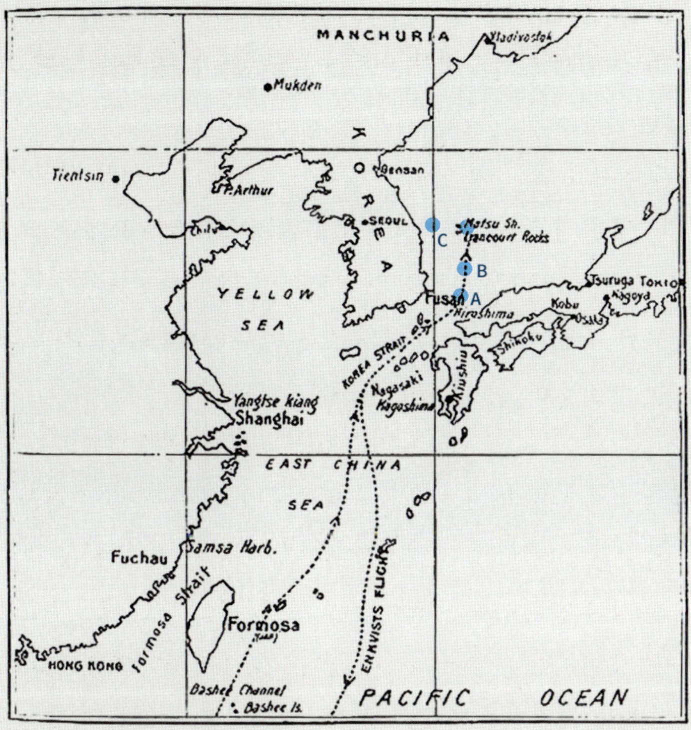

ROUTE OF ADMIRAL ROZHDESTVENSKY AFTER LEAVING THE COAST OF INDO-CHINA, AND OF ADMIRAL ENKVIST AFTER THE BATTLE IN THE STRAITS OF TSUSHIMA.

그림 2-47 동해와 독도 부근 러·일대해전 해역
(A=제1차 해전 시작 지역, B=독도 남방 18해리 해역, 러시아 발틱 함대 항복 지역, C=잔여 발틱 군함 해전 지역)

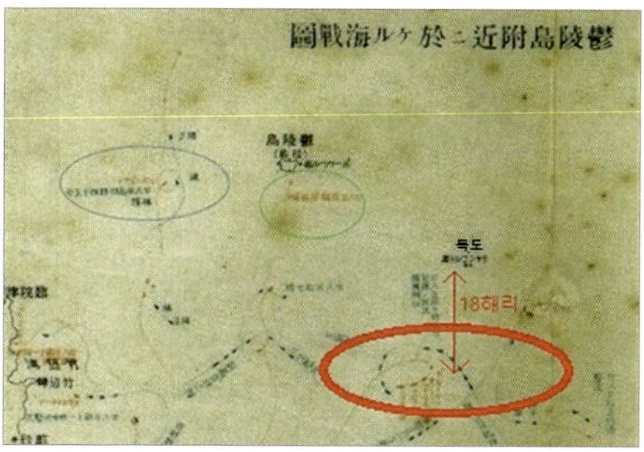

그림 2-48
러·일대해전 결전 해역이었던 독도 남방 18해리

그림 2-49 **패전하여 러시아 재판정에 선 발트 함대 사령관 로제스트벤스키**

결국 이 해전에서 러시아 발트 연합함대는 참패하여, 사령관 로제스트벤스키 제독은 중상을 입고, 1905년 5월 28일 오후 4시 45분 일본 해군에 포로가 되었고, 후임 사령관 네보가토프 제독은 일본 연합함대 사령관 도고

휘한 기함 三笠號(미가사호)뿐만 아니라 보유한 전함 모두가 영국에서 도입한 최신식이었으며 함포와 화약의 성능도 우수하였다. 이에 비해 발트함대는 사령관이 승선·지휘한 수보로프호 등 5척만이 새로 제조한 군함이었을 뿐 나머지는 노후하여 수리에 수리를 거듭한 낡은 배들이었고, 함포도 사정거리가 짧고 폭약 성능도 훨씬 뒤떨어졌다. 독도·울릉도 부근 해전은 '함포사격전'이었으므로 러시아 군함들은 포격을 당하면 다수가 침몰하였다. 더구나 준비를 철저히 하여 사기가 충전되어 있던 일본 해군 병사들에 비해, 러시아 해군은 이미 지구 둘레의 반 바퀴를 항해하여 지칠 대로 지쳐 있었다. 또한 일본 해군의 목표가 승전이었다면, 러시아 해군의 목적은 승전이 아니라 그저 블라디보스토크에 도착하는 것이었다. 러시아 발트함대는 블라디보스토크에 도착하여 블라디보스토크 함대와 연합하여 더 규모 있는 연합함대를 편성하고 새로이 정비한 후에 동해에서 해전을 치를 것을 계획했기 때문이다. 그러나 블라디보스토크로 항진하던 중 獨島 부근 18해리 해역에서 일본 해군에 포위되어 섬멸당했다.

헤이하치로 제독에게 항복한 것이었다.[82]

러시아 발트 함대와 일본 연합함대의 1905년 5월 28일 동해 가운데 독도(Liancourt Rocks) 남방 18해리 해상에서 일본 해군의 승리로 끝난 대해전은 독도와 울릉도의 군사적 가치를 전 세계에 깊이 각인시켜 주었다. 일본 해군은 한국 영토인 울릉도 점거 기지 활용과 러시아 해군이 설치하지 못한 위의 해군 망루의 감시와 정보로 전쟁 승리에 큰 도움을 받았다.

82 David Walder, 1973, 『The Short Victorious War: The Russo-Japanese Conflict 1904-5』, Hutchinson of London, pp. 273~288. 이 '독도 부근 대해전'을 비롯한 東海해전에서 러시아 발트함대는 군함의 4분의 3을 잃었고, 4천 830명의 러시아 병사가 전사했으며, 5천 917명이 포로가 되었고, 1천 862명이 제3국(한국 등)에 조난되었다. 반면에 일본 연합함대는 수뢰정 3척을 잃고, 전사자 110명, 부상자 590명이라는 경미한 손실을 입었기 때문에 완벽한 승리를 했다고 기록하였다.

제33장

일제의 독도 망루 설치와 철거

제1절 일본 해군의 해저통신선과 감시망루 설치

겨울과 이른 봄에 해풍이 거센 날씨 때문에 일본 해군이 독도에 망루를 아직 설치하지 못한 시기에 러시아 발트 연합함대가 동해에 도착했으므로, 독도 망루 설치 이전인 1905년 5월 27~28일 동해 독도 남방 18해리 부근에서 러·일대해전을 치러 일본 연합함대가 일단 승리하였다. 그러나 러시아는 아직도 막강한 육군과 블라디보스토크 함대·흑해 함대·북해 함대라는 해군 군사력을 갖고 있었으므로, 러·일전쟁이 계속된다면 언제 다시 해전을 치러야 할지 알 수 없는 상황이었다. 뿐만 아니라 러시아 발트 연합함대와 일본 연합함대 사이의 동해 대해전은 바로 독도 근해에서 전개되었다. 이 때문에 특히 종래 극소수 전문가를 빼고는 주목하지 않았던 독도의 군사적 가치가 급격히 올라가서 전 세계의 군사 전문가들은 누구나 독도(Liancourt Rocks)를 주목하게 되었다.

이에 일본 해군 군령부에서는 1905년 5월 30일 울릉도에 북망루를 하나 더 건축해서 무선전신소를 설치하고, 독도에도 망루를 설치하여 울릉도－독도－은기열도－다카사키산 사이에 해저전선을 부설하되, 독도의 망루는 일체 노출되지 않도록 충분히 음폐할 것을 내용으로 하는 설비계획안 승인을 해군대신에게 제출하였다.

금후 作戰上 필요를 인정하여 다음의 설비를 이루도록 이에 商議를 신청함.

一. 松島(울릉도)에 無線電信所 1個所

本電信所는 특히 高壓電流를 사용할 수 있게 만들어서 장거리 통신에 적합토록 할 것

二. 迎日灣 입구 冬外串 角에 假設 망루 1個所

松島 무선전신소가 완성된 뒤에는 竹邊 무선전신소(竹邊望樓는 그대로 존재시킬 것)를 여기에 옮길 것

三. 제1차로 松島와 리앙코르도섬(リアンコルド島 : 독도) 사이

제2차로 리앙코르도섬과 隱岐列島 高崎山 사이의 해저전선 부설

四. 리앙코르도섬에 망루 설치, 단 該望樓는 그 건설물을 일체 노출되지 않도록 충분히 陰蔽하여 설치하고 필요한 경우에만 旗竿을 植立할 수 있도록 장치할 것[83]

일본 해군성은 이 계획을 실천하기 위해 1905년 6월 12일 군함 교립호(橋立號)에게 독도(竹島)에 가서 망루 설치방법의 적부를 조사하도록 기밀 훈령을 내렸다.[84]

교립호는 6월 13일 오후 2시 독도에 도착하여 대원을 상륙시켜 1시간

---

83 『極秘明治三十七八年海戰史』 第4部 第4卷, 20~21쪽.

84 『橋立戰時日誌』 1905年 6月 12日條.

그림 2-50 교립호

40분간 현장을 시찰 조사하고 귀환하였다.[85] 교립호의 조사로, 해군기수는 망루 건설에 적합한 곳으로 동도를 천거했다.[86] 교립호 함장은 동도의 정상에 다소의 공사를 하면 조영물(造營物)을 건설하고 망루를 설치할 수 있다고 보고하고 신수(薪水)는 매월 1~2회 공급해야 할 것이라고 의견을 제출하였다.[87]

일본 해군 제3함대 사령관은 위 보고서들을 종합하여 독도 망루 건설 위치로, 동도(東島)가 적합함을 인정하고, 망루의 설계장치 방법으로는 건축과 기수(技手)의 설계가 적당하다고 인정하여, 1905년 6월 14일 망루 예정 위치도를 첨부해서 보고하였다.[88] 일본 해군대신은 1905년 6월 24일 울릉도의 북망루와 동외곶(冬外串)에 무선전신을 가진 망루를, 독도에는 보통의 망루를 건설하도록 명령하고,[89] 해저전선은 먼저 울릉도와 독도 망루 사이에 부설하도록 지시하였다.[90]

울릉도의 북망루는 1905년 7월 14일 기공되어 7월 16일 준공되고, 8월 16일부터 업무를 개시했다.[91] 독도 망루(배원 4명, 사용인 2명)는

---

85 『橋立戰時日誌』 1905年 6月 13日條.

86 「明治三十八年六月十二日海軍技手木口吉五郎ノ提出セル竹島觀察報告」, 『極秘明治三十七八年海戰史』 第4部 第4卷, 附錄『備考文書』 第68號, 367쪽.

87 『橋立戰時日誌』 1905年 6月 13日條, 附「竹島(リヤンコルド岩)視察報告」.

88 「明治三十八年六月十四日第三艦隊司令官海軍少將武富邦鼎ノ提出セル竹島觀察報告」, 『極秘明治三十七八年海戰史』 第4部 第4卷, 附錄『備考文書』 第69號, 367~370쪽.

89 『極秘明治三十七八年海戰史』 第4部 第4卷, 21쪽.

90 『極秘明治三十七八年海戰史』 第4部 第4卷, 93쪽.

91 『極秘明治三十七八年海戰史』 第4部 第4卷, 227쪽.

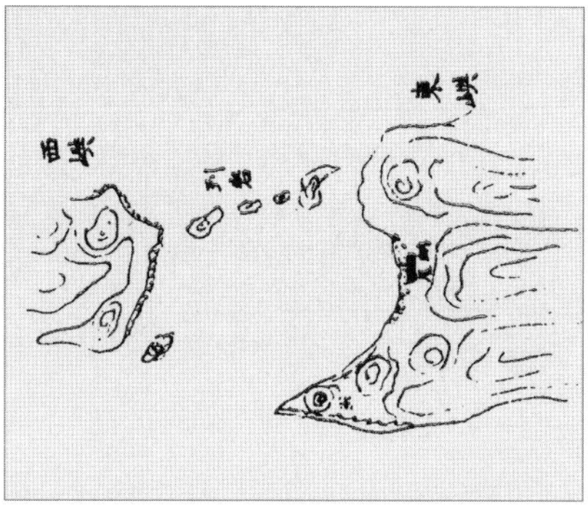

그림 2-51 교립호가 묘사한 독도 약도

1905년 7월 25일 기공되어 8월 19일 준공되고, 그날부터 업무를 개시했다.[92]

일본 해군은 울릉도와 독도를 연결하는 해저전선을 1905년 10월 8일 울릉도 북망루와 독도 망루 사이에 부설하였다.[93] 독도와 은기 다카사키산(高崎山) 사이의 해저전선은 필요없다고 수정되어, 대신 독도와 출운국 마쓰에(出雲國 松江) 사이의 해저전선이 1905년 11월 9일 부설 완료되었다.[94]

그 결과 한국 동해안(竹邊) – 울릉도 – 독도 – 마쓰에(松江)를 연결하는 일본 해군의 해저통신선과 감시망루가 완성되었다.

독도 망루는 일본 해군이 한국 영토에 설치한 마지막 망루였다. 일본 해군이 러·일전쟁 기간에 한국 영토에 설치한 망루는 172쪽의 〈표 2-5〉에서 볼 수 있는 바와 같이 모두 20개소에 달하였다.

92 『極秘明治三十七八年海戰史』 第4部 第4卷, 276쪽.

93 『極秘明治三十七八年海戰史』 第4部 第4卷, 93~94쪽.

94 『極秘明治三十七八年海戰史』 第4部 第4卷, 21쪽.

제2절 전후 망루 철거와 망루토지 침탈 시도

일본 해군은 1905년 9월 5일 포츠머스강화조약의 조인과 10월 15일 종전으로 러·일전쟁이 일본의 승리로 끝나 망루가 불필요하게 되자, 10월 19일 울릉도의 망루들을 폐지하도록 명령했으며,[95] 1905년 10월 24일에는 독도의 망루를 철거하였다.[96]

일본 해군은 이와 같이 러·일전쟁 도중에 망루 설치를 직접적인 목적으로 하여 한국 영토인 독도를 침탈해서 일본 해군의 적군함 동태 감시와 통신시설 기지의 하나로 사용한 것이다.

일제는 러·일전쟁 종결 직후 강원도 울진군 죽변포에 설치했던 망루를 철거할 때 망루장과 일본 상인이 결탁하여 망루 토지를 침탈하려고 시도했으며,[97] 6개월간이나 분쟁과 교섭이 진행되다가 대한제국 의정부의 노력에 의해 저지된 예도 있었다.[98] 여기서도 일제가 러·일전쟁을 전후하여 독도는 물론이고 한반도 내륙의 토지까지 침탈하려고 얼마나 혈안이 되어 있었는가의 일단을 볼 수 있다.

대한제국의 '독도'는 동해 가운데 있는 사람이 상주하지 않는 한국 영토였기 때문에, 직접적으로는 러·일전쟁 기간에 일본 해군의 망루를 설치하

95 『極秘明治三十七八年海戰史』 第4部 第4卷, 244쪽.

96 『極秘明治三十七八年海戰史』 第4部 第4卷, 276쪽.

97 『內部來去案』(奎 No.17768) 第1冊, 光武 10年 2月 26日條, 「內部大臣의 議政府參政大臣에의 報告」. 일제가 1905년 10월 竹邊 望樓를 철거할 때 일본 해군의 望樓長인 高橋淸重이란 자가 일본 상인에게 망루와 그 土地을 매각했다 하여 蔚珍郡守에게 認許公文의 발급을 요구하며 망루 토지의 침탈을 기도했다. 그리고 항의에 부딪쳐 6개월간이나 분쟁이 일어났다.

98 『內部來去案』 第1冊, 光武 10年 4月 17日條, 「議政府照會 第56號」.

그림 2-52 독도의 동도에 설치되었던 독도 망루 흔적
(광복 후 독도학술탐사대 촬영)

기 위한 군사적 목적으로 일본 제국주의자들에 의해 한반도 내륙보다 먼저 침탈당한 것이었다.

제34장

을사조약과 통감부 설치 후 한국에 독도 침탈을 알린 일본

제1절 일본 정부의 독도 침탈 은폐와 대한제국 외교권 강탈

일본 제국주의자들은 독도(리앙코르도섬)가 대한제국 영토임을 잘 알고 있으면서 1905년 1월 28일 내각회의 결정으로 이를 침탈하여 신영토로 일본에 편입해서 시마네현 은기도사가 관리하도록 결정했으므로, 이 침탈 사실이 대한제국과 세계에 당분간 알려지지 않도록 세심하게 주의하였다.

일제는 독도를 1905년 1월 28일 대한제국 독도를 비밀리에 침탈하기로 결정한 4개월 후, 1905년 5월 28일 '독도 남쪽 18해리' 해상에서 러시아 발트 함대와 결전을 벌리어 승전하였다. 그러므로 그것이 정당한 일본 내각 결정이었다면, 1905년 6월부터는 신영토로 침탈편입한 독도를 시마네현지사가 관계공무원들과 함께 당당히 공개적으로 시찰하여 전 일본 국민에게 보도하는 것이 당연한 순서였다. 실제로 시마네현에서는 1905년 8월 현지사가 인솔하는 '죽도시찰단'을 독도 현지에 파견할 계획이었다.

그러나 일본 중앙정부가 긴급히 이 계획을 1년 후로 연기하도록 중지시켰다. 그 이유는 대한제국 정부·국민과 세계가 일본의 독도 침탈 사실을 알게 될 것을 우려했기 때문이었다. 즉, 일제는 한국 독도의 침탈 사실을 공개하지 않고 여전히 사실상 비밀사항으로 두었다. 그 대신 극소수 관계공무원의 비공개 비밀 답사는 승인하였다. 예컨대, 1905년 8월 19일 시마네현 지사 마츠나가 다케요시(松永武吉)와 수행원 · 경찰관 등 4명만이 일본 해군이 제공한 교토환(京都丸)을 타고 비공개 비밀리에 독도를 현지답사하고 돌아왔다. 그러므로 대한제국 정부는 물론이요 일본 국민들도 전혀 이를 알 수 없었다.

일본은 1905년 9월 5일 미국 대통령 시어도어 루스벨트의 적극 중재로 러시아 측과 '포츠머스강화조약'을 체결하였다. 러 · 일전쟁이 일본의 승리로 종결되자 일제는 바로 그해 1905년 11월 18일 대한제국의 외교권을 침탈하고 대한제국을 반식민지 '보호국' 상태로 전락시키는 5개조의 '을사조약'을 대한제국 정부에 강요하였다. 대한제국의 조약 체결권자인 고종 광무황제가 서명 · 날인을 거부하여 조약이 국제법상 성립되지 않았음에도 불구하고, 일제는 조약이 체결되었다고 세계에 발표하고 한국을 점령한 일본군 무력(한국주차군)을 배경으로 이를 강제 집행하였다.

뿐만 아니라 일제는 1905년 12월 20일 '한국통감부 및 이사청(理事廳) 관리'를 공포하고, 이튿날 초대 통감으로 이토 히로부미(伊藤博文)를 임명하였다. 일제는 이듬해 1906년 1월 17일에는 대한제국 외부를 폐지하고, 1월 20일에는 대한제국의 모든 외교관 해임과 공사관 및 영사관 폐지를 자행하였다. 이어서 1906년 2월 1일 서울에 일제의 통감부와 이사청을 설치하여 행정사무를 시작하였다. 초대 통감 이토가 일본에 있었으므로, 서울에 주둔한 일본군 사령관(한국주차군 사령관) 하세가와 요시미치(長谷川好道)를 임시 통감대리에 임명하였다.

이에 1906년 2월 1일부터 대한제국의 외교는 일제 통감부가 전담하고, 내정은 일제 이사청이 관장하여 대한제국은 일본 제국주의자들의 지배하에 들어가게 되었다. 외교 통로가 강탈당하여 대한제국 정부와 국민은 세계에 어떠한 의사와 의견도 공표하거나 전달할 길이 박탈되어 버린 것이다.

일제는 이러한 반(半)식민지 체제가 갖추어지자 한 달 후인 1906년 3월 은기도의 '죽도시찰단'을 독도에 파견해도 좋다고 허락하였다. 이 시찰단에는 독도의 강치잡이 독점권 임대청원을 대한제국 정부에 제출하려다가 일본 해군성 수로부장의 요구를 받고 영토편입 청원서로 변경했던 나카이 요자부로도 수행하였다. 이에 은기도의 지방관 히가시 분스케(東文輔)와 사무관 진자이 요시타로(神西由太郞) 등 45명의 '죽도시찰단'이 은기도의 사이고항(西鄕港)을 출발하여 독도 현지 탐방길에 올랐다. 이 시찰단에 참가했던 오쿠하라 헤키운(奧原碧雲)의 시찰기를 보면 다음과 같이 기록되어 있다.

> 竹島가 시마네현의 영토로 편입되자, 메이지 39년(1906년) 3월 하순, 시마네현 사무관 神西由太郞(진자이 요시타로), 은기도사(오키섬의 행정책임자) 東文輔(히가시 분스케)이하 일행 45명이 西鄕(사이고)항을 출발하여 竹島 탐사의 길에 올랐다. 이제 그 개략적 상황을 다음과 같이 게재한다. 「竹島도항일지」에 다음과 같이 쓰여 있다.
>
> 메이지 39년(1906년) 3월 27일. 한밤중, 일본해의 파도에 흔들리면서, 화서(華胥)의 나라에서 노는 것 같았다. '竹島가 보인다. 竹島가 보여'라고 외치는 목소리에 놀라 갑판 위로 올라갔더니, 태양은 이미 동쪽 하늘에 떠올라 있었고, 竹島의 큰 섬이 눈앞에 가까이 있었다. 홀연히 3마리의 고래가 뱃머리를 스쳐 지나 맹렬히 전진하면서 수차례 하얀 뱃살을 드러내며 헤엄치고 있었으며, 셀 수도 없이 많은 바다 갈매기가 파도 위를 날아다녔다. 수천 마리의 강치는 바위에서 무리지어 괴이한 비명을 지르면서 울어댄다.

그림 2-53 1906년 3월 일본 '죽도시찰단'의 출발 전 기념촬영 사진(원 안의 인물이 나카이 요자부로)

강치 울음소리가 수십 町 밖에서 들린다. (…) 우뚝 솟은 2개의 바위가 해면을 뚫고 수백 척 단애절벽(斷崖絶壁)으로 험준하게 서 있고, 차가운 바닷물이 바위 밑을 침식하여 곳곳에 동굴 입구를 만들어 열었고, 수십 개의 암초가 부근에 나열해 있다. 물이 깊어 몇 町 떨어진 곳에 배를 세운다 하여도, 바다 밑이 불량하여 닻을 내리지 못하였다. 이날 해상이 잔잔해지자 즉시 작은 배를 내려서, 神西(진자이) 사무관은 어부들을 싣고 西島에 상륙하고, 일행도 또한 상륙하였다. (…) 西島의 조사를 마치고, 東島로 건너갔다. (…) 兩岸 마주보는 곳에 약간 넓은 자갈밭이 있었다. 그 근처에 竹島漁獵會社의 가건물 2동이 있었다. 이곳에서 바위를 더듬어가며 사다리에 매달려, 절벽을 오르려고 칼을 등에 지고 매달려서 올랐다. 위험하였다. 다수는 중간에서 되돌아갔다.

정상에 도달한 사람은 神西(진자이) 사무관, 東(히가시) 隱岐島司 이하

8명에 지나지 않는다. 정상에 서서 먼 곳을 바라보니, (…) 다시 생각해 보면, 작년 5월 28일, 우리 연합함대는 러시아함대를 이 섬의 남쪽 약 18리의 해상에서 요격하고, 적의 사령관 네보가도프 제독이 함대와 함께 항복하게 했던 곳 (…)[99]

제2절 일제가 독도 침탈을 한국 지방관에게 알린 시기

히가시 분스케(東文輔) 일행은 독도를 탐방한 다음 이어서 울릉도를 탐방하였다. 오쿠하라(奧原)의 탐방기는 다음과 같이 기록하였다.

3월 28일, (…) 이미 배는 도동에 들어가지 못한다. (…) 작은 배에 올라 일행이 상륙한 시간은 오전 9시가 되어서다. 이 섬에 살고 있는 일본 경찰관 및 일본 상인조합원의 알선으로, 카타쿠라(片倉), 와키타(脇田), 요시오(吉尾)의 집으로 나뉘어 휴식을 취하였다. (…) 다음으로, 각 방면으로 나누어 조사하기로 하였다. 오전 10시에 진자이(神西) 부장 이하 수십 명은 통역을 따라 군수(郡守) 심흥택(沈興澤)을 만났다. 군수는 경성사람이며, 나이는 52세, 너그럽고 여유 있는 모습이다. 방석 위에 정좌하여, 백의를 입고, 관을 쓰고, 긴 담뱃대를 들고 있다. 옆 책상 위에 몇 권의 장부책이 있을 뿐이었다. 간단검소한 것이 태고(太古)의 풍(風)이 있었다.

진자이(神西) 부장은 방문한 이유를 설명하고, 죽도(竹島)에서 잡아올린 강치 1마리를 증여하였다. 군수는 멀리서 온 노고와 선물에 대하여 감사의

99 ① 奧原碧雲, 1907, 「竹島沿革考」, 『歷史地理』 第8券 第6號.
② 奧原碧雲, 1906, 『竹島及鬱陵島』, 27~32쪽.

그림 2-54 일본 오키섬 히가시 분스케 일행이 울릉도를 방문했을 때의 울도군 사무소와 군수 숙사의 모습(1906년 3월). 오른쪽 기와집 울도군 사무소 지붕 위에 태극기가 보인다.

말을 하였다. 인사말은 매우 유창하였다. 그러나 행정과 관련한 질문에 대한 것에는 그의 답을 듣지 못하였다.

일동은 기념을 위해 청사 앞에서 촬영하였다.

이 「진자이(神西) 부장 방문의 유래」의 내용은 조사단으로 함께 갔던 산음신문(山陰新聞) 기자의 보도(『산음신문』 1906년 4월 1일자)에서 명확하게 되어 있다.

모두 군수를 방문하여, 우리 나라(일본)의 순사 부장이 통역을 하여 섬의 상황을 물었다. (…) 진자이(神西) 부장은, "우리는 대일본제국의 시마네현에서 산업을 권장하는 업무에 종사하고 있는 공무원이다. 귀도(貴島 : 울릉도)와 우리 관할이 된 죽도(竹島)는 근접해 있다. 귀도에 우리 나라(일본) 사람이

많이 체류하고 있다. 만사에 대하여 온정을 바란다." (…)[100]

이 때 히가시 일행이 울릉도를 탐방한 것이 일본 중앙정부의 시마네현 지사에게 내린 사전 지시에 의거한 것인지, 시찰단의 자의에 의거한 것인지는 아직 분명치 않다. 그러나 울도군수 심흥택을 방문하여 만나는 것이 그들의 목적의 하나였음은 위의 기록에서도 분명하게 나타나 있다.

제3절 일제의 한국 외교권 강탈과 통감부 설치 후의 간접 통보

일본이 독도를 침탈하여 일본에 소위 '영토편입'을 시도한 사실을 한국 정부가 알게 된 것은 일제가 '을사조약'을 강요하여 한국의 외교권을 강탈한 1년 후인 1906년 3월 28일이었다. 시마네(島根)현 은기도사(隱岐島司) 히가시 분스케(東文輔) 및 사무관 진자이 요시타로(神西由太郎) 일행이 독도(죽도)를 시찰하고 돌아가는 길에, 위에서 쓴 바와 같이, 울릉도에 들러 울도군수 심흥택을 방문해서 독도를 일본 영토로 '편입'했음을 말한 때문이었다(〈그림 2-55〉 참조).

여기서 먼저 주목할 것은 그 시기이다. 종래의 연구는 이 시기를 별로 주목하지 않았다. 일본 정부는 왜 이 사실을 1906년 3월 말에야 한국 정부가 알게 해 주었을까?

일제는 1905년 9월 5일 포츠머스조약 체결로 러·일전쟁을 승리로 끝낸 다음, 무력으로 조선 궁궐을 포위하고 1905년 11월 17일 '을사조약'(소

100 ① 奧原碧雲, 1907,「竹島沿革考」,『歷史地理』第8券 第6號.
② 奧原碧雲, 1906,『竹島及鬱陵島』, 27~32쪽.

그림 2-55 1906년 3월 울도군청 직원과 은기도 독도시찰단의 합동 기념사진. 원 안의 인물이 심흥택 군수이다.

위 '을사보호조약') 체결을 강요하였다. 이 조약의 요점은 ① 한국의 외교권을 박탈하고, ② 통감부를 설치하여 한국의 정치 일반을 감독한다는 것이었다. 일본이 통감부를 설치하여 한국의 정치 일반을 감독한다는 것은 외교권뿐만 아니라 한국의 내정에 관한 국권 일반을 대부분 침탈하고, 그 결과 한국이 실질적으로 일본 통감부의 통치 아래 반(半)식민지 상태에 들어감을 의미하였다.

이때 한국 정부는 외교권이 박탈되어 일제 통감부가 설치된 1906년 2월 1일 이후 국제적 항의문서를 제출할 권리와 기관마저 갖고 있지 못했으며, 만일 항의를 하려면 대한제국 외교를 강제로 대행한다는 일제 통감부(일본 정부의 일부)가 일본 정부에 항의하도록 되어 있었다. 실제로 당시 일제 통감부가 외교는 물론이요 내정 일반을 모두 감독했으므로 한국 정부의 항의는 불가능한 상태였다. 일본 정부는 이와 같이 한국 정부의 외교권을 박탈하고 한국 외교부를 폐지한 후 통감부를 설치해 한국 외교와 내정 일반을 지휘하는 체제를 만들어 한국 정부가 항의문서를 제출할 수 없도록 완전한 준비를 갖춘 후에야 한국 정부에 독도 침탈 사실을 우회적으로 알렸던 것이다.

다음으로 주목할 것은 독도 침탈 사실을 알게 한 방식이다. 일본 정부는 한국 영토인 독도를 침탈하여 일본 영토로 '편입'해 버린 중대한 사실을 1905년 2월 당시에 통고하거나 조회하지 않았을 뿐 아니라, 1906년 3월 말에도 아직은 엄연히 그 이름이 남아 있는 대한제국 중앙정부에 통고하지 않고 시마네현 은기도사(隱岐島司)와 사무관이라는 말단 지방관리의 말을 통하여 울도군수가 먼저 알게 하였다.

이는 대한제국 정부가 독도의 침탈이라는 중대한 영토 침탈 사실을 가능한 한 대수롭지 않은 사소한 사건으로 처리하게 하고, 또 현지 지방관이 항의하는 경우에도 이를 일제 통감부가 내부 수준에서 사소한 일로 처리토록 하여, 대한제국의 중앙정부나 내각회의에서 거론하지 못하게 하기 위한 조치였다고 해석된다.

일본 정부는 독도의 일본 '영토편입'이 한국 영토에 대한 침탈이며 따라서 떳떳하지 못한 것임을 잘 알고 있었기 때문에, 이것이 큰 분쟁이 되지 않도록 가능한 한 감추고, 사소한 일로 축소하여 최하급 지방관청에서 다루도록 한 것이었다.

즉 일본 제국주의자들은 독도의 군사적 가치에 주목하여 독도가 대한제국 영토임을 잘 알면서도 러 · 일전쟁 도중인 1905년 1월 28일 일본 영토에 우선 침탈 편입시켰고, 대한제국 정부와 국민이 알 수 없도록 지방관청의 작은 행정 사무처럼 감추어 두었다가, 1905년 10월 18일 대한제국의 외교 주권을 강탈하고, 1906년 1월 17일 외부(外部)를 폐지한 후, 1906년 2월 1일 일제 통감부가 설치되어 일제가 대한제국 외교 업무를 전관한 후에야

1906년 3월 28일 은기도 지방 관리를 통해 울도군수에게 사소한 일처럼 비공식 정보로 알게 한 것이었다.

일제의 이러한 독도 침탈 방식과 대한제국 정부 및 대한제국 국민이 알게 한 방식은 간지(奸智)를 동원한 것이기는 하나, 당시 국제법상으로 영토 편입의 여러 조건을 단 하나도 충족시키지 못한 전적으로 불법적인 침탈이었으며, 따라서 완전히 무효의 것이었다. 이 점은 다시 별도로 다루기로 한다.

설명이 좀 길게 되었으므로 이상의 고찰을 다음과 같이 결론적으로 간단히 요약할 필요가 있을 것이다.

(1) 일본 제국주의는 대한제국을 병탄하여 식민지화할 목적으로 1904년 2월 8일 러·일전쟁을 도발하였다. 러·일전쟁 도중에 해전에서 '함포'만이 아니라 '기뢰(機雷)' 부설 폭파전이 매우 중요하게 되자, 대규모 함대의 이동만 중요한 것이 아니라 소규모 수뢰정(水雷艇)의 기뢰 설치 활동 감시가 매우 중요하게 되었다.

예컨대, 1904년 3월 13일 러시아 기함 페트로파블롭스크호가 폭발되고 러시아 태평양 함대 사령관 마카로프 제독이 전사한 것도 함포전에서가 아니라 일본군의 기뢰 폭발에 의한 것이었다. 또 1904년 5월 15일 일본 전함 하츠세(初瀨)호와 야시마(八島)호 등 최신 전함이 폭발 침몰하여 일본 해군 전함 전력의 3분의 1이 상실된 것도 함포전의 결과가 아니라 러시아의 기뢰 폭발에 의한 것이었다.

일본 해군은 이에 1904년 6월부터 대한제국의 한반도 해안 및 주요 도서와 일본 해안에 러시아 함대의 동태와 수뢰정의 활동을 감시하는 일본 해군의 망루(watchtower)를 설치하고 해저전선을 부설하기로 결정하여, 이를 설치해 나갔다.

일본 해군은 대한제국 영토에는 해안과 중요 섬들에 20개소의 망루 설치를 기획하고 설치하였다. 그 중에 울릉도에는 3개, 독도에는 1개 망루를 설치 기획, 집행하였다. 해저전선 부설은 일본 기술이 아직 없어서 긴급하게 이탈리아에서 4척의 해저전선 설치함을 도입하여 실행하였다.

(2) 일본 해군이 대한제국 영토인 한반도 해안과 중요 섬들에 무려 20개소의 해군 망루를 설치한 것은 러시아 해군은 전혀 갖지 못하고 일본 해군만 갖춘 것이었다. 이것은 러·일전쟁의 해전에서 지리(地利)를 일본 해군만 독점한 것이었다. 만일 러시아 해군이 이 영역 안에서 '해전'을 하는 경우 완전히 일본의 '감시망' 안에 놓여 기습 섬멸당할 수 있는 여건을 조성한 것이었다고 볼 수 있다.

실제로 1905년 5월 27일 러시아 발트 함대가 아프리카 남단을 돌아서 약 2만 9천 킬로미터의 대항진 끝에 동해 최남단에 진입했을 때, 심야에 대한해협 또는 쓰시마해협을 통과하여 블라디보스토크로 항진하려는 발트 함대를 발견하여 5월 28일 독도 남방 18해리 지역에서 섬멸한 것도 군함 전력의 우세에 승전 요인이 있었지만, 지리(地利)를 최대로 이용하여 대한제국 남단 진해와 울릉도를 일본 해군의 거점 기지로 사용하면서, 망루·해전전신·무선전신의 정보망과 통신망을 독점한 데도 승전 요인이 있었다.

러·일전쟁에서 동해의 '러·일 대해전'을 서양과 일본에서 통칭 '쓰시마 해전'이라고 호칭하는 것은 정확하지 않다고 본다. 대격전과 러시아 함대가 참패하여 일본 연합함대에 항복한 곳은 독도 남방 18해리 지점이므로 정확하게는 '독도 부근 해전'이라고 호칭해야 할 것이다.

전 세계가 주목한 러·일 대해전이 독도 남방 18해리 지점에서 결전이 전개되어 러시아 발트 연합함대가 항복했으므로, 전 세계 군사전략가들 사이에 독도와 울릉도의 군사적 가치와 지위가 매우 중요하게 부각되었고, 독도(Liancourt Rocks)는 울릉도와 함께 널리 알려지게 되었다.

(3) 일본 해군이 독도 망루 설치 계획을 세우고 군함을 파견하여 부지 조

사를 실시하던 시기에, 1904년 9월 일본 어업가 나카이 요자부로가 한국 영토인 독도(리앙코르도섬)의 강치잡이 독점권을 독도 소유권자인 대한제국 정부에 선금을 내고 임대받으려고, 그 교섭 절차를 문의하러 동경에 상경해서 농상무성 국장을 상면하였다. 이 때 나카이는 독도가 한국 영토임을 명확하게 인지하고 있었다. 이것은 나카이가 여러 차례 확인한 정확한 사실이었다.

(4) 나카이는 1903년에 처음으로 독도에 들어가서 며칠간 강치잡이를 했었다. 그러나 이것은 나카이가 무주지를 선점한 것이 전혀 아니라, 한국 영토인 독도에 나카이가 한국 영토임을 인지하면서도 한국 정부의 허가 없이 불법으로 들어가서 시험적으로 강치잡이를 해본 것이었다. 나카이는 이 때 '독도 강치잡이'가 막대한 이익이 있는 좋은 사업임을 확인하였다. 나카이는 다른 일본 어부들도 독도에 들어와 불법으로 강치를 남획하는 것을 보고, 독도 소유권자인 한국 정부에 사전 임대료를 내고 합법적으로 강치잡이 기한부 독점권을 얻어서 큰 수익을 내려고 계획하여 상경해서 일본 정부 농상무성 관계자와 상담한 것이었다.

(5) 일본 정부 농상무성 수산국장 마키 보쿠신(牧朴眞)은 독도가 한국 영토이고 시기가 러·일전쟁 중이므로 나카이를 해군성 수로부장 기모쓰키 가네유키(肝付兼行 : 해군소장)에게 보내어 자문을 구하도록 소개하였다. 기모쓰키는 독도가 울릉도의 부속섬이며, 한국 영토임을 매우 잘 알고 있었다. 그 증거는 기모쓰키가 거의 일생을 일본 해군성 수로부에서 근무하고 수로부장도 10년을 했는데, 그는 독도를 일본 수로부가 수시 간행하는 『일본수로지』 서북해안에 단 한 번도 넣지 않고, 수시 간행하는 『조선수로지』에 반드시 넣은 곳에서도 확인할 수 있다.

러·일전쟁 시기에 해군성 수로부장이었던 기모쓰키는 러·일전쟁의 해군과 육군의 전황을 잘 알고 있었다. 일본 해군의 1904년 6월부터의 한반도 해안·도서 및 울릉도와 독도의 해군 '망루' 설치 계획에 대해서는 기모쓰키는 수로부장으로서 그 담당 주역의 하나였다. 그는 일본 육군이 한반도 수도 지역과 서울을 점령하여 지배하고 있음도 물론 알고 있었다. 이 시기에 나카이가 한국 정부에 독도 대하원(貸下願)을 제출하려고 찾아오자, 기모쓰키는 이 기회에 나카이를 이용해서 군사적 가치가 높은 독도를 탈취하여 일본 영토로 만들어서 여기에 망루를 설치하려는 야욕이 생겨 이를 주도하게 되었다.

기모쓰키는 한국 영토인 독도를 일본 영토로 탈취하기 위하여 허위정보와 지식을 나카이에게 주어 설득하고 조종하였다. 그 허위정보와 지식의 내용은 ① 독도(리앙쿠르섬)가 한국 영토라는 확증이 없고 ② 일본과 한국 양국으로부터의 거리를 측정하면 일본이 10리 더 가깝다는 거짓말을 했으며,(울릉도에서 독도는 87.4km, 오키섬에서 독도는 147.5km로서 한국이 훨씬 더 가까운 것이 진실이다.) ③ 그러므로 무주지로 간주할 수 있다는 것이었다. ④ 그런데 일본인으로서 당신이 독도에 들어가서 작년에 강치잡이를 한 경우 그 섬 무주지 경영에 종사한 것이므로, ⑤ 한국 정부에 제출하려는 독도에서의 강치잡이 권리 대하 청원보다 독도를 일본 영토로 편입하는 방법이 좋은 방법이며, ⑥ 독도에 일본 해군의 망루를 설치할 계획인데 일본 국민으로서 독도의 일본 영토편입을 청원하여 큰 공을 세우는 것이 일본의 전쟁승리에 공을 세우는 것임을 설득하고 조종하였다.

기모쓰키는 여기에 다시 나카이가 만일 한국 정부에 선금을 내고 대하원을 제출하여 비용을 지출하게 되는 것보다는, 일본 정부에 영토편입과 대하원을 제출하면 무료로 대하해 줄 것도 이후 실행된 것을 보면 이때 약속하였다. 나카이는 기모쓰키의 조종과 공작에 동의하여 흥분해서 적극 활동하게 되었다. 기모쓰키가 나카이를 조종하면서 내무성과 외무성에도 해군성의 의지를 연락해 두었음은 후의 자료에서 확인된다.

(6) 나카이는 이에 계획을 변경하여 독도 소유권자인 한국 정부에 제출하려던 대하원을 폐기하고, 일본 정부에 제출하는 「리양코섬(독도) 영토편입 및 대하원」을 1904년 9월 29일자로 새로 작성하여 관계부서인 농상무성, 내무성, 외무성 3개 부서 대신에게 제출하려고 방문하였다. 농상무성은 이를 이의 없이 접수하였다. 그러나 내무성은 반대하였다. 내무성 담당 서기관 이노우에 도모이치(井上友一)는 그 리앙코르도섬은 한국의 우산도이며, 지금 러·일전쟁 도중이어서 세계 각국이 혹시 일본이 한국을 병탄하려 하지 않는가 주목하고 있는 중에 암도(岩島) 하나를 탈취하는 것은 소탐대실의 우려가 있다고, 니키이의 영토편입 청원서를 각하시키려고 하였다.

일본 내무성은 1876년 지적편찬 사업 때 동해 가운데 '울릉도와 그 외 1도 독도(우산도)'는 일본과 관계없는 조선 영토임을 정밀한 조사 결과와 태정관(太政官: 총리대신부)의 훈령으로 이미 잘 알고 있었다. 그러므로 나카이의 영토편입 청원서를 무리하게 접수 실행하면 한국 정부가 항의하고 세계 여론이 비등하여 사체(事體)가 결코 용이하게 성공하지 못할 것이라고 보고 각하시키려 한 것이다.

(7) 나카이는 자기의 큰 이익이 무산되려 하므로 낙망하여 외무성으로 달려갔다. 외무성 정무국장 야마자 엔지로(山座円次郎)는 이미 해군성 수로부장의 공작 연락을 받고, 러·일전쟁 중인 지금 시국이야말로 리앙쿠르섬(독도) 영토편입을 긴급 요구하고 있다고 나카이를 선동 격려하였다. 독도에 해군 망루를 설치하고 해저전선을 부설해서 적인 러시아 함정을 감시하는 것이 절대 필요한데, 독도를 일본 영토로 편입 청원하는 것은 전쟁 승리의 애국활동을 하는 것이라고 선동하였다. 또한 야마자는 일본군이 한국을 점령하고 황제를 지배하고 있으므로 내무성에서 고려하는 것과 같은 일은 필요하지 않다고 설명하고, 급히 영토편입 청원서를 일본 정부 외무성에 제출하라고 독려하였다.

이에 나카이는 「리양코섬(독도) 영토편입 및 대하원」을 1904년 9월 29일자로 일본 정부 내무성·외무성·농상무성 3성에 제출하고 일본 정부 결정을 기다리게 되었다.

(8) 한국 영토인 독도를 침탈하여 일본 영토로 편입시키는 건에 대하여 해군성은 공작 조종하고, 농상무성은 찬성하고, 내무성은 반대하므로, 그 최종 조정과 결정은 영토 담당부서인 총리대신부의 몫이 되었다.

당시 총리대신 가쓰라 타로(桂太郎)는 일본 군부와 육군을 지배하는 조슈군벌(長州軍閥)의 거물 육군대장으로서, 육군대신을 거쳐 1901년부터 총리대신을 맡으면서 러·일전쟁 준비를 총지휘했고, 러·일전쟁을 도발한 주전파의 핵심이었다. 가쓰라 타로는 해군성의 수로부장 기모쓰키의 공작을 적극 지지했을 뿐만 아니라, 처음 이에 반대한 담당부서 내무성의 내무대신이 대표로 이 안건을 청의 상정토록 하였다. 일본 정부 내각회의는 총리대신 가쓰라 타로의 사회로 1905년 1월 28일 내무대신 요시카와 아키마사(芳川顯正)가 제의 상정한, 독도를 일본 영토에 편입하는 내용의 '무인도 소속에 관한 건'을 만장일치로 통과시켜 한국 영토 독도를 일본 내각회의에서 침탈하기로 결정하였다.

이때 결정문의 이유와 내용은 ① 이 무인도(독도를 말함)는 타국이 점령했다고 인정할 만한 형적이 없고(즉, 무주지이고), ② 1903년 일본인 나카이 요자부로라는 자가 어사(漁舍)를 짓고 인부(人夫)를 이도시켜 고기잡이를 준비하여 해려(海驢: 강치)잡이에 착수했으며(즉, 선점한 바 있고), ③ 그가 이번에 영토편입 및 대하(貸下: 임대) 청원서를 제출한 바, ④ 이 계제에 소속 및 도명(島名)을 확정할 필요가 있으므로 ⑤ 이 섬을 죽도(竹島)라고 명(名)하여 이제부터는 시마네현 소속 은기도사의 소관으로 한다는 것이었다.

(9) 그러나 일본 정부의 1905년 1월 28일 내각회의의 이 결정은 이유와 내용이 거짓이어서 국제법상 전혀 성립될 수 없는 것이었다. 그들의 주

장이 거짓인 증명은 다음과 같다.

① 이 무인도는 '무주지'가 아니라 이미 매우 오래전부터 대한제국이라는 주인이 있는 '유주지'였다. 이 섬은 타국이 점령했다고 인정할 만한 형적이 없는 것이 아니라, 도리어 이전의 일본 역대 정부도 한국 영토로 어러 번 확인한 한국이라는 주인이 있는 유주지였다. 예컨대, 1696년 1월 28일 일본 도쿠가와막부 관백이 '조선 영토'로 인정한 공문서(외교문서)와 1868년 일본 메이지 정부 태정관과 1877년 일본 메이지 정부 태정관 우대신(右大臣) 이와쿠라 도모미(岩倉俱視)가 거듭 '조선 영토'로 공식인정한 형적이 일본 최고 행정통치사의 공문서로 존재한 한국 영토기 때문에 일본의 무주지 주장은 성립되지 않는 거짓이다. ② 나카이 요자부로가 1903년 이 섬을 한국 영토라고 잘 인지한 상태에서, 이 섬에 인부를 데리고 며칠 들어가서 강치잡이를 하고 온 것은 한국 정부의 허가도 받지 않고 불법적 강치잡이를 한 것이기 때문에 '선점'이 아니라 단지 며칠 '불법 어로행위'를 한 것에 불과한 것이다. 그는 이 섬에 일시라도 상주한 일은 없고 며칠 '불법어로'한 일만 있음을 그도 자필서에서 스스로 자인한 바 있으므로, 무주지점령론은 전혀 성립되지 않는 것이다. ③ 나카이 요자부로는 1904년 9월에 이 섬에서의 강치잡이 권리를 이 섬의 주인인 한국 정부에 선금(先金)을 내고 임대하려고 대한제국 정부에 청원서를 내려고 동경에 상경해서 활동하였다. 그 도중에 해군성 수로부장 기모쓰키 가네유키의 주장과 조종을 받고 생각을 바꾸어 「리양코섬 영토편입 및 대하원」을 일본 정부에 제출한 것이므로, 그의 일본 정부에 제출한 청원서는 사실은 일본 해군성 수로부장(해군소장) 기모쓰키 가네유키가 청원한 것과 본질적으로 내용상 동일한 것으로서, 일본 정부 결정문의 사실은 모두 거짓으로 되어 있다. ④ 나카이의 '독도'(리양코섬) 영토편입 청원에 대하여 내무성 담당서기관 이노우에 도모이치는 리앙코르도섬이 조선의 우산도라고 처음에 영토편입 청원서 접수를 각하시키려

하였다. 내무성은 리앙코르도섬이 한국 영토임을 1876~1877년의 재조사로 잘 알고 있었기 때문이다. ⑤ 이 섬은 당시 일본 내무성 이노우에 도모이치 서기관의 설명대로 조선의 우산도이고 당시 대한제국의 명칭은 '독도(石島)'로서 대한제국 강원도 울도군 군수(심흥택)의 소관이었기 때문에, 일본이 이를 새로 영토편입하여 '죽도'라고 이름하고 시마네현 은기도사의 소관으로 한다고 결정한 것은 명명백백하게 일본 내각회의가 한국 영토 독도를 불법침탈하기로 국제법상 성립되지 않는 불법적 무효의 결정을 한 것이었다.

(10) 일본 정부는 1905년 1월 28일 독도가 한국 영토임을 잘 알면서도 군사적 목적으로 독도를 침탈하여 일본 영토에 편입하는 결정을 한 다음, 이를 '국제고시'하지 못하는 고민에 빠졌다. 당시 국제법은 무주지일 경우라도 선점하여 영토편입할 때에는 반드시 그 무주지의 사방 주위 국가에게 사전 조회하거나 반드시 국제고시하여 다른 의사 또는 반대 의사가 없는가의 여부를 질문해서, 이의가 없어야 함을 전제와 관행으로 하고 있었다.

이 조건 때문에 일본 내무성의 영토 담당 서기관 이노우에 도모이치가 '리앙코르도섬'은 '조선의 우산도'인데 러·일전쟁 도중이어서 전 세계 각국이 일본의 한국 병탄 야욕이 있지 않는가 환시하는 속에서 '바위섬' 하나를 탈취했다가 주일본 한국 공사관이나 한국 정부가 이의를 제기하면 전 세계 여론이 일어나 사체가 결코 용이하게 되지 않을 것이요 소탐대실하는 정책이라고 처음에 반대한 것이었다.

일본 정부는 이 문제를 해결하지 못해 거의 한 달 가까이 고민하다가, 독도 침탈 사실을 한국 정부와 한국인이 알 수 없도록 '실제적 비밀'로 해 두고 일본이 한국을 사실상 지배한 후 공개하는 간지(奸智)를 택하기로 하였다. 그 간사한 잔꾀가 '국제고시'를 하지 않고 '시마네현에 관내고시'를 하여 고시했다는 명분을 조작하면서 사실상 비밀사항으로 처리하는 것이었다.

이에 일본 정부는 '독도 영토편입' 사실을 당당하게 일본 중앙정부 『관보』에 고시하지 못하고, 중앙일간지에도 보도하지 못하였다. 한국 정부와 한국 국민들에게 들키지 않기 위해 비열하게 일본 내무대신이 1905년 2월 15일자로 시마네현지사에게 내각 결정사항을 시마네현에만 관내고시하도록 훈령하였다.

시마네현지사는 이 훈령에 따라 1905년 2월 22일자로 시마네현 지방 공무원들만의 내부 소식지인 『현보』에 4줄로 내무대신의 훈령사항을 간단히 게재하였고, 시마네현 지방신문인 『산음신문』이 『현보』의 게재사항을 1단 기사로 조그맣게 그대로 옮겨 보도하였다.

그러나 이것은 국제법이 요구하는 영토편입의 '국제고시'가 전혀 아니었다. 일본 정부는 국제법을 위반하여 국제고시의 의무와 관행도 지킬 수가 없었고, 준수하지 않은 것이었다. 이 점에서도 일본 정부의 1905년 1월 28일의 독도 침탈 내각결정은 성립되지 않는 불법적인 무효의 것이었다. 일본 정부는 국제법을 위반하면서 한국 영토 '독도'를 우선 한국 정부와 한국국민 몰래 도둑질하여 침탈을 시도한 것에 지나지 않았다.

일본 정부는 당시 내무성의 설명과 증거로 독도가 한국 영토임을 잘 알면서도, 해군성의 요구에 응하여 불법으로 침탈했으므로 이 사실을 도저히 '국제고시'를 할 수 없었던 것이다.

(11) 일본 정부가 한국 영토 독도(우산도)를 침탈해 놓고 간지를 발휘하여 이를 사실상의 '비밀'로 처리했기 때문에 1905년 1~2월 당시에 대한제국 정부와 국민은 이 사실을 전혀 알 수 없었다. 당시 대한제국 정부와 국민뿐 아니라 일본제국의 정부 기관과 국민도 극소수 관계자를 제외하고는 이 사실을 알지 못하였다. 그 증거는 당시 일본 최대규모의 출판사 박문관(博文館)이 러·일해전의 승리에 기뻐서 1905년 6월에 출판한 유명한 『일로전쟁실기』의 지도에 독도(리앙코르도암석)를 여전히 한국 영토에 포함시키고

있는 것에서도 이를 알 수 있다.

러·일전쟁이 1905년 9월 일본의 승리로 종결된 직후 1905년 12월에도 일본 정부는 한국 영토 독도의 일본 영토로의 '편입' 사실을 공개하지 않았다. 그 이유는 일제가 1905년 11월 17일 을사조약을 강요하여 대한제국을 반(半)식민지 보호국으로 점유했으나, 아직 대한제국 정부가 반(半)독립 상태로 남아 있고 주일본 한국 공사관이 동경에서 활동하고 있었기 때문이었다.

일제는 1906년 1월 17일 대한제국 외부를 폐지하고, 1906년 1월 20일에는 대한제국의 모든 외교관을 해임함과 동시에 재외 공사관과 영사관 폐지를 자행하였다. 이어서 1906년 2월 1일 서울에 일제의 통감부를 설치하여 대한제국 외교를 전담하면서 내정을 지휘하였다.

일본 중앙정부는 이 시기에 맞추어 1906년 3월 은기도의 '죽도시찰단'에 독도 시찰을 허가하였다. 그들은 독도를 들른 다음 1906년 3월 27일 울릉도에 들러서 울도군수에게 독도의 일본 '편입' 사실을 대수롭지 않은 일처럼 넌지시 알리었다.

울도군수 심흥택은 경악하여 그들이 떠나자마자 1906년 3월 28일 즉각 강원도 관찰사를 통해서 중앙정부에 "본군 소속 독도가 본부 외양 백여리에 있삽더니 (…) 〈일본 관리 일행이〉 스스로 말하기를 독도가 이제 일본 영지가 되었기 때문에 시찰차 왔다."고 한다고 일제의 독도 침략 사실을 항의 보고하여, 대한제국 정부와 국민이 처음으로 일제의 한국 독도 침탈 사실을 알게 되기 시작하였다.

이에 당시와 그 이후 계속된 의병운동과 애국계몽운동, 독립운동에는 주권과 함께 "회복해야 할 국토 속에 독도도 포함되어", 일본 제국주의를 몰아내고 대한독립을 쟁취하려는 항일 민족독립운동이 줄기차게 전개된 것이다.

구한말 일본 제국주의가 대한제국이 허약한 틈을 노리고 한국 영토 독도를 국제법을 위반하면서 한국 정부와 국민 몰래 1905년 침탈했다가 1946년 1월 29일 연합국이 한국에 반환하였다. 이것을 오늘날 현대 일본 정부가 독도를 자기 영토라 주장하면서 1905년 2월 독도의 일본 '영토편입'은 국제법상 합법적 영토편입이었다고 하는 것은 전혀 진실이 아닌 허위이며, 구 일본 제국주의를 계승하여 다시 독도를 침탈하려고 시도하는 것일 뿐이다.

제8편

1905년 일제의 대한제국 독도 불법침탈에 대한 허구성과 무효

제35장

일본 정부가 주장한 '무주지 선점론'의 허구성

제1절 독도는 '무주지'가 아닌 한국이 주인인 '유주지'

현대 일본 정부가 아직도 '독도' 침탈야욕을 버리지 못하고, 1905년의 일본의 독도(리앙코섬, 우산도) 영토편입이 평화적으로 국제법상 시행된 것으로서 독도는 일본 영토인데 한국이 불법점거하고 있다고 주장하고 있다. 그러므로 1905년의 일제의 독도 침탈의 진실을 실증적으로 그리고 국제법적으로 명료하게 거듭거듭 밝힐 필요가 절실하다.

일제가 한국 '독도'를 1905년 1월 28일 침탈하여 영토편입하는 결정을 할 때 일본 정부 내각회의는 독도에 대하여 "은기도에서 서북 85해리에 있는 무인도는 타국이 이를 점령했다고 인정할 만한 형적(形跡)이 없다."고 하여, 독도를 일본에 새로 영토편입하는 이유를 들었다. 이것은 당시 국제공법에서 영토편입의 근거가 될 수 있는 첫째 조건 '무주지 선점'의 '무주지'를 겨냥하여 끼워 맞춘 표현이었다.

일제의 이 내각 결정문에는 독도가 한국 영토임을 잘 알면서 침탈하려는 내각결정이므로, 표현에 일본의 간지(奸智)가 들어있음을 볼 수 있다. 즉 독도가 한국 영토이기는 하지만 사람이 살지 않는 무인도인 것은 사실이므로, 일본 정부는 독도가 '무인도'임을 먼저 강조해서 표시하였다. 그러나 '무주지'라고 직접적으로는 표현하지 못하고 "타국이 이를 점령했다고 인정할 만한 형적이 없다."고 하여, 만일 이후에 일본의 과오를 엄중하게 비판 공격받을 경우에 도피할 공간을 남겨두면서 간접적으로 무주지임을 표시하였다.

그러나 독도는 1905년 1월 28일(일본 내각회의에서 독도 침탈을 결정한 일자) 오래 전에 '한국'이라는 주인이 이미 엄연하게 존재하고 있었다. 즉 독도는 무주지가 아니라 이미 한국이라는 주인이 있는 '유주지(有主地)'였다.

그러므로 독도가 1905년 1월 28일 이전에 한국에 속한 한국 영토였다는 사실을 증명하면 일본 정부의 독도 영토편입 결정은 국제법을 위반한 침탈의 불법적 결정이 되고 무효가 되는 것이다.[1]

독도가 1905년 1월 28일 이전에 무주지가 아니라 한국의 고유영토였다는 증거는 한국과 일본의 문헌자료와 양국 고지도 및 서양 고지도에도 많이 남아 있다. 한국 측 고문헌 자료로는 『삼국사기』와 『삼국유사』에 서기 512년부터 우산국이 신라에 병합된 때부터 우산국의 땅인 독도가 신라에 병합되어 한국의 고유영토로 전승되어 왔음이 각종 문헌과 증거자료로 계속 증명되어 이어지고 있다. 즉 독도는 512년(신라 지증왕 13년) 우산국이 신라에 귀속했을 때부터 한국의 고유영토가 되어 지금까지 이어져 온 것이다.

한국 학계는 1905년 1월 이전에 독도가 무주지가 아니라 한국의 영토였음을 증명하는 고문헌과 고지도를 상당히 많이 찾아 내었다. 필자의 이번

1 곽진오, 2014, 「일본의 '독도 무주지선점론'과 이에 대한 반론」, 『한국정치외교사논총』 제36집 제1호.

저서 『독도 영토주권의 실증적 연구』 상권은 모두 이러한 자료들 가운데 주요 자료들을 해설한 것이다.[2]

한국에서 발견되는 다수의 고문헌 자료와 고지도는 독도가 한국이라는 주인이 있는 유주지임을 충분히 증명하는 실증자료들이다. 한국 학계는 계속해서 이러한 실증자료들을 발굴하고 분석 연구해나가야 할 것이다.

만일 독도가 무주지가 아니라 한국의 영토라는 사실을 증명하는 문헌자료 및 고지도가 한국에서만 발견되고 일본 측 자료에서는 발견되지 않는다면, 아마 일본 정부는 한국 측 자료의 일방성을 지적하고 독도가 무주지라고 여전히 주장할 것이다.

그러나 만일 일본 출처의 일본 자료들이 독도가 1905년 1월 이전에 독도가 무주지가 아니라 한국 영토였다는 사실을 증명한다면, 오늘날의 일본 정부는 1905년 1월 28일 내각회의의 독도가 무주지이기 때문에 일본에 '영토편입'한다는 결정의 근거가 상실되어 그 불법성과 부당성이 실증적으로 증명되고 일본 내각회의 결정이 무효가 됨을 인정하지 않을 수 없을 것이다. 특히 일본 메이지 정부의 공문서가 '독도는 조선의 영유'라고 확인한 자료들을 제시한다면 독도가 한국 영토임은 저절로 증명된다고 할 수 있을 것이다.

상권 제2편에서 본 바와 같이, 일본 정부에 의하면 일본 기록에 독도가 처음 보이기 시작하는 것은 『은주시청합기(隱州視聽合記)』(1667년)부터이다. 그런데 이 일본 고문헌 자료 『은주시청합기』는 독도가 고려의 영토

2 ① 신용하, 1991, 「한국 固有領土로서 獨島영유에 대한 역사적 연구」, 『한국사회사논문집』 제27집; 신용하, 1996, 『獨島의 民族領土史 연구』, 지식산업사 재수록.
② 최장근, 2014, 『한국영토 독도의 고유영토론』, 박문사.
③ Kim Hakjoon, 2019, 『Dokdo, Its History and Facts』, Seoul selection U.S.A., Seoul.

이고 일본 영토의 서북 경계는 오키섬[은주(隱州), 은기도(隱岐島)]를 한계(限界)로 한다고 기록하고 있다.

이밖에 도쿠가와막부의 울릉도·독도 관련 공문서집인 『죽도일건(竹島一件)』(1696~1699년), 울릉도·독도 불법도항자 심문기록인 『조선죽도도항시말기(朝鮮竹島渡航始末記)』(1836년) 등과 그 부속지도들도 모두 '독도'(송도)를 조선 영토로 표시, 기록하고 있다.

일본에서 1868년 메이지 정권이 수립된 이후에도, 이 책의 제5편에서 비교적 상세히 밝힌 바와 같이, 1869~1870년의 「조선국교제시말내탐서(朝鮮國交際始末內探書)」, 1876~1877년의 「태정관 지령문서」 등과 같이 일본 메이지 정부의 태정관(총리대신부), 외무성, 내무성, 육군성, 해군성 등이 1904년까지는 독도(于山島, 石島, 松島, リアンコルド岩, リヤンコ島)를 모두 조선(대한제국)의 영토로 명료하게 인지하고 공문서로서 재확인했었다.

또한 일본의 고지도로서 다음의 지도는 독도(于山島, 松島)가 조선 영토임을 잘 표시한 일본 지도로 이미 잘 알려져 있다. ① 하야시 시헤이(林子平)의 「삼국접양지도(三國接壤之圖)」(1785년), ② 「대일본지도(大日本之圖)」(1785년), ③ 「총회도(總繪圖)」(18세기 중엽), ④ 「조선세도(朝鮮細圖)」(1852년경), ⑤ 소메자키(染崎延房)의 「조선국세견전도(朝鮮國細見全圖)」(1873년) ⑥ 「대일본해륙전도(大日本海陸全圖)」(1877년) 등도 독도를 조선의 영토로 매우 명백하게 표시하고 있다.

일제가 1905년 2월 독도를 무주지로 주장하면서 몰래 침탈하기 이전의 독도를 한국 영토로 인지한 일본 지도는 계속 발굴해야 하므로, 독립기념관에 최근 입수된 일본 지도 가운데서 몇 개를 뽑아 보면 다음과 같다.

1) 「조선명세전도(朝鮮明細全圖)」(1894년 8월 14일)

일본에서 제작한 조선 지도로, 동해에 '죽도(竹島)'와 '송도(松島)'를 표기하였다. 두 섬을 강원도와 동일한 색으로 구분하였는데, 일본이 울릉도와 독도를 조선의 강원도 지역에 속하였음을 인지하였다는 사실을 보여준다.

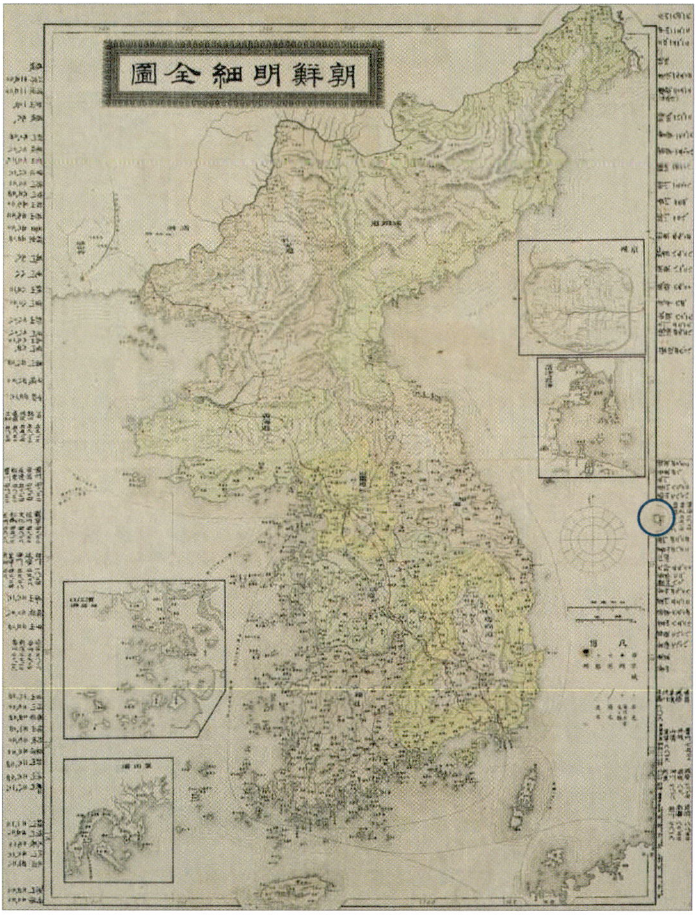

그림 2-56 「조선명세전도」

2) 『교과적용 만국신지도지리통계표(教科適用 萬國新地圖地理統計表)』 (1895년 7월 5일)

일본 교육자료에 실린 조선 지도로, 동해에 두 섬이 확인된다. 왼쪽은 '다케시마(竹島 : 울릉도)', 오른쪽은 '마쓰시마(松島 : 독도)'로 표기해서 일본이 울릉도와 독도를 조선 영토로 인지했다는 것을 보여준다.

그림 2-57 『만국신지도지리통계표』의 「조선」

3) 『일본중지리부록(日本中地理附錄)』의 「일본제국전도(日本帝國全圖)」 (1900년)

일본 역사학자가 제작한 지리부도로, 각종 지도에서 일본의 서북방 한계를 오키제도까지로 붉은색을 칠하여 표시하였다. 일본 전역에 유통된 이 지리부도는, 1900년경 일본이 독도와 울릉도를 조선 영토로 인지하였다는 것을 알려준다.

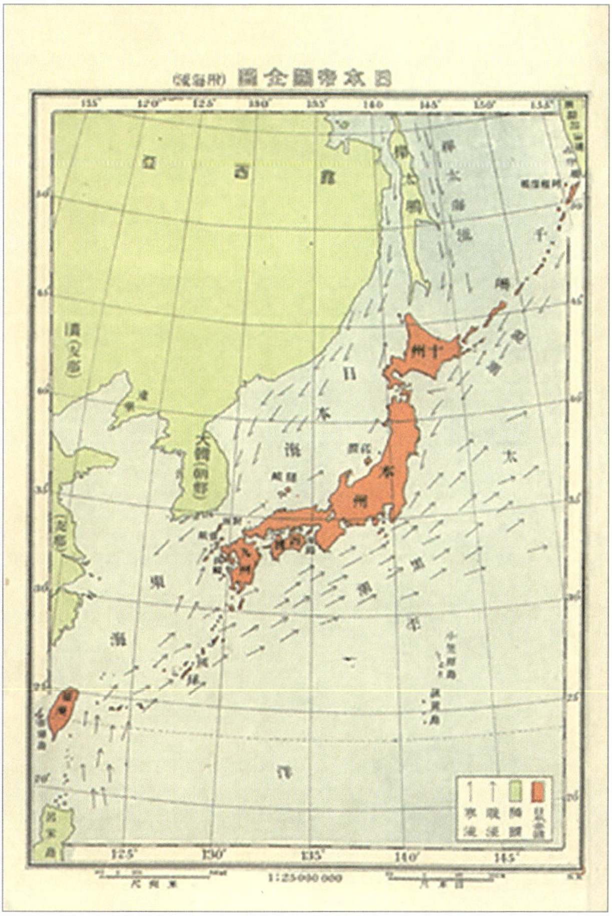

그림 2-58 「일본제국전도」

4) 「일로만한 실측대지도(日露滿韓 實測大地圖)」(1904년 3월 20일)

한국과 중국, 러시아, 일본을 그린 지도로, 동해에 두 섬이 확인된다. 왼쪽에 있는 섬은 '죽도(竹島 : 울릉도)', 오른쪽에 있는 섬은 '송도(松島 : 독도)'로 일본 메이지 시대 초기의 명칭을 사용하면서, 두 섬을 한반도와 같은 색으로 표시하여, 일본이 울릉도와 독도를 한국 영토로 인지하였음을 보여주고 있다.

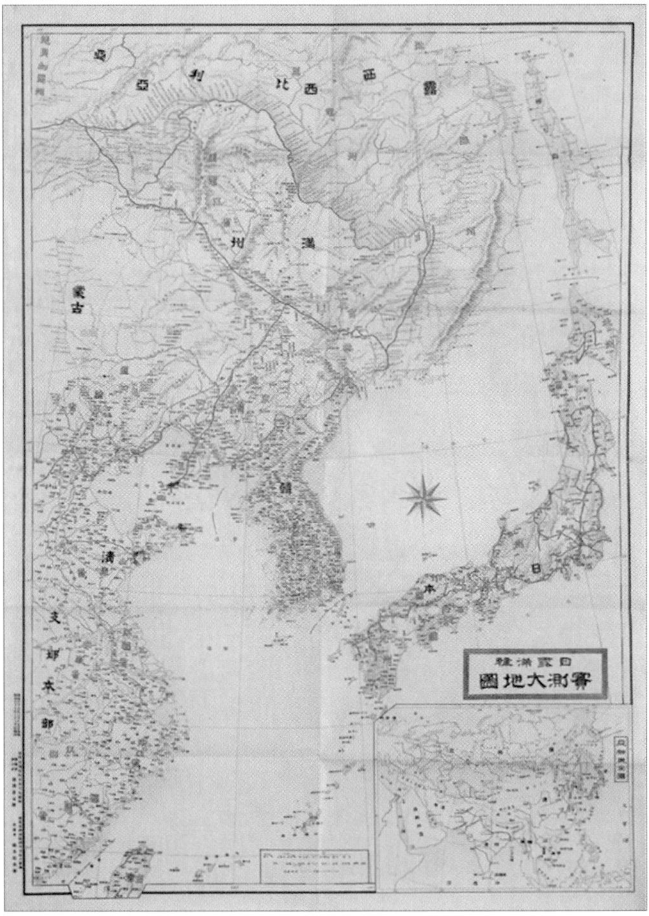

그림 2-59 「일로만한 실측대지도」

일본 측의 기록 가운데서도 특히 메이지 정부의 공문서에서 독도가 '무주지'가 아니라 '한국 영토'였음을 기록한 실증자료를 제시하고 분석하면, 독도를 1905년 2월 메이지 정부가 '무주지'라고 하여 소위 '영토편입'했다는 것이 사실은 '한국 영토'를 '침탈'한 것임이 증명되고, 일제가 침탈한 독도가 1945년 8·15해방과 동시에 한국 영토로 복귀한 사실이 지극히 정당한 것임을 명백히 증명할 수 있다.

(1) 제5편에서 본 바와 같이, 일본 메이지 정부는 수립 직후인 1869년(메이지 2년) 12월, 외무성 고관 사다 하쿠보(佐田白茅)·모리야마 시게루(森山茂)·사이토 사카에(齋藤榮) 등을 부산에 파견하여 개항 교섭을 탐색할 때, 외무경이 제출하고 국가최고 기관인 태정관이 승인하여 지령한 조사사항 가운데 '죽도(울릉도)와 송도(독도)가 조선 부속(朝鮮附屬)으로 되어 있는 시말'이 포함되어 있고, 이에 대한 복명서로 1870년(메이지 3년)에 「조선국교제시말내탐서」가 일본 외무성에 제출되었다. 메이지 정부의 외무대신과 태정관이 확인하여 지령한 일본 외무성의 이 공문서에는 울릉도와 독도가 '무주지'가 아니라 '조선 부속령으로 되어 있음'을 명백히 기록하고 그 전말을 조사하도록 지시하였다. 이 자료는 『일본외교문서』 제3권, 문서번호 87호로 1938년에 간행되었으므로 누구에게나 공개되어 열람할 수 있다. 일본 외무성의 이 공문서는 독도가 조선 영토이고, 무주지나 일본 영토가 아님을 메이지 정부가 1869~1870년에 명확하게 인지하고 확인했음을 잘 증명해 주고 있으며, 독도가 한국이라는 주인이 있는 유주지(有主地)로서 한국 영토임을 확실하게 증명해 준다.

(2) 일본 메이지 정부는, 제5편에서 다룬 바와 같이, 1876년(메이지 9년)에 시마네현으로부터 새로운 지적·지도 편제에 임하여 울릉도(죽도)와 독도(송도)를 시마네현에 포함시킬 것인가의 질품서를 받았다. 이에 앞에서 서술한 바와 같이, 내무성이 약 5개월간 문헌조사를 한 후 울릉도(죽도)와

독도(송도)는 조선 영토이며 일본과는 관계없는 곳이라는 결론을 내렸다. 그러나 판도의 취사는 중대한 안건이므로 일본 내무장관이 다시 국가최고기관인 태정관에 품의서를 올렸던바, 태정관 역시 1877년 3월 20일 울릉도(죽도)와 독도(송도)는 일본과는 관계없는 곳이며 조선 영토임을 확인하는 지령을 내렸다. 이 일본 내무성의 공문서와 '태정관 지령' 문서는 일본의 『공문록(公文錄)』 내무성부의 표제로 현재 일본 국립공문서관에 보관되어 있다. 이 내무성과 「태정관 지령문서」는 독도가 조선 영토이고, 무주지나 일본 영토가 아님을 다시 한번 명확하게 증명해 주고 있으며, 메이지 정부가 1877년 독도가 한국 영토임을 재확인했음을 잘 나타내 주고 있다.

(3) 또한 제5편에서 다뤘던 바와 같이, 일본 메이지 정부의 해군성은 1876년(메이지 9년)에 서양 탐험선들이 실측하여 편제한 지도를 번역편찬해서 「조선동해안도(朝鮮東海岸圖)」를 발행할 때, 독도를 그림까지 넣어 조선 부속령에 포함시켰다. 이 「조선동해안도」 원본 가운데 하나가 현재 서울대학교 규장각한국학연구원에 보관되어 있다. 또한 일본 해군성이 세계수로지인 『환영수로지(寰瀛水路誌)』를 해체하여 국가별로 분류할 때에도 1905년까지는 독도를 '리앙코르도섬'라는 이름으로 『조선수로지(朝鮮水路誌)』에 넣었다. 일본 육군성 참모국의 「조선전도(朝鮮全圖)」(1875년)도 독도를 조선 영토에 포함시켜 표시하였다.

(4) 이 책 제7편에서 다룬 바와 같이, 대한제국 정부는 일본인들의 울릉도에의 불법침입과 불법벌목을 방지하기 위하여 '국제조사단'을 편성하여 1900년 5월 울릉도에 파견하여 현지조사를 한 후, 1900년 10월 25일 '칙령 제41호'를 반포해서 지방관제 개정을 통하여 울도군을 승격시켜 울릉도와 독도가 대한제국 영토임을 재확인하고 서양 국제법에 의거하여 국내와 세계에 공시, 공포하였다. 이때 일본 측은 부산 영사관의 부영사와 경찰관을 국제조사단에 참가시켰으며, 대한제국의 1900년 칙령 제41호의 한국

울릉도·독도 영유권 재확인 공포에도 전혀 이의나 항의를 제출하지 않고 이를 받아들였다. 단지 울릉도에서의 일본인 철수를 대한제국 정부가 실행하라고 응답했을 뿐이었다.

이러한 사실들은 모두 독도가 조선 영토이고, 무주지가 아니었음을 잘 증명해 주며, 메이지 정부의 해군성과 육군성도 태정관·외무성·내무성과 마찬가지로 1905년 2월까지 독도가 한국 영토임을 명확하게 인지하고 거듭 재확인했음을 잘 나타내 주고 있다.

제2절 독도가 한국령임을 인지하고도 침탈을 자행한 일본

여기서 또 한 번 특히 주목해야 할 사실은 독도의 일본 영토에의 편입을 추진한 당사자들이 모두 독도가 무주지가 아니라 한국이라는 주인이 있는 유주지(有主地)로서 한국 영토라는 사실을 알고 있었다는 사실을 강조하여 알려줄 필요가 있다.

첫째, 독도의 일본 영토편입 청원서를 일본 정부에 제출한 나카이 요자부로(中井養三郎)도 독도가 한국 영토임을 잘 인지하고, 독도에 서식하는 강치를 포획하여 큰 이익을 취하려고 독도의 소유권자인 한국 정부에 대하원을 제출하기 위해 상경해서 일본 정부 농상무성 관리와 접촉한 것이었다.[3] 나카이는 한국 동해안과 블라디보스토크 연해에서 잠수기 어업에도 종사하여 외국 사정도 아는 어업가로서 나카이는 '독도가 조선 영토'임을 정확

3 ① 中井養三郎, 「事業經營概要」 및 履歷書.
② 신용하 편저, 『독도영유권 자료의 탐구』, 독도연구보전협회.

하게 인지하고 확신하고 있었다.[4]

둘째, 독도의 일본 영토편입을 선두에서 적극 추진하고 나카이를 배후 조종한 일본 해군성 수로부장 일본해군 소장 기모쓰키 가네유키(肝付兼行)도 독도가 한국 영토임을 잘 알고 있었다. 기모쓰키는 정부에 들어간 후 일생을 수로부와 그 관련 부서 근무하면서 독도를 『조선수로지』에 포함시키고, 독도의 일본 호칭을 '송도'로부터 '리앙코르도섬'으로 바꾼 후에도 독도를 『일본수로지』가 아니라 『조선수로지』에 넣은 책임자였다. 사실이 그러했기 때문이었다.

그 증거를 찾아보면, 기모쓰키 가네유키는 1883년에 은기주(도)의 영역을 답사하고 쓴 글에서 은기제도(일본의 서북쪽 영토)의 범위를 "북위 35도 57분~36도 18분, 동경 130~133도 23분"이라고 하여,[5] 그 범위 밖의 서북쪽에 있는 독도(북위 37도 14분 26.8초~37도 14분 30.6초, 동경 131도 51분 54.6초~131도 52분 10.4초)는 명백하게 은기제도에서 제외하여 조선 영토로 규정하였다.

또한 기모쓰키는 일본 해군성 수로부 발행의 『수로잡기(水路雜記)』(1883년)에 쓴 글에서도 "일본의 북서안은 나가토(長門)부터 호키(伯耆)까지이다(日本北西岸 自長門至伯耆)."[6]라고 하여 독도와 울릉도를 제외하였다. 기모쓰키는 독도(송도)와 울릉도(죽도)가 조선왕조 영토임을 명확하게 인지하고 있었던 것이다.

기모쓰키 가네유키는 1904년 2월 일본군의 러·일전쟁 도발 후 동해에서의 러·일해전 등에서 독도(리앙코르도)의 군략상 가치가 매우 중요함을

---

4 奥原福市, 1907, 『竹島及鬱陵島』, 27~32쪽.

5 肝付兼行, 1883, 「隱岐回航略記」, 『水路雜記』, 1~2쪽.

6 肝付兼行, 1883, 「日本北西岸水路略記」, 『水路雜記』(日本海軍省水路部) 第 39號, 前面.

인지하고, 독도는 한국 영토지만 대한제국의 국력이 매우 취약하고 독도는 무인도이므로 러·일전쟁 기간에 아예 독도를 일본 영토로 편입하는 것이 일본의 국가이익에 크게 기여하는 것이라고 판단하고 제국주의적 영토야욕으로 독도의 일본 영토편입을 추진한 것이었다.

셋째, 독도를 일본 영토로 편입할 경우 내무성에서 이를 받아 담당해야 할 일본 내무성 영토 담당 서기관 이노우에 도모이치(井上友一)도 독도가 한국 영토임을 매우 잘 알고 있었다. 그는 독도가 조선의 우산도라고 하여 나카이의 독도 일본 영토편입 청원서를 아예 접수하지 않으려고 하였다.[7] 그는 동경제국대학을 졸업한 엘리트로서 꼼꼼한 성격 때문에 내무성에 보관되어있던 도쿠가와막부 관백 등이 1696년 1월에 울릉도와 그 외 1도 우산도가 조선 영토임을 재확인한 결정문서들과 양국 간의 왕복 외교문서들도 읽었을 것이다. 이노우에 도모이치 서기관은 나카이의 독도 영토편입을 완강하게 반대하다가,[8] 직속상관이며 일본 군부를 지배하는 조슈(長州)군벌의 핵심인 가쓰라 타로(桂太郎) 총리대신의 압력에 굴복하고, 이노우에 도모이치 자신의 집안이 조슈군벌 사무라이 가계이기 때문에 결국 독도의 일본 영토편입에 가담했다고 판단된다.

그러므로 1905년 1월 18일 일본 정부 내각회의의 독도를 일본 영토에 편입하여 죽도로 호칭하기로 한 의결은, 독도가 유주지이거나 어느 나라 소유령인가를 몰라서가 아니라, 독도가 한국 영토고 한국의 우산도(한국 어민 호칭 독도, 일본 어민 호칭 리양코섬)임을 잘 알면서도, 고의로 '무주지'로 간접

---

7 「中井養三郎 事業經營概要」, 1910년 中井養三郎 작성.

8 井上友一는 法律家이고 法學 전공자였기 때문에, 朝鮮領土인 독도(리앙코르도섬)를 일본에 편입하는 것이 國際法違反이 되어 '事體는 결코 용이하지 않다.'며 반대했고, 이것이 영향을 끼쳐 결국 대한제국과 국제사회가 알지 못하도록 島根縣 '管內告示'로 되었다고 본다.

표현하고 "타국이 점령했다고 인정할 형적이 없는 섬"임을 꾸며 만들어서 당시 국제법의 영토편입 근거가 될 수 있는 '무주지 선점'에 맞추어 한국 영토 독도를 침탈한 것이었다.

일본 정부 내각회의는 한국 영토 독도가 한국 소유령임을 잘 알면서도 이를 침탈하기 위해 고의적으로 국제법의 영토편입 조건에 맞는 듯이 보이도록 '무주지'로 꾸미는 위장을 하고 한국의 독도를 침탈하여 일본 영토에 편입시키기로 의결한 것이었다.

제3절 독도에 '불법침입'한 일본인 나카이

일본인의 독도 '선점'의 여부를 이어서 검토해 보면, 1905년 1월 28일 일본 내각회의의 독도 일본 영토편입 의결서에서, "메이지 36년(1903년) 이래 나카이 요자부로란 자가 該島(독도)에 이주하고 어업에 종사한 것은 관계서류에 의하여 밝혀지며 국제법상 점령의 사실이 있는 것이라고 인정하여 본방(일본) 소속으로 하고"라고 기술해서 나카이가 1903년 이래 '독도에 이주해서' 어업에 종사했다고 주장하면서 국제법상 영토편입 요건의 하나인 '무주지 점령'의 '선점'에 해당한다고 짜맞추고 있다.

그러나 나카이는 독도에 이주한 일이 없다. 나카이는 어부들을 일꾼으로 고용하여 1903년 단 한 번 독도에 들어가서 강치잡이를 하고 나온 적이 있다. 이때(1903년) 나카이는 독도를 그의 자필 이력서에서 쓴 바와 같이 "본도(독도)가 울릉도에 부속하여 한국의 소령(所領)"[9]임을 알고 독도에 들

---

9 「中井養三郎 事業經營概要」, 1910년 中井養三郎 작성.

어가 강치잡이를 한 것이므로, 이것은 무주지 '선점'이 전혀 아니다. 단지 한국 부속령에 허가받지 않고 '불법침범'한 것에 불과한 것이었다.

이듬해인 1904년 2월 8일에는 일제가 러·일전쟁을 도발했으므로 동해는 전장의 일부가 되었기 때문에 나카이는 독도에 가보았을지는 모르지만 강치잡이 등 어업에는 종사하지 못하였다. 나카이가 독도에 불법으로 입도·침범하여 강치잡이를 한 것은 1903년 한 번 뿐이었으며, 이때도 한국 영토로 알고, 이익 획득을 목적으로 한국 정부의 허가 없이 한국 영토에 불법 침입했다가 나왔으므로 이것을 '무주지 선점'의 사실 입증으로 사용하는 것은 천만부당한 것이다. 도리어 나카이의 어로행위는 한국 영토에의 불법 침입, 불법어로에 불과한 것이다.

나카이는 "독도에 강치가 많이 군십하는 것은 종래 울릉도 방면 어부(한국인 주류)의 주지하는 바이지만, (…) 또한 홀연히 제방(諸方)으로부터 다수의 잡이꾼들이 내집(來集)하여 경쟁 남획에 이르지 않는 바가 없고 (…)"[10] 라고 스스로 쓴 바와 같이, 독도에서 강치잡이는 자기 이전에 울릉도 어부(한국인)도 종사했었고, 1903년 나카이가 불법입도하여 강치잡이를 했을 때는 한국·일본의 각 지역으로부터 강치잡이 어부들이 들어와 남획해서 씨를 말릴 위험에 있었다. 그러므로 나카이는 독도 영유권자인 한국 정부에 대하금(貸下金)을 선납하고 독점권을 한시적으로 임대받아서 강치잡이를 독점하여 큰 이익을 획득하기 위해서 한국 정부에 강치잡이 대하원을 제출하려고 한 것이었다.

그러므로 일본 정부가 나카이가 한국의 독도에 '불법입도'하여 강치잡이를 한 것을 '무주지 선점'의 사실로 인정할 수 있다고 한 것은 명백히 매우

10 「中井養三郎 事業經營槪要」, 1910년 中井養三郎 작성.

큰 오류이며 성립되지 않는 주장인 것이다.

일본 정부의 1905년 1월 28일 내각회의 결정의 독도 일본 영토편입의 근거로 내세운 '무주지 선점'은 ① 독도가 무주지임은 성립되지 않고, 독도는 한국 영토임이 진실이며, ② '선점'도 성립되지 않고, 한국 영토에의 '침범'이 진실이므로, 전체적으로 1905년 1월 28일 일본 내각회의의 독도 영토편입의 국제법상 근거인 '무주지 선점론'은 전혀 성립되지 않는 것이다.

그러므로 1905년 1월 28일 일본 정부 내각회의의 무주지 독도를 "1903년 일본 어부(나카이)가 선점한 것이 사실이므로 독도를 일본 영토에 편입하여 죽도로 호칭한다."는 요지의 결정은 국제법상으로 무효이며, 불법적인 것으로 성립되지 않는 것이다. 그것은 국제법을 위반하면서 대한제국 정부 몰래 대한제국 영토인 독도를 침탈하려고 국제법으로 위장하여 시도한 것에 불과한 것이다.

최근 일본 정부는 1905년 1월 이전에 독도가 무주지가 아니라 한국 영토임을 실증자료로써 다수 증명되자, 이제는 독도가 고대 이래로 일본의 '고유영토'였다고 '고유영토설'을 주장하고 있다. 그러나 이것은 위의 일본 내각회의 결정의 논거와 정면으로 모순되는 것이다. 만일 일본 정부의 주장대로 독도가 고대 이래로 일본의 고유영토였다면, 왜 독도가 무주지이며, 타국이 이를 점유한 형적이 없고 1903년부터 나카이가 이에 이주하여 활동한 일이 있다고 억지를 쓰면서, 겨우 1905년에 와서야 새삼스럽게 내각회의에서 영토편입의 결정을 할 필요가 있었겠는가.

일본 정부가 주장한 리앙코섬(독도, 于山島, 石島)의 '무주지론'도 전혀 허위이고, 리앙코섬(독도)의 '일본 고유영토론'도 전혀 허위이다. 리앙코섬(于山島, 독도)는 대한제국의 영토인 것이 진실이었다. 당시 일본 정부도 이 진실을 알고 있었다. 또한 현대 일본 정부도 대부분이 이 진실을 알고 있으면서 억지 주장을 하고 있는 것이라고 필자는 생각한다.

제36장

일본 정부의 시마네현 『현보』 고시의 허구성

제1절 일본이 독도 침탈을 『현보』 고시한 속내

일본 정부는 앞장에서 쓴 바와 같이 1905년 1월 28일 내각회의에서 독도가 무주지이므로 일본 영토로 '편입'한다고 결정해 놓고서, 이 중대한 내각 결정을 당당히 중앙정부 『관보(官報)』에 고시하지 못하고 지방관청인 시마네(島根)현에서 '관내(管內)고시'하도록 조치하였다. 왜냐하면 1905년 1~2월 당시에는 동경(東京) 주일 한국 공사관이 활동하고 있어서 즉각 항의나 이의를 제기하면 영토 침탈 편입이 무효화되고, 전 세계가 러·일전쟁으로 일본의 한국에 대한 정책을 주목하고 있어서 한국 침탈의 야심을 갖고 있다는 일본의 내심이 폭로될 것이기 때문이었다.

이에 일제는 고민하다가 기만적 잔꾀를 내어 이를 중앙정부의 『관보』에 고시하지 않도록 하고, 또한 중앙일간지에도 보도하지 못하도록 통제한 후, 내무대신으로 하여금 시마네현의 관할 안에서 '관내고시'하도록 시마네현 지사에게 지시하게 하였다.

이에 일본 정부 내무대신은 1905년 2월 15일 '내무대신 훈령 제87호'

로 독도의 일본 영토편입 사실을 '관내고시'하도록 시마네현지사에게 훈령하였다.

내무대신으로부터 1905년 2월 19일 훈령을 받은 시마네현지사 마츠나가 다케요시(松永武吉)는 1905년 2월 22일 「시마네현 고시 제40호」로서 "북위 37도 9분 30초, 동경 131도 55분, 은기도(隱岐島)를 거(距)하기 서북으로 85해리에 있는 섬을 '다케시마(竹島)'라고 칭하고 지금 이후부터는 본현 소속의 은기도사(隱岐島司)의 소관(所管)으로 정한다."라는 고시문을 시마네현 『현보(縣報)』에 게재하였고(203쪽, 〈그림 2-42〉 참조), 이는 같은 해 2월 24일자의 지방신문인 『산음신문(山陰新聞)』 제5912호에 조그맣게 보도되었다.[11]

그러나 일본 정부의 위와 같은 고시 방법은 다음과 같은 점에서 근본적 문제가 있는 것이었고, 독도 영토편입(침탈)과 관련해서는 당시 국제법을 위반한 것이었다.

첫째, 일본 정부는 이미 17세기 말 숙종 연간(일본의 원록 연간)에 울릉도와 독도를 조선 영토로 재확인한 외교문서를 조선에 발송한 바 있으며, 메이지 연간에 태정관·외무성·내무성·해군성·육군성 등 메이지 정부 전체가 독도를 조선 영토라고 인정했고, 또한 1904~1905년 나카이 요자부로(中井養三郎)의 대하원(貸下願)에 대해서도 내무성은 이를 한국 영토 '우산도'의 의(疑)가 있다고 반대했으므로, 일본 정부는 당연히 사전에 한국 정부에 이를 조회(照會)하거나 사후에라도 한국 정부에 조회 혹은 통고(通告)해

11 ① 「往復文書:1962年 7月 13日字 日本側 구술서(No.228/ASN)-日本政府見害(4)」, 『獨島關係資料集』, 245~246쪽.
② 신용하 편저, 2001, 『독도영유권 자료의 탐구』 제4권, 독도연구보전협회, 435~438쪽.

야 했을 터인데 그렇게 하지 않았다.

특정 지역의 '영토편입'을 국제사회에 알리기 위하여 관련국에 통고하거나 '국제고시'하는 것은 국제관례이며 국제법의 요건인데도 불구하고, 일본 정부는 그들 자신도 이전에 한국 영토로 거듭거듭 인정한 '독도'를 소위 '영토편입' 하면서 한국 정부에 조회나 사전 또는 동시 통고를 전혀 하지 않은 것이다.[12]

---

12 ① 朴庚來, 1965, 『獨島의 史法的 硏究』, 일요신문사.
② 朴觀淑, 1965, 「獨島領有權 問題」, 『韓國社會科學論集』 제1집.
③ 黃相基, 1965, 「獨島問題硏究」, 『獨島』, 大韓公論社.
④ 이한기, 1969, 『韓國의 領土』, 서울대학교출판부.
⑤ 김정균, 1980, 「獨島問題에 대한 國際法的 考察」, 『國際法學論叢』 제25권 제1·2합병호.
⑥ 김명기, 1987, 『獨島와 國際法』, 화학사.
⑦ 신용하, 1996, 『獨島의 民族領土史 연구』, 지식산업사.
⑧ 나홍주, 2000, 『獨島의 영유권에 대한 國際法的 연구』, 법서출판사.
⑨ 신용하, 2001, 『독도영유권에 관한 일본주장 비판』, 서울대학교출판부.
⑩ 이상면, 2003, 「獨島領有權과 平和線 선포」, 『독도영유권학술심포지엄 논문집』, 독도연구보전협회.
⑪ 신용하, 2003, 『한국과 일본의 독도영유권 논쟁』, 한양대학교출판부.
⑫ 이석우, 2004, 『독도분쟁의 국제법적 이해』, 학영사.
⑬ 김병렬, 2006, 『일본군부의 독도침탈사』, 다다미디어.
⑭ 김영구, 2006, 『독도 영토 주권의 위기』, 다솜출판사.
⑮ 신용하, 2006, 『한국의 독도영유권 연구』, 경인문화사.
⑯ 제성호, 2006, 「독도의 실효적 지배 강화방안과 국제법」, 『독도영유권 학술 심포지엄 논문집』, 독도연구보전협회.
⑰ 金學俊, HosakaYuji 역, 2007, 『獨島/竹島韓國の理論』, 論創社.
⑱ 이상태, 2007, 『사료가 증명하는 독도는 한국 땅』, 경세원.
⑲ 선우영준, 2007, 『고려와 조선국 시대의 독도』, 학영사.
⑳ 신동욱, 2008, 『독도영유에 관한 연구』, 어문각.
㉒ 최장근, 2008, 『독도의 영토학』, 대구대학교출판부.
㉓ 최장근, 2009, 『독도문제의 본질과 일본의 영토분쟁 정치학』, 제이앤씨(J&C).
㉔ 김학준, 2010, 『독도 연구』, 동북아역사재단.
㉕ 송병기, 2010, 『울릉도와 독도, 그 역사적 검증』, 역사공간.

일본 정부가 1876년에 오가사와라섬(小笠原島)에 대한 영토주권을 확립할 때에는 이 섬과 간접적으로라도 관계가 있다고 본 영국·미국 등과 몇 차례 절충을 하고 구미 12개 국가들에 대하여 오가사와라섬에 대한 일본의 관치(管治)를 통고했었다.[13]

그런데 왜 독도를 '영토편입'하면서는 대한제국과 사전 조회나 협의도 하지 않고, 사후에도 조회나 통고를 전혀 하지 않았을까? 더구나 당시는 서울과 한반도가 일본군 한국주차군(韓國駐箚軍)의 지배하에 놓여 있는 상태였음에도 독도 영토편입 결정을 알리지 못했을까?

그 이유는 일본 정부가 독도는 한국 영토임을 처음부터 매우 잘 인지하고 있었기 때문이었다. 러·일전쟁 수행시 전략상의 필요와 영토야욕으로 한국 영토 독도를 일본 영토로 '편입'하는 것이 바로 '침탈'이고, 아직 주권이 남아 있는 대한제국의 영토인 독도(우산도, 리앙코르도섬)를 침탈하는 데서 발생할 문제들을 미리 예견하고 염려했기 때문이었다.

즉 일본이 한국 영토인 독도를 '영토편입'하는 것은 한국 부속령에 대한 침탈이므로, 아직도 일본 동경에 주일 한국 공사관이 활동하고 있고 또한

㉖ 최장근, 2011, 『일본의 독도영유권 조작의 계보』, 제이앤씨(J&C).
㉗ 김화경, 2011, 『독도의 역사』, 영남대학교출판부.
㉘ 신용하, 2012, 『독도영유의 진실 이해』, 서울대학교출판문화원.
㉙ 유미림, 2013, 『우리 사료 속의 독도와 울릉도』, 지식산업사.
㉚ 김명기, 2013, 『일본 흑룡회와 일본의 독도편입』, 책과사람들.
㉛ 정갑용, 2013, 『독도에 관한 국제법적 쟁점연구』, 경인문화사.
㉜ 김명기, 2014, 『독도의 영유권과 국제해양법』, 선인.
㉝ 성삼제, 2016, 『독도가 대한민국 영토인 이유』, 태학사.
㉞ 유미림, 2015, 『일본 사료 속의 독도와 울릉도』, 지식산업사.
㉟ 박현진, 2016, 『독도영토주권연구』, 경인문화사.
㊱ Kim Hakjoon, 2019, 『Dokdo, Its History and Facts』, Seoul selection U.S.A., Seoul.

13 ① 安岡昭男, 1980, 『明治維新と領土問題』, 196~213쪽.
② 堀和生, 1987, 「1905年 日本の竹島領土編入」, 『朝鮮史研究會論文集』 第24輯.

한국의 수도 서울에 각국 공사관들이 활동하고 있는 상태에서 한국과 분쟁을 일으키면 서양 각국으로부터 한국 영토 침탈에 대한 비판과 러·일전쟁 후의 한국 침탈 야욕에 대한 의심을 강화할 것을 우려했기 때문이었다.[14]

둘째, 독도의 '영토편입'은 극히 중요한 사항일 뿐 아니라, 내각회의 결정은 '비밀사항'이 아니면 중앙 『관보』에 게재하여 중앙정부 수준에서 국내외에 공시하는 것이 보통인데, 일본 정부는 이 사안에 대해서만은 이러한 공시를 회피하였다.

왜 이렇게 예외적 조치를 취했을까? 일본 정부는 사실상 이를 비밀사항으로 숨겨 두려 했기 때문이었다. 당시 동경에는 한국 공사관을 비롯한 여러 나라 공사관이 있었으므로 일본 정부는 한국 영토인 독도를 침탈하여 일본 영토에 '편입'한 사실을 한국과 세계 여러 나라에 알리고 싶지 않았던 것이다. 즉 일본 정부는 독도가 한국 영토임을 잘 인지한 상태에서 1905년 1월 28일 독도를 빼앗아 일본 영토로 편입하는 내각 결정을 감행하여 침탈한 것이므로, 이것을 가능한 한 세계에 알리지 않고 비밀사항으로 해두고 싶었던 것이다.

셋째, 일본 정부의 정책에 협조적이었던 일본의 전국지(全國紙)들이 독도의 '일본 영토편입'을 전혀 보도하지 않았다. 당시 동해는 러·일전쟁의 싸움터였으므로 각종 언론의 관심이 모이는 지역이었고 따라서 동해상의

---

14 일본 학자는 일본이 독도(竹島)를 일본 영토로 편입해 놓고 島根縣 告示로만 공시하고 한국 정부에 照會하거나 通告하지 않은 것은 조선을 대등한 主權國家로 인정하지 않았기 때문이라고 설명하는데, 이것은 사실과 다르다. 1905년 2월 당시 대한제국 정부는 外交權을 갖고 있었고, 동해는 러·일전쟁의 전투지였기 때문에 세계의 이목이 한국에 쏠렸던 때였다. 이때 한국 정부가 독도 침탈에 대해 항의하면 서양 열강들의 環視 속에서 외교분쟁이 일어날 것을 일본은 두려워하였기에 照會도 通告도 하지 않은 것이다. 일제가 奸智를 짜내어 세계와 한국 정부와 한국인들이 알지 못하게 고시하는 방법을 고안해 낸 것이 島根縣 '管內告示'였다고 본다.

독도를 일본 영토로 '편입'한 것은 중대한 뉴스가 될 수 있었을 터인데도 다수의 일본 전국 신문들 가운데 어떤 신문에도 그러한 보도는 없었다.

그 이유는 무엇일까? 당시 일본의 수도 동경에는 다수의 한국인들이 체류하고 있었으므로 이 사실을 한국인들과 세계에 알리고 싶지 않은 일본으로서는 이를 전국 신문에 보도할 수 없었기 때문이었다고 본다. 당시는 러·일전쟁이 전개되는 전시·긴급한 시기였으므로 일본 정부는 신문들에게 보도 통제를 요청할 수 있었고, 신문들도 정부의 정책에 매우 협조적이었다. 결국 일본 정부는 한국인과 세계에 독도의 일본 '영토편입'(침탈)을 알리지 않을 실효적 비밀사항 조치를 추구한 것이다.

왜 일본 정부는 구차하게 지방 현(縣)에 '위장 고시'를 하려 했는가? 당시 무주지 영토편입에 대해서 국제공법이 '선점' 사실과 '국제고시'를 요구하고 있었기 때문이었다.

제2절 국제법을 위반한 일본의 기만 행위

그러면 일본 중앙정부는 '영토편입'이 갖추어야 할 요건의 일부인 '국제고시'를 어떠한 방법으로 처리했는가? 교활한 간지(奸智)를 짜내서 사기적 방법으로 '국제고시'는 회피하고 '국내 지방현(地方縣) 관내(管內)고시'를 그것도 지방공무원만 알도록 하였다. 즉 중앙정부가 이를 중앙 『관보』에 게재하여 일본 전국과 세계에 고시하지 않고, 내무대신이 지방 시마네현지사에게 현내(縣內)의 '관내고시'를 하도록 훈령한 것이었다.

시마네현에서 관내고시하라는 중앙정부의 훈령에 따라 시마네현지사는 시마네현 관할 내에서의 고시를 위하여 시마네현의 지방공무원만이 받아보는 소식지인 1905년 2월 22일자 『현보(縣報)』에 독도의 편입 결정을 조그맣게 게재하고, 이를 작은 지방신문에 조그맣게 보도하는 방법을 취하였다.

시마네현 『현보』는 시마네현청 지방공무원이 읽는 내부 자료이므로 『현보』의 고시라는 것은 현의 지방공무원만 보는 극히 제한된 소식지에 고시했다는 것이다. 또한 지방신문의 1단짜리 간단한 보도는 그 지방민이 아니면 읽지 않는 것이다. 『현보』는 한국인은 아예 볼 수 없다. 그러므로 우연히 시마네현의 현청 소재지에 유능한 한국인이 거주하고 있다가 마침 이 짧은 기간에 작은 지방신문을 자세히 읽고 본국에 긴급히 보고하지 않는 한, 이러한 고시 방법에 의해 한국인들이 독도가 일본에 침탈당했다는 것을 알 수는 없는 노릇이었다. 이것은 독도의 침탈과 일본에의 이른바 '영토편입'을 한국인과 세계에 알리지 않고 실질적 비밀사항으로 하는 매우 교활하지만 효과적인 방법이었다고 볼 수 있다.

일본이 이런 방법으로 1905년 1월 28일 한국의 부속령인 독도를 침탈하여 일본에 '영토편입'했기 때문에, 당시 한국 정부와 한국인은 아무도 이를 알지 못했으며, 또 알 수도 없었다. 일본 제국주의자들은 이상과 같은 과정과 방법으로 한국 영토인 독도를 '침탈'(일본인들이 말하는 소위 '영토편입') 혹은 '도탈(盜奪: 도둑질 침탈)'을 시도한 것이었다. 요컨대, '시마네현 관내고시' 방법은 한국인 몰래 독도를 도둑질해 침탈하면서도 마치 국제법상 요건인 '국제고시' 절차를 밟은 것처럼 보이려 획책한 것이었다.

그러나 원래 영토편입에 관한 국제법의 '고시' 목적은 '국제사회에의 고시', 즉 '국제고시'로서 관련국에게 알려서 조회하기 위한 것이었다. 그러므로 도리어 관련국에게 알리지 않으려고 목적한 '지방현 관내고시'는 국제법이 요구하는 고시인 '국제고시'가 전혀 아니며, 국제법상의 합법적 절차를 밟은 것이 아니라 도리어 기만과 사기를 획책한 것에 불과한 것이었다.

더구나 일본 정부(내무성)는 시마네현지사에게 '독도의 일본 영토에의 편입'을 '국제사회에 고시'는커녕 처음부터 훈령으로 시마네현 "관내(管內)에 고시토록 하라."고 '(시마네)지방 현내(縣內)고시'를 명령했으니, 국제법이 요구하는 '국제고시'를 처음부터 고의로 회피하여 위반한 것이었다.

현재 일본 정부는 1905년 독도의 침탈 '영토편입'을 1905년 2월 22일 국제법에 따라 '고시'해서 합법적으로 일본 영토로 편입했다고 주장하고, 2월 22일을 '죽도(독도)의 날'로 제정하여 기념행사를 하고 있다.

그러나 1905년 2월 22일의 '고시'는 국제법이 규정하는 '국제고시'를 처음부터 고의로 회피하고 내무대신의 '훈령 제87호'로 시마네현 '관내고시'를 자행하여 한국과 국제사회가 알 수 없도록 고의로 실질적 비밀사항으로 처리한 것이기 때문에 국제법을 위반한 것이며, 국제관례에 어긋난 조치를 한 것이기 때문에 불법적이고 성립되지 않은 무효의 것이었다.

그러므로 일본이 한국 영토 독도를 1905년 침탈하면서 국제법상 고시 절차를 거친 정당한 것이었다고 주장한 것은 전적으로 거짓이고 기만이며 국가적 사기 행위로서, 이것은 도리어 1905년 일본의 독도 침탈의 불법성과 침략성을 잘 나타내어 주는 것이다.

제37장

독도 침탈에 대한 대한제국 정부와 국민의 항의

제1절 1905년 독도 편입 사실을 은폐한 일제

일본 정부는 1905년 2월 당시 대한제국이 독립국가이고 외무부가 존재했음에도 불구하고 일본의 독도 '영토편입'에 대한 아무런 '한국 측의 항의'가 없었으므로 독도가 국제법상 '합법적으로' '평화롭고' '자연스럽게' 일본에 '영토편입'되었다고 주장하고 있다.

그러나 이것은 전혀 사실이 아니다. 대한제국 정부와 한국인들은 일본 제국주의자들이 해군성의 주도로 1905년 2월 한국 영토인 독도를 침탈하고 독도에 일본 해군의 망루와 통신시설을 설치한 사실을 전혀 모르고 있었다. 일본 정부가 이러한 사실을 대한제국 정부에 조회 혹은 통고하지도 않았고, 중앙정부 『관보』나 중앙신문들에 보도하지도 않았으며, 오직 지방 시마네현청에서 내부의 『현보』에만 게재하는 고시 형식만 취하여 실효적 비밀조치를 취했으니, 대한제국 정부와 한국인들은 도저히 이를 알 수 없었던 것이다.

이것은 타 지역의 일본인들도 마찬가지였다. 예컨대 일본의 동경 최대의 출판사 가운데 하나인 박문관(博文館)은 1905년 6월 20일 『일로전쟁실기(日露戰爭實記)』라는 방대한 러·일전쟁 승전 기록집을 출판했는데, 그 제 76편의 부록으로 1905년 6월 현재의 「한국전도(韓國全圖)」를 붙였다. 여기에서 우단선외(右端線外)에 있는 것을 무리하게 포함시켜 가면서까지 독도(죽도, 리앙쿠르암석)를 한국 영토로 표시하고 있다.

일본 정부 각료들과 관계자들을 제외하고는 일본인들 자신도 일제가 한국 영토인 독도를 침탈한 사실을 알지 못했던 것이다. 하물며 대한제국 정부와 국민들이 일본 정부의 실효적 비밀조치를 뚫고 독도가 침탈당한 사실을 알 수는 없는 것이었다.

일제가 한국 몰래 독도를 침탈하여 일본 영토에 편입해서 1905년 2월 22일 '국제고시'를 하지 않고 실질적 비밀사항으로 시마네현 '관내고시'를 한 후에도 이것을 한국 영토이고 일본 영토로 침탈된 것을 알지 못한 몇 개의 일본 측 자료를 예시하면 다음과 같다.

1) 『통상휘찬(通商彙纂)』(부록 1905년 7월), 「울릉도사정(鬱陵島事情)」

부산에 있는 일본 영사관이 1905년 7월 31일자로 보고한 '울릉도사정'에는 "강치라고 칭하는 해수(海獸)는 울릉도 동남쪽 약 25리 위치에 있는 리양코섬에 서식하며, 작년부터 울릉도민이 이를 포획하기 시작했다. 포획 기간은 4월부터 9월까지 6개월간으로, 포획 일꾼 및 수부가 약 10명인 어선 1조가 1일에 평균 5마리를 포획한다."고 기록되어 있다. 이 보고에서 보면, 부산의 일본 영사관 관리도 1905년 7월말 현재 독도가 일본에 영토편입되어 죽도로 이름이 바뀐 사실을 모른 채, 독도를 여전히 리양코섬이라고 부르고 울릉도민의 어업권에 속한 것으로 취급하고 있다.[15]

---

15 ① 在釜山日本領事館, 『通商彙纂』, 「鬱陵島事情」 1905年 7月 31日字 報告.
② 韓國史學會, 1978, 『鬱陵島·獨島 學術調査研究』, 90쪽.

2) 개선 기념(凱旋 紀念) 「대일본신지도(大日本新地圖)」

러·일전쟁 승리를 기념하여 1905년 11월 발행한 일본 지도로, 섬들도 국가 또는 지역별로 구분했는데 '조선' 영역 내에 메이지 초기의 호칭대로 '죽도(竹島 : 울릉도)'와 '송도(松島 : 독도)'를 포함하여 표기하였다. 러·일전쟁 후 확장된 영토를 반영한 지도이지만, 조선 영역 안에 2개의 섬을 표시하여 울릉도와 독도는 조선의 영토임을 인지하고 표시하였다.

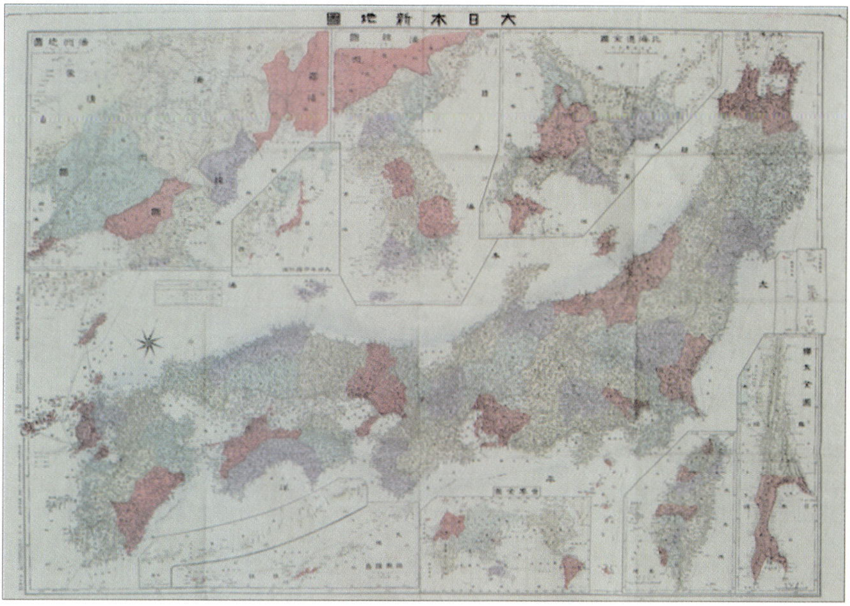

그림 2-60 「대일본신지도」

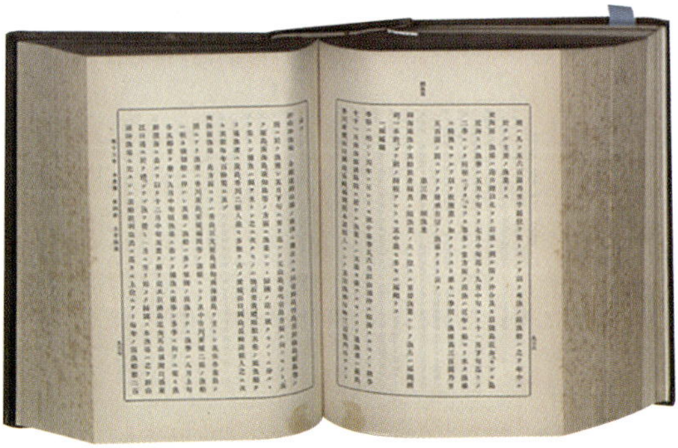

그림 2-61
『한국총람』의 '울릉도 근해 양코섬' 부분

3) 『한국총람(韓國總覽)』

일본인이 한국 침략을 위해 조사한 자료로, 일본이 한국을 어느 정도로 파악하고 있는지 살펴볼 수 있다. 어업과 관련된 부분을 보면 "울릉도(蔚陵島) 근해 양코섬(ヤンコ島)"라는 기술이 보인다.[16] 일본이 독도를 울릉도의 부속섬으로서, 한국 영토로 인지하였다는 사실을 보여주고 있다. 1907년 8월 23일 편찬되었다.

4) 『한국수산지(韓國水産志)』

이 책은 대한제국 농상공부에 고용된 수산과장 암원문일(庵原文一) 등 일본 관리들이 일제 통감으로부터 지시를 받고 한국에 속한 섬을 실지 답사해서 그 위치와 지세·산물 등을 세밀하게 조사한 후 1908년 출판한 책인데, 일제가 독도를 이른바 '영토편입'한다고 해서 '죽도(竹島)'라고 명명하기 시작한 3년 후이기 때문에 명칭은 '죽도(竹島)'라고 사용하면서도 조사표에서 한국에 속하는 섬으로 포함시켰다.[17]

---

16 德永勳美 編, 1907, 『韓國總覽』, 938쪽.

17 이한기, 1969, 『韓國의 領土』, 서울대학교출판부, 263쪽.

제2절 1906년 통감부 설치 후 독도 '침탈'을 간접 통보한 일제

일본이 독도를 침탈하여 일본에 소위 '영토편입'을 시도한 사실을 한국 정부가 알게 된 것은 일제가 '을사조약'을 강요하여 한국의 외교권을 강탈한 1년 후인 1906년 3월 28일이었다. 시마네현 은기도사(隱岐島司) 히가시 분스케(東文輔) 및 사무관 진자이 요시타로(神西由太郎) 일행이 독도(죽도)를 시찰하고 돌아가는 길에 울릉도에 들러 울도군수(鬱島郡守) 심흥택(沈興澤)을 방문해 독도를 일본 영토로 '편입'했음을 말했기 때문이었다(235쪽, 〈그림 2-54〉 참조).

여기서 먼저 주목할 것은 그 시기이다. 종래의 연구는 이 시기를 별로 주목하지 않았다. 일본 정부는 왜 이 사실을 1906년 3월 말에야 한국 정부가 알게 해 주었을까?

일제는 1905년 9월 5일 포츠머스조약 체결로 러·일전쟁을 승리로 끝낸 다음, 무력으로 조선 궁궐을 포위하고 1905년 11월 17일 '을사조약'(소위 '을사보호조약') 체결을 강요하였다. 이 조약의 요점은 ① 한국의 외교권을 박탈하고, ② 통감부를 설치하여 한국의 정치 일반을 감독한다는 것이었다. 일본이 통감부를 설치하여 한국의 정치 일반을 감독한다는 것은 외교권뿐만 아니라 한국의 내정에 관한 국권 일반을 대부분 침탈하고, 그 결과 한국이 실질적으로 일본 통감부의 통치 아래 들어감을 의미하였다.

일제는 고종황제의 서명 날인을 받지 못해 성립되지 않은 '을사조약'을 일본 주둔군의 무력으로 강제 집행해서 1906년 1월 17일 대한제국의 외부(外部)를 완전히 폐지시키고, 1906년 2월 1일 통감부를 서울에 설치하여 업무를 개시하였다. 즉 한국은 1905년 11월 17일 외교권을 상실했고, 1906년 1월 17일 외무기관까지 폐쇄당하여 국제적 항의를 담당할 기구마저 완전히 없어진 채 1906년 2월 1일부터는 외교업무는 물론이요 내정(內

政)까지 일제 통감부의 지배를 받게 된 것이다. 이러한 '시간표'에 맞추어 일본 정부는 1906년 3월 28일에 독도의 일본 영토 '편입'과 '침탈'을 울도군수 심흥택을 통하여 한국 정부가 알게 한 것이었다.

이때 한국 정부는 외교권이 박탈되어 항의문서를 제출할 권리마저 갖고 있지 못했으며, 만일 항의를 하려면 한국외교를 대행 전담하는 일제 통감부(일본 정부의 일부)가 일본 정부에 항의하도록 되어 있었다. 실제로 당시 일제 통감부가 외교는 물론이요 내정 일반을 모두 감독했으므로 한국 정부의 항의는 불가능한 상태였다. 일본 정부는 이와 같이 한국 정부의 외교권을 박탈하고 통감부를 설치해 내정 일반을 지휘하는 체제를 만들어 한국 정부가 항의문서를 제출할 수 없도록 완벽한 준비를 한 후에야 한국 정부에 독도침탈 사실을 우회적으로 알렸던 것이다.

다음으로 주목할 것은 독도 침탈 사실을 알게 한 방식이다. 일본 정부는 한국 영토인 독도를 침탈하여 일본 영토로 '편입'해 버린 중대한 사실을 1905년 2월 당시에 통고하거나 조회하지 않았을 뿐 아니라, 1906년 3월 말에도 아직은 엄연히 그 이름이 남아 있는 대한제국 중앙정부에 통고하지 않고 시마네현 은기도사와 사무관이라는 말단 지방관리의 말을 통하여 울도군수가 먼저 알게 하였다.

이는 대한제국 정부가 독도의 침탈이라는 중대한 사실을 가능한 한 대수롭지 않은 사소한 사건으로 처리하게 하고, 또 현지 지방관이 항의하는 경우에도 이를 일제 통감부가 내부 수준에서 사소한 일로 처리토록 하여 대한제국의 중앙정부나 내각회의에서 거론하지 못하게 하기 위한 조치였다고 해석된다.

일본 정부는 독도의 일본 '영토편입'이 한국 영토에 대한 침탈이며 따라서 떳떳하지 못한 것임을 잘 알고 있었기 때문에, 이것이 큰 분쟁이 되지 않도록 가능한 한 감추고 사소한 일로 축소하여 최하급 지방관청에서 다루도록 한 것이었다.

제3절 울도군수 심흥택의 보고와 대한제국 정부의 항의

1) 울도군수 심흥택의 항의보고

당시 울도군수로서 울릉도·죽서도(죽도)·독도(석도)를 관장하고 있던 심흥택(沈興澤)은 1906년 3월 28일, 일본의 시마네현 은기도사(隱岐島司) 히가시 분스케(東文輔) 및 사무관 진자이 요시타로(神西由太郎) 일행의 내방을 통하여, 독도가 일본 영토로 '편입'(침탈)되었음을 알고 깜짝 놀라서, 이튿날인 3월 29일(음력 3월 5일) 강원도관찰사에게 긴급 보고를 올렸다.

> 본군(本郡)소속 독도가 재어본부외양(在於本部外洋) 백여리허(百餘里許)이옵느니 본월조사일 진시량(辰時量)에 윤선 1척(輪船一隻)이 내박우도내도동포이(來泊于島內道洞浦而) 일본 관인(日本官人) 일행이 도우관사(到于官舍)하여 자운독도(自云獨島)가 금위일본영지고(今爲日本領地故)로 시찰차(視察次) 내도(來島)였다이온바 기일행즉(其一行則) 일본 시마네현 은기도사(隱岐島司) 동문보(東文輔) 급 사무관 신서유태랑(神西由太郎) 세무감독국장 길전평오(吉田平吾) 분서장(分署長) 경부(警部) 영산암팔랑(影山岩八郎) 순사 일인 회의원 일인 의사 기사 각 일인 그 외 수원(隨員) 10여 인이 선문호총인구토지다소(先問戶摠人口土地多少)하고 차문인원급경비기허(次問人員及經費幾許) 제반사무를 이조사양(以調査樣)으로 녹거(錄去)이압기 자이보고(玆以報告)하오니 조량(照亮)하심을 복망.
>
> 광무 10년 병오 음 3월 5일[18]

---

18 ①『各觀察道案』第1冊,「報告書 號外」.
② 신용하 편저, 1999,『독도영유권 자료의 탐구』제2권, 독도연구보전협회, 172쪽.

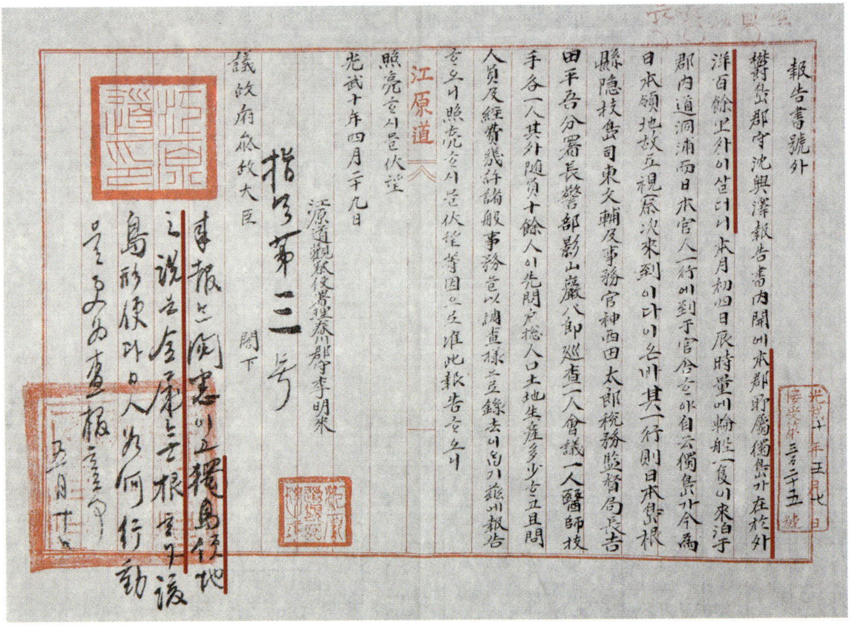

그림 2-62 강원도관찰사 서리가 울도군수 심흥택의 보고서를 전재하여 참정대신에게 보낸 보고서와 그에 대한 참정대신의 지령문. 심흥택은 이 보고서에서 "본군소속 독도가"라고 하여 독도가 자신의 통치지역임을 명백히 밝히고 있으며, 참정대신은 "일본의 독도 영지설은 전혀 근거가 없는 것"이라고 일본의 주장에 항의하고 비판하였다.(독도박물관 소장)

여기서 주목할 것은 울도군수 심흥택이 1906년 3월 29일에 "본군 소속 독도(獨島)가 재어본부외양 백여리허(在於本部外洋 百餘里許)이옵드니"라고 하여 독도가 울도군 소속임을 명확히 밝혀 항의하고 있다는 사실이다.

그는 다음에 일본인 관리 일행이 자기의 관사(官舍)를 찾아와서 "자운독도(自云獨島)가 이제 일본영지(日本領地)가 되었기 때문에 시찰차 내도(來島)하였다."는 말을 '자운(自云)'이라고 하여 승복하지 않은 채 그들의 언행을 관찰사에게 긴급 보고하였다(〈그림 2-62〉 참조).

즉 울도군수 심흥택은 1906년 3월 28일 울릉도를 방문한 일본 은기도사 일행으로부터 울도군수 소관의 독도(석도, 우산도)가 일본 영토로 침탈('편입')당했다는 사실을 듣게 되자, 일본인들이 떠나자마자 바로 1906년

3월 29일 그의 직속상관 강원도관찰사에게 사실정황을 보고하면서 침탈당한 독도가 울도군수 자기의 소관 한국 영지임을 강력하게 주장하면서 항의를 한 것이었다. 여기에는 지방관으로 중앙 정부에 보고하여 일본 측에 항의하도록 강력히 촉구하는 의미도 함축되어 있는 것을 알 수 있다.

2) 대한제국 중앙정부의 항의 지령

심흥택의 항의 보고서를 받은 강원도관찰사 서리 이명래(李明來)는 이를 다시 중앙정부의 내부대신[당시 이지용(李址鎔)]에게 보고하였다. 이에 대한 대한제국 내부대신의 반응과 지령은 다음과 같았다.

> 유람도차(遊覽道次)에 지계호구지록거(地界戶口之錄去)는 용혹무괴(容或無怪)어니와 독도지칭운일본속지(독도之稱云日本屬地)는 필무기리(必無其理)니 금차소보(今此所報)가 심섭아연(甚涉訝然)이라.[19]

이 글은 일본 관리들이 "독도를 일본 속지라고 칭하여 말한 것은 전혀 이치가 없는 것(必無其理)"이라고 단호히 항의 부정하고, "이제 이 보고한 바가 매우 아연실색할 일(甚涉訝然)이라"고 경악해 하고 있다. 즉 대한제국 정부는 "독도가 이제 일본 영토로 되었다."는 일본 관리들의 주장을 단호하게 거부하고 항의한 것이다.

울도군수 심흥택의 긴급 보고를 받은 강원도관찰사 서리는 의정부 참정대신에게도 동일한 보고를 했는데, 의정부 참정의 지령도 거의 같았다. 강원도관찰사 서리의 보고는 다음과 같다.

---

19 ① 『大韓每日申報』, 1906年 5月 1日字, 「雜報:無變不有」.
② 신용하 편저, 1999, 『독도영유권 자료의 탐구』 제2권, 독도연구보전협회, 176쪽.

울도군수 심흥택(沈興澤) 보고서 내개(內開)에 본군소속 독도가 재어본부외양(在於本部外洋) 백여리외(百餘里外)이삽더니 본월초사일 진시량에 윤선일척이 내박우군내도동포이(來泊于郡內道洞浦而) 일본관인(日本官人) 일행이 도우관사(到于官舍)하야 자운독도(自云獨島)가 금위일본영지고(今爲日本領地故)로 시찰차내도이다 이온바 기일행즉 일본 시마네(島根)현 은기도사(隱岐島司) 동문보(東文輔) 급 사무관 신서유태랑(神西由太郎) 세무감독국장 길전평오(吉田平吾) 분서장 경부 영산암팔랑(影山巖八郞) 순사일인 회의원일인 의사 기수 각 일인 기외수원(隨員) 10여 인이 선문호총인구토지생산다소(先問戶摠人口土地生産多少)하고 차문인원급경비기허(且問人員及經費幾許) 제반사무를 이조사양(以調査樣)으로 록거(錄去)이옵기 자에 보고하오니 조양하시믈 복망등인(等因)으로 준차(准此)보고하오니 조양하시믈 복망.

광무 10년 4월 29일

강원도관찰사 서리 춘천군수 이명래

의정부 참정대신 각하[20]

이 보고에 대하여 의정부 참정대신[당시 박제순(朴齊純)]은 지령 제3호로써 다음과 같이 명령하였다.

래보(來報)는 열실(閱悉)이고 독도영지지설(獨島領地之說)은 전속무근(全屬無根)하나 해도(該島) 형편과 일인(日人) 여하행동을 경위사보(更爲査報)할 사.[21]

20 ① 『各觀察道案』 第1冊, 光武 10年 4月 29日條, 「報告書 號外」.
② 신용하 편저, 1999, 『독도영유권 자료의 탐구』 제2권, 독도연구보전협회, 175~176쪽.

21 ① 『各觀察道案』 第1冊, 光武 10年 4月 29日條, 「(報告書 號外에 대한) 指令 第3號」.

의정부 참정대신의 이 지령문은 독도가 일본 영토라는 일본인의 설은 "전혀 근거가 없는 것(全屬無根)"이라고 명백히 부정하고 항의하며, 독도가 한국 영토임을 거듭 강조하고, 독도의 형편과 일본인들이 어떠한 행동을 하고 있는지 다시 조사해서 보고할 것을 명하였다.[22]

대한제국의 울도군수·내부대신·참정대신이 정부를 대표하여 일본의 독도 침탈을 알게 되자마자 즉각 1906년에 항의했다는 사실을 여기서 명확히 알 수 있다.

제4절 대한제국 언론과 지식인의 항론

대한제국 정부뿐만 아니라 이 보고서를 알게 된 당시의 언론기관들도, 일제의 강압 속에서 검열을 받고 있는 상황임에도 불구하고, 일본의 독도 침탈에 대하여 여러 가지 형태의 항론(抗論)을 제기하였다.

(1) 일제의 사전검열을 받으면서 발행되고 있던 『황성신문(皇城新聞)』은 일제의 독도 침탈 시도에 대한 항의 의사를 표제의 활자 크기를 갑자기 높이는 것으로 표시하였다. 즉 다음 쪽의 〈그림 2-63〉에서 볼 수 있듯이, 잡보(雜報)란의 일본의 독도 침탈 시도에 대한 기사의 표제 크기를 평상시의 2배로 높여 발행하였다.

---

② 신용하 편저, 1999, 『독도영유권 자료의 탐구』 제2권, 독도연구보전협회, 177쪽.

22 당시의 議政府 參政大臣 朴齊純과 內部大臣 李址鎔은 1905년 11월 17일 日帝가 강요한 '을사5조약'의 강요에 굴복하여 '可'를 표시한 을사오적의 일부이었는 바, 이 乙巳逆賊의 관점에서조차도 獨島를 일본 영토라고 주장하는 것은 '全屬無根', '必無其理'였다는 사실에 주목할 필요가 있다.

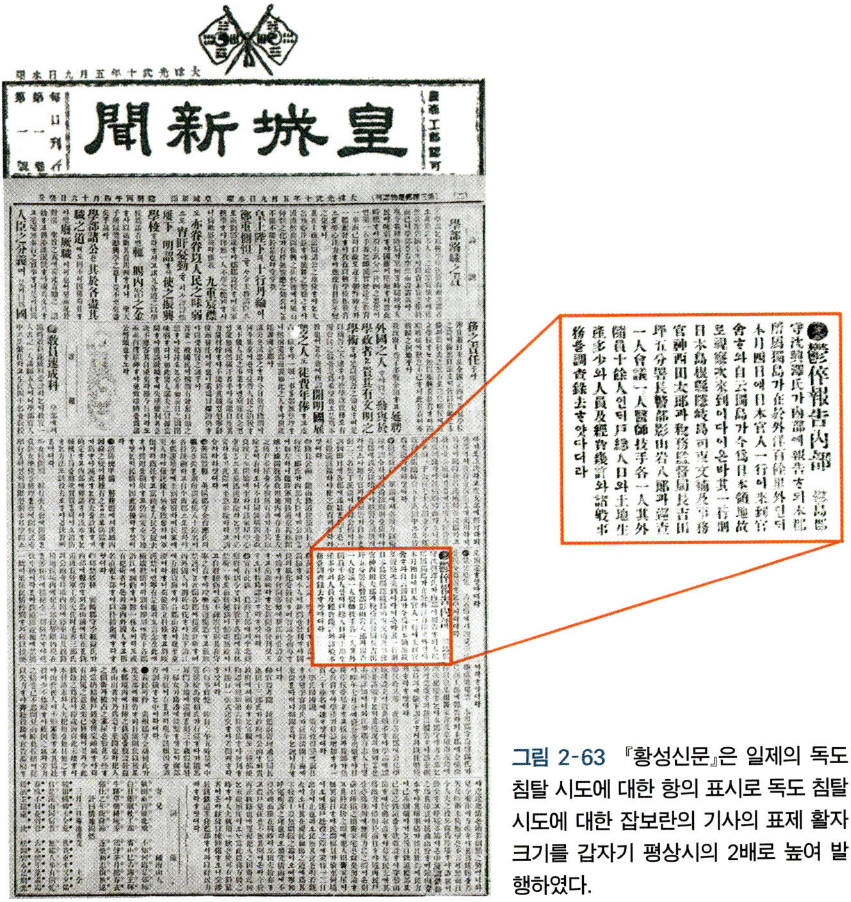

그림 2-63 『황성신문』은 일제의 독도 침탈 시도에 대한 항의 표시로 독도 침탈 시도에 대한 잡보란의 기사의 표제 활자 크기를 갑자기 평상시의 2배로 높여 발행하였다.

울쉬보고내부(鬱倅報告內部)

울릉도군수 심흥택 씨가 내부에 보고하되 본군소속 독도가 재어외양백여리외(在於外洋百餘里外)인대 본월사일에 일본관인 일행이 래도관사(來到官舍)하와 자운독도(自云獨島)가 금위일본령지고(今爲日本領地故)로 시찰차래도이다 이온바 기일행즉 일본 시마네(島根)현 은기도사(隱岐島司) 동문보(東文輔) 급 사무관 신서전태랑(神西田太郎)과 세무감독국장 길전평오(吉田坪五) 분서장 경부 영산암팔랑(影山岩八郎)과 순사 1인, 의사 기수 각 1인, 회의 1인, 기외 수원 10여 인 인대 호총인구와 토지생산다소와 인원

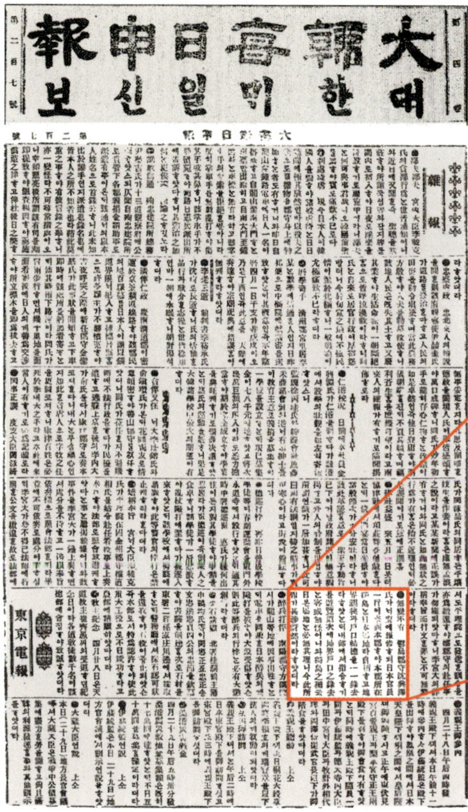

大韓每日申報
대한매일신보

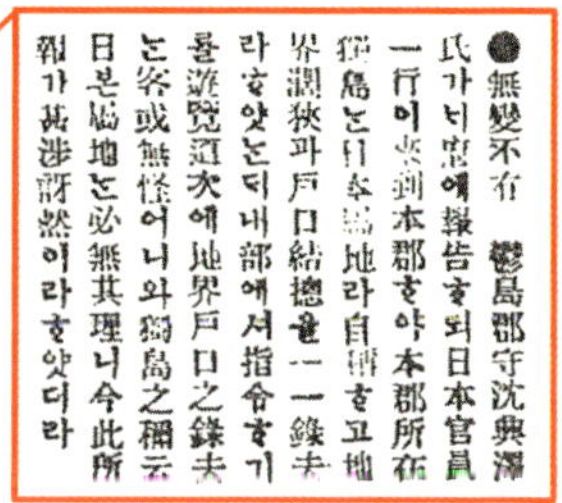

●無變不有 鬱島郡守沈興澤氏가내部에報告ᄒᆞ되日本官員一行이來到本郡ᄒᆞ야本郡所在獨島ᄂᆞᆫ日本屬地라自稱ᄒᆞ고地界濶狹과戶口結摠을一一錄去라ᄒᆞ얏ᄂᆞᆫ데內部에셔指令ᄒᆞ기를遊覽途次에地界戶口之錄去ᄂᆞᆫ容或無怪어니와獨島之稱云日本屬地ᄂᆞᆫ必無其理니今此所報가甚涉訝然이라ᄒᆞ얏더라

그림 2-64 『대한매일신보』의 항론 보도

급 경비 기허(幾許)와 제반사무를 조사 록거(錄去)하얏다더라.[23]

(2) 한말의 대표적 언론기관인 『대한매일신보(大韓每日申報)』는 '무변불유(無變不有 : 變 있지 않음이 아니다. 變이 있다는 뜻)'라는 표제로 "독도를 칭하여 말하기를 일본 속지라 한 것은 전혀 이치가 없는 것으로 이번에 보고한 바가 심히 아연실색할 일이라"고 한 내부(內部)의 지령문을 인용해 보도

23 『皇城新聞』, 1906年 5月 9日字, 「雜報:鬱內報告內部」.

함으로써 항론을 표시하였다(〈그림 2-64〉 참조).

무변불유(無變不有)

울도군수 심흥택 씨가 내부에 보고하되 일본관원일행이 래도본군하야 본군소재독도는 일본속지라 자칭하고 지계활협(地界濶狹)과 호구결총을 일일록거라 하얏는대 내부에서 지령하기를 유람도차에 지계호구지록거는 용혹무괴어니와 독도지칭운일본속지(獨島之稱云日本屬地)는 필무기리(必無其理)니 금차소보(今此所報)가 심섭아연(甚涉訝然)이라 하얏더라.[24]

(3) 당시 일반 한국인의 기록을 보면, 한말 지식인 매천(梅泉) 황현(黃玹)은 1905년 음력 4월 『오하기문(梧下記聞)』에서 다음과 같이 기록하였다.

울릉도 1백 리 밖에 한 속도(屬島)가 있어 독도(獨島)라고 부르는데, 왜인이 이제 일본 영지가 되었다고 심사하여 갔다.[25]

황현은 또한 그의 『매천야록(梅泉野錄)』에서도 다음과 같이 비슷한 항론을 기록하여 남겼다.

울릉도의 바다로부터 거(距)하기 동으로 1백 리에 한 섬이 있어 독도(獨島)라고 부르며 울릉도에 구속(舊屬)했는데, 왜인이 그 영지라고 늑칭(勒稱)하고 심사(審査)하여 갔다.[26]

---

24 『大韓每日申報』, 1906年 5月 1日字, 「雜報:無變不有」.

25 黃玹, 『梧下記聞』, "鬱陵島百里外 有一屬島 曰獨島 倭人稱今爲日本領地 審查以去."

26 黃玹, 『梅泉野綠』, 375쪽. "距鬱陵島洋東百里 有一島 曰獨島 舊屬鬱陵島 倭人勒稱其領

(4) 황현은 여기서 독도가 울릉도의 속도(屬島)로 한국 영토인데 일본인이 이제 자기의 영지가 되었다고 '늑칭(勒稱)'(강제로 칭함)하고 조사해 갔다고 항론을 펴고 있다.

(5) 『증보문헌비고(增補文獻備考)』(1908년)는 일제가 독도를 침탈한 3년 후인 1908년에 간행되었는데도 일본의 독도 침탈에 승복하지 않고 이를 무시하여 『증보동국문헌비고』(1792년 간행)를 계승하면서 "여지지에 이르기를 울릉과 우산은 모두 우산국지(于山國地)인데, 우산은 곧 왜가 말하는 바의 송도다."[27]라고 하여 독도를 우산도로 표기하고 우산도(독도, 일본명 송도)가 원래 우산국지임을 밝혀, 독도가 한국 영토임을 명백히 하였다.

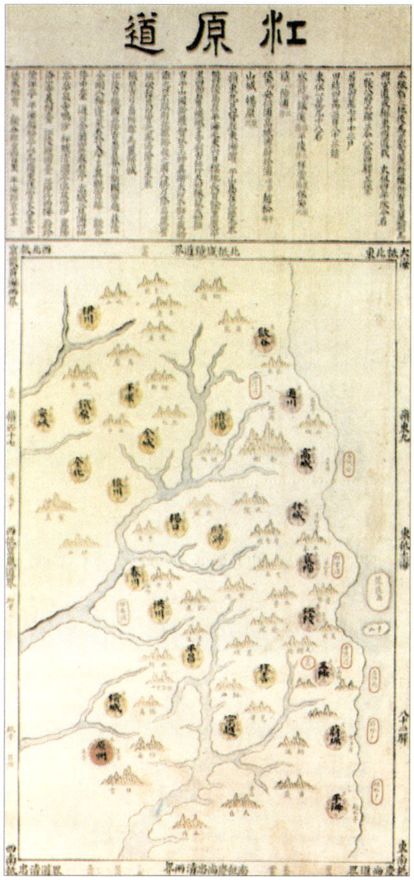

그림 2-65 전해산 의병장의 「강원도지도」. 전해산 의병장이 한말 의병전쟁 때 사용한 전국 도별 지도의 「강원도지도」에는 우산도가 울릉도의 남쪽에 그려져 있다.

(6) 한말 의병장 전해산(全海山)이 의병전쟁 중에 작전용으로 제작하여 사용한 지도[(한국 도별(道別) 지도)]가 병풍으로 만들어져 독립기념관에 소장되어 있는데, 울릉도 옆에 독도를 우산도로 표시하여 한국 영토임을 밝히고 있다(〈그림 2-65〉 참조).

地 審査以去."

27 『增補文獻備考』「輿地考」, "輿地志云 鬱陵 · 于山皆于山國地 于山則倭所謂松島也."

이상과 같이 대한제국 정부와 한국 민간인들은 1906년 3월 말~5월 초에 일본이 독도 침탈을 시도하고 있음을 처음 알고, 단호하게 독도가 울릉도에 속한 한국 영토임을 밝히며, 일본이 자기 멋대로 독도를 일본 영토에 '편입'시켰다고 늑칭하는 것은 전혀 근거가 없고 이치에 닿지 않는 것이라고 항론한 것이었다.

그러나 이때는 이미 일본 제국주의자들이 러시아를 패배시킨 강대한 군사력을 한반도에 직접 주둔시키고, 1905년 11월 17일 외교권을 강탈해 갔으며, 1906년 1월 17일에는 대한제국의 외무부를 완전히 폐쇄시켜 버린 채, 1906년 2월 1일부터 통감부(統監府)가 대한제국의 외교를 대행하고 내정 일반을 감독 지배하면서 모든 결정을 좌우하고 있는 상황이었다. 그렇기 때문에 대한제국 정부와 한국인들은 일제의 독도 침탈에 대하여 항론을 전개했을 뿐 항의 외교문서를 일본 정부나 국제사회에 보낼 통로와 기구가 없었다.

당시 대한제국의 정부와 국민은 일제가 독도를 침탈한 것을 일제 통감부 설치 후에야 알게 되었지만, 일제의 군사적 지배하에서도 일제의 독도침탈 기도를 완강하고 단호하게 항의했던 것이다.

문제는 이것만이 아니었다. 일본 제국주의자들은 한국의 모든 영토를 식민지화하려 하고 있었고, 독도의 침탈은 오직 그 일환으로 일본쪽 방향 변경에 대한 선행침탈일 뿐이었다. 바야흐로 전국이 일제의 식민지로 침탈될 위험에 직면해 있었기 때문에 한국 국민들은 전 국토의 국권 회복을 위한 항일의병무장투쟁과 애국계몽운동을 전개하게 되었으며, 독도의 회복도 전 국토의 국권회복이 있고서야 가능한 일이었다.

일본 제국주의자들이, 대한제국 정부와 국민 몰래 1905년 1월 28일 일본 내각회의에서 한국 영토인 독도를 침탈하여 일본에 '영토편입'하기로 결정한 것을, 한국 정부와 국민들은 일제가 대한제국 외교권을 강탈하고 통감부를 설치하여 한국을 반식민지로 지배하기 시작한 이후인 1906년 3월 28일에야 처음 알게 했음에도 불구하고 일본의 독도 침탈에 대하여 단호하게 항의하였다.

그러므로 일본 측이 독도의 일본에의 '영토편입'에 대하여 대한제국이 독립국가로 존재했던 시기에도 한국의 항의가 없었다고 주장하는 것은 전적으로 기만적인 것이며 전혀 사실이 아닌 것이다. 또 미국 측이 그 후 샌프란시스코강화조약 제6차 초안에서 일본의 1905년 독도의 일본에의 '영토편입'에 한국 측의 항의가 전혀 없었고, 독도가 한 번도 한국 영토로 주장된 바가 없었다고 주석을 붙인 것은 전혀 사실이 아닌 것이다.

진실은 대한제국 정부와 국민은 일본의 독도 침탈 사실을 뒤늦게 알고서도 독도가 한국 영토임을 명백히 주장하고 밝혔으며, 일본의 독도 침탈에 단호하게 항의하고 항론을 편 것이었다.

제38장

일제의 독도 침탈 합리화와 정당화에 대한 집요한 시도

제1절 일제의 독도 침탈에 대한 연합국최고사령부의 무효 확인과 한국 반환

일제의 1905년 한국 독도(우산도, 석도, 리앙코르도섬)의 소위 '일본 영토편입'은 명백히 일제의 '침탈'이었음에도 불구하고, 일본 측은 이를 합리화하고 정당화하려고 끊임없이 시도해왔다. 그러므로 '1905년의 일제의 독도 침략'은 계속해서 비판되고 검토되어 진실이 더 명료하게 계속 밝혀질 필요가 있다.

일제의 1905년 1월 28일 한국 독도 침탈 '편입'이 일제의 군사적 '탐욕에 의한 침탈'이었으므로, 연합국은 카이로선언에서 한국의 독립을 약속함과 동시에 일제가 '탐욕'에 의해 침탈한 영토는 모두 원주인에게 반환한다고 선언하였다. 연합국은 '일제의 1905년 독도 침탈'을 일제의 패망 이전에 '탐욕'에 의한 침탈로 사실상 규정한 것이었다.

일본 제국주의가 1945년 8월 15일 연합국에 무조건 항복하자, 한국은 해방 독립되고 독도도 찾을 수 있게 되었다.

연합국(연합국최고사령부) 측은 이미 1946년 1월 29일에 '사실'에 입각해서 SCAPIN(연합국최고사령관 지령) 제677호로서 독도를 한국 영토로 판정하여 주한 미군정(美軍政)에 반환했으며, 1948년 8월 15일 대한민국 정부가 수립되자 한국 정부에 인수인계하였다.

이에 독도는 1946년 1월 29일 한국에 반환되고, 1948년 8월 15일 대한민국이 수립되자 바로 그날로 대한민국의 영토로서 회복되어, 그 이후로 이미 대한민국이 독도에 주권을 행사해 왔다. 또한 대한민국은 1948년 12월12일 국제연합(유엔)에 의해 당시 한국 국민과 독도를 포함한 당시의 영토를 통치하는 국제법상 합법적 국가로 공인되었다.

따라서 이미 대한민국 영토로서 국제법상 공인되고 확립된 독립국가의 국제법상 공인된 영토인 독도에 대하여 1948년 8월 15일 이후 일본과 미국은 물론 어느 나라도 한국 영토인 독도를 일본에 부속시키려고 획책하는 것은 천만부당한 시도들이며 분쟁의 씨앗을 뿌리는 일이 되는 것이었다.

연합국은 1951년 일본과 강화조약을 체결하고 1952년 재독립시켜주기로 계획하여 1947년부터 강화조약 초안을 준비하기 시작하였다.

연합국의 샌프란시스코강화조약 제1차 초안은 처음에는 미국 측이 준비 작성했는데, '연합국의 포츠담선언 제8조와 SCAPIN 제677호'에 따라 초안 제4항에서 독도를 다음과 같이 한국 영토로 규정하였다.

> 이에 일본은 한국(한반도)과 제주도·거문도·울릉도·독도(Liancourt Rocks, Takeshima)를 포함한 근해의 모든 작은 섬들에 대한 권리와 권원을 포기한다.[28]

---

28 신용하 편저, 2000, 『독도권 영유권 자료의 탐구』 제3권, 284~287쪽.

즉 제1차 미국 초안에서는 제1조에 일본의 영토 규정을 넣고, 그 내용에서 일본의 영토는 1894년 1월 1일 현재의 영토로 한정한다고 명료하게 규정하였다. 일본의 영토는 구체적으로는 혼슈(本州), 규슈(九州), 시코쿠(四國), 홋카이도(北海道)와 근해의 모든 작은 섬을 포함한다고 하면서, 대표적 섬의 이름을 들 때 은기도만 넣고 독도는 제외시켰다. 그리고 제1차 미국 초안은 제4조에서 한국 영토를 다루고 있는데, 그 내용은 "일본은 이에 한국(한반도)과 제주도·거문도·울릉도·독도(Liancourt Rocks)를 포함한 근해의 모든 작은 섬들에 대한 모든 권리와 권원을 포기한다."고 하여, 독도가 한국 영토임을 명확히 규정한 것이었다.

그 후 제2차 미국 초안에서도 일본 영토는 제1조에 규정하면서 독도는 제외시키고, 한국 영토를 규정한 제4조에 리앙쿠르암석(Liancourt Rocks, Takeshima)이라는 서양 호칭으로 독도를 포함시켜 한국 영토임을 명백히 하였다.

제3차 미국 초안에서도 제1조의 일본 영토 규정에서는 독도를 제외시켜서 일본 영토가 아님을 명백히 하고, 제4조의 일본이 포기하여 한국에 반환하는 영토 속에 제주도·거문도·울릉도와 함께 독도를 리앙쿠르암석(Liancourt Rocks, Takeshima)이라는 이름으로 넣어 한국 영토임을 명백히 하였다.

제4차 미국 초안에서도 독도는 제1조의 일본 영토에서는 제외시키고, 제4조에서 일본이 한국에 반환하는 영토에 독도를 제주도·거문도·울릉도와 함께 넣어 한국 영토임을 명료하게 밝히었다.

제5차 미국 초안에서는 일본 영토 규정을 제3조로 옮겼는데 여기서도 독도는 일본 영토에서 제외되었다. 한국에 반환되는 영토는 제6조로 옮겼는데, 여기에 독도를 제주도·거문도·울릉도와 함께 넣어 독도가 한국 영토임을 명백히 하였다.

미국 측은 시볼드의 로비를 받기 이전, 진실에 의거한 원칙을 지키던 순수한 상태에서는 제1차 초안에서 제5차 초안까지 다섯 차례의 초안에서 독도를 모두 한국 영토로 판정하여 한국에 반환하도록 한 것이었다.

독도를 한국 영토로 판정하여 포함시킨 것이 원래 순수하게 사실적 접근을 했을 때의 미국의 초안(제1~5차 초안)이었다.

그러나 파렴치하게도 일본 정부(미군정하의 일본 정부)는 (앞 장에서 비교적 정밀하게 검토한 바대로) 구 일본 제국주의자들이 1905년 1월 28일 군사적 탐욕으로 침탈한 한국 영토 독도를 국제법상 정당한 절차를 거쳐 평화롭게 무주지를 편입했던 것이라고 주장하면서 독도를 일본 영토에 다시 편입시켜 달라고 미국 측에 로비를 감행하여 문제를 야기시켰다.

제2절 일본의 독도탈취 로비와 1905년 독도 침탈 정당화 시도

일본 정부는 연합국의 샌프란시스코강화조약의 미국 제5차 초안이 일본 측에 유출되어 독도가 한국 영토로 귀속됨을 알게 되자, 미국의 일본 정부 고문 시볼드(William J. Sebald)를 내세워 맹렬한 로비를 전개했다. "독도를 일본에 귀속시켜서 미국 공군의 기상관측소 및 레이더 기지로 사용하는 것이 미국에게 유익하다."고 시볼드가 미국 국무부에 제의한 데에서, 일본 측이 독도를 미국 공군 기지로 제공하기로 하는 미끼를 던지고 맹렬한 로비를 한 것임을 알려주고 있다.

시볼드는 미국 국무부에 급히 전보를 쳐서 이전에 연합국의 샌프란시스코강화조약 초안에서 한국 영토에 포함시켰던 독도를 일본 영토에 포함시키자고 건의하면서, 안보적 관점에서도 이 섬에 미군의 기상관측소 및 레이더 기지를 설치하는 것이 바람직하다고 강조하였다.

제6항 : 독도(Liancourt Rocks, Takeshima)에 대한 재고를 건의함. 이 섬에 대한 일본의 주장은 오래되고 타당성이 있는 것으로 보임. 이 섬에 기상 관측소와 레이더 기지를 설치하는 안보적 고려가 바람직할 것임.[29]

시볼드는 미국 국무부에 독도를 일본 영토에 포함시키자는 로비를 서면으로도 다음과 같이 건의하고 주장하였다.

한국 방향에서 이전에 일본이 소유했던 섬들의 처리에 대하여 독도(Liancourt Rocks, Takeshima)는 초안 제3항에 일본 소속으로 넣을 것을 건의한다. 이 섬에 대한 일본의 주장은 오래되었고 타당한 것으로 보이며, 이 섬을 한국 근해의 섬으로 간주하기는 어렵다고 본다.[30]

즉 시볼드는 전보문에서, 독도(Liancourt Rocks, Takeshima)에 대한 재고를 권고한다고 하면서, "이 섬에 대한 일본의 주장은 오래되었고 타당성이 있는 것으로 보인다."고 하였다. 이는 그의 재고 요청이 일본인의 주장에 따

29 신용하 편저, 2000, 『독도영유권 자료의 탐구』 제3권, 독도연구보전협회, 302~305쪽. 원문은 다음과 같다. "Article 6 : Recommend reconsideration Liancourt Rocks (Takeshima). Japan's claim to these islands is old and appears valid. Security considerations might conceivably envisage weather and radar stations thereon."

30 신용하 편저, 2000, 『독도영유권 자료의 탐구』 제3권, 독도연구보전협회, 305~313쪽. 원문은 다음과 같다. "THE FOREIGN SERVICE OF THE UNITED STATES OF AMERICA 740.0011PW(Peace)/11-1949 United States Political adviser for Japan Tokyo, November 19, 1949 (…) With regard to the disposition of islands formerly possessed by Japan in the direction of Korea it is suggested that Liancourt Rocks(Takeshima) be specified in our proposed Article 3 as belonging to Japan. Japan's claim to these islands is old and appears valid, and it is difficult to regard them as islands off the shore of Korea. (…)"

른 것이며 따라서 일본의 로비활동에 동의하여 권고하는 것임을 표시하고 있다.

또한 연합국 측이나 연합국최고사령부의 영토 담당자들은 한번도 언급한 적이 없는데, 갑자기 시볼드는 독도에 미군의 기상관측소와 레이더 기지 설치를 거론하면서 안보적 관점에서 고찰할 필요가 있다고 지적한 점으로 보아, 일본 측에서 독도를 일본에 소속시켜 주면 독도를 미 공군의 기상 및 레이더 관측소로 제공하겠다는 것을 미끼로 로비한 것임을 알려주고 있다.

시볼드는 서류로 제출한 의견서에서는, 독도(Liancourt Rocks)는 일본 영토를 규정한 제3항에 특별히 지목해서(명칭을 들어서) 일본에 소속시켜야 한다고 주장하였다. 시볼드는 이 섬에 대한 일본의 주장은 오래되었고 타당한 것으로 보인다고 하면서 이 섬을 한국 근해의 섬으로 보기는 어렵다고 쓰고 있다. 또한 시볼드는 독도에 기상 및 레이더 관측소를 설치하는 것이 미국의 국익이 된다는 안보적 고려도 해야한다고 강조함으로써, 미국 측의 도쿄 체류 연합국최고사령부와 일본군정에 배속된 미군 장성·장교들이 독도를 미 공군의 군사 기지로 사용하도록 제공하겠다는 일본의 로비에 매혹되어 걸려들도록 철저한 일본의 대행자 역할을 수행하고 있음을 알 수 있다.

시볼드는 미국 전문가들이 연합국의 샌프란시스코강화조약 제5차 미국 초안까지는 역사적 사실에 입각해서 판정하여 한국에 반환한 한국의 독도를, 일본은 독도를 미국의 공군 군사 기지로 제공할 것임을 약속한 미끼로 미국 '국가이익'을 자극하고 추동하여 한국 영토 독도를 일본에 부속시키려고 시도하고 있는 것을 알 수 있게 된다.

시볼드가 미국의 안보적 고려를 내세우며 제5차까지의 미국 초안을 바꾸어 원주인 한국에 반환된 독도를 일본 부속으로 하는 수정을 권고한 것은 맥아더 장군의 동의를 받은 것으로 서류에 시사되고 있다.

연합국 측은 이미 1946년 1월에 사실에 입각하여 독도를 한국 영토로 판정하여 주한 미군정에 반환했으며, 1948년 8월 15일 대한민국 정부가 수립되자 독도는 한국 정부에 인계되어 대한민국의 영토로서 이미 대한민국이 주권을 행사하고 있었다. 또한 대한민국은 1948년 12월 12일 국제연합에 의해 국제법상 합법적 정부로 공인되고 법인되었다. 따라서 이미 대한민국 영토로서 국제법상 공인되고 확립된 독립국가의 국제법상 공인된 영토인 독도에 대하여 일본에 체류하던 미국인들이 미국의 국가이익을 위해 한국 영토인 독도를 일본에 부속시키려고 획책한 것은 천만부당한 시도들이며, 분쟁의 씨앗을 뿌리는 일이었다. 시볼드는 일본 측의 로비에 넘어가서 미국의 국가이익을 내세우며 일본을 위해 활동한 것이었다고 판단된다.

미국 측은 시볼드의 건의를 받아들여서 제6차 미국 초안에서는 제3항의 일본 영토 규정 조항에 처음으로 독도를 'Takeshima'라는 호칭으로 포함시켰다.[31] 그리고 일본이 포기하는 한국 영토를 다루는 조항인 제6항에서

---

31 신용하 편저, 2000, 『독도영유권 자료의 탐구』 제3권, 독도연구보전협회, 313~314쪽. 원문은 다음과 같다. "DRAFT TREATY OF PEACE WITH JAPAN(December 29, 1949)COMMENTARY DRAFT TREATY (…) CHAPTER II TERRITORIAL CLAUSES Article 31. the territory of Japan shall comprise the four principal Japanese islands of Honshu, Kyushu, Shikoku and Hokkaide and all adjacent minor islands, including the islands of the Inland Sea(Seto Naikai) ; Tsushima, Takeshima(Liancourt Rocks), Oki Retto, Sado, Okujiri, Rebun, Riishiri and all other islands in the Japan Sea(Nippon Kai) within a line connecting the farther shores of Tsushima, Takeshima and Rebun ; the Goto archipelago, the Ryukyu Islands north of 29°N. latitude, and all other islands of the East China Sea east of longitude 127°east of Greenwich and north of 29° N. latitude; the Izu Islands southward to and including Sofu Gan(Lot's wife)and all other islands of the Philippine Sea nearer to the four principal islands than the islands named ; and the Habomai group and Shikotan lying to the east and south of a line extending from a point in 43°35'N. latitude, 145°35'E. longitude, and to the south of a line drawn due east on th parallel in 44°N. latitude. All of the islands identified above, with a three-mile belt of territorial waters, shall belong to Japan."

제주도·거문도·울릉도만 남기고 독도는 제외시켰다.[32] 이것은 한국 부속령으로 기재했던 독도를 일본 부속령으로 수정하여 옮긴 것이었다.

이어서 제6차 미국 초안에 대한 주석(commentary)에서는 독도를 일본 부속령으로 옮긴 이유를 설명하였다. 즉 "독도(Takeshima)는 한국과 일본의 등거리 중간 지점에 있는데, 명백하게 1905년에 일본이 영토편입을 주장하여 시마네현 은기도사의 관리하에 두었다는 것"이다. 또한 독도는 물개 서식지인데, 일본 어부들이 특정 계절에 독도에 이동 거주해 온 것이 장기간이 되었다는 것이다.

미국 측은 울릉도와 달리 죽도(竹島, 다케시마)는 한국 명칭이 없으며, 한국 영토라고 주장된 바도 없다고 하였다. 독도는 미군 점령기에 공군 폭격 연습장으로 사용된 바 있으며, 기상 및 레이더 관측소 부지로서의 가치를 갖고 있다고 하였다.

> 죽도(Liancourt Rocks)
>
> 두 개의 무인소도(無人小島)로 구성된 竹島는 동해 가운데 일본과 한국의 중간 지점에 있는데, 한국의 항의 없이 명백하게 1905년 일본이 공식적으로 영토편입을 주장하여 시마네현 은기도사의 관리하에 두었다.
>
> 그곳은 물개 서식지인데, 오랫동안 일본 어부들이 특정 계절에 이동 거주했다는 기록이 있다.

32 신용하 편저, 2000, 『독도영유권 자료의 탐구』 제3권, 독도연구보전협회, 315쪽. 원문은 다음과 같다. "Article 6. Japan hereby renounces in favor of Korea all rights and titles to the Korean mainland territory all offshore Korean islands, including Quelpart(Saishu To), the Nan How group(San to, or Komun Do) which forms Port Hamilton(Tonaikai), Dagelet Island(Utsuryo To, or Matsu Shima), and all other offshore Korean islands and islets to which Japan had acquired title."

서쪽에 조금 떨어져 있는 울릉도와는 달리 죽도는 한국 명칭이 없으며, 한번도 한국 영토로 주장된 바 없다.

그 섬은 점령 기간에 미군의 폭격연습장으로 사용되어 왔으며, 기상관측소 및 레이더 관측소 기지로 사용될 수 있는 가치가 있다.[33]

미군 측의 이 주해(註釋)을 보면 일본 측이 주장하고 있는 바를 그대로 복사한 것이어서, 미국 측의 독도 일본 영토 귀속 수정안이 일본 측 로비에 의한 것임을 알려 준다. 또한 독도를 미 공군의 기상관측소 및 레이더 기지로 사용하여 미국의 이익을 도모하자는 안도 일본이 던진 미끼를 미국이 받아서 진실을 왜곡하면서까지 독도를 일본에 부속시키려고 획책한 것이다.

그러나 시볼드의 로비 주장과 미국 측의 이 모든 주해는 일본 측의 주장에 맹종한 것으로서 사실과 전혀 다른 허위였다.

첫째, 독도를 "한국 근해의 섬이라고 보기 어렵다."는 주장이나, 미국 주석서의 "독도가 한국과 일본의 등거리 지점에 있다."는 주장은 모두 오류이고 억지이다. 독도는 가장 가까운 한국령 울릉도로부터 87.4킬로미터 지점에 있고, 가장 가까운 일본령으로부터 157.5킬로미터 지점에 있다. 87.4킬

33 신용하 편저, 2000, 『독도영유권 자료의 탐구』 제3권, 독도연구보전협회, 315~316쪽. "Commentary on Draft Treaty of Peace with Japan(July, 1950) (…) Takeshima(Liancourt Rocks) The two uninhabited islets of Takeshima, almost equidistant from Japan and Korea in the Japan Sea, were formally claimed by Japan in 1905, apparently without protest by Korea, and placed under the Jurisdiction of the Oki Islands Branch Office of Shimane Prefecture. They are a breeding ground for sea lions, and records show that for a long time Japanese fishermen migrated there during certain seasons. Unlike Dagelet Island a short distance to the west, Takeshima has no Korean name and does not appear ever to have been claimed by Korea. The islands have been used by U.S. forces during the occupation as a bombing range and have possible value as a weather or radar station site. (…)"

로미터와 157.5킬로미터가 등거리라니 원숭이도 웃을 일이다. 독도는 지리적으로 한국령 울릉도에 훨씬 가까운 거리에 있으며, 언제나 독도는 '울릉도의 부속섬'으로 존재해 왔다. 역사적으로나 국제법상으로나 '울릉도의 부속섬'으로 인지되어 왔으며, 전 세계로부터 '울릉도의 부속섬'으로 공인되어 왔다.

둘째, 독도를 "한국의 항의 없이 공식적으로 명백하게 1905년 영토편입을 주장하여 시마네현 은기도사의 관리하에 두었다."는 것도 완전히 거짓말이다. 일본은 "명백하게 1905년 공식적으로 영토편입을 주장하여" 시마네현에 편입시키기는커녕, 한국과 국제사회가 알지 못하도록 어둡게 감추려고 간지(奸智)를 짜내었었다. 일본은 독도가 한국 영토임을 잘 알고 있었기 때문에, 군사적 탐욕으로 독도를 영도편입하려 하면서 1905년 1월 28일의 독도를 영토편입한다는 일본 내각결정을 혹시라도 한국 정부나 한국인이 알게 되지 않을까 염려되어 일본 중앙정부『관보(官報)』에 게재하지도 못하고 시마네현지사에게 현내에서 지방공무원의 내부 소식지에만 고시하게 하였다. 이처럼 소위 '영토편입'을 실질적 '비밀사항'으로 처리해서 몰래 '도둑질'하는 절도행위로 비공개리에 독도를 일본 영토로 침탈하였다.

셋째, "한국의 항의 없이"라고 하여 일본이 1905년 사전에 공식적으로 명백하게 영토편입을 명시했는데도 불구하고 "한국의 항의 없이" 평화적, 합법적으로 영토편입한 것으로 설명한 것도 완전히 거짓말이었다. 일본은 1905년 한국 독도를 소위 '영토편입'한다는 내각회의 결정을 해놓고 한국이 알까 두려워『관보』에 올리지 못했고, 중앙신문에 보도하지도 못하게 했다. 오직 시마네현 일본인 지방공무원의 소식지인『현보』에 한국인이 모르도록 고시했다. 그러므로 한국 정부와 국민은 이러한 일본의 독도 '영토편입' 주장을 전혀 알지 못했었다.

그러나 뒤늦게 1년 후인 1906년 3월에 이를 알게 되자, 당시 한국 정부가 항의문을 지령하고 항의서를 일제 통감부에 보냈으며, 한국의 『대한매일신보』와 『황성신문』을 비롯한 한국 언론, 국민, 지식인들이 모두 강력히 항의하고 이를 인정하지 않았다. 하물며, 만일 한국이 1905년 1~2월 일본이 독도를 침탈했을 당시에 이 사실을 알았다면, 한국인이 봉기하여 이를 분쇄해 버렸을 것임은 1905년 이후의 의병운동에서도 이를 알 수 있다.

넷째, 독도에 오랫동안 일본 어부들이 특정 계절에 이동 거주했다는 것도 사실이 아니다. 독도는 서기 512년부터 언제나 한국 울릉도 어민의 어업 활동 지역이었고 울릉도 부속섬이었다. 일본 어부들은 독도가 한국 영토였으며 외국 섬이었기 때문에 1903~1904년경부터 한국 영토임을 알면서 불법 밀입도하여 불법 강치잡이를 하던 와중에 일본 정부가 독도를 한국 정부와 한국인 몰래 침탈을 시도한 것이다. 그 이전에 일본 어부들은 독도를 외국으로 인지하여 독도에 어렵하러 나가지 않았으며, "특정 계절에 이동 거주"한 일이 전혀 없었다. 국제법상 '선점'을 조작하기 위한 일본의 로비 공작에 미국 측이 속아 넘어간 것이다.

다섯째, "울릉도와는 달리 죽도는 한국 명칭이 없다."는 것도 완전히 거짓말이다. 한국은 우산도(于山島), 석도(石島), 독도(獨島)라는 이름으로 서기 512년부터 한국 명칭을 가졌음은 고문헌에 의해 잘 증명되어 있다. 독도에는 한국 이름도 없다는 미국 측 설명은 일본이 날조하여 미국을 속인 것이며, 이것은 미국이 일본 설명에 속아서 한국 정부와 국민에게 큰 잘못을 저지른 사례가 된다.

여섯째, 독도는 "한번도 한국 영토로 주장된 바 없다."는 것도 완전히 거짓말이다. 독도는 서기 512년 신라 영토에 편입되어 그 한 지방으로 개편된 이래 항상 한국 영토로 확인되고 주장되어 왔다. 독도는 우산도라는 명칭으로 조선왕조 영토규정집 및 해설서인 15세기의 『동국여지승람』과 16세기의 『신증동국여지승람』에 강원도 울진현에 속한 조선 영토로 명백히 기록·주장·선포되어 있다. 17세기 말 조선왕조와 일본 막부정권 사이에 울릉도·독도 영유권 논쟁이 일어났을 때에 일본 도쿠가와막부 정권도 독도는 울릉도의 부속도서로서 조선 영토라고 재확인하여 일본 어부들의 출어금지령을 내렸다.

독도는 "한번도 한국 영토로 주장된 바 없다."는 미국 측의 주석서는 일본이 날조하여 미국을 철저히 속인 것이다.

시볼드의 의견서와 미국 측 주석서는 진실과 너무 다른 것이어서 미국 정치고문과 고급장교들이 일본 로비에 잘 속는다는 사실과 일본의 앞잡이가 된 일부 미국 정치고문과 고급장교의 무지몽매함만을 잘 증명해 주었고 문제 해결만 어렵게 만들었다.

미국 측 6차 초안이 다른 연합국들에게 회람되자, 연합국의 이전 합의서와 다르고 진실과 너무 다른 내용이어서 미국은 동의를 얻는 데 완전히 실패하였다. 특히 일본과 미국의 이 획책은 영국·오스트레일리아·뉴질랜드 3개 연합국이 매우 강력히 항의하여 독도를 한국 영토로 확정한 독자적 '영국 초안'을 세 차례나 작성하면서 실패하였고 곧 정지되었다.

미국은 제7차 초안에서는 일본과 한국의 영토 조항을 아예 빼버리고 간단하게 중국과 소련에 반환되는 섬 이름만 언급하는데 그쳤다. 이것은 초안 작성자 사이에서 독도를 한국 영토로부터 일본 영토로 옮기는 데 대한 반대가 매우 컸음을 나타내 주는 것이기도 하다.

제8차 미국 초안에서는 영토 조항을 더욱 간략히 만들어 제4항에서 일본은 한국의 독립을 인정하고 한국과의 관계는 유엔총회와 안전보장이사회의 결정에 의거한 관계를 갖는다고만 규정하였다. 제8차 초안에 부수한 각서에서도 한국에 대해서는 독립을 인정한다는 것 이외에는 언급하지 않았다. 독도의 귀속 문제로 초안 작성자 내부에서 큰 갈등이 여전히 존속했음을 시사해 준다.

제9차 미국 초안에서는 일본 영토 조항을 설정하지 않고 제3장의 영토 조항 제3항에 일본은 한국에 관한 모든 권리, 권원, 청구권을 포기한다고만 명시하고, 구체적인 섬 이름들을 어느 것도 들지 못하였다. 독도의 귀속 문제에 대한 의견 일치가 아직도 이루어지지 않았음을 시사하고 있다.

그 후 미국 초안은 10여 차례 수정되었으나 독도는 아예 한국·일본 어디에서도 언급하지 않았다.

일본은 샌프란시스코강화조약에서 미국에게 로비하여 독도를 일본 영토에 소속시키려고 시도했으나, 다른 연합국의 반대로 결국 실패하였다. 그러나 광복 후에도 독도를 재침탈하기 위해 과거 일본의 1905년 독도 침탈을 정당화하는 시도가 얼마나 집요한 것인가를 잘 볼 수 있다.

일본 제국주의의 1905년 독도 침탈의 불법성과 부당성 및 무효에 대한 정밀한 연구가 언제나 계속되어야 한국은 일본의 간계(奸計)를 물리칠 수 있음을 거듭 강조하지 않을 수 없다.

제39장

일제강점기의 독도와 울릉도

제1절 일제의 죽도어렵합자회사 설립 및 남획으로 인한 강치 멸종

일제는 독도 소유권자인 대한제국 몰래 1905년 1월 28일 독도를 빼앗아 일본 영토로 편입하는 내각 결정을 자행해 놓고 이것을 국제사회와 한국에 공표하지 못하고 있다가, 일제가 1905년 11월 17일 대한제국에 '을사조약'을 강요하고, 이어서 1906년 1월 17일 대한제국 외교부와 해외 공·영사관을 폐지한 다음, 1906년 2월 1일 일제 통감부를 서울에 설치한 후에야 한국에 이를 간접적으로 알게 하였다.

그 사이 일제는 한국의 독도를 일본 영토로 침탈 편입하는데 해군성 수로부장의 지시대로 해군성을 도와서 독도 소유권자인 대한제국 정부에 제출하려던 대부신청서를 폐기하고, 그 대신 일본 정부에 「리양코섬 영토편입 및 대하원」을 제출한 나카이 요자부로(中井養三郎)에게 약속대로 독도 사용권 허가를 내주도록 하였다.

일본 정부는 '독도'(일본 호칭 죽도)를 일본 정부의 '관유지'로 소유권을 일본 정부가 갖되, 독도 부근 수역을 '금어구역(禁漁區域)'으로 정하고, 금어구역인 '독도' 안에 들어와 어렵활동을 하는 어획 사용권만을 오직 정부가 허가하는 자(나카이 요자부로)에게만 허여한다는 특권허가 관리 방식을 취하였다.[34]

나카이 요자부로는 정부의 방침에 따라 단독으로 죽도어렵합자회사(竹島漁獵合資會社)를 설립하려고 하였다. 그러나 일본 중앙정부로부터 독도를 관할하는 관리로 지명받은 은기도사 히가시 분스케(東文輔)는 나카이 단독회사는 불가하고 은기도 출신 어민 3인을 추가하여 4명 합동의 합자회사를 만들도록 요구하였다. 나카이가 주길군(周吉郡) 출신이므로 은기도 출신 교강(橋岡) 등 3명을 더 넣어 지방 이익과 은기도 행정 지배권 강화를 노린 것으로 보인다.

나카이는 이에 응하여 은기도사가 추천하는 3명을 추가하여 다음 〈표 2-8〉과 같은 비율로 합자회사인 '죽도어렵합자회사'를 1905년 4월 설립하였다.[35] 회사 위치는 은기도 서정(西町) 지향(指向 : 사시무코우)의 바닷가에

34 김선희, 2010, 「다무라 세이자부로의 「시마네현 다케시마의 신연구」 번역 및 해제」, 한국해양수산개발원, 145~149쪽. 中井에게 준 특권은 전복·미역·소라 등 소위 '근부어업권(根附漁業權)'도 포함한 특권이었다. 예컨대 1918~1919년 울릉도에 거주하는 일본인이 독도에서 전복을 채취했다가 中井에게 몰수당하였다. 후에 강치 포획 수가 급감한 1925년경 이후에는 '근부어업권'만 따로 매매되기도 하였다.

35 ① 김수희, 2010, 「나카이 요사부로(中井養三郎)와 독도 어업」, 『인문연구』 제58집.
② 김선희, 2010, 「다무라 세이자부로의 「시마네현 다케시마의 신연구」 번역 및 해제」, 해양수산개발원.
③ 최장근, 2011, 「「竹島經營者中井養三郎氏立志傳」의 해석 오류에 대한 고찰」, 『일어일문학』 제40집.
④ 송휘영, 2012, 「"隱岐島誌"의 제3장 "竹島"」, 『독도연구』 제13집.
⑤ 송휘영, 2013, 「"五箇村誌"의 제4장 "竹島"」, 『독도연구』 제14집.
⑥ 김수희, 2015, 「일본의 독도 영토편입과 오키도(隱岐島) 어민들의 독도 진출」, 『한일관계사연구』 제51집.

표 2-8 죽도어렵합자회사의 출자 비율

순번	출자액	비율	책임	출자자
1	1,200엔	40%	無限	나카이 요자부로(中井養三郎)
2	690엔	23%	有限	하시오카 유지로(橋岡友次郎)
3	690엔	23%	有限	이구치 류타(井口龍太)
4	420엔	14%	有限	가토 시게쿠라(加藤重藏)
합계	3,000엔	100%		

그림 2-66 강치의 모습

두고, 이 해안에서 독도에 어선들을 출항시켰다.

물론 나카이 요자부로가 이 특권회사의 무한책임 사장을 맡았으나 지분이 40퍼센트이기 때문에 되어 다른 3인의 활동을 임의로 통제하지 못하였다. 이 회사는 일본 정부의 특혜로 한국인은 물론이요 다른 일본인 어부들의 독도 출어를 금지해 놓고서, 일본 해군의 암묵적 보호를 받으면서, 1905년 6월 5일자로 허가증을 받아 그해부터 '강치잡이'에 나섰다.[36]

이 회사의 4인은 각각 인부를 고용하여 매년 어기(漁期 : 3~9월)에 '독도'

⑦ 유미림, 2015, 「1905년 전후 일본 지방세와 강치 어업, 그리고 독도」, 『영토해양연구』 제9집.
⑧ 주강현, 2016, 『독도강치멸종사』, 서해문집.
⑨ 박지영 편, 2019, 『울릉도·독도 관련 거문도 자료해제』, 도서출판 선인.

36 竹島漁獵合資會社는 無限·有限의 책임자들이 실제로 出資金을 거의 내지 않고 借入金으로 경영하였다. 그 결과 내분이 일어났고, 각각 자기 인부들을 고용하여 강치를 남획하여 회사 장부가 복잡하게 기록되었다. 그렇기 때문에 사실은 각자 폭리를 획득했지만 장부상에는 적자로 기재되는 등의 일이 있었고, 경영이 투명하게 이뤄지지 않은 일종의 부실회사였다.

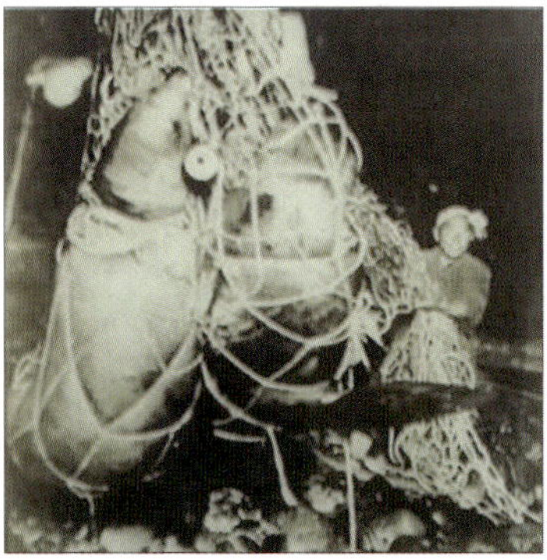

그림 2-67 죽도어렵합자회사가 독도 서도에 설치한 임시 막사
그림 2-68 일본인들이 독도에서 그물로 강치잡이를 하고 있는 광경(I)
그림 2-69 일본인들이 독도에서 그물로 강치잡이를 하고 있는 광경(II)
그림 2-70 일본인들이 독도에서 잡은 강치를 소금물 통에 넣는 광경
그림 2-71 일본인이 총으로 강치 사냥을 하고 있는 광경

에 들어가서 1905년부터 강치잡이를 했는데, 이중장부를 만들어서 정부에 보고한 장부에는 포획 수를 줄이고, 실제 장부에 적힌 수는 더 많았으며 심지어 어느 장부에도 올리지 않은 포획도 많았다. 암컷과 새끼 강치는 잡지 않도록 내규를 정해놓고서도 영업상 부득이하다는 구실로 무차별적으로 포획하였다. 암컷과 새끼 강치의 무차별적 포획은 독도강치 멸종의 원인이 되었다.

그들의 강치 포획 방법은 '그물망'만 사용한 것이 아니라 '총'과 '작살'을 병용하였다. 이 회사는 독도의 서도에 어기(3~9월)에 임시 막사를 설치하고, 음료수는 정기적으로 본주에서 실어오면서 대대적 남획을 자행하였다.

이 회사는 남획한 강치의 '가죽'은 벗기어 군용 및 민간용의 가방 등의 고급 피혁 제품 원자재로 우피(牛皮)보다 더 고가로 판매하였다. 강치 살에서 짜낸 '기름'은 역시 고래기름보다 고가로 판매되었다. 강치 살과 뼈는 비료로 판매되었다. 강치 내장만 버렸는데, 얼마나 남획이 심했는지 한때 강치의 내장 썩는 악취와 오물로 독도 부근에 접근하기 역겨웠다는 그들 자신의 기록이 있다.

이 회사와 일본인들의 독도강치잡이의 정확한 통계는 앞으로의 연구과제이다. 참고로 한 일본인이 조사를 시작했다가 중단한 조사결과를 중단 직전까지 옮겨보면, 1903년에 일본인 어부들이 처음 독도에 들어가서 강치잡이를 시작했는데 1903년의 포획 수는 알 수 없다고 하였다.

1904년도에는 일본 어부 4개조가 5월부터 9월까지의 어기에 수컷 850마리, 암컷 9백 마리, 새끼 1천 마리, 총합 2,750마리를 포획하고, 강치 가죽 7,690관을 얻었다.[37]

---

37 김선희, 2010, 「다무라 세이자부로의 「시마네현 다케시마의 신연구」 번역 및 해제」, 해양수산개발원, 122쪽.

1905년은 일제가 대한제국 몰래 독도를 침탈한 다음, 이에 해군성에 협조해준 나카이 요자부로에게 일본 정부가 보상으로 강치 독점어업권 특혜권을 주고 나카이가 '죽도어렵합자회사'를 설립해서 이 회사 독점 강치잡이가 시작된 해이다.

죽도어렵합자회사는 정관 규정에서 1년 포획 수를 "수컷 5백 마리 이내, 암컷 40마리 이내, 새끼 10마리 이내, 합계 6백 마리 이내"[38]로 일제 당국에 약정하였다.

1905년에는 3월 10일부터 6월 8일까지 총 8개조의 일본인 민간 어부들이 선박 10척으로 70명의 인부를 싣고 독도에 들어와서 약 1천 800마리의 강치를 포획하였다. 이때 1905년 6월 8일 특허권을 가진 죽도어렵합자회사가 독도에 도착하여, 동승한 경찰관이 다른 민간 어부들의 퇴거를 명령했기 때문에, 민간어부들은 어사와 어구를 죽도어렵합자회사에 팔고 해산하였다. 죽도어렵합자회사는 6월 8일부터 9월 8일까지 3개월간 강치 수컷 535마리, 암컷 339마리, 새끼 130마리, 합계 1,004마리를 포획하였고, 소금에 절인 가죽 3,750관, 강치 기름 3천 200관, 기름지게미(油煎粕) 144관, 강치 고기 514관, 뼈 250관으로, 금 2,559엔 79전 2리를 얻은 것으로 기록되어 있다.[39]

1905년 한 해만도 죽도어렵합자회사는 일제 관청에 약속한 상한 6백

---

38 김선희, 2010, 「다무라 세이자부로의 「시마네현 다케시마의 신연구」 번역 및 해제」, 해양수산개발원, 134~135쪽. 中井은 그 후 1908년 은기도청에의 보고서에서 "수컷 5백 마리 이내를 7백 마리 이내로 함. 암컷 50마리 이내를 5백 마리 이내로 함. 새끼 30마리를 3백 마리 이내로 함. 합계 6백 마리 이내를 1천 5백 마리 이내로 함"으로 변경해서 썼다고 한다.

39 김선희, 2010, 「다무라 세이자부로의 「시마네현 다케시마의 신연구」 번역 및 해제」, 해양수산개발원, 123쪽.

마리를 훨씬 초과하여 금지한 암컷과 새끼 포획을 주로 하여 약정한 수의 거의 2배나 되는 1,004마리를 포획하였다. 퇴거 전 일본인 민간 어부들의 1905년 1천 8백 마리 포획까지 합치면, 1905년에 일본인 어부들은 6백 마리가 아니라 무려 2,804마리나 포획하여 약속보다 4.7배나 더 남획한 것이었다.

1906년의 경우를 보면, 은기도청에의 보고기록에는 강치 수컷 663마리, 암컷 415마리, 새끼 307마리, 합계 1,385마리 포획한 것으로 보고되어 있다. 그러나 회사 다른 장부에는 수컷 488마리, 암컷 829마리, 새끼 602마리, 계 1,919마리로 기록되어 있다. 약정했던 6백 마리 보다 무려 1,319 마리 초과하여 포획한 것이다.

1907년의 경우에도 은기도청에 보고한 장부에는 합계 1680마리 포획으로 되어 있으나, 회사 별도 장부에는 수컷 420마리, 암컷 1,075마리, 새끼 602마리, 태자(胎仔) 88마리로, 합계 2,192마리 포획한 것으로 되어 있다.[40] 약정 6백 마리 보다 무려 1,592 마리 초과하여 포획한 것이다.

1908년에는 은기도청에의 보고에 합계 1,660마리 포획했다고 했으나, 회사 보존 장부에는 수컷 273마리, 암컷 1,284마리, 새끼 160마리, 태자 173마리, 합계 1,890마리 포획한 것으로 기록하였다. 약정 6백 마리보다 무려 1,290마리 초과하여 포획한 것이다.

1903~1909년의 7년간 일본인들이 포획한 강치는 (통계를 내지 못한 1903년의 포획수를 1904년과 동일하다고 가정한 경우), 1만 3,561마리이다. 이 중 죽도어렵합자회사가 1905~1908년의 4년간 포획한 것이 8,805마리이다. 죽도어렵합자회사는 4년 동안에 1년 평균 약 2,201마리

40 김선희, 2010, 「다무라 세이자부로의 「시마네현 다케시마의 신연구」 번역 및 해제」, 해양수산개발원, 136~137쪽.

씩 8,805마리를 남획한 것이었다.

1909년부터는 은기도청에 보고한 포획 수만 1,153마리(1909년), 679마리(1910년), 796마리(1911년)으로 조사되어 있고, 회사가 보존했던 별도의 장부조사는 일본인 연구자도 포기해 버렸다.

나카이의 죽도어렵합자회사는 약정한 포획 숫자를 훨씬 초과했을 뿐 아니라, 1년에 암컷 '40마리 이내', 새끼 '10마리 이내' 포획하여 어종을 보존하고 남획을 막겠다고 약속한 것을 파렴치하게 위반하여, 1905년에 암컷을 339마리, 1906년에 415마리, 1907년에 1,075마리, 1908년에 1,284마리 포획하여 아예 씨를 말리는 정도로 남획하였다.

그뿐 아니라 1년에 '10마리 이내' 포획하겠다던 새끼 강치를 1905년에 130마리, 1906년 307마리, 1907년에 602마리, 1908년에 160마리 포획하였다. 심지어는 절대로 포획하지 않도록 규정된 출산 직후의 젖먹이인 태자(胎仔) 강치를 1907년 88마리, 1908년에 173마리 포획하였다.

통계를 잃어버린 1911년 이후에도 죽도어렵합자회사의 이 강치잡이 약탈어업은 독도강치가 완전히 멸종될 때까지 자행되었음은 더 말할 것도 없다.

나카이의 죽도어렵합자회사는 약정을 완전히 위배하고 강치의 암컷, 새끼, 젖먹이 강치까지 무차별 불법남획하여 전 세계의 유수한 강치 어장의 하나인 독도에서 강치를 완전히 멸종시킨 범죄적 어업 회사였다.

일제가 일본인 민간 어부를 제외하고 주로 죽도어렵합자회사를 통하여 독도에서 포획한 강치의 공식 포획 수는 통계가 남아있는 1905~1911년의 7년간의 것만도 1만 2,760마리인데, 실제는 그보다도 훨씬 더 많았음을 회사 이중장부에서 알 수 있다. 여기에 1912년부터 1945년까지 합치면, 아무리 포획 수가 감소했다 할지라도 3만여 마리 이상을 포획한 것이 되어, 독도 어장을 완전히 황폐화시키면서 독도강치가 '멸종'될 때까지 약탈 남획

을 자행한 것을 확인할 수 있다.[41]

일본인들의 1년 독도강치 포획 수를 2,804마리(1905년에 공식 보고된 포획 수)라고 본다면, 1905년~1914년의 11년간 일본인들의 독도강치 포획수는 무려 2만 8,040마리가 된다.

죽도어렵합자회사의 독도강치잡이 남획 독점은 처음에는 매우 큰 이익을 내었다. 이 회사의 모든 관청에의 보고 장부에서는 손실을 보았다고 허위를 기록했으나, 아무도 그것을 믿는 사람은 없었다. 이 회사가 계속 큰 이익을 내면서 존속한 사실은 이 회사가 대규모로 강치 독점 남획을 계속한 사실을 방증하는 것이었다. 그러나 남획으로 인한 강치의 멸종 추세와 강치 포획물 공급과잉으로 인한 가격 하락으로 죽도어렵합자회사의 이익은 1915년 이후에는 급감해갔다.

나카이 요자부로는 독도(죽도) 강치잡이에서 노린 폭리를 다 획득했으므로, 1914년 죽도어렵합자회사의 권리를 장남 나카이 요이치(中井養一)에게 넘겨주고, 나카이 요자부로 자신은 북해도의 치시마(千島) 부근에 새 회사를 설립하여 그곳으로 옮겨 갔다. 아들 나카이 요이치는 독도에서 강치 포획이 급감하자 전복 채취를 주로 하여 회사를 경영하였다. 그는 독도의 수산자원이 고갈되어 감을 보고 1928년 아버지와 자기의 독도 어업권 일부분를 야와타 쵸시로(八幡長四郎)에게 판매하였다.

이에 이 회사의 특허가 1940년 일본 정부에 의해 회수될 때까지, 죽도

---

41 1945년의 포획 수를 30마리(이 회사의 약정 포획 수)로 가정하고, 1905~1940년까지 35년간 죽도어렵합자회사가 포획한 강치 수를 급감 곡선치를 적용하여 추산해 보면 약 3만 7백 마리로 추정된다. 中井養三郎 등의 죽도어렵합자회사는 일본 정부(실제는 해군성)로부터 독점특허를 받아서 다른 일반 어부들의 입도를 금지하고 독도 어장에서 암컷과 어린 새끼까지 강치 약 3만여 마리를 단기간에 남획하여 독도강치를 멸종시키고, 어장을 황폐화시킨 것이다.

그림 2-72 죽도어렵합자회사의 마지막 사장 야와타 쵸시로

어렵회사는 1929~1940년 야와타(八幡)가 사장이 되어서 독도에서 독점어업을 실행하였다.

야와타가 죽도어렵합자회사를 인수했을 때에는 독도강치는 거의 멸종에 가까워 잘 잡히지 않았다. 죽도어렵합자회사는 1933~1940년까지 독도에 부정기적으로 출어하여 1년에 10~30마리의 강치를 포획해서 동물원, 서커스단 등에 판매하는 정도였다. 그 대신 독도에 양질의 전복이 풍부하여 말린 전복으로 수익을 보충하였다. 그럼에도 불구하고 회사가 이익을 내었다고 했으니, 나카이 요자부로(中井養三郎) 시대 이 회사가 독도 약탈어업으로 얼마나 폭리를 독점했는가를 알 수 있다.

일본 제국주의는 1937년 7월 7일 중·일전쟁을 도발한 후에 이어서 필리핀 및 남양군도를 점령하기 위한 태평양전쟁을 준비하게 되었다. 일본 정부는 확전에 대비하여 1940년 8월 17일 해군성이 독도를 해군용지로 지정하고, 시마네현에 요구하여 독도를 일본 해군이 직접 관리하는 작전지역으로 편입시켰다. 일본 정부(시마네현지사)는 죽도어렵합자회사에게 주었던 특허를 회수하고, 정부 허가 없는 일반 민간 어부들의 모든 독도 출어를 금지하였다.[42]

42 일설에는 八幡長四郎이 1421년 2월 海軍省에 자시의 사용권 구입을 설명하고 독도(竹島) 일부 사용 허가를 신청했던 바, 1941년 11월 28일 일본 해군성으로부터 "사용 목적은 강치 生捕, 해초·패류의 포획, 번식의 보호를 위한 목적 이외에 사용할 수 없다."는 조건하에 허가를 얻었다고 八幡 家에서는 주장하고 있다고 한다.

한국 영토 독도는 그리하여 일제에 의해 황폐화된 채로 1940년 8월 17일부터 1945년 8월 15일 일제의 패망 때까지 군사용으로 일본 해군성 무학진수부(舞鶴鎭守府)의 직접 관리지역으로 지정 관리되었다. 독도는 광복 후 연합국최고사령부가 한국 영토로 판정해서 1946년 1월 29일 SCAPIN 제677호를 공표하여 일본 영토에서 분리해 주한 미군정에 이관시켰다가 한국이 독립국가를 수립하자 연합국에 의하여 원주인인 한국에 반환된 것이다.

제2절 일제강점기 독도를 조선령으로 본 일본 측 자료

일본 제국주의가 1910년 8월 한국을 완전 식민지로 강점한 후에는 한국의 전 국토가 일제에게 침탈당했으므로 독도 침탈은 작은 문제로 취급되었다. 일본은 독도를 죽도(竹島)라고 명명하면서 형식상으로는 시마네현에 속한 것으로 취급하기도 했으나, 역사적 진실은 그렇지 않았기 때문에 이를 알고 있었던 일본인들은 독도를 실질적으로, 또는 형식과 실제 모두에서 조선에 속한 것으로 취급하기도 했다. 현재까지 발견된 자료 가운데서 독도(竹島)를 조선에 속한 것으로 취급한 몇 가지 일본 측 자료들을 들어보면 다음과 같다.

1) 일본 해군성 수로부의 『일본수로지』 제6권(1911년)

일본 해군성 수로부는 1894년에 『조선수로지』를 처음 발행한 후 판을 거듭하며 수정 보완해오다가 1910년 8월 조선이 일본의 식민지로 병탄되어 일본 영토의 일부가 되자 『조선수로지』의 발행을 중단하고, 그것을 1911년부터는 『일본수로지』에 포함시켜 제6권으로 편찬하였다. 일본 해군성은 그 제6권 서문에서 "본서는 조선 전안(全岸)의 수로(水路)로서 메이지 43년 조선을 우리 제국에 병합시켰기 때문에 『일본수로지』 제6권이라고 제(題)하여 간행한다."[43] 고 설명해서, 수로지가 단순한 지리적 수로의 설명이 아니라 국가 영토의 구분을 포함한 것임을 명백히 하였다.

그리고는 죽도(독도)를 이 책의 제6편 「조선편」에 상세하게 수록하여 이 섬이 조선에 속한 것임을 알게 하였으며, 그 서두에서 조선인은 이를 '독도'라고 쓴다고 다음과 같이 기록하였다.

> 죽도(Liancourt Rocks)
>
> 1849년 불선(佛船) Liancourt가 이를 발견했기 때문에 구미인(歐米人)은 Liancourt Rocks라고 칭한다. 그후 1854년 노함(露艦) Pallas가 이를 Menalai and Olivutsa라고 이름했으며, 1855년 영함(英艦) Hornet은 이를 Hornet islands라고 불렀다. 그러나 조선인은 이를 獨島(독도)라고 서(書)한다. 내지(內地) 어부는 リアンコ島(리앙코섬)이라고 말한다.[44]

이 수로지는 3페이지에 걸쳐 독도의 위치, 지형, 산물 등을 상세하게 설명하였다. 『일본수로지』의 시마네현 부분에는 죽도의 명칭만 한 번 거론되고 설명이 전혀 없으니, 이 자료의 편찬자는 독도가 조선에 속한 것임을 명백히 인지하고 그렇게 편집한 것이다.

---

43 日本 海軍省水路部, 1911, 『日本水路誌』 第6卷, 序, 1쪽.

44 日本 海軍省水路部, 1911, 『日本水路誌』 第6卷, 49쪽.

2) 일본 해군성 수로부의 『일본수로지』 제10권 상(1920년)

일본 해군성 수로부는 1920년 이전의 『일본수로지』 「조선편」(1911년)에 해당하는 제6권을 제10권으로 바꾸어 상·하 2책으로 개편했다.

그들은 이 책의 제10권 상책(上冊)의 조선동안 울릉도 바로 다음에 독도를 '竹島 Liancourt Rocks'라는 항목으로 넣으면서 "조선인은 이를 독도(獨島)라고 서(書)하고 내지(일본) 어부는 이를 리앙코섬(リアンコ島)라고 말한다."[45]고 기록하고, 독도의 위치·지형·산물을 1911년판과 마찬가지로 상세하게 설명하였다.

3) 『역사지리』에 게재된 「일본해에 있는 죽도의 일선관계에 대하여」(1930년)

일본의 유명한 지리학자 통전설호(桶畑雪湖)는 「일본해(日本海)에 있는 죽도의 일선관계(日鮮關係)에 대하여」라는 글을 『역사지리』(제55권 제6호, 1930년 6월 발행)에 게재하였는데, 여기에서 "죽도와 울릉도는 지금 조선 강원도에 속한 조선 영토로서 일본해 최동단에 속해 있다."고 기록하여, 독도가 조선 소속임을 명백히 밝혔다.[46]

4) 『신편 일본역사지도』(1931년)

일본 문부성 검정을 통과한 역사 교육자료인 위의 일본 역사 지도책에서는, 러·일전쟁 관련 지도 색인 부분에 '죽도(조선)'이라고 한 기록이 확인된다.

---

45 日本 海軍省水路部, 1920, 『日本水路誌』 第10卷 上冊, 57쪽.

46 ① 申奭鎬, 1948, 「獨島所屬에 대하여」, 『史海』 1.
② 「往復文書 1953年 9月 9日字 韓國側口述書-韓國政府見解(1)」, 『獨島關係資料集-往復外交文書(1952~1976)』, 37쪽.
③ 이한기, 1969, 『韓國의 領土』, 서울대학교출판부, 263쪽.

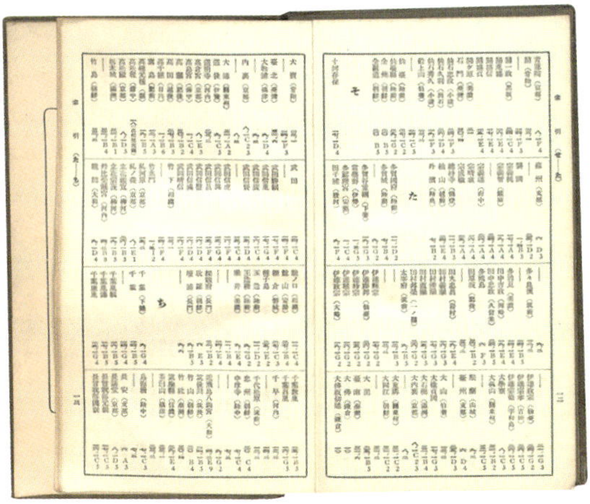

그림 2-73 『신편 일본역사지도』의 '죽도(조선)' 부분

일본이 러·일전쟁 당시에 '독도'(죽도)를 '조선' 영토로 인지하고 있었다는 것을 기록한 것이었다.

5) 일본 해군성 수로부의 『조선연안수로지』 제1권(1933년)

일본 해군성 수로부는 1920년의 『일본수로지』 제10권 상책(上冊)을, 1932년 9월까지 수집한 최신의 자료들을 보완해서 1933년 1월에 해군성의 서지(書誌) 제6호 A로서 『조선연안수로지(朝鮮沿岸水路誌)』 제1권으로 간행하였다.

이 책에서는 독도의 소속과 관련하여 2개의 큰 변화와 보충이 있었다. 그 하나는 아예 '울릉도 및 죽도(鬱陵島及竹島)'[47]라는 항목을 설정하여 독도(죽도)가 울릉도 속도임을 명확히 표시한 후, 울릉도에 이어 독도를 자세히 설명한 것이다. 다른 하나는 독도 그림 2개를 삽입하여 독도 이해를 도운

47 日本 海軍省水路部, 1933, 『朝鮮沿岸水路誌』 第1卷, 86쪽.

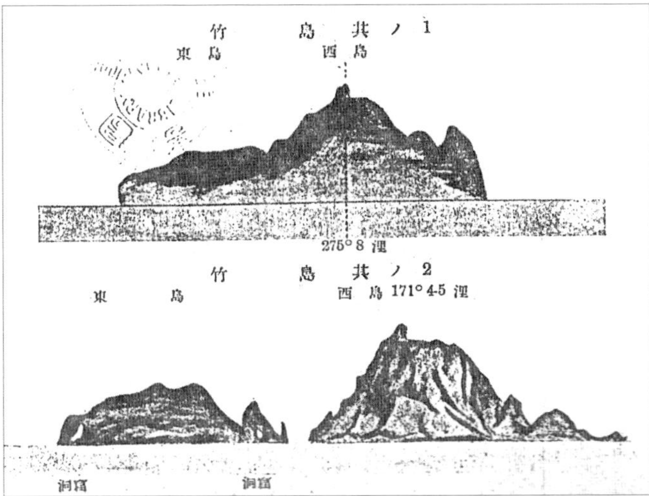

그림 2-74
일본 해군성 수로부가 그린 독도

것이다.[48]

일제는 이 시기에 조선이 영구히 일본 영토가 되었다고 간주하고 자신을 가졌었는지, '울릉도 및 죽도'라고 공공연하게 독도를 울릉도의 부속도서로 취급하고, 독도와 울릉도가 모두 조선 소속임을 숨기지 않았던 것으로 해석된다.

6) 지갈성의 『신편 일본역사지도』(1933년)

1931년에 도서료(圖書寮) 편수관인 지갈성(芝葛盛)이 편찬하여 일본 문부성 검인정을 거친 일본 사범학교·중학교·고등여학교·실업학교 역사과 교과서인 『신편 일본역사지도(新編日本歷史地圖)』[1933년, 명치서원(明治書院) 발행]는 색인에서 죽도를 조선령으로 명기하였다.[49]

48 日本 海軍省水路部, 1933, 「對面」, 「第25圖」, 「第26圖」, 『朝鮮沿岸水路誌』 第1卷, 89쪽.
49 김명기, 1987, 『獨島와 國際法』, 華學社, 144~146쪽.

7) 석미춘잉의 『조선과 만주 안내』(1935년)

저자 석미춘잉(釋尾春芿)은 이 책의 「조선편」 제1장에서 조선의 동단은 '울릉도, 죽도'라고 기술하였다.

석미춘잉은 일찍이 『조선병합사(朝鮮併合史)』(1926년)를 저술한 식민주의자로서 이 책의 서문에서 "조선은 일본의 영토이며 일본인의 피가 조선반도에 스며들어 있다."고 쓸 정도의 인물인데도 독도가 조선 소속이라고 밝히고 있다.

한편 일본 지도를 보면, 독도가 울릉도의 부속섬으로서 한국(조선) 영토임이 진실이었기 때문에, 일본에서 일제강점기에 발행된 일본 지도와 시마네현의 지도에서 '독도'(일본 명칭 죽도)는 아예 제외시켜 버리는 것이 많았다. 몇 가지 사례를 더 들어 두기로 한다.

8) 1911년의 「시마네현전도」

1911년에 일본의 시(市) · 정(町) · 촌(村)의 행정체계의 위치를 지도에 표시하기 위해 제도된 「대일본분현지도(大日本分縣地圖)」 중의 「시마네현전도(島根縣全圖)」에서는 은기도(隱岐島)를 비롯하여 모든 부속섬들을 그려넣으면서 '독도'(죽도)만 제외하여 그려넣지 않았다. '독도'(죽도)는 조선령으로 전제하여 인지한 것이었다.

9) 1925년의 「일본교통분현지도」 시마네현 지도

1925년에 일본 전국의 교통과 현별 교통로를 그린 지도 「일본교통분현지도(日本交通分縣地圖)」의 시마네현 지도에서도 은기도를 크게 확대해 포함해 넣으면서 '독도'(죽도)는 제외하였다. 독도는 조선령으로 간주한 것이다.

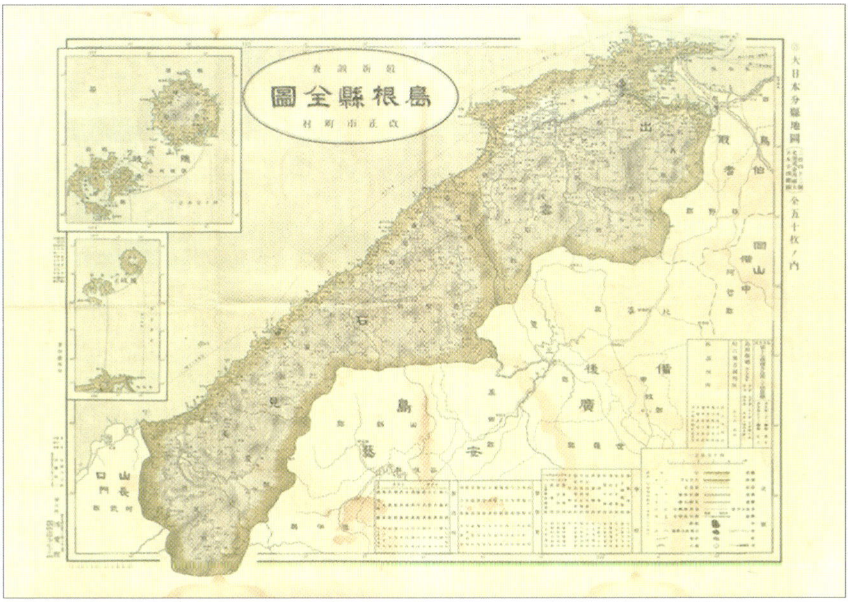

그림 2-75　1911년의 「시마네현전도」

그림 2-76　1925년의 「일본교통분현지도」의 시마네현

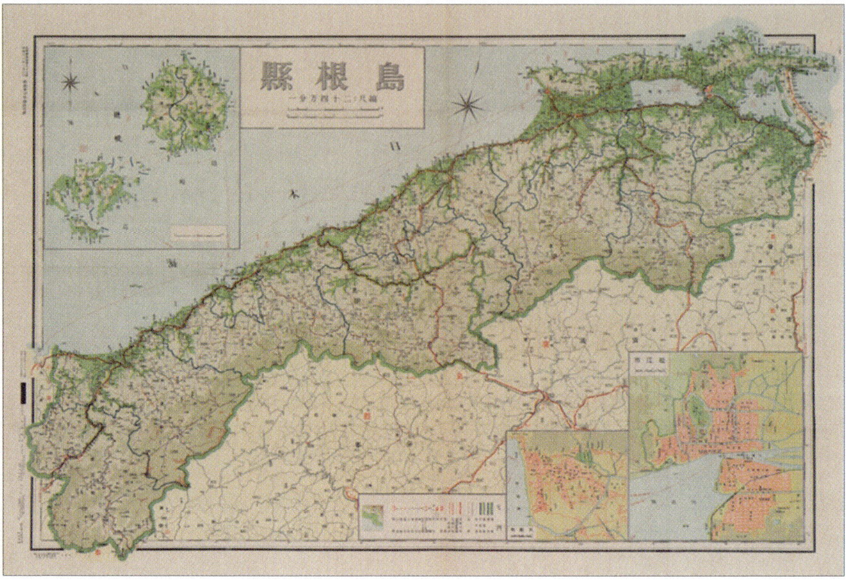

그림 2-77 1941년의 「시마네현」

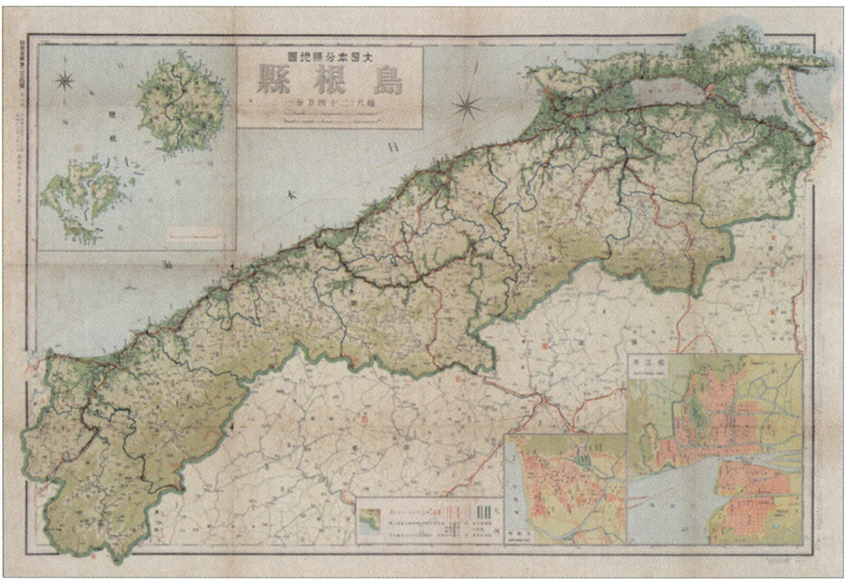

그림 2-78 1942년의 「대일본분현지도」 시마네현 지도

10) 1941년의 「시마네현」

일제의 태평양전쟁 도발기인 1941년 일본의 분현(分縣)지도에서 「시마네현」에는 은기도는 확대해서 포함되어 있으나 '독도'(죽도)는 제외되었다. 독도(죽도)는 육군 참모본부의 판단과 같이 조선령으로 인지된 것이었다.

11) 1942년의 「대일본분현지도」 시네마현 지도

1942년 일본 전국의 현별 지도에서 「시마네현」은 부속도서로서 은기도만 포함해 그리고 '독도'(죽도)는 시마네현 지도에서 제외하였다. 육군 참모본부 지도에 따라서 '독도'(죽도)를 조선령으로 간주한 것이었다.

제3절 일제 육군 참모본부의 독도의 울릉도 부속섬 처리와 조선 부속령 확인

독도가 울릉도의 부속섬이라는 역사적 진실은 참으로 무서운 힘을 가진 것이어서, 한국 침략과 아시아 대륙 침략의 원흉 일본 제국주의 육군 참모본부도 일제강점기에 한국이 독립할 수 없으리라고 예측했을 때에는 진실 그대로 독도를 울릉도 부속섬으로서, 조선 부속령으로 처리하였다.

이러한 일제강점기 지도들 가운데 가장 주목해야 할 지도가 일본 육군 참모본부 육지측량부(陸地測量部)의 「지도구역일람도(地圖區域一覽圖)」[기일(其一)](1936년)이다.[50]

---

50 ① 신용하, 1992, 「일제 하의 독도와 해방 직후 한국 반환 과정」, 『한국사회사연구회논문집』 제34집.
② 신용하, 1996, 『獨島의 民族領土史 연구』, 지식산업사.

일본 육군 참모본부 육지측량부는 1935년 당시의 대일본제국[(일본 본주(本州)·조선·타이완·관동주(關東州)·화태(樺太) 포함]의 「지도구역일람도」(其一)를 같은 해 4월에 간행했는데, 이 지도의 목적은 대일본제국에 속한 모든 지역을 본주, 조선, 관동주, 타이완, 화태, 쿠릴열도(千島列島), 남서제도(南西諸島), 오가사와라군도(小笠原群島) 등으로 집단분류(grouping)하는 것이었다. 이 「지도구역일람도」에서는 일본 본주에 공간이 충분한데도 울릉도와 죽도(독도, Liancourt Rocks)를 '조선 구역'에 포함시키고, 죽도를 조선에 포함시킨 밖에다 '조선 구역'과 '일본 본주(本州) 구역'을 구분하는 굵은 흑선을 그었다.

이 「지도구역일람도」는 대일본제국이 패망을 상상하지 않고 영속한다고 생각했던 1935년에 제작한 대일본제국 내의 지역 분류 지도로서, 일본제국 육군 참모본부가 공식 발행한 것이기 때문에 결정적으로 중요한 자료이다. 이 자료에서 독도가 어떤 지역에 포함되는가에 따라 대일본제국이 외부의 힘에 의해 해체되는 경우 독도의 귀속이 결정될 것이기 때문이다.

그런데 일본 육군 참모본부 육지측량부는 독도를 '조선 구역'에 포함시킨 것이다. 이것은 일본군이 이미 일본 제국주의의 최성기인 1935년에 대일본제국이 해체되면 독도가 조선 영토로 반환될 것임을 예증하는 자료를 미리 준비해준 것이나 다름없이 된 것이다. 필자는 일본 제국주의가 1945년 8월 15일 패망하여 연합국이 대일본제국을 해체할 때 이 「지도구

---

③ 남영우, 2007, 「구한말 일제강점기의 한반도 地圖 제작」, 『한국지도학회지』 제7권 제1호.

④ 남영우, 이호상, 2010, 「일제 참모본부 장교의 측량침략과 朝鮮 目測圖의 특징」, 『한국지도학회지』 제10권 제1호.

⑤ 서인원, 2017, 「일본 육지측량부 지도제작과 독도영유권 인식에 대한 고찰」, 『영토해양연구』 제14호.

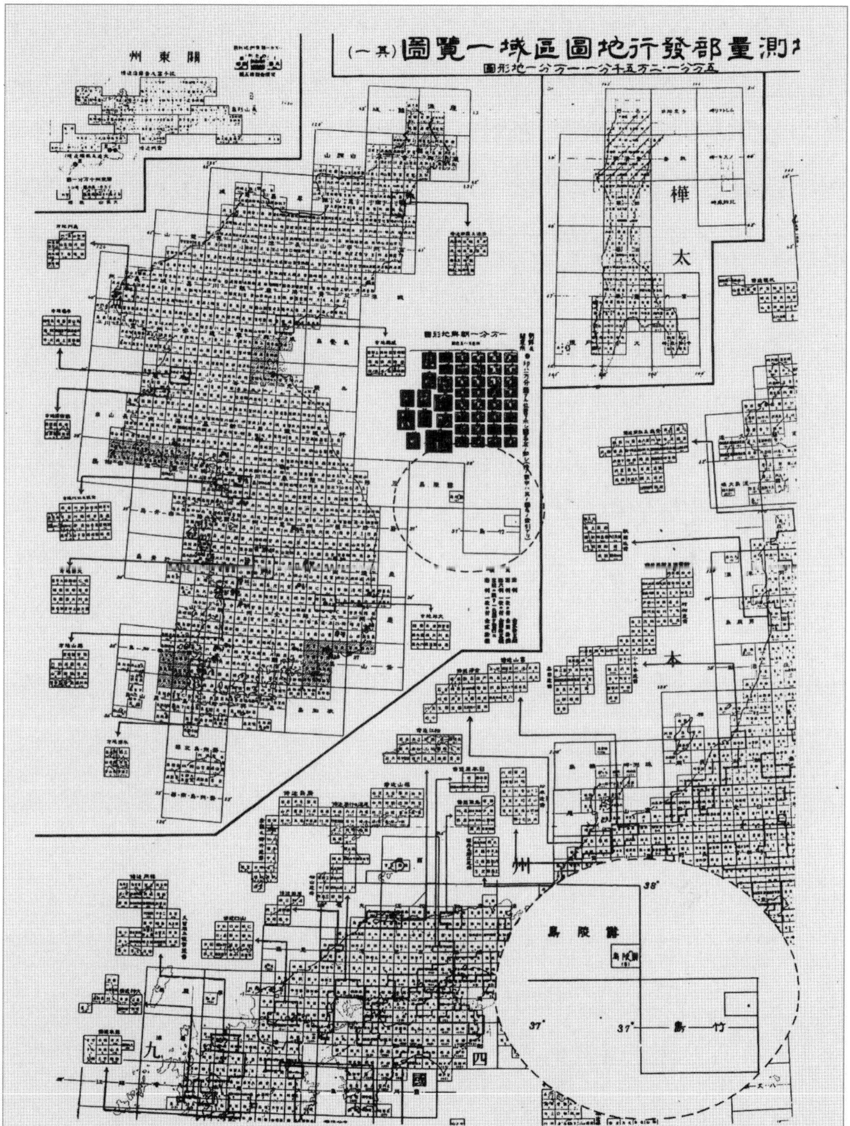

그림 2-79 일본 육군 참모본부 육지측량부가 대일본제국을 지역별로 구분한 1936년의 대일본제국 공식 「지도구역일람도」. 여기서 일본군은 독도(죽도)를 울릉도와 함께 조선 지역에 포함시켜 분류하였다. 전후 연합국최고사령부가 대일본제국을 해체시킬 때 이 지도를 중시하여 참조했음은 물론이다.(서울대학교 중앙도서관 소장)

역일람도」가 연합국최고사령부의 지리 전문가들이 사용한 가장 중요한 자료의 하나가 되었을 것이라고 생각한다. 왜냐하면, 연합국최고사령부가 종래 일본 영토의 특정지역에 대하여 일본 정부의 정치 · 행정상 권리의 행사 또는 행사 기도의 제외를 명령한 SCAPIN 제677호의 집단분류(grouping)가 이 「지도구역일람도」와 거의 완전히 일치하기 때문이다.

일본 '육군 참모본부 육지측량부'는 일본의 국가최고 지도 제작 기관이며, 여기서 발행하는 공인 지도는 일본의 국가적 권위를 갖는 지도이므로, 이 기관과 이 지도에 대한 약간의 역사적 설명을 첨가할 필요가 있다.

일본은 1868년 메이지유신에 성공하여 1871년 국가조직을 근대체제로 정비할 때 '병부성(兵部省) 참모국'을 설치하였다. 이 기관의 임무는 규정으로 "기무밀모(機務密謀)에 참획하고 지도정지(地圖政誌)를 편집하며 동시에 간첩통보(間諜通報) 등의 일을 관장한다."고 법정하고, 이 기관을 병부성의 일부로 두었지만 "병부성의 본무(本務)와는 별도로 한다."고 규정하였다. 현대어로 번역하면 국가지리원을 포함하여 국가 중앙정보부를 편의상 국방부 안에 설치했지만 별도의 업무를 수행한다고 규정한 것이었다. 이 기관은 당시 조선에 대해서는 '정한론(征韓論)'의 기획 실천을 담당하는 기관이었다.

일본은 1872년에 병부성을 육군성과 해군성으로 나누면서 참모국을 육군성 안에 두었다가, 1878년에 참모국을 격상하여 참모본부라 하고 육군성에서 독립한 천황직예(天皇直隷)의 육군군령(陸軍軍令) 전장(專掌) 기관으로 성립시켰다.

일본 육군 참모국은 1875년 처음으로 「조선전도」를 편찬 발행했는데, 울릉도와 독도를 조선에 포함시켰다. 이 지역이 '정한(征韓)'의 제일차 대상지역이었다. 일본은 1882년 3월 참모본부 편찬과에서 정한에 필요한 조선사 연구편찬을 시작하였다. 여기서 파견된 정보장교들이 광개토대왕릉비도 현지조사하고, 조선사 편찬을 시작하였다.

육군 참모본부 측량과는 1882년 해군성 수로국의 '조선국 근해 실측도' 264장을 양도받아서 기존의 수집자료와 종합하여, 1887년 백만 분의 1 지도인 「조선전도」를 제작, 발행하였다. 이 지도에서도 '울릉도와 독도'는 조선에 포함되었다. 이 지도는 육군성 참모본부와 해군성 수로국이 '울릉도와 독도'를 모두 조선 영토로 인증했음을 나타낸 것이었다.

일본 육군성 참모본부는 이어서 1888년 『조선지지략(朝鮮地誌略)』을 발행했는데, 우산도(독도, 리앙코섬)는 울릉도에 인접한 섬으로 '울릉도와 우산도(독도)'를 모두 조선 영토로 기술하였다.

일본의 육군성 참모본부는 이러한 지지 · 지도 제작 과정에서 실증적 조사연구를 통하여 독도는 울릉도의 부속도서이고, '울릉도와 독도'는 조선 영토임이 진실임을 잘 인지하고 재확인하게 되었다.

러 · 일전쟁 기간 중인 1905년 해군성 수로부장 기모쓰키 가네유키(肝付兼行)이 중심이 되어 가쓰라 타로(桂太郎) 내각이 조선의 우산도를 일본 영토로 침탈 편입하자, 참모본부는 정부정책에 따라 1909년의 「동아여지도(東亞輿地圖)」에서는 해군의 독도 망루와 해저전선이 연결되는 마쓰에(松江)에 독도를 연결시켰으나, 독도를 일본 본주의 영토라고 인정한 것은 아니었다.

육군 참모본부 육지측량부에서 국가적 사업으로 일본이 병탄한 지역을 포함한 '대일본제국'의 지도를 만들기 위해 지역별 지도구역 일람표를 만들어 사각망에 호수 번호를 붙여가면서 정확하고 정밀한 지도를 제작해서 1935년에 첫 선을 보인 것이 일본 육군 참모본부 육지측량부의 「지도구역일람도」였다. 이 지도는 일제가 편찬한 일람도 가운데 가장 정밀하고 정확한 지도로 평가받았으며, 그 후 1942~1943년의 2년만 제외하고, 1944년까지 국가 공식지도로서 매년 발행되었다.

이 「지도구역일람도」의 가장 큰 특징의 하나는 위에서 이미 지적한 바와 같이 일본 제국주의가 영토야욕으로 병탄한 지역들까지 포함된 대일본제국의 지도를 '원래의 병탄된 구역별로 구분'해서 '일람도'로 그린 것이었다. 「지도구역일람도」의 원래 뜻이 그러하였다. 이것은 일본 제국주의가 치성하여 '대일본제국'이 영속하리라는 전제에서 두려움 없이 역사적 진실대로 구역별 소속을 구분하여 지도로 그린 것이었다.

여기서 우리의 관심과 문제의 초점은 '독도'(Liancourt Rocks, 우산도, 석도, 리앙코르도섬, 죽도)가 '조선'구역에 포함되는가, '일본 본주(本州)' 구역(시마네현 오키섬 포함)에 포함되는가의 문제이다.

「지도구역일람도」(1935~1944년)는 역사적 진실에 따라 독도를 울릉도에 인접한 울릉도 부속도서로서, 조선과 일본 본주 지도 사이에 굵은 선을 그어 구별하면서 '조선' 구역에 포함시켰고, 일본 본주에는 포함시키지 않았다. 즉 일본제국의 국가기관으로서 지도제작의 국가최고 기관인 육군참모본부(육지측량부)가 국가 공식지도에서 독도(Liancourt Rocks, 竹島)를 조선 부속령으로 사실대로 판정하여 공식 발행한 것이다.

「지도구역일람도」의 1935~1944년의 8개 판 모두에서 독도는 조선 부속령으로 판단되어 그렇게 제작되었지만, 그중에서도 가장 중요한 판은 1936년판과 1944년판이다. 왜냐하면 1936년판에는 조선 지도 구역 상단에 처음으로 '조선총독부 임시토지조사국 측도(測圖)'라고 표기하여 이 지도가 일제 조선총독부의 토지 측량 사업 지도에 의거하여 합의된 지도임을 밝혔기 때문이다.

또한 이 지도의 1944년판이 중요한 이유는 일제가 1945년 8월 15일 패망 직전까지, 일본의 지도 제작 국가최고 기관인 육군 참모본부 육지측량부는 조선총독부와 함께 '독도'는 울릉도의 부속섬으로서 '울릉도와 독도'가 모두 조선 부속령으로 판정하고 있었음을 선명하게 보여주고 있기 때문이다.

일본 제국주의가 패망하여 1945년 9월 2일 동경에 연합국최고사령부가 설치되었고, 연합국최고사령부는 일제가 청·일전쟁을 일으킨 1894년의 1월 1일을 기준일자로 그 이후 일제가 병탄한 영토들을 원래 소유 국가에게 반환하는 작업을 시작하게 되었다. 이때 연합국이 일본 육군 참모본부의 공인지도이며 공식지도인 이 육지측량부「지도구역일람도」를 제일차 주요 기본자료로 사용했을 것임은 의문의 여지가 없다. 1946년 1월 29일 연합국최고사령부가 연합국최고사령관 지령 제677호(SCAPIN No. 677)로 발표한 '일본의 정의(The Definition of Japan)'인 '약간의 주변 지역을 정치·행정상 일본으로부터 분리하는 데 대한 각서(Memorandum for Governmental and Administrative Separation of Certain Areas from Japan)'의 부속지도「SCAP Administrative Areas: Japan and South Korea」가 거의 일본 육군 참모본부의「지도구역일람도」와 완전히 일치한 곳에서도 이를 확인할 수 있다.[51]

SCAPIN 제677호의 부속지도는 (일본 육군 참모본부의「지도구역일람도」와 동일하게) 독도(Liancourt Rocks, 竹島)를 일본에서 분리하여 울릉도와 함께 한국 영토로 판정하여 한국에 부속시켰다.

일본 육군 참모본부 토지측량부는 군사용 극비자료로서 (육지측량부가

---

51 ① 신용하, 1992,「일제하의 독도와 해방 직후의 한국 반환 과정」,『한국사회사연구회논문집』제34집.
② 신용하, 1996,『獨島의 民族領土史 연구』, 지식산업사.
③ 신용하, 2000,『독도영유권 자료의 탐구』, 제3권, 독도연구보전협회.
④ 신용하, 2001,『독도영유권에 대한 일본주장 비판』, 서울대학교출판부.
⑤ 신용하, 2011,「독도문제 130문 130답」,『월간조선』6월호 특별별책부록.
⑥ 신용하, 2012,『독도영유의 진실 이해』, 서울대학교출판문화원.
⑦ 신용하, 2012,『Sixteen Points for Understanding the Truth about Dokdo』, The Independence Hall of Korea.

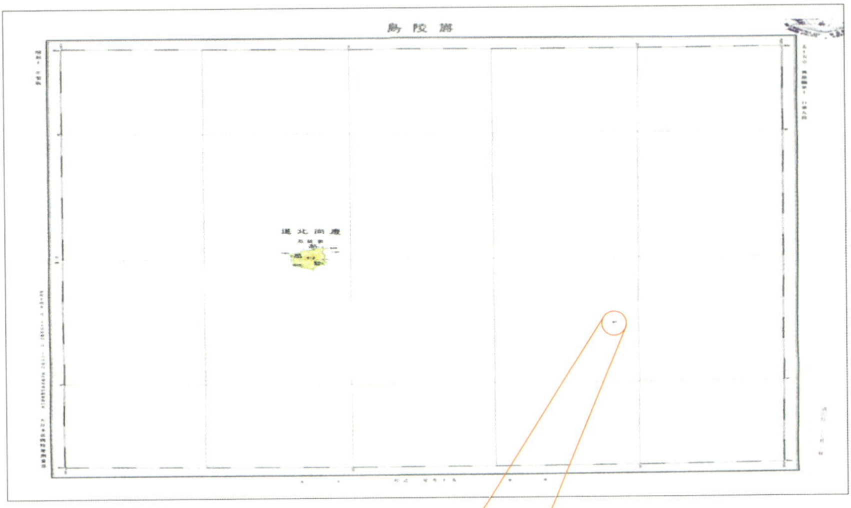

그림 2-80
일본 육군 참모본부 육지측량부의 「울릉도전도」(1939년)

발행한 '50만 분의 1여지도 제11행 제9단 울릉도'에서 떼어낸) 「울릉도전도」를 1939년 발행했는데, 이 지도에서도 독도(죽도)를 울릉도에 부속섬으로 넣고 '울릉도와 독도'를 경상북도 소속 관할로 표기한 것이 최근 밝혀졌다.[52]

이 「울릉도전도」의 발굴은 일본 육군 참모본부 육지측량부가 독도를 울

52 서인원, 2017, 「일본 육지측량부 지도제작과 독도영유권 인식에 대한 고찰」, 『영토해양연구』 제14호. 일본 육지측량부의 이 「울릉도전도」(1939)는 동경대학자료관, 국토지리원 등에 소장되어 있으며, 국회도서관에서 열람할 수 있다.

릉도 부속섬으로 간주한 증명으로서 매우 중요한 것이다. 지리·지도 제작에서 일본 국가최고 기관인 일본 육군 참모본부 육지측량부는 공식지도나 군사용 비밀지도에서나 모두 독도(죽도, 리앙코르도섬)를 울릉도의 부속도서로서 조선 영토로 판단하여 제도했음을 확인할 수 있다.

일본 제국주의 최성기에 대일본제국의 구역별 지도를 제도하여 자신있게 공개할 때, 일본육군 참모본부는 '독도는 울릉도의 부속도서'이며 '독도와 울릉도는 조선 영토 구역'임을 1935~1944년에 역사적 사실 그대로 인지하여 제도하고 공개했으니, 일제 패망 후 1945년 9월 2일에 동경에 설치되어 일본제국을 해체시킨 연합국최고사령부가 섬들을 원주인 국가들에게 반환시킬 때 바로 이 육군 참모본부 육지측량부의 「지도구역일람도」를 가장 중요한 증거자료의 하나로 사용했음은 정확한 것이었다고 지적하지 않을 수 없다.

위의 자료들에서도 알 수 있는 바와 같이 일제 치하에서 독도는 군사적 목적으로 행정의 형식상 때때로 시마네현에 속한 것으로 간주된 경우가 있었다 할지라도, 일본 국민들은 물론이요 일본 정부까지도 실질적으로 또는 형식과 실질의 모두에서 독도를 조선 부속으로 간주하였다.

일본 정부와 일본 육군 참모본부도 이러했거늘, 하물며 일제하에서 한국인들이 독도를 한국 영토로 계속 인지했음은 더 말할 필요도 없다.

실증자료

제5편

「개항기, 조선의 울릉도·독도 영유권에 대한 일본 메이지 정부의 재확인」에 관련된 실증자료

1)『고종실록』 기사(1)

(1)『高宗實錄』高宗 18年(1881년) 5月 21日(癸未)條

統理機務衙門啓 卽見江原監司林翰洙狀啓 則枚擧鬱陵島搜討官所幸以爲 看審之際 有何伐木 積置海岸 剪頭着黑衣者七名 坐其傍 故以書問之 則答以日本人 而伐木將送于元山釜山爲言. 彼船去來 挽近無常 指點此島 不無其弊. 請令統理機務衙門稟處矣. 封山自是重地. 搜討亦有定式 而彼人之潛斫暗輸 邊禁攸關 不容不嚴防乃已. 將此事實 撰出書契 下送萊館 轉致于日本外務省. 而第伏念是島處在淼茫之中 任他空曠甚屬疎虞 其形止要害之何如 防守緊密之何如 合有周審而裁處. 副護軍李奎遠 鬱陵島檢察使差下 使之從近馳往 到底商度 具意見修啓 以爲稟覆何如. (…) 竝允之.

[초역] 통리기무아문(統理機務衙門)에서 제의하였다.

"지금 강원감사(江原監司) 임한수(林翰洙)의 장계(狀啓)를 보니, '울릉도 수토관(鬱陵島搜討官)의 보고를 하나하나 들면서 말하기를, 순찰할 때에 어떤 사람이 나무를 찍어 해안에 쌓고 있었는데 머리를 깎고 검은 옷을 입은 사람 7명이 그 곁에 앉아있기에 글을 써서 물어보니 일본 사람이 나무를 찍어 원산(元山)과 부산(釜山)으로 보내려고 한다고 대답하였답니다.

일본 선박의 왕래가 근래 대중없어서 이 섬에 눈독을 들이고 있으니 폐단이 없을 수 없습니다. 청컨대 통리기무아문(統理機務衙門)으로 하여금 품처(稟處)토록 하기 바랍니다.'라고 하였습니다. 나라에서 채벌을 금하는 산은 원래 중요한 곳이고 조사하여 지키는 것도 역시 정식이 있습니다.

그런데 저 사람들이 남몰래 나무를 찍어서 가만히 실어가는 것은 변금(邊禁)에 관계되므로 엄격하게 막지 않을 수 없습니다. 장차 이 사실을 문건으로 작성하여 동래부(東萊府) 왜관(倭館)에 내려 보내서 일본 외무성(外務

省)에 전달하게 할 것입니다. 생각하건대 이 섬은 망망한 바다 가운데 있는데 그대로 텅 비워두는 것은 대단히 허술한 일입니다. 그 형세가 요충지로 될만한가 방어를 빈틈없이 하고 있는가를 두루 살펴서 처리하여야 할 것입니다. 부호군(副護軍) 이규원(李奎遠)을 울릉도검찰사(鬱陵島檢察使)로 임명하여 가까운 시일에 빨리가서 철저히 타산해보고 의견을 갖추어서 보고하여 이로써 문의해서 처리하게 하는 것이 어떻겠습니까."

(…) 모두 승인하였다.

(2)『高宗實錄』高宗 19年(1882년) 4月 初 7日(壬戌)條

初七日. 召見檢察使李奎遠 辭陛也. 教曰 鬱陵島近有他國人物之無常往來任自占便之弊云矣. 且松竹島芋山島 在於鬱陵島之傍 而其相距遠近何如 亦月何物與否未能詳知. 今番爾行 特爲擇差者 各別檢察. 且將設邑爲計 必以圖形與別單 詳細錄達也. 奎遠曰 芋山島卽鬱陵島 而芋山 古之國都名也. 松竹島卽一小島 而與鬱陵島 相距爲三數十里 其所產 卽檀香與簡竹云矣. 教曰 或稱芋山島 或稱松竹島 皆輿地勝覽所載也. 而又稱松島竹島與芋山島爲三島統稱鬱陵島矣. 其形便一體檢察. 鬱陵島本以三陟營將越松萬戶 輪回搜檢者 而擧皆未免疎忽. 只以外面探來 故致有此弊 爾則必詳細察得也. 奎遠曰 謹當深入檢察矣. 或稱松島竹島 在於鬱陵島之東 而此非松竹島以外 別有松島竹島也. 教曰 或有所得聞於曾往搜檢人之說耶. 奎遠曰 曾往搜檢之人 未得逢著 而轉聞其梗槩矣.

초7일 검찰사(檢察使) 이규원(李奎遠)을 소견하였다. 하직인사를 하였기 때문이다.

하교하기를,

"울릉도(鬱陵島)에는 근래에 와서 다른 나라 사람들이 무상(無常)으로 왕래하면서 제멋대로 편리를 도모하는 폐단이 있다고 한다. 그리고 송죽도(松竹島)와 우산도(芋山島)는 울릉도의 곁에 있는데 서로 떨어져 있는 거리가 얼마나 되는지 또 무슨 물건이 나는지 자세히 알 수 없다. 이번에 네가 가게 된 것은 특별히 골라서 임명한 것이니 각별히 검찰할 것이다. 그리고 앞으로 고을(邑)을 세울 생각이니 반드시 지도와 함께 별지에다가 자세히 적어 보고할 것이다."

하니, 이규원이 아뢰기를,

"우산도(芋山島)는 바로 울릉도이며 우산(芋山)이란 바로 옛날의 나라 수도(國都)의 이름입니다. 송죽도는 하나의 작은 섬인데 울릉도와 떨어진 거리는 20~30리쯤 됩니다. 여기서 나는 물건은 단향(檀香)과 담뱃설대라고 합니다."

라고 하였다. 하교하기를,

"우산도라고도 하고 송죽도라고도 하는데 다 『동국여지승람(東國輿地勝覽)』에 실려있다. 그리고 또 혹은 송도(松島)·죽도(竹島)라고도 하는데 우산도와 함께 이 세 섬을 통칭 울릉도라고 하였다. 그 형세에 대하여 함께 알아볼 것이다. 울릉도(鬱陵島)는 본래 삼척영장(三陟營將)과 월송만호(越松萬戶)가 돌려가면서 수색·검열하던 곳인데 거의다 소홀히 대함을 면하지 못하였다. 그저 외부만 살펴보고 돌아왔기 때문에 이런 폐단을 가져왔다. 너는 더 구체적으로 살펴볼 것이다."

이규원이 아뢰기를,

"삼가 깊이 들어가서 살펴보겠습니다. 어떤 사람들은 송도(松島)와 죽도(竹島)는 울릉도(鬱陵島)의 동쪽에 있다고 하지만 이것은 송죽도(松竹島) 밖에 따로 송도와 죽도가 있는 것은 아닙니다."

라고 하였다. 하교하기를,

"혹시 그전에 가서 수색조사한 사람의 말을 들은 것이 있는가."

라고 하니 규원이 아뢰기를,

"그전에 가서 수색조사한 사람은 만나지 못하였습니다. 대체적인 내용을 얻어 들었습니다."

라고 하였다.

해설 요점

『고종실록』의 이 자료는 1881년 음력 5월 22일자로 통리기무아문이 국왕에게 울릉도 재개척을 검토하기 위해 이규원을 울릉도검찰사에 임명하여 울릉도에 조사단을 파견한 기록이다.

통리기무아문은 일본인들이 울릉도에 들어와서 나무를 도벌해가는 것은 국경 침범에 관계된 중대한 문제이어서 엄격하게 막지 않을 수 없는 일이므로, 이 사실을 문서로 작성해서 동래부에 있는 왜관에 내려보내 일본 외무성에 전달하게 해야 한다고 건의하였다. 그들은 울릉도를 공도(空島)로 비워두는 것은 대단히 허술한 일이므로, 울릉도 쇄환·공도정책을 폐기하고 울릉도 재개척정책을 채택하고자 한 주장이 강력히 대두되었기 때문에 그 준비 작업이 추진된 것이었다고 해석된다.

조선 조정은 1881년 5월 23일 이규원을 울릉도검찰사에 임명했으나, 출발 준비를 끝내면 벌목철이 지나 버리기 때문에 외국인의 벌목 실태를 검찰할 수 없게 되므로 이 해에는 출발을 연기하였다. 이규원은 이듬해인 1882년 4월 초7일 국왕에게 사폐(辭陛 : 하직인사)하고, 4월 10일 출발하였다.

국왕은 울릉도에 대한 지대한 관심을 표시하고 특히 ① 울릉도에 밀입도한 일본인들에 대한 검찰, ② 울릉도 곁에 있는 송죽도(松竹島)와 우산도(芋山島)간의 서로 떨어져 있는 거리, ③ 또는 송도, 죽도, 우산도의 3도를 울릉도라고 통칭한다는 설도 있는데 그 실제 형편, ④ 앞으로 설읍(設邑)할 계획이니 적합한 경식처(耕食處), 물산을 지도와 함께 별지에 작성·보고하고, ⑤ 과거 삼척영장과 월송만호에게 윤번으로 수토하게 했으나 소홀한 곳이므로 구체적이고 철저한 조사를 해오라고 신임 울릉도검찰사 이규원에게 명령하였다. (중권, 본문 70~83쪽 참조)

2)『승정원일기』 기사(1)

(3)『承政院日記』高宗 19年(1882년) 4月 初 7日條

上曰 檢察使進前 奎遠進前. 上曰 鬱陵島 近有他國人物之無常往來 任自占便之弊矣. 且松竹島 芋山島 在於鬱陵島之榜 而其相距遠近何如 亦有何物與否未能詳知. 今番爾行 特爲擇差者 各別檢察 且將設邑爲計 必以圖形與別單 詳細錄達也. 奎遠曰 謹當踢蹶奉行矣. 芋山島 卽鬱陵島 而芋山 古之國都名也. 松竹島 卽一小島 而與鬱陵島相距 爲三數十里 其所産 卽 檀香與簡竹云矣. 上曰 或稱芋山島 或稱松竹島 皆輿地勝覽所製也. 而又稱松竹島 與芋山島爲三島 通稱鬱陵島矣. 其形便 一體檢察. 鬱陵島 本以三陟營將 越松萬戶 輪回搜討者 而擧皆未免疎忽 只以外面探來 故致有此弊. 爾則必詳細察得也. 奎遠曰 謹當深入檢察矣. 或稱 松島竹島 在於鬱陵島之東 而此非松竹島之外 別有松島竹島也. 上曰 或有所得聞於曾往搜討人之說耶. 奎遠曰 曾往搜檢之人未得逢看 而轉聞其梗槪矣. 上曰 此外別有可檢之處可察之事 亦爲詳細檢察以來也. 奎遠曰 謹當衣下敎 周察詳探矣. 上曰 幾許日則 可以抵達耶. 奎遠曰自都門至平海 爲六百八十里 則八九日可以抵達平海 自平海發船 若得順風則二日可以抵島 而候風遲速 未可預料矣. 上曰 爾方行險遠之地 不得不有豫備防護之節 或有砲軍率去者耶. 奎遠曰 砲軍五十名 自機務衙門預先指揮 方等待於候風所矣. 上曰 作路將由何處耶. 奎遠曰 路由江原道 而歷忠淸島尙

兩道矣. 上曰 船隻 何處之所等待者 而何日何以乘船耶. 奎遠曰 船隻則慶尙道所指揮等待者 而其來待早晩 未敢預料 則姑未知何日登船矣. 上曰 候風行船 何時可便云耶. 奎遠曰 小滿後夏至前 可以行船 若至節晩 不得放船云矣. 上曰 然則發船時稍晩矣 抵島後若費幾日 可以歷覽周察耶. 奎遠曰 此非人居之地 則樹木鬱密 巖路崎嶇 自費多日然後 可以周察矣. 上曰 爾方駕海 善爲往返也. 乘船與還泊 卽爲啓聞 而亦與道臣守宰 相議迅速擧行也. 奎遠曰 到界還泊 例有啓聞 而亦使道臣守宰 卽速擧行矣. 上曰 爾於此等事 似非苑昧今番之行 必當善爲竣事也. 奎遠曰 萬萬惶悚矣. 上曰 此島 卽往古設邑之地云矣 今將設邑 則民生必有足食道 然後可以開拓經紀 島中可合耕食之處 亦爲詳細審察以來也. 奎遠曰 臣未知往古設邑與否 而曾有募民於此 民不可得支保 竟爲撥還矣. 上曰 若有籌策之可用者 爾必具意書 啓可也. 奎遠曰 祖宗疆土 豈可棄之於他國人 任其無常去來乎. 當竭力周察 實心對揚矣. 上曰 今日宿所 爲何處耶. 奎遠曰 將出宿於門外矣.

왕께서 가로되 검찰사를 들라 하라. 이규원이 나아가 뵈었다.

왕께서 말하기를,

"울릉도에 근래 타국인이 무상 왕래하고 있어 스스로 점거함에 맡기는 폐단이 있다. 또한 송죽도(松竹島)와 우산도(芋山島)가 울릉도의 근방에 있다는데 그 상호 거리의 원근이 어떠한가, 또한 어떤 물산이 있는가의 여부를 자세히 알지 못하고 있다. 이번에 너를 특별히 차출하여 보내는 것이니 각별히 검찰하라. 또한 장차 읍(邑)을 설치할 계획이니 반드시 도형(圖形)과 별단(別單)으로써 상세히 기록하여 보고하여라."

이규원(李奎遠)이 아뢰되,

"삼가 마땅히 힘껏 봉행(奉行)하겠습니다. 우산도는 곧 울릉도인데 우산(芋山)은 옛날의 국도(國都)의 이름이라 합니다. 송죽도는 곧 하나의 소도인데 울릉도와의 상호 거리가 30여 리가 된다 합니다. 그 나는 바는 단향(檀香)과 간죽(簡竹)이라고 합니다."

왕께서 가로되,

"혹은 칭하기를 우산도라하고 혹은 칭하기를 송죽도라 하는 것은 모두 『동국여지승람』이 만든 바다. 또한 송죽도라고 칭하는데 우산도와 더불어 3도가 되고, 모두 울릉도라고 통칭하기도 한다. 그 형편을 모두 검찰하라. 울릉도는 본래 삼척영장 월송만호가 돌려가며 수토하는 것인데 그 거행에 모두 소홀함을 면치 못하고 단지 외면(外面)을 검찰해 왔기 때문에 이러한 폐단이 있기에 이른 것이다. 너라면 반드시 상세하게 검찰할 수 있을 것이다."

이규원이 아뢰되,

"삼가 마땅히 깊이 들어가 검찰하겠습니다. 혹은 송도 죽도라 칭하는 섬이 울릉도의 동쪽에 있는데 이것은 송죽도가 아니라 그 밖에 별도로 송도, 죽도가 있다고 합니다."

왕께서 가로되,

"일찍이 수토하러 갔다온 사람의 설(說)을 들은 바가 있느냐?"

이규원이 아뢰되,

"일찍이 수검(搜檢)하러갔다 온 사람을 만나본 일은 없고 그 대강을 전하여 들었습니다."

왕께서 가로되,

"이 밖에 별도로 검찰할 곳과 검찰할 일이 있으면 역시 상세히 검찰하고 오너라."

이규원이 아뢰되,

"삼가 마땅히 하교(下教)에 의거하여 두루 검찰하고 상세히 탐험하겠습니다."

왕께서 가로되,

"며칠이면 가히 도달할 수 있는가?"

이규원이 아뢰되,

"서울 문에서 평해(平海)까지 680리인즉 8, 9일이면 평해에 도달할 수 있습니다. 평해에서 배를 출발시켜 만약 순풍을 만나면 2일이면 섬에 도달할 수 있으나, 배가 떠날 무렵의 바람이 느리거나 빠르면 예칙할 수 없습니다."

왕께서 가로되,

"너는 바야흐로 험하고 먼 땅에 가니 부득불 방호(防護)의 세목을 미리 준비함이 있어야 할텐데, 혹시 포군(砲軍)을 인솔하여 가는 자가 있느냐?"

이규원이 아뢰되,

"포군 50명을 통리기무아문(統理機務衙門)에서 미리 먼저 지휘하여 바야흐로 배 떠날 무렵의 순풍을 기다리고 있습니다."

왕께서 가로되,

"육로는 장차 어느 곳을 거치도록 정하였느냐?"

이규원이 아뢰되,

"길은 강원도를 비롯하여 충청도와 경상도의 양도를 거칠 것입니다."

왕께서 가로되,

"배는 어느 곳에서 기다리고 있으며, 어느날 승선할 수 있겠느냐?"

이규원이 아뢰되,

"배는 경상도에서 지휘하는 바 되어 기다리고 있으며, 그 기다림의 이름과 늦음을 감히 예측할 수 없기 때문에 어느날 배에 오를지 아직 알 수 없습니다."

왕께서 가로되,

"순풍을 기다려 배를 띄우는 것은 어느 때가 편하다고 하느냐?"

이규원이 아뢰되,

"소만(小滿) 이후 하지(夏至) 이전이 가히 배를 띄울 수 있으며, 만약 절기가 늦으면 배를 띄울 수 없다고 합니다."

왕께서 가로되,

"그러한즉 배를 출발시킬 시기가 조금 늦었구나. 섬에 도착한 후 며칠을 보내면 가히 둘러보고 두루 검찰할 수 있겠느냐?"

이규원이 아뢰되,

"이곳은 사람이 살지 않는 땅으로 나무가 울창하여 빽빽하고 바윗길이 기험하므로 여러날을 보낸 후에야 가히 검찰할 수 있을 것입니다."

왕께서 가로되,

"네가 바야흐로 바닷길에 오르는데, 잘 다녀오너라. 배에 오르고 돌아와 정박하면 즉시 보고하여라. 또한 도신수재(道臣守宰)와 상의하여 신속히 거행하거라."

이규원이 아뢰되,

"경계에 도달하고 돌아와 정박하면 예에 따라 보고하겠사오며 또한 도신수재로 하여금 즉시 속히 거행하도록 하겠습니다."

왕께서 가로되,

"너의 이번 일은 동산에 오르는 것과는 비슷하지 않으니, 이번의 사행(使行)에 반드시 마땅히 큰 일을 잘 수행해야 할 것이다."

이규원이 아뢰되,

"만만 황송하옵니다."

왕께서 가로되,

"이 섬은 지난 옛날에 설읍(設邑)한 땅이라고 한다. 이제 장차 설읍하게 되면 민생(民生)이 반드시 족식(足食)하는 길이 있은 연후에 가히 개척하고 기율(紀律)을 세울 수 있을 것이다. 섬 가운데 경식(耕食)에 가합한 곳을 역시 상세히 심찰(審察)하여 오너라."

이규원이 아뢰되,

"신은 지난 옛날에 설읍한 일의 여부를 알지 못합니다. 그러나 일찍이 여기에의 모민(募民)을 한 일은 있으며, 백성을 유지보호할 수 없어서 마침내는 철환하였습니다."

왕께서 가로되,

"만약 정책입안으로서 쓸만한 것이 있으면 너는 반드시 의견서를 갖추어서 보고하도록 하여라."

이규원이 아뢰되,

"조상이 남겨준 강토를 어찌 타국인에게 포기하여 무상왕래에 맡길 수 있겠습니까? 마땅히 힘을 다하여 두루 검찰해서 실심(實心)으로 임금의 명령에 보답하겠습니다. "

왕께서 가로되,

"오늘 숙소는 어느 곳으로 삼았느냐?"

이규원이 아뢰되,

"이제 나아가면 도성 문밖에서 숙박할 것입니다."

해설 요점

『승정원일기』의 이 자료는 같은 날짜 『고종실록』의 자료와 동일한 사실을 보다 상세히 기록한 것으로서, 국왕 고종이 이규원을 울릉도검찰사로 파견할 때, 1882년 음력 4월 초7일 이규원의 출발 인사에 당하여 군주와 신하 사이에 울릉도 검찰 문제를 놓고 나눈 문답의 기록이다.

이 자료에서 주목할 것은 국왕 고종이나 검찰사 이규원이나 모두 아직 울릉도·독도 등에 대한 지식이 부족하며, 특히 이규원은 육군의 장수로서 해양과 울릉도·독도에 대한 지식에서는 국왕만큼도 지식을 갖고 있지 못했다는 사실이다.

국왕 고종은 울릉도과 우산도(芋山島)가 있는 것은 분명하고 그 밖에 송죽도(松竹島)가 있어서 모두 3개의 섬으로 구성되어 있으며, 광의로 '울릉도'라고 통칭할 때에는 이 3도(島)를 모두 포괄하는 것이라고 해석하고 있다.

검찰사 이규원은 이에 비하여 우산도는 울릉도의 옛 명칭이고 울릉도의 동쪽 30리 거리에 송죽도라는 별개의 소도(小島)가 있는데, 송도(松島)와 죽도(竹島)가 분리되어 있는 것이라고 해석하고 있다. 즉 오늘날의 독도에 해당하는 섬에 대하여 국왕 고종은 이를 '우산도'라고 보고 있으며, 검찰사 이규원은 이를 '송죽도'라고 보고 있는 것이다. 그리고 고종은 '울릉도'와 '우산도' 이외에 '송죽도'(또는 송도, 죽도)라고 부르는 별개의 섬이 있어서 3도임을 강조하고, 이에 비하여 검찰사 이규원은 '울릉도'와 '송죽도'의 2개 섬이거나, 3개 섬이라면 '송죽도'가 '송도'와 '죽도'로 나누어져 있다고 생각하고 있는 것이다. '송죽도'를 놓고 이러한 혼동이 일어난 것은 조선에 칭하는 '울릉도'를 일본에서 '죽도'로 호칭하고 '우산도'를 일본에서 '송도'라고 호칭하여 일본 호칭을 국왕과 검찰사가 정확히 판별하지 못한데서 나온 것이라고 해석된다. 그러나 국왕과 검찰사가 모두 '울릉도', '우산도', '송죽도'(송도, 죽도)를 모두 조선 영토로 간주하고 있음을 주목할 필요가 있다.

또한 국왕 고종은 검찰사 이규원을 파견하면서 울릉도에 설읍(設邑)할 강력한 의지를 갖고 있었음을 이 자료에서 알 수 있다.

(중권, 본문 70~83쪽 참조)

3) 이규원의 『울릉도검찰일기』 전문

(4) 李奎遠의 『鬱陵島檢察日記』 全文(1)

行五里 到順興水鐵橋站 替馬 昌樂察訪朴壽昌馳進 仍下直 行十里許 豐基邑中火 行十里許 還入安東地 又行二十里 內城站 止宿.

十七日 壬申 晴 發行十里 九能洞至細巖里 奉化延逢 來待 行十里 入奉化縣 中火 本官 姑未赴任 行十里 至刀川 午陽如炎 水石淸冽 川邊盤石暫憩 挾川行數里許 流水潺湲 立石奇怪 不知古時何人 以山高月小 水落石出之八字特書於石面 朱篆 尙今宛然 可知其山水之別區也 心神爽然 下馬緩步 非徒山水之殊絶 追憶四十一年 徑行此地 撲棗之秋景 依然一夢 安知今日 又有此行乎 行十餘里 至飛樓里古西洞 此地 大棗所産地也 安東延逢 一百六十里 出站來待 渡藤支橋 行數里許 踰保嶺 嶺上樹陰石叢 小憩 行十餘里 才山站 除晝物床 止宿.

十八日 癸酉 朝陰夕雨 早發行十餘里 越腸德兩嶺 一嶺安東界 一嶺英陽界 英陽延逢 來待行十餘里 丹谷站暫休 下人給酒 行十餘里許 朱谷及校洞 至英陽縣 中火 該縣監李僖 出見 酬酌還入 後仍爲回謝作別 此縣 卽桐鄕也 其時門下人等子孫 招見後 除晝物 仍把安基驛馬 冒雨行二十里 內美院站 止宿除茶啖 夕後大雨 終夜滂沱 山溪漲流 山路崎嶇 多水多石 六次渡水 峽民之治道 雖自極力 行路之艱險 莫此甚也.

5리를 가서 순흥(順興)의 수철교참(水鐵橋站)에 도착하여 말을 갈아탔다. 창락찰방(昌樂察訪) 박수창(朴壽昌)이 찾아왔다. 작별한 뒤 10리 가량을 가서 풍기읍(豐基邑)에서 점심을 먹었다. 10리 가량을 가서 다시 안동(安東) 땅에 들어갔다. 다시 20리를 가서 내성참(內城站)에서 숙박하였다.

17일. 임신(壬申). 맑음. 출발하여 10리를 가서 구능동(九能洞)을 지나

세암리(細巖里)에 도착하였다. 봉화(奉化)의 관아에서 나를 영접하기 위해 보낸 사람이 찾아와 기다리고 있었다. 10리를 가서 봉화현에 들어가 점심을 먹었는데, 본관이 아직 부임하지 않았다. 10리를 가서 도천(刀川)에 이르렀다. 정오의 태양은 불꽃처럼 이글거리는데 냇가의 수석은 서늘하고 차가웠다. 냇가의 반석에서 잠시 쉬었다. 냇물을 끼고 몇 리 가량을 갔다. 냇물은 졸졸 흘러가고 있었고, 수석은 기괴하게 서 있었다. 옛날 누가 새겼는지 모르겠으나 '산고월소(山高月小), 수락석출(水落石出)'의 여덟 글자가 수석의 면에 새겨져 있었다. 붉은 전서체가 지금도 뚜렷하다. 이곳이 산수가 매우 빼어난 곳임을 알겠다. 정신이 상쾌하기에 말에서 내려 천천히 걸어가 보니 산수만 빼어난 것이 아니었다. 지난 마흔 한 해를 추억하며 이곳을 지나가노라니 대추를 따는 가을 정경이 의연히 꿈만 같다. 오늘 다시 이런 여행이 있을 줄 누가 알았으랴. 10여 리를 가서 비루리(飛樓里)의 고서동(古西洞)에 이르렀다. 이곳은 대추의 산지이다. 안동 관아에서 나를 영접하기 위해 보낸 사람이 160리를 와서 역참 밖에서 기다리고 있었다. 등지교(藤支橋)를 건너 몇 리 가량 가니 유보령(諭保嶺)이다. 고개 위에 있는 돌무더기 나무 그늘에서 조금 쉬었다. 10여 리를 가니 재산참(才山站)이다. 주물상(晝物床)을 제하고 숙박하였다.

18일. 계유(癸酉). 아침에 흐리고 저녁에 비. 일찍 출발하여 10여 리를 가서 납령(臘嶺)과 덕령(德嶺)의 두 고개를 넘었다. 고개 하나는 안동 땅과의 경계이고 다른 하나는 영양(英陽) 땅과의 경계이다. 영양 관아에서 나를 영접하기 위해 보낸 사람이 찾아와 기다리고 있었다. 10여 리를 가서 단곡참(丹谷站)에서 잠시 쉬었다. 하인이 술을 내왔다. 10리 가량을 가니 주곡(朱谷) 및 교동(校洞)이다. 영양현에 이르러 점심을 먹었다. 영양 현감 이희(李僖)가 찾아와 이야기를 나누고 다시 들어갔다. 뒤에 그에게 회사(回謝)하고 작별하였다. 이 고을은 나의 어릴 적 고향이다. 그 때의 문하인(門下人)

의 자손들을 불러본 후 주물(晝物)을 제하였다. 다시 안기역(安基驛)의 역마를 타고 빗길을 무릅쓰고 20리를 가서 내미원(內美院)의 원참(院站)에 머물러 차와 담배를 하였다. 저녁때가 지나 내리던 큰 비가 밤새도록 세차게 쏟아져 계곡물이 불어났다. 산길이 험하고 물과 돌이 많았다. 여섯 번이나 물을 건넜다. 산골 백성이 힘껏 길을 닦았다고는 하나 이렇게나 험난한 행로는 보지 못했다.

(5) 李奎遠의『鬱陵島檢察日記』全文(2)

十九日 甲戌 大風雨. 發行 三十里 而十八次渡水 一次踰嶺 領名兩蔚.

二十日 乙亥.

二十一日 丙子.

二十二日 丁丑 (…) ○○領軍金德淵 蔚珍領軍金萬曾 平海領軍○○○幷差帖成給.

二十三日 戊寅 細雨. 船格未備 仍留宿 回謝次 往元平海世昌宅 此日 則適値元平海晬日也 與本官及同行沈都事 同爲出○ 細雨如烟 野色軟靑 及到宅畔 有一大澤 名曰石潭 簑笠漁子 風絲月竿 廣張漁磯者 有若渭濱之璜針 齊澤之羊裘 而萬事無心 一代閒人也 升堂 拜元平海大人令公 年及八旬 紅顔白髮 氣强肥富 與吾先人 素有交契厚誼 自有思親感舊之懷也 乘暮而還 鄭定平秀鉉氏 卽平日交契深密之仗也 而曾經此郡太守 仍爲 卜居於郡西達面里也 間已別世 晩得一男 年纔八歲矣 以知舊之情 不得戞過 亦往此宅 招見稚兒 未成 相貌 恰似其先父之儀樣 興海書簡 及酒肴 與下吏崔丁珣 告目來到.

19일. 갑술(甲戌). 큰 비바람. 출발하여 30리를 가는데 열 여덟 번 물을 건너고 한 번 고개를 넘었다. 고개의 이름은 양울령(兩蔚嶺)이다.

20일. 을해(乙亥).

21일. 병자(丙子).

22일. 정축(丁丑). (…) ○○영군(○○領軍) 김덕연(金德淵)과 울진영군(蔚珍領軍) 김만증(金萬曾)과 평해영군(平海領軍) ○○○에게 모두 차첩(差帖)을 성급(成給)하였다.

23일. 무인(戊寅). 가는 비. 선박의 격졸(格卒)이 아직 준비되지 않아서 계속 유숙하였다. 회사(回謝)하려고 평해(平海) 원세창(元世昌)의 집에 갔다. 이 날은 마침 평해의 회갑일이었다. 본관 및 동행한 심도사(沈都事)와 함께 다같이 ○하였다. 가랑비가 연기처럼 내리는데 들판의 빛깔은 연한 청색이었다. 집 앞에 당도하니 큰 연못이 하나 있는데 이름이 석담(石潭)이었다. 초립을 쓴 어부가 줄을 바람같이 날리고 장대를 초승달같이 늘어뜨려 낚시를 드넓게 펼쳐놓은 것이 마치 위빈(渭濱)의 황침(璜針)과도 같고 제택(齊澤)의 양구(羊裘)와도 같았다. 만사에 무심한 일세의 한인(閒人)처럼 보였다. 당실에 올라 평해 원대인(元大人) 영공(令公)을 배알하였다. 대인은 연세가 팔순이고 홍안백발에 기골이 강대하며 풍채가 있었다. 나의 선친과는 평소 교분이 두터워 대인을 뵈니 절로 선친 생각이 나며 옛날이 그리웠다. 날이 저물어 돌아왔다. 정평(定平) 정수현(鄭秀鉉)씨는 나와 평소 교분이 깊었던 어른이다. 일찍이 이 고을의 군수를 역임한 적이 있었고, 인하여 고을 서쪽 달면리(達面里)에 복거(卜居)하였다. 이 어른은 그 사이에 이미 세상을 떠났고, 늘그막에 얻은 사내아이는 이제 나이가 겨우 8살이었다. 친구의 정리로 보아 그냥 지나치기 어려워 이 집에도 갔다. 어린아이를 불러 보니 아직 자라지 못했지만 모양이 아이의 돌아가신 부친의 의양(儀樣)과 흡사하였다. 흥해(興海) 수령이 서간 및 술과 고기를 하리(下吏) 최정순(崔丁珣)에게 주어 고목(告目)이 도착하였다.

(6) 李奎遠의 『鬱陵島檢察日記』 全文(3)

二十四日 己卯 晴. 又以船格之未到 仍留宿 三陟砲軍 作弊二名 推之本郡 各嚴棍飾勵 放送之意 題給 而同砲軍沿路討索錢四十五兩 推尋還給於各該洞 入島船隻沙格雜物遲滯事 慶尙道各邑 該掌上使事發關 入島粮饌來到者 使該君守 監捧.

二十五日 庚辰 晴. 慶尙道船隻 全不來到 仍留該郡 日暖風微 與本官及一行 同上郡後觀德亭柳葉箭各三巡射之 惑中 惑不中 慶州三公兄文伏內 入島船隻 四月二十五日 等待平海事 使關文一度 同月二十二日到付 卽爲擧行伏計 形止先爲文狀事 當午茶啖出來 飽喫後 本官 則入島雜物監捧次 往邱山浦 三陟蔚珍船格等 狀內 以爲○○ 本邑離發時 所持如干粮道 其間曠日許久 已盡乏絶 勢將散料 付○事 題以採其已例量其事狀 當有處分事 鄭定平家稚兒入來 拜謁 以果屬 饋送.

二十六日 辛巳 晴. 什物未備 仍留宿 蔚珍書簡來到 仍爲修答 出給營吏張○翼 興海倅 書簡與酒燭 送來 將校廳茶啖 入來 善爲消日 慶州妓瓊蘭 歌舞彷彿 錢二十兩行下 使之還鄕 安東士人柳道洙 謫居吉州六年 量移于此郡 已三年云 而二首詩爲贈 白米一石助給 元礪山丈 入來酬酌還次後 白米二石出送.

二十七日 壬午 晴. 待風次 下去邱山浦 行七里許 入于越松鎭 該萬戶 盛備晝物及點心矣. 察其鎭基 明沙十里 連抱之松 間間有之 古昔鬱密者 今餘無幾 而衙廨 則幾盡壓頹 不成樣 城堞 則但存形址而已 大海邊 一○山麓 落地成邱 海色野色 可謂壯觀也 鎭軒樑上 有籠紗縣板 見其刻韻 乃 肅宗廟御製月松亭詩「仙郎古跡將何尋, 萬樹長松簇簇森, 滿眼風沙如白雪, 登臨一望興難堪」奉審詩律 問月松亭 歲久頹圮 但見遺址矣 此亭 卽關東八景之一處 故離發時 携酒登亭古址 飮一杯 行數里許 乃邱山浦也 伊日夜 該洞城隍祭 及東海神祭 依例行之 使沈宜琬 朴基華崔龍煥 致誠行祀.

二十八日 癸未 晴. 仍留該浦 待風 新立驛長招入 錢文三兩行下 邱山洞

粟米二石行下 平海婢子等 粟米一石行下 入島船三陟內 上船則杆城船 沙工朴春達 從船一隻 內 江陵 一隻則襄陽也 船中告祀次 一兒犢行下 平海郡沙工白米一石行下 營吏孫永泰現身 上船沙格十七名 砲手六名 吹手二名 石手一名 刀尺一名 營吏一名 京行上下幷十員 從船二隻 各沙格砲軍櫓軍分載 苦待順風 元平海柳生員鄭書房 錢別次 下來 東營了 移關一度 及書簡一度 出付.

24일. 기묘(己卯). 맑음. 다시 선박의 격졸(格卒)이 도착하지 않아서 계속 유숙하였다. 삼척(三陟)의 포군(砲軍) 중에서 작폐를 일으킨 두 명을 평해군에서 추심하여 각각 엄한 곤장으로 다스려 놓아보내라는 뜻으로 제음(題音)이 왔다. 이들 포군이 연로(沿路)에서 토색한 전(錢) 45냥을 추심하여 각 해당 동리에 돌려주었다. 섬에 들어갈 선박의 사격(沙格)과 잡물(雜物)이 지체되고 있는 일에 대하여 경상도 각 고을에 해당 색장(色掌)을 시켜 관문(關文)을 발송하도록 하였고, 섬에 들어갈 양식이 도착한 것은 해당 군수를 시켜 징봉을 감독하도록 하였다.

25일. 경진(庚辰). 맑음. 경상도 선박이 전부 도착하지 않아 계속 이 고을에 유숙하였다. 날은 따스하고 바람이 살랑거렸다. 평해 수령 및 일행과 함께 고을 뒤편의 관덕정(觀德亭)에 올랐다. 버들잎 살꽂이를 갖고 각각 세 번 돌아가며 활을 쏘았는데 과녁에 맞기도 하고 맞지 않기도 하였다. 경주(慶州) 삼공형(三公兄)의 문장(文狀)을 읽어보니 섬에 들어갈 선박을 4월 25일 평해(平海)에 대기해 놓으라는 내용의 관문(關文) 1도(度)가 4월 22일 도부(到付)하였기에 즉시 이를 거행할 계획을 세우고 우선 형지를 문장(文狀)으로 만들어 보낸다는 것이었다. 정오가 되어 차와 담배가 나왔다. 다과를 마친 후에 평해 수령은 섬에 들어갈 잡물(雜物)의 징봉을 감독하기 위하여 구산포(邱山浦)에 갔다. 삼척(三陟)과 울진(蔚珍)의 선격(船格) 등의 문장을 읽어보니 "○○이 본읍에서 출발할 때에 지참하였던 약간의 양식은 그

동안 비운 날이 오래되어서 이미 전부 바닥났으니 아무래도 급료를 산포해야 할 것 같아 부○(付○)한다."는 것이었다. 이에 대하여 "이미 있었던 선례에 따라 사정을 요량하여 처분이 내려질 것"이라는 제음(題音)을 보냈다. 정평(定平) 정가(鄭家)의 어린아이가 찾아와 배알하였기에 과일을 선물로 보냈다.

26일. 신사(辛巳). 맑음. 집물(什物)이 아직 준비되지 않아 계속 유숙하였다. 울진 수령의 서간이 도착하였기에 답장을 쓰고 영리(營吏) 장○익(張○翼)에게 출급하였다. 흥해 수령이 서간 및 술과 초(燭)를 보내 왔다. 장교청(將校廳)에서 차와 담배를 하였는데 소일거리로 매우 좋았다. 경주 기생 경란(瓊蘭)이의 가무가 근사하길래 전(錢) 20냥을 내려주어 고향에 돌아가도록 하였다. 안동(安東) 사인(士人) 유도수(柳道洙)가 길주(吉州)에서 여섯 해 유배살이를 하다가 이 고을에 이배(移配)된 지 이미 세 해가 된다고 한다. 그에게 시 2수를 지어 증정하였고 백미 1섬을 보태주었다. 여산(礪山) 원장(元丈)이 찾아왔기에 함께 이야기를 나누다가 그가 돌아갈 때에 백미 2섬을 보내주었다.

27일. 임오(壬午). 맑음. 바람을 기다리려고 구산포에 내려갔다. 7리 가량을 가서 월송진(越松鎭)에 들어가니 그 곳 만호(萬戶)가 주물(晝物) 및 점심을 성대하게 준비하였다. 진의 터를 살펴보니 고운 모래가 한없이 펼쳐져 있는 위에 소나무가 간간이 있어 옛날 울창하고 빽빽했던 수풀이 지금 그 자취가 거의 남아있지 않다. 관아(官衙)는 낡아서 거의 무너져 버릴 것 같아 모양이 말이 아니었고, 성첩(城堞)은 단지 형지만이 보존되어 있을 뿐이다. 큰바다의 해변에 한줄기 산맥이 떨어져 언덕을 이루었는데, 바다의 형색과 들판의 형색이 참으로 장관이었다. 진의 대청 서까래에는 고운 비단으로 싼 현판이 있었다. 새겨진 시를 보니 숙종(肅宗)께서 월송정(月松亭)에 대해 지은 것이었다. 시는 다음과 같았다.

선랑(仙郞)의 고적은 어디에서 찾을까
천만 그루 장송(長松)이 수풀을 뒤덮었네
눈앞의 저 모래밭 하얀 눈발이 날리듯
한번 올라 바라보니 흥취를 못 견디네

시율을 봉심(奉審)하고 나서 월송정을 찾으니 오랜 세월로 퇴락하여 터만 볼 수 있었다. 이 정자는 관동팔경(關東八景) 중의 하나로 꼽는 곳이기 때문에 출발할 때에 술병을 휴대하고 정자의 옛터에 올라 술을 마셨다. 몇 리 가량 가니 바로 구산포(邱山浦)이다. 이날 밤 이 마을의 성황제(城隍祭)와 동해신제(東海神祭)를 관례에 따라 지냈다. 심의완(沈宜琓), 박기화(朴基華), 최용환(崔龍煥) 등에게 정성을 다해 제사를 지내도록 하였다.

28일. 계미(癸未). 맑음. 구산포에서 유숙하며 바람을 기다렸다. 신립역(新立驛)의 역장(驛長)을 초대하여 전문(錢文) 3냥을 내려주었고, 구산동에는 속미(粟米) 2섬을 내려주었으며, 평해의 비자(婢子)에게는 속미 1섬을 내려주었다. 섬에 들어갈 배는 3척이었다. 상선(上船)은 간성(杆城)에 가는 배인데 사공(沙工)은 박춘달(朴春達)이고, 종선(從船)은 1척이 강릉(江陵)에 나머지 1척이 양양(襄陽)에 가는 배였다. 선중에서 고사를 지내기 위하여 송아지 한 마리를 내려주었고, 평해군 사공에게는 백미 1섬을 내려주었다. 이윽고 영리(營吏) 손영태(孫永泰)가 모습을 나타냈다. 상선에는 사격(沙格)이 17명, 포수(砲手)가 6명, 취수(吹手)가 2명, 석수(石手)가 1명, 도척(刀尺)이 1명, 영리(營吏)가 1명, 경행상하(京行上下)가 모두 10명이 탑승하였고, 종선 2척에는 각각 사격, 포군(砲軍), 노군(櫓軍)이 나뉘어 탑승하였다. 순풍을 고대하고 있는데, 원평해(元平海)와 유생원(柳生員)과 정서방(鄭書房)이 전별하러 내려왔다. 동영(東營)에 이관(移關) 1도(度)와 서간 1도(度)를 출부(出付)하였다.

(7) 李奎遠의『鬱陵島檢察日記』全文(4)

二十九日 甲申 晴. 巳時量 狀啓謄報 幷爲馳報. 三陟船 同爲發船 及到中洋 風殘水逆 逗遛洋中 夕陽 東風少起 終夜行船 海色接天 四方都無一點山 如葉船隻 飄飄乎大海之中 此時恃而無恐者 惟 王命而已 夜半 雲霧無方 波濤高低 所乘船 前帆撓動 船中 諭時驚動 經夜後 茫茫然 浩浩然 都無止向處 而從風向東 初向寅艮方 次向甲卯方 近午時望見鬱島遠形 直向癸丑方逢順風 如箭如星.

三十日 乙酉 晴. 酉時量 三隻船 同爲止泊于島之西邊 此浦 乃小黃土邱尾也 全羅道興陽三島居 金載謹 率格卒十三名 造船採鑛次 結幕留接 故卽爲下陸 而假量三晝夜所經水路 則似爲一千六七百里也. 其夜半 風浪忽起 船隻漂動 在船同行 盡爲下陸 而又經一丈劫運矣 其翌明 察其浦口 庚酉作局 左右石山 少出海邊 近泊數隻船 然若西風大作 船必傷矣.

29일. 갑신(甲申). 맑음. 오전 10시에 장계(狀啓)와 등보(謄報)를 모두 치보(馳報)하였다. 3척의 배가 동시에 출발하였다. 바다 한복판에 나오자 바람이 약해지고 물이 역류하여 바다에서 머물렀다. 석양에 동풍이 조금 불어서 밤새 항해를 계속하였다. 바다는 하늘가에 닿아있었고, 사방을 둘러보아도 산이란 산은 점 하나 보이지 않았다. 마치 나뭇잎이 큰바다의 복판에서 나부끼는 것만 같았다. 이때에 의지가 되고 두렵지 않았던 것은 오직 왕명을 수행한다는 생각 때문이었다. 한밤중이 되자 구름과 안개가 사방에서 자욱하고 다가오는 파도가 오르락내리락 요동치고 있는데, 타고 있는 배의 앞 돛이 흔들려 그 때마다 사람들이 놀랐다. 밤이 지나자 망망하고 호호(浩浩)한 것이 도무지 어디를 향하는지 알 수 없었다. 바람을 타고 동쪽으로 향하는데, 처음에는 3시~4시 방향을 취하였다가 다음에는 5시~6시 방향을 취하였다. 정오가 가까울 무렵 멀리서 울릉도의 형체가 보이자, 곧장 1시

~2시 방향을 취하였다. 순풍을 만나 쏜살같이 갈 수 있었다.

30일. 을유(乙酉). 맑음. 오후 6시에 3척의 배가 동시에 울릉도의 서변(西邊)에 정박하였다. 이 포구가 바로 소황토구미(小黃土邱尾)이다. 전라도 흥양(興陽) 삼도(三島)에 사는 김재근(金載謹)이 격졸(格卒) 13명을 인솔하고 있었는데, 배를 만들고 미역을 채취할 목적으로 막사를 치고 유접하고 있었다. 때문에 우리는 즉시 육지에 내렸다. 사흘 밤낮으로 지나온 물길을 헤아려보니 1천 6백, 1천 7백 리는 되는 듯하였다. 한밤중에 홀연 풍랑이 요동하여 배에 있던 동행이 모두 육지에 내렸다. 다시 한바탕 위협적인 요동을 겪어야 하였다. 이튿날 날이 밝아 포구를 살펴보았다. 서쪽으로 국(局)을 틀고 그 좌우의 돌산이 조금 해변으로 내밀었다. 배 몇 척을 가까스로 정박시켰으나 만약 서풍이 크게 불면 배는 필시 상할 것만 같았다.

(8) 李奎遠의 『鬱陵島檢察日記』 全文(5)

五月 初一日 丙戌 風波. 山神祈禱 及神堂告祀. 三隻船 繫覽幾絶 船人大驚群乎 余亦驚出幕外 幕人出儲之纜 借以繫船 以免其危 仍又山祭行之 各幕船人等六名 來謁 夕飯頒料 留宿 使備船隻之後患 此日也 海雲四起 風浪洶湧 濱島旅懷 倍覺棲楚.

初二日 丁亥 晴. 晨朝 山祭祈禱. 經夜 則風浪少減 午後 逢全生員瑞日 酬酌後 同作山行 初小黃土邱尾 踰辛戌方谷太嶺 至大黃土邱尾之路 傍多以廣石 爲盖 左右前後 以小石 撑支問其所以 人云 古之石葬基痕也. 從澗流 至浦口 則丑艮作局 而浦口 開野小平 然船泊無處矣 平海破船 船主崔聖瑞 率格卒十三名 結幕留接 而慶州人七名 採藥次 結幕留接 延日人二名 伐烟竹次 結幕留接 此日 出經山路危險 殆近於三十里程也 嶺路太高 上去時當面 下去時當腦 樹木蔽日 路若細縷 有若無 斷復連矣 海日幾暮 山嵐漸濕 止宿此處草幕. 而破船船主崔聖瑞所告內 矣身 入島之日 爲活人命 泊岸下陸之際 風浪猛驅

船隻破碎 粮米盡失 多數人命 今幾死境 特下處分 各浦口所在羅人中 船匠招飭 各三日助役 伏望.

5월 초1일. 병술(丙戌). 바람 불고 파도침. 산신에게 기도하고 신당(神堂)에 고사를 지냈다. 3척의 배가 매여있는 닻줄이 거의 끊기려 하였다. 뱃사람이 크게 놀라 떼지어 소리치니 나도 놀라 막사 밖에 나갔다. 막인(幕人)이 비축해 둔 닻줄을 꺼내 와 그것으로 대신 배를 매어 위기를 모면하였다. 인하여 다시 산제(山祭)를 지냈다. 각 막사의 뱃사람 6명이 찾아왔기에 저녁 식사 후에 급료를 나누어주고 머물러 선척(船隻)의 후환에 대비하게 하였다. 이 날은 해운이 사방에서 일어나고 풍랑이 솟아올라 바닷가에 처한 나그네 심정이 갑절이나 고달팠다.

초2일. 정해(丁亥). 맑음. 새벽녘에 산제(山祭)를 지내 산신에게 기도하였다. 밤이 지나면서 풍랑이 조금 줄어들었다. 오후에 생원 전서일(全瑞日)을 만나 이야기를 나눈 뒤 함께 산행을 떠났다. 처음 소황토구미(小黃土邱尾)에서 19~20시 방향으로 곡태령(谷太嶺)을 넘으면 대황토구미(大黃土邱尾) 가는 길에 이른다. 길가에는 넓직한 돌이 덮개처럼 누워있고 앞뒤 양옆으로 작은 돌이 이것을 받치고 있는 모습이 자주 눈에 띄었다. 그 까닭을 물었더니 사람들이 하는 말이 옛날 석장(石葬)을 하던 터의 흔적이라고 한다.

간석수의 물줄기를 따라 포구에 이르렀는데 동북쪽으로 국(局)을 틀고 있었다. 포구는 열린 들판이 작고 평평하였으나 배가 정박할 곳이 없었다. 평해 파선(破船) 선주(船主) 최성서(崔聖瑞)가 격졸 13명을 인솔하고 막사를 치고 유접하였다. 경주(慶州) 사람 7명이 약초를 캐기 위하여 막사를 치고 유접하였다. 연일(延日) 사람 2명은 연죽(烟竹)을 벌목하기 위하여 막사를 치고 유접하였다. 이날 지나간 위험한 산길이 거의 30리 여정에 가깝다. 고갯길이 너무 높아 올라갈 적엔 얼굴을 붙이며 올라갔고 내려갈 적엔 머리를 붙이며 내려갔다. 수목이 해를 가리고 있었고, 길은 가느다란 실과 같아 있는 듯 없는 듯 끊겼다가도 다시 이어졌다. 바다의 석양이 거의 저물어 가고 산봉우리의 흐릿한 남기(嵐氣)가 점점 젖어갈 무렵 이곳 천막에서 숙박하였다. 파선(破船) 당한 선주 최성서가 고한 글을 보니 "이 몸은 섬에 들어온 날 인명을 살리는 일을 하고 있었습니다. 해안에 정박하여 육지에 내릴 무렵 풍랑이 맹렬히 일어나 선척(船隻)은 부서지고 양식은 없어졌으니 다수의 인명이 지금 죽을 지경입니다. 특별히 처분을 내려 각 포구에 있는 나인(羅人) 중에서 선장(船匠)을 불러 각각 사흘을 조역(助役) 시킬 것을 복망합니다."라고 씌어 있었다.

(9) 李奎遠의『鬱陵島檢察日記』全文(6)

初三日 戊子 晴. 晨朝 山祭祈禱 及神堂告祀. 朝飯後 卽爲離發 踰一嶺 穿林越 到黑斫支 樹木慘天 一聲杜鵑 眞海中稀音也 周察地形 則午丙作局 而廣爲十里 長爲六七里也 其內 間間有石葬古痕 而可爲生民數十偏戶之地 下臨浦邊 乘小艇撓櫓 徐徐前進 察其浦形 山麓則寅方 有昌優巖 高數百丈 形象奇怪 腦後 有上下大小之穴 其傍 又有獨臺巖雙立 高爲數百丈 此方有待風浦也 漸進之際 使櫓軍 唱和欸乃聲 而適有可觀別景者 浮槎自橫於無風鏡水之波上 一雙白鷗 拳足於其上 有若雨後淸江之興矣 倡優巖後 又有可居其址 問其古蹟 則三陟鄭氏壬辰八年避兵之古基 而八兄弟同榜進士之地云 水口寄妙 而乾方有錐峰 高爲數千丈 而其形如錐故以名焉 其下浦路 有一大巖 中通一穴 人多往來 形如城門 其下山麓 有一小川流 大旱不竭之源也 昔聞蓬萊方丈瀛州 在海上 莫是指此耶. 連以櫓力 經千年浦 到倭船艙浦 下陸中火 全羅道樂安居 李敬七者 率格卒二千名 興陽初島居 金謹瑞者 率格卒十九名 幷各造船 結幕留接矣.

仍爲離發 漸入中谷 越五次大嶺 嶺路太峻 上幾接顚 下則當腦 至最下嶺

嶺名 乃紅門街也 踰入 則是爲鬱島中心羅理洞也 正午開局 連抱之木 參天蔽日 彌望無際 而地形平坦 長洽十里廣近十里 周回近四十里 而環以衆峰 矗矗疊嶂 宛如天生城郭 眞所謂一夫當關 萬夫莫開之地也 紅門街路 殆若子午之谷 而迤西稍低 然山脚叉互 都無泄水之道. 行到中峰 川上有山神堂城隍畵像極精潔 而無人焉 問其主人 乃大邱居 朴基秀也 漸入中峰 腰有採藥幕四五處 而各處人 合四五十名 散在各處矣 擇其精處宿所 乃坡州居士人 鄭二祜也.

초3일. 무자(戊子). 맑음. 새벽녘에 산제(山祭)를 지내 산신에게 기도하였고, 신당(神堂)에도 고사를 지냈다. 아침 식사 후에 즉시 출발하였다. 고개 하나를 넘고 숲속을 지나 흑작지(黑斫支)에 당도하였다. 수목은 하늘가에 닿아 있고 두견새 울음소리가 들려오는데, 참으로 바다에서는 듣기 어려운 희한한 소리였다. 지형을 두루 살펴보니 남쪽으로 국(局)을 틀었고 넓이는 10리, 길이는 6, 7리였다. 그 안에는 간간이 석장(石葬)의 옛 자취가 남아 있었는데 생민 수십 편호(編戶)가 살아갈 수 있는 땅이다. 아래에는 포구가 있었는데 생민 수십 편호가 살아갈 수 있는 땅이다. 아래에는 포구의 물가가 보였다. 작은 정선(艇船)을 타고 노를 저어 천천히 앞으로 나아갔다. 그 포구의 형태를 살펴보니 산록은 4시 방향에 창우암(倡優巖)이 있는데 높이가 수백 길이고 형상이 기괴하였다. 뒤통수에는 위아래로 크고 작은 동굴이 있고, 다시 그 양옆에는 촉대암(燭臺巖) 한 쌍이 서있는데 높이가 수백 길이다. 이쪽에 대풍포(待風浦)가 있다. 천천히 나아가면서 노군에게 노를 두드리며 소리를 매기고 화답하게 하였다. 마침 구경하고 싶은 별경(別景)이 나타났다. 뗏목을 띄워 바람 한 점 없이 거울같이 잔잔한 파도 위를 마음껏 노닐었다. 한 쌍의 백구가 파도 위에서 발을 치고 있는 모습이 마치 비가 갠 맑은 강물을 본 듯한 흥취를 일으켰다. 창우암 뒤편에도 사람이 살 만한 터가 있었다. 그 고적을 물어보니 삼척(三陟) 정씨(鄭氏)가 임진년의 난리에

여덟 해 동안 적병을 피해 살았던 옛터이고, 이곳에서 여덟 형제가 똑같이 진사시에 합격하였다고 한다. 그 수구(水口)가 기묘하게 생겼다. 서북 방향으로 추봉(錐峰)이 있는데 높이가 수천 길이고 그 모양이 송곳처럼 생긴 까닭에 추봉이라는 이름을 얻었다 한다. 그 아래 포구길에는 큰 바위가 하나 있고, 바위 한가운데에는 굴이 뚫려 있어서 사람이 많이 왕래하는데, 모양이 성문처럼 생겼다. 그 아래 산록에는 작은 냇물이 흐르고 있어 큰 가뭄이 들어도 마르지 않는 샘이다. 옛부터 봉래(蓬萊), 방장(方丈), 영주(瀛洲)가 해상에 있다고 들었는데 이곳을 가리키는 말이 아닐까?

연이어 노를 저어 천년포(千年浦)를 지나 왜선창포(倭船艙浦)에 도착하였다. 육지에 내려 점심식사를 하였다. 전라도 낙안(樂安)에 사는 이경칠(李敬七)이라는 자가 격졸 20명을 인솔하고 있었고, 흥양(興陽) 초도(初島)에 사는 김근서(金謹瑞)라는 자가 격졸 19명을 인솔하고 있었는데, 모두 각각 배를 만들려고 막사를 치고 유접하고 있었다.

인하여 출발하였다. 점차 골짜기 속으로 들어가 다섯 번 큰 고개를 넘었는데, 고갯길이 너무나 험준하여 올라갈 때는 연달아 넘어질 뻔하였고 내려갈 때는 머리를 붙이고 내려가야 하였다. 가장 낮은 고개에 이르렀는데, 고개의 이름은 바로 홍문가(紅門街)이다. 고개를 넘어 들어가니 울릉도의 중심인 나리동(羅里洞)이다. 정남향으로 국(局)이 열렸고, 연이어 늘어선 나무가 하늘에 닿아 해를 가릴 듯한 것이 보아도 보아도 끝이 없었다. 지형은 평탄하였다. 길이는 10리가 차고 넓이는 10리 가까이 되었으며, 둘레가 40리 가까이 되었다.

여러 산봉우리로 에워싸여 있는데 우뚝 솟은 산봉우리마다 첩첩산중을 이룬 것이 완연히 천연의 성곽이었다. 참으로 한 사람이 관문(關門)을 지키고 있으면 만 사람이 뚫을 수 없는 땅이다. 홍문가(紅門街) 길은 거의 북쪽과 남쪽으로 골짜기를 이루면서 서쪽으로 가면서 조금씩 낮아지고 있었다. 그러나, 산각(山脚)이 서로 교차하여 도무지 물샐틈없었다. 가다가 중봉(中峰)에 도착하였다. 냇물 위에는 산신당(山神堂)이 있었는데, 성황(城隍)과 화상(畵像)이 지극히 정결하고 아무도 없었다. 그 주인을 물으니 대구(大邱)에 사는 박기수(朴基秀)라고 한다. 점점 중봉에 들어가니 산허리에는 약초를 캐는 막사가 네다섯 곳이 있었고, 각각의 막인(幕人)은 도합 4, 50명인데 각처에 흩어져 있었다. 정갈한 숙소를 선택하니 파주(坡州)에 사는 사인(士人) 정이호(鄭二祜)의 숙소였다.

(10) 李奎遠의『鬱陵島檢察日記』全文(7)

初四日 己丑 晴. 晨朝 山祭祈禱. 朝飯後 離發之路 人云 此洞有大小澤 故向往則 所謂大澤者 在於洞內乾方 而長不過百步 廣不過五十步 池中則永無恒儲之水 而旱乾霖儲 只不過平原陷 洿之地也 所謂小澤者 在於洞內坤申方 而長廣爲二三十步 而水之乾儲 與大澤相洞焉. 艱辛穿林攀登于東便上上峰 峰名聖人 不知幾萬層幾萬丈也 登第一層 四望 海中都無一點島嶼之見形矣 絶頂橫臨日 高峰半向天之詩句 正以此謂也. 周察洞內之形便 則石葬古痕 間間有之 而其西南諸峰 林壑尤美 望之蔚然 而深秀者 有若環滁皆山 而其中間平濶開也 果是天藏別世界也.

暫憩峰顚 向東行十里許 有一草幕 主人乃咸陽居士人 全瑞日 詩號採隱者也. 仍爲中火 菜蔬之甘香 棗栗之饒貴 眞可謂山中無別味 藥草兼漁果者也.

仍發 從泰山嶝上 次次下臨 石壁之危 石逕之中斷 極有危於心神 攀崖攀木 到于苧浦. 此浦 以庚酉作局 而有大小浦 東曰小苧浦 西曰大苧浦 無結幕人 但有倭人古幕之痕矣 卽爲構木結幕 而經宿一夜 適其夜 東風大作 海波迫岸 則夜凉人未眠之句 正謂此夜道也. 大浦東南隅洋中 有鎗巖 高爲數百餘丈 而兩浦合作一浦 浦口阻三面而爲好 然但最忌者 東風也 山麓逶迤 海岸平廣 量其人居 則麓內麓外 苧草叢生 刈取爲績 則似爲幾十戶資活處也. 中有大川

長流不息 此亦成局之格也.

초4일. 기축(己丑). 맑음. 새벽녘에 산제(山祭)를 지내 산신에게 기도하였다. 아침 식사 후에 출발하였다. 길가에 있는 사람들이 이 동네에는 큰못과 작은 못이 있다고 말하길래 그리로 향해 갔다. 큰못이라고 하는 것은 동네 안 서북쪽에 있다. 길이는 불과 1백 보(步)이고 넓이는 불과 10보이다. 못 속에는 항상 비축된 물이 없어 가물면 말라버리고 장마가 닥치면 고이기 때문에 들판 가운데의 웅덩이나 다름없다. 작은 못이라고 하는 것은 동네 안 서남쪽에 있다. 길이와 넓이가 2, 30보이고, 물이 마르고 고이는 것은 큰못과 서로 같다. 천신만고 끝에 숲을 뚫고 동쪽의 윗봉우리로 올라갔다. 봉우리의 이름은 성인봉(聖人峰)이다. 몇 만 층이나 되는지, 몇 만 길이나 되는지 알지 못하겠다. 제일층에 올라 사방을 전망해 보니 바다 위에 섬의 모습은 한 점도 찾아볼 수 없었다. '정상에서 마음껏 태양을 바라보니 고봉은 절반쯤 하늘을 향해 있네'라는 시구가 정히 이것을 가리키는 것이다. 동네 형편을 자세히 살펴보니 석장(石葬)의 옛 자취가 간간이 남아 있었다. 서쪽과 남쪽의 뭇봉우리는 수풀이 더욱 미려하고 볼수록 울창하였다. 특히 빼어난 것은 고리처럼 둘러싼 모든 산의 중간에 평야가 열려 있어 과연 하늘이 숨겨놓은 별세계라는 것이다.

산꼭대기에서 잠시 쉬고 동쪽으로 10리 가량을 갔다. 초막이 하나 있었는데, 주인은 함양(咸陽)에 사는 사인(士人) 전서일(全瑞日), 시호(詩號)는 채은(採隱)이라고 하는 사람이었다. 인하여 점심을 먹었다. 채소가 달콤하며 향기롭고 대추와 밤이 살지고 귀한 것이 참으로 '산중에는 별미가 따로 없네. 약초와 어물, 과일이라네'라는 말 그대로였다.

인하여 출발하였다. 큰 산의 비탈길로부터 차차 내려오는데, 돌벽은 위태롭고 돌길은 끊겨버려 지극히 조심조심하며 벼랑과 나무를 기어올라 저포(苧浦)에 도착하였다. 이 포구는 서쪽으로 국(局)을 이루었다. 대포(大浦)와 소포(小浦)가 있는데 동쪽이 소저포(小苧浦)이고 서쪽이 대저포(大苧浦)이다. 막사를 친 사람이 아무도 없었고, 왜인이 오래 전에 막사를 친 흔적이 있을 뿐이었다. 즉시 나무를 얽어 막사를 치고 하룻밤을 지냈다. 밤이 되자 동풍이 크게 일고 파도가 해안에 박두하였다. '밤이 싸늘하여 잠 못 이룬 사람들'이라는 시구가 정히 이 날 밤을 말해 주는 것이다. 대포에서 동남쪽 모퉁이 바다 한가운데 쟁암(鎗巖)이 있는데 높이가 수 백여 길은 된다. 2개의 포구가 합하여 1개의 포구가 되었는데, 포구의 입구는 삼면이 막혀 있어 좋다. 그러나, 가장 께름직한 것이 동풍이다. 산록은 구불구불하고 해안은 넓직하고 평평하다. 사람 살고 있을 곳을 헤아려 보니 산록의 안팎에 모시풀이 무더기로 자라는데 베어서 길쌈하는 것을 보면 몇 십 호(戶)가 생활하는 터전인 것 같다. 가운데에는 큰 냇물이 있는데 유장한 흐름이 그치지 않아 이것도 말하자면 바둑판을 구성하는 하나의 격자(格子)라고 하겠다.

(11) 李奎遠의『鬱陵島檢察日記』全文(8)

初五日 庚寅 晴. 晨朝 山祭祈禱. 朝飯後 踰一大嶺 路險樹密 翹足而行 攀崖而上 山容則不辨 水聲則潺湲 而渴喉太刻 岨跡殆危 僅登其上 則谷口挾窄 山面奇怪 僅下谷而更上嶺 則大海如天 茫無際涯 次次漸下 至浦口 則浦名 乃長斫支 浦邊十里許 多積無隅石 而行路微微 適有全羅道興陽初島居 金乃彦爲名者 率格卒十二名 結幕造船矣 仍入幕止宿.

初六日 辛卯 晴. 晨朝 細雨·海漳四面圍下 朝飯後 踰一太嶺 樹木參天 積葉沒膝 草路若存若無 或巖間 或陰崖 幾百年 人跡不到之地 而及到中峰 無形而中斷矣 從某指而行 莫知所向處入于叢竹之中 欲進而不得 欲退而不得 咫尺千里 可謂盲蛇入蘆也 艱辛出林 攀木而逗遛數里許 則日已當午 而無人可問 無地可憩 不得中火 漸漸 漁貫而進下 則乃桶邱尾山麓也 海色無邊 巖石層

起 俯瞰 則心驚身震矣 僅僅 下臨于浦內流水邊巖石傍 脚力盡海 胄氣甚惱 莫敢更動 不得已而宿所 于時光景 不可盡記也.

초5일. 경인(庚寅). 맑음. 새벽녘에 산제(山祭)를 지내 산신에게 기도하였다. 아침 식사를 마친 후에 큰 고개 하나를 넘었다. 길이 험하고 나무가 빽빽하여 발꿈치를 들고 걷고 벼랑을 타며 올라갔다. 산의 모양은 분간하지 못하겠고 물소리는 졸졸졸 들려왔다. 몹시 목이 마르고 발자국이 비틀거렸다. 간신히 그 위에 올라가니 골짜기의 입구가 좁고 산의 형상이 기괴하였다. 겨우 골짜기를 내려와 다시 고개를 올라가니, 큰바다가 하늘처럼 보이는데 망망하여 끝이 없었다. 차례차례 내려가 포구에 이르렀다. 포구의 이름은 장작지(長斫支)이고, 포변(浦邊)은 10리 가량 되었다. 쌓인 돌이 많지만 우석(隅石)이 없었다. 갈 길이 희미한데 마침 전라도 흥양(興陽) 초도(初島)에 사는 김내언(金乃彦)이라는 자가 격졸 12명을 인솔하고 막사를 치고 배를 만들고 있었다. 인하여 막사에 들어가 유숙하였다.

초6일. 신묘(辛卯). 맑음. 새벽녘에 가랑비가 내리고, 바다의 장기(瘴氣)가 사면을 둘러싸고 내려앉았다. 아침 식사를 마친 후에 큰 고개 하나를 넘었다. 수목이 자라 하늘까지 치솟았고, 잎새가 수북히 쌓여 무릎까지 파묻혔다. 풀길은 있는 듯 없는 듯 때로는 바위 사이에 때로는 벼랑 위에 나 있었는데, 몇 백 년을 사람의 발길이 닿지 않았던 땅이다. 중봉(中峰)에 도착하자 길의 모양이 없어지고 도중에서 끊겼다. 누군가가 가리키는 곳을 따라 나아갔으나 어디를 향해서 가는 것인지 알 수 없었다. 대나무 포기 중에 들어갔다. 나아가려고 해도 나아갈 수 없고 물러나려고 해도 물러날 수 없어 지척의 거리가 천 리나 되는 듯하였다. 참으로 눈먼 뱀이 갈대밭에 들어간 꼴이다. 간신히 숲을 빠져 나왔다. 나무를 타고 기어올라 몇 리를 지체하였다. 날은 이미 정오가 되었는데 물어볼 사람도 없고 쉴 곳도 없었다. 점심을 먹지 못하고 계속 걸어갔다. 마치 물고기가 꼬치에 꿰인 듯이 그렇게 내려가니 바로 통구미(桶邱尾)의 산록이었다. 바다의 형색은 끝이 없고 암석은 층층이 솟아 있었다. 굽어보노라니 마음이 놀라고 몸이 떨렸다. 겨우겨우 내려와 포구 안의 물가와 암석을 지났다. 다리 힘은 죄다 빠졌고 몹시 허기가 져서 다시 움직일 수 없었다. 어쩔 수 없이 이 곳에서 유숙하였다. 이때의 광경을 이루 다 기록할 수 없다.

(12) 李奎遠의『鬱陵島檢察日記』全文(9)

初七日 壬辰 晴. 晨朝 東風徐徐起浪. 朝飯後 卽發 向西而行 陟彼西山 言採其薇 而薇則無焉 只有黃精 故行而採之 以爲饒飢 而餘爲數掬矣 踰三陟嶺 渡三流而行 山岳之巉巖 樹木之叢籠 難以筆記 僅僅還到于當初之泊小黃土邱尾 則已而夕陽在山 人影山蹟 留船砲軍 造船羅人等 一齊拜謁 心欣眼開 便若重逢故人也 盖此島山行 首尾六日 周覽 則土理所産 及方便里數 歷歷記草矣 厥土黑壤 厥山山蔘·紫丹香·桑柘·厚朴·黃蘗·白蛤·黃精·麥門冬·前胡·覆盆子·老柯枝·馬柯木·山達黔·包只眞·包只木·大葛·歸木·烟竹·常猫·常鼠·蜈蚣·霍鳥等物 厥方里數 則西自小黃土邱尾 由中心羅里洞 東至苧浦 假量爲六十里 北自倭船艙 油中心羅里洞 南至桶邱尾 假量爲五十里也 陸地人居 則只有羅里一洞 而人可容數千戶之地也.

初八日 癸巳 晴. 休息于黃土邱尾 使石手 刻島號及姓名 于桶邱尾與黃土邱尾.

초7일. 임진(壬辰). 맑음. 새벽녘에 동풍이 불어와 서서히 파도가 쳤다. 아침식사를 마친 후에 즉시 출발하였다. 서쪽을 향해 가서 서산(西山)에 올랐다. 고사리를 캔다고 말하였으나 고사리는 없고 단지 황정(黃精)이 있기에 가서 황정을 캤다. 굶주린 배를 채우고 남은 것이 몇 움큼 되었다. 세 번

고개를 넘고 세 번 물살을 건넜다. 산악의 험한 바위와 수목이 우거진 모습은 붓으로 형용하기 어렵다. 당초 머물렀던 소황토구미(小黃土邱尾)에 겨우 돌아오니 이미 산중에 저녁해가 걸리고 사람의 그림자가 산적하였다. 배에 남아있던 포군(砲軍)과 배를 만들던 나인(羅人) 등이 일제히 배알하였다. 마음이 흔쾌하고 눈이 열리는 것이 마치 다시 친구를 만난 것 같았다. 대체로 이 섬을 산행하는 데에 모두 엿새 걸렸는데, 그 동안 주람(周覽)하면서 토산물과 이수를 차례차례로 기록해 두었다. 땅은 검은색이고 생산물로는 산삼(山蔘), 자단향(紫丹香), 상자(桑柘), 후박(厚朴), 황벽(黃蘗), 백합(白蛤), 황정(黃精), 맥문동(麥門冬), 전호(前胡), 복분자(覆盆子), 노가지(老柯枝), 마가목(馬柯木), 산달검(山達黔), 포지진(包只眞), 포지목(包只木), 대갈(大葛), 귀목(歸木), 연죽(烟竹), 상묘(常猫), 상서(常鼠), 오공(蜈蚣), 곽조(藿鳥) 등이 있다. 각 방향의 이수를 말하자면, 서쪽은 소황토구미(小黃土邱尾)에서 시작하여 중심부인 나리동(羅里洞)을 지나 동쪽으로 저포(苧浦)에 이르기까지 60리를 헤아리겠고, 북으로 왜선창(倭船艙)에서 시작하여 중심부인 나리동(羅里洞)을 지나 남쪽으로 통구미(桶邱尾)에 이르기까지 50리를 헤아리겠다. 육지에서 사람들이 사는 곳은 단지 나리동 하나일 뿐인데, 수 천 호의 사람들을 수용할 만한 땅이다.

초8일. 계사(癸巳). 맑음. 황토구미(黃土邱尾)에서 휴식하였다. 석수에게 시켜서 섬의 이름과 사람의 성명을 통구미(桶邱尾)와 황토구미에 새기게 하였다.

(13) 李奎遠의『鬱陵島檢察日記』全文(10)

初九日 甲午 晴. 晨朝 山祭祈禱. 海雲薄掩 山嵐漏濕 朝飯後 乘船離發 以櫓力 越一湫水宗 次次向東而行 十餘里 至香木邱尾 則名雖爲浦 風波衝突 臨海巖形 多有奇怪 其中 紫丹香木最多.

仍而櫓力 次次前進 至一浦 此浦卽前日山行時 一宿 大黃土邱尾也 今不必疊床 而 卽爲放船 行幾里許 到待風浦 浦形亦與香木浦 略同矣 待風之稱由於以待順風而稱名 此實不符之名也 浦邊巖石之寄 珍貴之材 鬱密崎嶇之難行 書不可盡記 仍爲放船 以櫓力 進下 經玄斫支 到倭船艙 則 此等浦卽前日入于羅里洞時 所經中火之處也 亦不可更錄矣 仍爲放船 漸下 其傍 有一峰高爲數百丈 形如蒜稜 名曰蒜峰 其下幾里許 有大巖 高爲數百丈 而屹立 亦一奇觀也 其後山麓 有大川 其內 峰巒數疊 爲屛 而其下 又有瀑布一線 層層落海者 亦一壯觀也.

其下山形 石壁層稜 其洋中 有竹巖名色 只有竹叢生 高爲數十丈 而山麓嵂屼 又有無名大巖 高爲數十丈 又有廣平盤石 可容數十人 其下山足 有東西雙立巖石 東巖則一根兩頭 高爲數百丈 西巖則形容險惡 高爲近百丈 形如兄弟雙立 其傍 又矗石直立 數百丈 名曰燭臺巖也 其傍 又有一石浮立 形如彌勒佛 而其海邊有石穴 色紫 流水細滴 其名石間赤穴 而不足爲石朱也 其下 有一小浦 名曰船板邱尾 而有結幕痕 其後 有長谷曳木痕矣 南便洋中 有二小島 形如臥牛 而一爲右旋 一爲左旋 各其一便 則稚竹有叢 一便 則雜卉腐生 高爲數百丈 廣爲數帿之地 長爲五六白步 人云島項 亦云竹島也 周可十里許 危險不可攀登其內 浦名臥達雄桶邱尾 而水勢太强 船路難進 雖無風無波之日 船之搖動 如瓢子輕漂之像 極其操心處也 仍察左右石壁 大小層巖則形容 危險奇怪 潮汐進退緩急 箇中 自有鼓鼓然錚錚然 音樂之節奏矣 乘舟而下 宛如杭州石 鐘山絶壁也.

此日 周回之各浦沿邊 有九窟 海狗水牛之産育處 而入島造船之海民 以銃捕捉食肉矣 日已當暮 仍欲止宿 則無處可留 更欲漸進 則水路未詳 故不得還向竹巖而下陸 結幕留宿.

초9일. 갑오(甲午). 맑음. 새벽녘에 산제(山祭)를 지내 산신에게 기도하였다.

바다 구름이 엷게 드리웠고, 산의 남기(嵐氣)가 축축하게 샜다. 아침식사를 마친 후에 승선하여 출발하였다. 일추수종(一湫水宗)을 넘어 차차 동쪽을 향해 갔다. 10여 리를 가서 향목구미(香木邱尾)에 당도하였는데 명색이 포구라고 하지만 풍파가 심하게 부딪쳤다. 바다에 접한 바위의 형상이 기괴한 것이 많았다. 그 중에 자단향목(紫丹香木)이 매우 많았다. 인하여 노를 저어 차차 앞으로 나아가 어느 포구에 이르렀다. 이 포구가 곧 전일 산행할 때 하룻밤 묵었던 대황토구미(大黃土邱尾)이다. 지금은 첩상할 필요가 없어서 즉시 배를 띄웠다. 몇 리 가량을 가서 대풍포(待風浦)에 당도하였다. 포구의 모양은 향목포(香木浦)와 대략 같았다. 대풍이라는 이름은 여기서 순풍을 기다린다는 뜻에서 유래하여 붙인 것 같은데 이것은 사실과는 부합하지 않는 이름이다. 포구의 물가에 있는 기괴한 암석과 진귀한 목재가 울창하고 험준하여 행로가 곤란했던 것은 이루 다 기록하지 못한다. 인하여 배를 띄워 노를 저어 나아갔다. 현작지(玄斫支)를 거쳐 왜선창(倭船艙)에 도착하였다. 이들 포구는 전일 나리동(羅里洞)에 들어갔을 때에 지나가며 점심을 먹었던 곳이라 역시 다시 기록하지 않는다. 인하여 배를 띄워 나아갔다. 그 곁에 봉우리 하나가 있어 높이가 수 백 길은 되겠는데 모양이 마늘의 모서리 같아서 이름이 산봉(蒜峰)이다. 그 아래 몇 리 가량 가면 큰 바위가 있는데 높이가 수백 길은 되겠고 우뚝 서 있는 것이 역시 하나의 기묘한 볼거리이다. 그 뒷산의 산록에는 큰 냇물이 있고, 그 안에는 봉우리 몇 개가 겹쳐 있어 병풍을 이루고 있다. 그 아래는 다시 폭포가 한 줄기 있는데 층층이 바다에 떨어지는 것이 역시 하나의 장관이다.

그 아래에 있는 산의 형상은 돌벽이 층층이 모가 나 있다. 그 바다 가운데에는 명색이 죽암(竹巖)이 있는데 대나무 몇 포기가 높이는 수십 길이 되겠다. 산록은 가파르고 민둥민둥하였다. 또, 이름 없는 큰바위가 있어 높이가 수십 길은 되겠다. 또, 넓직하고 평평한 반석이 있어 수십 명이 앉을 수 있을 것 같다. 그 아래 산족(山足)에는 동족과 서쪽으로 암석이 나란히 서 있었다. 동쪽 바위는 뿌리가 하나인데 머리가 둘이며 높이는 수백 길이 되겠고, 서쪽 바위는 형용이 험악하고 높이가 근 백 길이 되겠다. 마치 형제가 나란히 서 있는 모습이었다. 그 곁에는 무성한 돌이 곧게 서 있어 수백 길은 되겠는데 이름하여 촉대암(燭臺巖)이라고 한다. 그 곁에는 다시 돌이 하나 떠있는데 모양이 미륵불처럼 생겼다. 그 해변에는 석굴이 있어 빛깔은 보라색이고 흐르는 물이 가늘게 떨어지고 있었다. 그 이름은 석간적혈(石間赤穴)이라고 하는데 석주(石朱)라고 하기는 어렵다. 그 아래 작은 포구가 하나 있어 이름을 선판구미(船板邱尾)라고 하는데 막사를 친 흔적이 있다. 그 뒤에는 기다란 골짜기가 있는데 목재를 끌고 간 흔적이 있다. 남쪽 바다 가운데는 작은 섬이 둘 있다. 모양은 마치 소가 누워있는 것 같은데, 하나는 오른쪽으로 돌아서 있고 하나는 왼쪽으로 돌아서 있다. 각각 한편에서는 어린 대나무가 자라고 있고 다른 한편에서는 잡초가 부생하고 있었다. 높이는 수백 길이 되겠고, 넓이는 몇 후(帿)가 되겠으며, 길이는 5백, 6백 보는 되겠다. 사람들은 도항(島項)이라고 부르고 또한 죽도(竹島)라고도 부른다. 둘레는 10리 가량 되는데 위험하여 올라가지 못했다. 그 안에 와달웅통구미(臥達雄通邱尾)라는 이름을 가진 포구가 있는데, 수세가 너무 강해서 뱃길로 가기 어렵다. 비록 바람과 파도가 없는 날이라도 배가 흔들리는 것이 마치 표주박이 떠내려가는 모양이라 극히 조심해야 할 곳이다. 인하여 좌우의 돌벽을 살펴보니 크고 작은 층암이 모양은 기괴한데, 밀물과 썰물이 완급을 맞추어 들락날락 하고 있었다. 마치 스스로 북을 치는 듯 쟁을 타는 듯 음악을 연주하는 것 같았다.승선하여 내려갔다. 흡사 항주(杭州)의 석종산(石鍾山)의 절벽 같았다.

이날 둘러본 각 포구의 해안에는 아홉 굴이 있었는데 물개와 물소가 자라는 곳이다. 섬에 들어와 배를 만드는 해민(海民)이 총으로 쏘아 잡아서 고기를 먹는다. 날은 이미 저물어서 정박하려 하였으나 머물 만한 곳이 없었고 다시 나아가려 해도 물길이 자세하지 않았다. 때문에 부득이 돌아서서 죽암(竹巖)을 향하였다. 육지에 내려 막사를 치고 유숙하였다.

(14) 李奎遠의『鬱陵島檢察日記』全文(11)

初十日 乙未 晴. 飯後 放船 至道方廳浦口 則兩邊山麓齊出 內可泊四五隻船 當面無島嶼之遮護 遇風必危 倭小船一隻 留泊 故先察其船樣 長爲七把 廣爲三把 而只立一帆 竹浦邊左右 連抱作板材 爲十八立 下陸上岸 有倭人板幕 先通後 入往 則六七倭人 出門迎接 初無東萊通辭率去 以筆談問情 曰今見爾們可知日本之人 而何月何日 入此島 做甚事 結幕留接耶 彼曰日本帝國東海道或南海道 山陽道人 若自二年前 始爲伐木工役 今年四月 又來此次役 問曰 若自二年前 來此伐木 則用於何處 而曾不聞爾朝廷防禁之令耶 彼曰有爲知之役事者 不知用於何處 又曾不聞我朝廷申飭防禁也 問曰 昨年 搜討官入島際有爾國人伐木 問情後 其由 轉啓於我朝廷 自我朝廷 卽爲書契于爾國外務省豈可不聞而不知也 彼曰 貴國事 僕等曾不聞 有一人留于南浦槻谷 使人呼之矣 問曰 爾等今行 有官爵人也 彼曰 僕等 皆無官爵人也 問曰 然則爾等 因人指使耶 彼曰 皆自爲伐木事矣 問曰 南浦留人 來到然後 始可問答也 彼曰 僕等 不知事情 南浦留人 來後問答 可也 云故 許久 坐待 終不來到 使人往視之渠等之所謂南浦者 卽南便長斫之浦口也 自道方廳至長斫之浦 兩處結幕 留接倭人 不知爲幾許名 而方散四伐木 勢難卽招來.

問曰 我奉王命 檢察此島 前月晦日 入島 於山於水 遍踏周覽 而今日 到此見爾等 有是問有是答 將此事狀 稟達于我朝廷 以此 知之可也 彼曰 僕等 謹諾矣 問曰 疆土自由定界 爾等 今來他境 擅自伐木 是何道理乎 彼曰 僕不聞爲他境 然爲知此役事者 今在於本國 他境是擧 不可 已有南浦槻谷標木 則知我日本帝國松島矣 問曰 標木之有 今來始聞 而寧有立標他境之理乎 彼曰 僕

等今年始來此 不知貴問之事也 問曰 爾等始來不知云 而稱曰松島者何也 彼曰 日本帝國地圖 又有輿地全國 皆稱松島也 故知之 然爲知役事者 今在本國 都知之矣 問曰 此島名 卽鬱陵 而高麗受之於新羅 我朝受之於高麗 係是幾千年傳來疆土 而爾等稱曰 松島者 亦有何據矣 況幾百年以來 自以朝廷 送官弁 間年搜討 爾等不知我國法禁 有是冒斫也 彼曰 有爲知役事 島事者 僕等不知也 問曰 若果不知法禁 而有是犯 則或有容貸之道 而或知而故犯 則論罪施刑 斷不可已 掇役速歸 可也 彼曰 僕等謹諾矣 問曰 伐木何用 歸期 擬在何間耶 彼曰 何處所用材 僕等不知 歸期 本年八月船來後事也 問曰 欲聞爾們姓名居住 彼曰 日本帝國南海道豫州·松山邑居 內田尙長 年二十九 山陽道·長州·善和邑居 埜村善一 年五十 防州·宮市邑居 吉崎卯吉 年四十 東海道·總州·八田邑居 吉谷庄次郞 年二十六 其外 吉田代吉 鳥海要藏 庄司勇廊 松尾而已助 合四名 不知年無住處也 問曰 來留役人 凡幾何 彼曰 兩處結幕人 合七十八名 問曰 東海道·南海道·山陽道 自此 水路各幾何 彼曰 東海爲六千里南海爲二千二百里 山里陽爲一千五百里 問曰 立標木者 何道何等人 何據 而立標於他境也 彼曰 二年前 來此始見 知是明治二年二月十三日 岩崎忠助 建之 但知我國人 而未詳其居住及何等人也 云云 仍爲出門 倭皆合掌点頭 必是揖餞之意也 其下浦邊 全羅道興陽三島居 卞敬化 率格卒十三名 結幕採藿矣.

乘船而南 俯仰海岳之奇怪 色色形形 無非殊絶 海日落照 水天一色 此時景光 無異於鏡湖 泛泛度長斫之浦 卽前日山行時 領略者也 海邊石徑上 有倭標木 長六尺廣一尺 明治二年二月十三日 岩崎忠助建之 又於右邊 書以大日本帝國松島槻谷 果若倭人問情也.

下到玄浦 臨海立巖 全爲黑色 俯照於波面 水影皆玄 故浦名以玄也 漸向南浦而去 傍見 洋中 有一小巖 高爲數丈 而適有可支魚一首 坐臥於其上 海鴟驚飛欲啄 亦一奇觀也 卽到桶邱尾 全羅道興陽三島居 金乃允 率格卒二十人結幕造船 察其浦形 左右石壁 矗矗屹然 有一小島 名曰華巖 連陸而立于前洋

其內 足可爲二三隻船 安泊之處 浦後長谷 流水·深遠 行路極難 越一湫水宗卽洞浦及沙汰邱尾 而此等浦基址 無一可嘉 至山幕洞浦口 浦淺浪激 船隻安泊 非所可望 浦後一峰 障護兩谷 可容四五十戶生活之地也 風浪似起 崔船進泊于小黃土邱尾 下陸此島還海 水路足爲一百四五十里許 不勝困憊 却食就宿.

초10일. 을미(乙未). 맑음. 식사를 마친 후에 도방청포구(道方廳浦口)에 도착하였다. 양쪽으로 산록이 나란히 나와 있고, 안에는 4, 5척의 배를 정박할 만하였다. 앞에 포구를 보호할 섬이 없어 바람을 만나면 필시 위태로울 것이다. 작은 왜선(倭船) 1척이 머물러 정박하고 있었다. 때문에 먼저 그 배의 모양을 살펴보니 길이는 7파(把), 넓이는 3파이고 돛은 하나밖에 없었다. 죽포변(竹浦邊)의 좌우에서는 연달아 판재(板材)를 만드는 곳이 열 여덟 곳이었다. 육지에 내려 해안에 올라가니 왜인(倭人)의 판막(板幕)이 있었다. 먼저 통한 다음에 들어가니 왜인 예닐곱 명이 문 밖으로 나와 영접하였다. 처음부터 동래(東萊) 통사(通辭)를 데리고 가지 않았으므로 필담(筆談)으로 사정을 물었다.

"지금 너희들을 보니 일본 사람임을 알겠다. 몇 월 며칠 이 섬에 들어왔고 무슨 일을 하길래 막사를 치고 유접하고 있느냐?"

저들이 말했다.

"일본제국 동해도(東海道) 또는 남해도(南海道), 산양도(山陽道) 사람이다. 두 해 전에 벌목하는 작업을 시작하였고, 금년 4월 다시 이 곳에 와서 작업을 하고 있다."

물었다.

"만약 두 해 전에 이 곳에 와서 벌목하였다면 용도는 어디에 쓰려는 것이었으며, 너희 조정에서 방금(防禁)하는 명령을 듣지 못하였느냐?"

저들이 말했다.

"작업을 해야 한다는 것을 알 뿐 어디에 쓰려는 것인지는 모른다. 우리 조정에서 신칙하여 방금한다는 것은 듣지 못하였다."

물었다.

"작년 수토관(搜討官)이 섬에 들어왔을 때 너희 나라 사람들이 벌목하고 있기에 사정을 물은 후에 사유를 갖추어 우리 조정에 전계(轉啓)하였고, 우리 조정에서 즉시 너의 나라 외무성(外務省)에 서계(書契)를 보냈으니 어찌 듣지도 못하였고 알지도 못한다는 것이냐?"

저들이 말하였다.

"귀국의 일은 우리가 들어본 적이 없다."

남포(南浦) 규곡(槻谷)에 머무르고 있는 사람이 하나 있어 사람을 시켜 불렀다. 물었다.

"이번에 온 너희들은 관작(官爵)이 있는 사람들인가?"

저들이 말했다.

"우리는 모두 관작(官爵)이 없는 사람들이다."

물었다.

"그러면 너희들은 다른 사람에게 지시 받아 사역 당하고 있는 것인가?"

저들이 말했다.

"모두 스스로 벌목하는 일을 하고 있다."

물었다.

"남포(南浦)에 머무르고 있는 사람이 와서 도착한 뒤에야 문답할 수 있겠느냐?"

저들이 말했다.

"우리는 사정을 모르니 남포(南浦)에 머무르고 있는 사람들이 온 뒤에 문답하는 것이 좋겠다."

때문에 허락하고 오랫동안 앉아 기다렸으나 끝내 도착하지 않았다. 사람을 시켜 가서 찾아보게 하였는데, 그들이 말한 남포라는 곳은 즉 남쪽 장작지포구(長斫之浦口)이다. 도방청(道方廳)에서 장작지포(長斫之浦)까지 두 곳에서 막사를 치고 유접하고 있는 왜인이 몇 명이나 되는지 모르겠으나 바야흐로 사방에 흩어져 벌목하고 있어 즉시 불러오게 할 만한 형세가 아니었다. 물었다.

"나는 왕명을 받아 이 섬을 검찰하기 위하여 지난달 그믐날 섬에 들어와 산세와 수세를 두루두루 답파하고 관찰하였다. 오늘 이 곳에 도착하여 너희들을 만나 이렇게 문답을 하게 되었다. 이 일의 상황을 받들어 우리 조정에 품달(稟達)할 터이니 이런 줄 알고 있으렷다."

저들이 말했다.

"우리는 삼가 승낙한다."

물었다.

"강토(疆土)는 정해진 경계를 따라야 하는 법인데 너희들이 자금 다른 나라 땅에 와서 멋대로 벌목하고 있으니 이것이 어찌된 도리이냐?"

저들이 말했다.

"우리는 다른 나라 땅이라고 들어보지 못하였다. 이 작업을 주관하는 사람이 지금 본국에 있다. 다른 나라 땅이라고 주장하는 것은 옳지 않다. 남포(南浦) 규곡(槻谷)에 표목(標木)이 있어서 우리 일본제국의 송도(松島)인 줄로 알고 있다."

물었다.

"표목이 있음은 지금 와서 처음 들었다. 다른 나라 땅에 표목을 세우다니 어찌된 도리이냐?"

저들이 말했다.

"우리는 금년 처음 이 곳에 왔으니 귀관이 묻는 일을 모른다."

물었다.

"너희들이 처음 와서 모른다고 말하는데, 그러면 어떻게 알아서 송도라고 불렀느냐?"

저들이 말했다.

"일본제국지도(日本帝國地圖)와 여지전도(輿地全圖)에서 다 송도라고 부르길래 우리도 안다. 그러나, 작업을 주관하는 사람은 지금 본국에 있고 모든 것을 알고 있다."

물었다.

"이 섬의 이름은 울릉도(鬱陵島)이다. 고려가 신라에게서 이 섬을 받았고, 아조(我朝)가 고려에게서 이 섬을 받았다. 수천 년을 전해 온 강토이거늘 너희들이 송도라고 부르는 것은 무엇에 근거한 것이냐? 하물며 수백 년 동안 우리 조정에서 관원을 파견하여 간년(間年)을 수토(搜討)하고 있다. 너희들이 우리 나라의 법금(法禁)을 몰라서 이렇게 함부로 나무를 찍어 가느냐?"

저들이 말했다.

"작업에 대해서만 알지 섬의 사정에 대해서는 모른다."

물었다.

"만약 과연 법금(法禁)을 몰라 이런 일을 저질렀다면 용서해 줄 수도 있으나 알고도 이런 일을 저질렀다면 결단코 죄를 따져 형을 집행할 수밖에 없으니 작업을 그만두고 속히 돌아가는 것이 좋겠다."

저들이 말했다.

"우리는 삼가 승낙한다."

물었다.

"무슨 용도로 벌목하는 것이냐? 돌아갈 날짜는 언제이냐?"

저들이 말했다.

"어디에 쓰는 목재인지 우리는 모른다. 돌아갈 날짜는 금년 8월 선박이 온 뒤의 일이다."

물었다.

"너희들의 성명과 거주지를 듣고 싶다."

저들이 말했다.

"일본제국 남해도(南海道) 예주(豫州) 송산읍(松山邑) 거주, 내전상장(內田尙長), 나이 29세. 산양도(山陽道) 장주(長州) 선화읍(善和邑) 거주, 야촌선일(埜村善一), 나이 50세. 방주(防州) 궁시읍(宮市邑) 거주, 길기묘길(吉崎卯吉), 나이 40세. 동해도(東海道) 총주(總州) 팔전읍(八田邑) 거주, 길곡장차랑(吉谷庄次郎), 나이 26세. 기타 길전대길(吉田代吉), 조해요장(鳥海要藏), 장사용랑(庄司勇廊), 송미이이조(松尾而已助) 도합 4명은 나이와 거주지를 알지 못한다."

물었다.

"와서 머물고 있는 역부는 모두 몇 명인가?"

저들이 말했다.

"두 곳에 막사를 친 사람이 모두 78명이다."

물었다.

"동해도, 남해도, 산양도는 여기에서 뱃길로 각각 얼마나 되느냐?"

저들이 말했다.

"동해도는 6천 리, 남해도는 2천 2백 리, 산양도는 1천 5백 리가 된다."

물었다.

"표목(標木)을 세운 자는 어느 도의 어떤 사람이며 무엇에 근거해서 다른 나라 땅에 표목을 세웠느냐?"

저들이 말했다.

"두 해 전에 이 곳에 와서 처음 보고는 명치 2년 2월 13일 암기충조(岩崎

忠照)가 세운 것임을 알았다. 그러나, 우리 나라 사람이라는 것만 알지 그가 어디에 살고 어떤 사람인지는 모른다."

인하여 문밖으로 나갔다. 왜인이 모두 손바닥을 모으고 머리를 끄덕였다 필시 읍(揖)하여 전별하려는 뜻이었다. 그 아래 포구가에는 전라도 흥양(興陽) 삼도(三島)에 사는 변경화(卞敬化)가 격졸 13명을 인솔하고 막사를 치고 미역을 채취하고 있었다. 승선하여 남쪽으로 갔다. 바다와 산악의 기괴한 모습을 쳐다보고 굽어보았는데, 형형색색 모두가 빼어났다. 바다에 낙조가 들자 물과 하늘이 똑같은 빛깔이 되었다. 이때의 광경은 경호(鏡湖)와 다름이 없었다. 천천히 떠내려와 장작지포에 도착하였다. 곧 전일 산행을 떠났을 때에 알았던 곳이다. 해변의 돌길 위에는 왜(倭)의 표목이 있었는데, 길이 6척, 넓이 1척에 '명치(明治) 2년 2월 13일 암기충조(岩崎忠照)가 세우다'라고 새겨있었다. 또 우변에는 '대일본제국송도규곡(大日本帝國松島槻谷)'이라고 씌어 있어서 과연 왜인에게 물었던 사정과 같았다. 내려와 현포(玄浦)에 도착하였다. 바다에 임해 서있는 바위가 전부 검은색이었다. 고개를 숙여 파도 수면에 비추어보니 물의 그림자도 모두 검은색이었다. 이 때문에 포구의 이름을 현포라고 하였다. 점차 남포(南浦)를 향해 갔다. 옆에서 보니 큰바다 중에 작은 바위가 하나 있는데 높이가 몇 길은 되겠다. 마침 가지어(可支魚) 1마리가 그 바위 위에서 펄떡거리는데 해구가 날아와 쪼아대려 하는 모양이 기이한 구경거리였다. 곧 통구미(桶邱尾)에 도착하였다. 전라도 흥양(興陽) 삼도(三島)에 사는 김내윤(金乃允)이 격졸 20명을 인솔하고 막사를 치고 배를 만들고 있었다. 포구의 형태를 살펴보니 좌우의 돌벽이 험준하게 솟아있었다. 작은 섬이 하나 있어 이름을 화암도(華巖島)라고 하는데 육지에 이어져 앞바다에 서 있었다. 그 안에는 족히 두세 척의 배를 안전히 정박할 만한 공간이 있었다. 포구 뒤에는 골짜기가 길고 물살이 심원하여 행로가 극히 곤란하였다. 일추수종(一湫水宗)을 넘으니 동포(洞浦)

및 사태구미(沙汰邱尾)이다. 이들 포구의 기지는 하나도 좋은 점이 없다. 산막동포구(山幕洞浦口)에 이르렀다. 포구는 얕은데 풍랑이 격심하여 선박의 안전한 정박은 바랄 수 없었다. 포구 뒤에는 봉우리 하나가 있어 2개의 골짜기를 지켜주고 있었다. 4, 50호가 생활할 수 있는 정도의 공간이 될 법하였다. 풍랑이 이는 것 같아 배를 재촉하여 소황토구미(小黃土邱尾)에 가서 정박하였다. 육지에 내렸다. 이 섬은 바다에 둘러싸여 있는데 수로가 족히 140, 150리 정도는 된다. 피곤함을 견디지 못하여 식사하고 곧장 숙박하였다.

(15) 李奎遠의『鬱陵島檢察日記』全文(12)

初十一日 丙申 晴. 東風徐起 海波微揚 梢工等 以爲風裝船云故 祈禱山神 催飯乘船 時當辰巳越三水宗 及到半洋 風殘水逆 無路前進 逗遛海上 竟日迖夜 一如前日 其爲難堪 不須記載. 至十三日夕時 直向蔚珍郡一界 波洶未泊 以櫓力 僅僅 還泊於平海邱山浦下陸. 時當亥時 層溟險濤 得此利涉 莫非 王靈攸曁 天神所祐. 回泊後 修啓草 通政大夫鬱陵島檢察使 臣李○○謹啓 爲相考事 臣 以鬱陵島檢察使 今四月初七日 辭朝 同月二十九日 馳到于平海郡 候風於該郡邱山浦이삽다가[是白如可] 同月二十九日巳時量 遇風發船之由 前已修啓이살온바[是白乎所] 同月三十日酉時量 止泊於同島西邊小黃土邱尾 這這檢察山海後 五月十一日辰時量 發船 同月十二日該時量 還泊于平海邱山浦下陸하살오며[爲白乎彌] 緣由謹具啓聞하살와온일[爲白臥乎事].

11일. 병신(丙申). 맑음. 동풍이 천천히 불고 파도가 잔잔히 일었다. 초공(梢工)의 말이 바람이 선박에 장착된 듯 순풍이 불 것이라 하였기 때문에 산신에게 기도하고 서둘러 식사한 다음 배에 올라탔다. 시각은 오전 8시-10시 사이였다. 삼수종(三水宗)을 넘어 절반 정도 큰바다에 왔는데 바람이 약해

지고 물결이 역류하였다. 전진할 길은 없고 해상에서 체류하였다. 낮과 밤이 다하도록 전날과 똑같았다. 견디기 어려웠던 곤경은 여기에 기재할 필요가 없을 것이다. 13일 저녁때에 울진군의 한 경계에 직향 하였는데 파도가 흉하여 정박하지 못하고 노력(櫓力)으로 겨우겨우 평해(平海)의 구산포(邱山浦)에 돌아와 정박하고 육지에 내렸다. 시각은 오후 10시. 어둠 속에서 층층이 밀려오는 험한 파도를 이렇게 쉽게 건넌 것은 왕령(王靈)이 미치고 천신(天神)이 도운 것이다. 돌아와 정박한 뒤에 계문(啓聞)의 초를 잡았다. "통정대부(通政大夫) 울릉도검찰사(鬱陵島檢察使) 신(臣) 이○○(李○○)는 삼가 아룁니다. 신이 울릉도검찰사가 되어 금년 4월 초7일 조정에 하직하였고, 4월 29일 평해군에 도착하여 평해군의 구산포에서 바람을 기다리옵다가 4월 29일 오전 10시 바람을 만나 출발한 사유는 전에 이미 수계(修啓)하였사온 바 4월 30일 오후 6시 울릉도 서변 소황토구미에 정박하여 이러저러하게 산과 바다를 검찰한 뒤 5월 11일 오전 8시 출발하여 5월 12일 오후 10시 평해 구산포에 돌아와 정박하여 육지에 내렸사오며 사유를 삼가 갖추어 계문(啓聞)하옵니다."

(16) 李奎遠의『鬱陵島檢察日記』全文(13)

十三日 戊戌 晴. 平海郡守出來 午後 同爲入郡 下處于將廳 落後船二隻 追到泊於邱山浦.

十四日 己亥 晴. 使本官 盛備酒肉餠 三陟船格及砲軍等犒饋 上船 貰價四百兩及船主處別償給一百兩·沙格等十八名 每五兩式 從船二隻 雖是該邑當次使役 喜其順還 憐其駕海 每隻 各三十兩式 及沙格等三十五名 每五兩式幷出給 砲軍二十名 回路者 各三兩式 行下 邱山浦 憐其偏苦役 錢文五十兩·白米二石·粟米三石·出給補弊 大海險路 得此利涉·不可無一日攄懷 錢十五兩 出送於元平海家 以爲酒需 午後 爲一場之遊 而白酒二盆·北魚一部 魚荃

人行下 農夫三四十名 適其時 鋤草於前坪 憐其勤苦 白酒二盆·南草五把·北鮮一部·行下饋之 夕陽還入平海 鄕中諸老 齊進酒肴而退 回還路文 發送 蔚診吏張秉翊 來現.

十五日 更子 晴. 自平海 離發 本官及冊室·元平海·柳生員·鄭碩士 同上南門樓 作別 行十里 男丁四十餘名 裸體待于路傍 解上矣 布道而遮路者 卽邱山浦民也 問其所由 一一曉諭 行數候之地 老少女人五六十名 解裳布路 伏地告別 惑拜惑泣 此何人情 莫曉其端 余以過去之客官 別無民情顧恤之事 而當此非常之情 旋爲愕然 安居之意 一一開諭. 行十里 至決明店 立木碑 文曰「聲聞西京 澤及東島 仁人孔邇 赤子如保」. 以酒糖 各下人饋下 行五里 經次洞行十餘里 至望洋亭古基 避暑 行一杯酒 仍爲入店 中火 此店 平鬱兩邑之界卽發行海邊 十餘里 明沙海棠 嫣然有花落結實之態 而察其海石之奇怪 似近於鬱島形也 臨海大巖 中通一穴 人可騎馬來往 而人云窟巖也 乂 有海中白面石十餘個 層層湧出 恰似海金剛矣 踰一嶺 到德新驛 又踰一太嶺 嶺名九富能也 蔚珍梅花里 暫憩 崔雅鶴壽 來拜 以酒肴 略進而去 行五里許 越九里嶺 渡南大川 夜到蔚珍 止宿. 烏倉洞 立碑 文曰「天道感應 檢察使到 陸海俱晏 頌聲載路」. 該縣王謹鎬 延命次 往東營姑未還官.

13일. 무술(戊戌). 맑음. 평해군수가 나와 오후에 그와 함께 군에 들어갔다. 장청(將廳)에 거처를 잡았다. 뒤떨어져 있었던 배 2척이 뒤늦게 도착하여 구산포에 정박하였다.

14일. 기해(己亥). 맑음. 본관에게 시켜서 술과 고기와 떡을 성대하게 차려 3척 배의 선격(船格) 및 포군(砲軍) 등에게 대접하게 하였다. 상선(上船)은 세가(貰價) 400냥 및 선주에게 특별히 상으로 100냥을 주었고, 사격(沙格) 등 18명에게는 일인당 10냥 씩 주었다. 종선(從船) 2척은 비록 평해군의 사역(使役)에 당차(當次)된 것이지만 순조롭게 돌아온 것을 기뻐하고 바다에서 항해한 것을 동정하여 배 한 척마다 각각 30냥 씩을 주었고, 사격(沙格) 등 35명에게는 5냥 씩 모두 출급하였다. 포군(砲軍) 20명은 돌아가는 길에 쓸 노자로 각각 3냥씩을 내려주었다. 구산포는 이 포구만 고역을 치룬 것을 가련하게 여겨 전문(錢文) 50냥, 백미 2섬, 속미(粟米) 3섬을 출급하여 민폐를 보상하게 하였다. 큰 바다의 험한 물길을 이렇게 무사히 건넜으니 하루라도 회포를 풀지 않을 수 없다. 전(錢) 15냥을 원평해(元平海) 집에 보내 술상을 차리게 하고 오후에 한바탕 놀았다. 백주(白酒) 2분(盆), 북어(北魚) 1부(部)를 어부에게 내려주었다. 농부 3, 40명이 마침 그때에 앞 벌판에서 김매고 있었다. 그 수고하는 모습을 가련히 여겨 백주(白酒) 2분(盆), 남초(南草) 5파(把), 북선(北鮮) 1부(部)를 내려주었다. 저물녘에 다시 평해에 들어갔다. 향중의 뭇 노인이 나란히 술과 고기를 바치고 물러갔다. 다시 돌아와 노문(路文)을 발송하였다. 울진의 아전 장병익(張秉翊)이 찾아왔다.

15일. 경자(庚子). 맑음. 평해에서 출발하였다. 본관 및 책실(冊室), 원평해, 유생원(柳生員), 정석사(鄭碩士) 등과 함께 남문루(南門樓)에 올라 작별하였다. 10리를 가니 남정네 40여 명이 벌거벗고 길가에서 기다리고 있었다. 웃옷을 벗고 길 위에 늘어서서 길을 막고 있는 사람들은 구산포의 포민이었다. 그 까닭을 묻고 하나하나 깨우쳐 주었다. 몇 후(帿)의 땅을 가니 노소 아낙네 5, 60명이 치마를 벗고 길 위에 늘어서서 땅에 엎드려 작별을 고하는데 한편으로 절하면서 한편으로 울고 있었다. 이것이 어찌된 인정인지 그 까닭을 모르겠다. 나는 한번 지나가는 객관으로 특별히 민정을 돌본 일이 없었는데도 이렇게 비상한 정을 받으니 도리어 놀랍다. 잘 있으라는 뜻으로 하나하나 깨우쳐 주었다. 10리를 가서 결명점(決明店)에 이르러 목비(木碑)를 세웠다. 비문의 내용은 다음과 같다.

그대들 목소리 서쪽 서울에 들리면 동쪽 바다 먼 섬에 님의 은택 닿겠네
어진 사람 매우 가까우니 우리 백성 보호하겠네

술과 당을 각 하인들에게 나누어 주었다. 5리를 가서 차동(次洞)을 지나 10여 리를 가서 망양정(望洋亭) 옛터에 이르렀다. 더위를 피해 술 한 잔을 돌리고 인하여 점막(店幕)에 들어가 점심을 먹었다. 이 점막은 평해와 울진 두 고을의 경계이다. 즉시 출발하여 해변을 10여 리 갔다. 고운 모래 위의 해당(海棠)이 꽃이 떨어지고 열매가 익는 듯 아리따운 자태를 하고 있었다. 그 해석(海石)의 기괴함을 살펴보니 울릉도에서 보았던 모양과 비슷하였다. 바다에 접한 큰바위엔 중간에 굴 하나가 뚫려 있어 말을 타고 왕래할 수 있다. 사람들은 굴암(窟巖)이라고 부른다. 다시 바다 속에서 표면이 하얀 돌 10여 개가 층층이 솟아올라 해금강(海金剛)과 비슷하다. 고개 하나를 넘어 덕신역(德新驛)에 도착하였다. 다시 큰 고개 하나를 넘었는데, 고개의 이름은 구부능(九富能)이다. 울진의 매화리(梅花里)에서 잠시 쉬었다. 최학수(崔鶴壽)가 찾아와 배알하고 술과 고기를 바치고 갔다. 5리 가량을 가서 구리령(九里嶺)을 넘고 남대천(南大川)을 건너 야밤에 울진에 도착하여 유숙하였다. 오창동(烏倉洞)에 비석을 세웠는데, 비문은 다음과 같다.

천도가 감응하여 검찰사 도착했네
바다도 육지도 모두가 편안한데 송축하는 환호성 길 위에 가득하네

울진현 수령 왕근호(王謹鎬)는 관찰사에게 연명(延命)하러 떠나 동영(東營)에 가서 아직 관아에 돌아오지 않았다.

(17) 李奎遠의『鬱陵島檢察日記』全文(14)

十六日 辛丑 晴. 自蔚珍離發 登縣後古山城 此地 卽壬辰前牧使府山城 壬亂欺於倭人 陷城而至今但有墟 張姓一二家 居焉. 該縣冊室尹先達同上 酒肴備進 下城作別 行十里 到鷹眼店 下人等 白酒行下 行十里 踰西津嶺 行五里 踰椎天嶺 海隅一峰 乾戌落脉 臨海最高 暫憩行酒盃 而海邊一巖 形如坐鷹 宛如回頭察物之像也 仍下沙場 行五里 到炅邱洞 中火 離發 經羅谷胎峰 踰葛峙 此嶺上下二十里 嶺東 乃蔚珍之界也 度多乃洞場基 踰梨峴 到三十里沃原驛 止宿. 蔚珍縣監 回路來見.

16일. 신축(辛丑). 맑음. 울진에서 출발하여 울진현 뒤에 있는 고산성(古山城)에 올랐다. 이 땅은 임진왜란이 일어나기 전엔 목사부(牧使府)의 산성이었다. 임진왜란이 일어나 왜인에게 속아 성이 함락되었고, 지금까지 성터만 남아있는데 장씨(張氏) 성을 가진 한두 집이 살고 있다. 울진현의 책실(冊室) 윤선달(尹先達)이 나와 함께 성에 올라 술상을 갖추어 바쳤다. 성에서 내려와 그와 작별하였다. 10리를 가서 응안점(鷹眼店)에 도착하였다. 하인들에게 백주(白酒)를 내려주었다. 10리를 가서 서진령(西津嶺)을 넘었고, 5리를 가서 추천령(椎天嶺)을 넘었다. 바닷가 구석에 봉우리가 하나 있는데, 서북 방향에서 떨어져나간 산맥이 바다에 와서 가장 높이 솟았다. 잠시 쉬고 술잔을 돌렸다. 바닷가에 바위 하나가 있는데, 모양이 마치 앉아 있는 매가 머리를 돌려 사물을 관찰하는 형상과 같았다. 모래 사장에 내려가 5리를 가서 경구동(炅邱洞)에 도착해 점심을 먹었다. 출발하여 나곡(羅谷)과 태봉(胎峰)을 지나 갈치(葛峙)를 넘었다. 이 고개의 상하 20리가 영동(嶺東)이니 곧 울진의 경계이다. 다내동(多乃洞) 장터를 건너 이현(梨峴)을 넘어 30리를 가서 옥원역(沃原驛)에 도착하여 유숙하였다. 울진현감이 돌아오는 길에 찾아와서 나를 만났다.

(18) 李奎遠의『鬱陵島檢察日記』全文(15)

十七日 壬寅 晴. 離 發時 蔚珍縣監 下直 行十五里 當召公嶺 嶺上有召公碑 召公 盖古判右軍 府使黃翼成 來撫時 駐節此嶺矣 其後諸民 慕公德 不相忘 立石爲臺 以記公蹟 以寓甘棠之思處也 登此遠眺 鬱島 宛然此山落脉也 行 五十里 踰龍河峙 行十里 龍河驛 中火 仍爲離發 踰馬勑嶺 度門巖 度原坪 行 十五里 踰加里峙 度東幕 行十五里 交柯察訪道 止宿 此日 所經門巖者 海邊 山麓 兩石如門 大路通其中 故名曰門巖 又有一巖 落立於海中 如燭臺形 此沿 路奇觀也.

十八日 癸卯 陰. 離發 行二十里 渡五十川 有木碑 文曰「愛及殘砲 萬口感 頌 千里晏海 太平歸家」(…) 又「山中一夜雨, 海內二毛人. 落盡寒梅樹西, 湖 幾度春.」該府使洪鍾漢·該營將金箕瑞 來見 離發時 回謝東軒 行五里 踰蕨 嶺泉峙 度十里後坪 此坪 卽三陟之大坪也 行五十里 踰堂峙 到寒泉驛 止宿.

十九日 甲辰 陰. 離發 踰紗帽嶺 度道跡坪 行三十里 到洛峰牛溪驛 中火 牛溪面者 古玉川邑也 發行七里許 踰東峙 行十五里 踰花比嶺 到鉢介坪 到安 仁茅田 暫憩 仍發行 二十里 度牛巖坪 此坪 卽江陵前坪也 行二十里 到江陵 府 止宿. 該府使金炳基 來見.

二十日 乙巳 大雨. 仍留江陵 午後小晴 招妓生七名 同出鏡浦臺 暫時遊覽 臺有 肅廟朝御製韻「汀蘭岸芝繞西東 十里烟霞映水中 朝曀夕晴千萬像 臨風 把酒興不窮」又「渭北傾坤軸 荊洞庭○○ 岳陽樓一角 飄泊落東溟」. 還入後 前路改路文 發送.

17일. 임인(壬寅). 맑음. 출발할 때에 울진현감이 하직하였다. 15리를 가서 소공령(召公嶺)에 당도하였다. 고개 위에는 소공비(召公碑)가 있었는데, 소공은 옛 판우군부사(判右軍府使) 황익성(黃翼成)이다. 그가 여기에 와서 진무할 적에 이 고개에서 진주하였다. 그 후에 뭇 백성이 공의 덕을 흠모하여

서로 잊지 않고, 돌을 세워 대를 만들고 공의 사적을 기록하였다. 주나라 백성이 소공(召公)의 선정을 잊지 못한 것처럼 감당(甘棠)의 뜻을 부친 것이다. 이곳에 올라 멀리 바라보니 울도(鬱島)가 이 산에서 떨어져 나간 산맥임이 분명하다. 15리를 가서 용하치(龍河峙)를 넘고 10리를 가서 용하역(龍河驛)에서 점심을 먹었다. 이윽고 출발하여 마칙령(馬勅嶺)을 넘어 문암(門巖)과 원평(原坪)을 건넜고, 15리를 가서 가리치(加里峙)를 넘어 동막(東幕)을 건넜다. 15리를 가서 교가찰방도(交柯察訪道)에서 유숙하였다. 이날 지나친 문암은 바닷가의 산록에 2개의 돌이 문처럼 서 있어 큰 길이 그 안을 통과한다. 때문에 문암이라 이름한 것이다. 또, 바위 하나가 바다 중에 떨어져 서 있었는데, 마치 촉대(燭臺)와 같은 모양이었다. 이 연로(沿路)에서 볼 수 있는 기이한 구경거리였다.

18일. 계묘(癸卯). 흐림. 출발해서 20리를 가서 오십천(五十川)을 건너니 목비(木碑)가 있었다. 비문의 내용은 다음과 같았다.

> 잔약한 포군에게 미친 사랑 천만 가구 감동받아 송축하네
> 천 리 밖에 바닷가 편안하고 태평성대 부르며 귀가하네

또, 이런 시도 있었다.

> 산중에 밤비가 내리니 천지엔 두 사람 모인(毛人) 뿐
> 매화나무 찬바람에 꽃이 질 때면 서호(西湖)는 몇 번이나 봄을 맞는고

삼척부사(三陟府使) 홍종한(洪鍾漢), 영장(營將) 김기서(金箕瑞)가 찾아왔다. 출발할 때에 동헌에 나가 그들에게 회사(回謝)하였다. 5리를 가서 궐령(蕨嶺) 천곡치(泉谷峙)를 넘어 십리후평(十里後坪)을 건넜다. 이 평(坪)은

삼척의 큰 평이다. 15리를 가서 당치(堂峙)를 넘어 한천역(寒泉驛)에 당도하여 숙박하였다.

19일. 갑진(甲辰). 흐림. 출발해서 사모령(紗帽嶺)을 넘어 도적평(道跡坪)을 건너 30리를 가서 낙봉(洛峰) 우계역(牛溪驛)에 도착하여 점심을 먹었다. 우계면(牛溪面)은 옛날 옥천읍(玉川邑)이다. 출발해서 7리 가량을 가서 율치(栗峙)를 넘었고, 15리를 가서 화비령(花比嶺)을 넘어 발개평(鉢介坪)을 건너 안인(安仁)의 모전(茅田)에 도착하여 잠시 쉬었다. 이윽고 출발하여 20리를 가서 우암평(牛巖坪)을 건넜는데, 이 평(坪)은 강릉의 앞 평이다. 20리를 가서 강릉부(江陵府)에 도착하여 유숙하였다. 강릉부사(江陵府使) 김병기(金炳基)가 찾아왔다.

20일. 을사(乙巳). 큰비. 강릉에 계속 머물렀다. 오후에 날씨가 조금 개서 기생 7명을 불러 함께 경포대(鏡浦臺)에 나가 잠시 유람하였다. 경포대에는 숙종조의 어제운으로 지은 시가 있었다.

> 바닷가에 지란(芝蘭)은 동서로 펼쳐 있고 / 십 리 덮은 연하(烟霞)는 물 속에서 빛나네
>
> 맑았다가 흐렸다가 아침저녁 천태만상 / 바람 쐬며 술잔 쥐니 이내 흥취 끝이 없네

또다른 시가 있었다.

> 위북(渭北)은 지축으로 기울고 / 형동(荊洞)의 안마당은 ○○라네
>
> 악양루(岳陽樓) 한 쪽 모퉁이에 / 정박한 고깃배 동명(東溟)에 떨어지네

다시 강릉에 들어온 뒤 전로(前路)에서 노문(路文)을 고쳐 발송하였다.

(19) 李奎遠의『鬱陵島檢察日記』全文(16)

二十一日 丙午 晴. 離發 爲廬民弊 轎軍四名 每十里 各三錢式 京中至 決定出給 行二十里 至邱山驛店下里 徒步 踰大骨嶺 此嶺八道之有名者 一嶺三宗九十九曲 度燕子院 初踰鳶嶺店 汗出沾背 呼吸喘促 暫憩 行五里餘 踰士里嶺暫憩 發行五里餘 踰嶺宗 此處五月解氷 七月霜降之地 東溟大海 與嶺東列邑盡在脚下 片刻間海霧障天 咫尺不辨 行十里 到橫溪驛 中火 此間北便 有海鹽池云 馬上 察左右 山上開野 火田無數 人家多奠 故問其何許人居 答云咸鏡道人三四十家來接云矣 替馬發行 二十里 到珍富驛社 止宿.

二十二日 丁未 大雨〇沛. 冒雨强進 行三十里 踰淸心嶺·烏里嶺 風雨連爲大作 僅僅行十里 到大化驛 中火 仍發行 四十里 踰禿嶺 時雨少晴 或行或騎 行十里 到雲州驛 止宿 橫川探吏來謁 除晝物延逢之意 分付以送.

二十三日 戊申 晴. 發行五里 踰狐嶺·門嶺 橫川延逢 來現 行三十餘里 踰松嶺 行五里 到烏原驛 中火 時雨未降 野不移秧 極爲關廬 橫川縣監洪謹周時以祈雨祭致誠 不得馳進云 行十餘里 到地境坪 則 一野全未移秧 行十里 到嚴木峙上 暫憩 仍發行三十里 到原州 止宿 巡相南廷益 傳謁 判官李奎應·中軍李圭鏞 卽爲來見.

二十四日 己酉 晴. 仍宿原州 鬱島畵本所入洋紗 求得 使冊工付紙 柳甲山三兄弟靈几 一哭午後 入宣化堂 穩遊而出.

二十五日 庚戌 晴. 朝前 躬進邱蔓洞鄭摠使宅 寒暄入來 陪行營吏李斗善現身 江陵橫溪民呈狀內 橫溪驛 中火時 下記 自驛村 分排於各洞者 數甚過實特下分揀處分事 卽爲題給 仍爲發關於江陵 巡相·判官·中軍 出來作別 行三十里 內倉站 中火 行三十里 砥平母節砧 秣馬 仍行三十里 砥平縣 止宿 此日所經 無可殫記 而原砥驪三邑地境 有一巖三陵 各一邑之標界也 犯夜之行無火 人困馬疲 大爲辱焉.

二十六日 辛亥 晴. 行三十里 踰二小嶺 到楊根 中火 仍發行五十里 廣州

奉安驛 止宿 此日之辱 尤倍前日.

二十七日 壬子 晴. 發行三十里 至楊洲平邱站 中火 仍發行十里許 座車與一行 使之入城 獨騎率營吏 至豆毛浦彌勒寺 修啓 自平海至京中 道路合八百八十里.

21일. 병오(丙午). 맑음. 출발하였다. 민폐를 염려하여 교군(轎軍) 4명에게 서울까지 매 10리에 각각 3전씩 출급하기로 결정하였다. 20리를 가서 구산역(邱山驛) 점하리(店下里)에 이르러 걸어서 대골령(大骨嶺)을 넘었다. 이 고개는 팔도에서 유명한 것인데, 고개 하나에 마루가 3개, 굽이가 99개나 된다. 연자원(燕子院)을 건너 처음 연령점(鳶嶺店)을 넘는데, 땀이 나와 등을 적시고 호흡이 가빠서 잠시 쉬었다. 5리 남짓 가서 사리령(士里嶺)을 넘어 잠시 쉬었다가 출발하였다. 5리 남짓 가서 영종(嶺宗)을 넘었는데, 이곳은 5월에 얼음이 녹고 7월에 서리가 내리는 곳이다. 동명(東溟)의 큰 바다와 영동(嶺東)의 모든 고을이 죄다 발밑에 있었다. 편각(片刻) 사이에 바다 안개가 하늘을 덮어 지척을 분간할 수 없었다. 10리를 가서 횡계역(橫溪驛)에 도착하여 점심을 먹었다. 이 사이의 북쪽에는 바다 소금이 나는 못이 있다고 한다. 말 위에서 좌우를 살펴보니 산 위에는 평야가 열렸는데, 화전이 무수하고 인가가 다수 있었다. 때문에 몇 명이나 사람이 사느냐고 물었더니 함경도 사람 3, 40집이 와서 산다고 대답하였다. 말을 갈아타고 출발하여 20리를 가서 진부역사(珍富驛社)에 도착하여 유숙하였다.

22일. 정미(丁未). 큰비가 억수같이 쏟아짐. 빗길을 무릅쓰고 억지로 나아가 30리를 가서 청심령(淸心嶺)과 오리령(烏里嶺)을 넘었다. 비바람이 연이어 크게 일어나 겨우겨우 10리를 가서 대화역(大化驛)에 도착하여 점심을 먹었다. 출발하여 40리를 가서 독령(禿嶺)을 넘었다. 마침 비가 조금 그쳐 걸어서 또는 말타고 10리를 가서 운주역(雲州驛)에 도착하여 유숙하였다. 횡천(橫川) 고을의 탐리(探吏)가 찾아와 인사했다. 주물(晝物)을 제하고 관아까지 영접해 가 달라는 뜻으로 분부를 내려 보냈다.

23일. 무신(戊申). 맑음. 출발하여 5리를 가서 호령(狐嶺)과 문령(門嶺)을 넘었다. 횡천(橫川) 관아에서 나를 영접하기 위해 보낸 사람이 찾아왔다. 30여 리를 가서 송령(松嶺)을 넘고 5리를 가서 오원역(烏原驛)에 도착하여 점심을 먹었다. 시우(時雨)가 내리지 않아 아직도 모내기를 착수하지 못하여 극히 염려스러웠다. 횡천현감 홍근주(洪謹周)는 마침 기우제를 치성하느라 오지 못했다고 한다. 10리 남짓 가서 지경평(地境坪)에 도착하였는데, 온 들판이 전혀 모내기가 되어 있지 않았다. 10리를 가서 엄목치(嚴木峙) 위에 도착하여 잠시 쉬었다. 다시 출발하여 30리를 가서 원주(原州)에 도착하여 유숙하였다. 강원도관찰사 남정익(南廷益)이 전령을 보내 인사하였고, 판관 이규응(李奎應)·중군 이규용(李奎鏞)이 즉시 찾아와 인사했다.

24일. 기유(己酉). 맑음. 원주에 계속 머물렀다. 서양 비단으로 봉입된 울릉도 화본(畵本)을 구해서 책공(冊工)에게 시켜 종이를 부착하게 하였다. 유갑산(柳甲山) 삼형제(三兄弟)의 영정에 가서 한번 곡하였다. 오후에 선화당(宣化堂)에 들어가 노닐다 나왔다.

25일. 경술(庚戌). 맑음. 아침 전에 몸소 구만동(邱蔓洞)의 정총사(鄭摠使) 댁에 찾아가 인사하고 다시 관아에 들어왔다. 나를 배행(陪行)하는 영리(營吏) 이두선(李斗善)이 나타났다. 강릉 횡계(橫溪) 백성의 소장에 의하면 횡계역에서 점심을 먹을 때 역촌(驛村)에서 각 동에 분배한 수치가 실제 수치를 초과하니 특별히 분간하여 처분해 달라는 것이었다. 즉시 제음(題音)을 성급(成給)하고 강릉에 관문(關文)을 발송하였다. 관찰사, 판관, 중군이 나와서 작별하였다. 30리를 가서 내창참(內倉站)에서 점심을 먹었다. 30리를 가서 지평(砥平)의 모절참(母節站)에서 말에게 먹이를 주고 다시 30리를 가서 지평현에서 유숙하였다. 이날 지나온 곳은 전부 기록하지 못하지만,

원주와 지평과 여주의 3고을의 경계에는 모서리가 3개 있는 바위가 있어 각 고을의 표계(標界)를 이룬다. 밤길을 무릅쓰고 가는데 야참도 먹지 못해 사람도 말도 모두 피곤하여 크게 욕을 보았다.

26일. 신해(辛亥). 맑음. 30리를 가서 이소령(二小嶺)을 넘어 양근(楊根)에 도착하여 점심을 먹었다. 다시 출발해 50리를 가서 광주(廣州)의 봉안역(奉安驛)에서 유숙하였다. 이날은 전날보다 갑절은 욕을 보았다.

27일. 임자(壬子). 맑음. 출발하여 30리를 가서 양주(楊州) 평구참(平邱站)에 이르러 점심을 먹었다. 다시 출발하여 10리 가량을 가서 좌차(座車)와 일행(一行)은 도성에 들여보내고 영리(營吏)를 거느린 채 필마로 두모포(豆毛浦)의 미륵사(彌勒寺)에 이르러 수계(修啓)하였다. 평해(平海)에서 서울까지 총합 880리 길이었다.

해설 요점

이 자료는 울릉도검찰사 이규원이 1882년 음년 4월 7일 서울을 출발하여 4월 30일 울릉도에 도착해서 울릉도를 검찰하고 귀경할 때까지의 일기이다. 귀경한 후 국왕에게 복명한 『계본초』가 부록으로 철해져 있다.

검찰사 이규원의 후손인 이건웅(李建雄) 씨가 현재 소장하고 있는 이 자료는 일부 낙장이 있는데, 1882년 음력 4월 7일부터 16일까지 10일간의 일기와 4월 20일 이후 3일간의 일기가 일실되었다고 보고되었다. 이 기간의 것은 모두 육지에서의 출발 전의 일기이고 울릉도에 도착한 이후부터의 일기는 잘 보존되어 있으므로 검찰의 실상을 아는 데는 거의 지장이 없다.

울릉도검찰사 이규원 일행은 4월 7일 서울을 출발한 후, 영양읍(英陽邑)을 거쳐 4월 22일 강원도 평해에 도착하였다. 4월 28일까지 구산포에서 유숙하며 출발 준비를 하였다. 준비된 선박은 모두 3척으로서 상선(上船)에는 사격(沙格) 17명, 포(총)수 6명, 취수(吹手) 2명, 석수(石手) 1명, 도척(刀尺) 1명, 영리(營吏) 1명, 검찰사를 포함하여 서울에서 내려온 관리 11명 등 39명이 탑승하도록 되었으며, 종선(從船) 2척에는 각각 사격, 포군, 노군 등 63명이 나누어 타도록 하였다. 즉 이규원의 조사단 일행은 선박 3척에 102명의 규모로 편성된 것이었다. 울릉도검찰사는 4월 29일 오전 10시에 중앙정부에 올리는 장계(狀啓)와 등보(騰報)를 모두 신속히 발송한 후에, 선박 3척이 동시에 출발하였다.

검찰사 일행은 첫날인 5월 1일에는 바람이 불고 파도가 치므로 선박 3척의 닻줄을 튼튼히 매어 놓고하루를 처음 상륙한 지점인 소황토구미에서 그냥 보내었다. 이튿날인 5월 2일에는 날씨가 맑으므로 산길로 대황토구미를 향하였다. 산길에는 고인돌(支石墓)이 자주 눈에 띄었다. 대황토구미에는 평해 출신의 파선당해 표류해온 선주 최성서(崔聖瑞)가 격졸 13명을 인솔하여 막사를 치고 유접하고 있었다. 경주 사람 7명은 약초를 캐기 위하여 막사를 치고 유접하고 있었으며, 연일 사람 2명은 연죽(烟竹)을 베기 위하여 막사를 치고 유접하고 있었다. 평해의 파선당한 선주 최성서는 포구에 있는 나인들 중에서 선장(船匠)을 시켜 돌아갈 선박을 만드는데 3일만 도와주도록 글로 호소하였다. 검찰사 이규원은 대황토구미에서 천막을 치고 유숙하였다.

검찰사 일행은 5월 초3일 날씨가 맑자, 흑작지라는 옛 마을 터를 답사하였다. 넓이는 10리, 길이는 6~7리 정도의 남쪽을 향한 마을 터였는데 수십 호가 살 만한 곳이었다. 그 안에는 간간이 고인돌(支石墓)이 있었다. 검찰사 일행은 서북방향으로 추봉(錐峰)이라는 송곳처럼 생긴 봉우리 아래 포구로 가는 길 가운데 굴이 뚫려 있어서 그를 지나며 그 아름다운 경관에 감탄하면서, 노를 저어 천년포를 지나 왜선창포에 도착해서 점심 식사를 하였다. 왜선창포에는 전라도 낙안(樂安)에 사는 이경칠(李敬七)이 격졸 20명을 인솔하여 머물고 있었고, 흥양의 초도(初島)에 사는 김근서(金謹瑞)가 격졸 19명을 인솔하고 와서 머물고 있었는데, 모두 나무를 베어 선박을 만들려고 막사를 치고 유접하고 있었다.

검찰사 일행은 이날 오후에 행군을 계속하여 고개 다섯을 넘어 마지막 홍문가(紅門街)라는 고갯길을 넘어서 울릉도의 중심인 나리동(羅里洞)에 도착하였다. 이곳은 명칭이 '나리님 마을'인데서도 알 수 있듯이 옛 우산국의 왕(을나)이 살던 곳이라고 추정된다. 정남향으로 자리잡은 넓은 평지인데, 길이는 10리 정도이고 둘레는 40리 정도 되었다. 여러 개의 산봉우리로 에워싸여 있는데 우뚝 솟은 산봉우리마다 첩첩산중을 이룬 것이 완연히 천연의 성곽과 같았다. 소수의 병력으로 관문을 지키면 만 명의 병력으로도 뚫을 수 없을 것처럼 보였다. 중봉에 들어가니 산허리에는 약초를 캐는 막사가 네다섯 곳 있었고 막을 치고 사는 사람은 40~50명인데 각처에 흩어져 약초를 캐고 있다는 대답을 들었다. 검찰사는 그 중 파주에 사는 토인(士人) 정이호(鄭二祜)의 숙소가 정결하므로 이곳에서 유숙하였다.

검찰사 일행은 5월 초4일 날씨가 맑자 산제(山祭)를 지낸 후 동쪽으로 성인봉에 올라갔다. 정상의 봉우리까지는 마치 고리처럼 층의 둘레가 있었다. 제일층에 올라 사방을 둘러보니 마을 쪽에는 고인돌의 옛자취가 간간이 남아 있었다. 서쪽과 남쪽의 여러 봉우리에는 수풀이 더욱 미려하고 볼수록 울창하였다. 특히 빼어난 것은 고리처럼 둘러싼 모든 산의 중간에 평야가 열려 있어서 과연 하늘이 숨겨놓은 별세계와 같았다. 검찰사 일행은 성인봉에서 잠깐 쉬면서 사방을 바라보고 동쪽으로 내려오기 시작하였다. 검찰사 일행이 동쪽으로 약 10리 가량 내려가니 함양에 사는 토인(士人) 전서일(全瑞日)이라는 사람의 초막이 하나 있었다. 검찰사 일행은 이어서 비탈길을 타고 내려와 저포(苧浦)에 도착하였다. 이 포구는 동쪽의 소저포(小苧浦)와 서쪽의 대저포(大苧浦)로 이루어져 있었는데, 막사를 친 사람은 없었고 일본인들이 오래 전에 막사를 친 흔적이 있을 뿐이었다. 대저포에서 동남쪽 모퉁이 바다 한가운데 쟁암(鎗巖)이라는 높이 수백 길의 큰 바위 섬이 있었다. 산록의 안팎에 모시풀이 무더기로 자라고 있었는데, 미루어서 수십 호가 거주할만 하였다. 포구의 입구는 삼면이 막혀 있어서 좋으나 동풍에 약할 것 같았다. 검찰사 일행은 나무를 얽어 막사를 만들어 저포에서 하룻밤을 유숙하였다.

검찰사 일행은 5월 5일과 6일에 장작지(長斫支)와 통구미를 답사하였다. 검찰사 일행은 새벽에 산제를 지내고 나무가 울창한 고개를 넘어 골짜기를 타고 장작지라는 포구에 도착하였다. 포변(浦邊)이 10리쯤되는 포구였다. 이 곳에는 마침 전라도 흥양에 사는 김내연(金乃彦)이 격졸 12명을 인솔하고 막사를 치고 유접하면서 선박을 만들고 있었다. 검찰사 일행은 이 막사에 들어가서 하룻밤을 유숙하였다.

이튿날인 5월 6일 검찰사 일행은 길을 나서 고개 하나를 넘어 중봉(中峰)에 도착했다가 울창한 대나무 숲속으로 들어가 길을 잃고 말았다. 사방을 분간하지 못하고 헤매다가 천신만고 끝에 간신히 빠져나와 점심도 굶고 계속 강행군을 하여 내려가 보니 통구미의 산록이었다. 겨우겨우 내려와 탈진한 상태로 통구미에서 하룻밤을 유숙하였다.

울릉도검찰사 이규원은 5월 초7일의 일기에서 그가 관찰한 울릉도 특산물의 이름을 기록하였다. 또한 울릉도의 크기에 대해서는, 서쪽은 소황토구미에서 시작하여 중심부인 나리동을 지나 동쪽으로 저포에 이르기까지 약 60리이고, 북으로는 왜선창에서 시작하여 중심부인 나리동을 지나 서쪽으로 통구미에 이르기가지 약 50리라고 추정하였다. 사람이 거주하기에 가장 적합한 곳은 오직 나리동인데, 수천 호의 사람들을 수용할 수 있는 땅이라고 기록하였다.

검찰사 이규원은 하루 휴식 후에 다시 2일간 울릉도 해안을 배편으로 돌아 답사했는데, 그 첫째날인 5월 9일 배편으로 섬 연안을 답사하였다. 그 둘째날인 5월 10일 도방청 포구에서 일본인 도벌자들을 만나고 이어서 일본인이 세운 표목(標木)에 대해 기록하였다.

검찰사 일행은 아침 식사 후 바로 출발하여 도방청 포구에 도착했는데, 선박 4~5척이 정박할 수 있는 포구였다. 작은 일본 선박이 이미 하나 정박하고 있었다. 해안을 둘러보니 판재(板材)를 만드는 곳이 18개소 있었다. 섬에 올라가니 일본인의 판막(板幕)이 있었다. 통역을 대동하지 않았으므로 일본인들과 필담으로 사정을 질문하고 조사하였다. 그 요지는 ① 일본의 동해도(東海島), 남해도(南海島), 산양도(山陽島) 사람들 78명이 올해 4월에 울릉도에 들어와서 그곳에 막사를 치고 벌목을 하고 있으며, ② 올해 8월에 일본에서 선박이 오면 싣고 돌아갈 예정이고, ③ 조선 정부가 울릉도의 벌목을 방금(防禁)하고 있는 사실을 일본인들은 전혀 알지 못하고 있었을 뿐 아니라, ④ 울릉도를 일본 영토로 알고 있었고, ⑤ 2년 전에도 울릉도에 들어와 벌목을 해 갔으며, ⑥ 남포(南浦)에는 메이지(明治) 2년 2월 13일 암기충조(岩崎忠照)라는 사람이 표목까지 세워 이 섬이 일본국 소속 송도(松島)라고 했으므로 일본 영토로 알고 있었기 때문에 ⑦ 검찰사는 일본인들에게 이 섬이 조선 영토이고 이 섬의 벌목은 조선조정에서 엄격히 금지하고 있음을 훈계하였다.

도방청 포구 가에는 전라도 흥양의 삼도에 사는 변경화(卞敬化)가 격졸 13명을 인솔하여 막사를 치고 미역을 채취하고 있었다. 검찰사 일행은 다시 승선하여 남쪽으로 빼어난 해안 경치에 경탄하면서 장작지포에 도착하였다. 해변의 돌길 위에 일본인이 세운 길이 6척 넓이 1척의 표목이 세워져 있었는데, 그 위에 '대일본제국 송도 규곡(大日本帝國 松島 槻谷)'이라 쓰고 그 좌변에는 '메이지 2년 2월 13일 암기충조가 세우다(明治二年二月十三日 崎岩忠照建立)'라고 쓰여 있었다. 일본인들이 말한 남포(南浦)는 곧 장작지포였고, 저들이 울릉도를 함부로 송도라고 부르고 있음을 확인하였다.

검찰사 일행은 내려와 현포에 도착하였다. 바다에 임해 서있는 바위가 모두 검은색이었고, 수면도 검은 색이었다. 다시 출발하여 통구미에 도착하니, 전라도 흥양의 삼도에 사는 김내윤(金乃允)이 격졸 20명을 인솔하여 막사를 치고 선박을 만들고 있었다.

검찰사 일행은 계속 노를 저어 동포(洞浦), 사태구미, 산막동 포구를 거쳐 산막동 포구 출발지점인 소황토구미로 돌아와서 정박하여 육지에 내렸다. 울릉도의 한 바퀴 둘레는 140~150리 정도로 추정되었다. 검찰사 이규원 일행은 울릉도 검찰을 마치고 5월 11일 울릉도를 출발하여 5월 13일 평해의 구산포에 돌아왔다.

이규원의 『울릉도검찰일기』를 극히 간단하게 요약하면, 검찰사 이규원 일행은 모두 102명으로 구성된 대규모 조사단을 이끌고 4월 29일 3척의 배에 나누어 타고 평해의 구산포에서 출발하여 4월 30일 울릉도 서변 소황토구미에 도착하였다. 5월 초1일부터 검찰하기 시작하여 만 6일간을 도보로 섬 안을 조사했으며, 또 2일간 배편으로 울릉도의 해안을 한 바퀴 돌아 조사하였다. 그들은 이 과정에서 울릉도 바로 옆에 있는 바위섬 죽도(대섬)는 찾아냈으나, 울릉도로부터 49해리나 떨어진 '우산도(芋山島 : 독도)'는 울릉도 체류자들로부터 존재함의 말만 듣고 검찰하지는 못하였다.

울릉도검찰사 이규원 일행이 울릉도 실지 답사에서 검찰한 내용 중 다음과 같은 사실은 특히 울릉도·독도 재개척 자료와 관련하여 주목할 필요가 있을 것이다.

(1) 울릉도에 있는 본국인(조선인)은 모두 140명이 있었는데, 출신 도별로 보면 전라도가 115명(전체의 82%)으로 가장 많다. 그 내역을 보면 흥양의 삼도 출신이 김재근 등 24명과 이경화 등 14명, 흥양의 초도 출신이 김내언 등 13명과 김내윤 등 23명과 김근서 등 20명, 낙안(樂安) 출신이 이경

칠 등 21명이었다. 다음으로 강원도(평해) 출신이 14명(10%), 경상도(경주 7, 연일 2, 함양 1) 출신이 10명(7%), 경기도(파주) 출신이 1명이었다.

(2) 본국인이 하고 있던 작업을 보면 조선(造船)[채곽(採藿) 포함]이 129명(전체의 92.2%), 채약(採藥)이 9명(6.4%), 예죽(刈竹)이 2명(1.4%) 등이었다. 전라도(115명)와 강원도(14명)에서 온 사람들은 모두 13~24명씩이 1단(團)을 이루어 결막(結幕)을 하여 살면서 벌목을 해서 조선(造船)을 하고 여기에 때때로 채곽(採藿), 채어(採漁)를 해서 조선이 끝나면 배에 싣고 돌아가고 있었다. 경상도 경주에서 온 7명과 함양에서 온 1명(全錫奎), 경기도 파주에서 온 1명 등은 산삼 등 약재를 캐고 있었다. 경상도 연일에서 온 2명은 예죽(刈竹)을 하고 있었다.

(3) 울릉도에 침입한 일본인은 모두 78명이었다. 그들은 모두 벌목을 하러 왔고, 이규원을 만나 필담을 한 일본인들은 일본 정부의 울릉도 출어금지령(出漁禁止令)을 들은 바 없다고 했으며, 그 태도는 매우 오만불손하여 울릉도를 조선 영토인 줄 모르며 일본 영토로 알고 있다고 말하는 자도 있었다. 울릉도의 장작지포에서 통구미로 향하는 바닷가 돌길 위에 한 일본인이 길이 6척, 넓이 1척의 입표목(立標木)을 세우고 '대일본국 송도규곡 메이지 2년 2월 13일 암기충조 건지(大日本國 松島槻谷 明治二年二月十三日 岩崎忠照 建之)'라고 쓴 것을 발견하였다.

(4) 설읍(設邑)하는 경우의 경식처(耕食處)로서는 나리동이 길이가 10여 리요 둘레가 40리에 수천 호(戶)를 살릴 수 있고, 이 밖에도 1백~2백 호를 수용할 수 있는 곳이 6~7처가 있음을 조사하였다. 또한 포구는 14처가 있으며, 물산(物産)은 비교적 풍부하고 대표적 토산(土産)으로 43종이 있다.

이 자료는 조선의 1880년대 울릉도·독도 재개척 사업 연구에 매우 귀중한 자료라고 할 수 있다. (중권, 본문 70~83쪽 참조)

4)『울도산해록』(울릉도검찰사 이규원일기)

(20)『鬱島山海錄』의『鬱陵島檢察使李奎遠日記』逸失부분(1)

壬午五月日 蔚陵島檢察使 李奎遠 日記

余以庸愚踈質 特承鬱陵島檢察之命 四月初七日 肅辭承留待入侍之命 下詢筵說周密鄭重 不敢盡載於此錄中 而大義以在 非徒感恩 實有兢業之微忱. 叩頭伏拜而退 宜卽出城之不暇 然日色已曛 束裝未準其 翌日出興仁門 外留宿一宵 初十日始爲登程也. 座車馬六步從巡視也 令旗前陪後擁 白日照鞍紅塵拂面滅儀載路 當午至 楊州平邱店四十里中火 卽發宿所于廣州泰安站三十里 而所經斗尾之路 山高水淸 有若皇宋之休運氣像多有 前行之奇觀也 麓路崎嶇 江水偏淸 夕陽而已. 泛泛篇棹 或上或下 飛飛白鷗 或潛或浮 此可謂行人駐馬之處也. 合道七十里.

임오 오월일 울릉도검찰사 이규원 일기

내가 어리석고 성근 자질로서 특별히 울릉도검찰사의 명을 받아 4월 초7일에 임금에게 숙배(肅拜)하고 하직하였더니, 머물러 기다렸다가 입시(入侍)하라는 명을 받았는데, 임금님께서 물어보시고 하시는 말씀이 주필(周密)하고 정중하며, 감히 모두를 이 기록 가운데 적지를 못하였지만 대의(大義)가 있는 바는 단지 임금의 은혜에 감동하는 것만이 아니고 실로 굳고 강한 작은 정성에 있음이었다. 머리를 조아리고 엎드려 절하며 물러 나와, 바로 성문을 나서기에 겨를이 없어야 마땅할 것이나 그러나 햇빛이 이미 어둑어둑하여 행장을 준비하지 못하여, 그 다음날에 흥인문(興仁門) 밖에 나와 하룻밤을 유숙하고, 초10일 처음으로 등정에 올랐다. 군마(車馬)에 앉으니 여섯의 보졸(步卒)이 순시(巡視)를 따르는 것이며 지휘하는 깃발이며 앞에서 모시고 뒤에서 옹호하고 밝은 해가 비추는 말안장이며 홍진(紅塵)을

터는 털개로 위엄 있는 거동을 거리에 실었다. 정오가 되어 양주((楊州)) 평구점 40리에 이르러 점심을 들고, 곧 출발하여 황주(廣州) 봉안참(奉安站) 30리에 숙소를 정하였는데, 지나온 모든 길이, 산은 높고 물은 맑아 송나라의 아름다운 남북과 기상과 같은 점이 있었고, 전번 행차의 기관(奇觀)이 많이 남은 것은 산기슭의 길이 꼬불꼬불한 것과 강물이 몹시 맑은 것과 석양뿐 이였다. 조각배를 둥둥 띄워 위로 아래로 갔다 왔다 하는데 백구(白鷗)가 훨훨 나르며 혹 잠기고 혹 뜨고 하니 이곳을 '행인이 말을 멈추는 곳'이라 할 수 있었다. 오늘 지나온 길을 합하면 70리였다.

(21)『鬱島山海錄』의『鬱陵島檢察使李奎遠日記』逸失부분(2)

十一日 淸. 自泰安店朝發 東行十里許 乘船渡 江望見山川 其中最高一山 秀出於江西 其上有一菴 問于船人 答云水鍾寺 而此寺卽世祖大王創建之處也 江名乃石檣津 渡江行數里許路出. 碧岩下淸溪絶勝 景槩除是別天 問其處云月溪也 聞而重察 果然名不虛得也 山路危險 野行平坦 或車或馬 到三十餘里 楊根郡琴鶴樓中火. 仍爲發程 踰馬勒嶺 到三十里 砥平縣望美軒止宿 程道合八十里. 該郡有龍門山 多有別味山菜云矣.

十二日 淸. 早朝發行五里 東踰前年嶺 又行十里 至毋節店 驪州居外從榴生員 旣聞余行 預待相逢 畧盡談話作別 東行五里許 踰新花嶺 行三十里 踰松嶺 此嶺卽砥平原州兩邑之犬牙也 原州延逢來現 天雨適降 食頃霆霈 冒雨强進 至十里 安倉站中火 登馬卽發 踰鞍峙 行原州三十里 薄暮入北門而止宿. 合程道九十里也.

十三日 仍留原州.

11일 맑음. 봉안참(奉安站)에서 아침에 출발하여 동으로 10리쯤 가서 배를 타고 강을 건너 산천을 바라보니, 그 가운데 하나의 산이 강서(江西)에서 가

장 높이 빼어나고 그 위에는 하나의 암자가 있어, 뱃사람에게 물었더니 대답하기를 수종사(水鐘寺)라고 하였고 이 사찰은 곧 세조대왕이 창건한 곳이라 하였다. 강 이름은 바로 석장진(石檣津)인데 강을 건너 몇 리쯤 가니 길이 나왔다. 푸른 암벽 아래 맑은 물이 흐르는 절승의 경개(景槪)는 이 별천지를 손질하고 있었는데 이곳을 물으니 월계(月溪)라고 하였다. 듣고서 거듭 살펴보니 과연 이름을 헛되이 얻은 것이 아니었다. 산길은 위험하였으나 들판으로 다닐 적에는 평탄하여 차 혹은 말로 30여 리를 진행하여 양근군(楊根郡) 금학루(琴鶴樓)에 도착하여 점심을 먹었다. 이내 길을 나서 마늑령(馬勒嶺)을 넘어 30리 지평현(砥平縣) 망미헌(望美軒)에 도착하여 머물고 숙박하였으니, 오늘 지나온 길을 합하면 80리 길이다. 이 군(郡)에 용문산(龍門山)이 있으니 별미로 산채가 많다고 하였다.

12일 맑음. 이른 아침에 출발하여 동쪽으로 5리를 가서 전연령(前年嶺)을 넘고 또 10리를 가서 모절점(母節店)에 이르렀다. 여주(驪州)에 사는 외종(外從) 유생원(柳生員)이 이미 나의 행차를 듣고 미리 상봉을 기다리고 있어서 대략 여러 이야기를 나누고, 작별하고 동쪽으로 5리쯤 가서 신화령(新花嶺)을 넘어 30리를 가서 송령(松嶺)을 넘었으니 이 고개는 곧 지평(砥平)과 원주(原州) 두 고을의 경계이다. 원주의 연봉(延逢 : 지방 장관이 귀한 손님을 맞이하는 일)이 와서 현신(現身)하고 마침 하늘에서 비가 내리더니 조금 지나자 억수로 쏟아졌지만 비를 무릅쓰고 억지로 10리를 나아가 안창참(安倉站)에 이르러 점심을 먹고 말에 올라 바로 출발하여 안치(鞍峙)를 넘어 원주로 30리 가니, 날이 어두워져 북문에 들어가서 머물고 숙박하였다. 오늘 지나온 길이 합 90리였다.

13일. 그대로 원주에서 머물렀다.

(22)『鬱島山海錄』의『鬱陵島檢察使李奎遠日記』逸失부분(3)

十四日 淸. 自原州離發 監營及本州與中軍 次第出來 餞別於南門 到一里許 鄭惣戎使丈前 暫話旋別 行十五里許 遠河店暫憩 踰屑坡嶺 到二十里 原州新林站中火. 洪川支應色及通引 出待于一百五十里站擧行 而支待凡卽一倍後站 此誠冊室金先遠周旋 無有書修答 卽發行五里許 到忠淸道堤川延逢亭 該縣延逢來現 登馬踰十里債只領 行十五里小塞坪膜 到十里堤川縣 夕後月下躬往朴堤川齊昇宅酬酌 我時還來就寢. 合道路八十里.

十五日 淸. 朝堤川縣監林秉 益酒肴出來 下處酬酌 移時而朝後離發時 又署備酒肴 同往邑前村朴堤川齊昇宅 酬酌作別離. 發行十里許 到地境基店 暫憩時 丹陽郡延逢來現 而踰安東嶺 行二十里許 烈母驛店暫憩 行五里許 踰羅布嶺 行五里梅浦站中火. 梅浦者 泰山周圍中心平陷人家數十戶 通大路 挾大川爲店 而奇岩怪石 矗矗爲頂 達望若海 岩上野鶴之高棲 洞基之絶玅 宛如梅花 落浦之格也. 前後左右 田畓櫛比 居人足爲耕作 若非南北一路之貫通 眞若朱陳一村之仙庄也 頗有名字 箇有其室矣. 發行十里許 踰日嶺 行五里許 渡滿月江此江者 始自五大山發源 流及六百領里云 江之左右 石壁危立 如鳥道之三千 江之中間 葉舟低浮 若鸞梭之往來 山水之景 亦一奇觀也. 行五里許 過甑島 行五里許 度丹陽後坪窟岩 大岩作窟 可容五六十名 而內有大旱不渴之源泉. 其下畓數百斗落 只皆以此水作農 亦足爲有名之岩也. 行五里許 長林驛店 宿所所供晝物床 傳諷送于族叔李判書勉兢氏宅. 而洞環泰山中 有大野野中有大村五六十戶 家舍與物色豊饒 眞可謂山中道傍也. 今道路七十里然山路多嶺險遠 似近於八九十里也.

十六日 淸. 長林離發行二十里 到丹陽應岩洞 行五里 到小兒只店暫憩 而轎軍等以酒餠行下 及到竹嶺上地境店 盖此嶺者 忠淸慶尙之界 峻嶺高出 特有名於八域者也. 山是太白之小者 路是檢察之別也 則登此嶺上 偃然有澄淸槪意也. 次行五里 到順興水鐵橋站 登馬而 昌樂察訪朴壽昌 馳進拜禮 仍下

直. 離發行十里許 豊基邑中火 離發行十里許 踏安東地 而行十里許 地境岩此岩者 順安兩邑地犬牙也. 行十里許 還踏安東地 又行二十里 內城站止宿. 自本府爲一百二十里云. 合道路五十里.

14일 맑음. 원주에서 출발하니, 감영(監營) 및 본주(原州牧)와 중군(中軍)이 차례로 나와서 남문(南門)에서 전별하였는데, 1리쯤 가서 정(鄭) 총융사 어른 앞에 이르러 잠시 이야기하고 곧 이별하여 15리쯤 가서 원동점(遠洞店)에서 잠시 쉬었다가 설파령(屑坡嶺)을 넘어서 20리 원주 신림창(新林站)에 도착하여 점심을 들었다. 홍천(洪川)의 지응(支應 : 출장 관원의 소용 잡물을 그 지방관이 공급하는 일)을 맡은 관리와 통인(通引)이 150리 역참(驛站)에 나와 기다려 거행하는데 지응하는 범절이 뒤의 역참보다 배(倍)가 되었으니, 이는 참으로 책실(冊室) 김선달(金先達)이 주선함인데 서신이나 회답은 있지 아니하였다. 이내 출발하여 5리쯤 가서 충청도 제천(堤川) 연봉정(延逢亭)에 도착하니 이 고을 연봉(延逢)이 와서 현신(現身)하였다. 말에 올라 10리 채척령(債只嶺)을 넘어 15리 소한평막(小寒坪膜)을 거쳐 10리 제천현(堤川縣)에 도착하여 저녁을 먹은 후 달빛 아래 몸소 박제천(朴堤川) 제승댁(齊昇宅)을 찾아가서 술을 나누고 조금 뒤에 돌아와서 취침하였다. 오늘 지나온 도로가 합 80리였다.

15일 맑음. 아침에 제천현감 임병헌(林秉益)이 술과 안주를 내오게 하여 제법 오랫동안 술을 주고 받았는데 아침 식사 후 떠나갈 때, 또 술과 안주를 간략하게 갖추어 함께 읍(邑)의 앞마을에 박제천 제승댁으로 가서 술을 나누고 작별하였다. 출발하여 10리쯤 가서 제천현 지경의 기점(基店)에 이르러 잠시 쉬는데 그때 단양군(丹陽郡)의 연봉이 와서 현신(現身)하였다. 안동령(安東嶺)을 넘어 20리쯤 가서 열모역전(烈母驛店)에서 잠시 쉬었다가, 5리쯤 가서 나포령(羅布嶺)을 넘었고 5리를 가서 매포참(梅浦站)에서 점심을 들었다. 매포(梅浦)라는 곳은 큰산이 주위를 둘러싼 가운데 중심이 평평하게 함몰된 곳인데, 인가(人家)는 수십 호였다. 점(店)은 대로(大路)를 통하고 대천(大川)을 끼고서 만들어졌고 정상(頂上)은 기암괴석(奇巖怪石)이 우뚝하게 솟아서 이룩되었는데, 멀리서 바라봄에 해암(海巖) 위에 야학(野鶴)이 높이 깃들어 있는 것 같았고, 마을 터의 절묘함이 완연하게 매화가 포구에 떨어지는 것과 같은 격이었다. 전후와 좌우에 전답이 즐비하여 거주하는 사람들이 경작하기에 족하였고, 만약 남북으로 하나의 길이 관통되지 않았다면 진실로 주진촌[朱陳村 : 주씨(朱氏)와 진씨(陳氏) 양가가 피난하여 한 마을에서 대대로 인척을 맺으면서 살았다는 곳] 한 마을의 선장[仙庄 : 신선이 사는 장원]과 같아, 자못 이름난 글자가 있었고 그 가운데는 그 실(實)이 있었다. 출발하여 10리쯤 가서 일령(日嶺)을 넘고 5리쯤 가서 만월강(滿月江)을 건넜다. 이 강(江)은 처음 오대산에서 발원하여 흐름이 6백 리에 뻗었다고 한다. 강의 좌우에 석벽이 높이 서서 조도(鳥道 : 새가 아니면 통과할 수 없는 험한 길)가 3천(三千)이라는 것과 같았고, 강의 중간에는 풀잎 같은 배가 내려갔다 올라왔다 하는 모습은 꾀꼬리가 버들 사이를 왕래하는 것 같으니, 산수의 경치가 역시 하나의 기관(奇觀)이었다. 5리쯤 가서 증도(甑島)를 지나고, 5리쯤 가서 단양 뒤의 평굴암(坪窟巖)을 재어 보았는데 큰 바위가 굴(窟)이 되어 50~60명을 수용할 수 있었고 안에는 큰 가뭄에도 마르지 않는 원천(源泉)이 있었다. 그 아래 논 수백 두락(斗落)이 단지 모두 이 물로서 농사를 지으니 역시 유명한 바위가 되기에 족하였다. 5리쯤 가니 장림역점(長林驛店)인데 숙소에서 제공하는 주물상(晝物床 : 지방으로 출장가는 관리 등이 임시 장소에서 낮참으로 먹는 음식상)을 주숙(族叔) 이판서(李判書) 면금(勉兢)씨 댁에 보내면서 배알(拜謁)의 뜻을 전하였다. 마을을 둘러싼 큰산 가운데 큰 평야가 있었고 평야 가운데 50~60호의 큰 마을이 있었는데 가사(家舍)와 특색(物色)이 풍요로워 참으로 산중의 도방(道傍)이라 할 수 있었다.

오늘 지나온 도로가 합 70리이다. 그러나 산길에 고개가 많아 험하고 멀어 80~90리에 가까운 것 같았다.

16일 맑음. 장림을 떠나 출발하여 20리를 가서 단양 응암동(鷹巖洞)에 이르렀고, 5리를 가서 소아지점(小兒只店)에 이르러 잠시 쉬었는데 교군(轎軍) 등에게 술을 내려 주었다. 죽령(竹嶺) 위 지경(地境)의 점(店)에 이르게 되었으니 대개 이 고개는 충청도와 경상도의 경계로 준령이 높이 솟아 특히 팔도에 유명한 곳이다. 산은 태백(太白)의 작은 것이요 길은 검찰(檢察)의 특별한 것인지라 이 고개 위에 오르니 거만하게 세상을 맑게 하려는 강개한 뜻이 생겼다. 이어서 5리를 가서 순흥(順興) 수철교참(水鐵橋站)에 이르러 말을 타고 있었더니 창악감방(昌樂察訪) 박수창(朴壽昌)이 달려와서 배례(拜禮)하고 그대로 하직하였다. 출발하여 10리쯤 가서 풍기읍(豊基邑)에서 점심을 들고, 출발하여 10리쯤 가서 안동 땅을 밟았는데 10리쯤 가니 지경암(地境巖)인데 이 바위는 순흥(順興)과 안동(安東) 두 고을의 경계이다. 10리쯤 전진하니 도로 안동 땅을 밟았는데 또 20리를 전진하여 내성참(內城站)에서 유숙하였다. 본부(本府)로부터 120리가 된다고 하였고, 오늘 지나온 도로는 합 50리이다.

(23)『鬱島山海錄』의『鬱陵島檢察使李奎遠日記』逸失부분(4)

十九日 自英陽內美院 出發 行三十里 十八番渡水 一番踰嶺 嶺名兩蔚峙也 嶺路太峻 登若半天 又値風雨大作 然一行幸而無事 到寧海蒼水院中火 此是天賜之福也 仍爲出發 行十里餘 下人無不戰粟 白酒行下 行三十里 二十番渡水 堇堇到寧海府止宿 該府使李晩由 時以盈德兼任 不在該府 合消路七十里也 松羅道場丙戌驛發馬 興海郡書簡來到 修答 入島船隻沙格雜物遲滯事 各邑了發關催促.

二十日 自寧海府 出發 越一大川 行十里 至穎石津 則無邊海色 浩然如天

波濤因風涵湧 衝突進退 ○若霹靂 而路出明沙海棠花色 路之左右 間二有嫣二之態矣 暫憩酒店 該津頭民等 濁酒供進 貴其誠勤 自以行中携酒 各一盤饋下 出發渡白后津 至地境里 則平海郡延逢來現 新立驛發馬 而除州八旗幟 只以今 旗一雙吹手 到郡前 越大川 則該郡守柳牧 設軍幕出 待酬酌後 卽入郡宿所 八島船隻沙格雜物來到 各邑了行關別飭 三陟砲軍中路作弊事 廳聞駭然故定將羅捉待之意 分付出送 蔚珍冊室尹先達鑠求承昏來見 酬酌而退 合道路五十里也 自京中至平海 都合道路七百二十里 所經邑合十四州郡縣也.

二十一日 仍留平海郡 移下處于將廳 午發元平海世昌入來酬酌 三寺佛供次擇日 月松萬戶元熙寬來謁 三陟砲軍令軍官行首孫秉權 查宗姑置.

二十二日 仍留平海三寺 卽仙岩寺修眞寺廣興寺也 佛供定校吏行之 三陟砲軍三十名內 擇其自願者十二名及刀尺一名 其外二十名還送該己 而所持火藥鉛丸 使之傳給於入島軍 每名白米三升式磨鍊 三日程計給回送 蔚珍砲軍十名內 擇其自願者四名 平海砲軍十名內 擇其自願者四名 其餘幷給粮還送三陟砲軍領將金德淵 蔚珍砲軍領將金萬曾 平海砲軍領將.

19일 영양의 내미원(內美院)에서 출발하여 30리를 가서 열 여덟 번 물을 건너고 한 번 고개를 넘었는데 고개 이름은 양치령(兩峙嶺)이다. 고갯길이 너무 험준하여 오르니 하늘 반 공중에 오른 것 같았다. 또 비바람이 심하게 부는 것을 만났다. 그러나 일행이 다행하게도 무사히 영해의 창수원(蒼水院)에 도착하여 점심을 먹었으니 이것은 하늘이 주신 복이다. 이어 출발하여 10리 남짓을 갔는데 하인이 몸을 떨지 않는 이가 없었다. 막걸리를 마시고 30리를 갔다. 스무 번 물을 건너 겨우 영해부에 도착하여 묵었다. 영해부사는 이만유인데 당시에 영덕군수를 겸임하고 있어 영해부에 있지 않았다. 도로를 합해보니 70리였다. 솔라도장(松羅道場)의 병술역(丙戌驛)에서 말을 징발하였고 흥해군에서 편지가 도착하여 답장을 썼다. 입도할 선척(船隻)

의 뱃사공과 곁꾼과 잡물을 지체하는 일로 각 읍에 공문을 발송하여 독촉하였다.

20일 영해부에서 출발하여 큰 내를 건너 10리를 가서 영석진(潁石津)에 이르니 끝없는 바다 색은 넓게 하늘처럼 보였다. 파도가 바람으로 인하여 용솟음치고 충돌하여 들어왔다가 물러나니 소리가 벼락치는 것 같았는데 길은 명사(明沙)로 통하고 해당화 색깔은 길의 좌우에 사이사이 상긋상긋 웃는 자태가 있었었다. 잠시 주점에 쉬니 영석진의 두민(頭民) 등이 탁주를 바쳤는데 그 성실하고 부지런함이 귀하게 여겨졌다. 각자 가는 도중에 술을 가지고 가면서 각 한잔씩 먹이고 출발하여 백석진(白石津)을 건너 지경리(地境里)에 이르니 평해군에서 군수가 나와서 맞이하고 신립역(新立驛)에서 말을 징발하였다. 의장으로 동원된 기치(旗幟)를 제거하고 다만 영기(令旗) 한 쌍과 취타수(吹打手)로써 군 앞에 도착하여 큰 내를 건넜다. 평해군수 유정이 막사를 설치하고 나와서 기다려 함께 수작을 한 후에 바로 군의 숙소에 들어갔다. 입도(入島)할 선척의 사공과 곁꾼과 잡물이 아직 도착하지 않아 각 읍에 공문을 발송하여 특별히 계칙(戒飭)하였다. 삼척의 포군(砲軍)이 중로(中路)에서 폐단을 일으켰다는 일이 있다는 것을 듣고 놀랐다. 그러므로 장수를 정하여 잡아서 기다리라는 뜻으로 분부하여 보냈다. 울진 울진책실[冊室 : 서책의 편찬·인쇄를 맡아보는 사람. 일명 책방(冊房)] 선달(先達) 윤영구가 밤을 이용하여 와서 만나 수작하고 물러갔다. 도로를 합하니 50리였다. 서울에서 평해에 이르기까지 도합 도로가 720리 남짓이고 거쳐 지나온 읍은 합하여 열 네 고을이다.

21일 그대로 평해군에 머물렀는데 장덕(將廳)에 옮겨가 거처하였다. 오후에 평해 원세창이 들어와 수작하고 세 절에 불공을 드리기 위해 택일을 하였다. 월송만호 원희관이 와서 인사를 하였다. 평해포군(三陟砲軍)이 군관행수(軍官行首) 손병권으로 하여금 사실을 조사하여 짐짓 그만두게 하였다.

22일 그대로 평해의 세 절에 머물렀으니 곧 선암사·수진사·광흥사이다. 불공은 교리(校吏)를 정하여 행하였다. 삼척포군 30명 내에 그 자원한 사람 12명 및 도척(지방관아에서 음식을 만드는 사람) 1명을 택하고 그 밖에 20명은 해당 읍으로 돌려보냈고 지니고 있던 바 화약(火藥), 연환(鉛丸)은 입도군(入島軍)에게 전하여 지급하게 하였다. 1명마다 백미(白米) 3되씩 마련하여 3일 노정으로 계산하여 지급하여 돌려보냈다. 울진포군(蔚珍砲軍) 10명 내에 그 자원한 사람 4명을 택하고 평해포군 10명 내에 그 자원한 자 4명을 택하고 그 나머지는 모두 양식을 지급하여 돌려보냈다. 삼척포군은 영장(領將)이 김덕연, 울진포군은 영장이 김만증, 평해포군은 영장〈인명이 누락된 듯함〉이다.

해설 요점

이 자료는 울릉도검찰사 이규원이 1882년(고종 19년) 음력 4월 7일 서울을 출발하여 4월 30일 울릉도에 도착해서 울릉도 일대를 검찰한 후 귀경할 때까지의 일기 중에서 후손의 소장본 일기에 일실된 부분을 발견하여 보충하는 자료이다.

이규원 검찰사의 후손인 이건웅(李建雄) 씨가 현재 소장하고 있는 『울릉도검찰일기』는 1882년 4월 7일부터 4월 16일까지 10일간의 일기와 4월 20일 이후 3일간의 일기가 일실되었다고 보고되어 있다.

그런데 『울도산해록(鬱島山海錄)』이라는 책이 입수되어 검토해 보니 내용은 앞서의 『울릉도검찰일기』와 대동소이한데, 일실된 부분이 없어서 위의 1882년 4월 7~16일 부분과 4월 20~23일 부분이 수록되어 있었다. 이에 이 부분을 떼어내어 여기에 수록해서 이규원의 『울릉도검찰일기』를 완전하게 보완하려는 것이다.

울릉도검찰사 이규원은 1882년 음력 4월 초7일 국왕을 알현하여 주밀한 명령 지시를 받고 하직하여 물러 나온 후, 준비를 더하여 초10일에야 등정에 올랐다. 이규원이 4월 10일 서울 흥인문(동대문) 밖을 출발하여 안동의 성내참(城內站)에 도착할 때까지의 행로는 서울→양주→광주→양근→지평→여주→원주→제천→단양→장림→순흥→풍기→안동의 성내참 순이다. 이규원의 검찰 여행은 말을 타거나 걸은 것이 아니라 교자(轎子)를 탄 방법에 의한 것이다. 울릉도검찰사 이규원 일행의 하루 행정의 거리는 4월 10일에 70리, 11일에 80리, 12일에 90리, 13일에는 원주에서 하루 더 유숙하고, 14일에 80리, 15일에 90리, 16일에 50리를 행군하였다.

후손이 소장한 이규원의 『울릉도검찰일기』에서 일실된 부분인 4월 19일부터 21일까지의 일기를 여기서는 『울도산해록』에서 발췌하여 수록하였다. 4월 22일의 일기는 『울릉도검찰일기』에도 수록되어 있으나 『울도산해록』의 것이 약간 더 자세하므로 이중으로 수록하였다.

울릉도검찰사 이규원은 4월 19일 영양을 출발하여 영해에 도착하였고, 다음날인 4월 20일에는 영해를 출발하여 목적지인 평해에 도착하였다. 서울에서 평해까지 도로가 도합 720여리였고, 거쳐 지나온 고을이 14개 군현이었다. 검찰사 이규원은 4월 21일부터는 울릉도에 건너갈 준비를 하고 점검을 시작하였다. 4월 21일과 22일의 일기에는 그 준비 활동이 상세히 기록되어 있다. (중권, 본문 70~83쪽 참조)

5) 『계본초』(울릉도검찰사 이규원)

(24) 『啓本草』(1)

臣 於辛己五月二十三日 猥荷鬱陵島檢察之命 壬午四月初七日 辭陛伏奉 聖教之鄭重 惶懍兢惕圖知攸措 是白乎所 退出郊外 收拾行裝 初十日 登塗十二日 抵原州牧 留一日 二十日 到平海郡 留六日 越海船隻與柴水粮饌等種 申飭準備 二十七日 往距邑十里許邱山浦 候風.

二十九日 始得順風與中樞都事臣沈宜琬 軍官出身臣徐相鶴 前守門將臣高宗八 差備待令畫員臣劉淵祜 及員役沙格等八十二名 砲手二十名 分載三船 當日辰時量 發船 及到中洋 風勢不利 波濤洶湧四顧無一點山 船隻簛南 飄乎大海之中 莫知所向 幸於哺刻 更得坤申風 竟夜行船 三十日酉時量 抵泊于島之西邊 地名小黃土邱尾 浦邊 有結幕留住人 故詳細探問 則 乃是全羅道興陽三島居 金載謹 率格卒二十三名 造船採藿云云 下陸 止宿於船幕.

五月初一日 風濤大作 三隻船係纜幾絶 船人輩蒼黃奔救 借得商船所儲碇索 緊係四面 行免危急 祈禱山神堂 初二日 遂登山踰嶺 至大黃土邱尾 路傍多以廣石爲盖 四方撐以小石 卽古人石葬云也 從澗流至浦口 則 平海商船崔聖瑞 率格卒十三名 結幕留接 慶州人七名 結幕採藥 延日人二名 亦結幕刈竹 此日步行山路 殆近三十里 峰巒挿天 樹木蔽日 草路如線 海日迫暮 瘴風濕衣 止宿於草幕

신(臣)은 신사(辛巳)년(1881년) 5월 23일 외람 되게도 울릉도검찰사의 직책에 임명되어 임오년(1882년) 4월 초7일에 전하(殿下)께 하직하면서, 엎드려 전하의 정중하신 하교(下敎)를 받들 때 황송하고 두려워 어찌할 바를 몰랐습니다. 교외로 물러나 행장을 수습하고 초10일에 길을 떠나 12일에 원주목(原州牧)에 이르러 하루를 머물고 20일에 평해군(平海郡)에 도착하여

6일을 묵으면서 바다를 건너갈 선박과 땔나무·물·양식·찬 등속을 준비하도록 단속하여 27일에 읍에서 10리쯤 거리에 있는 구산포(邱山浦)에 가서 순풍을 기다렸습니다.

29일에 비로소 순풍을 맞이하여 중추부지사(中樞府都事) 신(臣) 심의완(沈宜琬), 군관출신(軍官出身) 신 서상학(徐相鶴), 전 수문장(前守門將) 신 고종팔(高宗八), 차비대령화원(差備待令畵員) 신 유연호(劉淵祜) 및 관속 사공 등 82명, 포수(砲手) 20명과 더불어 배 3척에 나누어 타고 당일 진시(辰時)쯤 배를 출발시켰습니다. 배가 바다 중간에 이르자 풍세(風勢)가 불리하여 파도가 용솟음치는데 사방을 둘러보아도 한 점의 산도 보이지 않았으며, 배는 아래위로 까불리면서 큰 바다 가운데에서 떠다녀 지향할 바를 몰랐습니다. 다행히도 저녁 때가 되어 다시 곤신(坤辛)방향의 바람을 얻어 밤새도록 배를 달려 30일 유시(酉時)쯤 울릉도의 서면에 도착하여 정박하였는데 지명은 소황토구미였습니다. 갯가에 막을 치고 사는 사람이 있어서 자세히 탐문한 즉 이때 전라도 흥양 삼도에 사는 김재근이 각졸(格卒) 23명을 데리고 배도 만들고 미역도 딴다고 하였습니다. 육지에 내려 선막(船幕)에 유숙하였습니다.

5월 초1일. 풍랑이 크게 일어 3척의 선박을 매어 둔 닻줄이 거의 끊어질 뻔하여 선인들이 당황해 구조하면서 상선의 닻과 밧줄을 빌려 사방으로 매어서 다행히 위급함을 면하고 산신당에 기도를 올렸습니다. 초2일에 드디어 산에 올라 고개를 넘어서 대황토구미에 이르렀는데, 길 곁에 넓은 돌로 뚜껑을 하고 사방에 작은 돌로 받친 것이 많았으니 이것은 옛사람들의 석장(石葬)이라 하였습니다. 시내의 흐름에 따라 포구에 이르니, 평해의 선상(船商)인 최상서(崔聖瑞)가 각졸 13명을 데리고 막을 치고 살고 있었고, 경주 사람 7명이 막을 치고 약초를 캐고 있었으며, 연일 사람 2명이 막을 치고 대나무를 베고 있었습니다. 이날 보행한 산길이 거의 30리에 가까웠는데 산봉우리들은 하늘을 찌르고 수목들은 해를 가리며 풀에 싸인 길은 실낱같았고 바다의 해가 저물게 되자 나쁜 기운을 품은 산바람이 옷을 적셔 초막에서 유숙하였습니다.

(25)『啓本草』(2)

初三日 祭山神堂 踰嶺穿林 到黑斫支 種種有古人石葬 十里平原 可以生民之地也 下浦邊 乘小艇 搖櫓前進 有倡優巖 高可數千丈 形狀奇怪 腦有上下大小之穴 其傍 又有燭臺巖雙立 高爲數千丈 又有可居基址 卽三陟鄭姓人 壬辰避兵之處 八兄第同榜進士之地云 而地名千年浦也有一峰屹立中霄 高爲數千丈形如立錐 名之曰錐峰 其下 有一大岩 中通大竅 形如城門 下有小川流下 大旱不渴 卽羅里洞伏流水瀉出云 經千年浦 到倭船艙 全羅道樂安居 船商李敬七率格卒二丨名 興海草島居 金謹瑞 率格卒十九名 各結幕造船 次次前進 漸入深谷 踰五大嶺 嶺路太峻 上幾接顚 下則當腦 最下 有一嶺 名曰紅門街 踰此而入則 卽此島中心羅里洞也 向午開局 樹木參天 彌望無際 而地形平坦 長過十里 廣可八九里 而環以衆峰 立立疊嶂 儼成城郭 可謂一夫當關 萬夫莫開之地也 紅門街路 殆爲子午之谷 而迤西稍低 然山脚叉互 都無泄水道有大澤在於局內之乾方 而長爲七十餘步 廣不過五十步 而池中無儲水 只生草而己 又於坤申方有小池 長廣 各不過二三十步之地 地形凹滔 亦無儲水 日暮 止宿於坡州居 藥商鄭二祜草幕.

初四日 祈禱山神堂 摩藤緣蘿 登東邊最高峰 曰聖人峰 四面憑眺 海天茫茫更無一點島嶼 但見十四諸峰 屹然列立 環抱羅里一洞 果是天藏別界也 東下

十餘里 有一草幕 乃是咸陽居 採藥人全錫奎之佳接處 而十年入島 非但慣熟形便 民生可居 土產各種 無不領會 可與談論 遵山脊黴路 而漸下 石經中斷絶崖懸空 實無接足之道 俯伏相携 種種引索 而上下 到于苧浦 東向開局 可爲基址 苧草蔚茂 自成數十日耕之田 日暮 露宿於樹林之間.

초3일에는 산신당에 제사를 지낸 후 고개를 넘고 숲을 뚫으면서 흑작지(黑斫支)에 도착하니 여러 가지 돌무덤들이 있었고, 십 리나 되는 평원은 백성을 거주시킬 수 있는 토지였습니다. 갯가에 내려 작은 배를 타고 노를 저어 전진하니까 창우암(倡優巖)이 있는데 높이가 수천 척이요 형상이 기괴하였으며 꼭대기에는 위아래로 크고 작은 구멍이 있고, 그 곁에는 또 나란히 선 촉대암이 있어 높이가 수천 길이나 되고, 또 살만한 터가 있으니 삼척에 거주하던 정씨(鄭氏) 성을 가진 사람이 임진란 때 피난했던 곳으로서 팔형제가 동방(同榜)으로 진사급제(進士及第)한 곳이라 하였으며 지명은 천년포였습니다. 산봉우리 하나가 하늘 높이 솟아있으니 높이가 수천 길이요 형상이 송곳과 같아 추봉이라 불려지고, 그 아래 큰 바위 하나가 있어 그 가운데 큰 구멍이 뚫려 모양이 성문 같았으며, 아래로 작은 시내가 흘러내리는데 대한(大旱)에도 마르지 않아 나리동에 지하로 흐르는 물이 뿜어 나오는 곳이라 하였습니다.

천년포를 거쳐 왜인들의 선창에 도착하니 전라도 낙안의 주민으로 선상(船商)인 이경칠(李敬七)이 각졸 20명을 데리고, 흥해 초도의 주민 김근서(金謹瑞)는 각졸 19명을 데리고 각기 막을 치고 배를 만들고 있었습니다. 차차로 전진하여 점점 깊은 골짜기로 들어가면서 5개의 큰 고개를 넘었는데 고갯길이 너무나 험준하여 오를 때는 이마에 닿고 내려올 때는 머리에 닿았으며 제일 아래에 하나의 고개가 있으니 이름을 홍문가라 하였습니다. 이 고개를 넘어 들어가니까 곧 이 섬의 중심인 나리동이었는데 오방(午方)을 향하여 형국이 열려있고 수목이 하늘에 높이 솟았고 바라보니 끝이 없이 평탄한 지형이었으니 길이는 10리가 넘고 너비는 8~9리나 되고 여러 산봉우리로 둘러싸여 첩첩이 서 있는 봉우리는 엄연히 성곽을 이루었으니 '한 병졸이 관문을 지키면 일만 군사로도 열 수 없는 땅'이라고 말할 수 있었습니다.

홍문가의 길은 거의 자오(子午)방향으로 뻗은 골짜기로서 서쪽으로 갈수록 약간 낮지만 그러나 산기슭이 서로 교차되어 전혀 물이 새어나갈 길이 없었습니다. 큰못이 국내(局內)의 건방(乾方)에 있는데 길이가 70여 보(步)이고 너비는 50보에 지나지 않으나 못 가운데 고인 물은 없고 다만 풀만 나 있을 뿐이었습니다. 또 곤신(坤辛) 방향으로 작은 못이 있는데 길이와 너비가 각각 2·30보에 지나지 않고 지형이 움푹 패였으나 역시 고인 물은 없었습니다. 해가 저물어 파주 사는 약초 상인 정이호(鄭二祜)의 초막에서 유숙하였습니다.

초4일에는 산신당에 기도를 올린 후 등나무·칡덩쿨을 더위잡고 동변(東邊) 최고봉에 올랐는데 성인봉이라고 하였다. 사면(四面)을 바라보니 바다와 산이 아늑할 뿐이요 다른 한 점의 섬도 없고 다만 14개의 봉우리들이 우뚝하게 줄지어 서서 나리동 한 동네를 둘러싸고 있는 것만이 보이니 과연 하늘이 감추어 둔 별천지였습니다. 동쪽으로 10여 리를 내려가니 초막 하나가 있는데 함양 주민으로 약초를 캐고 있는 전석규(全錫奎)가 살고 있는 곳으로서 그는 10년 동안 섬에 들어와 있으므로 다만 섬의 형편에 익숙할 뿐만 아니라 백성들이 살만한 곳과 여러 가지 토산물에 대해서도 모르는 것이 없어 더불어 담론할 만하였습니다. 산등성이 작은 길을 따라 점점 내려오니 돌길이 중단되고 낭떠러지는 하늘에 걸려 실로 발을 디딜 곳이 없어 엎드려 서로 이끌면서 여러 가지 줄을 잡고 오르내리면서 저포(苧浦)에 도착하였습니다. 동쪽으로 형국이 열렸는데, 터를 잡을 만하고 저초(苧草)가 무성하여 자연적으로 수십 일 갈이의 밭을 이루었는데 해가 저물어 숲 사이에서 노숙을 하였습니다.

(26)『啓本草』(3)

初五月 踰一大嶺 到道方廳浦 異樣小船一隻 留泊於浦口 故先察船體 則長爲七把 廣爲三把 只立一帆竹 而船中無人 海岸上 有倭人板幕 故使人先通後 入幕 則倭人六七名 出門引接 而東萊通辭 未及抵待於平海郡初不得率去 則言語莫通 以書問之曰 今見爾們 可知人日本人 而何月何日 入此島 做甚事 結幕住接耶 彼曰 日本帝國東海道·或南海道·或山陽道人 而自二年前 始爲伐木工役 今年四月又來此次役 問曰 若自二年前 來此伐木 則用於何處 而曾不聞爾朝廷防禁之命耶 彼曰 有爲知之役事者 不知用於何處 又曾不聞我朝廷申飭防禁也 問曰 昨年搜討官 入島際 有爾國人伐木問情後 具由轉啓於我朝廷 自我朝廷 卽爲書契于爾國外務省 豈可不聞而不知耶 彼曰 貴國事事 僕等曾不聞 有一人留于南浦槻谷 使人呼之矣 問曰 爾等今行 有官爵人耶 彼曰 僕等皆無官爵人耶 問曰 然則 爾等因人指使耶 彼曰 皆者爲伐木事矣 問曰 南浦留人來到 然後 始可問答耶 彼曰 僕等不知事情 南浦留人來後 問答 可也云 故許久坐待 終不來到 事人往視之 渠等所謂南浦者 卽南邊長斫之浦口也 自道方廳 至長斫之浦 兩處給幕 而留接倭人 不知爲幾許名而方散四伐木 勢難邇卽招來 故問曰 我奉 王命 檢察此島 於山於水 遍踏周覽 而今日到此 見爾等有是問有是答 將此事狀 稟達于我朝廷 以此知之 可也 彼曰 僕等謹諾矣 問曰 疆土自有定界 爾等今來他境 擅自伐木 是何道理乎 彼曰 僕不聞爲他疆 然爲知此役事者 今在於本國他境是擧不可 己有南浦 槻谷標木 卽知爲我日本帝國松島矣 問曰 標木 今來始聞 而寧有立標他境之理乎 彼曰 僕等今年始來此 不知貴問之事也 問曰 爾等始來不知云 而稱曰松島者 何也 彼曰 日本帝國地圖 又有輿地全圖 皆稱松島也 故知之 然爲知役事者 今在於本國 都知之矣 問曰 此島名鬱陵 而高麗受之於新羅 我朝受之於高麗 係是幾千年傳來疆土 而爾等 稱曰爾國松島者 亦有何據乎 況幾百年以來 自我朝廷送官弁 間年搜討 爾等 不知我國法禁 有是冒斫也 彼曰 有爲知役事 島事者 僕等不知也 問

曰 若果不知法禁 而有是犯 則或有容貸之道 而或知而故犯 則論罪施形 斷不可己 撤役速歸 可也 彼曰 僕等謹諾矣 問曰 伐木用何 歸期 擬在何間耶 彼曰 何處所用材 僕等不知 歸期 本年八月 船來後事(卽七月)問曰 欲聞爾們姓名居住 彼曰 日本帝國南海道·豫州·松山邑居·內田尙長·年二十九 山陽道·長州·善和邑居·埜村善一·年五十 防州·宮市邑居·吉崎卯吉·年四十 東海道·總州·入田邑居·吉谷庄次郞 年二十六 其外 吉田代吉·島海要藏·庄司勇廊·松尾而己助·合四名 不知年 無住處也 問曰 來留役人 凡幾何 彼曰 兩處結幕役人 合七十八名 問曰 東海道·南海道·山陽道自此水路 名幾何 彼曰 東海 爲六千里 南海 爲二千五百里 山陽 爲一千五百里(倭之十里 我之百里)問曰 立標木者 何道何等人 何據而立標於他境耶 彼曰

二年前 來此始見 知是明治二年二月十三日 岩崎忠照建之 但知我國人 而未詳其居住及何等人也 云云 出倭幕 下浦邊 全羅道與陽三島居·李敬化 率格卒 十三名 結幕採藿 仍乘船南駛 海獄之奇形怪狀 無非絶勝 到長斫之浦 與海草島居·金乃彦 率格卒十二名 結幕造船 日幕止宿

초5일에 하나의 큰 고개를 넘어 도방청포구에 도착하니 모양이 이상한 작은 배 1척이 포구에 정박하고 있으므로 먼저 선체를 살펴보니 길이는 일곱 발이고 너비는 서발인데 다만 하나의 돛대만 세워놓고 배 안에는 사람이 없었습니다. 해안가에 왜인들의 판막(板幕)이 있었으므로 먼저 사람을 시켜 통고한 후에 막으로 들어가니 왜인 67명이 문을 나서 영접하였으나 동래통역관을 미처 평해군에 대령시키지 못해 당초에 데리고 오지 못했으므로 언어가 통하지 않아 글을 써서 묻기를,

"지금 너희들을 보니 일본 사람임을 알 수 있다. 어느 달 어느 날에 이 섬에 들어왔으며 무슨 일을 하며, 막을 치고 살고 있느냐?"

하니 그들이 말하기를,

"일본제국 동해도(東海道) 혹은 남해도(南海道) 혹은 산양도(山陽道) 사람으로서 2년 전부터 처음으로 벌목 공역을 시작하여 금년 4월에 다시 여기에 와서 이 일을 하고 있습니다.

하여 묻기를,

"만약 2년 전부터 여기 와서 벌목을 했다면, 어디에 사용하고 있으며 일찍이 너희 조정에서 금지하고 있는 명령을 듣지 못하였는가?"

하니 저들이 말하기를,

"역사자(役事者 : 일을 주관하는 두목)가 알고 있을 것이나 우리는 어디에 사용하는 지 모르며 또 일찍이 우리 조정에서 금지하는 법령을 듣지 못하였습니다."

하여 묻기를,

"작년에 수토관이 이 섬에 들어왔을 적에 너희 나라 사람들이 벌목하고 있다는 실정을 들은 후에 그 사유를 우리 조정에 보고하고 우리 조정에서는 곧 서계(공문서)를 만들어 너희 나라 외무성에 보냈는데 어찌 듣지 못했고 알지 못한다고 할 수 있느냐?"

하니, 저들이 말하기를,

"귀국(貴國)의 자세한 일은 저희들이 일찍이 듣지 못하였으니 남포규곡(南浦揆谷)에 머물러 있는 사람이 있으니 사람을 시켜 불러 보십시오."

하여 묻기를,

"너희 일행에 관작을 가진 사람이 있느냐?"

하니 저들이 말하기를,

"저희는 모두 관작이 없는 사람입니다."

하여 묻기를,

"그렇다면 너희는 남의 부리는 지시에 의한 것이냐?"

하니 저들이 말하기를,

"모두 스스로 벌목하는 일을 하고 있습니다."

하여 묻기를,

"남포(南浦)에 있는 사람이 온 후에라야 비로소 문답할 수 있겠느냐?"

하니 저들이 말하기를,

"저희는 사정을 모르니 남포에 머물고 있는 사람이 온 후에 문답하는 것이 좋겠습니다."

하므로 오랫동안 앉아 기다렸으나 끝내 오지 않아 사람을 시켜 가 보게 하였더니 저들의 이른바 남포는 곧 남쪽에 있는 장작지 포구였습니다. 도방청에서 장작지 포구에 이르기까지 두 곳에 막을 치고 살고 있는 왜인들이 몇 사람인지도 모르겠는데 바야흐로 사방에 흩어져 벌목하고 있었으므로 형편이 곧 불러오기가 어려웠습니다. 그리하여 다시 묻기를,

"나는 왕명을 받들고 이 섬을 검찰하고 있다. 지난달 그믐날 이 섬에 들어와 산이나 물을 두루 다니며 돌아보다가 오늘 너희를 만나 이와 같이 문답하였고 장차 이 사정을 서류를 만들어 우리 조정에 품달할 것이니 그렇게 알고 있는 것이 좋겠다."

하니 그들이 말하기를,

"저희들은 삼가 그렇게 알겠습니다."

하여 묻기를,

"강토에는 저절로 정해진 경계가 있는데 너희가 다른 나라에 와서 마음대로 벌목을 하고 있는 것은 무슨 도리냐?"

하니 저들이 말하기를,

"저희는 다른 나라 강토가 되는 것을 듣지 못했지만 그러나 이 역사자(役事者)는 알고 있을 것입니다. 지금 본국에 있으니 다른 나라의 경역(境域)인지를 거론하는 것은 불가합니다. 이미 남포규곡에 표목(標木)이 있으니 곧 우리 일본제국의 송도(松島)인 줄을 알 것입니다."

하므로 다시 묻기를,

"표목이 있다는 것은 지금 와서 처음 듣는 일인데 어찌 다른 나라 경역에 표목을 세우는 도리가 있느냐?"

하니 저들이 말하기를,

"저들은 금년에 처음 여기에 왔으므로 귀하께서 묻는 일에 대하여 알지 못합니다."

하므로 묻기를,

"너희가 처음 와서 모른다고 하면서 송도라고 칭하는 것은 무슨 까닭이냐?"

하니 저들이 말하기를,

"일본제국 지도와「여지전도」에서 모두 송도라고 칭하고 있으므로 알고 있습니다. 그러나 알고 있는 역사자가 지금 본국에 있지만 그는 모두 알고 있습니다."

하므로 묻기를,

"이 섬의 이름은 울릉도로서 고려는 신라에서 받았고 우리 왕조는 고려에서 받았으므로 이는 몇 천 년 동안 전해 내려오는 강토인데, 너희들이 너희 나라 송도라고 칭하는 것은 어떤 근거가 있느냐? 더구나 몇 백 년 이래로 우리 조정에서는 관리를 파견하여 1년 간격으로 수토(搜討)하고 있는데 너희가 우리나라 금령을 모르고 함부로 벌목하고 있느냐?"

하니 저들이 대답하기를,

"역사자가 알고 있지, 섬에 대한 일은 저희들은 모릅니다."

하여 묻기를,

"만약 과연 법의 금지를 모르고 이 범행을 하였다면 이는 용서할 길이 있으나 알면서도 고의로 범행을 하였다면 죄를 논단하여 형벌을 시행하는 일을 단연코 그만둘 수 없으니, 일을 철수하여 빨리 돌아가는 것이 옳다."

하니 저들이 말하기를,

"저희는 삼가 그렇게 하겠습니다."

하여 묻기를,

"벌목은 해서 어디에다 사용하며 돌아가는 기일은 언제쯤이겠는가?"

하니 저들이 말하기를,

"어느 곳에 사용할 목재인지 저희는 모르며 돌아갈 기일은 금년 8월에 배가 온 후의 일입니다(즉 7월이다)."

하므로 묻기를,

"너희들의 성명과 주소를 알고자 한다."

하니 저들이 말하기를,

"일본제국 남해도 예주(豫州) 송산읍(松山邑)에 사는 內田尙長으로 나이는 29세, 산양도 장주(長州) 선화읍(善和邑)에 사는 野村善一로 나이는 50세, 방주(防州) 궁시읍(宮市邑)에 사는 吉崎卯吉로 나이는 40세, 동해도 총주팔전읍(總州八田邑)에 사는 吉谷庄次郎으로 나이는 26세, 그 밖에 吉田大吉·島海要藏·庄司勇郎·松尾而已助 합 4명은 나이도 모르고 일정한 거주지도 없습니다."

하므로 묻기를,

"와서 머물고 있는 일꾼은 모두 몇인가?"

하니 저들이 말하기를,

"두 곳에 결막(結幕)의 일꾼을 합하면 78명입니다."

하여 묻기를,

"동해도·남해도·산양도는 여기서 뱃길로 얼마의 거리인가?"

하니 저들이 말하기를,

"동해도는 6천 리요 남해도는 2천 5백 리며 산양도는 1천 5백 리입니다(왜국의 10리는 우리의 1백 리이다)."

하여 묻기를,

"표목을 세운 사람은 어느 도의 어떤 사람이며 무슨 근거로 다른 나라 땅에 표목을 세웠느냐?"

하니 저들이 말하기를,

"2년 전에 여기 와서 처음 보았는데 메이지 2년 2월 13일에 암기충조(岩崎忠照)가 세운 것으로서 다만 우리 나라 사람인 것만 알지 그 거주지와 어떤 사람인지는 모릅니다." 하였습니다.

왜막(倭幕)을 나서서 갯가에 내려오니 전라도 흥양 삼도의 주민 이경화(李敬化)가 각졸(格卒) 13명을 데리고 막을 치고 미역을 따고 있었는데. 곧바로 배를 타고 남쪽으로 달리니 해악(海嶽)의 기괴한 형상은 절경 아닌 것이 없었습니다. 장작지 포구에 도착하니 흥해 초도의 주민 김내언(金乃彦)이 각졸 12명을 데리고 막을 치고 배를 만들고 있었으며, 해가 저물어 여기에서 유숙하였습니다.

(27)『啓本草』(4)

初六日 自長斫之浦 向桶邱尾 海邊石逕上 立標木 長六尺 廣一尺 書之曰 大日本國松島槻谷 明治二年二月十三日 岩崎忠照建之 果如倭人問答 踰一大嶺 老木參天 積葉沒膝 絶壁陰崖之間 通一線小路 或存或無 及到中峰 無形而中斷 莫如所向 彷徨於深谷之間 無人可問 無地可憩 攀壁魚貫而進 行三數里許 纔到通邱尾浦 大海無邊 奇岩重疊 俯仰景物 不覺心驚而神爽矣 浦邊 興陽草島居·金乃允 率格卒二十二名 結幕造船 氣盡脚痲 不得前進 仍爲止宿.

初七日 向西而行 踰三嶺 渡三水 漸入深谷 地名曰谷浦 山路崎嶇 日色沈西 不得前進 而露宿於岩穴之間.

初八日 從石間小逕而行 踰嶺渡水 無非危險 行三十里許 到小黃土邱尾浦 卽當初船泊處也 使石手 刻島號於石壁上 日己暮 止宿於草幕.

初九日 乘小艇 向西而行十餘里 至香木邱尾 臨海峭壁 形形色色 怪怪奇

奇 不可勝道 次次前進 過大黃土邱尾 待風 邱尾·黑斫之·倭船艙等浦口 蒜峰之形 如蒜稜 大岩之屹然凌霄 瀑布之層層落海 皆是勝觀 一根兩頭之石之數百丈起立 形容絶特 兄弟岩之雙立相顧 燭臺岩之圓體削出 無非天工又有一浦 名船板邱尾 南邊洋中 有二小島 形如臥牛 而左右回旋 勢若相抱 一曰竹島 一曰島項 只有叢竹而已 日暮 下陸 結幕止宿於竹岩下.

初十日 乘船 歷道方廳·長斫之·通邱尾·黑浦·沙汰邱尾·山幕洞等浦口 海日西沉 風濤忽起 下船 登陸 止宿於小黃土邱尾船幕.

초6일, 장작지포구에서 통구미로 향하니, 해변의 돌길 위에 표목을 세웠는데 길이는 6척이요 너비는 1척이며 거기에 '대일본국 송도(松島) 규곡(槻谷). 메이지 2년 2월 13일, 암기충조(岩崎忠照) 세움'이라고 쓰여 있어 과연 왜인들의 문답과 같았습니다. 하나의 큰 고개를 넘으니 노목이 하늘을 찌르고 쌓인 낙엽은 무릎이 빠지고 절벽과 음애(陰崖)의 사이에 실낱같은 작은 길 하나로 통하는데 혹 있기도 하고 혹 없기도 하였으나 중봉에 이르니까 형체도 없이 중단되어 지향할 바를 몰라 깊은 골짜기 속으로 방황하면서 물어볼 사람도 없고 휴식할 땅도 없어 석벽(石壁)을 더위잡고 고기 엮듯이 서로 엉기어 나아가다가 수 삼 리쯤 진행하여 겨우 통구미포구에 도착하였습니다. 큰 바다는 끝이 없고 기이한 바위는 중첩되어 굽어보고 쳐다보는 모든 경치에 마음이 놀라고 정신이 상쾌해짐을 깨닫지 못하였습니다. 갯가에 흥양 초도의 주민 김내윤(金乃允)이 격졸 22명을 데리고 막을 치고 배를 만들고 있었는데, 기운이 다하고 다리가 저려 전진할 수 없어 그대로 유숙하였습니다.

초7일, 서쪽으로 향하여 세 고개를 넘고 세 냇물을 건너서 점점 깊은 골짜기로 들어가니 지명은 곡포(谷浦)였으며 산길이 기구하고 햇빛이 서쪽으로 빠지고 전진할 수 없어 암혈 사이에서 노숙하였습니다.

초8일, 바위 사이의 작은 길을 따라 가니, 고개를 넘고 개울을 건너는데 위험하지 않는 곳이 없었고 30리를 가서 소황토구미에 도착하니 곧 당초에 배를 정박한 곳이었습니다. 석수(石手)를 시켜 섬 이름을 석벽 위에 새기게 하고 날이 이미 저물어 초막에서 유숙하였습니다.

초9일. 조그만 배를 타고 서쪽으로 향하여 10여 리를 가서 향목구미에 이르니 바다에 임한 가파른 석벽이 형형색색으로 기기괴괴하여 이루 말할 수가 없고, 차차로 전진하여 대황토구미(大黃土邱尾), 대풍구미(待風邱尾), 흑각지(黑斫支), 왜인(倭人) 선창(船艙) 등을 지났는데, 포구의 산봉(蒜峰)의 형상은 마늘모와 같았고 큰 바위가 우뚝 서서 하늘을 능멸하는 모양이나 폭포가 층층으로 바다에 떨어지는 모양들은 모두가 절경이었으며, 한 뿌리에 두 머리인 바위가 수백 길로 기립하여 있는 모양이 특이하였고, 형제 바위가 서로 돌아보며 나란히 서 있는 것이나 촉대 바위가 둥근 형체로 깎여서 튀어나온 것이나, 하늘의 솜씨가 아닌 것이 없었습니다. 또 하나의 포구가 있었으니 이름은 선판구미였고, 남변(南邊)으로 바다 가운데 두 개의 작은 섬이 있으니 모양이 누워 있는 소와 같으며 좌우로 돌면서 서로 안을 듯한 형태인데 하나는 죽도(竹島)라 하고 하나는 도항(島項)이라 하는데, 다만 대나무가 무더기로 있을 뿐이었습니다. 해가 저물어 육지에 내려 대나무가 있는 바위 아래에 막을 치고 유숙하였습니다.

초10일, 배를 타고 도방청, 장작지, 통구미, 흑포, 사태구미, 산막동 등의 포구를 지나왔더니 바다 해가 서쪽으로 잠기고 풍랑이 갑자기 일어, 배에서 내려 육지에 올라 소황토구미 선막(船幕)에서 유숙하였습니다.

(28)『啓本草』(5)

十一日 祈禱山神 梢工等 告以東風漸起 可以行船 辰時量 三隻船 一體掛帆

十三日 亥時量 直向蔚珍界 風濤大作 不得止泊 以櫓力制船 還泊於平海邱山

浦 下陸 層溟 險濤 得此利涉 莫非王靈攸曁是白矣所 島之地形險夷 山勢起落圖繪以來是白遣 土理沃瘠 民生可居 與島産海錯 一一區別 開錄于後爲白在果 環島千峰 聳于雲霄 壁立如削 疊若圍屛 雖有海岸 而終無藏舟之穩港 是以殉利潛入者 皆齷齪下戶 僅採鰒採藥斫木造船而已 鳥獸 無久居之計 故率結幕樓居 而尙無築室營生之類是白如乎 島之中心地 羅里洞者 山中開野 平蕪沃衍 可居千戶 其餘數三百戶之地 難以枚擧以而地方約可五六十里 桑柘苧楮 不種自生 足以爲一縣之地 今焉 千意之木 叅天蔽日而已 珠厓久捐 誠亦成效是白乎矣 披荆剪棘 難得身帘者是白乎旀

倭人之占幕一隅 積有年所 課日伐木 輸之本國 有若外府然 甚至有立標之擧 適其時 無安龍福其人 任其恣行無憚 然臣於盤詰之際 察其色辭 動輒誘人其辭多慙 是必渠自犯科 非有指使耳 所謂入標 姑不拔去 以爲憑實之計是白乎 乃檢察之前 自來聞曠 猶無綸己 今於檢察之後 若又不問 是無異默許 狡倭之倫斫矣 移書致詰 恐不可已

是白乎旀 松竹于山等島 僑寓諸人 皆以傍近小島 當之 然旣無圖籍之可據又無鄕導之指的 晴明之日 登高遠眺 則千里可窮 以更無一拳石一撮土 則于山指稱鬱陵 卽 如耽羅指稱濟州是白如乎 臣於着島之後 旣步履其高顚 復舟駛其山麓 旬日之間 足跡無所不到 全島形勝 瞭然在目 而惟其拙於文辭 尙多掛漏是白乎旀 緣由馳啓爲白臥乎事 云云

各處商船 春間入島 伐木造船 採得漁麓而去 藥商輩 隨商船而入 結幕採藥 亦隨船而出去是白齊 羅里洞 山上開野 平衍十里 土品肥沃 假使紀墾 可作近千戶民生資活之地 而但水泉伏流 莫可貯水 以今所見 宜田而不宜沓是白遣 其外 大黃土邱尾 · 黑斫之 · 千年浦 · 倭船艙 · 大小苧浦 · 道方廳 · 長斫之 · 谷浦等地 宜田宜沓 無非沃壤可居之地是白齊 有浦口十四處 曰小黃土邱尾 · 大黃土邱尾 · 待風所 · 黑斫之浦 · 千年浦 · 倭船艙 · 大岩浦 · 楮田浦 · 苧浦 · 道方廳 · 長斫之 · 玄浦 · 谷浦 · 桶邱尾 而石角磊落 波濤怒激 且無山麓之庶護

藏抱 每患泊船之不 穩是白齊 土産 紫丹香·梧桐·栢子·冬栢·黃栢·桑木·柿木·厚朴·槐木·槍木·馬柯木·老柯木·朴達木·楮木·苧草·山蔘·麥門冬·黃精·前胡·玄胡索·葳靈仙·百合·獨活·南星·木賊·貫衆·覆盆·山葡萄·春菩·尾實·獮猴桃·烏鳥·鵓鴿·鷹鸇·霍鳥·水牛·海狗·猫鼠·蜈蚣·甘藿·全鰒·海蔘·紅蛤等種 是白齊 周廻 假量爲一百四五十里是白遣 距陸地遠近 則水路浩浩茫茫 莫測里數是白齊.

11일, 산신에 기도를 드렸는데, 사공들이 동풍이 점점 일어나니 배를 띄울 수가 있다고 하여 진시(辰時)쯤 되어서 3척의 선박에 모두 돛대를 달았고, 13일 해시(亥時)쯤에 바로 울진(蔚珍)쪽을 향하였는데 풍랑이 크게 일어 정박할 수 없어 노를 저어 제어하면서 평해 邱山浦에 돌아와 정박하고 육지에 내렸으니, 층계가 진 바다와 험한 파도 속에서도 이와 같이 잘 건넌 것은 역대 임금님의 혼령의 도우심이 아님이 없는 바, 섬 지형의 험난함과 산세의 일어남과 떨어짐은 그림으로 그려왔고, 토지의 비옥 척박과 백성이 살만한 곳 및 섬에서 산출되는 해산물들을 일일이 구별하여 다음에 기록하였거니와 섬을 둘러싼 많은 산봉우리들은 구름 속에 솟아 깎아지른 듯이 벽처럼 서 있고 첩첩한 것은 병풍을 둘러친 것과 같았는데 비록 해안이 있어도 배를 정박해 둘 평온한 항구는 도무지 없었습니다. 이 때문에 이득을 따라 몰래 들어가는 사람들도 모두 악착스러운 하민(下民)들이였고 겨우 복어를 잡거나 약초를 캐거나 나무를 베어 배를 만들 뿐이었습니다. 새나 짐승도 오래 살 계책을 못하는 까닭으로 대충 막을 치고 사는데, 아직 집을 지어서 생활을 영위하는 사람은 없고, 섬의 중심지인 나리동이라는 곳은 산중에 들판이 열려 평평한 초원이 기름져 일천 가호(家戶)는 살 수 있으나 그 나머지는 수 삼 백 호(戶)의 땅도 일일이 예를 들기 어려운데, 지방 약 50~60리가 될 만한 땅에는 뽕나무, 산뽕나무, 모싯풀, 닥나무가 심지 않아도 저절로 생장

하여 족히 한 고을의 땅이 될만합니다. 지금은 일천 길이나 되는 나무들이 하늘을 찌르고 해를 가릴 뿐인데, 아름다운 언덕을 오래 내버려두고 있어 참으로 이러한 효과를 거두고 있지만 가시나무를 베고 풀을 자르는 것은 몸소 실천할 사람을 구하기 어려울 것입니다.

왜인들이 한 모퉁이를 점거하여 막을 친 것은 오랜 시일동안 날마다 벌목하여 본국으로 보내 마치 그들의 변방인 듯하고 심지어 표목을 세운 일까지 있었으니, 그때를 맞아 안용복이라는 자가 없었더라면 그들이 마음대로 행하고 기탄함이 없었을 것입니다. 그러나 신(臣)이 꾸짖어 물을 즈음에 그 표정을 보니까 자칫하면 사람을 속이기는 하나 그 말에는 부끄러워함이 많았으니 이는 반드시 그들이 스스로 범행한 것이지 남의 지시를 따라서 한 것은 아니었습니다. 이른바 표목을 세운 것에 대하여 짐짓 빼어버리지 않은 것은 사실의 징빙으로 삼을 계책이었는데 이번 검찰을 하기 전에는 헛소문만이 내려오고 오히려 자신을 기속하는 것은 없었지마는 지금 검찰을 한 후에 만약 또 불문에 붙인다면 이는 교활한 왜인이 몰래 벌목하는 것을 묵인하는 것과 다름이 없습니다. 문서를 보내 추궁해도 아마 그만두지 않을 것이 두렵습니다.

송도(松島), 죽도(竹島), 우산도(于山島) 등은 우리나라 백성으로 거기 사는 여러 사람들도 모두 근방의 작은 섬이라고 여기고 있고, 그러나 이미 근거할만한 지도도 없고 또 향도할 표적도 없고, 청명한 날이면 높은 곳에 올라가 멀리 바라봄에 일천 리를 바라볼 수 있지만 울릉도 외에 다시 한 주먹의 돌이나 한 움큼의 흙(다른 섬)도 없습니다. 우산도를 울릉도라 칭하는 것은 마치 탐라를 제주도라고 칭하는 것과 같습니다. 신이 울릉도에 도착한 후에 이미 그 높은 산마루까지 걸어 보았고 다시 배를 타고 그 산기슭도 돌아보면서 10일 동안에 발자취가 닿지 않은 곳이 없어 온 섬의 경치가 훤히 눈앞에 있는 듯하오나 다만 문장에 서툴러서 아직도 누락된 것이 많으나 시급히 아뢰어야 할 일에 연유하여 시급히 아뢰는 바입니다.

각처의 상선(商船)은 봄철에 섬에 들어가서 나무를 베어 배를 만들고 고기나 미역을 잡고 따서 떠나고 있으며, 약초 상인들은 상선을 따라 들어왔다가 막을 치고 약초를 캐어 역시 배를 따라 떠납니다. 나리동 산 위에는 들판이 열려 10리나 평평하게 뻗어 있고 토질이 비옥하여 가령 개간을 한다면 근 일천 호수의 백성이 생활을 영위하는 땅이 될 것이나 다만 물이나 샘이 땅속으로 흐르기 때문에 저수할 수 없으므로 지금 본 바로는 밭으로 적당하지 논으로는 적당하지 못하고, 그 밖에 대황토구미, 흑작지, 천년포, 왜선창, 대·소저포, 도방청, 장작지, 곡포 등지는 밭을 해도 좋고 논을 해도 좋은 옥토로서 살만한 곳이 아님이 없습니다. 포구는 열 네 곳이 있는데 소황토구미, 대황토구미, 대풍소, 흑작지포, 천년포, 왜선창, 대암포, 저전포, 저포, 도방청, 장작지, 현포, 곡포, 통구미 등인데 뿔 같이 생긴 바위가 많고 파도가 거칠며 또 산기슭에는 차호(遮護)하고 장포(藏抱)하는 지형이 없어서 항상 배를 안전하게 정박시키지 못함을 걱정하고 있습니다. 토산품으로서는 자단향(紫丹香), 오동(梧桐), 백자(柏子), 동백(冬栢), 황백(黃柏), 뽕나무, 감나무, 후박(厚朴), 회화나무, 노송나무, 마가목(馬柯木), 노가목(老柯木), 박달나무, 닥나무, 모시풀, 산삼, 맥문동(麥門冬), 황정(黃精), 전호(前胡), 현호색(玄胡索), 위령선(葳靈仙), 백합, 당귀, 남성(南星), 속새, 관중(貫衆), 복분(覆盆), 산포도, 춘배(春菩), 이실(尼實), 다래, 까마귀, 비둘기, 매, 곽조(霍鳥), 수우(水牛), 해구(海狗), 고양이, 쥐, 지네, 미역, 전복, 해삼, 홍합 등입니다. 둘레는 1백 40~50리이고 육지와 거리의 멀고 가까움은 물길이 워낙 넓고 아득하여 里數를 측량할 수 없습니다.

(29)『啓本草』(6)

六月初四日 以私禮 復命 初五月 公禮復命 筵說 上曰 遠路數千里 善爲往返

乎 奏曰 臣猥荷鬱島檢察之命 水陸數千里 無事往返 如非 王靈攸曁 何以得此乎 上曰 書啓與別單 旣覽 而水路雖難 仍作閑曠之地 爲難云 畏然乎 奏曰 畏然矣 上曰 地圖亦見之 山上羅里洞 廣則廣矣 但無水 可欠 其中 樹木叅天否 奏曰 羅里洞之山上 別開局面 可謂天府之地 而自山根 無過數帿之地 巨細川流 盡爲伏流 一大欠事 樹木之參天 終日行役 不得見隙光矣 上曰 若設邑 則三四處中 羅里洞可爲之矣 奏曰 於邑於鎭 若設置 則非羅里洞 無可爲之處也 上曰 其洞壑 可容數三百戶處 往往有之云 然乎 奏曰 洞壑之可容一二百戶者可計六七處也 上曰 然則爲妙 奏曰 開拓之後 諸谷都無障海之地是爲欠事 上曰 桑柘楮苧 不種自生 不亦異事乎 奏曰 苧田則蔚茂 爲數日耕之田 而桑柘著屬 間間成林 想是古昔民居時 種植者也 上曰 又楮田何如 奏曰 只有往往叢生矣 上曰 其地若開拓 則民或樂從否 奏曰 船漢藥商等處 試 問之 多有樂從之意 上曰 甚爲幸矣 吾邦人 多入採藥造船乎 奏曰 湖南人最多 全爲造船採藿採鰒 其外 他道人 皆以採藥爲主矣 上曰 倭人立標 謂之松島 不可無信於彼 奏曰 彼狡譎之類 至於立標木 書以松島 松島云者 自前相詰者也 不可無一次公翰於花房義質處 亦不可無致書於日本外務省矣 上曰 以此意 言及於總理大臣及時相許也 以今觀之 不可一時廢棄 雖片土 不可棄也 奏曰 以此傳敎 這這傳諭於總理大臣及時任大臣矣 雖尺寸之地 乃是祖宗疆土 何可等棄乎 上曰 非但通于彼 開拓事 亦速爲 可也 奏曰 至於開拓 欲速而不得 先爲許民 第觀成聚 然後 可以措處矣 上曰 如此好地 何曾棄之 必不知而然矣 奏曰 何可不知乎 但船路不利港口不便故也 上曰 繫船港口 無變通之道否 奏曰 雖欲使力爲之 環島諸浦 無非石确磊落 則不得容易矣 上曰 這是石确磊落之致也 奏曰 然矣.

光緖八年 壬午 六月

日 密州 朴基華 謹誌

下去時陪行營吏 張秉奎 發舡修啓 蔚珍

入島陪行營吏 孫永泰 回泊修啓 平海

上來時陪行營吏 李斗善 別單修啓 平昌

6월 초4일에는 사례(私禮)로 복명(復命)하였으나 초5일에는 공례(公禮)로 복명하여 아뢰었더니 상(上)께서 말씀하시기를,

"먼 길 수천 리에 잘 갔다 왔는가?"

하시여 아뢰기를,

"신(臣)이 외람되게 울릉도검찰사의 직책에 임명되어 수륙 수천 리를 무사히 갔다 온 것은 만약 역대 임금님의 혼령의 도움이 아니었던들 어찌 그렇게 할 수 있었겠습니까?"

하니 상께서 이르시기를,

"계본(啓本)과 덧붙인 글을 이미 보았거니와 비록 물길이 험난하다 할지라도 그대로 비워두기는 어렵다고 했는데 과연 그런가?"

하시여 아뢰기를,

"과연 그렇습니다."

하니 상께서 이르시기를,

"지도(地圖)도 역시 보았지마는 산 위의 나리동(羅里洞)은 넓다면 넓은 곳이나 다만 물이 없는 것이 흠인데 그 중에는 수목이 하늘 높이 솟았던가?"

하시여 아뢰기를,

"나리동의 산 위에는 별도로 국면이 열려있어 하늘이 준 땅이라 할 수 있습니다만 산기슭에서부터 얼마 안 되는 거리에 크고 작은 시내 흐름이 모두 땅 밑으로 새어든 것이 하나의 큰 흠이나, 하늘 높이 솟은 나무는 하루 종일 길을 가도 새어드는 햇빛을 볼 수 없을 정도입니다."

하니 상께서 이르시기를

"만약 고을을 설치한다면 서너 곳 가운데 나리동이 할 만하겠구나."

하시여 아뢰기를,

"읍(邑)이나 진(鎭)을 만약 설치한다면 나리동 이외는 할 만한 곳이 없습니다."

하니 상께서 이르시기를,

"그 골짜기에 수 삼 백 호를 수용할 수 있는 곳이 왕왕 있다고 하였는데 그러한가?"

하시여 아뢰기를,

"골짜기에 1·2백 호를 수용할 수 있는 곳이 6·7곳이 됩니다."

하니 상께서 이르시기를,

"그렇다면 묘한 일이로구나."

하시여 아뢰기를,

"개척한 후에 모든 골짜기에 전혀 바다 바람을 막을 곳이 없는 것이 결점입니다."

하니 상께서 이르시기를,

"뽕나무, 산뽕나무, 닥나무, 모시풀이 심지도 않았는데 자생하고 있다는 것이 또한 이상한 일이 아닌가?"

하시여 아뢰기를,

"모시 밭은 울창하여 며칠 갈이의 밭이고, 뽕나무·닥나무 등속은 간간이 숲을 이루고 있으니 생각건대 옛적에 백성들이 살 적에 종자를 심은 것인가 합니다."

하니 상께서 이르시기를,

"또 닥나무 밭은 어떠하던가?"

하시여 아뢰기를,

"단지 왕왕 총생(叢生)하고 있을 뿐입니다."

하니 상께서 이르시기를,

“그 땅을 만약 개척한다면 백성들이 기꺼이 따르겠는가?”

하시여 아뢰기를,

“뱃사람이나 약상(藥商)들에게 시험삼아 물어보니 기꺼이 따르겠다는 뜻을 많이 가지고 있었습니다.”

하니 상께서 이르시기를,

“매우 다행이다. 우리나라 사람들이 많이 들어가서 약초를 캐거나 배를 만들고 있던가?”

하시여 아뢰기를,

“호남 사람이 가장 많은데 전부 배를 만들거나 미역을 따거나 복어를 잡고 있었으며 그 밖에 다른 도(道) 사람은 모두 약초 캐기를 주로 하고 있었습니다.”

하니 상께서 이르시기를,

“왜인이 표목(標木)을 세워 송도(松島)라고 하고 있다는데 저들에게 말하지 않을 수가 없구나.”

하시여 아뢰기를,

“저들은 교활하고 거짓된 무리여서 표목을 세워 송도라고 쓰기에 이르렀는데 송도라고 말하는 것은 종전부터 양국이 서로 힐난하던 것이었으니, 일차로 花房義質에게 공한을 보내지 않을 수 없고 또한 일본 외무성에도 서한을 보내지 않을 수 없습니다.”

하니 상께서 이르시기를,

“이런 뜻으로 총리대신과 현임 대신들에게 언급하도록 하라. 지금으로 본다면 일시라도 폐기할 수 없다. 비록 한 조각의 땅이라도 버려서는 아니 된다.”

하시여 아뢰기를,

"이와 같이 전교(傳敎) 하시고 총리대신과 현임 대신들에게 이러이러하게 하라고 이르셔야 합니다. 비록 한 자 한 치의 땅이라도 이는 바로 조종(祖宗)의 강토이니 어찌 등한히 버리겠습니까?"

하니 상께서 이르시기를,

"단지 저들에게 통고만 할 것이 아니라 개척하는 일도 또한 속히 하는 것이 좋다."

하시여 아뢰기를,

"개척하는 일에 이르러서는 속히 하려고 해도 되지 않을 것이오니 우선 백성들에게 허락하여 취락을 이루는 것을 본 연후에 조처할 수 있을 것입니다."

하니 상께서 이르시기를,

"이와 같이 좋은 땅을 어찌 일찍이 버려 두었던가? 반드시 모르고 그랬을 것이야."

하시여 아뢰기를,

"어찌 몰랐겠습니까? 다만 뱃길이 불리하고 항구가 불편했기 때문입니다."

하니 상께서 이르시기를,

"배를 계류시킬 항구를 우선 마련할 도리는 없을까?"

하시여 아뢰기를,

"비록 힘써 하고자 하더라도 섬을 둘러싼 여러 포구가 뾰족한 바위와 돌무더기가 아닌 곳이 없으니 용이하지 않을 것입니다."

하니 상께서 이르시기를,

"이는 뾰족한 바위와 돌무더기 때문에 그렇게 된다는 것인가?"

하시여 아뢰기를,

"그렇습니다."

라고 하였습니다.

광서(光緖) 8년(1882년) 임오년 6월 일

필주(密州) 박기화(朴基華) 삼가 기록함

내려갈 때 배행(陪行)했던 영사(營吏) 장병규(張秉奎)는 울진에서 출항할 때 계본을 쓰고

섬에 들어가서 배행했던 영사 송영태(孫永泰)는 평해에 돌아와서 계본을 쓰고

올라올 때 배행했던 영사 이두선(李斗善)은 평창에서 별단(別單) 문서를 썼음

해설 요점

이 자료는 이규원이 1881년(고종 18년, 신사년) 음력 5월 23일 울릉도검찰사에 임명된 후, 다음 해인 1882년 4월 7일 국왕을 알현하여 인사를 올리고 구체적 명령을 받은 다음 서울을 출발하여 울릉도를 조사 검찰하고 돌아와서 1882년 6월에 국왕에게 올린 조사 보고서의 초고본이다.

울릉도검찰사 이규원은 1882년 4월 10일 서울을 출발해서, 20일에 평해군에 도착하여 6일간 머물면서 항해할 준비를 한 후 27일부터 출발항구인 구산포에서 순풍을 기다리다가, 29일에 순풍을 맞이해서 울릉도를 향해 출발하였다. 이규원 검찰사 일행은 검찰사 이규원, 중추부도사 심의완, 군관 출신 서상학, 전 수문장 고종팔, 화원 유연호와 관속·사공 등이 82명, 포수(사격수) 20명 등 107명으로 구성된 대규모 조사단이었다. 그들은 선박 3척에 나누어 타고 울릉도를 향하였다.

검찰사 일행은 4월 30일 유시(酉時 : 오후 6~8시)에 울릉도의 소황토구미에 도착하였다. 그들은 해변에 막사를 치고 유숙하였는데, 이곳에는 전라도 흥양의 삼도에 사는 김재근이라는 사람이 뱃군 23명을 데리고 와서 한

편으로 선박을 만들면서 미역을 채취하고 있었다. 검찰사 일행은 5월 2일에는 고개를 넘어 대황토구미에 도착하여 일대를 조사하였다. 옛사람들이 만든 고인돌(支石墓)을 다수 발견했으며, 평해의 선상(船商)인 최성서가 뱃군 13명을 데리고 들어와 막을 치고 살고 있었고, 경주에서 온 7명이 약초를 캐고 있었으며, 연일에서 온 2명이 대나무를 베고 있었다고 보고하였다.

5월 3일 검찰사 일행이 천년포를 거쳐 일본인들이 드나든다는 선창에 도착하니 전라도 낙안의 선상인 이경칠이 뱃군 20명, 전라도 흥해 초도의 주민 김근서가 뱃군 19명을 데리고 각각 막을 치고 배를 만들고 있었다.

검찰사 일행은 홍문가라는 고개를 넘으니 오방(午方) 정남방을 중심으로 15도 각도의 안으로 나리동이라는 울릉도의 중심지가 있어 들어갔다. 나리동은 길이는 10리가 넘고 너비는 8~9리가 되는 넓은 지역이었으며, 주위는 여러 산봉우리들로 첩첩이 둘러싸여 있어서 하나의 성곽을 이룬 것처럼 되어 있는데, 홍문가의 집입로 관문을 소수의 병력으로 지키면 일만 군사로도 열 수 없는 요새의 지형으로 되어 있었다.

검찰사 일행은 5월 4일에는 울릉도의 최고봉인 성인봉에 올랐다. 14개의 봉우리들이 우뚝하게 줄지어서서 나리동 한 동리를 둘러싸고 있는 것을 보니 하늘이 감추어 둔 별천지처럼 보였다.

검찰사 일행은 동쪽으로 10여 리를 내려오다가 초막이 하나 있어 들렀더니 경상도 함양에서 온 전석규라는 사람이 약초를 캐고 있었다. 전(全)은 10년 동안 울릉도에 들어와 있었으므로 섬에 익숙할 뿐만 아니라 백성들이 살만한 지역과 토산물에 대해서도 많은 것을 알고 있어서 많은 이야기를 나누었다고 보고하고 있다.

검찰사 일행이 5월 5일 하나의 큰 고개를 넘어 도방청 포구에 도착하니 일본 선박 1척과 일본인의 판막(板幕)이 있었다. 일본인들을 찾으니 6·7명이 나오므로 그들과 필담으로 실태를 조사하였다. 일본인들은 주로 동해도

(東海道), 남해도(南海道), 산양도(山陽道) 사람들로 2년 전부터 처음 울릉도 벌목에 종사했으며, 금년에는 4월에 울릉도에 들어와서 벌목일에 종사하고 있다고 하였다. 일을 주관하는 두목은 남포규곡(南浦槻谷)에 가있다고 하여 불렀으나, 오지 않아서 두목을 만나지는 못했지만 글을 아는 일본인들과 실태를 알게 되었다. 일본인들은 울릉도가 조선 영토임을 잘 알지 못하고 있었으며, 자기나라 송도(松島)라고 응답하기도 하였다. 이 섬이 조선 울릉도임을 알려주고 남의 나라 땅에 들어와 있다고 경고했더니, 두목에게 말하고 물어달라고 했으며, 남포규곡에는 이 섬이 일본의 송도라고 쓴 표목이 있다고 응답하였다. 더 캐어 물으니 2년 전에 이 곳에 처음 와서 보았는데, 메이지 2년(1869년) 2월 13일에 암기충조(岩崎忠照)가 세운 것이라고 쓴 것을 보았다고 하였다. 울릉도에 들어와 있는 일본인의 총수는 두 곳의 막을 친 일꾼을 합하면 모두 78명이라고 하였다. 울릉도에 불법 입도한 것임을 알려주고 돌아가라고 말하니 금년 양력 8월(음력 7월) 일본으로부터, 선박이 온 후에 돌아갈 것이라고 했으며, 채벌한 재목의 사용처는 본국에 있는 주인만이 안다고 응답했다고 보고하였다.

검찰사 일행이 일본인 막사를 나와서 바닷가로 내려오니 전라도 흥양 삼도의 주민 이경화가 뱃군 13명을 데리고 미역을 채취하고 있었다. 장작지포구[이른바 일본인이 말한 남포(南浦)]에 도착하니 전라도 흥해 초도의 주민 김내언이 뱃군 12명을 데리고 막을 치고 선박을 만들고 있었다.

검찰사 일행이 5월 6일 장작지포구에서 통구미로 향하니 해변의 돌길 위에 과연 표목이 하나 세워져 있는데, 길이는 6척이고 너비는 1척이며, 거기에 '大日本國 松島 槻谷 明治二年二月十三日 岩崎忠照 建之(대일본국 송도 규곡, 메이지 2년 2월 13일 암기충조 세움)'이라고 씌어 있었다.

검찰사 일행은 하나의 큰 고개를 넘어 섬 안으로 들어갔다가 길을 잃고 종일 헤매었다. 간신히 통구미 포구에 도착하니, 전라도 흥양 초도 주민 김내윤이 격졸 22명을 데리고 막을 치고 배를 만들고 있었다.

검찰사 일행은 5월 7일에는 각포(各浦)를 답사했고, 5월 8일에는 원래의 정박지인 소황토구미(小黃土邱尾)로 돌아왔다. 검찰사 일행은 5월 9일은 작은 배를 타고 해안을 따라 대황토구미, 대풍구미, 흑작지, 왜인 선창 등을 지나면서 관찰하였는데, 마늘 모양의 산봉(蒜峰)을 비롯하여 기암절벽이 참으로 절경이었다. 선판구미의 남쪽 바닷가에는 2개의 작은 섬이 있어서 하나는 죽도(대섬)라고 하고 다른 하나는 도항(島項)이라고 하는데 대나무만 무더기로 있을 뿐이었다.

검찰사 일행은 5월 10일에도 배를 타고 해안 관찰을 계속하여 도방청, 장작지, 통구미, 흑포, 사태구미, 산막동 등의 포구를 지나면서 해안을 관찰하고 소황토구미로 돌아왔다.

검찰사 일행은 5월 11일부터 울릉도를 출발하여 강원도 평해의 구산포에 돌아왔다. 울릉도의 지형을 그림으로 그려왔고 울릉도의 간단한 특징도 요약하여 기록하였다.

검찰사 일행의 견해에 의하면, 당시 울릉도에 장기 거주하는 사람은 없다. 울릉도에 사람이 살 수 있는 곳은 섬의 중심지인 나리동이 기름지고 평평한 초원이어서 약 1천 호를 거주시킬 수 있고, 그 밖에 수백 호씩 거주시킬 수 있는 곳은 여러 곳에 다수 있다. 나리동은 다만 물이나 샘이 땅 속으로 흐르기 때문에 저수할 수가 없으므로 논보다는 밭으로 개간하는 것이 적당하다고 본다. 그밖에 대황토구미, 대풍소, 흑작지포, 천년포, 왜선창, 대저포, 소저포, 도방청, 장작지, 곡포 등지는 밭이나 논의 어느 쪽으로도 개간할 수 있다. 포구는 열 네 곳이 있는데, 소황토구미, 대황토구미, 대풍소, 흑작지포, 천년포, 왜선창, 대암포, 저전포(楮田浦), 저포, 도방청, 장작지, 현포, 통구미 등이다. 뿔같이 생긴 바위가 많고 파도가 거칠며 파도를 차단하는 지형이 없어서 배를 항상 안전하게 정박시킬 수 있는 좋은 포구가 없는 것이 결함이다.

송도, 죽도, 우산도 등은 모두 우리나라 사람이 사는 여러 이름이라고 본다. 우리나라 사람들은 대개 봄철에 울릉도에 들어가서 나무를 베어 배를 만들고 고기나 미역을 잡고 따서 그 배에 실고 떠난다. 약초 상인들은 상선을 따라 들어왔다가 막을 치고 약초를 캔 후 역시 배를 따라 떠난다.

일본인들이 울릉도의 한 모퉁이를 점거하여 막을 친 것은 오랜 것 같으며 표목을 세운 일까지 있으니, 일찍이 안용복이 없었으면 그들의 마음대로 행함이 기탄이 없었을 것이다. 그들이 표목을 베어버리지 않은 것은 증빙으로 삼을 계책으로 보였는데, 지금 검찰사가 다녀온 후에도 불문에 붙인다면 교활한 왜인의 도벌을 묵인하는 것과 다름없이 될 터이니 일본 측에 문서를 보내어 추궁해야 하며, 추궁해도 그만두지 않을 것이 두렵다. 검찰사 일행은 이 밖에 울릉도의 토산품의 이름을 상세하게 보고하였다. 울릉도의 둘레는 140~150리이고, 육지로부터의 거리는 물길이 넓고 풍랑에 시달리어 리수(里數)를 측량할 수 없었다고 보고되었다.

울릉도검찰사 이규원은 귀환한 후 6월 4일 국왕에게 우선 사례(私禮)로 복명(復命)하고, 이튿날인 6월 5일에는 공례(公禮)로서 국왕에 복명한 것을 초록하였다. 울릉도검찰사 이규원이 6월 5일 국왕에게 공식적으로 복명했더니, 국왕은 설읍설진(設邑設鎭)하기 위한 곳으로 나리동에 큰 관심을 보였다. 또한 나리동 이외에 사람을 거주시킬 수 있는 지역으로는 골짜기에 1~2백 호를 거주시킬 수 있는 곳이 6~7곳이 된다고 검찰사는 아뢰었다. 국왕이 모시밭·뽕나무·닥나무 등속이 숲을 이루고 있는 원인을 물음에 검찰사는 그것들이 모두 옛날에 백성들이 울릉도에 거주할 때 종자를 심은 것이 자라서 남은 것이라고 대답하였다.

국왕은 울릉도 재개척에 큰 열의를 갖고, 백성들이 울릉도에의 이주에 응할 것인가를 묻자, 검찰사는 약상(藥商)들에게 시험 삼아 물어보았더니 이주하겠다는 응답이었다고 아뢰었다. 또한 울릉도에 들어온 사람들은 호남 사람이 가장 많은데 전부 배를 만들거나 미역을 따거나 복어를 잡고 있었으며, 그 밖에 다른 도(道) 사람들은 주로 약초를 캐고 있었다고 보고하였다.

일본인이 세운 일본국 송도와 표목에 대해서는 국왕도 주한 일본공사에게 항의해야겠다고 지적하고, 검찰사도 일본공사와 일본 외무성에 항의 공한을 보내야 한다고 역설하였다. 조상이 남겨준 땅은 일시라도 한 조각도 폐기할 수 없다고 군신(君臣)이 모두 완전히 합의하고 있다.

국왕은 울릉도 재개척과 주민 이주를 즉각 실행하고자 열의를 보이고 있으며, 검찰사 이규원은 울릉도에 적당한 항구가 없는 것을 아뢰어 걱정하고 있다. 끝에는 검찰사의 지시에 따라 이 『계본초(啓本草)』를 작성한 실무자의 이름이 기록되어 있다. 1881년경의 울릉도 실태를 이해하는데 매우 중요한 자료이다. (중권, 본문 70~83쪽 참조)

6) 『승정원일기』 기사(2)

(30) 『承政院日記』 高宗 19年(1882년) 6月 初5日條

上曰 史官分左右 仍命檢察使進前. 奎遠進. 上曰 遠路數千里 善爲往返乎. 奎遠曰 臣猥荷鬱陵島檢察之命 水陸數千餘里 無事往返 如非玉靈攸曁 何以得此乎. 上曰 書契與別單 旣覽之 而水路雖難仍作閑曠之地爲難云 果然乎. 奎遠曰 果然矣. 上曰 地圖亦見之. 山上羅里洞 廣則廣矣 但無水可缺 其中樹木叅天否. 奎遠曰 羅里洞山上 別開局面 可謂天府之地 而自山根 無過數帿之地 巨細川流 盡爲伏流 一大欠事 樹木叅天 終日行役 不見隙光矣. 上曰 若設邑則三四處中 羅里洞可爲之矣. 奎遠曰 於鎭於邑 若設置則 非羅里洞 莫可也. 上曰 其洞壑 可容數三百戶處 往往有之云 然乎. 奎遠曰 洞壑之可容一二百

戶者 可計六七處也. 上曰 然則爲妙. 奎遠曰 開拓後諸谷 都無障海之地 是爲걸事. 上曰 桑柘楮苧 不種自生 不亦異事乎. 奎遠曰 苧田則鬱茂 爲十數日耕之田 而桑柘楮屬 間間成林 想是古昔民居時種植者也. 上曰 又楮田何如. 奎遠曰 只有往往叢生矣. 上曰 其地若開拓 則民可樂從否. 奎遠曰 船漢藥商等處 試問之 多有樂從之意. 上曰 甚可幸也. 吾邦人 多入採藥造船乎. 奎遠曰 湖南人最多 全爲造船採藿採鰒 其外他道人 皆以採藥爲主矣. 上曰 日人立標謂之松島 不可無言於彼. 奎遠曰 彼狡譎之類 至於立標木 書以松島 松島云者 自前相詰者也 不可無一次公翰於花房義質處 亦不可無致書於日本外務省矣. 上曰 以此意 言於總理大臣及時相許也. 以今觀之 不可一時廢棄 雖片 土不可棄也. 奎遠曰 以此傳敎 這這傳諭於總理大臣及時任大臣矣. 雖尺寸之地乃是祖宗疆土 何可等棄乎. 上曰 非但通于彼 開拓事 亦速爲可也. 奎遠曰 至於開拓 欲速而不得 先爲許民 第觀成聚然後 可以措處矣. 上曰 如此好地 何曾棄之 必不知而然矣. 奎遠曰 何可不知乎. 但船路不利 港口不便故也. 上曰 繫船港口 無變通之道否. 奎遠曰 雖欲使力爲之 環島諸浦 無非石确磊落 則不得容易矣. 上曰 這是石确之致也. 奎遠曰 然矣.

왕께서 가로되, 사관(史官)을 좌우에 나누어 앉게 하고 검찰사를 들라 하여라. 이규원이 나아가 뵈었다.

왕께서 가로되,

"먼 길 수천 리에 잘 다녀 왔느냐."

이규원이 아뢰되,

"신이 외람되이 울릉도검찰사의 명을 지고 수륙 수천여 리를 무사히 다녀온 것은 전하의 귀하신 마음이 멀리 보살펴 주신 덕분이 아니오면 어찌 이렇게 할 수 있었겠습니까?"

왕께서 가로되,

"서계(書契)와 별단(別單)은 이미 읽었다. 수로는 비록 어렵다 할지라도 한광지(閑曠地 : 미개간지)를 개간함도 어렵다고 했는데 과연 그러한가?"

이규원이 아뢰되,

"과연 그러합니다."

왕께서 가로되,

"지도 역시 보았다. 산 위의 나리동(羅里洞)은 넓다면 넓은데 단지 물이 없음이 결점이다. 그중에 나무들은 하늘로 울창하게 늘어섰더냐 어떠냐?"

이규원이 아뢰되,

"나리동 산 위는 별도의 국면(局面)이 열려있어 가히 천부(天符)의 땅이라고 말할만 합니다. 산뿌리로부터는 과녁이 될만한 땅이 몇 개 없으며 크고 작은 시내가 흐르지만 모두 복류(伏流)인 것이 큰 결함입니다. 수목은 하늘로 솟아 울창하게 늘어섰는데 종일 걸어도 틈 사이로 햇빛을 볼 수 없을 정도입니다."

왕께서 가로되,

"만약 설읍(設邑)을 한다면 서너 곳 중 나리동이 가한 곳이겠구나."

이규원이 아뢰되,

"진(鎭)이나 읍(邑)을 설치(設置)하려면 나리동이 아니면 안될 것입니다."

왕께서 가로되,

"그 동(洞)의 골이 3백 호를 가히 용납할 수 있는 곳이 있다고 왕왕 말하는데, 어떠냐?"

이규원이 아뢰되,

"동의 골이 1~2백 호를 용납할 수 있는 곳이 합하면 6~7처 있다고 할 수 있습니다."

왕께서 가로되,

"그렇다면 상당히 좋다."

이규원이 아뢰되,

"개척 후에 여러 골들이 모두 바닷바람을 가릴 것이 없는 땅인데, 이것이 결함입니다."

왕께서 가로되,

"뽕나무와 산뽕나무와 닥나무와 도토리나무가 씨를 뿌리지 않았어도 자생한다는데 이 역시 이상한 일이 아니냐?"

이규원이 아뢰되,

"도토리나무 밭은 울창하여 십 수일 경(耕)의 밭을 이루고 있습니다. 뽕나무, 산뽕나무, 닥나무 등의 종류는 간간이 수풀을 이루고 있는데, 옛날에 사람들이 살 때에 심어 놓은 것이라고 생각됩니다."

왕께서 가로되,

"또한 닥나무 밭은 어떠하더냐?"

이규원이 아뢰되,

"단지 왕왕 밀집해 자라고 있을 뿐입니다."

왕께서 가로되,

"그 땅을 만약 개척한다면, 백성들이 즐거이 따를 것 같으냐, 어떠냐?"

이규원이 아뢰되,

"뱃꾼들과 한약상들에게 시험 삼아 물어본 즉 즐거이 따를 것이라는 의견을 가진 사람이 많았습니다."

왕께서 가로되,

"매우 다행한 일이다. 우리나라 사람들이 많이 들어가 약초를 채취하고 배를 짓고 있더냐?"

이규원이 아뢰되,

"호남 사람들이 가장 많았는데, 모두 배를 만들고 미역과 전복을 채취하고 있었습니다. 그 밖에 다른 도 사람들은 모두 약초 채취를 주로 하고 있었습니다."

왕께서 가로되,

"일본인이 표목을 세우고 '송도(松島)'라고 한 것은 저들에게 말을 하지 않으면 안될 것이다."

이규원이 아뢰되,

"저 교활한 무리들이 표목을 세우고 '송도'라고 쓰기에 이르렀습니다. '송도' 운운한 것은 이전부터 서로 힐문한 바가 있었습니다. 〈일본공사〉 花房義質에게 일차 공한을 보내지 않아서는 안될 것이며, 또한 일본 외무성에도 문서를 보내지 않으면 안될 것입니다."

왕께서 가로되,

"이 뜻을 총리대신 및 현임대신에게 발하겠다. 이제로써 이를 보면 일시라도 폐기하는 것은 불가하고, 비록 한 조각의 땅이라도 버리는 것은 불가한 것이다."

이규원이 아뢰되,

"이로써 전교를 내리시고 총리대신과 현임 대신에게 이렇게 유시를 전하소서. 비록 한 자 한 치의 땅이라도 곧 조종(祖宗)의 강토이니 어찌 가히 버리겠습니까?"

왕께서 가로되,

"비단 저들에게 통고할 뿐만 아니라, 개척하는 일을 또한 속히 하는 것이 가하다."

이규원이 아뢰되,

"개척에 이르러서는 속히 하고자 하면 얻을 수 없습니다. 먼저 백성들에게 〈이주를〉 허락하여 모이는 것을 관찰한 연후에 가히 써 조처할 수 있을 것입니다."

왕께서 가로되,

"이와 같이 좋은 땅을 어찌 일찍이 버렸을까? 반드시 알지 못하고 그렇게 했을 것이다."

이규원이 아뢰되,

"어찌 알지 못했겠습니까? 단, 뱃길이 이롭지 못하고 항구가 불편한 때문이었을 것입니다."

왕께서 가로되,

"배를 대일 항구를 변통할 길은 없겠느냐, 어떠냐?"

이규원이 아뢰되,

"비록 제가 힘을 다하여 그렇게 하고자 했으나 섬을 다 돌아도 여러 나루들이 돌자갈과 바윗돌이 없는 곳은 용이하게 얻을 수가 없었습니다."

왕께서 가로되,

"그렇게 돌바위들이 널려있구나."

이규원이 아뢰되,

"그러하옵니다."

해설 요점

『승정원일기』의 이 자료는 울릉도검찰사 이규원이 울릉도를 검찰하고 돌아와서 서계와 별단을 먼저 올려 복명한 후에 국왕에게 무사히 돌아온 인사를 올리려 알현해서 나눈 문답의 일기이다.

이 자료에서 볼 수 있는 바와 같이 국왕은 울릉도 개척을 매우 서둘렀으며 개척에 적극적이었다. 이에 비하여 검찰사 이규원은 상대적으로 국왕보다는 소극적이었다. 이규원이 이 자리에서 국왕에게 건의한 주요 사항은 ① 설읍설진을 하는 경우에 나리동이 가장 적합한 곳이고, ② 1~2백 호의 마을을 만들 수 있는 곳은 울릉도 전체에 6~7처가 있으며, ③ 일본인이 울릉도에 '일본국 송도'라는 표목을 세운 일에 대해서는 주조선 일본공사 花房義質과 일본 외무성에 항의문서를 발송해야 하고, ④ 울릉도 개척은 속히 하고자 하면 실패하니 먼저 백성들의 이주를 허락하여 점진적으로 자연스럽게 취락부터 이루게 하는 것이 좋고, ⑤ 물이 부족하고 선박을 정박시킬 항구가 없는 것이 큰 결함이라는 것이었다.

그러나 국왕 고종은 이러한 건의에도 불구하고 국가 정책으로서 울릉도 개척을 조속히 단행하고자 하는 열의에 넘쳐 있음을 이 자료는 잘 알려주고 있다.

(중권, 본문 70~83쪽 참조)

7) 『고종실록』 기사(2)

(31) 『高宗實錄』 高宗 19年(1882년) 6月 5日(己未)條

召見鬱陵島檢察使李奎遠 復命也. 教曰 書契與別單 既覽之 地圖亦見之 山上羅里洞. 廣則廣矣. 但無水可欠 其中樹木參天否. 奎遠曰 羅里洞山上 別開局面 可謂天府之地 而自山根 無過數帿之地 巨細川流 盡爲伏流 一大欠事 樹木參天 終日行役 不見隙光矣. 教曰 若設邑則三四處中 羅里洞可爲之矣. 奎遠曰 於鎭於邑 若設置則非羅里洞 莫可也. 教曰 其洞壑 可容數三百戶處 往往有之云 然乎. 奎遠曰 洞壑之可容一二百戶者 可計六七處 而開拓後 諸谷都無障海之地 是爲欠事. 教曰 桑柘楮苧 不種自生 不亦異事乎. 奎遠曰 苧田則蔚茂爲十數日耕 而桑柘楮屬 間間成林 想是古昔民居時種植者也. 教曰 其地若開拓 則民可樂從否. 奎遠曰 船漢藥商等處試問之 多有樂從之意. 教曰 吾邦人多入去 采藥造船乎. 奎遠曰 湖南人最多. 全爲造船採藿採鰒 其外他道人皆以采藥爲主矣. 教曰 日人立標 謂之松島 不可無言於彼. 奎遠曰 彼立標木書以松島 松島云者 自前相語者也. 不可無一次公幹於花房義質處 亦不可無

致書於日本外務省矣. 教曰 以此意言於總理大臣及時相也 以今觀之 不可一時等棄 雖片土 不可棄也. 奎遠曰 以此傳敎 這這傳諭於總理大臣及時任大臣矣 雖尺寸之地 乃是祖宗疆土 何可等棄乎. 教曰 非但通于彼 開拓事 亦速爲之可也. 奎遠曰 至於開拓 欲速則不可 第先許民入居 觀其成聚然後 可以措處矣. 教曰 繫船口 無變通之首否. 奎遠曰 環島諸浦 無非石磵 着手實不容易矣.

울릉도검찰사(鬱陵島檢察使) 이규원(李奎遠)을 소견하였다. 복명하였기 때문이다. 하교하기를,

"서계(書契)와 별단(別單)은 이미 읽어 보았고 지도(地圖)도 역시 보았다. 산 위에 있는 나리동(羅里洞)이 넓기는 넓다. 그러나 물이 없는 것이 결함이다. 그 속에 나무들이 하늘을 찌를 듯이 꽉 들어서지 않았던가?"라고 하였다.

이규원이 아뢰기를, "나리동 산 위에 따로 넓은 평지가 펼쳐져 있어 이른바 비옥하고 살기 좋은 곳이라 말할 수 있습니다. 그러나 산뿌리로 얼마 멀지 않은 곳에 있는 크고 작은 냇물들의 흐름이 모두 땅속으로 스며들어 흐르는 것이 가장 큰 결함입니다. 나무들이 하늘을 찌를 듯이 꽉 들어서서 종일 걸어도 햇빛을 한 점도 쳐다볼 수 없었습니다."

라고 하였다. 하교하기를,

"만일 고을을 설치한다면 3~4개 곳 중에서도 나리동이 가능할 것이다."

라고 하니 이규원이 아뢰기를,

"진이나 읍을 설치하자면 나리동이 아니고는 할 수 없습니다."

라고 하였다. 하교하기를,

"그 골짜기 안에 한 3백 호 가량 들어앉을 곳은 드물다고 하는데 과연 그러하던가?"

라고 하니 이규원이 아뢰기를,

"골짜기 안에 1백~2백 호 가량 들어앉을 만한 곳은 7~8개가 안 됩니다. 그런데 개척한 후 여러 골짜기에 바다를 막을 곳이 없는 것이 결함입니다."

라고 하였다. 하교하기를,

"뽕나무 · 산뽕나무 · 닥나무 · 모시풀은 심지 않았는데도 저절로 자라나고 있으니 이상한 일이 아닌가."

라고 하니 이규원이 아뢰기를,

"무성한 모시풀 밭은 수십 이랑이나 되었으며 뽕나무 · 산뽕나무 · 닥나무 같은 것이 사이사이 산림을 이룬 것으로 보아 옛날 백성들이 살 적에 심어놓은 것 같습니다."

라고 하였다. 하교하기를,

"그곳을 개척하면 백성들이 들어가 살려고 하겠는가?"

라고 하니 이규원이 아뢰기를,

"뱃군과 약재 상인들에게 시험삼아 물어보니 들어가 살고 싶어하는 사람이 많았습니다."

라고 하였다. 하교하기를,

"우리나라 사람이 많이 들어가 약재도 캐고 배도 만들던가?"

라고 하니 이규원이 아뢰기를,

"호남(湖南) 사람들이 제일 많았습니다. 전부 다 배를 만들거나 미역과 전복을 따는 일들을 하였으며 그 밖의 다른 도(道)의 사람들은 모두 약재를 캐는 일을 위주로 하였습니다."

라고 하였다. 하교하기를,

"일본 사람들이 푯말을 박아놓고 송도(松島)라 한다는데 그들에게 말해주지 않을 수 없다."

라고 하니 이규원이 아뢰기를,

“그들이 세워놓은 푯말에는 송도(松島)라고 하였습니다. 송도라 한 데 대해서는 이전부터 서로 말다툼이 있었습니다. 그러니 한번 화방의질(花房義質, 하나부사 요시타다)에게 공문을 내지 않을 수 없으며 또한 일본 외무성(外務省)에 편지를 보내지 않을 수 없습니다.”

라고 하였다. 하교하기를,

“이 내용을 총리대신(總理大臣)과 현임 재상들에게 이야기하여 줄 것이다. 지금 형편으로 보아서는 단 한시라도 등한히 내버려둘 수 없고 한 조각의 땅이라도 버릴 수 없다.”

라고 하였다. 이규원이 아뢰기를,

“이 하명을 일일이 총리대신과 현임 대신들에게 알려주겠습니다. 설사 한치의 땅이라도 그것은 바로 조상들의 강토인데 어떻게 등한히 내버려둘 수 있겠습니까.”

라고 하였다. 하교하기를,

“일본 사람에게 통지할 뿐만 아니라 개척하는 일도 속히 손을 쓰는 것이 좋겠다.”

라고 하였다. 이규원이 아뢰기를,

“빨리 개척하자면 그저 백성들만 먼저 들어가 살게 할 수는 없습니다. 모여드는 것을 본 다음이라야 조치를 취할 수 있는 것입니다.”

라고 하였다. 하교하기를,

“배를 맬 부두는 변통할 길이 없던가?”

라고 하니 이규원이 아뢰기를,

“온 섬에 둘러있는 여러 포구는 돌이 깔리지 않은 데가 없으므로 실로 손대기 쉽지 않습니다.”

라고 하였다.

(32)『高宗實錄』高宗 19年(1882년) 6月 16日(庚寅)條

三軍府啓 鬱陵島檢察使李奎遠 以日本人結幕一隅 稱以松島 所木立標 啓請移書詰責事 有旨令三軍府稟處矣. 以日本人之侵斫此島樹木 自其國禁止之意 已有文字 而今於檢察之行 目見其猶復自如 則不得不更申前意 永杜此弊令文任撰送書契何如. 允之.

삼군부(三軍府)에서 아뢰었다.

"울릉도검찰사(鬱陵島檢察使) 이규원(李奎遠)은 일본 사람들이 한쪽 구석에 막을 치고는 송도(松島)라 칭하면서 나무 푯말을 세웠으니 공문을 띄워 힐책할 일에 대하여 교지(敎旨)를 받아 삼군부로 하여금 품처(稟處)케 해 달라고 계청(啓請)하였습니다. 일본인들이 이 섬에 들이닥쳐 나무 찍는 것을 그 나라에서 금지시키라는 내용에 대해서는 이미 공문을 보냈습니다. 그런데 이번에 검찰사(檢察使)가 직접 가보니 그전과 다름없다고 하니 부득이 저번의 글내용을 다시 강조하여 이 폐단을 영영 막아버려야 하겠습니다. 대제학(大提學) 등 문임(文任)으로 하여금 문건을 만들어 보내게 하는 것이 어떻겠습니까."

하니 윤허하였다.

(33)『高宗實錄』高宗 19年(1882년) 7月 10日(甲午)條

初十日. 三軍府啓 以鬱陵島檢察使李奎遠書啓 令三軍府稟處事命下矣. 以日本人之侵斫此島樹木 自其國禁止之意 已有文字. 而今於檢察之行 目見其猶復自如 則不得不更申前意 永杜此弊. 令文任撰送書契何如. 允之.

삼군부(三軍府)에서 아뢰기를,

"울릉도검찰사(鬱陵島檢察使) 이규원(李奎遠)의 서계(書啓)에 대해 삼군부(三軍府)로 하여금 품처(稟處)케 하라고 하명하였습니다. 일본 사람들이 침입하여 이 섬의 나무를 찍는 문제와 관련하여 그 나라에서 금지시켜 달라는 뜻으로 벌써 공문을 보냈습니다. 그런데 이번에 검찰사(檢察使)가 가서 목격해보니 그들이 전과 다름없이 행동하고 있다고 하니 종전의 내용을 다시 강조하여 이 폐단을 영원히 막아버리지 않을 수 없습니다. 제학(提學) 등 문임(文任)으로 하여금 문건(書契)을 만들어 보내게 하는 것이 어떻겠습니까."

하니 윤허하였다.

(34)『高宗實錄』高宗 19年(1882년) 8月 20日(癸酉)條

次對. 領議政洪淳穆曰. (…) 向來檢察使復命時 鬱陵島地圖與書契 伏想已經乙覽. 而此島僻在海中 天荒一區 聞是沃腴之地 爲先募民起墾 五年後定稅 則自至漸成聚落. 且兩南漕船 許令來此 取材而造之 人叢亦當繁集 此爲及今可圖者也. 然若管領無人 雜弊難防 其勤實幹事者 問議於檢察使 姑以島長差送 創立制置規模 豫講他日設鎭之意 分付道臣何如. 允之.

차대(次對)를 하였다. 영의정(領議政) 홍순목(洪淳穆)이 아뢰기를,

"(…) 전번에 검찰사(檢察使)가 복명(復命)할 때에 올린 울릉도(鬱陵島)의 지도와 서계(書契)는 이미 다 보았을 것이라고 생각됩니다. 이 섬은 바다 가운데 외로이 떨어져있는 하나의 미개척지로서, 듣자니 땅이 비옥하다고 합니다. 우선 백성을 모집해다가 밭을 일구고 5년 후에 가서 조세를 물리면 스스로 점차 취락(聚落)을 이루게 될 것입니다. 그리고 영남(嶺南)과 호남(湖南)의 조운선(漕運船)들이 여기에 가서 재목을 베서 배를 만들도록 허락한다면 사람들이 번성하게 모여들 것입니다. 이것은 오늘날에 가히 해볼 만한 일입니다. 그러나 만일 관할하는 사람이 없으면 잡다한 폐단을 막기 어려울 것이니 성실하고 일에 능한 사람을 검찰사에게 문의하여 우선 섬의 장

관으로 임명해 보내어, 규율과 질서를 세우고 그 제도를 새로 만들도록 하여 다른 날 진(鎭)을 설치할 뜻을 미리 강론해서 감사(監司)에게 분부하는 것이 어떻겠습니까."

하니 윤허하였다.

해설 요점

『고종실록』의 이 자료는 울릉도검찰사 이규원이 울릉도를 실제로 조사하고 돌아온 후 복명하는 자리에서 국왕의 질문에 대해 이규원이 응답하면서 울릉도의 설읍 재개척 문제를 토론한 자료이다. 앞서 이 책 『승정원일기』 자료와 동일한 것을 사관이 요약한 것이다. 국왕은 이규원이 서면으로 제출한 서계와 별단과 지도를 미리 읽어본 후 울릉도에 설읍할 수 있는 대상지가 나리농으로 천거 보고되고 있음을 읽고 국왕은 나리동이 설읍을 설치하기에는 물이 없는 것이 결함임을 지적하였다.

이규원은 나리동의 특징으로서 ① 동산 위에 따로 넓은 평지가 펼쳐져 있어서 비옥하고 사람이 살기 좋은 곳이며, ② 멀지 않은 곳에 크고 작은 냇물들이 있어 물은 있으나 모두 땅속으로 스며들어 흐르는 것이 큰 결함이고, ③ 나무들이 하늘을 찌를 듯 꽉 들어차 자라서 종일 걸어도 하늘을 볼 수 없을 만큼 울창한 상태이라고 설명하였다. 국왕이 이에 대해 만일 설읍한다면 3~4개 후보지 중에 하나로 나리동이 가능할 것이라고 말하자, 이규원은 설진설읍에 적합한 곳은 오직 나리동뿐이라고 단언하고 있다.

국왕이 3백 호의 주민을 포함한 설읍지가 그 외에는 없는 가를 질문하자, 이규원은 1~2백 호를 이주시킬 곳은 7~8개 곳이 있다고 응답하면서, 가장 큰 문제점은 선박이 정박할 좋은 항구를 만들기에 적합한 곳이 없다는 점이라고 아뢰었다.

국왕이 울릉도를 재개척하려 할 경우 백성들이 자발적으로 울릉도에 들어가 거주하려 할 것인가를 질문하자, 이규원은 배꾼들과 약재 상인들에게 물어보니 울릉도에 들어가 거주하고 싶어하는 사람들이 많았다고 응답하였다. 국왕이 울릉도에 들어가 배를 만들고 약재를 캐는 우리나라 사람들이 많이 있던가를 묻자, 이규원은 호남 사람들이 가장 많았는데 그들은 모두 배를 만들고 미역과 전복을 따서 그 배에 싣고 돌아가는 일을 했으며, 그 밖의 다른 도 사람들은 모두 약재 캐는 일을 위주로 하고 있었다고 대답하였다.

국왕이 하교하여 일본인들이 울릉도에 '일본국 송도' 운운한 나무 푯말을 세운 일에 대해 일본 측에 항의통보를 하지 않을 수 없다고 말한데 대해, 이규원은 적극 찬성하면서 일본공사 화방의질(花房義質)과 일본 외무성에 항의공문을 보내야 한다고 아뢰었다. 국왕은 이규원에게 이 내용을 조선의 총리대신과 현임 대신들에게 말해 주라고 지시하면서, 사세는 단 한시라도 등한히 할 수 없고 우리의 국토 한 조각 땅이라도 버릴 수 없다고 울릉도를 재개척하여 울릉도를 지킬 굳은 의지를 표시하였다.

국왕이 선박을 정박시킬 수 있는 부두를 변통할 방법이 없겠는가고 질문하자, 이규원은 온 섬에 둘러 있는 여러 포구들은 모두 돌들이 깔려 있어서 변통하기가 쉽지 않을 것 같다고 응답하였다. 국왕은 울릉도의 즉각 재개척을 확실하게 결의하여 포구 개척까지 질문하고 있는데 비해서, 울릉도 검찰사 이규원은 울릉도 재개척에 찬성하면서도 상당히 소극적 반응을 나타내고 있음을 알 수 있다.

국왕이 울릉도검찰사 이규원의 복명을 받고 삼군부로 하여금 보고하여 처리케 하라고 명령한 것과 관련해서, 삼군부에서는 일찍이 일본인이 울릉도에 침입하여 나무를 찍어가는 문제와 관련하여 일본 정부에서 금지시켜 달라는 뜻의 서계를 제학(提學) 등 문임(文任)으로 하여금 만들어 보내게 하는 것을 건의하였다.

결국 영의정 홍순목이 건의하는 형식을 취하여 국왕과 조선 조정이 울릉도 재개척을 최종 결정하였다. 그 내용은 영의정 홍순목이 울릉도검찰사의 복명 자료들에 의거하여 보면 울릉도는 ① 바다 가운데 외로이 떨어져 있는 섬으로 토지가 비옥하니, ② 우선 백성들을 모집하여 농경지를 개간케 하고 5년간 지세를 면제해서 스스로 취락을 형성하게 하고, ③ 영남과 호남의 조운선들이 울릉도에 들어가서 재목을 배어 선박을 만들도록 허락하며, ④ 검찰사에게 물어서 도장을 임명하여 보내서 이주민들의 규율과 질서를 세우도록 하고, ⑤ 설읍(設邑) 다음에는 후일 설진할 뜻을 미리 강론해서 강원감사에게 분부하는 방식으로 울릉도 재개척을 건의한다는 것이었다. 국왕이 이를 윤허하였다.

울릉도 공도·수토정책이 완전히 폐기되고 울릉도 재개척정책이 최종적으로 확정된 것은 바로 이날 1882년 8월 20일 영의정 홍순목의 건의와 국왕의 윤허에 의한 것이었음을 주목할 필요가 있다.

(중권, 본문 70~83쪽 참조)

8)『승정원일기』 기사(3)

(35)『承政院日記』高宗 19年(1882년) 8月 20日條

淳穆曰 向來檢察使復命時 鬱陵島地圖與書契 伏想已經乙覽 而此島僻在海中天菸一區 聞是沃腴之地 爲先募民起墾 五年後定稅 則自至漸成聚落 且兩南漕船 許令來此取材而造之 人叢亦當繁集 此爲及今可圖者也. 然若管領無人 雜弊難防 其勤實幹事者 問議於檢察使 姑以島長 差送創立 例置規模 預講他日設鎭之意 分付道臣 似合事宜 故敢此仰達矣. 上曰 依爲之.

홍순목이 아뢰되,

"이번 검찰사가 복명할 때의 울릉도의 지도와 서계를 이미 보셨으리라고 생각합니다. 이 섬은 바다가운데 멀리 있어서 멀고 먼 땅의 한 구역인데, 이것이 비옥한 땅이라고 들었으니, 우선 백성을 모집하여 개간하고 5년 후부터 세를 정해 주면 스스로 점차 취락(聚落)을 이루기에 이를 것입니다. 또한 호남과 영남의 조운선을 여기에 와서 재목을 취하고 배를 짓도록 허락하여 명령하면 많은 사람들이 역시 당연히 빈번하게 모일 것입니다. 이것이 지금에 이르러 가히 도모할 수 있는 일일 것입니다.

그러나 만약 관령인(管領人)이 없으면 잡폐를 방지하기가 어려우니 근실하고 일잘하는 사람을 검찰사에게 문의하여 도장으로 임명해서 파견하여 보내고 규칙과 규모를 만들어 세워서 후일 설진의 뜻을 미리 가르쳐 주어 도신(道臣)에게 분부하는 것이 일에 합당할 듯 하므로 감히 이를 앙달합니다."

왕께서 가로되,

"그렇게 하라."

하시다.

(36)『承政院日記』高宗 20年(1883년) 3月 16日條

傳曰 叅議交涉通商事務金玉均 爲東南諸島開拓使兼管捕鯨事 使之除下直從便往來.

왕이 전하여 가로되, 참의교섭통상사무 김옥균을 동남제도개척사겸관포경사(東南諸島開拓使兼管捕鯨事)에 임명하니, 그로 하여금 길 떠날 때 일일이 웃어른에게 고하는 것을 면제하고 편한대로 왕래하도록 하라.

해설 요점

『승정원일기』의 이 자료는 검찰사 이규원의 조사보고를 참고자료로 하여 (당시 영의정) 홍순목의 제안 형식으로 울릉도 재개척을 결정한 자료이다. 바로 앞의 『고종실록』 자료와 같다.

이 자료에서 홍순목이 제안한 울릉도 재개척의 방법은 ① 백성들을 모집하여 개간을 시키고, ② 5년간을 면세해 주면 사람들이 모여들어 점차 취락을 이룰 것이며, ③ 호남과 영남의 조운선(漕運船)의 조선(造船)을 울릉도에 가서 하도록 공적으로 허락하여 명령하고, ④ 관리인으로서 검찰사에게 문의하여 근실한 사람으로 도장(島長)을 임명하여 보내서 규칙과 규모를 만들어 세우게 하며, ⑤ 설읍(設邑)을 먼저하고 이것이 다음의 설진(設鎭)의 준비가 되도록 한다는 것이었다.

국왕이 이를 허락함으로써 1882년 음력 8월 20일 울릉도 공도정책·수토정책을 완전히 폐기하고 재개발정책이 최종적으로 결정된 것이었다.

이 결정에 의거하여 울릉도 등의 재개척이 본격적으로 시작되고, 도장(島長)에는 전석규(全錫奎)가 임명되었다. 울릉도 재개척 담당관으로서는 동남제도개척사겸관포경사(東南諸島開拓使兼管捕鯨事)에 초기 개화파 영수 김옥균(金玉均)이 1883년 3월 16일자로 임명되었다.

(중권, 본문 70~83쪽 참조)

9) 『울릉도 개척시 선격양미잡물용입가량성책』

(37) 『鬱陵島 開拓時 船格粮米雜物容入假量成冊』, 1883年(高宗 20年, 光緖 9年) 4月

船隻	肆隻	
沙格	肆拾名	
租	貳拾石	種子
太	伍石	種子
粟	貳石	種子
小豆	壹石	種子
白米	陸拾石, 所率人口參拾餘人九月至粮米	
鐵物	肆拾斤, 器械所入	
釜鼎	貳坐	
沙器	陸竹	
匙箸	參拾箇	
蘆席	參同	
藁草	參同	
鹽	伍石	
醬	伍石	
木手	貳名	
冶匠	貳名	
白木	伍疋	
麻布	伍疋	
麻鞋	伍竹	
草鞋	伍竹	
牛隻	雌雄	

草芚　　參拾立

沙瓮　　伍坐

銃　　參柄

鎗釰　　各肆柄

鐵丸　　參百箇

火藥　　參斤

火繩　　伍拾把

銅爐口　　貳坐

嘉義大夫 江原道觀察使 兼 兵馬水軍節度使 巡察使 原州牧使 南.

선박 척수 …… 4척

사공과 격군 …… 40명

쌀 …… 20석 ┐

콩 …… 5석 │ 종자

조 …… 2석 │

팥 …… 1석 ┘

백미(쌀) …… 60석, 인솔 인구 30여 명의 9월까지 식량미

철물 …… 40근, 기계에 들어갈 것.

가마솥 ……2좌

사기 …… 6죽

숟가락과 젓가락 …… 30개

돗자리 …… 3죽

고추 …… 3통

소금 …… 5석

간장 …… 5석

목수 …… 2명
야잠(대장장이) …… 2명
백목 …… 5필
마포 …… 5필
삼신발 …… 5죽
짚신 …… 5죽
소 …… 암·수 2마리
초둔 …… 30립
사기옹기 …… 5좌
총 …… 3자루
총검 …… 각 4자루
탄환 …… 300개
화약 …… 3근
화능 …… 50파
동노구 …… 2좌

가의대부 강원도관찰사 겸 병마수군절도사 순찰사 원주목사 남.

해설 요점

서울대학교 규장각에 소장되어 있는 이 자료는 조선왕조 중앙정부가 울릉도를 재개척하기로 결정한 후 중앙정부의 명령을 받고 강원도관찰사겸병마수군절도사·순찰사·원주목사가 1883년(고종 20년, 계미년, 광서 9년) 4월에 울릉도 재개척을 시작할 때 제일차로 필요한 물자의 준비를 중앙정부에 보고한 기록이다.

이 자료에 의하면, 최초의 울릉도 재개척에 출발시킬 준비로는 선박 4척, 사공 40명과, 이주민들이 최초의 농경에 사용할 종자로서, 벼 20석,

콩 5석, 조 2석, 팥 1석이 준비된 것을 알 수 있다. 또한 제일차 울릉도 재개척에 사용될 식량으로는 쌀 60석, 고추 3통, 소금 5석, 장 5석 등이 준비되었음을 이 자료는 알려주고 있다. 이 자료는 또한 제일차 울릉도 재개척에 사용될 도구로 철물 40근, 가마솥 2좌, 사기그릇 6죽, 수저 30개, 돗자리 3죽, 무명베 5필, 삼베 5필, 삼신발 5죽, 짚신 5죽, 항아리 5좌 등도 준비하였음을 기록하고 있다.

또한 이 자료에서는 재개척 이주민을 도와주기 위하여, 목수 2명, 대장장이 2명을 동승시키고 있으며, 가축도 소를 암·수 각 1마리를 실어 종자소로 사용케 하고 있음을 알 수 있다. 이 자료는 또한 제일차 재개척 이주민을 보호하기 위한 무기로서 총 3자루, 창칼 각 4자루, 탄환 300발, 화약 3근, 화승 50발, 동로구(銅爐口) 2좌를 탑재했음을 알려주고 있다.

이 자료는 1883년 제일차 울릉도 재개척 사업을 밝히는데 매우 중요한 자료라고 할 수 있다. (중권, 본문 70~83쪽 참조)

10)『강원도 울릉도 신입민호인구 성명연세급전토기간 수효성책』

(38)『江原道鬱陵島 新入民戶人口 姓名年歲及田土起墾 數爻成冊』, 1883年 (高宗 20年, 光緖 9年) 7月

大黃土浦

張德來 年七十二 本仁同

妻 金氏 年五十九 本安東

子 琦現 年三十三

次子 琦英 年二十五

三子 琦良 年六歲

自慶尙道安義入來起墾二石地只

金湞泰 年六十五 本江陵

子 鐸鄕 年三十七

婦 李氏 年三十五

孫 辰燮 年十四

次孫 在福 年二歲

自本道江陵入來起墾一石地只

李回永 年三十六 本平昌

妻 朴氏 年三十六 本密陽

子 仁甲 年十四

次子 義甲 年十一

自本道江陵入來起墾一石地只

黃守萬 年二十四 本檜山

妻 李氏 年十七 本平昌

自本道江陵入來起墾一石地只

谷浦

裵敬敏 年三十三 本金海

自京畿入來

尹果烈 年四十 本坡平

自慶尙道善山入來起墾一石地只

卞吉良 年三十六

自慶尙道延日入來起墾半石地只

卞吉良 年三十六

自慶尙道延日入來起墾半石地只

宋景柱 年六十七 本礪山

自慶尙道慶州入來起墾五斗地只

金成彦 年五十六 本慶州

自慶尙道慶州入來起墾十斗地只

錐峯

田在桓 年三十三 本潭陽

妻 朱氏 年三十四 本熊川

子 時龍 年五歲

次子 越龍 年三歲

族叔　旒 年五十八

族弟 有桓 年三十一

率人 裵尙三 年三十二 居大邱

自本道蔚珍入來起墾三石地只

朱晋鉉 年三十二 本綾城

自慶尙道安東入來起墾一石地只

玄浦洞

鄭直源 年七十 本延日

子 雲杓 年三十一

婦女 合五口

自本道蔚珍入來起墾二石地只

趙鍾桓 年三十九 本漢陽

自忠淸道忠州入來起墾五斗地只

寡居 李氏 母女

自忠清道忠州入來

洪景燮 年五十七 本南陽

妻 金氏 年五十五 本江陵

子 在翼 年三十四

婦 金氏 年三十六 本黃州

孫 守曾 年五歲

孫女 年十一

次孫女 年一歲

次子 在敬 年二十

自本道江陵入來起墾一石地只

崔在洽 年八十二 本江陵

子 亨坤 年五十

婦 金氏 年四十

孫 河龍 年十三

次孫 又龍 年七歲

孫女 年二十二

次子 桂秀 年四十四

自本道江陵入來起墾一石地只

已上民戶十六戶 人口五十四口

嘉義大夫 江原觀察使 兼 兵馬水軍節度使 巡察使 原州牧使 南.

대황토포

張德來, 연세 72, 본 인동

처 金씨, 연세 59, 본 안동

아들 琦現, 연세 33

둘째아들 琦英, 연세 25

셋째아들 琦良, 연세 6

경상도 안의에서 들어옴. 개간 2石지

金湏泰, 연세 65, 본 강릉

아들 鐸鄕, 연세 37

며느리 李씨, 연세 35

손자 辰夔, 연세 14

둘째손자 在福, 연세 2

강원도 강릉에서 들어옴. 개간 1石지

李回永, 연세 36, 본 평창

처 朴씨, 연세 36, 본 밀양

아들 仁甲, 연세 14

둘째아들 義甲, 연세 11

강원도 강릉에서 들어옴. 개간 1石지

黃守萬, 연세 24, 본 증산

처 李씨, 연세 17, 본 평창

강원도 강릉에서 들어옴. 개간 1石지

곡포

裵敬敏, 연세 33, 본 김해

경기도에서 들어옴.

尹果烈, 연세 40, 본 파령

경상도 의산에서 들어옴. 개간 1石지

卞吉良, 연세 36

경상도 연일에서 들어옴. 개간 반(半)石지

宋景柱, 연세 67, 본 여산

경상도 경주에서 들어옴. 개간 5두락지

金成彦, 연세 56, 본 경주

경상도 경주에서 들어옴. 개간10두락지

추봉

田在桓, 연세 33, 본 당양

처 朱씨, 연세 34, 본 웅천

아들 時龍, 연세 5

둘째아들 越龍, 연세 3

친족아저씨 旒, 연세 58

친족아우 有桓, 연세 31

率人 裵尙三, 연세 32 거주지 대구

강원도 울진에서 들어옴. 개간 3石지

朱晋鉉, 연세 32, 본 능원

경상도 안동에서 들어옴. 개간 1石지

현포동

鄭直源, 연세 70, 본 연일

아들 雲杓, 연세 31

며느리 및 딸 합 5명

강원도 울진에서 들어옴. 개간 2石지

趙鍾桓, 연세 39, 본 한양

충청도 충주에서 들어옴. 개간 5두락지

과부 李씨 母女

충청도 충주에서 들어옴.

洪景燮, 연세 57, 본 남양

처 金씨, 연세 55, 본 강릉

아들 在翼, 연세 34

며느리 金씨, 연세 36, 본 황주

손자 守曾, 연세 5

손녀, 연세 11

둘째손녀, 연세 1

둘째아들 在敬, 연세 20

강원도 강릉에서 들어옴. 개간 1石지

崔在治, 연세 82, 본 강릉

아들 亨坤, 연세 50

며느리 金씨, 연세 40

손자 河龍, 연세 13

둘째손자 又龍, 연세 7

손녀, 연세 22

둘째아들 桂秀, 연세 44

강원도 강릉에서 들어옴. 개간 1石지

이상 민호(民戶) 16호, 인구 54명

가의대부 강원도관찰사 겸 병마수군절도사 순찰사 원주목사 남.

해설 요점

서울대학교 규장각에 소장되어 있는 이 자료는 1883년(고종 20년, 계미, 광서 9년) 7월 현재 울릉도에 들어와 정착과 개간을 시작한 민호(民戶)와 인구의 상황을 강원도관찰사겸병마수군절도사·순찰사·원주목사가 중앙정부에 보고한 기록이다.

이 보고 시점이 1883년 7월인 것으로 보아, 울릉도 재개척의 이주민 모집에 응해서 최초로 울릉도에 들어가 정착한 백성들의 기록으로 추정된다. 출신지가 강원도와 경상도가 많은 사실도 이 추정을 보강해 준다. 왜냐하면 후에는 호남지방으로부터의 이주민이 급증하기 때문이다.

조사보고의 방식은 정착지 마을별로 호주의 성명, 연령, 본관, 가족구성, 출신 지역, 개간지 면적을 보고하였다. 마을별로는 대황토포(大黃土浦)에 4호, 곡포(谷浦)에 5호, 추봉(錐峯)에 2호, 현포동(玄浦洞)에 5호 등 도합 16호에 54명이 이주하여 정착하였다. 개간지 면적은 호구마다 다른데 1호가 3석지까지도 개간한 것으로 보고되고 있다. 아직 미간지가 풍부했으므로 첫 이주민 집단은 가족 노동력에 따라 자유로이 넓은 미간지를 개간하여 소유지로 보고 등록할 수 있었던 것으로 보인다.

출신 지역별로는 강원도가 7호, 경상도가 6호, 충청도가 2호, 경기도가 1호의 순위로 되어 있다. 강원도의 경우는 강릉과 울진 출신이 대부분이고, 경상도의 경우는 경주를 비롯하여 멀리 지리산 부근의 안의(安義)에까지 분산되고 있다. 초기의 이주민들은 그 이전에 울릉도에 직접·간접의 연고가 있던 민호가 대부분이었던 것으로 추정된다. (중권, 본문 70~83쪽 참조)

11)『고종실록』기사(3)

(39)『高宗實錄』高宗 21年(1884년) 1月 11日(丁亥)條

十一日. 議政府啓 卽見東南諸道開拓使金玉均狀啓 則鬱陵島木材 多被日本人偸斫運去云 故載木船隻 執留詰由 則稱有本島長票憑 以錢米換來云. 本

島 係是未通商口岸 則越境潛斫 有違公例. 以該島長全錫奎言之 不惟不能禁止. 乃反貪利違法者 合置重典 其罪狀 請令廟堂稟處矣. 島材之毋得犯斫 已有書契往復矣. 島長設置 亦爲此等察檢 而乃反換物潛運者 有關國禁 萬萬痛惡. 全錫奎 押上秋曹 按法勘處. 其代以勤幹解事人 卽爲定送事 請分付道臣. 允之.

11일. 의정부(議政府)에서 아뢰기를,

“지금 동남제도개척사(東南諸道開拓使) 김옥균(金玉均)의 장계(狀啓)를 보니 울릉도(鬱陵島)의 목재를 일본 사람들이 몰래 많이 찍어서 실어간다고 하여 목재를 실어가는 배들을 잡아두고 사유를 따졌더니 본 도(島)의 증명서를 가지고 쌀을 사러 왔다고 하였다 합니다. 이 섬은 통상하는 항구가 아닌 만큼 지경을 넘어와 몰래 나무를 찍는 것은 공적인 규례에 어긋나는 것입니다. 그 섬의 도장(島長) 전석규(全錫奎)로 말하면, 금지시키지 못했을 뿐 아니라 도리어 이익을 탐내어 법을 위반한 만큼 응당 중한 형벌을 주어야 할 것입니다. 그의 죄상을 묘당(廟堂)에서 품처(稟處)하게 하기 바랍니다. 섬의 나무를 마구 찍을 수 없다는 것에 대해서는 이미 문건을 주고받은 것이 있으며, 도장(島長)을 내어온 것도 이런 것을 검열하고 살피게 하기 위한 것이었는데 도리어 물건과 바꾸어 몰래 실어가게 한 것은 나라의 금령에 관계된 것으로서 그지없이 악한 짓입니다. 전석규를 형조(刑曹)에 압송하여 올려보내서 법조문에 근거하여 처결하게 할 것이며, 그 후임을 부지런하고 능력있는 사람으로 즉시 선발하여 보내게 할 것을 감사(監司)에게 분부하도록 하기 바랍니다.”

하니 윤허하였다.

(40)『高宗實錄』高宗 21年(1884년) 3月 15日(庚寅)條

統理軍國事務衙門啓 鬱陵島行將開拓矣. 先有官守然後 募民墾地 次第講究. 三陟營將. 躬審形便 以圖入駐之方 凡屬排置之節 令道臣 從長措處. 職名 以鬱陵島僉使兼三陟營將 下批之意 請分付銓曹. 允之.

통리군국사무아문(事務衙門)에서 아뢰기를,

"울릉도(鬱陵島)를 앞으로 개척하게 되는데 먼저 맡아보는 관리를 둔 다음에야 백성들을 모집해서 토지를 개간하고 차례로 대책을 강구하게 될 것입니다. 그러니 삼척영장(三陟營將)이 직접 형편을 살펴서 들어가 주둔할 방도를 도모하게 하고, 일체 배치하는데 속하는 문제는 감사(監司)를 시켜 좋을 대로 조치를 취하여 처리하게 하되 벼슬 이름은 울릉도첨사(鬱陵島僉使) 겸 삼척영장으로 비준한다는 내용으로 해당 병조(兵曹)에 분부하기 바랍니다."

하니 윤허하였다.

(41)『高宗實錄』高宗 21年(1884년) 6月 30日(壬寅)條

統理軍國事務衙門啓 鬱陵島行將開拓. 先有官守之人 然後募民墾地等事 當次第講究. 以平海郡守 兼鬱陵島僉使 下批之意 分付銓曹何如. 允之.

통리군국사무아문에서 아뢰기를,

"울릉도를 장차 개척하자면 먼저 맡아볼 관리가 있어야만 백성들을 모집하여 땅을 개간하는 등의 일을 순차적으로 강구할 수 있을 것이니 평해군수(平海郡守)를 겸 울릉도첨사(兼鬱陵島僉使)로 비준(批準)하라는 내용으로 이조(吏曹)에 분부하는 것이 어떻겠습니까."

하니 윤허하였다.

(42)『高宗實錄』高宗 21年(1884년) 8月 26日(丁酉)條

前五衛將李京烈疏略. (…) 臣在江陵地 深知鬱島利病. 此島 卽古于山氏立國處 今有開拓之命 誠盛擧也. 宣諭附近民人無恒業者 使之起墾 限三年勿收租稅 及其盡墾 設立官長 以爲藩蔽 則海防鞏固 公稅加增云云. 批曰 所陳 多有近似之論也.

전(前) 오위장(五衛將) 이경렬(李京烈)이 상소하였는데, 대략 이러하였다.

"(…) 신이 강릉(江陵) 지방에 있었으므로 울릉도(鬱陵島)의 이해관계에 대하여 잘 알고 있습니다. 이 섬은 바로 고우산씨(古于山氏)가 나라를 세운 곳인데, 이번에 개척할 것에 대한 하교를 내린 것은 참으로 훌륭한 조치입니다. 일정한 생업이 없는 부근의 백성들에게 임금의 교문(敎文)을 전달하여 개간하게 하고 3년 기한으로 조세를 거두지 말며 모두 개간한 뒤에 수령(守令)을 두어 변경으로 삼는다면 바다방어가 공고해지고 나라의 조세가 더 늘어날 것입니다."

하였다. 비답을 내리기를

"진술한 문제에 근사(近似)한 주장이 많이 있다."

라고 하였다.

(43)『高宗實錄』高宗 21年(1884년) 11月 26日(丙寅)條

前五衛將李京烈 疏請日本講和及鬱陵島開墾. 批曰 疏辭 頗有可採.

전(前) 오위장(五衛將) 이경렬(李京烈)이 상소하여 일본과 강화할 것와 울릉도(鬱陵島)를 개간할 것를 아뢰었다. 비답을 내리기를

"글의 내용에 채용할 만한 것들이 있다."

라고 하였다.

해설 요점

『고종실록』의 이 자료는 동남제도개척사 김옥균이 울릉도도장(島長) 전석규(全錫奎)가 울릉도에 일본인들이 몰래 들어와 나무를 찍어 내어가는 것을 물건과 바꾸어 몰래 실어가게 한 금령을 위반한 과오를 들어 국왕에게 파면을 건의하여 윤허를 받은 기록이다.

조선 조정은 울릉도도장 전석규 파면 이후 울릉도 재개척 사업을 담당할 후임 도장 적임자를 발견하지 못하여, 긴급대책의 하나로 처음에는 삼척영장이 직접 울릉도에 들어가서 실지 형편을 관찰하면서 백성들의 이주와 재개척 사무를 관리하여 처리하도록 '울릉도첨사겸삼척영장'을 임명하였다.

다음에 조선 조정은 평해군수를 '평해군수겸울릉도첨사'로 발령하여 울릉도 재개척을 담당하는 관리로 삼았다. 이 결정에 의하여 갑신정변 이전에 개화파의 울릉도 재개척은 울릉도도장에 해당하는 관리를 평해군수가 겸임하고 이조(吏曹)의 산하에 두어 진행되었다.

전 오위장 이경렬(李京烈)의 '울릉도 개척'을 찬양한 상소 요지가 수록되어 있다. (중권, 본문 70~83쪽 참고)

12)『고종실록』 기사(4)

(44)『高宗實錄』高宗 25年(1888년) 2月 6日(戊子)條

內務府啓 鬱陵島係是海路要衝 設置島長 開拓有年. 而規制草 尙多窒云 平海郡所屬越松鎭萬戶作 使該島長兼帶 以爲往來檢察事 分付何如. 允之.

내무부(內務府)에서 제의하기를,

"울릉도(鬱陵島)는 바로 바닷길의 요충지에 속하므로 도장(島長)을 두고 개척한 지 몇 해 되었으나 규정을 처음으로 정하다 보니 아직 장애가 많다고 합니다. 평해군(平海郡)에 소속된 월송진(越松鎭)에 만호(萬戶)의 벼슬자리를 만든 다음 울릉도도장을 겸임하게 하고 왕래하면서 단속하도록 지시하는 것이 어떻겠습니까."

라고 하였다. 승인하였다.

(45)『高宗實錄』高宗 27年(1890년) 윤2月 18日(戊午)條

十八日. 召見江原監司李源逸 辭陛也. 教曰 嶺東則里數絶遠 至於鬱陵島 尤是遐僻 外國人潛相伐木. 此亦版圖所載之地 而寧容若是. 曾以越松萬戶兼差島長 使之檢察 非徒如是 亦當有別般檢察之擧矣. 下去後 另加察飭 無有如前之弊可也.

18일. 강원감사(江原監司) 이원일(李源逸)을 불러들여 만났다. 하직인사를 했던 것이다. 지시하기를,

"영동지방(嶺東地方)은 거리가 매우 먼데 울릉도(鬱陵島)로 말하면 더욱 멀고 궁벽한 곳이어서 외국 사람들이 서로 몰래 들어와서 나무를 베고 있다. 이것도 나라의 영토에 속하는 땅인데 어찌 이럴 수 있겠는가. 그전에는 월송만호(越松萬戶)에게 도장(島長)을 겸임시켜 단속하게 했는데, 이렇게만 할 것이 아니라 역시 특별히 단속하는 조치가 있어야 할 것이다. 내려가거든 신칙하여 종전과 같은 폐단이 없도록 하라."

라고 하였다.

해설 요점

『고종실록』의 이 자료는 갑신정변 실패 후 수구파 집권기에 내무부에서 평

해군수를 울릉도첨사에 겸임시키지 말고 평해군 안에 있는 월송진(越松鎭)에 '만호(萬戶)'의 관직을 신설하여 그 '월송만호'가 월송진과 울릉도를 왕래하면서 울릉도 재개척 사업과 행정을 담당하도록 변경했다는 기록이다. 월송만호의 울릉도 수토제도를 부활시킨 것이었다.

강원감사에 임명된 이원일(李源逸)의 일본인들이 몰래 들어와서 나무를 베어 내가고 있다는 보고를 듣고, 국왕은 월송만호에게 울릉도도장을 겸임시켜 단속케 하고 있으나 잘 되고 있는 것 같지 않으니 특별히 단속하라고 명령하였다. (중권, 본문 70~83쪽 참조)

13) 『고종실록』 기사(5)

(46) 『高宗實錄』 高宗 31年(1894년) 12月 27日(己巳)條

總理大臣內務大臣度支大臣奏 卽見 慶尙道慰撫使李重夏別單條陳者 俱係躬行採訪 確鑿有據 當此更張之會 亟宜矯正 臣等同海該閱 謹將合行事件 開列如左 伏候聖裁. (…)

一. 鬱陵島搜討船格什物永革事也 該島今旣開拓 左水營之分定 東沿各邑入送三陟越送鎭者 殊甚無謂 搜討船格什物 自今永革之宜 分付嶺南關東兩道爲宜. (…) 允之.

총리대신(總理大臣), 내무대신(內務大臣), 탁지대신(度支大臣)이 제의하기를,

"방금 경상도위무사(慶尙道慰撫使) 이중하(李重夏)가 조목별로 진술한 별지를 보건대 모두 자신이 직접 조사하고 확실한 근거가 있는 사실입니다. 이렇게 개혁하는 때에 빨리 바로잡아야 할 것이므로 신(臣) 등은 공동으로 따져보고 시행하여야 할 사항을 아래와 같이 열거하니 결재하기 바랍

니다.”

라고 하였다. 승인하였다. (…)

一. 울릉도(鬱陵島)를 수색 토벌하는 배군과 집물(什物)을 바치는 것을 영영 없애는 문제입니다. 그 섬은 지금 이미 개척되었는데 좌수영(左水營)에서 동쪽 바닷가 각 고을에 배정하여 삼척(三陟) 월송진(越松鎭)에 이속하는 것은 심히 무의미한 일입니다. 수색 토벌하는 배군과 도구를 이제부터 영영 없애도록 경상도(慶尙道)와 강원도(江原道)에 지시하는 것이 좋겠습니다. (…) 윤허하였다.

(47) 『高宗實錄』 高宗 32年(1895년) 1月 29日(辛丑)條

內務大臣 朴泳孝 奏 開城府에 從來經歷을 置ᄒᆞ와 地方事務가 沮礙홈이 每多ᄒᆞ오니 經歷을 廢ᄒᆞ고 四都例를 依ᄒᆞ와 判官을 置ᄒᆞ옴이 何如ᄒᆞ올지. 允之. 又奏 忠淸道의 平澤은 稷山에 合ᄒᆞ고 慶尙道의 昆陽은 泗川에 合ᄒᆞ고 平安道의 碧潼은 楚山에 合ᄒᆞ야 事로 該道臣에게 分付ᄒᆞ옴이 何如ᄒᆞ올지. 允之. 又 奏 鬱陵島搜討ᄒᆞᄂᆞᆫ 規를 今旣永革ᄒᆞ온지라 越松萬戶의 兼ᄒᆞ바 島長을 減下ᄒᆞ고 別로 可堪者一人을 擇ᄒᆞ와 島長을 差定ᄒᆞ야 島民事務를 管領케ᄒᆞ고 每歲에 船을 數次送ᄒᆞ와 島民疾苦를 問ᄒᆞ옴이 何如ᄒᆞ올지. 允之.

내무대신(內務大臣) 박영효(朴泳孝)가 제의하기를,

“개성부(開城府)에다 종래에 경력(經歷)을 둔 결과 지방 사무에 저애되는 점이 늘 많습니다. 경력을 없애고 4개 도(都)의 규례대로 판관(判官)을 두는 것이 어떻겠습니까.”

라고 하니 승인하였다. 또 제의하기를,

“충청도(忠淸道)의 평택(平澤)은 직산(稷山)에 합치고 경상도(慶尙道)의 곤양(昆陽)은 사천(泗川)에 합치고 평안도(平安道)의 벽동(碧潼)은 초산(楚

山)에 합치는 문제를 해당 감사(監司)에게 분부하는 것이 어떻겠습니까."

라고 하니 승인하였다. 또 제의하기를,

"울릉도(鬱陵島)를 수색하는 규정을 이제는 영영 없앴으니 월송만호(越松萬戶)가 겸하고 있는 도장(島長)을 없애고 따로 감당할 만한 한 사람을 골라 도장으로 임명해 가지고 섬 백성들의 사무를 주관하게 하며 해마다 배를 두어 차례로 보내서 섬 백성들의 고통을 알아보는 것이 어떻겠습니까."

라고 하니 승인하였다.

(48)『高宗實錄』高宗 32年(1895년) 8月 16日(甲申)條

內部大臣 朴定陽. 以鬱陵島에 島監을 置ᄒᆞ야 件上奏. 制曰可.

내부대신(內部大臣) 박정양(朴定陽)이 울릉도(鬱陵島)에 도감(島監)을 설치할 데 대한 문제를 제의하니 "좋다."라고 하였다.

해설 요점

『고종실록』의 이 자료는 갑오개혁 정부의 경상도위무사 이중하(李重夏)가 울릉도 개척과 관련하여 월송만호의 울릉도 수토제도 폐지를 건의하여 1894년 12월 27일 울릉도 수토제도가 폐지된 기록이다.

내무대신 박영효(朴泳孝)는 이듬해 '월송만호겸 울릉도첨사의 겸직' 제도도 폐지하여 분리된 별도의 '울릉도도장' 제도를 수립해서 울릉도 행정사무를 관장케 하였다.

이어서 1895년 8월 16일자로 새 내무대신이 된 박정양(朴定陽)은, 울릉도에 전임의 '도감(島監)' 설치를 국왕에게 건의하여 승낙을 받았다. 울릉도의 전임 '도장(島長)'의 명칭이 '도감'으로 변경되었음을 주목할 필요가 있다. 울릉도도감은 판임관(判任官)의 직급으로 해서 초대 도감으로 배계주(裵

季周)를 임명하였다. 지방행정 체계상 울릉도의 지위가 크게 격상된 것이었다. (중권, 본문 75~83쪽 참조)

14) 『고종실록』 기사(6)

(49) 『高宗實錄』 高宗 33年(1896년) 9月 9日(陽曆)

九日. 許俄國人【뿌리너】合成朝鮮木商會社鴨綠江流域及鬱陵島伐木竝養木之權.

9일. 러시아 사람【뿌리너】의 합동조선목상회사(木商會社)에 압록강(鴨綠江) 유역과 울릉도(鬱陵島)에서 나무를 찍고 나무를 키울 권한을 주었다.

해설 요점

『고종실록』의 이 자료는 아관파천 시기인 1896년 9월 9일 러시아인 브리너의 목상회사(木商會社)에 압록강 유역과 울릉도의 삼림벌채권을 이권으로 양여했다는 기록이다.

국왕 고종은 일본의 내정간섭과 독수(毒手)를 피하여 1896년 2월 11일 주조선 러시아 공사관으로 옮아 들어가는 이른바 '아관파천(俄館播遷)'을 하였다. 조선 국왕이 러시아 공사관에 머물며 정사를 보는 동안 열강은 다투어가며 조선 국왕 고종을 회유하고 협박해서 각종 이권을 침탈해 갔다. 이 자료는 그중에서 러시아가 압록강 유역과 울릉도의 삼림벌채권을 침탈해 갔다는 기록이다. (중권, 본문 70~83쪽 참조)

15) 『독립신문』 기사

(50) 『독립신문』 1897년 4월 8일자, 「외방통신」

○ 울능도가 갑오 이래로 해마다 롱ᄉᆞ가 못 되야 백셩이 쥬린 빗시 만흔 즁에 쟉심 ᄒᆞ야 산과 들에 츄슈 흔거시 업시니 셔음 백셩이 엇지 지보 ᄒᆞ랴고 쟉년 구월에난 울능도 감 배계쥬의 보고가 금년 삼월 십구일에 내부에 왓다 더라

○ 울능도 감 배계쥬가 쟉년 구월에 부산항에 이르러 배 편이 업ᄂᆞᆫ 고로 나라 법이 해이 ᄒᆞ고 백셩의 ᄆᆞ음이 산란흔 즁에 도민 배정쥰이가 스ᄉᆞ로 셔음 슈두라 칭ᄒᆞ고 비긔흔 욕심을 내여 셔음 백셩의게 임의로 슈렴ᄒᆞ고 쟝ᄉᆞ ᄒᆞᄂᆞᆫ 배에 잡셰를 람봉ᄒᆞ고 니샤ᄒᆞ여 오ᄂᆞᆫ 백셩의게 돈을 것고 고토로 도라 오ᄂᆞᆫ 백셩의게 늑탈을 ᄒᆞ고 새로 드러 오ᄂᆞᆫ 사ᄅᆞᆷ의게 돈을 거두다가 부족흔 죠로 양민을 취ᄒᆞ야 샤ᄉᆞ 죵을 숨고 또 ᄒᆞ믈며 규목과 향목은 나라에셔 금 ᄒᆞᄂᆞᆫ거신데 무란히 쟉벌ᄒᆞ야 외국 사ᄅᆞᆷ의게 가만히 파라먹ᄂᆞᆫ 고로 금년 ᄉᆞ 월 십일에 온 셔음 백셩이 모도 모화두가지 나무 베ᄂᆞᆫ거슬 금ᄒᆞ고 다셧 가지 괴이흔 죄를 증습ᄒᆞ려 흔즉 배정쥰이가 칼을 가지고 달녀 드러 온 셔음 백셩을 도륙ᄒᆞ려 ᄒᆞᄂᆞᆫ 고로 도즁 백셩들이 모도 나셔 돌으로 배정쥰이를 쳐 쥭여 도즁에 큰 화근을 제 ᄒᆞ엿스니 이 배정쥰이ᄂᆞᆫ 셔음 백셩이 아니 쥭여도 하ᄂᆞ님이 필경 베히시리라고 도즁에 여러 백셩들이 랍고흔다고 해도 감 배계쥬가 내부에 보고 ᄒᆞ엿스며 해 도즁에 남녀 안구와 가호와 동명과 긔간 뎐토 두락 슈효를 또흔 해도가이 죠ᄉᆞ ᄒᆞ야 보 ᄒᆞ여 왓다ᄂᆞᆫ 고로 좌에 긔재 ᄒᆞ노라

○ 울능도 져포동 가호ᄂᆞᆫ 이십 칠호요 인구ᄂᆞᆫ 일백 일명인데 남인이 오십 ᄉᆞ명이요 녀인이 ᄉᆞ십칠구며 도동리 가호가 십ᄉᆞ호요 인구ᄂᆞᆫ 오십 ᄉᆞ명인데 남인이 삼십 ᄉᆞ명이요 녀인이 이십구며 샤동 가호가 삼십 삼호에 인구ᄂᆞᆫ

일백 오십 삼명인데 남인이 구십 오명이고 녀인이 오십 팔구이며 장흥동 가호가 삼십 오호에 인구가 일백 오십 일명인데 남인이 팔십 륙명이고 녀인이 륙십 오구이며 남양동 가호가 이십 륙호요 인구가 일백 삼십 팔호에 남인이 칠십 오명이고 녀인이 륙십 삼구며 현포동 가호가 이십 구호요 인구는 일백 이십명인데 남인이 칠십팔명에 녀인이 ᄉ심 삼구며 태하동 가호가 십구호요 인구는 팔십 이명인데 남인이 ᄉ십 오명에 녀인이 이십 오명이요 광암리 가호는 칠호에 인구가 삼십명으로 남인이 십팔명이고 녀인이 십이구며 텬부동 가호가 ᄉ십 오호요 인구는 일백 오십 오명에 남인이 팔십 이명이며 녀인이 칠십 삼구이고 라리동 가호가 이십 이호요 인구는 팔십 삼호에 남인이 오십명이며 녀인이 삼십 삼구인데 남인이 륙백 륙십 이명이요 녀인이 사백 칠십 이명이며 신구 긔간ᄒᆞᆫ 텬토는 져포동이 삼백 십구두락이요 도동이 이백 이십 ᄉ두 ᄉ승락이요 샤동이 륙백 삼십두락이요 쟝흥동이 칠백 사십 이두팔승락이요 남양동이 ᄉ백칠두 구승락이요 현포동이 오백 사십 륙두락이요 신촌동이 삼백 륙십 구두 이승락이요 광암동이 일백 ᄉ십 륙두락이요 텬부동이 륙백 십륙두 ᄉ승락이요 라리동이 삼백 구십 일두 오승락이니 도합 텬토가 ᄉ천 칠백 칠십 ᄉ두 구승락이더라.

해설 요점

『독립신문』의 이 기사는 1894~1987년 봄까지의 울릉도의 실상을 재임 울릉도감 배계주의 보고에 기초하여 보도한 자료이다. 그 주요 내용은 다음과 같이 요약할 수 있다.

(1) 울릉도는 1894년(갑오년)이래 해마다 농사가 잘 안되었고 특히 1896년에는 새·쥐·바람의 3재앙이 심하여 흉년이 들었으므로 섬 백성의 유지가 난감하다는 보고가 1896년 9월에 재임명된 도감 배계주에 의해 1897년 3월 19일에 내부에 보고가 도착하였다.

(2) 울릉도도감 배계주는 1896년 9월에 발령을 받고 부산항에 도착했으나 배편이 없어 기다리다가 1897년 5월에 울릉도에 도착하여 부임하게 되었다.

(3) 배계주가 울릉도에 부임한 즉, 그 이전에는 일시 관장(官長)이 없는 관계로 국법이 해이하여 도민 중에 '배정준'이란 자가 섬의 도수(首頭)라고 자칭하고, ① 섬 백성들로부터 임의로 수렴하며 ② 상업하는 배에 잡세(雜稅)를 탐봉하고, ③ 이사해오는 백성들로부터 금전(金錢)을 거두며, ④ 본토로 돌아가는 백성들에게 늑탈을 하고, ⑤ 새로 섬에 들어고는 사람들로부터 돈을 거두다 부족하면 그 부분으로 양민을 취하여 사사 종을 삼으며, ⑥ 나라에서 벌목을 금하는 규목(槻木)과 향목(香木)을 불법으로 작벌(斫伐)하여 외국인에게 몰래 팔아먹는 비리와 행태를 자행했던 것을 알게 되었다. 이에 울릉도민들이 집회를 열어 배정준의 규목과 향목의 도벌 금지와 다섯 가지 죄목을 징습하려 한즉 도리어 배정준이 칼을 들고 백성을 해치려 하므로 백성들이 모두 일어나서 돌로 배정준을 쳐죽인 사건이 발생했다는 것이다.

(4) 도감 배계주가 울릉도의 인구와 개간 농경지 면적을 동별로 보고했는데 다음과 같다. 저포동(苧浦洞)은 가호(家戶) 27호, 인구 101명(남 54명, 여 47명)이다. 도동(道洞)은 가호 14호, 인구 54명(남 34명, 여 20명)이다. 사동은 가호 33호, 인구 153명(남 95명, 여 58명)이다. 장흥동은 가호 35호, 인구 151명(남 86명, 여 65명)이다. 남양동은 가호 26호, 인구 138명(남 75명, 여 63명)이다. 현포동은 가호 29호 인구 124명(남 78명, 여 43명)이다. 태하동은 가호 19호, 인구 82명(남 45명, 여 39명)이다. 신촌은 가호 20호, 인구 70명(남 45명, 여 25명)이다. 광암리는 가호 7호, 인구 30명(남 18명, 여 12명)이다. 천부동은 가호 45호, 인구 155명(남 82명, 여 73명)이다. 나리동은 가호 22호, 인구 83명(남 50명, 여 33명)이다. 이상과 같이 동리(洞里)가 12동리이고, 가호가 397호, 인구가 1,134명(남 662명, 여 472명)

이다. (통계의 합계에 극소한 오차가 있다.)

개간된 농경지는 저포동이 319두락(斗落), 도동이 224두(斗), 4승락(升落), 사동이 630두락, 장흥동이 742두 8승락, 남양동이 407두 9승락, 현포동이 546두락, 신촌동이 369두 2승락, 광암동이 146두락, 천부동이 616두 4승락, 나리동이 391두 5승락으로서, 개간된 농경지 합계는 4,774두 9승락이었다.

중앙정부의 적극적인 지원 정책이 없이도 백성들에 의해 울릉도 재개척이 상당히 이루어진 것을 알 수 있다. (중권, 본문 75~83쪽 참조)

16) 『고종실록』 기사(7)

(51) 『高宗實錄』 高宗 35年(1898년) 5月 26日(陽曆)

勅令 第十二號 地方制度中鬱陵島島監設置件.

칙령(勅令) 제12호는 지방 제도 가운데서 울릉도에 도감(島監)을 설치하는 건임.

(52) 『高宗實錄』 高宗 36年(1899년) 12月 15日(陽曆)

十五日. 內部大臣李乾夏奏. 鬱陵島開拓 今旣有年 戶口蕃殖 土地漸闢 而?未調查 事係未遑矣. 現自臣部 派定視察委員 使之前往該島 詳察所有一切情形 竝撫綏居民 以示朝家眷顧之意何如. 允之.

15일. 내부대신(內部大臣) 이건하(李乾夏)가 제의하였다.

"울릉도(鬱陵島)를 개척한 지 이제는 벌써 여러 해가 되어 호구가 늘어나고 토지가 점점 개간되는데 아직까지 조사하지 못한 것은 그럴 겨를이 없은 것 때문입니다. 현재 신(臣)의 부에서 시찰위원을 파견하여 해당 섬에 가서 일체 정형을 자세히 조사하는 동시에 주민들을 안착시키게 함으로써 조정에서 돌보아주는 뜻을 보이는 것이 어떻겠습니까."

승인하였다.

해설 요점

『고종실록』의 이 자료는 대한제국이 1897년 10월 성립한 후 황제의 칙령 제12호로서 울릉도에 도감을 설치하도록 반포했다는 기록과, 1898년 내부대신 이건하(李乾夏)가 내부에서 시찰위원을 파견해서 그동안의 울릉도 개척 실태를 조사해 올 것을 국왕에게 건의하여 승낙을 받았다는 기록이다. 울릉도를 개척한지 여러 해가 되어 호구가 증가하고 토지가 개간되었음에도 불구하고 그 동안 겨를이 없어 실태를 조사하지 못했는데, 이제 내부에서 시찰위원을 파견하여 울릉도의 개척 정형을 자세히 조사하여 와서 돌보아 줄 것을 제안하여 승인을 받았다는 것이다. (중권, 본문 70~83쪽 참조)

17) 『내부래거안』 기사(1)

(53) 『內部來去案』(1) 外部大臣의 內務大臣 署理에게의 「照會 第17號」, 光武 3年(1899년) 8月 8日條

照會 第十七號

開國 五百四年에 俄國人에게 森林契約을 訂立ᄒᆞ야 年限은 二十五年이오 地界ᄂᆞᆫ 豆滿江 上流 右邊 茂山과 鬱陵島와 鴨綠江 邊界온데 伐木養木ᄒᆞᆯ 權利를 准許ᄒᆞ온바 上年 八月間에 俄國 前任公使 馬丟寧이가 照詢豆滿江近地

大韓人恣意伐木 地方官不能禁止ᄒᆞᆫ다ᄒᆞ기로 西北邊界地方 延亙窮山絶峽斧斤亂入 該地方官不能時時糾察ᄒᆞᆫ 事로 照覆ᄒᆞ엿삽더니, 前月에 俄國公使德密特照會內開 接准外部大臣電開 鬱陵島與豆滿鴨綠江等地 森林養伐之事 大韓政府業已許與俄國會社 而尙無保守之方 日人及淸人將伐盡森林矣. 此由迅速行文 韓政府等 語准此備文照會 請煩行 訓地方官 卽設森林保守之法 而回示可也 等因이오, 本日에 俄使가 派員到府ᄒᆞ야 詢及如何辨法ᄒᆞᄂᆞᆫ지라 此를 准ᄒᆞ야 農商工部에 行文ᄒᆞ엿사오나 亦與地方事務로 有涉ᄒᆞ옵기 玆에 照會ᄒᆞ오니

査照ᄒᆞ오셔 各地方官에게 訓飭ᄒᆞ시와 另究保守之法ᄒᆞ야 免致滋生事端케ᄒᆞ시고 迅卽 示明ᄒᆞ시믈 爲要

光武三年 八月 八日

議政府贊政外部大臣 朴齊純

議政府贊政內部大臣 署理 內部協辦 李載克 閣下

(54)『內部來去案』(2) 內務大臣 署理의 外部大臣에게의「照覆 第11號」, 光武 3年(1899년) 8月 12日條

照覆 第十一號

貴 第十七號 照會ᄅᆞᆯ 接ᄒᆞ온즉 內開 開國五百四年에 俄國人에게 森林契約을 訂立ᄒᆞ야 年限은 二十五年이오 地界ᄂᆞᆫ 豆滿江 上流 右邊 茂山과 鬱陵島와 鴨綠江 邊界온데 伐木養木ᄒᆞᆯ 權利를 准許ᄒᆞ온바 上年 八月間에 俄國 前任公使 馬丟寧이가 照詢豆滿江近地 大韓人恣意伐木地方 官不能禁止ᄒᆞᆫ다ᄒᆞ기로 西北邊界地方 延亙窮山絶峽斧斤亂入 該地方官不能時時糾察ᄒᆞᆫ 事로 照覆ᄒᆞ엿삽더니, 前月에 俄國公使密得照會內開 接准外部大臣電開 鬱陵島與豆滿鴨綠江等地 森林養伐之事 大韓政府業已許與俄國會社 而尙無保守之方 日人及淸人將伐盡森林矣. 此由迅速行文 韓政府等 語准此備文照會 請煩

行 訓地方官 卽設森林保守之法 而回示可也 等因이오, 本日에 俄使가 派員 到府ᄒᆞ야 詢及如何辨法ᄒᆞᄂᆞᆫ지라 此를 准ᄒᆞ야 農商工部에 行文ᄒᆞ엿사오나 亦與地方事務로 有涉ᄒᆞ옵기 玆에 照會ᄒᆞ오니

查照ᄒᆞ오셔 各地方官에게 訓飭ᄒᆞ시와 另究保守之法ᄒᆞ야 免致滋生事端케ᄒᆞ시고 迅卽示明ᄒᆞ시믈 爲要 等因이라. 此를 准查ᄒᆞ온즉 該契約은 敝部로셔 曾未與聞ᄒᆞᆫ 事件이올뿐더러 森林保護는 敝部에 所關이 아니옵기 玆에 仰復ᄒᆞ오니 照亮ᄒᆞ심을 爲要.

光武三年 八月 十二日

議政府贊政內部大臣 署理 內部協辦 李載克

議政府贊政外部大臣 朴齊純 閣下

(55)『內部來去案』(3) 內務大臣의 外部大臣에게의「照會 第13號」, 光武 3年(1899년) 9月 15日條

照會 第十三號

鬱陵島ᄂᆞᆫ 海洋中에 荒蕪ᄒᆞᆫ 地로 開拓未幾에 人烟이 稀少ᄒᆞ고 營業이 極艱ᄒᆞ온中 日本人의 無賴者가 成群移居ᄒᆞ야 居民을 陵虐ᄒᆞ며 森林을 斫伐ᄒᆞ다 聽聞이 駭然ᄒᆞ기로 本年 五月에 裵季周로 該島 島監을 還任前赴ᄒᆞᆯ 時에 總稅務司에게 函囑ᄒᆞ야 釜山港 稅務司로 會同往查케 ᄒᆞ얏더니 該島 島監의 報告書와 總稅務司의 來函을 一切 閱查ᄒᆞ온즉 日本人 數百口가 村落을 自成ᄒᆞ고 船隻를 유行ᄒᆞ며 木料를 連續載運ᄒᆞ고 穀包物貨를 潛行交易호되 其意ᄅᆞᆯ 少咈ᄒᆞ면 握創揮釰ᄒᆞ고 恣意暴動ᄒᆞ야 顧忌가 少無ᄒᆞ기로 居民이 居皆驚懼ᄒᆞ야 安堵치 못ᄒᆞᄂᆞᆫ 情節이 累係的確이온즉 該事件이 關係非輕ᄒᆞᆫ지라 及令嚴戢치 아니면 該島 居民이 離散乃已ᄒᆞ겟ᄉᆞᆸ기 玆에 擧實仰佈ᄒᆞ오니

照亮ᄒᆞ신 後 日本公館에 轉照ᄒᆞ시와 鬱陵島에 潛越ᄒᆞᆫ 日本人을 訂期刷還케 ᄒᆞ고 不通商口에 密行賣買ᄒᆞᆫ 罰款은 約章에 依ᄒᆞ야 調查徵收ᄒᆞ고 後

弊를 永杜ᄒᆞ시기를 爲要事.

光武三年 九月 十五日

議政府贊政內部大臣 閔丙奭

議政府贊政外部大臣 朴齊純 閣下

(56)『內部來去案』(4) 外部大臣의 內務大臣에게의 「照覆 第20號」, 光武 3年(1899년) 9月 22日條

照覆 第二十號

貴 第十三號 照會를 准ᄒᆞ와 鬱陵島에 日本人 數百口가 自成村落ᄒᆞ고 載運木料ᄒᆞ며 交易貨物ᄒᆞ고 恣意暴動ᄒᆞ야 居民離散等事를 日本公使에 即行知照ᄒᆞ와 查拿諸犯 從重審辦調回本國 竝按照約旨 徵繳罰金ᄒᆞ라 ᄒᆞ엿더니, 該照覆을 接到ᄒᆞ온즉 本邦人이 貴國境土內에셔 條約違犯 及其他犯罪에 對하야 處辨一事ᄂᆞᆫ 一切 貴我條約에 載明ᄒᆞᆫ바매 鬱陵島에셔 本邦人의 行爲가 果如貴等因이면 是亦 條約上 順序를 因ᄒᆞ야 最近 我領事에게 交付ᄒᆞ야 措處를 求ᄒᆞᆷ은 貴政府의 自屬ᄒᆞᆫ 權能이라. 然而 本官이 貴政府의 事情을 察ᄒᆞᆷ으로 特히 好意上 便宜의 措置를 行ᄒᆞ랴 ᄒᆞ야 曩者에 元山碇泊ᄒᆞᆫ 警備艦에 領事官員을 搭乘케ᄒᆞ야 其情況을 調査ᄒᆞ야 本邦人을 說諭調回케ᄒᆞᆯ 次로 該島에 派遣이러니 該艦이 鬱陵島에 恰達ᄒᆞᆯ새 天候가 匈惡ᄒᆞ야 爲風浪之阻ᄒᆞ야 人員이 不能下陸ᄒᆞ고 釜山으로 空歸之意로 向日에 電報를 接ᄒᆞ고 本官이 電訓을 更發ᄒᆞ되 天候를 見量ᄒᆞ야 一應 該島에 回航ᄒᆞ야 其事를 歸結ᄒᆞ라고 旣命ᄒᆞ얏스매 其覆命을 追俟ᄒᆞ야 何等照會를 ᄒᆞᆯ터이나 玆先照覆等因이온바 不通商口岸에 外國人이 買地購屋開棧等事ᄂᆞᆫ 按章禁止ᄒᆞ며 如有爲違拒者면 附近 該國領事에게 拿交徵罰케 함이 自是 地方官職權이온즉 貴府에서 該地方官에게 將此 訓飭ᄒᆞ시되 不待日本官員調査ᄒᆞ고 先行曉飭日人ᄒᆞ야 一齊撤回ᄒᆞᆯ 意로 定給期限ᄒᆞ며 揭文告示케 ᄒᆞ심이 妥當ᄒᆞ기로 玆에 照

覆ᄒᆞ오니 査照辦理ᄒᆞ심을 爲要.

光武三年 九月 十五日

議政府贊政外部大臣 朴齊純

議政府贊政內部大臣 閔內奭 閣下

해설 요점

이 자료는 대한제국 외부대신이 주한 러시아 공사로부터 25년간을 기한으로 러시아가 삼림벌채권으로 획득한 울릉도 및 두만강·압록강 등지의 삼림을 일본인 등이 불법벌채해 가는데 대해 항의를 받고 1899년 8월 8일자로 내부대신 서리에게 지방관으로 하여금 일본인의 삼림 불법벌채를 금지시키도록 대책을 세울 것을 요청한 공문이다.

대한제국 내부대신은 1899년 9월 15일자로 외부대신에게, 일본인들이 불법으로 울릉도에 들어와 촌락(村落)을 이루고 살면서 불법으로 목재를 벌채해 내어가고 행패를 부리고 있으므로 일본 공사관에 요구하여 개항장이 아닌 울릉도에 불법으로 밀입도한 일본인들을 쇄환해 가도록 하라고 요청한 공문을 보내었다.

이에 대해 외부대신은 9월 22일자로 내부대신에게 보낸 회답공문에서, 지난번 내부대신의 공문 중에 울릉도에 일본인 수백 명이 스스로 촌락을 만들고 목재를 불법으로 베어 실어내어 가며 밀무역을 하고 자의로 폭동하여 한국인 거민이 이산할 지경이라는 사실을 주한 일본공사에게 통보해서 범법자를 체포하여 경중을 조사하고 벌금을 징수하라 하였더니 일본공사로부터 회답이 왔다는 것이다.

일본공사의 회답문의 요지는 ① 한국 영토 내에서 일본인의 조약 위반한 범죄에 대한 처리의 일은 한·일 조약에 명백히 기재된 바이므로, 울릉도에서 일본인의 행위가 과연 조약을 위반했다면 가장 가까운 일본영사에게

교부해서 조처를 구함은 한국 정부의 권능이요, ② 일본공사가 한국 정부에게 호의상 편의의 조치를 행하려고 일찍이 원산에 정박한 경비정에 영사관원을 탑승시켜서 정황을 조사하여 일본인을 설득해서 데려오려고 울릉도에 파견했더니 기후가 흉악하여 풍랑 때문에 하륙하지 못하고 돌아왔으며, ③ 개항장이 아닌 항구에 외국인이 토지와 가옥을 사고 상업을 함은 조약에서 금지하는 바이니 그러한 위반자가 있으면 부근의 그 나라 영사에게 체포 이관해서 징벌함이 바로 지방관의 직권이니 한국 정부에서 한국 지방관에게 훈칙하여 일본관원의 조사를 기다리지 말고 먼저 일본인을 단속해서 일제히 돌려보낼 뜻으로 기한을 정해주어 문자로 고시(告示)하는 것이 타당하다고 생각한다는 것이었다.

주한 일본공사는 당시 대한제국의 중앙정부나 지방관이 울릉도에 불법 밀입도하여 불법으로 목재를 벌채해가고 밀무역하는 수백 명의 일본인들을 기한을 정하여 강제 철환시킬 능력이 없다고 보고 매우 오만하고 무례한 회답문을 보내 온 것이었다. (중권, 본문 87~97쪽 참조)

18) 『내부래거안』 기사(2)

(57) 『內部來去案』(1) 內部大臣의 外部大臣에게의 『照會 第6號』, 光武 4年(1900년) 3月 14日條

照會 第六號

鬱陵島島監 裵季周의 報告書를 接ᄒᆞ온즉 內開

本島所管槻木 見奪於日人事 已有所兩次報告 則伏相洞燭 而日人之所斫槻木者 卽不過前島監吳聖一之許給文字而已 而若一時島監斥賣公物 已是無據 此若不禁斷 則島民有難奠保 故竝與島民 欲爲挽止 則不有經界 一向斫伐

自顧本島勢力 强弱懸絶 至於八九兩朔 日人又爲斫伐者 至爲千餘板 則其在保護之地 不可坐而全奪 以身進待于部庭 告達根由次發行 則日人散四守直於各處港口 使不得出入 誠爲鬱悶. 且日人謂以昨年裁判之後 以其買處文字反爲得訟 裁判浮費數萬元 徵出於島監之意 威脅促去計料故不獲已 蕩斥家産太半不足 方爲受困於日人之除 島民如何發論 各出錢穀 以執報右錢 僅爲免禍 項於八月日 司檢金庸爰 濟溺船造成次 到付農商工部訓令 而來斫槻木八十株 同金庸爰 籍以此時可乘 賣食槻木於日人次 出用債錢三十餘兩 而要接日人 偕到本島 將欲亂斫槻木 故不許斫木 則所謂司檢 難耐日債之督促 暫爲擔當次 抵死懇請 故爲念事機之亡測 挪貸於島民 而替報日債上項 司檢金庸爰 尙無發落 故累陳顚末이견과 天涯僻隅奉職來由者 鬱陵一島也 保護之節 專靠於槻木 而島民之樵採 亦由於玆 則緊重與他逈別 第伏念末梢事 則初不如賣捕於國用 而日人處 見徵裁判浮費數萬圓及 司檢所報 島民處貸用條三千餘兩若不報給 則其於覆載之間 果無擡顔之心 亦是爲萬萬悶憐 玆用報告等因이라 此를 准査ᄒᆞ온즉 該島中 日本의 非理橫侵ᄒᆞᄂᆞᆫ 事件을 業己仰佈ᄒᆞ온바 今此擧措ᄂᆞᆫ 尤極駭悖라 玆以仰佈ᄒᆞ오니

照亮ᄒᆞ신 後 該公館에 知照ᄒᆞ시와 該日本亂民悖擧를 禁斷ᄒᆞ고 該勳徵錢額을 責還ᄒᆞ고 該島中所住ᄒᆞᆫ 男女口를 幷爲撤還케 ᄒᆞ시고 示明하시믈 爲要事

光武四年 三月 十四日

議政府贊政 內部大臣 李乾夏

議政府贊政 外部大臣 朴齊純 閣下

조회 제6호

울릉도도감 배계주의 보고서를 접한 즉 봉해진 문서의 내용을 열어보니 "본 섬의 관리하는 바 느티나무를 일본인에게 빼앗긴 것에 대해 이미 두 차례 보고한 바가 있는 즉 엎드려 생각하건대 통촉하셨을 것인데 일본인이

벤 느티나무라는 것은 곧 전 도감 오성일이 발급해준 문자에 의한 것에 불과합니다. 이같이 한때에 도감이 마구 팔아치운 공물은 이미 근거가 될 수 없으니 이것을 만약 금단하지 않는다면 섬 주민이 안정을 보장받기 어려움이 있습니다. 그러므로 아울러 섬 주민과 함께 만류하여 그치게 하고자하면 경계를 정해놓지 않아 한결같이 베어냅니다. 스스로 돌아보면 본 섬의 세력은 강약에 있어 매우 차이가 있습니다. 8월, 9월 두 달에 이르러 일본인이 또 베어 낸 것이 천여 그루에 이른 즉 그 보호하는 처지에 있어 앉아서 완전히 빼앗길 수 없어 몸소 부(部)의 뜰에 나아가 기다려 근본 사유를 아뢰어 진달하기 위해 출발했으나 일본인이 사방에 흩어져 수직(守直)을 각 곳의 항구에 풀어 출입하지 못하게 하니 진실로 답답하고 민망스럽습니다.

또한 일본인이 이르기를 작년에 재판을 한 후로 매매처 문자 때문에 도리어 송사를 하게 되었다 하고 재판 비용 수만 원을 도감에게 징수할 뜻으로 위협하면서 잡아갈 계산이다 하므로 부득이 가산을 다 털어 넣었는데도 태반이 부족했습니다. 바야흐로 일본인에게 곤욕을 받을 즈음에 섬 주민이 어떻게 논의를 꺼냈는지 각각 전곡(錢穀)을 내어 위의 전(錢)에 보답하여 겨우 화를 면하였습니다.

지난 8월 몇 일에 사검 김용원이 제익선(濟溺船)을 만드는 일로 농상공부훈령을 가지고 와서 느티나무 80그루를 베었고, 동 김용원은 이때를 빙자하여 일본인에게 느티나무를 팔아먹으려고 하던 차에 채전(債錢) 3000여 냥을 내어 쓰고 일본인과 접촉하여 본 섬에 함께 도착하여 장차 느티나무를 함부로 베려고 하므로 나무를 베는 것을 허락하지 않은 즉 이른바 사검이 일채(日債)의 독촉을 견디기 어려워 잠시 담당을 하였다고 하면서 죽기로서 간청하였습니다. 그러므로 일의 상황이 어떻게 전개될지 예측하지 못한다고 생각되어 섬 주민에게 꾸어서 위 항목의 일채를 갚았습니다. 김용원의 일은 아직 결말이 나지 않았습니다. 그러므로 대략 시말을 진술하였거니와 멀리 떨어져 치우친 모퉁이에서 직무를 받들 수 없는 곳이 이 울릉도입니다. 보호하는 절차가 오로지 느티나무에 의지하고 섬 주민이 땔나무하는 것도 여기에 말미암은 즉 긴요하고 중대한 것이 다른 것과는 아주 구별됩니다.

다만 엎드려 생각하건대 마무리 일은 처음부터 팔아서 국가 재용에 보충하는 것이 낫고 일본인에게 재판에 든 부비(浮費 : 일을 하는데 써서 없어지는 돈) 수만 원을 징수당한 것과 사검이 섬 주민에게 갚는다는 조건으로 꾸어 쓴 명목 3000여 냥을 만약 갚아 지급하지 못하면 하늘과 땅 사이에 진실로 얼굴을 들 마음이 없을 것이니 또한 매우 민망하고 가련하여 이에 보고를 드립니다.

이를 확인 조사하온 즉 해당 섬 중에 일본인이 비리를 저질러 불법으로 침범하는 사건의 상황을 이미 우러러 알린 바 지금 이 행동거지는 더욱 지극히 패악하고 흉악합니다. 이에 우러러 알리오니 밝게 살피신 뒤에 해당 공관에 알려 조회하게 하여 해당 일본 난민(亂民)의 사리에 어긋난 행동을 금단하고 억지로 징수해간 해당 금액을 돌려주기를 독책하고 해당 섬 속에 거주하는 남녀 인구를 아울러 철수하여 돌아가게 하시고 밝게 교시하시기를 바람.

광무 4년 3월 14일

의정부찬정 내부대신 이건하

의정부찬정 외부대신 박제순 각하

(58)『內部來去案』(2) 內部大臣의 外部大臣에게의「照會 第7號」光武 4年(1900년) 3月 26日條

照會 第七號

鬱陵島 島監 裵季周의 報告書를 據ᄒᆞ야 敝部 第六號 照會가 業已繕發ᄒᆞ온

바 該島情形이 一時危急이옵기 玆又仰佈ᄒᆞ오니

照亮ᄒᆞ신 後 日本公館 照复辭意를 函爲 示明ᄒᆞ시믈 爲要事

光武四年 三月 二十六日

議政府贊政 內部大臣 李乾夏

議政府贊政 外部大臣 朴齊純　閣下

(59)『內部來去案』(3) 外部大臣의 內部大臣에게의「照復 第5號」光武 4年(1900년) 3月 27日條

照復 第五號

貴 照會 第六號 七號에 鬱陵島居留日人 事件은 次第接准이온바 日本公使에게 卽行知照ᄒᆞ엿더니 該照復이 現到을 엿기로 전문 全文鈔謄ᄒᆞ와 另附照會ᄒᆞ오니

查照ᄒᆞ오셔 彼此派員ᄒᆞ야 前往調查ᄒᆯ 方策을 講究 示明ᄒᆞ심을 爲要事

光武四年 三月 二十七日

議政府贊政 外部大臣 朴齊純

議政府贊政 內部大臣 李乾夏　閣下

(60)『內部來去案』(4) 內部大臣의 外部大臣에게의「照會 第9號」, 光武 4年(1900년) 5月 9日條

照會 第九號

鬱島查檢事로 昨承公函이온바 日本公使 ○函을 查閱ᄒᆞ온즉 自京發行日字를 二週日로 請退ᄒᆞ얏기 玆以仰佈ᄒᆞ오니 該公館에 便爲轉照ᄒᆞ시와 二週日限期가 的是那個日이온지 照詳 示明ᄒᆞ오셔 以便行具케 ᄒᆞ시믈 爲要事.

光武四年 五月 九日

議政府贊政 內部大臣 李乾夏

議政府贊政 外部大臣 朴齊純 閣下

(61)『內部來去案』(5) 外部大臣의 內部大臣에게의「照復 第7號」, 光武 4年(1900년) 5月 14日條

照復 第七號

貴 第九號 照會를 接到ᄒᆞ온즉 鬱陵島事檢事로 日本公使가 自京發行日字를 二週日로 請退ᄒᆞ얏스니 該公館에 更爲轉照ᄒᆞ와 二週日限期가 的是那個日인지 昭詳 示明ᄒᆞ라 ᄒᆞ시온바 此를 准ᄒᆞ와 日本公使에게 派員行期를 詢及ᄒᆞ엿더니 答稱公使와 主務大臣과 派員이 會同ᄒᆞ야 訂定ᄒᆞᆯ 事가 有ᄒᆞ니 派員行期ᄂᆞᆫ 再行議定ᄒᆞ자 ᄒᆞ옵고 又有調查擬稿ᄒᆞ야 使彼此派員으로 各持一本케ᄒᆞ자ᄒᆞ옵기 該調查擬稿ᄂᆞᆫ 抄錄送交ᄒᆞ오니 貴部派員이 帶持一本케ᄒᆞ시고 貴大臣게셔 何日로 定期ᄒᆞ오셔 外部로 會晤케 ᄒᆞ심이 妥當ᄒᆞ옵기로 玆에 照會ᄒᆞ오니

查照示復ᄒᆞ심을 爲要

光武四年 五月 十四日

議政府贊政 外部大臣 朴齊純

議政府贊政 內部大臣 李乾夏 閣下

鬱島在留日本人調查要領　　　　韓日人分日查問

一有日本無恒之民數百名 冒佔一區 自成村落 駛行船舶 斫伐木料 偸運物貨 侵虐居民 少怫其意 姿意暴動 使用兵器 全無顧忌 地方官吏 不得禁止.

然而昨年九月 中高雄書記生之前往該島 命在留本邦人退去也 同人等抗議云 本邦人之前往該島伐木者 卽經該島監之許可 納付其相當伐木料也 實非盜伐也 然則其事實與照會 梢相齟齬.

一 日本人尙無退去之意 亂斫槻木 愈往愈甚島監 不可坐視其無理 直欲船

赴漢城 告想事實 奈日本人等 派守各津口 使我人不得通涉事.

二 以伐木一案 島監往訴日本裁判所 經質查索賠 今爲幾年之久 日本人籍稱裁判費爲數萬元 向島監責償威逼脅持無所不至島民恐懼代爲辦備發賣產業以充補其所要之額現在危困之中.

三 日本人給錢韓人金庸爰 訂有伐木之約 若要禁伐 必須償錢等語 島民等視槻木如性命 將該錢三千餘兩 一併替償云云.

光武三年 九月十六日 外部大臣照會內稱.

第一之事實甚疑 而果若無違 則其申必歸本邦人 然而想必有何等事情於其間 此要調查也.

第二凡裁判費用 負擔於敗訴者 卽普通之理也 其爲敗訴者之本邦人 却向島監要求裁判費用云者 甚屬矛盾 且係疑訝也.

第三欲禁本邦人給價買伐之料 則宜先辦償其金額 理所當然 亦要調査也.

以此次派遣日韓調查委員 除調查以上各項事實復命外 不有如何措處之權 但日韓當局者待該委員復命 在京城審議辦理.

조복(照復) 제7호

귀 제9호 조회를 접수하여 본즉 울릉도 조사의 일로 일본공사가 서울에서의 출발 일자를 2주일 연기를 요청해 왔으니 그 공관에 다시 조회를 돌리어 2주일 한기(限期)가 정확히 어느 일자인지 소상히 알려달라 하였습니다. 이를 준(准)하여 일본공사에게 파견위원의 출발 시기를 자문했더니 답하기를 일본공사와 주무대신과 파견위원이 회동(會同)하여 고쳐서 정할 일이 있으니 파견위원 출발 시기는 다시 의정(議定)하자 하고, 또한 조사의고(調查擬稿)가 있으니 피차의 파견위원으로 하여금 각각 1본씩 지참하게 하자고 하기에 그 조사의고의 초록을 보내니 귀부 파견위원이 1본 휴대하여 갖고 가게 하시고 귀대신께서 어떠한 일자을 정하셔서 외부에서 회의하심이 타당하옵기에 자에 조회하오니 검토하시고 답서하여 주시기 바랍니다.

광무 4년 5월 14일

의정부찬정 외부대신 박제순

의정부찬정 내부대신 이건하 각하

울릉도 재류 일본인 조사요령　　　　한국인과 일본인을 나누어 조사

일본의 일정한 직업이 없는 백성 수백 명이 한 구역을 함부로 점거하여 스스로 촌락을 이루고 배를 타고 다니면서 목재를 베고 물화(物貨)를 훔쳐 운반하고 거주하는 백성을 침범하여 학대하는데 조금이라도 그 뜻을 어기면 마음대로 폭동을 일으키고 무기를 사용하여 전혀 거리낌이 없는데도 지방관리가 금지하지 못합니다.

그런데 작년 9월 중에 고웅(高雄) 서기생(書記生)이 전에 해당 섬에 가서 머무르고 있는 본방인에게 물러가기를 명하니 동 사람들이 항의를 했다고 합니다. 본방인이 해당 섬에 가서 벌목한 것은 곧 해당 도감의 허가를 받아 그 상당한 벌목료를 납부하였으니 실은 몰래 벌채한 것이 아닙니다. 그렇다면 그 사실과 조회한 것은 조금 서로 어긋납니다.

첫째 일본인이 오히려 물러갈 뜻이 없고 느티나무를 함부로 베어 더욱 갈수록 더욱 심하니 도감이 그 무리하게 행동함을 앉아서 보고 있을 수만 없어 바로 배를 타고 한성에 나아가 사실을 알리고자 하였으나 일본인 등이 각 진구(津口)에 파견되어 지키어 우리들로 하여금 상통하고 교섭하지 못하게 하니 어찌하겠습니까.

둘째 나무를 벌채한 한가지 안건을 가지고 도감이 일본 재판소에 가서 소송을 제기하고 질문과 조사를 거쳐 배상을 요구한지 지금 몇 년이나 오래 걸리었는데도, 일본인이 재판비가 수 만원이 들었다고 빙자하여 도감에게 배상을 독책하고 협박하여 이르지 않는 곳이 없습니다. 섬 주민이 두려워하

여 대신 비용을 마련하기 위하여 가산을 팔아도 보충할 수 없으니 그 필요한 바의 액수가 현재 위태롭고 곤란한 처지에 있습니다.

셋째 일본인은 한인 김용원에게 돈을 지급하고 나무를 베도록 약속이 되어 있습니다. 만약 나무 베는 것을 금하고자 하면 반드시 배상금 등의 말이 있을 것입니다. 섬 주민 등이 느티나무 보기를 생명처럼 여기는데 해당 돈 3000여 냥을 한꺼번에 배상해야 한다고 합니다.

위는 광무 4년 3월 16일 외부대신 조회 내에서 일컬은 것임.

첫 번째의 사실은 매우 의심스러운데 과연 사실과 어긋남이 없다면 그 잘못은 반드시 본방인에게 돌아갈 것입니다. 그러나 생각해보면 반드시 그 사이에 어느 정도의 사정은 있을 것이니 이것을 조사할 필요가 있습니다.

두 번째의 재판비용을 패소자가 부담하는 것은 곧 보통의 이치입니다만, 그 패소한 본방인이 도리어 도감에게 재판비용을 요구한다고 하는 것은 매우 모순이 되고 또 의아한 일입니다.

세 번째의 본방인이 값을 지급하고 사서 베기로 한 수목을 베는 것을 금지시키고자 하면 마땅히 먼저 그 금액을 마련하여 배상하는 것이 이치에 당연한 바니 또한 조사해야 합니다.

이번에 파견한 조사위원은 이상 각 항의 사실을 조사하여 복명하는 것을 제외하고는 어떠한 조처의 권리도 갖고 있지 않습니다. 다만 한·일 당국자가 해당 위원이 복명하는 것을 기다려서 경성에서 심의하여 변리해야 할 것입니다.

(62)『內部來去案』(6) 內部大臣의 外部大臣에게의 「照會 第11號」, 光武 4年(1900년) 5月 19日條

照會 第十一號

貴 第七號 照復을 接准ᄒᆞ온즉 內開

貴 第九號 照會를 接到ᄒᆞ온즉 鬱陵島事件事로 日本公使가 自京發行日字를 二週日로 請退ᄒᆞ얏스니 該公館에 便爲轉照ᄒᆞ와 二週日限期가 的是那個日인지 照詳 示明ᄒᆞ라 ᄒᆞ시온바 此를 准ᄒᆞ와 日本公使에게 派員行期를 詢及ᄒᆞ엿더니 答稱公使와 主務大臣과 派員이 會同ᄒᆞ야 訂定ᄒᆞᆯ 事가 有ᄒᆞ니 派員行期ᄂᆞᆫ 再行議定ᄒᆞ자 ᄒᆞ옵고 又有調查擬稿ᄒᆞ야 使彼此派員으로 各持一本케ᄒᆞ자ᄒᆞ옵기 該調查擬稿ᄂᆞᆫ 抄錄送交ᄒᆞ오니 貴部派員이 帶持一本케ᄒᆞ시고 貴大臣게셔 何日로 定期ᄒᆞ오셔 外部로 會晤케 ᄒᆞ심이 妥當ᄒᆞ옵기로 玆에 照會ᄒᆞ오니 查照示復ᄒᆞ심을 爲要 等因이라

此를 准查ᄒᆞ온즉 一次會晤ᄒᆞ미 果是妥當ᄒᆞ옵기로 玆以仰佈ᄒᆞ오니

照亮ᄒᆞ신後 該公館에 知照ᄒᆞ시와 本年五月 二十一日 下午 二点鍾에 貴部로 會同케ᄒᆞ심을 爲要事

光武 四年 五月 十九日

議政府贊政 內部大臣 李乾夏

議政府贊政 外部大臣 朴齊純 閣下

해설 요점

『내부래거문』의 이 자료는 1900년 3월에 울릉도도감 배계주(裵季周)의 일본인들의 행패와 재목 도벌에 대한 보고를 받고, 대한제국 내부대신이 외부대신에게 일본인들의 울릉도에서의 철환을 일본공사에게 요구할 것을 촉구한 공문이다.

내부대신 이건하(李乾夏)는 외부대신의 답서가 없자 조회 제6호에 이어 3월 26일 위의 조회 제7호를 외부대신 박제순(朴齊純)에게 연달아 보내어 울릉도의 급박한 사정과 외부대신의 주한 일본공사에의 항의서 발송 및 그 답서의 수령을 강력히 요구 독촉한 것이었다.

내부대신 이건하가 외부대신에게 발송한 조회 제6호와 제7호 공한에

대한 외부대신 박제순의 3월 27일자 답서에서, 내부대신의 두 차례 공한을 받고 울릉도 거류 일본인의 즉각 철수 이행을 일본공사에게 요구했더니 이제 그 답서가 도착했으므로 전문(全文)을 필사하여 보내니 검토해서 저들과 우리 측이 함께 현지에 가서 조사할 방책을 강구하여 알려주기 바란다고 하였다. 즉 대한제국 외부대신과 주한 일본공사 사이에는 먼저 양측이 조사관을 울릉도에 파견하여 울릉도도감 배계주의 보고서의 사실 여부와 울릉도의 실태를 조사한 다음 대책을 실행하자고 합의된 것이었다. 외부대신은 한·일 합동조사의 조사관 파견과 조사 방책을 강구하여 알려달라고 내부대신에게 요청한 것이었다.

일본 측은 울릉도 합동조사단(국제조사단)의 서울 출발일자를 5월 10일경으로 합의했다가 2주일의 일자 연기를 대한제국 외부대신에게 요청해왔다. 이에 대한제국 외부대신 및 내부대신과 일본 공사관 사이에 일자 조정이 있었다.

그후의 진행과정을 보면, 5월 21일 양측 대표의 회동이 있었고, 조사관의 서울 출발 일자를 5월 25일로 의정하였다. 이에 대한제국 내부의 울릉도시찰위원 우용정은 5월 25일 인천항을 향해 서울을 출발하여, 5월 27일에 일본 경부(警部) 1명을 태우고 인천을 출발 부산항에 도착해서, 5월 30일 감리서(監理署)주사 김면수(金冕秀)와 부산 해관 세무사 라포르트(E. Laporte, 羅保得) 및 대변(對辨) 김성원(金聲遠)과 주부산 일본부영사 아카쓰카[赤塚正助(輔)] 및 경부 1명과 함께 창룡환(蒼龍丸)에 탑승하여 5월 31일 울릉도에 도착하였다.

우용정은 1900년 6월 1일부터 5일간 프랑스인 세무사 라포르트의 입회 아래 일본부영사 아카쓰카 등과 연달아 회동하면서 울릉도의 실태를 조사하였다. (중권, 본문 87~112쪽 참조)

19)『시찰위원 고시』

(63)『告示』(1900년 6월 1일)

六月 一日

現今 本官이 皇命을 奉有ᄒᆞ옵고 本部大臣 訓令을 承ᄒᆞ야 此島 人民의 疾苦와 開拓多寡의 形便과 外國人의 侵暴ᄒᆞᄂᆞᆫ 情節을 詳細調査ᄒᆞᆯ 次로 外部派員과 同爲來到ᄒᆞ야스며 日本官員 二員도 該國商民의 出沒作弊ᄒᆞᄂᆞᆫ 情節을 查核코져 亦爲偕到ᄒᆞ야시니 各洞大小民中 詳事ᄒᆞᆫ 二三人式 刻即來待ᄒᆞ야 前後弊瘼을 悉陳無隱ᄒᆞ미 爲宜事.

(64)『又 告示』(1900년 6월 3일)

又　　　　　　六月 三日

本官이 此島에 來ᄒᆞᆫ후 本島 告示를 宣布ᄒᆞ야시니 爾民人等도 朝家의 眷眷顧恤ᄒᆞ시ᄂᆞᆫ 本旨를 感服ᄒᆞ려니와 大抵 本島가 海洋中에 孤立ᄒᆞᆫ 地로 開拓이 十數年에 無過호되 爾民人等이 墳墓를 離ᄒᆞ고 親戚을 棄ᄒᆞ야 危險을 不憚ᄒᆞ고 鯨濤를 遠涉ᄒᆞ야 勞力殖産ᄒᆞ므로 生齒가 日著ᄒᆞ고 土地가 漸闢ᄒᆞ야 儼然히 一都會를 成ᄒᆞᆫ지라 民國幸福이 此에 莫大ᄒᆞᆯ지나 然ᄒᆞ나 凡百制度가 一切不備ᄒᆞ야 島監은 官使虛名을 徒擁ᄒᆞ고 人民은 國家原籍에 漏脫ᄒᆞ며 行政法律과 教育經營 等에 諸船規則은 一事件도 佈及ᄒᆞᆫ바이 無ᄒᆞᆯ분더러 挽近日本人이 潛越侵虐ᄒᆞ야 爾民人等이 驚擾不靖ᄒᆞᆯ 境에 至ᄒᆞ니 政府에 保護方略이 未遑ᄒᆞ다 謂ᄒᆞᆯ지나 其源을 苟究ᄒᆞ면 航路가 阻隔ᄒᆞ야 聲氣가 不通ᄒᆞ미라 엇지 歎惜치 아니ᄒᆞ리오 廻者本部로셔 日本公事와 轉照駁論이 今旣屢度에 本官을 特派ᄒᆞ야 日本領事와 會同調査ᄒᆞ야 昭詳面報ᄒᆞ면 政府의 籌策이 固有ᄒᆞ려니와 堅急ᄒᆞᆫ 事件은 爲先 逐條左開ᄒᆞ노니 爾等은 恪遵擧行ᄒᆞ야 期圖實效케 ᄒᆞᆯ지오 本官이 回航이 悤急하야 未盡ᄒᆞᆫ 事이 多ᄒᆞᆫ즉 爾等도 方

略을 爛商하야 亦爲臚列交呈ᄒᆞ면 歸告本部ᄒᆞ야 事體에 妥合ᄒᆞ고 人民에게 便利ᄒᆞᆫ 事件은 一一准施ᄒᆞ야 爾海島人民으로 仁天雨露에 一體涵泳케 ᄒᆞᆯ지니 爾等은 咸須知悉홀ᄒᆞ미 爲宜事.

一. 官民間에 體統을 嚴立ᄒᆞ고 禁令을 恪遵ᄒᆞ여 違越ᄒᆞ미 無ᄒᆞᆯ 事.

一. 森林은 國家封山이니 各洞이 極力守養호되 農作을 爲ᄒᆞ야 火菑를 ᄒᆞᆯ지라도 連抱의 木을 延燒치 勿ᄒᆞᆯ 事.

一. 無法ᄒᆞᆫ 民이 有하야 日人을 締結ᄒᆞ야 槻木을 盜斫ᄒᆞᄂᆞᆫ 者 有ᄒᆞ거든 木料ᄂᆞᆫ 一幷屬公ᄒᆞ고 該民은 卽爲逐出ᄒᆞᆯ 事.

一. 起墾地項에 斗數와 實戶實口를 一一調査ᄒᆞ야 每年으로 本部에 報明ᄒᆞᆯ 事.

一. 風帆船隻을 買置ᄒᆞ야 航路에 便利ᄒᆞ고 土産을 運出貿易ᄒᆞᆯ 事.

一. 本島船隻을 買置ᄒᆞᆫ 後로ᄂᆞᆫ 島中物産을 本島船隻으로 出入貿易호되 萬一 外國船隻에 裝載ᄒᆞᄂᆞᆫ 境遇에ᄂᆞᆫ 該物貨ᄂᆞᆫ 一幷本島 會社中으로 屬公할 事.

一. 鹽田諸具ᄅᆞᆯ 准備ᄒᆞ야 煮鹽을 先務로 急히 ᄒᆞᆯ 事.

一. 毋論 本國人與外國人ᄒᆞ고 伐木造船은 一切 廢禁ᄒᆞᆯ 事.

一. 學校를 設置ᄒᆞ야 人民으로 敎育ᄒᆞᆯ 事.

一. 或 不法ᄒᆞᆫ 人民이 以少凌長ᄒᆞ거나 酗酒雜技로 洞規ᄅᆞᆯ 亂ᄒᆞᄂᆞᆫ 者 有ᄒᆞ거든 法律ᄅᆞᆯ 一定ᄒᆞ야 敢行禁斷ᄒᆞᆯ 事.

해설 요점

이 자료는 내부 시찰위원 우용정(禹用鼎)이 1900년 6월 1일과 6월 3일에 울릉도에서 도민들에게 도착 후 처음 써 붙인 2개의 고시문(告示文)이다.

6월 1일 고시문의 내용은 황제의 명령과 내부대신의 훈령을 받고 울릉도 백성들의 질고(疾苦)와 개척의 형편과 외국인의 침포(侵暴)하는 정절(情

節)을 상세히 조사하기 위해 외부 파견원과 함께 왔으며, 일본관리 2명도 자기네 상민(商民)이 출몰하여 작폐(作弊)하는 정절(情節)을 조사하기 위해 역시 함께 왔으니, 각 동의 백성 중에서 일을 아는 사람 2·3인을 뽑아 즉시 대기하고 있다가 전후의 폐막(弊瘼)을 감추지 말고 모두 진술하라는 것이었다.

6월 3일 고시문 내용은 우선 긴급한 사항을 다음에 열거하니 각별히 실시하여 실효를 거두게 할 것이요, 백성들이 방략을 의론하여 제출하면 돌아가 내부에 보고하여 합당한 것은 낱낱이 실사할 것이니 그리 알라는 것이었다. 시찰위원 우용정이 열거한 긴급한 사항은 ① 관과 민이 모두 정부의 금령(禁令)을 준수하여 위반함이 없도록 할 것, ② 삼림을 잘 보호할 것, ③ 불법한 백성이 일본인과 체결하여 규목(槻木)을 도벌하는 자가 있으면 목재는 모두 속공(屬公)하고 그 백성은 족출할 것, ④ 개간한 토지 면적과 가구 및 인구를 낱낱이 조사하여 매년 내부에 보고할 것, ⑤ 선박을 구입하여 해운과 무역을 이용케 할 것, ⑥ 울릉도의 선박을 구입한 후에는 울릉도의 물산은 모두 울릉도의 선박으로만 출입 무역하게 하되, 만일 외국선박에 적재할 경우에는 그 물화(物貨)는 모두 울릉도회사의 것으로 속공(屬公)할 것, ⑦ 염전(鹽田)장비를 준비하여 급히 소금 제조를 서두를 것, ⑧ 본국인과 외국인을 막론하고 벌목하여 조선(造船)하는 것을 일체 엄금할 것, ⑨ 학교를 설치하여 백성을 교육시킬 것, ⑩ 불법한 백성이 어른을 능욕하거나 음주잡기로 동규(洞規)를 문란케 하는 자가 있으면 법률을 정하여 엄금할 것 등이었다. (중권, 본문 87~112쪽 참조)

20) 『훈령개운회사중』(시찰위원)

(65) 『訓令開運會社中』

本島가 處在東溟ᄒᆞ야 水路가 險遠ᄒᆞᆫ 地에 尙今駛用ᄒᆞᄂᆞᆫ 船隻이 無ᄒᆞᆫ 즉 來往漂沒之慮와 貿遷有無之除에 掣得多端ᄒᆞᆯ 분더러 聲氣가 不通ᄒᆞ야 政府命令을 奉遵키 難ᄒᆞ기 各洞頭民으로 爛商公議ᄒᆞ야 特置開運丸一隻ᄒᆞ고 會社를 另立호되 稅納多少와 章程條約은 更特本部指揮케 ᄒᆞᆯ지오 本社에 付屬ᄒᆞᆫ 贖錢四百金과 各人犯斫ᄒᆞᆫ 槻木은 使各洞民으로 星火都聚ᄒᆞ야 該船價額을 趂期辦給케 ᄒᆞ며 各項 事件과 進口貨物 抽稅ᄂᆞᆫ 一遵 島監約束ᄒᆞ미 爲宜事.

해설 요점

이 자료는 울릉도시찰위원 우용정이 동민들에게 개운회사(開運會社)를 설립해서 개운환(開運丸)이라는 선박 1척을 구입하여 운행케 하라는 훈령이다.

그 내용은 울릉도 각동 동민 대표들이 토의하여 개운환을 1척 특별히 사들이고 개운회사를 설립하도록 하되, 세납(稅納)의 다소와 회사 규칙은 내부에서 제정해 줄 것이고, 개운회사에 주도록 한 속전(贖錢 : 벌금) 400금(金)과 도벌한 규목(槻木)은 각 동민들로 하여금 급히 모아서 선박 구입비에 충당케 하며, 무역 화물에 대한 세금은 도감(島監)의 약속한 바를 준행하라는 것이었다.

우용정이 개운환이라는 울릉도의 해운용 선박 구입과 개운회사의 설립을 적극 고취했음을 알 수 있다. (중권, 본문 87~112쪽 참조)

21) 『훈령 십삼동』(시찰위원)

(66) 『訓令 十三洞』

本官이 來此數日에 詳察島中 前後事實 則日人之違犯章程과 侵虐居民은 已無可論 而亦不無島民之符同締結과 興訛作奸之所致也라. 言念此에 尤切痛歎이기로 玆以今飭ᄒᆞ노니 從玆以往으로 島民中 若或有符同犯斫이거나 嗾囑起鬧이거나 爲其使喚ᄒᆞ야 引鉅運木等 雇役之端이면 一從本島監指摘馳報ᄒᆞ야 卽爲移囚于釜山警務署ᄒᆞ야 分等嚴懲을 斷不饒貸矣리니 惕念擧行ᄒᆞ야 無至抵罪 爲宜事.

再此亦中 今此令飭 各其洞頭民 這這曉諭 于該洞民人等處 俾無一民不聞不知之弊 爲宜事.

해설 요점

이 자료는 울릉도시찰위원 우용정이 울릉도를 떠나기 직전에 울릉도 13동 동민들에게 일본인과 결탁하여 불법행위를 하는 자는 처벌하겠다는 것을 알린 훈령이다.

그 내용은 본관이 울릉도에 와서 며칠 머물면서 관찰한 바에 의하면, 일본인들의 불법행위와 주민 침학은 더 논할 것도 없는 사실이요 또한 도민 중에서는 일본인들에게 부화뇌동하고 결탁하여 말썽을 일으키고 작간(作奸)한 소치도 있는 것이다. 이제부터 도민 중에서 만일 일본인에 부화뇌동하여 목재를 벌채하거나 행패 소요를 일으키거나 일본인의 심부름으로 도구와 목재의 운반 등의 일에 고용되는 자가 있으면 울릉도도감이 즉각 보고하고 부산 경무서(釜山警務署)에서 체포하여 엄벌할 것이니 그리 알라는 것이었다. (중권, 본문 87~112쪽 참조)

22)『보고서』(울릉도시찰위원 우용정)

(67)『報告書』本文

本部 第一號訓令을 伏奉ᄒᆞ온즉 內開 鬱島의 視察及 談辨ᄒᆞᆯ 事項으로 特派本員 以送ᄒᆞ오니 該兩件事項을 專管使宜ᄒᆞ되 務書綜詳ᄒᆞ야 事事歸正케ᄒᆞ고 本島前後形便及 擅便히 難ᄒᆞᆫ 事項은 隨聞見記載ᄒᆞ야 以成冊子ᄒᆞ야 面票本部케하라 ᄒᆞ시온바 本月二十五日에 發向仁港ᄒᆞ와 二十七日에 日本警部一員과 搭乘木曾川丸ᄒᆞ옵고 釜港에 到泊ᄒᆞ와 監理署主事 金冕秀와 海關稅務司 羅保得과 同幇辨 金聲遠과 駐港日本副領事 赤塚正輔와 同警部 渡邊鷹治郎으로 三十日에 同搭龍丸ᄒᆞ옵고 翌日下午에 鬱島에 到泊下陸ᄒᆞ와 本月一日노 連次會同調査ᄒᆞ와 左開 遂條詳達ᄒᆞ오며 在島五日에 編查該島情形ᄒᆞ온즉 島民難保之狀과 前後事實을 亦爲後錄ᄒᆞ와 臚列詳陳ᄒᆞ오니 查照ᄒᆞ시믈 伏望.

光武四年 六月 日

內部視察官 鬱島視察委員 禹用鼎

議政府贊政 內部大臣 李乾夏　閣下

(68)『報告書』後錄 (1)

一. 本島地形 石壁居多 而長可爲七十里 廣可爲四十里 周廻亦可爲一百四五十里 亦是居民之所稱也 各種樹木 林立連抱 有如槻木紫檀栢子甘湯等木 巖石之外間間 起墾而土壤沃 腴雖無糞漑播穀豊 登所種則大小麥黃豆甘藷 而各家繼粮之餘 出口放賣其間 起墾爲七千七百餘斗落 居民則四百餘戶 男女共爲一千七百餘口 散處於山谷 或沿海濱卜居火 菑採藿生涯豊足至於 綿花麻布紙屬等 物亦不待外至 若或値凶年 則禽有鶴鳥 草有茗荑 綽綽救荒 可免飢餓 且萬山重疊 而無虎豹豺狼蛇虺之害 樹木立而亦無荊棘刺膚

之 若可謂有名勝區 但所乏者 該島地勢 太斜不得水田種稻耳.

一. 본도(本島)의 지형(地形)은 석벽(石壁)이 많고, 길이는 70리가 되고 너비는 40리가 되고 둘레는 대개 145리에 모자라지 않으니 역시 주민들이 일컫는 바이다. 각종 아름드리 수목이 죽 늘어섰는데, 물푸레나무, 자단(紫檀), 잣나무, 감탕나무 등의 나무가 있다. 암석이 있는 곳의 바깥에는 간간이 개간하였는데 토양이 기름져서 비록 똥거름이나 관개(灌漑)가 없어도 곡식을 파종하면 풍성하게 수확하였다. 파종하는 것으로는 대맥, 소맥, 황두(黃豆), 고구마 등인데 각 집마다 양식을 잇고도 남아 내다 팔고 있다. 그 사이에 개간한 것이 7천 7백여 두락(斗落)이고 주민은 4백여 호(戶)이고 인구는 남녀를 합하여 1천 7백여 명이다. 산곡(山谷)에 흩어져 살고 혹 연해빈(沿海濱)에 자리잡아 살면서, 화전을 일구고 미역을 채취하여 생애가 풍족하다. 면화, 삼베, 지류(紙類) 등속은 역시 외지에서 들어오기를 기다리지 않으며, 만약 혹 흉년을 만나면 새에는 학조(鶴鳥)가 있고 풀에는 명이(茗荑)가 있어 여유 있게 흉년을 지내고 기아(飢餓)를 면할 수가 있으며 또 만산(萬山)이 중첩한데도 호랑이, 표범, 승냥이, 뱀의 침해가 없고, 수목은 죽 늘어섰는데 역시 가시에 피부를 찔리는 고통이 없으니 유명한 절경이라 할 수 있는데 단 부족한 바는 이 섬의 지세가 너무 기울어져 논에서 벼를 심지 못하는 것뿐이다.

(69)『報告書』後錄 (2)

一. 日本人之散處各洞者合爲五十七間 男女共一百四十四口 留泊舡隻 合爲十一隻 而來往商舡 則不得定數 皆於海濱 洞口結幕居住 而擧皆槻木於板 盖屋圍壁已往之犯斫 不可盡記 自昨年以來 偸斫爲七十一柱之多 外他香木與雜木斫伐 成器亦不可枚擧一年之內 甘湯木去皮 生汁之運出 亦不下千餘桶

若又住幾年 則滿山樹木 必赭乃已 且海於無中 生事起閙作梗 則必捧槻木幾株許斫票 然後乃止此 則渠等前後偸斫 皆以此籍口之計也 甚至於同約捕鯨而不分其肉油 或戱弄閨女 而突入于內庭淩 虐我民無所不至 然島監 則單身空拳 雖欲禁止 莫可得也 大抵日人之來 留本島 若住一日 則有一日之害 留二日 則有二日之害 且今番調査時 彼人皆是遁辭發明 而至於辭窮 亦以退去 爲答原係約章之外 則從速會辦使之 卽爲撤去然後 島民可保 而森林可守也.

巡島之日 住輪下陸 則天府洞玄圃洞台霞洞 而台霞洞有官舍八間 令春修理 而洞壑圓 開地 勢平鋪牟田 不下於內地招致洞民 撫諭問瘼後 更搭輪船巡過之除適 見日本商船四隻 又爲入來 翌日探問 則伐木匠人四十名 裝載斧鋸而外他工匠等合爲七十餘名 下陸云 故更與日領事 議過嚴飭 日人不得犯斫之意 屢屢詰辨 而回船之後恐 未知有何侵暴 則不可不及令撤歸也.

一. 일본인은 각 마을에 흩어져 사는 자를 합하여 초막 57칸이고, 인구는 남녀를 합하여 144명이었다. 머물러 성박하고 있는 선박은 합하여 11척인데 내왕하는 상선(商船)은 정수(定數)가 없다. 모두 해빈(海濱)의 동구(洞口)에 초막을 매고 거주하는데 거의 모두가 물푸레나무로 판자를 만들어 집을 덮고 벽을 둘렀으니 이미 지난날에 불법으로 나무를 벌목한 것은 다 적을 수가 없다. 작년부터 이래로 몰래 벌목한 것이 71주(株)의 많은 수량이 되는 외에 다른 향목(香木) 및 잡목을 베어서 그릇을 만든 것은 또 일일이 셀 수가 없다. 1년 안에 감탕나무의 껍질을 벗겨 즙을 내어서 반출한 것이 또 1천여 통(桶)에 모자라지 않으니 만약 또 몇 년을 거주한다면 산에 가득한 수목이 반드시 벌겋게 되고 말 것이다. 또 매양 아무 일도 없는 가운데서 일을 만들어 소란을 일으켜 대립을 조성하는데, 반드시 물푸레나무 몇 주(株)를 받들어 베도록 허가한 그런 후에야 그쳤으니, 이렇다면 저들이 전후로 몰래 벌목한 것은 모두 이것으로 구실을 삼으려는 계략이다. 심지어 같

이 고래를 잡자고 약속하고는 그 고기와 기름을 나누지 아니하고 혹 규방의 여자를 희롱하고 내정(內庭)에 돌입하여 우리 백성을 능멸하며 하지 못하는 일이 없었다. 그런데 도감(島監)은 단신(單身)에 빈손으로 비록 금지시키고자 하나 성공할 수가 없으니. 대저 일본인(日人)들이 이 섬에 와서 머문다는 것은 만약 1일(一日)을 머문다면 1일의 피해가 있고 2일(二日)을 머문다면 2일의 피해가 있다. 또 금번 조사시에 저들이 모두 빠져나가려고 꾸며대는 말로서 변명하였는데 말이 궁하게 되면 또 퇴거함으로서 답을 하니 원래 맺은 약정(約章) 외(外)는 빨리 회담(會談)하고 처리하여 즉각 철거하게 한 후에야 도민(島民)을 보전할 수 있고 삼림을 지킬 수가 있다. 울릉도를 순시하는 날에 화륜선을 머무르게 하고 육지에 내린 것은 천부동(天府洞), 현포동(玄圃洞), 태하동(台霞洞)인데 태하동에는 관사(官舍) 여덟 칸이 있으니 금년 봄에 수리하였고. 깊은 골짜기는 원형으로 열렸고 지세는 평평하게 펼쳐졌고 우전(牟田 : 크고 좋은 밭)은 내지(內地 : 육지)에 못지 않았다. 동민(洞民)들을 초치(招致)하여 위무(慰撫)하고 타이르며 백성의 고통을 물은 후에 다시 화륜선을 타고 순시하며 지나갈 때, 마침 일본 상선 4척이 또 들어오고 있는 것을 보고, 다음날 탐문하니 벌목공 40명이 도끼와 톱을 실은 외에 다른 공장(工匠) 등 합하여 70명이 육지에 내렸다고 하므로 다시 일본영사와 더불어 잘못을 의논하면서 日人을 엄하게 다스려 불법으로 벌목을 하지 못하도록 할 뜻으로 여러 번 힐난하였는데 선박이 돌아간 뒤에 혹시 어떤 침포(侵暴)가 있을는지 알지 못하는 지라 불가불 지금 철수하여 돌아가기를 언급한 것이다.

(70)『報告書』後錄 (3)

一. 本島孤立 滄溟之中 若無舟楫 則聲氣莫通 年來日人之潛 渡居住恣意橫暴而不能禁止者 莫非政令不通 島民不能以時 告訴之由 則第一急先務者 准備

船隻而適値 島民方欲購買風帆一隻 其名開運丸 而價値萬無變通之策 故在島調查之除嚴飭 各洞查得 我民偸斫 爲一百六株 且已往犯斫人 處懲罰收贖又爲四百金 故不能禁飭之該島監 雖極嚴責 而斫木不可復生矣 更使島民公議 會社右項槻木及贖金 幷付該會社斥賣木料 買寘開運丸一隻 而不待本部處分 徑先擅便 雖極悚惶 若失此機該船不可購買 而一島情勢航路爲急 故不得面稟而遽許耳.

一. 본도(本島)는 푸른 바다 가운데 고립하여 있으니 만약 수군(水運)이 없다면 나라의 소리와 기세가 통하지 아니하니, 수년 전부터 일본인(日人)들이 몰래 건너와 거주하며 마음대로 횡포를 저질렀지만 능히 금지하지 못한 것은 전령(政令)의 불통(不通)이 아닌 것이 없다. 도민(島民)은 때맞추어 능히 상소하는 이유를 고(告)할 수가 없는 즉, 제일 급선무가 선박을 준비하는 것인데, 마침 도민이 바야흐로 개운환(開運丸)이라는 이름의 돛배 1척을 구매하려는 시기를 만났으나, 값을 변통하여 치를 방책이 도저히 없었던 까닭으로, 울릉도에서 조사하던 즈음에 각 마을을 엄하게 훈계하여 우리 백성들이 몰래 벌목한 것이 106주(株)가 되었음을 조사하여 내었고, 또 이왕에 불법으로 벌목한 사람을 징벌하여 400금(金)의 속전(贖錢)을 거두었다. 이 불법 벌목을 능히 금하지 못한 이 섬의 도감(島監)을 비록 극히 엄중하게 책임을 묻더라도 잘라진 나무는 다시 살릴 수가 없는 것이다. 다시 도민으로 하여금 회사(會社)를 공의(公議)하게 하고, 우항(右項)의 규목(槻木)(106株) 및 속전(400금)을 모두 이 회사에 기부하였으며 이 회사는 목재를 싼값에 마구 팔지 아니하고 개운환 1척을 사 두었는데 본부의 처분을 기다리지 아니하고 먼저 편리한대로 조처하였으니 비록 극히 황송하나 만약 이 기회를 놓친다면 이 선박을 구매하지 못할 것이므로 한 섬의 정세와 항로가 위급한 까닭에 직접 아뢰지 못하고 황급하게 허락하였다.

(71)『報告書』後錄 (4)

一. 開國五百四年 九月 自本部始置本島之監 而管轄全島事務 然島監手下 一無書記 使庸等名目 亦無月俸代耕之稟況 或有島民之不法行爲 其何以指揮行令耶 且以島民觀之 皆是內地移居之民 亦有何官長體統之可畏哉 毋論彼我民跳踉犯法 亦不無壓視官長之召致也 現今本島官制 請議書留案于政府伏俟裁決 後監務以下月俸及書記私傭等 月料必自該島中 商辦經費而辦費之策 該島戶數旣爲四百餘戶 則每戶夏等麥二斗 冬等黃豆二斗式 收俸合麥與豆洽爲八十石也 以此分等定料 似是不易之事 而亦在本部處分之如何耳

一. 개국(開國) 504년 9월, 본부(本部)로부터 처음으로 본도(本島)의 도감(島監)을 두었는데 섬 전체의 사무를 관할하였으나 그러나 도감 수하(手下)에 서기(書記)나 사용(使傭 : 심부름꾼) 등 명목(名目 : 직책을 가진 사람)이 하나도 없고 또 월봉(月俸)도 없고 대신 경작하여 주는 능료(廩料)도 없다. 상황이 이러니 혹 도민(島民)의 불법행위가 있으면 어떻게 지휘하며 명(令)을 내릴 것이며 또 도민의 입장에서 본다면 모두가 내지(內地)에서 이거(移居)한 백성인데 또 무슨 관장(官長) 체통(體統)의 의거(畏敬)을 가지겠는가? 저 일본인이나 우리 백성이 날뛰며 범법(犯法)하는 것은 논하지 않는다 할지라도 역시 관장을 눌러보는 소치(所致)가 없지는 않다. 오늘날 본도의 관제(官制) 청의서(請議書)가 정부에 유안(留案)되어 있는데 엎드려 재결(裁決)하여 주시기를 바랍니다. 재결하신 후에 감무(監務)이하 월봉 및 서기(書記) 사용(使傭) 등의 월료(月料)는 반드시 그 섬의 상판(商辦) 경비(經費)에서 나오도록 하여야 할 것이니, 비용을 마련하는 방책은 이 섬의 호수가 이미 4백여 호(戶)가 되니 매 호마다 여름에는 맥(麥) 2두(斗), 겨울에는 황두(黃豆) 2두씩 거두면 보리와 황두를 합하여 80석(石)은 흡족하니, 이것으로 등분을 나누어 늠료(廩料)를 정하는 것인데, 쉽지는 않는 일 같지만 역시 본부의 처분

여하에 있을 따름이다.

(72)『報告書』後錄 (5)

一. 本島稅課藿稅爲主 而甘藿每百円 抽稅五円金 全南素習水性之民 來採每年 抽稅不下五六百円 而本來百抽十之稅也 近年則島監依羅民之願 減爲百抽五而島議皆云 此稅太輕 雖百抽十 亦是輕稅云 故自今更定百抽十 則一年2抽稅 足可爲千餘円 而此是本島經費磨鍊時 不少之助也. 造船稅 則每一把抽稅五兩 而每年羅民造船 爲十隻內外云 而封山禁養之地 不可任他 故自今不得更造之意 著爲定式.

一. 본도(本島)의 과세(課稅)는 관세(藿稅)를 주(主)로 하는데 미역은 1백단(丹)마다 5단(丹)을 세금으로 뽑는다. 전남(全南)의 평소 습성이 수성(水性)의 백성인데 와서 채취한 것에서 매년 세금으로 뽑히는 것은 5·6백 단에 모자라지 않으니 본래 백(百)에서 10(拾)을 뽑는 세금이다. 근년에 와서 도감(島監)이 전라도 백성의 청원에 의거하여, 경감(輕減)하여 1백에서 5를 뽑게 하였는데, 도의(島議 : 울릉도의 공론)가 모두 이 세금은 너무 가볍다고 하고 비록 백에 10을 뽑는다 할지라도 이는 가벼운 세금이라 하는 까닭으로 지금부터 다시 백에 10을 뽑도록 정(定)하면 일년의 세금을 뽑는데 족히 1천여(千餘) 단은 되니 이는 본도 경비를 마련할 때, 적지 않은 도움이 될 것이다.

조선세(造船稅)에 있어서는 1파(把)마다 5량(兩)을 세금으로 뽑았는데, 매년 전라도 백성이 배를 만드는 것은 10척 내외라고 하지만 봉산(封山 : 나라에서 재목을 보호·양성하기 위하여 왕명으로 설정한 산림)으로 금양(禁養 : 사람의 출입을 금하고 재목을 양성함)하는 처지를 남에 맡겨서는 아니 되는 까닭으로 지금부터 다시 배를 만들지 못한다는 뜻을 나타내어 법식(法式)으로 정하였다.

(73)『報告書』後錄 (6)

一. 日人納稅一款 島監新到之初 丙申 · 丁酉兩年 則或責捧罰金 亦按貨物收百抽二 而至於數年以來 則島監自知不通商口岸之抽稅爲不可 而日人之蔑視愈往愈甚 亦不肯從實納稅 故寘而不捧耳.

一. 일본인의 납세는 도감(島監)이 새로 부임하던 초(初)에 한번 하는 것이니, 병신(丙申) · 정유(丁酉) 두 해의 경우, 혹 벌금을 물리고 또 화물을 살펴 백에 2를 뽑는 세금을 거두었으나, 근자(近者) 수년(數年) 이래(以來)에 이르러서는 도감(島監)이 "통상 (口岸)이 아니면서 세금을 뽑는 것이 불가함"을 스스로 알고 처리하였으므로 일본인의 멸시가 갈수록 더욱 심하고 또 사실대로 납세하려고 하지 않는 까닭으로 내버려두고 받지 않는다.

(74)『報告書』後錄 (7)

一. 昨年十月一日 俄國兵艦一隻 來泊于南陽洞浦口 將官一員 通事一人 兵丁七十名 下陸歷覽山川 亦爲圖形而槻木一立 買得於日人 給價七十五兩 留連八日別無動靜 而以明年三月 更來之意 爲約而去.

戶口成冊 一件, 起墾成冊 一件, 日人結幕人口成冊 一件, 日人犯斫槻木成冊 一件, 本島人犯斫成冊 一件, 監務報告 一件, 本島等狀 一件, 日人事實 一件

一. 작년 10월 1일. 러시아국 병함(兵艦) 1척이 남양동(南陽洞) 포구에 와서 정박하고, 장관(將官) 1원(員), 통사(通事) 1인(人), 병정(兵丁) 7명(名)이 육지에 내려 산천을 두루 구경하고 또 형승(形勝)을 그림으로 그리고, 물푸레나무 1그루를 일본인에게 사고 가격으로 75량을 주면서 8일을 머물다가 별다른 동정 없이 명년(明年) 3월에 다시 오겠다는 뜻으로 약속을 하고 떠

나갔다.

후록에 첨부한 서류 목록

『戶口成冊一件』, 『起墾成冊一件』, 『日人結幕人口成冊一件』, 『日人犯斫槻木成冊一件』, 『本島人犯斫成冊一件』, 『監務報告一件』, 『本島等狀一件』, 『日人事實一件』.

해설 요점

이 자료는 울릉도시찰위원 우용정이 1900년 6월 울릉도를 시찰 조사하고 귀환한 직후 내부대신 이건하에게 제출한 보고서이다. 그 내용은 보고서의 본문과 후록(後錄)으로 나누어져 있다. 보고서 전문에서는 울릉도 시찰위원에 임명될 때에 내부대신으로부터 지시받은 사항, 일정과 동행인의 구성을 거듭 보고한 후에 5일간 울릉도에서 조사한 내용은 '후록'에서 항목별로 나누어 열거한다는 것이다. 그러므로 조사의 구체적 내용은 후록에서 보고되어 있다.

후록의 첫 부분은 울릉도의 물산의 개황을 보고한 것이다. 암석이 있는 곳 외에는 토지를 개간했는데 토양은 비옥하다. 경작은 주로 대맥·소맥·황두(黃豆)·고구마 등을 하고 풍족하다. 개간한 경작 면적은 약 7천 700여 두락이고, 주민은 4백여 호에 인구는 약 1천 700여 명이다. 면화·삼베·지류(紙類)도 외지에서 들여올 필요없이 생산 공급된다. 흉년에는 학조(鶴鳥)와 명이(茗荑)가 있어서 기아를 면할 수 있다.

이어서 울릉도에 불법입도한 일본인들의 실태를 보고한 것이다. 그 내용은 울릉도에 불법 입도한 일본인의 초막은 57칸이고, 인구는 144명이며, 정박하고 있는 선박은 11척이었다. 몰래 벌목을 하여 목재를 싣고 가고, 향목(香木) 및 잡목을 베어서 목기를 만들며, 감탕나무의 껍질을 벗겨 즙을 내어서 반출하는 각각 그 숫자가 엄청나다.

또한 일본인들의 행패도 패악하여 아무 일도 없는데 싸움과 소란을 일으키기 일쑤이고, 같이 고래를 잡자고 약속하고서도 고기와 기름을 분배하지 않으며, 규방의 여자를 희롱하고 내정(內庭)에 돌입하여 우리 백성을 능멸하는 등 하지 못하는 일이 없다.

그러나 도감은 단신에 빈손으로 이를 금지시키고자 하나 힘이 없어 성공할 수가 없다. 그러므로 일본인이 1일 머물면 1일 피해가 있고, 2일 머물면 2일 피해가 있다. 그들이 몇 년을 거주한다면, 산에 가득한 수목도 결국 벌겋게 민둥산이 될 것이다. 이번 조사 때에도 일본인들은 거짓말을 변명으로만 일관하였다. 그들을 철수시켜야 도민(島民)을 보전할 수 있다.

울릉도를 순시하는 날에 일본 상선 4척이 들어오는 것을 보고 다음날 탐문하니 벌목공 40명이 도끼와 톱을 실은 외에 다른 공장(工匠) 등을 합하여 70명이 울릉도에 들어왔다고 하였다.

울릉도의 해운을 위해 개운환이라는 선박의 구입 문제도 보고하였다. 그 내용은 도민들이 바야흐르 개운환이라는 범선 1척을 구입하려고 하는데 자금이 부족한 실태에 있다. 이에 시찰위원은 이왕에 불법으로 규목을 벌목한 사람을 징벌한 벌금 모은 것 400금과 이번에 시찰위원이 적발한 도벌한 규목 106주(株)의 판매 대금을 개운회사에 기부하여 개운환 구입에 사용하도록 조처하고 돌아왔다. 울릉도의 정세와 항로가 위급하기 때문에 선참후계하는 것이니 황송하지만 사후 승낙해 달라는 것이다.

또한 울릉도의 행정 실태는 1894년 9월 갑오개혁 때 내부가 처음으로 울릉도에 도감을 두어 울릉도 전체의 행정사무를 관할케 했으나, 도감 밑에 서기(書記)나 사용(使傭) 등의 직책이 하나도 없고 월급이나 어떤 봉급도 없다. 이러한 실태이기 때문에 혹시 도민(島民)의 불법행위가 있더라도 도감의 令이 서지 않으며, 도민들이 도감을 외경(畏敬)하지 않는다. 일본인이나 도민이 도감을 업신여기는 것도 이 때문이다.

지금 울릉도 관제개정(官制改定) 청의서(請議書)가 정부에서 보류되어 있는데 속히 재결해 주시기 바란다. 재결 후에 도감 이하 서기, 사용 등의 월급을 반드시 울릉도의 상판(商辦) 경비에서 나오도록 제도화해야 할 것이다. 이미 울릉도에 인구 4백여 호가 있으니 매 호마다 여름에는 맥 2두, 겨울에는 황두 2두씩 거두어도 80석은 되니 급료를 충당하는데 도움이 될 것이라고 보고하였다.

후록의 다음 부분은 울릉도의 조세 문제에 대해서도 보고하였다. 일본인의 납세는 도감이 처음 부임했던 초기인 1896년과 1897년의 두 해에 혹 벌금을 징수하고 화물의 1백 분의 2(2퍼센트)를 세금으로 징수한 일이 있었다. 그러나 최근 수년간은 도감이 울릉도는 개항장이 아니므로 일본인으로부터 세금을 징수하면 불법입도자로부터 세금을 징수하는 격이 되어 불법을 합법화해주는 것이 된다고 징수하지 않는 것으로 처리하였다. 그 이래 일본인들도 도감을 더욱 멸시하고 세금을 내려 하지 않는 실정이다.

후록의 끝 부분은 1899년 10월 1일 러시아 군함 1척이 울릉도의 남양동 포구에 와서 정박하고, 장교 1명, 통역 1명, 병사 7명이 울릉도에 상륙하여 자연지세를 관찰하고 또 지형을 그림으로 그려가지고 갔다. 첨부한 서류목록으로서, 『戶口成冊』, 『起墾成冊』, 『日人結幕人口成冊』, 『日人犯斫槻木成冊』, 『本島人犯斫成冊』, 『監務報告』, 『本島等狀』, 『日人事實』 등 각각 1권씩 모두 8책을 첨부하여 제출한다고 보고되어 있다.

(중권, 본문 87~112쪽 참조)

23)『울릉도재류일본인조사요령, 한일인분일사문』

(75)『鬱陵島在留日本人調査要領, 韓日人分日査問』(1)

一有日本無恒之民數百名 冒佔一區 自成村落 駛行船舶 斫伐木料 偸運物貨 侵虐居民 少怫其意 姿意暴動 使用兵器 全無顧忌 地方官吏 不得禁止

光武三年九月十六日外部大臣照會內稱

然而昨年九月中 高雄書記生之前往該島 命在留本邦人退去也 同人等抗議云 本邦人之前往該島伐木者 卽經該島監之許可 納付其相當伐木料也 實非盜伐也 然則其事實與照會 梢相齟齬.

(76)『鬱陵島在留日本人調査要領, 韓日人分日査問』(2)

六月一日 韓日調査委員 會同審問 日本人福間等ᄒᆞ되 汝等이 何時來此며 上項所犯各節을 遂條陳供ᄒᆞ라. 日本人 福間兵之助 片岡廣親 松本繁榮等 所告內에 矣等이 三年前에 來留本島ᄒᆞ야 樹木盜伐ᄒᆞᆫ 事와 兵器使用ᄒᆞᆫ 時가 無ᄒᆞ고 物貨出口時에 島監이 每遣人摘奸ᄒᆞ야 稅納을 百抽二ᄒᆞ니 此非偸運物貨이오며 全無 顧忌홈도 無ᄒᆞ고 官吏禁止ᄒᆞᄂᆞᆫ 命令을 聞치못ᄒᆞ여시며 前島監吳相鎰 在任時에 先納木價五百兩ᄒᆞ고 株數無定ᄒᆞ니 是豈曰盜伐乎잇가.

(77)『鬱陵島在留日本人調査要領, 韓日人分日査問』(3)

六月二日 問裵島監季周호되 昨日 日人等 所告가 與島監前報로 一切相及은 何也요

答. 本島監이 丙申五月에 莅任本島則 日人數百名이 已爲來留이온되 島民等이 呼訴日人之滋弊多端ᄒᆞ미 本監이 問日人왈 本島가 係是不通商口岸인즉 汝等이 胡爲乎來此요 驗其商船物表則 有向釜港物表이온지라 該等이 自知其理屈ᄒᆞ고 納罰金標記六張이온되 十元標가 一이오 三十元標가 一이

오 五十元標가 一이오 三百元標가 三이오 又呈事務長井上帶莊 納稅冊子一卷ᄒᆞ야 出口物貨를 百抽二ᄒᆞ기로 自願ᄒᆞ거늘 丙申丁酉兩年은 出口物貨를 百抽二口文만 捧ᄒᆞ여신즉 與捧稅로 有異也오 該日人等이 只納罰金標ᄒᆞ고 終不納罰金ᄒᆞ고 潛自越逸ᄒᆞᆫ 證據文蹟이 自在云.

領事問 本邦人이 有以太穀納稅云ᄒᆞ니 果有是事否아.

島監答 今年正月日에 問日人處所 納稅太現存幾何則 日人答 現存四十斗也 在島稧中 日人等이 願納太稅어ᄂᆞᆯ 本監이 責以出口物이 許多而四十斗稅太가 此何零星丑終不許納云

使用兵器事ᄂᆞᆫ 日人處에 奪來ᄒᆞᆫ釗 一柄이 自在이오며 日人의 惹鬧ᄒᆞᆫ 月日成冊이 亦在이오며 納料伐木事는 日人成羣威脅ᄒᆞ야 前島監吳相鎰許에 槻木一株에 五十元을 價給하고 朴君中許에 槻木一株에 五百兩으로 買得ᄒᆞ여신즉 槻木二株를 憑籍ᄒᆞ야 稱以株數無定ᄒᆞ고 滿山槻木을 將欲書伐ᄒᆞ니 是豈成說乎잇가. 一. 日本人 尙無退去之意 亂斫槻本 愈往愈甚 島監不可唑視其無理 直欲船赴漢城 告遡事實 奈日本人等派守各津口 使我人不得通涉事.

六月一日問日人福問等호ᄃᆡ 上項所犯이 實有是事否아 日人等所告內에 昨年九月中 高雄書記生이 命在留日本人退去時에 卽當退去로ᄃᆡ 適有田士能이 持農商工部訓令ᄒᆞ고 槻本八十株를 方斫ᄒᆞᆯ터인ᄃᆡ 裵島監이 稅執雇役於斫伐故로 不卽退去也오 派守津口事ᄂᆞᆫ 初未聞 島監之何日上京이온즉 豈有派守津口之事乎잇가.

六月二日問裵季周 聞此日人所告ᄒᆞ니 與島監之前報로 相矛盾은 何也오

答 日人之尙未退去事ᄂᆞᆫ 日人이 稱島中居民處에 所推太穀數萬斗가 有ᄒᆞ니 推給此太ᄒᆞ면 卽可退去오 且前島監吳相鎰處에 蒙諾ᄒᆞᆫ 槻本二十八株作板을 時島監이 已爲執留ᄒᆞ여신즉 成票出給然後에아 裝載可退라ᄒᆞ니 莫非稱托仍躓之計이오며 金庸爰槻本八十株斫板事ᄂᆞᆫ 田士能이 與日本人으로 憑籍

農商工部訓令 而誓死斫伐故로 任他爲之이온즉 有何稅執日本ᄒᆞ야 雇役斫伐之理乎잇가.

又問 昨日 日人福間等 三人이 爲頭領 於伐木事乎아 罰金票六張을 福間等 三人이 亦知其裏許乎아.

答. 此三名이 雖無相關於伐木이나 爲在島日人之頭領故로 無事不干涉이오 罰金票ᄂᆞᆫ 此三人이 當初不知云.

問. 此日人三名이 無關於伐木罰金等事則 焉有與島監裁判之理乎아

領事代答 以往相關於伐木之日人은 多有出去之人ᄒᆞ고 或散各處 而今此對質之三人은 旣是在島日人中 頭領則凡事ᄅᆞᆯ 無不熟知故로 以此三人裁判云

裵季周所告內에 派守津口ᄂᆞᆫ 日本이 禁阻島監之通涉ᄒᆞ야 釜山通事 韓益三이 本島監의 釜港稅務司及 釜幇辨許 所去書柬을 持ᄒᆞ고 登船之際에 日人이 奪其書 而裂之ᄂᆞᆫ 同船李敬彦이 目擊이온즉 見此裂書一事ᄒᆞ여도 派守津口ᄒᆞ야 禁阻通涉은 可知云.

二. 以伐木一案 島監往訴 日本裁判所 經質查索賠 今爲幾年之久 日本籍稱 伊時裁判費 爲數萬元 向島監責償 威逼脅持 無所不至 島民恐懼 伐爲辨備發賣産業 無以充補 其所要之額 現在危困之中

六月一日問福間等호ᄃᆡ 上項事意를 從實陳供ᄒᆞ라.

福間等所告內에 裁判費要求事ᄂᆞᆫ 裵島監이 以爲矣等이 偸運槻木九十五板이라ᄒᆞ야 日本松江에 裁判ᄒᆞ야 裁判所에 矣等을 捉囚ᄒᆞ야 閱月辛苦ᄒᆞ여써니 矣等이 末乃辨明ᄒᆞ야 伊時運去ᄒᆞᆫ 槻木九十五板은 因島民之許賣요 非偸運之事로 判決得訟ᄒᆞ여시니 島監을 律에 照ᄒᆞ면 理合反坐ᄒᆞ기로 言及島監ᄒᆞ야 累次相詰타가 本邦人在傍者及 韓人黃斗標가 互勸私和ᄒᆞ기로 太穀四百斗로 索費妥貼云

六月二日 問裵季周 今此日人所告가 與島監之前報로 有異ᄂᆞᆫ何也오.

答. 昨年九月中에 日人福間이 率日人數十名ᄒᆞ고 猝入官房ᄒᆞ야 威逼脅

持曰 我等이 今則 裁判得訟ᄒᆞ여신니 前訴訟費 數十元을 卽爲責償이기로 答以裁判法意가 兩造對質然後에 可分勝負가 法意當然이거ᄂᆞᆯ 汝何獨往裁判ᄒᆞ야 稱以得訟 索費가 是何無據之言乎아ᄒᆞ온즉 福間等이 忽然ᄒᆞ야 島監의 手足을 堅鎖ᄒᆞ고 曰 汝若不償訟費則 結縛上船ᄒᆞ야 將往日本ᄒᆞᆫ다고 恐喝太甚ᄒᆞ거ᄂᆞᆯ 日人脇田이 在傍勸和ᄒᆞ야 太穀四百斗로 償費妥貼ᄒᆞ야 使之無事가 似好云故로 不得已應諾ᄒᆞ여써니 福間이 通事鄭逑甲을 送ᄒᆞ야 太穀을 催還호기로 家屋田土를 島民으게 典執ᄒᆞ고 太穀四百斗를 推給福間 而該福間이 太穀領受ᄒᆞᆫ 票記를 尙不成送ᄒᆞ니 領物而不給票가 亦係法外云.

三日本人 給錢韓人金庸爰 訂有伐木之約 若要禁伐必須償錢等語 島民等視槻木如性命 將該錢三千餘兩一併登償云云

六月二日 問裵季周 日人給錢金庸爰事를 知其顚末否아.

答. 日本人大野桂治가 給錢三千三十三兩 於東萊居金希彦 伊章五而典執而人之田沓文券及手票가 自在라 金尹等이 槻木斫伐事로 得農商工部訓令ᄒᆞ야

査檢金庸爰及 日人大野를 入送本島ᄒᆞ야 將欲斫伐故 島監이 禁止ᄒᆞ니 金庸爰及 日人大野가 謂若不許伐木則 右錢三千三十三兩을 卽爲出給ᄒᆞ라고 督促日甚ᄒᆞ거ᄂᆞᆯ 本監이 不得已 應諾ᄒᆞ고 一千五百兩은 太穀으로 計時價先償ᄒᆞ고 在錢은 具利ᄒᆞ야 一千七百兩을 報還于釜港領事館之意로 本視察官이 擔當妥案事.

(78)『鬱陵島在留日本人調査要領, 韓日人分日査問』(4)

六月三日 再次審問 裵季周及 日人福間等 對質

領事問 委員曰 裵島監處에 我民納稅 而島監이 不給領受票ᄂᆞᆫ 何也오 始也受稅 而終也에 不受稅는 何也오.

委員答. 島監言內에 票記를 成給호면 來頭에 綻露ᄒᆞ야 政府論責이 有ᄒᆞᆯ

가ᄒᆞ야 不給領受票ᄒᆞ엿고 且不通商口案에 稅納廢止가 爲可故로 始雖捧口文名色 而終也不捧云.

領事問. 自政府로 有訓令 而廢撤乎아

答. 果有政府申飭 而廢徹矣.

領事가 出示日人等所持票記四張ᄒᆞ니 吳島監이 與日本人 納稅約條票가 一이오 裵島監納稅 太三十斗票가 一이오 吳島監納稅 太一百四十斗票가 一오 吳島監이 許日本運去槻木勿禁票가 一이라.

委員이問領事曰 貴民福間이 買槻木於吳島監也에 給價五百兩ᄒᆞ고 稱以株數無定이 甚無理也로다. 福間等이曰 有吳島監票記로라 取其票而觀之則票面에 書曰一槻木伐條 五百兩價捧上也云則 槻木一株에 價給五百兩而 分明的確ᄒᆞ도다.

領事答. 此票一槻木之一字가 泛稱之一字오 非一株之一字云. 委員答. 賣買法이 大抵無論某物ᄒᆞ고 或有無定數之賣買乎아

領事答. 吳相鎰이 現不在此ᄒᆞ니 此案은 作未決案云.

委員이 問領事曰 貴民이 小怫其意則 使用兵器ᄒᆞᄂᆞᆫ 證據가 有ᄒᆞ니 去月에 死鯨이 浮於前洋이거ᄂᆞᆯ 貴民七名과 我民七名이 分肉次로 合力○來後에 貴民이 不分其肉一半ᄒᆞ고 只與七十斤하미 我民이 詰其不均則 貴民이 怒而拔釰ᄒᆞ미 我民은 投石ᄒᆞ야 一場爭鬨에 我民二名은 頭部가 被傷於刃ᄒᆞ고 二名은 腹下가 亦爲被傷ᄒᆞ니 此非使用兵器之證據乎아.

領事答. 我民所告內에 此釰은 爲割鯨而携去也니 豈有傷人之意而携去也리오.

委員이 問領事曰 貴民二十名이 島監官房에 乘夜惹鬧ᄒᆞᆫ 日月記錄이 自在ᄒᆞ니 此何悖擧之非止一再耶.

領事曰 此錄은 書之者誰也오 曰林監察也라

領事問 我民二十名 惹鬧官房時에 見之者 幾人고.

答. 島民이 所共知冶라.

領事曰 時値方夜에 一島之民이 安得共知乎아. 招島人 問之ᄒᆞ니 島人曰 時有三四人目擊也 而播搏一島에 無異衆人目擊也라 伊時往叅 日人이曰 夜入官房時에 只見島監之子而已라ᄒᆞ니 島民一人이 出曰 我亦其時에叅看하엿다가 被傷於刃 而又其時被傷二人名은 現未在也云.

領事曰 我民所告에 吳島監이 謂矣等曰 本島에 無之舟ᄒᆞ니 雇役汝等ᄒᆞ야 作舟次 斫木ᄒᆞ라 ᄒᆞ기로 矣等이 如約雇役ᄒᆞ더니 雇人中一名이 聞其妻病報ᄒᆞ고 給 由幾日ᄒᆞ라고 苦(간)ᄒᆞ니 島監이 不給由ᄒᆞ고 以雨傘柄으로 打之故로 該人이 往告在島本邦人ᄒᆞ야 夜與偕往ᄒᆞ야 責其傘柄打人之失而止耳.

委員이問 貴民之一夜往來에 有何浮費며 以浮費言之라도 籍此而槻木四株를 許給ᄒᆞ라ᄒᆞ니 甚非無理勒索乎아.

領事問 吳島監이 現在何處오. 答 時在全羅道.

領事曰 當者在座後 可以審判也라.

委員이 問在島貴民이 欲退去 而裵島監이 挽執故로 不卽退去云 而島監所言은 初不挽執이라ᄒᆞ니 貴民之言이 無乃爽實耶아.

領事答 我民所告에 島監이 使田士能으로 請矣等ᄒᆞ야 偕往島監官房 而矣等이 請給田士能伐木條八十株 許斫票ᄒᆞ니 島監이 曰 待三日給票ᄒᆞ리니 如有沮戱於斫木이어든 吾自擔當이오 且有農商工部訓令ᄒᆞ니 又何請票云則此非隱然挽執乎아.

領事問 我民言內 船隻이 留泊本島에 島監이 曾無一言退去ᄒᆞ니 豈非嘿許耶아. 島監이 答累言退去而 終不退去니 豈有嘿許之理耶아.

稅務司問 田士能伐木條八十株를 盡斫然後에야 現留日人一百三十餘人과 來泊ᄒᆞᆫ 十一船隻이 方可退去乎아.

領事曰 有何意 而發此問乎아.

稅務司曰 前者高雄書記生이 承貴公使指揮ᄒᆞ야 使之退去故로 欲知此事

之迅 卽決末ᄒᆞ야 發此問이로다.

領事曰 我民言內에 該八十株를 斫盡則 可退去云耳

委員曰 田士能이 憑籍農訓ᄒᆞ고 已斫八十三株ᄒᆞ니 此八十株ᄂᆞᆫ 自歸勿論事.

해설 요점

이 자료는 울릉도시찰위원 우용정과 주부산 일본 영사관 부영사 아카쓰카(赤塚正輔)가 앞서 서울에서 교환한 『울릉도재류일본인조사요령(鬱陵島在留日本人調査要領)』에 의거하여 합동으로 6월 1~3일간 일본인들을 직접 불러 조사한 내용을 요약한 기록이다.

이 자료의 첫 부분에는 한·일 합동으로 일본인들을 조사하게 된 동인을 기록하였다. 그 내용의 요점은 일본인들이 수백 명 울릉도에 불법으로 들어와서 스스로 촌락을 이루고 선박을 운행하며 목재를 도벌하고 물화(物貨)를 운반하여 거민(居民)을 침학함을 거리낌없이 하고 자의로 폭동을 일으키며 병기를 사용함이 전혀 꺼리는 바가 없으므로 지방관이 금지하지 못하고 있다는 보고가 있었으므로 이를 일본 공사관에 항의한 바가 있었다고 하였다. 그런데 1899년(광무 3년) 9월 16일 외부대신이 내부대신에게 보내온 공문 안에는 주한 일본 공사관의 회답서 내용이 있는데, 그 요점은 1899년 9월 중에 주한 일본 공사관 서기 고웅(高雄)을 울릉도에 들어가서 재류 일본인들에게 퇴거를 명령했더니 울릉도 재류 일본인들이 항의하기를, 일본인이 일찍이 울릉도에 들어가서 벌목하게 된 것은 일찍이 울릉도 도감에게 상당한 벌목료(伐木料)를 납부하고 허가를 받은 다음 행한 것이므로 실제는 도벌(盜伐)이 아니라고 주장했다는 것이다. 이에 그 사실 여부를 한·일 합동 심문 조사를 하게 된 것이라고 설명되어 있다. 자료에 기록된 바와 같이 재목 도벌 등에 대한 상세한 심문이 있었다.

우용정은 일본인들이 난동하여 병기(검)를 들고 한국인 도민 수 명을 부상시킨 사건을 질문하였다. 사건인 즉 죽은 고래 1마리가 바다에 떠오르자 일본인 7명과 한국인 7명이 합력하여 끌어온 후에 번(半)씩 나누기로 약속했는데, 일본인이 반분(半分)하지 않고 조금(70근)만 떼어주고 말자 한국인이 불공평하다고 힐문하자 일본인이 칼을 빼어 들고 한국인은 투석으로 대항하여 한국인 2명은 머리를 검에 부상당하고 다른 2명은 복부 아래를 검에 부상당하였다. 뿐만 아니라 일본인 약 20명은 심야에 검을 들고 전 오상일(吳相鎰) 도감의 관방(官房)에까지 뛰어들어간 일이 있었다. 일본영사가 이 사실을 부인하려 하자, 실제로 부상당한 도민들이 증인으로 나타났기 때문에 일본영사는 매우 당황하여 오 도감의 현재 소재지만 묻고 말을 돌리었다.

우용정은 이어서 일본인들이 퇴거하고자 하나 배(裵) 도감이 만류하여 퇴거하지 않고 있다는 거짓말을 거론하였다. 일본 영사는 일본인들의 말에 의하면 배계주 도감이 전사능(田士能)을 시켜서 농상공부 훈령이 있으니 규목 80그루를 벨 때까지 퇴거하지 말라고 은근히 만류했기 때문에 지난번에 퇴거하지 않았던 것이라고 설명하였다.

이 문제는 프랑스인 세무사 라포르트(E. Laporte, 羅保得)가 질문하여 명백히 해결하였다. 라포르트는 만약 전사능이 규목 80그루의 벌목을 모두 마치면 일본인 130여 명과 11척의 선박은 모두 퇴거하겠는가고 물었다. 일본영사는 도내 일본인들의 말이 규목 80주를 모두 벌목하면 퇴거하겠다고 말한다고 응답하였다. 이때는 이미 전사능이 일본인과 결탁하여 규목 80주를 베어서 실어나간 후였다. 그러므로 우용정은 전사능이 농상공부 훈령을 빙자하여 이미 규목 83주를 베어갔으니 이 80주 문제는 스스로 해결되었으므로 더 논할 것이 없다고 결론지었다.

우용정 일행의 합동조사에서도 울릉도에 밀입도한 일본인들의 행태가 명증되었다.

대한제국 정부는 우용정 일행의 조사를 자료 1900년 10월 25일 대한제국 칙령 제41호로 「울릉도를 울도로 개칭하고 도감을 군수로 개정한 건」의 관제 개정을 단행하여 독도(석도)를 울도군수의 관장하에 두는 관제를 재법인하여 세계에 공표한 것이었다. (중권, 본문 87~112쪽 참조)

24) 우용정의 『울도기』

(79) 禹用鼎의 『鬱島記』(1)

鬱島 古稱于山國 未知羅朝何代之建國 而文獻無徵亦不可考 至智證王 亂徒窃據恃險不服 命帥臣異斯夫 船載木獅子 往于山紿之曰 '爾若不服 多放此獸噬殺爾輩於是.' 國人大惧而乃降云. 此乃野史之所傳而亦無國乘所載 自此以後空廢其地 幾百年而史無傳焉. 至我朝 龍蛇之變 三陟鄭氏幾人避兵於此

肅廟朝 搜出金丸等七十餘人 載於史冊 而此後 命三陟副使 越松萬戶 間三年搜討 使之不得居生 蓋慮絶島中若有無賴 成群或作禍胎也.

粵在皇上 践祚聖德巍蕩遐通 一體率土之濱莫非王民 頃於壬午 命帥臣李奎遠爲開拓使 在前潛渡日人一千五百餘名 盡爲撤歸後 關東人七八家先入而嶺南人十餘家 隨入倚巖 爲屋放火菑田 自此以後 八路之人 稍稍移來 漸成村落 然而鼠灾甚酷 田穀無遺 其時島長徐敬秀 告狀政府 領議政沈舜澤 筵奏劃下 三陟蔚珍平海三邑 還穀中三百石 以賑島民 自是以後 生齒日蕃 土地漸闢 儼成一都會 然挽近日人 浸浸潛越 侵虐居民亂斫木料 島監裵季周 自丙申到任以後 禁止不得 屢度報告 內部大臣李建夏 深慮弊源 上年九月 以本部視察官 爲調查委員 使之前往詳察該島情形之意 上奏裁可 而余以不才猥承此命又與日本公使 會辦外部 迺於本年五月廿五日 發向仁港.

울도(鬱島)는 예전에 우산국이라 일컬었다. 신라의 어느 대(代)에 건국하였는지 알지 못하는데 문헌에 증빙할 수가 없고 역시 상고할 수도 없다. 지증왕 때 이르러 반란의 무리들이 몰래 점거하여 지형이 험난한 것을 믿고 복종하지 않으므로 신(臣) 이사부에게 군사를 거느리고 정벌하라 명하니, 선박에 나무로 만든 사자를 싣고 산에 가서 속여서 말하기를 "너희들이 만약 복종하지 아니하면 이 짐승을 많이 풀어놓아 너희들을 물어 죽이겠다."고 하니 여기에서 우산국 사람들이 크게 두려워하고 그래서 항복하였다고 하였다. 이것은 바로 야사(野史)에서만 전하는 것이고 역시 나라에서 편찬한 역사책에는 기재된 것은 없다. 이런 이후부터 그 땅을 몇 백 년 동안 비워버린 것이니 역사에 전하는 것이 없다. 우리 조선조에 이르러 임진왜란에 삼척의 정씨 몇 사람이 전쟁을 여기에서 피하였고. 숙종조에 김환(金丸) 등 70여 명을 찾아 쫓아낸 사실이 역사책에 기재되어 있는데 이 후에 삼척부사와 원송만호(越松萬戶)에게 3년 간 수토사(搜討使)를 명하여 사람이 살지 못하게 하였던 것이니, 대체로 절도(絶島) 중에서 만약 무뢰배가 무리를 이루어 혹 화태(禍胎)를 만들까 염려한 것이었다.

황상(皇上)이 등극하심에 있어, 성덕(聖德)이 높고 넓어 원근의 백성이 일체가 되니, 온 천하의 땅에 왕의 백성이 아닌 사람이 없었다. 근자(近者) 임오년에 신 이규원에게 군사를 거느리고 실행하라 명하고 개척사를 삼음에, 이전에 몰래 건너온 일본인 1천 5백 명을 모두 철수하여 돌아가게 하니, 후에 관동(關東) 사람 7·8집이 먼저 들어오고 그리고 영남 사람 10여 집이 따라 들어와서 바위에 의지하여 집을 짓고 불을 놓아 밭을 일구었다. 이로부터 팔도의 사람이 조금씩 옮겨와서 점차 촌락을 이루었는데 그러나 쥐의 피해가 혹심하여 밭곡식이 남아나지 않았다. 그때 도장(島長) 서경수(徐敬秀)가 정부(政府)에 장계를 올려 영의정 심순택(沈舜澤)이 임금에게 아뢰어 삼척, 울진, 평해, 세 고을 환곡(還穀) 중에서 3백 석을 가지고 도민을 구휼하도록 조처하였다. 이로부터 백성들이 나날이 번성하고 토지가 점차 개척되어 엄연하게 하나의 도회(都會)를 이룩하였던 것이다. 그러나 근자에 일본인들이 살금살금 몰래 경계를 넘어와서 주민들을 침환(侵虐)하고 목재를 함부로 베니, 도감 배계주가 병신(丙申)년에 도임한 이후부터 금지하는 일이 잘 되지 아니하여 여러 차례 보고함에 내부대신 신 이건하가 폐단의 원인을 깊이 염려하여 지난해 9월, 본부 시찰관을 조사위원으로 하여 미리 앞에 가서 이 섬의 정형(情形)을 상세히 살필 뜻을 상주(上奏)하여 상(上)께서 재가(裁可)하였는데, 나는 재주가 없음에도 외람되게 이 명을 받아 또 일본 공사와 함께 회동하여 외부(外部)의 일을 처리하고서, 이에 금년 5월 25일 인천항으로 향발(向發)하였다.

(80) 禹用鼎의『鬱島記』(2)

越七日 與日本警部補渡邊鷹治郎 搭乘木曾川丸 直向釜山港. 廿九日 午後 到泊會同 監理署主事金冕秀 海關稅務士法人羅保得 同幫辦金聲遠 日本副領事赤塚正輔 同警部渡邊鷹治郎 我國保護巡檢申泰炫 金亨郁 日本保護巡檢二人 共搭本國蒼龍丸. 三十日 發向鬱島 越翌日 上午八点 遠見本島 峯巒羅列 而雲靄曚籠 至下午一時 始泊道洞浦口 此是本島監私室處也. 其翌日 卽六月一日 與日領事 會同調查 稅務司則在傍參聽一連. 三日 查問日人與島監而所供相反 盖日人則本是潛越犯法 一直飾辭 發明所致更無可查問. 翌日 會同更搭輪船 巡察全島 而住輪下陸 則天府洞之古仙浦 玄圃洞 台霞洞 三洞 而台霞洞洞壑圓開 地勢平鋪 有官舍八間 赤有前人題銘 依舊例致誠于山神堂 曉諭洞民 而日已沉西 故悤悤還島. 五日 各洞民人等狀稟目告訴 還至左酬右應少無間隙且 輪船不可多日留泊 石炭亦告乏 島中民雖欲挽留 事機無奈.

일곱 날을 지나, 일본 경부보(警部補) 와타나베(渡邊鷹治郎)와 더불어 목증천환(木曾川丸)에 탑승하여 바로 부산항으로 향하여 29일 오후에 도착 정박하고, 감리서주사(監理署主事) 김면수(金冕秀), 해관(海關) 세무사(稅務司) 프랑스인 라포르트(羅保得), 동방판(同幫辦) 김성원(金聲遠), 일본(日本) 부영사(副領事) 아카스카(赤塚正輔), 같은 일본국 경부(警部) 와타나베, 우리나라 보호순검(保護巡檢) 신태현(申泰炫), 김형욱(金亨郁)과 일본 보호순검 2인과 회동하여, 같이 본국(本國) 창룡환(蒼龍丸)을 탑승하고 30일 울릉도로 향발하였다. 다음날 상오 8시 멀리서 본도(本島)의 봉만(峰巒)이 나열(羅列)되어 있는 것을 보았으나 구름과 노을이 끼어 흐릿하게 나타나서 하오 1시에 이르러 처음 도동 포구에 정박했는데 이것은 본노 도감(島監)이 사적(私的)으로 거처하는 곳이었다. 그 다음날 곧 6월 1일에는 일본 영사와 더불어 회동하여 조사하고 세무사(稅務司)는 곁에서 같이 참가하여 들었고, 3일에는 일본인 및 도감을 사문(査問)하였는데 진술하는 것이 서로 달랐으니 대체로 일본인은 본래 허가 없이 경계를 침범하고 법을 어겼기에 한결같이 말을 꾸며대면서 소행을 변명하여 다시 가히 사문할 것이 없었다. 다음날 회동하여 다시 륜선(輪船)을 탑승하고 섬 전체를 순찰하였는데 륜선을 멈추고 육지에 내린 곳은 천부동의 고선포, 현포동, 태하동 등 3동인데 태하동은 움푹 패인 골짜기가 둥글게 열렸고 지세가 평평하게 펼쳐졌으며 관사(官舍) 8칸이 있었고 또 전인(前人)의 제명(題名)이 있었다. 구례(舊例)에 의거하여 산신당(山神堂)에 치성을 드리고 동민(洞民)을 효유(曉諭)하였는데 해가 이미 서쪽으로 넘어간 까닭으로 바쁘게 섬(道洞)으로 돌아왔다. 5일에는 각 동(洞)의 백성들이 등장[等狀 : 소두(疏頭)를 감추기 위하여 여러 사람의 이름을 (圓形)으로 쓴 상소문]하여 아뢰는 바를 하소연하는데 도리어 좌우에서 대답(酬應)하기에 이르러 조금도 중단할 틈이 없었고 또 기선 화륜선(火輪船)이 여러 날을 유박(留泊)할 수가 없고 석탄도 거의 소진되었다고 하므로 섬의 백성들이 비록 만류하려 하였지만 일의 기교상(技巧上) 어쩔 수 없이 넘어갔다.

(81)禹用鼎의 『鬱島記』(3)

越六日 上午十時 草草勘簿 仍搭輪船回棹 則本島山川形勝土産風俗 雖未可詳知 然留連五日 公事之暇 召入各洞父老 詳論開拓以後事實 間亦有異聞. 槩全島長可爲七十里 廣可爲四十里 周廻亦可爲一百四五十里 而自壬癸開拓以後 至今居民爲四百餘家 男女共爲一千七百口 起墾火田爲七千七百餘斗落 而厥土沃 腴播穀豊 登所種則大小麥黃豆甘藷 家家足粮水利 則採藿爲主至於綿花麻布紙屬等物 不待外至而自足 若或値災年 則幸有鶴鳥與茖夷草 可免飢餓 此是上天好生之德 若有意 而生此物於此土耶. 鶴鳥則鷹喙 而鳧足毛皜而鳩 大晝則翺翔乎海面 啄食魚種 暮則歸於山間而穴處 人欲捕得用火山中 則向明來集 因以捕獲全不費力 味如鳧肉 而尤佳茖夷 則一莖兩葉 莖如蒜穗 而葉如玉簪 其花如葱穗之種 而味亦如之 盖以此禽此草 經年喫過 亦無飢荒之色 甚異事也. 山勢則層巒聳翠 奇巖怪石 或如人立或似獸 遵千態萬象 雖以描寫 而樹木參天 有槻木·紫檀·栢子·甘湯等木 無非堅密 紋緻可供珍皿也 尤有異焉者 峯壑若是深邃 而無虎豺蛇虺之害 樹木若是茂盛 而亦無荊棘刺膚之 若莫非靈氣所鍾除祛 害人之物也. 島人之稱小金剛宜也 非虛譽也 所恨者 奉命來此公事煩劇 不得對此名勝 一敘幽懷 而此生亦不可再見 甚可歎惜 而亦見笑於山靈也.

巡島日謾吟一絶

海中鬱島久聞名 挺立奇峯不世情 鍾得千年淸淑氣 山無虎蛇樹無荊

6일 상오 10시에 바쁘게 장부를 조사하고 그대로 화륜선에 탑승하여 배의 노를 돌렸다. 본도(本島) 산천의 형승(形勝)과 토산과 풍속을 비록 상세히

알지 못하지만 그러나 5일을 머물면서 공사(公事)를 보는 여가에 각 마을의 부로(父老)를 불러들여 개척 이후의 일을 상세히 의논하였는데 진실로 사이사이에는 또 특별한 소문이 있었다. 대개 섬의 전체 길이는 70리가 되고 너비는 40리가 되며 둘레는 145리가 되고 임오(壬午)·계미(癸未)년 개척 이후 오늘날까지 주민은 4백여 가구가 되는데 인구는 남녀 모두 1천 7백여 명이며 개간하여 일으킨 화전이 7백여 두락(斗落)이며 땅이 기름지고 곡식을 씨뿌리면 잘 자라는데, 심는 것으로는 대맥, 소맥, 황두(黃豆), 고구마로 집집마다 양식이 풍족하고 물때가 좋으면 미역 따는 것을 위주로 하고 면화(棉花), 삼베, 지류(紙類) 등에 이르러서는 외지에서 오는 것을 기다리지 아니하여도 자족하며 혹 흉년을 만나면 다행히 학조(鶴鳥)와 명이초(茗荑草)가 있어서 기아를 가히 면할 수 있으니 이것이 상천(上天)의 호생지덕(好生之德 : 하늘은 살리는 것을 좋아하는 것)이라 그런 뜻이 있어서 이 땅에 이 물건을 생육하는 것이 아니었던가. 학조라는 것은 부리는 매, 발은 오리, 털은 하얀 비둘기인데 한낮이면 해면(海面) 위를 날면서 어종(魚種)을 쪼아먹고 저녁이면 산간(山間)에 돌아가서 구멍에 거처하는데, 사람들이 잡으려고 산중에서 불을 사용하니, 밝은 것을 향하여 모여드는 것을 이용하여 전혀 힘들이지 아니하고 포획하는 것이었다. 맛은 오리고기 같다. 더욱 좋은 것은 명이인데 줄기 하나에 잎이 둘이고 줄기는 마늘 이삭과 같으나 잎은 옥잠(玉簪)과 같다. 그 꽃은 파 이삭의 종류이고 맛도 역시 같다. 대체로 이 새와 풀로서 여러 해를 먹고 지내도 역시 굶주린 기색이 없으니 아주 이상한 일이라 하겠다. 산세(山勢)는 층층한 산봉우리가 푸르게 솟았는데 기암괴석(奇巖怪石)이 혹 사람같이 섰고 혹 짐승같이 쭈그려 천태만상(千態萬象)이라 묘사하기 어려운데, 수목은 하늘에 높이 솟아 물푸레나무 같은 나무, 자단(紫檀), 잣나무, 감탕(甘湯)나무 등의 나무가 모두 견밀(堅密)하고 무늬가 치밀하여 진기한 그릇에 쓰일 만하였다. 더욱 기이한 것이 있으니, 봉우리와 골짜기가 이와 같이 깊고 그윽한데도 호랑이, 표범, 큰 뱀, 살무사의 침해가 없고, 수목이 이와 같이 무성한데도 또 가시나무에 피부를 찔리는 고통이 없으니, 신령스런 기운이 모인 바가 아님이 없으며 사람을 헤치는 물건을 제거함이었다. 울릉도 섬사람들이 소금강이라고 일컬음은 당연하고 헛된 자랑만이 아니다. 한(恨)이 되는 바는 왕명을 받들고 여기에 와서 공사(公事)에 바빠서 이 명승을 대하고도 그윽한 정회를 한번 펴지 못하였고, 이 생애에 또다시 보지 못할 것이라 매우 탄석(歎惜)이 되지만 또한 산신령에게 웃음거리가 되고 말았다.

울릉도를 순시하던 날에 부질없이 한 수를 읊음

바다 가운데 울릉도, 이름을 오래 들었는데
우뚝 솟은 기이한 봉우리는 세상에 흔치 않은 감정을 돋우네
천년의 맑은 기운을 모아 얻었으니
산에는 호랑이 뱀이 없고 나무에는 가시가 없구나

해설 요점

이 자료는 1900년에 '울릉도시찰위원'으로 일본 측 책임자와 함께 울릉도에 가서 일본인들의 침입과 도벌 실태를 조사보고한 우용정의 시찰 경위와 보고서이다.

울릉도를 재개척하여 백성들을 이지시키고 울릉도가 발전하는 도중에, 청·일 전쟁에서 일본이 승리한 직후인 1895년경부터는 일본인들이 불법적으로 울릉도에 침입하여 고기잡이뿐 아니라 불법벌목을 집단적으로 자행하는 일이 급증하기 시작하였다. 대한제국 정부가 주한 일본 공사관에 이의 방지를 여러 차례 요구하여도, 일본 측은 오만불손한 답장만 보내오면서 이를 제지하지 않았다. 대한제국 정부는 이에 1899년 10월(음력 9월) 내부관원 우용정을 책임자로 한 국제조사단을 울릉도에 파견하여 사정을 정

밀히 조사하기로 결정하고, 일본 측에서도 조사위원을 파견하여 합동조사해서 일본인 잠월(潛越)문제 대책을 세우기로 방침을 정하여, 1899년 12월 15일자로 우용정을 울릉도시찰위원에 임명하였다.

울릉도시찰위원 우용정은 5월 25일 인천항을 향해 서울을 출발하여, 5월 27일에 일본 경부(警部) 1명을 태우고 인천을 출발 부산항에 도착해서, 5월 30일 감리서주사 김면수와 부산 해관 세무사 라포르트(E. Laporte, 羅保得) 및 봉판(封辦) 김성원과 주부산 일본 부영사 아카쓰카[赤塚正助(輔)] 및 경부 와타나베(渡邊鷹治郎)와 함께 창룡환(蒼龍丸)에 탑승하여 5월 31일 오후 울릉도에 도착했다. 우용정은 6월 1일부터 5일간 세무사 라포르트의 입회 아래 일본 부영사 아카쓰카 등과 연달아 회동하면서 울릉도의 사정을 조사하였다.

우용정은 이때 짧은 조사 기간 중에도 각동의 민인(民人) 대표들을 초청하여 울릉도 상황을 질문하고, 일본인들의 잠입 실태를 조사하면서 울릉도민에 대한 중앙정부 조사위원으로서의 고시와 훈령을 발표하였다. 우용정은 서울로 귀환하자 보고서를 냄과 동시에 울릉도의 『戶口成冊』 1건, 『起墾成冊』 1건, 『日本人結幕人口成冊』 1건, 『日本人犯斫槻木成冊』 1건, 『本島人犯斫成冊』 1건, 『監務報告』 1건, 『本島等狀』 2건, 『日本人事實』 1건을 내부(內部)에 제출하였다.

우용정이 이때 1900년 6월 내부대신에게 제출한 보고서의 일본인 및 입도 관계 요지는 다음과 같다.

(1) 일본인 잠입 체류자는 57간에 남녀 합하여 144명이며, 유박(留泊)하고 있는 일본 선박은 11척인데, 내왕하는 상선은 일정하지 않아 정수(定數)를 파악할 수 없다. 작년 이래 일본인들이 불법으로 도벌(盜伐)한 규목은 71주이고, 그 밖의 향목과 잡목을 도벌한 것은 매거하기 어려울 만큼 많다. 또한 지난 1년 동안에 일본인들이 감탕목의 껍질을 벗겨 생즙(生汁)을 내어

실어간 것이 1,000여 통(桶)이나 되니 그들이 수년만 더 살아도 만산수목(滿山樹木)이 반드시 메말라버리고 말 것이다. 또한 일본인들의 기료작경(起鬧作梗)과 행패도 매우 심하다. 그러나 도감은 단신공권(單身空拳)이므로 비록 이를 금지하고자 해도 할 수 없는 형편이다. 일본인이 울릉도에 1일 내박(來泊)하면 1일의 해(害)가 있고 2일 머물면 2일의 해가 있다. 이번 조사 때 그들은 마지못해 퇴거하겠다고 응답했는데, 원래 일본인들의 잠입이 조약 위반이니 일본공사에게 요구하여 철거시킨 연후에야 도민을 보호할 수 있고 삼림을 지킬 수 있을 것이다. 본 조사위원이 순시하는 중에도 일본 상선 4척이 들어와서 이튿날 탐문해보니 도끼와 톱 등을 장비하고 벌목장인 40명과 그 밖의 공장(工匠) 등 모두 70여 명이 사륙(下陸)했다고 하였다. 일본영사와 의논하여 일본인이 도벌을 못 하도록 엄명을 내렸으나, 우리 배가 회선(回船)한 후 어떠한 침포(侵暴)를 자행할지 걱정이니 이제 모두 철귀(撤歸)시켜야 할 것이다.

(2) 일본인의 납세에 대해서는 도감이 새로 부임했던 병신(丙申 : 1896년), 정유(丁酉 : 1897년) 두 해에는 혹 벌금을 책봉(責捧)하고 또한 화물의 1백분의 2세(稅)를 징수했었으나, 수년 이래로 도감이 스스로 불개항장(不開港場)에서의 징세가 불가함을 알게 된 데다가 일본인들의 오만이 심하여 실제로 납세에 긍종(肯從)하지 않고 있으므로 실제로는 세금을 징수하지 않고 있다.

(3) 작년 10월 1일 러시아 군함 1척이 내박(來泊)해서 장교 1명, 통역 1명, 병사 7명 등이 하륙(下陸)하여 8일간 체류하면서 산천을 둘러보고 지도를 작성했으며, 규목 1주를 일본인으로부터 75량(兩)에 구입하고, 명년 3월에 다시 오겠다는 뜻을 전하고 퇴거하였다.

『울도기』는 1900년경의 울릉도 재개척 시기의 실태를 알 수 있는 매우 중요한 자료이다. (중권, 본문 87~112쪽 참조)

25)『내부래거안』 기사(3)

(82)『內部來去案』(7) 內部大臣의 外部大臣에게의 「照會 第12號」, 光武 4年(1900년) 6月 19日條

照會 第十二號

鬱島視察委員 禹用鼎의 報告書를 接准ᄒᆞ온즉 內開

本部 第一號 訓令을 伏奉ᄒᆞ온즉 內開鬱島의 視察及談辨ᄒᆞᆯ 事項으로 特差本員以送ᄒᆞ오니 該兩件事項을 專管便宜ᄒᆞ되 務盡綜詳ᄒᆞ야 事事歸正케ᄒᆞ고 本島前後形便及 擅便히 難ᄒᆞᆫ 事項은 隨聞見 記載ᄒᆞ야 以成冊子ᄒᆞ야 面稟本部케하라 ᄒᆞ시온바 本月 二十五日에 發向仁港ᄒᆞ와 二十七日에 日本警部一員과 搭乘木曾川丸ᄒᆞ옵고 釜港에 到泊ᄒᆞ와 監理署主事 金冕秀와 海關稅務司 羅保得과 同幇辨 金聲遠과 駐港日本副領事 赤塚正輔와 同警部 渡邊鷹治郎으로 三十日에 同搭龍丸ᄒᆞ옵고 翌日下午에 鬱島에 到泊下陸ᄒᆞ와 本月 一日노 連次會同調査ᄒᆞ와 左開逐條詳達ᄒᆞ오며 在島五日에 徧査該島情形ᄒᆞ온즉 島民難保之狀과 前後事實을 亦爲臚列詳等因이라.

此를 准査ᄒᆞ온즉 該島情形의 査覆後錄이 貴部에도 亦有ᄒᆞ올듯ᄒᆞ옵기 該臚列記ᄂᆞᆫ 不爲送交이온바 頃者日本公使條約內在京城審議辦理라 ᄒᆞ옵기 玆以仰佈ᄒᆞ오니

照亮ᄒᆞ신後 日公館에 卽行知照ᄒᆞ오셔 六月 二十三日 下午 一点에 貴部로 會辦케 ᄒᆞ시고 示明하시믈 爲要事.

光武 四年 六月 十九日

議政府贊政內部大臣 李乾夏

議政府贊政外部大臣 朴齊純 閣下

(83)『內部來去案』(8) 外部大臣의 內部大臣에게의「照復 第10號」, 光武 4年(1900년) 6月 22日條

照復 第十號

貴 第十二號 照會를 接准ᄒᆞ와 鬱陵島審議一案을 本月 二十三日 下午一点에 本部에셔 會辦홀 事로 日本公使에게 照會ᄒᆞ엿ᄉᆞᆸ더니 現接該覆 內開

曩派鬱陵島之貴調査委員 歸京後 提出復命書 來二十三日午後一時 在貴部會同 審議一事敬悉而 本館派遣之赤塚領事官補 調査復命書 姑未提出 未便會審 容俟提出 更定會審日期可也 等因이기로

准此照復ᄒᆞ오니 査照ᄒᆞ심을 爲要

光武 四年 六月 二十二日

議政府贊政外部大臣 朴齊純

議政府贊政內部大臣 李乾夏　閣下

(84)『內部來去案』(9) 內部大臣의 외부대신에게의「照會 第13號」, 光武 4年(1900년) 6月 25日條

照會 第十三號

貴 第十號 照復內 槩現接日本公事照復內開

曩派鬱陵島之貴調査委員 歸京後 提出復命書 來二十三日午後一時 在貴部會同 審議一事敬悉而 本館派遣之赤塚領事官補 調査復命書 姑未提出 未便會審 容俟提出 更定會審日期可也 等因이기로

准此照復ᄒᆞ오니 査照爲要을 准査ᄒᆞ온바 這間日復多矣라

日領事官補調査書가 想己到達提出이올덧ᄒᆞ오며 該島民人이 現又來待ᄒᆞ야 滯留呼訴ᄒᆞ오니 顧其情狀에 極涉可悶이라 玆又仰佈ᄒᆞ오니

照亮ᄒᆞ신後 知照日公館ᄒᆞ시와 今二十六日로 定期會辦케 ᄒᆞ시믈 爲要

光武 四年 六月 二十五日

議政府贊政內部大臣 李乾夏

議政府贊政外部大臣 朴齊純　閣下

(85)『內部來去案』(10) 外部大臣의 內部大臣에게의「照復 第11號」, 光武 4年 6月 26日條

照復 第十一號

貴 第十三號 照會를 接准ᄒᆞ와 鬱陵島案件 會審日期를 日本公使에게 函商ᄒᆞ엿솝더니 本月 二十七日에 可以會同이라ᄒᆞ기로 伊日下午二点鍾으로 定期ᄒᆞ옵고 玆에 照復ᄒᆞ오니

照亮ᄒᆞ오셔 屆期來臨ᄒᆞ심을 爲要.

光武四年 六月 二十六日

議政府贊政外部大臣 朴齊純

議政府贊政內部大臣 李乾夏　閣下

(86)『內部來去案』(11) 外部大臣의 內部大臣에게의「照復 第14號」, 光武 4年 7月 5日條

照會 第十四號

現接鬱陵島務 裵季周報告書 內開

本島視察官 禹用鼎이 本島를 調査ᄒᆞ옵고 回航ᄒᆞᆫ 後 翌日에 新到ᄒᆞᆫ 商船 五隻과 在留ᄒᆞᆫ 日人이 徧踏四山ᄒᆞ와 餘在槻木을 沒數斫伐이 尤甚於前日故로 招問委拆ᄒᆞ온즉 日人烟本言內에 前島監吳相鎰의 許斫票가 有ᄒᆞ고 田在恒의게 七月至伐木票가 亦在卽豈可禁斷乎 云云이오나 渠所謂前島監吳相鎰票ᄂᆞᆫ 本是二株許斫票이온데 己往犯斫이 至爲七十餘株이오며 田在恒許의 七月至許斫票云云도 此是八十株定數斫伐相約이온데 己犯斫이 亦至八十三株故로 視察官在島調查時에 昭詳調檢ᄒᆞ와 日本領使와 屢度談辦ᄒᆞ

온 後 日本領使도 更勿侵犯홀 意로 在島日本人의게 丁寧申飭흔다ᄒᆞ온바 今此日人之蔑法亂斫이 愈往愈甚ᄒᆞ오나 島監의 權力으로ᄂᆞᆫ 禁止不得이옵기 不勝悚憫ᄒᆞ와 玆以報告ᄒᆞ오니 照亮ᄒᆞ신 後 轉照外部ᄒᆞ시와 日本公使와 辦理ᄒᆞ오셔 在島日人을 不日撤還케 ᄒᆞ심을 伏望 等因이온바

此를 査ᄒᆞ온즉 日本無恒之民의 在島侵暴가 日益爲甚ᄒᆞ온지라 向日 貴部에셔 日本公使와 談辦홀 時에 日人撤歸ᄒᆞᄂᆞᆫ 事件을 日本政府에 卽爲報明ᄒᆞ야 定期撤還홀 意로 日本公使와 約定ᄒᆞ야ᄉᆞ온즉 貴部로셔 更卽知照于日公館ᄒᆞ오셔 在島日人의 撤歸一欵을 指日 示明케 ᄒᆞ시믈 爲要事

光武 四年 七月 五日

議政府贊政內部大臣 李乾夏

議政府贊政外部大臣 朴齊純 閣下

(87) 『內部來去案』(12) 外部大臣의 內部大臣에게의 「照復 第17號」, 光武 4年 8月 27日條

照會 第十七號

頃因鬱島島監 裵季周의 報告書ᄒᆞ와 在島日人을 定期撤歸홀 事로 日本公使에게 知照ᄒᆞ시믈 照請ᄒᆞ왓더니 兩個月이 將盡토록 如何ᄒᆞ신 照復이 尙無ᄒᆞ오니 貴部로셔 尙今日館에 知照치 아니ᄒᆞ신지 日館으로셔 皀白이 尙無ᄒᆞ온지 訝惑이 滋甚이온바 該島情形이 時日爲悶이옵기 玆에 仰佈ᄒᆞ오니

照亮ᄒᆞ신 후 更卽知照于日館ᄒᆞ오셔 在島日人의 撤歸一件을 指日 示明케 ᄒᆞ시믈 爲要事.

光武 四年 八月 二十七日

議政府贊政內部大臣 李乾夏

議政府贊政外部大臣 朴齊純 閣下

(88)『內部來去案』(13) 外部大臣의 內部大臣에게의 照復, 光武 4年 9月 12日條

照復 第

鬱陵島在留日人定期撤還事로 貴 照會를 疊准이온바 日本公使에게 己經知照ᄒᆞ엿삽더니 該照復을 接ᄒᆞ온즉 我國人果如島監所報 而採伐契約以外槻木則其所爲實不穩當也. 貴政府 如羞便航 則當飭附近帝國領事 發召嗅狀 招致烟本等于我法廷 審問後 當行相當措置等因이옵고

又 照會를 接ᄒᆞ온즉 玆將帝國政府意見 開列如左

一. 本邦人在留該島之始 實係十數年以前事 而有該島取調之責之貴國島監 非徒黙許 乃反慫慂其進故

二. 盜伐云云 事實不確 而玆將當時聲言 揆以今回取調 則樹木伐採 出白島監依賴 或係合意賣買也 明矣. 又

三. 在島本邦人 與島民間所行商業 緊要於需用供給上 亦係島民之企淫者 而島監將其輸出入貨物徵收 如輸出入稅者矣 而

四. 島民之交通大陸 槩依本邦在留者 以得其便 則均爲島民不可欠之要件也.

以上事實 卽調查後發見者也. 本邦人在留 可謂貴政府允許下正當行爲 乃經十數年 而忽於今日 卽命退去 則互相不利 然貴政府 强要退去 則支出相當費 用一事 不得不 協定也. 尙雖一度退去 其在許久習慣 難保無再欲渡航矣. 莫若徵關稅於出入貨物 設方略於樹木採伐 維持現狀 相得便宜等因이기로 本大臣이 遂條馳卞ᄒᆞ오되 (…)

一. 該島原屬荒山 本政府 募民開拓 今爲十八年 日人來住 或五六年 或三四年 不可謂十數年以前之事 且無論年月久近 擅入非通商口岸 居住偸運確係違章 該島監屢經飭退 伊等抗拒不遵 其所稱黙許及慫慂等語 殆不近理.

二. 盜伐一事 雖謂合意賣買 此係前島監輩 一時過失 日人之籍此濫伐 不

計其數 觀於兩國官吏取調之後 恣行無忌 則徒前盜伐 莫掩其跡也

三. 島監之徵收稅款者 只將出口貨 値百抽二 以代罰款 此由日人之自願至進口貨 則不在此例 倘如輪出入稅 則何可徵之於出貨而不徵於進貨 又寧有値百抽二之法.

四. 島民困於日人 滋事轉成仇隙 萬無籍以爲便之理.

以上各節 按照條約 斷難允許. 貴政府 以此爲正當行爲 不惟不懲其罪 乃反養成其惡 未知置條約於何地 至相當費協定支出一節 此係條約所不載 貴政府談何容易 倘該日人等 一度退去 習慣再渡 則其責任 在於貴政府 非本政府所可逆料 若因此而徵關稅於運貨 設方略於伐木 欲爲維指現狀之計 則條約一書 更無可講之地 此本政府之所不可爲也. 惟貴公使 熟籌利害 愼重條約一面詳陳貴政府 一面行飭該島在留日人等 剋期撤還 免滋事案ᄒᆞ라ᄒᆞ엿사오나 尙無指日撤回之答ᄒᆞ옵고 如差便航 則飭發召煥狀等說이 只事延施之計이오니 誠爲悶然이옵기 玆에 照復ᄒᆞ오니

照亮ᄒᆞ심을 爲要.

光武四年 九月 十二日

議政府贊政外部大臣 朴齊純

議政府贊政內部大臣 李乾夏　閣下

조복 제

울릉도에 머무르고 있는 일본인을 기한을 정하여 철수시킬 일로 귀 조회를 거듭 조사 확인 하온 바 일본공사에게 이미 알려주어 조회를 하게 했더니 해당 조회에 대한 답을 접한 즉 우리나라 사람이 행동한 것이 진실로 도감이 보고한 바와 같고 채벌을 계약한 이외의 느티나무를 벤 것은 그 행한 바가 실로 온당하지 못합니다. 귀 정부에서 편선(便船 : 간편하게 이용할 수 있는 배)을 보내주면 마땅히 부근의 제국(帝國) 영사(領事)에게 계칙하여 소환장

을 발부하여 烟本 등을 우리 법정에 불러 심문한 후에 마땅히 상당한 조치를 행하겠고 또 조회를 접하온 즉 이에 제국 정부의 의견을 아래와 같이 나열했습니다.

첫째 본방 사람이 해당 섬에 머물기 시작한 시초는 실로 수십 년 이전의 일인데 해당 섬의 취조(取調)의 책임이 있는 귀국의 도감이 조용히 허락했을 뿐만이 아니라 이에 도리어 그 나아오도록 꾀었습니다.

둘째 몰래 나무를 베었다고 말한 것은 사실이 정확하지 않고 아울러 당시 발표한 말을 가지고 금번의 취조를 헤아려보면 나무의 벌채는 도감의 의뢰에서 나왔으니 합의매매에 관계되는 것이 명백합니다.

셋째 섬에 있는 본방인이 섬 주민과 함께 상업활동을 하여 수용하고 공급하는데 긴요하고 또 섬 주민의 비람에 관계되는 것으로서 도감이 그 수출과 수입의 화물을 가지고 징수하는 것은 수출세와 수입세의 경우와 같이해야 합니다.

넷째 섬 주민이 대륙에 교통하는 것은 대개 본방에 머무르고 있는 자에 의거하여 그 편리함을 얻은 것이니 균등하게 섬 주민이 흠잡을 수 없는 요건이 됩니다.

이상의 사실은 곧 조사 후 발견된 것입니다. 본방인이 머무르고 있는 것은 귀 정부가 허락한 정당한 행위라고 말할 수 있고 이에 십 수 년을 지내왔는데 갑자기 금일에 즉시 물러가라고 명령을 하면 서로가 이롭지 못합니다. 그러나 귀 정부가 물러가기를 강요하면 지금까지 지출한 상당한 비용에 관한 일은 부득불 협정을 해야 합니다. 오히려 비록 한번 물러가더라도 그 오래된 습관에 젖어 있어 다시 건너오고 싶은 마음이 없게 하기를 보장하기는 어려울 것이니 출입하는 화물에 대해 관세를 징수하고 나무를 벌채하는데 대책을 세워 현상을 유지하여 서로 편의를 얻게 하자고 하였기에 본 대신이 축조 논박하고 변론하였는데(…)

첫째 해당 섬은 원래 황량한 산에 속하였는데 본 정부가 백성을 모집하여 개척한 지가 지금 18년이 되었습니다. 일본인이 와서 거주한 지는 혹 5, 6년 혹 3, 4년으로 십 수 년 이전의 일이라고는 말할 수 없습니다. 또한 연월의 오래고 먼 것을 논할 것 없이 통상하는 항구의 언덕이 아닌데도 함부로 들어와서 거주하면서 몰래 돌아다니니 확실히 법을 어긴 것입니다. 해당 도감이 여러 번 계칙을 했으나 저들이 항거하여 따르지 않으며 그 거론하는 바 말없이 허락하였다는 것과 꾀어서 나아오게 했다는 등의 말은 거의 이치에 가깝지 않습니다.

둘째 몰래 베었다는 한 가지 일은 비록 합의하여 매매했다고 말하나 이것은 전 도감을 지낸 무리들의 일시의 허물입니다. 일본인이 이것에 빙자하여 함부로 베었는데 그 숫자를 계산하지 못할 정도입니다. 두 나라의 관리가 취조한 후에 방자하게 행동하여 거리낌이 없으니 종전에 몰래 벤 것은 그 자취를 숨기지 못할 것입니다.

셋째 도감이 징수한 세금에 관한 조목이라는 것은 다만 항구 밖으로 나가는 물화를 가지고 값이 백이라면 2할만을 뽑아서 벌주는 조항으로 대신했던 것인데 이것은 일본인이 스스로 원한 것에 말미암은 것입니다. 항구로 들어오는 물화에 이르러서는 이 열(例)에 포함되어 있지 않습니다. 혹시 수출세와 수입세와 같은 것은 어찌 화물을 실어낼 때에만 징수하고 화물을 실어들일 때에는 징수하지 않겠습니까. 또 어찌 값이 백이라면 2할만을 뜯는 법이 있겠습니까.

넷째 섬 주민이 일본인에게 곤란을 받아 일이 확대되어 서로 원수처럼 지내는 사이가 되었으니 결코 의뢰하여 편할 리가 없습니다.

이상의 각 절을 조약에 비추어 조사하여보면 단연코 허락하기 어렵습니다. 귀 정부에서는 이것으로써 정당행위라고 하여 그 죄를 징계하지 않고 있을 뿐만이 아니고 이에 도리어 그 악을 기르고 있으니 알지 못하겠습니다만 조약을 어떤 상황에 두려고 하시는 것입니까. 상당한 비용을 협정하여 지출해야 한다고 하신 구절은 이 조약에 실려 있지 않는 바이니 귀 정부가 얘기를 어찌 용이하게 하십니까. 혹시 해당 일본인 등이 한번 물러갔다가 습관에 젖어 다시 건너온다고 한 것은 그 책임이 귀 정부에 있지 본 정부에서 미리 요량할 바가 아닙니다. 만약 이것으로 인하여 화물을 운반함에 관세를 징수하고 벌목에 대책을 세워 현상을 유지할 계획이라면 조약 문서를 다시 강론할 곳이 없을 것이니 이것은 본 정부가 그렇게 하지 못할 바입니다. 오직 귀 공사는 이해(利害)를 익숙히 계산하시고 조약을 신중하게 하여 한편으로는 귀 정부에게 상세히 진달하시고 한편으로는 해당 섬에 계칙하여 머무르고 있는 일본인 등이 기일을 정하고 철수하여 돌아가 사안이 커지는 것을 면하게 하라 하였사오나 아직 날짜를 지정하여 철수한다는 답이 없고 만일에 편선을 보낼 것 같으면 계칙하여 소환장을 발송하겠다는 등의 말이 다만 질질 끌기를 일삼는 계획이오니 진실로 민망하옵기에 이에 조회에 답하오니 살피시어 밝게 아시기를 바람.

광무 4년 9월 12일

의정부찬정 외부대신 박제순

의정부찬정 내부대신 이건하 각하

(89)『內部來去案』(14), 外部大臣의 內部大臣에게의 照復, 光武 4年 9月 15日條

照會

鬱陵島在留日人 撤退ᄒᆞ올 一事로 曩經照會ᄒᆞ얏삽거니와 現接日本公使 照復ᄒᆞ온즉 鬱陵島在留本邦人退去事 曩經照會 而旅接貴第十四號照復 則乃以貴政府意見 將本使公文之主意 一一駁辨 速命退去 而取中四項駁辨 其在事實 非徒相違 亦於事理 果難同意 盖本使照會之主意 則照曩者 貴我兩官吏

前往取調之結果現狀 而只圖互相便益也 其條約上權利 何如姑置不講矣 貴政府 旣以條約 爲楯强要 本件斷案 則本使亦可捨 互相便益之起見 而不容不援條約 而論本案也. 査開港開市場以外不許外國人居住之規 非獨日韓條約爲然也 貴國與訂盟諸國間之條約 則皆同矣. 然則奈之何 如外國宣敎師之多數 散居於不許各地者 則貴政府認之 而獨要鬱陵島在留本邦人 獨退去者 本使不解也. 貴政府 若不申明約旨除條約 所許地方外 所留外國人 一切退去之 則本使斷難 使鬱陵島在留本邦人獨退也. 且本邦人之在留鬱陵島 雖係條約規定之外 其致漸成習慣 則責在島治之貴國官吏 而卽爲貴政府之責者也 等因이온바

此次 該公使來文辭意가 此推彼捱의 惟事延拖ᄒᆞ오니 玆案出梢가 杳無其期이오며 徒事處文이 亦非良曩이온즉 誠屬悶然이옵기 玆에 照會ᄒᆞ오니

照亮ᄒᆞ심을 爲要.

光武四年 九月 十五日

議政府贊政外部大臣 朴齊純

議政府贊政內部大臣 李乾夏 閣下

(90)『內部來去案』(15) 外部大臣의 內部大臣에게의「照復 第19號」, 光武 4年 10月 2日條

照會 第十九號

貴部 第十五號 照復 內開 鬱陵島在留日人定期撤還事로 貴 照會를 疊准이온바 日本公使에게 已經知照ᄒᆞ엿삽더니 該照復을 接ᄒᆞ온즉 我國人果如島監所報 而採伐契約以外槻木 則其所爲實不穩當也 貴政府如差便航 則當飭附近帝國領事 發召嗅狀 招致烟本等 于我法廷 審問後 當行相當措置等因이옵고 又 照會를 接ᄒᆞ온즉 玆將帝國政府意見 開列如左

一. 本邦人在留該島之始 實係十數年以前事 而有該島取調之責之貴國島

監 非徒默許 乃反慫慂其進故

二. 盜伐云云 事實不確 而玆將當時聲言 揆以今回取調 則樹木伐採 出自島監依賴 或係合意賣買也 明矣. 又

三. 在島本邦人 與島民間所行商業 緊要於需用供給上 亦係島民之企淫者 而島監將其輸出入貨物徵收 如輸出入稅者矣 而

四. 島民之交通大陸 槩依本邦在留者 以得其便 則均爲島民不可欠之要件也.

以上事實 卽調査後發見者也. 本邦人在留 可謂貴政府允許下正當行爲 乃經十數年 而忽於今日 卽命退去 則互相不利 然貴政府 强要退去 則支出相當費用一事 不得不 協定也. 尙雖一度退去 其在許久習慣 難保無再欲渡航矣. 莫若徵關稅於出入貨物 設方略於樹木採伐 維持現狀相 得便宜等因이기로 本大臣이 遂條馳卞ᄒᆞ오되

一. 該島原屬荒山 本政府 募民開拓 今爲十八年 日人來住 或五六年 或三四年 不可謂十數年以前之事 且無論年月久近 擅人非通商口岸 居住偸運 確係違章 該島監屢經飭退 伊等抗拒不遵 其所稱默許及慫慂等語 殆不近理.

二. 盜伐一事 雖謂合意賣買 此係前島監輩 一時過失 日人之籍此濫伐 不計其數 觀於兩國官吏取調之後 恣行無忌 則徒前盜伐 莫掩其跡也.

三. 島監之徵收稅款者 只將出口貨 値百抽二 以代罰款 此由日人之自願至進口貨 則不在此例 儻如輸出入稅 則何可徵之於出貨而不徵於進貨 又寧有値百抽二之法.

四. 島民困於日人 滋事轉成仇隙 萬無籍以爲便之理.

以上各節 按照條約 斷難允許 貴政府 以此爲正當行爲 不惟不懲其罪 乃反養成其惡 未知置條約於何地 至相當費協定支出一節 此係條約所不載 貴政府談何容易儻該日人等 一度退去 習慣再渡 則其責任 在於貴政府 非本政府所可逆料 若因此而徵關稅於運貨 設方略於伐木 欲爲維指現狀之計 則條

約一書 更無可講之地 此本政府之所不可爲也. 惟貴公使 熟籌利害 愼重條約 一面詳陳貴政府 一面行飭該島在留日人等 剋期撤還 免滋事案ᄒᆞ라ᄒᆞ엿사오나 尙無指日撤回之答ᄒᆞ읍고 如差便航 則飭發召換狀等說이 只事延施之計이오니 誠爲悶然이읍기 玆에 照復ᄒᆞ오니 照亮ᄒᆞ심을 爲要 等因과 第十六號照復 內開 .

鬱陵島在留日人 撤退ᄒᆞ올 一事로 曩經照會ᄒᆞ얏삽거니와 現接日本公使照復ᄒᆞ온즉 鬱陵島在留本邦人退去事 曩經照會 而旅接貴第十四號照復 則乃以貴政府意見 將本使公文之主意 一一駁辨 速命退去 而取中四項駁辨 其在事實 非徒相違 亦於事理 果難同意 盖本使照會之主意 則照曩者 貴我兩官吏 前往取調之結果現狀 而只圖互相便益也. 其條約上權利 何如姑置不講矣. 貴政府 旣以條約 爲楯强要 本件斷案 則本使亦可捨 互相便益之起見 而不容不援條約 而論本案也. 查開港開市場以外 不許外國人居住之規 非獨日韓條約爲然也. 貴國與訂盟諸國間之條約 則皆同矣. 然則奈之何 如外國宣教師之多數 散居於不許各地者 則貴政府認之 而獨要鬱陵島在留本邦人 獨退去者本使不解也. 貴政府 若不申明約旨除條約 所許地方外 所留外國人 一切退去之 則本使斷難 使鬱陵島在留本邦人獨退也. 且本邦人之在留鬱陵島 雖係條約規定之外 其致漸成習慣 則責在島治之貴國官吏 而卽爲貴政府之責者也 等因이온바

此次 該公使來文辭意가 此推彼捱의 惟事延拖ᄒᆞ오니 玆案出梢가 ○無其期이오며 徒事處文이 亦非良曩이온즉 誠屬悶然 等因을 連接ᄒᆞ온바 此를 准查ᄒᆞ온즉 日本公使照復內 稱外國宣教師之多數 散在於不許各地 則貴政府認之 而獨要鬱島在留本邦人獨退去者 本使不解也云云 此則大有不然之端ᄒᆞ니 宣教師 則但以教誨民人으로 散在各處오 初不有裝載物貨ᄒᆞ야 任便貿易이라 今此日本無恒之民은 潛越不通商口岸ᄒᆞ야 恣意築室ᄒᆞ고 出入物貨ᄒᆞ며 侵虐居民에 亂斫木料ᄒᆞ야 大違約章規定ᄒᆞ니 豈可以各國宣教師 散住各

處로 籍爲口實哉아 且閱條約合編第六〇 某國商民 如將貨物偸運 非通商口岸及禁 不論己行未行 均應將貨往處 所物入官 違犯之人 按入官 貨物之價 加倍示罰 其布圖違禁之民 幷可査격〇〇 卽轉送就近領事官云云等條 則該無恒民之自執送領事가 直行無疑이오나 第念兩國敦誼ᄒᆞ야 向以兩國官吏로 專往調査後 函期撤歸케ᄒᆞ야 以敦友誼러니 不意日本公使가 推諉至此에 條約規程을 便歸處文ᄒᆞ야 置而不講ᄒᆞ니 念之及此에 奚獨韓國之累리오 抑亦日本之羞라 玆更仰佈ᄒᆞ오니 照亮ᄒᆞ신 後 轉照日本公使ᄒᆞ시와 員島在留日本人等을 不日撤還ᄒᆞ야 以守規程케 ᄒᆞ시믈 爲要事

光武四年 十月 二日

議政府贊政內部大臣 李乾夏

議政府贊政外部大臣 朴齊純　閣下

해설 요점

이 자료는 울릉도시찰위원 우용정 일행이 울릉도 실태를 조사하고 귀환하여 보고서를 제출한 후 한·일 양측이 울릉도의 일본인 문제를 서울에서 심의하여 해결하자는 일본공사와의 약속에 따라 한·일 양측의 회의 일자를 1900년 6월 23일 하오 1시에 외부(外部)에서 열 것을 내부가 요청하면서 일본 공사관과 왕복한 공문이다.

일본 측에서는 단 하루라도 될수록 한·일 양측의 회동 일자를 연기하면서 울릉도로부터의 일본인의 철수를 하지 않거나 지연시키려고 하였다. 6월 27일 한·일 양측의 회동이 있기는 했으나, 일본 측은 일본 정부에 보고한 후에 철환하도록 자기들의 입장을 전달하겠다고 약속하고 미루기만 하였다.

내부대신은 일본인 무뢰배들의 울릉도 침포(侵暴)가 날로 더욱 심해지고 있음을 지적하고, 외부에서 지난번 일본공사와 담판할 때에 일본공사는 일본 정부에 즉시 보고해서 기한을 정하여 철환(撤還)할 뜻으로 약정하였으니 외부에 일본 공사관에 조회하여 울릉도에 밀입도한 일본인을 날짜를 정하여 철수시켜 달라고 요청한 것이었다.

대한제국 외부에서는 내부의 공문의 뜻을 일본 공사관에 보내었던 바 일본 공사관이 외부에 보내온 내용을 그대로 내부에 전달하였다. 그 내용의 요지는 한국 정부에서 배를 보내 주변 부근의 일본영사에게 훈령하여 울릉도에서 규목을 불법벌목한 곤본(烟本) 등 일본인을 심문한 후 조치하겠다는 것과, 일본 정부의 견해를 나열하여 알려온 것이다. 일본 정부의 견해의 요지는 ① 일본인이 울릉도에 머물기 시작한 것은 수십 년 전의 일인데 도감이 묵인하고 꾀어서 그렇게 된 것이고, ② 벌목도 도감의 의뢰에서 나왔으며, ③ 울릉도에서의 일본인의 상업활동은 섬 주민의 소망에 관계된 것이고, ④ 울릉도 주민이 대륙과 교통하는 것은 일본인 체류자에 의거해 편리함을 얻는 것이니, 일본인의 울릉도 거주가 십 수년을 지냈는데 이제 갑자기 물러가라면 서로 이롭지 못하다는 것이다. 만일 한국 정부가 울릉도로부터의 일본인의 철수를 강요한다면, 지금까지 지출한 상당한 비용에 대해 먼저 협정해야 한다고 주장하고, 만일 일본인을 철수시켜도 다시 울릉도에 들어올 것이니 출입하는 화물에 세금을 메기고 현상을 유지하는 것이 어떠냐는 제의였다.

외부대신은 이에 대해 다음과 같이 논박하는 공문을 보냈다고 하였다. 그 요지는 ① 개항장이 아닌 울릉도에 일본인이 들어와 거주하는 것은 불법이고 조약 위반이며, 도감이 여러 차례 퇴거를 명령했지만 일본이 따르지 않았는데 도감의 묵인을 받았다는 것은 빈 말이고, ② 규목을 2그루 베도록 허가한 것은 전 도감의 일시적 과실인데, 이를 빙자하여 수십 그루를 도벌하는 것은 용납할 수 없는 일이며, ③ 도감이 징수했다는 것은 세금이 아니라 불법행위에 대한 벌금이었고, ④ 울릉도 주민과 일본인은 지금 원수처럼 지내고 있는 것이 상호의뢰하지 않는 증거가 된다는 것이었다.

대한제국 외부는 울릉도에서의 일본인의 불법행위를 정당행위라고 하여 죄를 징계하지 않고 도리어 그 악(惡)을 기르는 것이라고 일본 측을 비판하였다. 또한 일본인을 철수시키려면 먼저 상당한 비용을 협정하여 한국 정부에서 지출하라고 한 일본 공사관의 주장도 외부는 신랄히 비판하였다.

외부대신은 내부대신에게 한국 정부가 배를 보내면 일본인 범법자에게 소환장을 발송하겠다는 것도 일본이 울릉도에서 일본인을 철수시키지 않으려고 지연 작전을 쓰는 것이라고 해석하여 통보하고 있다.

한편 일본공사는 대한제국 외부대신의 조목별 논박은 서로 어긋나는 것이 있는데, 그 가장 심한 것은 왜 외국 선교사들은 미개항장 각처에 흩어져 거주하는 것을 허락하면서 오직 울릉도에 재류한 일본인만을 퇴거시키려고 하는가 하는 것이라고 지적하였다. 일본 측은 울릉도에 일본인이 거류하는 것은 비록 조약 규정에 어긋나는 것이기는 하지만, 그것이 점차 습관이 된 것은 울릉도를 다스리는 조선 관리의 책임이고 따라서 조선 정부의 책임이라고 역으로 공격해왔다.

대한제국 내부대신 이건하는 외부대신에게 일본공사의 앞서의 주장을 반박하여 공문을 보내었다. 그 내용의 요지는, 그동안 외부를 통해 받은 일본 정부의 견해, 외부의 반박, 다시 일본공사의 반론 등을 차례로 다시 기록한 다음, 끝에서 일본공사의 앞서의 주장을 신랄히 비판한 것이다. 즉 선교사는 백성을 가르치는 교회인으로서 각처에 흩어져 있지만 처음부터 물화를 싣고 자의로 상업무역을 하는 일이 전혀 없다. 그러나 일본인 무뢰배들은 비개항장(非通商口岸)에 불법으로 몰래 밀입해 들어와서 자의를 집을 짓고 물화를 거래하며 한국 주민들을 침학(侵虐)하고, 목재를 남벌하여 조약과 규정을 크게 위반하니, 어찌 각국 선교사의 각처 거주를 구실로 하여 일본인 무뢰배들의 불법행위를 동일시하려 하는가 하고 비판하는 것이다.

내부대신은 일본공사가 조약 규정을 멋대로 잘못 끌어다 대면서 일본인 철환(撤還) 대책은 강주하지 않은 것은 비단 한국에 누(累)를 끼치는 것만이 아니라 또한 일본의 수치이니, 이 뜻을 일본공사에게도 전하여 울릉도에 있는 일본인들을 하루속히 철환하여 규정을 지키게 하라고 외부대신에게 요청하였다. (중권, 본문 87~112쪽 참조)

제6편

「대한제국 1900년 칙령 제41호의 제정과정 및 의의와 '석도 = 독도'의 세 가지 방법의 증명」에 관련된 실증자료

26) 의정부 『청의서』 기사

(91) 「鬱陵島를 鬱島로 改稱하고 島監을 郡守로 改正에 關한 請議書」, 高宗 光武 4年(1900年) 10月 22日條

鬱陵島를 鬱島로 改稱ᄒᆞ고 島監을 郡守로 改正에 關ᄒᆞᆫ 請議書

右ᄂᆞᆫ 該島가 東溟에 特立ᄒᆞ야 大陸이 遠隔ᄒᆞ온바 開國五百四年에 島監을 設置ᄒᆞ야 島民을 保護ᄒᆞ고 事務를 管掌케 ᄒᆞᆯ시 該島監 裵季周의 報牒과 本部視察官 禹用鼎과 東萊稅務司의 視察錄을 叅互節査ᄒᆞ온즉 該地方이 蹤可八十里오 橫爲五十里라. 四圍峭壁에 中有巨山ᄒᆞ야 自北止南ᄒᆞ고 間有大川ᄒᆞ야 深廣이 幾容舟楫ᄒᆞ고 其土가 沃腴ᄒᆞ고 其民이 質野ᄒᆞ야 自數十年來로 民蓄이 蕃殖ᄒᆞ야 戶數가 爲四百餘家오 墾田이 爲萬餘斗落이라. 居民의 一年農作 擔包數爻가 諸爲二萬餘包오 大麥이 爲二萬餘包오 黃豆爲一萬餘包오 小麥이 爲五千包라 ᄒᆞ오니 大率 戶數와 田數와 穀數를 陸處ᄒᆞᆫ 山郡에 較計ᄒᆞ오면 數或不及이오나 不甚相左ᄲᅮᆫ더러 挽近 外國人이 往來交易ᄒᆞ야 交際上도 亦有ᄒᆞ온지라. 島監이라 稱號ᄒᆞ오미 行政上에 果有妨碍기로 鬱陵島를 鬱島라 改稱하고 島監을 郡守로 改正ᄒᆞ오미 妥當ᄒᆞ웁기 此段 勅令案을 會議에 提呈事.

光武四年 十月二十二日

議政府贊政 內部大臣 李乾夏

議政府議政 尹容善閣下 查照

勅令第四十一號(案) (…)

해설 요점

대한제국 내부대신이 의정부회의에 제출한 울릉도와 그 부속섬들을 '울도군'으로 격상시키는 지방제도 개정 1900년 칙령 제14호안(案) 청의서이다.

일본이 청·일전쟁에서 승리한 후에는 다수의 일본인들이 불법으로 울릉도에 침입하여 집단적으로 삼림을 벌채(伐採)해가고 또 이주하여 불법거류하기 시작하였다. 조선왕조 정부는 일본 측에 이에 대한 항의를 계속하다가 1900년 5월에는 내부관리 우용정을 책임자로 하고 주부산 일본 부영사 아카쓰카(赤塚正助)와 부산 해관 세무사 프랑스인 라포르트(E. Laporte, 羅保得)를 대동한 국제조사단을 울릉도에 파견하였다. 우용정의 보고서에 일본인들이 수십 명씩 불법으로 울릉도에 침입, 체류하고 삼림을 도벌해 가면서 한국인 도감의 만류와 항의는 무시하여 전혀 듣지 않을 뿐 아니라, 이대로 방치하면 울릉도의 삼림자원이 크게 고갈될 것임이 사실대로 보고되었다.

이에 대한제국 내부에서는 울릉도와 그 부속도서의 행정 지위를 격상시켜서 울릉도와 그 부속도서를 '울도군'으로 격상시키고, 따라서 도감을 '군수'로 격상시켜서, 울릉도와 그 부속도서에의 일본인의 불법 침입을 방지하고 울릉도와 그 부속도서의 영토를 지키는데 행정적 도움이 되도록 하려고 위의 울릉도 설군 청의서를 내부대신 이건하의 이름으로 의정부회의(내각회의)에 제출한 것이었다. (중권, 본문 113~151쪽 참조)

27) 대한제국 『관보』 기사

(92) 大韓帝國 1900年 勅令第41號 「鬱陵島를 鬱島로 改稱하고 島監을 郡守로 改正한 件」 高宗 光武 4년(1900년) 10월 25일條(『舊韓國官報』 第1716號 光武 4年 10月 27日字)

勅令第四十一號

鬱陵島를 鬱島로 改稱ᄒᆞ고 島監을 郡守로 改正ᄒᆞᆫ 件.

第一條. 鬱陵島를 鬱島라 개칭ᄒᆞ야 江原道에 부속ᄒᆞ고 島監을 郡守로 改

正ᄒᆞ야 官制中에 編入ᄒᆞ고 郡等은 五等으로 홀 事.

第二條. 郡廳 位置ᄂᆞᆫ 台霞洞으로 定ᄒᆞ고 區域은 鬱陵全島와 竹島 石島를 管轄홀 事.

第三條. 開國五百四年 八月十六日 官報中 官廳事項欄內 鬱陵島以下 十九字를 刪去ᄒᆞ고 開國五百五年 勅令三十六號 第五條 江原道二十六郡의 六字ᄂᆞᆫ 七字로 改正ᄒᆞ고 安峽郡下에 鬱島郡 三字를 添入홀 事.

第四條. 經費ᄂᆞᆫ 五等郡으로 磨鍊호ᄃᆡ 現今間인즉 吏額이 未備ᄒᆞ고 庶事草創ᄒᆞ기로 海島收稅中으로 姑先 磨鍊홀 事.

第五條. 未盡ᄒᆞᆫ 諸條ᄂᆞᆫ 本島開拓을 隨ᄒᆞ야 次第 磨鍊홀 사.

光武四年 十月二十五日

御押 御璽 奉

勅 議政府臨時署理贊政內部大臣 李乾夏

해설 요점

대한제국 정부는 '울도군'을 설치하려는 내부대신 이건하의 청의서가 1900년 10월 24일 의정부회의(내각회의)에서 8대0의 만장일치로 통과되자. 전문 6조로 된 '울릉도를 울도로 개칭하고 도감을 군수로 개정한 건'을 1900년 10월 25일자 칙령 제41호로 중앙정부 『관보』에 게재·공포하였다.

대한제국의 이 칙령에 의해 울릉도는 울진군수(때로는 평해군)의 행정을 받다가 이제 강원도의 독립된 군으로 승격되었다. 그리고 울릉도의 초대 군수로는 도감으로 있던 배계주가 주임관 6등으로 임명되었으며, 뒤이어 사무관으로 최성인(崔聖麟)이 임명 파송되었다.

여기서 주목할 것은 제2조의 울도군은 '구역은 울릉전도와 죽도 석도를 관할할 사'라고 한 부분이다. 여기서 죽도는 울릉도 바로 옆의 죽도(대섬)

를 가리키는 것으로 이규원의 『울릉도검찰일기』에서 확인된다. 그리고 석도는 독도를 가리키는 것이다. 당시 울릉도 주민의 방언으로는 '돌'을 '독'이라고 하고, 우산도를 '돌섬'의 뜻으로 '독섬'이라 부르고 있었는데, 대한제국 정부는 '독섬'을 의역(意譯)하여 '石島'라고 한 것이다. 울릉도 초기 이주민들의 민간호칭인 '독섬', '독도'를 뜻을 취해 한자로 표기하면 '石島'가 되고, 발음을 취하여 표기하면 '獨島'로 표기되고 있었다.

대한제국 정부가 1900년에 칙령으로서 행정구역을 개편하여 울도군을 설치하면서 울도군수의 통치 행정 지역에 울릉도·죽도(대섬)와 함께 석도(돌섬=독섬)라는 명칭으로 독도에 대한 행정지배권을 거듭 명백히 공포한 것은 서양 국제법에도 맞추어 대한제국의 울릉도와 독도(石島)의 영유권을 재확인하여 재선언한 매우 중요한 자료이다. (중권, 본문 87~135 쪽 참조)

28) 『고종실록』 기사(8)

(93) 『高宗實錄』 高宗 37年(1900년) 10月 25日(陽曆)

二十五日. 勅令第四十一號. 江原道鬱陵島 以鬱島郡改稱 島監以郡守改正件. 竝裁可頒布.

칙령(勅令) 제41호 「강원도(江原道)의 울릉도(鬱陵島)를 울도군(鬱島郡)으로 고쳐 부르고 도감(島監)을 군수(郡守)로 개정할 건」을 모두 재가(裁可)하여 반포하였다.

(94) 『高宗實錄』 高宗 41年(1904년) 5月 18日(陽曆)

下勅宣書于政府 頒布中外.

勅宣書.

一. 旣往韓俄兩國間에 締結한 條約과 協定은 一體廢罷하고 全然勿施할 事.

一. 俄國臣民이나 會社에 認準한바 特許合同中至今尙在其期限內者난 自今以後로 大韓政府가 以爲無妨한 者면 如前히 其認準을 繼續享有게하나 至於豆滿江鴨綠江鬱陵島森林伐植特許하야난 本來一個人民에게 許諾한거신대 實狀은 我國政府가 自作經營할뿐 外라 該特準規定을 遵行치아니하고 恣意로 侵占的行爲를하얏스니 該特準을 廢罷하고 全然勿施할 事.

칙서를 의정부(議政府)에 내려 보내고 서울과 지방에 반포하였다.

칙서(勅宣書)

一. 이전에 한국(韓國)과 러시아 두 나라 사이에 체결된 조약과 협정은 일체 폐기하고 전혀 시행하지 말 것이다.

一. 러시아의 관리와 백성들에게나 회사(會社)에 비준한 특별 합동 허가 가운데서 지금까지도 유효기간이 있는 것은 이제부터 대한(大韓) 정부가 무방하다고 인정하는 것이면 그 비준해 준 권한을 계속 누릴 수 있게 한다. 그러나 두만강(豆滿江), 압록강(鴨綠江), 울릉도(鬱陵島)의 산림 채벌 및 식수(植樹) 특허권은 본래 한 개인에게 허락한 것인데 실상은 러시아 정부가 자체로 경영할 뿐 아니라 해당한 특허 규정을 지키지 않고 제멋대로 침략행위를 하였으니 해당한 특허를 폐지하고 전혀 시행하지 말 것이다.

해설 요점

『고종실록』의 이 자료는 대한제국이 1900년 10월 25일자로 칙령 제41호로서 강원도의 울릉도를 '울도군'으로 개칭하고 '도감'을 '군수'로 개정하기로 재가하여 반포했다는 기록이다. 앞의 자료들과 동일하다.

이 1900년 칙령 제41호에 의해 울릉도는 독립된 군으로서 울도군으로 격상되어 울릉도·죽도·독도(石島)를 관장하는 지방행정상의 '군'이 되었으며, 울릉도도감은 '울도군군수'로 격상된 것이다.

(중권, 본문 87~135쪽 참조)

29)『내부래거안』 기사(4)

(95)『內部來去案』(16) 內部大臣의 外部大臣에게의 「照會 第11號」, 光武 5年(1901년) 9月 25日條

照會 第十一號

上年 十月에 貴部 第十五號 第十六號 照復을 連接ᄒᆞ와 敝部로서 第十九號 照會를 便爲仰佈ᄒᆞ왓더니 經年 闕序에 如何ᄒᆞ신 照復을 尙靳ᄒᆞ시와 至今紆鬱ᄒᆞ온즁 現接 鬱島郡守 裵季周 報告書 內開 本島가 僻在海隅ᄒᆞ야 島中居民이 只以耕田爲業 而近年日人이 數數往來ᄒᆞ야 或伐規木ᄒᆞᄋᆞᆸ고 或侵居民之事狀을 昨年分 視察官禹用鼎 已所洞悉者也라. 伊時에 招集日人裁判 則日人이 更勿侵漁之弊로 自服矣러니 視察官 上京後로 在山槻木無一遺漏ᄒᆞᄋᆞᆸ고 今年則 日人千餘名이 作黨突入ᄒᆞ야 全山南北分界ᄒᆞ와 七十餘戶 居生島中이ᄋᆞᆸ고 分界之內 雖一草一木이라도 大韓之民은 勿爲犯斫케 ᄒᆞ고 島民尹殷中이 盖屋之事로 伐木作板이온즉 稱云渠山之木이라 ᄒᆞᄋᆞᆸ고 勿犯케ᄒᆞ오니 大抵 渠國渠山之木이라도 不至此境이온 又況大韓之土地乎잇가. 日人之弊가 去去益甚이온즉 島中居民이 不得安堵ᄒᆞ야 至於渙散之境이ᄋᆞᆸ고 大韓土地를 奪之於日人이온 故로 玆以報告ᄒᆞ오니 照亮ᄒᆞ신 後 特爲公決之地伏望等因ᄒᆞ온즉 在島日人의 滋弊가 愈往愈甚ᄒᆞ야 犯斫木料를 益無顧忌뿐더러 全島南北을 分界築室ᄒᆞ고 滿山木料를 看作己有ᄒᆞ야 島中民 盖屋伐

木을 還爲禁止라ᄒᆞ오니 言念及此에 不覺寒心이라. 大抵 在島無恤之日

人을 若不撤還ᄒᆞ오면 全島五百戶數千名人口가 渙散乃已이옵기 前後仰照가 非至一再이온바 尙今延拖하와 爲弊滋甚에 関有犯極ᄒᆞ온즉 公法所在에 該日人之行悖ᄂᆞᆫ 實爲兩國之羞라 玆更仰佈ᄒᆞ오니

照亮ᄒᆞ신後 日本公使에게 知照ᄒᆞ시와 在島之日本亂民을 定期撤歸케 ᄒᆞ시고 示明ᄒᆞ시믈 爲要

光武五年 九月 二十五日

議政府贊政內部大臣 李乾夏

議政府贊政外部大臣 朴齊純　閣下

(96)『內部來去案』(17) 內部大臣署理의 外部大臣에게의「照會 第8號」, 光武 7年(1903년) 8月 10日條

照會 第八號

江原道管下 鬱島郡守 沈興澤의 第三號 報告書 內開

現今 本島各浦居留 日人이 爲六十三戶 而日事伐木에 殆無限節ᄒᆞ니 此而不禁이면 不出幾年에 材無餘用ᄒᆞ고 山皆童濯은 明若觀火이을고 今旣設郡 則與前有異`가 躬往于日警部 有馬高孝居留所ᄒᆞ야 始爲交接 而我曰 以理論之ᄒᆞ면 以他國人으로 取我國材가 初非妥當이오 前雖曰島나 今扁爲郡이라 山川草木이 無非本職之管領 則往旣勿論ᄒᆞ고 來猶可追라 從玆以往으로 更不當如前斫伐이니 亦自貴警部로 諒此禁斷云爾則 彼曰此島伐木이 今旣數十餘年 而初無貴政府 我公使照會處辨 則有不敢自我擅禁이다 爲答ᄒᆞ옵기로 問答緣由를 玆庸報告ᄒᆞ오니 照會于日公使ᄒᆞ시와 嚴明處分ᄒᆞ시믈 伏望 等因을 據査ᄒᆞ온즉

該島潛越居住ᄒᆞᄂᆞᆫ 日本人을 斯速撤歸케 할 事로 在前公文往復도 不啻屢度뿐더러 年前에 敝部視察과 釜山에 留하ᄂᆞᆫ 日本領事와 該島에 前往ᄒᆞ야 會同審辦ᄒᆞᆯ 時 封山斫伐은 該領事도 當場禁飭ᄒᆞ고 居留日人은 京部에셔 日

本公使와 會同商辦ᄒᆞ야 定期撤歸케ᄒᆞᆫ 後 貴部會判과 敝部照促을 專事推諉에 荏苒至今ᄒᆞᆷ도 極涉訝惑이거ᄂᆞᆯ 該潛越日人이 一向伐木을 少無顧忌ᄒᆞ고 甚至於 該島에 日本警署官員을 設置라 ᄒᆞ오니 不通商內地에 外國警署가 據何約章이오며 今次該官員言內에 此島伐木이 今旣數十年에 初無貴政府 及我公使照會處辨則 有不敢自我擅禁이라 ᄒᆞ오니 在前我國政府에셔 日本公使에게 該島森林斫木을 認許ᄒᆞᆫ줄로 知ᄒᆞᄂᆞᆫ지 該警官에 稱托이 尤極無理ᄒᆞ온지라. 大抵 該島에 日本警署 設置라 ᄒᆞ옴은 萬國約章에 所無ᄒᆞᆫ 事인즉 其在友邦交誼에 大欠事體뿐더러 法外浸淩이 日本政治上에도 萬國公眼에 是非가 自在ᄒᆞᆯ 듯 ᄒᆞ오니 以若文明開化ᄒᆞᆫ 國으로 寧不歎惜이올지 事甚慨然이웁기 玆以仰佈ᄒᆞ오니 照會ᄒᆞ신 後 日本公使에게 轉照ᄒᆞ시와 爲先 該警署官員을 刻卽召還ᄒᆞ고 僭越居留ᄒᆞᆫ 日本人도 幷卽定期撤歸케 ᄒᆞ신後

斯速 示明ᄒᆞ심을 爲要

光武七年 八月 十二日

議政府贊政內部大臣臨時署理 議政府贊政 金奎弘

議政府贊政外部大臣 李道宰　閣下

해설 요점

『내부래거안』의 이 자료는 1901년 9월 울도군수 심흥택(沈興澤)이 울릉도에 밀입도한 일본인들의 목재(木材) 남벌 금단과 기한을 정한 일본인들의 철수를 일본공사에게 요구하여 반드시 실행해 달라는 요청보고를 받고, 내부대신 이건하가 외부대신에게 일본공사에 독촉하여 그 실행을 요구하라고 보낸 공문이다.

그 내용의 요지는, 작년 시찰관 우용정이 건너갔을 때 일본인들이 다시는 침범하는 폐단을 없애겠다고 한 약속을 지키기는커녕, 시찰관 상경 후 산의 규목을 모조리 베어내고, 올해에는 일본인 1천여 명이 울릉도에 작당하여 들어와서 전 울릉도의 산을 남·북으로 나누고 70호가 거주 중이며, 일본인의 폐단이 날로 더 커져서 울릉도 백성들이 안도하지 못하여 흩어질 지경에 이르렀고 대한의 토지를 일본인에게 빼앗길 형편이 되었으니 특히 정부의 결단을 바란다는 울도군수의 보고가 있으니, 이 일본인들을 철수시키지 못하면 울릉도의 5백 호, 1천 명의 백성들이 흩어져 버리고 말게 되었으므로, 앞서 수차례 조회한 바와 같이 일본공사에게 조회하여 울릉도의 일본인 난민들을 기한을 정하여 철수케 하고 그 결과를 알려달라고 외부대신에게 요청한 것이었다.

이어서 『내부래거안』의 이 자료에는 1903년 8월에 내부대신 서리 김규홍이 울도군수 심흥택의 보고를 받은 후 울릉도에 설치한 일본 경찰서의 철수와 일본인들의 벌목 금지 및 기한을 정한 일본인들의 쇄환을 일본 공사관에 조회하여 하루속히 실행하도록 외부대신 이도재에게 촉구한 공문이 수록되어 있다.

그 내용의 요지를 보면 울도군수 심흥택의 보고에, 울릉도에 거류하는 일본인 63호가 벌목(伐木)을 일삼는 것이 한정이 없어 이를 금지하지 아니하면 수년이 안되어 목재가 없어지고 산은 모두 민둥산이 될 것이 명약관화하다는 것이다. 이제 울도군을 설치했으니 이전과 달리 지방관인 군수가 당연히 이를 금해야 하는 고로 7월 27일 일본 경찰서의 경부 有馬를 방문하여 앞으로의 일본인들 벌목을 금단하겠다고 심흥택이 말하니, 일본 경부가 대응하기를 울릉도 벌목이 이미 수십 년이 되었는데 처음부터 한국 정부가 일본공사에게 금지해달라는 조회가 없었은 즉 자기가 함부로 금할 일이 아니다라고 말했다는 것이다. 이에 울도군수 심흥택은 내부대신에게 이를 보고하면서 일본 공사관에 조회하여 엄격하게 처리해 달라고 요청한 것이었다.

내부대신 서리 김규홍은 외부대신 이도재에게 지금도 울릉도에 불법 밀입도한 일본인들이 오로지 벌목을 기탄없이 자행하고, 심지어 울릉도에 일본 경찰관서를 설치했다 하니 불통상 내지에 외국 경찰서가 어떤 조약에 근거한 것이냐고 힐문하였다.

내부대신은 외부대신에게 개항하지 아니한 울릉도에 일본 경찰서 설치라 함은 국제법에 없는 일인즉, 울릉도의 일본 경찰관을 즉각 소환하고 울릉도에 밀입도하여 거류하고 있는 일본인들도 기한을 정하여 철귀시킬 것을 강경히 요청하였다.

일본 정부와 주한 일본공사의 울릉도 침략정책이 집요하게 진행되었음을 알 수 있는 자료이다. (중권, 본문 136~151쪽 참조)

30)『울도군절목』

(97)『鬱島郡節目』(1902年)

本郡陞設 今旣兩年 全島庶務 尙多草創之中 數三悖民 興訛梗化 煽動居民 則不可不自本部 講究方略

確立郡規 故別成節目 以送 依此擧行 無或違越 島民中若有如前執迷 不遵令飭者 這這摘發卽速馳報

則當有別般嚴處矣 惕念擧行節目辭意 亦爲眞諺飜謄 揭付各洞俾無一民不聞不知之弊事

一.　日本潛越人等 偸斫木料 別般嚴禁事

一.　本島人民中 家屋田土 或有暗賣外國人者 當一律施行事

一.　本島開拓 尙未盡 懇爲念民人成家 姑未定稅 凡於島民耕食居生 若移居內陸 不得私相賣買 還爲官有事

一.　現存公廨 爲七間 則仍舊修葺 若果狹窄四五間 略加建築 俾無民弊事

一.　鄕長一員 書記一名 使令三名 姑先略施 以爲供役事

一.　郡守以下 鄕長書記使令 餼料不得不自郡 略略算定 而本島戶數 足爲五百戶 則每戶春等 麥三斗 秋等黃豆四斗式 收斂分排廩料事

一.　五百戶 每戶收麥爲三斗 則共計一千五百斗 凡石則爲一百石內 郡守一員廩況六十石 鄕長一員餼料十二石 書記一名十石 使令三名 每名六石式 合十八石 總計一百石 以爲定式事

一.　各道商船來泊本島 捕採魚藿人等處 每十分抽一 收稅 外他出入貨物 從價金 每百抽一 以補經費事

一.　官船一隻 不可不急先辦備 然後以便航路 而來往本部調査委員入島時 田士能李東信處 偸斫木料之屬公者 這這查徵 以爲購買船隻事

一.　未盡條件 自本郡爛商會議 更爲磨鍊事

後錄

香木 貳百斤 間 ·年 進上事

戶布錢 五百兩 每年輸納于度支部事

郡守 年俸及鄕長書記使令餼料 總算

郡守 春等麥六十石 秋等黃豆四十石 合一百石

鄕長 春等麥十二石 秋等黃豆十二石 合二十四石

書記一名 春等麥十石 秋等黃豆十二石 合二十二石

使令每名 春等麥六石 秋等黃豆十二石 三名合麥十八石 合黃豆三十六石 總計麥一百石 黃豆一百石

光武六年四月 日

內部

본 군이 승격된 지 이미 2년이 지났는데 전체 섬의 각종 업무가 아직 초창(草創)함이 많은 가운데 유언비어를 만들어내고 교화되지 않은 몇몇 패민(悖民)들이 백성들을 선동하니, 본부(내부)에서는 방략을 강구하고 군의 규칙을 확립하지 않을 수 없다.

그러므로 따로 절목을 만들어 보내니 이대로 거행하고 어겨서는 안 된다. 섬 주민 중에 전처럼 갈팡질팡하고 명령을 따르지 않는 이가 있으면 일일이 적발하는 대로 속히 보고하면 마땅히 별단의 엄한 조처가 있을 것이다.

각별히 유념하여 거행하라. 절목의 뜻을 언문으로 번역하여 각 마을에 게시하여 한 사람도 듣지 못해 알지 못하는 폐단이 없게 하라.

一. 일본에서 넘어와 나무를 몰래 베어가는 자들을 특별히 엄금할 것

一. 본도의 인민 중에 가옥과 전토를 외국인에게 몰래 매매하는 자가 있으면 마땅히 일률(一律: 사형)을 시행할 것

一. 본도의 개척이 아직 미진하니 백성들이 가정을 이루기를 간절히 바라기에 아직은 세금을 정하지 않는다. 무릇 도민들은 경작을 하면서 먹고 살아가는데 만일 내륙으로 이거(移居)한다면 사적으로 매매하지 못하게 하고 관유(官有)로 반환하게 할 것

一. 현재 있는 관청이 일곱 칸이 되면 그대로 쓰되 지붕을 보수하고, 4~5칸 정도로 좁다면 약간의 증축만 하고 민폐를 끼치지 말 것

一. 향장 1명, 서기 1명, 사령 3명을 먼저 두어 일을 하게(供役) 할 것

一. 군수 이하 향장과 서기, 사령의 급료는 군에서 대략 산정하지 않으면 안 된다. 울릉도의 호수가 족히 5백 호가 된다면 집집마다 봄에 매는 세금은 보리 3말, 가을에 내는 세금으로는 콩 4말씩을 거두어 봉급으로 나눠줄 것

一. 5백 호에서 호마다 보리 3말을 거둔다면 모두 1천 5백 말이 된다. 섬(石)으로는 모두 1백 섬 이내이다. 군수 1명의 급료는 60섬, 향장 1명의 봉급은 12섬, 서기 1명은 10섬, 사령 3명은 1명당 6섬씩 합이 18섬, 합계 1백 섬을 정식(定式)으로 할 것

一. 각도의 상선(商船)으로서 울릉도에 와서 어채(魚採)하는 사람에게는 사람마다 10분의 1세를 거두고, 외지로 출입하는 화물은 물건 값에 따라 1백 분의 1세를 거둬 경비에 보탤 것

一. 관선(官船) 1척을 먼저 마련해야만 왕래하는 일이 편해지는데, 내왕하는 본부의 조사위원이 섬에 들어가면, 전사능과 이동신이 몰래 판 나무를 관아에 소속시킨 일에 대해서는 자세히 조사하고 징세하여 선척의 구매 비용으로 할 것

一. 미진한 조건은 본군이 충분히 의논하여 다시 마련할 것

후록

향나무 2백 근은 1년 간격으로 진상할 것

호포전(戶布錢) 500냥은 매년 탁지부에 납입할 것

군수의 연봉 및 향장, 서기, 사령의 급료는 총산한다.

군수는 봄에는 보리 60섬, 가을에는 콩 40섬으로 합이 1백 섬

향장은 봄에는 보리 12섬, 가을에는 콩 12섬으로 합이 24섬

서기 1명은 봄에는 보리 10섬, 가을에는 콩 12섬으로 합이 22섬

사령은 각기 봄에는 보리 6섬, 가을에는 콩 12섬, 3명의 합이 보리 18섬, 콩 36섬으로 총계 보리 1백 섬, 콩 1백 섬

광무 6년(1902년) 4월 일

내부

해설 요점

『울도군절목』의 이 자료는 1902년 3월 7일 제3대 울도군수로 임명된 배계주가 초안을 작성하여 내부의 승인을 얻은 울도군 행정 규칙이다. 그 내용은 ① 일본인의 울릉도 삼림 벌목 금지 ② 울릉도민이 외국인에게 가옥과 전지(田地) 매매 금지 ③ 도민이 육지로 이거 시 경작지를 관유(官有)로 반환 ④ 군청의 직원 규정 ⑤ 군청 · 직원의 수당 규정 ⑥ 내국인의 어채 세금 규정 ⑦ 상선의 입항 · 출항세 규정 ⑧ 일본인에게 몰래 판매한 재목 압수분의 선박 구입에의 사용 건 기타 등이 규정되어 있다.

배계주는 1900년 10월 25일 울도군 설치 직후 초대 군수로도 임명되어 초기 울도군 행정에 큰 업적을 내었었다. 그는 도벌 재목을 단속하다가 민사소송에 걸리어 사임했으나, 제3대 군수로 다시 임명되었을 때 이 '울도군절목'을 제정하여 실시하였다. 그가 민사 재판 중이어서 다시 사임하고 1903년 4월 제 4대 군수로 심흥택이 왔다. 배계주의 재임 기간은 1년 밖에 되지 않았으므로, 그가 이 '울도절목'을 장기 집행하여 성과를 내기는 어려웠다. 그러나 울도군수가 '울도군절목'을 제정하여 행정을 한 사실은 울릉도 · 독도의 통치행위의 매우 중요한 증거로서, 이것은 매우 귀중한 자료이다.

(중권, 본문 136~151쪽 참조)

31) 『황성신문』 기사(1)

(98) 『皇城新聞』 1901년 1월 18일자, 「雜報」

訓令鬱嶋 (1901년 1월 18일)

內部에서 鬱島郡守 裵季周에게 訓令ᄒᆞ되 本嶋를 陞郡ᄒᆞᆫ 後에 政體를 未定ᄒᆞ얏기로 崔聖麟을 派送ᄒᆞ야 郡廳事務를 調査ᄒᆞ얏더니 風高路阻ᄒᆞ야 平海

郡에 滯在혼지라 顯益船을 專派抵泊케 ᄒᆞ니 令到卽地에 不日上來ᄒᆞ라 ᄒᆞ얏더라.

(99)『皇城新聞』1901년 1월 25일자,「雜報」

鬱島船破 (1901년 1월 25일)

鬱島郡守 裴季周氏의 公報를 據훈 則 去五月에 視察官 禹用鼎이 日人의 弊端과 居民의 疾苦를 調査報部훈 後에 日人 斫伐이 甚於前日故로 私自禁斷則 日人이 前島監 吳聖一의 文票를 憑籍ᄒᆞ고 少無忌憚ᄒᆞ며 嶋民中 金聖述等 數三人이 揮動衆民ᄒᆞ야 作鬧齊會ᄒᆞ야 本嶋會社船務를 革罷ᄒᆞ고 津船으로 作用ᄒᆞ얏더니 七月二十五日에 風波가 大作ᄒᆞ야 右船이 破傷함의 船隻更備홀 意로 官民이 會同公議ᄒᆞ고 會社分社長 裴致謙 李泰旭 等을 派送ᄒᆞ야 日船二隻을 購入ᄒᆞ라 ᄒᆞ얏더니 該兩人이 買船後에 伐木輸出만ᄒᆞ야 自稱負商ᄒᆞ고 作黨起鬧라 ᄒᆞ얏더라.

(100)『皇城新聞』1901년 2월 27일자,「雜報」

鬱島設校 (1901년 2월 27일)

鬱島郡守 裴季周氏가 該郡人民을 敎育次로 學校를 設始ᄒᆞ고 學部에 認許를 請ᄒᆞ얏더라.

(101)『皇城新聞』1901년 3월 11일자,「雜報」

島民訴請 (1901년 3월 11일)

鬱島居民 金聲集 等이 內部에 呼訴ᄒᆞ되 昨年에 蔚珍人 崔秉麟及 視察官 禹用鼎이 入島ᄒᆞ야 濟益船 一隻을 購入ᄒᆞ야 島民과 物品來往에 便利케 ᄒᆞ얏더니 槻木을 裝載ᄒᆞ다가 黃土浦에셔 風浪의 所破됨의 船會社員曰 此는 政府所備어늘 爾等의 曳木遲滯로 致破라 ᄒᆞ고 船價與浮費 一萬六千兩을 島民

에게 勒徵코져 ᄒᆞᄂᆞᆫ 故로 郡守의 報告를 帶ᄒᆞ고 島中知事人 田士能을 渡來ᄒᆞ야 釜港에 到泊ᄒᆞᆫ則 崔秉麟曰 印章을 僞造ᄒᆞ야 報告에 捺ᄒᆞ얏다 ᄒᆞ고 田士能을 該港監理署에 捉囚ᄒᆞ얏스니 幷押上裁判홈을 請ᄒᆞ얏더라.

(102)『皇城新聞』1901년 9월 18일자, 「雜報」

鬱島의 日人作梗 (1901년 9월 18일)

鬱島民等이 日人作梗事로 日昨 內部에 呼訴ᄒᆞ얏더니 또 外部에 請願ᄒᆞ되 日人을 撤還홀 次로 昨年 政府에셔 派員來到ᄒᆞ야 日領事와 會判定期 而越未退去ᄒᆞ고 尙今延拖이러니 今年則 日人이 多聚本島ᄒᆞ야 稱以集地ᄒᆞ고 槻木與他材木을 任意斫伐之中에 島民 尹殷中이 有所緊用ᄒᆞ야 伐一槻木즉 日人이 作黨來到ᄒᆞ야 無數亂打曰 爾何取吾木고 ᄒᆞ오니, 近日政府에셔 本島를 日本에 許給乎아 ᄒᆞ얏더라.

(103)『皇城新聞』1901년 10월 29일자, 「雜報」

鬱島二船 (1901년 10월 29일)

鬱島民人등이 會議ᄒᆞ고 外部에 請願ᄒᆞ되 商權을 外國人에게 見奪ᄒᆞᄂᆞᆫ 所以ᄂᆞᆫ 運搬홀 船隻이 無ᄒᆞᆫ 故야니 各出股金ᄒᆞ야 保合丸等 二隻을 買入홀터이라 ᄒᆞ얏더라.

(104)『皇城新聞』1902년 2월 28일자, 「雜報」

鬱島日巡査 (1902년 2월 28일)

日本人이 鬱島에 群居ᄒᆞ야 反히 韓人으로 一草一木을 斫伐치 못ᄒᆞ게 홈은 已報ᄒᆞ얏거니와 今에 日本各新報를 據ᄒᆞᆫ 즉 鬱島에 在ᄒᆞᆫ 日本人을 保護管轄ᄒᆞ기 爲ᄒᆞ야 今回 該島에 日本警察署를 新設ᄒᆞ고 在釜山日本警察署의 西村警部及 巡查三名을 派送ᄒᆞ야 該島에 駐在ᄒᆞ기를 命ᄒᆞ얏더라.

(105)『皇城新聞』1902년 3월 4일자, 「雜報」

鬱守新任 (1902년 3월 4일)

鬱島郡守 姜永禹씨 免官된 代에 前郡守裵季周氏가 敍任되얏더라.

(106)『皇城新聞』1902년 4월 28일자. 「雜報」

鬱島民電 (1902년 4월 28일)

鬱島民이 釜山에 在ᄒᆞ야 內部에 電告ᄒᆞ되 無名錢 一萬四千兩을 民間에 排歛ᄒᆞ얏다고 誣訴ᄒᆞᆫ 安元瑞와 裁判次로 等待ᄒᆞ얏스니 電飭ᄒᆞ심을 望이다 ᄒᆞ얏더라.

(107)『皇城新聞』1902년 5월 20일자, 「雜報」

笞放裵守 (1902년 5월 20일)

鬱島郡守 裵季周氏가 鬱島民訴를 因ᄒᆞ야 平理院에 押囚됨은 已報ᄒᆞ얏거니와 昨日에 笞四十 放送ᄒᆞ얏더라.

(108)『皇城新聞』1902년 7월 3일자, 「雜報」

裵氏案件 (1902년 7월 3일)

內部에셔 警務廳에 訓令ᄒᆞ고 鬱島郡守 裵季周氏를 本廳에셔 直行 拘拿ᄒᆞ야 多日捉囚가 此是格外라 該守의 罪犯如何와 捉囚格例를 昭詳報明ᄒᆞ라ᄒᆞ얏더니 回報內槪에 前郡守 姜永禹의 發告를 接ᄒᆞᆫ즉 裵季周가 曾在鬱島時에 森林材木을 無難斫伐ᄒᆞ야 連送日本ᄒᆞ야 放賣다가 至于裁判於日本法司ᄒᆞ야 大豆五百斗를 徵贖ᄒᆞᆫ 事가 有ᄒᆞ고 且有許斫收稅之傳命ᄒᆞᆷ은 其時調查委員 崔秉麟의 參証錄告가 自在ᄒᆞᆷ으로 拿致訊查則 所供과 發告가 吻合ᄒᆞᆫ지라 該島ᄂᆞᆫ 卽 皇室所屬森林이오 初非通商港口어ᄂᆞᆯ 噫彼 裵季周가 少無顧忌ᄒᆞ야 許以日人居留ᄒᆞ며 傳命斫伐은 一島所共知則 若此不已면 該島ᄂᆞᆫ 畢竟何

如哉아. 所以로 越送平理院ᄒᆞ야 惟俟司法處辨이라ᄒᆞ얏더라.

(109)『皇城新聞』1902년 7월 3일자, 「雜報」

裴氏審案 (1902년 7월 3일)

鬱島郡守 裴季周氏가 槻木을 斫伐ᄒᆞ야 日人에게 放賣ᄒᆞᆫ 事로 警廳에 被捉ᄒᆞᆷ은 本報에 已記ᄒᆞ얏더니와 平理院에셔 該案件을 審査ᄒᆞ얏ᄂᆞᆫᄃᆡ 該郡廳을 新設以後에 政府로셔 經費 預算이 初無ᄒᆞ고 本島中 所生物品으로 廳費를 支用ᄒᆞ라ᄒᆞᆷ으로 略干木材를 斫伐ᄒᆞᄂᆞᆫᄃᆡ 稅金을 十에 二로 定ᄒᆞ얏고 前後日人과 裁判ᄒᆞᆫ 事ᄂᆞᆫ 前日 調査委員이 詳知ᄒᆞᄂᆞᆫ ᄇᆡ라 ᄒᆞ얏더라.

(110)『皇城新聞』1902년 7월 14일자, 「雜報」

派巡請壓 (1903년 7월 14일)

鬱島郡守 沈興澤氏 報告를 據한즉 赴任以後에 客舍 鄕校 以下 政堂을 略略建築하난데 該島民은 本是 各道流寓之人이라 互相樹黨하야 訛誤成習인즉 今此 新設郡衙하야 實施規定之際에 慮或紛競뿐더러 日本潛越之民이 種種作梗則 不可不 巡檢二名을 派送하야 三四期間 留駐彈壓케 하라 하얏더라.

(111)『皇城新聞』1903년 8월 10일자, 「雜報」

鬱島報告 (1903년 8년 10일)

鬱島郡守 沈興澤氏가 內部에 報告하되 該島居民이 各處에 居하야 十五洞이오 戶數난 五百戶이고 所産之物은 麥太甘藿이라. 其○○組織하난 節次난 人民의 方便을 隨하야 磨鍊하려니와 在鄕 各浦에 在한 日人이 六十三戶인ᄃᆡ 日日伐木이 無限故로 郡守가 來駐하난 日檢을 請하야 談辨하기를 外國人이 內地에 入하야 材木을 伐去ᄒᆞᆷ이 當初不法일뿐더러 今已設部하얏슨則 鬱島郡守의 管轄하난바 已往事난 勿論하고 玆今以後로난 不可伐木이오

○○도亦嚴禁하라한즉 日巡査言內에 此島內에 伐木홈이 已過數十年이오 又貴政府와 日公使가 交涉하야 ○○○○가 無한즉 巡査난 不能禁斷이라하니 日公使에게 照會하야 妥商하라하얏더라.

(112)『皇城新聞』1903년 11월 17일자, 「雜報」

鬱島來報 (1903년 11월 17일)

鬱島郡守 沈興澤氏의 報告를 據흔 則 陰七月十二日에 俄國兵船一隻이 本郡南陽洞浦口에 來泊흐야 隊官一名과 副官二人이 率兵丁二十三名흐고 下陸흐야 仍爲上山흐야 或量地段흐며 木株를 計數흐며 山川地形과 各浦를 巡環模寫하얏고 同十九日에 隊官이 率兵丁二十七名흐고 到道洞 本官直所흐야 四面環圍흐고 隊長이 問흐되 此島木株난 五年前 俄國會社가 貴政府에 約條請得홈이 有흔즉 此島森林은 俄國之物也ㅣ라. 俄國人外 他國人은 不可斫伐이어늘 如何히 日人之伐木이 甚多흔지 且伐木에 有貴政府許可文字乎아 有日本政府文字乎아 有俄會社文字乎아 흐야놀 本官曰 皆無라흐니 彼曰 其伐木을 何不禁止乎아. 且曰 日本警部가 駐此흐니 有貴政府約條否아. 本官曰 其約條有無눈 吾所未知나 本職이 赴任後에 聞知駐此라흐니, 俄官이 以此로 詰迫흐다가 仍以發船以去라 흐얏더라.

해설 요점

『황성신문』의 1901~1903년의 이 기사들은 행정적으로 울릉도를 '울도군'으로 승격시켜 독립된 '군'을 만들고 '울릉도·죽도·독도(石島)'를 관장케 한 다음 초대 군수로 전 도감 배계주 때부터의 울도군의 실태를 생생하게 보도하고 있다.

이 자료는 울도군수 배계주가 1901년 1월 울릉도에 처음으로 신식학교를 설립하고 학부에 인허를 신청한 사실을 알려주고 있다. 이 자료에 의하면 작년에 시찰관 우용정이 입도하여 울진 사람 최병린과 함께 구입해주어 운행해 오던 개운환(濟益船)이 규본을 싣다가 황토포에서 풍랑으로 파선되었다.

이 자료는 1901년 여름에도 일본인들이 울릉도로부터 철수하기는 커녕 계속 밀입도하여 거류하다가 규목 도벌을 방해한다고 도민에 대해 집단난동을 일으킨 것을 알려주고 있다. 또한 울릉도에 불법입도한 일본인들을 보호 관할하기 위해 울릉도 안에 일본 경찰서를 신설하고 재부산 일본경찰서의 일본 경부 1명과 순사 3명을 울릉도에 상주시켰음을 보도하였다. 일본이 이미 울릉도를 공공연히 침략하고 있음을 이 자료는 알려주고 있다.

이 신문은 새로 제4대 울도군수로 부임한 심흥택은 울릉도의 치안을 위하여 순검 2명을 파견시켜서 3~4개월간 주둔시켜 달라고 요청한 사실을 보도하였다. 당시 일본은 이미 울릉도에 일본 경찰서를 두어 경부 1명과 순사 약간명을 상주시키고 있었으므로, 신임 울도군수 심흥택의 이러한 요청은 당연한 것이었다고 볼 수 있다.

이 자료에는 울도군수 심흥택이 내부대신에 보고한 1903년 7월 말 현재의 울릉도의 실태가 요약 보도되어있다. 그 내용의 요지는 울릉도 한국인 취락이 15동에 약 5백 호이고, 주 생산물은 보리·콩·감자·미역 등이다. 울릉도에 있는 일본인의 호수는 63호인데 날마다 벌목하는 것이 한정이 없는 형편이다. 그러므로 군수 심흥택이 일본 순검을 청하여 지금 이후는 벌목을 금지한다고 한 즉 일본 순사가 말하기를 이 섬에서 벌목한 것이 이미 10년이 지났고, 한국 정부와 일본공사가 교섭하여 (자기에게) 명령이 없으니 순사는 이를 금단할 수 없으니 귀 정부가 일본공사에게 조회하여 협상하라는 응답이었다고 보고한 것이었다.

이 자료에는 울도군수 심흥택이 1903년 9월 러시아 군함 1척이 울릉도에 찾아와 조사하고 간 사실에 대한 보고가 보도되어있다.

(중권, 본문 113~151쪽 참조)

제7편

「러·일전쟁기, 일본의 한국 '독도' 침탈 작전」에 관련된 실증자료

32) 일본 외무성 『일본외교문서』 기사(1)

(113) 『日本外交文書』 第3卷, 「朝鮮國交際始末內探書」(1869~1870年)

一. 竹島松島朝鮮附屬ニ相成候始末

此儀松島ハ竹島ノ隣島ニチ松島ノ儀ニ付是迄掲載セシ書留モ無之. 竹島ノ儀ニ付テハ元祿度後ハ暫クノ間朝鮮ヨリ居留ノ爲差遣シ置候處當時ハ以前ノ如ク無人ト相成竹木又ハ竹ヨリ太キ葭ヲ産シ人參等自然ニ生シ其餘漁産モ相應ニ有之趣相聞ヘ候事.

右ハ朝鮮事情實地偵索イタシ候大略書面ノ通リニ御座候間一ト先歸

府仕候依之件々取調書類繪圖面トモ相添此段申上候以上.

午四月

外務省出仕

佐田白茅

森山茂

齋藤榮

一. 竹島와 松島가 朝鮮附屬으로 되어 있는 始末

이 건은 松島는 竹島의 隣島로서 松島의 件에 付해서는 이제까지 게재된 書留도 없다. 竹島의 件에 付해서는 元祿度後는 잠시 朝鮮으로부터 居留를 위해 差遣한 바 있다. 당시는 이전과 같이 無人으로 되어 있다. 竹木 또는 竹으로부터 큰 갈대가 자라며 人蔘 등이 자연으로 난다. 그 밖에 漁産도 상응하여 있다고 들었다. (…)

해설 요점

『일본외교문서』의 이 자료는 1868년 수립된 일본 메이지 정부가 울릉도(竹

島)와 독도(松島)를 조선 부속으로 확인하고 이를 조사하도록 태정관의 '조사사항'의 하나로 지시하고 그에 응하여 올린 내탐서의 기록이다.

메이지 정부는 도쿠가와막부를 타도하고 신정부를 수립한 직후인 1869년(고종 6년, 메이지 2년) 12월 조선과의 국교 확대 재개와 정한(征韓)의 가능성을 내탐하기 위해 일본 외무성 고위관리인 佐田白茅·森山茂·齋藤榮 등을 부산에 파견하였다. 이들이 내탐결과를 보고한 복명서가 바로 「조선국교제시말내탐서」다. 여기에 울릉도(竹島)와 독도(松島)가 조선의 부속령임을 확인하는 기록이 포함되어 있다.

『일본외교문서』에서 보면, 「울릉도(竹島)와 독도(松島)가 조선 부속으로 되어 있는 시말(竹島松島朝鮮附屬ニ相成候始末)」은 보고문이 아니라 일본 외무성과 태정관이 지령한 '조사사항'이다. 『일본외교문서』 제2권 제3책을 보면 1869년 11월 1일자 문서번호 574에 「외무성에서 태정관판관으로의 질의서」, 「조선국에의 파견원에 대한 조사사항 지령에 관한 질의 및 이에 대한 태정관의 결정」이라는 문서가 있다. 그리고 『일본외교문서』 제3책에서는 사다 하쿠보(佐田白茅) 등이 제출한 「조선국교제시말내탐서」에 대하여 "본내탐서는 제2권 제3책 574에서 지령되었던 조사사항에 대한 복명서다."라고 그 성격을 명백히 밝히고 있다. 이 복명서는 울릉도와 독도가 조선 부속령이 아님을 밝혀내지 못하고 도리어 독도가 울릉도의 인도(隣島)로서 울릉도의 부속도서임을 강조하여 조사항목 지령과 같이 '울릉도와 독도가 조선 부속령'임을 거듭 확인하였다. (중권, 본문 29~51쪽 참조)

33) 일본 메이지 정부 『내무성 공문서』 기사

(114) 日本 明治政府 內務省의 『公文書』(1877年)

日本海內竹島外一島地籍編纂方伺

竹島所轄之儀ニ付島根縣ヨリ別紙伺出取調候處該島之儀ハ元祿五年朝鮮人入島以來別紙書類ニ摘採スル如ク元祿九年正月第一號舊政府評議之旨意ニ依リ二號譯官ヘ達書三號該國來柬四號本邦回答及ヒ口上書等之如ク則元祿十二年ニ至リ夫夫往復相濟本邦關係無之相聞候得共版圖ノ取捨ハ重大之事件ニ付別紙書類相添爲念此段相伺候也.

明治十年三月十七日

內務卿 大久保利通 代理

內務少輔 前島 密

右大臣 岩倉具視殿

日本海內 竹島外一島 地籍編纂에 대한 質稟書

竹島는 所轄의 건에 대하여 島根縣으로부터 別紙의 질품이 와서 조사한 바 該島의 건은 元祿 5년(1692년, 숙종 18년) 朝鮮人이 入島한 이래 別紙書類에 摘採한 바와 같이 元祿 9년 정월 第 1 號 舊政府의 評議의 旨意에 의하여, 第 2 號 譯官에게 준 達書, 第 3 號 該國에서 온 公簡, 第 4 號 本邦回答 및 口上書 등과 같은바, 즉 元祿 12년에 이르러 각각 왕복이 끝났으며 本邦은 관계가 無하다고 들었지만, 版圖의 取捨는 중대한 事件이므로 別紙書類를 첨부하여 爲念해서 이에 품의합니다.

메이지 10년 3월 17일

內務卿 大久保利通 代理

內務少輔 前島 密

右大臣 岩倉具視殿

해설 요점

이 자료는 일본 내무성이 1876년 울릉도와 그 외 1도(一島: 독도)의 영토소속에 대하여 한국 영토로 간주하지만 최종 결정을 품의한다고 태정관에게 질문한 공문서이다.

일본 내무성(內務卿) 오쿠보 도시미치(大久保利通)은 1876년(메이지 9년) 일본 국토의 지적을 조사하고 지도를 편제하는 사업에 임하여, 「울릉도(竹島)와 독도(松島)를 시마네현에 포함시킬 것인가 말 것인가에 대한 질의서(日本海內竹島外一島地籍編纂方伺 : 동해 내의 竹島 외 一島 地籍編纂에 대한 質稟)」를 1876년 10월 16일자 공문으로 시마네현참사 경이랑(境二郞)으로부터 접수했다. 일본 내무성은 약 5개월에 걸쳐 시마네현이 제출한 부속문서뿐 아니라, 원록 연간(조선의 숙종 연간에 해당)에 조선과 교섭한 관계문서들을 모두 조사해본 후, 울릉도와 독도는 조선 영토이며 일본과는 관계없는 곳이라는 결론을 내렸다. 일본 내무성은 울릉도와 독도가 "本邦(日本) 關係無之"라고 결론을 내렸으나 "판도의 취사는 중대지사건(重大之事件)"이므로 이를 내무성 단독으로 결정할 수 없다고 생각하여, 시마네현이 제출한 문서들과 일본 원록기 조선과 왕래한 외교문서들을 부속으로 별첨하여 1877년(메이지 10년) 3월 17일 당시 국가행정 최고기관인 태정관[우상(右相) 이와쿠라 도모미(岩倉具視)]에 품의서를 제출했다.

일본 내무성 용지에 내무대신 오쿠보 도시미치(大久保利通)를 대리하여 내무차관 마에지마 히소카(前島密)가 태정관(太政官) 우대신(右大臣) 이와쿠라 도모미 앞으로 제출한 이 공문서의 요점은, ① 죽도와 그 밖의 1도의 지적 편찬에 대하여 그 소할(所轄) 문제로 시마네현으로부터 내무성으로 질품서가 왔는데, ② 내무성이 시마네현이 제출한 서류들과 또 1692년 (안용복이라는) 조선인이 들어온 이래 조선과 일본 사이의 왕복문서들을 조사해본 결과, ③ 내무성의 의견은 죽도와 그 밖의 1도(송도, 독도)는 일본과는 관계가 없는 곳이라고(조선의 부속령이라고) 결론을 내렸지만, ④ 지적을 조사하여 일본국의 판도에 넣을까 뺄까는 중대한 사건이므로 태정관의 최종 결정을 요청한다는 것이었다. (중권, 본문 29~51쪽 참조)

34) 일본 메이지 정부 「태정관 지령문」

(115) 「太政官 指令文」(1877年)

明治十年三月二十日

大臣㊞　　本局㊞㊞

參議㊞

卿輔㊞

別紙內務省伺日本海內竹嶋外一嶋地籍編纂之件 右ハ元祿五年朝鮮人入嶋以來舊政府該國ト往復之末遂ニ本邦關係無之相聞候段申立候上ハ伺之趣御聞置左之通御指令相成可然哉 此段相伺候也

御指令按

伺之趣竹島外一嶋之義本邦關係無之義ト可相心得事

별지 內務省 품의 日本海內竹嶋外一嶋地籍編纂之件. 위는 元祿 5년 朝鮮人이 入嶋한 이래 舊政府와 該國(조선)과의 왕복의 결과 마침내 本邦(일본)은 관계가 없다는 것을 들어 상신한 품의의 취지를 듣고, 다음과 같이 指令을 작성함이 가한지 이에 품의합니다.

御指令按

품의한 취지의 竹島 外 一島의 건에 대하여 本邦(일본)은 관계가 없다는 것을 心得할 것.

해설 요점

이 자료는 일본 메이지 정부 내무성으로부터 1877년 3월 17일자로 질품서를 받은 태정관에서 내무성의 품의서를 접수하여 검토한 후, 조사국장의 기안으로 1877년 3월 20일 "품의한 취지의 죽도 외 1도의 건에 대하여 본방(일본)은 관계가 없다는 것을 심득할 것(伺之趣竹島外一島之義本邦關係無之義ト可相心得事)"이라는 태정관 지령문을 통보한 공문서이다.

이 태정관의 지령안에서 죽도(울릉도)와 그 외 1도(松島, 독도)가 "일본과 관계가 없다."는 것은 그 앞에 "위는 원록 5년 조선인이 입도한 이래 해국(조선)과 왕복의 결과 일본과 관계가 없다."고 전제한 기록에서 알 수 있는 바와 같이 '조선 영토'이므로, 일본과 관계가 없다고 명백히 밝혀 결정한 것이다.

태정관 용지에 작성된 이 지령안에는 태정관(右大臣) 이와쿠라 도모미(岩倉具視)의 인장(印章)이 찍혀 있고, 이 밖에 이를 승인 결정한 데라시마 무네모리(寺島宗則), 오키 다카토(大木喬任) 등의 인장도 찍혀 있다. 이 공문서의 오른쪽 끝에 '同二十七日來'라는 작은 글씨가 첨가되어 있는데, 이것은 이 지령문을 승인 결정한 일자와 관련된 것으로 보인다. 태정관은 이 승인 결정된 지령문을 1877년 3월 29일 정식으로 내무성에 보내 지령의 절차를 완료하였다. 일본 내무성은 이 지령문을 받자, 처음 태정관에 제출했던 품의서 끝에다, "伺之趣竹島外一島之儀本邦關係無之儀ト可相心得事. 明治十年三月二十九日"이라는 태정관 지령문을 첨가해서 이 안건의 처리를 완료했다.

내무성은 태정관의 이 지령을 1877년 4월 9일자로 시마네현에 전달하여 현지에서도 이 문제는 완전히 결말을 짓게 되었다. 결국 내무성과 국가 행정 최고기관인 태정관은 울릉도와 독도가 조선 영토이며 일본의 영토가 아니어서 일본은 이에 관계가 없다고 1877년 3월 29일자로 재확인하여, 공적으로 지령했던 것이다. (중권, 본문 29~51쪽 참조)

35) 일본 외무성 「죽도일건」

(116) 「竹島一件」

元祿六癸酉年幕府の命, 朝鮮漁民此年竹島に來て漁採す. 因幡國の人よく諭して還さしむ. 然るに漁民四拾人又來る, 爰に於いて其漁民貳人を留て質として幕府に申出, よつて彼二人を長崎に送る, 使者を遣し長崎にて請取朝鮮に送り, 再ひ竹島に不可至事を可告との事.

返書

弊邦海禁至嚴 濱海漁民 使不得出於外洋 雖敝境之蔚陵島 亦以遼遠之故 切不許任意往來 況其外乎哉. 今此漁民 敢入貴界竹島 致煩領送 遠勤書諭 鄰好之誼 實所欣感 海氓捕魚 以爲生理 或不無遇風 漂轉之患 而至越境 深入雜然漁採 法當痛懲 今將犯人等 依律科罪 此後沿海等處 嚴立科條 各別申飭云

元祿七甲戌年正月返翰の草稿相達し本州はしめおもへろく, 竹島は朝鮮の蔚陵島なり答る所如何といふことを不知と, 此時草稿を見て又おもへらく, 竹島は則蔚陵島なり, 今一島二名を音□□幕府へ啓すへからす, 返翰蔚陵島の字を除て可也. と又是を告任官, 答て云, 請ふ熟く是を念へ今貴州の意を以て接慰官に告は則啓聞すべし, 事不諧して兩國の障起しむ, 貴州のいわゆる竹島は朝鮮の蔚陵島なり，朝鮮是を知さらんや，朝鮮彼島を空ふして民居を置さる事久し，竊に聞日本の人往來漁採すと，然りといへとも空島無人の地なる故．置て問す，今貴州の書を得て我朝廷以爲く，鬱陵島は輿圖の載する處祖宗之地尺寸といへとも棄へからすと朝議紛紛多く，一人の曰彼島久く棄て人なし，且日本の人彼島に占據者久し．若我地を以て答は兩國の爭ひ是より興らんと云，仍て蔚陵島をもって○○○○○○○○○竹島を以て貴國の地とす．我國敢て不諭して又彼名を我に存すといへとも何の不可成事かあらむ．若決せんとせは我國孱弱なりといへとも爭ってやまし，兩國の障是より興らむといふ，是に於いて使者一決して返書を受て歸る，本州おもへらく返書の內に蔚陵の文字あり受くへからす，爰に於いて元祿七甲戌年二月又使者を遣して改撰を求む．本州の書契に曰，我書不言蔚陵島之事，今回翰有蔚陵之名是難曉也．只冀除却蔚陵之名，惟幸云．

此時朝鮮前言を加へて云く．弊邦江原道蔚陵縣 有屬島 名曰蔚陵島 歷代相傳 事跡昭然 今者我國漁氓 往于其島 而不意貴國之人 自爲犯越 與之相値乃拘執二氓 轉到江戶 幸蒙大君 明察事情 優加資遣 可見交隣之情 出於尋常感激何言 雖然我氓漁採之地 本是蔚陵島而 以其産竹 或稱竹島 此乃一島而二名也．一島二名之狀 非徒我國之所記 貴國之人 亦皆知之．而今此來書中乃以竹島爲貴國之地 亦欲令我國禁止漁船更往 而不論貴國之人侵涉我境 拘執我氓之失 不有欠於誠信之道乎云．

同八乙亥年裁判弁使者を東萊に遣し前條の疑問を役者啓聞を求む期を剋て答書を待到らす，一行の使者相議して碇を下し風をまつ，答書來る，爰において再答を東萊に送り帆を開いて歸る．

此秋義眞幕府に覲し竹島の事を以て執政に啓す，執政の云，竹島海中に在て我國を去ることは遠く朝鮮を去ること近し，今より堅く我國漁船の往來を禁せむ，此意を以て朝鮮に告へしとなり．元祿九丙子年春義眞洲に還り譯官を招く其年の冬譯官渡海執政の主意を以て譯使に面囑す. 譯官歸國の後禮曹より館守に傳へて書を贈る.

頃因譯使回自貴州 細傳左右面托之言 備悉委折矣. 蔚陵島之爲我地輿圖所載 文蹟昭然 無論彼遠此近 疆界自別 貴國下令 永不許人往漁採辭意 丁寧可保 久遠無他 良幸良幸. 我國亦當 分付官吏 以時檢察 俾絶兩地人往殽雜之弊矣云.

(是において禮曹の書を幕府に啓し元祿十二卯年三月義眞書を以て禮曹に答ふ)

前年象官超溟之日 面陳竹島之一件 繇是左右克諒情由示 以兩國永通交誼 益懋誠信矣 至幸至幸 示意卽已啓達了云.

(右書を館守をして東萊に傳へ致さしむ)

元祿 6 癸酉년 幕府의 命이 있었는데, "조선 어민이 이 해에 죽도에 와서 고기를 잡고 해산물을 채취하므로 인번주(因幡州)의 백성들이 좋게 깨우쳐서 돌아가게 하였다. 그런데도, 어민 40명이 또 와서 고기잡이를 하므로 조선 어민 2명을 억류하고 인질로 삼아, 幕府에 보낼 것을 청원하였다. 이에 그 2명을 長崎로 압송하고, 使者를 파견하여 장기에서 신병을 인도받아 조선으로 보내되 다시는 죽도에 오지 못하게 통고하라."는 것이었다.

회답서

우리나라의 바다에 대한 禁令은 지극히 엄중하여 바닷가 백성들을 먼바다에 나가지 못하게 하고 있어서 비록 우리 땅인 울릉도라 할지라도 역시 멀다는 이유로 절대로 임의로 왕래하지 못하게 하는데, 하물며 그 밖이겠습니까? 지금 이 어민들이 감히 귀국의 경계인 죽도에 들어가서 번거로운 일을 일으켰는데도, 멀리까지 호송해서 보내고 서신으로 선린우호의 정의를 베풀어 준 것을 참으로 기쁘게 생각하는 바입니다. 바닷가 어민들은 고기잡이로 생업을 삼고 있기 때문에 혹시 풍랑을 만나 표류할 염려가 없지는 않으나, 국경을 넘어 깊이 들어가서 뒤섞여 고기잡이를 한다는 것은 법률로 보아 마땅히 엄중히 징계해야 할 것이라, 이번에 법을 범한 사람은 법률에 따라 죄를 줄 것이며 앞으로도 연해 등지에 엄중하게 법을 세워 각별히 단속하겠습니다.

元祿 7년 甲戌年 정월에 회답서의 초고가 왔다. 본주(本州)에서 처음 생각하기로는 죽도는 조선의 울릉도이므로 어떻게 답해야 할 지를 몰랐다. 이때 초고를 보고 또 생각하기를, 죽도는 바로 울릉도이므로, 지금 하나의 섬을 두 이름으로 말하는 것이니 결단코 막부에 알릴 수가 없고 회답서의 울릉도라는 글자를 삭제해야 한다는 것이었다. 또 이를 임관(任官)에게 말하였더니 답하기를 "청하건대 이것을 잘 생각하시오. 지금 귀주의 뜻을 접위관에게 고한다면 이를 조선 조정에 아뢸 것이요, 일은 합의되지도 않으며 양국의 분쟁이 일어날 것이요, 귀주(貴州)가 말하는 죽도는 바로 조선의 울릉도이니 조선이 이를 모르겠소이까? 조선이 그 섬을 비우고 백성이 사는 것을 못하게 한 것이 오래되다. 가만히 듣자니 일본 사람들이 왕래하며 고기를 잡고 해산물을 채취하고 있다하오. 비록 그렇다고 하더라도 조선에서는 빈 섬으로 사람이 없는 땅이라 하여 불문에 붙이고 있었소. 지금 귀주의 서신을 보고 우리 조정에서 생각하기를 울릉도는 『여도』에 기재되어 있고 역대 임금의 땅으로서 비록 한 치라도 버릴 수가 없다고 조정의 의논이 분분하게 일어나고 있소, 어떤 한 사람이 말하기를 '그 섬은 오래도록 버려 두어 사람이 살지 않는 곳이요 또 일본 사람들이 이 섬을 점거한 것이 오래되었으니 만약 우리 땅이라고 회답한다면 양국의 분쟁이 이로부터 일어나지 않을 것이라고 하겠는가?' 하였소. 따라서 울릉도로서 이름을 보존하고 있으면 가하오. 죽도로서 귀국의 땅을 삼아도 우리나라가 감히 나무라지 못하며, 또 그 이름을 우리가 알고 있다 하더라도 무슨 안 될 일이 있겠습니까? 만약 결단하려고 한다면 우리나라가 비록 잔약하더라도 분쟁이 그치지 않을 것이며 양국의 틈이 여기에서 비롯될 것입니다."라고 하였다. 이에 사자(使者)가 결단을 내려 회답서를 받아 가지고 돌아갔다. 본주(本州)의 생각으로는 회답서 가운데 '울릉'이란 문자가 있으면 받을 수 없었기에 원록 7년 갑술년 2월에 또 사자를 보내어 답서를 고쳐 줄 것을 요청하였다. 본주의 서계(書契)에서 말하기를, "우리 서신이 울릉도에 대한 일을 말하지 않았는데 이번 회답서에 울릉도의 이름이 있으니 이는 이해하기 어렵소. 다만 바라건대 울릉도의 이름을 삭제하여 주면 다행이겠소." 하였다.

이때 조선이 앞서의 말에 추가해서 말해오기를, "우리나라 강원도 蔚陵縣에 소속된 섬이 있으니 이름은 울릉도라 하고, 역대로 전해오고 있는 사실은 그 사적이 분명하오. 요사이 우리나라 어민들이 그 섬에 갔는데 뜻밖에 貴國의 사람들이 스스로 국경을 넘어와서 더불어 서로 만나게 되었고, 이에 두 백성을 붙잡아 江戶에 데리고 갔다가 다행히 大君의 밝게 사정을 살피심에 힘입어 여러 가지 도움을 받고 환송되었는데, 이웃 나라와 우호관계를 닦는 情이 보통보다 훨씬 특출하였으니 감격됨을 어찌 말하리요? 비록 그렇다고 하더라도 우리 백성들이 고기잡이한 곳은 본래 울릉도인데 거기는 대나무가 산출되어 혹 죽도라고 일컫고 있으니 이는 하나의 섬이면서 두 가지 이름을 가진 것이요. 하나의 섬이 두 가지 이름으로 된 형편은 다만 우리나라의 기록만이 아니라 귀국의 사람도 역시 모두 알고 있는데, 지금 보내온 서신 가운데 죽도를 귀국 땅이라 하면서 우리나라로 하여금 어선의 왕래를 금지시키게 하고, 귀국의 사람이 우리 국경을 침범한 일은 논하지 않으면서 우리 백성들을 붙잡은 실수는 성의와 신의의 도리에 모자라는 일이 아니겠소?" 하였다.

같은 8년 을해년에 재판(裁判) 겸 사자(使者)를 東萊에 보내 前條의 疑

問을 동래부사가 한성에 보고해주기를 요구하였다. 그러나 정한 기일까지 기다려도 회답서가 오지 않아 사자(使者) 일행이 서로 의논하여 닻을 내리고 순풍을 기다리던 중 답서가 왔다. 이에 재답서를 동래부에 보낸 후 돛을 올리고 돌아왔다.

이해 가을에 義眞이 幕府에 入朝하여 죽도의 일을 執政에게 보고하니 집정이 말하기를 "죽도는 바다 가운데 있어 일본에서는 멀고 조선에서는 가깝다. 지금부터는 우리 나라 어선의 왕래를 엄히 금지하니, 이를 조선에 알려야 한다."고 하였다.

元祿 9년 丙子年 봄에 의진(義眞)이 섬으로 돌아와 조선의 역관을 초빙했는데, 그 해 겨울에 역관이 바다를 건너왔다. 집정의 뜻을 조선의 역사(譯使)에게 전하니, 역관이 귀국한 뒤 예조로부터 관수(館守)를 통해 서신을 보내왔다.

"요사이 통역하는 사신에 因하여 貴州로부터 돌아와서 좌우에서 직접 부탁하는 말을 자세하게 전하였다는 것은 많은 의미를 갖추었소. 울릉도가 우리 땅이 되는 것은 輿圖에 실려 있고 文蹟에 분명하니, 저곳에선 멀고 이곳에선 가깝다는 것을 논의하지 않더라고 강계가 自別하여, 貴國이 令을 내려 영원히 사람의 왕래와 고기잡이·해산물 채취를 허락하지 않는다는 말의 뜻은 정녕 久遠을 보장할 수 있소. 더 바랄 것도 없이 참으로 다행이요. 우리나라도 역시 마땅히 官吏에게 분부하여 때때로 검찰하고 양쪽 사람이 왕래하여 뒤섞이는 폐단을 끊고자 하오." 하였다.

(여기에서 禮曹의 書契를 幕府에 보고하였는데, 元祿12년 己卯 3월 義眞이 書契를 만들어서 예조에 답하였다.)

"전년에 象官이 바다를 건너온 날에 대면하여 죽도에 관한 일을 이야기 하였고 이로 인하여 좌우에서 그 사정을 잘 양해함으로서 두 나라가 길이 우호를 통하게 되고 더욱 성신에 힘쓰게 되었으니 지극히 다행한 일입니다.

보여주신 뜻을 이미 전달하였습니다." 하였다.

(右의 글을 館守를 통해 東萊에 전하였다.)

해설 요점

이 자료는 일본 메이지 정부가 1869년과 1876년에 울릉도 및 독도의 영유권 문제를 재조사하기 위해 17세기 말 도쿠가와막부와 대마도주가 1693~1699년에 울릉도(및 그 부속도서 독도)를 영유하고자 하여 시도하다가 결국 이를 조선 영토라고 재확인하고 일본인의 출어를 금지시키게 된 경위를 다시 간략히 정리해서 일본외무성문서 안에 재편입시켜 놓은 것이다.

1693년(계유, 조선 숙종 19년, 일본 원록 6년) 봄에 울릉도에서 고기잡이를 하고 있던 동래·울산 어부 40명과, 울릉도에 고기잡이하러 들어온 일본 어부(大谷甚吉가의 어부들)가 충돌한 일이 있었다. 이때 일본 어부들은 협상을 하자고 동래·울산 어부들의 대표격인 안용복·박어둔을 꾀어내어 일본 인번주(因幡州)로 납치해 갔다가 막부의 지시로 그해 겨울에 석방하여 장기(長崎)를 거쳐 귀국케 한 일이 있었다. 이 자료는 일본 측의 이러한 행동이 모두 막부의 명령에 의한 것처럼 기록하고 대마도주의 의도가 개입된 것은 기록하지 않았다.

당시 일본 대마도주는 안용복·박어둔의 납치와 송환 사건을 역이용하여 자기가 막부를 대신한다고 전제하면서 대마도사(對馬島使) 정관(正官) 귤진중(橘眞重)을 시켜 안용복·박어둔을 부산에 호송하는 길에 조선 측에 서찰을 보내 마치 울릉도가 아니면서 그와 비슷한 별개의 일본 영토인 죽도가 동해에 있는 것처럼 문구를 만들어 '이제 이후로는 조선 배가 출어하는 것을 결코 용납하지 않을 터이니 귀국도 (조선 어민의 죽도 출어를) 엄격히 금제해 달라.'는 엉뚱한 요구를 해왔다. 이에 조선 정부에서는 강경대응론과 목래선(좌의정) 민암(우의정) 등 온건대응론이 대립하다가, 온건대응을 강조한 나머지 울릉도를 조선 영토라고 못 박음과 동시에 일본 측이 말하는 죽도가 곧 울릉도임을 잘 알면서도 이를 모른 체하고 '貴(國)界竹島' 운운한 문구가 들어간 회답서를 보내었다.

그러나 대마도주는 회답서 가운데 '我界 鬱陵島'의 문자가 있으면 받을 수 없다고 말하고 1694년(갑술년, 조선 숙종 20년, 일본 원록 7년) 2월에 또 특사를 조선 동래에 보내었다. 이때 대마도주의 서계의 내용 요점은 '일본 측 서신에서 울릉도의 일을 말하지 않았는데 이번 회답서에서 울릉도의 이름이 있으니 이해하기 어려우므로 다만 바라건대 '울릉도'의 이름을 삭제해 달라'는 것이었다. 이것은 대마도주가 조선 측 회답서 '我界 鬱陵島'의 문자를 삭제하고 '貴界 竹島'의 문자만 남겨서, 후일 울릉도를 일본 영토에 편입할 증거자료를 만들기 위한 책략이었다.

그 사이에 조선 조정에서 강경대응파가 집권하여 울릉도가 곧 죽도로서 '一島二名'을 가진 것이고 울릉도(죽도)는 조선 영토이므로 삭제할 수 없을 뿐만 아니라 일본은 조선의 울릉도에 들어간 조선 사람을 잡아간 실수를 한 것이라는 새로운 회답서만 보내었다.

그 사이에 대마도주 종의륜(宗義倫)이 죽고 종의진(宗義眞)이 실권자가 되었는데, 그 해 가을에 막부에 올라가서, 1696년(병자년, 조선 숙종 22년, 일본 원록 9년) 1월에 幕府執政에게 입조(入朝)하니, 집정이 말하기를 도(島)는 일본에서는 멀고 조선에서는 가까워 조선 영토임이 틀림없으니 그리 알고 앞으로는 일본어선들이 조선 영토인 죽도에 고기잡이하러 왕래하는 것을 금지하고, 또한 이 뜻을 대마도주가 조선에 알리라고 명령하였다.

대마도주는 도쿠가와막부의 집정[執政 : 관백(關白)]이 울릉도(및 부속도서 독도)가 조선에 가깝고 일본과는 멀어 조선 영토이므로 일본 어민의 왕래를 금지하라는 명령이 있었다고 조선 조정에 통보했고, 이 통보를 받은 조선 예조가 일본의 막부집정에게 회답하였다.

조선 정부 예조의 공식문서를 대마도주가 에도의 막부에 전달했던 바, 막부집정이 대마도주에게 답서를 조선 예조에 보내라고 명령하므로, 1699년(을묘년, 조선 숙종 25년, 일본 원록 12년) 3월에 대마도주 종의진이 조선 예조에 공문을 보내었다. 그 내용의 요지는 전년에 역관이 바다를 건너왔을 때 대면하여 죽도에 관한 일을 이야기하였고, 또 예조가 보여주신 뜻은 (막부에) 이미 전달하였다는 것이다. 위의 공문을 부산 초량의 왜관(倭館) 관수(館守)로 하여금 동래부에 전하게 해서 '죽도일건'을 모두 종결했다고 기록하였다.

이 자료는 1693~1696년 일본 대마도도주가 앞장서서 조선의 울릉도와 우산도(독도)를 침탈하려고 시도하다가 조선 조정의 강경대응으로 실패하여 1696년 도쿠가와막부 집정이 울릉도(독도)와 그 부속도서 우산도(독도, 송도)를 조선 영토로 재확인하여 종결시킨 사실을 증명하는 일본 측의 매우 귀중한 자료이다. (중권, 본문 29~51쪽 참조)

36)『죽도고증』 상

(117)『竹島考證』上

竹島(一ニ磯竹島ニ作ル)ハ本邦ト朝鮮國ノ間ニ在ル孤島ナリ, 周圍十許里山岳嵯峨トシテ深谷幽絶茂樹密竹アリ, 土地肥沃物産多シ, 以上竹島考ニ據ル但其地兩國ノ間ニ在ルヲ以テ古來紛紜其適說ヲ得ス, 今ヤ我國傳來ノ說幷ニ韓漢ノ記傳ヲ列擧シ以テ其異同ヲ考論セントス.

先ツ我國傳來ノ說ニ就キ其大略ヲ揭ケンニ松浦武四郎ノ竹島雜誌ニ日本風土記ヲ引テ他計甚麼(タケシマ)ノ訓アリ, 其地東岸大竹周圍二尺ニ至ル者アリ, 卽チ是所謂竹島ニシテ其名ヲ得ル所以ナリト(竹島圖說ニ據ル)而シテ北史巻十四倭傳ヲ引テ曰ク，隋遣文林郎裴世淸使國，度百濟，行至竹島，南望耽羅島云云．又竹斯(チクシ)國竹島トテ我國ノ島ニ極マリタル由モ記セリ(草廬雜談オ引ク)．元和二年 伯州米子ノ町人大谷甚吉，村川布兵衛ノ二人竹島渡海ノ事ヲ官ニ請フ，三年，松平新太郎光政伯州ヲ領スルニ及ヒ兩人ノ請ヒニヨリ堅ク之ヲ幕府ニ請フ，四年ニ及ンテ兩商ヲ江戸ニ召シ竹島渡海免許ノ御朱印ヲ賜フ．此ヨリ兩商絶ヘス渡海漁事ヲナス者七十四年，元祿五年ニ及ヒ韓人竹島ニ至リ漁獵ヲ營ミ兩商ノ利權漸ク衰フ，同シク九年ノ春ニ及ンテ朝鮮ヨリ竹島ハ其國ノ版圖タル由ヲ申シ，遂ニ竹島ヲ朝鮮ニ与フト是其大略ナリ．

又因州ノ人江石梁ナル者ノ竹島考ニ日本事跡考ヲ引テ曰ク，隱岐國海上有竹島多竹，鰒味甚美，海獸曰葦鹿(アシカ)，云云ト 又竹島圖說ニ日本人隱岐ノ北海ニ竹島アルコトヲ知テ漁獵ヲ創メシハ伯州ノ一漁父ナリ 是島甚タ朝鮮ニ隣スレトモ昔時ハ鮮人却テ之ヲ知ラス，此島ノ以北三里許ニ亦タ一島アリテ上好ノ蚫最多シ，因テ朝鮮ヨリ三五年ニ一回漁人ヲ遣ハシテ蚫ヲ取ラシム，彼曾テ此竹島ヲ知ラサリシニ我元祿五年ノ春此島ニ漂流シテ始テ竹島アルフコト知ルナリ．

以上三書(竹島雜誌，竹島考，竹島圖說)ノ說ク所ニヨレハ，竹島ハ盖シ我邦人發見スル所ニシテ卽チ我版圖中ノ一島ナリ，其海利ヲ我ニ掌握スルヤ七十四年ノ久キニ及フ，朝鮮人未タ嘗テ知ラサル者ノ如シ，然ルニ元祿五年ノ春ニ及ンテ朝鮮人竹島ニ來リ漁獵シ翌年再ヒ來ル，仍テ其國人二人ヲ捕ヘ之ヲ江戸ニ訴フ，幕府對馬ニ令シ書ヲ彼ノ政府ニ送リ其人民ノ再ヒ渡來スルヲ禁セシム，往復數回ノ後我所謂竹島ハ彼所謂鬱陵島ニシテ古來朝鮮ノ版圖タルヲ知リ，却テ我人民ノ彼島ニ至ルヲ禁ス，其往復ノ書載テ竹島記事及ヒ磯竹島覺書ニアリ，今招錄シテ別冊トナシ以テ參照ニ供ス．

前ニ掲クル所竹島ハ嘗テ無人ノ荒島ニシテ七十餘年間我人民ノ海利ヲ擅セシモ, 元祿中往復ノ後其鬱陵島タルヲ知リ之ヲ彼ニ還スヲ以テ今ヤ彼國ノ古史ニ就キ其大略ヲ掲ケ上世韓地ノ縻屬タリシ時ノ狀ヲ知ラシム.

東國輿地勝覽卷首八道總圖中江原道ノ海中ニ二島アリ, 西ヲ于山ト云ヒ東ヲ鬱陵ト云フ, 豈我所謂松島竹島ノ二島ナルカ輿地勝覽ノ說ニ據レハ鬱陵島 在江原道, 一名武陵, 一名羽陵 在蔚珍縣正東, 三峰岌嶪撑空, 南峯稍卑, 風日淸 則峰頭樹木及山根沙渚. 歷歷可見, 風便則二日可到, 此書朝鮮成宗ノ十三年我文明十四年ノ撰ナレハ今ヲ距ル正ニ四百年タリ, 當時彼ノ屬島タリトナスモ亦非ナラス.

溯テ彼古史ニ據レハ于山鬱陵一地タリ, 東國通鑑卷ノ五ニ曰ク, 新羅知證王ノ十三年六月, 于山國降新羅納工貢, 國在溟洲正東海東, 名鬱陵, 地方百里特險不服, 伊湌(官名)異斯夫, 爲何○羅州軍主, 謂于山人愚○, 難以威來, 可以計服, 乃以木造獅子形, 分載戰船, 抵其島誑之曰, 汝若不服 卽放此獸踏殺之, 國人懼乃降, ト是我繼體天皇ノ六年壬辰ノコトニシテ今ヲ距ル千二百七十年タリ, 其後長ク新羅ノ屬島タリシナルヘシ.

高麗史ニ據レハ太祖十三年, 鬱陵島人, 使白吉土豆獻方物, ト, 高麗太祖十三年ハ我醍醐天皇長奥元年庚寅ニシテ今ヲ距ルコト九百五十二年ナリ, 降テ毅宗十三年ニ及ヒ王聞鬱陵 地廣土肥, 可以居民, 遣溟洲道監倉金柔立往視, 柔立回奏云, 島中有大山, 從山項向東行, 至海一萬餘步, 向西行, 一萬三千餘步, 向南行, 一萬五千餘步, 向北行, 八千餘步, 有村落其趾七所, 或有石佛鐘石塔, 多生柴胡藁本石南草, 後崔忠獻獻議, 以武陵土壤膏沃, 多珍木海錯, 遣人往觀之, 有屋基破礎宛然, 不知何代人居也. 於是移東郡民以實之, 及使還, 多以珍木海錯進之, 後屢爲風濤所蕩覆, 舟人多物故, 因還其民, 云云トアリ毅宗十三年ハ我二條天皇平治元年ニシテ今ヲ距ルコト正ニ七百二十二年ナリ, 然レハ當時其民ヲ移シ其地ヲ空フセシカ如シ.

又磯竹島覺書ニ據レハ輿地勝覽幷芝峯類說ヲ引キ曰ク, 李朝(朝鮮)太宗時, 聞流民逃其島者甚多, 再命三陟人金麟雨, 爲按撫使, 刷出空其地, 麟雨言, 土地沃饒, 竹大如杠, 鼠大如猫桃核大於升, 凡物称是ト, 朝鮮太宗ノ時ハ後小松天皇ノ應永七年ヨリ十九年ニ至ルノ間タリ, 然レハ大略四百八十餘年タリ, 前朝王氏空島ノ制行ハレス, 邊海ノ民往往移住スル者アル, 如斯クナリシヲ知ルニ足ル.

其後世宗二十年ニ至リ遣縣人萬戶南顥率數百人, 往搜逋民, 盡俘金丸等七十餘人而還, 其地遂空, トアリ, 世宗二十年ハ我後花園天皇ノ永享四年壬子ニシ今ヲ距ル四百五十年ナリ, 後四十年成宗ノ二年ニ及ンテ有告別有三峯島者, 乃遣朴宗元往覓之, 因風濤不得泊而還, 同行二船, 泊鬱陵島, 只取大竹鰒漁曲, 啓云島中無居民矣, 是竹島ノ外別ニ一島アルノ說ヲ開キ探討ノ爲メ人ヲ遣ハシ海中ヲ搜索シ志ヲ得スシテ還ル者ナリ,

同書ニ芝峯類說ヲ引キ曰ク, 鬱陵島, 一名武陵, 一名羽陵, 在東海中, 與蔚珍縣相對, 島中有大山, 地方百里, 風便二日可到, 新羅智證王時, 號于山國, 降新羅納土貢, 高麗太祖時, 島人獻方物, 我太宗朝, 遣按撫使, 刷出流民空其地, 地沃饒, 竹大如杠, 鼠大如猫, 桃核大於升云, 壬辰變後, 人有往見者, 亦被倭焚掠, 無復人烟, 近聞倭奴占據磯竹島, 或謂磯竹島, 卽蔚陵島也, 以上芝峯類說所載 其地沃饒, 竹大如杠, トハ我竹島圖說ノ所載ト同一景狀ニシテ彼我ノ所說, 符節ヲ合スル如シ奇ト謂フヘシ, 壬辰ノ變トハ文祿元年我征韓ノ師ヲ指ス, 本書ハ享保十一年竹島紀事ヲ編ムノ時ニ於テ八十年前ノ著書ノ趣ヲ記シタレハ盖シ寬永前ノ書ナルヘシ, 然レハ當時我邦人民ノ竹島ニ占居セシヤ明カナリ,

又慶長十九年甲寅ノ歲宗氏ヨリ竹島ノ事ニヨリ使者ヲ朝鮮ニ遣ハシ申入シコトアリ, 朝鮮以爲ラク我所謂竹島ハ朝鮮ノ蔚陵島ナリト東萊府使尹守謙ヲシテ答ヘシム, 其書載テ善隣通書及ヒ朝鮮通交大紀ニアリ, 其略ニ曰ク, 書

中有看審磯竹島之說 深窃驚訝 不知是計出於誰某耶 來使口稱 本島介於慶尙江原兩道海洋之中云 卽我國所謂鬱陵島者也云云,

尋テ府使朴慶業ノ書アリ曰ク, 磯竹之事, 想貴島庶見覺察, 而猶復執迷深切, 怪愕足下非不知此島屬於我國, 非不知貴島不可横占, 而尙欲犯越窺覘, 是誠何心, 恐非終好之道也, 所謂磯竹島者實我國之鬱陵島也, 又明ノ翰林侍講董越ノ所撰朝鮮賻ノ前ニ八道ノ總圖アリ, 江原道蔚珍浦ノ東海中ニ一島アリ陵山ト稱ス, 卽鬱陵島ナリ.

以上ハ朝鮮國史ニ見ル竹島關係ノ大略ナリ, 本文ノ如キハ則竹島航海ノコト正ニ止ムヘシ, 然ルニ元和四年伯州ノ商大谷, 村川ノ請ニヨリ其渡海ヲ許シ七十四年ノ久キニ及ヒシヲ以テ朝鮮惟其名ヲ距ンテ其實ニ關セス, 元祿中ニ及ンテ始テ我邦人ノ其地ニ在ルヲ認テ古史ニ溯テ之ヲ論セシ者ニ似タリ, 可怪ナリ.

右諸書ノ論スル所ニ據リ之ヲ觀レハ, 千三百七十年前ヨリ文祿征韓ノ役迄ハ竹島ノ地朝鮮ノ版圖タルニ近シ, 而シテ文祿慶長以來元祿九年ニ至ルノ間朝鮮兵戈ノ餘之ヲ度外ニ置キ我民ノ占據ニ任セシニ似タリ, 何ヲ以テカ其然ルヲ知ルヤ, 當時我邦人ノ著書ノミナラス明人ノ著書亦往往竹島ヲ以テ我國ノ版圖ニ屬セリ, 今之ヲ左ニ列擧シ以テ證左トナサン.

明ノ弟元儀ノ著セル武備志卷二百三十一日本考島名ノ部ニ, 薩摩ノ種子ケ島肥前ノ平戶嶋, 安藝ノ宮島ナドト同ク伯耆ニ竹島ヲ附屬シ其譯語ヲ他計什磨トス, 若シ此島朝鮮ノ地ナレハ「チクトウ」ト音讀ヲ下スヘキニ他計什磨ノ和訓ヲ下セシハ當時我國人ノ占居セルヲ以テ明人亦我版圖ト認メシ一ナリ.

右明ノ章潢ガ著セル圖書編ニ日本圖中山陰伯岐ノ西ニ一島ヲ置キ竹島ノ二字ヲ下セリ, 同書日本國序ノ文ニ左之西爲備中, 右亦爲因幡, 右之西爲伯者トアリ, 而シテ其下ニ注文アリ沿海俱白砂無奧可泊, 其鎭爲'阿家雜記'[ヲカサキ], 爲'倭子介'[ヲコスケ], 爲'他奴賀知'[タトクチ], 其北爲竹島, 縣海三十里, トアリ, 卽今地理ニ據リ之ヲ證スルニ因伯二州ノ海濱果シテ俱ニ白砂ニシテ奧ノ泊スヘキナキヤ, 圖書編ニ所說ノ如シ, 甚タ奇ナリ, 而阿家雜記ハ'赤崎'[アカサキ]ニシテ倭子介ハ'大塚'[ヲーツカ]ナリ, 俱ニ八橋郡ニ屬セリ, '他奴賀知'[タトクチ]ニ至リテハ未タ其何レノ地タルヲ詳ニセス, 圖書編ノ著者我內地ノ地理ニ詳ナル明人亦伯州海面ノ竹島ヲ以テ我版圖ト認ルノ二ナリ.

又明ノ王鳴鶴カ登壇必究卷二十二日本國圖ヲ擧ケテ石見但馬ノ海中ニ竹島アリト, 是明人ノ竹島ヲ以テ我版圖ト認メシ三ナリ, 武備志其他二書ノ編者亦皆文祿征韓ノ役ヨリ後其書ヲ編セシ故當時ノ現況ニ就キ俱ニ竹島ヲ以テ我國ノ版圖トナセシナルヘシ.

以上掲クル所三國ノ書傳ニ據リ之ヲ通考スルニ, 千三百年以前ヨリ文祿征韓ノ役ニ至ル迠ハ竹島ノ韓地タルヤ亦喙ヲ容レス, 文祿征韓ノ役ヨリシテ後ハ惟我國人ノ竹島ヲ以テ我版圖トナス而已ナラス, 明國諸家ノ著書亦竹島ヲ以テ我版圖ト認ム.

惟明人ノ之ヲ認ル而已ナラス朝鮮人亦之ヲ黙許スルカ如シ, 何ヲ以テ之ヲ知ル, 芝峯類說ニ曰ク, 上略壬辰變後人有往見者(往見トハ竹島ニ至ルヲ云フ)亦被倭焚掠 無復人烟 近聞倭奴占據礒竹島云云ト, 是說ニヨレハ朝鮮人亦竹島ヲ以テ陰然我國人ノ占據スルニ任セシ 者ノ如シ故ニ慶長十九年丙寅宗氏ニ命シ人ヲ釜山ニ遣リ竹島ノ談判ニ及ハシム, 朝鮮之ニ從ハスト雖, 又人ヲ竹島ニ移サス, 元和四年伯州ノ商竹島ノ渡海ヲ請フ, 幕府之ヲ許ス, 此ヨリ海上ノ權利ヲ握ル者七十餘年, 元祿九年ニ至ル, 諸書ヲ收給シ今其年ヲ下ニ譜ス.

慶長十九年丙寅宗義質一行十四人ヲ派シ書ヲ朝鮮國東萊府ニ寄テ礒竹島ヲ看審ニスルノ事ヲ告ク, 府使尹守謙ノ答書幷朴慶業ノ答書アリ全文ヲ卷

末ニ出ス. [善隣通書, 朝鮮交通大紀]

同年此ヨリ先伯州米子城主中村伯耆守忠一嗣ナク國除カル, 此歲幕府城代阿部四郎五郎在番時ニ米子ノ町人大谷甚吉·村川市兵衛竹島渡海ノ事ヲ請フ, 未タ免許ナシ. [竹島圖說 伯耆民談]

元和二年雲州三保關ノ人七名竹島ニ至リ漁獵シ風ニ逢ヒ朝鮮ニ漂着ス, 朝鮮禮曹參議書ヲ宗氏ニ與テ之ヲ護送ス. [竹島紀事]

三年松平新太郎光政伯州ヲ領シ入部アリ, 大谷·村川再ヒ竹島渡海ノコトヲ請フ, 光政之ヲ江戶ニ啓シ免許ヲ請フ. [同上]

四年幕府光政ノ請ヲ以テ兩商ヲ江戶ニ召シ竹島渡海御免ノ朱印ヲ賜フ, 其文如左.

從伯耆國米子竹島先年船相渡之由候, 然者如其今度致渡海度之殷, 米了町人 村川市兵衛·大谷甚吉 申上ニ 付而, 達上聞候處, 不可有異儀之旨被仰出候間, 被得其意渡海之儀可被仰付候, 恐惶謹言,

五月十六日

永井信濃守 在判

井上主計頭 在判

土井大炊頭 在判

酒井雅樂頭 在判

松平新太郎 殿

人々中

爾來二人竹島へ渡海漁獵ヲナシ每歲渡海倦怠セス, 本年ヨリ兩商ハ將軍家ノ拜謁ヲ辱フシ時服ヲ拜受シ竹島ノ名產蚫ヲ奉ル, 後八九年ヲ歷テ兩商ノ內一名宛ヲ召シテ隔年ノ謁見ニ定メラル. [竹島圖說]

寬永十三年伯州米子ノ市兵衛家丁漁獵ノ爲メ竹島ニ至リ遂ニ朝鮮國ニ漂

流ス, 朝鮮之ヲ對馬ニ送ル, [竹島紀事]

寛文六年竹島渡海大谷九右衛門カ年番ニテ手代次郎兵衛ヲ始メ二隻ニ五十人乗ニテ二月米子ヲ發シ隱岐ヲ過キ四月竹島へ着漁獵ヲナシ, 更ニ一船ヲ造リ七月竹島ヲ發ス, 洋中風ニ逢ヒ三船分散シ, 次郎兵衛ノ一船朝鮮國慶尙道張鬐縣ニ着, 釜山ヲ經テ對州ニ至リ, 遂ニ明年大阪ノ米子邸ニ着ス, [竹島考]

天和元年七月大谷九右衛門·村川市兵衛將軍綱吉ニ謁ス,

貞享元年幕府令シテ東照公以來家筋ノ者其由緒ヲ書上サセラル, 伯州米子ノ住人大谷九右衛門·村川市兵衛兩人竹島渡海ノ由來ヲ申立ル,

元祿五年竹島ノ渡海村川市兵衛ノ年番ニテ一船二十一人二月米子ヲ出帆シ隱岐ノ福浦ヲ過キ三月竹島ニ着ス, 會異船二艘ニ逢フ, 始テ朝鮮人ノ此ニ來ルヲ知ル, 此歲ハ空敷歸國セリ, [竹島考]

六年ハ大谷九右衛門カ年番二月米子ヲ發シ雲州ヲ過キ隱岐ノ福浦ヨリ竹島ニ至リ唐船ケ崎へ碇泊ス, 時ニ朝鮮人四十二人船三隻ニテ先ツ來リ漁獵スルヲ見テ之ヲ咎メ其二人ヲ捕テ米子ニ歸リ之ヲ上達ス, 事鳥取ニ聞へ朝鮮人吟味ノ上長崎ヨリ歸國セシム, [竹島考]

七年大谷九右衛門出府將軍綱吉ニ拜謁ス, 是歲村川ハ人ヲ竹島ニ遣ル朝鮮人先ツ在リ漁獵ノ利ヲ失フ, [竹島考]

八年同斷朝鮮人先在リ重テ魚獵ノ利ヲ失フ, 此ヨリ朝鮮人連年多人數航海我漁獵ノ妨ヲナセリ, 於是事情ヲ幕府ニ啓シ其指揮ヲ請フタリ, [竹島考]

九年幕府ヨリ命ヲ傳テ向後竹島ノ渡海ヲ禁セラル, 其節奉書之文如左,

先年松平新太郎因州伯州領之ノ節相伺之伯州米子之町人村川市兵衛·大谷甚吉竹島へ渡海至于今雖致漁 向後竹島へ渡海ノ義制禁可申付旨被 仰付候間可被存其趣候恐惶謹言

正月十八日　　　　　　　　　土屋相模守 在判

戸田山城守 在判

阿部豊後守 在判

大久保加賀守 在判

松平伯耆守 殿

右之次第ニ就キ大谷·村川ハ一朝八十年來ノ生業ヲ失ヒ, 且ツハ配下ノ船人等カ困窮ヲ憐ミ悲歎不休, 依之村川市兵衛ハ同十一年ヨリ出府頻ニ愀訴ヲ捧ケ同十六年迠六ケ年間種種手ヲ盡シ再航ヲ請フト雖トモ恩許ノ沙汰モナク空シク歸國セシト云, [竹島考]

[附記]

竹島一件 慶長十九年丙寅七月東萊府使ヨリ宗氏ニ送ル所

朝鮮國東萊府使尹 守謙 奉書

日本國對馬州太守平公 足下

辱問鼎來, 慰豁良多, 但書中有看審礒竹島之說, 深竊驚訝, 不知是計, 果出於誰某耶, 來使口稱, 本島介於慶尙江原兩道海洋之中云, 卽我國所謂鬱陵島者也, 載在輿圖, 屬於我國, 今雖荒廢, 豈可容他人之冒占以啓鬧釁耶, 自古及今, 日本與我國海嶠洲嶼, 各有區別, 分限截然, 而或有往來之事, 惟以貴島爲一路門戶, 此外則便以海賊論斷, 其所以愼關防而嚴禁約之義, 貴島亦豈不知乎, 朝廷若復聽聞, 必先致忄 在 於貴島矣, 我國以貴島世效誠款, 故接遇甚盛, 今者貴島, 居兩國之間, 無意於委曲周旋, 務期修好, 而似此從臾, 無及不可乎, 日本若悉此意, 亦必省悟, 實在貴島善處, 努力自勗, 罔廢往續, 統希盛諒, 不宣,

萬曆 四十二年七月 日

竹島一件

同上

朝鮮國東萊府使朴 慶業, 奉復

日本國對馬州太守平公 足下

兼審違信, 良慰不淺, 礒竹之事, 想貴島庶見覺察, 而猶復執迷, 深切怪愕, 足下非不知此島屬於我國, 非不知貴島不可橫占, 而尙欲犯越窺覘, 是誠何心, 恐非終好之島也, 所謂礒竹島者, 實我國之鬱陵島也, 介於慶尙江原兩道海洋, 而載在輿圖, 奚可誣也, 盖自新羅高麗以來, 曾有收取方物之事, 逮至我朝, 有刷還逃民之擧今雖廢棄, 豈可容許他人之冒居以啓鬧釁耶, 貴島果知此情, 則其可從臾, 於日本苟循一朝之私欲, 顧後日之悔乎, 前日復書, 已悉梗槩, 貴島所當瞿然改圖, 而今乃直以解纜發船爲言, 不幾於輕朝廷而昧道理者乎, 貴島於我國, 往來通行, 惟有一路, 譬若門戶, 此外則無論漂淌眞假, 皆以賊船論斷, 弊鎭及沿海將官, 惟知嚴守約束而已, 不知其他, 足下之所言, 其亦踈矣, 惟願貴島審區土之有分, 知界限之難侵, 恪守信義努力自勗免致謬戾, 尙克有終, 幸甚甚

萬曆四十二年九月 日

竹島(礒竹島라고도 한다)는 본국과 조선 사이에 있는 孤島이다. 주위 10리 정도는 산악이 높이 솟아있고 깊은 계곡에 대나무 숲이 무성하며 토지는 비옥하고 물산이 풍부하다. (이상은 竹島考에 근거한 것이다.) 단 그 땅이 양국 사이에 있어 예로부터 분쟁이 많아 어느 것이 맞는지 알 수가 없다. 이제 우리나라에 전해오는 이야기와 함께 한국과 중국의 記傳을 열거하여 그 같고 다름을 논해보고자 한다.

먼저 우리 나라에 전해오는 이야기에 대해 그 대략을 실어보자면, 松浦武四郎의 竹島雜誌에는 日本風土記를 인용하여 他計甚麼(タケシマ)라는 訓이 있는데 그 땅 동쪽 기슭에 둘레가 2尺에 이르는 큰 대나무가 있어 이에

竹島라는 이름을 얻게 된 것이다. (竹島圖說에 근거한 것) 그리고 北史 卷14 倭傳을 인용하여 이르기를 '隋나라가 文林郎, 裴世淸을 사신으로 보냈다. 백제를 지나 竹島에 이르렀는데 南으로는 탐라도가 바라보인다. 云云'이라 하였고, 竹斯(チクシ)國 竹島라고 하여 우리 나라의 섬으로 정하게 된 연유도 기록되어 있다. (草廬雜誌를 인용) 元和 2년, 伯州 米子의 町人 大谷甚吉, 村川市兵衛 두 명이 竹島에 渡海할 것을 官에 청했다. 3년, 松平新太郎 光政이 伯州를 다스리게 되자 두 사람의 청원을 막부에 청했다. 4년에 이르러 두 상인을 江戶에 불러 竹島渡海 면허의 御朱印을 내렸다. 이로부터 두 상인이 계속해서 渡海하여 어업활동을 하게 된 것이 74년이다. 元祿 5년이 되자 韓人이 竹島에 이르러 어업을 행하여 두 상인의 이익이 점점 쇠퇴하게 되었다. 元和 9년 봄에 이르러 조선이 竹島가 자기 나라의 판도 안에 있는 이유를 내세움에 따라 마침내 竹島를 조선에 주었다는 것이 그 대략이다.

그리고 因州人 江石梁이라는 사람의 竹島考에 日本事跡考를 인용하여 '隱岐國 해상에 竹島가 있는데 대나무가 많고 전복 맛이 매우 좋으며 海獸를 葦鹿(アシロ)라 한다. 云云'이라 했다. 그리고 竹島圖說에 일본인으로 隱岐의 북해에 竹島가 있음을 알고 漁獵을 시작한 것은 伯州의 한 어부였다. 이 섬이 조선에 매우 인접해 있지만 (朝)鮮人은 옛날에 오히려 알지 못했다. 이 섬 북쪽으로 3리쯤 떨어진 곳에 또한 한 섬이 있어 질이 좋은 전복이 아주 많아 조선에서 3~5년에 한 번씩 어부를 보내어 전복을 잡아갔다. 그들은 예전에는 이 竹島를 알지 못하다가 우리 元祿 5년 봄에 이 섬에 표류하여 처음으로 竹島라는 것을 알게되었다.

이상 세 책(竹島雜誌, 竹島考, 竹島圖說)이 말하는 바에 따르면 竹島는 우리 나라 사람이 발견한 곳으로 우리 판도 안의 한 섬이며 바다에서의 이익을 장악한지도 74년이라는 긴 시간에 이른다. 조선인은 일찍이 이를 알지도 못했던 것 같다. 그런데 元祿 5년 봄에 조선인이 竹島에 와서 漁獵하고 다음해 다시 왔다. 이에 그 나라 사람 2명을 잡아 그들을 江戶에 訴하였다.

막부에서는 對馬에 명하여 그들의 政府에 서신을 보내어 그 인민이 다시 넘어오는 것을 금하도록 했다. 여러 차례 서신이 오고 간 후 우리의 이른바 竹島는 그들이 말하는 울릉도로 예로부터 조선의 판도였음을 알게 되었으며 오히려 우리 인민이 그 섬에 이르는 것을 금하였다. 그 오고 간 서신을 실은 것이 竹島記事와 礒竹島覺書에 있으니 이제 초록하여 별책을 만들어 참조하도록 제공한다.

앞에 게재한 竹島는 일찍이 사람이 살지 않는 황량한 섬으로 70여년 동안 우리 인민들이 그 海利를 천단했던 것이다. 그러나 元祿 연간에 서신을 주고받음으로써 그것이 울릉도임을 알고 그 섬을 저들에게 되돌려 주었다. 이제 그들 나라의 古史에서 그 대략을 게재하여 이전 시대에 韓地에 속해 있었던 때의 상황을 알아보고자 한다. 東國輿地勝覽 卷首 八道總圖에는 강원도의 바다 가운데에 2개의 섬이 있는데 서쪽의 것을 于山이라 하고 동쪽의 것을 鬱陵이라 한다고 하였으니 아마도 우리가 말하는 松島와 竹島의 두 섬일 것이다. 여지승람의 설명에 따르면 울릉도는 강원도에 있으며 武陵, 혹은 羽陵이라고도 하며 울진현 동쪽에 있어 三峯이 높게 솟아 하늘을 떠받치고 있으며 南峯은 낮아서 바람이 불며 날이 맑으면 봉우리 꼭대기의 나무와 산 바닥의 모래를 역력히 볼 수 있고 바람을 타고 이틀이면 이를 수 있다고 한다. 이 책은 조선 成宗 13년, 우리의 文明 14년에 지어진 것으로 지금으로부터 4백 년 전인 당시에 그들의 屬島로 되어 있었던 것이 잘못된 것은 아니다.

거슬러 올라가서 저들의 古史에 따르면 우산과 울릉은 같은 땅이었다고 한다. 東國通鑑 卷5에 이르기를 "신라 지증왕 13년 6월, 우산국이 신라에 항복하여 工貢을 바쳤다. 그 나라는 溟州 正 동해의 동쪽에 있으며 이름은 울릉이고 땅은 사방 백 리 정도 되는데 그 험함을 믿고 항복하지 않았다. 伊湌(관명)異斯夫가 何○羅州軍主가 되어 우산의 사람들이 어리석어서 위엄으로 따르게 하기가 어려우니 계책으로 항복시켜야 한다고 하고 나무로 사자의 형태를 만들어 전선에 나누어 싣고는 그 섬에 이르러 그들을 속여 말하기를 '너희들이 만약 항복하지 않으면 이 짐승을 풀어 밟아 죽이게 할 것이다.'라 하니 사람들이 두려워 곧 항복했다."라고 한다. 이는 우리 繼體天皇 6년 壬辰의 일로 지금으로부터 1370년 전의 일이다. 그후 오랫동안 신라의 屬島로 있었을 것이다.

高麗史에 따르면 太祖 13년, 울릉도인들이 白吉土豆를 보내어 方物을 바쳤다고 한다. 고려 태조 13년은 우리 醍醐天皇 長奧 元年 庚寅으로 지금으로부터 952년 전이다. 좀 더 내려와서 毅宗 13년에 이르러 왕이 울릉의 땅이 넓고 비옥하여 사람이 살 수 있다는 이야기를 듣고 溟州道 監倉 김유립으로 하여금 가서 살펴보도록 했다. 유립이 돌아와서 奏하기를 '섬 가운데에 큰 산이 있는데 山項을 따라 동쪽으로 가면 바다에 이르기까지 만여 보이고 서쪽으로 가면 만 3천여 보, 남쪽으로 가면 만 5천여 보, 북쪽으로 가면 8천여 보입니다. 촌락이 있었던 터가 일곱 군데 있는데 석불, 종, 석탑도 간혹 있고 柴胡, 藁本, 石南草가 많이 자랍니다.'라고 했다. 후에 최충헌이 의론을 올려 무릉의 토양이 기름지고 진기한 나무와 海錯이 많으니 사람을 보내어 가서 보도록 했다.

집터에 부서진 주춧돌이 완연하여 언제 사람이 살았는지 알 수 없었다. 이에 東郡의 民을 이주하게 하여 그를 채웠다. 사신이 돌아옴에 많은 진기한 나무와 海錯을 바쳤다. 후에 자주 風濤에 蕩覆하게 되어 뱃사람이 많이 죽었으므로 주민을 다시 데려왔다고 되어 있다. 의종 13년은 우리 二條 천황 平治 원년이며 지금으로부터 722년 전이다. 그러므로 당시에 민을 옮겨와 그 땅을 비게 했던 것 같다.

그리고 磯竹島覺書에 따르면 與地勝覽과 芝峰類說을 인용하여 말하기를 "李朝(조선) 太宗代에 유민이 그 섬으로 도망한 자가 매우 많음을 듣고 다시 명하여 삼척인 金麟雨를 按撫使로 삼아 찾아오게 하여 그 땅을 비워버리도록 했다. 인우가 말하기를 '토지가 비옥하고 대나무는 크기가 杠만하며 쥐는 크기가 고양이만하고 복숭아씨는 升보다 크며 모든 물건이 이러하다.' 라 하였다." 조선 太宗代는 後小松천황 應永 7년에서 19년에 이르는 때이니 대략 480여 년 前이다. 고려 왕씨는 空島제도를 행하지 않고 변경의 해민이 자주 이주하였으니, 이와 같았음을 알기에 충분하다.

그후 세종 20년에 縣人 萬戶 南顥로 하여금 수백 명을 이끌고 가서 달아난 민들을 찾도록 했다. 金丸 등 70여 명을 붙잡아서 돌아와 마침내 그 땅이 비게 되었다고 한다. 세종 20년은 우리 後花園천황 永享 4년 壬子로 지금으로부터 450년 전이다. 40년 후 成宗 2년에 이르러 따로 三峯島라는 것이 있음을 고하는 자가 있어 朴宗元을 보내어 가서 찾아보게 했다. 바람과 파도로 인해 정박하지 못하고 돌아왔는데 같이 간 2척의 배가 울릉도에 정박하여 大竹과 鰒, 魚曲만을 가지고 와서는 섬 안에 거주민이 없다고 했다. 이에 竹島 외에 따로 섬 하나가 있다는 말을 듣고 그를 조사하기 위해 사람을 보내어 바다를 수색하게 했으나, 뜻을 이루지 못하고 돌아오게 되었다. 같은 책에 지봉유설을 인용하여 말하기를 "울릉도는 무릉 혹은 우릉이라고도 하는데 동해에 있고 울진현과 마주하고 있다. 섬 가운데에 큰 산이 있으며 땅은 사방 백 리이고 바람을 타면 이틀에 이를 수 있다. 신라 지증왕 代에 우산국이라고 했는데 신라에 항복하여 土貢을 바쳤다. 고려 태조 대에는 섬 사람들이 方物을 바쳤으며 우리 太宗朝에는 안무사를 보내어 유민을 찾아와 땅을 비게 했다. 토지가 비옥하고 대나무는 크기가 杠만하며 쥐는 크기가 고양이만하고 복숭아씨는 升보다 크다. 云云. 壬辰의 變 후에 가서 본 자가 있는데 역시 倭에 의해 불타고 노략질 당하여 다시 사람이 살지 않았다.

근래에 듣기로 倭奴들이 磯竹島를 점거하여 혹 기죽도라고 하기도 하는데 이는 울릉도이다.” 이상은 지봉유설에 실린 것인데 ‘토지가 비옥하고 대나무는 크기가 杠만하다.’는 것은 우리의 竹島圖說에 실린 것과 같은 내용으로 저들과 우리가 말하는 바가 符節을 합한 것 같으니 기이하다 하겠다. 壬辰의 變이라는 것은 文祿 원년 우리의 征韓 군대를 가리키는 것이다. 이 책은 享保 11년, 竹島紀事를 편찬할 시기보다 80년 전의 저서의 내용을 기록한 것으로 寬永 이전의 저서일 것이다. 그러니 당시 우리나라 사람들이 竹島를 占居했음은 분명하다.

또 慶長 19년 甲寅歲에 宗氏가 竹島의 일로 사신을 조선에 보내어 아뢴 일이 있었다. 조선은 東萊府使 尹守謙으로 하여금 소위 竹島가 조선의 울릉도라고 답하게 했다. 그 서신을 실은 것이 善隣通書와 朝鮮通交大紀이며 그 대략은 ‘서신 안에 磯竹島의 說을 살펴보니 깊고 은근하며 놀라워서 이 계책이 누구로부터 나온 것인지 알지 못하겠다. 사신이 말하기를 이 섬은 경상도와 강원도 해양의 사이에 끼어 있다고 하니 즉 우리나라의 이른바 울릉도인 것이다. 云云.’이라 했다.

그리고 府使 朴慶業의 서신이 있어 묻기를 ‘磯竹의 일, 즉 그대가 이 섬이 우리나라에 속함을 알지 못하는 것이 아니며 貴島가 橫占할 수 없음을 알지 못함이 아닌데도 넘어와서 엿보고자 하니 이는 실로 무슨 마음인가. 이른바 磯竹島라는 것은 실로 우리나라의 울릉도이다.’ 또 明의 翰林侍講 董越이 찬한 朝鮮賦 앞에 팔도의 總圖가 있는데 강원도 울진포의 동해에 한 섬이 있고 陵山이라고 칭하고 있으니 즉 울릉도이다.

이상은 조선국사에 보이는 竹島관계의 대략이다. 본문으로 보자면 竹島항해는 중단되어야 한다. 그런데 元和 4년, 伯州의 상인 大谷, 村川의 청에 따라 그 渡海를 허가해 주어 74년이라는 긴 시간에 이르렀다. 조선은 실제로는 관계가 없다가 元祿 연간에 이르러서야 비로소 우리나라 사람이 그 땅에 있음을 알고 古史를 소급하여 그를 논한 것과 같으니, 의심스러운 일이다.

위의 여러 책들이 논하는 것에 근거하여 보건대 1370년 전부터 文祿 征韓의 役까지는 竹島의 땅은 조선의 판도였으나, 文祿·慶長 이래 元祿 9년에 이르기까지는 조선이 전쟁의 여파로 그곳을 안중에도 두지 않아 우리 민들이 점거하게 된 것 같다. 무엇으로 그 사연을 아는가 하면 당시 우리 나라 사람의 저서뿐만 아니라 명나라 사람의 저서 또한 자주 竹島를 우리 나라의 판도에 속한 것으로 보고 있으니 이제 다음에 열거하여 證左로 삼고자 한다.

明 茅元儀가 저술한 武備志 卷231 日本考 島名部에 薩摩의 種子島, 肥前의 平戶島, 安藝의 宮島 등과 같이 伯耆에 竹島를 부속시키고 그 역어를 他計什麽(タケシマ)라고 하고 있으니 이 섬이 조선의 땅이라면 'チクトウ'라고 음독을 붙여야 할 것인데 他計什麽라는 和訓을 붙이고 있는 것은 당시 우리나라 사람들이 점거하고 있었기 때문에 명나라 사람들 또한 우리 판도의 것으로 인식한 한 예인 것이다.

그리고 明의 章潢이 저술한 圖書編의 日本圖에 山陰 伯岐의 서쪽에 한 섬을 그려두고 竹島라는 두 글자를 아래에 적었으며 같은 책 日本國序의 문장에 '左의 備中이고 또한 因幡이 되며, 右의 西는 伯耆이다.'라고 되어 있으며 그 아래 注文이 있어 '해안이 모두 백사이며 정박할 구석이 없고 그 鎭은 阿家雜記(ヲカサキ), 倭子介(ラコスケ), 他奴賀知(タトクチ)이며 그 북쪽이 竹島인데 뱃길로 30리이다.'라고 되어 있다.

즉 지금의 지리에 의거하여 그를 증명해 보면 因州, 伯州 두 州의 해안은 실제로 모두 백사이고 정박할 만이 없어 圖書編에서 이야기하는 것과 같아

아주 신기하다. 그리고 阿家雜記는 赤崎(アカサキ)이며 倭子介는 大塚(ヲーシカ)로 모두 八橋郡에 속하는 것이다. 他奴賀知에 대해서는 아직 그곳이 어떤 땅인지 상세히 하지 않고 있다. 도서편의 저자는 우리 內地의 지리를 잘 알고 있는 명나라 사람으로, 역시 伯州 해안의 竹島를 우리 판도로 인식하고 있었다는 두 번째 예이다.

그리고 明의 王鳴鶴이 登壇必究 卷22 日本國圖를 들어서 石見 但馬의 바다 가운데 竹島가 있다고 하였으니 이는 명나라 사람들이 竹島를 우리 판도로 인식한 세 번째 예이다. 武備志와 다른 두 책의 편자 또한 모두 文祿·慶長 征韓의 役 이후에 그 책을 편찬했기 때문에 당시의 상황에 근거하여 모두 竹嶋를 우리나라 판도에 있는 것으로 했을 것이다.

이상에 열거한 삼국의 書傳에 근거하여 생각해 보면 1300년 이전부터 文祿 征韓의 役까지는 竹島가 韓地였다는 것은 의문의 여지가 없다. 文祿 征韓의 役 이후로는 단지 우리 나라 사람들만 竹島를 우리 판도로 여겼을 뿐 아니리 명나라 諸家의 저서들 또한 竹島를 우리 판도의 것이라고 인식하고 있다. 단지 명나라 사람들만 그렇게 인식한 것이 아니라 조선인 또한 그를 黙許한 듯하다. 어떻게 아는가 하면 지봉유설에 이르기를 '上略 壬辰變 후에 가서 본 자(가서 봤다는 것은 竹島에 간 것을 이름)가 있는데 역시 倭에 의해 불타고 노략질 당하여 다시 人煙이 없었다. 근래에 듣기로 倭奴들이 礒竹島를 점거했다고 한다. 云云.'이라 하였다. 이 이야기에 따르면 조선인 또한 竹島를 은연중에 우리 나라 사람이 점거하도록 방임하고 있었던 것 같다. 따라서 慶長 19년 병인, 宗氏에 명하여 사람을 부산에 보내어 竹島에 대해 담판하기에 이르렀다. 조선이 이에 따르지 않았다고 해도 더 이상 사람을 竹島에 이주시키지 않았다. 元和 4년, 伯州의 상인이 竹島의 渡海를 청하여 막부가 그를 허가해 주었다. 이로부터 해상의 권리를 장악한 것이

70여 년으로 元祿 9년에 이르렀다. 여러 서신을 收拾하였으니 이제 그 연도를 다음에 譜하겠다.

慶長 19년 甲寅, 宗義質 일행 14인을 파견하여 서신을 조선국 東萊府에 보내어 磯竹島를 看審하고자 함을 고했다. 府使 尹守謙의 답서와 朴慶業의 답서가 있으니 전문을 권말에 기록한다. [善隣通書, 朝鮮通交大紀]

같은 해, 이보다 앞서 伯州 米子의 城主 中村伯耆守忠一이 후사가 없어 藩이 폐지되었다. 이 해 막부의 城代로 阿部四郎五郎이 재임중일 때 米子의 町人 大谷甚吉, 村川市兵衛 두 명이 竹島 渡海의 일을 원했으나 아직 면허가 없었다. [竹島圖說, 伯耆民談]

元和 2년, 雲州 三保關의 사람 7명이 竹島에 가서 漁獵을 하다가 바람을 만나 조선에 漂着했다. 조선 禮曹參議가 서신을 宗씨에게 주어 그들을 호송했다. [竹島紀事]

3년, 松平新太郎 光政이 伯州를 다스리게 되어 人部하자 大谷과 村川이 다시 竹島 渡海의 일을 청원하였다. 光政이 이를 江戶에 啓하여 면허를 청했다. [위와 같음]

4년, 막부가 光政의 청으로 두 상인을 江戶에 불러 竹島 渡海를 윤허하는 朱印을 내렸다. 그 문장은 다음과 같다.

(…)

그 이래로 두 사람은 竹島에 渡海하여 漁獵을 하여 해마다 渡海하는 것을 게을리 하지 않았다. 금년부터 두 상인은 將軍家의 배알을 감사히 여겨 時服을 拜受받고 竹島의 명산품인 전복을 바쳤다. 이후 8-9년이 지나 두 상인 중 한 명을 불러 隔年으로 謁見할 것을 정했다. [竹島圖說]

寬永 13년 伯州 米子 市兵衛의 家丁이 漁獵을 하기 위해 竹島에 갔다가 조선에 표류하였다. 조선은 그를 대마도로 보냈다. [竹島紀事]

寬文 6년 竹島에 渡海한 大谷九右衛門이 그해 당번근무였기 때문에 처음에는 대리인 次郎兵衛를 2척에 50명을 태워 2월에 米子를 출발하여 隱岐를 지나 4월에 竹島에 도착한 후 漁獵을 하였다. 그리고 다시 배 1척을 만들어 7월에 竹島를 출발했다. 바다 가운데에서 바람을 만나 배 3척이 분산되었는데 次郎兵衛가 탄 1척은 조선국 경상도 장기현에 닿았는데 부산을 거쳐 對州에 도착, 다음해에 大阪에 있는 米子邸에 도착했다. [竹島考]

天和 원년 7월, 大谷九右衛門과 村川市兵衛가 장군 綱吉을 배알했다.

貞享 원년 막부가 명하여 東照公 당시 이래 집안의 계통을 이은 자는 그 由緖를 적어 올리도록 했다. 伯州 米子에 사는 大谷九右衛門과 村川市兵衛 두 사람이 竹島 渡海의 동기, 이유를 上申했다.

元祿 5년, 竹島에 渡海한 村川市兵衛의 年番으로 배 1척에 21인이 타고 2월, 米子를 出帆하여 隱岐의 福浦를 지나 3월, 竹島에 도착했다. 마침 낯선 배 2척을 만나 처음으로 조선인이 이곳에 온 것을 알게 되었다. 이해는 별일 없이 귀국했다. [竹島考]

6년에는 大谷九右衛門이 年番이었다. 2월, 米子를 출발하여 雲州를 지나 隱岐의 福浦에서 竹島에 이르러 唐船崎에 정박했다. 이때 조선인 42명이 배 3척을 타고 먼저 와서 漁獵을 하고 있는 것을 보고 그를 나무라고 2명을 잡아 米子로 돌아와 그를 上達한 일이 鳥取에 전해져 조선인을 취조한 후 長崎로부터 귀국하게 했다. [竹島考]

7년, 大谷九右衛門은 江戶에 가서 장군 綱吉을 배알했다. 이해 村川은 사람을 竹島에 보냈는데 조선인이 먼저 와 있어 漁獵의 이익을 상실했다. [竹島考]

8년 同斷 조선인이 먼저 와 있었기 때문에 계속해서 漁獵의 이익을 상실했다. 이로부터 조선인이 해마다 많은 사람들이 여러 척의 배를 끌고 와 우리의 漁獵에 방해가 되니 이에 사정을 막부에 고하여 그 조치를 청하

였다. [竹島考]

9년, 막부의 命으로 향후 竹島의 渡海를 금하였다. 그때 내린 奉書의 내용은 다음과 같다.

(…)

위와 같은 경위로 大谷과 村川은 하루아침에 80년간의 생업을 잃었다. 또 配下의 뱃사람들의 곤궁을 불쌍히 여겨 비탄해 마지않던 바, 그래서 村川市兵衛는 同 11년부터 막부에 나가 자주 愁訴를 올렸다. 同 16년까지 6년간 종종 방법을 다하여 다시 항해할 것을 청원했음에도 恩許의 조치가 없어 빈손으로 귀국했다고 한다. [竹島考]

[附記] (…)

해설 요점

『죽도고증』은 일본 외무성의 위촉을 받고 1881년에 北澤正誠이 울릉도의 영유권에 대하여 조사한 연구자료이다. 상·중·하 전 3책으로 되어 있다.

일본인들이 한국 개항 후 울릉도에 불법입도하여 삼림 재목들을 도벌하면서 불법체류를 시작하자, 조선 정부는 1881년 5월 일본 외무성에 항의문서를 보내어 일본인들의 조선 울릉도에의 도항과 불법입도의 금지 조치를 요구하였다. 일본 외무성은 이에 대한 회답을 조선 정부에 즉각 보내지 않고 北澤正誠에게 죽도(울릉도) 영유권에 대한 조사를 의뢰하였다.

北澤은 광범위한 문헌조사를 하여 먼저 연구결과로서 『죽도고증』을 먼저 서술하고, 이를 간단히 요약한 것은 「죽도판도소속고」라는 제목으로 1881년 음력 7월 26일(양력 8월 20일) 일본 외무성에 제출하였다.

北澤은 이 책 上권에서 먼저 일본인이 지은 『죽도잡지』, 『죽도고』, 『죽도도설』의 3책에 의하면 1616년(조선 광해군 8년, 일본 元和 2년) 伯耆州 米

子의 상인 大谷甚吉과 村川市兵衛 두 명이 죽도도해의 일을 官에 청했다. 1617년에 松平新政郎 光政이 伯耆州를 다스리게 되자 두 사람의 請을 막부에 전했다. 1618년에 막부는 두 상인을 에도에 불러 죽도도해면허의 朱印을 찍어 주었다. 이로부터 두 상인이 계속해서 죽도에 도해하여 어업활동을 74년간 했다고 이 자료는 기록하였다. 죽도(울릉도)는 일본인들이 발견한 곳이므로 일본 판도 안의 한 섬이 되고 그 바다의 이익을 74년간을 장악해 왔는데, 조선인은 아직 이것을 알지 못했던 것 같았다. 1692년(조선 숙종 18년, 일본 원록 5년) 봄에 조선인이 죽도에 고기잡이를 하러 왔고, 그 다음해(1693년)에 또 죽도에 고기잡이를 왔는데, 조선인 2명을 잡아서 에도 막부에 보내었다. 막부는 대마도에 명령하여 조선 정부에 문서를 보내어 조선인의 죽도에의 渡來를 금지시켜달라고 요구하도록 했다. 문서 왕복이 수 차례 있는 사이에 일본이 말하는 죽도는 조선의 울릉도로서 옛날부터 조선의 판도임을 알게되었다. 이에 일본인의 죽도에 가는 것을 禁하게 된 것이라고 하였다.

北澤은 『東國與地勝覽』의 「八道總圖」에 의하면, 강원도의 바다 한가운데 2개의 섬이 있는데 우산도와 울릉도이고, 이것은 일본에서는 송도와 죽도라고 부르는 섬이라고 하였다. 『동국여지승람』은 조선 성종 13년에 편찬한 책으로 지금으로부터 4백 년 전의 것으로 당시 송도와 죽도를 조선의 속도로 한 것은 잘못된 것은 아니다라고 그는 썼다.

더 거슬러 올라가면 신라 지증왕 13년 6월에 이사부가 우산(于山)을 신라에 병합시켰는데, 이것은 지금으로부터 1천 370년 전의 일이니, 그후 오랫동안 신라의 속도로 되었을 것이라고 보았다.

北澤은 『고려사』를 읽어보고 특히 고려 의종 13년에는 김유립을 보내어 물산을 조사하고 사람을 이주시키기도 했는데, 이것은 지금으로부터 722년 전의 일이니, 고려가 울릉도를 통치했다는 것은 틀림없는 일이라는 것이다.

조선왕조에 들어와서도 조선은 울릉도(죽도)를 통치했으나, 태종 때 유랑민으로 울릉도에 도망한 자가 많으므로 金麟雨를 按撫使로 울릉도에 보내어 그들을 데려오고 섬을 비워 버리도록 하는 공도정책을 실시했다는 것이다. 세종도 이 정책을 계승하여 南顥를 보내어 刷置空島 정책을 계속하였다. 『지봉유설』에 의하면 임진란 때에 일본인들이 울릉도를 磯竹島라고 하면서 점거한 일이 있다. 또 1614년(甲寅, 조선 광해군 6년, 일본 慶長 19년)에 대마도주 宗씨가 사신을 보내어 죽도의 일을 교섭한 일이 있었다. 이때 동래부사 尹守謙과 후임 동래부사 朴慶業은 宗씨가 말하는 磯竹島는 조선의 울릉도로서 조선 영토가 명백하니 대마도가 엿볼 수 없는 땅이라는 반응을 받았다.

朝鮮國史에 보이는 죽도는, 본래 조선에 속한 것이었으나 1618년(조선 광해군 10년, 일본 元和 4년) 伯耆州 상인 오오야(大谷)과 무라카와(村川)의 요청에 대해 도해을 허가해 주어 74년간 경과했고, 조선은 실제로는 관계없이 비워두었다가 원록 연간(조선 숙종연간)에 이르러서야 일본인이 그 땅에 있음을 알고 古史를 소급하여 죽도를 논한 것이라는 것이 北澤의 생각이라고 기록하고 있다.

北澤은 당시 기준 1300년 전부터 임진란 때까지는 울릉도(죽도)는 한국영토였다는 사실이 의문의 여지가 없지만, 임진왜란 이후부터 1695년까지는 일본이 이를 장악했었고 조선도 이를 묵인했었는데, 1696년 외교문서를 교환하던 중에 울릉도(죽도)를 조선의 것으로 확인해 주었다고 애석해하고 있다.

北澤은 1618년 幕府가 두 상인 大谷甚吉과 村川市兵衛 두 명에게 '죽도도해면허(竹島渡海免許)'를 발급해 주었다는 사실을 강조하여 기록하였다. 1614년에 伯耆州 米子의 성주 中村伯耆守忠一이 후사가 없어서 번(藩)이 폐지되었다. 이 해 막부의 城代인 阿部四郎五郎이 番에 있을 때 요나고의 상인 大谷甚吉과 村川市兵衛 두 사람이 '죽도도해'의 허가를 官에 신청하였다. 울릉도는 외국인 조선의 영토였으므로 외국에 나가 고기잡이를 하려면 관의 허가가 필요했기 때문이었다. 1617년(元和 3년) 松平新太郎 光政이 伯耆州를 다스리게 되어 入部하자 大谷과 村川 두 사람은 다시 '죽도도해면허'의 일을 신청했다. 1618년(조선 광해군 10년, 일본 元和 4년) 光政의 요청에 응하여 막부는 大谷甚吉과 村川市兵衛의 두 상인을 에도에 불러 면접해 보고 '죽도도해면허'를 발급해 주었다.

그 이래 두 사람은 뱃군을 부리며 울릉도에 건너가서 고기잡이를 하였다. 두 상인은 울릉도(죽도)의 명산품인 전복을 將軍家에 바쳤다. 809년 후부터는 두 상인 가운데 하나씩을 불러서 격년으로 謁見시켰다는 것이다.

大谷甚吉과 村川市兵衛 두 상인이 막부로부터 '죽도도해면허'를 받은 이후 격년 교대로 울릉도에 들어가 고기잡이를 하다가 1696년(조선 숙종 22년, 일본 원록 9년)에 막부에서 大谷과 村川의 두 가문에 절봉서(節奉書)가 내려왔는데, 앞으로의 '죽도도해'를 금한다는 것이었다. 1696년 1월 막부의 執政은 울릉도(죽도)가 조선 영토임을 재확인하는 결정을 내리고, 일본 어민들의 '죽도도해'를 엄금한 것이었다.

村川市兵衛 등은 1698년부터 6년간 막부에 상소하여 다시 '죽도도해면허'를 간청했으나 허락하는 은혜를 받지 못했다고 기록되어있다.

(중권, 본문 29~51쪽 참조)

37)『죽도고증』 중

(118)『竹島考證』中 (1)

上巻ノ末ニ慶長十九年以來竹島渡海ノ年譜ヲ擧ケ同島占據後年年ノ景狀ヲ示シ, 元錄九年幕命ヲ以テ渡海禁制ニ及フ迠ノ梗槪ヲ列セリ, 今ヤ竹島一件宗氏東萊府尹ト二十餘回ノ往復ヲ重ネ遂ニ版圖ノ疆界ヲ確定セル, 文書ヲ收拾シテ其手續ヲ畧載ス.

元錄六年二月伯州米子ノ商大谷九右衛門ノ手代平兵衛等竹島ニ渡リ朝鮮人二名ヲ捕ヘ長崎ヘ送ルノ處, 五月十三日ニ至リ土屋相模守ヨリ宗對馬守家來召呼, 右韓人ヲ長崎ヨリ受取本國ヘ送ルヘキ旨被達候間, 家老橘眞重ヲ差使トシテ同年十月朝鮮ヘ遣ハス, 其書翰別紙第一號ナリ.

第一號

日本國對馬島州太守 拾遺平 義倫 奉書

朝鮮國 禮曹參判大人 閤下

金飈秋暮恭惟

貴國安寧 本邦一揆玆告

貴域濱海海氓, 比年行舟於本國竹島, 竊爲魚採, 極是不可到之地也. 以故土官詳諭國禁, 固告不可再, 而乃使渠輩盡退還矣. 然今春亦復不顧國禁, 魚氓四十餘口, 往入竹島雜然魚採, 由是土官, 拘留其漁氓貳人, 而爲質於州司, 以爲一時之證, 故我國因幡州牧, 速以前後事狀馳啓, 東都蒙今彼漁氓, 附與弊邑以還本土, 自今以後, 決莫容漁舡於彼島, 彌可存制禁, 不佞今奉東都之命, 以報知貴國, 想夫我殿下, 汎愛黎庶, 無間遠近, 旣往不咎, 唯緣鴻庇, 而貳人漁氓, 今還故土也, 此事雖出于小民之私, 而其實所係非小, 兩國交誼, 不生釁隙, 豈可不思無妄之禍耶, 速加政令於邊浦, 堅制禁條於漁民, 則隣睦悠久之一好事也, 仍差遣正官橘眞重, 都船主平友貞, 今爰回還漁氓貳人, 悉附使价口申, 菲儀別錄, 聊表遐悃, 莞納幸甚, 統希炳亮, 肅此不宣.

元祿六年癸酉九月 日

對馬州太守拾遺平 議倫

七年正月十五日, 接慰官弘文館校理洪重夏ヨリ使者トシテ差備官朴同知·金判事·訓導卞同知ヲ遣ハシ, 昨日京城ヨリ來ル禮曹參判權瑎ヨリノ返翰ヲ送ル, 卽チ別紙第二號是ナリ.

第二號

朝鮮國禮曹參判 權瑎 奉復

日本國對馬州太守 平公 閤下

槎便鼎來

惠翰隨至, 良用慰荷, 獘邦海禁之嚴, 制東濱海漁民, 使不得出於外洋, 雖獘境之蔚陵島, 亦以遼遠之故, 切不許任意往來, 況其外乎, 今此漁船, 敢入貴界竹島, 致煩領送, 遠勤書諭, 隣好之誼, 實所欣感, 海氓獵魚以爲生理, 或不無遇風, 漂轉之患, 而至於越境深入雜然魚採, 法當痛懲, 今將犯人等依律科罪, 此後沿海等處嚴立科條, 各別申飭, 佳貺領謝, 薄物侑緘, 統惟照亮, 不宣.

癸酉年　　　十二月　日

禮曹參判 權 瑎

然ルニ右返書ノ內ニ蔚陵島ノ名有之處, 右ハ此ヨリ申送ラス義ニ付難落着候間, 三月中再ヒ橘眞重ヲ遣ハシ書翰ヲ送ル, 卽第三號是ナリ.

第三號

日本國對馬州太守拾遺平 義倫 奉書

朝鮮國禮曹參判大人 閤下

槎使歸來, 卽承回緘, 往復數過 向者貴國漁氓 往入本國竹島者回還焉, 我書不言蔚陵島之事, 今回簡有蔚陵島名, 是所難曉也, 仍再差正官橘眞重, 都船主藤成時, 只冀除却蔚陵之名, 惟幸不佞東行在近, 不克縷擧, 除附使价舌端, 不腆弊産聊申遐忱莞留, 肅此不宣,

元祿七年甲戌二月　日

對馬州太守拾遺平 義倫

九月十二日差使橘眞重釜山ノ和館ニ在リ, 朝鮮禮曹參判李畬ヨリ返翰來ル, 卽チ別紙第四號是ナリ.

第四號

朝鮮國禮曹參判李畬 奉復

日本國對馬州太守 平公 閤下

槎使鼎來,

惠翰隨至, 良用慰荷, 弊邦江原道蔚珍縣有屬島, 名曰蔚陵在本縣東海中, 而風濤危險, 船路無便, 故中年移其民空其地, 而時遣公差, 往來搜檢矣, 本島峯巒樹木, 自陸地歷歷望見, 而凡其山川紆曲, 地形闊狹, 民居遺址, 土物所産, 俱載於我國輿地勝覽書, 歷代相傳, 事跡照然, 今者我國海邊漁氓, 一一往于其島, 而不意貴國之人, 自爲犯越, 與之相値, 乃反拘執二氓, 轉到江戶, 幸蒙貴國大君明察事情, 優加資遣, 此可見交隣之情出於尋常, 欽歎高義, 感激何言, 雖然我氓漁採之地, 是蔚陵島, 而以其産竹或竹島, 此乃一島而二名也, 一島二名之狀, 非徒我國書籍之所記, 貴州人亦皆知之, 而今此來書中, 乃以竹

島爲貴國地方, 欲令我國禁止漁船更往, 而不論貴國人侵涉我境, 拘執我氓之失, 豈不有缺於誠信之道乎, 深望將此辭意, 轉報東武申飭貴, 國邊海之人, 無令往來於蔚陵島, 更致事端之惹起, 其於相好之誼, 不勝幸甚, 佳貺領謝, 薄物侑緘, 統惟照亮, 不宣

甲戌年九月　日

禮曹參判李 畬

此ヨリ先江原道巡察使ヨリ金兵備ナル武官ニ命シ, 大船一艘小船六艘ヲ派シテ蔚陵島ヲ檢分セシメシ由朴同知・朴僉知釜山ノ和館ニ來リ申聞, 差使眞重第四號返翰ノ文我主旨ニ戻ルヲ以テ往復難詰シ.

八年五月ニ至ル迠猶釜山ニ在リ, 更ニ四ケ條ノ疑問ヲ作リ東萊府使ニ送リ京城ニ呈シ, 往來三十日間ヲ以テ其解ヲ求ム, 卽チ別紙五號是ナリ.

第五號

疑問四條奉呈

東萊府使大人, 以請轉達于京都 , 回答書中, 時遣公差, 往來搜檢云, 謹按因幡伯耆二州邊民, 年年往竹島淹留以魚採, 因幡伯耆二州牧, 年年獻彼島鰒漁於東都, 彼島在大海中, 而風濤危險, 故非海上安穩之時, 則不得往來于彼島, 貴國若實有遣公差之事, 則亦當海上安穩之時, 自大神君統合域內, 至于今八十一年, 我民未曾奏與貴國公差, 相遇于彼島之事, 貴國公差, 若與我民相遇于彼島, 則當告我民來居事狀於本邦, 而貴國來曾告其事也, 而今回答書中言, 時遣公差往來搜檢者, 不知何意也, 伏希開示, 回答書中, 不意貴國人自爲犯越云, 貴國人侵涉我境云, 謹按兩國通好之後, 往來于竹島之漁民, 漂到于貴國地, 禮曹參議與書於弊州, 以送返漂民之事, 總三島度矣, 其中七十八年前書云, 倭人馬多三伊等, 住居三尾關, 而往漁于蔚陵島, 五十九年前書云,

伯耆州八木子村市兵衛家丁, 爲捉漁取油, 來到竹島, 三十年前書云, 伯耆州米子村居民, 入往竹島, 魚採, 由是考之, 本邦邊民, 往漁于彼島之事狀, 貴國所曾知也, 以上上年, 我民往漁于彼島, 爲犯越侵涉, 則七十八年前, 五十九年前, 三十年前三度書中, 何不言犯越侵涉之意乎, 三度書中, 無犯越侵涉之辭意, 而今回答書中, 言爲犯越, 言侵涉我境者, 不知何意也, 伏希開示,

回答書中, 一島二名之狀, 非徒我國書籍之所記, 貴州之人亦皆知之云, 謹按初度答書, 以竹島蔚陵島爲二島, 貴界竹島, 弊境蔚陵島云, 蔚陵島名我書中所不載也, 故再遣使呈書, 以請除却弊境蔚陵島一句, 且令使者口請, 若不除却彼一句, 則開示不除却之曲折, 去年春, 先太守赴東都時, 帶初度答書寫本, 貴國曾考一島二名之狀于書籍之中, 而又爲一島二名之狀, 弊州之人亦皆知之, 則初度答書何言貴界竹島弊境蔚陵島乎, 若初不知竹島卽蔚陵島, 而爲二島二名, 則今之答書何言一島二名之狀, 非徒我國書籍之所記, 貴州之人亦皆知之乎, 是乃可疑者也, 伏希開示,

謹按八十二年前, 弊州寄書於東萊府, 以告看審礒竹島之事, 府使答書云, 本島卽我國所謂蔚陵島者也, 今雖荒廢, 豈可容他人之冒居以啓鬧釁耶, 再答書亦云, 所謂礒竹島者, 實我國之蔚陵島也, 今雖廢棄, 豈可容許他人之冒居以啓鬧釁耶, 此二書轉寫以傳之, 此時大神君台德君攻大坂城, 而不暇聞邊徼之事, 弊州不轉啓彼二書者, 卽是待大坂平夷之日也, 吾先君以八十一年前正月三日沒于州府, 胤子年僅十二而襲封爵, 掌兩國通交事, 自是以後, 柳川調興黨當兩國通交之路, 欺執政, 內罔幼主, 僞言妄行, 無所不至, 積惡終呈露黨類悉刑戮, 八十一年前, 大坂平夷之日, 不轉啓彼二書者, 由調興黨務詐誕以失誠實也, 七十八年前, 本邦邊民往漁于彼島, 以漂到于貴國地之時, 禮曹參議與弊州書云, 倭人馬多三伊等柒名被獲於邊吏, 問其情由, 則乃注居三尾關, 而往漁于蔚陵島遇風漂到者也, 玆付順歸倭船, 送回貴島, 蓋八十二年前, 言可容許他人之冒居以啓鬧釁耶, 則無七十八年前聞他人往漁, 而容許之之

理矣, 當時若以兩國相歡之故, 不禁止我氓漁, 則無書中不述其精由之理矣, 以彼島爲貴國屬島, 則他人之在彼島, 多年住居亦冒也, 一時往漁亦冒也, 然則無只禁多年住居, 而不禁一時往漁之理矣, 是誠可疑者也, 故上上年弊州受東都命時, 不轉啓東萊府二書寫本也, 今回答書中, 言一島二名之狀, 貴州之人亦皆知之者, 以八十二年前東萊府答書, 有礒竹島者實我國之蔚陵島也之句乎, 貴國若終不改慮, 而今之答書, 轉啓于東都, 則八十二年前二書寫本, 亦當轉啓之, 然則八十二年前二書, 七十八年前書, 辭意不相合者, 不可不請問之, 伏希開示.

乙亥五月　日

差使 橘眞重 拜書

京城三十日ノ約期既ニ二十五日ニ及フ, 猶報アラス, 六月十日ニ至リ眞重釜山ヨリ舟ニ上リ去テ釜山ノ東南牧ノ島ニ繫ル, 既ニシテ京城ヨリ疑問ノ答書來ル, 卽チ別紙第六號是ナリ,

第六號

所疑問四條事, 欲逐叚辨破, 則殊涉瑣屑, 今姑撮其大畧, 而言曾在八十二年前甲寅, 貴州頭倭一名格倭十三名, 以礒竹島大小形止探見事, 指書契出來朝廷以爲猥越, 而不許接待, 只令本府府使朴慶業答書,

其畧曰, 所謂礒竹島, 實我國之蔚陵島, 介於慶尙江原兩道海洋, 而載在輿圖, 烏可誣也, 盖自新羅高麗, 曾有收取方物之事, 逮至我朝, 累有刷還逃民之擧, 今雖廢棄, 豈可容他人冒居以啓鬧釁耶, 貴州我國往來通行, 唯有一路, 此外則無論漂船眞假, 皆以賊船論斷, 弊鎭及沿海將官, 惟嚴守約束而已, 唯願貴州審區土之有分, 知界限之難侵, 各守信義免致謬戾云, 今此書辭亦載於來書疑問第四條, 詳畧雖異, 大旨則同, 若欲知此事源委, 此一書足矣, 安用許多

葛藤之說乎.

其後日本三度漂倭, 或稱往漁于蔚陵島, 或稱漁採于竹島, 而禮曹書契, 並付漂倭於順歸船, 送回貴州云, 而不以犯越侵涉爲責, 前後意義各有所在, 頭倭之來, 責以信義者, 以探見形止, 有侵越之情也, 漂船之泊, 只令順付者, 沈溺餘生, 乞得速還則資送是焉, 不暇問他, 輿國之禮, 有當然者, 夫豈有容許我土之意乎.

朴慶業答書年月最久, 辭意最詳, 實爲可據之文, 今者不究前後事狀之各異, 只摘回答措語之差殊, 有若詰問而究覈者, 然此豈誠信相接之義耶, 時遣公差往來搜檢事, 我國輿地勝覽書, 詳記新羅高麗及本朝太宗世宗成宗三朝, 屢遣官人於島中之事, 且前日接慰官洪夏下去時, 貴州摠兵衛稱號人, 言於譯官朴再興, 曰以輿之勝覽觀之, 蔚陵島果是貴國地云, 此書乃貴州人所嘗見而丁寧言說於我人者也, 近間公差之不常往來, 漁氓之禁其遠入, 盖爲海路之多險故也, 今者舍自前記載之書, 而不信乃反以彼我人之不相逢値於島中, 爲疑, 不亦異乎,

一島二名云者, 朴慶業書中, 旣有礒竹島實我國蔚陵島之語, 且朴再興與正官倭相見時, 正官乃發我國芝峯類說之說, 類說曰, 礒竹則蔚陵島也, 然則一島二名之說, 雖本載於我國書, 今番發其言端, 實自貴州正官之口, 回答契中, 謂一島二名之狀, 非徒我國書籍之所記, 貴州人亦皆知之者, 乃指此而言也, 此豈可疑而請問者乎, 癸酉年初度答書, 所謂貴界竹島弊境蔚陵島云者, 有若以竹島與蔚陵島爲二島者, 然此乃其時南宮之官不詳故事之致, 朝廷方咎其失言矣, 此際貴州出送其書, 而請改, 故朝廷因其請而改之, 以正初書之失, 到今唯當一以改送之書考信而已, 初書旣以錯誤而改之, 則何足爲今日憑問之端乎, 此外煩絮不能悉復幷惟諒之.

乙亥六月 日 東萊

差使員重披閱數回, 其答辭ノ漫然ニシテ我分條質之所ノ者更ニ答ヘサルヲ以テ再ヒ一書ヲ作リ之ヲ難詰ス, 卽別紙第七號是ナリ.

第七號

今月十日某去和館乘船泊于絶影島下, 將去和館時, 付與一本書於裁判, 欲以渡海之日送呈于府使大人, 今日裁判送達開示書於船上, 某謹讀之, 開示不明, 是所謂過, 而順之, 又從而爲之辭者也, 開示不明之旨趣, 論之如左.

開示書八十二年前書辭, 載於來書疑問第四條, 若欲知此事源委, 此一書足矣, 安用許多葛藤之說乎云, 欲知此事源委, 此一書足矣之語, 不察事理之甚也, 八十二年前書, 卽述新羅高麗國初彼島屬于貴國之事而已, 彼島屬于本邦者, 八十年來之事, 則何以八十二年前書, 爲盡今番一件之源委乎.

開示書漂船之泊, 只令順付者, 沈溺餘生, 乞得速還, 卽資送是急, 不暇問他, 與國之禮, 有當然者, 夫豈有容許我土之意乎云, 八十二年前, 言可容許他人之冒居以啓鬧釁耶, 則無七十八年前聞他人往漁, 而容許之之理矣, 其說先日所呈, 疑問書詳述之, 而今開示書言沈溺餘生, 乞得速還, 則資送是急, 不暇問他與國之禮, 有當然者, 是乃遁辭之窮也, 所謂禮者, 何禮乎, 非禮之禮, 大人不爲, 某竊嘆貴國無開示之辭也.

開示書摠兵衛言於朴再興, 曰以輿地勝覽觀之, 蔚陵島果是貴國地云, 此書乃貴州人所嘗見, 而丁寧言說於我人者也云, 摠兵衛所言, 卽蔚陵島古屬于貴國之事, 以輿地勝覽觀之之意也, 輿地勝覽卽二百年前之書籍, 而彼島屬于本邦者, 八十年來之事也, 以輿地勝覽爲今番一件之證驗, 何其不察古今之變易乎.

開示書時遣公差往來搜檢事, 我國輿地勝覽書詳記新羅高麗及本朝屢遣官人於島中之事, 近間公差之不常往來, 盖爲海路之多險故也, 今者舍自前記載之書, 而不信, 乃反以彼我人之不相逢値於島中爲疑, 不亦異乎云, 輿地勝覽記新羅高麗國初遣官人於島中之事者, 不可爲今番一件之證驗, 八十年來我國邊民年年往漁于竹島, 未曾與貴國公差相逢于彼島, 而今之答書却有時遣公差往來搜檢之語, 是乃所以爲疑問也, 今開示書以輿地勝覽爲證驗, 則今之答書, 言時遣公差往來搜檢者, 其不有爲虛僞之說乎, 不能開示某之所問, 而却著書中辭意之虛僞者, 某竊爲貴國耻之.

開示書, 朴再興與正官相見時, 正官乃發我國芝峯類說之說, 類說曰, 礒竹卽蔚陵島也, 然則一島二名之說, 雖本載於我國書, 今番發其言端, 實自貴州正官之口, 回答書契中, 所謂一島二名之狀, 非徒我國書籍之所記, 貴州人亦皆知之者, 乃指此而言也, 此豈可疑而請問者乎云, 某與朴再興相見時, 發芝峯類說之說者, 欲使貴國之弊州有芝峯類說書也, 然某自以爲漫筆之書籍, 不足備于兩國相論之證驗, 故只竊告之朴再興, 而先日所呈之疑問書不述之, 而今開示書以類說爲一島二名之證驗, 卽某亦可以類說爲蔚陵島屬于本邦之證驗, 某曾考之類說自序, 卽八十二年前所識也, 當時我民有住居彼島者之事, 本州記籍載之, 而類說亦有近聞倭人占據礒竹島之語, 知他人占據而容許之, 知他人往漁而容許之, 則是八十年來, 貴國自棄彼島, 以令爲他人之有也, 往事如是, 而今番以我民往彼島, 爲犯越侵涉者, 不思之甚也.某疑答書中, 一島二名之狀

非徒我國書籍之所記, 貴州之人, 亦皆知之之語者, 以與初度答書辭意不相合也, 其說疑問書述之, 今不贅之.

開示書癸酉年初度答書, 所謂貴界竹島, 弊境鬱陵島云者, 有若以竹島與蔚陵島爲二島者, 然此乃其時南宮之官, 不詳故事之致, 朝廷方咎其失言矣, 此際貴州出送其書而請改, 故朝廷因其請而改之, 以正初書之失, 到今唯當一以改送之書考信而已, 初書旣而錯誤而改之, 則何足爲今日憑問之端乎云, 今之答書, 與初度答書, 辭意不相合, 而某請問之者, 以去年春, 先太守赴東都時, 帶初度答書寫本也, 貴國今歸罪於南宮之官, 以隱前後答書辭意不相合之

失, 今番一件固兩國之大事, 則無南宮所作答書, 朝廷不閲之理矣, 某今讀開示書, 而深爲貴國耻之,

乙亥六月十二日 差使橘眞重

然ルニ東萊府使此書ヲ京城ニ送ルヤ否査トシ, テ回音ナシ尋テ正官杉村采女·副官幾度六右衛門ニ渡海ノ命アリ七月ニ至リ見合トナル.

상권 끝에 慶長 19년이래 竹島 渡海의 연보를 들어 竹島를 점거한 후 해마다의 景狀을 제시하고 元祿 9년 막부의 명으로 渡海禁制에 이르는 과정을 열거하였다.

이제 竹島一件은 宗氏가 東萊府尹과 20여 회의 왕복을 거듭하여 마침내 판도의 疆界를 확정하였다. 문서를 모아 그 절치를 간략히 싣는다.

元祿 6년 2월, 伯州 米子의 상인 大谷九右衛門의 대리인 平兵衛 등이 竹島로 넘어가 조선인 2명을 잡아 長崎에 보낸 일이 있었다. 5월 13일에 土屋相模守가 宗對馬守의 부하를 불러 위의 韓人을 長崎에서 인도받아 본국에 보내야 한다는 뜻을 전달했으므로 家老 橘眞重을 사자로 삼아 같은 해 10월 조선에 보냈다. 그 서한이 別紙 제1호이다.

(제1호 초역 생략)

7년 정월 15일, 梭慰官 홍문관 校理 洪重夏가 使者로 差備官 朴同知, 金판사, 訓導 卞동지를 보내, 昨日 경성에서 온 예조참판 權瑎의 답신을 주었다. 즉 별지의 제2호이다.

(제2호 초역 생략)

그런데 위의 답신 안에 울릉도라는 이름이 있었는데 이는 이쪽에서 말을 꺼낸 것이 아니라 결말을 보기가 어려웠으므로 3월 중에 다시 橘眞重을 보내 서한을 보내었으니 즉 제3호이다.

(제3호 초역 생략)

9월 12일 差使 橘眞重이 부산의 和館(왜관)에 체재하는 동안 조선 예조 참판 李畬로부터 답신이 왔으니 즉 별지의 제4호이다.

(제4호 초역 생략)

이보다 앞서 강원도 순찰사가 金兵備라는 무관에게 명하여 큰 배 1척과 작은 배 6척을 보내어 울릉도를 살펴보도록 했다는 것을, 朴동지·朴첨지가 부산의 和館(왜관)에 와서 알렸다. 이에 差使 眞重이 4호의 답신 내용은 우리의 취지에 어긋난다하여 서로 힐난하기에 이르렀다.

8년 5월까지 부산에 있으면서 다시 4개조의 의문을 만들어 동래부사를 통해 경성에 제출했는데 경성 왕복 30일만에 답변을 주도록 요구했으니 즉 별지 제5호이다.

(제5호 초역 생략)

경성 왕복 30일의 약속한 기일중 이미 25일이 되었는데도 아직 답신이 없었다. 6월 10일에 이르러 眞重이 부산에서 배에 올라 부산 동남쪽의 牧島(현재 영토)에 배를 매대다. 이미 경성에서 의문에 대한 답서가 왔으니 즉 별지 제6호이다.

(제6호 초역 생략)

差使 眞重이 여러 차례 살펴보았는데 답사가 애매하였으며 우리측이 조목을 세워 질문한 것에 대답이 없었으므로 다시 서신 한 통을 지어 이를 힐난하였으니 즉 별지의 제7호이다.

(제7호 초역 생략)

그런데 동래부사가 이 서신을 경성에 보냈는지 안보냈는지 도무지 회답이 없었다. 正官 杉村采女 副官 幾度六右衛門에게 渡海의 명이 있었으나 7월로 보류되게 되었다.

해설 요점

『죽도고증』 중권은 일본 측 大谷·甚吉가문의 어선이 조선 어부 대표 안용복, 박어둔을 납치하여 일본으로 데려가서 막부까지 끌고 갔다가 막부 將軍의 명령으로 석방하여 귀환시킬 때, 대마도도주 宗義倫이 안용복을 동래부에 보냄과 동시에 서찰을 보내어 일본의 영토 竹島에의 조선 어부의 침입을 금지시켜 달라고 요청함으로써, 조선과 일본 사이에 울릉도(竹島) 영유권을 놓고 논쟁이 일어나 20여 차례의 왕복문서를 교환한 끝에 조선 영토로 종결을 지은 과정의 자료를 모은 것이다.

그 내용의 요지를 보면, 1693년(조선 숙종 19년, 일본 원록 6년) 大谷甚吉의 자손 大谷九右衛門의 일꾼 平兵衛 등이 울릉도(竹島)에 건너갔다가 안용복 박어둔 등 조선 어부 2명을 납치해서 왔었는데, 명령을 받고 조선에 송환하게 되었다. 이때 대마도주는 1693년 10월 橘眞重을 조선에 差使로 파견하여 전달한 서한이 제1호의 서한이다. 그 요지는 동해에 마치 울릉도가 아니면서 그와 비슷한 별개의 일본 영토인 '竹島'가 있는 것처럼 문구를 만들어 "이제 이후로는 竹島에 조선 선박이 출어하는 것을 결코 용납하지 않을 터이니 조선 어민의 竹島 出漁를 조선 측도 엄격히 禁制해 달라."는 요구였다.

이에 대하여 조선 조정의 온건대응파가 竹島가 곧 울릉도인 줄을 잘 알면서도 일본과의 논쟁 충돌을 피하고자 하여 울릉도만 조선 영토임을 명백히 하고 竹島에의 조선 어부의 출어는 금지하겠다는 회답을 보내어 더 이상 문제 삼지 않기로 해서 예조참판 權瑎의 이름으로 된 회답서를 만들어 접위관 洪重夏를 使者로 해서 동래에 보낸 회답서가 제2호 문서이다. 그 요지는 幣界(朝鮮境地)인 울릉도도 너무 멀어서 조선 어부의 출어를 금지하고 있는데 하물며 貴界 竹島에의 출어 금지는 물론 하겠다는 것이었다. 이 회답문은 竹島를 日本界로 언급한 허점을 가진 것이었다.

이 회답문을 받은 대마도주 宗義倫은 1697년 2월 다시 조선 예조참판에게 서찰을 보내어 지난번(제2호) 서찰에서 '울릉도'의 세 글자를 삭제해 달라고 요청한 것이 문서 제3호이다.

이때 조선 조정에서는 정권이 교체되어 남구만을 영의정으로 한 강경대응파가 집권하게 되었다. 강경대응파 정부는 대마도주의 위의 제3호 서신을 받고, 예조참판 李畬의 이름으로 1697년 9월 대마도주에게 다시 회답서를 보낸 것이 문서 제4호이다. 그 요지는 울릉도 외에 따로 竹島가 있는 것이 아니라 울릉도가 곧 죽도로서 일도이명(一島二名)인 것이며, 울릉도가 신라 이래 조선 영토로 되어 있는 것은 『동국여지승람』을 비롯하여 다수 문헌에 증거가 있음을 일본 측도 다 아는 바라는 것이다. 또한 안용복 등을 울릉도에 침섭(侵涉)하여 구집(拘執)해 간 것은 조선 영토에 들어간 조선인을 구집해간 것이므로 일본 측의 과실임을 지적하고, 앞으로는 일본인들의 울릉도(竹島)에의 고기잡이 왕래를 엄금하여 다시는 양국 어부들의 충돌이 없도록 해달라는 요지였다.

이어서 이 자료는 대마도주 차사 橘眞重이 1695년 5~6월 부산에서 체류하면서 동래부와 왕복한 세 통의 서한을 수록하였다.

(중권, 본문 29~51쪽 참조)

(119)『竹島考證』中 (2)

九年正月二十八日宗刑部大輔歸國御暇トシテ登城, 老中四人列坐戶田山城守ヨリ竹島ノ義ニ付覺書一通被相渡先年以來伯州米子ノ町人兩人竹島へ罷越致漁獵所, 朝鮮人モ彼島へ參リ日本人入交リ無益ノ事ニ候間, 向後米子ノ町人渡海ノ義ヲ差留旨下令アリ, 五月二十日ニ至リ朝鮮人十一名隱岐ヨリ因幡ニ至リ訴訟アル趣ヲ述フ, 八月六日出帆貴國ス, 十月宗氏代替ノ使者トシテ譯官兩使卞同知朵判事渡海, 十六日刑部大輔兩使ニ對面, 竹島ノ義因幡伯耆ノ附屬ニモ無之空島ニテ伯耆ノ者罷越漁仕候迄ニ候所, 近年朝鮮人罷越入交リ候段如何ニ候間, 重テ此方ノ漁民渡海不仕候様ニ可被仰付江戶ヨリ被仰渡候旨, 兩使へ口上書ヲ以テ渡サル, 卽第八號九號ノ書是ナリ.

第八號 口上之覺

先年同氏對馬守方ヨリ竹島ノ儀ニ付以使者申達候處, 其節取次之人使者へ被申聞候趣歸國之刻拙者ハ申聞候故其趣於江戶御老中迠御物語中上候得ハ, 彼島之儀因幡伯耆へ附屬ト申ニテモ無之日本へ取候ト申事ニテモ無之空島ニ候故, 伯耆之者罷渡致漁候迠ニ候, 然處近年朝鮮人罷渡入交如何ニ付最前之通對馬守方ヨリ申遣候得共, 朝鮮へ道程モ近ク伯耆ヨリハ程遠キ由ニ候間, 重テ此方之漁民渡海不仕候様ニ可被仰付トノ御事ニ候間, 御誠信之段忝可被存候,

第九號 口上之覺

當夏朝鮮人十一人船一艘ニ乘組訟訴之儀有之由ニテ因幡へ罷渡候處, 朝鮮筋之御用之儀ハ此方一手ニ被仰付他國ニテ曾テ御取次無之國法ニテ候故, 訟訴之分ケ不被聞召被追還候由, 御老中ヨリ此方へ被仰聞令承知驚入候, 古來ヨリ之申合モ有之事ニ候處, 此方ヲ差置他國へ罷越訟訴有之由申入候段,

上之思召之程如何可有之哉ト無心元存候, 此段朝廷方御出入ヲ以爲被差渡儀ニ候得ハ不屆千萬ノ御仕形ト存候故, 急度以使者可申斷儀ニ候得共, 若下下ノ仕態ニテモ可有之哉ト存候故差扣候, 向後ケ樣之儀有之テハ朝鮮國ノ爲ニモ決シテ宜ケル間敷候間, 此旨朝廷方ヘ急度可被申達候, 以上,

然ルニ右ノ趣口上書計ニテハ譯官得ト難落着候間, 漢文ニ認下サレ度旨, 兩使願出候ニ付如望漢文ニ引直シ年寄中連名朱印ヲ押シ之ヲ與フ, 卽チ第十號十一號是ナリ.

第十號

先太守因竹島事, 遣使於

貴國者兩度, 使事未了, 不幸早世, 由是召還使人, 不日

上船, 入

覲之時,

問及竹島地狀方向, 據實具對, 因以其去本邦太遠而去

貴國却近, 恐兩地人殽雜必有潛通私市等弊, 隨卽下令, 永不許人往漁採, 大釁隙生於細微, 禍患興於下賤, 古令通病, 慮寧勿預, 是以百年之好, 偏欲彌篤, 而一島之微, 遽付不較, 豈非兩邦之美事乎, 玆念

南宮應愍懃修書, 使本州代傳, 盛謝爾, 譯使俟回棹之日, 口伸毋遺, 老使君親囑, 恐其聽之不妥, 故書開如右.

第十一號

貴國人十一口, 以今夏拋錨於因幡以啓事爲辭

兩邦交通, 只由對馬一路, 盟約在前, 關係非小, 因下令於因幡, 卽時趕回, 不容轉啓, 本州處于

兩邦之間, 專掌通好, 其來久矣, 今乃一且捨本州而由他路, 背定約而行私

計, 倘使其事出於議府, 則當奉命遣使問其所以, 然議府審事理, 明國體誠信爲念, 昭於平昔, 豈肯爲此輕易○濁擧哉, 故置而不問, 貴國宜嚴申舊令, 杜防私弊, 務使兩國之好, 不至于妄生事端以取紛擾, 玆囑譯使, 體

貼歸

稟

老使君面告之言如右, 恐其方語不通, 或有誤聽, 因此錄付譯使.

兩譯官ハ右ノ書ヲ受取, 歸國ノ上可差出旨二通ノ書ヲ出ス, 則第十二號第十三號是ナリ

第十二號

頃者宴享之日,

貴大人勤示中, 有曰所謂竹島在於海中而旣無居民, 故因幡伯耆等州漁民, 意以爲空地, 有時往來矣. 厥島相距在日本頗遠, 在朝鮮稍近, 自今以後, 日本之人, 切勿往來事, 自江戶分付以來云, 實是兩國誠信之愈篤, 不佞, 等歸本邦, 以此意細細陳達於朝廷, 寔計不宣.

丙子十二月 日

卞同知

宋判事

杉村采女公

樋口孫左衛門公

多田與左衛門公

平田直右衛門公

田島十郎兵衛公

杉村三郎左衛門公

第十三號

頃於宴享之日,

貴大人以朝鮮人十一口到着於因幡州事, 因東武申令, 旣有面囑, 而又聽僉公之言, 此乃不佞等曾所未聞者也, 到此始聞, 不覺駭然, 以此辭意, 還歸之日, 當一一陳達于朝廷, 寔計不宣.

丙子十二月 日

卞同知

宋判事

杉村采女公

樋口孫左衛門公

多田與左衛門公

平田直右衛門公

田島十郎兵衛公

杉村三郎左衛門公

宗氏ハ於是使者鈴木權平ヲ江戶ニ遣ツ, 竹島ノ儀譯使卞同知宋判事へ申渡ノ旨, 老中連名ノ書狀幷月番土屋相模守へ差出ス, 卽別紙第十四號十五號十六號ノ三通是ナリ.

第十四號

一筆致啓上候, 竹島之儀當春於其御地被仰付候趣, 今度罷渡候譯官兩使へ今十六日致對面申渡候, 將又當夏因州江朝鮮人渡海仕候付豊後守殿ヨリ被仰

聞候趣是又申渡候處, 委細承知仕候, 歸國之刻朝廷方江具可申達之由申候, 此段爲可申上如此御坐候, 恐惶謹言.

十月十六日

大久保加賀守様

阿部豊後守様

戸田山城守様

土屋相模守様

第十五號

一筆致啓上候, 竹島之儀ニ付當春於其御地御渡被成候口上書之趣, 今度罷渡候譯官兩使江今十六日致對面申渡候處ニ, 委細承知仕候付歸國之刻朝廷方へ具ニ可申届之由申候, 此段爲可申上如此御坐候, 恐惶謹言.

十月十六日

阿部豊後守様

第十六號

追テ致啓上候, 當夏因州江朝鮮人渡海仕候儀ニ付先頃奉得御差圖候通則譯官江口上ニテ申渡候處, 歸國之剋朝廷方江具ニ可申届之旨申候, 此段爲可申上如此御坐候, 恐惶謹言.

十月十六日

阿部豊後守様

十年正月十日朝鮮譯官卞同知宋判事歸國ニ付裁判高勢八右衛門ヲ以テ護送ス, 四月二十七日竹島ノ儀ニ付禮曹參議朴世火雋ヨリ謝禮ノ書翰來ル, 卽別紙第十七號是ナリ.

第十七號

朝鮮國禮曹參議朴世火雋奉書

日本國對馬州刑部大輔拾遺平公 閤下

天時向熱, 緬惟動靜珎毖, 嚮慰無已, 頃因譯使回自歸州得接歸州諸奉行文字, 備悉委折矣, 鬱島之爲我地, 輿圖所載, 文跡昭然, 無論彼遠此近, 彊界自別, 貴州始雖錯認, 終能敦復, 自今以後, 惟當不咎既往, 勿替舊好耳. 貴國下令, 永不許人往漁採, 書示丁寧, 可保久遠之無他, 甚善甚善. 我國所以處之者, 則鬱島自是我地, 分付官吏, 以時巡檢, 嚴察兩地人之殺雜, 其在防微慮患之道, 誠不可忽, 何待勤囑之縷哉, 上年漂氓事濱海之人率以舟楫爲業, 飄風焱忽, 易及飄盪, 以至冒越重溟轉入貴國, 豈可以此有所致疑於違定約而由他路乎. 若其呈書, 誠有妄作之罪, 故已施幽殛之典, 以爲徵戢之地, 另勅沿海, 申明禁令矣, 益務誠信以全大體, 更勿生事於邊疆, 庸非彼此之所大願者耶. 奉行書中, 有老使君面告親囑之云, 然且無一介行李奉尺書以來者, 似是貴州深念舊約不欲規外送差之意, 故先此修牘展布多少, 送于萊館, 使之轉致統希諒炤. 不宣.

丁丑年四月 日

禮曹參議 朴世火雋

然ルニ右書簡ノ內我國ノ鬱陵島トアル處, 貴州始錯トアル處, 諸奉行トアル處, 事實文句共不穩候間, 其段改正ヲ要スヘキニ決シ五月十日館守裁判方へ訓導別差召寄セ改正ノ義談判致候處, 其旨領承罷歸ル, 同十四日東萊ヨリ兩譯ヲ以テ右ノ弁解申來ル, 然ルニ猶其條理ヲ誤ルヲ以テ更ニ弁醱シテ改正ヲ望ム, 七月二十日ニ至リ京城ヨリ改正到來ノ旨東萊府ヨリ申來ル, 卽別紙十八號是ナリ.

第十八號

朝鮮國禮曹參議 世火雋 奉書

日本國對馬州刑部大輔拾遺平公 閤下

天時政熟, 緬惟動靜珎毖, 嚮慰無已, 頃因譯使回自貴州, 細傳左右面囑之言, 且接諸奉行文字, 備悉委折矣,

鬱島之爲我地, 輿圖所載, 文跡昭然, 無論彼遠此近, 疆界自別, 貴州旣知鬱陵與竹島爲一島而二名, 則其名雖異, 其爲我地卽一也, 貴國下令, 永不許人往漁採, 書示丁寧, 可保久遠之無他, 甚善甚善, 我國所以處之者, 卽鬱島自是我地, 分付官吏, 以時巡檢, 嚴察兩地人之殺雜, 其在防微慮患之道, 誠不可忽, 何待勤囑之縷縷哉, 上年漂氓事, 濱海之人, 率以舟楫爲業, 飄風焱忽, 易及飄盪, 以至冒越重溟轉入貴國, 豈可以此有所致疑於違定約而由他路乎, 若其呈書, 誠有妄作之罪, 故已施幽殛之典, 以爲懲戢之地, 另勑沿海, 申明禁令矣, 益務誠信以全大體, 更勿生事於邊疆, 庸非彼此之所大願者耶.

左右旣

勤親囑於譯使諸奉行亦有文字, 以然且無一介行李奉書契以來者, 似是

左右深

念舊約不欲規外送差之, 故先此修牘展布多少, 送于萊館, 使之轉致, 統希諒照, 不宣.

丁丑年七月 日

禮曹參議 朴世火雋

9년 정월 28일 宋刑部大輔이 대마도로 돌아가기 위한 인사차 에도성에 올랐을 때, 老中 4명이 열좌한 가운데 戶田山城守로부터 竹島의 건에 대한 각서 한 통을 건네 받았다. 先年이래 伯州 米子의 町人 2명이 竹島에 가서 漁獵을 하는데 조선인도 그 섬에 와서 일본인과 함께 섞여 조업하는 것이 도움이 되지 않았으므로 향후 米子의 町人이 渡海하는 것을 금지한다는 명령이 있었다. 5월 20일에는 조선인 11명이 隱岐에서 因幡에 이르러 소송을 제기했음을 말했다. 8월 6일 출범하여 귀국했다. 10월에는 宗대마도주

습직을 축하하기 위한 사자로서 2명의 역관 卞同知와 采判事가 渡海했다. 16일 刑部大輔가 두 사신을 대면하여 竹島는 因, 幡, 伯耆 부속도 아닌 빈 섬으로, 伯耆의 사람이 그곳에 가서 어업을 하게 된 것인데 근년에 조선인이 건너가 같이 섞이는 것은 어떨까하므로, 앞으로 이쪽의 어민이 도해하지 않도록 에도(江戶)막부로부터 분부가 있었음을 양 역관에게 口上書를 작성하여 전달하였다. 즉 제8호, 제9호의 서신이 이것이다.

(제8호 초역 생략)

(제9호 초역 생략)

그런데 위의 내용에 대해 역관들이 口上書만으로는 결말이 나기 어려우므로 한문으로 작성해 줄 것을 청원함에 따라 요청대로 한문으로 고쳐서 年寄들이 連名하고 朱印을 찍어 주었으니 제10호와 제11호이다.

(제10호 초역 생략)

(제11호 초역 생략)

두 譯官은 위의 서신을 받아 귀국한 후 조정에 글을 제출하겠다는 취지로 두 통의 서신을 주었는데 제12호와 제13호가 이것이다.

제12호

최근에 연향이 있던 날에 貴 大人의 서신에 이르기를 '소위 竹島라는 것은 바다 가운데에 있고 이미 거주하는 사람이 없어 因州, 幡州, 伯耆 등의 어민들이 빈 땅이라고 생각하고 때때로 왕래했다. 그 섬은 일본과는 자못 멀리 있었고 조선과는 더 가까이 있으니 이제부터는 일본인이 절대 왕래하지 않도록 江戶로부터 분부가 있었다.'라고 했습니다. 실로 이는 양국 誠信이 매우 돈독한 것으로 본인들은 本邦에 돌아가서 이 뜻을 조정에 자세히 전하겠습니다. 그만 씁니다.

병자 12월 일

卞同知 宋判事

杉村采女公 樋口孫左衛門公 多田與左衛門公

平田直右衛門公 田島十郎兵衛公 杉村三郎左衛門公

제13호

최근 연향이 있던 날에 貴 大人이 조선인 11명이 因州, 幡州에 도착한 일에 대해 東武의 令이 있었음을 직접 말씀하셨다. 그런데 또 僉公의 말을 들으니 이는 우리들이 일찍이 들어보지 못한 것입니다. 이번에 처음 듣는 것이니 놀라지 않을 수 없으니 이를 돌아가는 날, 하나하나 조정에 陳達하겠습니다. 이만 씁니다.

병자 12월 일

卞同知 宋判事

杉村采女公 樋口孫左衛門公 多田與左衛門公

平田直右衛門公 田島十郎兵衛公 杉村三郎左衛門公

宗氏는 이에 使者 鈴木權平을 江戶로 보내 竹島의 건에 대해 譯使 卞同知, 采判事에게 건네 준 취지를 老中 연명의 書狀과 함께 月番 土屋相摸守에 제출했다. 즉 별지의 제14호, 제15호, 제16호의 세 통이 이것이다.

(제14호 초역 생략)

(제15호 초역 생략)

(제16호 초역 생략)

10년 정월 10일 조선 역관 卞동지와 采판사가 귀국함에 있어 裁判高勢八右衛門을 사자로 삼아 호송했다. 4월 27일 竹島의 건에 대해 예조참의 朴世火雋으로부터 사례의 서한이 왔으니 별지의 제17호가 이것이다.

(제17호 초역 생략)

그런데 위의 서간 안에 "우리나라의 울릉도"라고 되어 있는 곳, "貴州(대마도) 始錯"이라고 되어 있는 곳, "諸奉行"이라고 되어 있는 곳은 실로 문구가 모두 불온하므로 개정을 요하는 것으로 결정되었다.

5월 10일 館守가 裁判의 거처로 훈도·별차를 불러서 개정에 대한 문제를 이야기했는데 그 뜻을 이해하고 돌아갔다. 같은 달 14일, 동래부로부터 두 譯官을 시켜 위에 대한 해명을 해왔다. 그러나 아직 그 조리가 다시 辨駁하여 개정을 요구했다. 7월 21일에 이르러 경성에서 개정한 것이 도착했다는 소식이 동래부로부터 왔다. 별지의 18호가 이것이다.

제18호
조선국 예조참의 世火雋 奉書
일본국 대마주 형부대보 拾遺平公 閣下

(…)

鬱島가 우리 땅임은 輿圖에 실려 있으며 文跡이 분명히 밝히고 있으니 저쪽으로 멀고 이쪽으로 가까움을 논하지 않고도 疆界는 저절로 구분이 된다. 貴州는 이미 鬱陵과 竹島가 한 섬에 대한 두 이름임을 알고 있으니 그 이름이 비록 다르다 하여도 우리 땅임은 한가지이다. 귀국이 令을 내려 영원히 사람들이 가서 물고기를 잡거나 채집하는 일을 못하게 하는 것을 문서로서 확실히 하니, 이는 丁寧 오랫동안 다른 뜻이 있을 수 없을 듯하니 좋다, 좋다. 우리나라가 생각하기로는 鬱島가 우리 땅이므로 관리에게 분부하여 때때로 巡檢케하여 두 땅의 사람들이 서로 섞이는 것을 엄밀하게 살피도록 하겠다.

해설 요점

『죽도고증』 중권의 이 부분은 1696년 1월 도쿠가와막부의 관백(執政)이 죽도(울릉도)는 조선에 가까운 섬으로 조선 영토라는 사실을 재확인하고 일본 어부의 죽도(울릉도) 출어를 금지하며, 이 뜻을 대마도 형부대보(대마도주)가 조선에 알리도록 명령했으므로, 대마도 형부대보가 대마도에 돌아와 막부의 죽도가 조선 영토이며 일본인의 왕래를 금지한다는 결정을 조선측에 알린 왕복문서를 일자 순서별로 정리한 자료이다. 이 책의 중권 전체에서 일본 측에 보관된 왕복문서를 1호부터 24호까지 번호를 붙여가며 체계적으로 정리하였다. (중권, 본문 29~51쪽 참조)

(120) 『竹島考證』 中 (3)

七月二十一日訓導別差書翰寫ヲ館守裁判方ヘ持參ニ付披見スルノ所, 此方改正ヲ要スル三ケ條ノ內貴州始錯ノ件ノミ差除キ, 諸奉行云云ノ文字少少文句ヲ改メ候ノミニテ除キ去ラス, 又鬱島ノ爲我地ト云フ所依然如舊ニ付, 更ニ此二條ヲ改正センコトヲ東萊府ニ望ム, 府尹之ヲ拒ミ肯セス, 十年モ暮レ十一年正月ニ至リ新東萊府尹ノ交代トナリ, 更ニ前意ヲ討論シ遂ニ之ヲ京城ニ報シ四月中京城ヨリ更ニ改正ノ書翰來ル, 卽第十九號是ナリ.

第十九號

朝鮮國禮曹參議 李善溥 奉書

日本國大馬州刑部大保拾遺平公 閤下

春日暄和, 緬惟動靜珎毖, 嚮慰無已, 頃因譯使回自貴州, 細傳左右面托之言, 備悉委折矣, 鬱陵島之爲我地, 輿圖所載, 文跡照然, 無論彼遠此近, 疆界自別 貴州旣知鬱陵與竹島爲一島而二名, 則其名雖異, 其爲我地卽一也, 貴國下令, 永不許人往漁採, 辭意丁寧, 可保久遠無他, 良幸良幸, 我國亦當分付官吏以時檢察, 俾絶兩地人往來殽雜之獘矣, 昨年漂民事, 濱海之人率以舟楫爲業, 颿風焱忽, 易及飄盪, 以至冒越重溟, 轉入貴國, 豈可以此有所致疑於違定約而由他路乎, 若其呈書, 誠有妄作之罪, 故已施幽殛之典, 以爲徵戢之地, 另勅沿海, 申明禁令矣, 益務誠信以全大體, 更勿生事於邊疆, 庸非彼此之所大願者耶, 左右旣有面言於譯使, 而然且無一介行李奉書契以來者, 似是左右深念舊約, 不欲規外送差之意, 故先此修牘展布多少, 送于萊館, 使之轉致, 統希諒炤, 不宣.

戊寅年三月 日

禮曹參議 李善溥

同年五月竹島一件禮曹ヨリノ謝書江戶表へ呈上使者平田直ヲ以テ差出ス, 七月十五日阿部豊後守江差出シ竹島ノコト全ク局ヲ結フ,

十二年正月使者阿比留惣兵衛ヲ朝鮮ニ遣シ禮曹參議へ前書ノ返翰ヲ送ル, 卽チ第二十號書柬是ナリ.

第二十號

日本國對馬州刑部大輔拾遺平 義眞 奉復

朝鮮國禮曹大人　閤下

向領

華械憑審

貴國穆淸, 嘔喩倍恒, 承論前年象官超溟之日, 面陳竹島之一件, 繇是左右克諒情由, 示以兩國永通交誼, 益懋誠信矣, 至幸至幸, 示意卽已啓達東武了, 故今修牘, 畧布餘蘊, 附在館司舌頭, 時維春寒, 更希加愛, 總惟鑒察, 不宣.

元祿十二年己卯正月 日

對馬州刑部大輔拾遺平 義眞

前條ノ次第ニ付老中阿部豊後守ヨリ後來ノ爲メ朝鮮最初ヨリ不念ノ所心付置候樣トノコトニ付, 其段殷館守ヲ以テ東萊府尹申述候口上書アリ, 卽第二拾一號是ナリ.

第二拾一號

口上之覺

一竹島之儀ニ付數年來何角ト被申通候處, 存之外公儀江能被聞召分候テ宜被仰付候故其段譯官ニ被申渡候處, 御聞届候ニテ御書翰被差渡候御書面不宜候得共, 刑部大輔殿御心ヲ被盡候テ首尾能相濟今度返翰被差渡候, 竹島之一款此度ニテ無殘所相濟朝鮮國之御望之通ニ相濟兩國之大幸此事候, 元來竹島之儀貴國ヨリ數年被捨置其上段段不念成儀有之故, 八十余年日本人渡リ來リ候故先年因州之者貴國之漁民ヲ召捕罷歸東武ヘ申上候付, 貴國之漁民重テ不罷渡樣ニ申可遣之旨被仰出候, 依之先對馬守殿ヨリ以使者申達候, 其反翰ニ被得其意候, 竹島ニ罷越候段不届ニ候故卽罪科ニ申付候, 以來之儀迄堅申付候由御返翰ニ候得共紛敷御文章有之候故其儘差置候テハ以來又出入可有之事之端ト存候故再使者差渡候處, 其後ハ右之御書面ト振替リ日本人犯越侵涉仕候間不罷渡候樣ニ可申付之旨御認被差下候故, 對州江モ不申

越候テ使者存寄之趣申達候テ御返翰請取不申候內不幸ニテ先對馬守殿被相果候故使者其儘歸國仕候, 乍然竹島之儀貴國之鬱陵島ニ紛無之樣ニ承及候通具ニ申聞候付幸刑部大輔殿參府被仕候時節故, 於東武被申上候ハ, 竹島之儀朝鮮國ヨリ數年捨置其後御届可申時分モ度度不念仕候故ヲノツト日本之屬島之樣ニ成來候故被仰越候段ハ御尤千万ニ奉存候得共, 元來朝鮮國之地ニ紛無之輿地圖ニモ慥ニ有之候誠信ヲ以通交仕事ニ候間, 此段御聞分被遊日本人渡海被差止被下候ハ御誠信之至ト別テ忝加奉存由, 內內私迄願被申候通禮義正シク誠ヲ以御老中迄被申上候得ハ,

則達上聞被聞召分候テ夫程ニ被申事ニ候ハ隣交之好ニ候間, 向後日本人渡海ヲ可被差留由被仰出候, 幸譯官招可申由申上置候故, 譯官罷渡候節右之趣面談ニテ委細可申渡之旨御差圖故先年譯官ヘ口上ニテ申達候, 然上ハ今度ハ厚ク御禮モ可有之ト存候處, 可保久遠無地良幸良幸ト迠ニテ御禮之心モ無之御文章不宜候テ御不誠信成御仕形ト存候, 貴國被欠檢點候上御不念多候處手前ヲ被顧候心ハ曾テ無之, 剰非ヲモ飾殊被仰越候趣モ前後之主意モ違一一首尾不都合ニ候, 此段眞直ニ被申上候ハハ不首尾成ノミナラス, 事モ調不申, 其上以來迠東武之思召モ惡敷朝鮮國之御爲行行宜間敷候得共, 刑部大輔殿役目之事ニ候故東武ヘハ禮ヲ盡シ誠ヲ以朝鮮國ヨリノ被申分尤ト被思召候樣ニ色色御心ヲ被盡候テ被仰上候故首尾能相濟, 貴國ニハ御心遣モ無之竹島國籍ニ歸シ申候段, 偏ニ刑部大輔殿隣交之間ニ御心ヲ被盡候故ニテ候, 今度之儀朝鮮國之被成掛又ハ被仰越樣理ニ當リ候付相濟候ト思召候テハ以來迄之御了簡違ニ可罷成候, 一一ニハ不申候共御存之事ニ候間跡先得ト御思慮被成候ハハ御得心可被成候.

一御書翰之內ニ竹島之儀首尾能被仰出候段以使者可申遣儀ニ候處, 譯官ニ申含遣候段約條之外ニ使者遣間敷 トノ了簡ニ候故以使者可申越事ト思召段御尤ニ存候, 被仰聞候通公儀ヨリ被仰出候儀ハ何トテモ態使者ヲ以參判ヘ

申達候例ニテ候得共，右之通兼テ譯官相招可申之由被申上置候故幸譯官招可申之由ニ候，左候ハハ其節譯官へ面談ニテ申含候得ハ以使者申渡候同前ニ聢ト仕タル事ト東武ニハ被思召候テ其通被仰付候，依之任御差圖譯官へ口上ニテ申含候，歲條之外ニ使者遣間敷トノ心入ニテハ無之候，用事有之節ハ使者遣不申候テ不叶事ニ候，此段モ御了簡トハ相違仕候間，以來之爲ト存是又申入置候，左樣御心得可被成候，右之條條最早首尾能事濟申タル上ニ又又申達候段不入事之樣ニ候得共，我等役目ニ付最初ヨリ兩國思召入之樣子具ニ見聞仕候處，貴國之御心入ト對州之心入トクヒ違有之候故以來共ニ御了簡違等候テハ幾久敷不申通候テ不叶事候處，左候テハ大切ニ被存候，以後之爲ニ候間我等存候通之譯能能東萊迄申届朝廷方へモ慥ニ轉達仕候樣ニト被申越候故如此候，以上.

使者阿比留惣兵衛ハ右書面ヲ持參，三月二十日朝鮮ニ着シ二十一日館守唐坊新五郎方へ訓導朴僉知別差崔判事召寄セ持參スル所ノ禮曹へノ返簡ヲ渡シ，宗氏口上書ノ趣具ニ兩譯へ申渡ス，同二十六日訓導朴僉知入館，右書翰幷口上書速ニ京城江送ルヘキ旨相答フ，四月三日使者歸國朝鮮ヨリ白米十八俵ヲ使者ニ與フ.

同年十月十九日江戶家老大浦忠左衛門阿部豊後守邸ニ至リ，竹島一件禮曹謝書ノ返翰東萊府尹へ相達候趣申述口上書ヲ呈ス，卽第二拾二號是ナリ.

第二拾號

口上

竹島之儀ニ付去年以使者奉伺御差圖之通返翰相認當春差渡譯官ヲ以東萊へ相達候，其節彼地ニ差置候家來之者口上ヲ以申渡候ハ，朝鮮國不念之儀モ有之殊ニ輕キ儀ニモ委御禮申來候，此度ハ厚御禮可被申越候處，良幸良幸ト迠ノ書面難心淂候得共, 東武御誠信ニ被成御坐候故結構ニ被仰出候, 朝鮮國ヨリノ仕形宜候テ如此相濟候ト被存候テハ以來之妨ニ罷成候, 事濟タル上ニ候得共, 爲念申達候由口上ニテ申届候處, 彼方ヨリ申候ハ段段首尾能相濟兩國ノ大幸此事候, 委細朝廷ヘ可申達由ニテ書翰請取之竹島之一件無殘相濟珍重奉存候, 朝鮮國江差越候返翰之寫則差上之候, 右之趣從國元申越候, 以上.

十月十九日

宗刑部大輔使者 大浦忠左衛門

竹島一件相濟候段老中阿部豊後守ヨリ召聽ニ入ル, 依テ宗氏御禮トシテ一書ヲ呈ス, 卽チ第二拾三號是ナリ.

第二拾三號

一筆致故上候, 雖寒氣御坐候御手前樣彌御堅固御勤仕被成之旨珍重奉存候, 然者先頃竹島之儀無殘相濟候段申上候處, 御內內ニテ達上聞首尾宜御坐候段家來被召寄被仰聞之趣致承知忝仕合奉存候, 此旨爲可申上如此御坐候, 恐惶謹言.

十一月二十日

阿部豊後守樣

右ニ付老中阿部豊後守ヨリ左ノ返書ヲ與フ, 卽チ第二拾四號是ナリ.

第二拾四號

兩通之御札令拜見候, 如仰來年日光御法事御用被仰付之難有仕合奉存候, 且又先頃竹島之儀無殘相濟候通御內內ニテ及上聞候段家來衆へ申通候付預示候趣被入御念儀御坐候, 如御紙面拙者儀無異事致勤仕候, 恐惶謹言.

十二月 晦日　　　阿部豊後守

宗刑部大輔様

御報

以上第一號ヨリ第二拾四號ニ至ル公文ヲ通覽スルニ, 竹島ハ元和以來八十年來我國民漁獵ノ地タルヲ以テ我版圖タルヲ信シ彼ノ人民ノ來リ漁スルヲ禁セントス, 彼初メハ答フルニ, 竹島鬱島同一地タルヲ知ラサルノ旨ヲ以テシ, 其議論漸ク烈シキニ及ヒ竹島鬱島同地異稱ノ旨ヲ述ヘ, 却テ我ヲ責ムルニ侵越犯涉ノ名ヲ以テス, 古史ニ據レハ鬱島ノ韓地タルヤ固ヨリ論ナシ, 而文祿來捨テ收メス, 我民其空地ナルヲ以テ往テ之ニ居ル, 卽我地ナリ, 嗚呼兩國疆界古今何ノ常カアラン, 收ムレハ則我地ナリ, 捨レハ則人ノ有トナル, 試ニ三百年來我東洋諸國ノ例ヲ據ケ之ヲ論セン, 臺灣ハ固ヨリ明ノ地タリ, 而明人收メス, 一朝之ヲ捨レハ荷蘭忽チ之ニ據ル, 卽荷蘭ノ地タリ, 而シテ鄭氏兵力之ヲ奪フ時ハ又鄭氏ノ地タリ, 興安嶺南固ヨリ清ノ地タリ, 清人收メス, 一朝之ヲ捨レハ俄羅斯忽チ之ニ據ル, 英ノ印度ニ於ル, 佛ノ安南ニ於ル, 荷蘭ノ亞細亞南洋群島ニ於ル皆然ラサルハナシ, 朝鮮獨リ八十年來捨テ而シテ收メサルノ地ヲ擧テ却テ我ヲ責ムルニ, 侵越犯涉ノ名ヲ以テシ, 其舊物ヲ復スルノ理アランヤ, 然ルニ當時ノ政府八十年來我民漁獵ノ利ヲ捨テ之ヲ擧テ一朝其請フヲ許シ, 其舊名ヲ與フル者他ナシ, 盖シ當時ノ政略航海ヲ禁スルニアリ, 外國トノ關涉ヲ絶ツニアリ故ニ同時小笠原島開拓ノ議アツテ, 而行ハレサル者以テ之ヲ徵スルニ足ル, 何トナレハ當時ノ政略靖康ヲ勉メ更張ヲ欲セス, 苟モ外事ヲ談シ外教ヲ奉スル者アレハ視テ國敵トナシ, 之ニ嚴刑ヲ加フ, 萬國ノ來航ヲ禁シ漢韓和蘭ノ外海口ニ入ルヲ許サス, 四面環海天然舟楫ノ便アルモ鎖シテ用ヒス, 偶鯨濤ヲ破リ鵬翼ヲ搏ント欲スル志士アルモ空シク白屋ノ下ニ老死スルヲ免カレス, 豈痛歎ニ堪サランヤ, 夫竹島ハ彈九黑誌ノ地其有其無我ニ於テ未タ輕重スルニ足ラスト雖モ, 獨リ當時ノコト之ヲ長大息ニ付セサルヲ得サルナリ, 噫.

7월 21일에 訓導·別差가 서한의 필사본을 館守와 裁判에게 가져왔기에 읽어본 바, 이쪽에서 개정을 요하는 3개의 조항 가운데 "대마도측이 틀렸다." 건만 삭제하고, 諸奉行 云云하는 문자는 문구를 조금 개정했을 뿐 삭제하지 않았다. 그리고 鬱島가 우리 땅이라고 하는 것은 여전히 그대로 두었기에 다시 이 2개 조항을 개정할 것을 동래부에 요구했다. 그러나 동래부사가 이를 거절하여 받아들이지 않았다. 10년도 지나가고 11년 정월에 이르러 새로운 동래부사로 바뀌자 다시 이전의 내용을 토론하게 되었는데, 마침내 그것을 경성에 알렸다. 4월중 경성으로부터 새로 개정의 서한이 왔으니 제19호가 이것이다.

(제19호 초역 생략)

같은 해 5월, 竹島 一件에 대한 예조로부터의 謝書를 江戶에 올리는데 사자로는 平田直을 보냈다. 7월 15일, 阿部豊後守에게 제출 竹島의 모든 일을 종결했다.

12년 정월 사자 阿比留惣兵衛를 조선에 보내어 예조참의에게 이전 서신에 대한 답신을 보냈다. 즉 제20호 서간이 이것이다.

(제20호 초역 생략)

앞 조항과 같은 경위이므로 老中 阿部豊後守가 장차를 위해 조선이 처음부터 부주의한 곳에 신경을 써달라는 관수를 통해 동래부사에게 말한 口上書가 있으니 제21호가 이것이다.

(제21호 초역 생략)

사신 阿比留惣兵衛는 위의 서면을 지참하고 3월 20일, 조선에 도착했다. 21일, 館守인 唐坊新五郎 거처에 訓導 朴첨지와 別差 최판사를 불러들여 가지고 온 예조에 보내는 답신을 건네주고 宗氏 口上書의 내용을 모두 두 譯官에게 말하였다. 같은 달 26일, 訓導 박첨지가 왜관에 들어와 위의 서한과 口上書를 속히 경성에 보내야겠다는 뜻을 알렸다. 4월 3일, 사신이 귀국하는데 조선이 白米 18俵를 사신에게 주었다.

같은 해 10월 19일, 江戶에 있는 대마도 家老 大浦忠左衛門이 阿部豊後守의 집에 가서 竹島一件에 관해 예조의 謝書에 대한 답신을 동래부사에게 전달했다고 말하고 口上書를 바쳤으니 제22호가 이것이다.

(제22호 초역 생략)

竹島一件이 해결되었다는 것을 老中 阿部豊後守가 台聽(장군)에 보고했다. 이에 宗氏가 감사의 뜻으로 一書를 올리니 즉 제23호가 이것이다.

(제23호 초역 생략)

위에 관해 老中 阿部豊後守가 다음의 답신을 주었으니 즉 제24호가 이것이다.

(제24호 초역 생략)

이상 제1호에서 24호에 이르는 공문을 통람해 봄에 竹島는 元和연간 이래 80년간 우리 국민이 漁獵하는 장소로서 우리 판도에 있었음을 믿으며 저들의 人民이 와서 어렵하는 것을 금하고자 한다. 저들은 처음에는 竹島와 鬱島가 동일한 땅임을 몰랐다는 내용으로 답해왔다. 그 의론이 점점 열기를 띠게 되자 竹島와 鬱島가 같은 땅에 대한 다른 이름이라고 말하고 도리어 우리를 侵越犯涉하였다고 책망했다. 古史에 따르면 鬱島가 韓地라는 것은 처음부터 논의조차 없다. 文祿연간 이래 버려 두었던 것을 우리 民들이 그곳이 빈 땅이므로 종종 가서 살았으므로 우리의 땅이 되는 것이다. 오호라, 양국의 疆界는 古今에 어떤 법칙이 있겠는가. 그 땅을 취하면 우리 땅이 되고 우리 땅임을 포기해버리면 다른 사람의 소유가 된다. 3백년간 우리 동양 諸國의 예를 들어 그를 논해보자. 臺湾은 예로부터 明의 땅이었는데 명나라 사람들이 거두어들이지 않고 어느날 그를 버리자 荷蘭(네덜란드)이 갑자기 점거하여 荷蘭의 땅이 되었다. 그리고 鄭氏가 무력으로 그를 빼앗으면 또 鄭氏의 땅이 되었다. 흥안령 남쪽은 예로부터 清의 땅인데 청나라 사람들이 거두어들이지 않고 어느날 그를 버리자 俄羅斯(러시아)가 갑자기 그곳을 점거하게 되었다. 영국의 인도에 있어서도, 프랑스의 安南에 있어서도, 荷蘭의 아시아 남양군도에 있어서도 모두 그렇지 않은 것이 없다. 그런데 조선만 홀로 80년간 버려두고 거두어들이지 않은 땅을 가지고 오히려 우리를 侵越犯涉했다고 책망하고 있는데 舊物을 회복하고자 하는 이치가 있는 것일까. 그런데 당시 정부는 80년 동안의 우리 民이 어렵하는 이익을 포기하고 하루아침에 그 청을 받아들였으니 舊名을 준 것이나 다름없다. 무릇 당시의 정략은 항해를 금하여 외국과의 關涉을 끊는 것이었다. 때문에 동시에 小笠原島를 개척하려는 의론이 나왔으나 이것이 실행되지 않았던 것을 보면 위의 내용을 알기에 충분하다. 왜냐하면 당시 政略은 靖康에 힘쓰되 更張하려는 것은 아니었다. 만약 外事를 이야기하고 外教를 받드는 자가 있으면 그를 나라의 敵으로 보아 엄한 형벌을 가했다. 萬國의 來航을 금하고 漢, 韓, 和蘭 이외에는 海口에 들어오는 것을 허락하지 않고 사면이 바다로 둘러싸인 천연 舟楫의 편리함이 있었는데도 막고 사용하지 않았다. 혹 鯨濤를 부수고 鵬翼을 잡으려는 志士가 있어도 공허하게 白屋 아래에서 늙어 죽는 것을 면할 수 없었다. 어찌 통탄하지 않을 수 있겠는가. 무릇 竹島는 彈九黑誌의 땅으로 그 있고 없음이 우리에게 있어 아직 중요성을 논할 만한 것이 아니라 하더라도 당시의 일을 크게 탄식하지 않을 수 없다.

해설 요점

北澤은 위에서 제시한 자료 제1호부터 제24호까지를 통람해 보면, 죽도(울릉도)는 1618년 이래 약 80년간 일본 국민의 고기잡이하는 장소가 되어 일본의 판도 안에 있는 섬이라고 믿고 조선인들이 와서 고기잡이하는 것을 금지하려다가 논쟁이 일어난 땅이다. 조선 측은 처음에는 죽도와 울릉도가 동일한 땅임을 알려오는 온건한 반응을 보이더니, 논쟁이 열기가 띄어감에 따라 오히려 일본이 울릉도를 侵犯하고 越涉했다고 강경하게 대응해 왔다. 울릉도가 처음 한국 영토라고 해서 그것만으로 영원히 한국 영토가 되는 것은 아니라고 北澤은 주장했다. 조선이 울릉도를 버려 두었으므로 일본인들이 그 곳이 空地이기 때문에 종종 가서 살았으니 일본 땅이 되는 것이라고 北澤은 주장하였다. 양국의 境界라는 것은 古今에 변화가 있게 마련이라는 것이다. 일본이 그 땅을 취하면 일본 영토가 되고 일본이 일본 땅임을 포기해 버리면 다른 사람의 소유로 되는 것이라고 그는 지적하였다. 예컨대 타이완은 옛부터 明의 땅이었는데 明나라 사람들이 거두어 들이지 않으면 타이완을 점령한 和蘭 땅이 되는 것이지만, 鄭씨가 무력으로 이를 빼앗았기 때문에 중국 땅이 된 것이다. 朝鮮이 버린 땅을 일본인이 80년간 고기잡이하는 이익을 얻었는데, 조선 측이 일본에게 侵犯했다고 책망하여 舊物을 회복하고자 하는 이치로 삼았는데 당시 도쿠가와막부 정권이 80년 동안의 일본인이 고기잡이한 이익을 포기하고 조선의 청을 받아들여 舊名을 주어 조선 영토로 인정한 것은 장탄식을 하지 않을 수 없는 정책이었다고 그는 개탄하였다. 北澤은 이때 일본이 울릉도를 침탈하지 못한 것을 크게 탄식하는 침략주의자였음을 알 수 있다. (중권, 본문 29~51쪽 참조)

38)『죽도고증』 하

(121)『竹島考證』下 (1)

中巻ハ元祿六年朝鮮人竹島ニ來ル我商大谷九右偉門ノ手代之ヲ捕縛シ來テ長崎ニ遣シ本國ニ護送スルヨリ起リ, 兩國書柬往覆數十回ヲ經ルノ後同十二年其地遂ニ朝鮮ニ歸スルノコトヲ紀載セリ, 此巻更ニ竹島ノ事ニ付近來幾多ノ紛紜アリシコトヲ揭ケ以テ末巻トシ, 竹島古今沿革ノ概略ヲ考フルニ辨ナラシム, 元祿十二年竹島ノコト定議アリテ後百三十九年ヲ經テ松平右近將監領分石州那珂郡濱田無宿八右衛門航海處刑ノコトアリ, 八右衛門ハ濱田廻船問屋會津屋淸助ノ子ナリ, 其親淸助ハ元領主松平周防守用達ヲ勤メ居タリシニ病死家名斷絶セリ, 其後天保二年八右衛門周防守江戶ノ邸ニ至リ, 父淸助多年恩遇ノ厚キヲ謝シ因テ上言ス, 濱田冲竹島ハ海中魚多ク其利甚多シ, 願クハ渡海ノ免許ヲ淂ンコトヲ乞フ, 然ラハ年年若干ノ漁稅上納可致旨ヲ出願ス, 然ルニ同所ハ渡海制禁ノ地ナリト許サス, 八右衛門ニ歸國ヲ命ス, 八右衛門更ニ在邸ノ吏大谷作兵衛, 三澤五郎左衛門, 松井莊右衛門等ニ漁業ノ有利有益ナルヲ告ク, 三人其說ヲ喜ヒ家老岡田賴母カ家人橋本三兵衛, 林品兵衛ニ談シ賴母ヲ說カシム, 賴母初メ之ヲ不可セシカ再三說ヲ入ルニ及ヒ, 當時周防守勝手向疲弊困難ノ時ニ中リ何カ良策ヲ慾スルノ際ナレハ遂ニ之ヲ容レ密ニ同僚松井圖書ト議シ陽ニ之ヲ制シ陰ニ黙許ノ意アリケレハ, 八右衛門ハ我事成レリト確約シ漁業ヲ名トシ密ニ刀劍弓銃ヲ始メ皇國産ノ諸品ヲ諸國ニ購ヒ道中ハ濱田ノ用物ト稱シ濱田ノ繪符ヲ付驛遞ニ附シ, 遂ニ之ヲ漁船ニ移シ竹島ニ至ルヲ名トシテ密ニ外國人ト貿易ス, 然ルニ此事忽チ大坂町奉行矢部駿河守ノ爲メニ發覺シ六月十日逮捕鞠審ノ上其連累一同寺社奉行井上河內守ニ引渡サル, 五名

松平右近將監領分

石見國濱田松原新田

會津屋ギク方ニ無人別ニテ罷在候

當時無宿

金清事

八右衛門

申二十九

松平隱岐守御預り所

讚岐國多度郡小豆島高木村

船乘

平助

申四十九

右同斷

平右衛門

申六十三

大阪安治川町二丁目

播磨屋善右衛門借家

淡路屋

善兵衛

申七十

松平安藝守領分

安藝國豊田郡諸口島賴戸物町

松原

新兵衛

申三十七

右道中目籠ニテ大阪町奉行同心差添井上河內守宅ニ護送，一ト通リ尋ノ

上入牢

同月十四日

松平周防守家來

在府

大谷作兵衛

三澤五郎左衛門

村井莊右衛門

右於同人宅一ト通リ尋ノ上揚屋へ差遣ス, 依之同日御用番松平越前守ニ届書差出ス, 卽チ別紙第壹號是ナリ.

第一號

昨十三日私家來大谷作兵衛, 三澤五郎左衛門, 村井莊右衛門ト申者井上河內守ヨリ尋之儀有之候間, 同道人差添可差出旨ニ付, 則差出候處, 尋之上吟味中揚屋入申付候段, 今日家來之者へ申渡有之候, 此段御御申上候以上.

六月十四日 松平周防守

右八右衛門白狀ニ依テ遽ニ頼母コト當時隱居秋齊年松井圖書ヲ江戸ニ召ス, 其召狀濱田ニ到着同月二十八日秋齊自殺, 圖書モ亦二十九日自殺ス, 七月九日ニ至リ大谷作兵衛以下三名ハ石井日向守ニ預ケ, 八右衛門平助ハ伊東播磨守ニ預ケラル, 同二十一日周防守家來大草權大夫ヨリ御用番松平伯耆守へ一書ヲ呈ス, 卽別紙第貳號是ナリ.

第二號

周防守家來八十郎隱居岡田秋齊, 松井圖書儀去月九日井上河內守樣ヨリ御呼出御左候リ付早速濱田表へ申遣候處, 同二十八日夜秋齊儀自殺仕相果, 圖書儀ハ二十九日曉是又自殺仕相果候旨申出候ニ付役人共差遣相改候處, 自殺ニ相衛無御座候旨濱田表役人共ヨリ申越候, 御呼出之身分右樣之始末ニ至リ候ニ付周防守差扣之儀昨夜御用番松平伯耆守樣へ相伺候處, 先差扣ニ不及候段今日以御附札被仰出候, 此段申上候, 以上,

七月二十一日

松平周防守家來 大草權太夫

同月二十八日

賴母家來

橋本三兵衛

林品右兵衛

右於河內守宅一通リ尋之上揚屋へ差遣ス,

同八月朔日

松平右近將監領分

石見國濱田松原新田

會津屋

キく

右於同人宅一通リ尋之上揚リ屋へ差遣ス,

同月四日

松平周防守家來

島崎梅五郎

楢崎百八郎

右於同人宅一通リ尋之上揚リ屋へ差見ス,

大阪中ノ島町

玉屋惣兵衛支配借屋

中玉屋

庄助

同江ノ子島東町長門屋傳兵衛借家

播磨屋

藤三郎

江戸橘町

喜兵衛店

大黑屋

定七

同富澤町

茂兵衛店

清左衛門

同濱遣堀川町

與兵衛

右於同人宅一通リ尋之上差返ス,

其後夫夫調ノ上八年丁酉二月各所刑申渡サレ一件落着ス, 卽別紙第三號是ナリ.

第三號

今度松平周防守元領分石見國濱田松原浦ニ罷在候無, 宿八右衛門竹島へ渡海致シ候一件吟味之上右八右衛門其外夫夫嚴科ニ被行候, 右島往古ハ伯州米子ノ者共渡海魚漁等致シ候得共, 元祿之度朝鮮國へ御渡ニ相成候以來渡海停止被仰出候場所ニ有之都而異國渡海之儀ハ重キ御制禁ニ候條向後右島之儀モ同樣相心得渡海致間敷候, 勿論國國ノ廻船等海上ニ於テ異國船ニ出會サル樣乘筋等心掛可申旨先年モ相觸候通リ弥相守以來ハ可成丈遠沖乘不致樣乘廻ノ可申候,

右之趣御料ハ御代官私領ハ領主地頭ヨリ浦方村町共不洩樣可觸知候, 尤觸書之趣板札ニ認メ高札場所へ掛置可申者也,

酉二月

右之通可被相觸候,

此事ヤ朝鮮政府ニ關涉スルニ至ラスト雖其重刑ニ處セラルルヲ以テ爾來維新ノ後ニ至ル迄又人ノ竹島ノ事ヲ言フ者ナシ,

後四十年明治十年一月ニ至リ島根縣士族戸田敬義竹島漁獵ノコトニ意アリ, 左ノ願書ヲ東京府ニ出セリ, 卽チ別紙第四號是ナリ.

第四號

竹島渡海之願

島根縣士族

戸田敬義

東京第四大區第二小區水道橋內三崎町二町目壹番地華族裏松良光邸內仝戸寄留

不省敬義, 兒タリシ時嘗テ聞ク, 隱崎國ヲ距ル殆ト七十里程之乾ニ當リ洋中荒蕪不毛之一孤島ヨリ之ヲ竹島ト稱スト, 敬義稍稍人トナリ賤家ニ昔在ヨリ貯フ處之一小冊其ノ題表竹島渡海記ト號スル者ヲ見タリキ, 然レ共其ノ時ニ於テ未タ何ノ思慮スル所ナキカ故ニ之レヲ殆ト不用品ニ屬シ筐中之紙塵ニ過ス, 維新以來北海之開拓諸諸荒蕪之地ヲシテ續續其宜シキヲ得ルヨリ少シ

ク思念スルニ, 彼之竹島ナルモ我國之屬嶼タルヲ考ヒ深ク杞愛スル有ルヲ以テ三四歳以還頗ル意ヲ加ヒ種種探偵シ該島ニ關スル之書冊或ハ傳言ヲ求ムルモ故ト, 德川氏執權之時ハ殊ニ嚴禁之海路タルカ故ニ其ノ書冊ヲ藏スル者曾テナシ, 又嚮キニ敬義東京ヘ全戶移轉之際不計モ彼之渡海記ナル者ヲ失シ尙其ノ踪跡ヲ尋ネ, 且ツ他ニ該書ヲ周旋スルモ敢テ得ル能ハス, 至今切齒臍ヲ嚙ムモ及フナク實ニ長嘆ニ堪エス, 衣之親友一二ト計リ頂日二葉之畵圖ヲ落手シ又隱岐古老ノ傳言ヲ探聞セリ, 石見國濱田ノ人八右工門ナル者私○ニ渡海シ大ニ自己之利ヲ營ミ竊カニ之ヲ開拓センヲ謀ルモ, 企テ敗レ幕府之譴責ヲ蒙リ遂ニ嚴刑ニ處セラレシト, 伯州米子ノ人村川某ナル者獨リ意ヲ決シ大ニ自錢ヲ費シ而シテ隱岐國福浦港ヨリ艤シ彼之地ニ到リ滯在久シウシテ歸リ, 積ムニ良材及ヒ夥多之魚島ヲ以テセリト, 歸船モ亦針路ヲ前之福浦港ニ取テ相達シ其ノ恙ナキヲ祝シテ此ノ所ニ該島ノ良材ヲ以テ一小祠ヲ設立ス, 稱シテ福浦弁才天ト言フ, 數十年之久シキヲ經歷スルモ今猶靑苔ト共ニ巍然トシテ存在シ恰モ新築ニ下ラスト, 然則良材名木之有ル, 必ス期ス可ヲ信ス, 且ツ同氏ハ乾鰒ヲ幕府ニ上進スルノミナラス同物ニ於テ多ク之利金ヲ得タリト, 天保度位ニ當テ德川氏其ノ目附役ヲシテ渡海ヲ命シ巡島ヲ爲シメタル事アリト, 彼之渡海記ハ不疑シテ幕吏隨行者之編作ナラン, 且ツ圖面ハ一昨年伯耆之一漁師之家ニ求ムル也, 是レ恐クハ同時ニ出ル者乎, 其ノ他物産之良品奇物等喋喋沿海之土人相稱フ, 元ヨリ一一信スル能ハスト雖モ大概探求スル處斯ノ如シ, 實ニ確然トシテ聞見セサルカ故謬傳 齬齒舜之ナキモ計リ難ク, 實際ニ附テ事ヲ行ハス, ○ニ傳言之信僞ヲ談スルヨリ寧ロ實地ヲ檢スルニ如カスト, 又一步ヲ退テ思考スルニ世態之開進ニ遇ヒ各自相競ヒ人人相軋シテ其ノ業ヲ勤メ稼穡ヲ勵ミ功業愈愈盛ナラシメスンハ人民之義務不立之恐レ有リ故ニ, 敬義竹島之事ニ意念ヲ倚セ一度事ヲ擧テ着手セント慾スルモ未タ宜決ヲ取ラス, 久シク胸中ニ疊折シテ敢テ發セサリシニ客歲鎭事官ヲ小笠原島ニ派遣セラルルヲ聞キ大跳相賀シ, 政府之開墾ニ厚ク注意之有ルヲ嘉ヒ此ニ於テ事少ナリト雖モ國家之利潤緩ニ爲ス可カラサルヲ覺リ一層志操ヲ勉メ心意ハ假令ヒ絶海不毛之小島ニ至リ身ヲ碎クモ功ミ成ル有ラハ亦何フ厭フ處ニ非サルカ故, 今般該島ニ渡リ實地ヲ研究シ然ル後大ニ其ノ功績ヲ顯シ往往國易之一端ニ備ヘンコトヲ希望ス, 希クハ渡海免許之儀御許可被下度此段伏而奉願候, 恐惶恐惶頓首再拜, 但シ該島渡海之氣候タルヤ仲春ヲ好氣トナス故ニ, 隱岐國ニ渡ル之始メ伯州米子同州境港等ニテ調度之日數ヲ費シ, 又渡海之期有ルカ故早早御指揮之程奉願候也.

右

明治十年一月二十七日　　　戶田敬義

東京府知事楠本正隆殿

然ルニ此事議論アリテ速ニ指令モナカリシカハ三月中ニ至リ, 更ニ尤ノ追願ヲ東京府ニ出セリ, 卽チ別紙第五號是ナリ.

第五號

本年一月二十七日付ヲ以竹島渡海之願書至急御指揮被下度追願

島根縣士族

戶田敬義

東京府第四大區二ノ小區水道橋內三崎町貳丁目イ六番地奇留

本年一月二十七日付ヲ以竹島渡海之儀奉願候處于今御指揮無御座右ハ御府廳而已ニテ御裁決トハ不奉存候得共最早夫是渡海氣候モ差迫リ, 殊ニ發程迄之手順且御指揮之上ハ伺之事件モ有之, 加ルニ該島之儀敬義志心ハ素ヨリ一時私利ヲ量ルニ非ラス, 寬見之上ハ大ニ皇國ノ土地ヲ擴張シ國益ヲ起シ外國人ニ係リ不都合ノ不生ヲ旨トシ且內國無産之輩萬分一助ニ及ホスノ際ニ至レハ我一心ハ該島ノ鬼トナルモ不厭處ニシテ玆ニ渡海之意ヲ決スルヤ, 本年ノ期ヲ誤リ明年ヲ待テ萬一一ケ年ヲ後レ其利潤ヲ外人ニ得ラルトキハ後悔スルモ詮ナキ而已ナラス, 全國ノ不幸ト奉存候條, 右等御推察被下御府廳而已之之御裁決ニ無之トキハ其筋ヘ至急何分之御指揮被爲下候樣當節柄御手數之儀ニハ奉存候得共御申立被下度此段奉追願候也.

右

明治十年三月十三日　　　石田敬義

東京府知事楠本正隆殿

其後尙未タ指令ヲ得サル內時移リ航海不都合ニ至リケル故渡海ハ明年ニ致度旨, 御啓書ヲ東京府ニ出ス, 卽チ別紙第六號是ナリ.

第六號

本年竹島渡海奉願置候處, 最早季候ヲ誤リ候ニ付明年ニ讓リ候段御屆旁上申.

島根縣士族

戶田敬義

東京府第四大區第二小區水道橋內三崎町貳丁目イ六番地全戶寄留

本年一月二十七日付ヲ以竹島渡海之儀奉願候節, 但シ書ニ渡海季候期有之故至急御指揮被下度段奉願置候處, 漸期限ニ差迫リ, 依テ同三月十三日付ヲ以尙又至急御指揮被下度段奉追願候得共, 今以何等御指揮無之, 右ハ當節御多端之折柄御手數之儀恐懼之至奉存候, 最早當節ニ至リ御指揮被爲下候テモ其際心得方等書面ヲ以伺, 御指揮ヲ受續テ因州鳥取幷伯州米子同境隱岐國ニテ舊說等尙探索ノ日數一ケ所ニ五間ノ見積リ或ハ船待等ヲ心算スレハ既ニ本年渡海之期限ヲ誤リ候ニ付, 實以乍殘念右本願之趣意本年渡海之

儀ハ明年ニ譲リ候條, 右等御推察之上本願御指揮被下度此段御届旁上申仕候也,

右

明治十年四月　　　戸田敬義

東京府知事楠本正隆殿

然ルニ其後六月八日ニ至リ東京府ヨリ左ノ指令アリ, 卽別紙第七號是ナリ.

第七號

第壹萬八千六百七十五號

書面竹島渡航願之儀難聞啓候事

明治十年六月八日　　　東京府知事 楠本正隆 印

中卷은 元祿 6년, 조선인이 竹島에 온 것은 우리 상인 大谷九右衛門의 대리인이 이를 포박해 와 長崎로 보내 본국에 호송한 때부터 시작된다. 양국간 서신 왕복이 수십 차례 있은 후 같은 12년, 그 땅이 마침내 조선에 귀속된 것을 기재한 것이다. 이 卷은 다시 竹島의 일에 관련하여 근래에 많은 분쟁이 있었던 것을 실어 마지막 卷으로 하였으며, 竹島의 古今의 연혁의 개략을 살펴보는 것으로 하겠다.

元祿 12년, 竹島에 대한 논의가 결론이 난지 139년이 지나 松平右近將監이 지배하는 石州 那阿郡 濱田에 사는 無宿者 八右衛門이 항해했다가 처형당한 일이 있었다. 八右衛門은 濱田 廻船問屋會津屋 淸助의 아들이며 그 부친 淸助는 원래 領主 松平 周防守 용달 일을 하면서 살다가 병사하여 家名이 단절되었는데 그후 天保 2년, 八右衛門가 周防守의 江戶 저택에 가서 아버지 淸助가 여러 해 동안 후한 은혜를 입었음에 사례하고 이에 上言하기를, 濱田 앞바다의 竹島는 바다 가운데 물고기가 많아 그 이익이 매우 많다.

원하건대 渡海의 면허를 허가해 주기 바라며 그렇게 된다면 해마다 약간의 漁税를 상납할 수 있다는 것을 청원하였다.

그러나 그곳은 渡海가 금지된 것이라 하여 허락하지 않으며, 八右衛門에게 귀국을 명하였다. 八右衛門은 다시 에도 저택의 吏인 大谷作兵衛, 三澤五郎左衛門, 松井莊右衛門 등에게 어업의 유리함, 유익함을 고하자 세 사람은 그 말을 기쁘게 여겨 家老 岡田頼母의 家人 橋本三兵衛, 林品兵衛에게 이야기하여 頼母를 설득했다.

頼母는 처음에는 그를 불가하다고 했으나 두 번, 세 번 이야기함에 미치자 당시 周防守의 재정이 피폐하고 곤란한 때라 뭔가 좋은 계책이 없을까 궁리하던 때였으므로 마침내 이를 받아들여 몰래 동료 松井圖書와 의논하여 겉으로는 도해를 금지하면서 속으로는 黙許하려고 생각했다. 八右衛門은 우리 일이 이루어지리라는 것을 확신하고 어업을 명목으로 몰래 刀劍, 활, 총을 비롯하여 일본에서 생산되는 여러 가지 물품을 여러 지방에서 구입하였다. 운송 도중에는 濱田에서 필요한 물건이라고 하여 濱田의 繪符를 붙여 驛遞로 운송하여 마침내 그를 어선에 옮겨 竹島에 가는 것을 명분으로 하여 몰래 외국인과 무역하였다. 그런데 이 일이 갑자기 大坂町奉行 矢部駿河守에 의해 발각되어 6월 10일, 체포되어 鞠審을 받았는데 이에 연루된 일동의 신병이 寺社奉行인 井上河內守에 인계되었다. 5명은

松平右近將監 영지 내

石見國 濱田 松原新田

會津屋의 きく 方에 無人別로 있는

당시 無宿

金清事

八右衛門 申29

위 사람은 도중 우리에 가둬 大阪 町奉行의 부하를 붙여 井上河內守 댁

으로 호송해와 심문한 후 옥에 들였다.

위 사람들은 井上 河内字 댁에서 한차례 심문을 받은 후 유곽으로 보냈다. 이에 같은 날 御用番 松平越前守에 심문서류를 제출하였으니 별지의 제1호가 이것이다.

(제1호 초역 생략)

위의 八右衛門 白狀에 의거하여 급기야 賴母건에 대해 당시 은거하던 秋齊 및 松井圖書를 江戶에 불렀다. 그 召狀이 濱田에 도착하자 같은 달 28일, 秋齊가 자살했고 圖書도 또한 29일 자살했다. 7월 9일에는 大谷作兵衛 이하 3명은 石井 日向守에 맡기고 八右衛門과 平助는 伊東 播磨守에 맡겨졌다. 같은 달 21일에는 周防守의 家臣 大草 權大夫가 御用番 松平 伯耆守에 서신 한 통을 올렸다. 즉 별지의 제2호가 이것이다.

(제2호 초역 생략)

그후 각각 조사한 후 8년 丁酉 2월, 각기 刑量을 알려 一件을 마무리했으니 별지 제3호가 이것이다.

(제3호 초역 생략)

이것이야말로 조선 정부와 교섭하게까지는 되지 않았지만 중형에 처해짐으로 인해 이후 維新 후에 이르러기까지 또 한 사람이 竹島에 대해 말을 꺼내는 자가 없었다.

40년 후 明治 10년 1월에 이르러 島根縣 사족인 戶田敬義가 竹島에서의 漁獵에 뜻이 있어 다음의 願書를 동경부에 제출했으니 별지 제4호가 이것이다.

제4호

竹島渡海의 願

島根縣 사족

戶田敬義

동경 제4대구 제 2소구 水道橋內 三崎町 2丁目 1번지 華族裏 松良光邸內 全戶 寄留

不省한 본인 敬義가 어렸을 때 일찍이 듣기로 隱岐國에서 약 70리 정도 떨어진 서북쪽의 바다 가운데에 거칠고 황량하며 풀 한 조각 없는 孤島가 하나 있어 그를 竹島라고 부른다고 했습니다. 敬義가 점점 어른이 되어 미천한 저희 집에 이전부터 모아놓았던 것 중 작은 책 1권인데 그 제목이『竹島渡海記』라고 하는 것을 발견했습니다. 그러나 그 당시에는 아직 무엇을 생각하는 바가 없었기 때문에 그것을 쓸모없는 물건 가운데 하나로서 광주리 안의 종이, 먼지에 지나지 않게 여겼습니다. 維新 이래 北海의 개척으로 여러 곳의 황무지에서 계속해서 그 이득을 얻게 되자, 조금 생각하기를, 그 竹島라는 것도 우리 나라에 속한 작은 섬일 수 있다고 여겨, 막연히 관심을 갖게 된지 3, 4년으로, 깊은 관심을 가지고 여러 가지 정탐을 하여 이 섬에 관한 서책 혹은 전해지는 말을 구하게 된 까닭입니다. 德川氏가 집권할 당시에는 특히 엄하게 금했던 해로였기 때문에 그에 관한 서책을 가지고 있는 자가 일찍이 없었습니다. 또 지난번 敬義가 동경에 全戶를 이전할 때 뜻밖에 그 渡海記라는 것을 잃어버려 아직도 그 종적을 찾고 있지만 아직도 찾지 못했습니다. 분함을 이기지 못하여 길게 탄식하지 않을 수 없습니다. 그래서 친한 벗 한두 명과 계획을 세워 근자에 2장의 畵圖를 손에 넣고 隱岐古老의 傳言을 탐문하여 보니 石見國 濱田의 사람인 八右衛門이라는 사람이 개인적으로 渡海하여 크게 자신의 이익을 경영하고 몰래 이를 개척할 것을 기도하다가 실패하여 막부로부터 견책을 받고 마침내 엄한 형벌에 처해지게 되었다고 들었다. 伯州 米子의 사람인 村川某라는 사람이 홀로 결심하고 크게 자신의 돈을 써서 隱岐國 福浦港에 배를 대고 그 땅에 도착하여 오랫동안 체재하다가 돌아오면서 좋은 재목과 많은 魚島를 실어 왔다고 하였다. 돌아오는 배도 針路를 이전의 福浦港으로 하여 이르렀으며 별 사고가 없기를 기원하여 그곳에 그 섬의 좋은 재목을 써서 작은 사당 하나를 지어 福浦弁戈天이라 했다고 한다. 수십 년의 긴 세월이 지난 지금도 오히려 푸른 이끼와 함께 의연하게 있으니 흡사 새로 지은 것에 못지 않다고 한다. 그러나 반드시 좋은 재목과 좋은 나무가 있을 것으로 믿습니다. 또 同氏는 마른 전복을 막부에 바칠 뿐만 아니라 이것으로 많은 이익을 얻었는데 天保년간에는 직위를 주어 德川氏가 目附役으로서 渡海를 명하여 섬을 돌아보도록 한 일이 있었습니다. 그 渡海記는 의심할 것 없이 막부의 관리 수행자가 편찬하여 지었을 것입니다. 또한 圖面은 재작년 伯耆의 漁師에게서 구한 것입니다. 이는 어쩌면 같은 시기에 나온 것일까? 그 밖의 물산도 훌륭하고 기이하다고 沿海의 토인들이 칭찬하는데, 이를 처음부터 하나하나 다 믿을 수는 없다고 해도 대체로 탐한 바가 이와 같다. 실로 확실하게 보고 들은 것이 아니라 잘못 전해진 것이 없다고 보기는 어렵습니다. 실제에 근거하여 일을 행하지 않고 겨우서 傳言의 믿을 수 있는지 없는지를 이야기하기보다는 차라리 實地를 조사해보는 것이 더 낫습니다. 또 한걸음 물러나서 생각해보더라도 세태의 전개에 있어서 각자 서로 경쟁하고 사람마다 서로 삐걱거리는데 本業을 근면히 하고 농사에 힘쓰며 功業이 점점 더 성해지지 않으면 사람의 의무가 설 수 없다는 염려가 있으므로 본인 敬義는 竹島의 일에 마음을 두어 한번 일에 착수해보고자 하는데 아직 결정을 내리지 않고 오랫동안 가슴속에 깊이 접어두고 있다가 감히 발설하지 않고 있었는데, 지나간 해(客歲)에 鎭事官을 小笠原島에 파견하는 것을 듣고 크게 뛰며 기뻐했습니다. 정부가 개간에 매우 주의를 기울이고 있음을 좋게 여겨 이에 사안은 작다 하더라도 국가의 이윤을 늦추어서는 안된다는 것을 깨닫고 더욱 뜻을 분명히 하되, 가령 뚝 떨어진 바다에 불모의 작은 섬에 이르러 몸이 부서지더라도 공을 세울 정도의 마음가짐이 되어 있으면 또한 어찌 싫어하는 바이겠습니까? 그러므로 이번에 그 섬에 건너가 實地를 연구한 후에 크게 그 공적을 드러내어 때때로 국가 경영의 一端을 마련할 것을 희망합니다.

바라는 바는 渡海 면허의 허가를 내리시기를 엎드려 바라옵니다. 황송하게 고개 숙여 再拜합니다. 단 이 섬에 渡海하는 기후로는 仲春이 좋다고 합니다. 隱岐國에 건너감에 있어 처음에는 伯州 米子, 같은 州 境港 등에서 준비하는데 日數가 걸리고 또 渡海하는 데 걸리는 기일이 있으므로 신속히 지휘해 주시기 바랍니다.

위는

明治 10년 1월 27일　　　戶田敬義

東京府知事楠本正隆殿

그런데 이 일의 의논이 있고도 속히 指令이 없자 3월 중에 다시 追願을 동경부에 냈으니 별지 제5호가 이것이다.

제5호

올해 1월 27일자 竹島 渡海의 願書에 대해 매우 급히 御指揮를 받고자 함을 追願함.

島根縣 사족

戶田敬義

동경부 제4대區 2소區 水道橋內 三崎町 2丁目 6번지에 寄留

올해 1월 27일자로 竹島 渡海를 奉願하였는 바 아직도 조치가 없습니다. 위는 府廳에서만 결정할 것은 아니라고 생각되지만, 이미 渡海할 기후도 임박하였고 특히 출발할 때까지의 수순 또한 御指揮를 받은 후에 여쭈어야 할 사정이 있습니다. 게다가 이 섬 건에 대해 敬義가 뜻을 두는 것은 평소부터 한때 개인적인 이익을 재기 위한 것이 아니라 실제로는 크게 皇國의 토지를 확장하여 국익을 일으키고 외국인과 관련된 불상사가 생기지 않게 하기 위한 것입니다. 또 국내에서 나지 않는 것들의 만 분의 일이라도 도움이 된다면 나의 한 마음은 이 섬의 귀신이 되는 것도 마다하지 않을 것으로 이에 渡海하기로 결심했습니다. 올해의 기일을 놓쳐 내년을 기다려 만일 1년 후가 되어 그 이익을 외국인에게 빼앗기면 후회해도 별 수가 없을 뿐이니 전국의 불행이라고 생각합니다. 위와 같은 것을 살피셔서 府廳의 결재만으로 안될 경우에는 해당 부서에 긴급히 아무쪼록 조치를 취해주시도록, 번거로우시겠지만 요청해주시기를 追願합니다.

위는

明治 10년 3월 13일 石田敬義

東京府知事楠本正隆殿

그 후 아직 指令을 얻지 못하고 시간이 지나가 항해는 어렵게 되었다. 따라서 다음 해에 渡海하고 싶다는 서신을 동경부에 보냈으니 즉 별지 제6호가 이것이다.

제6호

올해 竹島 渡海를 원하였는 바 이미 계절을 놓쳤으므로 다음 해로 연기할 것을 보고드립니다.

島根縣 사족

戶田敬義

동경부 제4대區 2소區 水道橋內 三崎町 2丁目 6번지에 全戶 寄留.

올해 1월 27일자로 竹島 渡海에 관해 청원한 바, 서신에 渡海하는 데에는 계절, 기후가 기한이 있으므로 신속히 조처해 주시기를 願하였는데, 점차 기한에 임박해오자 같은 해 3월 13일에 다시 매우 급히 근처해주실 것을 追願하였으나 지금껏 아무런 근치도 없었습니다. 이에 대해서는 당시 바쁜데 수고를 끼치리라 여겼었습니다. 그러나 지금 조처를 내려주셔도 그때 주의 사항 등을 서면으로 여쭈어 지휘를 받아 因州, 鳥取 및 伯州 米子, 同境의 隱岐國에서 舊說 등을 탐색하는 데 걸리는 日數, 한곳에 5日間을 잡고 혹은 배를 기다리는 날짜 등을 계산한다면 이미 올해에는 渡海할 시기를 놓쳤사오니 실로 유감입니다. 본래 원하였던 바의 올해의 渡海건은 내년으로 넘기게 되었습니다. 위와 같을 것들을 살피신 후에 이 願에 대해 근치해 주시기 바랍니다. 이것을 보고하여 말씀올립니다.

위는

明治 10년 4월　　　戸田敬義

東京府知事楠本正隆殿

그런데 그 후 6월에 이르러 동경부로부터 다음의 指令이 있었으니 즉 별지 제7호가 이것이다.

제7호

제18670호

書面의 竹島 渡航청원건은 들어주기 어려운 일이다.

明治 10년 6월 8일　　　東京府知事楠本正隆印

해설 요점

『죽도고증』 하권은 1696년에 죽도(울릉도)와 송도(독도)가 조선 영토의 귀속임을 재확인한 이후 1880년까지 울릉도·독도와 관련하여 일어난 일본 내의 주요 사건들을 모아 기록한 것이다.

이 자료는 먼저 1696년 울릉도와 독도가 조선 영토로 재확정된지 139년 후에 石州 濱田에 사는 하치에몬(八右衛門)이란 자가 비밀리에 죽도에 월경하여 건너다니면서 외국과 밀무역을 하다가 발각되어 처형당한 기록을 수록하였다.

이 책은 하치에몬이 처형당한 후 40년이 지난 뒤에 일본에서 막부가 붕괴되고 메이지유신 정권이 수립되어 대외팽창을 고취하자 戸田敬義라는 사무라이가 1878년 1월 '죽도도해'의 허가원서를 東京府에 제출한 자료를 수록하였다. (중권, 본문 29~51쪽 참조)

(122)『竹島考證』下 (2)

此ヨリ先數年陸奥ノ士族武島一學ナル者アリ, 露領浦潮港ニ航シ路松島ナル者アルヲ望ミ, 九年七月東京於テ外務省ヘ之ヲ開拓セントコトヲ建議ス, 於是松島竹島一島ニ非ラス, 二島タルノ說始テ出ツ, 卽別紙第八號是ナリ.

第八號

松島開拓之議

謹テ上言ス, 迂生不才鄙賤之身ヲ以テ方今國事之緩急施政之前後等素ヨリ察之スヘキニ非スシテ只不明之事ヲ建白候ハ戰慄恐懼ニ堪ス, 幾回カ閣筆候得共國家强盛之一助ト存込候ヲ黙止候テハ是又本懷ニ無之止事ヲ得ス, 誠衷ヲ表シ候ハ卽チ我カ西北地方ナル松島ト云フ一島之事ナリ, 鄙生兩三年前ヨリ露領「ウラジワストツク」ヘ三四度往返致シ候ニ付其每度遠見セシニ, 一塊ノ小島ナレトモ向來皇國之裨益ニ成ヘキ島嶼ニシテ却テ南方ナル小笠原島ヨリモ一層專務之地ト乍卒忽被存候, 然ルニ一宇之住民ナク一個ノ耕地ナシ自然外人之洪益ト成行可申哉モ難計遺憾不尠，既ニ外人自在ニ伐木致シ船舶ニテ持去候事モ屢有之由承リ候間左ニ其大要ヲ掲ケ建白致シ候也.

我カ隱州ノ北ニ在ル松島ハ南北凡ソ五六里東西二三里ノ一孤島ニシテ海上ヨリ一見スルニ一宇ノ人家ナシ，此松島ト竹島ハ共ニ日本ト朝鮮トノ間ニ在レトモ竹島ハ朝鮮ニ近ク松島ハ日本ニ近シ，松島ノ西北之海岸ハ岩石壁立シテ斷岸數百丈飛鳥ニ非サルヨリハ近ツクヘカラス，又其南ノ海濱ハ山勢海面ニ向テ漸次ニ平坦ニ屬シ，山項ヨリ三四個ノ所ニ其幅數百間ナル瀑水アレハ平地ノ所ニ田畑ヲ設ケ耕作スルニ便ナルヘシ，又海邊諸所ニ小灣アレハ船舶ヲ繋クヘシ，加之本嶋ハ松樹鬱鬱トシテ常ニ深綠ヲ呈シ鑛山モ有ト云ヘリ，既ニ「ウラジヲストツク」ニ在留スル米人「コ-ペル」ノ說ニハ日本ノ屬嶋ニ松島ト稱スル一島アリ未タ日本ニテ着手セサルト聞ケリ，日本ノ所轄タル嶋ヲ他國ノ所有トナサハ其國ノ寶ヲ他國ニ投與スルナリ，抑本島ニハ鑛山アリ巨木アリ且漁ノ益樵ノ益等モ亦小カラス，予ニ此島ヲ貸シ給ハラハ每年大利ヲ得ント云ヘリ，迂生又熟考スルニ樵漁ノ益ニテモ多分ナルベケレトモ只樵漁ノ益ノミニ非サルヘシ，如何トナレハ此「コ-ペル」ハ今現ニ「ウラジオストツク」ニ在リ其家屋廣大ニシテ彼ニ勝ル商人ハ僅ニ兩三人ナル程ノ有名ナル商人ナレ共商業ヲ專ラトセス，常ニ鑛山ノミニ心ヲ用ヒ多クノ滿洲人ヲ雇ヒ鑛山ヲ專ラトシテ居モノナルニ，松島ニ金屬アルト唱フレハナリ，迂生兩三年前ヨリ此海上ヲ三四回往返シテ船中ヨリ松島ヲ目擊セシニ鑛山アルヤ否ハ明白ナラサレトモ，一見スル所ニテハ鑛山モ有ヘシ，且滿島巨松森森トシテ繁

茂シ，又禿山ノ所モアレハ鑛山家ノ見ル處ニテハ必ス鑛山ナラント見ルヘシ，然ヘトモ迂生ハ其鑑定ヲ知サレハ鑛山ヲ以テ論セス，只希望スル所ハ彼島ノ大木ヲ伐リ其良材ヲ今盛大ニ開港スル「ウラジオ＿トツク」ニ輸出シ，或ハ下ノ關ヘ送リテ賣却シ其利益ヲ得ン，又果シテ鑛山アル時ハ鑛山ヲモ開キ漁農ヲ植ヘ開拓シテ往往皇國ノ所有トナサハ莫大ノ利益トナラン，既ニ朝鮮

國ト條約ヲ結タル上ハ咸鏡道邊ニモ開港アリテ互ニ往復アルヘケレハ必ス松島ハ其道路ニシテ要島ナリ, 加之彼我ノ船舶航海中難風ニ逢ヒ日數ヲ經テ薪水ニ乏シキ時ハ此島ニテ碇泊スレハ甚便利ナリ, 且又「ウラジオストツク」港追日益隆盛ニ至ルヘケレハ各國ヨリ諸品輸出入ノ航海家モ難風ニ逢ヒ或ハ薪水ニ乏シキ時ハ本島ニ入港スヘケレハ一港ヲ開キ燈臺ヲ設クヘシ, 左スレハ獨リ本朝ノミニ非ス各國航海家ノ安堵ニ歸シ皇國ノ仁義ヲ仰キ皇國ノ仁政ヲ感佩スヘシ, 是レ所謂一擧ニシテ兩全ヲ得ル者ニシテ外ニ仁ヲ施シ內ニ利益ヲ得ルナリ, 且又日朝兩國ノ人民每年漂流スル者頗ル多シ, 此人民ヲ助クルハ日朝兩國ノ仁愛加之各國ノ人民モ餘愛ヲ得テ皇國ヲ尊敬シ益交際ノ厚キニ至ルヘシ, 仰キ願フ所ハ此島ヲ開キ農民漁夫ヲ植ヘ物産ニ精力ヲ盡サシムルニ在リ, 迂生兩三年來此海上ヲ航海スル事既ニ三四度ニ及ヒシニ, 一見スル每ニ本島ノ開港ヲ思ハサルハナシ, 殊ニ昨明治八年十一月「ウラジヲストツク」ニ渡海セシ時ハ彼島ノ以南ヨリ難風ニ逢ヒ夜ニ入リ松島ニ觸ン事ヲ恐レ船中ノ衆人千辛萬苦スレトモ, 暗夜ニシテ且大風雨或ハ大雪トナリ, 更ニ此島ヲ見事能ハス如何アラント船中ノ衆人只大息ヲ發シ黙スルノミノ事モアリツレハ先ツ急ニ此島ニ燈臺ヲ設立アラン事ヲ請フ.

明治九年七月　　　武藤平學

或人ノ說ニ日本ヨリ今松島ニ手ヲ下サハ朝鮮ヨリ故障ヲ云ントイヘルカ, 松島ハ日本地ニ近クシテ古來本邦ニ屬スル島ニテ日本地圖ニモ日本ノ版圖ニ入レ置タレハ日本地ナリ, 且又竹島ハ德川氏ノ中世葛藤ヲ生シテ朝鮮ニ渡シタレトモ松島ノ事ハ更ニ論ナケレハ日本地ナル事明ナリ, 若又朝鮮ヨリ故障ヲ云ハハ遠近ヲ以テ論シ日本島タル事ヲ證スヘシ, 實ニ日朝往來竝ニ外國北地ニ往復ノ要地ニシテ萬國ノ爲ナレハ日朝ノ內ヨリ急ニ良港ヲ撰ヒ先ツ燈臺ヲ設ル事今日ノ要務ナリ.

既ニシテ○○○○兒玉貞陽ナル者アリ武藤一學ノ建議ヲ讀テ之ニ興シ同月尤ノ書面ニ十ケ條ノ見込書ヲ添テ外務省ニ出セリ, 卽別紙第九號十號是ナリ.

第九號

兒玉貞陽建白

鄙生嘗テ瀨照君ノ露港雜誌武藤氏ノ同港記聞ヲ閱見シ, 且其景況等傳承スルニ殊更感發興起スルノ條件者卽チ我カ皇國西北ノ屬島松島ナルモノナリ, 熟熟惟ミルニ今也開國ノ際ニ當テ各國ノ交際日ニ篤厚ニ進ミ月ニ隆盛ニ赴シニ從テ國事百般自ラ冗費モ尠カラス, 國産ノ輸出モイマタ盛大ニ云ハス國債モ亦解消スルニ至ラス, 嗚呼是全國一般ノ憂患ニシテ之ニ過越スル大患ナシ, 是ヲ補フハ富國强兵ニ在リ, 富强ノ基礎ハ仁恤ヲ施行シ萬民職事ニ盡力シ物産ヲ興隆シテ國家ノ裨益ヲ計ルニアリ, 其事ヲ行フ哉又緩急前後之別ナキ事能ハス故ニ, 鄙生從來此ニ着目シ日夜心膽ヲ碎キ孜孜トシテ其要務ヲ索覓シ國家萬分ノ一ニ報イント慾スレトモ如何セン, 短才不肖且微力ニシテ更ニ獻リ爲ス所ナシ, 卽今武藤氏松島ノ建白ヲ熟閱スルニ其着手之順序以往之方向普ク至レリ盡セリト云フヘシ, 實ニ方今ノ急務ニシテ擯折シ難キ要件ナリ一日ヲクルレハ, 一日ノ損害ヲ生スルニ至ラン, 所謂先スル時ハ人ヲ征ス, 彼ノ南方ナル小笠原嶋ノ如キモ既ニ着手ノ期ヲ稍失スルニ似タリ, 而シテ此島嶼ニ比較スレハ松島者一層ノ要島ナレハ速ニセスンハ有ヘカラス, 如何トナレハ北方ナル寒國人ノ覘候覬覦ニ陷ラン事ヲ痛ム寔ニ至ヲ悔ルトモ及ハス, 仰キ願クハ同氏之建議賢明之英斷ヲ以テ只管御裁用且速ニ御着手被爲在度ト竊ニ企望イタス所ナリ, 固ヨリ卑賤ノ我輩苟モ不明之淺見ヲ以テ堂堂タル廟議ニ關スル義ヲ猥リニ論說イタシ候事戰慄恐懼ニ堪ヘサレ共聯微衷ヲ表シ有志ノ諸君子ニ其着眼スル所ノ是非曲直ヲ正サン事ヲ乞ント欲スルナリ.

明治九年七月十三日　　　兒玉貞陽謹言

第十號

松島着手之楷梯見込

第一 開拓人ノ蝸屋ヲ營ミ

第二 伐木

第三 開港場ヲ確定スル事

第四 燈臺之建設

第五 良材其他ヲ輸出スル事

第六 土地開拓之事

第七 置場ヲ定メ船用諸品ヲ畜藏スル事

第八 民屋ヲ營ミ殖民ニ及フ事

第九 漁獵之用意ニ取リカカル事

第十 作物之開業

其他山川丘陵之業ニ運フ事

右二書ノ旨ニ付渡邊洪基意見二通アリ. 卽第十一號十二號是ナリ.

第十壹號

松島之議一

昔者竹島ノ記事略説多クシテ松島ノ事説論スル者ナシ, 而テ今者人松島ニ喋喋ス, 然リ而テ此二嶋或ハ一島兩名或ハ二嶋也ト諸説紛紛朝野其是非ヲ決スル者ヲ聞カス, 彼竹島ナル者ハ朝鮮ノ蔚陵島トシ幕府偸安ノ議遂ニ彼ニ委ス故ニ此所謂松島ナル者竹島ナレハ彼ニ屬シ若竹島以外ニ在ル松島ナレハ我ニ屬セサルヲ得サルモ之ヲ決論スル者無シ, 然ルニ松嶋ナル者我國ト朝鮮トノ間ニ位シ長崎ヨリ浦潮港ニ至リ馬關其他石州因州伯州隱岐ヨリ彼要地タル「ラサレフ」港ヘノ道ニ當ルヲ以テ頗ル要地ト爲シ, 連綿此近傍ニ英魯其船艦ヲ出沒ス, 若シ夫我國ノ部分ナランニハ之ニ多少ノ注意無ル可ラス, 彼國ナラン歟又保護ヲ加ヘサル可ラス, 況ンヤ他國我ニ糺ス之ニ答フルニ決辭ナキヲ如何セン, 然ラハ則無主ノ一島ノミ諸書ニ就テ案スルニ竹島洋名「アルゴナウト」嶋ナル者ハ全ク島有ノ者ニシテ, 其松島「デラセ」嶋ナル者ハ本來ノ竹島卽チ蔚陵島ニシテ我松島ナル者ハ洋名「ホルネツトロツクス」ナルカ如シ, 然ルヲ洋客竹島ヲ認テ松島ト爲シ更ニ竹島ナル者ヲ想起セシ者ノ如シ, 而テ此「ホルネツトロツクス」ノ我國ニ屬スルハ各國ノ地圖皆然リ, 他ノ二嶋ニ至リテハ各國其認ムル所ヲ同フセス, 我國論又確據無シ, 是實ニ其地ノ形勢ヲ察シ其所屬ノ地ヲ定メ而テ其責ニ任スル所ヲ兩國間ニ定メル可ラサル者タリ, 因テ先ツ島根縣ニ照會シ其從來ノ習例ヲ糺シ併セテ船艦ヲ派シテ其地勢ヲ見若シ彼既ニ着手セ, ハ宰政ノ模様ヲ實査シ然ル後ニ其方略ヲ定メント要ス, 請フ速ニ採リテ議スル者アラン事ヲ伏望ス.

記錄局長 渡邊洪基立案

第拾貳號

松島之議ニ 松島ト竹島卽チ韓名鬱陵島ハ聞ク所ニ倚ルニ一島二名アルカ如シト雖トモ, 舊鳥取縣令ニ聞クニ全ク二島ノ由ト認メ, 又戶田敬義加藤金森謙ナル人ノ書ニ隱岐國松島西島[松島ノ一所屬ナリ土俗呼ンテ次島ト云]ヨリ海上道規凡四十里許, 北方ニ一島アリ名ヲ竹島ト云フ云云, 又伯州米子ヨリ竹島迠海上道程百四十里許アリ, 米子ヨリ出雲ニ出テ隱岐ノ松島ヲ經テ竹島ニ到ルナリ, 但シ隱岐ノ福島(一謂福浦)ヨリ松島迠海上道程ニ十里許松島ヨリ竹島迠四十里許云云又竹島ヨリ朝鮮江海上道規四十里許ト云此說ハ亨保九年昔屢渡海セル一老叟ニ詰問セラレシ時其答ニ伯州會見郡濱野目三柳村ヨリ隱岐ノ後島江三十五六里アリ此遠見ノ考ヲ以テ竹島ヨリ朝鮮山ヲ見レハサシ遠ク見レハ凡ソ四十里許リト云フニ因ル云ニ是ヲ以テ考フレハ二島アル事瞭然タルカ如シ, 洋書ニ就テ按スルニ英ノインパリヤールガセツトルニダケレツト(ダゼラト音ス)島卽松島ハ日本海ノ一島ニシテ日本島ト朝鮮半島ノ間ニアリ, 其西北ノ點北緯百三十七度二十五分東經[グリーンチトツチヨリノ算]百三十度五十六分一千七百八十七年ラペルーズノ名クル所周圍九里海巖ハ絶壁之ヲ境シ, 其最高處ニ至ルマテ樹木森森タリ, 又クワピンコツト著プロナヲンシンク, ガセフテル, ゼヲールルド, ニダゼラハ日本海ノ小島ニシテ日本朝鮮ノ殆ント中間ニアリ, 周圍八里北點北緯三十七度二十五分, 東經百三十度五十六分, トアリ, 之ヲ地圖ニ徵スルニ英海軍測量圖載スル所ダセラ卽チ松島ト題セル者其地位二書ニ載スル所ノ如シ, 英ノロヤールアトラス, 佛ブルーエノ大圖, 英女王地理家ゼイムスウイルドノ日本朝鮮ニ日耳曼ヲーペルス亞細亞國千八百七十五年ゴツタノスチールスノアドラス, ウアイマル, 地理局ノ圖皆ナ同地位ニダゼラ島ヲ置キ, 英測量圖ニハ點線ヲ以テ限ルモノノ外ハ東經百二十九度五十七八分, 北緯三十七度五十分ニアルゴナウト卽竹島ト題シタル者ヲ置テ, 魯西亞ノ地圖局ノ圖ニモ同處ニ之ヲ慥力ニ置テ, 又金森謙ノ書ニ竹島周圍大凡十五里トアリ, 又戶田敬義ノ圖私船ノ測量ヲ總計スレハ二十三里餘トナル[尤曲屈出入ヲ合セ沿岸]去レハ彼松島卽チ「タゼラ」島ノ周圍ト異ナル事少少ナラス, 而シ圖中南隅ニ一里半周圍ノ一島ヲ載ス, 是于人島ナルベシ, 眞圖ニ就テ測量スルニ, 隱岐島ト松島竹島朝鮮ノ距離凡ソ符合ス, サレハ松島竹島ノ二島ナルハ殆ソト判然タリ, 唯我國ノ書ニ竹島之事ノミ多クシテ松島ノ事ナキハ大小貧富ノ差ヨリ竹島ニ往來スルノミニシテ, 且朝鮮トノ爭論モ竹島ニノミ關係シタル故ト思ワル, 此島ノ外國ノ認ムル處ヲ圖ニ徵スレハ英國ノ諸圖ハ對馬島ト合セテ朝鮮ノ色トシ, 佛モ亦同シ日耳曼ゴタ, スチーレルスノ圖ニハ對馬ト合セテ日本色トシ, 唯ウアイマルノ地理局圖ノミ對馬ヲ以テ日本色トシ, 松島竹島ヲ朝鮮色トテ, 英佛ノ對州ヲ合セテ朝鮮色ニセシハ對馬既ニ日本版圖ニ相違ナケレハ, 隨テ松島竹島モ其色ヲ變セン, 卽チスチーレルノ圖ハ此結果ナルヘシ, 況ン哉松島竹島ヲ以テ傳フ其語ハ日本語ナリ, 因テ考フレハ此島ハ暗ニ日本所屬ト見〇シタルヘシ, 偖我國ト朝鮮トノ關係ヲ論スレハ, 舊幕府無事ヲ好ムヨリ竹島ヲ以テ唯彼地圖ニ鬱陵島ト均シキト, 其地ノ遠近ヲ以テ朝鮮ニ讓與セリト雖トモ, 松島竹島ニ島アリ, 松島ハ竹島ヨリ我近キ方ニアレハ日本ニ屬シ朝鮮又異論アル能ハス, 而シテ其緊要ニ論スレハ同島ハ殆ント日本ト朝鮮ノ中間ニ位シ, 我山陰ヨリ朝鮮咸鏡道永興府卽チ「ラサレヲ」港トノ航路ニ當リ, 長崎ヨリ「ウラシヲストツク」港, 航船ノ日必近ツク所其緊要ナル所謂竹島ニ數倍ス故ニ今英魯等ノ頻リニ注目スル所トナレリ, 而シテ各國ノ認ムル所是ノ如シ然ルニ我國ニテハ松島竹島二島一嶼ノ事判然ナラス, 隨テ朝鮮ニ屬スル哉否ヲモ知ラスルナリ, 若シ外國ノ問ニ逢フ又答フル所ヲ知ラス, 若我物トセン歟之ニ關スル義務ナカルヘカフス之ヲ朝鮮ニ歸セン歟, 外國ニ主意セサルヲ得ス, 是再考ス所以ナリ.

記錄局長 渡邊洪基 述

이로부터 수년 전에 陸奧의 사족인 武島一學이라는 사람이 있어 露領浦潮港에 항해하는 길에 松島라는 것이 있음을 보고 9년 7월에 동경에서 외무성에 그를 개척할 것을 건의했다. 이에 松島와 竹島가 하나의 섬이 아니라 두 개의 섬이라는 說이 시작되었으니 별지 제8호가 이것이다.

제8호

松島개척의 議

삼가 아룁니다. 迂生은 재주도 없고 비천한 몸으로 이제 國事의 완급, 시정의 전후에 대해 원래 알지 못하며, 다만 분명하지 않은 일을 건의하는 것에 전율하고 두려워 견딜 수 없습니다. 몇 차례나 붓을 꺾었으나 국가의 강성함에 일조하고자 함에 가만히 있자니 이것 또한 그만두지 못했습니다. 충심을 말한다면 우리 서북지방에 있는 松島라는 한 섬의 일입니다. 鄙生이 2, 3년 전부터 露領(블라디보스토크)에 서너 차례 왕복할 때마다 매번 멀리서 한 덩이의 작은 섬을 발견했습니다.

장차 황국에 도움이 될 수 있는 도서로서 오히려 남쪽의 小笠原島보다도 한층 힘써야 할 땅이라 생각합니다. 그런데도 1채의 주민도 없고 1개의 경지도 없어 자연 외국인의 이익을 넓혀주게 된다고 할 수 있으니 매우 유감스럽습니다. 이미 외인들이 마음대로 벌목하여 선박에 싣고 가는 일도 여러 차례 있다고 들었습니다. 다음에 그 대요를 실어 건의합니다.

우리 隱州의 북쪽에 있는 松島는 남북 5~6리, 동서 3리의 한 孤島로서 해상에서 보면 1채의 인가도 없습니다. 松島와 竹島는 모두 일본과 조선의 사이에 있지만 竹島는 조선에 가깝고 松島는 일본에 가깝습니다. 松島의 서북 해안은 암석이 벽처럼 높이 서있고 끊어진 듯한 절벽이 수백 丈이 되므로 나는 새가 아니면 가까이 갈 수 없습니다. 또 그 남쪽 해안은 산세가 바다 쪽을 향해 점차 평탄해지며 山項으로부터 3, 4개의 장소에 그 폭이 수백 간이 되는 폭포가 있고 평지에는 화전을 만들어 경작하기에 편리합니다. 또 해변의 여러 곳에 작은 만이 있어 선박을 맬 수 있으며 그에 더하여 이 섬은 소나무가 울창하여 항상 深綠을 보여줍니다. 광산도 있다고 하니 이미 블라디보스톡에 머물고 있는 미국인 '코펠'의 말로는 일본의 屬島로 松島라고 하는 섬이 하나 있는데 아직 일본이 손을 대지 않았다고 들었다. 일본의 所轄인 섬을 다른 나라의 소유가 되게 한다면 그 나라의 보물을 다른 나라에 주게 되는 것이다. 무릇 이 섬에는 광산이 있고 巨木이 있으며 어업의 이익, 땔나무의 이익 등도 또한 적지 않으므로 나에게 이 섬을 빌려주면 매년 큰 이익을 얻을 수 있다고 합니다. 迂生이 또 숙고해보니 樵, 漁의 이익도 많겠지만 단지 樵, 漁의 이익만이 아닙니다. 무슨 이야기인가 하면 이 '코펠'이라는 자는 지금 블라디보스톡에 있으면서 그 가옥을 광대하게 하여 그보다 나은 상인은 거의 2, 3명일 정도로 유명합니다. 그러니 그는 상업에만 전념하는 것이 아니라 항상 광산에만 마음을 두고 있으며 많은 만주인을 고용하여 광산을 전문으로 지내면서 松島에 금속이 있다고 외치고 있습니다. 迂生이 2, 3년 전부터 이 해상을 3, 4회 왕복하며 배 안에서 松島를 보니 광산이 있는지 없는지는 명백하지 않지만 얼핏 보기에는 광산도 있을 것 같았다. 또 섬 가득히 巨松이 숲을 이루어 울창했으며 민둥산도 있었는데 광산가가 보기에는 반드시 광산이라고 보일 것입니다. 그러나 迂生은 그 鑑定을 하지 못하겠으니 광산을 논할 수 없다. 단지 희망하는 것은 그 섬의 大木을 벌목하여 좋은 재목을 지금 성대하게 개항하고 있는 블라디보스톡에 수출하거나 혹은 下ノ關에 보내어 매각하여 그 이익을 얻고자 한다. 또 만약 광산이 있을 경우에는 광산을 개발하여 어업, 농업을 이식 · 개척하여 왕왕 황국의 소유로 한다면 막대한 이익이 될 것이라는 것입니다. 이미 조선과 조약을 맺은 이상에는 함경도변에도 개항이 있어 서로 왕복하고 있지만 松島는 그 도로로서 반드시 중요한 섬이 될 것이다. 게다가 저들과 우리의 선박이 항해 중 난풍을 만나 여러 날이 지나 섶나무와 물이 부족하게 되었을 때에는 이 섬에 정박하면 매우 편리할 것이며 또 '블라디보스톡'항이 날이 갈수록 더욱 융성해지게 되면 각국으로부터 여러 가지 물건을 수출입하는 항해가도 난풍을 만나 혹 섶나무와 물이 부족하게 될 경우 이 섬에 입항하게 하면 한 항구를 열어 등대를 설치하여 도와주면 다만 本朝만이 아니라 각국 항해가의 안도가 될 것입니다.

황국의 仁意를 우러르고 황국의 仁政에 감동할 것이니 이는 소위 일거에 양금을 얻는다는 것이며 밖으로는 仁을 베풀고 안으로는 이익을 얻는 것이다. 또 일본과 조선 양국의 인민이 매년 표류하는 자가 자못 많은데 이 사람들을 도와주면 일조 양국의 仁愛는 물론 각국의 인민도 남은 사랑을 얻게 되어 황국을 존경하여 더욱 교제가 두터워지게 될 것입니다. 우러러 원하는 바는 이 섬을 개발하여 농민과 어민을 옮겨 생산에 정력을 다하게 하는 것에 있습니다. 迂生이 2, 3년 동안 이 해상을 항해한 것이 이미 3, 4번에 이르는데 볼 때마다 이 섬의 개항을 생각하지 않은 적이 없습니다. 특히 지난 明治 8년 11월, 블라디보스톡에 渡海했을 때는 그 섬의 남쪽으로부터 난풍을 만나 밤이 되자 松島에 부딪칠까 두려워 배 안의 여러 사람들이 천신만고했는데, 어두운 밤이라 大風雨, 혹은 大雪이 내리면 다시 이 섬을 보는 것이 어려웠습니다. 어떻게 된 것인가 하고 배 안의 여러 사람들이 다만 큰 한숨을 쉬고 묵묵히만 있는 경우도 있으니 우선 급히 이 섬에 등대를 짓는 일을 청합니다.

明治 9년 7월　　　武藤平學

어떤 이의 說로는 일본이 지금 松島에 손을 대면 조선이 문제를 제기할 것이라고 하지만 松島는 일본 땅에 가까워 예로부터 우리 나라에 속한 섬으로 일본 지도에도 일본의 판도에 들어와 있는 일본 땅입니다. 또 竹島는 德川氏의 중세에 갈등을 일으켜 조선에 넘겨주었으나 松島의 일은 논의도 없었으며 일본 땅임이 분명하니 만약 또 조선이 문제를 제기한다면 원근을 가지고 논하여 일본의 섬임을 증명해야 할 것입니다. 실로 일본과 조선의 왕래가 모두 외국 北地를 왕복의 요지로 삼고 있으니 만국을 위한다면 일본과 조선 안에서 급히 좋은 항구를 선택해 우선 등대를 설치하는 일이 현재의 要務입니다.

그러는 사이에 ○○○○兒玉貞陽이라는 사람이 있어 武藤一學의 건의를 읽고 이에 자극을 받아 같은 달에 다음의 書面에 10개조의 전망서를 첨가하여 외무성에 제출했으니 별지 제9호와 제10호가 이것이다.

제9호

兒玉貞陽建白

鄙生이 일찍이 瀨照君의 露港雜誌, 武藤씨의 露港記聞을 읽고 또 그 상황 등을 이해했는데 특히 감동받은 것은 우리 황국 서북의 屬島인 松島라는 것이다. 곰곰히 생각컨대, 이제 개국에 즈음하여 각국과의 교제가 날로 篤厚해지고 달로 융성해 짐에 따라 國事百般에 있어 쓸데없이 쓰는 것도 적지 않고 국산의 수출도 성대하다고는 할 수 없다. 국채도 또한 해소되지 않으니 오호라, 이는 전국 일반의 우환으로 그보다 더한 큰 근심은 없습니다. 이를 보완하는 방법은 부국강병에 있으니 부강의 기초는 仁恤을 시행하여 만민이 職事에 힘을 다하고 물품의 생산을 흥하게 하여 국가의 裨益을 꾀하는 데에 있습니다. 그 일을 행하는 데 또 완급, 전후의 구별 없을 수 없으므로 鄙生은 종래 이에 착목하여 밤낮으로 마음을 다해 힘써 그 要務를 찾아, 국가에 만분의 일이라도 보답하고자 하여도 어찌할꼬? 재주도 짧고 미력하여 계획을 세워 꾀함이 없었습니다. 이제 武藤氏가 松島를 건의한 것을 곰곰이 살펴보니 그 착수하는 순서와 방향이 잘 되었다고 할 수 있습니다. 실로 방금의 급무로서 물리치기 어려운 요건입니다. 하루가 늦어지면 하루의 손해를 낳음에 이를 것이니 소위 빠른 것은 사람을 정벌하는 것이다. 저 남쪽에 있는 小笠原島같은 것도 이미 착수의 시기를 잃은 것과 같다. 그러나 이 도서에 비교하여 松島는 한층 더 중요한 섬이니 빨리 서두르지 않으면 안됩니다. 무슨 말인가 하면 북방의 塞國人이 엿보는 것을 마음 아파하여 이를 후회하여도 할 수 없는 것입니다. 우러러 바라는 바는 同氏의 건의에 아무쪼록 현명한 英斷으로 결단을 내려주시고 또한 신속히 착수하게 해 주시기를 간절히 바랍니다. 무릇 비천한 저희들이 분명치 않은 천한 생각으로 당당한 묘의에 관한 것을 함부로 논하는 것이 두렵기 짝이 없으나 미약하나마 충심을 드러내서 뜻을 세운 군자의 착안한 바 시비곡직을 가려주시기 바랍니다.

明治 9년 7월 13일　　　兒玉貞陽謹言

제10호

松島着手之楷梯見込

제 1. 개척인의 蝸屋을 짓는다.

제 2. 벌목을 한다.

제 3. 개항정을 확정할 것

제 4. 등대의 건설

제 5. 좋은 목재, 기타의 물품을 수출할 것

제 6. 토지 개척의 일

제 7. 置場을 정해 선박용 여러 물품을 보관할 것

제 8. 민가를 지어 민을 옮겨 살게 할 것

제 9. 어렵의 준비에 착수할 것

제 10. 농사 作物을 시작할 것

기타 산천구릉의 業을 추진시킬 것

위의 두 서신에 대한 渡邊洪基 의견이 두통 있으니 제11호와 제12호가 이것이다.

제11호

松島之議 一

옛날에는 竹島의 기사에 대한 간략한 설명은 많은데 松島의 일을 논한 것은 없었다. 그러나 지금은 사람들이 松島에 대해서 많이 이야기한다. 그런데 이것은 두 섬이라거나 한 섬에 두 이름이라거나 하여 여러 설이 분분하나 朝野에 그 시비가 가려졌다는 것을 듣지 못했다. 저 竹島라는 것은 조선

의 蔚陵島로서 막부가 눈앞의 안일만을 도모하여 마침내 저들에게 주었다. 그러므로 소위 松島라는 것이 竹島라면 저들에게 속하고, 竹島 바깥에 있는 松島라면 우리에게 속할 수 밖에 없는데도 결론난 것이 없다. 그런데 松島라는 것이 우리 나라와 조선 사이에 있어 長崎로부터 浦潮港에 이르기까지 馬關, 기타 石州, 因州, 伯州, 隱岐로부터 저 요지인 'ラサレフ'항에 이르는 길에 해당하므로 자못 요지가 되었다. 계속해서 이 근방에 영국과 러시아 船艦이 출몰하고 있다. 만약 우리 나라의 부분이 되기 위해서는 그에 多少의 주의가 없어서는 안될 것이며저들의 나라라면 또 보호를 하지 않을 수 없다. 하물며 타국이 우리에게 따짐에 있어 그에 답하는 決辭가 없으면 어찌하겠는가? 그렇다면 주인이 없는 한 섬일 뿐이다. 여러 글에서 찾아보니 竹島의 서양 이름 'Argonaut' 섬이라는 것은 모두 烏有의 것이고 松島 'デラセ'섬이라는 것은 본래의 竹島, 즉 울릉도로서 우리 松島는 서양 이름으로 'Hornet rocks'와 같은 것이다. 그런데 서양 손님들이 竹島를 松島라고 인식하고 또 竹島라는 것을 상기시키는 것과 같다. 이에 'Hornet rocks'가 우리 나라에 속한다는 것은 각국의 지도가 모두 그렇게 나타내고 있으며 그 밖의 두 섬에 대해서는 각국이 인식하는 것이 같지 않다. 우리 나라의 논의도 확실한 근거가 없으니 이는 실로 그 땅의 형세를 살펴 소속의 땅을 정하여 책임을 지울 바를 양국 사이에서 정해야 한다. 따라서 먼저 島根縣에 서면으로 물어보고 종래의 習例를 살펴서 함께 船艦을 보내어 그 지세를 살피고 만약 저들이 이미 착수했다면 그 상황을 조사한 후 방책을 정하려고 합니다. 청컨대 신속히 의론해 주시기를 바랍니다.

제12호

松島之議 二

松島와 竹島, 즉 한국 이름으로 울릉도는 들은 바에 따르면 한 섬의 두 이름

인 것 같다고 하지만 舊 鳥取縣令에게 들으니 정말로 두 섬이라고 인식하고 있었으며 또 戶田敬義, 加藤, 金森謙이라는 자의 글에 隱岐國 松島, 西島(松島의 한 작은 屬島이며 土俗에 칭하기를 次島라고 한다)로부터 해상로로 40리쯤 북쪽에 한 섬이 있는데 이름이 竹島라고 한다고 했다. 그리고 伯州 米子에서 竹島쪽으로 해상로 약 140리쯤에 있으며 米子에서 出雲으로 나와 隱岐의 松島를 지나 竹島에 이르게 되며 단 隱岐의 福島(일명 福浦)에서 '松島로 해상로 약 60리쯤, 松島에서 竹島로 40리쯤'이라 했다. 또 竹島에서 조선으로 해상로 40리 정도라고 했다. 이 說은 享保 9년, 이전에 여러 차례 渡海를 한 한 노인에게 물어봤을 때 그 대답이 伯州 會見郡 濱野目 三柳村에서 隱岐의 後島가 35~36리이니 멀리서 보이는 것을 고려하여 볼 때 竹島에서 朝鮮山은 멀리 보면 40리쯤이라고 했나. 이를 가지고 생각해보면 두 섬이 있음이 분명한 것 같다. 서양 책에 찾아보면 영국의 임페리얼 가제트르에 즉 松島는 일본해의 한 섬으로 日本島와 조선 반도의 사이에 있으며 그 서북의 점, 북위 137도 25분, 동경 130도 56분. 1787년 ラペルズ가 이름한 주위 9리의 海巖은 절벽을 경계로 하고, 가장 높은 곳에 이르기까지 수목이 우거져 있다고 했다. 또 クワピンコツト가 지은 プロナヲンシンク, ガセフテル, ゼヲールド에 다제라는 일본해의 작은 섬으로 일본, 조선의 거의 중간에 있으며 주위 8리이며 북점, 북위 37도 25분, 동경 130도 56분이라고 되어 있다. 이를 지도에 비추어보면 영국 해군이 측량한 지도에 실려있는 ダセラ, 즉 松島라고 이름붙은 것은 그 위치가 두 책에 실려있는 것과 같다. 영국의 로얄 아틀라스, 프랑스 ブルーエ의 大圖, 영국 여왕 지리가 제임스 윌드의 일본, 조선에 日耳曼 ヲーペルス의 아세아국, 1875년 ゴツタノスチールス의 아틀라스, 바이마르, 지리국의 지도 모두 같은 위치에 ダセラ섬을 위치시켰으며 영국의 측량도에는 점선으로 한계를 표시한 것 외에는 동경 129도 57, 8분, 북위 37도 50분에 アルゴナウト, 즉 竹島라고 이름한 것을 두었으며 러시아의 지도국의 지도에도 같은 위치에 그것을 분명하게 위치시켰다. 또 金森謙의 책에 竹島 주위가 15리라고 되어 있으며 또 戶田敬義의 지도에 개인 배의 측량을 총계하면 23리 남짓이 된다고 했다[굴곡, 출입을 합한 연안]. 그러면 저 松島, 즉 ダセラ섬의 주위와 다른 것이 적지 않으며 지도에 남쪽 귀퉁이에 주위가 1리 반인 섬 하나가 있으니 이것은 무인도일 것이다. 진짜 지도로 측량함에 隱岐島와 松島, 竹島, 조선의 거리가 대체로 부합하니 松島, 竹島가 두 섬이라는 것은 거의 분명한 것이다. 다만 우리 나라의 책에 竹島만 많이 실려 있고 松島의 기사가 없는 것은 大小, 貧富의 차이로 竹島에만 왕래했고 또 조선과의 논쟁도 竹島에만 관계되었던 때문이라고 생각된다. 이 섬을 외국이 인식하는 것을 지도에 비추어보면 영국의 지도는 대마도와 합하여 조선의 색으로 해 놓았으며 프랑스도 마찬가지이다. 日耳曼 ゴタ スチーレルス의 지도에는 대마도와 합하여 일본 색으로 했으며 다만 바이마르의 지리국 지도만 대마도를 일본 색으로 하고 松島와 竹島를 조선 색으로 했다. 영국과 프랑스가 대마도를 합하여 조선 색으로 했는데, 이는 대마도가 이미 일본의 판도임에 틀림없으므로 松島와 竹島도 그 색을 바꾸어야 할 것이니 즉 スチレル의 지도는 이 결과라고 할 수 있다. 하물며 松島와 竹島에 관해 전하는 말은 일본어라고 하므로 그로써 생각해보면 이 섬은 암암리에 일본 소속이라고 보여져왔다고 할 수 있다. 우리 나라와 조선의 관계를 논한다면 舊 막부가 아무 문제도 생기지 않기를 바란 것에서 竹島를 오직 저들 지도의 울릉도 같다면서 그 지리적 원근을 가지고 조선에 양여했다하지만, 松島와 竹島는 두 섬으로 松島는 竹島보다 우리에게 가까운 장소에 있으므로 일본에 속하는 것이며 조선은 또 異論이 있을 수 없다. 그런데 긴요함을 논하자면 이 섬은 거의 일본과 조선의 중간에 위치하여 우리 山陰에서 조선 함경도 永興府, 즉 ラサレヲ항과의 항로에 해당하고, 長崎에서 '블라디보스톡항'으로 항해하는데 반드시 근접하는 곳으로서 그 긴요

함으로 보자면 竹島에 수배에 이르므로 지금 영국, 러시아 등이 자주 주목하는 곳으로 각국이 인식하는 바가 이러하다. 그런데 우리 나라에서는 松島와 竹島가 두 섬인지 한 섬인지도 判然하지 않으며, 따라서 조선에 속하는가의 여부도 알지 못한다. 만약 외국의 질문을 받으면 또한 답할 바도 알지 못한다. 만약 우리 것으로 하자면 그에 관련한 의무가 없어서는 안된다. 그것을 조선에 귀속시키고자 한다면 또 외국에 주의하지 않을 수 없다. 이것은 재고해야할 것이다.

記錄局長渡邊洪述

해설 요점

『죽도고증』 하권의 이 부분은 1877년 /월 武藤平學이란 자가 러시아령 블라디보스토크에 항해하던 도중 조선의 竹島(울릉도)가 아니면서 상당히 크고 자연자원이 풍부하며 사람이 수천명 거주할 수 있는 '松島'라는 새 섬을 발견했다고 주장하면서 자료 제8호와 같은 '松島開拓之議'를 일본 외무성에 제출한 기록이다.

武藤은 이 건의서에서 쓰기를, 그는 블라디보스토크를 3~4차례 왕복했는데 매번 松島라는 한 섬을 가가이서 발견하였는데, 수목이 울창하고 평지는 밭을 경작할만 하고, 서너 곳에 큰 폭포가 있으며, 거목(巨木)이 있고, 광산(鑛山)도 틀림없이 있으리라고 생각되며, 竹島는 조선에 가깝지만 松島는 일본에 가까운 섬이므로 이 松島를 개척하여 일본의 부강에 보태자는 건의를 제출한다고 설명하였다. 이를 계기로 일본의 관련된 분야에서는 竹島와 武藤이 주장하는 松島가 같은 섬인가, 또는 다른 2개의 섬인가에 대하여 갑론을박이 나오게 되었다.

일본 외무성 기록국장 渡邊洪基가 竹島와 松島는 같은 섬인지 2개의 다른 섬인지 일본인과 서양인이 모두 정확히 알지 못하여 큰 혼란 속에 있으니 먼저 시마네현에 물어 보고, 다음에 군함을 파견하여 松島를 실지조사하자고 제11호와 제12호의 자료와 같은 2개의 의견서를 제출한 기록이 수록되어있다. (중권, 본문 29~51쪽 참조)

(123)『竹島考證』下 (3)

同年十一月浦潮港貿易事務官瀨脇壽人ノ露領ニ赴クニ及ヒ意ヲ松島ノコトニ用ユ, 既ニシテ千葉縣下佐倉ノ商齊藤七郎兵衛ナル者アリ, 商業ヲ以テ此港ニ往來ノ序松島ニ近キ粗其地形ヲ極メ同島開拓ノ願書ヲ貿易事務官瀨脇氏ニ出セリ, 卽別紙第十三號是ナリ.

第拾三號 松島開島願書幷建言

千葉縣下第拾大區六小區

下總國印旛郡佐倉田町商

齊藤七郎兵衛

私儀今般魯國浦潮港ヘ爲商業本年十一月中航海着港仕, 市中近在時時巡見仕, 尙又兩三年前ヨリ在留之日本人兩三名ヘ當港之模樣等委細承候所, 近年俄ニ開港之地ニテ家具諸器共相調不申候得共魯國人ハ勿論各國商人共追日開店打續人家每年貳百軒或ハ三百軒宛相增候故近林之立木不殘伐盡シ, 當今ハ薪炭ニ仕候小材ヲ除候外大角物板類等ニ仕候大材ハ本國長崎又ハ數十里相隔居後蒙古地方ヨリ運送仕候得ハ格外高直ニ有之, 且營繕等ニ付テハ木挽職大工職等土人總テ賃金高價ハ勿論石工職等ハ別シテ拙工ニ相見ヘ申候, 依之本國之諸職人共大勢連來リ營業等爲仕度候, 右樣之次第ニ付兼テ承及候皇國之屬島松島之儀當港ニ航海之砌一見仕候處至テ小島ニハ御坐侯得共, 東南ト覺キ方ニ相向ヒ大小之立木靑靑トシテ覆茂リ, 且又魚類夥敷殊更鮑澤山ニ相見申候, 此島之産物先魚類材木兩種ニテ利益多分可有之候得共鑛物モ御坐侯樣承申候, 尙又渡海致シ吟味仕候ハハ此外商品ニ相成候物屹度見出シ御國益ニ相成且商業ニモ相成可申候間, 不肖之身分ヲ以恐多御願ニハ御坐候得トモ開島方被仰付度此段偏ニ奉願上候, 右之通被仰付被下置候上ハ本國ヘ立歸リ身元有之者トモ數名合併仕立木之儀ハ追追伐出シ鮑ハ漁獵仕, 當浦潮港幷ニ支那上海等ヘ右伐木積送賣捌キ申度, 尤諸職人等是又日本人數名相雇連行キ開島仕度志願ニ御坐候間, 不苦御儀ニ御坐候ハハ前件御許容被下度伏テ奉願上侯, 英佛魯船等日本通行之石圽折折此島ヲ乗廻シ侯由粗承知仕候且又本年四月中魯船右松島之周圍悉ク測量致シ候趣, 其上ナラス漂流之日本人歟惑ハ朝鮮人ニテモ御坐侯哉矻トハ相分不申候得共海岸ニ接シ藁屋ニテ人家貳軒程有之, 其外木影ヨリ煙相立居侯ヲ見受候者御坐侯趣是又承侯得共, 人家ヲ可有之ト愚察仕候, 依之急速御取締被遊度儀ト奉存候, 殊ニ此島ハ魯朝兩國之近海ニ有之, 且各國着目仕居候樣子ニ御坐候得ハ彼等方ニテ着手不致内開島被仰付候樣仕度, 此段御聞濟之上開島之儀ハ縦御人撰ニテ外人ヘ御申付有之候共右建言相立侯ハハ日本國ノ屬島ニ相違無之段各國ヘ分明ニ相成冥加至極難有仕合ニ奉存候也.

明治九年十二月十九日

齊藤七郎兵衛印

御領事

瀨脇壽人殿

右願書ヲ出スニ付瀨脇壽人ハ別紙第十四號十五號ヲ以テ上申ス, 今其浦潮港日記ニ見ユル松島ノ條ヲ抄錄シ附シ參考トナス.

第十四號

明治十年平信第一

奉別後僅ニ六七月間ニ御座候處御書翰中幷ニ新聞紙一見仕候得ハ神風黨之騷亂アリ長黨ノ蜂起アリ, 此度又薩黨之大戰アリ國家多事浪費巨万人心ヲ煽動シ開化ヲ妨ケ皇天神明何ソ斯ク邦內ニ不幸ヲ降セルハ何等ノ事故ニ御坐候哉, 嗚呼皇天ニ號叫セン歟神明ニ歎訴セン歟小臣等實ニ其所爲ヲ知ラス, 然レ共事變ノ旣ニ玆ニ至候テハ朝廷在位ノ大臣閣下其職ヲ奉シ其任ヲ盡シ, 唯一日モ速ニ鎭靜シ國家ヲ平安ニ歸スル名策ヲ施行シ給ン事ヲ祈願スルノ外無御坐候.

小臣任所之形勢ヲ以テ視察スルニ露國ヨリ鷄林ヲ覬豈兪スル模樣ニ御坐候, 片時モ早ク御國內ヲ平定シ人心ヲ安着シ鷄林ノ北邊ニ關係イタシ置候儀方今之一大急務ニ可有之候, 客歲モ申達候通先我屬嶋松島ニ着手シ夫ョリ鷄林ノ北部ニ往返シテ我禾塩其他國產物ヲ販賣イタシ候得ハ輸出ヲ增加シ併セテ又露人覬豈兪ノ近狀ヲ詳知スヘシ, 此頃陸上ヲ經テ韓地ニ入ル者アリ又海上ヨリ向フ者アリ是皆彼地近景偵探ノ爲ナルヘシ, 別紙之通武藤平學·齊藤七郎兵衛兩人ヨリモ松島開嶋願出, 候願クハ速ニ御許容被爲在度奉願候也.

四月二十五日　　　貿易事務官 瀨脇壽人

外務卿寺嶋宗則殿

外務太輔魚夫島尙信殿

二展松嶋一件ハ旣ニ日本人体之者居住候趣拙筆日記ニ委敷記載置候間, 尙御一覽可被下候, 日記中長崎縣ヘ關係之事件有之候間同縣ヘ一見爲致度候.

松島ハ-朝鮮ノ蔚陵島ニシテ我版

圖中ナラス齊藤某ノ願意ハ許

可スルノ權ナキ旨答フヘシ

右者公信局長田邊太一附ケ札也.

第十四號附浦潮港日記抄

明治九年十二月十八日十二時齊藤來話シテ云 昨夜但州人正助 有田カ弟善藏其他村次等兩三人集會シテ, 商法ノ事件ヲ談セリ, 其時正助カ談話ニ, 今春本港ニ渡來ノ海上 松島ヲ一望セシニ陸地ニハ巨樹鬱然ト又繁茂シ, 海中ニハ魚類極メテ多ク, 殊ニ鮑ノ多キコト海底ニ豆ヲ散敷セルカ如シ, 此時嶋中ヨリ一條ノ黑烟高ク登リタレハ 必ス人家アラント想ヘリ, 本港ニ着後 善藏ニ此事フ談シケレハ善藏ハ黑烟ノミナフス 遙ニ樹間ニ藁屋ノ二軒アルヲ見タリ, 極メテ矮小ニシテ其狀日本人 若クハ朝鮮人ノ家作ニ髣髴タリ, 其後露佛人ニ邂逅シテ語次松島ノ事ニ及ヒ, 共ニ談話センニ此佛人ハ當夏本島ニ着船シテ矮屋四五軒目擊シ日本人ナラントテシ由ヲ述, 齊藤又云ルハ正助カ說ニ嘗テ石州ニテ見シニ 二三年前 同國ノ漁夫 柴田太平等七人 大風ノ爲ニ 松島ニ瓢着シ三年居住シテ二人歸リタル日紀アリ, サレハ此殘留セン者ノ住家カ或ハ又朝鮮人ノ來住スルナラン, 其人ハ何レノ國人ニモアレ松島ハ日本ノ一島ナレハ, 下奴此島ニ渡リ日本ノ屬島タル事ヲ示シ, 且漁獵ヲ開キ樹木ヲ伐リ之ヲ支那ト本港トニ運輸シテ國益ヲ計ラン, 渡嶋ノ許可請トテ一通ノ願書ヲ出セリ, 余モ此島ハ從來着目スル所ナレハ 明春東京ニ送ラントテ 預リ置ス.

第十四號 附 浦潮港日記抄

明治十年三月二十二日, 猪之吉來談シ, 其談話偶松島ノ事ニ及フ, 昨年同人長崎ヨリ渡來ノ時ハ 松島ニ近接シ 僅ニ一里ノ海上ヨリ一見セシニ 山上ニ分餘ノ所 二三十間方ノ白石アリ, 周圍ハ綠色ノ巨木ヲ以テ圍繞シ其白キコト雪ヲ欺ク, 又溪間ヨリ一條ノ炊煙ノ登ルヲ見タリ, 然レトモ溪間ナレハ 人家ヲ見コト能ハス, 世人又皆此島ノ周圍ニ鰒極メテ多シト唱フレトモ船行迅速ナレハ其有無ヲ認ルコト得スト, 余等モ一昨年二里ハカリ隔テ通行センカ, 白色ノ物ハ 瀑布ト認メタリ, 其故ハ三十間方モ有ント覺ル石ノ 斯ク彼此ノ別ナク 精白ナルハ 未タ嘗テ之ヲ見ス, 恐クハ瀑布ナラントト云タレトモ 猪之吉肯ンセス, 白石ナリト答フ, 此物若シ白石ナル時ハ必ス水晶瑪璃ノ如キ白色ノ寶石ヲ産スヘシ, 又善藏正助等ハ鰒ノ多キコト數千ノ豆ヲ散敷セルカ如シト云フ, 諸岡カ說ニ 蝦夷地ノ「リ-シリ」島ハ 蕞爾タル一小島ニテ周圍僅ニ三四里ナルカ, 夏日四五個月ノ間ニ 米價二万五千石ニ當ル鰒ヲ漁スト聞タリ, 松島ノ鰒ヲ漁セハ 國家ノ大益ヲ起ナント.

第拾五號

明治十年平信第二 番外甲號

本港地方四五百里之間ハ肅愼又女眞ト唱ヘ往古支那之版圖ニシテ中古日本ニ隸屬シ, 此時地名ヲ改メテ滿洲ト稱セシ由(滿洲ト改稱セシ原由ハ載テ中外經緯傳ニ在リ又壽人カ日記ニ在リ)其後又支那ニ復セシカ十餘年前寒國領ト爲ル, 然ルニ此地方ノ土人皆支那ノ舊習アリテ寒國人ヲ蠻夷ト稱シ更ニ服從セス, 視テ讎敵ノ如クス, 是故ニ寒國人モ滿人ヲ親愛スル事ナク, 唯威力ヲ以テ壓制セリ, 斯樣之形勢ナルニ由テ滿人常ニ寒國之政令ニ抗抵シ徒黨ヲ結ヒ一揆ヲ起ス事數次ナリ, 既ニ昨冬ヨリモ本港近地ニテ兩度蜂起セリ. ○又韓人ヲハ寒國人共大ニ愛撫シ滿人韓人喧嘩シテ訴テ出ル時ハ理非ヲ問ハス必ス韓人ヲ勝シメ滿人ヲ罰ス, 加之韓人ハ山中ニ入テ伐木スレ共何ノ罰ヲモ受ス, 滿人伐木スレハ必ラス罰セラル, 是故ニ韓人寒國人ノ威光ヲ假テ滿人ヲ侮慢侵淩スレ共, 韓人モ亦決シテ寒國政府ニ心腹スルハアラサルナリ, 陽ニハ其身ノ爲ニ服從ノ形ヲ顯シ陰ニハ寒國蠻夷ト稱シ更ニ服從スルノ意ナシ,然レハ韓人等脫國シテ來ル者ナキ道理ナレ共, 其本國常ニ租稅重クンテ政令暴虐殊ニ昨今兩年ハ飢饉ニテ路上ニ斃死スル者アル程ナレハ, 此飢渴之困苦ヲ遁レンカ爲ニ今尙陸續トシテ脫國スル者多シト云フ, 之ニ反シテ寒國領ニ來レハ無稅ニテ耕作セシメ無稅ニ而伐木セシメ且甚タ愛撫セラルルカ故ナリ, 決シテ寒國ノ政令ヲ愛望シ心服シ來ルニハアラサルナリ, 此機ニ投シ今急ニ嶋ヲ開キ韓國ノ北地ニ往返シテ米鹽其外國産物ヲ少シ低價ニ販賣セハ韓滿共ニ常ニ我ト舊好舊屬同文同體ノ緣故アル事ヲ唱へ親愛スル情實アレハ, 必ス服スル事鏡裡ニ照然タリ, 是小臣カ松島ヲ開拓シ紙幣ヲ交換シテ後日遠大ノ大策略アラン事ヲ希望スル所以ナリ, 謹言.

五月.

같은 해 11월 浦潮港 무역사무관 瀨脇壽人이 러시아령에 가게 되었는데 松島에 뜻이 있었다. 이미 千葉縣 佐倉의 상인 齊藤七郎兵衛라는 자가 상업차 이 항에 왕래하는 김에 松島에 접근하여 대충 그 지형을 정하여 이 섬을 개척하고자 한다는 願書를 무역사무관 瀨脇氏에게 주었으니 즉 별지 제13호가 이것이다.

제13호

松島開島願書幷建言

千葉縣하 제 10대구 6소구

下總國 印燔郡 좌창차정 상인

齊藤七郎兵衛

나의 배가 이번에 러시아의 浦潮港에 상업차 올해 11월 중에 항해하여 항구에 도착하여 市中을 때때로 巡見하였다. 2, 3년 전부터 재류하는 일본인 2, 3명에게 이 항구의 모양 등 자세한 것을 물었는데, 근년에 갑자기 개항지가 되어 가구와 여러 기물 모두를 갖추지는 않았으나 러시아인을 비롯하여 각국 상인의 개점이 연잇고 있으며, 人家도 매년 2백 채, 혹은 3백 채씩 증가하므로 가까운 숲의 나무는 남김없이 다 베어져 지금은 섶나무, 땔감으로 쓰이는 작은 재목을 제외하고 大角物板類에 쓰이는 큰 재목은 본국 長崎, 그리고 수십 리 떨어져 있는 몽고지방에서 운송해오고 있으므로 가격이 폭등하고 있다. 또한 營繕에 있어서는 木挽職, 大工職등 토착인들의 임금이 모두 높음은 물론 석공직 등은 별도로 친다해도 기술은 열악해 보인다. 이에 본국의 여러 직인들이 대거 몰려 와서 영업 등을 한다. 위와 같은 상황이므로 일찍이 들은 바 있는 황국의 屬島인 松島를 본 항에 항해할 때 살펴 본 바, 아주 작은 섬이지만 동남쪽이라고 생각되는 방향에 크고 작은 나무들이 서있어 푸르고 무성했으며 또 어류가 많았는데, 특히 전복이 많아 보였다. 이 섬의 물산은 우선 어류와 목재 두 종류로 이익이 많을 것 같으며, 광물도 있을 것 같다. 또한 도해해서 조사한다면 이 밖에 상품으로 할 만한 것을 틀림없이 찾아내 국익에 보탬이 되고 장사도 할 수 있을 것 같다. 이에 불초 소생이 두려움을 무릅쓰고 청원하건데, 開島를 분부해 주시도록 청원합니다. 위와 같이 분부를 내려 주신 후에 본국에 돌아가 신원이 확실한 사람 몇 명과 함께 立木을 伐木하고, 전복을 재어서 이곳 블라디보스톡 및 지나, 상해 등에 위해 伐木을 싣고 가 판매하고자 합니다. 무릇 여러 職人등, 이 또한 일본인 몇 명을 고용하여 데리고 가서 開島하기를 청원하므로 별 지장이 없으시면 위의 것을 허용해 주시도록 청원합니다.

위의 願書를 제출함에 붙여 瀨脇壽人은 별지 제14호와 제15호를 가지고 上申하였다. 이제 浦潮港日記에 보이는 松島 條를 초록하여 참고로 삼는다.

제14호

明治 10년 平信 제1

헤어진 후 겨우 6, 7개월간이 되었는데 서한과 신문을 보니 神風黨의 騷亂이 있었고 長黨의 봉기가 있었으며 이번에는 또 薩黨의 대전으로 국가에 일이 많아 낭비가 심해 인심을 선동하니 개화에 방해가 되고 있다. 皇天神明이 무릇 이렇게 나라에 불행을 내리시니 무슨 까닭입니까? 오호, 皇天에 호소해야 할지 神明에 歎訴해야 할지 소신 등은 실로 그 할 바를 알지 못하겠습니다. 그러나 사변이 이미 이에 이르렀으니 조정에 있는 大臣閣下는 그 직을 받들어 그 임무를 다하여 하루라도 빨리 진정시켜 국가를 평안하게 하는 名策을 시행해 줄 것을 바라는 것 외에는 없습니다.

小臣이 이곳의 형세를 살핌에 러시아가 鷄林을 노리고 있다고 생각되는 바 조금이라도 빨리 국내를 평정하고 인심을 안정시켜 鷄林의 북변에 조치를 취해 두는 것이 지금의 일대 급무일 것입니다. 지난해에도 말씀드린 대로 먼저 우리 屬島 松島에 착수하여 그로부터 鷄林의 북부를 왕복하여 우리 벼와 소금, 기타 국산물을 판매하면 수출을 증가시킴과 아울러 또 러시아인이 노리는 최근의 상태를 상세히 알 수 있을 것입니다. 요즈음 육상을 경유하여 한국 땅에 들어가는 자가 있고 또 해상으로 들어가는 자도 있는데 이들은 모두 그 近景을 정탐하기 위한 것이다. 別紙와 같이 武藤平學, 齋藤七郎兵衛 2명도 松島 開島願을 내었으니 바라옵건데 속히 허락을 내려주시기를 원합니다.

4월 25일　　　무역사무관 瀨脇壽人

外務卿寺島宗則殿

外務太輔○島尙信殿

松島一件은 이미 일본인의 형상을 한 사람이 거주한다는 것을 졸필로 일기에 자세히 기재해 두었으므로 한번 봐 주시기 바랍니다. 일기 중에 長崎縣에 관련된 사건이 있으므로 同縣에 한번 보도록 해 주십시오.

松島는 조선의 울릉도로 우리 판도 중에 있지 않으며, 齊藤某의 願意는 허가할 수 있는 권한이 없다고 답해야 할 것이다.

위의 것은 公信局長田邊太一의 附札이다.

제14호附 浦潮港日記抄

明治 9년 12월 18일에 齊藤이 와서 말하기를, 지난밤 但州人 正助 有田이 아우 善藏, 기타 村次 등 두세 명을 모아 商法의 사건을 말했는데, 正助의 이야기로는 올봄에 이 항구에 도해해 가는 해상에서 松島를 한번 봤더니 육지에는 巨樹가 울창하고 무성하였으며 바다 안에는 어류가 매우 많고, 특히 전복이 많아 해저에 콩을 흩뿌려놓은 것 같았다. 이때 섬 안으로부터 한 가닥의 검은 연기가 높이 올라왔으니 반드시 人家가 있다고 생각하여 이 항구에 도착한 후 善藏에게 이 일을 이야기하자 善藏은 검은 연기뿐 아니라 멀리 나무 사이로 稟屋이 2채 있는 것을 보았는데 가옥은 아주 왜소하여 그 모양이 일본인, 혹은 조선인이 만든 집과 비슷했고 그후 러시아와 프랑스인을 만나 이야기하던 중 松島의 일에 미치자 함께 이야기했는데 이 프랑스인이 금년 여름 이 섬에 배를 대었을 때 작은 집 4, 5채를 목격했으며 일본인인 것 같았다고 말했다. 齊藤은 또 말하기를, 正助가 말하기를, 일찍이 石州에서 보건대 2, 3년 전 동향의 어부, 柴田太平 등 7명이 태풍 때문에 松島에 표착하여 3년 동안 거주하다가 2명은 돌아갔다는 日紀가 있으니 이 잔류한 자의 主家이던지 혹은 조선인이 와서 거주한 것일 것이며, 그 사람이 어느 나라 사람이든지 松島가 일본의 섬이라면 下奴를 이 섬에 보내어 일본의 屬島임을 보여주고 또 漁獵을 시작하고 수목을 벌목하여 그를 支那와 이 항에

運輸하여 국익을 도모해야할 것이라고 했다. 도해 허가증으로 한 통의 願書를 제출하며, 나도 이 섬은 종래부터 주목해 오던 바로, 내년 봄 동경에 보내기 위해 받아 두었다.

제14호 附 浦潮港日記抄

明治 10년 3월 22일, 猪之吉이 와서 이야기하는데 우연히 松島의 일을 말하게 되었다. 작년 같은 사람이 長崎에서 渡來했을 때 松島에 근접하여 거의 1리 정도의 해상에서 보았는데 산 위에 여러 곳에 사방 2, 30間의 하얀 돌이 있으며 주위는 녹색의 거목이 둘러쌌는데 눈처럼 하얗었다. 또 계곡 사이로부터 한 가닥의 炊煙이 올라오는 것을 보았으나 계곡 사이에서는 人家를 발견할 수 없었다. 世人들이 모두 이 섬 주위에 전복이 매우 많다고 외치지만 배가 신속하게 가면 그것이 있는지 없는지를 인식할 수 없었다. 우리들도 재작년 2리 정도 떨어져 통행했는데 흰색의 물건을 폭포라고 생각하였다. 그 까닭은 사방 30間으로 보이는 돌이 이와같이 彼此의 구별 없이 완전히 흰색인 것은 아직 일찍이 보지 못했기 때문이다. 아마도 폭포일 것이라고 말해도 猪之吉은 믿지 않고 흰 돌이라고 했다. 이것이 만약 흰 돌이라면 반드시 수정, 瑪璃와 같은 흰색의 보석을 산출할 것이다. 또 善藏, 正助 등은 전복이 많아서 수천 개의 콩을 흩뿌려놓은 것 같다고 했는데 諸岡이 말하기를 蝦夷地의 'リーシリ'섬은 아주 작은 섬으로 주위가 겨우 3, 4리이나 여름 4, 5개월 사이에 米價로 2만 5천석에 상당하는 전복을 잡는다고 들었다. 松島의 전복을 잡는다면 국가의 큰 이익이 될 것이다.

제15호

明治 10년 平信 제2 番外甲號

이 항구가 있는 지역 4, 5백 리 사이는 肅愼 혹은 女眞이라고 불리며 옛날에는 支那의 판도였다가 中古에 일본에 예속되었다. 이때 이름을 바꾸어 만주라고 칭했다.(만주로 개칭한 原由는 中外經緯傳에 실려있으며 또 壽人의 일기에 있다.) 그 후 다시 支那에 복속되면 10여년 전 寒國領이 되었다. 그러나 이 지방의 토착인들은 모두 支那의 구습이 있어 寒國人을 蠻夷라 부르며 복종하지 않고 그들을 보기를 원수와 적같이 하였다. 이런 까닭에 寒國人도 滿人을 친애하지 않고 다만 위력을 써서 압제하였으니 이러한 형세가 됨에 따라 滿人들은 항상 寒國人의 政令에 扰抵하여 도당을 결성하고 一揆를 일으키는 일이 여러 차례였다. 이미 작년 겨울부터도 이 항구 부근 지역에서 두 차례의 봉기가 있었다. 또 寒國人은 韓國人을 크게 愛撫하여 滿人과 韓人이 다투어 항의가 있을 때에는 그 이치와 그름을 묻지 않고 반드시 韓人편을 들어 滿人을 罰하였다. 이뿐만 아니라 韓人은 산 속에 들어가 벌목을 하여도 어떤 벌도 받지 않았으나 滿人이 벌목하면 반드시 벌하였다. 이런 까닭에 韓人들은 寒國人의 威光을 빌어 滿人을 侮慢侵凌했다. 그러나 한국인도 또한 결코 寒國 정부에 심복한 것은 아니어서 겉으로는 그 자신을 위해 복종의 형태를 보였으나 속으로는 寒國을 蠻夷라고 칭하며 복종할 뜻이 없었다. 그러므로 韓人 등이 나라를 떠나오는 자가 없게 된 도리인데, 본국이 항상 조세가 무겁고 정령이 폭압적이라서 특히 최근 2년은 기근으로 길 위에서 죽을 정도였으므로 이 飢渴의 괴로움을 피하기 위해 아직도 육지를 통해 나라를 떠나는 자가 많다고 한다. 이에 반하여 寒國領에 오면 세금 없이 경작할 수 있어서 세금 없이 벌목할 수 있고 매우 愛撫받기 때문이다. 결코 寒國의 정령을 愛望하여 심복해오지는 않지만 이 기회에 매우 급히 섬을 열어 한국의 北地에 오고가며 쌀과 소금, 그 외 국산 물품을 조금 낮은 가격에 판매한다면 한국과 만주 모두 항상 우리와 舊好舊屬 同文同體의 연고가 있음을 외치고 있으며, 친애하는 情實이 있으면 반드시 복속할 것임은 거울에 비친 듯하다. 이것이 小臣이 松島를 개척하여 지폐로 교환함으로써 후일 원

대한 대책략을 이루기를 희망하는 이유이다. 謹言.

5월.

해설 요점

이 자료는 블라디보스토크 무역사무관 瀨照壽人이 상인 齊藤七郎兵衛의 건의를 받고 1877년 11월 러시아령 임지에 부임하면서 '송도개척'에 뜻을 두게 되었는데, 그 상인의 건의를 자료 제13호로 기록하고, 무역사무관 瀨照가 외무대신에게 제출한 '송도개척원'(제14호 자료)과 松島의 지형과 물산의 풍부함을 설명하기 위해 개척원에 부록으로 제출한 『포조항일기초(浦潮港日記抄)』(제14호 부록 및 제15호)의 발췌 기록을 수록하였다.

(124)『竹島考證』下 (4)

同時武藤一學ノ松島開島建白アリ, 卽第十六号是ナリ.

第十六號

松島開島之建白

迂生不肖ヲ以テ開墾開島等ノ事トモ建白候ハ眞ニ恐懼ニ堪ヘス, 幾回カ閣筆候ヘトモ富國ノ一端トモ存込候儀ヲ黙止スルハ是又本懷ニ無之, 朦昧ヲ顧ミス誠衷ヲ表シ候ハ我カ西北ナル松島開島ノ事ナリ, 既ニ客歲東京ニ於テ建白セシカトモ尙又彼島ノ諸産物等精密ニ取調ヘ明細ニ相記シ上申セント, 一念一日トシテ止ム時ナク種種探索ニ及ヒ, 只管開島ノ事ニノミ焦慮罷在候, 扨迂生此海路數度航海致シ其每度ニ目擊シ粗形況ハ記憶致候ヘトモ, 尙又熟視セント存既ニ客歲當港ヘ渡來ノ節モ彼島ノ沿海ヲ通リ極目シテ其土地ノ形況及ヒ草木等ヲ一見セント欲スレトモ, 偶逆風起リ船行遲ク彼島ノ沿海ニ至ラサルニ既ニ日暮テ其地勢ヲ認ムルコト能ハス, 遺憾ノ至ニ堪ス, 之ニ因テ本港着後彼島ニ渡リ實地ヲ目擊セシ者モアラハ承度存, 當港ニ來着セショリ日本人ハ勿論朝鮮人或ハ米佛人抔ニモ此事ヲ承ルニ其談話頗ル採ル所アリ, 其大略ヲ左ニ揭ケ謹テ再ヒ上言致候ナリ.

朝鮮人等ノ談話ヲ承ハルニ松島ハ東西三四里, 南北五六里ノ小島ナレトモ大益アル島ナリト申候ニ付, 其利益ハ何等ノ産物ヲ以テ云フヤト尋ケレハ我等本國ニ在シ時嘗テ聞及ヒシニ松島ハ大木繁茂シ, 第一ニ材木ヲ輸出スルニ利アリ, 且我カ國民等彼島ニ渡リ伐木シテ船ヲ造リ來ルモノ少カラス, 漁獵モ亦大ニ利アリ, 其他ノ産物モ多カルヘケレトモ未タ人民住居セサレハ知ヘカラスト云フ.

又米人「コ-ペル」氏迂生ニ云ヘルハ貴國ノ屬島松島ノ事ハ既ニ兩三年前ヨリ君等ニ告タレトモ貴國ニテハ未タ着手セサルヤ, 彼島ハ甚タ利益アル島ニテ捨置ヘキニ非ス, 然ルヲ無人島ト爲シ未タ嘗テ開島セサルハ何ノ故ソヤ, 彼島ヲ余ニ與ヘナハ大利益ヲ得ヘシ, 又貴國政府ニテ彼島開島ノ事ヲ余ニ委任セラレハ欣抃ノ至ナリ, 左スレハ貴國ノ利益ハ勿論余カ利トモナルヘシ, 仰キ願ハクハ此事ヲ貴政府ニ告ヨ, 余謁力シテ以テ開島シ, 然シテ貴政府ニ利益ヲ得セシムヘシ, 乞フ余ト共ニ連合シテ以テ開島アラン事ヲト, 幾度モ申ツレハ其利益ノ件件ヲ聞ニ詳ニ語ラス, 唯樵漁ノ益ニテモ多カルヘケレトモ夫ノミニ非ス, 我レ目的トスル所アリト云フノミ, 迂生之ヲ以テ考フルニ同氏ハ本港ニ在テ豪商ナレトモ常ニ鑛山ノミ着目シ商業ヲ專ラト爲サル程ノ者ナレハ, 必ス鑛物アラント思フナルヘシ, 又佛人「ヲージー」ト云フ者ノ說ヲ聞ケハ松島ハ巨木生繁リケレハ元ヨリ良材ノ利益少ナカラス, 加之海岸ニハ支那人ノ多ク賞翫スル鮑ノ多キ事譬フルニ物ナシ, 何ソ貴國ニテ開島セサルヤトイヘレハ實ニ見込アル島ナリ, 且衆人利益アル島トイヘハ果シテ然ラン, 斯程ノ島ヲ無人島トナシ置キ其利益ヲ捨置カハ何ヲ以テカ國ヲ富サン, 何ヲ以テカ輸出ヲ增ン, 此利ヲ得スンハ有ヘカラス, 動モスレハ外人密ニ彼島ニ至リ其利益ナル物ヲ運輸スルヤモ量リ難シ，左スレハ我國ノ寶ヲ外人ニ奪掠セラルルニ異ナラス，誰カ之ヲ惜マサラン，迂生曾テ聞ク國富テ兵强シト，然ラハ一毫ノ利タリトモ國ニ入ルルハ是レ富國ノ基礎ト云フヘシ，因テ彼島ハ小島タリトモ其産物ノ利益ヲ捨置所ニ非ス，〇愚案スルニ松島開島ノ事ハ皇國ノ要務ニシテ國家强盛ノ一助トナル事ナレハ寸刻ヲ怠ルヘキ事ニ非スト，夫レ松島ハ一塊ノ小島ナレトモ要島ナリ，其故ハ西ハ朝鮮，北ハ露領滿洲地方ニ接スレハ事變ノ起ルニ臨テ他邦人ノ足溜トモナルヘケレハ，早ク人民ヲ移シ開墾シテ樵漁ノ利益ヲ得，國ヲ富スニ如カス，若今開島ノ用意アラサレハ終ニハ外人ノ所有トナルヘシ，如何トナレハ各國人本港へ航海スルモノ皆彼島ヲ着目シテ其利益ノ有無ヲ評スレハナリ，且客歳四月中露國船彼島ノ周圍ヲ測量セシ由ナレハ第一露國ニテ此島ヲ着目シ開ントスルノ意ナルヘシ，素ヨリ露ハ國ヲ擴メ亞細亞ヲ併呑セント欲シ遠大ノ策略アレハ必ス此島ヲ開キ人民ヲ植ヘ不時ノ用意トスルハ勿論ノ事ト察セラル.

今此島ヲ開カスシテ基儘ニ捨置時ハ着手スル期ヲ失ヒ，恐ラクハ外人ノ所有トナラン，倘シ外人ヨリ着手セラル，時ニ當テハ臍ヲ唑ムトモ及フマシ，且紛紜タル爭論ヲ釀サン，是レ皇國ノ一大事件ニ係ハル所ニシテ迂生ノ深ク痛心スル所ナリ，世俗ニ曰ク一步ヲ進ム時ハ則チ一步ノ國力ヲ增ス，一步ヲ退ク時ハ則チ必ラス一步ノ國力ヲ減スト，實ニ是レ當然ノ理ナリ，然ルニ松島ハ我カ屬島ニシテ西北ノ要島ナレハ急ニ一步ヲ進ンテ開カスンハアルヘカラス，倘シ手ヲ空フシテ進マスンハ退クニ異ナラス，遂ニ我カ一島ヲ失フニ至ラン故ニ今此島ヲ開キ斷然我カ屬島タル事ヲ示シ以テ後ノ憂患ナキ事ヲ謀ルノ肝要ナルニ如ス，然ラサレハ我カ屬島ニシテ屬島ニ非ス，後退シテ國力ヲ減スルニ至ル，誰カ此事ヲ思ハサラン，譬へハ此島ニ鑛山アリト雖トモ行テ地景ヲ見サルノミナラス，未タ曾テ人民住居セサレハ豈鑛物ノ有無ヲ知ルヘケンヤ，漁獵ノ利益ハ云ハスシテ知ルヘシ，良材ノ利モ亦然リ故ニ樵夫漁夫ヲ植へ開島スレハ追日物産ノ多ニ至ラン, 且又鑛物モアラン, 因テ速ニ着手セスンハ有ヘカラス, 若シ外人鑛物幷ニ諸産物ノ利益アル事ヲ知テ密ニ船ヲ艤シ其利益ナル物ヲ持去ルトモ人民住居セサレハ誰アツテ之ヲ知ル人ナク彼レ縱ニ利益ヲ得ルニ至ラン, 左スレハ其利ヲ見ナカラ外人ニ與フルニ異ナラス, 譬ヘハ寶ノ山ニ入テ手ヲ空フシテ歸ルカ如ク, 加之我カ屬島ハ外人ノ屬島タル事云ハスシテ知ルヘシ, 是故ニ外人ノ着手セサルノ前ニ漁夫或ハ樵夫又ハ懲役人抔ヲ遣リ開墾シテ皇國ノ屬島タル事ヲ著シク各國ニ輝カサハ誰カ猥リニ此島ニ入リ踏ミ荒スヘケンヤ, 此頃聞ニ彼島ニ何レノ國ノ漂民カ或ハ漁夫カ判然セサレトモ二軒ノ藁家アリト, 其他木蔭ヨリ煙モ立ケレハ大方人家ナラントノ說ナレハ, 一刻モ早ク開島シテ其大樹ヲ伐リ良材ヲ船ニ積ミ現今盛大ニ開港スル本港ニ運輸シ, 或ハ支那上海ニ輸出シ賣却スレハ其利益少カラス, 又鑛山アル時ハ之ヲモ開キ往, 皇國ノ所轄ト爲サハ是レ廣大ノ利益ナラスヤ, 殊ニ又朝鮮ト盟約ヲ爲シタル上ハ同國ノ咸鏡道邊ニ開港スルナラン, 然レハ朝倭ノ船舶ハ勿論各國船モ絶ス往復アレハ先ツ燈臺ヲ設ケ暗夜ノ航海ト雖トモ患ナキ事ヲ量リ以テ航海家ノ安堵ニ歸セシメハ誰カ皇國ノ仁意ヲ感佩セサランヤ, 左スレハ各國交際ノ倍倍厚キニ至ラン, 是レ迂生ノ平日希望スル所ナリ, 餘ハ嚮ニ建白セシ如クナレハ筆ヲ閣ス, 仰キ願ハクハ御英斷アリテ速ニ開島ノ用意アランコトヲ請フ.

明治十年五月六日

露領浦潮港在留　　　武藤平學

同年六月七日ニ至リ瀨脇貿易事務官ヨリ兩回ノ公信アリ, 卽別紙第十七號十八號是ナリ.

第十七號

公信第三號(明治十年六月)

小臣儀ハ十八公島開拓一件御回答有之候號御待臣居候, 右御許容之上ハ歸路一寸同島へ上陸致シ, 地形其外村木之種類大小, 漁獵ノ模樣, 港口地形況等遂一一見致シ, 明春渡島之用意仕, 主吏ヨリ時宜ニ寄リ支那上海へ渡リ, 同所向之材木厚サ長サ幷ニ板類長短厚薄等承リ, 且右材木類切時積送候テモ買入候様支那人ト條約取結罷歸申度候, 當冬本港へハ書記生差置候迄ニモ及ヒ申間敷, 武藤平學ヲ一等書記見習ニ御拔有之, 留守居ト称シ居留爲致度候, 同人儀ハ久敷本港ニ在留仕, 商法ヨリ朝露事情ヲモ呑込居候間, 冬中人員寡少之時間ハ同人ニテ不足有之間敷候, 右ニ付諸岡通義儀開島一件御伺旁歸朝爲致候同人代員ハ轌時ニ付長崎人ノ露語ニ通候者相雇候様仕度候, 小臣儀ハ九月頃迄在勤松島一見之上歸朝仕度候, 此儀御許容ニ相成侯ハハ諸岡再渡又ハ電信ニテ御報知可被下候, 此段御伺申上度如此ニ候也.

明治十年六月二十五日

貿易事務官 瀨脇壽人印

外務卿寺島宗則殿

外務大捕鮫島尙信殿

二展松島ハ巨樹澤山繁茂致シ居候間, 右ニ陳述候通支那地幷ニ本港へ輸出之積ニ御坐候, 本港向之材木厚薄長短等ハ取調置候得共, 支那向之寸法相分兼候, 大抵長埼ヨリ支那地へ輸出之寸法ハ一寸板ニテ長サ七尺六枚, 一間物ニテ八拾錢之由, 五寸角長サ一間ニテ八九拾錢貳間物ハ其價壹倍半ヨリ貳倍以上之由, 長崎稅官輸出表ニヨレハ板材木共此直段之三四倍ニ登リ居申候, 且又同島ハ魚束獵有之候趣ニテ獨乙船亞船同島近海ニテ海年魚束獵致シ, 此兩國之魚束獵船ニ雇ハレ漁獵致シ候日本人, 只今本港ニ兩三人在留候間此者ニ命シ魚東獵爲致度候, 右樣之次第ニ付十八公島御開ハ例之兩國關係視察ヨリ御國産輸出增加兩條ヲ兼所謂一擧兩全之御策略ニ御座候, 是非御許容有之候樣仕度偏ニ奉願候.

(下ヶ紙)

松島ハ朝鮮ノ鬱陵島ニシテ我版圖中ノモノナラス, 文化年間既ニ朝鮮政府ト往復ノ書アリト覺ユ, 我ニテ開墾着手スルハ固ヨリアルマシキ事由ヲ答フルコト然ルヘシ, 且歸路上陸港等見分スヘキトノ旨ハ如何ナル船ヲ雇ヒ此事ヲ圖ル積ナリヤ, 海軍ノ一盤ヲ借ルカ三菱ノ汽船ヲ傭フカ其見込モ迂踈ニ近シ, 況ンヤ上海ヘ至リ直賣ノ條約ヲナス如キニ至リテハ未タ出スマテニ至ラサル島ノ立木ヲ何等ノ算方アリテソノ約ヲナス迄ニ見込ノ附ヘキヤ, 大切談夢ニ近キモノト被考候.

後事處分ハ伺ノ趣ニテモ差支アルマシ, 但未知平學ノ何人タルヲ.

右者公信局長田辺太一附ケ札也.

第十八號

明治十年第八號

今般御無異御歸朝ニ相成, 欣然奉恭賀候, 小官儀無恙奉職仕候間, 乍憚御省念可被下候, 去冬以來上申仕候松島開墾一件御許容相成候樣仕度奉存候, 露軍艦七八隻昨冬ヨリ亞國ヘ參居候處, 漸次ニ入港, 此外本國ヨリモ不入港候樣評判ニ御坐候, 此船舶韓地ヨリ松島近海測量, 韓地探偵候樣申事ニ承申候, 先鞭致サレ候テハ口巠臍候共無益ニ付, 先便申上候通來九月小官歸朝候節島渡上陸仕, 地形港口ヨリ材木産物等一見致シ置, 明春着手ノ都合ニ仕度此段至急奉伺候也.

明治十年七月二日

在浦潮港貿易事務官 瀬照壽人

外務卿代理 森 全權公使殿

右ニ付尙松島ノコトニ付諸吏見込ヲ陳セシム, 其書具備セス, 今記錄局坂田諸遠ノ意見書一通左ニ載ス, 卽第十九号是ナリ.

第拾九號

松島異見

松島竹島ノ二島ハ往昔隱岐國ノ管內ニシテ同國福浦ヨリ戌亥ノ方其, 距離四十里許ニ松島アリ, 松島ヨリ遙ニ離レ朝鮮ニ近キ事琉球ノ八重山ト臺灣福州ノ地ヲ見ルニ等シ, 伊藤長胤カ輶軒小錄ニハ隱州ヲ去ル事三十里, 北ニ磯竹島在リト記セシハ證スルニ足ラス, 今隱州視聽合記ヲ考フルニ戌亥間行二日一夜有松島, 又一日程有竹島(俗云磯竹島多竹魚海藻) 此二島無人之地 見高麗如雲州望隱州, 然則日本之乾地 以此州爲限ト見エタレハ, 粗其海路ノ里程ヲ推シテ知ルニ足レリ, 大日本國郡輿地路程全圖ニハ隱岐ノ北面北緯三十八度ニ松島竹島ノ二島ヲ載ス, 竹島ハ朝鮮ノ方ニ位置シ松島ハ隱岐ノ方ニ位置ス, 水戶人長久保赤水カ唐土歷代州郡沿革地圖中亞細亞小東洋圖ニモ竹島松圖ノ二島ヲ載セ, 大日本四神全圖ニハ朝鮮淮陽府江城ノ東海, 北緯三十八度ニ竹島アリテ其東南同緯度中隱岐ノ方ニ松島ヲ載セ, ホウリルロツクト記セシハ洋人ノ呼ヘル島名ナルヘシ, 此圖ハ松島ヲ大ニシ竹島ヲ小ニスレトモ他圖僉竹島ヲ大ニシ, 松圖ヲ小ニス.

大御國環海私圖ハ何人ノ著圖ナルヲ知ラネト, 隱岐ト朝鮮ノ間ニ松竹二島ヲ載セ, 高田屋嘉兵衛カ商船朝鮮海ニ出テ蝦夷地ニ乘ルトキハ下ノ關ヲ出帆シテ戌亥十八里ヲ流シ, 松竹二島ノ間ニ出轉シテ丑寅ヲ目當ニ乘リシニハアラスヤト, 同書ノ自註ニ記セリ, 宮崎柳條ガ新訂日本輿地全圖ニハ竹松ノ二島ヲ聊矛楯スルニ似タリト雖, 視聽合記ニ所言ヲ以テ考フレハ松竹ノ二島アルハ勿論ニテ强チニ松島ハ竹島ノ別号トモ定メ難キ歟.

右菅見ノ一二愚按ノ崖略御參考ノ爲雷覽ニ供へ候.

八月六日 坂田諸遠

右意見倍一定セサルノ處十年八月ニ至リ長崎縣下高來郡神代ノ人下村輪八郎ナル者アリ航海ノ序松島近傍ニ至リ滿島樹木蔚然タルヲ望ミ浦潮港ニ來ル, 於是齊藤七郎兵衛ト連名再ヒ松島開拓ノ願書ヲ瀬脇貿易事務官ニ出ス, 卽別紙第二十號是ナリ.

第二十號

松島開拓願

私私ㅅ儀一昨九年十二月中松島開拓事項ニ付不顧恐建言仕候處書面御取置ニ相成, 其後再願仕置候末, 本年六月中長崎縣下ヨリ左之下村輪八郎儀當港へ爲商用航海之砌, 右松島へ近接僅ニ壹貳丁之海上致乘船候テ現ニ目擊仕候處, 果シテ巨木繁茂シ和船之碇泊可致小港モ相見, 且漁獵之益モ可有之ト見受候ニ付, 當港ヨリ帆前船壹艘相雇, 實地景況探偵トシテ渡海可仕ト決約仕候間, 該地取調之上開拓方御許下ニ相成候樣奉懇願候, 右願之通御申付被成下候ハ乍恐皇國之屬島タル事モ相顯レ, 且御國益ニ碎心致シ候廉モ相立可申ト冥加至極難有仕合ニ奉存候也.

明治十一年八月十五日

長崎縣下第九大區四小區 肥前國高來郡神代四百五拾八番地

下村輪八郎印 千葉縣下第十大區六小區 下總國印旛郡佐倉田町 四拾四番地

齊藤七郎兵衛印

貿易事務官 瀨脇壽人殿

是ニ於テ松島巡島ノ議論起リ, 可否紛一決セス, 卽別紙第二十一號是ナリ

第二十壹號

松島巡視要否ノ議 公信局長 田邊太一

甲云, 他日開否ノ略定リテ而後今日視察ノ要否ヲ論スヘシ, 聞クカ如キハ松島ハ我邦人ノ命セル名ニシテ其實ハ朝鮮蔚陵島ニ屬スル于山ナリ, 蔚陵島ノ朝鮮ニ屬スルハ舊政府ノ時一葛藤ヲ生シ, 文書往復ノ末永ク證テ我有トセサルヲ約シ, 載テ兩國ノ史ニ在リ, 今故ナク人ヲ遣テコレヲ巡視セシム, 此ヲ他人ノ寶ヲ數フトイフ, 況ンヤ跡隣境ヲ侵越スルニ類シ, 我ト韓トノ交漸ク緖ニ就クトイヘトモ猜嫌猶未全ク除カサルニ際シ, 如此一擧ヨリシテ再ヒ一隙ヲ開カンコト尤交際家ノ忌ム所ナルヘシ, 況ンヤ英或ハ露船ヲ雇ヒコレニ赴カンコト, 又尤彼ノ忌ム所ニ出ツルヲヤ, 縱令該島ヲシテ韓籍ニ屬セストモ, 南無人島ヲ開キ琉球ヲ藩トスルモ識者或ハ其宜ニ非サルヲ論ス, 現今ノ務方ニ國脉ヲ靜養スルニアリ, 鮮ヲ煎テコレヲ擾ス計ノ得ルモノナラス.

松島斷シテ開ク能ワス, 又開クヘカラス, 其不能不可ヲ知テコレヲ巡視スル, 豈無益ナラサランヤ, 況ヤ後害ヲ釀サントスルヲヤ.

乙云, 開否ノ略ハ視察ノ後ニ非サレハ定ムル能ワス, 版圖ノ論今其實ヲ視ス, 只ニ蠹紙上ニ據信スルハコレヲ可トイフヘカラス, 況ンヤ我近海ニアリ我民ノ韓ノ內地ニ航スルモノ, 露ノ藩地ニ航スルモノ, 必由ノ途タレハ其地ノ狀形ヲ悉サスシテコレヲ不問ニ措ク, 我吾務ヲ盡ササルニ栽シ, 故ニ該 島ハ勿論所謂竹島ナルモノモ亦巡視シテソノ今日ノ狀ヲ詳知スヘシ, 巡視ハ必要スル所ナリ, サレトモ, 英露等ノ船ヲ雇ヒ僅ニ一日半日ノ碇泊ヲナシ一人二人ノ官吏上陸視察ストモ果果敷事ナキハイフヲマタス. 且今日ノ失フテハ再ヒスヘ

カラサル機會ナリトイフマテニモアラサレハ，西南勦定ノ後海軍モ無事閑暇ノ時アルヘケレハ，其時ニ至リ測量製圖等ニ熟セル海軍士官ト生産開物ニ明カナル官吏トヲ派差シテ，コレヲ檢セシメ，而後コレヲ書圖ニ徵シ古文書ニ照シテ初メテ松島ノ蔚陵島ノ一部ナリヤ，果テ于山ナリヤ又別ニ一ノ無主地ナリヤ，ヲモ定得ヘク，將後來開墾シテ利益ノ有無ヲモ考得ヘシ故ニ，巡視ノ後ニアラサレハ開否得議ヲ定メカタシ，松島必巡視セサルヘカラサルナリ，然レトモ瀬脇氏ノ議ノ如キハ敢テコレヲ可トセス，必將ニ他日ヲ竢アルヘ.

丙云，英國新聞ニ露國ノ東路ヲ預妨セントテ既ニ太平海北部ニ一ノ海軍屯站ノ地ヲ要セントスルノ論アリ，松島等ノ如キ或ハ彼カ注目スル處タルモ知ルヘカラス，且聞該國官船シルビヤ長岐ヨリ韓地ニ航セリト，當時我譯官乘組居ラサレハ何ノ地ヲ航過セシヤヲ知ルニ由ナシ，或ハ該國ヲモ預メ巡視セシメ右シコト必無トモ信シカタシサレハ今ニモ英公使或ハシカラストモ他ヨ該島ニ就キ云云ノ論アルトキ一切知ラスト答ヘンハ頗ル忸怩ナキアタワス，所謂不都合ナルモノナリ. 故ニ今日ノ策ハ甲乙ノ所論ノ如キ開否等ノ議ニ涉ラス，聊ニテモ該島ノ現狀ヲ知ルコトヲ急務トセリ. 故ニ誰ニテモ其地ヲ巡視スヘキノ望アルモノ，何船ニテモ其近傍ヲ航シ甘ンシ，寄椗セントイフモノアレハコレヲ許可シ，コレヲ雇フヲ可ナリトイヘトモ，ソノ効ヲ椗ムルモノハ只ニ前ニ述ル所ノミニ止ルモノナルハ計算上多費ヲ要スルコトハ妙トセス，須ク如此効ヲ收ムルコト若干ノ價アルヘキヲ算シ若干金ヲ瀬脇氏ニ付シ，是額內ヲ以テ此擧ヲナスヘキヲ命セハ計ノ得ルモノニ哉カシ，我邦人外國ノ船ニ搭シ韓地ニ至リシトテ韓政府ノ猜嫌ヲ增サントノ過慮ハナキニアラストイヘトモ，該島ニ在ル韓民(縱令官吏アルモ)邦人ト外國人トヲ區別スルノ眼睛モアルマシケレハ斷然交隣ノ誼ニ於テハ妨碍ヲ生セサランコトヲ信ス

같은 때 武藤一學의 松島개척 건의가 있었으니 즉 제16호가 이것이다.

제16호

松島開島之建白

迂生이 불초한 몸으로 개간, 開島 등의 일을 건의하는 것은 실로 두려움을 감당할 수 없다. 몇 번이나 그만두려 하였으나 富國을 위한 일단이라고 생각하는 것을 가만히 그만두는 것 또한 본심이 아니므로 蒙昧를 생각지 않고 誠衷를 표하니 우리 서북의 松島 開島에 관한 일이다. 이미 지난해에 동경에 건의하였지만, 다시 그 섬의 산물 등을 정밀하게 조사하여 세밀하게 기록하여 上申하기 위해 한순간 하루도 쉬지 않고 탐색하여 오로지 開島에만 마음을 썼다. 迂生이 이 해로를 여러 차례 항해하면서 그때마다 어렴풋이 경관을 기억하고는 있지만, 더 상세히 보려고 생각하여 이미 지난해에 그 항에 도래했을 때도 그 섬의 연해를 통과하면서 그 토시의 形況과 조복 능을 한번 자세히 보고자 하였다. 그러나 逆風을 만나 배가 가는 것이 느려져 그 섬의 연해에 이르지 못했는데 이미 날이 저물어 그 지세를 알 수 없어 매우 유감스러웠다. 이에 본 항에 도착한 후 그 섬에 건너가서 實地를 목격한 사람이라도 있으면 말을 들어보고자 하여 이 항에 도착한 이래 일본인은 물론 조선인, 혹은 미국인, 프랑스인 등에게도 그에 관해 들어보니 그 談話 내용에 얻을 것이 있었다. 그 대략을 다음에 실어 삼가 다시 上言한다.

조선인 등의 담화를 듣건대 松島는 동서 3, 4리, 남북 5, 6리의 작은 섬이지만 큰 이익이 있는 섬이라고 할 수 있다. 그 이익은 어떤 산물을 가지고 말하는지를 물으니 우리가 본국에 있을 때 일찍이 듣기로 松島는 大木이 무성하여 첫째로는 재목을 수출하는 이익이 있고 우리 국민들이 그 섬에 건너가 벌목하여 배를 만들어오는 일도 적지 않으며 漁獵도 또한 크게 이익이 되며 다른 산물도 많지만 아직 사람이 사는지는 알 수 없다고 한다. 또 미국인 '코펠' 씨가 迂生에게 말하기를 귀국의 屬島인 松島의 건은 이미 2, 3년 전부터 당신들에게 고하였으나 귀국에서는 아직 착수하지 않고 있다. 저 섬은 매우 이익이 있는 섬인데 버려두어서는 안된다. 그런데 무인도라고 하여 아직 開島하지 않음은 무슨 이유에서인가.

저 섬을 나에게 준다면 큰 이익을 얻을 것이다. 또 귀국 정부에서 저 섬의 開島의 일을 나에게 위임한다면, 매우 기쁘겠다. 귀국의 이익은 물론 나도 이익이 될 것이다. 우러러 바라는 것은 이일을 貴 정부에 고하라. 내가 힘을 다하여 開島하여 귀 정부에 이익을 얻게 할 것이다. 나와 함께 연합하여 開島할 것을 청한다. 몇 번이나 말하지만 이익의 하나하나를 상세하게 말하지는 않겠다. 단지 樵漁의 이익도 많겠지만 그뿐만이 아니다. 우리가 목적으로 삼고 있는 바가 있을 뿐이다. 迂生이 이를 고려함에 있어, 同氏는 본 항의 豪商이지만 항상 광산에만 착목하며 상업을 전업으로 하는 사람으로서 반드시 광물이 있을 것이라고 생각할 것이다. 또 프랑스인 'ヲージー'라는 사람의 말을 듣자면 松島는 거목이 무성하게 자라 원래부터 良材의 이익이 적지 않다고 한다. 뿐만 아니라 해안에는 支那人이 매우 칭찬하는 전복이 많으니 다른데 비길만한 것이 없다. 귀국에서 開島하지 않고 있는데 실로 가능성이 있는 섬이다. 또 여러 사람의 이익이 되는 섬이라고 하면 과연 그럴 것이다. 이 정도의 섬을 무인도로 한채 그 이익을 버려 둔다면 무엇을 가지고 나라를 부강하게 할 것이며 무엇을 가지고 수출을 증가시킬 것인가. 이 이익을 취하지 않으면 안된다. 조금이라도 잘못하면 외인들이 몰래 그 섬에 가서 이익이 되는 물건을 운반해 갈지도 모른다. 그렇다면 우리 나라의 보물을 외국인에게 빼앗기는 것에 다름 아니다. 누구나 그를 애석하게 여길 것이다. 迂生이 일찍이 듣기로 나라를 부강하게 하고 군대를 강하게 하려면 조금의 이익이라도 나라에 들어가게 하는 것이 富國의 기초라고 할 수 있다. 따라서 저 섬은 작은 섬이지만 그 산물의 이익을 버려 둘 수 없는 곳이다. 생각건대 松島 開島의 일은 황국의 중요한 업무로서 국가 강성에 일조할 수 있는 일이므로 촌각을 지체하지 않아야 할 일이다. 무릇 松島

는 한 덩이의 작은 섬이지만 중요한 섬이다. 그 이유는 서쪽으로는 조선이, 북쪽으로는 러시아령 만주지방에 접하여 事變이 일어난다면 다른 나라 사람이 머물게 될 수도 있으므로 빨리 사람들을 옮겨 개간하여 樵漁의 이익을 얻어 나라를 부강하게 해야 한다. 만약 지금 開島 준비를 하지 않으면 결국에는 외국인 소유가 될 것이다. 어쩌면 각국인이 본 항에 항해하는 자는 모두 저 섬에 착목하여 그 이익의 유무를 평하고 또 지난해 4월중에 러시아의 배가 그 섬의 주위를 측량했다고 하는데 러시아에서 이 섬에 주목하여 開島하고자 하는 뜻이 있었을 것이다. 평소부터 러시아가 나라를 빼앗아 아시아를 병탄하고자 하는 원대한 책략이 있다면 반드시 이 섬을 열어 인민을 옮겨 불시에 준비하는 것은 당연한 일이라고 생각된다.

지금 이 섬을 열지 않고 그대로 버려 두면 착수할 기회를 잃어 아마도 외국인 소유가 될 것이다. 외국인이 착수하게 되는 때에 가서는 분하게 여겨도 돌이킬 수 없다. 또 紛紜한 논쟁을 빚을 것이다. 이는 황국의 일대사건에 연결되는 바로서 迂生이 심히 마음 아파하는 일이다. 세속에서 말하기를 한 걸음을 나가면 곧 한 걸음의 국력을 증가시키고 한 걸음을 물러나면 반드시 한 걸음의 국력을 감소시킨다고 하니 실로 이는 당연한 이치이다. 그런데 松島는 우리의 屬島로서 서북의 중요한 섬이므로 급히 한 걸음을 나아가 열지 않으면 안된다. 갑자기 손을 비우고 나아가지 않으면 물러나는 것과 다르지 않으며 결국 우리 섬 하나를 잃게 될 것이다. 따라서 지금 이 섬을 열어 분명하게 우리의 屬島임을 보임으로써 이후의 憂患이 없도록 도모하는 것이 중요하다. 그렇게 하지 않으면, 우리의 屬島이면서 屬島가 아니며 후퇴하여 국력을 감소시킴에 이르게 된다. 누가 이 일을 생각지 않겠는가. 이를테면 이 섬에 광산이 있다고 하여도 가서 地景을 보지 않을 뿐 아니라 아직 일찍이 인민이 주거하지도 않으므로 어찌 광물의 유무를 알겠는가. 어렵의 이익은 말하지 않아도 알 것이다. 良材의 이익도 또한 그러하니 초부, 어부를 그곳에 옮겨 開島한다면 날이 갈수록 물산이 많아지게 될 것이며 또 광물도 있을 것이니 이에 속히 착수하지 않으면 안된다. 만약 외국인이 광물과 여러 가지 산물이 이익이 됨을 알고 몰래 배를 대어 그 이익이 되는 물건을 가지고 간다고 해도 사람이 살지 않는다면 누가 그것을 아는 사람이 없이 그들은 마음대로 이익을 얻게 될 것이다. 그러면 그 이익을 보면서 외국인에 주는 것에 다름 아니니 보물 산에 들어가 손에 아무것도 없이 돌아오는 것과 같다. 뿐만 아니라 우리의 屬島가 외국인의 屬島가 된 것은 말하지 않아도 알 것이다.

이런 까닭에 외국인이 착수하기 전에 어부, 혹은 초부, 그리고 징역인을 보내어 개간하여 황국의 屬島임을 밝게 각국에 알린다면 누가 함부로 이 섬에 들어와 밟아 거칠게 하겠는가. 이 즈음에 듣기로 그 섬에 어느 나라 표류민인지 어부인지 분명하지 않지만 2채의 稾家가 있다고 한다. 기타 木陰으로부터 연기가 피어 오르므로 아마도 人家라고 하는 說도 있다. 이에 일각이라도 빨리 開島하여 그 큰 나무를 베어 良材는 배에 쌓아 지금 성대하게 개항하고 있는 이 항구에 運輸하거나 혹은 支那 上海에 수출하여 매각하면 그 이익이 적지 않을 것이다. 또 광산이 있을 경우에는 그것도 개척해서 왕왕 황국의 所轄로 삼으면 이것이 광대한 이익이 되지 않겠는가. 특히 또 조선과 맹약을 맺은 이상 조선의 함경도邊에 개항하여 조선과 倭의 선박은 물론 각국의 배도 계속해서 왕복하게 되면 우선 등대를 설치하여 어두운 밤에 항해한다더라도 걱정할 필요가 없으니 결국은 안전한 항해로 이어질 것이니 누가 황국의 仁意에 感佩하지 않겠는가. 그러면 각국 교제가 몇 배 돈독해질 것이니 이는 迂生이 평소에 희망하는 바이며 나머지는 지난번에 建白한 것과 같으니 붓을 놓겠다. 우러러 바라건데 英斷을 내려 속히 開島의 준비를 할 것을 청원한다.

明治 10년 5월 6일　　　武藤平學

露領浦潮港在留

같은 해 6월 7일에 瀨脇 무역사무관으로부터 두 차례의 公信이 있었으니 즉 별지 제17호, 제18호가 이것이다.

(제17호 초역 생략)

위의 것은 公信局長田邊太一郎이 덧붙인 札이다.

(제18호 초역 생략)

위 松島의 事에 건에 대해 여러 관리들이 의견을 개진했는데, 그것을 전부 갖추지는 못했다. 이제 記錄局 坂田諸遠의 의견서 한 통을 다음에 실으니 즉 제19호가 이것이다.

제19호

松島異見

松島, 竹島 두 섬은 옛 隱岐國의 管內로 同國 福浦에서 북서 방향으로 40리쯤 떨어져 松島가 있다. 松島에서 멀리 떨어져 있고 조선에 가까운 것은 琉球의 八重山에서 대만 福州의 땅을 보고 있는 것과 같다. 伊藤長胤의 輶軒小錄에 隱州에서 30리 북쪽에 磯竹島가 있다는 기록은 증거로 삼기에 부족하다. 이제 隱州 視聽合記를 보니 북서쪽으로 1박 2일을 가면 松島가 있고 또 하루정도 거리에 竹島가 있다(속칭 磯竹島라고 한다. 대나무, 어류, 해조가 많다). 이 두 섬은 사람이 없는 땅으로 〈여기에서〉 고려를 보는 것이 雲州에서 隱州를 바라보는 것 같다. 즉, 일본의 북서는 이 주를 경계로 삼는 것으로 생각되는데, 그 海路의 길이를 추정하여 알기에 충분하다. 大日本國郡輿地路程全圖에는 隱岐의 북쪽 북위 38도 지점에 松島와 竹島 두 섬을 싣고

있고 竹島는 조선 쪽에 위치시켰으며 松島는 隱岐 쪽에 위치시켰다. 水戶人인 長久保赤水가 唐土歷代州郡沿革地圖 가운데 亞細亞小東洋圖에도 竹島와 松島의 두 섬을 실었으며 大日本神全圖에는 조선 淮陽府 江城의 동해 북위 38도에 竹島가 있고 그 동남쪽 같은 위도에 隱岐 쪽 방향에 松島가 있어 ホウリルロツク라고 기록되어 있으니 서양 사람들이 부르는 섬 이름일 것이다. 이 지도는 松島를 크게 하고 竹島를 작게 했는데 다른 지도는 모두 竹島를 크게 하고 松島를 작게 했다.

大御國環海私圖는 누가 그린 지도인지는 알지 못하지만 隱岐와 조선 사이에 松島와 竹島 두 섬을 실었고 高田屋嘉兵衛의 상선이 조선해에 나가 蝦夷地로 향해할 때는 下ノ關을 출범하여 북서쪽으로 18리를 가서 松島와 竹島 두 섬 사이에서 방향을 바꿔 북동쪽을 향해 항해하지 않았을까라고 同書의 自註에 기록되어 있다. 宮崎柳條의 新訂日本輿地全圖에는 竹島와 松島의 두 섬이 약간 잘못된 것 같지만 視聽合記의 말을 생각해보면 松島와 竹島 두 섬이 있는 것은 물론으로 억지로 松島를 竹島의 別號로 보기는 어렵지 않을까?

위는 저의 어리석은 견해로 참고를 위해 제출하니 읽어주시기 바랍니다.

8월 6일 坂田諸遠

위의 의견은 결론이 나지 않다가 10년 8월 長崎縣 高來郡 神代의 사람 下村輪八郞이라는 자가 항해하다가 松島 근방에 이르러 섬 가득히 수목이 울창한 것을 보고 浦潮港에 왔는데, 이때 齊藤七郞兵衛와 연명으로 다시 松島 개척의 願書를 瀨脇 무역사무관에게 제출했다. 즉 별지 제20호가 이것이다.

제20호

松島開拓願

저는 재작년 명치 9년 12월 중에 松島 개척 사항에 대해 두려움을 무릅쓰고 건언하였는 바, 書面만 제출된 채로 있어 그후에 다시 청원한 끝에, 올해 6월중에 長崎縣으로부터 아래의 下村輪八郎이 이 항구에 상업을 하기 위해 항해해 왔을때 위의 松島에 근접하여 겨우 한두 丁 떨어진 해상에서 승선한 채 목격한 바, 과연 거목이 무성하고 和船이 정박할 수 있을 만한 작은 항구를 볼 수 있었으며 또 漁獵의 이익도 있을 것처럼 보였다. 이에 항구에서 배 한 척을 빌려 實地의 景況을 살펴보기 위해 渡海 할 것을 약속했다. 그러므로 이 지역을 조사한 후 개척을 허가해 주시기를 바랍니다. 위에 청원대로 허락해 주신다면 황국의 屬島임을 분명하게 드러내고 또 國益에 마음을 바치게 될 명분이 됨을 삼가 감사하게 생각합니다.

明治 11년 8월 15일

長崎縣 아래 제 9大區 4小區 肥前國高來郡 神代 458번지

下村輪八郎

天葉縣 아래 제 16大區 6小區 下總國 印國郡 佐倉田町 44번지

齊藤七郎兵衛 印

무역사무관 瀨脇壽人殿

이에 松島 巡島에 대한 논의가 일어났는데 可否가 紛紛하여 결정할 수 없었으니 즉 별지 제21호가 이것이다.

제21호

松島巡視要否의 議 公信局長田邊太一

甲은 말하기를, 개항은 다른 날 그 여부를 결정하고 오늘은 시찰의 要否를

논해야 할 것이다. 듣건대 松島는 우리 나라 사람이 명명한 것이지만 실제로는 조선의 울릉도에 속하는 于山이다. 울릉도가 조선에 속한다는 것은 舊정부 당시에 한차례 갈등을 일으켜 문서를 주고받은 끝에 영구히 증거로 삼되 우리의 것이 아니라고 약속하였으며 그것은 양국의 역사에 실려있다. 지금 이유 없이 사람을 보내어 순시하는 것은 남의 보물을 헤아리는 것이며 이웃의 지경을 범하는 것과 같다. 우리와 한국과의 교류가 겨우 시작되어 가고 있다고는 하지만 싫어하고 의심함은 아직 다 없어지지 않았는데 이처럼 일거에 다시 틈을 만드는 것은 교제하려는 자들이 꺼리는 바일 것이다. 하물며 영국, 혹은 러시아의 배를 빌려, 그곳에 가는 것은 또한 더욱 저들이 싫어하는 것이다. 비록 그 섬을 韓籍에 속하지 않게 한다해도 남쪽의 무인도를 열어 琉球를 藩으로 삼는 것에 대해 식자들은 혹 그것이 분명히 잘못임을 논한다. 현재, 힘써야 할 일은 國脈을 靜養하는 데에 있는 것이지 조선을 애태우게 하여 이를 어지럽혀서는 얻을 것이 없다.

松島는 결코 열 수 없고 또 열어서는 안된다. 그 不能, 不可를 알면서 이것을 순시하는 것이 어찌 무익하지 않은가. 하물며 이후의 害를 만들 것임에야.

乙은 말하기를, 개척 여부의 대략은 시찰한 후가 아니라면 정할 수 없다. 版圖의 논의는 지금 그 실상을 볼때 다만 蠹紙상에 근거하여 믿는 것이라면 이것을 옳다고 할 수는 없다. 하물며 우리 近海에 있으며 우리 민이 한국의 內地로 항해할 때, 러시아의 藩地에 항해할 때나 모두 반드시 경유해야 하는 길이라면 그 땅의 상황과 모양을 다 알아보지 않고 불문에 붙여두는 것은 우리의 의무를 다하지 않는 것이다. 그러므로 이 섬은 물론이고 이른바 竹島라고 하는 것도 역시 순시하여 그것의 지금의 상태를 상세하게 알아야 할 것이다. 순시는 필요한 바이다. 그러나 영국, 러시아 등의 배를 빌려 겨우 하루, 반나절 정박하여 한두 명의 관리가 상륙하여 시찰한다고 해도 떳떳하지 못함은 말할 것도 없다. 또 이번을 놓치면 다시 할 수 없는 기회라는 것은 말할 것도 없다. 서남전쟁이 진정된 후 해군도 일이 없이 한가한 때가 되면 그때 측량과 제도 등에 숙달된 해군 사관과, 생산 開物에 밝은 관리를 파견하여 이를 살펴보게 한 이후에 이를 書圖에 비추어보아 문서에 비추어보아 비로소 松島가 울릉도의 일부인지 또는 과연 于山인지가 될 것이다. 또 다른 별도의 주인 없는 땅인지도 결정될 것이며 장차, 개간 후 이익의 유무도 생각해 볼 수 있을 것이다. 그러므로 순시한 후가 아니면 개항이 불가한지의 논의를 정할 수 없으니 松島는 반드시 순시해야만 한다. 그렇다고 해도 瀨脇 씨의 논의같은 것은 감히 이를 허가할 수 없다. 반드시 장차 다른 날을 기다려야 할 것이다.

丙은 말하기를, 영국 신문에 러시아가 東路를 예방하고자 하여 이미 태평해 북부에 하나의 해군 둔참의 땅을 필요로 한다는 논의가 있다. 松島 등과 같은 것은 혹 저들이 주목하는 장소일지도 모른다. 또 듣자니 러시아의 官船 '실비아'가 長崎에서 韓地에 항해했는데 당시 우리의 역관이 함께 승선하지 않았더라면 어느 땅을 항해하여 지나는지를 알 까닭이 없었다. 혹은 그 나라도 미리 순시시키지 않았다고는 믿을 수 없다. 지금도 영국 公使 혹은 그 사람이 아닌 다른 사람이라도 이 섬에 대해 이런저런 논의가 있을 때 일체 모른다고 대답하는 것은 자못 부끄럽고 창피스러운 일이 아니라고 할 수 없을 뿐만 아니라 모양새가 좋지 않은 일이다. 그러므로 지금의 책략은 甲과 乙이 논한 것처럼 개척 여부의 논의에 관계하지 말고 이 섬의 현상을 아는 것을 급선무로 해야 한다. 그러므로 누구라도 그 땅을 순시해야 한다고 희망하는 자가 어떤 배로든지 그 근방을 항해하여 정박하려 한다면 이를 허가하고 이를 고용하는 것이 옳다. 그렇다고 하더라도, 효과를 얻는 것이 다만 앞에 서술한 것에 그친다면 계산상 비용을 필요로 하는 것이 이상한 것은 아니다. 모름지기 이와 같은 효과를 얻는 것에 약간의 대가가 있을 것임을 계산하여 약간의 돈을 瀨脇 씨에게 주어 이 액수 내에서 이 일을 치루어야 함을 명하면 계책을 얻을 수 있을 것이다. 우리 나라 사람이 외국의 배에 타고 韓地에 이르면 韓 정부의 싫어하고 의심함을 증가시킬 것이라는 지나친 염려가 없는 것은 아니라고 하더라도 이 섬에 있는 韓民(비록 官吏라도)이 일본 사람과 외국인을 구별하는 눈이 없으므로 단연 交隣의 도리에 있어서는 장애를 일으키지 않으리라고 할 수 있겠는가.

해설 요점

『죽도고증』 하권의 이 부분은 앞서의 武藤平學의 '송도개척' 건백서를 다시 자료 제16호로 수록하였다. 또한 블라디보스토크 무역사무관 瀨照가 1878년 6월 외무대신에게 보낸 두 통의 公信을 자료 제17호와 제18호로 수록했고, 외무성 기록국 관리 坂田諸遠의 송도에 대한 이견서를 자료 제19호로 수록하였다. 坂田은 『隱州視聽合記』를 비롯하여 일본 자료와 일본 및 서양의 지도 등을 인용하면서 외무성 국장의 견해처럼 松島가 조선의 울릉도 곧 竹島로서, 송도와 竹島가 하나의 섬이 아니라 동해 가운데 있는 별개의 2개의 섬이라는 의견을 제출했다는 것이다. 당시 일본 외무성은 竹島와 松島에 대해 매우 모호하고 혼란된 개념과 인식을 갖고 있었음을 알 수 있다.

또한 長崎 사람 下材輪人郎이란 자가 1878년 8월 블라디보스토크로 항해하다가 松島 근방에서 섬 가득하게 수목이 울창한 것을 보고, 앞서의 齊藤七郎兵衛와 연명으로 '송도개척원'을 무역사무관 瀨脇에게 제출한 것을 자료 제20호로 수록하였다. (중권, 본문 29~51쪽 참조)

(125) 『竹島考證』 下 (5)

是ニ於テ松島巡島ノ議論起リ, 可否紛一決セス, 即別紙第二十一號是ナリ.

第二十壹號

松島巡視要否ノ議 公信局長 田邊太一

甲云, 他日開否ノ略定リテ而後今日視察ノ要否ヲ論スヘシ, 聞クカ如キハ松島ハ我邦人ノ命セル名ニシテ其實ハ朝鮮蔚陵島ニ屬スル于山ナリ, 蔚陵島ノ朝鮮ニ屬スルハ舊政府ノ時一葛藤ヲ生シ, 文書往復ノ末永ク證テ我有トセサルヲ約シ, 載テ兩國ノ史ニ在リ, 今故ナク人ヲ遣テコレヲ巡視セシム, 此ヲ他人ノ寶ヲ數フトイフ, 況ンヤ跡隣境ヲ侵越スルニ類シ, 我ト韓トノ交漸ク緒ニ就クトイヘトモ猜嫌猶未全ク除カサルニ際シ, 如此一擧ヨリシテ再ヒ一隙ヲ開カンコト尤交際家ノ忌ム所ナルヘシ, 況ンヤ英或ハ露船ヲ雇ヒコレニ赴カンコト, 又尤彼ノ忌ム所ニ出ツルヲヤ, 縱令該島ヲシテ韓籍ニ屬セストモ, 南無人島ヲ開キ琉球ヲ藩トスルモ識者或ハ其宜ニ非サルヲ論ス, 現今ノ務方ニ國脉ヲ靜養スルニアリ, 鮮ヲ煎テコレヲ擾ス計ノ得ルモノナラス.

松島斷シテ開ク能ワス, 又開クヘカラス, 其不能不可ヲ知テコレヲ巡視スル, 豈無益ナラサランヤ, 況ヤ後害ヲ釀サントスルヲヤ.

乙云, 開否ノ略ハ視察ノ後ニ非サレハ定ムル能ワス, 版圖ノ論今其實ヲ視ス, 只ニ蠹紙上ニ據信スルハコレヲ可トイフヘカラス, 況ンヤ我近海ニアリ我民ノ韓ノ內地ニ航スルモノ, 露ノ藩地ニ航スルモノ, 必由ノ途タレハ其地ノ狀形ヲ悉サスシテコレヲ不問ニ措ク, 我吾務ヲ盡ササルニ栽シ, 故ニ該 島ハ勿論所謂竹島ナルモノモ亦巡視シテソノ今日ノ狀ヲ詳知スヘシ, 巡視ハ必要スル所ナリ, サレトモ, 英露等ノ船ヲ雇ヒ僅ニ一日半日ノ碇泊ヲナシ一人二人ノ官吏上陸視察ストモ果果敷事ナキハイフヲマタス. 且今日ノ失フテハ再ヒスヘカラサル機會ナリトイフマテニモアラサレハ, 西南勦定ノ後海軍モ無事閑暇ノ時アルヘケレハ, 其時ニ至リ測量製圖等ニ熟セル海軍士官ト生産開物ニ明カナル官吏トヲ派差シテ, コレヲ檢セシメ, 而後コレヲ書圖ニ徵シ古文書ニ照シテ初メテ松島ノ蔚陵島ノ一部ナリヤ, 果テ于山ナリヤ又別ニ一ノ無主地ナリヤ, ヲモ定得ヘク, 將後來開墾シテ利益ノ有無ヲモ考得ヘシ故ニ, 巡視ノ後ニアラサレハ開否得議ヲ定メカタシ, 松島必巡視セサルヘカラサルナリ, 然レトモ瀨脇氏ノ議ノ如キハ敢テコレヲ可トセス, 必將ニ他日ヲ竢アルヘ, 丙云, 英國新聞ニ露國ノ東路ヲ預妨セントテ既ニ太平海北部ニ一ノ海軍屯站ノ地ヲ要セントスルノ論アリ, 松島等ノ如キ或ハ彼カ注目スル處タルモ知ルヘカラス, 且聞該國官船シルビヤ長岐ヨリ韓地ニ航セリト, 當時我譯官乘組居ラサレハ何ノ地ヲ航過セシヤヲ知ルニ由ナシ, 或ハ該國ヲモ預メ巡視セシメ右シコト必無トモ信シカタシサレハ今ニモ英公使或ハシカラストモ他ヨ該島ニ就キ云云ノ論アルトキ一切知ラスト答ヘンハ頗ル忸怩ナキアタワス, 所謂不都合ナルモノナリ. 故ニ今日ノ策ハ甲乙ノ所論ノ如キ開否等ノ議ニ涉ラス, 聊ニテモ該島ノ現狀ヲ知ルコトヲ急務トセリ. 故ニ誰ニテモ其地ヲ巡視スヘキノ望アルモノ, 何船ニテモ其近傍ヲ航シ甘ンシ, 寄椗セントイフモノアレハコレヲ許可シ, コレヲ雇フヲ可ナリトイヘトモ, ソノ効ヲ椗ムルモノハ只ニ前ニ述ル所ノミニ止ルモノナルハ計算上多費ヲ要スルコトハ妙トセス, 須ク如此効ヲ收ムルコト若干ノ價アルヘキヲ算シ若干金ヲ瀨脇氏ニ付シ, 是額內ヲ以テ此擧ヲナスヘキヲ命セハ計ノ得ルモノニ哉カシ, 我邦人外國ノ船ニ搭シ韓地ニ至リシトテ韓政府ノ猜嫌ヲ增サントノ過慮ハナキニアラストイヘトモ, 該島ニ在ル韓民(縱令官吏アルモ)邦人ト外國人トヲ區別スルノ眼睛モアルマシケレハ斷然交隣ノ誼ニ於テハ妨碍ヲ生セサランコトヲ信ス.

右ニ付甲乙丙ノ論ニ就キ更ニ評論ヲ下ス者卽第二十二號是ナリ, 丁印第三號是ナリ.

第二十二號 記錄局長 渡邊洪基

本文甲乙丙之論ヲ並考セシハ其中處ニ達セン英官船シルビア號ハ朝鮮近海

ニ發セシハ既ニ明カナリ, 露西亞船モ其邊巡視ニ出テタリトノ事アリ, 又此中ヲ-ダシユース(英フラグシップ)箱舘ヨリ領事乘込, アドミラールライデル氏モウラシヲストツク赴キノ該島ハ其航路上ニアタル今日シポリチカール, コンジシヨンニテハ是モ英ノ注目セル所トナランハ, 又自然ノ勢ナリ, 就テハ其槪略ニテハ知ラサレハ現時不都合ヲ生セン此處ニ行之者ハ良港ラシキ者ハアリヤ, 樹木魚貝等ハ何等ノ品ナリヤ, 來リ住スル者ハ朝鮮人ナリヤ, 同人等ハ何ト思フテ居タルヤ, 治政ノ道ハ多少立チ居ルヤ, 此島ハ蔚陵島ト謂フ歟, 于人島ナルヤヲ知ニ增ル間十分也, 是カ爲メニ少少ノ金ハ費シテモ然ルヘシ, 又或ハ蔚陵島ト竹島ハ同島異名ノ事判然シ, 松島モ亦竹島ト同島異名爲ルカ如シ, 否ラサルモ其屬島ナルカ如シ, 右竹島之外ニ松島ナル者アリテ我近所ニアラハ既ニ竹島日本人行キ葛藤ヲ生セシヲ見レハ其島ヨリ近キ松島ヘハ必ラス行キタル人ナシト云フヘカラス, 去レハ竹島ト別物ナラハ因隱石等之國ニ歸セサルヲ得ス, 去レハ是等ノ縣ニテハ知ルヘキ筈ナレハ, 同縣等ニ問合セ松島之屬否, 竹島松島ノ異同ヲ就調フヘシ, 去レハ愈松島ハ純然タル日本屬島ナリヤ, 又ハ竹島又ハ其小屬島ナリヤト, 事ヲ明カニシ得ヘシ而シテ現場ノ有樣ト從來之模様トヲ合セテ其眞ノボシシヨン定ムヘキナリ.

丁　第二十三號

公信局長 田邊太一

聞ク松島ハ我邦人ノ命セル名ニシテ其實ハ朝鮮鬱陵島ニ屬スル于山ナリト, 蔚陵島ノ朝鮮ニ屬スルハ舊政府ノ時一葛藤ヲ生シ, 文書往復ノ末永ク認テ我有トセサルヲ約シ, 載テ兩國ノ史ニ在リ, 今故ナク人ヲ遣テコレヲ巡視セシム, 之レ他人ノ寶ヲ數フトイフ, 況ンヤ隣境ヲ侵越スルニ類スルヲヤ, 今我ト韓トノ交漸ク緒ニ就クトイヘトモ猜嫌猶未タ全ク除カサルニ際シ, 如此一擧ヨリシ右テ再ヒ一隙ヲ開カンコト, 尤モ交際家ノ忌ム所ナルヘシ, 今果シテ聞クノ如クナランニハ斷然松島ヲ開クヘカラス, 又松島ノ未タ他邦ノ有ニ屬セサルモノタル判然タラス, 所屬曖昧タルモノナレハ我ヨリ朝鮮ヘ使臣ヲ派スルニ際シ海軍省ヨリ一艘ノ艦ヲ出シ之レニ投シ測量製圖家及生産開物ニ明カナルモノヲ誘ヒ彌無主地ナリヤモ認メ利益ノ有無モ慮リ後チ任地ニツキ漸ト機會ヲ計リ, 縱令一小島タリトモ我北門ノ關放擲シ置クヘカラサルヲ告クテ之レヲ開ケニシカサランカ故ニ, 瀨脇氏ノ建言スル所採ル能スサルナリ.

이에 松島 巡島에 대한 논의가 일어났는데 可否가 紛紛하여 결정할 수 없었으니 즉 별지 제21호가 이것이다.

제21호

松島巡視要否의 議 公信局長田邊太一

甲은 말하기를, 개항은 다른 날 그 여부를 결정하고 오늘은 시찰의 要否를 논해야 할 것이다. 듣건대 松島는 우리 나라 사람이 명명한 것이지만 실제로는 조선의 울릉도에 속하는 于山이다. 울릉도가 조선에 속한다는 것은 舊정부 당시에 한차례 갈등을 일으켜 문서를 주고받은 끝에 영구히 증거로 삼되 우리의 것이 아니라고 약속하였으며 그것은 양국의 역사에 실려있다. 지금 이유 없이 사람을 보내어 순시하는 것은 남의 보물을 헤아리는 것이며 이웃의 지경을 범하는 것과 같다. 우리와 한국과의 교류가 겨우 시작되어 가고 있다고는 하지만 싫어하고 의심함은 아직 다 없어지지 않았는데 이처럼 일거에 다시 틈을 만드는 것은 교제하려는 자들이 꺼리는 바일 것이다. 하물며 영국, 혹은 러시아의 배를 빌려, 그곳에 가는 것은 또한 더욱 저들이 싫어하는 것이다. 비록 그 섬을 韓籍에 속하지 않게 한다해도 남쪽의 무인도를 열어 琉球를 藩으로 삼는 것에 대해 식자들은 혹 그것이 분명히 잘못임을 논한다. 현재, 힘써야 할 일은 國脈을 靜養하는 데에 있는 것이지 조선을 애태우게 하여 이를 어지럽혀서는 얻을 것이 없다.

松島는 결코 열 수 없고 또 열어서는 안된다. 그 不能, 不可를 알면서 이것을 순시하는 것이 어찌 무익하지 않은가. 하물며 이후의 害를 만들 것임에야.

乙은 말하기를, 개척 여부의 대략은 시찰한 후가 아니라면 정할 수 없다. 版圖의 논의는 지금 그 실상을 볼때 다만 蠹紙상에 근거하여 믿는 것이라면 이것을 옳다고 할 수는 없다. 하물며 우리 近海에 있으며 우리 민이 한국의 內地로 항해할 때, 러시아의 藩地에 항해할 때나 모두 반드시 경유해야하는 길이라면 그 땅의 상황과 모양을 다 알아보지 않고 불문에 붙여두는 것은 우리의 의무를 다하지 않는 것이다. 그러므로 이 섬은 물론이고 이른바 竹島라고 하는 것도 역시 순시하여 그것의 지금의 상태를 상세하게 알아야 할 것이다. 순시는 필요한 바이다. 그러나 영국, 러시아 등의 배를 빌려 겨우 하루, 반나절 정박하여 한두 명의 관리가 상륙하여 시찰한다고 해도 떳떳하지 못함은 말할 것도 없다. 또 이번을 놓치면 다시 할 수 없는 기회라는 것은 말할 것도 없다. 서남전쟁이 진정된 후 해군도 일이 없이 한가한 때가 되면 그때 측량과 제도 등에 숙달된 해군 사관과, 생산 開物에 밝은 관리를 파견하여 이를 살펴보게 한 이후에 이를 書圖에 비추어보아 문서에 비추어보아 비로소 松島가 울릉도의 일부인지 또는 과연 于山인지가 될 것이다. 또 다른 별도의 주인 없는 땅인지도 결정될 것이며 장차, 개간 후 이익의 유무도 생각해 볼 수 있을 것이다. 그러므로 순시한 후가 아니면 개항이 불가한지의 논의를 정할 수 없으니 松島는 반드시 순시해야만 한다. 그렇다고 해도 瀨脇 씨의 논의같은 것은 감히 이를 허가 할 수 없다. 반드시 장차 다른 날을 기다려야 할 것이다.

丙은 말하기를, 영국 신문에 러시아가 東路를 예방하고자 하여 이미 태평해 북부에 하나의 해군 둔참의 땅을 필요로 한다는 논의가 있다. 松島 등과 같은 것은 혹 저들이 주목하는 장소일지도 모른다. 또 듣자니 러시아의 官船 '실비아'가 長崎에서 韓地에 항해했는데 당시 우리의 역관이 함께 승선하지 않았더라면 어느 땅을 항해하여 지나는지를 알 까닭이 없었다. 혹은 그 나라도 미리 순시시키지 않았다고는 믿을 수 없다. 지금도 영국 公使 혹은 그 사람이 아닌 다른 사람이라도 이 섬에 대해 이런저런 논의가 있을 때 일체 모른다고 대답하는 것은 자못 부끄럽고 창피스러운 일이 아니라고 할 수 없을 뿐만 아니라 모양새가 좋지 않은 일이다. 그러므로 지금의 책략은 甲과 乙이 논한 것처럼 개척 여부의 논의에 관계하지 말고 이 섬의 현상을 아는 것을 급선무로 해야 한다. 그러므로 누구라도 그 땅을 순시해야 한다고 희망하는 자가 어떤 배로든지 그 근방을 향해하여 정박하려 한다면 이를 허가하고 이를 고용하는 것이 옳다. 그렇다고 하더라도, 효과를 얻는 것이 다만 앞에 서술한 것에 그친다면 계산상 비용을 필요로 하는 것이 이상한 것은 아니다. 모름지기 이와 같은 효과를 얻는 것에 약간의 대가가 있을 것임을 계산하여 약간의 돈을 瀨脇 씨에게 주어 이 액수 내에서 이 일을 치루어야 함을 명하면 계책을 얻을 수 있을 것이다. 우리 나라 사람이 외국의 배에 타고 韓地에 이르면 韓 정부의 싫어하고 의심함을 증가시킬 것이라는 지나친 염려가 없는 것은 아니라고 하더라도 이 섬에 있는 韓民(비록 官吏라도)이 일본 사람과 외국인을 구별하는 눈이 없으므로 단연 交隣의 도리에 있어서는 장애를 일으키지 않으리라고 할 수 있겠는가.

위에 실은 甲, 乙, 丙의 논의에 대해 다시 평론을 한 것이 제22호이며 丁은 제 23호가 이것이다.

第22号

記錄局長渡邊洪基

이 글은 甲, 乙, 丙의 논의를 모두 고찰하여 그 논의들의 중간 정도에 해당하는 것이다. 영국의 官船 シルビヤ호가 조선 근해로 출발한 것은 이미 분명하며 러시아의 배도 그 주변 순시에 나섰다고 한다. 또 그 사이에 ヲーダシユーズ(영국 フラグシツプ)로 箱館에서 領事를 태우고 나갔을 때, アドミラール, ライデル씨 등 블라디보스토크로 가는 이 섬은 그 항로상에 있다. 오늘날 정치적 상황으로 봐서 영국이 주목하게 된 것도 자연스러운 형세인 것이다. 그런데 그 개략에 대해서 알지 못하므로 지금 문제가 일어날 소지가 있는 이곳에 가는 자는 좋은 항구 같은 것은 있는지, 수목, 어패 등의 것은 어떤 것인지, 와서 거주하는 자는 조선인인지, 이들은 무슨 생각으로 거주하는지, 治政의 道는 다소간 서 있는지, 이 섬이 울릉도라고 불리는지, 無人島인지를 알기에 좋은 기회이다. 이를 위해 작은 돈은 소비해도 괜찮을 것이다. 또 혹은 울릉도와 竹島는 같은 섬의 다른 이름이라는 것이 분명하고, 松島 역시 竹島와 같은 섬의 다른 이름인가 아닌가도 그것이 屬島인지 아닌지와 같은 것이다. 위의 竹島 외에 松島라는 것이 있는데 우리 가까이에 있으므로 이미 竹島에 일본인이 가서 갈등을 일으킨 것을 보면 그 섬에서 가까운 松島에는 반드시 가본 사람이 없다고 할 수 없다. 그런데 竹島와 다른 것이라면 因·隱·石등의 國에 돌아갈 수 있을 것이다. 그렇다면 이들 縣에서는 알아야 할 것이므로 같은 縣들에 물어보아 松島의 屬島인지의 여부, 竹島와 松島가 같은 섬인지 다른 섬인지를 조사해야 할 것이다. 그러면 더욱 松島가 순전한 일본의 屬島인지 또는 竹島, 혹은 그 작은 屬島인지를 분명하게 알 수 있을 것이다. 그리고 현장의 상황과 종래의 경위를 합하여 그 올바른 위치를 정할 수 있을 것이다.

丁 제23호

公信局長 田邊太一

듣기로 松島는 우리 나라 사람들이 붙인 이름이며 사실은 조선의 울릉도에 속하는 于山이라고 한다. 울릉도가 조선에 속한다는 것은 舊정부 당시에 한 차례 갈등을 일으켜 문서를 주고받은 끝에 영구히 증거로 삼아 우리의 것이 아니라고 약속하였으며 그것은 양국의 역사에 실려있다. 지금 이유 없이 사람을 보내어 순시하는 것은 다른 사람의 보물을 헤아리는 것이며 이웃의 지경을 침범하는 것과 같다. 이제 우리와 한국과의 교류가 겨우 시작되었다고는 하지만 싫어하고 의심함은 아직 다 없어지지 않았는데 이처럼 일거에 다시 틈을 만드는 것은 외교 담당자가 꺼리는 바일 것이다. 지금 과연 들리는 것과 같다면 단연 松島를 열어서는 안될 것이다. 또 松島가 아직 다른 나라의 소유에 속하는지가 분명하지 않아 그 소속이 애매하므로 우리가 조선에 사신을 파견할 때 海軍省으로부터 한 艘의 배를 내어 그곳에 보내어 측량 제도가와 생산 개물에 밝은 사람을 두어 주인 없는 땅임을 인정하고 이익의 유무도 고려하여 이후 임지에 가서 점차 기회를 보아 비록 하나의 작은 섬이라도 우리 북문의 關防에 방치해서는 안됨을 고하여 그곳을 여는 것보다 못하므로 瀨脇씨의 建言을 채택할 수 없다.

해설 요점

『죽도고증』 하권의 이 부분은 당시 일본에서 松島 실지조사 실시 여부에 대한 여론의 분열을 외무성 公信局長 田邊太一이 먼저 세 가지 유형으로 나누어 요약한 보고를 수록하였다.

그 내용의 요지는, 甲 집단은 말하기를, 이 섬 松島는 일본의 호칭이고 실제는 조선의 울릉도이다. 구 幕府 정부 때 한차례 갈등을 일으켜 문서를 주고받은 끝에 영구히 증명하여 일본 영토가 아니라고 문서까지 보냈는데,

이제 와서 이유 없이 그 섬을 순시조사하는 것은 타인의 보물을 헤아려보는 것과 같다. 한국과 외국의 싫어함을 받아가면서 무익하며 해로운 일을 할 필요가 없으며 지금은 國을 조용히 배양하는 것만 못하다. 송도개척은 불능하고 불가한 것이니 순시·조사도 할 것 없다는 의론이다.

乙 집단은 松島 개척 여부는 순시조사한 후가 아니면 정할 수 없음을 지적한다. 版圖의 논의는 옛날 좀먹은 문서를 존중할 것은 없다. 이 松島가 일본의 근해에 있고 한국과 러시아도 항해하는데 지나가야 하는 땅이라면 순시 조사해야 하고 조선의 竹島도 역시 순시조사해야 한다. 그리고 그 조사 결과를 과거 현에 대조해 보아 과연 松島가 조선의 울릉도의 일부이며 우산도가, 주인 없는 땅인가를 판별해야 할 것이다. 그러므로 松島는 반드시 순시조사해야 한다. 그러나 瀨脇의 주장처럼 무조건 판도에 속한다거나 주인 없는 땅이라고 전제하고 당장 순시하여 개척할 수는 없다. 반드시 장차 때를 기다려야 한다는 의론이다.

丙 집단은 주장하기를, 러시아는 이미 블라디보스토크에 해군 주둔지를 설치하고 이 지역을 조사하며 일을 도모하는데, 일본도 서둘러야 한다. 松島 개척은 다음에 토의하고 당장 송도 순시조사는 시행해야 한다. 다른 방법에 의존하는 것보다 瀨脇씨에게 약간의 비용을 주어 松島를 바로 순시조사해야 한다는 의론이다.

외무성 公信局長은 일단 세 의론의 차이를 객관적으로 요약하여 제시한 것이었다.

이어서 이 자료는 甲·乙·丙의 세 의론에 대하여 일본 외무성 기록국장 渡邊洪基의 평론을 자료 제22호로, 공신국장 田邊太一의 평론을 자료 제23호로 수록하였다.

기록국장 渡邊의 평론은 松島 순시조사를 시행하자는 것이었다. 울릉도와 竹島가 一渡二名인지, 松島와 竹島가 동일한 섬인지 다른 섬인지, 松島

가 竹島와 다른 섬이라면 隱崎州는 石州에 귀속시킬 수 있으므로 먼저 松島 순시조사를 하자고 주장하였다. 더욱이 松島가 일본의 屬島인지 또는 竹島의 작은 속도인지는 순시조사를 한 후에라야 분명하게 알 수 있다고 평론하였다.

공신국장 田邊은 松島의 순시조사를 다음에 시기가 될 때 하자고 주장하였다. 그가 알기로는 松島는 일본인이 붙인 이름이고 실은 울릉도의 부속도서인 于山島이다. 울릉도가 조선 부속령임은 구幕府 정부 당시 한차례 갈등을 일으켜 문서를 왕복한 끝에 증명하여 일본 영토가 아니라고 약속했다. 만일 松島에 사람을 파견하여 순시조사하면 이웃 나라 地境을 侵犯하는 것과 같다. 그러므로 지금 松島開招를 하면 안된다. 후에 조선에 사신을 파견할 해군을 시켜서 함선 1척을 내어 측량하고 제도가와 物情에 밝은 사람을 그곳에 두어서 그것이 主人 없는 땅임을 인정하고 이익의 유무로 고려하여, 후에 기회를 살펴서 令으로 작은 섬이라도 일본 영토로 만든 다음에 개척해야 하며 그때에야 瀨脇의 건의를 채택할 수 있다고 평론하였다.

여기서 특히 주목할 것은 외무성 공신국장 田邊太一은 松島는 울릉도의 부속도서이고 조선 호칭은 우산도임을 알고 있었으며, 松島에 대한 순시조사는 조선 영토에 대한 侵犯이 됨을 지적하고 있다는 사실이다. 그는 竹島와 松島가 모두 조선 영토임을 잘 알고 있었던 것이다. 그러므로 田邊은 당장의 松島 조사보다는 해군이 바다에서 활동할 때 먼저 물정에 밝은 사람을 이 섬에 들여보내 松島가 주인 없는 무주지임을 인정하고 그 다음에 法令으로서 松島를 일본의 영토에 편입시킨 다음 이를 開拓하는 순서를 밟아야 한다고 주장하였다. (중권, 본문 29~74쪽 참조)

(126)『竹島考證』下 (6)

以上, 甲乙丙丁ノ議紛紜定ラサルコト如斯ニシテ, 巡見ノコトモ其儘止タリシニ, 明治十三年九月ニ至リ天城艦乘員海軍少尉三浦重郷等廻航ノ次松島ニ至リ測量シ, 其地卽チ古來ノ鬱陵島ニシテ其北方ノ小島竹島ト號スル者アレ共, 一個ノ巖石ニ過サル旨ヲ知リ, 多年ノ疑議一朝永解セリ, 今其圖ヲ左方ニ出セリ.

第二十四號

水路報告第三十三號

此記事ハ現下天城艦乘員海軍少尉三浦重郷ノ略畵報道スル所ニ係ル,

日本海

松島(韓人之ヲ蔚陵島ト稱ス)錨地ノ發見

松島ハ我隱岐國ヲ距ル北西四分三約一百四十里ノ處ニアリ, 該島從來海客ノ精撿ヲ經サルヲ以テ其假泊地ノ有無等ヲ知ルモノナシ, 然ルニ今般我天城艦朝鮮ヘ廻航ノ際此地ニ寄航シテ該島東岸ニ假泊ノ地ヲ發見シタリ卽左ノ圖面ノ如シ, 右報告候也.

明治十三年九月十三日

水路局長　海軍少將柳楢悅

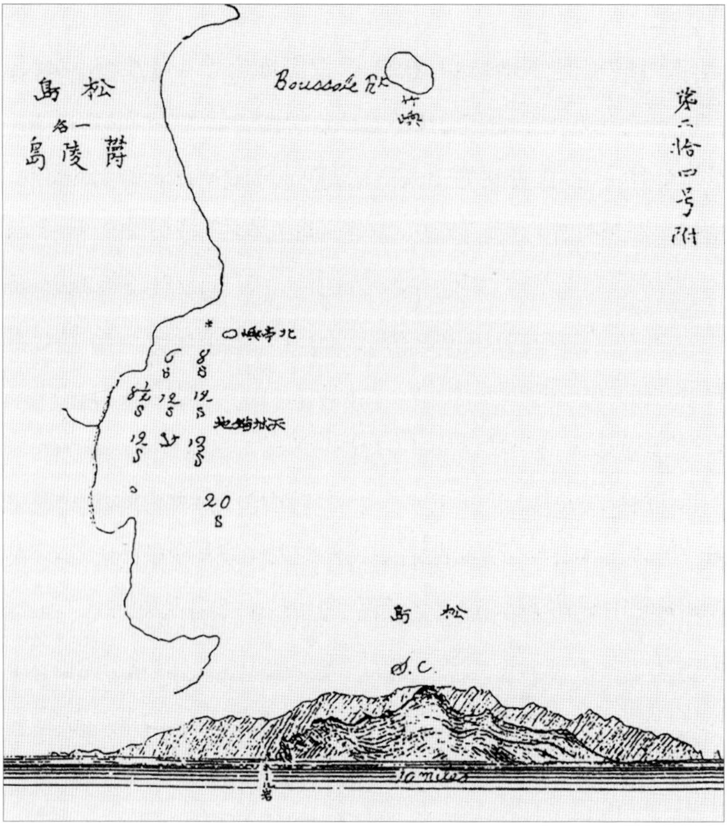

이상 甲, 乙, 丙, 丁의 논의가 紛紜하여 정하기 어려움이 이와 같아 巡見하자는 것도 모두 중단되었다. 메이지 13년 9월에 이르러 天城艦 乘員 海軍小尉, 三浦重鄕 등에 廻航할 때 松島에 이르러 측량한 바 그 땅이 즉 고래의 울릉도로서 북방의 작은 섬을 竹島라고 하는 사람이 있었지만 하나의 암석에 지나지 않는다는 것을 알게 되어 다년간의 의심과 논의가 하루아침에 해결되었으니 이제 그 지도를 다음에 제출한다.

(제24호 초역 생략)

해설 요점

이 자료 하권의 이 부분은 1881년 9월에 이르러 해군에서 군함 天城艦을 松島에 파견하여 순시조사를 실행해 보았더니, 松島는 조선의 울릉도였다. 천성함의 해군소위 三浦는 竹島를 울릉도 옆의 죽도(대섬)로 비정하였다. 天城艦의 松島 순시조사는 일본 해군이 처음으로 막대한 예산을 들여서 실행한 첫 순시 조사한 것이므로, 일본 해군은 이때부터 조선의 울릉도를 공식적으로 '松島'라고 호칭하기 시작하였다. 그 이전까지는 송도는 조선의 우산도(독도)에 대한 호칭이었다. 이제 그 '松島'를 울릉도에다 옮겨 붙였으므로 독도(우산도)에 대한 일본 호칭이 없어지게 되었다. [일본 해군은 이에 독도(우산도)에 대해서는 서양인들이 붙인 이름인 '리앙쿠르암석(岩島)(Liancourt Rocks)'을 빌려다가 차용하여 '리앙코르도암(リアンコルド岩)'이라고 부르기 시작했고, 일본 어부들은 이를 줄여서 '리양코도(リヤンコ島)'라고 호칭하기 시작하였다.]

天城艦의 '松島' 순시조사 보고는 간략하게 자료 제24호로서 해군성 수로국장의 보고를 끝에 게재하였다. 조선의 울릉도가 아니면서 울릉도 크기의 자원이 풍부한 새 섬을 발견하려고 松島 순시조사를 실행했다가 그 松島가 조선의 울릉도임을 확인하고 돌아온 일본 해군의 실망감이 보고서 행간에 비치고 있다.

(127)『竹島考證』下 (7)

以上二十四号ヲ通覽スルニ, 元錄十二竹島ノ地朝鮮ノ者ト極リシ後ハ我人民又此島ヲ覬豈兪スル者ナカリシニ, 百餘年ノ後石州濱田ノ民八右衛門ナル者アリ, 江戶在邸ノ吏ニ說テ其黙許ヲ受ケ竹島ニ漁業ヲ名トシ陰ニ皇國産ノ諸品ヲ積去テ外國ニ貿易セルヲ以テ忽チ法憲ニ觸レ嚴刑ニ處ラル, 此ヨリ後又此島ノ事ヲ說ク者ナシ, 皇政維新ノ後明治十年ノ一月ニ及ヒ島根縣士族戶田敬義竹島渡海ノ願書ヲ東京府ニ呈ス, 六月ニ及ヒ難聞届旨指令アリ, 此ヨリ後復タ竹島ノコト言フ者ナシ, 其後奥州ノ人武藤一學, 下總ノ人齊藤七郎兵衛等浦塩斯德ニ往來シ, 竹島ノ外別ニ松島ナル者アリト唱ヒ, 瀨脇壽人ニヨリテ渡海ノコトヲ請フ, 於是竹島松島一島兩名, 或ハ別ニ二島アルノ說紛, 紜決セス, 遂ニ松島巡島ノ議起ル, 甲乙兵丁ノ說ノ如シ, 雖然其事中止セリ, 明治十三年天城艦ノ松島ニ廻航スルニ及ヒ其地ニ至リ測量シ始テ松島ハ蔚陵島ニシテ, 其他竹島ナル者ハ一個ノ巖石タルニ過キサルヲ知リ事始テ了然タリ, 然ルトキハ今日ノ松島ハ卽チ元錄十二年稱スル所ノ竹島ニシテ, 古來我版圖外ノ地タルヤ知ルヘシ.

竹島考證引用書

朝鮮書

東國通鑑 東國輿地勝覽 高麗史 通文館志

支那書右

武備志 登壇必究 圖書篇 八篇類纂 朝鮮賦

國書

大日本史 竹島雜志 竹島圖說 朝鮮通交大記 善隣通書

竹島紀事 竹島考 磯竹島覺書 因府年表 通航一覽

公信類 竹島書類雜纂 松島之議 松島關係書類 浦潮斯德來信 浦潮港日記

明治十四年八月奉命取調　北澤正誠

이상 24호를 통람한 결과 元錄 12년, 竹島의 땅이 조선의 것이라고 정해진 후에는 우리 인민이 또 이 땅을 노리는 자가 없었다. 그런데 200여년 후 石州 濱田의 민인 八右衛門이라는 자가 江戶의 저택에 있는 관리를 설득하여 黙許를 받아 漁獵을 명분으로 竹島에 가서 陰으로는 황국산 여러 물품을 싣고가 외국과 무역을 했는데 이것이 갑자기 법헌에 저촉되어 엄한 형벌에 처

해졌다. 이후 다시는 이 섬의 일을 이야기하는 자가 없다가 皇政 維新 후 明治 10년 1월 島根縣 사족인 戶田敬義가 竹島 渡海의 願書를 동경부에 제출하였다. 6월에 이르러 들어줄 수 없다는 지령이 있었으며, 이후 다시 죽도의 일을 이야기하는 자가 없었다. 그 후 奧州 사람인 武藤一覺과 下總 사람인 齊藤七郎兵衛 등을 浦塩斯德에 왕래하면서 竹島 외에 따로 松島라는 것이 있다고 주장하며 瀨脇壽人에 의지하여 渡海를 청했다.

이에 竹島와 松島가 한 섬의 두 이름인지, 아니면 다른 두 섬이 있는 것인지의 說이 紛紜하여 결정할 수 없었다. 마침내 松島를 순시해 보자는 의견이 일어났으니 갑을병정의 說과 같다. 그러나 그 일이 중지되었는데 明治 13년 天城艦이 松島에 迴航하게 되었을 때 그 땅에 이르러 측량하면서 처음으로 松島는 울릉도이며 그 밖의 竹島라는 것은 하나의 암석에 지나지 않는다는 것을 알게 되었다. 그래서 사안이 처음으로 분명해졌다.

오늘날의 松島는 즉 元錄 12년에 竹島라고 칭했던 것으로 古來로 우리 판도 밖의 땅이었음을 알 수 있을 것이다.

竹島考證 引用書

朝鮮書

東國通鑑　東國與地勝覽　高麗史　通文館志

支那書

武備志　登壇必究　圖書篇　八篇類纂　朝鮮賦

國書

大日本史　竹島雜誌　竹島圖說　朝鮮通交大記　善隣通書

竹島紀事　竹島考　磯竹島覺書　因府年表　通航一覽

公信類

竹島書類雜纂　松島之議　松島關係書類　浦潮斯德來信　浦潮港日記

明治 14년 8월 명을 받들어 조사함.　北澤正誠

해설 요점

『죽도고증』의 이 부분은 지금까지의 제1호~제24호까지의 자료를 검토하고 北澤正誠이 결론을 내린 부분이다.

北澤에 의하면, 1696년(일본 元祿 12년) 竹島(울릉도)가 '조선의 것'이라고 정해진 이후에는 일본인으로서 이 섬을 노리는 자가 없었다.

2백 년 후에 石州의 하치에몬(八右衛門)이란 자가 에도(江戶)의 친분있는 관리의 묵인하에 竹島에 들어가 고기잡이를 함과 동시에 일본 산품을 갖고 가서 외국(주로 조선)과 밀무역을 했다가 法에 걸려 막부에 의해 체포되어 사형당하였다. 이 이후에는 또 竹島 松島를 말하는 자가 없었다.

메이지유신이 있은 이후 1876년 1월에 시마네현의 사무라이 戶田敬義가 '죽도도해원(竹島渡海願)'을 동경부에 제출하였다. 이에 전후하여 武藤一學·齊等七郞兵衛 등이 블라디보스토크를 왕래하다가 竹島 이외에 그와 거의 같은 규모의 별도의 섬 松島를 발견하였다고 주장하면서 무역사무관 瀨脇壽人을 통하여 도해를 신청하였다. 이에 일본 국내에서는 竹島와 松島가 1도2명인지 다른 섬인지를 놓고 說이 분분하다가 松島 순시조사를 시행하자는 의견이 일어났으나 반대 의견이 설득력이 있어 중지되었다.

결국 해군성에서 1881년 天城艦을 松島에 파견하여 순시 조사하게 되었는데 그 결과 새로운 섬 '松島'라는 것은 조선의 울릉도임이 판명되었고, 竹島는 그 옆의 하나의 암석에 지나지 않는다고 보고되었다.

이에 北澤은 1882년 당시의 松島는 1696년(元祿 12년)에는 '竹島'라고 칭했던 섬으로서, 古來로 일본 영토 밖에 있는 조선 영토라는 결론을 내리고 『죽도고증』을 끝내었다. (중권, 본문 29~83쪽 참조)

39)「죽도판도소속고」

(128)「竹島版圖所屬考」

竹島一名ハ磯竹島又松島ト稱ス韓名ハ鬱陵島又芋陵島ト稱スル者此ナリ．但其地本邦朝鮮ノ間ニ在ルヲ以テ古來紛議兩國ノ間ニ生セシモ元祿九年ニ至リ境界判然復タ異議ナシ．今ヤ我國史及ヒ韓漢ノ記傳ニ就キ其原流ヲ究メ其沿革ヲ詳ニシテ之ヲ左ニ論述セントス．

大日本史高麗傳ニ據ルニ一條帝寬弘元年ノ條ニ高麗蕃徒芋陵島人，漂至因幡給資糧回歸本國ノ明文アリ而シテ註ニ其引用スル所ノ書ヲ擧ケ權記及本朝麗草トナシ．又公任集ヲ引テ'新羅宇流麻(ウルマ)島之人至宇流麻島卽芋陵島也'ノ十八字アリ而芋陵ノ二字東國通鑑ニ據ル者トス．然レハ當時ニアリテ高麗人之ヲ芋陵島ト稱シ我邦人ハ之ヲ宇流麻島ト稱スルモ均シク．此後世所爲竹島松島ナルモノニシテ當時其島人ノ漂到ヲ以テ之ヲ本國ニ回歸スレハ卽我版圖外ノ地タルヤ知ルヘシ．

然ルニ松浦武四郎竹島雜誌ニ北史倭傳ヲ引テ'隨遣文林郎裵世淸使國度百濟行至竹島，望耽羅島云々'ノ文ヲ引タルモ是同名異島ニシテ磯竹島ノ證トナスニ足ラス．何トナレハ磯竹島ハ我隱岐ノ西海朝鮮江原道ノ東海ニアリ北史ニ所謂ノ'度百濟行至竹島望耽羅島'ノ竹島ハ全羅道ニ在リ．何ヲ以テ如斯斷言スルヤ蓋シ百濟ノ地卽今忠淸全羅ノ二道ニシテ朝鮮國ノ西南ニヤリ耽羅島ハ卽今濟州道ナレハナリ然レハ同名異島ノ說瞭然タリ．

今ヤ更ニ一步ヲ進メ朝鮮歷朝ノ史ニ據リ其證在ヲ擧シニ東國通鑑ニ曰ク'新羅知證王十三年六月于山國降新羅納土貢國在溟州正東海中名鬱陵島云々'是我繼體帝ノ六年壬辰ノ事ニシテ今年ヲ距ル千三百七十年タリ．此千三百七十年ノ前此島新羅ニ屬スルノ一證ナリ．

又高麗史ニヨレハ「太祖十三年鬱陵島人 使白吉土豆 獻方物」トアリ，高麗太祖十三年ハ我醍醐帝ノ長興元年庚寅ニシテ今年ヲ距ル九百五十二年ナリ. 此九百五十二年前此島高麗王氏ニ屬スルノ二證ナリ.

尋テ'毅宗十三年王聞鬱陵島地廣土肥可以居民遣溟州道監倉金柔立往視柔立回奏云島中有村落基趾七所多生柴胡藁本石南草於是移東郡民以實之後屢爲風濤所蕩覆舟因還其民云々' 然レハ當時其民ヲ移シ其地ヲ空フセシ者ノ如シ. 毅宗十三年ハ我二條帝ノ平治元年ニシテ本年辛巳ヲ距ル事七百二十二年ナリ. 此七百二十二年前此島高麗ニ屬スル三證ナリ(高麗史ニ據ル).

又磯竹島覺書ニ據レハ與地勝覽ヲ引キ曰ク'本朝太宗時聞流民逃其島者甚多再遣按撫使刷出空其地使言土地沃饒竹大如杜鼠大如猫云々'ト. 然レハ前朝王氏空島ノ制行レス邊海ノ民往々移住スル者アリシナルヘシ. 朝鮮太宗ノ時ハ後小松帝應永年間ニ中タレハ大略四百八十年前タリ. 此四百八十年前此島朝鮮ニ屬スル四證ナリ.

其後世宗二十年ニ至リ'遣縣人萬戶南顥率數百人往搜逋民盡俘金丸等七十餘人而其地遂空'トアリ. 然レハ此後朝鮮人捨テ收メス無人ノ空島タリシナリ. 世宗二十年ハ我後花園帝ノ永享四年壬子ニシテ本年ヲ距ル四百五十年タリ.

此四百五十年前此島朝鮮ニ屬スル五證ナリ(與地勝覽ニ據ル).

其後成宗ノ二年ニ及ンテ'有告別有三峰島者乃遣朴宗元往覓之因風濤不得泊而還同行二船泊鬱陵島只取大竹鰒漁曲啓云島中無民矣'

是當時韓人竹島ノ外別ニ一島アルノ說ヲ信シ人ヲ遣シ海中ヲ搜索シ得ス空シク竹島ノ蝮ヲ拾ヒ還ル事アリシナリ. 成宗二十年ハ我後土御門帝延德元年己酉ニシテ本年ヲ距ル事四百一十年前タリ. 此四百一十年前空島ナルモ猶朝鮮ニ屬セシ六證ナリ. 此六證ニ據ル時ハ我繼體帝ノ六年壬辰ヨリ後土御門帝ノ延德元年己酉迄中間一千百十年間ハ此島朝鮮ノ版圖タリシ事明瞭ナリ(與地勝覽ニ據ル).

然ルニ以上說ク所ハ後來朝鮮國史ノ我邦ニ入リテヨリ近來僅ニ窺フ所ニシテ當時ニアリ如斯甚明瞭ナラス. 故ニ慶長十九年甲寅ノ歲宗義質ヨリ使者ヲ朝鮮ニ遣リ竹島ハ我版圖中ノ者タルノ旨ヲ述ヘシム. 朝鮮東萊府使尹守謙以爲ラク竹島ハ日本ノ地ニ非ス卽朝鮮古史ノ鬱陵島ナリト於是書ヲ宗氏ニ贈リ其朝鮮ノ地タルヲ論ス. 尋テ後ノ府使朴慶業亦書ヲ贈テ更ニ之ヲ辨明ス. 然ルニ偶大阪ノ役アルニ會ヒ時事倥偬宗氏之ヲ江戶ニ呈セス德川氏亦此事ヲ知ラス. 元和三年松平新太郎光政ノ伯州ヲ領スルニ及ヒ米子ノ商大谷甚吉村川市兵衛竹島渡海ノ事ヲ請フテ免許ノ朱印ヲ幕府ニ得タリ. 爾來連年兩商竹島ニ渡海シ海上ノ利權ヲ握ル者七十餘年我國朝野以テ我版圖トナシ復タ疑フ者ナカリキ(以上 朝鮮通交大記及 善隣通交 竹島考 竹島圖說ニ據ル).

此ノ時ニ當テヤ獨リ我國人以テ我版圖トナスノミナラス明人亦以テ我國ノ版圖トナス. 何ヲ以テカ之ヲ言フ明ノ第元儀ノ武備志日本考島名ノ部ニ薩摩ノ種子ケ島肥前ノ平戶島安藝ノ宮島等ト同ク伯耆ニ竹島ヲ附屬シ其譯ヲ他計什麻(タケシマ)トス. 此當時明人亦我版圖タルヲ認メシ一證ナリ.

又明ノ章漢カ著セル圖書編ニ日本圖中山陰伯岐ノ西ニ一島ヲ置キ竹島ノ二字ヲ下セリ同書日本國序ノ文'左之西爲備中右亦爲因幡右之西爲伯耆'トアリ而シテ其下ニ注文アリ'沿海俱白砂無奧可泊其鎭爲阿家雜記爲倭子介爲他奴賀知其北爲竹島懸海三十理'トアリ, 此當時明人亦竹島ヲ以テ我版圖ト認ル二證ナリ.

又明ノ王鳴鶴カ當壇必究ニ日本國圖ヲ擧ケ石見但馬之海中ニ竹島アリ. 是明人ノ竹島ヲ以テ我版圖ト認メシ三證ナリ.

案スルニ茅元儀章漢王鳴鶴三氏ノ著書皆文祿征韓ノ役ヨリ後其書ヲ編セシ者ナレハ當時ノ現況ニ就テ俱ニ竹島ヲ以テ我國ノ版圖中ニ加ヘシナルヘシ.

此事ヤ惟當時明人如斯ノ說アルノミナラス朝鮮人亦此說ヲナス者アリ. 磯竹島覺書朝鮮人ノ所著ノ芝峯類說ヲ引キ曰ク'鬱陵島一名武陵一名羽陵在東

海中與蔚珍縣相對（中略）竹大如杠鼠大如猫壬辰變後人有往見者亦倭焚掠無復人烟近聞倭奴占據磯竹島或爲磯竹島卽鬱陵島也’壬辰ノ變トハ文祿元年壬辰豊臣氏征韓ノ師ヲ指ス. 此書ハ彼邦人元和寛永ノ際ニ著セシ者ナリ而シテ倭奴占據ノ四字アレハ壬辰ノ後我國人于戈ノ餘威ニ乘シテ其島ニ占據セシヲ彼亦不得已其占據ヲ黙許セル者アルカ如シ.

此故ニ元和二年寛永十三年寛文六年ノ三回我國民竹島ニ至リ漁獵シテ遂ニ朝鮮國ニ漂流セシモ朝鮮磯竹島ニ漁獵セシヲ咎メス糧ヲ給シテ對馬ニ護送セリ當時我竹島ニ利權アルヤ此ノ如シ(竹島記事ニ據ル).

然ルニ元祿五年ニ至リ米子ノ商村川市兵衛竹島ニ至リ朝鮮人ノ此ニ來ルニ逢ヒ其利ヲ得ス. 六年大谷九右衛門カ船竹島ニ至リ再ヒ朝鮮ノ爲メニ漁獵ヲ妨ケラレ怒テ其二人ヲ捕ヘ之ヲ鳥取ニ送ル. 幕府命ヲ傳テ之ヲ本國ニ回ラシム. 此ヨリ連年朝鮮人來リ我民ノ漁獵ヲ妨ク於是之ヲ幕府ニ訴フ幕府宗氏ニ命シ書ヲ朝鮮禮曹參判ニ贈リ其人民ノ竹島ニ來ルヲ禁セシム. 朝鮮答書シテ曰ク竹島ハ韓名蔚陵島ニシテ古來朝鮮ノ版圖タルヲ述ヘ. 六年ノ九月ヨリ十二年ノ正月ニ至ル七年間ニ連リ往復數十回遂ニ朝鮮ノ版圖タルニ決シ長ク我人民ノ渡海ヲ禁セラレタリ(竹島紀事 磯竹島覺書ニ據ル).

元祿十二年竹島ノ事定リテ後百三十九年石州濱田ノ民八右衛門ナル者アリ竹島ニ航海シ嚴刑ニ處セラル八右衛門ハ濱田廻船問屋會津屋某ノ子ナリ江戸ニ至リ濱田邸ノ家老岡田頼母松井圖書等ニ説キ其黙許ヲ得テ漁業ヲ名トシ密ニ外國ニ貿易セリ. 此事忽テ幕吏ノ爲メニ發覺シ嚴刑ニ處セラル連累數十人頼母圖書等屠腹シテ罪ヲ幕府ニ謝セリ(天保八年竹島渡海一件ニ據ル).

後四十四年ヲ經テ明治十年ニ至リ島根縣士族戸田敬義ナル者アリ竹島渡海ノ願書ヲ東京府ニ呈ス. 六月府廳ヨリ難聞屆旨指令アリ其事遂ニ止ム. 此ヨリ後復タ竹島ノ事ヲ言フ者ナシ(竹島書類雑纂ニ據ル).

此ヨリ前陸奥ノ人武藤平學下總ノ人齋藤七郎兵衛等露領浦潮斯德ニ往來

シ竹島ノ外別ニ松島ナル者アリト唱ヒ貿易事務官瀨脇壽人ニヨリテ渡海ノ事ヲ請フ. 於是乎竹島松島一島二名又二島各別ナルノ說アリ紛紜決セス仍ヲ松島巡島ノ議起ル然ルニ其事中止遂ニ行ハレス(松島關係書類 浦潮斯德公信ニ據ル).

又海軍水路局ノ水路雜誌ニ據レハ明治十一年六月海軍少佐松村安種天城艦ヲ以テ朝鮮海ヘ回航ノ際其乘員海軍大尉山澄直清 海軍少尉補小林春三同福地邦鼎等ト松島ニ赴キ吉田中尉ハ正午本艦ノ所在ヲ實測シ北緯三十七度四十八分ヲ得又午前七時五十八分ニ大陽高度ヲ測リテ本艦所在ノ東經一百三十度三十二分ヲ得是ヨリ針路ヲ南東ニ變シ水程儀ヲ以テ測リ抗走スル二十里松島ヲ去ル二里ノ處ニ達シ松島ノ中部ヲ正南ニ望ム云々トアリ是我軍艦松島ノ測量スルノ始メナリ. 其後明治十三年天城艦ノ再ヒ松島ニ航スルニ及ヒ海軍少尉三浦重鄕等親シク其地ニ至リ實觀測量スルニ及ヒ該島東岸ニ假泊ノ地ヲ發見シ又松島ハ古代韓人稱スル處ノ鬱陵島ニシテ他ニ竹島ト稱スル者アルモ蕞爾タル小島ニ過キサルヲ知リ事情愈明了ナリ. 由此觀之ハ今日ノ松島ハ卽チ元祿十二年稱スル所ノ竹島ニシテ古來我版圖外ノ地タルヤ知ルヘシ.

是竹島古今沿革ノ大略ナリ. 今ヤ我國記傳及ヒ韓漢ノ群書ニ就キ其要ヲ敍スル如斯若シ其詳ナルヲ知ルヲ要セハ前ニ呈スル所ノ竹島考證三卷アリ之ニ就テ見ルヘシ.

明治十四年八月二十日取調

北澤正誠

竹島는 일명 磯竹島 또는 松島라고 칭한다. 한국 이름으로 鬱陵島 또는 芋陵島라고 칭하는 것이 이것이다. 단 그 땅은 일본과 조선 사이에 있으므로 古來로 紛議가 양국 사이에 생겼었는데, 元祿 9년(1693년)에 이르러 경계에 판연히 다시 이의가 일어났다. 이제 일본사 및 한국사·중국사의 記傳을

따라 그 원류를 연구하고 그 연혁을 상세히 해서 이를 다음에 논술하려고 한다.

大日本史 高麗傳에 의거하면 一條帝 寬弘 원년조에 高麗蕃徒 芋陵島人이 因幡에 표류해 이르니, 資糧을 공급해주고 본국에 돌려보냈었다는 명문이 있다. 그리고 註에 그 인용한 서적을 들어 權記 및 李朝麗草라고 하였다. 또 公任集을 인용하여 '신라 우루마島에 사람이 이르렀다. 우루마島는 곧 芋陵島이다.'라는 열 여덟 글자가 있는데, 芋陵의 두 글자는 東國通鑑에 의거한 것이라고 하였다. 그렇다면 高麗人은 이를 芋陵島라 칭하고 우리 나라 사람은 이를 우루마(宇流麻)島라고 칭한 것 같다. 이것이 후세에 이른바 竹島 松島가 된 것으로서, 당시 그 섬 사람이 표류해 오니 이를 본국으로 돌려보냈다는 것은 곧 우리 版圖밖의 땅임을 알려주는 것이다.

그러나 松浦武四郎의 竹島雜誌에 北史 倭傳을 인용하여 '수나라 遺文林郎 裵世淸이 사신으로 百濟에 건너감에 竹島에 이르러 耽羅島를 바라보았다. 운운'한 글을 인용하였다. 그러나 이것은 同名異島로서 磯竹島의 증거가 되기에 족하지 않다. 왜냐하면 磯竹島는 우리 隱岐의 서해, 조선 강원도의 동해에 있는데, 北史에 이른바 '백제에 건너가 竹島에 이르러 耽羅島를 바라보았다'의 竹島는 전라도에 있기 때문이다. 무엇을 갖고 이렇게 단언하느냐 하면 대개 백제의 땅은 지금의 충청도 전라도 두 도로서 조선국의 서남쪽에 있고, 탐라도는 곧 제주도이기 때문이다. 그렇다면 同名異島의 설명이 명료할 것이다.

이제 다시 한걸음 더 나아가서 조선 역대 역사에 의거하여 그 증거를 들면 東國通鑑에 이르기를 '신라 지증왕 13년 6월, 우산국이 신라에 항복하여 토산물을 바치었다. 그 나라는 溟州의 바로 동쪽 바다 가운데 있는데, 울릉도라 이름한다 운운'이라 하였다. 이것은 우리의 繼體帝 6년 壬辰의 일로서, 지금으로부터 1370년 전의 일이다. 이것은 1370년 전에 이 섬이 新羅

에 속했다는 첫번째 증거이다.

또 高麗史에 의하면 '대조 13년 울릉도인이 白吉土豆를 사신으로 보내어 方物을 바치었다.'고 하였다. 고려 태조 13년은 우리의 醍醐帝의 振興 원년 丙寅으로서 지금으로부터 952년 전이다. 이것은 952년 전에 이 섬이 高麗 王氏에 속했다는 두 번째 증거이다.

또한 '毅宗 13년에 왕이 울릉도가 땅이 넓고 토질이 비옥하다는 말을 듣고 溟州 道監倉 金柔立을 파견하여 시찰케 하였다. 유립이 돌아와 아뢰기를, 섬 안에 촌락의 옛터가 일곱 곳 있고, 紫胡 藁本, 石南草가 많이 난다고 하였다. 이에 동쪽 고을 백성들을 이주시켜 섬을 채우게 했는데 후에 여러 번 풍랑을 만나 배가 뒤집혔으므로 인하여 그 백성들을 돌아오게 하였다. 운운'이라 하였다. 그렇다면 당시 그 백성들을 이주시켜 그 땅을 비운 것 같다. 毅宗 13년은 우리 二條帝의 平治 원년으로서 금년 辛巳로부터 722년 전의 일이다. 이것은 722년 전에 이 섬이 高麗에 속한 세 번째 증거이다(『高麗史』에 의거함).

또한 磯竹島覺書에 의거하면 輿地勝覽을 인용하여 이르기를, '본조 태종 때에 流民으로 그 섬에 도망하는 자가 매우 많음을 듣고 다시 안무사를 파견하여 쇄출해서 그 땅을 비우게 하였다. 안무사가 말하기를 토지는 비옥하고 대나무는 나무기둥같으며 쥐는 고양이 같다. 운운'하였다. 그렇다면 이전 왕조의 王氏는 공도 정책을 행하지 않았고 해변의 백성들 중에 왕왕 이주하는 자들이 있었던 것이다. 조선 태종의 때는 後小松帝 應永 연간의 중으로 대략 480년 전이다. 이것은 480년 전에 이 섬이 조선에 속한 네 번째 증거이다.

그 후 世宗 20년에 이르러 '현인만호 南顯을 파견해서 수백 인을 인솔하고 들어가 수색해서 백성을 잡아오도록 하니 金丸 등 70여 인을 모두 잡아왔고 그 땅은 드디어 비게 되었다.'고 하였다. 그렇다면 이 이후 조선인을 거두어 가서 無人의 空島가 된 것이다. 世宗 20년은 우리 後花園帝의 永享 4년 壬子로서 올해로부터 450년 전이다. 이것이 450년 전에 이 섬이 朝鮮에 속한 다섯 번째 증거이다(『輿地勝覽』에 의거함).

그후 成宗 2년에 이르러 '三峰島라는 섬이 따로 있다고 하는 사람이 있었으므로 마침내 朴宗元을 파견하여 가서 조사케 하였다. 풍랑으로 인하여 그는 정박하지 못하고 돌아왔는데 동행한 2척의 배가 울릉도에 정박해서 단지 대죽과 복어를 채취해 가지고 와서 섬 안에 사람이 살고있지 않다고 아뢰었다.'고 하였다. 이는 당시 한인이 竹島 외에 별도의 1개 섬이 있다는 說을 믿고 사람을 파견하여 해중을 수색해서 얻은 것 없이 竹島의 전복을 주워 돌아왔던 것이다. 成宗 20년은 우리의 門帝 延德 원년 己酉로서 올해로부터 410년 전이다. 이것은 410년 전에 空島일지라도 이 섬이 아직도 조선에 속했다는 여섯째 증거이다. 이 여섯째 증거에 의거할 때 우리의 繼體帝 6년 임진부터 後土御門帝 延德 원년 기유까지 1천 1백 년간은 이 섬은 조선의 版圖라는 사실이 명료하다(『輿地勝覽』에 의거함).

그러나 이상 설명한 바는 뒤에 朝鮮國史가 우리 나라에 들어옴에 의해 근래 겨우 안 바로서, 당시에는 이렇게 명료하지 않았다. 그러므로 慶長 19년(1614년) 갑인년에 宗義質이 사신을 조선에 보내어 竹島는 우리 版圖 가운데 있는 것이라는 뜻을 말하매, 조선 동래부사 尹守謙이 竹島는 일본의 땅이 아니라 곧 朝鮮古史의 울릉도라는 서한을 宗씨에 보내어 그 조선의 땅임을 논하였다. 후임 부사 朴慶業도 역시 서한을 보내어 이를 밝히었다. 그러나 大阪의 役이 있어 모였을 때 宗씨는 이것을 에도(江戶)에 바치지 않았다. 따라서 德川氏 역시 이를 알지 못하였다. 元和 3년(1617년) 松平新太郞 光政이 白州를 다스림에 이르러 米子의 상인 大谷甚吉과 村川市兵衛가 竹島渡海의 일을 청하여 免許의 朱印을 幕府로부터 얻었다. 그 이래 연년 두 상인은 竹島에 도해하여 바다의 이권을 장악한 것이 70여 년, 우리 나라

조야에서는 우리 版圖가 되었다고 다시 의심하는 자 없었다(이상 『朝鮮通交大記』 및 『善隣通交』, 『竹島考』, 『竹島圖說』에 의함).

이때에 당하여 홀로 우리 나라 사람이 우리 版圖가 되었다고 했을 뿐만 아니라 明나라 사람 역시 우리 나라 版圖가 되었다고 생각했다. 무엇을 갖고 이렇게 말하는가 하면 明나라 第元儀의 武備志 日本考 島名의 部에 薩摩의 種子島, 肥前의 平戶島, 安藝의宮島와 함께 伯耆에 竹島를 부속시키고 그 번역을 他計什麻(다케시마)라고 하였다. 이것은 당시 明나라 사람 역시 〈죽도가〉 우리 版圖임을 인정한 첫째 증거이다.

또한 明나라 章潢이 저술한 圖書編에 日本圖가운데 山陰 伯岐의 서쪽에 한 섬을 그려두고 竹島의 두 글자를 적었다. 같은 책 日本國序의 글에 '왼쪽의 서편에 備中, 오른쪽에 因幡, 오른쪽의 서편에伯耆가 있다.'고 하고 그 아래에 注文이 있는데 '沿海俱白砂, 無奧可泊, 其鎭爲阿家雜記, 爲倭子介, 爲他奴賀知, 其北爲竹島, 懸解三十理'라고 하였다. 이것은 당시 明나라 사람 역시 竹島를 우리 版圖라고 인정한 두 번째 증거이다.

또한 명나라의 王鳴鶴이 當壇必究에서 日本國圖를 그리고 石見但馬의 바다 가운데 竹島가 있다고 하였다. 이것은 明나라 사람이 竹島를 우리 版圖라고 인정한 세 번째 증거이다.

생각컨데 茅元儀 章潢 王鳴鶴 세 씨의 저서는 모두 文錄(임진) 征韓(조선 침략)의 役 후에 그 책을 편찬한 것이라면 당시의 현황에서 모두 竹島를 우리나라의 版圖 가운데 첨가했을 것이다.

이러한 일은 오직 당시 明나라 사람만 이러한 說이 있었을 뿐 아니라 조선인 역시 이러한 說을 말한 자가 있었다. 磯竹島覺書는 조선인이 저술한 芝峯類說을 인용하여 이르기를 '울릉도는 일명 武陵, 일명 羽陵으로 동해 가운데 있어 울진현에 서로 마주보고 있다. (…) 대나무가 기둥이 크고 쥐가 고양이 같이 크다. 임진란 후 들어가 본 사람이 있는데 역시 倭가 분탕질 했었으며 다시 사람이 살지 않았다. 근래 들으니 倭奴가 磯竹島를 占據했다고 하는데 혹 磯竹島라 하는 것은 곧 울릉도이다.'라 하였다. 임진란이라고 하는 것은 文錄 원년 임진에 豊臣씨의 征韓의 군대를 가리킨다. 이 책은 저나라(조선) 사람이 元和 寬永 때에 저술한 것으로서 倭奴占據의 4글자가 있는 것은 임진년 후에 우리 나라 사람이 전쟁의 餘威에 편승해서 그 섬을 점거했음을 저들 역시 부득이 그 점거를 묵허한 것인것 같이 여겨진다.

이 때문에 元和 2년(1616년), 寬永 13년(1636년), 寬文 6년(1666년)의 3회에 우리 국민이 竹島에 이르러 고기잡이를 하다가 마침내 조선국에 표류했는데도 조선 磯竹島에서 고기잡이한 것을 처벌하지 않고 양식을 주어 대마도에 호송하였다. 당시 우리의 竹島에 利權이 있음이 이와 같았다(『竹島記事』에 의거함).

그러나 元祿 5년에 이르러 米子의 상인 村川市兵衛가 竹島에 이르렀고 조선인이 이곳에 와서 서로 만나게 되어 그 利를 얻지 못하였다. 6년에 大谷九右衛門의 배가 竹島에 이르러 조선 때문에 고기잡이에 방해가 되자 노하여 그 2인을 잡아 이를 鳥取로 보내었으며, 幕府의 명령을 전하여 받아 이들을 본국에 돌려 보냈다.

이로부터 해를 이어 조선인이 와서 우리 백성의 고기잡이를 방해하였다. 이에 이를 幕府에 호소하니 幕府는 宗씨에 명령하여 서신을 조선 예조참판에게 보내서 그 인민이 竹島에 오는 것을 금지시켜 달라고 하였다.

조선이 답서하여 가로되, 竹島는 한국 이름으로 울릉도로서 古來로 조선의 版圖임을 말하였다. 6년의 9월부터 12년의 정월에 이르기까지 7년간에 걸쳐서 문서가 왕복한 지 수십 회에 드디어 조선의 版圖임을 결정하고 오랫동안 있었던 우리 인민의 渡海를 금지시켰다(『竹島紀事』, 『磯竹島覺書』에 의거함).

元祿 12년 竹島의 일이 정해진 이후 139년 만에 石州 濱田의 백성 八右

衛文이란 자가 竹島에 항해했다가 엄형에 처해졌다. 八右衛門은 濱田의 廻船業을 하는 집 아들로서 江戶에 가서 濱田邸의 家老 岡田賴母 松井圖書 등을 설득해 그들의 黙許를 얻고 고기잡이를 명분으로 하여 비밀리에 외국과 무영하였다. 이 일이 갑자기 막부 관리에게 발각되어 엄형에 처해지고, 연루된 수십인 賴母 圖書 등은 배를 자결해서 죄를 막부에 사죄하였다(『天保八年竹島渡海一件』에 의거함).

그 후 44년을 경과하여 명치 10년에 이르러 시마네현 사무파의 戶田敬義라는 자가 竹島渡海의 願書를 東京府에 제출하였다. 6월 府廳으로부터 어렵겠다는 지령이 있었다. 그 일은 중지되었고, 이래 다시는 竹島의 일을 말하는 자가 없었다(『竹島書類雜纂』에 의거함).

이보나 앞서 陸奧 사람 武藤平學과 下總 사람 齋藤七郞兵衛 등이 러시아령 블라디보스토크에 왕래하다가 竹島 외에 별도로 松島라는 것이 있다고 주창하면서 무역사무관 瀨脇壽人에게 渡海의 일을 요청하였다. 이에 竹島와 松島가 一島二名인가 또는 두 섬이 각각 별개의 섬인가 설이 분분하여 결정하지 못하였다. 이에 松島 巡視의 의론이 일어났으나 그 일을 중지하고 수행하지 않았다(『松島關係書類浦湖斯德公信』에 의거함).

또한 해군 수록국의 수로잡지에 의하면, 메이지 11년 6월 해군소좌松村安種이 天城艦으로서 朝鮮海에 회항할 때에 그 승무원 해군 대위 山澄直淸, 해군 소위 補小林春, 동 福地邦鼎 등과 松島에 갔다. 吉田 중위는 정오에 本艦의 소재를 실측하니, 북위 37도 48분을 얻었다. 또 오전 7시58분에 태양고도를 측정하여 본함 소재가 동경 130도 32분임을 얻었다. 이로부터 침로를 남동으로 바꾸어 水程儀를 갖고 측정하여 항해하기 20리, 松島를 去하기 2리의 곳에 이르러 松島의 中部를 정남으로 바라보았다고 하였다. 이것이 우리 군함이 松島를 측량한 것의 시작이다. 그후 메이지 13년 天城艦이 다시 松島에 항해함에 이르러 해군소위 三浦重鄕 등이 친히 그 땅에 가서 실지측량함에 미쳐서 그 섬 東岸에 임시 정박의 땅을 발견하였다. 또 松島는 고대 한국인이 울릉도라 칭한 곳으로서, 달리 竹島라 칭하는 것이 있을지라도 부근의 小島에 지나지 않음을 알게 되어 사정은 더욱 명료해졌다. 이로써 보면 오늘의 松島는 즉 元錄 12년에 칭한 바의 竹島로서 옛날부터 우리 版圖 밖의 땅임을 알 수 있다.

이것이 竹島의 고금의 연혁의 대략이다. 이제 우리 나라 記傳과 한국 및 중국의 여러 서적들을 들어 그 요지를 이와같이 서술한 것이다. 만일 그 상세한 것을 알 필요가 있으면 앞서 제출한 바의 『竹島考證』 세 권이 있으니 이를 읽어 보면 될 것이다.

明治 14년 8월 20일 調查

北澤正誠

해설 요점

『竹島版圖所屬考』는 일본 외무성의 위촉을 받고 竹島의 영토 소속을 조사한 北澤正誠이 1881년(일본 메이지 14년)에 먼저 앞서의 『竹島考證』 세 권을 쓴 다음에, 바로 뒤이어 외무성에의 보고용 결론으로서 요약하여 1881년 8월 20일자의 보고서이다.

이 자료의 이 부분은 일본에서는 竹島를 磯竹島라고도 하는데 이것은 한국 명칭인 울릉도 또는 芋陵島임을 설명한 것이다.

여기서 특히 주목할 것은 1004년(고려 목종 7년, 일본 一條 寬弘 1년)에 因幡에 표류해온 울릉도 사람들에게 들어서 울릉도를 '우르마(宇流麻)'섬이라고 기록하고 있다는 사실이다. 여기서 울릉도의 순수 한국어 호칭은 '우르마'섬이었음을 알 수 있다.

北澤은 한국 측 자료 문헌을 사용하여 울릉도가 512년(신라 지증왕 13년, 일본 繼體 6년)부터 1489년(조선 성종 20년, 일본 後土御門 延德 1년)까지 1천 110년간은 틀림없이 조선의 영토였음을 여섯 가지로 증명하였다. ① 우선 『동국통감』에 신라 지증왕 13년 6월에 우산국이 신라에 항복하여 병합되었다는을 기록, ② 『고려사』에 태조 13년(서기 930년)에 울릉인이 와서 토산물을 바친 기록, ③ 고려 의종 13년(서기 1159년)에 김유립을 울릉도에 파견하여 실지조사를 하고 이민정책을 실행한 기록, ④ 『동국여지승람』에 조선조 태종이 안무사를 파견하여 울릉도에 도망해간 백성들을 쇄출했다는 기록, ⑤ 세종 22년(서기 1440년)에 울릉도에 안무사를 파견해 백성들을 쇄환했다는 기록, ⑥ 성종 2년(서기 1471년)에 삼봉도를 수색하러 보낸 배3척 중에서 2척이 울릉도에 정박하여 토산물을 갖고 왔다는 기록 등이 6개의 증거이다.

北澤은 이어서 대마도주 宗씨가 조선측의 울릉도(죽도)는 조선 영토라는 강경대응을 江戶의 도쿠가와막부에 고하지 않았기 때문에서 막부는 竹島가 조선 영토임을 모르고 1618년 두 상인에게 '죽도도해면허'를 내준 것이라고 설명하였다. 1617년에 막부로부터 松平新太郎 光政이 白耆州에 내려와 이를 다스리게 되자 요나고의 상인 大谷甚吉과 村川市兵衛가 '죽도도해' 면허를 청원하였다. 光政이 힘을 써서 막부는 이 두 상인에게 이듬해인 1618년에 죽도도해면허를 내어 주었다. 그 후 약 70년을 두 가문이 교대로 해마다 울릉도에 들어가 고기잡이를 하고, 전복 등 특산물을 막부에 바쳤는데, 北澤은 이것을 가지고 당시 '일본 조야에서는 竹島가 일본 版圖가 되었다고 생각하여 다시 의심하는 자가 없었다.'고 설명하였다. 그러나 이것은 전혀 사실이 아닌 억설이다. 왜냐하면 당시 幕府는 竹島가 조선 영토임을 알고 있었기 때문에 외국에 건너가는 면허인 '죽도도해면허'를 내어 준 것이었다. 당시 일본 국내 각지의 여행에는 막부의 도해면허가 필요 없었고, 오직 '외국에 건너갈 때에만' 도해면허가 필요하였다. 그러므로 막부가 두 상인에게 '죽도도해면허'를 내어 주었다는 사실 그 자체가 '竹島'(울릉도)

를 외국(조선) 영토로 인지하고 인정하여 그러한 면허를 내어 준 것이었다.

北澤은 1693년(조선 숙종 19년, 일본 원록 6년) 울릉도에 출어한 동래·울산의 어부들과 일본 大谷 가문의 어부들이 충돌하여 일본 어부들이 안용복 등 2명을 꾀어서 납치해 간 것을 계기로 일본이 울릉도(竹島)를 일본 영토에 편입해 보려고 시도했다가 외교논쟁이 일어나서 결국 막부가 1696년 울릉도(竹島)와 그 부속도서를 조선 영토로 재확인·결정한 사실을 기록하였다. 北澤은 1693년부터 1699년까지 7년 조선 측과 수십 회의 외교문서를 왕복한 끝에 竹島를 조선판도라고 결정했다고 쓴 다음, 장구한 기간(사실은 70년)에 있었던 일본인의 도해를 금지시킨 것을 애석해 하는 논조로 기록하였다.

이어서 1696년 울릉도와 그 부속도서를 조선 영토로 결정한 이후 139년 만인 1837년 八右衛門이 竹島에 건너가 밀무역을 하다가 사형당한 사실을 기록했으며, 도쿠가와막부가 울릉도와 그 부속도서를 조선 영토로 인정한 정책 실시가 엄격했으므로 이 기간에 감히 竹島를 입에 올리는 자가 없게 되었음을 기록하였다.

이 자료의 이 부분은 1868년 유신 이후 메이지 정부 수립 후 정한론의 분위기 속에서 일본인들이 다시 죽도도해, 송도 순시 및 영토편입 등의 주장과 시도가 있었음을 간단히 서술하고, 조사 결과는 松島는 곧 竹島이고 조선 호칭은 울릉도로서 고래로 조선 영토이고 일본 판도 외에 있는 것으로 판명되었다고 결론짓고 있는 부분이다.

즉 1878년(메이지 10년) 시마네현 사무라이 戶田敬義가 '죽도도해'를 유신 정부 수립 후 처음으로 신청했다가 동경부로부터 거부되었다.

武藤平學, 齋藤七郎兵衛 등은 무역사무관 瀨脇壽人의 지지를 받고 동해에 竹島가 아니면서 비슷한 크기와 자원을 가진 주인 없는 松島를 발견했다고 주장하면서 그 순시 조사를 청원하였다. 정부 내에서도 동조자가 많아서 결국 1881년 해군 군함 天城艦을 파견하여 순시·실지 조사를 시켰더니, 문제의 松島는 바로 竹島였고 조선의 울릉도였다는 것이다.

그러므로 1881년까지 일본에서 호칭한 竹島, 1882년부터 일본 해군이 天城艦으로 가서 조사 후 호칭한 松島는 울릉도이고 고래로 조선 영토이며 일본 판도의 외에 있는 토지임을 알 수 있다는 결론이었다.

北澤의 이 보고서는 1881년 8월 20일자 조사로 일본 외무성에 제출되었는데, 일본 측이 조선의 동남제도개척사겸관포경사 김옥균과 초기 개화파의 강경한 요구와 독촉을 받고 일본 정부가 1883년 1월 22일(양력 3월 1일) 울릉도(죽도) 도항금령(渡航禁令)을 일본인들에게 내려서 일시 울릉도로부터의 일본인 철수를 시작하려고 한 배경이 되었다.

(중권, 본문 75~83쪽 참조)

40) 일본 외무성 『일본외교문서』 기사(2)

(129) 朝鮮國鬱陵島에의 日本人渡航禁止의 件

十二月十六日 (井上外務卿ヨリ三條太政大臣宛)

邦人ノ鬱陵島渡航禁止ニ關シ上申ノ件竝ニ決濟

附屬書　一 壬午六月禮曹判書來翰

　　　　二 諭達案

公第二七二號

我邦人朝鮮國所屬鬱陵島(我邦人竹島又ハ松島ト唱フ)ヘ渡航シ妄ニ伐木致候者有之 趣客歲七月中朝鮮政府ヨリ照會有之候間卽チ申禁可致旨相答置候處尙又今般別紙甲號之通リ照會有之候就テハ今後尙渡航者有之候テハ彼政

府へ對シ交際上不都合ノミナラス我政府ノ禁令人民ニ及ハセルヲ示スノ嫌ナキ能ハス依テ朝鮮政府ヘハ竹添辨理公使ヲ以テ申禁可致旨返翰差遣ハシ可申候且此末心得違無之樣乙號草案之意ヲ以テ內務卿ヨリ各府縣ヘ諭達相成候樣仕度候 尤モ右諭達之義ハ近時京城變亂ニ付彼國政府ト條約交換有之際ニテ同國使卽モ滯京中ノ事ニ候ヘハ其等ニ因緣候樣ニ世上ヘ感觸ヲ來シ候テハ不都合ニ彼存候間諭達文中ニモ該島ニ付朝鮮政府トノ議定セシ年月ヲ挿入致置 從來朝鮮國ニ屬シ特ニ今日ニ定ムルモノニ非ラザルヲ引證シ 諭達ノ意ハ單ニ該島ノ位置ヲ明示シ渡航ヲ禁スルニ止ムルモノニ有之候右之次第ニ付御發令ノ義モ朝鮮使節歸國相成候上ニ有之候樣仕度此段上申候也.

明治十五年十二月十六日

外務卿 井 上 馨 (印)

太政大臣 三條實美殿

追テ右諭達ニ背キ該島ニ至リ私ニ賣買ヲ爲ス者有之時ハ日韓貿易規則第九則ニ據テ處分シ樹木ヲ盜伐スル者有之時ハ我刑法第三百七十三條ニ據テ處分スヘキモノト被存候間右之趣ハ豫メ司法卿ヨリ各裁判所ニ內訓有之候樣致度候.

竹島版圖考壹冊爲御參考差出候

(以下朱書)

「上申之趣聞屆候事

明治十六年三月一日(太政大臣三條實美殿)」

註 竹島版圖考一冊(北澤正誠調) 省略

(附屬書一)

(甲號)

大朝鮮國禮曹判書 李會正 呈書

大日本國外務卿井上馨閣下

謹玆照會者敝邦之鬱陵島 非間界也 頃因

貴國人斫樹伐木早奉書契籍蒙

貴朝廷另許禁止敝邦委遣撿察使李圭遠周視島界歸言

斫採仍前無改豈

貴朝廷不及立禁而民猶冒犯否疑深訝滋﨑函奉質, 望

貴朝廷照諒設法

婉諭嚴防毋蹈前謬幸甚敬問

台祉辰安, 不宣

壬午年六月　日

禮曹判書　李　會正

(附屬書二)

(乙號)

諭達案

北緯三十七度三十分東經百三十度四十九分ノ洋中ニ在ル鬱陵島(我國人竹島又ハ松島ト唱フ)ハ朝鮮國ノ版圖タルハ元祿年中既ニ我政府ト朝鮮國政府トノ間ニ議定スル所ニ有之候處我國人民妄リニ該島ニ渡航スルモノ有之趣ニ付今後心得違無之樣管下人民へ告諭可致此旨相達候事.

日本人의 울릉도 도항금지에 관하여 上申의 件 및 決濟

附屬書　一 壬午六月禮曹判書來翰

　　　　二 諭達案

公제272호

우리 나라 사람(일본인)으로 조선국 소속 울릉도(우리 나라 사람은 竹島 또는 松島라고 부름)에 도항아여 망녕되이 벌목하는 자가 있으므로, 작년 7월 중에 조선 정부로부터 조회가 있었는데, 즉각 금지시켜 주고 회답을 기다린다는 것이었다. 또한 이번에 별지 甲號와 같은 照會가 있었는데, 금후 여전히 渡航者가 있으면 저들 정부에 대해 교제상 부적절할 뿐 아니라 우리 정부의 禁令이 인민에게 미치지 못함을 나타내는 바람직 하지 못한 것이 될 수 있다. 그러므로 조선 정부에는 竹添 辨理公使로 하여금 상신하여 금지시키겠다는 요지의 공한을 보내도록 하고 또 心得하여 위반이 없도록 하는 것은 乙號와 같은 초안의 뜻을 갖고 내무경이 각 府縣에 諭達하는 것이 좋을 것 같다. 더욱이 諭達의 건은 京城變亂에 부쳐서 저들 정부와 조약문 교환이 있을 시기에 동국사절도 동경에 체류중이므로 그들에 의해 세상에 감촉되는 것은 부적절하다고 보기 때문에 제안하는 것이다. 諭達文 중에도 그 섬에 대해 조선 정부와 의론하여 정하지 않은 채 年月을 삽입해 두고, 그 섬이 종래 조선국에 속한 것이지 특히 금일에 정한 것은 아님을 引證하며, 諭達의 뜻은 단지 그 섬의 위치를 명시하고 도항을 금지함에 그치는 것이 좋을 것이다. 위의 이번 명령 발표의 건도 조선사절의 귀국에 맞추는 것이 좋을 것으로 생각되어 상신하는 바이다.

明治 15년(1882년) 12월 16일

외무경 井上 馨 (印)

太政大臣 三條實美 귀하

(…)

(부속서2)

(乙號)

諭達案

북위37도 30분, 동경 130도 49분의 바다 가운데 있는 울릉도(우리나라 사람은 竹島또는 松島라고 부름)는 朝鮮國의 版圖임은 元祿 연간에 이미 우리 정부와 조선 정부 사이에 議定된 바가 있다. 그러므로 우리나라 인민이 망령되이 그 섬에 渡航하는 자가 있으면 금후 心得하여 위반함이 없도록 관하 인민에게 告諭하니 이 뜻을 相達하도록 할 것이다.

해설 요점

『일본외교문서』에 수록된 이 자료는 일본 외무성이 北澤正誠의 보고서와 조선 정부의 울릉도 재류 일본인 철수 및 벌목금지 요구를 받고 일본 정부가 울릉도에서의 일본인들의 철수와 벌목 금지를 명령한 자료이다.

일본 외무성은 임오군변(壬午軍變) 후 조·일협상과 조약문 교환 문제로 조선 사신단이 동경에 체류한 시기에 맞추어 울릉도로부터의 일본인 철수 명령 발표를 형식상 행하여 조선사절들로 하여금 일본 정부를 신뢰하도록 할 것을 태정대신(太政大臣)에게 요청하였다. 그러나 일본 외무성은 울릉도 침탈의 야욕이 있었으므로 울릉도(및 독도)가 원록(元祿, 조선 숙종에 해당) 연간에 조선 판도가 된 것이지 그것을 오늘날 정한 것이 아님을 명시하도록 해서 앞으로 울릉도 침탈 가능성을 열어두려고 하였다. 일본은 1882년 12월에 먼저 조선 예조판서에게 이미 울릉도 도항금령(渡航禁令)을 내렸다는 회답문을 먼저 보내고, 실제로는 이듬해인 1883년 1월 22일(양력 3월 1일)에야 태정대신의 이름으로 이 자료의 유달안(諭達案)과 동일 내용의 '울릉도 도항금령'을 시달하였다. 그러나 이것은 조선 정부의 조선사절단을 무마하기 위한 것이었고, 일본 정부는 실제로는 울릉도에 불법입도하여 벌목하는 일본인을 철수시키는 어떠한 조치도 하지 않았다.

조선 정부가 1883년 3월 16일 개화당 영수 김옥균을 동남제도개척사겸관포경사에 임명하여 초기 개화당들이 적극 활동하면서 울릉도에서의 일본인 철수를 요구하자, 그제서야 일본은 1883년 9월 관리관 순사 31명을 월후환(越後丸)이란 배로 울릉도에 파견하여 울릉도에 불법입도해 와 있는 일본인 254명을 모두 쇄환시킴으로서 울릉도에는 일본인이 남아있지 않게 되었다. 그러나 갑신정변 실패 후 개화당이 몰락하고 울릉도 문제에 정부의 관심이 사라지자 일본인들의 불법입도가 또다시 자행되었다.

(중권, 본문 29~51쪽 참조)

41) 해군성 수로부 『환영수로지』 기사

(130) 日本海軍省 水路部, 『寰瀛水路誌』 第2卷 第2版(1886年)

'リヤンコ-ルト'列岩

此列岩ハ一千八白四十九年佛國船'リヤンコ-ルト'號初テ之ヲ發見シ船名ヲ取テ'リヤンコ-ルト'列岩ト名付ケリ其後一千八白五十四年露國'フリケ-ト'形艦'パルラス'號此列岩ヲ'メナライ'及ヒ'ヲリヴツァ'列島ト稱シ一千八白五十五年英艦'ホル子ット'號此列岩ヲ探險シテ'ホル子ット'列島ト名付ケリ該艦ノ艦長'フォルシス'曰ク該列岩ハ北緯三十七度十四分東經一白三十一度五十五分ノ處ニ位セル濯濯無産ノ二岩嶼ニシテ鳥糞當ニ嶼上ニ充積シ嶼色爲メニ白シ北西微西ヨリ南東微東ニ至ルト長サ共計約一里而シテ二嶼相距ル四分里一ナルモ疑ラクハ一礁脈アリテ之ヲ相連ルナラシ西嶼ハ海而上高サ四百十尺ニシテ形チ糖塔ノ如シ東嶼ハ較低クシテ平頂ナリ此列島附近水頗ル深キカ如シト雖モ其位置恰モ函館ニ向テ日本海ヲ航上スル船舶ノ直水道ニ當レルヲ以テ頗ル危險ナリトス

리앙코르도列岩

此列岩은 서기 1849년 佛國船 리앙코르도號가 처음으로 이를 발견하여 船名을 취해서 리앙코르도列岩이라고 이름 붙였다. 그 후 1854년 露國 프레가트型 함선 팔라스號는 이 列岩을 마날라이 및 오리우사列岩이라고 칭하였다. 1855년 英艦 호르넷도號는 이 列岩을 探險하여 호르넷도列岩이라고 이름 붙였으며, 함장 홀시스노의 말에 의거하면 이 列岩은 북위 37도 14분, 동경 131도 55분에 위치하는 2개의 不毛岩嶼로서 鳥糞이 항상 섬 위에 堆積하여 이 때문에 섬의 색이 하얗다. 北西微西로부터 南東微東에 이르는 길이는 약 1里이고 두 섬 간의 거리는 0.25里로서 보이는 곳에 一礁脈이 있어 이를 연결한다. 西嶼는 해면으로부터 높이가 약 410呎으로서 형상은 糖塔과 비슷하다. 東嶼는 이에 비교해 낮고 평평한 頂上으로 되어 있다. 이 列岩 부근의 수심은 상당히 깊을지라도 그 위치는 函館을 향하여 日本海(즉, 東海)를 항해하는 선박의 直水道에 當하므로 상당히 위험한 것이다.

해설 요점

일본 해군성이 그들이 편찬한 세계수로지인『환영수로지(寰瀛水路誌)』의 제2권 제2판(1886년)에서 처음으로 독도를 '리앙코르도列岩'이라는 이름으로 제4편「조선동안(朝鮮東岸)」에 수록해서 조선 영토임을 표시한 자료다.

또 일본 해군성은 1889년『환영수로지』편찬을 중단하고, 이것을『일본수로지』,『조선수로지』등 국가 영토별로 분류하여 편찬하기 시작하는데, 이때 독도(리앙코르도열암)가『조선수로지』와『일본수로지』가운데 어디에 포함되는가는 일본 해군성이 독도를 어느 나라의 영토로 인지했는가의 척도가 된다. 일본 해군성은 이때 독도를 조선의 영토로 간주하여『조선수로지』에 포함시키고『일본수로지』에는 포함시키지 않았다.

(중권, 본문 52~60쪽 참조)

42) 해군성 수로국 『조선수로지』 기사

(131) 日本 海軍省 水路局, 『朝鮮水路誌』(1899年)

リアンコ-ルド列岩

此列岩ハ洋紀一八四九年佛國船'リアンコ-ルド'初テ之ヲ發見シ稱呼ヲ其船名ニ取ル其後一八五四年露國'フレガット'形艦'パラス'ハ此列岩ヲメナライ及ヲリヴツァ列岩ト名ツケ一八五五年英艦'ホル子ット'ハ此列岩ヲ探險シテ'ホル子ット'列島ト名ツケリ該艦長フォルシィスノ言ニ據レハ此列岩ハ北緯三七度一四分東經一三一度五五分ノ處ニ位スル二座ノ不毛岩嶼ニシテ鳥糞常ニ嶼上ニ堆積シ嶼色爲メニ白シ而シテ北西亻西至南東亻東ノ長サ約一里二嶼ノ間距離約二鏈半ニシテ見タル所一礁脈アリテ之ヲ連結ス○西嶼ハ海面上高サ約四一○呎ニシテ其形棒糖ノ如シ東嶼ハ較低クシテ平頂ナリ○此列岩附近ハ水頗深キカ如シト雖其位置ハ實ニ函館ニ向テ日本海ヲ航行スル船舶ノ直水道ニ當レルヲ以テ頗危險ナリトス

리앙코르도列岩

此列岩은 서기 1849년 佛國船 리앙코르도號가 처음으로 이를 발견하여 船名을 취해서 리앙코르도列岩이라고 이름 붙였다. 그 후 1854년 露國 프레가트型 함선 팔라스號는 이 列岩을 마날라이 및 오리우사列岩이라고 칭하였다. 1855년 英艦 호르넷도號는 이 列岩을 探險하여 호르넷도列岩이라고 이름 붙였으며, 함장 홀시스노의 말에 의거하면 이 列岩은 북위 37도 14분, 동경 131도 55분에 위치하는 2개의 不毛岩嶼로서 鳥糞이 항상 섬 위에 堆積하여 이 때문에 섬의 색이 하얗다. 北西微西로부터 南東微東에 이르는 길이는 약 1里이고 두 섬 간의 거리는 0.25里로서 보이는 곳에 一礁脈이 있어 이를 연결한다. 西嶼는 해면으로부터 높이가 약 410呎으로서 형상은 糖塔

과 비슷하다. 東嶼는 이에 비교해 낮고 평평한 頂上으로 되어 있다. 이 列岩 부근의 수심은 상당히 깊을지라도 그 위치는 函館을 향하여 일본해(즉, 동해)를 항해하는 선박의 直水道에 當하므로 상당히 위험한 것이다.

해설 요점

이 자료는 일본 해군성이 독도를 조선 영토로 분류하여 『조선수로지』에 포함시킨 자료이다.

일본 해군성은 1889년 『환영수로지』 편찬을 중단하고, 이것을 『일본수로지』, 『조선수로지』 등 국가영토별로 분류하여 편찬하면서, 독도(리앙코르도열암)를 조선의 영토로 간주하여 『조선수로지』에 포함시키고 『일본수로지』에는 포함시키지 않았다. 일본 해군성 수로국은 『조선수로지』를 1894년에 최초로 편찬 발행했는데, 이때 독도를 '리앙코르도열암'이라는 이름으로 『조선수로지』 제4편 「조선동안」에 포함시켜 설명하였다.

일본 해군성 수로국은 그 후 『조선수로지』의 판을 거듭했는데, 예컨대 제2판인 1899년판 『조선수로지』에서도 이전과 같은 설명을 게재하고 독도를 조선 동해안 부속령으로 취급하였다.

일본 해군성 수로부가 독도를 『일본수로지』에 포함시키기 시작한 것은 일본이 1905년 2월 독도를 대한제국 정부 몰래 침탈하여 시마네현에 편입시킨 후부터다. 그들은 1907년의 『일본수로지』 제4권의 해도에서 은기도 북방에 처음으로 작은 점을 그려넣기 시작했다. 이러한 사실들은 일본 해군성도 태정관·외무성·내무성과 마찬가지로 1905년 2월까지는 독도가 조선 영토임을 정확하게 인지하고 있었음을 증명해준다.

(중권, 본문 52~60쪽 참조)

제8편

「1905년 일제의 대한제국 독도 불법침탈에 대한 허구성과 무효」에 관련된 실증자료

43)『군함 신고(新高) 전시일지』 기사(1)

(132)『軍艦新高戰時日誌』1904年 9月 25日條

松島ニ於テ'リアンコルド'岩實見者ヨリ聽取リタル情報

'リアンコルド'岩韓人之ヲ獨島ト書シ本邦漁夫等略シテ'リヤンコ'島ト呼稱セリ別我略圖ノ如リ二個岩嶼ヨリ成リ西嶼高サ約四百呎險沮ニシテ攀ルコト困難アルモ東嶼ハ較低リシテ雜草ヲ生シ頂上梢梢平坦ノ地アリ二三小舍ヲ建設スルニ足ルト云フ

淡水東嶼東面ノ入江內ニテ少許シ得又同嶼ノ南B點水面ヨリ三間餘ノ所ニ湧泉アリテ四方ニ浸出ス其量梢梢多ク年中涸渴スルコトナシ西嶼ノ西方C點ニモ亦淸水アリ 嶼ノ周回ニ點在スル岩ハ槪シテ扁平シテ大ナルハ數十疊リ敷クニ足リ常ニ水面ニ露出ス海馬玆ニ群集ス兩嶼ノ間ハ船ヲ繫クニ足ルモ小舟ナレバ陸上ニ引揚ハルヲ常トシ風波强ク同島ニ繫泊シ難キ時ハ大低松島ニテ順風ヲ得避難スト云フ

松島ヨリ渡航海馬獵ニ從事スル者ハ六七十石積ノ和船ヲ使用シ嶼上ニ納屋ヲ構エ每回約十日間滯在シ多量ノ收額アリト云フ而シテ其人員モ時時四五十名ヲ超過スルコトアルモ淡水ノ不足ハ告ケザリシ又本年ニ入リ數回渡航シタルニ六月十七日露國軍艦三隻同島附近ニ現ハレ一時漂泊シ後北西ニ進航セルヲ實見セリト云フ

松島(울릉도)에서 리앙코르도岩 實見者로부터 聽取한 情報

리앙코르도岩은 韓人은 이를 獨島라고 書하고 本邦 漁夫들은 '리앙코島'라고 호칭한다. 별첨한 略圖와 같이 두 개의 岩嶼로 되어 있다. 西嶼는 높이가 약 4백 呎으로 險沮하여 오르기가 곤란하지만 東嶼는 비교적 낮고 雜草가 자라며 頂上은 약간 平坦한 땅이 있어서 2, 3개의 小舍를 건설하기에 족하다고 한다.

淡水는 東嶼 東面의 入江(바다가 육지로 오목하게 들어간 부분)內에서 조금 얻을 수 있다. 또 同嶼의 南 B點 水面으로부터 3間餘의 곳에 湧泉이 있어 四方에 浸出하는데, 그 量은 상당히 많아, 年中 涸渴하는 일이 없다. 西嶼의 西方 C點에도 역시 淸水가 있다.

嶼의 주위에 點在하는 岩은 대개 扁平하여 큰 것은 數十 자리를 펴기에 족하다. 항상 水面에 露出한다. 海馬가 이에 群集한다. 兩嶼의 間은 船을 繫하기에 족할지라도 小舟인 경우에는 陸上에 引揚함을 항례로 한다. 風波가 강해서 同島에 繫泊하기 어려울 때는 대저 松島(울릉도)에서 順風을 얻을 때까지 피란한다고 한다.

松島로부터 渡航하여 海馬잡이에 종사하는 자는 六, 七十石積 和船을 사용한다. 嶼上에 納室을 짓고 매회 약 10日間 체재하여 다량의 收額이 있다고 한다. 그리하여 그 人員도 때때로 40, 50명을 초과하는 일이 있으나 淡水의 不足은 告해지지 않는다. 또한 本年에 들어서 數回 渡航했는데 6월 17일 露國軍艦 3隻이 同島 부근에 나타나서 일시 漂泊한 후 北西에 進航함을 實見하였다고 한다.

해설 요점

이 자료는 일본 군함 신고호(新高號)가 일본 해군 군령부의 명령을 받고 독도에 일본 해군 망루를 설치하기 위한 사전준비로 독도를 조사하기 시작한 보고자료이다.

일본 해군은 1904년 2월 8일 러·일전쟁을 일으킨 직후 러시아 블라디보스토크 함대의 남하를 감시하기 위해 6월 21일 한국 동해안의 울진군 죽변만(竹邊灣)을 비롯한 전략 지점에 무선전신을 가진 망루 설치를 시작하였다.

울릉도에도 동·서에 2개의 망루 설치를 1904년 8월 3일 시작하여 9월 1일 준공, 9월 2일부터 업무를 개시하였다. 그리고 죽변과 울릉도 사이의 해저전선 부설은 9월 8일 착공되어, 9월 30일 완공되었다. 울릉도는 이제 일본 해군의 감시초소와 통신기관 설비지(通信機關設備地)로 징발된 것이다. 일본 해군은 이곳뿐만 아니라 이 시기 전후에 원산·제주·울산·거문도·홍도·우도 등 한국 해안 전역에 20개의 망루 설치를 추진하였다.

일본 해군은 울릉도 다음으로 독도에도 망루를 설치하기 위한 조사작업을 시작했다. 그리하여 일본 군함 신고호는 죽변－울릉도 선(線) 연결공사를 하면서 독도를 실견한 울릉도의 민간인들(일본인)로부터 독도에 대한 청취조사를 한 다음 1904년 9월 24일 독도 답사를 목표로 울릉도를 출발하였다. 新高號의 다음날 일지에는 독도에 대한 청취조사 결과를 요약해 기록하였다.

新高號의 정보보고에서 특히 주목할 것은 '독도'를 한국인들이 이미 1904년 이전에 '獨島'로 표기하여 이 호칭을 사용하고 있음을 보고 증명하고 있는 것이다. '우산도'에 대해 '돌섬'의 뜻으로 울릉도 사람들이 사용하던 '독도'를 대한제국의 1900년 칙령 제41호가 그 뜻을 취하여 '石島'로 표기했는데, 울릉도 사람들은 1904년 이전부터 그 음을 취하여 '獨島'를 병용하고 있었고, 이 무렵에 일본 어부들은 '松島'라는 호칭을 일본 해군성이 이미 '울릉도'로 옮겨 붙여버렸기 때문에, 서양 호칭을 빌려다 줄여서 '리양코섬(リヤンコ島)'이라고 부르고 있었음을 이 자료는 알려주고 있다.

(중권, 본문 165~227쪽 참조)

44)『군함 대마(對馬) 전시일지』 기사

(133)『軍艦對馬戰時日誌』1904年 11月 13日條

四戰機密第二七六號ヲ受領ス左ノ如シ

仙頭對馬艦長ニ訓令(三十七年 十一月十三日, 於竹敷旗艦笠置)

一. 貴官ハ左記各所ニ對スル派遣員材料等到着 次第當根據地ヲ出發シ左記任務ニ服スヘシ而シテ各地歸艦ノ順序日割等ハ直接出張係官等ト協議決定シ其豫定ヲ7報告スヘシ

(イ) 高崎山無線電信所通信試驗旅行及之ガ試驗係官ヲ同地ニ送致スルコト.

(ロ)'リアンコルド'島ハ電信所(無線電信所ニ非ス) 設置ニ適スルヤ否ヤリ視察スルコト.

(ハ) 松島竹濱蔚崎各望樓行材料人員ヲ送致スルコト.

二. 前項(ハ)ノ各望樓行人員材料等ハ明十四日朝着スベキ青龍丸ニテ悉ク到着高崎山無線電信所行試驗係官ハ明後十五日朝到着ノ豫定ナリ

四戰機密 第276號를 受領함. 다음과 같음.

仙頭對馬艦長에 訓令(三十七年 十一月十三日, 於竹敷旗艦笠置)

一. 貴官은 左記 各所에 대한 派遣員 材料 등 到着 次第 當根據地를 출발하여 左記 任務에 복무할 것. 그리고 各地 歸艦의 順序 日割 등은 직접 出張係官 등과 協議決定하고 그 豫定을 報告할 것.

(a) 高崎山無線電信所 通信試驗 旅行 및 이의 試驗係官을 同地에 送致할 것.

(b)'리앙코르도'島는 電信所(無線電信所가 아님) 設置에 適合한가 아닌가를 視察할 것.

(c) 松島(울릉도) 竹濱 蔚崎 各 望樓行 材料人員을 送致할 것.

二. 前項 (c)의 各 望樓行 人員 材料 등은 明十四日 아침 着할 靑龍丸에서 모두 到着. 高崎山無線電信所行 試驗係官은 모레 十五日 아침 도착 예정임.

해설 요점

이 자료는 일본 군함 대마호(對馬號)가 일본 해군 군령부의 명령을 받고 독도를 실지조사한 보고자료이다.

일본 해군 군령부는 1904년 11월 13일 '리앙코르도島가 전신소(無線通信所가 아님) 설치에 적합한가를 시찰할 것'을 쓰시마해협(對馬海峽)을 초계 중인 군함 對馬號에 명령하였다.

對馬號는 1904년 11월 20일 오전 7시 20분 독도에 도착하여 표박하면서 부함장 小佐 山中柴吉과 군의장 大軍醫 今井外美太郎 등 2명을 시찰을 위하여 독도에 상륙시켰다. 부함장과 군의장은 약 3시간 동안 독도를 시찰하고 귀함했으므로, 對馬號는 이날 오후 7시 8분에 別府灣에 귀환 입항하였다. 이것이 일본 해군이 처음으로 독도에 상륙하여 시찰한 경위다. 일본 해군은 독도가 한국 영토이기 때문에 그동안 시찰조사를 전혀 하지 않다가 러·일전쟁을 도발한 후 일본 해군의 망루·통신시설 설치를 위하여 그 준비조사차 1904년 11월 20일에야 처음으로 독도를 시찰한 것이다.

(중권, 본문 165~229쪽 참조)

45) 해군 군령부 『극비 명치 37·8년 해전사』 기사

(134) 日本 海軍軍令部, 『極秘明治三十七八年海戰史』 第4部 第4卷, 附錄「備考文書」 제67호

第六十七號 明治 三十八年 一月五日對馬艦長海軍中佐仙頭武英ヨリ水路部長ニ提出セルリヤンコ-ルド島槪要

リヤンコ-ルド 島ハ一帶ノ狹水道ヲ隔テテ相對峙スル二個ノ主島ト其ノ周圍ニ碁列スル小嶼ヨリ成ル洋中ノ一小群嶼タルニ過キス此ノ小嶼ハ槪ネ扁平ニシテ上面僅ニ水上ニ現出シ主島ノ周邊ハ奇觀ヲ呈スル洞窟ニ富ミ共ニ海豹群ノ棲窟タリ主島ハ全部殆ト不毛ノ禿岩ニシテ海風常ニ全面ヲ嘗吹シ一株ノ樹木ナク南面ニ於テ野草僅ニ苔生スルヲ見ルノミ全周ハ斷崖絶壁軟性ノ石層ヨリ成リ周邊何レヨリスルモ攀登殆ト不可能ニ屬シ全島平坦ノ地ニ乏シク水道ノ兩側ニ於テ狹小ナル平坦ノ礫地二三箇所アレトモ皆洋濤ノ襲來ヲ免レス東島ニ於テ菰葺ノ假小屋アリ海豹獵ノ爲メ夏季此ノ島ニ渡來スル漁夫用ノモノニシテ當時著シク破壞シ僅ニ其ノ形跡ヲ止ムルノミ其ノ破損ノ狀況ヨリ判斷スルニ此ノ附近ヲ蹂躪スル風波ノ猛威察スルニ餘リアリ試ニ風浪ノ鋭鋒ヲ避ケ得ヘキ家屋建築用地ヲ他ニ求ムレハ僅ニ左記二箇所アルニ過キス

(イ) 西道ノ東面ニ山崩アリ其ノ傾斜頗ル急ニシテ上半ハ殆ト直立シ到底攀ツル能ハサレトモ下半ハ稍緩傾ヲナシ辛ウシテ其ノ中腹マテ攀登スルヲ得此ノ處地質强ナル岩層ニシテ之ヲ開鑿スレハ三坪弱ノ平坦地ヲ得ヘク東風ノ外悉ク遮蔽シ得

(ロ) 東島頂部ハ一見平坦ナル部分多ク家屋建設ニ適スル如クナレトモ之ヲ踏査スルニハ經路ニ多大ノ工事ヲ施スニ非サレハ局地ニ達スル能ハサルヲ以テ實見シ得サリシモ海洋ノ蠻風ニ對シテ四周暴露ノ難ヲ免レス然レトモ獨リ南端ニアレ平坦地ハ三四坪ノ廣サアルヘク西北ノ一方ハ遮蔽セラルルモノノ如シ

明治 38年 1月 5日 對馬艦長 海軍中佐 仙頭武英이 水路部長에게 제출한 리앙코르도島 概要

리앙코르도島는 一帶의 狹水道를 隔하여 서로 對峙하는 2개의 主島와 그 주위에 碁列한 小嶼로 구성된 洋中의 一小群嶼에 지나지 않는다. 이들 小嶼는 대개 扁平하고 上面이 겨우 水上에 現出해 있다. 主島의 주변은 奇觀을 呈하는 洞窟이 풍부함과 함께 海豹群의 棲窟이다. 主島는 전부 거의 不毛의 禿岩으로서 海風이 항상 全面을 불어쳐서 一株의 樹木도 없고 南面에서 野草가 겨우 苔生함을 볼 뿐이다. 전체 주위는 斷崖絶壁이고 軟性의 石層으로 되어 있으며, 주변 어디로부터도 올라가는 것이 거의 불가능에 속한다. 全島가 平坦한 땅이 없고, 水道의 양측에 협소한 平坦의 礫地가 2, 3개 소 있지만, 모두 바다 파도의 襲來를 면하지 못한다. 東島에 菰葺의 假小屋이 있다. 海豹잡이를 위하여 여름철에 이 섬에 渡來하는 漁夫用의 것으로서, 당시 현저히 파괴되어 겨우 그 形跡이 남아 있을 뿐이다. 그 파손의 상황으로 판단하면 이 부근을 유린하는 風波의 맹위를 충분히 알 수 있다. 試하여 風浪의 예봉을 피할 수 있는 家屋建築用地를 달리 구하면 겨우 다음의 2개 소가 있음에 지나지 않는다.

(a) 西道의 東面에 山崩이 있어 그 경사가 매우 급해서 上半은 거의 直立하여 도저히 올라갈 수 없지만, 下半은 약간 緩傾을 이루어 힘쓰면 그 中腹까지 올라갈 수 있다. 이곳의 地質은 강한 岩層으로 이를 開鑿하면 3坪弱의 平坦地를 얻고 東風 외에는 모두 遮蔽할 수 있다.

(b) 東島의 頂部는 일견 平坦한 部分이 많아서 家屋 建設에 適合한 것 같으나, 이를 踏査함에는 經路에 다대한 工事를 시행하지 않으면 局地에 도달할 수 없었으므로 實見할 수 없었지만 海洋의 蠻風에 대하여 4면이 폭로됨을 면하지 못한다. 그러나 오직 南端에 있는 平坦地는 3, 4坪의 넓이가 있

으며, 西北의 一方은 遮蔽되어 있는 것 같다.

해설 요점

이 자료는 일본 군함 대마호(對馬號) 함장이 독도에 일본 해군의 망루를 설치하기 위한 준비로 독도에 상륙하여 실지조사한 후 해군성 수로부장에게 1905년 1월 5일자로 제출한 공식보고서이다.

이 보고서의 對馬號 부함장이 조사한 부분에서는 지형이 불리하지만 망루의 후보지로 '동도의 어부의 가소옥대지(假小屋垈地)' 외에 (a) 서도 동면(東面)의 하반(下半)과, (b) 동도 남단의 평탄지가 보고되었다. 위의 보고서의 인용문 이후 부분에서는, 군의장의 조사 부분으로 보이는데, 식수의 결핍이 심각한 문제임을 의학적 관점에서 분석 지적한 다음 "해표(海豹)잡이를 위해 도래한 어부는 바다가 평온한 때는 도수(島水)를 채취하여 취사용으로 썼지만 음료수는 다른 곳에서 갖고 와 썼다고 한다."고 하면서 망루를 설치하는 경우에도 식수는 다른 곳에서 공급하는 것이 의학적임을 시사하였다. (중권, 본문 165~227쪽 참조)

46) 나카이 요자부로의 「사업경영개요」 기사

(135) 中井養三郎, 「事業經營概要」(1911年)

竹島經營

竹島ニ海驢ノ夥シク群集スルコトハ從來鬱陵島方面此漁者ノ周知スル所ナリシモ一朝其捕獲ヲ開始セバ忽チ散逸シ去ルコトナキカ捕獲スルモ用途販路アルカ要スルニ利益ノ全ク不明ニ屬スルガ爲メニ從來之レガ捕獲ヲ企フルモノナクシテ空シク放遺シアリタルナリ然レモ斯ク放遺セズ如何ニ有望ノ利源モ

容易ニ開發セラルルノ期ナカルベク以テ爰ニ損害ヲ度外ニシテ斷然其捕獲ヲ試ミタルナリ而シテ其一箇有望ノ利源タルコトヲ事實ノ上ニ確カメ得タリ然レモ其レト同時ニ又タ忽チ諸方ヨリ多數ノ此獵者來集シ競爭濫獲至ラサル所ナク用途販路ハ未ダ充分講究セラレザル內其材料ハ將ニ絶滅シ去ラントスルニ至リタリ是レニ於テ如何ニセバ此弊害ヲ防ギテ利源ヲ永久ニ持續シ以テ本島ノ経營ヲ全フシ得ベキカ苦心慘憺タラザルヲ得ザリキ

本島ノ鬱陵島ヲ附屬シテ韓國ノ所領ナリト思ハルルヲ以テ將ニ統監府ニ就テ爲所アラントシ上京シテ種種劃策中時ノ水産局長牧朴眞氏ノ注意ニ由リテ必ラズシモ韓國領ニ屬セザルノ疑ヲ生ジ其調査ノ爲メ種種奔走ノ末時ノ水路部長肝付將軍斷定ニ賴リテ本島ノ全ク無所屬ナルコトヲ確カメタリ依テ経營上必要ナル理由ヲ具陳シテ本島ヲ本邦領土ニ編入シ且フ貸付セラレンコトヲ內務外務農商務ノ三大臣ニ願出テ願書ヲ內務省ニ提出シタルニ內務當局者ハ此時局ニ際シ(日露開戰中) 韓國領地ノ疑アル莫荒タル一箇不毛ノ岩礁ヲ收メテ環視ノ諸外國ニ我國ガ韓國併呑ノ野心アルコトノ疑ヲ大ナラシムルハ利益ノ極メテ小ナルニ反シテ事體決シテ容易ナラズトヲ如何ニ陳辨スルモ願出ハ將ニ却下セラレントシタリ斯クテ挫折スベキニアラザルヲ以テ直ニ外務省ニ走リ時ノ政務局長山座円二郎氏ニ就キ大ニ論陳スル所アリタリ氏ハ時局オレバコソ其領土編入ヲ急要トスルナリ望樓ヲ建築シ無線若クハ海底電信ヲ設置セバ敵艦監視上極メテ屆竟ナラズヤ特ニ外交上內務ノ如キ顧慮ヲ要スルコトナシ須ラク速カニ願書ヲ本省ニ回附セシムベレト意氣軒昻タリ此ノ如クニシテ本島ハ竟ニ本邦領土ニ編入セラレタリ

明治三十八年二月二十二日其告示アルヤ本島經營權ノ獲得ニ就キ (…)

죽도경영

竹島에 海驢가 많이 群集하는 것은 종래 울릉도 방면 어부의 周知하는 바이지만, 하루 아침 그 포획을 개시하면 홀연히 散逸해가버리거나 포획해도 用途 販路의 있음을 요하므로 이익이 전혀 不明에 속하였다. 이 때문에 종래 이의 포획을 기도하는 일이 없어서 헛되이 放遺해 있었다. 그러나 이렇게 放遺하지 않고 여하히 有望의 利源도 용이하게 개발됨을 기해야 할 것이므로 이에 손해를 도외시하고 단연 그 포획을 시도하게 되었다. 그리하여 그 일개 유망의 利源이라는 것을 사실의 위에 확실하게 할 수 있었다. 그러나 이와 동시에 또한 홀연히 諸方으로부터 다수의 잡이꾼들이 來集하여 경쟁 濫獲에 이르지 않는 바가 없고 用途 販路는 아직 충분히 강구되지 않은 중에 그 재료는 장차 절멸해가려고 함에 이르렀다. 이에 어떻게 하면 그 폐해를 방지하고 利源을 영구히 지속함으로써 本島의 경영을 온전히 할까 苦心慘憺하지 않을 수 없었다.

本島가 울릉도에 부속하여 한국의 所領이라고 (本島ノ鬱陵島ヲ附屬シテ韓國ノ所領ナリト) 하는 생각을 갖고, 장차 統監府에 가서 할 바가 있지 않을까 하여 上京해서 여러 가지 획책 중에, 당시의 水産局長 牧朴眞씨의 注意로 말미암아 반드시는 韓國領에 속하는 것이 아닐까 하는 의문이 생겨서, 그 조사를 위하여 여러 가지로 奔走한 끝에, 당시의 水路局長 肝付將軍의 斷定에 의뢰하여 本島가 전적으로 무소속인 것을 확신하게 되었다. 그리하여 경영상 필요한 이유를 具陳해서 本島를 本邦領土에 편입하고 또 貸付해줄 것을 內務·外務·農商務의 三大臣에게 願出하여, 원서를 內務省에 제출했더니 內務 당국자는 이 시국에 際하여(日露開戰中) 韓國領地의 疑가 있는 荒莫한 일개 不毛의 岩礁를 收하여 環視의 諸外國에게 我國이 韓國倂呑의 야심 있는 것의 疑를 크게 하는 것은 이익이 극히 작은 데 反하여 事體는 결코 용이하지 않다고 하여 여하히 陳辨해도 願出은 장차 각하되려고 하였다. 그리하여 좌절해서는 안 되기 때문에 곧바로 外務省으로 달려서 당시의 政務局長 山座円二郎 씨에게 가서 크게 論陳한 바 있었다. 씨는 時局이야말로 그

영토편입을 急要로 하고 있다. 망루를 건축해서 무선 또는 海底電信을 설치하면 敵艦 감시상 극히 좋지 않겠는가. 특히 외교상 內務와 같은 고려를 요하지 않는다. 모름지기 速히 원서를 本省에 回附케 해야 한다고 意氣가 軒昂되어 있었다.(氏ハ時局ナレバコソ其領土編入ヲ急要トスルナリ望樓ヲ建築シ無線若クハ海底電信ヲ設置セバ敵艦監視上極メテ屈竟ナラズヤ特ニ外交上內務ノ如キ顧慮ヲ要スルコトナシ須ラク速カニ願書ヲ本省ニ回附セシムベシト意氣軒昂タリ). 이와 같이 해서 本島는 드디어 本邦領土에 편입된 것이었다.

明治三十八年 二月二十二日 그 告示가 있자 本島經營權에 就하였다. (…)

해설 요점

이 자료는 독도에서 해려(海驢)잡이를 독점하고자 하여 한국 정부에 대하원을 제출하려 했던 일본인 나카이 요자부로(中井養三郞)가 스스로 쓴 사업경영개요이다.

일본 해군성이 독도 망루 설치계획을 추진하는 도중, 일본 정부는 독도에서의 어업독점 출원을 한국 정부에 교섭해줄 것을 요구하는 나카이 요자부로의 신청을 접하게 되었다. 이를 기화로 한국 영토이지만 한국인이 거주하지 않는 무인도인 독도를 이 기회에 아예 침탈해서 일본 영토로 편입시켜 독도에 망루를 설치하려는 일본 제국주의자들의 공작이 해군성과 외무성을 중심으로 전개되었다.

나카이 요자부로는 고향에서 소학교를 졸업하고 상장학사(相長學舍)라는 사립학숙(私立學塾)을 거쳐서 당시로서는 드물게 동경에 유학, 사문횡(斯文黌)이라는 사립학교에서 교육을 받은(총교육 기간 13년), 해외 진출에 관심이 많은 어업가였다. 그는 실업(實業)에 뜻을 두고 1890년부터 외국 영해에서의 잠수기 어업에 착수했다. 1891~1892년에는 러시아령 블라디보스토크 부근에서 잠수기를 사용한 해서어업(海鼠漁業)에 종사했고, 1893년에는 조선의 경상도·전라도 연안에서 역시 잠수기를 사용한 해표(海豹)·포(鮑)잡이에 종사했다. 나카이 요자부로는 1903년 독도에서 해려잡이를 시도했는데 이것이 수익이 높자 다른 어부들의 경쟁 남획을 방지하고 독점이권을 (대한제국 정부로부터) 획득해보려고 1904년 동경에 가서 일본 정부 관료들과 접촉을 시작했다.

나카이 요자부로가 1910년에 직접 작성하여 1911년 시마네현에 제출한 이력서와 그 부속문서인「사업경영개요」는 그가 독도를 한국 영토로 인지하고 있었고, 독도를 일본 제국주의자들이 침탈하여 일본 영토에 편입한 것임을 잘 밝혀주고 있다. 독도가 1905년 2월 일제에게 침탈당한 약 5년 후에 쓴 글이므로 독도의 이름이 '리앙쿠르섬'이 아니라 '죽도(竹島)'로 표기되어 있다.

(중권, 본문 181~205쪽 참조)

47) 오쿠하라 헤키운의『죽도 및 울릉도』기사

(136) 奥原碧雲,『竹島及鬱陵島』(1907年)

中井養三郎氏はリヤンコ島を以て朝鮮の領土と信じ, 同國政府に貸下請願の決心を起し, 三十七年の漁期終るや, 直ちに上京して, 隱岐出身なる農商務省水産局員藤田勘太郎氏に図り, 牧水産局長に面會して陳述する所ありき, 同氏またこれを賛し, 海軍水路部につきて, リヤンコ島の所屬を確めしむ.

中井氏卽ち肝付水路部長に面會して, 同島の所屬は, 確乎たる徵証なく, ことに, 日韓兩本國よりの距離を測定すれば, 日本の方十浬近し, 加ふるに, 日本人にして, 同島経營に從事せるものある以上は, 日本領に編入する方然るべしとの說を聞き, 中井氏は逐に意を決して, リヤンコ島編入竝に貸下願を, 內務外務農商務三大臣に提出せり (…) 爾來中井氏は, 內務省地方局に出頭して, 井上書記官に事情を陳述し, また, 同鄉の桑田法學博士(現今貴族院議員)の紹介によりて外務省に出頭して, 山座政務局長に面會してこれをはかり, 桑田博士また大に力むる處ありて, 遂に一応島根縣廳の意見を徵することとなれり. ここに於て, 島根縣廳にては, 隱岐島廳の意見を徵して上申の結果, 遂に閣議に於ていよいよ領土編入に決し, リヤンコ島を以て竹島と命名せらるるに至れりという.

中井養三郎 씨는 리앙코島를 조선의 領土라고 믿고, 同國政府에 貸下請願의 결심을 하여(中井養三郎氏はリヤンコ島を以て朝鮮の領土と信じ, 同國政府に貸下請願の決心を起し) 三十七年의 漁期가 종료되자 곧바로 上京하여 隱岐 출신인 農商務省 水産局員 藤田勘太郎 씨에게 도모해서 牧 水産局長에게 면회하여 진술한 바 있었다. 同氏 또한 이것을 찬성하여 海軍 水路部에 붙여서 리앙코島의 소속을 확인케 하였다. 中井養三郎 씨는 즉시 肝付 水路部長을 면회하여 同島의 소속은 確乎한 徵證이 없고 특히 日韓兩本國으로부터의 거리를 측정하면 일본 쪽이 十里 가깝고 그 위에 日本人으로서 同島 경영에 종사하는 자가 있는 이상은 日本領에 편입하는 방법이 좋을 것이라는 說을 듣고 中井養三郎 씨는 마침내 뜻를 결정해 리앙코島 編入 및 貸下願을 內務·外務·農商務 三大臣에게 제출하였다. (…) 그 이래 中井養三郎 씨는 內務省 地方局에 출두하여 井上 書記官에게 사정을 진술했으며, 또한 同鄉의 桑田 법학박사(現今 귀족원의원)의 소개에 의하여 外務省에 출두해서 山座 政務局長에 면회하여 이것을 상의했다. 桑田 박사 또한 크게 힘쓴 바 있어서 드디어 一應 島根縣廳에 의견을 徵하기로 되었다. 이에 島根縣廳에서 隱岐島廳의 의견을 徵하여 上申한 결과 마침내 閣議에서 확실히 영토편입을 결정하여 리앙코島를 竹島라고 명명하기에 이르렀다고 한다.

해설 요점

이 자료는 나카이 요자부로가 독도를 조선 영토라고 확신한 사실을 中井으로부터 직접 듣고 기록한 1907년 당시 일본의 학자 오쿠하라 헤키운(奧原碧雲 또는 奧原福市)의 기록이다.

나카이 요자부로는 1906년 3월 25일에 독도를 일본 영토로 편입하여 자기에게 대하할 것을 청원한 경위를 오쿠하라 헤키운에게도 진술했는데, 이것은 나카이 요자부로의 1906년의 진술이므로 중요한 자료가 된다. 이 자료에서 다음과 같은 사실들을 알 수 있다.

① 시마네현 거주의 어업가 나카이 요자부로는 한국 영토인 독도에서 강치(해려)잡이의 어업독점권을 획득하고자 하였다. ② 이때 나카이 요자부로는 의문의 여지 없이 독도가 한국 영토라고 확신하고 있었다. ③ 따라서 나카이 요자부로는 한국 정부에 대하원을 제출하려고 1904년 어기(漁期)가 끝난 후 어업을 관장하는 부처인 농상무성을 방문했다. ④ 나카이 요자부로의 움직임을 본 농상무성 수산국장 마키 보쿠신(牧朴眞)은 나카이(中井)을 해군성 수로부장 기모쓰키 가네유키(肝付兼行)에게 보내었다. ⑤ 수로부장 기모쓰키(肝付)는 나카이 요자부로에게 독도를 무주지라고 단정하여 주장하고 일본인으로서 나카이가 독도 경영에 종사하려면 독도를 일본 영토로 편입해야 한다고 설득하면서 한국 정부에 대하원을 제출할 것이 아니라, 독도의 일본 영토편입 및 대하원을 제출하라고 요구하였다. ⑥ 나카이 요자부로는 해군성 수로부장에게 독려당해서 마침내 독도를 일본 영토에 편입하고, 자기에게 대부해달라는 '리앙코섬 영토편입 및 대하원'을 1904년 9월 29일 일본 정부의 내무성·외무성·농상무성의 3대신에게 제출하였다. ⑦ 그러나 이때에도 나카이 요자부로는 독도가 한국 영토라는 생각을 갖고 있었으므로 외무성에도 이 원서를 제출하였다. ⑧ 일본 내무성은 당시 나카이 요자부로의 청원에 분명하게 반대하였다. 그 이유는 러·일

전쟁이 시작된 이 시국에 한국 영토라는 의심이 있는 암초를 갖는다는 것이 여러 외국에게 일본이 한국병탄의 야심이 있지 않은가 하는 의심을 크게 하여 이익은 매우 적은 반면에 (한국의 항의로) 사체(事體)는 결코 용이하지 않으리라는 것이었다. 따라서 내무성은 나카이 요자부로의 청원을 각하시키려 하였다. ⑨ 일본 외무성 정무국장은 내무성과는 반대로 이를 적극적으로 지지했다. 그 이유인즉, 시국(러·일전쟁 개전 중)이야말로 독도의 일본 영토편입을 긴급히 요구하며, '망루'를 건축하여 무선전신 혹은 해저전신을 설치하면 적함에 대한 감시에 매우 좋다는 말을 들었다는 것이었다. ⑩ 일본정부는 이러한 과정으로 나카이 요자부로가 제출한 '리양코섬 영토편입 및 대하원'을 승인하는 형식을 취하여(1905년 1월 28일) 내각회의에서 독도를 일본 영토로 편입한다는 각의결정을 내렸다.

(중권, 본문 181~200쪽 참조)

48)『시마네현지』 기사

(137) 島根縣教育會,『島根縣誌』(1923年)

三十七年各方面よりの競爭濫獵あり, 種種の弊害を生ぜんとせり, 是に於て中井は此の島を朝鮮領土なりと思考し, 上京して農商務省に說き同政府に貸下の請願を爲さんとせり

三十七年 각 방면으로부터 競爭濫獲이 있어서 여러 가지의 弊害를 낳고 있었다. 이에 中井養三郎은 이 島를 조선 영토라고 사고해서 上京하여 농상무성에 말해서 同政府에 貸下請願을 하려고 했다.

해설 요점

이 자료는 나카이 요자부로가 독도를 조선 영토라고 생각한 사실을 기록한 시마네현 교육회의 자료이다. 시마네현 교육회는 1923년 『시마네현지』의 '죽도(竹島)'의 항목에서 "나카이 요자부로는 이 도(島)를 조선 영토라고 생각해서 상경하여 농상무성에 말해서 동(同) 정부(즉, 한국 정부)에게 대하청원을 하려고 했다."고 기록했다.

여기서 우리가 다시 한번 주목할 것은 일본 어업가 나카이 요자부로는 독도가 한국 영토임을 명백히 인지하고 한국 정부에 그 대하원을 제출하려고 동경에 올라가서 일본 정부의 고관들과 접촉했다는 사실이다.

(중권, 본문 181~207쪽 참조)

49) 나카이 요자부로의 「리양코섬 영토편입 및 대하원」

(138) 中井養三郎, 「リアンコ島 領土編入竝貸下願」

リャンコ島領土編入竝ニ貸下願

隱岐列島ノ西北八十五浬, 朝鮮鬱陵島ノ東南五十五里ノ絶海ニ俗りゃんこト稱スル無人島有之候 周圍各約十五町ヲ有スル甲乙二ケノ岩島中央ニ對立シテ一ノ海峽ヲナシ.

大小數十ノ岩礁點散布シテ之ヲ囲繞カセハリ, 中央ノ二島ハ西面斷岩絶壁ニシテ, 高ク屹立セリ 基頂上ニハ僅ニ土壤ヲ被リ, 雜草之ニ生ズルノミ 全島一ノ樹木ナシ 海邊曲ノ處ハ, 砂礫ヲ以テ往往浜ヲナセドモ, 屋舍ヲ構ヘ得ベキ場所ハ甲嶼ノ海峽ニ面セル局部僅ニ一ケ所アルノミ. 甲嶼(ママ)ノ半腹凹所ニ瀦水アリ, 茶褐色ヲ帶ブ 乙嶼ハ徵徵タル鹽分ヲ含ミタル清洌ノ水斷岸ニ滑滴仕候. 船舶ノ海峽ヲ中心トシテ, 風位ニヨリ左右ニ避ケテ碇泊セバ, 安全ヲ保タレ候.

本島ハ本邦ヨリ隱岐列島及ビ鬱陵島ヲ経テ朝鮮江原道咸鏡地方ニ往復スル船舶ノ航路ニ當レリ. 若シ本島ヲ経營スルモノアリテ, 人之ニ常住スルニ至ラバ, 其レ等船舶ガ寄泊シテ, 薪水食料等万一ノ欠乏ヲ補ヒ得ル等種種ノ便宜ヲ生ズベケレバ, 今日駸駸乎トシテ盛運ニ向ヒツツアル所ノ, 本邦ノ江原咸鏡地方ニ對スル漁業貿易ヲ補益スル所少カラズシテ, 本島経營ノ前途尤モ必要ニ被存候.

本島ハ此ヨリ如キ絶海ニ屹立スル叢爾タル岩島ニ過ギザレバ, 従來人ノ願ルモノナク, 全ク放委シ有之候. 然ル處, 私儀鬱陵島往復ノ途次, 偶本島ニ寄迫シ海驢ノ棲息スルコト夥シキヲ見, 空シク放委シオクノ如何ニモ遺憾ニ堪ヘザルヨリ, 爾來種種苦慮計劃シ, 愈明治三十六年ニ至リ, 斷然意ヲ決シテ資本ヲ投ジ, 漁舍ヲ構ヘ人夫ヲ移シ, 獵具ヲ備ヘテ, 先海驢獵ニ着手致シ候. 當時世人ハ無謀ナリトシテ大ニ嘲笑セシカ, 固ヨリ絶海不便ノ無人島ニ新規ノ事業ヲ企テ候事ナレバ計劃齟齬シ, 設備當ヲ失スル所アルヲ免レズ, 剩ヘ獵方製法明カナラズ, 用途販路亦確キナラズ, 空シク許多ノ資本ヲ失ヒテ, 徒ニ種種ノ辛酸ヲ嘗メ候結果, 本年ニ至リ獵方製法共ニ發明スル所アリ, 販路モ亦之ヲ開キ得タリ. 而シテ皮ヲ鹽漬ニセバ牛皮代用トシテ頗ル需用多ク, 新鮮ナル脂肪ヨリ採取セル油ハ品質價格共ニ鯨油ニ劣ラズ, 其粕ハ十分ニ絞レバ, 以テ膠ノ原料トナシ得ラルベク, 肉ハ粉製セバ骨ト共ニ貴重ノ肥料タルコト等ヲモ確メ得候. 卽本島海驢獵ノ見込略相立チ候. 而シテ海驢獵ノ外, 本島ニ於テ起スベキ事業, 陸産ハ到底望ナク, 海産ニ至リテハ, 未タ調査ヲ経ザルヲ以テ, 今日確言シガタキモ, 日本海中ノ要衝ニ當レバ, 本島附近ニ種種ノ水族來集栖息セザル筈ナケレバ, 本島ノ海驢漁業ニシテ永續スルコトヲ得バ依テ試驗探査ノ便宜ト機會ヲ得テ, 將來更ニ有利有望ノ事業ヲ發見シ得ルナラント相期シ候. 要スルニ本島ノ経營ハ資本ヲ充實ニシ, 設備ヲ完全ニシテ, 海驢ヲ捕獲スル上ニ於テ, 前途頗ル有望ニ御座候.然レドモ本島ハ領土所屬定マラズシテ, 他日外國ノ故障ニ遭遇スル等, 不測ノ事アルモ, 確呼クル保護ヲ受クルニ由ナキヲ以テ, 本島経營ニ資力ヲ傾注スルハ尤モ危險ノコトニ御座候. 又本島ノ海驢ハ常ニ棲息スルニハアラズ, 毎年生殖ノタメ其季節四, 五月(年ニヨリ持續アリ) 來集シ, 生殖ヲ終リテ 七, 八月頃離散スルモノニ候, 随テ其獵獲ハ其期間ニ於テノミ行ヒ得ラレ候, 故ニ漁獲ヲ適度ニ制限シ蕃殖ヲ適當ニ保護スルニアラズンバ, 忽チ驅逐殄滅シ去ルヲ免レズ, 而シテ, 制限保護等ノコトハ, 競爭ノ間ニハ到底實行シ得ラレザルモノニシテ, 人ノ利ニ趨クハ蟻ノ甘キニツクガ如ク, 世人苟モ本島海驢ノ有利ナルヲ窺知セバ, 當初私儀ヲ嘲笑シタルモノモ, 竝ビ起ツテ大ニ競爭シテ濫獲ヲ逞ウシ, 直チニ利源ヲ滅絶シ層シテ 結局共ニ倒ルルニ至ルハ必然ニ御座候. 要スルニ前途有望ニシテ, 且ツ必要ナル本島ノ經營モ 惜ムラクハ, 領土所屬ノ定マリ居ラザルト海驢獵業者ニ必ズ競爭ノ生ズベキトニヨリテ, 大ニ危險コレアリ, 終ヲ全ウシ難ク候.

私儀ハ, 前陳ノ如ク從來種種苦心ノ結果, 本島ノ海驢業略見込相立チレバ, 今ヤ進ンデ 更ニ資本ヲ增シテ, 一面ニバ捕獲スベキ大サ數等ヲ制限スルコト, 札及ヒ乳兒ヲハ特ニ保護ヲ篤クスルコト, 島內適當ノ箇所ニ禁獵場ヲ設クルコト, 害敵タル鯱, 魚養ノ類ヲ捕獲驅逐スルコト等種種適切ノ保護ヲ加ヘ, 一面ニハ獵獲製造ニ備フル種種精巧ノ器械ヲ備ヘ裝置ヲ設クル等, 設備ヲ完全ニシ, 傍ニハ, 漁具ヲ具ヘテ, 他ノ水族漁撈ヲモ試ムル等大ニ經營スル所アラント欲スルモ, 前陳ノ如キ危險アルガ爲頓挫罷在候. 此ノ如キハ, 啻ニ私儀一己ノ災厄ノミナラズ, 又國家ノ不利益トモ存セラレ候. ツキテハ事業ノ安全, 利源ノ永久ヲ確保シ, 以テ本島ノ經營ヲシテ終ヲ全ウセシメラレンガ爲ニ, 何卒速ニ本島ヲバ, 本邦ノ領土ニ編入相成, 之ト同時ニ向フ十箇年間, 私儀ニ御貸下ケ相成度別紙圖面相添ヘ此段奉願候也.

明治三七年九月二九日

島根縣周吉 君西鄕町大字西町字指向

中 井 養 三郎

內務大臣 子爵 芳川顚正 殿

外務大臣 男爵 小村壽太郎 殿

農商務大臣 男爵 淸浦奎吾 殿

리양코島 領土編入 및 貸下願

隱岐列島의 西北에 八十五里 朝鮮鬱陵島의 東南五五里의 絶海의 俗 '리양코'라고 稱하는 無人島之候周圍 各約 一五町으로써 보이는 甲乙二個의 岩島中央에 對立해서 하나의 海峽을 이루고 大小數十의 岩礁點散布되다. (…) 이 섬에 對해서는 事業의 安全利益의 永久化를 確保하고 本島經營을 全部終了하기 위해서라도 率先 早速히 本島를 本邦의 領土에 編入할 것은 勿論 同時에 단 一〇個年間 私儀 御貸下相成度 別成紙相添에 此段奉願候也

明治三七年九月二九日

島根縣周吉 君西鄕町大字西町字指向

中 井 養 三郎

內務大臣 子爵 芳川顚正 殿

外務大臣 男爵 小村壽太郎 殿

農商務大臣 男爵 淸浦奎吾 殿

해설 요점

이 자료는 나카이 요자부로가 일본 정부 해군성·농상무성·외무성 간부들의 종용과 지시를 받고 한국 영토인 독도를 일본에 영토편입함과 동시에 자기에게 10년간 빌려줄 것을 요청하여 제출한 청원서이다.

독도를 1904년 당시 일본에서 통용되던 대로 '리앙코섬(リアンコ島)'라

고 서양 이름을 빌려 호칭하면서 작성된 나카이 요자부로의 이 원서는 독도를 '무인도'라고 강조하면서도 결코 '무주지'라고는 한마디도 하고 있지 않다는 점이 주목된다. 이것은 그가 동경에 상경할 때까지 독도가 한국 영토라고 생각하고 있었고, 대하원을 처음에는 독도의 소유주인 한국 정부에 제출하려 했던 사실과 결코 무관하지 않다고 볼 수 있다.

나카이는 또한 이 청원서에서 독도의 가치를 당시로서는 최대로 적극 평가하고 자기의 사업 경영계획을 설명하였다. (중권, 본문 181~207쪽 참조)

50) 일본 내무대신의 1905년 1월 10일 「리앙코섬 영토편입을 위한 각의 요청」

(139) 『公文類聚』 제29편, 권 1

三七秘乙第三三七號ノ內.

無人島所屬ニ關スル件

北緯三十七度九分三十秒東經百三十一度五十五分隱岐島ヲ距ル西北八十五浬ニ在ル無人島ハ他國ニ於テ之ヲ占領シタリト認ムヘキ形迹ナク, 一昨三十六年本邦人中井養三郎ナル者ニ於テ漁舍ヲ構ヘ, 人夫ヲ移シ獵具ヲ備ヘテ海驢獵ニ着手シ今回領土編入竝ニ貸下ヲ出願セシ所, 此際所屬及島名ヲ確定スルノ必要アルヲ以テ, 該島ヲ竹島ト名ケ自今島根縣所屬隱岐島司ノ所管ト爲サントス.

右閣議ヲ請フ.

明治三十八年一月十日

內務大臣子爵 芳川顯正

內閣總理大臣伯爵 桂 太郎 殿

37秘乙제337號의 內

無人島所屬에 關한 件

북위 37도 9분 30초 동경 131도 55분, 隱岐島로부터 距하기 서북으로 85리에 있는 無人島는 他國이 이를 占領했다고 인정할 形跡이 없다. 지난 (명치) 36년 우리 나라 사람 中井養三郎이란 자가 漁舍를 만들고 獵具를 갖추어서 海驢잡이에 착수하고, 이번에 領土編入 및 貸下願을 출원했는 바, 이때에 所屬 및 島名을 확정할 필요가 있으므로, 該島를 竹島라고 이름하고 지금부터는 島根縣 소속 隱岐島司의 所管으로 하려고 한다.

右 閣議를 請함.

明治 38년 1월 10일

내무대신 자작 芳川顯正

내각총리대신 백작 桂 太郎 귀하

해설 요점

이 자료는 일본 정부 내무대신이 나카이 요자부로의 '리양코섬 영토편입 및 대하원'을 접수한 후, 독도를 일본 영토로 소위 '편입'하기 위해 1905년 1월 18일자로 내각회의의 결정을 요청한 공문서이다.

일본 정부 내무대신이 독도를 일본에 영토편입하려고 한 근거는 '독도가 타국이 이를 점령했다고 인정할 형적이 없다는 것, 즉 독도는 타국의 영토가 아니라 주인 없는 무주지라는 것'이었다. 이러한 무주지에 1903년 나카이 요자부로란 일본인이 강치(해려)잡이를 하고 와서 이 섬의 '영토편입'과 '대하(貸下)'를 청원하므로 이 기회에 이 섬의 소속을 '시마네현 은기도사(島根縣 隱岐島司)'의 소관으로 하고 도명(島名)을 '竹島'로 확정하기 위한 내각회의의 결정을 요청한다는 것이었다. (중권, 본문 181~207쪽 참조)

51) 일본 내무대신의 1905년 1월 28일 「리앙코섬 영토편입을 위한 각의 요청」

(140) 『公文類聚』 제29편, 권 1

明治三十八年一月二十八日閣議決定

別紙內務大臣請議無人島所屬ニ關スル件ヲ審議スルニ, 右ハ北緯三十七度九分三十秒東經百三十一度五十五分隱岐島ヲ距ル西北八十五浬ニ在ル無人島ハ他國ニ於テ之ヲ占領シタリト認ムヘキ形迹ナク, 一昨三十六年本邦人中井養三郎ナル者ニ於テ漁舍ヲ構ヘ, 人夫ヲ移シ獵具ヲ備ヘテ海驢獵ニ着手シ今回領土編入竝二貸下ヲ出願セシ所, 此際所屬及島名ヲ確定スルノ必要アルヲ以テ, 該島ヲ竹島ト名ケ自今島根縣所屬隱岐島司ノ所管ト爲サントスト謂フニ在リ, 依テ審査スルニ明治三十六年以來中井養三郎ナル者該島ニ移住シ漁業ニ從事セルコトハ關係書類ニ依リ明ナル所ナルハ國際法上占領ノ事實アルモノト認メ, 之ヲ本邦所屬トシ島根縣所屬隱岐島司ノ所管ト爲シ差支無之儀ト思考ス依テ請議ノ通閣議決定相成可然ト認ム

明治 38년 1월 28일 閣議決定

別紙 內務大臣 請議 無人島所屬에 관한 건을 심사해보니, 북위 37도 9분 30초, 동경 131도 55분, 隱岐島를 距하기 西北으로 85리에 있는 이 무인도는 타국이 이를 점유했다고 인정할 形迹이 없다. 지난 明治 36년 우리나라 사람 中井養三郎이란 자가 漁舍를 만들고, 人夫를 데리고가 獵具를 갖추어서 海驢잡이에 착수하고, 이번에 領土編入 및 貸下를 출원했는 바, 이때에 所屬 및 島名을 확정할 필요가 있으므로, 該島를 竹島라고 이름하고 이제부터는 島根縣 소속 隱岐島司의 所管으로 하려고 하는데 있다. 이를 심사하니 明治 36년 이래 中井養三郎이란 자가 該島에 이주하고 어업에 종사한

것은 관계서류에 의하여 밝혀지며, 국제법상 점령의 사실이 있는 것이라고 인정하여 이를 本邦所屬으로 하고 島根縣所屬 隱岐島司의 소관으로 함이 무리 없는 건이라 사고하여 請議대로 閣議決定이 성립되었음을 인정한다.

해설 요점

이 자료는 내무대신의 요청에 응하여 1905년 1월 28일 일본 정부가 한국 영토인 독도를 일본에 '영토편입'하여 시마네현 은기도의 소관으로 하고 '竹島'라고 이름한다는 내각회의 결정의 전문이다. 1905년 1월 28일의 일본 내각회의의 이 결정에서 특징적인 것은 ① 독도가 '무인도'임을 기술할 뿐만 아니라 '타국이 이 섬을 점유했다고 인정할 형적이 없다.'고하여 독도를 '무주지'라고 주장하고 있는 점이다. 이것은 나카이(中井)의 청원서에 없는 것을 일본 내무성과 내각회의가 (적어) 넣은 것이었다.

일본 정부는 이 '무주지'에 나카이란 일본인이 1903년(메이지 36년)이래 이 섬에 이주하여 어업에 종사한 일이 있기 때문에 국제법상 나카이의 선점의 사실이 있는 것이라고 인정하여 이를 일본 영토로 '편입'한다는 것이었다.

그러나 독도는 1905년 1월 이전에 결코 '무주지'가 아니라 조선 영토였음이 증명되면 이 '무주지 선점론'에 의거한 일본 내각회의의 결정은 완전히 무효화되는 것이다. 독도는 서기 512년 우산국이 신라에 통일된 이래 계속하여 조선 영토로 존속해 왔으므로, 한국(조선)이라는 주인이 있는 '유주지'였다. 또한 나카이가 1903년 독도에 들어가서 강치잡이를 한 것은 나카이도 독도를 한국 영토로 인지한 상태에서 타국 영토에 불법침입하여 어로행위를 한 것이었지, 무주지 선점 행위가 아니었다.

따라서 '무주지' 선점을 논거로 한 1905년 1월 28일의 일본 내각회의의 독도의 일본 영토에의 '편입'은 불법적인 것이며 무효화되어 성립되지 않는 것이었다. 즉 독도를 일본 영토로 편입했다는 1905년 1월 28일자 일본 내각회의 결정은 역사적으로나 국제법상으로나 모두 성립되지 않는 무효의 것이다. (중권, 본문 181~207쪽 참조)

52) 일본 메이지 정부 『내무대신 훈령』

(141) 「竹島編入에 대한 日本內務大臣訓令」(1905. 2. 15.)

內務大臣訓令

訓第八七號

北緯三十七度九分三十秒東經百三十一度五十五分隱岐島ヲ距ル西北八十五浬ニ在ル島嶼ヲ竹島ト稱シ自今其所屬隱岐島司ノ所管トス 此旨管內ニ告示セラルベシ

右訓令ス

明治三十八年 二月十五日

內務大臣 芳 川 顯 正

島根縣知事 松永武吉殿

내무대신 훈령

훈제87호

북위 37도 9분 30초, 동경 131도 55분, 隱岐島를 距하기 西北으로 85해리에 있는 島嶼를 竹島라고 칭하고 지금부터는 그 소속을 隱岐島司의 所管으로 한다. 이 뜻을 管內에 告示토록 하라.

右 訓令함.

明治 38년 2월 15일

內務大臣 芳川顯正

島根縣知事 松永武吉殿

해설 요점

이 자료는 독도를 소위 일본에 '영토편입'하는 내각회의 의결을 한 후, 독도에 소위 '죽도(竹島)'라는 이름을 붙이고 은기도사가 관장하는 지역 내에서 고시하라는 '관내고시'의 내용을 일본 내무대신이 시마네현 지사에게 내려 보낸 훈령이다.

일본은 이 결정을 일본 중앙정부의 『관보』에 게재하지 못하고 내무대신은 시마네현 지사에게 시마네현 지사가 관장하는 지역 내에서 '관내에 고시'토록 1905년 2월 15일자로 훈령한 것이었다. 여기서 일본 정부가 독도의 소위 '영토편입' 내각결정을 국제사회에 공개하지 못하고 시마네현의 관내에 고시토록 훈령한 사실도 당시의 국제법의 영토편입 요건을 충족하지 못한 것이었다. (중권, 본문 181~207쪽 참조)

53) 「시마네현 고시 제40호」

(142) 「竹島編入에 대한 島根縣告示 第40號」(1905. 2. 22.)

島根縣告示第40號

北緯三十七度九分三十秒東經百三十一度五十五分隱岐島ヲ距ル西北八十五浬二在ル島嶼ヲ竹島ト稱シ自今本縣所屬隱岐島司ノ所管ト定メラル

明治三十八年 二月二十二日

島根縣知事 松永武吉

島根縣告示 제40호

북위 37도 9분 30초, 동경 131도 55분, 隱岐島를 距하기 서북으로 85해리에 있는 섬을 竹島라고 칭하고 지금 이후부터는 本縣 소속의 隱岐島司의 所管으로 정한다.

明治 38년 2월 22일

島根縣知事 松永武吉

해설 요점

이 자료는 일본 내무대신의 훈령을 받은 시마네현지사가 시마네현 『현보(縣報)』에 조그맣게 게재한 고시의 내용이다. 독도의 '영토편입'은 극히 중요한 사항일 뿐 아니라, 내각회의 결정은 '비밀사항'이 아니면 『관보』에 게재하여 중앙정부 수준에서 공시하는 것이 보통인데, 일본 정부는 이 사안에 대해서만은 이러한 공시를 회피했다. 일본 정부는 사실상 이를 비밀사항으로 해두려 했기 때문이었다. 당시 동경에는 한국 공사관을 비롯한 여러 나라 공사관이 있었으므로 일본 정부는 한국 영토인 독도를 침탈하여 일본 영토에 '편입'한 사실을 한국과 세계 여러 나라에 알리고 싶지 않았던 것이다. 결국 일본 정부는 시마네현 『현보』에 '관내고시'하는 것으로 한국인과 세계에 독도의 일본 '영토편입'을 알리지 않을 실효적 비밀사항 조치를 행한 것이었다.

시마네현의 『현보』는 시마네현 지방 공무원만이 읽는 내부 공문 소식지에 불과한 것이었다. 그러므로 한국 정부와 한국인들은 독도가 일본에 침탈당했다는 것을 이 시마네현 『현보』의 '관내고시'로는 도저히 알 수 없었다. 따라서 이 방법은 독도의 침탈과 이른바 일본에의 '영토편입'을 한국인과 세계에 실효적 비밀사항으로 하는 매우 교활한 방법이었다. 일본 제국주의

자들은 이러한 과정과 방법으로 1905년 2월 한국 영토인 독도를 '침탈'(일본인들이 말하는 이른바 '영토편입') 혹은 '도탈(盜奪)'한 것이었다.

(중권, 본문 181~207쪽 참조)

54) 「시마네현 지사 훈령」

(143) 「島根縣知事訓令」 島根縣庶第11號(1905. 2. 22.)

島根縣庶第十一號

北緯三十七度九分三十秒東經百三十一度五十五分隱岐島ヲ距ル西北八十五浬ニ在ル島嶼ヲ竹島ト稱シ自今本縣所屬隱岐島司ノ所管ト定メラレ候條此旨心得フシ

右訓令ス

明治三十八年 二月二二日

島根縣知事 松永武吉

島根縣庶 제11호

북위 37도 9분 30초, 동경 131도 55분, 隱岐島를 距하기 서북으로 85해리에 있는 섬을 竹島라고 칭하고 지금 이후부터는 本縣 소속의 隱岐島司의 所管으로 정하니 이 뜻을 心得할 것

右 訓令함

明治 38년 2월 22일

島根縣知事 松永武吉

해설 요점

이 자료는 시마네현 서무과가 현청에서 시마네 현지사의 이름으로 독도(竹島)를 시마네현에 편입하고 은기도사의 소관으로 정한다고 고시한 내용을 그대로 시마네현 내의 산하 행정단위 기관에 훈령한 내용이다. 앞의 자료와 동일한 성격의 것이다. (중권, 본문 181~207쪽 참조)

55)『독도에 일본 해군망루 설비계획서』(『극비 명치 37 · 8년 해전사』)

(144)『獨島에 日本海軍望樓 設備計劃書』(1905. 5. 30.)

今後作戰上必要ヲ相認定候ニ付左ノ設備相成候樣致度此段及商議候也

一. 松島ニ無線電信所一箇所

本電信所ハ特ニ可成高壓電流ヲ用ヒ長距離送信ニ適スルモノ

二. 迎日灣口冬外串角ニ假設望樓一箇所

松島無線電信所完成ノ上ハ竹邊無線電信所(竹邊望樓ハ其ノ儘存在シセム)ヲ之ニ移ス

三. 第一次ニ松島トリヤンコ-ルド間

第二 次ニリヤンコ-ルドト隱岐列島高崎山間ノ海底電線敷設

四. リヤンコ-ルド島ニ望樓設置但該望樓ハ其ノ建設物ハ一切露出セサル樣十分陰蔽シテ設置シ必要ノ場合ノミ旗竿ヲ植立シ得ル樣裝置ス

금후 作戰上 필요를 인정하여 다음의 설비를 이루도록 이에 商議를 신청함

一. 松島(울릉도)에 無線電信所 1個所

本電信所는 특히 高壓電流를 사용할 수 있게 만들어서 장거리 통신에 적합토록 할 것

二. 迎日灣 입구 冬外串 角에 假設 망루 1個所

松島 무선전신소가 완성된 뒤에는 竹邊 무선전신소(竹邊望樓는 그대로 존재시킬 것)를 여기에 옮길 것

三. 제 1 차로 松島와 리앙코르도島(독도) 사이

제 2 차로 리앙코르도島와 隱岐列島 高崎山 사이의 해저전선 부설

四. 리앙코르도島에 망루 설치, 단 該望樓는 그 건설물을 일체 노출되지 않도록 충분히 陰蔽하여 설치하고 필요한 경우에만 旗竿을 植立할 수 있도록 장치할 것.

해설 요점

이 자료는 일본 해군이 작성한 독도 망루 설치 계획서이다.

일본 해군은 한국 영토인 독도를 침탈한 다음, 독도 남방 18해리 지역 동해에서 1905년 5월 27일 러·일대해선의 결전을 치러 승리하였다. 그러나 러시아는 아직도 막강한 군사력을 갖고 있었으므로 장기전을 치러야 할지 알 수 없는 상황이었다. 일본 해군 군령부에서는 1905년 5월 30일 울릉도에 북망루를 하나 더 건축해서 무선전신소를 설치하고 독도에도 '망루'를 설치하여 울릉도 – 독도 – 은기열도 – 다카사키산(高崎山) 사이에 해저전선을 부설하고, 독도의 망루는 일체 노출되지 않도록 충분히 음폐(陰蔽)할 것을 내용으로 하는 설비계획안 승인을 해군대신에게 제출하여 승인 받았다.

(중권, 본문 152~180쪽 참조)

56)『군함 신고(新高) 전시일지』(2)

(145)『軍艦新高行動日誌』(1)

『軍艦新高行動日誌』

二十五日(月)

AM. BC NE-NNE 2-4

PM. BC NNW-N 1-4

30.84-30.17

正午位置 34-54-0N 129-17-15E

午前十一時釜山港沖ニテ沖繩丸ト別本艦ハ速力カヲ增加シテ午後三時竹敷港ニ歸着シ鹿ケ小島ノ北北西三/四二鏈三/四ニ投錨ス. 午後五時沖繩丸入港ス. 石炭搭載.第十二艦隊佐度國丸出航. 十八艦隊入港ス.

松島ニ於テ'リヤンコルド'岩實見者ヨリ聽取リタル情報. 'リアンコル'岩韓人之ヲ獨島ト書シ本邦漁夫等略シテ'リヤンコ'島ト略稱セリ. 別紙略圖ノ如ク二個岩嶼ヨリ成リ. 西嶼高サ約四百呎險沮ニシテ登攀ルコト困難ナルモ東嶼較低クテ雜草ヲ生シ頂上稍稍平坦ノ地アリ. 二三小舍ヲ建設スルニ足ルト云フ.

淡水東嶼東面ノ入江內ニテ少許ヲ得又全嶼ノ南方B点水面ヨリ三間餘ノ所ニ湧泉アリテ四方ニ浸出ス其量稍稍多ク年中涸渴スルコトナシ. 西嶼ノ西方C点ニモ亦清水アリ.

嶼ノ周圍ニ点在スル岩ハ概シテ扁平ニテ大ナルハ數十疊リ敷クニ足リ常ニ水面ニ露出ス海馬玆ニ群集ス. 兩嶼ノ間ハ船シ緊クニ足ルモ小舟ナレバ陸上ニ引揚リルヲ常トシ. 風波强ク同島ニ緊泊ニ難キ時ハ大抵松島ニテ順風ヲ得避難スト云フ.

『군함신고행동일지』

25일(월)

AM. BC NE-NNE 2-4

PM. BC NNW-N 1-4

30.84-30.17

정오위치 34-54-0N 129-17-15E

오전 11시 釜山港에서 沖縄丸과 별개로 본함은 속력을 증가시켜 오후 3시 竹敷港에 귀착했다. 鹿小島의 북북서3/4서 2鏈 3/4에 닻을 던졌다. 오후 5시 沖縄丸이 입항하여 석탄을 搭載. 제 12함대 佐渡國丸이 출항, 18함대가 입항함.

松島에서 'リヤンコールド'岩을 실제로 본 사람으로부터 들은 정보에 'リアンコールド'岩은 韓人이 그를 獨島라고 쓰며 本邦 어부는 'リヤンコ'라고 한다. 별지의 略圖와 같이 2개의 岩嶼로 이루어졌는데 西嶼는 높이가 약 400 피트이며 험준하여 오르기가 곤란하다. 그러나 東嶼는 비교적 낮고 잡초가 자라고 있으며 정상에 조금 평탄한 땅이 있어 2~3개의 小舍를 건설하기에는 충분하다.

淡水는 東嶼 東面으로 들어오는 강에서 소량 얻을 수 있고 또 같은 섬의 남쪽 B지점에 수면으로부터 3間余의 장소에 湧泉이 있어 사방으로 浸出한다. 그 양이 적지 않아 연중 고갈되는 일이 없다. 西嶼의 서쪽 C지점에도 또한 맑은 물이 있다.

섬 주위에 點在한 암석은 대개 편평하며 큰 것은 수십 개가 여기 저기 위치하고 있고 항상 수면에 노출되어 있다. 海馬가 여기에 群集해 있다. 두 섬의 사이는 배를 매기에 충분하지만 작은 배라면 육상으로 인양하는 것이 보통이며 風波가 강하여 같은 섬에 배를 매어두기 어려울 때는 대저 松島에서 순풍을 기다려 피난한다고 한다.

(146)『戰艦新高行動日誌』(2)

松島ヨリ渡航海馬獵ニ從事スル者ハ六七十石積ノ和船ヲ使用シ嶼上ニ納屋シ構エ毎回約十日間滯在シ多量ノ收額アリト云フ. 而シテ其人員モ時時四五十名ヲ超過スルコトアルモ淡水ノ不足ハ告ケザリシ. 又今年ニ入リ數回渡航シタルニ六月十七日露國軍艦三隻同島附近ニ現ハレ一時漂泊シ後北西ニ進航セルヲ實見セリト云フ.

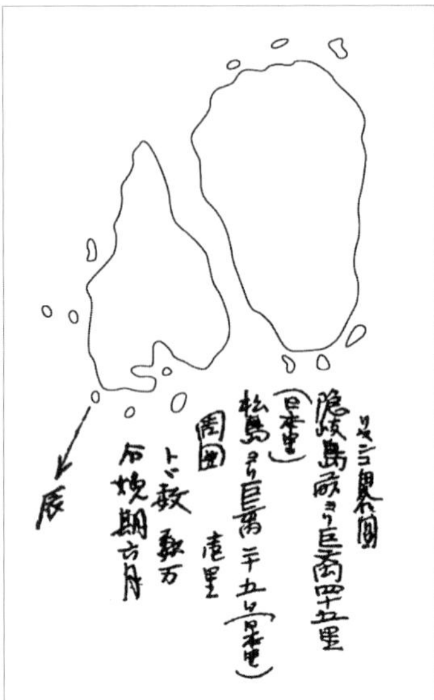

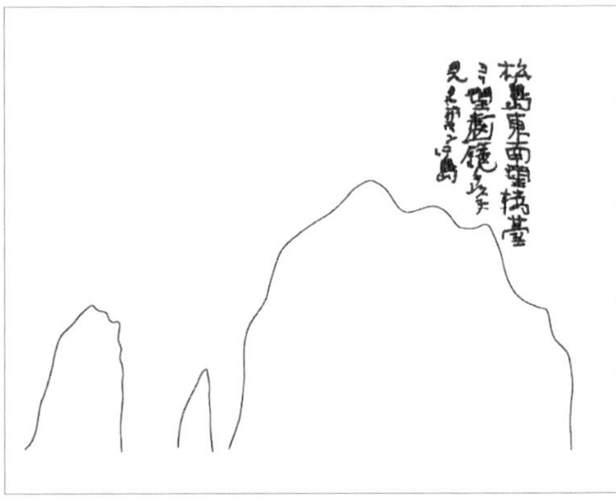

二十六日(月)　　AM.B-BC N 0-1 30.07-30.12

PM. BC NE 1

竹敷碇泊.

午前 千早及 高千穗(尾崎ニ向ケ)出港. 鷗鴻 浪速入港.

午後 鴻·四號砲艦 出港. 越後丸入港.

松島로부터 渡航하여 海馬 사냥에 종사하는 자는 6~70石 적재량의 和船을 사용한다. 섬 위에 納屋을 만들어 매번 약 10일간 체재하는데 다량의 수입이 있다고 한다. 그런데 그 인원도 때로 4~50명을 초과할 경우도 있으나 淡水의 부족은 말해지지 않는다. 또 올해에 들어와서는 여러 차례 渡航했는데, 6월 17일에는 러시아의 군함 3척이 이 섬 부근에서 발견되어 일시 漂泊한 후 북서쪽으로 進航하는 것을 봤다고 한다.

지도 2장

26일(월)　AM. B-BC N 0-1 30.7-30.12
　　　　　PM. BC NE 1

죽부에 정박하였다.

오전, 干早 및 高千穗(尾崎을 향해) 출항하였다. 鷗鴻이 浪速으로 입항하였다. 오후, 鴻과 四號砲艦이 출항하였다. 越後丸이 입항하였다.

해설 요점

이 자료는 일본 군함 신고호(新高號)가 해군 군령부로부터 독도(리앙코르도섬)에 러시아 함대의 동태를 감시하기 위한 일본 해군의 망루 설치를 위해 예비 탐색조사를 하라는 명령을 받고 1904년 월 25일 이를 실시한 일기의 일부분이다.

일본 해군은 울릉도에 2개 망루를 설치해서 이를 한국 동해안 울진군 죽변을 통해 일본 左世保의 海軍鈴守府와 직접 교신하는 전신선 설치를 완성하자, 울릉도 다음으로 전략 지점인 독도에도 망루를 설치하도록 하고, 죽변－울릉도 선(線) 연결공사에 투입되었던 군함 新高號에게 울릉도－독도－일본 마쓰에의 연결선과 망루 설치를 위한 독도 예비 탐색조사를 실행하도록 명령하였다.

일본 군함 新高號는 울릉도에서 독도를 발견하고 잘 아는 민간인들로부터 청취·탐문 조사를 한 다음 1904년 9월 24일 울릉도를 출발하여 독도로 향하였다. 新高號는 9월 25일 독도를 실지조사한 다음 9월 26일 죽변으로 돌아왔다. 이 자료는 9월 25일의 조사일기다. 이 자료에서 특히 주목해야 할 것은 울릉도에서의 1904년 9월 24일 청취조사의 결과이다. 즉 한국인은 리앙코르드도 섬을 '獨島'라고 쓰고, 일본인들은 이를 '리양코섬'이라고 호칭한다는 것이다. 이 조사는 1904년 9월 25일 이전에 울릉도와 한국의 한인들은 우산도를 '독도'라고 호칭하여 쓰고 있었음을 증명하는 매우 중요한 자료이다. 이것은 일본 측이 독도란 명칭은 1906년 3월 울도군수 심흥택이 일본의 '죽도' 영토편입을 알고 난 후 처음 사용하여 등장한 호칭에 불과하다는 억지 주장의 일본 공식자료를 부정하는 것이다. 또한 독도가 바로 서양인이 붙인 이름인 리앙코르드도석도(Liancaurt Rocks)임도 잘 증명하고 있다.

또한 이 일지에는 독도가 동도와 서도의 2개 섬으로 구성되었는데, 동도에는 정상에 약간 평탄한 땅이 있어서 2, 3개의 작은 집을 지을 수 있다는 사실도 기록되어 있다. 또한 이 조사는 독도에서 담수(淡水)가 솟아나는 곳을 기록하고 있다. 즉 동도의 동쪽면 입강(入江: 바다가 육지로 오목하게 들어간 부분) 안에서 담수가 나오며, 이 밖에도 약도에서 볼 수 있는 바와 같이 동도의 남쪽 B지점 수면으로부터 3간 남짓되는 곳에서 담수가 용출하여 사방에 솟아나는데 그 양이 상당히 많아 연중 고갈되는 일이 없다는 것이다. 또한 서도 서쪽 방면 C지점에서는 淡水가 나오는 것으로 되어 있다. 新高號가 하루에 이렇게 많은 조사를 한 것은 새로 발견한 것이 아니라 울릉도에서 독도를 잘 아는 민간인들로부터 자세한 정보수집, 청취조사를 사전에 상세히 하고 독도에 도착해서는 이를 확인하는 작업만 했기 때문이라고 생각된다.

新高號의 보고는 또한 독도가 풍부한 해마(海馬)의 산지여서 해마다 40~50명씩 무리를 지어 해마잡이로 독도에 가서 약 10일씩 체류하고 오는데 담수 부족은 고해지지 않는다고 기록하였다. 新高號의 이 날짜 일지는 또한 1904년 6월 17일경 러시아 군함 3척이 독도 부근에 나타나서 일시 표백한 후 북서방향으로 진항했음을 보았다는 울릉도 어부들로부터 정보 조사한 것도 보고하였다. 이것은 일본 해군으로 하여금 독도의 전략적 중요성과 독도 망루 설치 필요성을 더욱 절감하게 만든 것으로 보인다. 독도 영유권 문제에 대해서도 매우 중요한 자료이다. (중권, 본문 152~180쪽 참조)

57) 대마(對馬)함 함장이 수로국장에게 제출한 『대마함장의 리앙코르도섬 개요』

(147) 『對馬艦長의 리앙코르도島 槪要』(1)

第六十七號

明治三十八年一月五日 大馬艦長 海軍中佐 仙頭武央ヨリ水路部長ニ提出セルリヤンコールド島槪要

リヤンコール島ハ一帶ノ狹水道ヲ隔テ，相對峙スル二個ノ主島ト其周圍ニ碁列スル小嶼ヨリ成ル洋中ノ一小群嶼タルニ過キス．此ノ小嶼ハ槪ネ扁平ニシテ上面僅ニ水上ニ現出シ主島ノ周邊ハ奇觀ヲ呈スル洞窟ニ富ミ共ニ海豹群ノ棲窟タリ．主島ハ全部殆ト不毛ノ禿岩ニシテ海風常ニ全面ヲ嘗吹シ一株ノ樹木ナク南面ニ於テ野草僅ニ苔生スルヲ見ルノミ．全周ハ斷崖絶壁軟性ノ石層ヨリ成ル周邊何レヨリスルヲ攀登殆ト不可能ニ屬シ．全島平坦ノ地ニ乏シク水道ノ兩側ニ於テ狹小ナル平坦ノ礫地二三個所アレトモ皆洋濤ノ襲來ヲ免レス. 東島ニ於テ菰葺ノ假小屋アリ海豹獵ノ爲メ夏季此ノ島ニ渡來スル漁夫用ノモノニシテ常時著シク破壞シ僅ニ其ノ形跡ヲ止ムルノミ. 其ノ破壞ノ常況ヨリ判斷スルニ此ノ附近ヲ蹂躪スル風波ノ猛威察スルニ餘リアリ. 試ニ風浪ノ鋭鋒ヲ避ケ得ヘキ家屋建築用地ヲ他ニ求ムレハ僅ニ左記二個所アルニ過キス.

(イ) 西島ノ東面ニ山崩アリ其ノ傾斜頗ル急ニシテ上半ハ殆ト直立シ到底攀ツル能ハサレトモ下半ハ稍緩傾ヲナシ辛ウシテ其ノ中腹マテ攀登スルヲ得此ノ處地質強ナル岩層ニシテ之ヲ開鑿スレハ三坪弱ノ平坦地ヲ得ヘク. 東風ノ外悉ク遮蔽シ得.

(ロ) 東島頂部ハ一見平坦ナル部分多ク家屋建設ニ適スル如クナレトモ之ヲ踏査スルニハ經路ニ多大ノ工事ヲ施スニ非サレハ局地ニ達スル能ハサレルヲ以テ實見シ得サリシモ海洋ノ彎風ニ對シテ四周暴露ノ難ヲ免レス. 然レトモ獨リ南端ニアル平坦地ハ三四坪ノ廣サアルヘク西北ノ一方ハ遮蔽セラルルモノノ如シ.

제67호

명치 38년 1월 5일 대마함장 해군중좌 仙頭武央으로부터 수로부장에 제출된 리앙코르도島 개요

리앙코르도島는 일대의 좁은 水道를 사이에 두고 서로 대치하는 2개의 主島와 그 주위에 碁列해 있는 작은 섬으로 이루어진 바다 가운데의 한 작은 群嶼에 지나지 않는다. 이 작은 섬들은 대개 편평하여 윗면이 겨우 물 위로 보이고 主島의 주변은 기이한 모양의 동굴이 많아 모두 海豹들이 서식하며 主島는 전부 거의 불모의 禿岩으로 해풍이 항상 전면에 불어 1그루의 수목도 없으며 남면에는 들풀이 겨우 苔生함을 볼 수 있을 뿐이다. 전 둘레는 斷崖絶壁으로 軟性의 石層으로 이루어져 있어 주변의 어느 쪽에서도 매달려 올라가는 것이 거의 불가능하다. 전 섬이 평탄한 땅이 부족하여 水道의 양

측에 협소한 평탄한 礫地 두세 군데가 있으나 모두 바다 파도의 襲來를 피할 수 없다. 동쪽 섬에 있어 菰葺의 임시로 만든 작은 집이 있어 해표 사냥을 위해 여름철 이 섬에 渡來하는 어부용으로서 당시 현저하게 파괴되어 겨우 그 형적만 남아있을 뿐이다. 그 파손 상황으로부터 판단하건대 이 부근을 유린하는 풍파의 맹위를 관찰하고도 남음이 있다. 시험 삼아 풍랑의 예봉을 피할 수 있는 가옥을 건축하기 위한 땅을 그곳에서 구하자면 겨우 다음에 기록하는 두 곳이 있음에 지나지 않는다.

(a) 西島의 東面에 산이 무너져 있는데 그 경사가 자못 급해서 위의 반은 거의 직립하여 도저히 잡고 오를 수 없으나 아래의 반은 조금 완만하게 경사가 져 있어 잘하면 그 中腹까지 오를 수 있다. 이곳의 지질은 강한 岩層으로 그를 開鑿하면 3평 조금 모자라는 평탄지를 얻을 수 있으며 동풍 외에는 모두 막을 수 있다.

(b) 東島의 꼭대기는 일견 평탄한 부분이 많아 가옥 건설에 적합한 것 같지만 그를 답사해보면 그 경로에 多大한 공사를 실시하지 않으면 局地에 이를 수 없으므로 實見할 수는 없어도 해양의 蠻風에 대해 네 둘레가 暴露의 어려움을 면할 수 없다. 그래도 단 남단에 있는 평탄한 땅은 3~4평의 넓이가 있으므로 서북의 한 방향은 막을 수 있을 것이다.

(148)『對馬艦長의 리앙코르도島 槪要』(2)

此ノ如クニシテ全島絶壁斷崖一溪地ヨリ隣溪ニ至ラントスルモ亦小舟ニ依ラサルヘカラス.

西島ノ西南隅ニ一ノ洞窟アリ其ノ天蓋ヲナス岩石ヨリ滴出スル水ハ其ノ量稍多シト雖モ雨水ノ滴下スルト同様ニシテ之ヲ採取スルコト困難ナリ. 此ノ他數箇所ニ於テ山頂ヨリ山腹ニ沿ヒ滴瀝スル水アルヲ發見セルモ其ノ量僅微ニシテ其ノ經路ハ海豹ノ尿屎等ニ依リ汚染セラルルヲ見ル. 試ニ東島ノ東南

隅ニ於テ滴下スルモノヲ採取シ檢スルニ一種異樣ノ惡臭ヲ放チ黃色ヲ呈シ既ニ汚水タルヲ證セリ. 而テ化學的檢査上左ノ成績ヲ得到底飮料ニ適セリルヲ認ム.

理學的反應 黃色有臭微溷濁酸性反應 格魯亞多量 硫酸多量 硝酸ナシ 亞硝酸ナシ 石炭小量 安母尼亞小量 有機質中量海豹獵ノ爲メ渡來スル漁夫ハ海上平穩ナルトキ島水ヲ採取シ煮炊ノ用ニ供スレトモ飮料(茶水)トシテハ他ヨリ持チ來リタルヲ用フト云フ.

이와 같이 전 섬이 絶壁斷崖라서 한 溪地에서 인접한 계곡에 이르려고 해도 또한 작은 배에 의거하지 않으면 안된다.

西島의 서남 귀퉁이에 하나의 동굴이 있는데 그 天蓋를 이루는 암석으로부터 滴出하는 물은 그 양이 점점 많아진다고 해도 빗물이 떨어지는 것과 마찬가지로 그를 채취하는 것이 곤란하다. 이 외에 여러 곳에서 산꼭대기에서 山腹에 이르기까지 滴瀝하는 물이 있음을 발견해도 그 양이 겨우 적으므로 그 경로는 해표의 尿屎 등에 의해 오염되어 있다. 시험 삼아 東島의 동남 귀퉁이에서 떨어지는 것을 채취하여 검사해 보니 일종의 다른 악취를 발산하고 황색을 띠어 이미 오염된 물임을 증명하였으며 화학적 검사상 다음의 성과를 얻어 도저히 음료에는 맞지 않음을 확인했다.

理學的 반응, 황색에 냄새가 있으며 약간 혼탁하며 산성 반응, 格魯兒 다량, 硫酸 다량, 硝酸 없음, 亞硝酸 없음, 石炭 소량, 암모니아 소량, 유기질 중량. 해표를 사냥하기 위해 渡來한 어부는 해상이 평온할 때 섬의 물을 채취하여 煮炊用으로 공급하기는 했으나 음료(茶水)로는 다른 곳에서 가지고 온 것을 사용했다고 한다.

(149)『對馬艦長의 리앙코르도島 概要』(3)

之ヲ要スルニ本島ハ瘠タル禿岩ニシテ海洋ノ蠻風ニ露出シ其ノ猛威ヲ避クルニ足ルノ面積ヲ有セス．炊クニ燃料ナク飲ムニ水ナク食フニ糧ナシ．聞ク毎年六七月ノ頃海豹獵ノ爲メ渡來スルモノ數十名ノ多キニ達スルコトアリ．是等ハ皆一回約十日間宛假居ヲナシ獵獲ニ從事スレトモ皆共ノ他ノ季節ニ於テハ殆ト來ルモノナシト．現ニ目擊スル幾百千ノ海豹群ハ周年獵獲スルモ尙餘リアルヘキニモ拘ラス六七月季ノ外來航スルモ欲セサルハ蓋季節ノ風浪ニ對シ避難ノ途ヲ得ルニ苦マシムルニ基因スルモノナラン．

요약하자면 이 섬은 척박한 禿岩으로서 해양의 蠻風에 노출되어 그 맹위를 피하기에 충분한 면적을 갖고 있지 않으며 취사를 할 연료도 없고 마실 물도 없으며 먹을 양식도 없다. 듣기로 매년 6~7월경에 해표를 사냥하기 위해 渡來하는 자가 수십 명에 이른다고 하니 이들은 모두 한번에 약 10일간 宛假居를 만들어 사냥에 종사하지만 모두 다른 계절에는 거의 오는 사람이 없는 것으로 지금은 보인다. 몇 백, 몇 천의 해표들은 周年 사냥해도 오히려 남을 것임에도 불구하고 6~7월 말 외에는 來航하고자 하지 않는 것은 아마 계절의 풍랑에 대해 피난할 길을 얻는 것이 힘들다는 것에 기인한 것일 것이다.

해설 요점

이 자료는 1905년 1월 5일 일본 해군 전함 대마호(對馬號)의 함장 仙頭武央이 독도(리앙코르도섬)에 망루를 설치하기 위한 준비로 현지조사를 나갔다가 돌아와 해군성 수로부장에게 올린 對馬號 예비조사 최종보고이다.

이 보고에 의하면, 독도는 좁은 수도(水道)를 사이에 두고 서로 대치하는 동도와 서도의 두 개의 섬과 그 주위에 바둑판 위의 바둑알처럼 흩어져 있는 암초들로 구성되어 있는 작은 군도(群島)이다. 이 군도는 해풍과 파도가 매우 강한 것이 특징이다. 가옥과 건축이 가능한 땅으로서는 (a) 서도의 동쪽 면 아래에 3평 정도의 평탄지가 있는데 동풍 외에는 모두 막을 수 있고, (b) 동도의 경우는 꼭대기에 평탄한 부분이 많지만 가옥 건설에는 다대한 공사가 필요하며, 도리어 동도의 남단 아래에 3~4평의 평탄지가 있어 가옥 건축이 가능하다고 하였다.

독도의 물 문제에 대해서는 서도의 서남 귀퉁이에 동굴이 하나 있어 그 천장바위에서 물이 떨어지는데 채취하는 것이 곤란하다. 또한 각처에 조금씩 물이 나오는 것을 발견할 수 있는데, 그 양(量)이 적고, 동도에서 채취한 것을 검사해 보니 오염된 물이어서 음료수로서는 적당치 않음을 확인했다고 보고하였다. 또한 이 보고는 강치(바다표범)를 잡기 위해 이 섬에 출어한 어부들은 해상이 평온할 때는 이 섬에서 나오는 물을 채취하여 취사용으로 사용했고, 음료수는 다른 곳에서 이 섬(독도)으로 들어올 때 가지고 와서 사용했었다는 사실도 수집된 정보로 보고하였다.

이 보고서는 결론으로서, 이 섬은 바위섬으로서 해양의 강풍에 노출되어 그 맹위를 피하기에 충분한 평탄한 토지면적, 취사할 연료, 마실 물 먹을 양식을 갖추지 못하고 있다. 수천 수백 마리의 강치가 서식하여 1년 내내 잡아도 남을 터인데 매년 6~7월경에만 수십명이 와서 약 10일간씩 가건물을 짓고 강치잡이를 하고 떠나는 것은 풍랑을 피할 수 있는 시설이 없기 때문이라고 지적하였다. 이 보고서는 독도에 망루를 짓고 업무를 수행할 때 여러 가지 고난이 수반된다는 사실을 시사하고 있다.

(중권, 본문 152~180쪽 참조)

58)『죽도시찰보고』(수구길오랑)

(150) 海軍技手 水口吉五郎,『竹島視察報告』

第六十八號

明治三十八年六月十二日 海軍技手 水口吉五郎ノ提出セル竹島視察報告

リヤンコールド岩ハ鬱陵島ノ東方ヨリ稍南方ニ偏シテ東西ノ二島ニ分ル兩島間ノ距離約百六十尺ナリ. 西島ハ海上ヨリ高サ約四百六十餘尺ニシテ斷崖絶壁宛モ劍ヲ立テタルカ如ク到底絶頂ニ攀登スル能ハス. 且平地等モ見當ラス材料物品ノ運搬モ出來難キヲ見ル. 東島ハ海面ヨリ絶頂迄約三百二十五尺ニシテ中央ニ高サ六尺ヲ開鑿セハ望樓員詰所トシテ適當ナル位置ヲ求メラルヘク. 又是ヨリ東方約三十間ノ處ノ高地ハ信號旗竿及ヒ見張所等ヲ建設スルニ適當ト思料ス. 以上ノ狀況ニヨリ判斷スルニ望樓建設ニハ東島ヲ以テ適當ト存セラレ候條此段御參考迄ニ意見上申候也.

제68호

명치 38년 6월 12일 海軍技手水口吉五郎이 제출한 竹島視察報告

리앙코르도암은 울릉도의 동방에서 조금 남쪽에 치우쳐서 東西 두 섬으로 나누어져 있으며 두 섬의 거리는 약 165尺이 된다. 西島는 해발고도가 약 410여 尺으로 斷崖絶壁이 마치 劍을 세워 놓은 것 같아 도저히 절정에 오를 수 없다. 또 평지 등도 발견할 수 없으며 재료 물품의 운반도 하기 어렵다. 東島는 해면에서 절정까지 약 약 325尺으로 중앙에 높이 6尺을 開鑿하면 望樓員詰所로 적당한 위치를 구할 수 있다. 또 이로부터 동쪽으로 약 30間 되는 곳에 있는 高地는 信號旗竿과 見張所 등을 건설하기에 적당하다고 사료된다. 이상의 상황으로부터 판단하건데 망루 건설에는 東島가 적당한 것 같으니 이 段을 御參考하심에 의견을 上申하옵니다.

해설 요점

이 자료는 이 자료는 일본 해군성의 기수(技手) 수구(水口)가 망루 건축의 기지를 선정하기 위해 독도에 파견되어 조사를 마치고 돌아와서 제출한 보고서이다.

이 보고서는 망루의 후보지로 서도는 부적합하고 동도는 그 정상이 325척으로서 정상의 중앙에 6척을 파고 망루를 세워서 망루원이 들어가서 사방을 관찰하는 탑을 만들 수 있고, 이로부터 약 30간되는 곳에 있는 고지에는 신호 깃대와 견장소(見張所) 등을 세우기에 적당한 곳이라고 하여, 동도를 망루 후보지로 천거하여 보고하였다. (중권, 본문 162~229쪽 참조)

59)『죽도시찰보고』(제3함대사령관 무부방정)

(151) 第3艦隊司令官 武富邦鼎,『竹島視察報告』(1)

第六十九號

明治三十八年六月十四日 第三艦隊司令官 海軍少將 武富邦鼎ノ提出セル竹島視察報告

一. 小官ハ第三艦隊司令官ヨリ橋立ヲ率○左世保鎭守府ヨリ派遣セル建築科員ヲ便乘セシメ之ヲ竹島ニ送致セシムルト同時ニ同島ニ假設望樓設置方適否ノ判斷ニ任スヘシストノ訓令ヲ受ケ十二日午後竹敷ヲ出發シ翌十三日午後二時著シ置ニ建築科員ヲ同島ニ送ルト同時ニ橋立艦長ニ命シ將校ヲ派遣セシメ之カ視察ヲナサシメタリ.

二. 艦上ヨリ視察スル所ト橋立艦長報告竝ニ建築科技手ノ報告トヲ綜合シテ東西兩島ヨリ成ル竹島ニ假設スヘキ望樓建設ニ關シ左ノ意見開陳ス.

(ト)西島ハ東島ヨリ稍高ク約四百十餘呎ナルモ四周斷崖絶壁ニシテ到底

攀登スル能ハス. 又望樓ヲ設置シ得ヘキ餘地アルヲ認メス. 且視察當日雲霧共ノ頂上ヲ隱蔽シアリシニ徵スレハ假令望樓位置ヲ其ノ頂上ニ置キ得ルトスルモ雲霧ナキノ日ニアラサレハ常ニ視界ノ妨害ヲ免レサルモノト推判ス.

(ロ)東島ハ西島ヨリ稍低ク且小ナルモ尙高サ約三百二十五呎ニシテ頂上ニ近ク望樓建設ノ餘地アルノミナラス其ノ南方ハ稍斜面ヲナシ且西方ハ凹岸ニシテ小灣形ヲナス此ニ小舟ヲ附クルヲ得テ交通ノ便アリ唯望樓位置ヨリ方位西北西ヲ中心トシ左右二三十度位ノ間視界ヲ西島ニ遮斷セラルルヲ憾ム然レトモ西島頂上ノ如ク雲霧ノ爲メ隱蔽セラルルコトハ少キモノト信ス.

以上ノ狀況ニヨリ望樓建設ノ位置ハ東島ヲ以テ適當ナルモノト認ム.

제69호

명치 38년 6월 14일 제3함대 사령관 해군소장 武富邦鼎이 제출한 竹島視察報告

一. 小官은 제3함대 사령장관으로부터 橋立을 거느리고 佐世保鎭守府로부터 파견된 建築科員을 便乘하여 그를 竹島에 送致함과 동시에 同島에 가설망루를 설치하는 방안의 適否 판단을 위임하는 훈령을 받아 12일 오후 竹敷를 출발하여 다음달 13일 오후 2시에 도착하고 곧 건축과원을 同島에 보내는 것과 동시에 橋立艦長에 명하여 장교를 파견하여 그가 시찰하게 했다.

二. 艦上에서 시찰한 바와 橋立艦長의 보고, 그리고 건축과 技手의 보고를 종합하여 동서 兩島로 이루어진 竹島에 가설할 망루 건설에 관하여 다음의 의견을 개진한다.

(a) 西島는 東島보다 조금 높아서 약 410여 피트가 되며 네 둘레가 斷崖絶壁이라서 도저히 잡고 올라갈 수가 없다. 또 망루를 설치할 수 있는 남는 땅이 있음을 확인할 수 없다. 또 시찰 당일, 구름과 안개가 정상을 가리

고 있어서 증명이 되었던 것은 만일 망루의 위치를 정상에 둘 수 있다고 하더라도 구름과 안개가 없는 날이 아니면 항상 視界가 방해받음을 면할 수 없다고 추정, 판단된다.

(b) 東島는 西島보다 조금 낮고 또 작아서 높이가 325 피트이며 정상 가까이에 망루를 세울만한 남는 땅이 있을 뿐 아니라 그 남쪽은 조금 경사면을 이루고 있으며 서쪽은 凹岸으로 작은 灣形을 이루고 있다. 이곳에 작은 배를 둘 수 있어 교통이 편리하다. 망루 위치로부터 서북서를 중심으로 좌우 2~30도 정도 사이의 視界가 西島에 의해 가리워지는 것이 유감이다. 그러나 西島 정상처럼 구름과 안개 때문에 가리워지는 일은 적다고 믿는다.

이상의 상황으로부터 망루 건설의 위치는 東島가 적당하다고 생각한다.

(152) 第3艦隊司令官 武富邦鼎,『竹島視察報告』(2)

三. 望樓ノ設計裝置

望樓ノ設計裝置方法ニ於テハ建築科技手ノ設計ヲ以テ適當ナルモノト認ム.

右設計ニハ岩石ヲ掘リ下ケ望樓員詰所アリ其ノ內ニ水罐蒸溜水器糧食薪炭貯藏所アリ又別ニ見張所旗竿(旗竿ハ起伏自由ノ裝置)等アリ. 其ノ詳細ノコトハ此ニ略ス.

四. 望樓員生活ノ難易

(イ)竹島ノ如キ孤島ニ於テ生活ニ最必須ナルモノハ飮料水ナリ. 之カ供給ニ適應ノ蒸溜器ヲ裝備シ. 且數箇月分ノ糧食ヲ貯藏セシメ而テ月ニ一回若クハ二回汽船ヲ派シ之カ補給ヲナサハ敢テ本島望樓員ノ生活ニ於テ左程困難ハアラサルモノト認ム. 現ニ本邦ノ漁夫數十名同島ニアリテ海豹捕獲ニ從事シ居レリ. 其ノ言ニ徵スレハ彼等ハ每年五月中旬頃ヨリ八月中旬頃ニ至ノ間每月一回隱岐島ヨリ和船ヲ以テ交通シ糧食ノ補給ヲ受ケ此ノ島ニ生活シ居ルト云フ.

(ロ)初メ荒天ニ際シテ或ハ怒濤全島ヲ洗ヒ人類ノ住居生活ニハ適セサルヤノ疑念アリシモ今觀察スル所ニヨレハ相當ノ設計ヲ以テセハ左程ノ困難ニアラサルモノト知了セリ.

五. 望樓員ノ保護

保護ノ點ニ於テハ望樓ノ建設ヲ堅固ニスルコト內地ト汽船交通ノ便ヲ設ルコト等ナリ. 唯洋中ノ一孤島ニシテ海上平穩ナル日ニアラサレハ小汽船ノ交通ハ隨分困難ナルヘシ. 殊ニ冬季中日本海北風烈シキ季節ニ際シテハ一層ノ困難アルヘシ. 依テ此ノ季節ニ處スルノ方法ヲ講シ以テ十分ニ之カ設備ヲ爲スノ必要ヲ認ム.

六. 別紙見取圖 橋立艦長報告竝ニ建築科技手報告 望樓豫定位置圖ヲ添附ス

(編者曰ク橋立艦長及ヒ建築科技手ノ報告書ハ第六十八號及ヒ第七十號ニ揭ク)

三. 망루의 설계장치

망루의 설계장치 방법에 대해서는 건축과 기수의 설계가 적당하다고 생각한다.

위의 설계에는 암석을 파내려가서 望樓員詰所가 있으며 그 안에 水罐蒸溜水器糧食貯藏所가 있고 또 따로 見張所旗竿(旗竿은 起伏 자유장치) 등이 있는데 그 상세한 내용은 여기에서는 생략한다.

四. 望樓員生活의 難易

(a) 竹島와 같은 孤島에서의 생활에 가장 필수적인 것은 음료수이다. 그를 공급하기에 적당한 蒸溜器를 장비하고 또 수개월분의 양식을 저장하고 월 1회, 혹은 2회 汽船을 보내어 그를 보급하면 竹島 망루원이 생활하는 데 있어서 그다지 곤란하지는 않을 것이라고 생각한다. 지금 우리 나라의 어부 수십 명이 이 섬에 있으면서 해표 사냥에 종사하고 있는데 그의 말에 비추

어보면 그들은 매년 5월 중순부터 8월 중순까지 매월 1회 隱岐島로부터 和船을 가지고 교통하여 양식 보급을 받아 이 섬에서 생활하고 있다고 한다.

(b) 처음 荒天에 즈음하여, 혹은 노한 파도가 전 섬을 씻어 인류의 주거생활에는 적합하지 않다는 의심이 있었으나 지금 시찰한 바에 따르면 상당한 설계를 가지고 한다면 그다지 곤란할 것도 없다고 생각된다.

五. 望樓員의 보호

보호하는 점에 있어서는 망루의 건설을 견고하게 할 것, 내지와의 汽船교통의 편의를 계획할 것 등이 있으며 바다 가운데의 한 孤島로서 해상이 평온한 날이 아니면 작은 기선의 교통은 매우 곤란할 것이다. 특히 겨울에는 일본해에 북풍이 심한 계절을 만나면 한층 더 어려움이 있을 것이다. 따라서 이 계절에 대처하는 방법을 講해서 충분히 그 설비를 할 필요가 있다고 생각한다.

六. 別紙에 見取圖, 橋立艦長의 보고와 건축과 기수의 보고, 망루 예정위치도를 첨부한다.

(橋立艦長과 건축과 기수의 보고서는 68호와 70호에 실려 있음)

해설 요점

이 자료는 일본 해군 제3함대 사령관 무부정방(武富邦鼎)이 독도 망루 설치 후보지 조사를 위해 파견한 해군성 건축과 기수(技手)의 보고서 및 교립호(橋立號) 함장의 보고를 종합하여 1905년 6월 14일 해군성에 제출한 종합보고서이다. 그 요지는 독도의 서도는 망루 후보지로 적합하지 않고 동도를 적합한 후보지로 간주한다는 것이다. 동도는 서도보다 조금 낮고 또 작아서 높이가 약 325피트이며, 정상 가까이에 망루를 세울만한 남는 토지면적이 있다는 것이다. 또한 동도의 서쪽 해안은 요안(凹岸)으로 작은 만형(灣形)을 이루고 있어서, 이곳에 작은 배를 둘 수 있으므로 교통도 서도보다는 좋다고 지적하였다. 단지 문제점은 망루 위치로부터 서북서를 중심으로 좌우 20~30도 정도 사이의 시계(視界)가 서도에 의해 가려지는 단점이 있으나, 서도의 정상처럼 구름과 안개 때문에 가려지는 일은 적다고 보기 때문에, 동도가 더 적합한 후보지로 보고한다는 것이다.

망루의 설계장치 방법은 기수(技手)의 설계에 따르려고 하는데, 동도의 정상의 암석을 파내려가서 망루원힐소(望樓員詰所)를 만들고 그 안에 증류수기(蒸溜水器), 양식 저장소를 두며, 따라서 밖에다 견장소기간(見張所旗竿)을 세우겠으며, 상세한 내용은 별도 보고에 의하므로 생략한다고 하였다. 망루원(望樓員) 생활에서 가장 문제되는 것은 음료수 문제라고 하였다. 음료수 공급을 위해서 적당한 증류기(蒸溜器)를 장비하고, 수개월 분의 양식을 저장하면서, 월 1~2회 기선을 보내어 음료수와 식량을 공급하면 생활에 큰 곤란은 없을 것이라고 보고하고 있다. 처음에는 망루원 상주가 어렵지 않을까 생각했는데, 지금 다시 시찰한 바에 의하면 상당한 설계를 가지고 상주시키는 경우 그다지 곤란하지 않을 것이라고 이 자료는 보고하였다. (중권, 본문 152~229쪽 참조)

60) 『죽도시찰보고』(전함 교립함 함장 복정정의)

(153) 戰艦橋立艦長 福井正義,『竹島視察報告』(1)

第七十號

明治三十八年六月五日 橋立艦長 海軍大佐 福井正義ノ提出セル竹島視察報告

命ニ因リ明治三十八年六月十二日竹敷ヲ發シ三十日午後二時竹島東嶼ノ東端約一里ニ達シテ漂泊シ即時端舟ヲ艤シ航海長小倉大尉及ヒ其ノ從屬森田中尉ヲ派遣シ望樓設置適否ノ調査ヲ命ス. 此ノ一行中ニハ預テ佐世保鎭守府

ヨリ派遣セル技手職工等ノ一行ヲ含有セリ. 右派遣將校ノ調査概要左ノ如シ.

一, 竹島ハ二座ノ列岩ヨリ成ル磽确不毛ノ小嶼ニシテ西方ニ位置スルモノハ大ニシテ且高シ(海圖標高四百十呎)然レトモ四圍皆斷崖絶壁ニシテ攀登スレカラス. 加之嶼上平坦ト認ムヘキ地ナク都テ峻險ナル岩峰屹立シ望樓設置ノ望絶エテナシ. 東方ニ位置スルモノハ前者ヨリ稍低シト雖モ(三百二十五呎ヲ概測シ得タリ)峻險ノ度少シク緩ニ且辛ウシテ攀登スルコトヲ得ヘク. 嶼上皿狀形ノ如キ稍平坦ナル地面アリテ多少ノ土工事ヲ施セハ造營物ヲ建設シ得ヘシ.

제70호

명치 38년 6월 15일 橋立艦長 海軍大佐福井正義가 제출한 竹島시찰보고

命에 따라 명치 38년 6월 12일, 竹敷를 출발하여 13일 오후 2시, 竹島東嶼의 東端 약 1리에 이르러 漂泊했다. 즉시 端舟를 대고 항해장 小倉大尉와 그 종속인 森田中尉를 파견하여 망루 설치의 適否의 조사를 명했다. 이 일행 가운데에는 미리 佐世保鎭守府에서 파견한 技手 職工 등의 일행이 포함되어 있었다. 위의 파견 장교가 조사한 개요는 다음과 같다.

一. 竹島는 2개의 列岩으로 이루어져 있으며 磽确不毛의 작은 섬으로 서쪽에 위치한 것은 크고 높으나(海圖標高 410피트) 네 둘레가 모두 斷崖絶壁으로 오를 수가 없다. 더하여 섬 위에는 평탄하다고 생각되는 땅이 없으며 모두 준험한 바위 봉우리가 우뚝 솟아 있어 망루를 설치할 수 있는 가능성은 절대로 없다. 동쪽에 위치한 것은 앞의 것에 비해 조금 낮기는 하지만(325尺으로 측정되었음) 준험한 정도가 적고 완만하며 또 다행히도 올라갈 수가 있으며 섬 위에 皿狀形과 같은 조금 평탄한 지면이 있어 다소간의 土工事를 실시하면 조영물을 건설할 수 있을 것이다.

(154) 戰艦橋立艦長 福井正義,『竹島視察報告』(2)

一, 建築材料ノ陸揚ケ竝ニ頂上ヘノ運搬ハ辛ウシテ爲スコトヲ得先ツ陸揚場ニ就テ言ハンカ別紙見取略圖ニ示スカ如ク. 東西ノ二嶼ハ四座ノ小立岩一條ノ礁脈ニ因リテ連結セラレ其ノ長サ約一鏈(水路誌ニハ二鏈半トアリ)礁上ノ水深二尋乃至三尋ニシテ優ニ小舟ヲ通スヘク. 又四座ノ立岩ハ恰モ波濤堤ノ用ヲ爲シ. 東嶼ヨリ西走スル突角ト相待テ小港ヲ形成シ小船舟ヲ繫維スルノ便アリ. 但偏西風ニ對シテハ全ク暴露シ船舟ヲ繫維スヘカラス. 此ノ小曲灣ハ東嶼ニ對スル唯一ノ陸揚地點ニシテ濱岸小平地ニハ現ニ獵夫ノ結作セル數箇ノ納屋アリテ三十有餘人是ニ假住ス.

山上ヘ材料ヲ運搬スルニハ『デリック』樣ノモノヲ以テスルヲ便利トスヘク斷崖攀登ヲ要スル箇所ニハ索梯ヲ用フルモ亦一法ナランカ.

一. 西嶼頂上ヨリ落チ來ル一小流脈アレトモ鹽分多量ニシテ口ニスヘカラス. 且試驗ノ結果到底飮料ニ適セサルコト別紙軍醫ニ依リテ爲サレタル試驗表ノ如シ.

一. 望樓員ノ副食ニ供スヘキ蔬菜培植ノ如キモ無論不可能ナルヘシト信ス. 如何トナレハ嶼上磽确ニシテ殆ト土壤ト名クヘキモノナク. 且降雨少ケレハナリ.

以上ハ派遣將校ノ視察スル所ニシテ此ノ派遣中本艦ハ島ノ周圍約一浬ヲ隔テ一周ヲ試ミタレトモ別ニ暗礁等ノ觸目スルモノナカリキ. 但東嶼ノ北東端ヨリ一礁脈走出シ其ノ長サ約二鏈ト目測シ得タリ.

一. 건축 재료를 육지로 올리는 것과 정상에 운반하는 것은 다행히도 할 수 있다. 陸揚場에 대해서 말하자면 별지 見取略圖에 보이는 것처럼 東西의 두 섬은 4개의 小立岩 한 조의 礁脈에 의해 연결되어 있는데 그 길이가 약 1鏈(水路誌에는 2鏈 반이라고 되어 있음)인 礁上의 수심이 2~3尋이므로 넉넉하

게 작은 배를 통과시킬 수 있다. 또 4개의 立岩은 흡사 방파제와 같은 역할을 하며 東嶼부터 서쪽으로 달려 突角과 相待하여 작은 港을 형성하고 있어 작은 배를 묶어 두기에 편리하다. 단 편서풍에 대해서는 모두 暴露하므로 배를 묶어 둘 수가 없다. 이 小典灣은 東嶼에 있어서의 유일한 陸揚 지점으로서 해안의 작은 평지에는 현재 獵夫가 結作한 여러 개의 納屋이 있어 30여 명이 여기에 임시로 거주하고 있다.

산 위에 재료를 운반하는 데에는 'テリック'와 같은 것을 가지고 해서 편리하게 해야 한다. 斷崖를 올라갈 필요가 있는 곳에는 索梯를 사용하는 것도 한 방법이다.

一. 西嶼 정성에서 떨어져 내려온 한 작은 流脈이 있으나 염분이 많아 먹을 수 없다. 또 시험 결과 도저히 음료로는 적당하지 않음은 별지 軍醫에 의해 작성된 시험표와 같다.

一. 望樓員의 부식으로 공급될 蔬菜를 기르는 것 같은 일도 물론 불가능하다고 생각한다. 어째서인가 하면 嶼上은 磽确하여 거의 토양이라고 명명할 수 있는 것이 없으며 또 강우량도 적기 때문이다.

이상은 파견 장교가 시찰한 바로서 이 파견 중 본함은 섬의 주위를 약 1리 떨어져서 일주해 보았으나 따로 암초 등을 본 것은 없었다. 단지 東嶼의 북동단으로부터 하나의 礁脈이 나왔는데 그 길이가 약 2鏈이라고 목측되었다.

(155) 戰艦橋立艦長 福井正義,『竹島視察報告』(3)

本島ハ目下海驢(Seals)ノ獵季ニシテ隱岐國ヨリ渡來ノ獵夫(寧ロ漁夫ナラン)三十五六名ニ達シ小銃ト網器トヲ用ヒテ海驢ヲ捕フ. 其ノ獵獲ノ豊富ナル見ルニ足ルヘキモノアリ. 少時間ノ視察中彼等ヲ捉ヘテ談話セシ處亦參考ニ資スヘキノ價値アルヲ以テ其ノ概要ヲ左ニ揭ク.

本島ハ海驢獵ニ於ル一富場ニシテ獵者ハ陰暦四月中旬ヨリ七月中旬マテ駐住シ連日獵業ニ從事ス.

海驢ヨリ得ル所ハ皮ト油トニシテ之ヲ大阪地方ニ送リ每年ノ獲得金額四千圓乃至五千圓ナリト云フ.

目下獵夫ノ指揮ヲ司ルモノハ隱岐國中江養三郎ナルモノニシテ本人ノ言フ所ニ依レハ若シ志望者アラハ本年ハ冬季モ駐住シテ本島ニ越年ヲ試ムルノ志望ヲ有スト.

海驢ノ外少量ノ鮑ヲ收獲スト云フ.

이 섬은 지금 海驢(바다표범)의 사냥 시즌이라서 隱岐國으로부터 渡來한 獵夫가 35~36명에 이른다. 소총과 그물 등을 사용해서 海驢를 잡는데 그 사냥한 것이 많음은 보기에도 충분함이 있다. 짧은 시간의 시찰 중에 그들을 잡고 이야기한 것 또한 참고에 도움이 될 만한 가치가 있으므로 그 개요를 다음에 싣는다.

이 섬은 海驢 사냥에 있어서 하나의 富場으로서 사냥하는 자들은 음력 4월 중순보터 7월 중순까지 머물러 있으면서 연일 사냥에 종사한다.

海驢로부터 얻을 수 있는 것은 가죽과 기름인데 그것을 大阪 지방에 보내어 매년 얻는 금액이 4천 원 내지 5천 원이 된다고 한다.

지금 獵夫를 지휘하는 자는 隱岐國 中江養三郎이라는 인물로 본인이 하는 말에 따르면 만약 지망하는 자가 있으면 올해는 겨울에도 머물면서 이 섬에서 越年하는 것을 시도해 볼 생각이 있다고 한다.

海驢 외에 소량의 鮑를 얻을 수 있다고 한다.

(156) 戰艦橋立艦長 福井正義,『竹島視察報告』(4)

氣候ハ夏季ニ於テ日中酷暑ヲ感スルモ朝夕ハ極テ涼冷ヲ覺ユ最炎署ヲ感ス

ルハ舊六月ナリトス. 又濛氣多クシテ降雨量ハ本土ニ比シ極テ少シ.

附近潮流ハ北東流ナルカ如ク其ノ速力モ少カラス. 干滿差ハ約四呎ナリ(報告者曰ク四呎ハ多キニ過クルカ如シト雖モ獵夫ノ言ニ隨フ故ニ姑ク疑ヲ存シ置ク). 本島ニハ薪水ナシ故ニ每月一二回帆船ヲ以テ隱岐國トノ交通ヲ保チ糧食薪水其ノ他萬般ノ供給ヲ仰キ居ルト云フ

(別紙)

水分析表

臭 無シ

淸濁及ヒ色 稍黃褐色僅微ノ浮遊殘渣

鹽素 多量

石炭 僅微

安母尼亞 多量

硫酸 稍多量

亞硝酸 無シ

硝酸 無シ

有機物 多量

摘要 飮料不適

기후는 여름철에 낮에는 酷暑를 느끼지만 아침저녁으로는 매우 서늘하다. 가장 더위를 느끼는 때는 음력 6월이라고 한다. 또 濛氣가 많아 강우량은 본토에 비해 극히 적다.

부근의 조류는 북동류인 것 같으며 그 속력도 적지 않다. 간만의 차는 약 4피트가 된다(보고자가 말하기를 4피트는 많이 과장된 것 같다고 하지만 獵夫의 말에 따르는 것이므로 우선 의심을 남겨둔다). 이 섬에는 薪水가 없으므로 매월 1~2회 帆船을 가지고 隱岐國과 교통하여 양식과 薪水, 기타 여러가지 공급을 받고 있다고 한다.

(별지)

水 분석표

냄새: 없음

청탁, 색: 약간 황갈색이며 아주 적은 양의 浮游殘渣가 있음

염소: 다량

석탄: 아주 적은 양

암모니아: 다량

유산: 조금 다량

亞硝酸: 없음

초산: 없음

유기물: 다량

摘要: 음료로는 부적당함

해설 요점

이 자료는 전함 교립호(橋立號)의 함장 福井正義가 부하 장교와 건축기수를 독도에 상주시켜 망루 건축 후보지를 실지조사케 한 후 그 결과를 1905년 6월 15일에 제출한 보고서이다. 그 요지는 서도는 동도보다 크고 높이도 410피트로 더 높지만 네 둘레가 모두 깎아지른 절벽이어서 올라갈 수가 없고 정상 위에 평탄한 토지도 없어서 망루 설치에 전혀 적합지 않다고 하였다. 반면에 동도는 약 325피트로 조금 낮기는 하지만 준험한 정도가 낮고 완만하여 올라갈 수 있으며, 섬 위에 쟁반 모양의 평탄지가 있어서 다소간의 토목공사를 하면 조영물을 건축하는 것이 가능하고, 건축 재료를 운반하는 것도 가능하다고 하였다. 이 보고서는 동도를 망루 후보지로 주장하고 있다.

또한 이 보고서는 일본인으로서는 은기도의 어부들이 강치(海驢)잡이를 하러 오는데 그들로부터 조사한 바가 큰 참고가 된다고 하였다. 즉 강치잡이 철에는 35~36명의 어부들이 찾아오는데, 4월 중순~7월 중순의 3개월간이 강치잡이 철이고, 강치에서 얻는 것은 가죽과 기름인데, 오사카(大阪)에 보내어 큰 수익을 얻는다고 했다는 것이다. 해려잡이 어부의 지휘자는 은기도의 나카이 요자부로란 자인데, 올해에는 겨울에도 이 섬에 머물면서 해를 넘기는 것을 시도해보겠다고 말했음을 보고하였다. 나카이에 의하면 이 섬에는 땔나무와 음료수(식수)가 없으므로 매월 1~2회 범선으로 은기도와 교통하면서 양식, 땔감, 음료수와 기타 여러 가지를 공급한다고 들었다는 것이다.

이 자료는 동도에 해군 망루를 충분히 설치할 수 있으며, 매월 1~2회만 기선으로 음료수와 식량을 공급하면 얼마든지 망루원을 상주시킬 수 있다고 보고하고 있다. (중권, 본문 152~229쪽 참조)

61) 『전함 교립(橋立) 전시일지』

(157) 『戰艦橋立戰時日誌』(1)

夜泊玆ニテ第三艦隊司令長官ヨリ竹島派遣ニ關係訓令ヲ齋來ルヘキ八重山ヲ待合セ同四十分八重山ヨリ該訓令ヲ受領シ直チニ出航 武富第三艦隊司令官ヨリ典ヘラタル訓令ニ由テ竹島ニ向フ.

接受書類

聯隊告示九五九六(戰鬪詳報ノ續キ)同今日令三六

竹敷古示一四三(米國大統領ヨリ日露兩國政府ニ向テ直接講和條件ヲ決定センフヲ勸告セル文書ニ接シタルヲ以テ帝國政府ハ其ノ勸告ヲ納レ全權委員ヲ任命スユ

キ旨返答シタル趣旨ノ海軍大臣ヨリノ電報)

五戰次機密四七(竹島派遣)ニ關スル訓令)

十三日 火 雲霧後無 溫度 最高 七十三度 最低 六十七度

休患ナシ

午後二時竹島着直ケニ端舟ヲ卸シテ技手及職工ト共ニ航海長ヲ派遣シ望樓設置方ノ適否ヲ視察セレム.

午後三時四十分視察ヲ了テ歸艦, 之ヨリ五戰次機密四七ニ基ツ左世保回航ノ途ニ就ク.

五戰次基密四七ノ適要

前諸項ノ任務(望樓設置方適否ノ視察)了ラハ置ニS地點ニ回航シ戰鬪航海ニ堪得ルノ程度ニ於テ速ニ修理リ完成セセムユシ.

밖에 정박해 있다가 제3함대 시령장관으로부터 竹島 파견에 관한 훈령을 가지고 온 八重山을 만나기로 하여 40분에 八重山으로부터 해당 訓令을 수령해서 곧 출항. 武富 제3함대 사령관으로부터 받은 훈령에 따라 竹島를 향했다.

접수서류

聯隊告示 95, 96(戰鬪詳報 계속) 같은 날 명령 36

竹敷告示 143(미국 대통령으로부터 일본, 러시아 양국 정부에 직접 강화 조건을 결정할 것을 권고하는 문서를 접하여 제국정부는 그 권고를 받아들여 전권위원을 임명할 것이라고 답신하는 내용의 해군대신으로부터의 전보)

五戰次機密 47(竹島 파견에 관한 훈령)

13일 화 구름, 안개 후 비, 온도: 최고 73도, 최저 67도

休患 없음

오후 2시 竹島에 도착, 곧 端舟를 풀어서 技手, 직공과 함께 항해장을 파

견하여 망루 설치 방법의 適否를 시찰하게 함.

오후 3시 40분 시찰을 마치고 歸艦하여 그로부터 五戰次機密 47에 기반하여 佐世保로의 회항의 길에 오름.

五戰次機密 47 摘要

前諸項의 임무(망루 설치 방법의 適否 시찰)를 마치면 곧 S지점에 회항함. 戰鬪航海를 견딜 수 있을 정도로 빨리 수리하여 완성해야 할 것임.

(158)『戰艦橋立戰時日誌』(2)

武富第三艦隊司令官ニ報告セレ視察報告別紙ノ如シ

竹島(リヤンコルド岩)視察報告

命ニ因ソ明治三十八年六月十二日竹敷ヲ發シ同十三日午後二時竹島東嶼ノ東端約一浬ニ達シ漂泊シ卽時端舟ニ艤シ航海長小倉大尉及其從屬森田中尉ヲ派遣シ望樓設置適否ノ調査ヲ命ス. 此一行中ニハ豫テ左世保鎭守府ヨリフ派遣セル技手職工等ノ一行ラモ含有セリ.

右派遣將校ノ調査概要左ノ如シ.

一. 竹島ハ二座ノ列岩ヨリ成ル磽确不毛ノ小嶼ニシテ西方ニ位置スルモノハ大ニシテ且ツ高シ(海圖標高四百十呎)然レトモ四圍皆斷崖絶壁ニシテ攀登スヘレカラス. 加之ナラス嶼上平坦ト認ムヘキ地ナク都ベテ峻險ナル岩峯屹立シ望樓設置ノ望絶テ東方ニ位置スルモノハ前者ヨリ稍ヤ低シト雖モ(三百二十五呎ラ概測シ得タリ)峻險ノ度稍ヤ緩ニ且ツ辛フシテ攀登スルコトヲ得ヘク嶼上皿狀形ノ如キ稍平坦ナル地面アリテ多小ノ土工事ヲ施セバ造營物ラ建設シ得ベシ.

一. 建築材料陸揚ケ幷ニ頂上ヘ運搬ハ幸フシテ爲スユトヲ得先ツ陸揚場ニ就テ言ハンカ別紙見取略圖ニ示スカ如ク. 東西ノ二嶼ハ四座ノ小立岩一條ノ礁脈ニ因リテ連結セラレ其ノ長サ約一鏈(水路誌ニハ二鏈半トアリ)礁上ノ水

深二尋乃至三尋ニシテ優ニ小舟ヲ通スベク. 又四座ノ立岩ハ拾モ波濤堤ノ用ヲ爲シ. 東嶼ヨリ西走スル突角ト相待テ小港ヲ形成シ小航舟ヲ緊維スルノ便アリ. 但シ偏西風ニ對シテハ全ク暴露シ航舟ヲ緊維スレカラズ. 此小灣ハ東嶼ニ對スル唯一ノ揚陸地點ニシテ濱岸小平地ニハ現ニ獵夫ノ結作セル數箇ノ納屋有アリテ三十有餘人是ニ假住ス.

山上ニ材料オ運搬スルニハ「テリック」様ノモノヲ以テスルヲ便利トスベク斷崖攀登ヲ要スル箇所ニハ索悌ヲ用フルモ亦一法ナランニカ

西嶼頂上ヨリ落チ來ル一小流脈アレトモ鹽分多量ニシテ口ニスベカラス. 且ツ試驗ノ結果到底飮料ニ適セサルコト別紙軍醫ニ依リテ爲サシタル試驗表ノ如シ.

一. 望樓員ノ小佐盤餐ニ上ルヘキ蔬菜培殖ノ如キモ無論不可能ナルヘシト信ス. 如何トナレハ嶼上磽确ニシテ殆ント土壤ト名クヘキモノナク. 且ツ降雨少ケレハナリ.

以上ハ派遣將校ノ視察スル處ニシテ此派遣中本艦ハ島ノ周圍約壹浬ヲ隔テ一周ヲ試ミタレトモ別ニ暗礁等ノ觸目スルモノナカリキ但シ東嶼ノ北東端ヨリ一礁脈走出シ其長サ約二鏈ト目測シ得タリ.

武富 제3함대 사령관에게 보고한 시찰보고는 별지와 같음

竹島(リヤンコールド) 시찰보고

명령에 따라 명치 38년 6월 12일 竹敷를 출발하여 같은 달 13일 오후 2시, 竹島 東嶼의 東端 약 1리에 이르러 漂泊하고 즉시 端舟를 대어서 항해하여 長小倉 대위와 그의 부하인 森田 중위를 파견하여 망루를 설치하는 것의 適否를 조사할 것을 명했다. 이 일행 가운데에는 미리 佐世保 鎭守府로부터 파견된 技手, 직공 등의 일행도 포함되어 있었다.

위의 파견 장교가 조사한 개요는 다음과 같다.

一. 竹島는 2개의 列岩으로 이루어진 磽确不毛의 작은 섬으로 서쪽에 위치한 것은 크고 높지만(海圖標高 410尺) 4면이 모두 斷崖絶壁으로 오를 수가 없다. 게다가 섬 위에는 평탄한 것으로 보이는 땅이 없고 모두 준험한 岩峰들이 우뚝 솟아 있어 망루를 설치할 수 있는 가능성은 전혀 없다. 동쪽에 위치한 것은 前者보다 작고 낮지만(325尺으로 概測했음) 준험한 정도가 적고 완만하며 또 다행히도 올라갈 수도 있다. 섬 위에 皿狀形 같은 작은 평탄한 지면도 있으므로 약간의 土工事를 행하면 조영물을 건설할 수 있을 것이다.

一. 건축 재료를 陸揚하는 것과 정상에 운반하는 것은 다행히 할 수 있을 것이다. 陸揚場에 대해서 말하자면 별지의 見取略圖에 보이는 것처럼 東西의 두 섬은 4개의 小立岩 한 조의 礁脈으로 연결되어 있으며 그 길이는 약 1鏈(小路誌에는 2鏈 반으로 되어 있음)이며 礁 위의 수심이 2~3尋으로 넉넉하게 작은 배를 통과시킬 수 있다. 4개의 立岩은 흡사 방파제와 같은 역할을 하며 동쪽 섬에서 서쪽으로 달려 突角과 서로 대하여 작은 항구를 형성하고 있어 작은 배를 메어 두기에 편리하다. 또 편서풍에 대해서는 전적으로 暴露되어 배를 메어 둘 수 없다. 이 작은 만은 東嶼에 있는 유일한 陸揚지점으로서 해안의 작은 평지에는 지금 獵夫들이 結作해 놓은 여러 개의 納屋이 있어 30여 인이 이에 임시로 거주하고 있다.

산 위로 재료를 운반하는 데에는 'テリック' 같은 것을 가지고 하면 편리할 것이다. 斷崖를 올라갈 필요가 있는 몇몇 장소에는 索機를 사용하는 것도 또한 한 방법이 될 것이다.

西嶼 정상에서 떨어진 하나의 작은 流脈이 있으나 염분이 다량 함유되어 있어 먹을 수 없다. 또 시험 결과 도저히 음료로는 적당하지 않음은 별지에 軍醫에 의해 만들어진 시험표와 같다.

一. 망루원의 小佐 반찬으로 올려야 할 채소를 기르는 것 같은 일도 물론 불가능할 것이라고 믿는다. 왜냐하면 섬 위는 磽确하여 거의 토양이라고 명명할 수 있는 것이 없으며 또 강우량도 적기 때문이다.

이상은 파견 장교가 시찰한 바로서 이 파견 중 本艦은 섬의 주위를 약 1리 떨어져 돌아보았으나 달리 암초 등을 발견할 수는 없었다. 또 東嶼의 北東端으로부터 한 礁脈이 있어 그 길이가 약 2鏈이 된다고 目測되었다.

(159)『戰艦橋立戰時日誌』(3)

本島ハ目下海驢(Seal)ノ獵季ニシテ隱岐國ヨリ渡來ノ獵夫(寧ロ漁夫ナラン)三十五六名ニ達シ小銃ト網器トヲ用テ海驢ヲ捕フ. 其獵獲ノ豊富ナル見ルニ足ルヘキモノアリ. 少時間ノ視察中彼等ヲ捉ヘテ談話セシ處亦參考ニ資スヘキノ價値アルヲ以テ其概要ヲ左ニ掲ク.

本島ハ海驢獵ニ於ケル一富場ニシテ獵者ハ陰暦四月中旬ヨリ七月中旬マテ駐住シ連日獵業ニ從事ス. 海驢ヨリ得ル處ハ皮ト由ニシテ之ヲ大阪地方ニ送リ毎年ノ獲得金額四千乃至五千円ナリト云フ.

目下獵夫ノ指揮ヲ司トルモノハ隱岐國中江養三郎ナルモノニシテ本人ノ言フ處ニ依レハ若シ志望者アラハ本年ハ冬季モ駐住シテ本島ニ越年ヲ試ムルノ志望ヲ有スト.

海驢ノ外少量ノ鮑ヲ收獲スト云フ.

氣候ハ夏季ニ於テ日中酷暑ヲ感スルモ朝夕ハ極メテ涼冷ヲ覺ヘ最モ炎署ヲ感スルハ舊六月ナリトス. 又濛氣多クシテ降雨量ハ本土ニ比シ極メテ少シ.

附近潮流ハ北東流ナルカ如ク其速力モ少カラス. 干滿差ハ若四呎ナリ.

報告者曰ク四呎ハ多キニ過クルカ如レト雖モ獵夫ノ言ニ隨フ故ニ姑ク依ヲ存シ置ク.

本島ニハ薪水ナシ. 故ニ毎月一二回帆船ヲ以テ隱岐國トノ交通ヲ保テ糧食薪水其他滿般ノ供給ヲ仰キ居ルト云フ. 右報告候也.

明治三十年八年六月十五日

軍艦橋立艦長 福井正義

第三艦隊司令官武富邦鼎殿

이 섬은 지금 海驢(seal) 사냥 시즌이라 隱岐國으로부터 渡來한 獵夫(오히려 어부라고 할 것이다)가 35~36명에 이른다. 소총과 網器를 사용해서 海驢를 잡는데 그 獵獲이 풍부함은 눈으로 보기에도 충분함이 있다. 짧은 시간의 시찰 중에 그들을 잡고 담화한 바 또한 참고자료로 삼을 만한 가치가 있으므로 그 개요를 다음에 싣는다.

이 섬은 海驢 사냥에 있어서 한 富場으로서 獵者는 음력 4월 중순부터 7월 중순까지 머무르면서 연일 獵業에 종사한다. 海驢로부터 얻을 수 있는 것은 가죽과 기름인데 그를 大阪 지방에 보내어 매년 얻는 금액이 4천 원 내지 5천 원이 된다고 한다.

지금 獵夫를 지휘를 담당하는 자는 隱岐國 中江養三郎이라는 인물로 본인이 하는 말에 따르면 만약 지망하는 자가 있으면 올해는 겨울에도 머물면서 이 섬에서 越年하는 것을 시도해 볼 생각이 있다고 한다.

海驢 외에 소량의 鮑를 얻을 수 있다고 한다.

기후는 여름철에 낮에는 酷暑를 느끼지만 아침저녁으로는 매우 서늘함을 느낀다. 가장 더위를 느끼는 때는 음력 6월이라고 한다. 또 濛氣가 많아 강우량은 본토에 비해 극히 적다.

부근의 조류는 북동류인 것 같으며 그 속력도 적지 않다. 간만의 차는 약 4피트가 된다(보고자가 말하기를 4피트는 많이 과장된 것 같다고 하지만 獵夫의 말에 따른 것이므로 우선 의심을 남겨둔다).

이 섬에는 薪水가 없으므로 매월 1~2회 帆船을 가지고 隱岐國과 교통하여 양식과 薪水, 기타 여러가지 공급을 받고 있다고 한다.

위와 같이 보고하옵니다.

명치 38년 6월 15일

軍艦 橋立艦長 福井正義

제3함대사령관 武富邦鼎 殿

해설 요점

이 자료는 일본 해군 전함 교립호(橋立號)가 제3함대 사령관으로부터 독도(리앙코르도섬)에 망루 설치 후보지의 적부를 실지 조사하라는 명령을 받고 1905년 6월 13일 실지 조사를 실행한 기록이다. 매일 일기 중에서 1905년 6월 13일자만 발췌한 것이다. 이 날짜의 일기 끝에는 橋立號 함장의 보고서가 수록되어 있다. 그 요지는 제3함대 사령관으로부터 독도 조사 훈령을 받고 1905년 6월 13일 오후 2시에 도착해서 보트를 내어 기수(技手) 및 직공과 함께 航海長을 상륙시켜 약 1시간 40분간 조사케 하였다. 이들은 조사를 마치고 3시 40분에 귀함하였다. 조사 결과는 제3함대 사령관 武富에게 橋立號 함장 福井이 제출한 시찰보고의 형식으로 이 날짜 일기에 포함되어 기록되어 있다. 앞서의 橋立號 함장의 『죽도시찰보고』와 중첩되므로 여기서는 생략한다.

橋立號의 조사결과는 결론적으로 망루는 동도에 새움이 가능하며, 망루원의 생활에 필요한 음료수와 식량은 매월마다 2~3회 기선으로 외부에서 공급하는 것이 필요하다는 것이었다. (중권, 본문 152~229쪽 참조)

62) 「나카이 요자부로 이력서」

(160) 「中井養三郎 履歴書」

(島廳へ提出セル) 履歴書

本籍地 島根縣周吉郡 西鄉町 六字西町字指向 二十三番地

平民 漁業 中井養三郎

元治 元年 正月 二十七日生

元 鳥取縣 東伯郡 小鴨村 大字中河原村

平民農 亡 甚六 三男分家

第一學歷

一. 明治五年 鳥取縣 久米郡 下田中村 小學校(現今ノ東伯郡上灘村)ニ入學ス

一. 明治十一年 同校ニ於テ小學全科ヲ卒業ス

一. 明治十二年 島根縣 松江市 西茶町 內村右輔ノ相長學舍ニ入リ漢學ツ修ム

一. 明治十三年 相長學舍塾長ニ任セラル

一. 明治十七年 相長學舍ヲ辭シ東京 麴町區 寶田町 斯文黌ニ入リ漢學ツ修ム

一. 明治十八年 實業ニ志シ斯文黌ヲ辭ス

第二 事業

一. 明治十九年 視察ノタメ小笠原島ニ渡航ス

一. 明治二十年 濠州渡航ヲ企テ發程ニ臨ミテ頓折果タサズ. 長崎縣 西彼○郡松島村ニ流浪ス

一. 明治二十三年 潛水器漁業ニ着手ス

一. 明治二十四年二十五年 露領浦斯德附近ニ於テ潛水器ヲ使用シテ海鼠漁業ニ從事ス

一. 明治二十六年 潛水器使用シテ我カ筑前, 對馬, 朝鮮慶尙, 全羅ノ沿海ニ於テ海鼠若クハ鮑ヲ歴漁ス

一. 明治二十七年以來 潛水器ヲ使用シ鳥取島根兩縣下沿海ニ於テ鮑若ク海鼠ツ歴漁ス

一. 明治三十一年 隱岐水産組合ノ委託ヲ受ケ巾着網漁業試驗ニ從事ス

一. 明治三十三年 鳥取縣西伯郡御來屋町有志者ト組合ヒ同縣水産試驗場ノ委託ヲ受ケ鮪流繩漁業ヲ試ム

一. 明治三十六年 能登半島ニ於テ潛水器ツ使用シ海鼠漁業ヲ試ム

此年始メテ「リヤンコールド」列岩ニ於テ海馬獵ヲ試ム

一. 明治三十七年 一切潛水器漁業ヲ廢シ專ラ海馬獵ニ從事ス

此年「リヤヲコールド」列岩ヲ本邦領土ニ編入セラレシコトヲ內務, 外務, 農商務三大臣ニ願ヒ出ツ

一. 明治三十八年 「リヤンコールド」列岩ハ本邦フ領土ニ歸シ隱岐島司所管ニ屬シ竹島ト命名セラル

竹島海鼠合資會社ヲ組織シテ其事務ヲ執行シ以テ今日ニ至レリ

一. 明治四十年 島根縣視察員一行ニ隨ヒ露領浦鹽斯德ニ往復ス

一. 明治四十一年 北海道千島國新知島外八島ニ於テ總地積拾貳万八千百八拾四坪有料使用ノ許可ヲ北海道廳根室至廳ニ願出テ許可ヲ受ク

一. 明治四十二年 隱岐水産組合ノ委託ヲ受ケ日本型漁船ニ石油發動機ヲ置付ケ之ガ漁業上ノ試驗ヲ行ヒ以テ今日ニ至レリ

第三 賞罰

一. 明治二十九年神戸市ニ開催セラレタル水産博覽會ニ於テ海蔘製調ニ對レ二等賞ヲ受ク

一. 明治三十一年 鳥取縣東伯郡御來屋町火災フ際燒出米ヲナシタルハ特志ナリトシテ木杯一箇ヲ下賜セラル

一. 明治三十年 西鄕町火災ノ際燒出米ヲ寄付シタルハ殊勝ナリトシ木杯一箇ヲ下賜セラル

一. 明治三十九年下關市ニ於テ開催セラレタル第二回關西九州府縣聯合水產共進會ニ於テ竹島漁獵合資會社ノ出品ニ係ル海馬油ニ對シ三等賞ヲ受ク

一. 明治四十三年 名古屋市ニ於テ開催セラレタル府縣聯合共進會ニ於テ竹島漁獵合資會社ノ出品ニ係ル海馬乾肉肥料ニ對シ四等賞ヲ受ク

一. 明治四十三年 英國倫敦ニ於テ開催セラレタル日英博覽會ニ於テ竹島漁獵合資會社ノ出品ニ係ル海馬皮付屬手提鞄ニ對シ銀賞ヲ受ク

一曾ラ處罰セラレタル事ナシ

(島廳에 제출한) 이력서

본적지: 島根縣 周吉郡 西鄕町 六字西町字指向 23番地

평민 어업 中井養三郎

元治 원년 정월 27일생

元 鳥取縣 東伯郡 小鴨村 大字中河原村

평민 농업 사망한 甚六의 3남으로 분가

제1학력

一. 메이지 5년 鳥取縣 久米郡 下田中村 소학교(지금의 東伯郡 上灘村)에 입학

一. 메이지 11년 같은 학교에서 전 과목을 졸업

一. 메이지 12년 島根縣 松江市 西茶町 內村 友輔의 相長學舍에 들어가 한학을 배움.

一. 메이지 13년 相長學舍 塾長에 임명됨

一. 메이지 17년 相長學舍를 그만두고 동경 麴町區 寶田町 斯文黌에 들어가서 한학을 배움

一. 메이지 18년 實業에 뜻을 두고 斯文黌을 그만둠

제2사업

一. 메이지 19년 시찰을 위해 小笠原島에 渡航함

一. 메이지 20년 濠州 渡航을 기획했다가 發程에 임하여 좌절되어 長崎縣 西彼郡 松島村에 流浪

一. 메이지 23년 잠수기 어업에 착수함

一. 메이지 24년, 25년 러시아령 블라디보스톡 부근에서 잠수기를 사용하여 海鼠 어업에 종사함

一. 메이지 26년 잠수기를 사용해서 우리 筑前, 對馬, 조선의 경상, 전라 연해에서 海鼠 혹은 鮑를 歷漁함

一. 메이지 27년 이래 잠수기를 사용해서 鳥取, 島根 두 현의 연해에서 鮑 혹은 海鼠를 歷漁함

一. 메이지 31년 隱岐 수산조합의 위탁을 받아 巾着網 어업 시험에 종사함

一. 메이지 33년 鳥取縣 西伯郡 御來屋町에 뜻있는 자와 組合하여 鳥取縣 수산시험장의 위탁을 받아 다랑어 流繩 어업을 시험함

一. 메이지 36년 能登 반도에서 잠수기를 사용해서 海鼠어업을 시험함

이 해 처음으로 '리앙코르도' 列岩에서 海馬 사냥을 시험함

一. 메이지 37년 일체의 잠수기 어업을 폐지하고 전적으로 海馬 사냥에

종사함

이해 '리앙코르도' 列岩을 우리 나라 영토로 편입하는 일을 내무, 외무, 농상무 3대신에게 신청함

一. 메이지 38년 '리앙코르도' 列岩은 우리 나라의 영토가 되었으며 隱岐島司 소관이 되어 竹島라고 명명함

竹島漁獵合資會社를 조직하여 그 사무를 행하여 오늘에 이름

一. 메이지 40년 島根縣 시찰원 일행을 따라 러시아령 블라디보스톡을 왕복함

一. 메이지 41년 北海道 千島國 新知島 외 8島에서 총 땅의 면적 128, 184평을 유료로 사용할 허가를 北海道廳 根室支廳에 신청하여 허가받음

一. 메이지 42년 隱岐수산조합의 위탁을 받아 일본형 어선에 석유 발동기를 설치하고 어업상의 시험을 행해서 오늘에 이름

제3상벌

一. 메이지 29년 神戶市에서 개최된 수산박람회에서 海參 제조에 대해 2등상을 받음

一. 메이지 31년 鳥取縣 東伯郡 御來屋町에서 화재가 났을 때 燒出米를 만든 것은 特志라 하여 木杯 하나를 하사받음

一. 메이지 30년 西鄕町에 화재가 났을 때 燒出米를 기부한 것은 매우 기특한 일이라 하여 木杯 하나를 하사받음

一. 메이지 39년 下關市에서 개최된 제2회 關西 九州 府縣연합水産共進會에서 竹島漁獵合資會社가 출품한 海馬油에 대해 3등상을 받음

一. 메이지 43년 名古屋市에서 개최된 府縣 연합 共進會에서 竹島漁獵合資會社가 출품한 海馬乾肉비료에 대해 4등상을 받음

一. 메이지 43년 영국 런던에서 개최된 日英 박람회에서 竹島漁獵合資

會社가 출품한 해마 가죽에 붙은 提鞄에 대해 은상을 받음

一. 일찍이 처벌받은 일이 없음

해설 요점

이 자료는 일본의 독도 침탈에 이용당해 협조한 나카이 요자부로가 1910년 스스로 작성하여 돗토리현청(鳥取縣廳)에 1911년에 제출한 그의 이력서이다.

나카이 요자부로는 돗토리현(鳥取縣) 출신으로서 고향에서 소학교를 졸업하고 상장학사(相長學舍)라는 사립학숙을 거쳐서 당시로서는 드물게 동경에 유학하여 교육받은 수산업 부문의 기업가였다. 그는 실업에 뜻을 둔 후에는 해외 진출에 많은 관심을 갖고, 1890년부터 외국 영해에서의 잠수기 어업에 종사했다. 1891~1892년에는 러시아령 블라디보스토크 부근에서 잠수기를 사용한 해렵(海鼠) 어업에 종사했고, 1893년에는 조선의 경상도·전라도 연안에서 역시 잠수기를 사용한 물개잡이와 전복따기 어업에 종사했다.

나카이는 1903년부터 독도에서 강치잡이를 시도했는데, 이때의 포획을 오사카에다 팔아서 큰 수익을 올렸다. 이에 1904년부터는 잠수기 어업을 그만두고 전적으로 독도에서의 강치잡이에 집중하였다. 그러나 이것이 수익이 높자 다른 어부들이 독도에 들어와 경쟁적으로는 물개를 남획하는 것을 보고, 남획을 방지함과 동시에 독도강치잡이의 독점 이권을 획득하고자 하였다. 이에 나카이는 독도의 영유권자인 대한 제국 정부에게 독도의 한시적 독점사용권(貸下)을 신청하여 획득하려고 하였다. 나카이는 독도가 한국 영토임을 물론 잘 알고 있었다.

나카이가 동경에 상경하여 한국 정부와의 교섭을 위탁하려고 농상무성 수산국장을 찾아갔다가, 외무성 정무국장, 해군성 수로부장 등을 만나

게 되고, 해군 수로부장은 독도는 무주지일 수도 있으므로 '대하원'을 한국 정부에 제출하지 말고 일본 정부에 「리앙코島領土編入並貸下願」을 제출하면 그들이 나카이에게 독도를 대하케 해주겠다고 계획을 바꾸도록 요구하였다. 또한 해군에서 독도에 망루를 설치하려 하고 있는데 이것은 러·일전쟁에서 승리하는데도 중요한 것이니 협력하라고 설득하였다. 이에 나카이는 그들의 요구에 응하여 한국 정부에 대하원을 낼 계획을 포기하고, 1904년 9월 29일 일본 정부에 「리앙코島領土編入並貸下願」을 제출하였다.

일본 정부는 1905년 1월 28일 내각회의에서 나카이의 청원서를 승인하는 형식으로 '리앙코섬'은 지금까지 주인없는 땅 무주지로서 나카이가 선점했었기 때문에 일본에 영토편입하여 '竹島'라는 이름을 붙여서 시마네현 은기도사의 행정 아래 둔다고 의결하였다.

일본 정부는 나카이가 설립한 '죽도어렵합자회사'에 10년 동안 독도에서의 강치잡이와 어렵 독점권을 승인하였다. 이 자료에는 나카이의 이력과 함께 이 과정이 기록되어 있다. (중권, 본문 181~317쪽 참조)

63) 『울릉도, 리앙코르도, 마쓰에 간 해저전선 부설과 수원단 전선접속』

(161) 『鬱陵島, リヤンコールド, 松江 사이의 海底電線 부설』(1)

鬱陵島リヤンコールド松江間ノ敷設竝ニ水源端ニ於ル電線ノ接續

明治三十八年六月二十四日, 山本海軍大臣ハ, 大浦遞信大臣ニ照會スルニ, 作戰ノ進行ニ隨ヒ, 更ニ松島(鬱陵島) 竹島(リヤンコールド)及ヒ隱岐高崎山各望樓間ニ, 海底電線ノ連絡ヲ要スルヲ以テ, 此ノ際先ツ松島, 竹島間ノ工事ヲ委託致度, 其ノ工事著手ノ時機等ニ關シテハ, 更ニ協議スヘキ旨ヲ以テセシカ, 次テ十月八日, 以上ノ工事中, 松島, 竹島間ニ敷設ノ電線ハ, 之ヲ松島北假設望樓ニ連絡セシメ, 竹島, 高崎山假設望樓間ノ連絡ハ, 之カ必要ナキニ至リタルヲ以テ, 更ニ同島ト出雲國松江附近ノ間ニ海底電線ヲ敷設シ, 之ヲ松江郵便局ニ連絡シ, 同局ト松島北假設望樓一回線ノ通信工事ヲ委託セシニ, 遞信大臣ハ, 又照會ニ應シ, 之ヲ奉天丸乗組神谷技師ニ命シ, 又松江附近陸揚地點ヨリ松江郵便局ニ至ル陸上線ノ架設ハ, 之ヲ廣島郵便局ニ命ヲ, 奉天丸ハ, 十月十日長崎ニ於テ右命令ニ接シタルモ, 松島附近ハ, 其ノ水深千尋以上ニ達スル處尠カラサルヲ以テ, 之ヲ實測スルノ必要アリ, 以テ該船装置ノ測深器ハ, 三百尋以上ノ測量ヲ爲ス能ハサルヲ以テ, 沖繩丸ヨリ二千尋ノ測量線ヲ借受ケ, 其ノ捲取車ヲ假設スルコトシ同港ニ於テ諸準備ヲ整ヘ, 同二十二日同港ヲ出發シ, 翌二十三日出雲國千酌既設海底線(隱岐ニ至ル)陸揚地ニ著シ, 神谷技師ハ, 廣島郵便局仕勤ノ技手ニ會シ, 工事上ノ協議ヲ爲シ, 翌二十四日千酌ヲ發シ, 同地松島間ノ測量及ヒ竹島ノ周圍沿岸ノ實査ヲ遂ケ, 同二十六日松島ニ著ス. 此ノ行動ニ於テ測量セシハ, 二十七箇所ニシテ, 其ノ最深ハ千四百二十五尋ニ達シ, 底質概ネ沙礫殼ノ類ニ屬シ. 又竹島ハ大洋中ノ一孤島ニシテ, 其ノ周圍ハ悉ク斷崖絶壁ナルヲ以テ, 大風ノ際, 波濤ノ岸ヲ嚙ンテ奔騰センコト疑フヘカラサルモノアルヲ以テ, 該船ハ, 最細密ニ其ノ周圍ヲ調査シタル後, 其ノ西岸ノ一地點ハ, 海濱及ヒ陸上共ニ大石ノ纍纍タルモノアルヲ認メ, 此ノ附近ヲ通過シテ電線ヲ敷設シ, 必要ニ應シ陸揚ケニ更ナラシムルコトニ定メタリ.

鬱陵島, 리앙코르도, 松江 사이의 부설과 水源端에서의 전선 접속

명치 38년 6월 24일, 山本 해군대신은 大浦 遞信대신에게 조회하여 작전을 진행함에 따라 松島(울릉도), 竹島(リヤンコールド), 그리고 隱岐 高崎山

의 각 망루 사이에 해저전선의 연락이 필요하므로 이에 즈음하여 먼저 松島, 竹島 사이의 공사를 위탁하고 그 공사 착수의 시기 등에 관해서는 다시 협의해야 할 것이라는 내용을 전했고 다음으로 10월 8일, 이상의 공사 중에 松島, 竹島 사이에 부설할 전선은 그것을 松島 북쪽에 가설한 망루에 연락하고 竹島와 高岐山에 가설한 망루 사이의 연락은 필요하지 않게 되었으므로 다시 同島와 出雲國 松江 부근 사이에 해저전선을 부설하고 그것을 松江 우편국에 연락하여 우편국과 松島 북쪽에 가설한 망루 사이에 한 회선의 통신공사를 위탁하는 데에 遞信대신은 위 조회에 응하여 그것을 奉天丸乘組神谷技師에게 명했고 또 松江 부근 육지로 올린 지점으로부터 松江 우편국에 이르는 陸上線의 가설은 廣島 우편국에 명했다. 奉天丸은 10월 10일, 長崎에 대해 위의 명령을 접했으나 松島 부근은 그 수심이 千尋 이상에 이르는 곳이 적지 않으므로 그것을 실측할 필요가 있는데 該船에 장치된 측량기는 3백 尋 이상의 측량을 할 수 없으므로 沖繩丸으로부터 2千 尋의 測量線을 빌려서 그의 捲取車를 가설하도록 했다. 同港에 여러 가지 준비를 갖추고 10월 22일, 同港을 출발하여 다음달 23일, 出雲國 千酌에 이미 설치한 海底線(隱岐에 이름) 陸揚地에 도착하고 神谷技師는 廣島 우편국에서 일하는 技手를 만나 공사상의 협의를 하고 다음달 24일, 千酌을 출발하여 同地와 松島 사이의 측량과 죽도 주변 연안의 實査를 행하고 같은 달 26일, 松島에 도착한다. 이 행동에 있어 측량할 것은 27個所로 그 가장 깊은 수심은 1천 425尋에 이르며 아래의 물질은 대개 沙礫殼類에 속하며 또 竹島는 大洋 가운데의 한 孤島로서 그 주위는 모두 깎아지른 언덕에 절벽이므로 큰 바람이 불면 파도가 언덕을 嚙하여 奔騰함은 의심할 것이 없으므로 該船은 매우 세밀하게 그 주위를 조사한 후에 그 西岸의 한 지점은 해안과 육상이 모두 큰 바위들이 쌓여 있으나 그 해저는 1해리에서 2해리 사이가 수심이 1백 尋 내외이며 해저 또한 沙礫殼으로 비교적 안전함을 확인하고 이 부근을 통과하여 전선을 부설하고 필요하면 육지로 올리는 것에 편리하도록 정했다.

(162)『鬱陵島, リヤンコールド, 松江 사이의 海底電線 부설』(2)

斯テ奉天丸ノ松島ニ著スルヤ, 直ニ陸上工事ニ著手シ, 海上ノ事業ハ, 天候險惡ノ徵アルヲ以テ之ヲ見合セタルニ, 夜半ニ至リ風羽猛烈ト爲レルヲ以テ, 同二十七日午前四時避難ノ爲メ釜山ニ向ヒ, 翌二十八日同地ニ著シ, 松島望樓ニ依賴シテ, 同地ノ風力及ヒ海上ノ模樣等, 一日三回電報セシムルコトトシ, 天候ノ回復ヲ俟チシニ, 同三十一日ニ至リ, 稍平穩ニ向フトノ報ニ接セシヲ以テ, 卽日釜山ヲ發シ, 翌十一月一日松島ニ著シ. 電線ヲ陸揚ケセシニ, 陸上工事モ亦此ノ日ヲ以テ結了セシヲ以テ, 海陸兩線ヲ接續シ, 翌二日午前五時ヨリリャンコールドニ向ヒ航進シテ敷設シ, 豫定ノ航路ヲ採リテ同地ヲ通過シ, 同三日午後一時出雲國千酌陸揚地ノ沖約十海里ノ處ニ至リシニ, 前部及ヒ中央貯線池ノ電線盡キタルヲ以テ, 其ノ線端ニ浮標ヲ附シテ, 之ヲ海中ニ投ス. 時ニ朝來險惡ノ徵アリシ天候漸次不穩トナリシヲ以テ, 隱岐國浦鄕ニ避難シ, 後艙ニ在ル海底線ヲ貯線池ニ積替ヘ, 翌八日風波稍收ルヲ待チテ, 黎明同地ヲ出航シ, 千酌陸揚地ニ至リ電線ヲ陸揚ケシ, 航進シテ敷設スルコト十海里餘ニシテ, 曩ニ投入セル浮標位置ニ達シ, 相互ノ接續ヲ了シ, 玆ニ松島, 松江間ノ敷設ヲ了シ. 該船ハ松島ニ至リ, 同九日最終電氣試驗ヲ行ヒシニ, 良好ナル成績ヲ得タリ.

是ヨリ先キ, 十月十五日平和克復シ, 水源端望樓廢地セラレタルヲ以テ, 同地ヨリ松田灣方面海底線ニ連接シ アル望樓浦項間ノ陸上線ヲ廢シ, 更ニ同地末茂致陸揚地ヨリ海底線ヲ敷設シ, 之ヲ海中ニ於テ, 在來松田灣ニ至ル海底線ニ接續スルコトトシ, 大浦遞信大臣ハ, 之カ工事ヲ新谷技師ニ命ス. 同技師ハ, 松島, 竹島, 松江間工事中, 十一月七日隱岐國浦鄕ニ於テ, 右電命ニ接シタルヲ以テ, 同工事ヲ完了スルヤ, 同九日松島ヨリ水源端ニ向ヒ, 翌十日同地浦項ニ達シ, 其ノ沖合約二海里ノ位置ニ於テ, 既設電線ヲ引揚ケ浮標ヲ附シ置キ, 末茂地陸揚地ニ航シ電線ヲ陸揚ケ, 航進シテ敷設シ, 嚢ニ設置シタル浮標ニ達シ, 之ヲ引揚ケントセシモ途中切斷セシヲ以テ, 敷設シ來リタル新線ヲ切斷シテ浮標ヲ設置シ, 水源端ニ碇泊シ, 翌十日更ニ數回ノ探線ヲ行ヒシモ, 該方面ハ潮流急激ニシテ, 線ノ操縱意ノ如クナル能ハサルノミナラス, 松田灣方面ニ至ル九海里餘ノ間ハ, 古線ヲ使用シアル以テ, 電線ノ裝鎧殆ト腐蝕シ, 爲メニ捕捉スル毎ニ切斷セリ, 依テ松田方面新線敷設ノ位置ヲ於テ探線スルニ決シ, 同十二日其ノ位置ニ於テ之ヲ捕捉シ, 之ニ新線ヲ接續シ浦項沖ニ向ヒ航進シテ敷設シ, 嚢ニ浮標ヲ附シ置キタル線端ニ達シ, 相互ノ接續ヲ了シ, 玆ニ水源端ニ於ル電線海中接續工事完成ス.

此ノ際敵艦隊ニ對シ十分ニ各海軍望樓ヲ警戒シ其ノ出現スルニ當リテハ出來ヘキ丈ケ正確ノ報道ヲナスコトニ注意シ艦種煙突數檣數隻數隊形針路推定速力時日其ノ他必要ノ要件ハ直接軍機電報ヲ以テ大本營軍令部長ニ報道スル樣豫メ注意シ置カレンコトヲ望ム.

이에 奉天丸이 松島에 도착하여 곧 육상공사에 착수하고 해상의 사업은 天候가 험악할 징조가 있으므로 보류해 두었는데 한밤중이 되자 비바람이 맹렬히 몰아치므로 같은 달 27일 오전 4시 피난하기 위해 부산을 향해 가서 다음달 28일 부산에 도착했다. 松島의 망루에 의뢰하여 松島의 풍력과 해상의 모양 등 하루에 3회 전보를 치며 날씨가 회복되기를 기다렸는데 같은 달 31일에 이르자 조금 평온해졌다는 보고를 받았으므로 그날 부산을 출발하여 다음달 11월 1일, 松島에 도착했다. 전선을 육지로 올리기 위한 육상공사도 또한 이날 끝이 나므로 바다와 육지 두 선을 접속하여 다음달 2일 오전 5시부터 リヤンコールド를 향해 航進하여 부설하고 예정된 항로를 채

택하여 同地를 통과했다. 같은 달 3일 오후 1시에 出雲國 千酌 陸揚地 가운데 약 10해리되는 곳에 이르도록 하여 前部와 중앙 貯線池의 전선 모두를 그 선 끝에 浮標를 붙여 그것을 바다 가운데 던졌다. 이때 아침부터 계속해서 험악한 징조가 있었는데 날씨가 점차 不穩해지므로 隱岐國 浦鄕에 피난하여 後艙에 있는 해저선을 貯線池에 옮겨 두었다. 다음달 8일, 풍파가 점점 줄어드는 것을 기다려 黎明에 同地를 출항하여 千酌 陸揚地에 이르러 전선을 육지로 올리고 航進하여 10해리 남짓을 부설하고 이전에 투입한 浮標 위치에 이르러 상호 접속을 완료했다. 이에 松島, 松江 사이의 부설을 완료하고 該船은 松島에 이르러 같은 달 9일, 최종적으로 전기 시험을 행하여 양호한 성과를 얻었다.

이에 앞서 10월 15일, 평화를 극복하고 水源端 망루를 폐지했으므로 同地로부터 松田灣 방면 해저선에 연접되어 있는 망루 浦項 사이의 육상선을 폐지하고 다시 同地 末茂致 陸揚地로부터 해저선을 부설하여 그것을 바다 가운데에서 원래 松田灣에 이르는 해저선에 연결하도록 했다. 大浦 遞信大臣은 그 공사를 神谷技師에게 명했고 同 技師는 松島, 竹島, 松江 사이의 공사 중 11월 7일, 隱技國 浦鄕에서 위의 電命을 접하고 同 공사를 마치고 같은 달 9일 松島에서 水源端을 향해 다음달 10일, 同地 浦項에 이르러 그 가운데 合 약 2해리가 되는 위치에서 이미 설치한 전선을 引揚하여 浮標를 붙여 두고 末茂地 陸揚地에 항해하여 전선을 육지로 올리고 航進하여 부설했다. 지난번에 설치한 浮標에 이르러 그것을 인양하고자 했으나 도중에 절단되었으므로 부설해온 새 선을 절단하여 부표를 설치하고 水源端에 정박하였다. 다음달 11일, 다시 여러차례 探線을 행했으나 해당 방면은 조류가 빨라 배의 조종이 뜻대로 되지 않을 뿐만 아니라 松田灣 방면에 이르는 9해리 남짓의 사이는 古線을 사용해서 전선의 裝鎧가 거의 썩어서 잡을 때마다 절단되어 松田 방면의 新線을 부설한 곳에서 探線하기로 결정했다. 같은 달

12일, 그 위치에서 그것을 포착하여 그에 새 선을 붙여서 浦項 沖을 향해 航進하면서 부설하고 지난번에 부표를 붙여둔 線端에 이르러 상호 접속을 완료하였다. 이에 水源端에 있어서의 전선 해중 접속 공사가 완성되었다. 이즈음 적함대에 대해 충분히 각 해군 망루를 경계하고 그것이 출현하면 가능한한 모두 정확한 보도를 할 수 있도록 주의하고 함선의 종류, 煙突의 수, 돛대의 수, 배의 수, 隊形, 針路 추정, 속력, 시일, 그 외 필요한 요건은 직접 군기전보를 사용하여 大本營 軍令部長에게 보도할 수 있게 미리 주의를 두도록 바란다.

해설 요점

이 자료는 일본 해군이 독도를 한국 몰래 침탈한 후 독도에 해군 망루를 설치하고 한국 죽변－울릉도－독도－일본 마쓰에(松江)을 연결하는 해저전선을 설치한 사실의 기록이다.

그 요지는 1905년 6월 24일 해군대신의 지휘로 시작하여 처음에는 조선의 강원도 죽변－울릉도－독도－일본 은기(隱岐) 다카사키산(高崎山)의 망루 사이의 연락을 위한 해저전선을 설치하도록 했다가, 독도와 고기산 망루 사이의 연결은 불필요하게 되었으므로 계획을 수정하여 독도와 일본 마쓰에 사이의 해저전선을 설치하도록 하였다. 그리하여 일본해군은 1905년 11월 결국 한국 강원도 죽변－울릉도－독도－일본 마쓰에 사이를 직접 연결하는 해저전선을 완공하였다. (중권, 본문 165~229쪽 참조)

64) 일본 해군의 독도 망루 설치와 철거

(163) 獨島 望樓의 설치와 철거 日誌

六月二十四日山本海軍大臣ハ, 竹島(リヤンコールド岩)ニ望樓ノ假設ヲ令シ, 之ヲ竹島假設望樓ト稱シ, 八月十九日其ノ事務ヲ開示ス, (竹島視察報告ハ備考文書ニ在リ)

十月十五日平和克復シ, 十九日山本海軍大臣ハ, 舞鶴軍港尻埼通信所ニ, 一般通信及ヒ通信試驗用トシテ無線電信機ヲ裝備セシメ, 彈埼, 入道埼, 高埼山, 竹島, 澤埼, 杵築, 見島, 越前埼望樓ノ廢止ヲ命ス.

斯テ竹島望樓ハ十月二十四日, 高埼山及ヒ越前埼望樓ハ二十六日, 杵築望樓ハ二十九日, 見島望樓ハ十一月九日, 彈埼望樓ハ十一月二十日, 澤埼望樓ハ二十二日, 入道望樓ハ十二月四日, 何レモ撤去ヲ了ス.

6월 24일 山本 해군대신은 竹島(リヤンコールド岩)에 망루를 가설할 것을 명령하고 그것을 竹島假設望樓라고 칭하고 8월 19일, 그 사무를 개시했다(竹島 시찰보고는 備考文書에 있다).

10월 15일, 평화를 克復하고 19일, 山本 해군대신은 舞鶴軍港尻埼 通信所에 일반통신과 통신시험용으로 무선전신기를 장비하고 彈埼, 入道埼, 高崎山, 竹島, 澤埼, 杵築, 見島, 越前埼望樓의 폐지를 명했다.

이에 竹島 망루는 10월 24일, 高崎山과 越前埼望樓는 26일, 杵築 망루는 29일, 見島 망루는 11월 9일, 彈埼 망루는 11월 20일, 澤埼 망루는 22일, 入道埼 망루는 12월 4일에 모두 철거가 완료되었다.

해설 요점

이 자료는 일본 해군이 독도에 망루를 설치했다가 러·일전쟁이 승리로 끝나자 철거한 사실에 대한 간단한 일지이다.

일본 해군대신은 1905년 6월 24일 독도에 망루 설치를 명령했고, 독도 망루는 1905년 8월 19일 완공되어 그날부터 업무를 시작하였다. 그 후 1905년 10월 5일 러·일전쟁이 승리로 종결되었으므로, 일본은 10월 19일 독도 망루의 폐지를 명령하였다. 망루원의 고초가 컸으므로 독도 망루는 10월 24일 철수하였다.

일본은 러·일전쟁 기간에 군사적 목적과 영토야욕으로 1905년 1월 28일 일본 내각회의에서 독도가 한국 영토임을 잘 알면서도 '무주지'라는 억지 주장과 전제 아래 독도를 침탈한 소위 '영토편입' 결정을 하고, 독도에다 일본 해군의 망루와 해저전선을 설치하여 침략 전쟁에 사용했다가 철거한 것이다.

(중권, 본문 165~229쪽 참조)

65)『고종실록』 기사(9)

(164)『高宗實錄』, 高宗 41年(1904년) 5月 18日(陽曆)

下勅宣書于政府 頒布中外.

勅宣書

一. 既往韓俄兩國間에 締結한 條約과 協定은 一體廢罷하고 全然勿施할 事.

一. 俄國臣民이나 會社에 認準한바 特許合同中至今尙在其期限內者난 自今以後로 大韓政府가 以爲無妨한 者면 如前히 其認準을 繼續享有게하나 至於豆滿江鴨綠江鬱陵島森林伐植特許하야난 本來一個人民에게 許諾한거신대 實狀은 我國政府가 自作經營할뿐 外라 該特準規定을 遵行치아니하고 恣意로 侵占的行爲를하얏스니 該特準을 廢罷하고 全然勿施할 事.

칙서를 의정부(議政府)에 내려 보내고 시울과 지방에 반포하였다.

칙서(勅宣書)

一. 이전에 한국(韓國)과 러시아 두 나라 사이에 체결된 조약과 협정은 일체 폐기하고 전혀 시행하지 말 것이다.

一. 러시아의 관리와 백성들에게나 회사(會社)에 비준한 특별 합동 허가 가운데서 지금까지도 유효기간이 있는 것은 이제부터 대한(大韓) 정부가 무방하다고 인정하는 것이면 그 비준해 준 권한을 계속 누릴 수 있게 한다. 그러나 두만강(豆滿江), 압록강(鴨綠江), 울릉도(鬱陵島)의 산림 채벌 및 식수(植樹) 특허권은 본래 한 개인에게 허락한 것인데 실상은 러시아 정부가 자체로 경영할 뿐 아니라 해당한 특허 규정을 지키지 않고 제멋대로 침략행위를 하였으니 해당한 특허를 폐지하고 전혀 시행하지 말 것이다.

해설 요점

이 자료는 일본의 러·일전쟁 도발 직후인 1904년 5월 18일 일본군의 요구로 대한제국이 러시아와 체결한 모든 조약을 폐기하게 되었고, 러시아가 이권(利權)으로 가져간 두만강·압록강 유역과 울릉도의 삼림벌채권도 폐지한다는 칙서를 반포했다는 기록이다.

일제는 러시아 세력을 배제하고 대한제국을 식민지화하려는 목적으로 1904년 2월 8일 인천과 여순(旅順)에 정박해 있던 러시아 군함 각 2척을 기습공격하여 격침시키고 이틀 후인 2월 10일 러시아에 선전포고를 하여 러·일전쟁을 도발함과 동시에 대규모의 일본군을 대한제국의 영토에 불법 상륙시켰으며 대한제국의 수도 서울을 불법으로 점령하였다. 일제는 이러한 일본군의 군사점령 아래서 대한제국 정부를 위협하여 1904년 2월 23일 '제1차 한일 의정서'에 강제 조인케 하였다. 일제는 이어서 5월 18일 러시아와 체결된 모든 조약을 폐기하도록 강요함에 따라서 러시아가 침탈해 갔던 두만강·압록강 유역과 울릉도의 삼림벌채권의 이권 조약도 폐기한 것이었다. (중권, 본문 162~165쪽 참조)

66) 『울도군수 심흥택의 보고서』

(165) 『鬱島郡守 沈興澤의 報告書』(1906. 3. 29.)

本郡所屬 獨島가 在於本部外洋百餘里許이옵더니 本月初四日 辰時量에 輪船一隻이 來泊于島內道洞浦而 日本官人一行이 到于官舍ᄒᆞ야 自云獨島가 今爲日本領地故로 視察次來島엿다이온바 其一行則 日本島根縣隱岐島司東文輔及 事務官神西由太郎 稅務監督局長吉田平吾 分署長警部 影山岩八郎 巡査一人 會議員一人 醫師技士各一人 其外隨員十餘人이 先問戶摠人口土地多少ᄒᆞ고 次問人員及經費幾許 諸般事務를 以調査樣으로 錄去이압기 玆以報告ᄒᆞ오니 照亮ᄒᆞ심을 伏望.

光武十年丙午 陰三月 五日

해설 요점

이 자료는 울도군수 심흥택이 자기의 관할 행정구역인 독도를 일본 정부가 침탈했다는 정보를 처음 알게되자마자 1906년 3월 29일(음력 3월 초5일)이에 항의하여 그의 직속 상관인 강원도관찰사에게 올린 보고서이다.

일본이 독도를 침탈하여 일본에 소위 '영토편입'한 사실을 한국 정부가 알게 된 것은 1년 후인 1906년 3월 28일이었다. 시마네현 은기도사 히가시 분스케(東文輔) 및 사무관 진자이 요시타로(神西由太郎) 일행이 독도(竹島)를 시찰하고 돌아가는 길에 울릉도에 들러 울도군수 심흥택을 방문해 독도를 일본 영토로 '편입'했음을 말한 때문이었다.

여기서 먼저 주목할 것은 그 시기이다. 일제는 1905년 9월 5일 포츠머스조약 체결로 러·일전쟁을 승리로 끝낸 다음, 무력으로 조선 궁궐을 포위하고 '을사조약(乙巳條約 : 소위 을사보호조약)' 체결을 강요했다. 이 조약의 요점은 ① 한국의 외교권을 박탈하고, ② 통감부를 설치하여 한국의 정치 일반을 감독한다는 것이었다. 일본이 통감부를 설치하여 한국의 정치 일반을 감독한다는 것은 외교권뿐만 아니라 한국의 내정에 관한 국권 일반을 대부분 침탈하고, 그 결과 한국이 실질적으로 일본 통감부의 통치 아래 들어감을 의미한다. 이에 따라 대한제국의 외부(外部)가 1906년 1월 17일 완전히 폐지되고, 1906년 2월 1일 통감부가 서울에 설치되어 업무를 개시했다. 즉 한국은 1905년 11월 17일 외교권을 상실했고, 1906년 1월 17일 외무기관(外務機關)까지 폐쇄되어 국제적 항의를 담당할 기구마저 완전히 없어진 채, 1906년 2월 1일부터는 외무(外務)와 함께 내정(內政)까지 일제 통감부의 지배를 받게 된 것이다. 이러한 '시간표'에 맞춰서 일본 정부는 1906년 3월 28일에 독도의 일본 영토 '편입', '침탈'을 한국 정부가 알게 한 것이다. 이때 한국 정부는 외교권이 박탈되어 항의문서를 제출할 권리마저 갖고 있지 못했으며, 만일 항의를 하려면 통감부(일본 정부의 일부)가 일본 정부에 항의하도록 되어 있었다.

다음으로 주목할 것은 독도 침탈 사실을 알게 한 방식이다. 일본 정부는 한국 영토인 독도를 침탈하여 일본 영토로 '편입'해버린 중대한 사실을 1905년 2월 당시에 통고하거나 조회하지 않았을 뿐 아니라, 1906년 3월 말에도 아직 엄연히 그 이름이 남아 있는 대한제국 중앙정부에 통고하지 않고 시마네현 은기도사와 사무관이라는 말단 지방관리의 말을 통해 울도군수가 먼저 알게 했다. 이는 대한제국 정부가 독도의 침탈이라는 중대한 사실을 가능한 한 대수롭지 않은 사소한 사건으로 처리하려 한 것이었다. 이를 일제 통감부가 내부(內部) 수준에서 사소한 일로 처리토록 하여 대한제국의 중앙정부나 내각회의에서 거론하지 못하게 하기 위한 조치였다고 해석된다. 일본 정부는 독도의 일본 '영토편입'이 한국 영토에 대한 침탈이며 따라서 떳떳하지 못한 것임을 잘 알고 있었기 때문에 이것이 큰 분쟁이 되지 않도록 가능한 한 감추고 사소한 일로 축소하여 최하급 지방관청에서 다루도록 한 것이다. 당시 울도군수로서 울릉도·죽도(대섬)·독도를 관장하고 있던 심흥택은 1906년 3월 28일 일본의 시마네현 은기도사 히가시 분스케 및 사무관 진자이 요시타로 일행의 내방을 통해 독도가 일본 영토로 '편입' 되었음을 알고 깜짝 놀라 이튿날인 3월 29일(음력 3월 5일) 강원도관찰사에게 긴급 보고를 올렸다.

여기서 특히 주목할 것은 울도군수 심흥택이 1906년 3월 29일에 "本郡所屬 獨島가 在於本部外洋百餘里許이옵드니"라고 하여 독도가 울도군 소속임을 명확히 밝혀 항의하고 있다는 사실이다. 그는 다음에 일본인 관리 일행이 자기의 관사(官舍)를 찾아와서 "自云獨島가 이제 日本領地가 되었기 때문에 시찰차 내도(來島)하였다."는 말을 '自云'이라고 하여 승복하지 않은 채 그들의 언행을 관찰사에게 긴급 보고했다. (중권, 본문 230~293쪽 참조)

67) 「강원도관찰사 서리 이명래의 보고」

(166) 「江原道觀察使署理 李明來의 報告」(1905. 4. 29.)

鬱島郡守 沈興澤 報告書 內開에 本郡所屬 獨島가 在於本部外洋百餘里外이삽더니 本月初四日辰時量에 輪船一雙이 來泊于郡內道洞浦而 日本官人一行이 到于官舍ᄒᆞ야 自云獨島가 今爲日本領地故로 視察次來到이다 이온바 其一行則 日本島根縣隱岐島司東文輔及 事務官神西由太郎 稅務監督局長吉

田平吾 分署長警部 影山巖八郞 巡査一人 會議員一人 醫師技手各一人 其外 隨員十餘人이 先問戶摠人口土地生産多少ᄒᆞ고 且問人員及經費幾許 諸般事務를 以調査樣으로 錄去이읍기 玆에 報告ᄒᆞ오니 照亮ᄒᆞ시믈 伏望等因으로 准此報告ᄒᆞ오니 照亮ᄒᆞ시믈 伏望.

光武十年 四月二十九日

江原道觀察使署理春川郡守 李明來

議政府參政大臣 閣下

해설 요점

이 자료는 울도군수 심흥택의 보고를 받은 강원도관찰사 서리 이명래가 이를 다시 중앙정부의 내부대신[당시 이지용(李址容)]에게 보고한 자료이다. 울도군수 심흥택의 긴급 보고를 받은 강원도관찰사 서리는 자기의 견해를 더하지 않고 심흥택 군수의 보고를 그대로 의정부 참정대신에게 올렸다. 위와 같이 동일한 보고이다. (중권, 본문 230~293쪽 참조)

68)「내부대신의 지령문」

(167)「內部大臣의 指令文」(1906年)

遊覽道次에 地界戶口之錄去ᄂᆞᆫ 容或無怪어니와 獨島之稱云日本屬地는 必無其理니 今此所報가 甚涉訝然이라.

해설 요점

이 자료는 울도군수 심흥택의 보고를 강원도관찰사 서리 이명래를 통해 보고받은 내부대신[당시 이지용(李址鎔)]이 일본 관리들의 "독도를 일본 속지

(日本屬地)라고 칭하여 말한 것은 전혀 이치(理致)가 없는 것(必無其理)' 이라고 단호히 항의 부정하고, '이제 이 보고한 바가 매우 아연실색할 일이라'고 경악해 한 자료이다. 즉 대한제국 정부는 '독도가 이제 일본 영토로 되었다.'는 일본 관리들의 주장을 단호하게 거부한 것이다. 당시 내부대신 이지용은 친일파 대신이었는데도 일제의 독도 침탈에 대해 이를 단호히 부정한 사실은 독도가 조선 영토임을 친일파들까지도 정확히 알고 있었음을 알려주는 것이다. (중권, 본문 230~293쪽 참조)

69) 「의정부 참정대신의 지령문」

(168) 「議政府 參政大臣의 指令文」(1906年)

來報는 閱悉이고 獨島領地之說은 全屬無根ᄒᆞ나 該島 形便과 日人 如何行動을 更爲査報ᄒᆞᆯ 사.

해설 요점

이 자료는 울도군수 심흥택의 보고를 강원도관찰사 서리 이명래를 통해 보고받은 참정대신(당시 박제순)이 지령 제3호로써 일본의 독도 침탈 영유를 단호히 거부하고 일본 관리들의 동태를 조사하도록 명령한 자료이다.

의정부 참정대신의 이 지령문은 독도가 일본 영토라는 일본인의 설(說)은 '전혀 근거가 없는 것(全屬無根)'이라고 명백히 부정하며, 독도가 한국 영토임을 거듭 강조하고, 독도의 형편과 일본인들이 어떠한 행동을 하고 있는지 다시 조사해서 보고할 것을 명하고 있다.

위의 울도군수, 내부대신, 의정부 참정대신 등은 모두 하나같이 독도를 일본 영토로 편입했다는 주장을 단호하게 거부하고 항의했으며, 독도가 한

국 영토임을 명확히 밝히고 있다. (중권, 본문 230~293쪽 참조)

70)『황성신문』 기사(2)

(169)『皇城新聞』, 1906년 5월 9일자, 「雜報」

鬱倅報告內部 鬱陵島郡守 沈興澤氏가 內部에 報告ᄒᆞ되 本郡所屬 獨島가 在於外洋百餘里外인ᄃᆡ 本月四日에 日本官人一行이 來到官舍ᄒᆞ와 自云獨島가 今爲日本領地故로 視察次來到이다 이온바 其一行則 日本島根縣 隱岐島司東文輔及 事務官神西田太郎과 稅務監督局長吉田坪五 分署長警部影山岩八郎과 巡査一人 醫師技手各一人 會議一人 其外隨員十餘人인ᄃᆡ 戶總人口와 土地生産多少와 人員及經費幾許와 諸船事務를 調査錄去하얏다더라.

해설 요점

대한제국 정부뿐만 아니라 이 보고서를 알게 된 당시의 언론기관들도, 1906년 5월 당시 서울 주둔 일본군(한국 주차군)과 일본군 헌병사령부의 일제의 강압 속에서 검열을 받고 있는 상황인데도, 일본의 독도 침탈 시도에 대해 여러 가지 형태의 항론(抗論)을 제기했다. 일제의 사전검열을 받으면서 발행되고 있던『황성신문』은 일제의 독도 침탈 시도에 대한 항의 의사를 표제의 활자 크기를 갑자기 높이는 것으로 나타냈다. 즉 '잡보'란의 독도침탈 시도에 대한 기사의 표제 크기를 평상시의 4배로 높여 발행함으로써 일제의 독도 침탈 시도에 항의를 표시했다. (중권, 본문 230~293쪽 참조)

71) 『대한매일신보』 기사

(170) 『大韓每日申報』, 1906년 5월 1일자, 「雜報」

無變不有. 鬱島郡守 沈興澤氏가 닉府에 報告ᄒᆞ되 日本官員一行이 來到本郡ᄒᆞ야 本郡所在獨島ᄂᆞᆫ 日本屬地라 自稱하고 地界濶狹과 戶口結摠을 一一綠去라 ᄒᆞ얏ᄂᆞᆫᄃᆡ 닉部에서 指令하기를 遊覽道次에 地界戶口之綠去ᄂᆞᆫ 容或無怪어니와 獨島之稱云日本屬地ᄂᆞᆫ 必無其理니 今此所報가 甚涉訝然이라 ᄒᆞ얏더라.

해설 요점

이 자료는 한말의 대표적 언론기관인 『대한매일신보』가 일제의 독도 침탈을 뒤늦게 알게 되자 1906년 5월 1일자 신문에서 '無變不有(變 있지 않음이 아니다 : 變이 있다는 뜻)'라는 표제로 "독도를 칭하여 말하기를 일본 속지(日本屬地)라 한 것은 전혀 이치가 없는 것으로 이번에 보고한 바가 심히 아연실색할 일이라."고 한 내부(內部)의 지령문을 인용해 보도함으로써 항의를 표시한 자료이다. (중권, 본문 230~293쪽 참조)

72) 황현의 『오하기문』, 『매천야록』 기사

(171) 黃玹, 『梧下記聞』, 1906년 음력 4월條

鬱陵島百里外 有一屬島 曰獨島 倭人稱今爲日本領地 審査以去.

鬱陵島 1백 리 밖에 한 屬島가 있어 獨島라고 부르는데, 倭人이 이제 日本領地가 되었다고 審査하여 갔다.

(172) 黃玹,『梅泉野錄』, 1906년條

距鬱陵島洋東百里 有一島 曰獨島 舊屬鬱陵島 倭人勒稱其領地 審査以去.

울릉도의 바다로부터 距하기 東으로 1백 리에 한 섬이 있어 獨島라고 부르며 울릉도에 舊屬했는데, 倭人이 그 領地라고 勒稱하고 審査하여 갔다.

해설 요점

이 자료의 첫째 부분은 한말 지식인 매천(梅泉) 황현(黃玹)이 1906년 음력 4월 그의 저작『오하기문(梧下記聞)』에서 독도를 울릉도의 속도인 한국 영토라고 지적하면서 일본의 독도침탈을 거부한 자료이다. 황현은 그의『오하기문』에서 "울릉도 1백 리 밖에 한 속도가 있어 독도라고 부르는데, 倭人이 이제 일본 영지가 되었다고 심사하여 갔다."고 쓰면서 항의를 표시하였다.

이 자료의 둘째 부분은 황현이 그의『매천야록(梅泉野錄)』이라는 당시 저서에서 독도를 울릉도에 부속한 조선 영토임을 강조하여 지적하면서 일본의 독도침탈시도를 거부한 자료이다.

황현은 그의『매천야록』에서도 독도가 울릉도의 속도로 한국 영토인데 일본인이 이제 자기의 영지가 되었다고 '늑칭(勒稱 : 강제로 칭함)'하고 조사해갔다고 항론을 펴고 있다. (중권, 본문 230~293쪽 참조)

73)『순종실록』기사

(173)『純宗實錄』純宗 즉위年(1907년) 7月 21日(陽曆)

鬱島郡守具然壽. 任警務使. 敍勅任官二等.

울도군수(鬱島郡守) 구연수(具然壽)를 경무사(警務使)에 임명하고 칙임관(勅任官) 2등을 주었다.

해설 요점

이 자료는 일제 통감부의 지배하에서 대한제국은 울도군수 구연수를 경무사로 임명하고 칙임관 2등으로 승진시켰다는 기록이다. 이 자료는 1906년 3월 일제의 독도 침탈에 항의한 울도군수 심흥택이 그 후 일제에 의해 구연수로 교체되었다가, 1907년 7월 말에 구연수도 경무사로 전임되어 일제의 침탈이 더욱 강화되어 가고 있음을 알려주고 있다. (중권, 본문 230~293쪽 참조)

74) 『한국수산지』 기사

(174) 大韓帝國 農商工部, 『韓國水産誌』(1908年)

第二章 江原道 (…) 本道の地は 北緯三十六度三十九分乃至三十九度十分, 東經百二十六度四十一分乃至百二十九度二十九分 間に位しで (…) 東方一帶日本海に沿へり. (…) 島嶼は 國島, 牛島, 猪島, 荒島, 松島, 竹島, 無路島, 德山島, 卵島等ありで就中國島大なり. 竹島及無路島は箭竹の産地どしで名あり.

제2장 江原道 (…) 本島의 땅은 북위 36도 39분 내지 39도 10분, 동경 126도 40분 내지 129도 29분 사이에 위치하여 (…) 동쪽 일대는 東海에 沿하여 있다. (…) 島嶼는 國島, 牛島, 猪島, 荒島, 松島(鬱陵島), 竹島(獨島), 無路島, 德山島, 卵島 등이 있으며, 그 중 國島가 크다. 竹島(獨島) 및 無路島는

箭竹의 產地로서 이름이 있다.

해설 요점

이 자료는 대한제국 농상공부(農商工部) 수산국이 1908년에 간행한 전 4권의 일본어판 『한국수산지』 제2권, 281~285쪽에 수록된 기사로서 독도를 울릉도 등과 함께 강원도에 속한 것으로 기록하였다.

이 자료가 편집 간행된 1908년은 대한제국이 일제 통감부의 지배하에 들어간 시기이다. 이 때문에 이 책도 대한제국 농상공부에 투입 고용된 수산과장 庵原文一등 일본인 관리들이 일제 통감으로부터 지시를 받으면서 대한제국에 속한 섬들을 실지 답사하여 그 위치와 지세·산물 등을 세밀하게 조사한 후 일본어로 출판한 것이었다. 일제가 '독도'를 이른바 일본의 시마네현에 '영토편입'한다고 하면서 '竹島'라는 이름을 붙인 3년 후이기 때문에, 일본어판에서는 '竹島(독도)'라는 명칭을 사용했지만, 또한 대한제국 정부와 언론은 이에 항론을 폈기 때문에, 일본인 편집자들도 울릉도에 이어 독도(竹島)를 대한제국의 강원도에 속하는 섬임을 명백히 밝혀 기록하였다.

이 자료는 대한제국이 일제 통감부의 지배하에 들어간 시기에도 대한제국 정부와 통감부 일본인 관리들이 독도를 대한제국의 영토로 인정하고 있었음을 알려주고 있다. (중권, 본문 230~293쪽 참조)

75) 『증보문헌비고』 기사

(175) 『增補文獻備考』(1908年)

輿地志云 鬱陵·于山皆于山國地 于山則倭所謂松島也.

『輿地志』에 이르기를 鬱陵과 于山은 모두 于山國地인데, 于山은 곧 倭가 말하는 바의 松島다.

해설 요점

『증보문헌비고』는 일제가 독도를 침탈한 3년 후인 1908년에 간행되었는데도 이를 무시하고 『증보동국문헌비고』(1792년 간행)를 계승하면서 『여지지』에 이르기를 울릉과 우산은 모두 우산국지인데, 우산은 곧 왜가 말하는 바의 송도(松島)다."라고 하여 독도를 우산도로 표기하고 우산도(독도, 일본명 松島)가 원래 우산국지임을 밝혀, 독도가 한국 영토임을 명백히 하였다.

이 자료는 『여지지』를 인용했기 때문에 우산도(독도)의 일본명칭을 1905년 이후의 '죽도'라고 하지 않고 17~18세기에 부르던 '송도'라는 호칭을 사용하였다.

이 자료는 울릉도와 독도가 모두 옛 우산국영토이며 우산국이 신라에 병합된 (서기 512년) 이후부터 명백한 한국 고유영토임을 1908년에도 거듭 천명한 것이었다. (중권, 본문 230~293쪽 참조)

76) 『내부래거안』(5)

(176) 『內部來去案』(18) 內部大臣의 參政大臣에의 「照會 第3號」, 光武 10年(1906년) 2月 26日條

照會 第三號

現接江原道觀察署理 春川郡守 李明來의 第十六號 報告書 內開

頃於上月十三日에 接閱蔚珍郡守 尹宇榮 報告書 즉 內槩 本郡 近北面 竹邊

浦 望樓留住之日本海軍이 今爲撤歸이온바 今 陰曆十二月二十七日 日本商人 高賀 來到郡廳曰 竹邊浦所在 望樓與地段을 幷爲買得於望樓長인즉 自郡으로 認許公文成給이라 ᄒᆞ온바 郡守가 不可自下擅便故로 玆에 報告等因이옵기 高賀者 居住姓名과 何月日에 給價幾許買得과 望樓長之姓名居址를 幷卽詳探報來ᄒᆞ야 以爲轉報케 ᄒᆞᆯ 事로 指飭以送이더니 卽接該郡守報告書 內開 卽到指令을 承準ᄒᆞ와 招致高賀 詳問事狀인즉 自己ᄂᆞᆫ 日本 佐賀縣 三養基郡 鳥棲洞 二百三番戶 而姓은 高賀오 名은 赤次오 望樓長은 高橋오 名은 淸重이오 居住ᄂᆞᆫ 日本 佐世保 海兵團詰兵所요 居址ᄂᆞᆫ 不知이온바 上年十月日 駐箚撤歸之時에 給一百八十圓 買得望樓 而址地ᄂᆞᆫ 不爲賣買이온니 基址之隨家ᄂᆞᆫ 意有常例ᄒᆞ야 地段幷買之意로 前有所告이다 故로 緣由報告 等因을 據査ᄒᆞ온즉 蔚珍郡 竹邊浦望樓은 日本海軍이 軍用暫駐타가 已爲撤歸이온데 今此 日本商人 高賀赤次가 望樓長 高橋淸重에게 私相賣買云者가 非徒違越定章이오라 萬不近理이옵기 玆以仰佈ᄒᆞ오니

查照ᄒᆞ신 후 迅辨交涉ᄒᆞ시와 卽行禁止케 ᄒᆞ시고 示明ᄒᆞ시믈 爲要

光武十年 二月 二十六日

內部大臣 勳一等 李址鎔

議政府參政大臣 朴齊純 閣下

(177)『內部來去案』(19), 參政大臣의 內部大臣에게의「照會 第56號」, 光武 10年(1906년) 4月 17日條

照會 第五十六號

貴 第三號 照會ᄅᆞᆯ 接到ᄒᆞ와 以蔚珍郡 竹邊浦所在 望樓與址段 私相賣買禁止一事로 准卽行文日本統監ᄒᆞ옵고 業經照復在案이온바 現接該統監照復 內開

去月十四日 以蔚珍郡 竹邊浦望樓 賣却一事接到 貴第十三號照會 當經閱悉 准卽行文 我佐世保 海軍鎭守府 調査事實 仍按復開 該望樓所用建物及

營造物 以代金收納後 擧越他人之意買去 於佐賀縣人高賀亦次 去年十二月二十七日 業經受領代金 然該敷地 決無賣却等因 准此照復 照亮爲等因이옵기 玆에 照會ᄒᆞ오니

照亮ᄒᆞ심을 爲要事

光武十年 四月 十七日

議政府參政大臣 朴齊純

內部大臣 李址鎔 閣下

해설 요점

『내부래거안』의 이 자료는 일본 해군이 1904년 2월 러·일전쟁을 도발한 후, 러시아 함대의 동정을 감시하기 위한 일본 해군 망루를 한국의 동해안, 남해안과 섬들에 설치했는데, 강원도 울진군 죽변포에 설치한 망루를 러·일전쟁 종료 후 1906년 이를 철거할 때 망루의 지역을 일본인들이 침탈하고자 획책한 자료이다.

일본인 高賀라는 자가 울진군수를 찾아가 일본 해군의 망루와 그 토지를 망루장 高橋로부터 구입했다고 주장하면서 증명서 발급을 요청하자, 울진군수가 강원도 관찰사 서리에게 보고했고, 강원도 관찰사는 내부대신에게 보고한 것이었다. 내부대신은 일본 해군의 죽변포 망루는 군용으로 잠시 사용했다가 환수한 것이므로 일본인 高賀와 일본 해군 망루장 高僑가 사사로이 전매했다면 약정을 위반한 이치에 닿지 않는 것이니 일본에 교섭하여 이 망루와 토지의 사사로운 매매를 금지시켜 달라고 참정대신에게 요청하였다.

일본 해군은 독도에도 망루를 설치했으며, 이 때 이를 위해 1905년 1월 28일 일본 내각회의에서 대한제국 정부와 국민 몰래 독도를 일본에 영토편입하는 의결을 해서 독도를 침탈하여 일본 해군이 관리했었다.

참정대신은 죽변포 일본 해군 망루와 그 부지(敷地) 문제에 대해 일제 통감부에 조회해 보니 일본 해군 망루장이 망루 소용 건물과 영조물을 대금을 받고 일본인 高賀에게 판매했고, 그 부지(敷地)는 판매하지 않았다는 회답문을 받았다고 내부대신에게 통보하였다. 일본인들이 러·일전쟁 전후 시기에 한국의 토지를 점유 침탈하기 위하여 얼마나 혈안이 되었는가를 이 자료를 통해서도 알 수 있다. (중권, 본문 230~293쪽 참조)

독도 영토주권의 실증적 연구 | 중 |

A Study and Verification of Territorial Sovereignty over Dokdo

초판 1쇄 인쇄 2020년 11월 14일
초판 1쇄 발행 2020년 11월 30일

지은이 신용하(Shin Yong-ha)
펴낸곳 동북아역사재단

등록 제312-2004-050호(2004년 10월 18일)
주소 서울시 서대문구 통일로 81 NH농협생명빌딩
전화 02-2012-6065
팩스 02-2012-6189
홈 페 이 지 www.nahf.or.kr
표지디자인 역사공간
제작 · 인쇄 역사공간

ISBN 978-89-6187-571-4 94910
978-89-6187-569-1 (세트)

• 이 도서의 국립중앙도서관 출판예정도서목록(CIP)은 서지정보유통지원시스템 홈페이지
(http://seoji.nl.go.kr)와 국가자료종합목록 구축시스템(http://kolis-net.nl.go.kr)에서 이용하실 수 있습니다.
(CIP제어번호 : CIP2020049456)

• 책값은 뒤표지에 있습니다. 잘못된 책은 바꾸어 드립니다.